Egon Börger

Berechenbarkeit
Komplexität
Logik

Vorwort zur dritten Auflage.

Die dritte Auflage ist im Haupttext gegenüber der zweiten unverändert, enthält jedoch zwei neue Anhänge. Im ersten Anhang werden einige kleinere Unstimmigkeiten aus der zweiten Auflage korrigiert und dem Leser (vor allem bibliographische) Hinweise über wichtige neuere Entwicklungen seit Erscheinen des Buches gegeben. Im zweiten Anhang wird ein neuer, erfolgversprechender Ansatz zur mathematisch präzisen Spezifikation grosser Programmiersysteme vorgestellt, der von Y. Gurevich 1988 in die Literatur eingeführt worden ist und seither bereits zahlreiche Anwendungen zur Spezifikation tatsächlicher (nicht zur Illustration der Methode erfundener) Programmiersprachen gefunden hat. Wir führen diesen Ansatz an einfachen Beispielen der klassischen Berechnungstheorie sowie als nicht trivialem Beispiel an der Programmiersprache Prolog vor.

Ich möchte an dieser Stelle dem Vieweg Verlag und insbesondere Herrn Reinald Klockenbusch für die verständnisvolle und gute Zusammenarbeit danken.

Pisa, 19.10.1991 Egon Börger

VORWORT

Thema dieses Buches sind zwei schon von Leibniz als zusammengehörend erkannte Begriffe, deren mathematische Entwicklung von Frege bis Turing das theoretische Fundament der Computerwissenschaft gelegt hat: der Begriff formaler Sprache als Träger präzisen Ausdrucks von Bedeutungen, Sachverhalten, Problemen und der des Algorithmus oder Kalküls, d.h. formal operierender Verfahren zur Lösung präzis beschriebener Fragen und Probleme. Das Buch gibt eine einheitliche Einführung in die moderne Theorie dieser Begriffe, wie sie sich zuerst in der mathematischen Logik und der Berechenbarkeitstheorie und weiter in der Automatentheorie, der Theorie formaler Sprachen und der Komplexitätstheorie entwickelt hat. Neben der Berücksichtigung eines schon klassisch gewordenen Grundkanons dieser Gebiete ist die Stoffauswahl mit der Absicht getroffen worden, durchgängig Erneuerungen traditioneller Fragestellungen, Ergebnisse und Methoden den Vorrang zu geben, die sich aus Bedürfnissen oder Erkenntnissen der Informatik und hier besonders der Komplexitätstheorie heraus entwickelt haben.

Die Zielsetzung dieses Buches ist eine doppelte: Lehrbuch zu sein für Anfängervorlesungen zu den genannten Gebieten, wie sie in fast allen Curricula der Informatik, der Logik und der Mathematik heute auftreten, aber darüberhinaus auch Monographie, indem in systematischer Absicht in jedem der angesprochenen Gebiete weiterführende Ergebnisse neuerer Forschungen (großenteils erstmalig in lehrbuchartiger Form) vorgeführt werden und überall versucht wird, Analogien und Zusammenhänge zwischen verschiedenen Begriffen und Konstruktionen explizit herauszuarbeiten. Für den dadurch bei gutem Ausgang des Experiments beim Leser zu erwartenden Erkenntnisgewinn ist auch ein Preis zu zahlen: dem Anfänger wird die erste Lektüre des Textes durch die Fülle von Begriffen, Bemerkungen und in Vor- und Rückverweisen gleichzeitig angeschnittenen Problemkreisen erschwert - ganz besonders, wenn er den Stoff im Selbststudium und nicht begleitend zu einer Vorlesung erarbeitet. Mein Rat ist, über trotz Nachdenkens unverstandene Stellen vorerst hinwegzugehen; die Zusammenhänge werden beim zweiten Durchgang ins Auge springen.

Hier noch einige Hinweise zum Gebrauch des Buches: Ich habe alle Teile des Buches als Grundlage von einführenden oder von Spezialvorlesungen über Grundbegriffe der theoretischen Informatik, Automatentheorie und Formale Sprachen, Logik, Berechenbarkeits- und Komplexitätstheorie benutzt. Der Orientierung, was wofür und mit welchen Abhängigkeiten benutzt werden kann, dient die detaillierte Inhaltsübersicht und der Abhängigkeitsgraph. Mit * gekennzeichnete Abschnitte enthalten Stoff, der i.a. nicht in Grundkursen behandelt wird, sich aber an solche anschließen läßt.

Die Gliederung von Behauptungen in Satz, Lemma, Korollar, Bemerkung und Übung spiegelt die methodische Bedeutung der angesprochenen Sachverhalte vom heutigen Standpunkt aus wider. Damit ist nichts über die historische oder individuelle Leistung gesagt, erstmalig diese Aussagen bewiesen zu haben; manchen bedeutenden Satz macht der durch ihn erst ermöglichte spätere Fortschritt zu einem einfachen Beispiel!

Ich empfehle den Anfängern dringend, bei der ersten Lektüre alle als Routinesache evtl. nicht im Detail ausgeführten Zwischenschritte in Beweisen mit Bleistift und Papier nachzuvollziehen und die überall eingestreuten Übungen zu lösen, zumindestens dies zu versuchen. Dadurch erfährt man nicht nur, ob das bisher Behandelte wirklich verstanden ist - und lernt, damit umzugehen - sondern man bekommt auch ein Gespür für das Wesentliche an den benutzten Techniken. So wird der Stoff nicht konsumiert, sondern auf Dauer verinnerlicht. Dabei dürfte behilflich sein, daß ich versucht habe, schwierige Beweisideen - und wo dies ohne Präzisionsverlust möglich war auch ihre Ausführung - weitgehend in formelfreien Worten auszudrücken. Der Leser übe sich in dieser Art anschaulichen, aber präzisen inhaltlichen Denkens, das ihm den Weg zu tieferem Verständnis öffnet.

Die Literaturhinweise am Ende einzelner Abschnitte sind als Ergänzungen zu den in Text gegebenen Hinweisen gedacht.

Von Herzen kommenden Dank möchte ich den vielen Personen ausdrücken, die mir in den vergangenen Jahren bei der Arbeit an diesem Buch geholfen haben und die ich gar nicht alle namentlich aufführen kann. Stellvertretend nenne ich die folgenden Mitarbeiter und Kollegen, die das Manuskript ganz oder teilweise gelesen und mir wertvolle Kritik gegeben haben: K.Ambos-Spies, H.Brämik, T.Brand, A.Brüggemann, H.Fleischhack, J.Flum, G.Hensel, H.Kleine Büning, U.Loewen, L.Mancini, K.May, W.Rödding, H.Schwichtenberg, D.Spreen, J.Stoltefuß, R.Verbeek, S.Wainer.

Getrennt danken möchte ich: K.Ambos-Spies, dessen Ausarbeitung einer meiner Dortmunder Logikvorlesungen ich in Kap. D/E mitbenutzt habe und der wertvolle Hilfestellung insbesondere zu §BII3 gegeben hat; U.Loewen für eine kritische Lektüre des gesamten Manuskriptes und die Erstellung des Symbol- und Sachverzeichnisses; K.May für sorgfältiges Korrekturlesen und zahlreiche Zeichnungen; H.W.Rödding für die mühsame Kontrolle der Bibliographie.

Besonderen Dank möchte ich U.Minning, R.Kühn, J.Kossmann, P.Schoppe und K.Grulich aussprechen für die präzise Übertragung von Teilen mehrerer Versionen meines Manuskripts in die Druckvorlage. U.Minning hat hierbei die Hauptlast getragen - in ihrer engagierten und freundlichen Art, die mich das Mühsame an der Arbeit oft vergessen lassen hat.

Zuletzt, aber deswegen nicht weniger von Herzen kommend danke ich Walburga Rödding und vielen anderen Kollegen für die mir in den schwierigen vergangenen sechs Wochen spontan zuteil gewordene moralische Unterstützung, die mir entscheidend geholfen hat - auch dabei, den Schlußpunkt unter dieses Buch zu setzen.

Dortmund, den 3.7.1985 Egon Börger

Bemerkung zur 2. Auflage. An dieser Stelle möchte ich M.Kummer, P.Päppinghaus und V.Sperschneider herzlichen Dank aussprechen: hauptsächlich auf ihre Fehlerliste gehen die in der 2. Auflage vorgenommenen Korrekturen zurück. Im voraus danke ich an dieser Stelle jedem Leser, der mir weitere Fehler anzeigt.

Pisa, Frühjahr 1986 Egon Börger

Dieses Buch ist

Donatella Barnocchi und Dieter Rödding (*24.8.1937, †4.6.1984)

gewidmet.

Beiden verdanke ich mehr als dieses Buch - daß es begonnen und schließlich fertig wurde wie auch das Beste von dem, was es enthält. Ich verdanke Ihnen ihr Beispiel: Personen und Situationen im Leben und in der Wissenschaft selbstlos und offen gegenüberzutreten und keinen Augenblick von dem Bestreben abzulassen, das Eigentliche, Wahre zu erkennen und demgemäß zu denken und zu handeln.

Inhaltsübersicht

N.B. Mit * gekennzeichnete Abschnitte enthalten Vertiefungsstoff, der im Anschluß an Grundkurse behandelt werden kann.

* § 2. *Spektrumproblem* Spektrumcharakterisierung der E_3-Rechenzeithierarchie (Satz von Rödding & Schwichtenberg, Jones & Selman, Christen); Logische Charakterisierung von NP durch globale existentielle zweitstufige Prädikate (Satz von Fagin), von P durch PL1+LFP mit Ordnung (Satz von Immerman & Vardi), von PBAND durch PL2+TC (Satz von Immerman) 397

* § 3. *Vollständige Entscheidungsprobleme für polynomiale und exponentielle Komplexitätsklassen* 414

Satz von Lewis (NEXPZEIT-Vollständigkeit des Erfüllbarkeitsproblems der monadischen Gödel-Kalmar-Schütte-Klasse $\vee^{\infty}\wedge^{2}\vee^{\infty} \cap$ Monad), Satz von Plaisted (EXPZEIT-Vollständigkeit des Erfüllbarkeitsproblems der Bernays-Schönfinkel-Klasse $\vee^{\infty}\wedge^{\infty}$ in Hornformeln. Korollar: NEXPZEIT-Vollständigkeit für $\vee^{\infty}\wedge^{\infty}$), Satz von Plaisted und Denenberg & Lewis (PBAND-Vollständigkeit des Erfüllbarkeitsproblems der Bernays-Schönfinkel-Klasse in Krom- (und Horn-)formeln. Korollar: PBAND-Vollständigkeit von $\vee^{\infty}\wedge^{\infty}$ in determinierten Krom- und Hornformeln.

Bibliographie 423

Index 452

Symbolverzeichnis 466

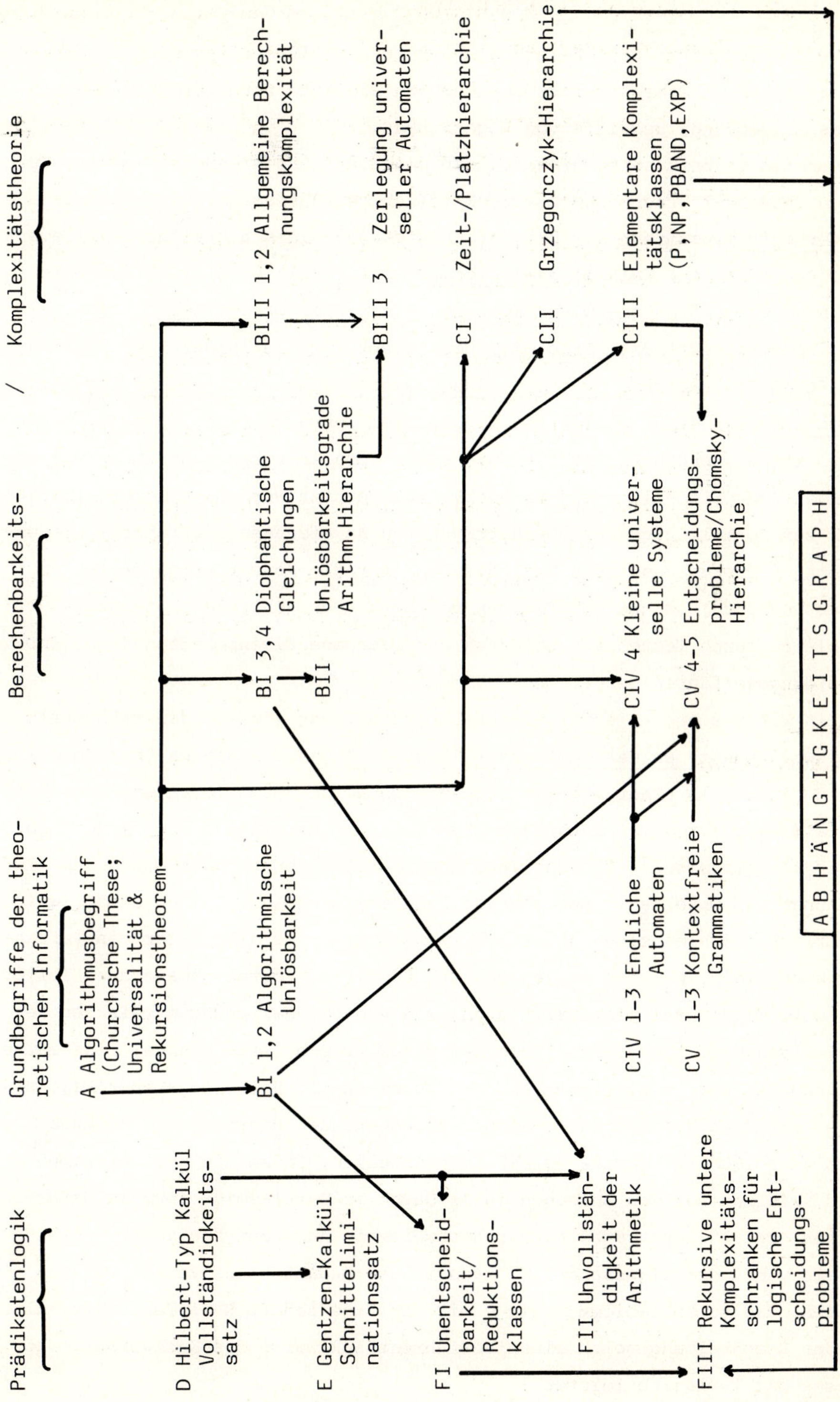
Prädikatenlogik
Grundbegriffe der theoretischen Informatik
Berechenbarkeits- / Komplexitätstheorie
D Hilbert-Typ Kalkül Vollständigkeitssatz
E Gentzen-Kalkül Schnittelimininationssatz
FI Unentscheidbarkeit/ Reduktionsklassen
FII Unvollständigkeit der Arithmetik
FIII Rekursive untere Komplexitätsschranken für logische Entscheidungsprobleme
A Algorithmusbegriff (Churchsche These; Universalität & Rekursionstheorem
BI 1,2 Algorithmische Unlösbarkeit
BI 3,4 Diophantische Gleichungen
BII Unlösbarkeitsgrade Arithm.Hierarchie
BIII 1,2 Allgemeine Berechnungskomplexität
BIII 3 Zerlegung universeller Automaten
CI Zeit-/Platzhierarchie
CII Grzegorczyk-Hierarchie
CIII Elementare Komplexitätsklassen (P,NP,PBAND,EXP)
CIV 1-3 Endliche Automaten
CV 1-3 Kontextfreie Grammatiken
CIV 4 Kleine universelle Systeme
CV 4-5 Entscheidungsprobleme/Chomsky-Hierarchie
ABHÄNGIGKEITSGRAPH

EINLEITUNG

Zu den herausragenden Leistungen der Mathematik der letzten 100 Jahre gehört die Präzisierung eines umfassenden Begriffs formaler Sprachen und eines allgemeinen Begriffs von Algorithmus.

Bereits Leibniz hatte erkannt, daß die Schaffung einer mathematisch präzisen Universalsprache zum Ausdruck beliebiger Aussagen (characteristica universalis) zusammenhängt mit der Entwicklung eines hinreichend allgemeinen (Begriffs des) Kalküls (calculus ratiocinator) im Hinblick auf rein rechnerische, formale - wir würden heute sagen algorithmische - Entscheidung wissenschaftlicher Probleme. Dem entspricht die in der Sprachwissenschaft häufig gemachte Unterscheidung zwischen deskriptiven und imperativen Elementen oder deskriptivem und imperativem Gebrauch einer Sprache: Einerseits können Sprachen oder Elemente einer Sprache zur Beschreibung von Zuständen, zur Mitteilung von Sachverhalten benutzt werden, andererseits aber auch zur Formulierung und Übermittlung von Anweisungen (Verfahren) für Umformungen (Berechnung) von Zuständen und für die Konstruktion (Erzeugung) neuer Zustände; solche Umformungen von Zuständen schließen Lösungen von Problemen durch Testen von Objekten auf gegebene Eigenschaften (sog. Entscheidungsverfahren) ein.

Ein klassisches Beispiel dieser Unterscheidung liefert die Mathematik mit zwei Grundtypen mathematischer Fragestellungen: Aussagen über Gegenstände innerhalb einer mathematischen Sprache zu formulieren und innerhalb eines (evtl. formalen) mathematischen Systems zu beweisen bzw. innerhalb einer algorithmischen Sprache Verfahren zur Berechnung oder Erzeugung (Aufzählung) von Objekten anzugeben. So kann man beweisen, daß es zu je zwei natürlichen Zahlen einen größten gemeinsamen Teiler gibt, oder ein Verfahren entwickeln, welches zu je zwei Zahlen ihren größten gemeinsamen Teiler erzeugt. Dieses Beispiel zeigt auch, wie eng die Beziehungen zwischen deskriptiven und imperativen Elementen einer Sprache sein können: Eine mathematische Aussage α aus einem Axiomensystem Ax mit Hilfe gegebener Regeln R eines formalen Systems zu beweisen, bedeutet, die Wahrheit der Aussage "Aus Ax folgt α mit Hilfe von R" festzustellen, indem ein Weg angegeben wird, wie man aus den Aussagen in Ax durch in R zulässige formale Umformungen schließlich α erhält. Der Nachweis von Aussagen "Zu jedem x gibt es ein y mit der Eigenschaft E" kann in der Angabe eines Verfahrens bestehen, das zu beliebigem x ein y mit der Eigenschaft E liefert (d.h. also in der Beschreibung solch eines Verfahrens inklusive des Nachweises, daß dieses das Verlangte leistet.)

Ein anderes repräsentatives Beispiel liefert das folgende, für die Entwicklung algorithmischer Problemlösungsmethoden typische Phänomen: Häufig besteht die Hauptschwierigkeit bei der Lösung eines Problems durch ein Computerprogramm darin, dieses Problem hinreichend genau zu umschreiben, es einzugrenzen, nicht Gemeintes auszuschließen, wie man sagt das Problem zu "spezifizieren". Die Leistungsfähigkeit einer Programmiersprache und der Korrektheitsgrad von in ihr formulierten (algorithmische Verfahren beschreibenden) Programmen hängt dann wesentlich von der Qualität der Spezifikationssprache als Beschreibungsvehikel und der Zuverlässigkeit der Methoden ab, mit denen man aus Spezifikationen Programme konstruiert. Die Entwicklung der Programmiersprachen in den vergangenen 30 Jahren zeigt sehr deutlich diese wesentliche Zusammengehörigkeit deskriptiven und imperativen Gebrauchs von Sprachelementen; der Kern des Anspruchs der immer stärker vordringenden Programmiersprache PROLOG beruht geradezu darauf, daß eine einzige, flexible Sprache- die der Logik der ersten Stufe - gleichzeitig Spezifikations- und Programmiersprache ist, daß ein und dasselbe Objekt gleichzeitig Aussage (Beschreibung eines Problems im Rahmen einer Logiksprache) und Programm (Algorithmus zur Lösung dieses Problems im Rahmen einer Programmiersprache) sein kann.

Die heute bereits umfangreiche mathematische Theorie der Begriffe von Algorithmus und formaler (Logik-) Sprache hat die Entwicklung des Umgangs mit programmierbaren Rechenanlagen begrifflich und methodisch entscheidend beeinflußt, und dieser Einfluß scheint sich auf die Zukunft hin gesehen eher zu verstärken als abzuschwächen. Aus der Überzeugung heraus, daß eine mathematische Theorie dadurch, daß sie ein Stück Wirklichkeit zu verstehen hilft, nicht an intellektuellem Interesse verliert, habe ich in diesem Buch den Versuch unternommen, eine Einführung in Algorithmentheorie und Logik zu geben, die sich an den Erfordernissen der Informatik orientiert, ohne wertvolle geistesgeschichtliche Traditionen zu verlassen oder den Anspruch mathematischer Qualität aufzugeben.

Von daher erklärt sich der Aufbau des Buches: das erste Buch ist der Algorithmentheorie, das zweite der Logik gewidmet. Die (auch unter dem Namen Berechenbarkeitstheorie bekannte) Algorithmentheorie in ihrer modernen Gestalt ist vor allem Theorie der Reichweite und Komplexität von Klassen von Algorithmen und solche realisierenden Automaten und Maschinen. Sie gibt Antwort auf Fragen wie: Was bedeutet "Algorithmus", "universelle Programmiersprache", "programmierbare Rechenanlage"? (Kap.A.) Was sind die prinzipiellen Grenzen algorithmischer Problemlösungsmethoden überhaupt und welche Rolle spielen hierbei logische und algorithmische Ausdrucksmittel? (Kap. B.) Wie kann man die Leistungsfähigkeit und Reichweite von Algorithmen hierarchisch ordnen nach den bei der Ausführung jeweils zur Verfügung stehenden Ressourcen oder nach strukturellen, die jeweiligen Algorithmen rein syntaktisch charakterisierenden Kriterien? (Kap. C.)

Entsprechend lauten die Grundfragen des Buches zur Logik: Kann mathematisch präzisiert werden, was es für eine Aussage heißt, unabhängig von ihrer eventuellen Bedeutung, nur auf Grund ihrer logischen Struktur wahr zu sein, und kann solch ein logischer Wahrheitsbegriff algorithmisch charakterisiert werden? (Kap.D.) Gibt es eine allgemeine, algorithmische Form mathematischer Schlüsse aus gegebenen Voraussetzungen? (Kap.E.) Wie verhält sich die Universalität einer Logiksprache zur Universalität einer Programmiersprache, genauer: in welcher Beziehung steht die Ausdrucksfähigkeit einer Logiksprache zur Reichweite der in dieser Sprache darstellbaren Algorithmen? Welche Zusammenhänge gibt es zwischen der syntaktischen logischen Komplexität von Ausdrücken und ihrer Berechnungskomplexität als (Darstellung von) Algorithmen? (Kap.F.)

TERMINOLOGIE UND VORAUSSETZUNGEN

Wir setzen beim Leser die mathematische Reife voraus, die er in einem ein- oder zweisemestrigen Einführungskurs erworben haben sollte, obgleich wir außer dem Prinzip induktiver Definitionen und Beweise und elementaren mengentheoretischen Sachverhalten kaum spezifische Kenntnisse voraussetzen; wo dies sporadisch doch einmal geschieht, wird der benutzte Tatbestand ausdrücklich erwähnt bzw. findet ihn der Leser in den Standardeinführungen in die Mathematik.

Daher benutzen wir auch ohne weitere Erläuterung die üblichen mengentheoretischen Schreibweisen und *Bezeichnungen*. Wir schreiben bei den *logischen Operationen*:

für die Negation: non — für die Disjunktion: vel (oder)

für die Implikation: $\succ$, seq — für die Konjunktion: & (und)

für die Äquivalenz: $\prec\succ$, gdw (genau dann, wenn).

Wenn nicht anders gesagt meinen wir mit Funktion stets *partielle Funktionen* $f \subseteq A \times B$, die nicht unbedingt für jedes Argument $x \varepsilon A$ einen definierten Wert $f(x)$ - d.h. ein $y \varepsilon B$ mit $(x,y) \varepsilon f$ - haben. Diese mengentheoretische Auffassung von Funktionen bedeutet eine (oft terminologisch nützliche) Identifikation von f mit ihrem *Graphen* $G_f = \{(x,y) \mid y = f(x)\}$. Wir schreiben

$f(x){\downarrow}$ gdw $\exists y \varepsilon B : (x,y) \varepsilon f$ (gelesen: *f(x) ist definiert*).

$f(x){\uparrow}$ gdw non $f(x){\downarrow}$ (................. undefiniert).

Eine *Funktion* $f \subseteq A \times B$ heißt *total* gdw $\forall x \varepsilon A : f(x){\downarrow}$. Wir benutzen das *Identitätssymbol für partielle Funktionen* f,g unter Rückgriff auf das Gleichheitszeichen für definierte Werte im Sinne von:

$f(x) = g(x)$ gdw $(f(x){\downarrow}$ gdw $g(x){\downarrow})$ & $(f(x){\downarrow}$ seq $f(x) = g(x))$.

$f = g$ gdw $\forall x: f(x) = g(x)$.

Mit der Bezeichnung $f{:}A \to B$ meinen wir also: f ist eine Funktion mit Definitionsbereich $\subseteq A$ und Wertebereich $\subseteq B$.

Häufig verwenden wir die sog. *λ-Notation*: $\lambda x.t(x)$ bezeichnet für einen beliebigen Term t - in dem außer x noch andere Variablen vorkommen können, die die Rolle von Parametern einnehmen - diejenige Funktion, die jedem x den Wert t(x) zuordnet. Entsprechend schreiben wir für Prädikate (Relationen oder Eigenschaften) $\lambda x.P(x)$. Für die *Parametrisierung* einer Funktion f nach "Parametern" (Teilen ihrer Argumentefolgen) x schreiben wir

$f_x := \lambda y.f(x,y)$.

Die Stellenzahl n von Funktionen oder Prädikaten geben wir evtl. in der Form $f^{(n)}$ bzw. $P^{(n)}$ an. Wo diese Angabe fehlt, denke man sich eine geeignete Stelligkeit zugrundegelegt. Auch bei Funktionenklassen F schreiben wir $F^{(n)}$ für $\{f^{(n)} | f \varepsilon F\}$.

Für die charakteristische Funktion eines Prädikats P schreiben wir ξ_P, wobei $\xi_P(x) \varepsilon \{0,1\}$ und $\xi_P(x) = 1$ falls P(x) (lies: P trifft zu auf x), $\xi_P(x) = 0$ sonst.

Wir benutzen häufig die folgenden beiden Operationen der Iteration von Funktionen f und g:

f^0 := id (Identitätsfunktion), $f^{n+1} := f \circ f^n$, $\mathrm{Iter}(f)(x,n) := f^n(x)$.

Durch die Iteration von f nach g, Schreibweise $(f)_g$, bezeichnen wir die "Iteration von f solange, bis auf dem berechneten Wert g den Wert 0 annimmt", d.h.

1. $(f)_g(x)\downarrow$ gdw $\exists n \in \mathbb{N}$: $f^n(x)\downarrow$ & $g(f^n(x)) = 0$.
2. Falls $(f)_g(x)\downarrow$, gilt $(f)_g(x) = f^n(x)$ für das kleinste n mit $g(f^n(x)) = 0$.

Unter Alphabeten A verstehen wir endliche nicht leere Mengen $\{a_1,\ldots,a_n\}$, deren Elemente wir Symbole oder Buchstaben nennen. Eine endliche Folge von Buchstaben (aus A) nennen wir Wort (über A) und schreiben $A^* := \{w | w$ Wort über A$\}$. Das leere Wort (d.h. die Symbolfolge der Länge 0) bezeichnen wir mit Λ . Wir setzen $A^+ := A^* - \{\Lambda\}$.

Mit $|w|$ bezeichnen wir die Länge des Wortes W.

Unter Bäumen verstehen wir spezielle gerichtete Graphen (also geordnete 2-stellige Relationen), die induktiv definiert sind durch:

1. $\overset{w}{\bullet}$ ist ein Baum mit Wurzel w.
2. Sind T_i =  Bäume mit Wurzel w_i $(1 \leq i \leq n)$, so ist

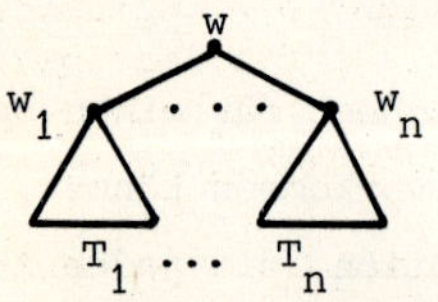

ein Baum mit Wurzel w.

In Bäumen B heißt eine mit der Wurzel beginnende Folge miteinander verbundener Punkte Pfad; als Länge eines Pfads definieren wir die Zahl der Kanten auf dem Pfad, also die um 1 verminderte Knotenzahl. Einen Baumknoten ohne Nachfolger nennt man Blatt.

ERSTES BUCH: ELEMENTARE BERECHNUNGSTHEORIE

Das erste Buch hat den Begriff des Algorithmus zum Gegenstand, genauer seine mathematische Präzisierung und das Studium seiner grundlegenden Eigenschaften.

Historisch betrachtet haben metamathematische Fragestellungen den Impuls zur Entwicklung dieses heute Berechenbarkeitstheorie genannten Wissensbereichs gegeben. Hier ist insbesondere die im ersten Drittel unseres Jahrhunderts ins Bewußtsein getretene Notwendigkeit zu nennen, ein mathematisch präzises und hinreichend allgemeines Explikat des intuitiven Begriffs algorithmischer Verfahren zu finden, um überhaupt rigorose Beweise der Unmöglichkeit algorithmischer Lösungen bestimmter Probleme führen zu können. Die geistesgeschichtlich bedeutsame Leistung einer derartigen Explikation hat insbesondere durch die von Turing 1937 angegebene Form dann auch die Entwicklung der ersten elektronischen Rechenmaschinen entscheidend beeinflußt.

Mit der fortschreitenden Entwicklung von Computern hat es sich im Hinblick auf allgemeine Untersuchungen über die Komplexität (des Entwurfs und der Durchführung) von Algorithmen auch als praktisch relevant erwiesen, über mathematisch flexible, möglichst maschinenunabhängige Formulierungen des Algorithmusbegriffs zu verfügen.

Dementsprechend stellen wir in diesem Buch von einem einheitlichen Ansatz her sowohl die klassischen Themen der Berechenbarkeitstheorie als auch die Grundlagen der Komplexitätstheorie vor.

So führen wir in Kapitel AI ein allgemeines Modell von Umformungs- und Rechensystemen ein, als dessen Ausprägungen sowohl der Begriff der Turing- bzw. Registermaschine erscheint - zur Explikation algorithmischer Verfahren schlechthin - als auch die - spezielle Algorithmenklassen darstellenden - Begriffe eines endlichen Automaten (Kap.CIV) und einer kontextfreien Grammatik (Kap.CV), die für Konstruktion, Implementierung und Studium der Eigenschaften von Programmen insbesondere höherer Programmiersprachen zentral sind.

Ebenso präsentiert sich das Studium der grundlegenden Eigenschaften des allgemeinen Algorithmusbegriffs in zweifacher Ausrichtung: die in Kap. AII zum Aufweis universeller algorithmischer Verfahren und zur Rechtfertigung rekursiver Programmiertechniken allgemein entwickelten Methoden führen einerseits auf konkrete, nachweislich algorithmisch unlösbare Probleme (Kap. BI) und hierarchische Bestimmung des relativen Schwierigkeitsgrades algorithmisch unlösbarer Probleme (Kap. BII); andererseits liefern sie für einen erkenntnistheoretisch natürlichen, maschinenunabhängigen Komplexitätsbegriff den Aufweis lösbarer Probleme, die nachweislich keine optimale Lösung bzw. keine algorithmischen Optimierungsverfahren zulassen; sie gestatten auch eine präzise Bestimmung der Komplexität der Hauptbestandteile universeller Programme (nämlich Eingabe-, Ausgabe-, Übergangs- und Stopmechanismen, s. Kap. BIII).

Auch für konkretere, auf das Messen von Zeit- und Platzbedarf von Turing- oder Registermaschinen gestützte Komplexitätsbegriffe liefern die in Kapitel AII, BII zur Komplexitätsanalyse algorithmisch unlösbarer Probleme entwickelten (Reduktions- und Diagonalisierungs-) Methoden analoge hierarchische Komplexitätsbestimmungen für algorithmisch lösbare Probleme und berechenbare Funktionen (Kap.CI). Wir führen im Besonderen in Kap.CII das heute schon klassische Beispiel von Komplexitätsbetrachtungen für primitiv rekursive Funktionen vor - eine historisch und mathematisch bedeutsame Teilklasse aller algorithmisch berechenbaren Funktionen, für die Komplexitätsbegriffe wie Wachstum, Rekursions- oder Programmschleifentiefe und Rechenzeit als äquivalent nachgewiesen werden konnten. Die dabei angestellten Überlegungen führen unmittelbar auf die gegenüberstellende Untersuchung (in Kap. CIII) von Problemen, die mit exponentiellem bzw. polynomialem Rechenaufwand lösbar sind - eine Thematik, die im Brennpunkt gegenwärtiger Forschungen liegt. Gerade diese letztgenannten Untersuchungen über niedrige Komplexitäten im Spannungsfeld zwischen schlechthin bzw. faktisch lösbaren/berechenbaren Problemen finden Anwendung und Entsprechung bei der Analyse der Komplexität logischer Entscheidungsprobleme im zweiten Buch (Kap. F).

KAPITEL A: MATHEMATISCHER ALGORITHMUSBEGRIFF

Ziel dieses Kapitels ist, I. einen mathematischen, präzisen und maschinenunabhängigen Begriff von Algorithmus zu entwickeln und II. dessen grundlegende Eigenschaften herauszuarbeiten.

TEIL I. CHURCHSCHE THESE

§ 1. Begriffsexplikation. In der Geschichte der abendländlichen Mathematik läßt sich beobachten, daß ein beträchtlicher Teil mathematischer Forschung darin besteht, Probleme einer algorithmischen Lösung zuzuführen. Dabei gab es kaum je Uneinigkeit darüber, ob eine vorgelegte Konstruktion als Algorithmus anzusehen sei. Das Bedürfnis, den zugrundeliegenden intuitiven Algorithmusbegriff in eine mathematisch präzise Form zu fassen, entstand in der ersten Hälfte dieses Jahrhunderts, als Probleme auftraten, die sich einer algorithmischen Lösung auf eine Weise versperrten, daß der Verdacht entstand, es gebe vielleicht gar keine Algorithmen der gesuchten Art. Um solchen Verdacht zu einem mathematischen Satz zu erhärten, ist es erforderlich, die Klasse von Algorithmen exakt zu definieren, um beweisen zu können, daß sie kein Element zur Lösung der betrachteten Probleme enthält. Die in den 30-er Jahren erbrachte Leistung einer dieses erkenntnistheoretische Bedürfnis zufriedenstellenden mathematischen Präzisierung des intuitiven Algorithmusbegriffs hat im nachfolgenden Jahrzehnt die Entwicklung programmierbarer Rechenanlagen konzeptionell entscheidend geprägt und begründet deren allumfassende Anwendbarkeit zur algorithmischen Lösung von Problemen. Aus der Erfahrung mit derartigen Rechensystemen ist das praktische Bedürfnis entsprungen, den maschinen- und programmiersprachenunabhängigen Kern des Algorithmusbegriffs in hinreichender Allgemeinheit, aber zugleich möglichst flexibel und für mathematische wie praktische Anwendungen handlich zu fassen. Wir wollen in diesem Kapitel in dieser doppelten erkenntnistheoretischen und anwendungsorientierten Hinsicht versuchen, die unverzichtbaren Merkmale des intuitiven und durch Computerprogramme realisierten Algorithmusbegriffs herauszuschälen, um sie in eine mathematisch präzise allgemeine Definition einzubringen.

Dabei gehen wir nicht von einem speziellen Berechnungsmodell aus, um an diesem Beispiel die Allgemeinheit der einzuführenden Begriffe zu erläutern. Wir versuchen umgekehrt, von einem möglichst allgemeinen Ansatz her auf eine den intuitiven Algorithmusbegriff repräsentierende Programmiersprache zu führen, die sich durch mathematische Flexibilität und Strukturiertheit ihrer Programme auszeichnet. Für die grundlagen- und komplexitätstheoretische Absicht dieses Buches ist diese Sprache deswegen besonders geeignet, weil sie Allgemeinheit und Einfachheit in besonderer Weise verbindet. Dies ist den der Sprachdefinition zugrundeliegenden Abstraktionen zu verdanken, durch die Einzelheiten unterdrückt werden, die nicht eigentlich Programme, sondern die diese Programme ausführenden Maschinen betreffen.

Die in § 1 entwickelten abstrakten Begriffe reflektieren den Kern zahlreicher klassischer Berechnungsmodelle aus der Literatur und gestatten so einen einfachen Äquivalenzbeweis zum von uns gewählten Modell (§ 4) und einen elementaren Nachweis der Äquivalenz der operationalen und der denotationalen Semantik unserer Programmiersprache (§ 3).

a) (Umformungssysteme). Ein Algorithmus ist nach traditionellem Verständnis eine endliche, eindeutige Beschreibung eines effektiven Verfahrens zur Lösung einer Klasse von Problemen. Effektivität bedeutet dabei, daß das Verfahren mechanisch, im Prinzip von einer Maschine durchgeführt werden kann. Eine solche Maschine empfängt beliebige endliche einschlägige Ausgangsgrößen (Problemfälle) als Eingabe und bearbeitet diese wie in der Verfahrensbeschreibung angegeben und ohne weitere äußere Einflußnahme Schritt für Schritt so lange, bis eine Endkonstellation erreicht ist; der Endkonstellation kann das Rechenergebnis entnommen werden. Die Abgeschlossenheit des Verfahrens vor äußeren Faktoren beinhaltet, daß jeder einzelne Verfahrensschritt nur von der Verfahrensbeschreibung und von der jeweiligen Rechenkonstellation abhängt, in der er ausgeführt wird; also muß jeder einzelne Verfahrensschritt elementar (lies: einfach und lokal auszuführen) sowie eindeutig und vollständig bestimmt sein und besteht die Ausführung des Gesamtverfahrens in wiederholter Anwendung elementarer Rechenschritte. Wir fassen diesen von Ein-, Ausgabe- und Stopmechanismen unabhängigen transformationellen Teil von Algorithmen in die

Definition. Ein Umformungs- oder Übergangssystem U (über S) (lateinisch auch Transformations- oder Transitionssystem genannt) ist ein Paar $(S,\rightarrow)$ aus einer Menge S und einer Relation $\rightarrow \subseteq S\times S$. Diese Relation wird i.a. als Vereinigung $\cup\{\rightarrow_i \mid i\in I\}$ endlich vieler Teilrelationen $\rightarrow_i \subseteq \rightarrow$ $(i\in I, I$ Indexmenge) gegeben.

Die Elemente von S nennen wir Konfigurationen oder (Speicher-)Zustände, $\rightarrow$ Transformations- oder Transitionsrelation, die einzelnen $\rightarrow_i$ auch (Umformungs-)Regeln oder Übergänge, dementsprechend s bzw. s' mit $(s,s')\in\rightarrow_i$ Prämisse bzw. Konklusion der Regel $\rightarrow_i$. Von daher schreibt man auch $s\rightarrow_i s'$ statt $(s,s')\in\rightarrow_i$. Des Weiteren führen wir die folgenden Schreib- und Sprechweisen ein (für $s,s'\in S, w\in I^*$): $s\underset{w}{\rightarrow}s'$ (lies: s' entsteht durch (Anwendung der Übergangsfolge) w aus s bzw. s geht durch w über in s') ist induktiv festgelegt durch:

$s\underset{\Lambda}{\rightarrow}s'$ gdw $s=s'$, $s\underset{wi}{\rightarrow}s'$ gdw $s\underset{w}{\rightarrow}s'' \rightarrow_i s'$ für ein $s''\in S$.

$s\overset{t}{\rightarrow}s'$ gdw $s\underset{w}{\rightarrow}s'$ für ein w der Länge t $(t\in\mathbb{N})$, lies: U überführt s in t Schritten in s', s' entsteht in t Schritten aus s. Beachten Sie, daß diese Überführungsrelation nicht notwendig funktional ist.

$s \Rightarrow s'$ gdw $s \overset{t}{\rightarrow} s'$ für ein t, lies: s geht in endlich vielen Schritten über in s', U überführt s in s', s' ist erreichbar (herleitbar) aus s, s' entsteht aus s. $\Rightarrow$ ist die reflexive transitive Hülle von $\rightarrow_i$. $s \rightarrow s'$ steht für $s \overset{1}{\rightarrow} s'$, auch gelesen: s' ist unmittelbarer Nachfolger (-zustand) von s.
$s \not\rightarrow s'$, $s \not\Rightarrow s'$ usw. steht für: nicht $s \rightarrow s'$, nicht $s \Rightarrow s'$.

Eine Folge $s_o, \ldots, s_n$ heißt U-Berechnung oder U-Herleitung (mit Anfang s_o und Ergebnis s_n oder von s_n aus s_o) der Länge n gdw $s_i \rightarrow s_{i+1}$ für alle $i<n$.

$\rightarrow$ bzw. $\rightarrow_i$ heißt auf s anwendbar gdw $s \rightarrow s'$ bzw. $s \rightarrow_i s'$ für ein $s' \in S$. s heißt Endkonfiguration (Endzustand) von U gdw $\rightarrow$ auf s nicht anwendbar ist.

s heißt in U erreichbar, falls $s' \overset{t}{\rightarrow} s$ für ein $s' \in S$ und ein $t \neq 0$, sonst unerreichbar in U.

Sprechen wir von mehreren Umformungssystemen, so indizieren wir $\rightarrow$, $\Rightarrow$. Zur Betonung ihres evtl. nicht funktionalen Charakters nennt man Umformungssysteme auch Deduktions- oder Herleitungssysteme und schreibt $\vdash$ statt $\Rightarrow$. U heißt determiniert, falls $\rightarrow$ eine (evtl. partielle) Funktion ist; U heißt lokal determiniert, falls $\rightarrow = \bigcup_{i \in I} \rightarrow_i$ für eine endliche Indexmenge I mit Funktionen $\rightarrow_i$. Determinierte Übergangssysteme nennen wir auch Übergangsfunktionen. U heißt reversibel (auf $A \subseteq S$), falls $a \underset{U}{\Rightarrow} b$ gdw $b \underset{U}{\Rightarrow} a$ für alle $a, b \in S$ (bzw. $a, b \in A$).

Bemerkung. Man betrachtet häufig Transitionssysteme mit mehrstelligen Regeln $\rightarrow_i \subseteq S^{n_i} \times S$ aus n_i Prämissen und einer Konklusion; dann definiert man entsprechend für Mengen $S_o \subseteq S$ und $s' \in S$:

$$S_o \overset{t}{\vdash} s' \text{ gdw es gibt } s_o, \ldots, s_t \in S \text{ mit } s_t = s' \;\&$$

$$\forall j \leq t: \quad \exists i \exists\, j_1, \ldots, j_{n_i} < j: (s_{j_1}, \ldots, s_{j_{n_i}}, s_j) \in \rightarrow_i \text{ oder } s_j \in S_o$$

in Worten: s' ist Ergebnis einer Herleitung der Länge t aus den "Voraussetzungen" (Axiomen) S_o, d.h. letztes Glied einer Folge von Elementen s_j aus S, die entweder Elemente von S_o oder aber aus endlich vielen vorhergehenden Elementen durch eine der Regeln $\rightarrow_i$ des betrachteten Deduktionssystems als Konklusion erzeugt sind. Man schreibt solche Regeln auch gern in der Form

$$\frac{s_{j_1}, \ldots, s_{j_{n_i}}}{s_j} \;(i) \quad \text{statt} \quad (s_{j_1}, \ldots, s_{j_{n_i}}, s_j) \in \rightarrow_i \quad \text{oder} \quad s_{j_1}, \ldots, s_{j_{n_i}} \rightarrow_i s_j$$

Da wir solche Kalküle mit mehrstelligen Regeln (lies: Regeln mit mehr als einer Prämisse) im Wesentlichen erst bei der Behandlung von Logikkalkülen mit Vorteil verwenden können, betrachten wir im ersten Buch i.a. nur Transitionssysteme aus Regeln mit je einer Prämisse.

Beispiel 1. (Wortsubstitution). Ein Semi-Thuesystem über einem Alphabet A ist ein Umformungssystem zur Ersetzung von Teilworten V_i in gegebenen Worten durch Worte W_i; formal: $S=A^*$, $\rightarrow_i=\{(VV_iW,VW_iW) \mid VW\in A^*\}$ für $i\leq n$. Die Regeln $\rightarrow_i$ werden meistens nur durch Angabe ihrer Prämissen V_i und ihrer Konklusion W_i notiert: $\rightarrow_i = V_i \rightarrow W_i$ oder (V_i,W_i). Thuesysteme sind Semi-Thuesysteme, die zu jeder Regel $V_i \rightarrow W_i$ auch die inverse Regel $W_i \rightarrow V_i$ (lies: definierende Gleichungen $V_i=W_i$) enthalten; Thuesysteme sind reversibel.

Von Thue 1914 im Zusammenhang gruppentheoretischer Untersuchungen eingeführt, bilden Semi-Thuesysteme im intuitiven Sinne effektive Verfahren zur schematischen, nur von der äußeren Form der Zeichen abhängigen Veränderung vorgegebener Zeichenreihen. Ausgehend von Chomsky 1956 haben Semi-Thuesysteme auch Eingang in das Studium formaler (insbesondere Programmier-) Sprachen gefunden. Wesentlich war dafür die Beobachtung, daß grammatikalische Analysen komplexer Begriffe als bestimmte Verknüpfungen einfacherer Begriffe formal mittels geeigneter Substitutionsregeln beschrieben werden können; die Zerlegung von "Satz" in ein Subjekt gefolgt von einem Prädikat beispielsweise durch die Regel "Satz → Subjekt Prädikat", aus der sich das Satzbeispiel "Luca lacht" herleiten läßt mittels der "lexikalischen" Regeln "Subjekt → Luca", "Prädikat → lacht". Wir werden solche Anwendungen von Semi-Thuesystemen zum Studium formaler Sprachen in Kap. CV behandeln.

Beispiel 2. (Post 1943,1956). Ein normaler Postscher Kalkül über einem Alphabet A ist ein Umformungssystem mit $S=A^*$, $\rightarrow_i=\{(V_iW,WW_i) \mid W\in A^*\}$, notiert meistens durch $V_i \rightarrow W_i$ bzw. (V_i,W_i) für $i\leq n$. $\rightarrow_i$ auf ein Wort (eine Liste) V anzuwenden bedeutet, V_i am Anfang von V zu lesen, V_i dort zu löschen und am Wortende W_i anzufügen. Post stieß im Verlaufe seiner Untersuchungen zum Hilbertschen Entscheidungsproblem (s. Kap.F) auf diese Kalküle als Normalform allgemeiner (der sog. Postschen) Produktionssysteme zur Beschreibung regelhaften Verhaltens bei formalen Herleitungen (lies: mathematischen Beweisführungen). Die damals von Post entwickelten Begriffe sind grundlegend für die im Zusammenhang mit Programmiersprachen nützlich gewordene moderne Theorie formaler Sprachen.

Beispiel 3. (Modulrechnen) Ein Modulumformungssystem ist ein Umformungssystem mit $S=\mathbb{N}$, $\rightarrow_i=\{(a_ix+b_i,c_ix+d_i \mid x\in\mathbb{N}\}$ mit $a_i,b_i,c_i,d_i\in\mathbb{N}$ für $i\leq n$. Eine Regel $\rightarrow_i$ ist auf p anwendbar, falls $p=b_i+a_ix$ für ein $x\in\mathbb{N}$, und liefert als Ergebnis d_i+c_ix. Für das von Collatz definierte determinierte System aus Regeln $(2x,x)$ und $(2x+1,6x+4)$ z.B. ist bis heute unbekannt, ob $m \Rightarrow 1$ für alle m, s. Garner 1981. Modulumformungssysteme sind ebenfalls eine Normalform der Postschen Produktionssysteme, s. § 4.

Für Umformungssysteme ergeben sich grundlegende Entscheidungsprobleme. Betrachten wir beispielsweise die Darstellung einer Gruppe durch ein Thuesystem

T: die Gruppenelemente werden durch Verkettung $b_1 \cdot b_2 \cdot \ldots \cdot b_m$ endlich vieler Erzeugender ("Buchstaben") aus einem Alphabet $A=\{a_1,\ldots,a_n\}$ (also $b_i \in A$ für alle $i \leq m$) dargestellt (generiert); auf den entstehenden Worten aus A^* werden durch die T-Regeln "Wortgleichungen" (lies: reversible Regeln) $V_j \rightarrow W_j$ und $W_j \rightarrow V_j$ mit $V_j W_j \in A^*$, also "Identitäten" $V_j = W_j$ festgelegt. Dann liegt die Frage nach Algorithmen nahe, die für beliebige Worte V,W die "Gleichheit" bzgl. T entscheiden, lies: ob $V \vdash_T W$. Man spricht vom Wortproblem der (durch T dargestellten) Gruppe, allgemein:

Definition. Für ein Umformungssystem $U=(S,\rightarrow)$ sei (mit jeweils $s,s' \in S$):
Wortproblem von $U: W(U) := \{(s,s') \mid s \overset{}{\underset{U}{\Rightarrow}} s'\}$. Oft sagt man statt dessen auch Erreichbarkeitsproblem von U. Sog. spezielle Wortprobleme entstehen durch Festhalten einer Komponente als Start (Axiom) oder Ziel (Konklusion):
Folgerungsmenge von s in $U: W_{Axiom}(s,U) := \{s' \mid s \underset{U}{\Rightarrow} s'\}$, auch Erreichbarkeitsmenge von s oder Wortproblem von U mit Axiom s genannt.
Wortproblem von U mit Konklusion s: $W_{Konkl}(s,U) := \{s' \mid s' \underset{U}{\Rightarrow} s\}$
Konfluenzproblem von $U: K(U) := \{(s,s') \mid \exists s'' \in S: s \underset{U}{\Rightarrow} s'' \,\&\, s' \underset{U}{\Rightarrow} s''\}$
Konfluenzproblem von s in $U: K(s,U) := \{s' \mid (s,s') \in K(U)\}$.
Halteproblem von $U: H(U) := \{s \mid \exists s' \in S: s \underset{U}{\Rightarrow} s' \,\&\, s'$ Endkonfiguration von $U\}$.

Zeichnen wir in einem Umformungssystem U ein Axiom s (z.B. den Begriff "Satz") als Berechnungsanfang aus und betrachten die dadurch definierte Folgerungsmenge, so benutzen wir U als Aufzählungs-, Erzeugungs- oder Syntheseverfahren zum Aufbau einer Menge von Objekten (im Beispiel: Menge der durch Anwendung der Grammatikregeln korrekt gebildeten konkreten Sätze); zeichnen wir die Konfiguration s als Konklusion aus und betrachten das durch diese Konklusion definierte Wortproblem, so benutzen wir U als Entscheidungs-, Erkennungs- oder Analyseverfahren, durch das die in U auf s führenden Konfigurationen (im Beispiel: die Menge der den Grammatikregeln entsprechend korrekt analysierbaren konkreten Sätzen) als akzeptiert ausgesondert werden. Diese beiden Verwendungsweisen von Umformungssystemen und allgemein die Beziehungen zwischen Umformungssystemen und ihren (aus den umgekehrten Regeln bestehenden) Umkehrsystemen spielen in vielen Untersuchungen eine wichtige Rolle.

Zur Verdeutlichung sei ein Beispiel aus der Informatik gewählt: Ein Programmierer "erzeugt" ein Programm p einer gegebenen Programmiersprache L nach den Regeln der diese definierenden Grammatik; ein Übersetzer oder Compiler für L hat u.a. die konstruierte Zeichenfolge p als korrekt gebildetes Programm von L zu "erkennen", d.h. er muß die Programm-Erzeugungsschritte analysierend als Erkennungsschritte nachvollziehen. Je komplizierter die Syntax von L ist, desto komplizierter werden zugehörige Erkennungsalgorithmen.

Wir notieren hier vorerst nur einen trivialen Zusammenhang zwischen Umformungssystemen und ihren Umkehrsystemen als:

Übung. Für jedes Umformungssystem U mit Regeln $V_i \rightarrow W_i$ $(i \leq n)$ über S und Umkehrsystem U^{-1} aus den inversen Regeln $W_i \rightarrow V_i$ $(i \leq n)$ über S gilt:
$V \underset{U}{\Rightarrow} W$ gdw $W \underset{U^{-1}}{\Rightarrow} V$ für alle $V,W \in S$.

Also ist $W_{Axiom}(s,U)=W_{Konkl}(s,U^{-1})$ für alle $s\in S$.

Nach ihrer Definition sind Umformungssysteme gerichtet. Newman 1942 hat einen einfachen, aber nützlichen Zusammenhang beobachtet zwischen dem Konfluenzproblem eines Umformungssystems U und dem Wortproblem für den ungerichteten, reversiblen Abschluss $Rev(U):=(S,\rightarrow\cup\rightarrow^{-1})$ von U gegen Anwendungen der (sog. "Rückwärts-") Regeln $\rightarrow_i^{-1}$ in U^{-1} aller (sog. "Vorwärts-") Regeln $\rightarrow_i$ in U:

Definition. Ein Umformungssystem $U=(S,\rightarrow)$ hat auf einer Menge $A\subseteq S$ die Church-Rosser-Eigenschaft gdw in U für alle $a\in A$ und alle $b,c\in S$ gilt:

$$\text{aus}\quad \begin{array}{ccc} a & \Rightarrow & b \\ \Downarrow & & \\ c & & \end{array} \quad\text{folgt}\quad \begin{array}{ccc} a & \Rightarrow & b \\ \Downarrow & & \Downarrow \\ c & \Rightarrow & d \end{array} \quad\text{für ein } d\in S$$

Newmansches Prinzip: Sei $U=(S,\rightarrow)$ ein Umformungssystem und $A\subseteq S$ gegen Anwendungen von Rev(U)-Regeln abgeschlossen ($a \xRightarrow[Rev(U)]{} b$ & $a\in A$ seq $b\in A$). Hat U auf A die Church-Rosser-Eigenschaft, so ist das Wortproblem von Rev(U) auf A gleich dem Konfluenzproblem von U auf A, symbolisch: $W(Rev(U))\cap A^2=K(U)\cap A^2$.

Beweis. $a \xRightarrow[Rev(U)]{(n)} b$ bedeute, daß b in Rev(U) aus a durch eine Übergangsfolge entsteht, die außer Anwendungen von U-Regeln genau n Anwendungen von "Rückwärtsregeln" aus U^{-1} enthält. Wir zeigen durch Induktion nach n: aus $a \xRightarrow[Rev(U)]{(n)} c$ folgt $(a,c)\in K(U)$. Für n=O gilt $a \xRightarrow[U]{} c$. Der Induktionsschluß folgt aus den beiden Behauptungen:

Beh.1: $\forall a\in A:\forall b,c\in S$: aus $a \xRightarrow[Rev(U)]{(n)} b \xrightarrow[U^{-1}]{} c$ folgt $(a,c)\in K(U)$.

Beh.2: $\forall c\in A:\forall a,d\in S$: aus $(a,c)\in K(U)$ & $c \xRightarrow[U]{} d$ folgt $(a,d)\in K(U)$.

Beweis 1. Für ein d nach Induktionsvoraussetzung gilt $a \xRightarrow[U]{} d \xLeftarrow[U]{} b \xleftarrow[U]{} c$.

Beweis 2. Für $(a,c)\in K(U)$ gibt es ein $b\in S$ mit

$$\begin{array}{ccc} a & c & \xRightarrow[U]{} d \\ & \searrow_U \ \Downarrow & \\ & b & \end{array} \text{, also} \quad \begin{array}{ccc} a & c & \Rightarrow d \\ & \searrow_U \ \Downarrow & U \ \Downarrow \\ & b & \Rightarrow e \end{array}$$

für ein e nach der Church-Rosser-Eigenschaft von U auf A.

Die Inklusion von rechts nach links ist trivial.

Ein im Folgenden mehrfach benutzter Spezialfall des Newmanschen Prinzips ist das (von D. Rödding so getaufte) Nürnberger-Trichter-Prinzip: Für determinierte Umformungssysteme $U=(S,\rightarrow)$ ist ein im Umkehrsystem U^{-1} unerreichbarer Zustand $s\in S$ genau dann im reversiblen Abschluß von U erreichbar, wenn er in U erreichbar ist, genauer: $\forall s'\in S$:

$$s' \xRightarrow[Rev(U)]{} s \quad \text{gdw} \quad s' \xRightarrow[U]{} s.$$

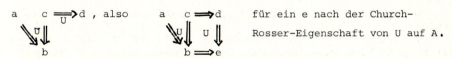

Beweis: Sei $s_o,\dots,s_n,\dots,s_m$ eine Rev(U)-Herleitung mit Anfang $s_o=s'$, Ende $s_m=s$ und eine U-Herleitung darstellendem Endstück $s_n,\dots,s_m$ maximaler Länge. Wir eliminieren in dieser Herleitung sukzessive alle U^{-1}-Regelanwendungen wie folgt:
Falls $0<n$, ist $s_{n-1} \to_i^{-1} s_n$ für eine U-Regel $\to_i$; wegen der Unerreichbarkeit von s in U^{-1} ist $n<m$, so daß $s_{n-1} \leftarrow_i s_n \to s_{n+1}$, woraus auf Grund der Determiniertheit von U folgt $s_{n-1}=s_{n+1}$. Also ist $s_o,\dots,s_{n-1},s_{n+2},\dots,s_m$ eine Rev(U)-Herleitung von s aus s'.

b) (Rechensysteme). Wir beschreiben jetzt die Erweiterung von Übergangssystemen durch Ein-, Ausgabe- und Stopmechanismen zu Rechensystemen, welche die Form allgemeiner Verfahren zur Berechnung von Funktionen oder zur Lösung von Problemklassen haben: vor Beginn der Rechnung liefert eine Eingabeprozedur dem Umformungssystem von außen die zu bearbeitenden Daten (die Problemstellung, das Argument für den zu berechnenden Funktionswert); nach dieser Eingabe wird das Umformungssystem solange angewandt, bis die jeweils erreichte Konfiguration erstmalig ein im vorhinein gegebenes Abbruchkriterium erfüllt; in diesem Augenblick wird vermöge einer Ausgabeprozedur der erreichten Endkonfiguration das Rechenergebnis entnommen und nach außen gegeben. Zur Bezeichnung der Iteration der Transformationsrelation $\to$ benutzen wir die folgende

Sprechweise. Für eine Relation $\to \subseteq S\times S$ und eine totale Funktion $g:S\to\{0,1\}$ sagen wir: y ist (ein) Ergebnis der Iteration von $\to$ nach g auf x (in Zeichen: $x(\to)_g y$) gdw es ein n und $y_o,\dots,y_n\in S$ gibt mit:

$$y_o=x, y_n=y,\ g(y_n)=0,\ g(y_i)\neq 0,\ y_i\to y_{i+1} \quad \text{für alle } i<n$$

d.h. y erfüllt (das "Stopkriterium"!) g und ist Endglied einer mit x beginnenden $\to$-Kette, deren andere Glieder g nicht erfüllen; rekursiv formuliert: $x(\to)_g y$ gdw $(g(x)=0 \,\&\, x=y)$ oder $(g(x)\neq 0$ & für ein x' gilt: $x'(\to)_g y$ & $x\to x')$.
NB: Auch für totale Funktionen $\to$, g kann $(\to)_g(x)$ undefiniert sein.

Definition: Ein Rechensystem oder Berechnungssystem R ist ein Quadrupel (T,In,Out,Stop) aus einem Transitionssystem $T=(S,\to)$, einer auf einer Menge I (der sog. Inputs) definierten (sog. Eingabe-) Funktion $In:I\to S$, einer (sog. Ausgabe-)Funktion $Out:S\to O$ mit Werten in einer Menge O (der sog. Outputs) und einer Funktion $Stop:S\to\{0,1\}$ (sog. Stopkriterium). Die von R berechnete (Resultat)-Relation Res_R ist $Out\circ(\to)_{Stop}\circ In$, d.h. $x Res_R y$ gdw $\exists n, s_o,\dots,s_n$: $In(x)=s_o$ & $Out(s_n)=y$ & $Stop(s_n)=0$ & $s_i\to s_{i+1}$ & $Stop(s_i)\neq 0$ für $i<n$.

Ist T determiniert, so nennen wir Res_R die von R berechnete Funktion.

c) (Programme für Maschinen). Bei der Definition von Transformations- und Rechensystemen haben wir die Eindeutigkeitsforderung an Algorithmen außer acht gelassen, auf Grund derer für jeden elementaren Verfahrensschritt durch die Verfahrensbeschreibung nicht nur die an den bearbeiteten Größen vorzunehmende Umformung, sondern auch derjenige Verfahrensschritt festgelegt werden muß, der als nächster auszuführen ist; dies entspricht dem deterministischen Charakter traditioneller Maschinenbegriffe. Jedem Algorithmus unterliegt somit eine Kontrollstruktur zur Festlegung der Reihenfolge, in der die elementaren Verfahrensschritte auszuführen sind. Zur äußeren Kennzeichnung dieser Kontrollstruktur dienen Namen, mit denen die elementaren Verfahrensschritte bezeichnet werden. Man kann zwei Grundtypen elementarer Verfahrensschritte unterscheiden: Operationsanweisungen, durch die gegebene Größen umgeformt und die als nächste auszuführende Anweisung bestimmt werden, und Testanweisungen, durch die gegebene Größen auf vorgegebene Eigenschaften hin geprüft und in Abhängigkeit vom Prüfergebnis der als nächster auszuführende Verfahrensschritt bestimmt werden. Diese Bestandteile elementarer Verfahrensschritte reichen für eine Bestimmung der allgemeinen Form von Algorithmen aus; da für die Festlegung dieser Form keine inhaltlichen Voraussetzungen über die beabsichtigte Deutung der Anweisungen über einer konkreten Menge zu bearbeitender Objekte (Daten, Speicherelemente) gemacht zu werden brauchen, sagt man auch, daß wir in der folgenden Definition die Syntax (unseres abstrakten Begriffs) von Programmen angeben:

Definition. Ein Programm P ist eine endliche Menge von Instruktionen, in der je zwei Instruktionen verschiedene Adressen haben; Instruktionen I_i sind Tripel (i,f,j) oder Quadrupel (i,t,j,k) mit Adressen i, (sog. Folge-) Adressen j,k und Funktions- bzw. Prädikatssymbolen f bzw. t. Die Tripel heißen Funktions- bzw. Operationsinstruktionen, die Quadrupel Testinstruktionen. Statt Adressen sagen wir auch "Zustände", "Instruktionsnummern"; i.a. wählen wir $i,j,k \in \mathbb{N}$. Wenn nicht anders festgelegt, gilt 0 als Anfangszustand eines Programms; jede in einem Programm P vorkommende Folgeadresse, die nicht Adresse einer Instruktion P ist, heißt Stopzustand von P.

Notation. Manchmal notiert man Programme 2-dimensional als Flußdiagramme, d.h. gerichtete Graphen, deren Knoten Operations- bzw. Testanweisungen und deren Kanten die Adressen darstellen:

Eine ähnliche Programmnotation sind die Zustandsdiagramme, d.h. gerichtete Graphen, in denen umgekehrt jedem Zustand i ein mit i beschrifteter Knoten i entspricht und Instruktionen durch beschriftete Kanten angegeben werden nach dem Muster:

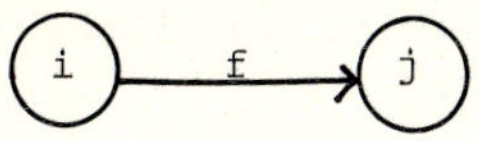

für (i,f,j)

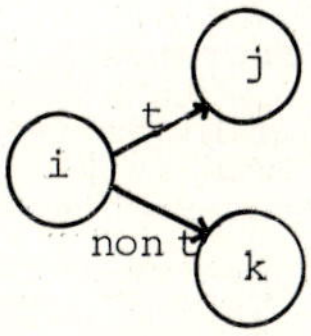

für (i,t,j,k)

Endzustände r werden z.B. durch einen doppelten ◎ und der Anfangszustand durch eine (etwa mit "Start" beschriftete) frei in ihn hineinlaufende

Kante bestimmt. (Für eine saubere, allgemeine Definition von Flußbildberechenbarkeit s. Lischke 1975.)

Was ist die Bedeutung (Semantik) von Programmen? Vergegenwärtigen wir uns die beabsichtigte Auffassung von Programmen als Beschreibungen von nach festen Regeln arbeitenden Maschinen: Der Aufruf einer Funktionsinstruktion (i,f,j) soll bewirken, daß in der gegenwärtigen Rechenkonfiguration die durch f bezeichnete Operation ausgeführt und als nächste Instruktion die mit Adresse j aufgerufen wird. Der Aufruf einer Testinstruktion (i,t,j,k) soll bewirken, daß geprüft wird, ob das durch t bezeichnete Prädikat in der augenblicklichen Rechenkonstellation zutrifft oder nicht, im ersten Fall wird als nächste Instruktion die mit der Adresse j aufgerufen, im zweiten Fall die mit Adresse k. Für eine vollständige Definition dieser "operational" genannten Wirkung von Programmen müssen wir die Klasse der zu bearbeitenden Daten (lies: Rechenraum oder -speicher) und die dabei zur Verfügung stehenden elementaren Anweisungen festlegen. Dies geschieht durch Angabe einer Maschine zur Ausführung der durch Programme definierten Algorithmen:

Definition. (Scott 1967). Eine Maschine M ist ein Quintupel (S,Oper,Test, In,Out) aus einer Menge S ("Speicher" der sog. Speicherzustände oder Daten), einer Menge "Oper" von (i.a. totalen) Funktion $f:S\rightarrow S$ (der sog. (elementaren) Operationen), einer Menge "Test" von (i.a. totalen) Testfunktionen $g:S\rightarrow\{0,1\}$ sowie (i.a. totalen) Ein- und Ausgabefunktionen $In:I\rightarrow S$, $Out:S\rightarrow O$. Ein M-Programm ist ein Programm P, dessen Funktions- bzw. Prädikatensymbole Elemente aus Oper bzw. Test bezeichnen. (Streng genommen interpretieren wir die syntaktischen Objekte f bzw. t in P als M-Anweisungen, indem wir jedem Namen f bzw. t eine Funktion in Oper bzw. ein Prädikat in Test zuordnen. Zur notationellen Vereinfachung bezeichnen wir die so zugeordneten M-Anweisungen wieder mit f bzw. t). P-Konfigurationen (lies: vollständige Beschreibungen von Rechenkonstellationen zu gegebenem Zeitpunkt) sind alle Paare (i,s) aus einer Adresse i einer P-Instruktion und einem Speicherzustand $s\in S$; (0,s) heißt Anfangskonfiguration, (r,s) für Stopzustände r von P Stopkonfiguration von P.

Die Wirkung (der Ausführung) eines M-Programms P auf M beschreibt die Resultatfunktion des durch P und M definierten Rechensystems: M liefert Ein-, Ausgabe- und Stopmechanismus, P liefert die Übergangs- (Einzelschritt-) Funktion $\rightarrow_P$:

Definition. Für M-Programme P ist die von P auf M berechnete Funktion Res_P (Bedeutung von P auf M) definiert als Resultatfunktion des folgenden, durch P auf M definierten Rechensystems $(T_P, Ein, Aus, Stop_P)$ mit $T_P=(S_P,\rightarrow_P)$:

$S_P:=\{(i,s)\mid i$ Zustand von $P, s\in S\}$ für den Speicher S von M

$Ein(x):=(0,In(x))$ $Aus((i,s))=Out(s)$ für In,Out von M

$Stop_P((i,s))=0$ gdw (i,s) ist eine Stopkonfiguration von P

(sog. Standardstopkriterium für Maschinenprogramme)

$$(i,s)\to_P \begin{cases} (j,f(s)) & \text{falls } (i,f,j)\in P \\ (j,s) & \text{falls } (i,t,j,k)\in P \text{ und } t(s) \text{ ist wahr} \\ (k,s) & \text{..............................} \text{ falsch} \\ (i,s) & \text{sonst} \quad \text{(NB: Berechnungsfolgen ab Stop konstant)} \end{cases}$$

Also $Res_P(x) = Aus \circ (\to_P)_{Stop_P} \circ Ein(x)$ für alle $x\in I$.

$F(M)$ bezeichne die Menge der M-berechenbaren Funktionen $\{Res_P \mid P \text{ M-Programm}\}$.

NB: $\to_P$ ist determiniert.

Bezeichnungen. Bei konkreten Maschinenmodellen notiert man häufig Test- und Operationsinstruktionen in einer einzigen bedingten (Operations-) Instruktion der Form (i,t,f,j) bzw.

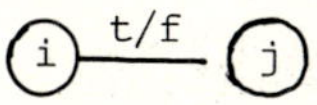

mit der Bedeutung: gilt t im Zustand i, so führe die Operation f aus und rufe Zustand j auf. Solch eine Instruktion ist offensichtlich äquivalent zur Instruktionsfolge

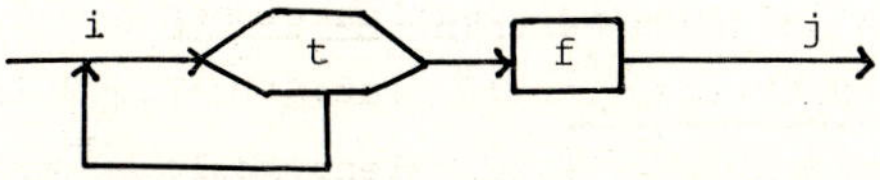

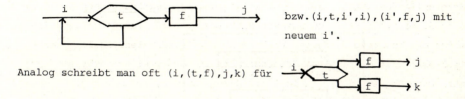

bzw. (i,t,i',i),(i',f,j) mit neuem i'.

Analog schreibt man oft (i,(t,f),j,k) für

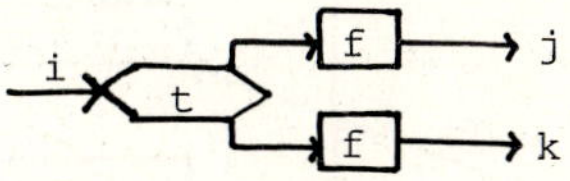

und unterdrückt sogar t, wenn t aus dem Zusammenhang bekannt ist. Normalerweise liegt der Ausführung von Programmen die Iteration nach dem Standardstopkriterium zugrunde, so daß wir dafür einfach $(\to_P)$ schreiben.

Die Präzisierung des Berechenbarkeitsbegriffs auf einer Maschine liefert auch eine Präzisierung der M-Entscheidbarkeit von Problemen P (lies: Mengen von Ja-Nein-Fragen): P heißt M-entscheidbar oder M-lösbar gdw seine charakteristische Funktion ξ_P M-berechenbar ist; in der Tat ist ξ_P total, so daß ein M-Berechnungsverfahren für ξ_P für beliebige (Fragen) a entscheidet, ob die Frage a eine Ja-Antwort ($\xi_P(a)=1$) oder eine Nein-Antwort $\xi_P(a)=0$ hat. Ebenso kann der Begriff der M-Aufzählbarkeit oder M-Erzeugbarkeit von Mengen X direkt auf den der Berechenbarkeit zurückgeführt werden durch die Bestimmung, daß $X=\{f(n) \mid n\in\mathbb{N}\}$ für eine M-berechenbare Funktion f (lies: X besteht aus genau den sukzessive von f (nicht notwendig wiederholungsfrei) aufgelisteten Elementen f(0), f(1),...). Wir werden uns im folgenden Kapitel mit diesen beiden Begriffen beschäftigen.

Bemerkung. Im Zusammenhang mit der effektiven Aufzählung von Mengen durch Programme und allgemein bei komplexitätstheoretischen Untersuchungen hat es sich als nützlich herausgestellt, auch sog. nicht determinierte Maschinenmodelle zu betrachten. Dort sind Programme zugelassen, die mehrere Instruktionen mit derselben Adresse haben oder Instruktionen, die statt einer Nachfolgeadresse Mengen von Nachfolgeadressen besitzen, aus denen die Maschine bei der Ausführung solcher Instruktionen eine "auswählen" kann. Entsprechend hat man dann die Bedeutung solcher Programme festzulegen. Für Einzelheiten vgl. Kap.C.

Die aus der Analyse des Algorithmusbegriffs bisher gewonnene Definition des M-Berechenbarkeitsbegriffs gestattet bereits, einige Grundphänomene der Informatik allgemein zu beschreiben. Unausgesprochen haben wir bei der Definition der Wirkung Res_p von M-Programmen p einen Interpreter angegeben: ist L eine Programmiersprache (lies: Menge von Programmen) und Φ eine Semantik für L (lies: für jedes $p \in L$ die Angabe seiner Wirkung $\Phi(p)$), so besteht die Konstruktion eines Interpreters für L bzgl. Φ auf einer Maschine in der Angabe einer auf dieser Maschine berechenbaren Funktion Φ, die zu jedem Programm $p \in L$ und jeder Eingabe x die Wirkung $\Phi(p)(x)$ von p auf x bzgl. der gegebenen Semantik berechnet; i.a. geschieht dies über eine "Interpretation" und Simulation (des Ablaufs der einzelnen Instruktionen) von p bei Eingabe von x. Im Falle der durch Res_p auf M definierten Semantik von M-Programmen erhalten wir einen Interpreter Φ durch folgende Maschine $\overline{M}$:

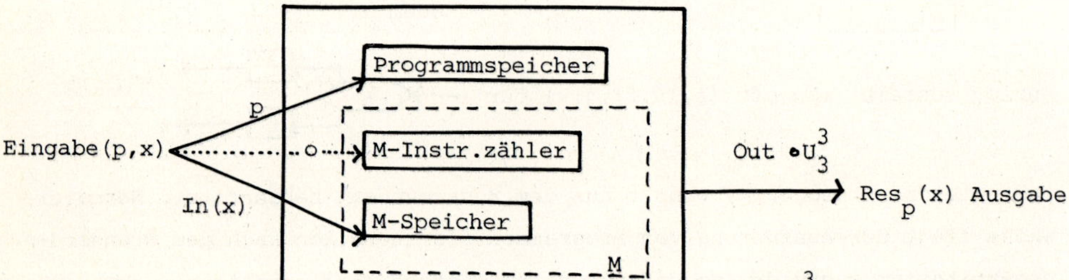

in Formeln :

mit $U_3^3(a,b,c) := c$ (Projektion)

$$(p,x) \rightarrow (p,0,In(x)) \Rightarrow (p,(\rightarrow_p)(o,In(x))) = (p,r,s) \rightarrow Out(s)$$

Übung. Vervollständigen Sie die Definition der Maschine $\overline{M}$ und eines Programms, welches Φ auf $\overline{M}$ berechnet.

Für Programmiersprachen L,L' mit Semantik Φ, Φ' ist ein Compiler (Übersetzer) für L bzgl. Φ in L' bzgl. Φ' eine (M-berechenbare) Funktion c, die jedes $p \in L$ in ein äquivalentes (bedeutungsgleiches) $c(p) \in L'$ übersetzt, d.h. mit $\Phi(p) = \Phi'(c(p))$. {Wir lassen zur Vereinfachung bei dieser Umschreibung die Tatsache außer acht, daß nach heutigem Verständnis Compiler i.a. nicht lediglich in einer Sprache bereits ausformulierte Programme p in äquivalente Programme c(p) einer anderen Sprache übersetzen, sondern daß sie aus einer mehr oder weniger genauen Beschreibung der gewünschten Wirkung eines Algorithmus ein vollständiges Programm für einen den beschriebenen Bedingungen genügenden Algorithmus entwickeln.} Weiter unten werden wir ein Beispiel eines Compilers für "einfache" Programmiersprachen kennenlernen.

d) (Turingmaschine). Nach der sog. operationalen Analyse der Form (der Ausführung) von Algorithmen in Ein- und Ausgabeprozeduren und ein durch eine Kontrollstruktur sowie ein Stopkriterium gesteuertes Programm bleibt uns zur Einlösung der Effektivitätsforderung an Algorithmen die Aufgabe, die Struktur der von Programmen bearbeiteten Daten und der dabei benutzten elementaren Operationen und Tests im Hinblick auf eine möglichst allgemeine, aber mathematisch präzise Definition von "Algorithmus" zu erfassen. Auf Grund der Endlichkeitsbedingung können wir ohne Einschränkung der Allgemeinheit annehmen, daß die Daten in der Form endlicher Zeichenkombinationen aus einem endlichen Zeichenvorrat gegeben sind. Der notationellen Bequemlichkeit halber nehmen wir darüberhinaus an, daß diese Zeichenkombinationen lineare Zeichenreihen sind, also Worte über einem Alphabet.

Wir werden später erkennen, daß diese nicht ohne weiteres als harmlos einsichtige Einschränkung tatsächlich für den Begriff der Berechenbarkeit schlechthin - also ohne Effizienz- oder andere Qualitätsbetrachtungen - keinen Verlust an Allgemeinheit nach sich zieht. (Nichts soll hiermit über den Wert graphischer Datenstrukturen und graphischer Programmentwurfssysteme gesagt sein: solche spielen nicht nur beim gegenwärtigen Stand der Rechnertechnologie eine ständig wachsende praktische Rolle, sondern auch die in diesem Buch angestellten theoretischen Überlegungen sind durchsetzt von geometrischen Implementierungen kombinatorischer Probleme, und es sind gerade die geometrischen Modellierungen, die viele unserer Konstruktionen durchsichtig und elementar machen.)

Da die bei Berechnungen auftretenden Worte beliebiger, endlicher Länge sein können, stellen wir sie uns als in ein beidseitig unendliches Band eingetragen vor, das gleichförmig in Felder aufgeteilt ist, die je einen Buchstaben enthalten; die Endlichkeit wird gewahrt durch die Zusatzbedingung, daß bei diesen sogenannten Turingbändern fast alle Felder leer sind, d.h. mit einem als nicht informationsträchtig angesehenen Sonderzeichen a_o beschriftet sind. Der Forderung nach lokaler Ausführbarkeit der elementaren Operationen wird Genüge getan durch die Bestimmung, daß jede Instruktion nur je ein Bandfeld bearbeitet; dieses nennen wir das Arbeitsfeld des Bandes. Wir werden später beweisen, daß kompliziertere algorithmische Lokalitätsabgrenzungen auf die hier gewählte zurückführbar sind. Aus ähnlichen Überlegungen heraus sehen wir als elementare Operationen das Drucken eines Buchstaben a_i (aus dem Alphabet) in das Arbeitsfeld sowie Verschiebung des Arbeitsfeldes um einen Schritt nach rechts resp. links vor und als elementare Tests für jedes i die Abfrage, ob das im Arbeitsfeld stehende Symbol a_i ist.

Damit haben wir alle wesentlichen Bestimmungsstücke algorithmischer Verarbeitung endlicher Zeichenreihen beisammen und können sie in die Definition der von Turing 1936 und Post 1936 entwickelten sogenannten Turingmaschinen fassen. Da wir Grundstrukturen und Prinzipien algorithmischer Berechnungsverfahren und deren Komplexität in möglichst einfacher Gestalt vor Augen führen möchten, beschränken wir uns vorerst auf den besonders einfachen Datentyp natürlicher Zahlen $\mathbb{N}=\{|\}^*$ und betrachten die $\mathbb{N}^n$ als Eingabemengen und $\mathbb{N}$ als Ausgabemenge. (Man kann sich (z.B. unter Benutzung naheliegender effektiver Kodierungsfunktionen) leicht klarmachen, daß diese Vereinfachung der Allgemeinheit des präzisierten Algorithmusbegriffs keinen Abbruch tut; weiter unten werden wir dies beweisen.)

Turingbänder kann man formal wie in der nachfolgenden Definition bestimmen. Benutzen werden wir aber stets nur die handlichere Form

$$\ldots a_o a_{i_r} \ldots a_{i_o} \underset{\uparrow}{a_{j_o}} \ldots a_{j_s} a_o \ldots \text{ oder } a_{i_r} \ldots a_{i_o} \underset{\uparrow}{a_{j_o}} \ldots a_{j_s} ,$$

wobei das Arbeitsfeld durch den Pfeil gekennzeichnet ist und außer evtl. in dem Bandausschnitt $a_{i_r} \ldots a_{j_s}$ kein vom Leerzeichen a_o verschiedenes Symbol auftritt; entsprechend notieren wir Turingmaschinenkonfigurationen mit Zustand i durch $\ldots a_o a_{i_r} \ldots a_{i_o}\, i a_{j_o} \ldots a_{j_s} a_o \ldots$ bzw. $a_{i_r} \ldots a_{i_o}\, i a_{j_o} \ldots a_{j_s}$.

Für die Darstellung von Zahlen (-folgen) in Turingbändern wählen wir die sog. <u>unäre Darstellung</u>

$$\underline{(x_1,\ldots,x_k)} := a_1^{x_1+1} a_o \ldots a_1^{x_k+1} a_o$$

<u>Definition.</u> Die <u>Turingmaschinen</u> TM_n über dem Alphabet $A=\{a_o,\ldots,a_m\}$ (zur Berechnung n-stelliger zahlentheoretischer Funktionen) bestehen aus:

Speicher:= $\{(z,f) \mid z\in\mathbb{Z}, f:\mathbb{Z}\to A \text{ und } f(z')=a_o \text{ für fast alle } z'\}$

Oper:= $\{r,l,a_o,\ldots,a_m\}$ mit $r((z,f)):=(z+1,f), l((z,f)):=(z-1,f)$

$a_j((z,f))=(z,f')$ mit $f'(z)=a_j$ & $f'(z')=f(z')$ für $z'\neq z$

(NB: Wir benutzen a_j sowohl als Buchstaben als auch als Bezeichnung für den entsprechenden Druckbefehl.)

Test:= $\{t_o,\ldots,t_m\}$ mit $t_j((z,f))=1$ gdw $f(z)=a_j$

In: $\mathbb{N}^n \to$ Speicher mit $In(\vec{x}) := \ldots \underset{\uparrow}{a_o} \underline{\vec{x}}\, a_o \ldots$

Out: Speicher $\to \mathbb{N}$ mit

$$Out((z,f)) = \begin{cases} y_{n+1} & \text{falls } (z,f) = \underset{\uparrow}{a_o} \underline{(y_1,\ldots,y_{n+1})} \\ \text{beliebig} & \text{sonst} \end{cases}$$

NB: Zwecks Normierung schreiben wir i.a. Programme so, daß eine Turingmaschine bei der Berechnung von Funktionswerten $g(\vec{x})$ zum Zeitpunkt des Stops auf ihrem Band alle evtl. benutzten Zwischenergebnisse gelöscht hat und das Arbeitsfeld sich wie zu Beginn der Rechnung am linken Ende des eigentlichen Bandinhalts $\vec{x},g(\vec{x})$ befindet.

Unter "Turingmaschine TM" verstehen wir eine Turingmaschine TM_n für ein n. Für bedingte TM-Instruktionen (i,t_j,o,k) schreibt man meistens (i,j,o,k) oder ijok oder (i,a_j,o,k) oder ia_jok.

Übung 1. Formulieren Sie Turingmaschinenprogramme p als (determinierte!) Semi-Thuesysteme $\bar{p}$ mit $ViW \rightarrow_p V'jW'$ gdw $a\,ViW\,a \rightarrow_{\bar{p}} a\,V'jW'\,a$ für alle Turingbänder $ViW, V'jW'$ mit p-Zuständen i,j. Beachten Sie, daß auf p-Konfigurationen ViW $\bar{p}$-Regeln immer nur an einer - der Stelle mit dem Zustandssymbol i - anwendbar sind. a ist ein neues Begrenzungssymbol.

Semi-Thuesysteme, für die bezüglich einer festen Reihenfolge der Regeln jeweils die erstmögliche Regel und diese möglichst weit links im gegebenen Wort angewendet werden muß, heißen Markovalgorithmen, s. Markov 1951,1954.

Übung 2. Definieren Sie 2-dimensionale TM mit zusätzlichen Bewegungsoperationen $o((z_1,z_2),f):=((z_1,z_2+1),f)$ ("nach oben") und $u((z_1,z_2),f):= ((z_1,z_2\dot{-}1),f)$ ("nach unten"). Definieren Sie für beliebiges k k-Kopf-TM (bzw. k-Band-TM) mit gleichzeitig k evtl. voneinander verschiedenen Arbeitsfeldern auf dem Band (bzw. mit k Bändern mit je einem Arbeitsfeld). Zeigen Sie, daß jede auf einer 2-dimensionalen oder einer k-Band- oder einer k-Kopf-TM berechenbare Funktion auf einer TM berechenbar ist. Hinweis: Für Zustände i und "Halbbänder" $B_j B'_j$ können Sie k-Band-TM-Konfigurationen

$$\begin{matrix} B_1 i B'_1 \\ \cdot \\ \cdot \\ \cdot \\ B_k i B'_k \end{matrix} \quad \text{auffassen als Wort über dem Alphabet aus Vektoren} \quad \begin{bmatrix} a_1 \\ \cdot \\ \cdot \\ \cdot \\ a_k \end{bmatrix} \quad \text{(Analog für k-Kopf- bzw. 2-dimensionale TM)}$$

Für eine genaue Analyse des für solche Simulationen nötigen Zeitaufwands s. Hartmanis et al. 1965, Fischer et al. 1972, Leong & Seiferas 1977, Aanderaa 1974, Paul 1978 und §CIO.

e) (Strukturierte Programme). Erfahrungsgemäß bereitet das Aufstellen schon einfacher TM-Programme beträchtliche Mühe, so daß wir hier eine normierte Form derartiger Programme einführen wollen, die uns die Konstruktion interessanter Beispiele erleichtert. Die Grundidee der Normierung geht in termini von Definitionsschemata für zahlentheoretische Funktionen auf Robinson 1950, in termini von Programmkonstruktionsmethoden auf Böhm 1964 zurück und besteht in der Reduktion der Definitionsprozesse resp. der Kontrollstruktur auf Hintereinanderausführung (Einsetzung) und Iteration. Dadurch wird ein induktiver (strukturierter, modularer) Aufbau von Programmen als einfache Klammerstrukturen über elementaren Programmen möglich. Der im Äquivalenzsatz (s.u.) enthaltene Satz von Böhm 1964 (s. auch Böhm & Jacopini 1966 und Cooper 1967), daß jede turingberechenbare Funktion schon durch ein aus einfachen Grundprogrammen zusammengesetztes (top-down entworfenes) Programm berechnet werden kann, hat den Grundstein gelegt zum strukturierten Programmieren (Dahl & Dijkstra & Hoare 1972, Dijkstra 1968,1976, Hoare 1969, Hoare & Wirth 1973, Knuth 1974, Wirth 1975), zur Programmentwurfsmethode der "schrittweisen Verfeinerung" (Wirth 1971,1974) und zur Möglichkeit von Korrektheitsbeweisen zumindest in Ansätzen auch für umfangreichere Programme (s. Wirth 1975a, Alagic & Arbib 1978).

<u>Definition.</u> (Rödding 1969). Für ein Alphabet $A=\{a_0,\ldots,a_m\}$ definieren wir induktiv <u>Turing</u>-(Band-)<u>Operatoren</u> TO (TM-<u>while-Programme</u>) über A syntaktisch als korrekt geklammerte Zeichenreihen aus den Buchstaben $r, l, a_i, {}_i(,)_i$ für $0 \le i \le m$ und semantisch als Funktionen von der Klasse aller A-Turingbänder in sich selbst:

1.) a_j $(0 \le j \le m)$, r, l sind TO über A und definiert wie oben.

2.) Mit M, M_1 und M_2 sind auch M_1M_2 und ${}_j(M)_j$ für $0 \le j \le m$ TO über A mit $M_1M_2((z,f)) := M_2(M_1((z,f)))$ ("zuerst M_1, dann M_2 ausführen"), ${}_j(M)_j := (M)_{\mathrm{nont}_j}$ mit der Negation $\mathrm{nont}_j((z,f)) = 1 - t_j((z,f))$ ("iteriere M solange, bis im Arbeitsfeld erstmalig a_j erscheint")

Graphisch: $M_1M_2 = \rightarrow$ [M_1] $\rightarrow$ [M_2] $\rightarrow$ ${}_j(M)_j$ =
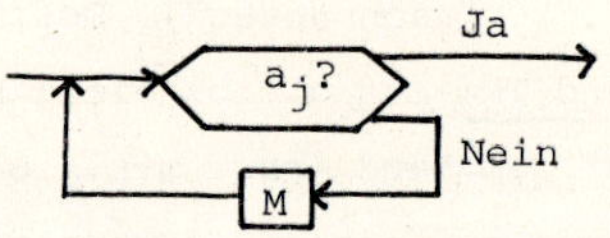

3.) M ist ein TO über A nur auf Grund von 1.) oder 2.).

NB. Einer der Indizes in ${}_j(M)_j$ ist überflüssig, so daß wir meistens nur ${}_j(M)$ oder $(M)_j$ schreiben.

<u>Übung 0.</u> (Vgl. §3) Formulieren Sie die TO als TM-Programme mit genau einem Stopzustand. Dies gestattet, für TM-Programme entwickelte Begriffe auch für TO zu verwenden und so den heuristischen Wert der Vorstellung von TO als TM-Programme mit der mathematischen Flexibilität der TO als induktiv definierten (algebraischen) Objekten zu verbinden. Insbesondere betrachten wir manchmal "${}_i($" als "if-then-else-Instruktion" und "$)_i$" als "goto-Instruktion".

<u>Beispiele. Linksoperator</u> L mit: $L(z,f)=(y,f)$ mit $y:=\max\{x \mid x \le z, f(x)=f(x-1)=a_0\}$ für alle z,f; setze etwa $L:=(l)_0 l((l)_0 l)_0 r$, analog $R:=(r)_0 r((r)_0 r)_0 l$ <u>Rechtsoperator</u>. <u>Transportoperatoren</u> T_r und T_l mit:

$$T_r(\ldots \underset{\uparrow}{a_0}\, za_0\, \vec{x}a_0 \ldots) = (\ldots \underset{\uparrow}{a_0}\, \vec{x}a_0\, za_0 \ldots)$$

$$T_l(\ldots \underset{\uparrow}{a_0}\, \vec{x}a_0\, za_0 \ldots) = (\ldots \underset{\uparrow}{a_0}\, za_0\, \vec{x}a_0 \ldots)$$

für beliebige Zahlenfolgen $\vec{x}, z$ beliebiger Länge

Setze $T_r := Rra_1Lra_0r(Ra_1Lra_0r)_0$ und $T_l := la_1Rla_0l(La_1Rla_0l)_0L$.

Löschoperator mit Lösch $(\ldots \underset{\uparrow}{a_o}\underline{\vec{x}}\underline{a_o}\,\underline{z}\,a_o\ldots)=(\ldots \underset{\uparrow}{a_o}\underline{\vec{x}}a_o\ldots):Rl(a_o 1)_o L$

Übung 1. Schreiben Sie Turingoperatoren zur Berechnung der Funktionen: N (Nachfolger) mit $N(x)=x+1$, U_i^n ($1\le i\le n$, Projektionsfunktionen) mit $U_i^n(x_1,\ldots,x_n)=x_i$, C_i^n (n-stellige konstante Funktionen) mit $C_i^n(\vec{x})=i$. Definieren Sie die Programme so, daß die mit $\underset{\uparrow}{a_o}\underline{\vec{x}}$ gestarteten Berechnungen ohne Betreten des linken Halbbandes (d.h. des Bandteils links von der Anfangsposition des Arbeitsfeldes) ablaufen und mit einem Band $\underset{\uparrow}{a_o}\,\underline{\vec{x}}\,\underline{y}$ enden.

Übung 2. Man sagt, daß f aus g, $h_1,\ldots,h_m$ durch simultane Einsetzung entsteht, abgekürzt $f=g(h_1,\ldots,h_m)$, wenn $f(\vec{x})=g(h_1(\vec{x}),\ldots,h_m(\vec{x}))$ für alle $\vec{x}$, wobei $f(\vec{x})\downarrow$ gdw $(h_i(\vec{x})\downarrow$ für alle i & $g(h_1(\vec{x}),\ldots,h_m(\vec{x}))\downarrow)$. Zeigen Sie, daß $f=g(h_1,\ldots,h_m)$ unter Benutzung nur des rechten Halbbandes durch TO berechenbar ist, wenn dies für $g,h_1,..h_m$ gilt. Hinweis: Schreiben Sie das normierte Programm so, daß es nacheinander die folgenden Zahlenkonfigurationen auf dem Turingband erzeugt bei Eingabeerhaltung der gegebenen normierten Programme:
$\vec{x}\Rightarrow\vec{x},h_1(\vec{x})\Rightarrow\vec{x},h_1(\vec{x}),\vec{x}\Rightarrow\vec{x},h_1(\vec{x}),\vec{x},h_2(\vec{x})\Rightarrow\vec{x},h_1(\vec{x})h_2(\vec{x})\Rightarrow$

$\ldots\Rightarrow\vec{x},h_1(\vec{x}),\ldots,h_m(\vec{x})\Rightarrow\vec{x},f(\vec{x})$.

Übung 3. Man sagt, daß f aus g durch Anwendung des μ-Operators (μ von "Minimalisierung") entsteht, abgekürzt $f=\mu g$, falls für alle $\vec{x}$:

$$f(\vec{x})=\mu y(g(\vec{x},y)=0):=\min\{y\,|\,g(\vec{x},y)=0\,\&\,\forall i\le y: g(\vec{x},i)\downarrow\}$$

(NB. $\min(\emptyset)\uparrow$). Konstruieren Sie aus einem Turingoperator zur Berechnung von g, der nur das rechte Halbband benutzt, einen solchen TO zur Berechnung von $f=\mu g$. Hinweis: lassen Sie die Zahlenfolge $\vec{x}0\Rightarrow\vec{x}0g(\vec{x},0)\Rightarrow\vec{x}1\Rightarrow\vec{x}\;1\;g(\vec{x},1)\Rightarrow\ldots$ berechnen und auf $g(\vec{x},i)=0$ testen. Dieser aus der Zahlentheorie wohlbekannte Minimalisierungsprozess ist eine spezielle Form des allgemeinen Iterationsprozesses und mit diesem verbunden durch die Gleichungen

$$(f)_g(x)=Iter(f)(x,\mu y g(Iter(f)(x,y))=0)$$

$$\mu y(g(x,y)=0)=aus\circ(h)_s\circ ein(x)\text{ für } ein(x):=(x,0,1),$$

$$h(x,y,z):=(x,y+1,g(x,y)),\; s:=U_3^3,\; aus(x,y,z):=y\dot{-}1.$$

Übung 4. Definieren Sie einen Turingoperator M mit: $M(z,f)\uparrow$ gdw $f=\ldots a_o\ldots$ für alle Bänder (z,f). Zeigen Sie, daß es keinen TO M gibt mit: $M(z,f)\downarrow$ gdw $f\neq\ldots a_o\ldots$ für alle f,z.

Übung 5. Definieren Sie Turingoperatoren mit der Iteration $(M)_{\neq j}:=(M)_{t_j}$ statt $(M)_{nont_j}$ und zeigen Sie (etwa für $A=\{a_o,a_1\}$), daß jeder TO M über A von der einen Art durch einen TO $\overline{M}$ über einem Alphabet $B\supseteq A$ von der anderen

Art simuliert werden kann im Sinne von $M(b)=\overline{M}(b)$ für alle Turingbänder b über A.

Nach der Kontrollstrukturnormierung für Turingmaschinenprogramme wollen wir uns die hier gewählte Einschränkung auf den Datentyp natürlicher Zahlen zunutze machen und abstrahieren von der besonderen Art der Zahlenmanipulation durch TM-Programme auf Bändern über $A=\{a_0,a_1\}$: wir vernachlässigen die Bewegungsoperationen und betrachten nur die zahlentheoretische Wirkung von a_0 (substrahiere 1), a_1(addiere 1) und t_0 (Nulltest) auf "Zahlen" $\underline{m} = a_0 a_1^m$. Anders ausgedrückt fassen wir Turingbänder $\vec{x}$ als Registerspeicher von n Registern $R_1,\dots,R_n$ mit Inhalt x_i in R_i auf und interpretieren $\underline{x_i}$ betreffende Druck- bzw. Testanweisungen als x_i transformierende zahlentheoretische Funktionen bzw. Prädikate. Damit haben wir den auf Minsky 1961 und Shepherdson & Sturgis 1963 zurückgehenden Begriff der Registermaschine, den wir wie bei der TM in der von Rödding 1968 eingeführten normierten Form mit strukturierten (while-) Programmen benutzen:

Definition. Für $1\le n$ definieren wir induktiv n-Registeroperatoren n-RO (while-Programme für die Registermaschine mit n Registern) syntaktisch als korrekt geklammerte Zeichenreihen aus den Buchstaben $a_i, s_i, {}_i(,)_i$ für $1\le i\le n$ und semantisch als Funktion von $\mathbb{N}^n$ in $\mathbb{N}^n$:

1.) a_i, s_i für $1\le i\le n$ sind n-RO mit $a_i(x_1,\dots,x_n):=(x_1,\dots,x_{i-1},$ $x_i+1, x_{i+1},\dots,x_n)$, ebenso für s_i mit $\dot{-}1$ statt $+1$

2.) Mit M, M_1, M_2 sind auch die "Verkettung" M_1M_2 und die "Iteration" ${}_i(M)_i$ von M "solange, bis die i-te Komponente erstmalig gleich Null wird" n-RO mit der Bedeutung

$M_1M_2(\vec{x})=M_2(M_1(\vec{x}))$, ${}_i(M)_i(\vec{x})=(M)_{\text{non}t_i}(\vec{x})$ mit dem Nulltestprädikat $t_i(\vec{x})=1$ gdw $x_i=0$.

3.) M ist ein n-RO nur auf Grund von 1.) und 2.). Einen der Indizes in ${}_i(M)_i$ lassen wir als überflüssig meistens weg. Unter einem Registeroperator RO schlechthin verstehen wir einen n-RO für ein $n\in\mathbb{N}$; n ergibt sich meistens aus dem Zusammenhang. In kanonischer Weise wird ein n-RO auch als n+m-RO aufgefaßt.

Übung O: (Vgl.§3). Definieren Sie in Analogie zu den Turingmaschinen TM_n Registermaschinen $RM_{n,m}$ mit n Registern (zur Speicherung von n-Tupeln natürlicher Zahlen), Elementaroperationen a_i, s_i und Nulltest t_i zwecks Berechnung m-stelliger Funktionen ($m\le n$) und formulieren Sie Registeroperatoren als normierte Registermaschinenprogramme. (Hierdurch übertragen sich auf die RO die für RM-Programme entwickelten Begriffsbildungen.)

Sei $io_1jk:=\{(i,t_1,i',i"),(i',o_1,j),(i",o_1,k)\}$ eine Abkürzung für kombinierte Test- und Operationsanweisungen in RM-Programmen. Überlegen Sie sich: Jedes RM-Programm M kann in ein äquivalentes RM-Programm $\bar{M}$ umgeformt werden mit Testanweisungen nur in der Kombination is_1jk (resp. nur in der Kombination ia_1jk, wobei zusätzlich die Maschine Subtraktionsinstruktionen $(i,s_1,j)\in\bar{M}$ nur bei positivem Inhalt des l-ten Registers zur Ausführung erhält.)

Übung 1. Formulieren Sie Registeroperatoren M als (äquivalente) Turingoperatoren $\bar{M}$ (im Sinne von $M(\vec{x})=\vec{y}$ gdw $\bar{M}(\underline{\vec{x}})=(\underline{\vec{y}})$.

Beispiele. Für beliebige $k\in\mathbb{N}$ hat man zur Multiplikation mit k bzw. zur Division durch k 2-RO mit Mult(k)(x,O)=(kx,O) bzw. Div(k)(kx,O)=(x,O), nämlich

$\text{Mult}(k):=(s_1a_2^k)_1(s_2a_1)_2$ $\qquad$ $\text{Div}(k):=(s_1^ka_2)_1(s_2a_1)_2$

Das folgende RM_2-Programm Test(k) mit "Ausgängen" (Stopzuständen) k^+,k^- leistet den Teilbarkeitstest durch k bei Benutzung nur eines Hilfsregisters:

$(0,(x,0)) \vdash_{\text{Test}(k)} \begin{cases} (k^+,(x,O)) & \text{falls } k|x \\ (k^-,(x,O)) & \text{sonst} \end{cases}$

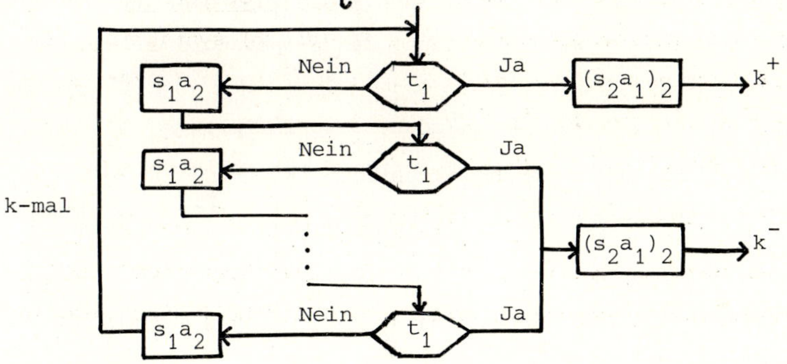

Pro memoria:
$t_1(x,y)$=Ja gdw x=O

Übung 2. Definieren Sie für bel. k RO, die das Folgende leisten ($\vec{O}$ bezeichnet endliche Folgen O,...,O leerer Registerinhalte):

$x,\vec{z},\vec{O}\Rightarrow x,\vec{z},i,\vec{O}$ für i=1 falls k|x, sonst i=O

$k^x\cdot y,\vec{z},\vec{O}\Rightarrow y,\vec{z},x,\vec{O}$ für alle y mit $k\nmid y$; $y,\vec{z},x,\vec{O}\Rightarrow k^x\cdot y,\vec{z},\vec{O}$

Übung 3. Konstruieren Sie zu $k\in\mathbb{N}$, RO M_i einen RO M mit der Wirkung:

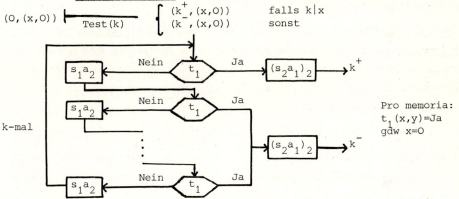

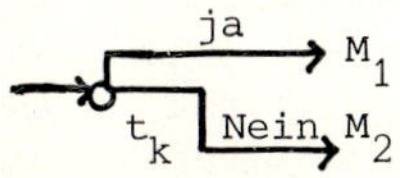

, d.h. M="if t_k then M_1 else M_2".

Übung 4. Man sagt, daß f aus g und h durch primitive Rekursion (Gödel 1931) entsteht, abgekürzt f=PR(g,h), gdw für alle $\vec{x}$,y gilt:

$f(\vec{x},0)=g(\vec{x})$ $\quad f(\vec{x},y+1)=h(\vec{x},y,f(\vec{x},y))$ $\quad f(\vec{x},y)\downarrow$ gdw $\forall i\leq y: f(\vec{x},i)\downarrow$

Bsp.: + ensteht durch primitive Rekursion aus U_1^1 und $N\circ U_3^3$, $\cdot$ aus C_0^1 und h mit h(x,y,z)=x+z, Exponentiation aus C_1^1 und h mit $h(x,y,z)=x\cdot z$.

Definieren Sie die primitiv rekursiven Registeroperatoren PRO (auch sog. Loop-Programme) wie die RO, jedoch statt der unbeschränkten (μ-rekursiven) Iteration mit der folgenden beschränkten (primitiv rekursiven) Iteration: $(s_i M)_i$ wobei M weder a_i noch s_i enthält. Zeigen Sie: Ist f=PR(g,h) und sind g,h LOOP-Programm-berechenbar, so auch f.

Übungen 1-3 zu TO und Übung 4 zu RO zeigen, daß simultane Einsetzung, primitive Rekursion und Anwendung des μ-Operators als Prozesse zur Definition neuer (komplexer) Funktionen aus gegebenen (einfacheren) Funktionen Verfahren zur Konstruktion normierter TM-Programme ergeben. Daß auch umgekehrt die Wirkung beliebiger (nicht nur normierter) TM-Programme, ausgehend von besonders einfachen Grundfunktionen, bereits unter Benutzung nur jener Definitionsschemata (und somit induktiv, lies: allein mittels strukturierter Programme) beschrieben werden kann, zeigt der

Äquivalenzsatz. Die Klasse F(TM) der auf Turingmaschinen berechenbaren Funktionen ist gleich F_μ - der Klasse der μ-rekursiven oder partiell rekursiven Funktionen, nach Kleene 1936 induktiv definiert durch:

1.) $N, C^n_k, U^n_j \in F_\mu$ (sog. Anfangsfunktionen) für $n,k\in\mathbb{N}$, $1\le j\le n$

2.) Ensteht f aus g,h_i $(1\le i\le n)$ durch simultante Einsetzung oder aus g,h durch primitive Rekursion oder aus g durch Anwendung des μ-Operators und sind $g,h_i,h\in F_\mu$, so ist auch $f\in F_\mu$.

3.) $f\in F_\mu$ nur auf Grund von 1.) oder 2.) (Induktionsprinzip).

Die Klasse F_{prim} der primitiv rekursiven Funktionen ist definiert wie F_μ ohne Anwendungen des μ-Operators. f heißt rekursiv, falls f total ist und partiell rekursiv.

§2. Beweis. $F_\mu \subseteq F(TM)$ folgt aus Übungen 1-3 zu TO und Übung 4 zu RO in § 1.

Übung O. Entwerfen Sie ein Flußdiagramm für einen Compiler, der jeder μ-rekursiven Definition einer partiell rekursiven Funktion f einen RO M mit Wirkung f (d.h. so daß M f berechnet) zuordnet. Verifizieren Sie dabei, daß jedes $f\in F_{prim}$ durch ein LOOP-Programm berechenbar ist.

Für eine μ-rekursive Normalformdarstellung aller $f\in F(TM)$ werden wir in Teil II Maschinenprogramme p und Maschinenkonfigurationen in (im intuitiven Sinne) effektiver Weise durch Zahlen kodieren und zeigen, daß vermöge dieser Kodierung die elementaren Maschinenoperationen sowie die Rechenschrittfunktion für p in primitiv rekursive Funktionen übergehen, woraus sich dann - durch (eine einmalige!) Benutzung des μ-Operators zur Beschreibung der Stopstelle von p bei vorgegebenem Input - leicht die μ-Rekursivität der Resultatfunktion für p ergibt. Erstmalig hat Kurt Gödel 1931 effektive Kodierungen formaler Systeme durch Zahlen in derart systematischer Weise eingeführt, weshalb man in solchem Zusammenhang von Gödelisierung spricht. Durch Ausnutzung der strukturellen Ähnlichkeit zwischen RO-en und μ-rekursiven Funktionen können wir den Gödelisierungsapparat für den Nachweis der μ-Rekursivität der TM-berechenbaren Funktionen auf ein Minimum reduzieren, indem wir TM-Programme durch RO-en simulieren $(F(TM)\subseteq F(RO))$ und deren Wirkung μ-rekursiv umschreiben $(F(RO)\subseteq F_\mu)$.

a) Vorbereitend für den Beweis dieser Inklusionen wie für die angedeutete Normalformdarstellung der TM-berechenbaren Funktionen geben wir einige Beispiele primitiv rekursiver Funktionen an und leiten einige Abschlußeigenschaften der Klasse der partiell (primitiv) rekursiven Funktionen her. Wegen der (LOOP-Programm-) Berechenbarkeit der (primitiv) rekursiven Funktionen kann man (primitiv) rekursive Beschreibungen von Definitionsprozessen als mathematische Kurzform von (LOOP-) Programmsyntheseverfahren auffassen. Der an Lösungen solcher Programmierprobleme nicht interessierte Leser mag die Beweise der folgenden 6 Lemmata überspringen.

Wir beginnen mit der Abgeschlossenheit gegen die explizite Definition: ist $f(\vec{x})=t(\vec{x})$ für alle $\vec{x}$ mit einem Term t, der nur aus Zahlvariablen und -konstanten sowie Zeichen für Funktionen in F_{prim} (resp. F_μ) besteht, so ist f primitiv (resp. partiell) rekursiv. Genauer:

Definition: Seien $v_1, v_2, \ldots$ Variablensymbole und $g_j^{(r_j)}$ $(1 \le j \le m)$ Symbole für r_j-stellige Funktionen. Wir definieren induktiv Terme t über $g_1, \ldots, g_m$ (als Namen für Zahlen) durch:

1. Variablen v_i $(i \in \mathbb{N})$ und Zahlen $k \in \mathbb{N}$ sind Terme über $g_1, \ldots, g_m$.
2. Sind $t_1, \ldots, t_{r_j}$ Terme über $g_1, \ldots, g_m$, so auch $g_j(t_1, \ldots, t_{r_j})$ $(1 \le j \le m)$.
3. t ist ein Term über $g_1, \ldots, g_m$ nur vermöge 1. oder 2.

Definition: $f^{(n)}$ heißt explizit definierbar aus $g_1, \ldots, g_m$ gdw es einen Term t über $g_1, \ldots, g_m$ gibt, in dem höchstens die Variablensymbole sagen wir $v_1, \ldots, v_r$ vorkommen und Zahlen $1 \le i_1, \ldots, i_r \le n$, so daß für alle $x_1, \ldots, x_n \in \mathbb{N}$ gilt:

$$f(x_1, \ldots, x_n) = t_{v_1, \ldots, v_r}[x_{i_1}, \ldots, x_{i_r}]$$

Dabei bezeichnet $t_{v_1, \ldots, v_r}[y_1, \ldots, y_r]$ das Ergebnis der Ersetzung aller Vorkommen von v_j in t durch y_j.

Definition. Sei D ein Prozeß zur Definition von Objekten (z.B. Worten, Funktionen, Prädikaten) $D(o_1, \ldots, o_n)$ aus Objekten o_i. Eine Klasse K von Objekten heißt abgeschlossen gegen D gdw für alle $o_1, \ldots, o_n \in K$ gilt: $D(o_1, \ldots, o_n) \in K$.

Lemma 1. F_{prim} und F_μ sind abgeschlossen gegen explizite Definitionen.

Beweis durch Induktion über den Aufbau von Termen:
Induktionsanfang: Sei $f(\vec{x})=x_j$ für alle $\vec{x}$ oder $f(\vec{x})=k$ für alle $\vec{x}=x_1, \ldots, x_n$ und $k \in \mathbb{N}$. Dann gilt $f=U_j^n$ bzw. $f=C_k^n$.

Induktionsschritt: Sei $f(\vec{x})=g_j(t_1, \ldots, t_{s_j})_{v_1, \ldots, v_r}[x_{i_1}, \ldots, x_{i_r}]$

für alle $\vec{x}$. Nach Induktionsvoraussetzung gilt für die durch

$f_p(\vec{x}):=t_{p\,v_1,\dots,v_r}[x_{i_1},\dots,x_{i_r}]$ definierten Funktionen $f_p \in F_{prim}$ resp. $f_p \in F_\mu$. Somit entsteht f durch simultane Einsetzung aus den primitiv (resp. partiell) rekursiven Funktionen $g_j, f_1,\dots,f_{s_j}$, womit $f \in F_{prim}$ (resp. F_μ).

Lemma 2. Die folgenden Funktionen sind primitiv rekursiv:
$+, \cdot, \lambda x,y.x^y, \dot{-}, max, min, \lambda x,y.(|x-y|)$, sg, $\overline{sg}, \xi_=$.

Beweis. Für die Addition geben wir eine Definition durch primitive Rekursionen aus primitiv rekursiven Funktionen:
$x+0=U_1^1(x)$, $x+(y+1)=h(x,y,x+y)$ mit $h(a,b,c):=N(U_3^3(a,b,c))$. Die Multiplikation definieren wir durch eine primitive Rekursion unter Benutzung der Addition:
$x\cdot 0=C_0^1(x)$, $x\cdot(y+1)=h\ (x,y,x\cdot y)$ mit $h(a,b,c):=U_1^3(a,b,c)+U_3^3(a,b,c)$.
Analog: $x^0=C_1^1(x)$, $x^{y+1}=h(x,y,x^y)$ mit $h(a,b,c):=U_1^3(a,b,c)\cdot U_3^3(a,b,c)$.
Die Vorgängerfunktion V ist primitiv rekursiv wegen $V(0)=C_0^0$, $V(x+1)=U_1^2(x,V(x))$. Daraus folgt $\dot{-} \in F_{prim}$ wegen $x \dot{-} 0=U_1^1(x)$, $x\dot{-}(y+1)=h(x,y,x\dot{-}y)$ mit $h(a,b,c):=V(U_3^3(a,b,c))$. Für die restlichen Funktionen geben wir explizite Definitionen aus schon als primitiv rekursiv bekannten Funktionen:
$max(x,y)=x+(y\dot{-}x)$, $min(x,y)=x\dot{-}(x\dot{-}y)$, $|x-y|=max(x\dot{-}y,y\dot{-}x)$, $sg(x)=1\dot{-}(1\dot{-}x)$, $\overline{sg}(x)=1\dot{-}x$, $\xi_=(x,y)=1\dot{-}(max(x,y)\dot{-}min(x,y))$

Lemma 3. F_{prim} und F_μ sind abgeschlossen gegen beschränkte Summation, beschränkte Produktbildung, endliche Maximum- bzw. Minimumbildung und Iteration.

Beweis: Sei g primitiv (resp. partiell) rekursiv. Wir zeigen, daß die aus g durch die besagten Prozesse entstehende Funktion f durch eine primitive Rekursion aus Funktionen in F_{prim} resp. F_μ definiert werden kann. Dabei benutzen wir ohne weitere Erwähnung die Abgeschlossenheit von F_{prim} und F_μ gegen explizite Definitionen.
Für $f(\vec{x},y)=\sum_{i<y} g(\vec{x},i)$ gilt $f(\vec{x},0)=0$, $f(\vec{x},y+1)=f(\vec{x},y)+g(\vec{x},y)$. Ebenso für $\prod_{i<y} g(\vec{x},i)$ mit 1 und $\cdot$ statt 0 und +. Für $f(\vec{x},y)=\max_{i<y} g(\vec{x},i)$ gilt
$f(\vec{x},0)=0, f(\vec{x},y+1)=max\ (\max_{i<y} g(\vec{x},i)\ g(\vec{x},y))$; ebenso für $\min_{i<y} g(\vec{x},i)$. Analog schließt man mit $\leq$ statt $<$. Für die Iteration $Iter(g)(x,n):=g^n(x)$ gilt $Iter(x,0)=x$, $Iter(g)(x,n+1)=g(Iter(g)(x,n))$.

Definition. Ein Prädikat P heißt (primitiv) rekursiv gdw $\xi_P \in F_\mu$ ($\xi_P \in F_{prim}$). Wir schreiben dafür auch P in F_μ bzw. P in F_{prim}.

Lemma 4. Die Klasse der (primitiv) rekursiven Prädikate ist abgeschlossen gegen aussagenlogische Junktoren, den beschränkten All- und Existenzquantor und Einsetzung totaler μ-rekursiver (resp. primitiv rekursiver) Funktionen.

Beweis. Es gilt $\xi_{\text{non } P}(\vec{x})=1\dot{-}\xi_P(x), \xi_{P \,\&\, Q}(x)=\xi_P(x)\cdot\xi_Q(x)$.

Für $Q(x,y)$ gdw $\forall_{i<y}\, P(x,i)$ gilt $\xi_Q(\vec{x},y)= \prod_{i<y}\xi_P(\vec{x},i)$,

ebenso mit $\le$ statt $<$. NB. $\exists_{i<y}\, P(x,i)$ gdw non $\forall_{i<y}$ (non $P(\vec{x},i)$).

Für $Q(\vec{x})$ gdw $P(f_1(\vec{x}),\ldots,f_m(\vec{x}))$ gilt $\xi_Q(\vec{x})=\xi_P(f_1(\vec{x}),\ldots,f_m(\vec{x}))$.

Lemma 5. F_{prim} und F_μ sind abgeschlossen gegen den beschränkten μ-Operator und endliche Fallunterscheidungen, genauer: sind $P, P_i, f_i (i<r)$ in F_{prim} bzw. F_μ und ist für alle $\vec{x}$ genau eine der Aussagen $P_i(\vec{x})$ wahr, so ist $f\in F_{prim}$ (bzw. F_μ) für

a) $f(\vec{x},y):= \mu_{i\le y}\, (P(\vec{x},i))=\mu i((P(\vec{x},i)\,\&\, i\le y)$ oder $(i=0\,\&\, \forall_{j\le y}$ non $P(\vec{x},j)))$

b) $f(\vec{x}):=f_i(\vec{x})$ falls $P_i(\vec{x})$

Beweis. ad a). Sei $Q(\vec{x},z)$ gdw $P(\vec{x},z)$ und $\forall_{i<z}$ non $P(\vec{x},i)$.

Nach Lemma 4 ist Q in F_{prim} bzw. F_μ, also nach Lemmata 3,2 auch f wegen $f(\vec{x},y)=\max_{i\le y}(i\cdot\xi_Q(\vec{x},i))$. b) folgt ebenso wegen $f(\vec{x})= \sum_{i<r}\xi_{P_i}(\vec{x})\cdot f_i(\vec{x})$. NB. Analog schreiben wir $\max_{i\le y} i(P(\vec{x},i))=\max_{i\le y}(i\cdot\xi_P(\vec{x},i))$.

Beispiel: $\lambda x,y.[x:y]\in F_{prim}$ mit $[x:0]=0$, denn $[x:y]= \mu_{i\le x} i(x<(i+1)\cdot y)$.

Lemma 6 (Primzahlkodierung endlicher Folgen). Die durch (p_n:= die n-te Primzahl) definierte Folge p ist in F_{prim} und liefert Kodierungsfunktionen $\pi_n\in F_{prim}$ mit einer Dekodierungsfunktion $\lambda z,i.(z)_i\in F_{prim}$, d.h. so daß für alle $\vec{x}=x_1,\ldots,x_n$ und $1\le i\le n$ gilt:

$$(\pi_n(x_1,\ldots,x_n))_i=x_i \text{ mit } \pi_n(x_1,\ldots,x_n):= \prod_{1\le i\le n} p_i^{x_i}$$

(lies $(x)_i$ als: Inhalt des "Speichers" x bei Adresse i, oder: i-te Komponente des "Tupels" x. Wegen dieser Sprechweise lassen wir p_0 bei der Kodierung aus.) Wir schreiben meistens $\langle x_1,\ldots,x_n\rangle$ statt $\pi_n(x_1,\ldots,x_n)$.

Es gibt dazu eine "Längenfunktion" $l\in F_{prim}$ und eine "Verkettungsfunktion" $*\in F_{prim}$, d.h. mit:

$l(x)=n$ falls $x=\langle x_1,\ldots,x_n\rangle$ für gewisse x_i mit $x_n\neq 0$

$\langle\vec{x}\rangle * \langle\vec{y}\rangle = \langle\vec{x},\vec{y}\rangle$ falls $\vec{x}=x_1,\dots,x_n$ mit $x_n \neq 0$, $\vec{y}$ bel.

Beweis: Für $g(x):=$(die kleinste Primzahl nach x) folgt $p \in F_{prim}$ aus $g \in F_{prim}$ mit $p_0=2$, $p_{n+1}=g(p_n)$. Nach Euklid gilt $g(x)= \mu y_{y\le x!+1}$ (x<y und y ist Primzahl), so daß nach Lemma 5 $g \in F_{prim}$ folgt, da Fakultätfunktion und Primzahleigenschaft nach Lemmata 3,4 in F_{prim} sind. Setze $(z)_j := \max_{i\le z} i\ (p_j^i$ teilt z).

$$l(z):=\max_{i\le z} i(p_i \text{ teilt } z)$$

$$x*y:=x \cdot \prod_{1\le j\le \ell(y)} p_{j+\ell(x)}^{(y)_j}$$

und beachte $a|b$ ("a teilt b") gdw $\exists_{c\le b} c(a\cdot c=b)$

Übung 1. Definieren Sie primitiv rekursive (De-)Kodierungsfunktionen δ_n aus $\delta(x,y):=2^x(2y+1)\dot{-}1$.

Übung 2. F_{prim} und F_μ sind gegen die Definition durch Wertverlaufrekursion (d.h. $f(\vec{x},0)=g(\vec{x})$, $f(\vec{x},y+1)=h(\vec{x},y,\langle f(\vec{x},0),\dots,f(\vec{x},y)\rangle)$) und durch simultane primitive Rekursionen (d.h. $f_i(\vec{x},0)=g_i(\vec{x})$, $f_i(\vec{x},y+1)=h_i(\vec{x},y,f_1(\vec{x},y),\dots,f_m(\vec{x},y))$ für $i\le m$) abgeschlossen.

b) Unter Benutzung der in a) als primitiv rekursiv nachgewiesenen Folgenkodierung geben wir nun einen Beweis für $F(RO)\subseteq F_\mu$: Wir zeigen, daß $\langle M\rangle \in F_\mu$ für $\langle M\rangle(x)=y$ gdw $M((x)_1,\dots,(x)_n)=((y)_1,\dots,(y)_n)$ & $\ell(y)\le n$, woraus die Beh. wegen $Res_M(x_1,\dots,x_m)=(\langle M\rangle(\langle x_1,\dots,x_m\rangle))_{m+1}$ folgt. $\langle M\rangle \in F_\mu$ folgt durch Induktion über den Aufbau von M aus:

$\langle a_i\rangle(x)=\langle (x)_1,\dots,(x)_{i-1},(x)_i+1,(x)_{i+1},\dots,(x)_n\rangle$

genauso für s_i mit $\dot{-}1$ $\quad \langle M_1M_2\rangle(x)=\langle M_2\rangle(\langle M_1\rangle(x))$

$\langle (M)_i\rangle(x)=Iter(\langle M\rangle)(x,\mu y((Iter(\langle M\rangle)(x,y))_i=0))$

Korollar: LOOP-Programm berechenbare Funktionen sind primitiv rekursiv.

Beweis von $F(TM)\subseteq F(RO)$: durch die folgende Simulation von TM-Programmen P durch RO $\overline{P}$: Wir kodieren Turingbänder $b=\dots a_0 a_{i_p}\dots a_{i_1}\!\uparrow a_{j_1}\dots a_{j_q} a_0\dots$ in zwei Hälften durch $l_b=\langle i_1,\dots,i_p\rangle$ und $r_b=\langle j_1,\dots,j_q\rangle$, Turingkonfigurationen $C=(i,b)$ durch $\overline{C}=l_b,r_b,0,\dots,0,1,0,\dots,0,1$ mit der zweiten 1 von rechts in der m+i-ten Komponente von $\overline{C}$ (Adressenregister für die Adresse i) für ein hinreichend großes (unten näher bestimmtes) m. Wir definieren $\overline{P}$ so, daß für alle P-Konfigurationen C,C',(i,b) gilt:

$$C \Rightarrow_P C' \quad \text{gdw} \quad \overline{C} \Rightarrow_{\overline{P}} \overline{C'}$$

$$C \Rightarrow_P (i,b) \text{ Stopkonfig. gdw } \overline{P}(\overline{C})=(l_b,r_b,\vec{0})$$

Übung. Folgern Sie $F(TM) \subseteq F(RO)$ aus dieser Simulation. Hinweis: Benutzen Sie die RO-Berechenbarkeit der (De-)Kodierfunktionen.

Sei also $P=\{I_0,\ldots,I_{r-1}\}$ und oBdA r der einzige in P auftretende Stopzustand. Simulieren wir jeden einzelnen P-Rechenschritt mittels Registeroperatoren $P_i=(P'_i)_{m+i}$ im Sinne von $((i,b) \vdash^1_P C$ gdw $P_i(\overline{(i,b)})=\overline{C})$, so leistet der folgende Operator $\overline{P}$ das Verlangte:

$$\overline{P}:=(P_0\ldots P_{r-1}\underbrace{(s_{m+r}s_{m+r+1})_{m+r}}_{\text{Simulationsende bei Erreichen des P-Stops } r})_{m+r+1}$$

Die 1-Schrittsimulation für $I_i=(i,o,j)$ leistet $P'_i:=s_{m+i}\overline{o}a_{m+j}$ mit aus Multiplikations-, Divisions- und Teilbarkeitstestoperatoren zusammengesetzten RO $\overline{o}$ mit m-1 Registern (s. Übung 0 in diesem §) und der Wirkung:

$\overline{t}_k(x,y,\vec{0})=(x,y,i,\vec{0})$ für $i=1$ falls $(x)_1=k, i=0$ sonst

$\overline{a}_k(<x,\vec{z}>,y,\vec{0})=(<k,\vec{z}>,y,\vec{0})$

$\overline{r}(<x,\vec{u}>,<y,\vec{v}>,\vec{0})=(<y,x,\vec{u}>,<\vec{v}>,\vec{0})$

$\overline{l}(\ldots\ldots\ldots\ldots)=(<\vec{u}>,<x,y,\vec{v}>,\vec{0})$

Für $I_i=(i,t_k,j,l)$ setze $P'_i:=s_{m+i}\overline{t}_k a_{m+l}(s_3 s_{m+l}a_{m+j})_3$. {Idee: Nachfolgezustand l raten, Zustandskorrektur bei positivem Testergebnis.}

Übung 1. (Cohen 1984). Kodieren Sie für TM-Programme P (über Alphabet $A=\{0,\ldots,m\}$ mit Zuständen $m<i<n$) P-Konfigurationen $C=\ldots a_1a_0ijb_0b_1\ldots$ mit $a_k,b_k,j\in A$ und Zustand i statt durch Primzahlprodukte n-adisch durch $\overline{C}:=(nL+i,j+nR)$ (sog. Rechtsassoziierte) bzw. $\underline{C}:=(nL+j,i+nR)$ (sog. Linksassoziierte) mit

$L:=\sum_k a_k n^k$ (linke Bandhälfte) $\qquad$ $R:=\sum_k b_k n^k$ (rechte Bandhälfte)

Zeigen Sie, daß P durch das folgende 2-dimensionale Modulumformungssystem $\overline{P}$ (sog. modulare Maschine, s. Aanderaa & Cohen 1979, 1979a) simuliert wird mit:

$C \Rightarrow_P C'$ gdw $\overline{C} \Rightarrow_{\overline{P}} \overline{C'}$ für alle P-Konfigurationen C,C'.

$\overline{P}$ ist definiert durch den Speicher $S=\mathbb{N}^2$, n und die folgenden Regeln $\rightarrow_{i,j}$ für beliebige M-Zustände i,i' und Bandsymbole $j,j'\in A$:

$(nx+i,j+ny) \rightarrow (nx+i',j'+ny)$	für $ij\ j'\ i'\in P$
$\ldots\ldots\ldots\ldots \rightarrow (n^2x+nj+i',y)$	..... r .....
$(nx+j,i+ny) \rightarrow (x,i'+nj+n^2y)$	..... l .....
$(nx+i,j+ny) \rightarrow (nx+j,i+ny)$	(Assoziierungsregeln)

Übung 2. Zeigen Sie unter Verwendung der vorigen Übung bzgl. n-adischer Turingbandkodierung in Zahlregistern und unärer Zahlkodierung auf TM-Bändern, daß jedes TM-(resp. RM-) Programm P durch ein RM-(resp. TM-) Programm $\overline{P}$ in polynomialer Rechenzeit simuliert werden kann, d.h. so daß für ein Polynom q gilt:

$$C \xrightarrow[P]{t} C' \quad \text{gdw} \quad \overline{C} \xrightarrow[\overline{P}]{q(t)} \overline{C}' \quad \text{für alle } t\in\mathbb{N}\text{, P-Konfig. } C,C'.$$

NB. q hängt nur von n ab (n wie in der vorigen Übung). Die polynomiale Simulationszeitschranke kann unter Benutzung indirekter Adressierung linearisiert werden, s. Paul 1978 Kap.3.

Übung 3. (Prather 1975,1977). Simulieren Sie ohne Verwendung von Turingbandgödelisierungen TM-Programme M über Alphabet A durch Turingoperatoren $\overline{M}$ über einem Alphabet $B\supseteq A$ mit $Res_M=Res_{\overline{M}}$.

§ 3. (Exkurs über Semantik von Programmen). Wir haben die Bedeutung von Programmen P (lies: die von P berechnete Funktion) unter Rückgriff auf die durch P und Eingaben x auf einer Maschine definierten Folgen elementarer Operationen (Ausführung von Funktions- und Testinstruktionen) definiert; man nennt daher Res_P auch die operationale Bedeutung von P. Für strukturierte Programme haben Scott & Strachey 1971 eine Methode entwickelt, mittels derer die Wirkung f_P von P durch eine Abbildung der in P vorkommenden syntaktischen Gebilde auf durch diese bezeichnete Objekte (abstrakte Werte wie Zahlen, Funktionen u.ä.) beschrieben wird, wobei der Wert eines zusammengesetzten Konstrukts sich aus den Werten seiner syntaktischen Teilkonstrukte bestimmt; man spricht von f_P als der denotationalen Bedeutung von P. Unausgesprochen haben wir diesen Ansatz benutzt bei der Definition normierter (TM- und) RM-Programme M und der durch sie berechneten n-stelligen Funktionen $U^n_{m+1}\circ M$ (und in unserer Sprechweise auch seine Äquivalenz zum operationalen Ansatz, s. Übung 0 zur Definition von TO und RO). Wir wollen in diesem Exkurs die Äquivalenz von operationaler und denotationaler Semantik für RM-while-Programme deutlich herausstellen und zur heuristischen Vorbereitung des Rekursionstheorems von Kleene in §II2 zeigen, daß die denotationale Bedeutung derartiger Programme als kleinster Fixpunkt eines geeigneten Funktionals beschrieben werden kann.

a) (Äquivalenz operationaler und denotationaler Semantik). In diesem § unterscheiden wir in der Bezeichnung mehrfach RO-en M als syntaktische Gebilde von ihrer Bedeutung Res_M bzw. f_M. Mit Res_M meinen wir die in §1 operational definierte Resultatfunktion, wobei wir M in kanonischer Weise als while-Programm auf der RM zur Berechnung von $Res_M: \mathbb{N}^n \to \mathbb{N}^n$ auffassen. (Zwecks Notationsvereinfachung unterdrücken wir hier die Erwähnung von Kodierungsfunktionen und betrachten RM-Programme zur Berechnung von Folgenfunktionen mit Argumenten und Werten in $\mathbb{N}^n$.) Mit f_M meinen wir die in §1 definierte denotationale Bedeutung des n-Registeroperators M als Funktion von $\mathbb{N}^n \to \mathbb{N}^n$.

Zur Vorbereitung der Fixpunktcharakterisierung von f_M im nächsten Abschnitt betrachten wir eine Beschreibung der Wirkung von $(M)_i$ als Limes einer bzgl. $\subseteq$ monotonen, von M und i abhängigen Folge f_m von Funktionen $f_m: \mathbb{N}^n \to \mathbb{N}^n$. Die Folge der f_m entfaltet explizit das Muster m aufeinanderfolgender Aufrufe von M im Verlaufe der Ausführung von $(M)_i$, so daß für $l := \mu y((M^y(\vec{x}))_i = 0)$ gilt:

(1) $f_m(\vec{x})\uparrow$ für $m \leq l$ $\qquad f_m(\vec{x}) = M^l(\vec{x})$ für $l < m$

Wir bestimmen dazu mit der nirgendwo definierten Funktion f_o:

$$f_{m+1}(\vec{x}) := \vec{x} \text{ falls } (\vec{x})_i = 0 \qquad f_{m+1}(\vec{x}) = f_m(f_M(\vec{x})) \text{ sonst}$$

Also gilt (1) und $f_m(\vec{x}) = f_o(M^m(\vec{x}))$ für $m<l$. Somit ist $f_m \subseteq f_{m+1}$ sowie $\bigcup_m f_m$ wohldefiniert und gleich $f_{(M)_i}$.

b) (Fixpunktdeutung von Programmen). Eine ω-vollständige partielle Ordnung (auch ω-cpo genannt vom englischen ω-complete partial order) ist eine partielle Ordnung $\leq$ auf einer Menge X (d.h. $\leq$ ist reflexiv ($x \leq x$), antisymmetrisch (aus $x \leq y \leq x$ folgt $x=y$) und transitiv (aus $x \leq y \leq z$ folgt $x \leq z$)) mit einem kleinsten Element $\bot$ (d.h. $\bot \leq x$ für alle $x \in X$) und einer kleinsten oberen Schranke $x = \bigvee_m x_m$ zu jeder monotonen ω-Folge $x_0 \leq x_1 \leq x_2 \ldots$ (d.h. $x_m \leq x$ für alle m und für jedes y mit $x_m \leq y$ für alle m gilt $x \leq y$).

Beispiel einer ω-vollständigen partiellen Ordnung ist die Menge $\{f | f: \mathbb{N}^n \to \mathbb{N}^n\}$ mit der $\subseteq$ als Ordnung, der nirgends definierten Funktion $\bot$ als kleinstem Element und $\bigcup_m f_m$ als kleinster oberer Schranke.

Für eine ω-vollständige partielle Ordnung $\leq$ auf X heißt eine totale Funktion $F: X \to X$ monoton gdw aus $x \leq y$ stets $F(x) \leq F(y)$ folgt; F heißt stetig gdw F monoton ist und für jede monotone ω-Folge $x_0, x_1, \ldots$ gilt $F(\bigcup_m x_m) = \bigcup_m F(x_m)$. $x \in X$ heißt Fixpunkt von F gdw $F(x)=x$; x heißt kleinster Fixpunkt von F gdw x Fixpunkt von F ist und für jeden Fixpunkt y von F gilt $x \leq y$.

Fixpunktsatz. Jede totale stetige Funktion F bzgl. einer ω-vollständigen partiellen Ordnung hat einen kleinsten Fixpunkt $Y(F)$; $Y(F)$ erfüllt die Gleichung $Y(F)=\bigvee_m F^m(\bot)$.

Beweis. Wegen $F^0(\bot)=\bot$ ist $F^0(\bot)\le F^1(\bot)$, woraus wegen der Monotonie von F durch Induktion nach m folgt $F^m(\bot)\le F^{m+1}(\bot)$. Also existiert $\bigvee_m F^m(\bot)=:Y(F)$. $Y(F)$ ist ein Fixpunkt von F nach

$F(\bigvee_m F^m(\bot))=\bigvee_m F(F^m(\bot))=\bigvee_m F^m(\bot)$ {Schranke von $F^0(\bot)$ unabhängig}.

Zum Nachweis der Minimalität sei $F(y)=y$. Aus $\bot\le y$ und der Monotonie von F folgt $F^m(\bot)\le F^m(y)=y$ für alle m, so daß $Y(F)=\bigvee_m F^m(\bot)\le y$ wegen der Minimalität der kleinsten oberen Schranke zu den $F^m(\bot)$.

Satz von der Fixpunktcharakterisierung der Bedeutung von RM-while-Programmen. Für bel. n-RO-en M ist $f_M=Y(F_M)$ mit der folgenden totalen stetigen Funktion F_M von $\{f|f:\mathbb{N}^n\to\mathbb{N}^n\}$ in $\{f|f:\mathbb{N}^n\to\mathbb{N}^n\}$:

$$F_o(f):=f_o \text{ für } o\in\{a_i,s_i\} \qquad F_{MN}(f):=Y(F_N)\circ Y(F_M)$$

$$F_{(M)_i}(f):=\lambda\vec{x}.\begin{cases}\vec{x} & \text{falls } x_i=0 \text{ für } \vec{x}=x_1,\dots,x_n\\ f\circ Y(F_M)(\vec{x}) & \text{sonst}\end{cases}$$

Beweis. Offensichtlich ist F_M total, stetig. Wir zeigen $f_M=Y(F_M)$ durch Induktion nach M. Der Induktionsanfang gilt nach Definition von F_o. Für die konstante Funktion F_{MN} ist $Y(F_N)\circ Y(F_M)$ der einzige Fixpunkt. $f_{(M)_i}$ ist ein Fixpunkt von $F_{(M)_i}$, da nach Induktionsvoraussetzung gilt:

$$F_{(M)_i}(f_{(M)_i})(\vec{x}) = \begin{cases}\vec{x} & \text{falls } x_i=0 \text{ für } \vec{x}=x_1,\dots,x_n\\ f_{(M)_i}\circ Y(F_M)(\vec{x})=f_{(M)_i}\circ f_M(\vec{x}) & \text{sonst}\end{cases}$$

$$= f_{(M)_i}(\vec{x})$$

Also bleibt $f_{(M)_i}\subseteq Y(F_{(M)_i})$ zu zeigen. Aus $f_{(M)_i}(\vec{x})\downarrow$ folgt:

$\downarrow F_{(M)_i}(f_{(M)_i})(\vec{x})=f_{(M)_i}(\vec{x})=f_M^{m_o}(\vec{x})$ für minimales m_o, also:

$Y(F_{(M)_i})(\vec{x})=\bigcup_m F^m_{(M)_i}(\bot)(\vec{x})$ nach Definition von $Y(F)$

$=\bigcup_m F^{m-m_o}_{(M)_i}\circ\bot(Y(F_M)^{m_o}(\vec{x}))$ da $F^m_{(M)_i}(\bot)(\vec{x})=\bot\circ Y(F_M)^m(\vec{x})$ für $m\le m_o$

$=Y(F_M)^{m_o}(\vec{x})=f_M^{m_o}(\vec{x})=f_{(M)_i}(\vec{x})$ nach Induktionsvoraussetzung.

Weiterführende Literatur: Gordon 1979, Milne & Strachey 1976, Stoy 1977.

§4. Vor der Diskussion der erkenntnistheoretischen Bedeutung des Äquivalenzsatzes wollen wir einige andere Präzisierungen des Algorithmusbegriffs skizzieren und durch einfache Simulationen aus Börger 1975 zeigen, daß jene berechnungsuniversell sind, d.h. zur Berechnung aller partiell rekursiven Funktionen ausreichen; den umgekehrten Nachweis, daß sie ihrerseits auf der TM simulierbar sind, empfehlen wir dem Leser als Gedankenübung.

a) Übung 1. Die 2-Registermaschinen $2\text{-}RM_m$ seien definiert wie die Registermaschinen RM_2 mit 2 Registern, jedoch mit den Ein-Ausgabefunktionen (bzgl. der Primzahlkodierung):

$In(x_1,\ldots,x_n):=(0,(\langle x_1,\ldots,x_n\rangle,0))$ $\quad$ $Out(i,(a,b)):=(a)_{n+1}$

Zeigen Sie den Satz von Minsky 1961: $F_\mu = \bigcup_n F(2\text{-}RM_n)$. Hinweis: Simulieren Sie durch Verknüpfung der Moduln $Mult(p_i)$, $Div(p_i)$, $Test(p_i)$ beliebige Registeroperatoren M durch 2-RM-Programme $\bar{M}$ im Sinne von $M(\vec{x})=(\vec{y})$ gdw $(0,(\langle\vec{x}\rangle,0)) \Rightarrow_{\bar{M}} (r,(\langle\vec{y}\rangle,0))$ mit Stopzustand r.

Folgern Sie: 1.(Börger 1975): Zur Berechnung n-stelliger $f\in F_\mu$ auf RO genügen neben den n Eingaberegistern 3 Hilfsregister, d.h. f ist durch einen n+3-RO M berechenbar. (Hinweis: Berechnen Sie (für bel. k) $x,0,0 \Rightarrow x,d,0$ für $d:=\mu y(k|y \;\&\; x\le y)-x$.) $\lambda x.x^2$ ist durch keinen 3-RO berechenbar. 2. Halbband-Turingmaschinen über $A=\{0,1\}$ mit Bändern 10..010...01 (NB: 2 Buchstaben, 3 Vorkommen des eigentlichen Symbols 1) sind berechnungsuniversell.

Übung 2. (Minsky 1961, Hosken 1972). 1.) Zeigen Sie die Berechnungsuniversalität von Modulumformungssystemen durch Simulation beliebiger 2-RM-Programme M im Sinne von

$(i,(x,y)) \Rightarrow_M (i',(x',y'))$ gdw $\langle i,x,y\rangle \Rightarrow_{\bar{M}} \langle i',x',y'\rangle$.

Hinweis: Wenden Sie die in der vorigen Übung ausgenutzte Entsprechung zwischen Addition, Subtraktion, Nulltests auf Zahlenfolgen einerseits und Multiplikationen, Divisionen, Teilbarkeitstests auf deren Primzahlkodierungen andererseits an auf 2-RMen. 2.) Zeigen Sie genauso die Berechnungsuniversalität der angeordneten Faktorersetzungssysteme, d.h. Modulumformungssysteme mit angeordneten Regeln (d.h. wie bei Markovalgorithmen ist jeweils die bzgl. der gegebenen Reihenfolge erstmögliche Regel anzuwenden), die sämtlichst die Form $a_i x \to c_i x$ haben.

Übung 3. (Germano et al. 1973). Die Berechnungsuniversalität der 3-RO bei Primzahl-(De-) Kodierung von Ein-Ausgaben liest sich in der algebraischen Terminologie von Eilenberg & Elgot 1970 wie folgt: sei $a(x)=x+1$, $s(x)=x\dot{-}1$, $p(x,y)=(y,x)$ für Permutationen und (zum Ausdruck der Lokalität von RM-Anweisungen) die Linkszylindrifikation ${}^c f(x,\vec{y})=(x,f(\vec{y}))$ und die Rechtszylindrifikation $f^c(\vec{y},x)=(f(\vec{y}),x)$. Zeigen Sie: 1.) $F_\mu \subseteq$ Abschluß von {a,s,p} gegen Einsetzung, Zylindrifikationen und $()_1$, U^n_i. Folgern Sie: 2.) In 1. kann p durch C^o_o (lies: Kreation eines neuen leeren Registers) zusammen mit U^2_2 (lies : Streichen eines Registers) ersetzt werden, wobei Iteration und U^2_2 nur kombiniert in der Form $()_1 U^2_2$ (Streichen durch Iteration geleerter Register) benötigt werden. 3.) 1. und 2. gelten auch mit der Iteration ()' nach der Gleichheit der ersten beiden Register an Stelle von $()_1$, und dann ist der Grundoperator s überflüssig, s. auch Germano et al. 1975,1979,1981.

Satz von Post und Markov 1947. Thuesysteme und Markov -Algorithmen sind berechnungsuniversell.

Beweis. Nach dem Satz von Minsky (s.Übung 1) genügt es, beliebige 2-RM-Programme M zu simulieren. Für M mit Zuständen 0,...,r-1 und einzigem Stopzustand r "interpretieren" wir M als Substitutionssystem $\bar{M}$ über Alphabet $A=\{a,b,|,+\}\cup\{i|0\le i\le r\}$, so daß für beliebige M-Konfigurationen (i,(p,q)), (j,(m,n)) gilt:

$$(1)\quad (i,(p,q)) \xrightarrow[M]{1} (j,(m,n)) \text{ gdw } a|^p i+^q b \xrightarrow[\bar{M}]{1} a|^m j+^n b\ .$$

$\bar{M}$ besteht aus den - die Wirkung der zugehörigen Instruktionen auf den "Konfigurationsworten" $\bar{C}=a|^p i+^q b$ beschreibenden-Regeln:

(i,|j) für $(i,a_1,j)\in M$ (i,j+) für $(i,a_2,j)\in M$

(ai,aj),(|i,k) für $(i,s_1,j,k)\in M$ (ib,jb),(i+,k) für $\dots s_2\dots$

Da M determiniert ist, ist auf Konfigurationsworte $a|^p i+^q b$ jeweils höchstens eine Regel und nur an genau einer Stelle anwendbar, so daß (1) auch für $\bar{M}$ als Markovalgorithmus (bei beliebiger Reihenfolge der Regeln) gilt. Für Endkonfigurationsworte mit j=r gilt (1) nach dem Nürnberger Trichterprinzip auch für das Thuesystem Rev($\bar{M}$).

Übung. Zeigen Sie die Berechnungsuniversalität der kommutativen Markovalgorithmen, d.h. von Markovalgorithmen, deren Regeln auf Worte nur in Abhängigkeit von der Zahl der Vorkommen von Buchstaben unter Außerachtlassen ihrer Anordnung wirken, formal:

$$V \xrightarrow{1} W \text{ gdw } V' \xrightarrow{1} W' \text{ für bel. Permutationen } V'W' \text{ von } VW.$$

Hinweis: Kodieren Sie (i,(p,q)) durch $c^i|^p+^q$.

b) Exkurs. Für kommutative Thuesysteme ist das Wortproblem seit langem als rekursiv bekannt (Malcew 1958, Emilichew 1958). Die Frage nach der Rekursivität des Wortproblems für kommutative Semi-Thuesysteme hat eine bewegte Geschichte und ist erst von Kosaraju 1982 positiv beantwortet worden. (Aus der Rekursivität des Wortproblems folgt auch die Rekursivität des Halte- und des Konfluenzproblems, während diese drei Probleme unabhängig voneinander "beliebig kompliziert" und insbesondere nicht - rekursiv werden können, wenn über endlichem Alphabet eine rekursive Regelmenge zugelassen ist; s.Börger &

Kleine Büning 1980.) Der Satz von Kosaraju weist im Lichte der vorstehenden Übung für den Fall kommutativer Substitutionssysteme einen wesentlichen Unterschied zwischen indeterminierten und durch eine Kontrollstruktur determiniert gemachten Umformungssystemen auf. Das Problem hatte von verschiedenen Ansätzen her Zahlentheoretiker, Gruppentheoretiker und Informatiker interessiert, was wir im Folgenden wegen der Bedeutsamkeit des Satzes von Kosaraju kurz beleuchten wollen.

Kommutative (Markovsche) Semi-Thuesysteme und (angeordnete) Faktorersetzungssysteme "sind dasselbe" via Interpretation von Primfaktoren p_i als Buchstaben a_i, von Zahlenmultiplikation mit p_i als Buchstabenverkettung mit a_i, von Faktorersetzungsregeln $bx \to cx$ als Wortsubstitutionsregeln $b \to c$.

Petri 1962 hat eine graphische Darstellung solcher Systeme gegeben, die vielerorts zur Modellierung parallel ablaufender, nicht synchronisierter Prozesse benutzt wird, s. Peterson 1977: ein so dargestelltes Faktorersetzungssystem nennt man auch Petrinetz, definiert als endlicher, gerichteter, zweigefärbter Graph N - d.h. Graph, dessen Knotenmenge in zwei zueinander disjunkte Teilmengen zerlegt ist, die Menge $V=\{p_1,\ldots,p_n\}$ der "Stellen" ("Bedingungen", "Plätze") und die Menge $T=\{t_1,\ldots,t_m\}$ der "Transitionen" ("Ereignisse") -, dessen Kanten nur Knoten verschiedener Farbe verbinden; ein "Zustand" ("Markierung") von N ist jede Zuordnung (Abbildung) $z:V\to\mathbb{N}$ von "Signalen" zu den Stellen; die "Erreichbarkeitsbeziehung" $\vdash_N$ zwischen Zuständen z,z' ist definiert durch die Transitionsrelation $z \to_N z'$ gdw für eine Transition t_j alle Stellen im Zustand z mindestens soviele Signale tragen, wie von ihnen Kanten nach t_j ausgehen - man sagt dann: t_j kann im Zustand z gefeuert werden -, und daß ihnen durch das Feuern soviele Signale genommen werden, wie Kanten von ihnen zu t_j führen, und soviele Signale hinzugefügt, wie Kanten von t_j zu ihnen führen, woraus der Zustand z' entsteht:

$$z \xrightarrow[N]{} z' \text{ gdw } \exists t_j \forall p_i: z(p_i) \geq \text{ Zahl der Kanten von } p_i \text{ zu } t_j \;\&$$
$$z'(p_i)=z(p_i)-(\text{Kantenzahl von } p_i \text{ zu } t_j)$$
$$+(\text{Kantenzahl von } t_j \text{ zu } p_i)$$

Traditionellerweise werden Petrinetze graphisch mittels Kreisen, Balken und Pfeilen für die Bedingungen, Ereignisse und Kanten veranschaulicht. Die Zustände notiert man durch Punkte oder Zahlen in den Stellen.

(Angeordnete) Faktorersetzungssysteme und (angeordnete) Petrinetze "sind dasselbe" via Interpretation der Primfaktoren p_i als Stellen, von Primzahlkodierungen $\langle z_1,\ldots,z_n\rangle$ aus Produkten der Primzahlen p_i als Zustände, von Faktorersetzungsregeln $\langle z_1,\ldots,z_n\rangle\, x \to \langle z_1',\ldots,z_n'\rangle\, x$ als Transitionen t mit z_i Kanten von p_i zu t und z_i' Kanten von t zu p_i, von Anwendungen von Regeln als Feuern von Ereignissen.

Buchhalten über Veränderungen der Anzahl von Vorkommen von Grundobjekten (lies: Primzahlen, Buchstaben, Signalen) in komplexen Gebilden (lies: Zahlen, Worten, Petrinetzmarkierungen) führt man oft vorteilhaft mittels Zahlenlisten $(z_1,\ldots,z_n)$ durch, womit wir auf die von Karp & Miller 1969 im Zusammenhang mit der Untersuchung von Entscheidungsproblemen für parallele Programmschemata eingeführte geometrische Formulierung von Faktorersetzungssystemen als Vektoradditionssysteme stoßen, lies: endliche Mengen von Vektoren $z=(z_1,\ldots,z_m)$ mit ganzzahligen Komponenten z_j und der Bestimmung, daß $(v_1,\ldots,v_m) \rightarrow_z (w_1,\ldots,w_m)$ gdw $v_j,w_j \in \mathbb{N}$ & $v_j+z_j=w_j$ für $1 \le j \le m$. In der Tat kann man (angeordnete) Vektoradditionssysteme aus Vektoren v_j der Dimension m mit (Markovschen) kommutativen Semi-Thuesystemen identifizieren, indem man Raumpunkte $(x_1,\ldots,x_m)$ als Worte $a_1^{x_1}\ldots a_m^{x_m}$ interpretiert und die Vektoren $v_j=(u_1,\ldots,u_m)$ als Substitutionsregeln

$$a_1^{u_1^-}\ldots a_m^{u_m^-} \rightarrow a_1^{u_1^+}\ldots a_m^{u_m^+} \quad \text{mit } u_i^- = \begin{cases} 0 \text{ für } 0 \le u_i \\ -u_i \text{ sonst} \end{cases} \qquad u_i^+ = \begin{cases} 0 \text{ für } u_i < 0 \\ u_i \text{ sonst} \end{cases}$$

Die gleiche Interpretation gilt auch umgekehrt unter der Voraussetzung, daß für jede Regel die linke und die rechte Regelseite keinen gemeinsamen Buchstaben haben. (Solche Systeme nennt man schleifenfrei). Unter Erhöhung der Dimension kann man jedes (Markovsche) kommutative Semi-Thuesystem mit Alphabet $b_1,\ldots,b_m$ als (angeordnetes) Vektoradditionssystem auffassen, in dem Worten $b_1^{e_1}\ldots b_m^{e_m}$ der Punkt $(e_1,0,e_2,0,\ldots,e_m,0)$ entspricht und Regeln $(b_1^{x_1}\ldots b_m^{x_m}, b_1^{y_1}\ldots b_m^{y_m})$ die (hintereinander auszuführenden) Vektoren $(-x_1,y_1,-x_2,y_2,\ldots,-x_m,y_m),(y_1,-y_1,y_2,-y_2,\ldots,y_m,-y_m)$.

Übung. Angeordnete Vektoradditionssysteme der Dimension 4 sind berechnungsuniversell.

Petrinetze werden vielerorts zur Modellierung des Prozeßbegriffs parallel arbeitender, konkurrierender Systeme benutzt, der die Wirkung elementarer Operationen einzelner (evtl. gleichzeitig mehrerer) Teilsysteme sowie die daraus resultierenden lokalen Veränderungen des Zustands des Gesamtsystems beschreibt und in Beziehung setzt. Wir wollen dies durch eine maschinentheoretische Formulierung verdeutlichen: Dazu analysieren wir parallel arbeitende Prozesse als endliche Menge voneinander unabhängiger, nur über die verarbeiteten Daten in Berührung kommender Maschinenprogramme. Da sich mit Petrinetzen nur positive und keine negativen Antworten auf die Frage nach dem Vorhandensein gewisser Signalkonstellationen realisieren lassen, verzichten wir auf Testinstruktionen und definieren ein testfreies paralleles n-Registermaschinenprogramm M als eine Folge $M=(M_1,\ldots,M_m)$ von Programmen M_i aus Operationsinstruktionen mit elementaren Operationen $\vec{e}\in\{0,+1,-1\}^n$ mit der Bedeutung, daß pro M-Rechenschritt eine Instruktion eines der Teilprogramme M_i ausgeführt wird. D.h. für alle Adressenfolgen $\vec{a}=(a_1,\ldots,a_m)$, $\vec{b}=(b_1,\ldots,b_m)$, alle Registerinhalte $\vec{x},\vec{y}\in\mathbb{N}^n$ gilt:

$$(\vec{a},\vec{x}) \underset{M}{\longrightarrow} (\vec{b},\vec{y}) \text{ gdw } \exists\, 1\le i\le m: \vec{0}\le\vec{y}=\vec{x}+\vec{e} \ \&\ (a_i,\vec{e},b_i)\in M_i$$
$$\&\ \vec{b}=(a_1,\ldots,a_{i-1},\ b_i a_{i+1},\ldots,a_m).$$

Jedes n-dimensionale Vektoradditionssystem $V=(\vec{v}_1,\ldots,\vec{v}_m)$ "ist" ein testfreies paralleles n-RM-Programm $M=(M_1,\ldots,M_m)$ mit $M_i=(1,\vec{v}_i,\ 1\ )$, so daß $\vec{x} \vdash_V \vec{y}$ gdw $(1,\ldots,1,\vec{x}) \vdash_M (1,\ldots,1,\vec{y})$ für alle $\vec{x},\vec{y}$. (NB. Die Operation $\vec{v}_i$ ist nicht legitim im Sinne der Definition. Überlegen Sie sich, daß M_i mit den zulässigen elementaren Operationen in $\{0,+1,-1\}$ geschrieben werden kann.) Umgekehrt kann man testfreie parallele n-RM-Programme $M=(M_1,\ldots,M_m)$ identifizieren mit einem r+n-dimensionalen Vektoradditionssystem, das zu jeder M_i-Instruktion $(a_i,\vec{e},b_i)$ mit M_i-Adressen $0\le a_i<r_i$ und $r:=r_1+\ldots+r_m$ den Vektor

$$(\underbrace{\vec{0}}_{r_1},\ldots,\underbrace{\vec{0}}_{r_{i-1}},\ F(a_i,b_i),\underbrace{\vec{0}}_{r_{i+1}},\ldots,\underbrace{\vec{0}}_{r_m},\vec{e})$$

enthält mit $F(j,k)=(c_1,\ldots,c_{r_i})$ und $c_j=-1, c_k=+1, c_l=0$ sonst.

c) Nach diesem Exkurs wenden wir uns einer auf E. Post zurückgehenden Analyse des Begriffs effektiver Verfahren zu, die sich wie die Thuesche Präzisierung geistesgeschichtlich an die traditionsreiche axiomatische Methode der abendländischen Mathematik anlehnt und nach Formen sukzessiver, effektiver Erzeugung ("Herleitung") gewisser Objekte ("Folgerungen") aus vorgegebenen Anfängen ("Axiomen") durch bestimmte Regeln suchte. Post versuchte insbesondere, das äußerlich sichtbar werdende Geschehen bei einer formalen mathematischen Beweisführung als regelhaften, effektiven Prozeß herauszukristallisieren. Dabei ging er davon aus, daß in einem formalen mathematischen Beweis in jedem elementaren Beweisschritt endlich viele (als bewiesen vorausgesetzte) Aussagen - lies: Zeichenreihen über einem endlichen Alphabet - vorliegen, aus denen mittels einer Schlußregel aus einer endlichen Regelmenge eine weitere Aussage - die neu zu beweisende Behauptung - gefolgert wird. Ein solches Vorgehen setzt das Vermögen voraus, Zeichenreihen in einem endlichen, flächenhaften Zeichenkomplex zu identifizieren ("lesen"), umzuordnen und dabei evtl. Teile zu löschen und neue Teile einzusetzen ("drucken"). Dies führte Post zu einer Präzisierung des Begriffs effektiver Verfahren, die Turings Analyse entspricht, diese aber in allgemeiner (und nicht-determinierter) **Form** für beliebige flächenhafte Zeichenkombinationen (lies: Konfigurationen der Mehrband-TM oder der 2-dimensionalen TM) ausspricht mit elementaren Operationen, die Thues Analyse (Wortersetzung = Erkennen, Löschen, Drucken) auf Wortfolgen verallgemeinern und ein ganz allgemeines Lokalitätsprinzip realisieren:

Definition: Ein Postsches kanonisches System (Kalkül) P ist ein Umformungssystem aus einem Alphabet A und einer endlichen Menge "kanonischer" Regeln R der Form $(P_1,\ldots,P_n;Q)$ mit endlich vielen "Prämissen" $P_i=V_{io}x_{i1}V_{i1}\ldots x_{in_i}V_{in_i}$ und einer "Konklusion" $Q=W_o y_1 W_1\ldots y_m W_m$, wobei V_{ij} und W_μ Worte über A und x_{ij}, y_μ neue Symbole ("Variable" für Worte über A) sind und jede Variable y_μ eine der Variablen x_{ij} ist. Durch die Anwendung der kanonischen Regel R wird aus endlich vielen Worten (der durch die Regelprämissen bestimmten Form) durch eventuelles Umordnen (von Worten U_{ij} an Variablenstellen) und Streichen (von Worten U_{ij} an Variablenstellen und Konstanten V_{ij}) sowie Einfügen (neuer Worte W_μ) ein neues Wort erzeugt. Formal: $V \xrightarrow[R]{} W$ gdw es Worte U_{ij} $(1\le i\le n,\ 1\le j\le n_i)$ über A gibt mit:

$$V=\{V_1,\ldots,V_n\} \ \&\ V_i=V_{io}U_{i1}V_{i1}U_{i2}V_{i2}\ldots U_{in_i}V_{in_i} \quad \text{für alle } i$$

$$\&\ W=W_o U_{i_1 j_1} W_1 U_{i_2 j_2} W_2 \ldots U_{i_m j_m} W_m \quad \text{für } y_\mu = x_{i_\mu j_\mu}.$$

Post 1943 betrachtete kanonische Systeme insbesondere als effektive Aufzählungsverfahren zur Erzeugung aller "Folgerungen" W aus vorgegebenen "Axiomen" V mittels der gegebenen Herleitungsregeln und bewies, daß jedes kanonische System - sprich: jedes formale Rechen- oder Herleitungs- (Logik-) System-effektiv in ein äquivalentes normales System, d.h. nur aus Regeln der Form (Vx,xW), umgeformt werden kann, wobei für die Benutzung als Aufzählungsverfahren aus Axiomen ein einziges Axiom genügt:

Satz von Post 1943. Postsche normale Kalküle sind berechnungsuniversell.

Beweis. Interpretieren Sie das Semi-Thuesystem $\bar{M}$ im Beweis des Satzes von Post und Markov als Postschen normalen Kalkül mit den zusätzlichen "Kopierregeln" $ux\to xu$ für $u\in\{|,+,a,b\}$.

Übung (Arbib 1963). Zeigen Sie: Determinierte Postsche normale Kalküle sind berechnungsuniversell.

Hinweis: Definieren Sie die M-Simulationsregeln in $\bar{M}$ mit Prämissenanfang vi für $v=|,+$, die Kopierregeln als $uvx\to xuv$, die Simulationsworte als $a|^m jp+^n b$ mit neuem "Paritätssymbol" p=0,1 und (p=1 gdw $2|(m+n)$) und Regeln zur Verschiebung des Zustandssymbols von ungeradzahliger in geradzahlige Position in Konfigurationsworten.

NB. Minsky 1961 beweist die Berechnungsuniversalität für noch stärker eingeschränkte determinierte Systeme, die sog. Tagsysteme, in denen alle Regeln die gleiche Prämissenlänge (bei Minsky 2) und eine nur vom ersten Symbol der Prämisse abhängige Konklusion haben. Auf diese Tagsysteme ist Post in den 20-er Jahren bei seinen Untersuchungen zum Hilbertschen Entscheidungsproblem, insbesondere zum sog. Unifikationsproblem der Prädikatenlogik gestoßen, s. Post 1965. Vgl. auch Wang 1963, Maslov 1964,1970, Pager 1970, Priese 1971, Falkenberg 1975. Bis heute ist z.B. die von Post 1921 aufgeworfene Frage offen, ob man für das Tagsystem T aus den Regeln (0abx,x00),(1abx,x1101) für $a,b\in\{0,1\}$ über dem Alphabet 0,1 für beliebige 0-1-Worte W entscheiden kann, ob T, ausgehend von W, in eine Schleife gerät (formal: ob ein U existiert mit $W \vdash_T U \vdash_T^{\geq 1} U$). Vgl. Watanabe 1963.

Die Universalität der Postschen normalen Kalküle beinhaltet eine kuriose, aber technisch sehr nützliche Folgerung: die Grundvermögen der Bewegung (etwa nach rechts und links), des Schreibens und des Lesens sind für universelle Rechenbefähigung ausreichend und machen ein gesondertes Vermögen, Geschriebenes oder Gelesenes etwa zwecks Veränderung löschen zu können, unnötig. Auf Grund einer allgemeinen Überlegung möchte man Derartiges erwarten: statt ein Wort durch Überdrucken zu verändern, drucke man in freiem Feld eine neue Kopie dieses Wortes unter Berücksichtigung der gewünschten Veränderungen; die Tragfähigkeit dieses Gedankens lieferte Wang 1957 den Beweis zum

Korollar. Nicht-löschende determinierte Halbband-Turingmaschinen (sog. Wangmaschinen) sind berechnungsuniversell.

NB. Berechnungsuniversell ist hier cum grano salis zu verstehen: nicht löschende Programme lassen alle Zwischenergebnisse als "Schmutz" auf dem Band stehen, so daß gegenüber unserer Standard-TM-Definition geringfügig modifizierte Ein- und Ausgabefunktionen benötigt werden; daß der Satz von Wang wesentlich von den benutzten Ein-Ausgabekodierungen abhängt, zeigen Oberschelp 1958, Zykin 1963.

Beweis. Wir simulieren die im Beweis zum Satz von Post konstruierten Postschen normalen Kalküle $\bar{M}$ durch Halbband-TM-Programme M^o ohne Druckoperationen ijj'i' mit $j \neq 0$ (d.h. nur das Leersymbol a_o darf überschrieben werden). Dazu kodieren wir $W=a_{i_1}\ldots a_{i_r}$ über dem Alphabet $\{a_1,\ldots,a_n\}$ von $\bar{M}$ durch das Turingbandwort $W^o=a_{i_1}a_o a_{i_2}a_o\ldots a_{i_r}a_o$ mit leerem Symbol a_o. Sei $\bar{M}$ durch Regeln $W_i x \to xV_i$ mit $1 \leq i \leq m$ gegeben. Wir überlassen dem fleissigen Leser als Übung, ein Programm M^o mit folgender Wirkung zu schreiben. (Pro memoria: Das gegebene 2-RM-Programm M ist determiniert, und die Regeln $Wx \to xV$ des M simulierenden normalen Kalküls $\bar{M}$ haben maximale Prämissenlänge 2, so daß $|W^o| \leq 4$):

1.) M^o liest von links nach rechts jeweils die ersten 4 Buchstaben des rechts vom Arbeitsfeld befindlichen Wortes W^o ein und prüft, welche durch die Determiniertheit von M eindeutig bestimmte Regel $W_i x \to xV_i$ für eine Weiterführung der Simulation von M auszuführen ist. In der Konfiguration $\ldots a_{j_1}a_o\ldots a_{j_s}\underset{\uparrow}{a_o}U^o$ mit $W_i=a_{j_1}\ldots a_{j_s}$ markiert M^o den neuen linken Wort"anfang" durch Drucken eines neuen Symbols a im leeren gegenwärtigen Arbeitsfeld (also am Wortende W_i^o) und ruft das i-te Druckprogramm auf. 2.) Das i-te Druckunterprogramm bewirkt Anhängen von V_i^o an U^o am rechten Bandende, Rücklauf zum mit a markierten neuen Wort"anfang" und erneuten Aufruf des Leseunterprogramms 1.).

Bemerkung. Diese Simulation Postscher normaler Kalküle durch nicht löschende Halbband-TM-Programme legt eine Maschinendarstellung beliebiger Postscher normaler Systeme nahe durch programmgesteuerte Maschinen mit einem Lesekopf (und wenn man will Bandabschneidevorrichtung für bereits gelesene Bandfelder) am linken und einem Schreibkopf am rechten Ende des Halbbandes, die beide nur nach rechts bewegt werden können; determinierten Systemen entsprechen dabei determinierte, nicht-determinierten Systemen indeterminierte Maschinenprogramme:

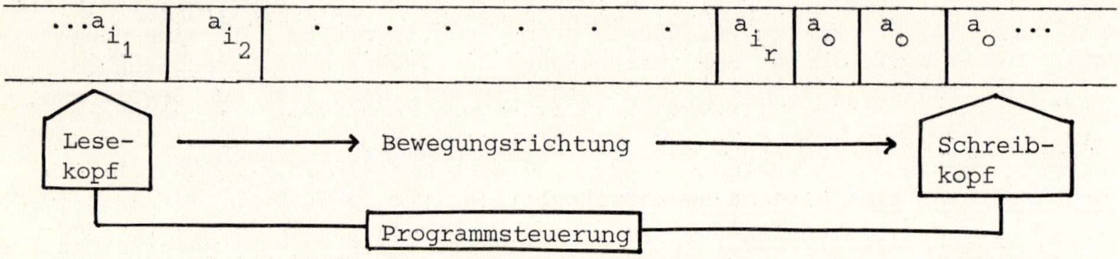

Unter Betrachtung berechnungsuniverseller Tagsysteme, deren Regelprämissen sämtlich nur die Länge 2 haben, kann man diese Maschinendeutung normaler Postscher Kalküle in natürlicher Weise so verfeinern, daß die indeterminierte Version des entstehenden Maschinentyps zu Turingmaschinen äquivalent ist, während sich die determinierte Variante als zu den sog. linear beschränkten Turingmaschinen äquivalent erweist, deren verfügbares Band für jede Rechnung in linearer Abhängigkeit von der Länge des Eingabewortes beschränkt wird (etwa durch Setzen linker und rechter Randsymbole) und deren Halte- und Wortprobleme somit trivialerweise rekursiv sind. S. Nojima et al. 1973.

Übung. (Shepherdson & Sturgis 1963). Definieren Sie für bel. Alphabet A n-Wortregistermaschinen (und n-Wortregisteroperatoren) über A, deren Register beliebige Worte $W \in A^*$ speichern können und die für jedes Register R_i und alle $a \in A$ die elementaren Operations- bzw. Testfunktionen s_i, a_i bzw. t_a^i besitzen mit $s(aW)=W, s(\Lambda)=\Lambda$ (Löschen des linken Anfangsbuchstaben des Wortes W im i-ten Register)), $a(W)=Wa$ (Anhängen von a am rechten Ende des Wortes W (im i-ten Register)), $t_a(W)=1$ gdw das Wort W (im i-ten Register) beginnt mit dem Buchstaben a.

1.) Simulieren Sie normale Postsche Kalküle sowie k-Band-TM-Programme und Programme auf der 2-dimensionalen TM durch Wortregistermaschinen.

2.) Zeigen Sie, daß es ein berechnungsuniverselles Programm auf der 1-Wortregistermaschine gibt. Für eine Einführung in die Theorie der effektiv berechenbaren Wortfunktion $f:(A^*)^n \to A^*$ s. Heidler et al. 1977.

d) Angesichts der bei der Analyse des Algorithmusbegriffs gestellten Forderung, jeder einzelne Verfahrensschritt solle lokal ausführbar sein, erhebt sich für normale Regeln $V_i x \to x W_i$ die Frage, ob sie nicht durch Regelsysteme nur aus "rechtsregulären" Regeln evtl. mit mehreren Prämissen - der Form $(V_i x, V_{i,1} x, \ldots, V_{i,r} x; U_i x)$ - und aus "linksregulären" Regeln

$(xU_{i,1},\ldots xU_{i,s};xW_i)$ beschrieben werden können. Die Maschinendeutung normaler Kalküle arbeitet mit speziellen derartigen elementaren Operationen, nämlich $(V_i^o x,ax)$ auf der linken und (x,xW_i^o) auf der rechten Seite; die Programmsteuerung sorgt dafür, daß nach einer rechtsregulären Leseoperation jeweils die zugehörige linksreguläre Druckoperation ausgeführt wird.

Es hat sich herausgestellt, daß dieser in der Maschine durch das (mittels endlich vieler innerer Zustände realisierte) "Gedächtnis" bewirkte Kontrollmechanismus über den beabsichtigten Regelablauf durch ausschließlich aus rechts- und linksregulären Regeln bestehende Kalküle nur erreicht werden kann, wenn in beiden Regelgruppen Regeln mit mindestens zwei Prämissen zugelassen sind: Kalküle aus rechts- und linksregulären Regeln, in denen mindestens eine dieser beiden Regelgruppen lediglich Regeln mit einer Prämisse enthält, erzeugen periodische Mengen und sind auf eingeschränkte (die sog. endlichen, s. CIII) Automaten reduzierbar (Kratko 1966, Büchi & Hosken 1970). Der Beweis des ersten Teils dieser Aussage enthält ein interessantes Verfahren der Informationsübertragung vom linken Ende eines Wortes zum evtl. weit entfernt liegenden rechten Wortende, das zwar indeterminiert abläuft, jedoch auf Grund spezieller Testmechanismen im Endeffekt doch einen determinierten Prozeß zu beschreiben vermag:

Satz von Post 1943. Postsche kanonische Systeme nur aus rechts- und linksregulären Regeln mit je höchstens zwei Prämissen sind berechnungsuniversell.

Beweis. Wir simulieren Postsche normale Kalküle N durch R_N nur aus rechts- und linksregulären Regeln mit je höchstens zwei Prämissen im Sinne von

$V \vdash_N W$ gdw $a,V \vdash_{R_N} W$ für alle V,W in N und Zusatz"axiom" a.

Wir wählen dafür zum Alphabet $\{a_1,\ldots,a_n\}$ von $N=((V_j x,xW_j))$, $1\leq j\leq m$, neue Kontrollsymoble a,b,c,d,e,c_j,b_j und simulieren eine Anwendung der j-ten Regel von N auf V in 4 Schritten:

1. "Raten" einer auf x=V anwendbaren Regel und vorläufige Notierung der gewählten j-ten Regel durch ein Symbol b_j am rechten Wortende:

(1) $(x,xb;xb_j)$ für $1\leq j\leq m$

Die zur Einleitung der Simulation benötigte zweite Kopie Vb von V wird aus der zusätzlichen Prämisse a ("Axiom") erzeugt durch folgende

Kopierregeln: (xa,xb) (xb,xa_ib) für $1\leq i\leq n$

2. Kontrolle, ob die in (1) geratene Regel mit der auf $Vb_j=V_jUb_j$ anwendbaren N-Regel übereinstimmt und im positiven Falle Notierung dieses Sachverhalts durch ein Symbol c am linken Wortende bei gleichzeitigem Streichen von V_j. Die Kontrolle, daß Letzteres nur nach einer Anwendung von (1) geschieht, leistet ein Kontrollsymbol c_j, das am linken Wortanfang von (und nur von) mit b_j endenden Worten auftritt:

(2) $(V_jx,c_jx;cx)$ für $1\leq j\leq m$.

Die hierzu benötigte zweite Kopie c_jUb_j von V_jUb_j liefern die

Kopierregeln: (xa,xc_jb_j) (c_jx,c_ja_ix) für $1\le j\le m$, $1\le i\le n$.

3. Anhängen des neuen rechten Wortendes W_j an cUb_j. Die Kontrolle, daß dieses erst nach Streichen des alten linken Wortendes durch (2) geschieht, erfolgt durch ein Kontrollsymbol d, welches am rechten Wortende von (und nur von) mit c beginnenden Worten auftritt:

(3) $(xd,xb_j;xW_j)$ für $1\le j\le m$

Kopierregeln: (xa,xcd) (xd,xa_id) für $1\le i\le n$

4. Feststellung, daß die Simulationsphase beendet ist, und Rückkehr zu N-Worten. Die Simulationsphase ist beendet, falls am rechten Wortende keine (neuen) Kontrollsymbole mehr auftreten. Diese Abfrage leistet das Symbol e ("Ende"), das (nur) in Worten $ea_{i_1}\ldots a_{i_r}$ auftritt:

(4) $(ex,cx;x)$ Kopierregeln: (xa,xe) (ex,ea_ix) für $1\le i\le n$

Jede Simulationsphase ist durch das Auftreten von Kontrollsymbolen festgelegt: b charakterisiert Phase 1, c_j Phase 2, c und d Phase 3 und e und c Phase 4. Dies erzwingt auch, daß in jeder R_N-Herleitung eines N-Wortes W aus einem N-Wort V und a die Simulationsregeln (1)-(4) in der natürlichen Reihenfolge angewandt werden, so daß $V \vdash_N W$ folgt. Die Umkehrung ist trivial.

Übung. Zeigen Sie die Sätze von Post und Markov, Post und Wang aus diesem § für Systeme über dem Alphabet $\{0,1\}$.

Zusammenfassung: Erweiterter Äquivalenzsatz: $f\in F_\mu$ gdw f ist berechenbar auf der (nicht löschenden Halbband-) TM (über 2-elementigem Alphabet), RM (mit 2 Registern), modularen Maschinen, angeordneten Vektoradditionssystemen, Thuesystemen, Markovalgorithmen, Postschen (normalen bzw. regulären) kanonischen Kalkülen.

§ 5. These von Church. Grundsätzliche Überlegungen darüber, was ein präziser Begriff von Algorithmus zu beinhalten hat, haben uns zu den Begriffen Umformungssystem, Rechensystem, Maschine und schließlich Turingmaschine geführt (§1). Auf der Suche nach Beispielen für turingberechenbare Funktionen sind wir auf die Klasse der μ-rekursiven Funktionen gestoßen. Diese Klasse umfaßt eine große Zahl in der Mathematik wie beim Umgang mit Computern gebräuchlicher, im intuitiven Sinne berechenbarer Funktionen; sie ist abgeschlossen gegen Definitionsprozesse zur Erzeugung komplexer, im intuitiven Sinne berechenbarer Funktionen aus einfacheren. In der Tat hat sie sich als identisch mit der Klasse der TM-berechenbaren Funktionen herausgestellt (§2). Für weitere allgemeine oder extrem spezialisierte, verschiedenartig motivierte Ansätze zur Präzisierung des Algorithmusbegriffs konnten wir mittels banaler Simulation zeigen, daß sie dieselbe Klasse berechenbarer Funktionen erzeugen, nämlich die μ-rekursiven Funktionen (§3). Seit den 30-er Jahren sind unabhängig voneinander weitere Versuche unternommen worden, von anderen allgemeinen Ansätzen her den Begriff der (algorithmisch) berechenbaren Funktion mathematisch zu erfassen: z.B. als definierbar durch allgemeine Formen von

Rekursion umfassende Gleichungskalküle (Herbrand, Gödel) oder als berechenbar mittels elementarer kombinatorischer Mittel zum Ausrechnen von Funktionswerten für vorgegebene Argumente (Schönfinkel, Fitch, Rosser, Church, Kleene) oder in formalen Logikkalkülen (Gödel, Church) oder auf anderen Maschinentypen (Bsp.: Maschinen mit indirekter Adressierung, s. Schönhage 1980), und stets erwiesen sich die μ-rekursiven Funktionen als Klasse der so berechenbaren Funktionen. (Für eine historische Übersicht s. Kleene 1979,1981a, Davis 1982). Darüberhinaus hat sich der Berechenbarkeits- und Rekursivitätsbegriff bei verschiedenartigen Übertragungsversuchen auf von Zahl- und Wortmengen verschiedene Datenstrukturen als stabil erwiesen.

Beim Arbeiten mit den verschiedenartigsten Berechnungssystemen hat sich die Erfahrungstatsache herausgestellt, daß alle bekannten, im intuitiven Sinne berechenbaren Funktionen bzw. effektiven Prozesse zur Erzeugung komplexer berechenbarer Funktionen aus gegebenen, im intuitiven Sinne berechenbaren Funktionen μ-rekursiv sind. Suchen nach algorithmisch berechenbaren, jedoch nicht μ-rekursiven Funktionen hat stets zu einem Nachweis der μ-Rekursivität der betrachteten Kandidaten geführt. Die Techniken zum Aufweis der μ-Rekursivität im intuitiven Sinne berechenbarer Funktionen sind heute so weit entwickelt, daß eine Umformung von in irgendeiner algorithmischen Sprache beschriebenen effektiven Prozessen in eine äquivalente μ-rekursive Beschreibung zur Routineaufgabe geworden ist (s. insbesondere AII, Anwendungen des Rekursionstheorems). Die mit elektronischen Rechenmaschinen gemachten Erfahrungen bestätigen, daß jede "berechenbare" Funktion turingberechenbar ist. Last not least finden Universalrechner ihr begriffliches Abbild in programmierbaren Turingmaschinen; darauf weist schon die bisher unerwähnte und in Teil II näher zu untersuchende Tatsache hin, daß wir bei der μ-rekursiven Beschreibung von Registeroperatoren im Grunde einen Interpreter angegeben haben, der via Gödelisierung seinerseits in der interpretierten RO-Sprache programmierbar ist. Die angegebenen Gründe lassen es als vernünftig erscheinen, die sinngemäß von A. Church, E. Post und A. Turing unabhängig voneinander formulierte und nach ersterem benannte These (s. Davis 1982) zur Arbeitshypothese zu erheben:

<u>Churchsche These.</u> Jeder Algorithmus ist auf der Turingmaschine programmierbar. Insbesondere ist also jede algorithmisch berechenbare Funktion turingberechenbar.

Diese These ist kein mathematischer Satz und die oben genannten Sachverhalte stellen keinen Beweis für ihre Richtigkeit dar; denn der in ihr vorkommende Begriff der effektiven Berechenbarkeit im intuitiven Sinne ist gerade kein mathematisch präziser Begriff. Natur und Wert der Churchschen These sind erkenntnistheoretischer Art: Sie liefert die philosophische Überzeugung, daß gewisse (formale) mathematische Sätze das gestellte wirkliche Problem lösen, wie z.B. beim "Nachweis" der algorithmischen Unlösbarkeit diophantischer Gleichungen, des Entscheidungsproblems der Prädikatenlogik oder des Wortproblems für Gruppen (s.BI,FI). Ähnlich wie man in der Physik nicht mehr nach einem perpetuum mobile sucht, forschen wir heute mit gutem Grund nicht mehr nach algorithmisch berechenbaren, **nicht** μ-rekursiven Funktionen (s. aber Gandy 1980).

Die überraschende <u>Absolutheit des Begriffs der algorithmischen Berechenbarkeit</u> (lies: seine Unabhängigkeit von speziellen Formalismen, insbesondere Maschinenmodellen) erklärt einerseits die umfassende Anwendbarkeit programmierbarer Rechenmaschinen zur algorithmischen Lösung von Problemen; andererseits gestattet sie, sich zum Nachweis der algorithmischen Lös- oder Unlösbarkeit eines Problems jeweils auf das dem betrachteten Problem am besten zugeschnittene Modell von Algorithmen zu stützen. Insbesondere kann der Nachweis der μ-Rekursivität einer Funktions als erbracht gelten, wenn ein im intuitiven

Sinne effektives Verfahren zur Berechnung von f(x) aus x angegeben worden ist; letzteres ist meistens bequemer als die Angabe μ-rekursiver Definitionen und wird bei theoretischen Untersuchungen mit Vorteil ausgenutzt.

TEIL II: UNIVERSELLE PROGRAMME UND REKURSIONSTHEOREM

Nach der mathematischen Explikation des intuitiven Algorithmusbegriffs in Teil I arbeiten wir in Teil II zwei grundlegende Eigenschaften dieses Begriffs heraus, die auch Pate bei Axiomatisierungen des Rekursivitätsbegriffs über beliebigen (nicht notwendig induktiven) Bereichen gestanden haben: die Existenz universeller Programme und damit zusammenhängend die im Rekursionstheorem verkörperte sog. Methode der Diagonalisierung.

§ 1. Universelle Programme. Beim Nachweis der μ-Rekursivität Turing-berechenbarer Funktionen haben wir die Kodierung von (von Zahlen verschiedenen) Objekten durch Zahlen nur für die Daten der betrachteten Berechnungsformalismen benutzt: für Zahlentupel beim Beweis der μ-Rekursivität Registeroperator-berechenbarer Funktionen und für Worte über endlichem Alphabet im Beweis von $F(TM) \subseteq F(RO)$. Diese "Gödelisierungen" lassen sich natürlich vermeiden, wenn man von Anfang an statt zahlentheoretischer Funktionen Wortsequenzfunktionen betrachtet, d.h. Funktionen, deren Argumente und Werte Folgen (beliebiger Länge) von Worten über einem gegebenen mehrelementigen Alphabet sind (s. Germano et al. 1975,1979, Heidler & Hermes 1977). Aber auch dann benutzt man beim Nachweis der "Rekursivität" "berechenbarer" Funktionen die durch den Begriff der Gödelisierung äußerlich sichtbar werdende, für programmierbare Computer grundlegende "Mehrdeutigkeit" von Eingaben, welche Beschreibung sowohl von Daten sein können, auf denen ein bestimmtes Programm ausgeführt werden soll, als auch Beschreibung von auszuführenden Programmen. (Besonders augenfällig wird diese Mehrdeutigkeit z.Bsp. bei der Übersetzung eines in einer höheren Programmiersprache geschriebenen Programms in Maschinencode ausgenutzt.)

Durch Gödelisierung nicht nur der Daten $\vec{x}$, sondern auch der RO-Programme M können wir den beim Beweis der μ-Rekursivität der RO-berechenbaren Funktionen unausgesprochen konstruierten berechenbaren Interpreter explizit angeben und erhalten daraus den

Normalformsatz von Kleene 1936. Für jedes n gibt es primitiv rekursive Funktionen ein ("Eingabefunktion"), ü ("Übergangsfunktion"), s ("Stopkriterium"), aus ("Ausgabefunktion") sowie $U \in F_{prim}$, T in F_{prim}, so daß

$$\forall f^{(n)} \in F_{\mu}\ \exists k \forall \vec{x}:\ f(\vec{x}) = aus \circ (ü)_s \circ ein\ (k,\vec{x}) \quad \text{und } f(\vec{x}) = U(\mu y T(k,\vec{x},y))$$

Beweis. Wir beschreiben den im Beweis der μ-Rekursivität RO-berechenbarer Funktionen unausgesprochen konstruierten Interpreter unter Rückgriff auf Abgeschlossenheitseigenschaften von F_{prim} als μ-rekursive Funktion: abzuarbeitende RO-en M werden als "Stapel" $\bar{\bar{M}}$ (von Gödelnummern) der verketteten Teiloperatoren zu möglichen Eingaben des Interpreters kodiert, Registerinhalte $\vec{x}$ als Zahlen $\langle\vec{x}\rangle$; die der schrittweisen Abarbeitung von M entsprechende Veränderung der Gödelnummern $\bar{C} := \langle\bar{M}, \langle\vec{x}\rangle\rangle$ von "Konfigurationen" $\bar{C}$ aus noch abzuarbeitendem Programm M und jeweiligen Daten $\vec{x}$ wird durch eine primitiv rekursive Folgekonfigurationsfunktion beschrieben im Sinne von

$$\forall C,C':\ \text{Folgekonfig}\ (\bar{C}) = \overline{C'} \quad \text{gdw} \quad C \xrightarrow[M]{1} C'.$$

Zur Vereinfachung definieren wir Folgekonfig als Kreuzprodukt:

Folgekonfig(z):=<Folgeprogr($(z)_1$,$(z)_2$), Folgereg($(z)_1$,$(z)_2$)>

primitiv rekursiver Folgeprogramm- und Folgeregisterfunktionen mit:

$$\text{Folgereg}(\bar{M},\langle\vec{x}\rangle)=\langle\vec{y}\rangle \quad \text{gdw} \quad \vec{x} \xrightarrow[M]{1} \vec{y}$$

Folgeprog($\bar{M}$,<$\vec{x}$>)=$\bar{N}$ gdw nach 1 M-Rechenschritt auf $\vec{x}$ der Restoperator N auszuführen bleibt

Dazu gödelisieren wir RO-en M induktiv durch:

$\bar{a}_i$:=<<1,i>> $\bar{s}_i$:=<<2,i>> $\overline{M_1M_2}$:=$\bar{M}_1$*$\bar{M}_2$ $\overline{(M)_i}$:=<<3,i,$\bar{M}$>>

Folgereg, Folgeprog $\in F_{prim}$ folgt für $v \in F_{prim}$ mit v(<y,$\vec{z}$>)=<$\vec{z}$> aus:

$$\text{Folgereg}(k,x) := \begin{cases} x \cdot p_{(k)_{1,2}} & \text{falls } (k)_{1,1}=1 \\ [x : p_{(k)_{1,2}}] & \text{falls } (k)_{1,1}=2 \text{ und } p_{(k)_{1,2}} \mid x \\ x & \text{sonst} \end{cases}$$

$$\text{Folgeprogr}(k,x) := \begin{cases} v(k) & \text{falls } (k)_{1,1}\in\{1,2\} \text{ oder} \\ & ((k)_{1,1} = 3 \;\&\; (x)_{(k)_{1,2}}=0\,) \\ (k)_{1,3}*k & \text{falls } (k)_{1,1}=3 \;\&\; (x)_{(k)_{1,2}} \neq 0 \\ 0 & \text{sonst (NB: Stopkriterium!)} \end{cases}$$

Für beliebiges n sei $f^{(n)}$ durch einen RO M berechenbar,

d.h. M($\vec{x}$,$\vec{0}$)=($\vec{x}$,f($\vec{x}$),$\vec{0}$) für alle $\vec{x}$. Daraus folgt

$$f(\vec{x})=(\text{Iter(Folgekonfig)}\underbrace{(\langle\bar{M},\langle\vec{x}\rangle\rangle}_{\text{Anfangskonfig}},\underbrace{\mu y((\text{Iter(Folgekonfig)}(\langle\bar{M},\langle\vec{x}\rangle\rangle,y))_1=0)}_{\text{Stopstelle}}))\underbrace{_{2,n+1}}_{\text{Ergebnisausgabe}}$$

= aus • $(ü)_s$ • ein ($\bar{M}$,$\vec{x}$) mit den **folgenden** Funktionen:

ein(k,$\vec{x}$):=<k,<$\vec{x}$>> ü:=Folgekonfig s(z):=$(z)_1$ aus(z):=$(z)_{2,n+1}$

Für den zweiten Teil des Normalformsatzes definieren wir ein primitiv rekursives (das sog. Kleenesche) T-Prädikat mit der Eigenschaft T($\bar{M}$,$\vec{x}$,y) gdw y ist Gödelnummer einer abbrechenden Rechnung des mit Input $\vec{x}$ gestarteten RO M, so daß auch f($\vec{x}$)=U(μyT($\bar{M}$,$\vec{x}$,y)) mit U(z):=$(z)_{l(z),2,n+1}$. Def.:

$$T(k,\vec{x},y) \text{ gdw } y=\prod_{1\leq i\leq l(y)} p_i^{(y)_i} \;\&\; (y)_1=\langle k,\langle\vec{x}\rangle\rangle \;\&\; (y)_{l(y),1}=0$$

$$\& \forall i_{1\leq i<l(y)} \text{ Folgekonfig }((y)_i)=(y)_{i+1}$$

<u>Bemerkung.</u> Jede partiell rekursive Funktion kann nach der Kleene-Normalform aus primitiv rekursiven Funktionen mit höchstens einer <u>Anwendung des μ-Operators</u> (der unbeschränkten Iteration) definiert werden. Für rekursive Funktionen geschieht dies sogar <u>im Normalfall</u>, d.h. nur, falls $\forall x \exists y g(\vec{x},y)=0$.

Die Ein- und Ausgabefunktionen "ein" und "aus" hängen von n ab; wir unterdrücken dies in der Bezeichnung in der Annahme, daß aus dem Zusammenhang keine Mißverständnisse zu befürchten sind. Im übrigen hätten wir die Kleenesche Normalform auch nur für einstellige Funktionen auszusprechen brauchen, da ja via Kodierung jedes $f^{(n)}$ durch $\bar{f}^{(1)}$ mit $f(x)=\bar{f}(\langle\vec{x}\rangle)$ vertreten werden kann.

So betrachtet ergibt sich aus dem Normalformsatz von Kleene, daß die Funktion $e:=\lambda k,z.\text{aus}\circ(\ddot{u})_s\circ\text{ein}(k,z)$ eine Folge $e_k:=\lambda z.e(k,z)$ erzeugt, die alle (einstelligen) partiell rekursiven Funktionen durchläuft; "e" steht für enumeration, Aufzählung.

Ein (z.B. Turing-) Programm zur Berechnung der partiell rekursiven Funktion e stellt demnach ein <u>universelles algorithmisches Verfahren</u> dar: Jeder Algorithmus P kann darin - vermöge seiner Gödelnummer $\bar{P}$ - programmiert werden, so daß bei Eingabe dieses Programms und von $\langle\vec{x}\rangle$ für alle Argumente $\vec{x}$ von P dieses Verfahren die Beschreibung $\bar{P}$ von P interpretiert und durch Schritt-für-Schritt-Simulation der Rechnung von P für Eingabe $\vec{x}$ die Ausgabe $P(\vec{x})$ in der Form von $e(\bar{P},\langle\vec{x}\rangle)$ liefert. Ingenieurmäßig gesprochen ist ein Computer, der e berechnet, eine (fest verdrahtete) Universalmaschine, die sich je nach eingegebenem Programm P in einen Spezialrechner verwandeln läßt, der die in P beschriebene Aufgabe löst; die Entwicklung spezieller Programme ist ein Umbauen der Universal- in eine Spezialmaschine. Die Existenz universeller Algorithmen bedeutet erkenntnistheoretisch, daß es einen <u>kritischen Grad mechanischer Komplexität</u> gibt, über den hinaus alle weitere Komplexität nur von der Menge des während einer Rechnung zur Verfügung stehenden Speicherplatzes abhängt. Es spricht für die Churchsche These, daß diese kritische Komplexität sehr niedrig angesetzt werden kann: zum einen wissen wir heute von überraschend "einfachen" universellen Verfahren (s. Kap. CIII), zum anderen sind die im Beweis des Kleeneschen Normalformsatzes auftretenden Funktionen besonders "einfach" - "elementar" in einem in Kap. CII besprochenen Sinne - und können davon ausgehend rekursive Funktionen nach dem zu ihrer Berechnung nötigen Speicherplatz (oder Zeitbedarf) in Hierarchien wachsender Komplexität klassifiziert werden (s. BIII,CI,II).

Nach den vorstehenden Überlegungen erscheint es vernünftig, Aufzählungen $f_0,f_1,f_2\ldots$ aller berechenbaren Funktionen mit berechenbarer Aufzählungsfunktion $f=\lambda i,x.f_i(x)$ als Explikat des Begriffs eines <u>universellen Programmiersystems</u> (mit funktionaler Semantik) anzusehen. In Kap. CIV werden wir als Nebenergebnis einer Normalform der dort behandelten endlichen Automaten ein besonders kleines <u>universelles Programm</u> (d.h. zur Berechnung einer Aufzählungsfunktion von F_μ) explizit angeben und beschränken uns deshalb hier auf das Festhalten des Universalitätsbegriffs durch:

Definition. Für $f:X\times Y\to Z$ definieren wir $f_i:=\lambda y.f(i,y)$ und nennen f eine Aufzählungsfunktion für die Klasse $\{f_i | i\in X\}$. Die Aufzählung heißt primitiv resp. partiell rekursiv falls $f\in F_{prim}$ resp. $f\in F_\mu$.

Aufzählungssatz von Kleene. $\forall n \exists e\in F_\mu \forall f^{(n)}\in F_\mu \exists k \forall \vec{x}: f(\vec{x})=e_k(\vec{x})$. Schreibweise: $\ulcorner k](\vec{x})$ statt $e_k(\vec{x})$. k heißt (Kleene-) Index von e_k.

Auf Grund der Churchschen These ist eine Programmiersprache L mit Semantik g universell, falls es einen berechenbaren Compiler c von der TM-Programmsprache in sie gibt, d.h. mit $e_i=g_{c(i)}$ für alle i. Die Kleenesche Aufzählungsfunktion zeichnet sich durch eine Effektivitätseigenschaft aus: e besitzt zu jedem berechenbaren Interpreter f einer Programmiersprache L mit Semantik $\lambda i.f_i$ (lies: $f\in F_\mu$) einen berechenbaren (sogar primitiv rekursiven) Compiler, lies: ein $h\in F_{prim}$, das zu jedem f-Parameter i (Programm $i\in L$) einen äquivalenten Kleene-Index (e-Programm) h(i) konstruiert, d.h. mit $f_i=e_{h(i)}$. Wir halten diese Eigenschaft fest in der

Definition. $g\in F_\mu$ heißt Gödelnumerierung (der n-stelligen partiell rekursiven Funktionen), falls $\forall f^{(n+1)}\in F_\mu \exists h$ rekursiv mit: $f_i(\vec{x})=g_{h(i)}(\vec{x})$ für alle $i,\vec{x}$. h heißt Übersetzungsfunktion (zu f).

Zwecks Vereinfachung unterdrücken wir die Bezeichnung von n; überdies gilt:

Ist g Gödelng für $F_\mu^{(n)}$, so ist $\lambda\vec{x},y,z.g(\vec{x},\langle y,z\rangle)$ Gödelng für $F_\mu^{(n+1)}$.

Ist g Gödelng für $F_\mu^{(n)}$, so ist $\lambda\vec{x},y.g(\vec{x},y,y)$ Gödelng für $F_\mu^{(n-1)}$.

Bemerkung. Die Gödelnumerierungen charakterisierende Eigenschaft wird für beliebige Parameterfolgen oft als "Substitutionssatz" oder "Iterationssatz" ausgesprochen:

$\forall f^{(n+m)}\in F_\mu \exists h$ rekursiv: $\forall \vec{y},\vec{x}: f_{\vec{y}}(\vec{x})=g_{h(\vec{y})}(\vec{x})$.

(Diese Version ist äquivalent zu der für die Definition gewählten, denn mit f ist auch $\lambda z,\vec{x}.\ f((z)_1,\dots,(z)_m,\vec{x})\in F_\mu$, so daß $f(\vec{y},\vec{x})=g_{h'(\langle\vec{y}\rangle)}(\vec{x})$ für ein totales $h'\in F_\mu$.) Diese Eigenschaft ermöglicht effektive Transformationen partiell rekursiver Funktionen in termini ihrer Aufzählungsindizes (Programme), wie wir an einem Beispiel zeigen.

Beispiel: e ist eine Gödelnumerierung mit in jedem Argument streng monotonen Übersetzungsfunktionen.

Beweis: Für $f^{(n+m)}\in F_\mu$ gibt es einen RO M, der f berechnet. Für beliebige $\vec{y}=y_1,\dots,y_m$ sei $M_{\vec{y}}$ ein RO mit $M_{\vec{y}}(\vec{x},\vec{0})=(\vec{y},\vec{x},\vec{0})$ für alle $\vec{x}=x_1,\dots,x_n$, etwa

$$M_{\vec{y}} := (s_n a_{m+n})_n \ldots (s_1 a_{m+1})_1 a_1^{y_1} \ldots a_m^{y_m}$$ analog N mit $\vec{y},\vec{x},z,\vec{O} \underset{N}{\Rightarrow} \vec{x},z,\vec{O}$

so daß $f(\vec{y},\vec{x}) = \text{aus} \circ (\ddot{u})_s \circ \text{ein}\ (\bar{M},\vec{y},\vec{x}) = \text{aus} \circ (\ddot{u})_s \circ \text{ein}(\overline{M_{\vec{y}} MN},\vec{x}) =$

$[h(\vec{y})](\vec{x})$ für $h(\vec{y}) := \overline{M_{\vec{y}} MN} = \bar{M}_{\vec{y}} * \bar{M} * \bar{N}$, wobei $h \in F_{prim}$ streng monoton.

<u>Bezeichnung.</u> Im vorstehenden Beispiel schreibt man im Fall f=e meistens S_n^m statt h, wobei die Stelligkeitsangaben m und n meistens unterdrückt werden. Für alle $k,\vec{x},\vec{y}$ gilt also die charakteristische Gleichung des sog. <u>"S_n^m-Theorems"</u>:

$$[k](\vec{y},\vec{x}) = [S_n^{m+1}(k,\vec{y})](\vec{x}) = [S(k,\vec{y})](\vec{x})$$

Maschinentheoretisch gesprochen bedeutet dies, daß man mit einem primitiv rekursiven Verfahren zu jedem Programm k und jeder Parameterfolge $\vec{y}$ ein Programm $S(k,\vec{y})$ konstruieren kann, welches für Eingaben $\vec{x}$ denselben Wert errechnet, den k bei Eingabe $\vec{y},\vec{x}$ ausgibt. Eine interessante praktische Anwendung findet dieser Sachverhalt bei der <u>Technik partieller Programmauswertung:</u> ein partielles Auswertungsfahren S erhält als Eingabe ein Programm k und einen Teil $\vec{y}$ des Inputs für k und erzeugt daraus ein sog. Restprogramm $S(k,\vec{y})$, welches bei Eingabe beliebiger Resteingaben $\vec{x}$ dieselbe Ausgabe $[S(k,\vec{y})](\vec{x})$ erzeugt wie das ursprüngliche Programm k auf seiner Gesamteingabe $\vec{y},\vec{x}$ nämlich $[k](\vec{y},\vec{x})$.

Futamura 1971 hat beobachtet, daß die <u>partielle Programmauswertung als Kompilierungstechnik</u> benutzt werden kann: ist ein Interpreter i für eine Programmiersprache L gegeben, so kann man L-Programme p in Objektprogramme übersetzen, indem man den Interpreter i mit dem Programm p (und ohne Eingaben für p) partiell auswertet, lies: S(i,p) berechnet. Wendet man auf dieses partielle Auswertungsverfahren erneut die Methode partieller Auswertung an, so erhält man einen Compiler S(s,i); hierbei bezeichnet s ein Programm zur Berechnung von S. Erneute Iteration dieses Vorgehens liefert ein Compiler-Erzeugungsprogramm S(s,s). Für einen lauffähigen, nach dieser Methode partieller Auswertung automatisch konstruierten Compiler-Erzeuger (sowie weitere Literaturangaben und eine Diskussion der Bedeutung dieser Compiler-Konstruktionsmethode) s. N.D. Jones et al. 1985.

Wir geben hier eine typische rekursionstheoretische Anwendung des Iterationssatzes, bei der ausgenutzt wird, daß die S-Funktionen bei Eingaben $p,\vec{x}$ an e die Interpretation vermitteln von p als Programm und von $\vec{x}$ als Daten zwecks Simulation des Verhaltens von p auf $\vec{x}$ durch e. Unser Beispiel zeigt, daß e Werkzeuge zur effektiven Verkettung von Programmen zur Verfügung stellt:

<u>Beispiel:</u> F_μ <u>ist primitiv rekursiv gegen die Einsetzung abgeschlossen:</u>

$\forall r,n \exists h$ primitiv rekursiv: $\forall\, k,k_1,\ldots,k_r,\vec{x}=x_1,\ldots,x_n$:

$$[h(k,k_1,\ldots,k_r)](\vec{x}) = [k]([k_1](\vec{x}),\ldots,[k_r](\vec{x})).$$

<u>Beweis:</u> $f := \lambda k,k_1,\ldots,k_r,\vec{x}.\ [k]([k_1](\vec{x}),\ldots,[k_r](\vec{x})) \in F_\mu$,

so daß für einen Kleene-Index $\bar{1}$ von f und S_n^m-Funktion S gilt:

$$f(k,k_1,\ldots,k_r)(\vec{x}) = [\bar{1}](k,k_1,\ldots,k_r,\vec{x}) = [S(\bar{1},k,k_1,\ldots,k_r)](\vec{x}).$$

Übung. (Machtey & Young 1978, Machtey et al. 1978). Jedes gegen die Verkettung effektiv abgeschlossene universelle Programmiersystem ist eine Gödelnumerierung.

Bemerkung: Da jedes "vernünftige" universelle Programmiersystem zumindest eine effektive Methode zur Verkettung von Programmen aufweisen sollte und tatsächlich Computersysteme solche Methoden teilweise explizit zur Verfügung stellen (um mindestens ein bekanntes Beispiel zu zitieren: das Betriebssystem UNIX, Ritchie & Thompson 1978), kann man im Lichte vorstehender Übung Gödelnumerierungen mit guten Gründen als präzises Substitut des Begriffs eines akzeptablen universellen Programmiersystems (Rogers 1958, Machtey & Young 1978) ansehen. Diese Explikation akzeptabler universeller Programmiersysteme steht nicht nur im Einklang mit der zentralen Rolle der das Explikat charakterisierenden Simulations- und Programmkonstruktionstechniken für Rechnersysteme, sondern wird auch theoretisch durch zwei in §2 herzuleitende Tatsachen erhärtet: a) in Gödelnumerierungen können allgemeinst denkbare Formen "rekursiver" Definitionsprozesse (Programmiermethoden) gerechtfertigt werden, ohne daß diese ausdrücklich in die Definition von Gödelnumerierungen eingegangen wären - dies gilt obendrein auch für subrekursive Programmiersysteme, s. Kozen 1980; b) alle Gödelnumerierungen sind in dem strengen Sinn der eineindeutigen und effektiven Übersetzbarkeit ihrer Programme äquivalent.

§2. Diagonalisierungsmethode (Rekursionstheorem).

Aussage: Keine hinreichend abgeschlossene Klasse C totaler Funktionen hat eine Aufzählungsfunktion $a\in C$. Dabei heißt C ad hoc hinreichend abgeschlossen, falls aus $f\in C$ stets $\lambda x,\vec{y}.\ f(x,x,\vec{y})+1\in C$ folgt.

Beweis: Wäre $a\in C$ eine Aufzählungsfunktion für C, so wäre auch $a':=\lambda x,\vec{y}.\ a(x,x,\vec{y})+1\in C$, so daß für ein k gälte $a_k=a'$. Daraus folgte $a(k,k,\vec{y})=a_k(k,\vec{y})=a'(k,\vec{y})=a(k,k,\vec{y})+1$.

Der in diesem indirekten Beweis hervortretende Sachverhalt ist als Paradox von Richard (Jules Richard, 1906) bekannt: mittels einer Auflistung $a_0,a_1,a_2,\ldots$,(aller?) einstelliger totaler zahlentheoretischer Funktionen - etwa in Form ihrer Beschreibungen in einer vorgegebenen, sagen wir der deutschen mathematischen Umgangssprache - kann eine neue derartige Funktion a' beschrieben werden durch $a'(k):=a_k(k)+1$, graphisch:

k \ x	0	1	2	...	
0	$a_0(0)$	.	.	...	
1	.	$a_1(1)$			
2	.		$a_2(2)$		
.			.		
.				.	
.					$.a_k(k)\neq a_k(k)+1=:a'(k)$

Das Paradox ensteht, wenn man nach einer Aufzählungsfunktion sucht, die sowohl total als auch selbst Element der aufgezählten Klasse ist. Für F_{prim} z.B. werden wir weiter unten eine rekursive Aufzählungsfunktion pr konstruieren, so daß $pr \notin F_{prim}$; für die μ-rekursive Aufzählungsfunktion e aller μ-rekursiven Funktionen gilt hingegen: e ist nicht total und kann nicht zu einer rekursiven Funktion erweitert werden.

Die im Paradox von Richard auftretende "Diagonalisierung" findet sich auch im Beweis von Cantor 1874 für die Überabzählbarkeit der reellen Zahlen: Für eine beliebige Aufzählung $(x_n)_{n\in\mathbb{N}}$ reeller Zahlen aus dem Intervall $0<x\leq 1$ mit nicht endender Dezimalbruchentwicklung $x_n=0,x_{n0}x_{n1}x_{n2}\ldots$ liefert die Diagonalisierung ($x'_{nn}:=1$ falls $x_{nn}\neq 1$ und $x'_{nn}:=2$ sonst) eine neue derartige reelle Zahl $x=0,x'_{n0}x'_{n1}x'_{n2}\ldots$. Also ist das reelle Intervall $0<x\leq 1$ nicht abzählbar.

Auf Grund der Möglichkeit, in akzeptablen universellen Programmiersystemen Φ berechenbare Funktionen durch Φ-Programme darzustellen, welche letztere ihrerseits Eingabedaten für evtl. andere Φ-Programme sein können, kann man effektive Konstruktions- und Transformationsmethoden für berechenbare Funktionen durch Φ-Programme beschreiben. Dadurch wird die Diagonalisierungsmethode via Gödelnumerierungen auch für μ-rekursive Funktionen anwendbar: wegen der evtl. Nichtdefiniertheit von $\Phi_i(x)$ sind Gleichungen wie $\Phi_i(i)=\Phi_i(i)+1$ nicht notwendig widersprüchlich, sondern nur einfaches Beispiel vielfältiger "paradoxer" Verhaltensweisen gewisser Φ-Programme auf gewissen Argumenten. "Positiv" gekehrt beinhaltet Diagonalisierung hier eine allgemeinste Form rekursiver Programmiertechniken, nämlich daß wir zur Konstruktion von Φ-Programmen k durch eine algorithmische Beschreibung der gewünschten Wirkung $f(\vec{x})$ von k auf Eingaben $\vec{x}$ in eben dieser Beschreibung von $f(\vec{x})$ bereits auf den Namen und die Wirkung eines zum zu entwerfenden Programm k äquivalenten fertigen Φ-Programms k' zurück- (besser: vor-) greifen dürfen.

Der folgende Satz von Kleene 1938 verkörpert eine große Zahl verschiedenartiger Anwendungen der Diagonalisierungsmethode in Berechenbarkeits- und Komplexitätstheorie; als Fixpunktaussage rechtfertigt er rekursive Programmiermethoden und spielt dadurch eine zentrale Rolle bei der semantischen Grundlegung von Programmiersprachen (s. die spezielle Version in §AI3). Der besseren Verständlichkeit halber formulieren wir diesen Satz nur für die Kleenesche Aufzählung, obgleich er für beliebige Gödelnumerierungen gilt (für eine rein axiomatische Entwicklung in lehrbuchartiger Form s. Weihrauch 1985), entwickeln ihn in mehreren Varianten und geben einige einfache Anwendungen. (Raffiniertere Anwendungen findet man in Kap. BIII.)

Rekursionstheorem (Einfache Form). $\forall f \in F_\mu \exists k\ \forall \vec{x}: f(k,\vec{x}) = [k](\vec{x})$

$\forall f^{(1)} \in F_\mu\ \forall n \exists k: \lambda\vec{x}.[f(k)](\vec{x}) = \lambda\vec{x}.[k](\vec{x})$ (Fixpunktversion)

Beweis: Zu $f \in F_\mu$ gibt es einen Kleene-Index i, so daß für alle $j,\vec{x}$ gilt $[i](j,\vec{x}) = f(S(j,j),\vec{x})$, also nach dem S^m_n-Theorem $[S(i,i)](\vec{x}) = [i](i,\vec{x}) = f(S(i,i),\vec{x})$. Für $f^{(1)} \in F_\mu$ wählt man ein i mit $[i](j,\vec{x}) = [f(S(j,j))](\vec{x})$ für alle $j,\vec{x}$ und dann $k := S(i,i)$.

NB. Die erste, auf Kleene zurückgehende Version und die in Rogers 1967 auftretende Fixpunktversion sind in Gödelnumerierungen zueinander äquivalent, nicht aber für beliebige universelle Programmiersysteme, s. Smith 1979. Das Rekursionstheorem gilt auch für subrekursive Programmiersysteme, s. Kozen 1980.

Fixpunktdeutung. Die Fixpunktversion drückt aus, daß jede effektive Programmtransformation $f \in F_\mu$ einen "Fixpunkt" k hat, lies: ein Programm k, das durch f in ein äquivalentes Programm f(k) übergeführt wird. Als Anwendungsbeispiel für diese Fixpunktdeutung (der Diagonalisierungsmethode) des Rekursionstheorems zeigen wir, daß keine nicht-triviale Eigenschaft partiell rekursiver Funktionen (lies: des Ein-Ausgabe-Verhaltens von Programmen in bel. Gödelnumerierungen) algorithmisch entscheidbar ist:

Satz von Rice 1953. Für bel. $\emptyset \neq C \subsetneqq F_\mu$ ist die sog. Indexmenge Index (C) := $\{i \mid e_i \in C\}$ nicht rekursiv.

Beweis: Sei $e_i \in C$, $e_j \notin C$. Wäre $\lambda x.e_x \in C$ rekursiv, so folgte $f \in F_\mu$ für

$$f(x) := \begin{cases} j & \text{falls } e_x \in C \\ i & \text{sonst} \end{cases}$$

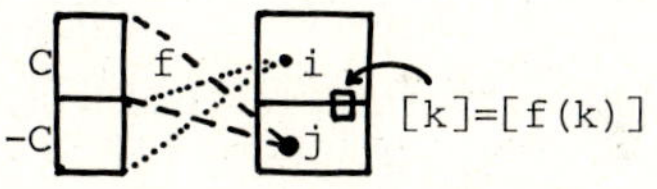

Also gäbe es nach dem Rekursionstheorem einen Fixpunkt k mit $e_k = e_{f(k)}$, also $e_k \in C$ gdw $e_k \notin C$: aus $e_k \in C$ folgt $f(k)=j$, demnach $e_k \notin C$; aus $e_k \notin C$ folgt $f(k)=i$, also $e_k \in C$.

NB. Für den Satz von Rice ist es wesentlich, daß die Indexmenge von C mit bel. Programm i auch jedes zu i äquivalente (d.h. dieselbe Funktion berechnende) Programm j enthält, also eine Eigenschaft des Ein-Ausgabeverhaltens von Programmen beschreibt; für ein subrekursives Analogen s. Kozen 1980.

Übung. Zeigen Sie den Satz von Rice für bel. Relationen $C \subseteq F_\mu \times \ldots \times F_\mu$ zwischen μ-rekursiven Funktionen.

Rekursionsdeutung. Das Rekursionstheorem liefert ein allgemeines Schema für die Definition berechenbarer Funktionen durch "Rekursion". Der Grundgedanke rekursiver Definitionen ist, $f(\vec{x})$ unter Rückgriff auf schon "vorher" definierte Werte für Argumente zu definieren, die in Bezug auf eine gegebene Ordnung aller Argumente eher kommen als $\vec{x}$. Einfache Beispiele sind die primitive Rekursion oder die darauf zurückführbare simultane primitive Rekursion und Wertverlaufsrekursion. Das Rekursionstheorem gestattet im Bereich des Berechenbaren einen noch weitergehenden Rekurs: es darf auf beliebige Werte $f(\vec{y})$ zurückgegriffen werden, falls dieser Rückgriff partiell rekursiv in $\vec{x}$ und einem Aufzählungsindex k von f ist. In Termini von Funktionalgleichungen ausgedrückt heißt dies, daß für jedes $g \in F_\mu$ das Rekursionstheorem eine Lösung f der Gleichung $[k]=\lambda x.g(k,\vec{x})$ in k garantiert. Man sagt daher auch, daß diese Gleichung die Funktion $f=e_k$ <u>implizit definiert.</u> Im konkreten Fall bedeutet solch eine Definition einer rekursiven Prozedur k mit Wirkung f, sich auf den Namen s des Speicherplatzes festzulegen, in dem der Code k der zu schreibenden rekursiven Prozedur abgelegt werden soll; bei der Entwicklung der Prozedur kann dann auf diesen Speicherplatznamen s Bezug genommen werden, um auf die Wirkung des dort (später) gespeicherten Programms für gegebene Argumente zurück- (besser: vor-) zugreifen.

Eine typische Anwendung dieser Rekursionsdeutung besteht im Nachweis der Existenz berechenbarer, gegebenen Spezifikationen genügender Funktionen durch eine implizite Definition. Als einfaches Beispiel wählen wir eine

<u>Implizite Definition einer rekursiven Aufzählungsfunktion pr für F_{prim}:</u>

$$\forall h \in F_{prim}\ \exists i\ \forall \vec{x}:\ h(\vec{x})=pr(i,\langle\vec{x}\rangle).$$

<u>Beweis:</u> Wir definieren pr als Lösung in k einer Gleichung $[k]=\lambda i,z.g(k,i,z)$, wobei wir uns bei der Bestimmung des in k,i,z partiell rekursiven Ausdrucks $g(k,i,z)$ z als Kodifikat $\langle\vec{x}\rangle$ der Argumente einer primitiv rekursiven Funktion h mit Nummer i vorstellen und $g(k,i,z)$ als $h(\vec{x})$ definieren. Dazu gödelisieren wir $h \in F_{prim}$ induktiv durch

$$\bar{N}:=\langle 1,1\rangle \qquad \bar{C}_i^n:=\langle 2,n,i\rangle \qquad \bar{U}_i^n:=\langle 3,n,i\rangle$$

für $h(\vec{x})=g(h_1(\vec{x}),\dots,h_m(\vec{x}))$ sei $\bar{h}^{(n)}:=\langle 4,n,\bar{g},\bar{h}_1,\dots,\bar{h}_m\rangle$,

für $h(\vec{x},0)=h_1(\vec{x}),h(\vec{x},y+1)=h_2(\vec{x},y,h(\vec{x},y))$ sei $\bar{h}^{(n+1)}:=\langle 5,n+1,\bar{h}_1,\bar{h}_2\rangle$.

In der Definition von $g(k,i,z)$ folgen wir der induktiven Definition von F_{prim}:

$$[k](i,z)=\begin{cases} (z)_1+1 & \text{falls } (i)_1=1\\ (i)_3 & \text{falls } (i)_1=2\\ (z)_{(i)_3} & \text{falls } (i)_1=3\\ [k]((i)_3, \prod_{1\le j\le (i)_{3,2}} p_j^{[k]((i)_{3+j},z)}) & \text{falls } (i)_1=4\\ [k]((i)_4,\langle\vec{x},y,[k](i,\langle\vec{x},y\rangle)\rangle) & \text{falls } (i)_1=5, z=\langle\vec{x},y+1\rangle\\ [k]((i)_3,z) & \text{sonst} \end{cases}$$

Für jede Lösung k dieser Gleichung zeigt man nun durch Induktion nach F_{prim} leicht, daß $\forall h \in F_{prim} \forall z (e_k(\bar{h},z)\downarrow)$ und e_k die geforderte Aufzählungseigenschaft besitzt. Um auch noch die Totalität von e_k zu erreichen, ergänzen wir in der Fallunterscheidung die Bedingung "i ist Gödelnummer einer primitiv rekursiven Funktion", ersetzen "sonst" durch "falls $(i)_1=5$ & $(z)_{(i)_3}=0$" und setzen: $[k](i,z)=0$ sonst.

Korollar: pr ist rekursiv & pr $\notin F_{prim}$ (NB: $e \in F_\mu - F_{prim}$).

Implizite Definition injektiver Übersetzungsfunktionen für beliebige Gödelnumerierungen g.

$\forall f \in \mathbf{F}_\mu \exists h$ rekursiv, injektiv: $\forall i,\vec{x}: f(i,\vec{x})=g_{h(i)}(\vec{x})$.

Beweis: Seien $g^{(m+1)}$ die durch die gegebene Gödelnumerierung $g^{(n+1)}$ von $\mathbf{F}_\mu^{(n)}$ induzierten Gödelnumerierungen von $F_\mu^{(m)}$ und s_n^2 Übersetzungsfunktionen von $g^{(n+2)}$ in $g^{(n+1)}$. Zu $f^{(n+1)} \in F_\mu$ definieren wir implizit ein Übersetzungsprogramm k, welches für j<i "syntaktisch" verschiedene, wenngleich möglicherweise "semantisch" gleiche g-Programme s(k,j) bzw. s(k,i) für f_j bzw. f_i erzeugt. Wir schließen in der impliziten Definition die Existenz eines minimalen i mit einem größeren j und gleichem g-Programm s(k,j)=s(k,i) aus, indem wir unter der Annahme dieser syntaktischen Gleichheit der Programmübersetzungen - aus welcher die semantische Gleichheit folgen würde - deren semantische Verschiedenheit festlegen.

Setze also $h:=\lambda i.s_n^2(k,i)$ für eine Lösung in k von:

$$g(k,i,\vec{x}) = \begin{cases} 0 & \text{falls } \exists j<i\,(s_n^2(k,j)=s_n^2(k,i)) \\ 1 & \text{falls } \forall_{j<i} j\,(s_n^2(k,j)\neq s_n^2(k,i))\,\&\, \exists_{i<j\leq x_1} j : s_n^2(k,j)=s_n^2(k,i) \\ f(i,\vec{x}) & \text{sonst} \end{cases}$$

h ist injektiv, denn für minimales j mit h(i)=h(j) für ein i>j gälte mit $\vec{x}=(i,\dots,i)$:

$$0=g^{(n+2)}(k,i,\vec{x})=g^{(n+1)}_{s_n^2(k,i)}(\vec{x})=g^{(n+1)}_{s_n^2(k,j)}(\vec{x})=g^{(n+2)}(k,j,\vec{x})=1 .$$

Aus der Injektivität von h folgt $g_{h(i)}^{(n+1)}=f_i$ für alle i.

Übung. (Aufblaslemma) In jeder Gödelnumerierung kann man für jedes Programm i unendlich viele äquivalente "aufgeblasene" Programme j konstruieren, d.h. $g_i=g_{h(i,j)}$ für ein rekursives injektives h.

Übung. Folgern Sie aus dem Aufblaslemma die Existenz injektiver Übersetzungsfunktionen für bel. Gödelnumerierungen.

Die Vernünftigkeit des Begriffs der Gödelnumerierung als modellunabhängiges, axiomatisch entwickelbares Explikat akzeptabler universeller Programmiersysteme und eine nachträgliche Rechtfertigung unserer Beschränkung auf e resultiert aus dem folgenden Satz von Rogers 1958 (für Verschärfungen auf eingeschränkte Programmiersysteme s. Hartmanis & Baker 1975, Schnorr 1975, Machtey et al. 1978); der Beweis besteht in einer Anwendung des injektiven Übersetzungslemmas auf das Aufzählungsprogramm, welches der auf Myhill zurückgehenden algorithmischen Version (§BII3) des Satzes von Cantor-Schröder-Bernstein zugrundeliegt:

Isomorphiesatz für Gödelnumerierungen. Zu Gödelnumerierungen $g,\bar{g}$ gibt es eine rekursive Permutation p mit $\bar{g}_i=g_{p(i)}$ für alle i.

Beweis: Mittels injektiver Übersetzungsfunktionen $h,\bar{h}$ mit $\bar{g}_i=g_{h(i)}$, $g_i=\bar{g}_{\bar{h}(i)}$ für alle i geben wir eine effektive Aufzählung des Graphen G_p einer totalen, bijektiven Funktion p mit $\bar{g}_i=g_{p(i)}$. Nach der Churchschen These ist p dann μ-rekursiv. Die Totalität bzw. Surjektivität von p wird dadurch garantiert, daß in der Aufzählung jedes i spätestens im Schritt 2i resp. 2i+1 als erste resp. zweite Komponente eines Elements in der bisher erzeugten Teilliste L von G_p auftritt; mit h resp. $\bar{h}$ wird dazu evtl. eine neue zweite resp. erste Komponente gesucht. Wir definieren das Aufzählungsverfahren durch ein Flußdiagramm mit den folgenden rekursiven Hilfsfunktionen und -Prädikaten Arg_i, (Ur-)Bild (NB. L hat die Form $<<x_1,y_1>,\ldots,<x_l,y_l>>$):

$Arg_i(<<x_{1,1},x_{1,2}>,\ldots,<x_{l,1},x_{l,2}>>)=<x_{1,i},\ldots,x_{l,i}>$

$a\dot{\in}b$ gdw $\exists 1\le i\le b+1(a=(b)_i)$ (lies: a kommt in b vor)

Urbild $(a,<\ldots<c,a>\ldots>)=c$ für Listen $<\ldots<c,a>\ldots>$

Bild $(a,<\ldots<a,b>\ldots>)=b$ für Listen $<\ldots<a,b>\ldots>$

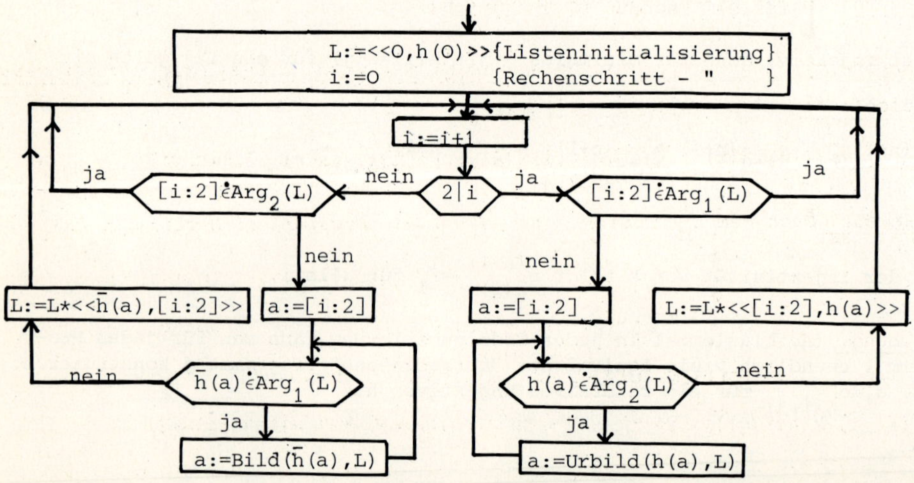

Wegen der Injektivität von g und $\bar{g}$ werden die beiden unteren Schleifen nach dem Schubfachprinzip jeweils nach höchstens soviel Durchläufen verlassen, wie L lang ist.

Implizite Definitionen sind häufig gegenüber expliziten Definitionen entscheidend kürzer und durchsichtiger. Als einfaches Beispiel zeigen wir eine abstrakte Version einer grundlegenden, auf von Neumann zurückgehenden Konstruktion aus der Theorie zellularer Automaten:

Implizite Definition sich selbst reproduzierender Programme, die bei bel. Eingabe eine Kopie ihrer eigenen Beschreibung ausgeben, d.h. $\exists M\ \forall \vec{x}: M(\vec{x})=\bar{M}$.

Beweis: Wähle k mit $[k](x)=U_1^2(k,x)$ für alle x.

Bemerkung. Eine interessante und praktisch bedeutsame Anwendung der Selbstreproduktionseigenschaft findet man beim Korrektheitstest von Compilern, die nach einer beliebten (bootstrapping genannten) Methode schrittweiser Compilerentwicklung konstruiert werden. Für Einzelheiten s. Wirth 1984, S. 104f.

Eine implizite Definition einer berechenbaren Funktion legt diese i.a. nicht eindeutig fest. Wir zeigen nun, daß es zu jeder lösbaren Gleichung unendlich viele Lösungen gibt und der Zusammenhang zwischen Funktion und (einem) Fixpunkt als rekursiv - auch unter Einbeziehung weiterer Parameter - nachgewiesen werden kann. Die Beweise bestehen in Paraphrasierungen des Beweises der einfachen Form des Rekursionstheorems.

Rekursionstheorem (Effektive Version). Für bel. n gibt es primitiv rekursive Funktionen k,k', die zu bel. Programmen i "Fixpunkte" k(i) bzw. k'(i) liefern, d.h. so daß $\forall i, \vec{x}=x_1,\ldots,x_n$:

$$[i](k(i),\vec{x})=[k(i)](\vec{x}) \qquad [[i](k'(i))](\vec{x})=[k'(i)](\vec{x}) .$$

Beweis: $\exists k_0 \forall i,j,\vec{x}: [i](S(j,j),\vec{x})=[k_0](i,j,\vec{x})=[S(k_0,i)](j,\vec{x})$ nach Aufzählungs- und S_n^m-Theorem, so daß für $h:=\lambda i.\ S(k_0,i)\in F_{prim}$ gilt:

$$[S(h(i),h(i))](\vec{x})=[h(i)](h(i),\vec{x})=[i](S(h(i),h(i)),\vec{x}).$$

Übung: Zeigen Sie die zweite Behauptung.

Anwendungsbeispiel. F_μ ist gegen die primitive Rekursion primitiv rekursiv abgeschlossen, d.h. $\forall n \exists r\in F_{prim} \forall i,j,\vec{x},y$:

$$[r(i,j)](\vec{x},0)=[i](\vec{x}) \qquad [r(i,j)](\vec{x},y+1)=[j](\vec{x},y,[r(i,j)](\vec{x},y))$$

Beweis: Nach dem S_n^m-Theorem gibt es für das nachfolgend definierte $f\in F_\mu$

$$f(i,j,k',\vec{x},y):=\begin{cases}[i](\vec{x}) & \text{falls } y=0\\ [j](\vec{x},y\dot{-}1,[k'](\vec{x},y\dot{-}1)) & \text{sonst}\end{cases}$$

ein $h\in F_{prim}$ mit $f(i,j,k',\vec{x},y)=[h(i,j)](k',x,y)$, so daß

$$f(i,j,\ k(h(i,j)),\vec{x},y)=[h(i,j)](k(h(i,j)),\vec{x},y)=[k(h(i,j))](\vec{x},y).$$

Rekursionstheorem (Effektive Version mit unendlich vielen Fixpunkten). Zu bel. n gibt es rekursive Funktionen k, die zu bel. Programmen i unendlich viele "Fixpunkte" k(i,y) liefern, d.h. so daß $\forall i,y,\vec{x}$:

$$k(i,y)<k(i,y+1) \text{ und } [i](k(i,y),\vec{x})=[k(i,y)](\vec{x}) .$$

Beweis. $\exists k_0 \forall i,y,\vec{x}:[i](\vec{x})=[k_0](i,y,\vec{x})=[S(k_0,i,y)](\vec{x})$, so daß für h aus dem Beweis der effektiven Version des Rekursionstheorems und $\bar{h}(i,y):=S(k_0,i,y)$ gilt:

$$[S(\bar{h}(h(i),y),\bar{h}(h(i),y))](\vec{x})=[S(k_0,h(i),y)](\bar{h}(h(i),y),\vec{x})=$$
$$[h(i)](\bar{h}(h(i),y),\vec{x})=[i](S(\bar{h}(h(i),y),\bar{h}(h(i),y),\vec{x}).$$

Doppelter Fixpunktsatz (Smullyan 1961). $\forall f_1,f_2\in F_\mu \exists k_i \forall \vec{x}$:

$$[k_i](\vec{x})=f_i(k_1,k_2,\vec{x}) \quad \text{für } i=1,2$$

Übung. Beweisen Sie den doppelten Fixpunktsatz. Formulieren und beweisen Sie die effektive Version.

Rekursionstheorem (Version mit Parametern). Zu jeder μ-rekursiven Funktion f kann man primitiv rekursive Fixpunktkonstruktionen k angeben, die zu bel. Parametern $\vec{x}$ von f "Fixpunkte" $k(\vec{x})$ von f mit diesen Parametern liefern, formal:

$$\forall f\in F_\mu \forall m \exists k\in F_{prim} \forall \vec{x} \forall \vec{z} = z_1,\ldots,z_m:[k(\vec{x})](\vec{z}) = [f(k(\vec{x}),\vec{x})](\vec{z}).$$

Beweis: Für ein $k\in F_{prim}$ mit $[[i](i,\vec{x})](\vec{z})=[\bar{k}(i,\vec{x})](\vec{z})$ gibt es ein i_0 mit $f(\bar{k}(j,\vec{x}),\vec{x})=[i_0](j,\vec{x})$, so daß $[\bar{k}(i_0,\vec{x})](\vec{z})=[[i_0](i_0,\vec{x})](\vec{z})=[f(\bar{k}(i_0,\vec{x}),\vec{x}](\vec{z})$.

Rekursionstheorem (allgemeine Form). $\forall m,n \exists k$ rekursiv, injektiv und falls $\lambda y,\vec{x}.[i](y,\vec{x})$ total, gilt für alle $y,\vec{x}=x_1,\ldots,x_n,\vec{z}=z_1,\ldots,z_m$:

$$[k(i,\vec{x},y)](\vec{z})=[[i](k(i,\vec{x},y),\vec{x})](\vec{z}).$$

Beweis. Für $\bar{k}$ aus dem vorhergehenden Beweis führen wir mittels des S^m_n-Theorems ein äquivalentes, injektives $g\in F_{prim}$ ein: für ein injektives $p\in F_{prim}$ mit $[p(u,v)](\vec{z})=[u](\vec{z})$ setze $g(u,\vec{x}):=p(\bar{k}(u,\vec{x}),\langle u,\vec{x}\rangle)$.
Ebenfalls nach dem S^m_n-Theorem wählen wir ein injektives $h\in F_{prim}$ mit $[h(i)](u,\vec{x})=[i](g(u,\vec{x}),\vec{x})$. Dann gilt für i mit totaler Funktion $\lambda y,\vec{x}.[i](y,\vec{x})$:

$$
\begin{aligned}
&[g(p(h(i),y),\vec{x})](\vec{z})=[p(\bar{k}(p(h(i),y),\vec{x}),\langle p(h(i),y),\vec{x}\rangle)](\vec{z}) && \text{(Def.)}\\
&=[\bar{k}(p(h(i),y),\vec{x})](\vec{z}) && \text{nach Wahl von } p\\
&=[[p(h(i),y)](p(h(i),y),\vec{x})](\vec{z}) && \text{nach Wahl von } \bar{k}\\
&=[[h(i)](p(h(i),y),\vec{x})](\vec{z}) && \text{nach Wahl von } p\\
&=[[i](g(p(h(i),y),\vec{x}),\vec{x})](z) && \text{nach Wahl von } h \text{ und } i
\end{aligned}
$$

Weiterführende Literatur: Für einen axiomatischen Zugang zur Rekursionstheorie s. Fenstadt 1980. Für die Theorie von (Gödel-)Numerierungen s. Malcew 1974: §9, Ershov 1973,1975, Uspensky & Semenov 1981, Spreen 1984.

KAPITEL B: KOMPLEXITÄT ALGORITHMISCHER UNLÖSBARKEIT

Ziel dieses Kapitels ist: I. Der Nachweis der algorithmischen Unlösbarkeit einiger scheinbar einfacher, eng mit dem Begriff von Algorithmus zusammenhängender Probleme sowie (als anspruchsvolleres Beispiel) der Frage nach der ganzzahligen Lösbarkeit von Gleichungen zwischen Polynomen mit ganzzahligen Koeffizienten; II. Eine Untersuchung der Rolle logischer Ausdurcksmittel zur Bestimmung der (relativen) algorithmischen Komplexität rekursiv unlösbarer Probleme und damit zusammenhängend verschieden starker Begriffe effektiver Reduktion von Problemen aufeinander; III. Die Analyse eines maschinenunabhängigen Komplexitätsbegriffs, der die algorithmische Kompliziertheit von Problemen durch Bewertung des zur Durchführung von Lösungsalgorithmen benötigten Rechenaufwands mißt.

TEIL I: REKURSIV UNLÖSBARE PROBLEME

Effektive Entscheidbarkeit bzw. Aufzählbarkeit im intuitiven Sinne bedeutet nach der Churchschen These Turingmaschinen-Entscheidbarkeit bzw. TM-Aufzählbarkeit und somit nach dem Äquivalenzsatz (Kap. A) "Rekursivität" bzw. "rekursive Aufzählbarkeit". Via Gödelisierung übertragen sich diese Begriffsbildungen von Zahlenmengen auf abzählbare Mengen beliebiger Objekte. Für die in diesem Abschnitt zur Untersuchung anstehende Frage nach der algorithmischen Lösbarkeit schlechthin - also die Frage nur nach der Existenz mindestens eines Algorithmus zur Lösung eines vorgegebenen Problems, ohne Betrachtung von Effizienz- oder ähnlichen Fragen für mögliche Lösungsverfahren - ist die mit Gödelnumerierungen verbundene Abstraktion von strukturellen Eigenheiten jeweiliger Gegenstandsbereiche (Datenstrukturen) und darauf definierter Operationen von beweistechnischem Vorteil.

Wenn nicht ausdrücklich anders gesagt setzen wir daher im folgenden unerwähnt eine geeignete Gödelisierung von Zahlen verschiedener Objekte voraus und "identifizieren" diese Objekte mit ihren Gödelnummern. Dabei stellen wir an solche Gödelisierungen nur die folgenden, üblichen Forderungen: 1. Injektivität, 2. effektive Berechenbarkeit (im intuitiven Sinne) der Gödelnummer zu einem gegebenen Objekt und umgekehrt des bezeichneten Objektes aus einer gegebenen Gödelnummer, 3. Entscheidbarkeit der Eigenschaft von Zahlen, Gödelnummer eines Objektes zu sein.

Insbesondere nennen wir also "Probleme" (lies: abzählbare Klassen P von Ja-Nein-Fragen) entscheidbar oder rekursiv lösbar (resp. rekursiv aufzählbar, r.a.), wenn die Menge (der Gödelnummern) von Fragen aus P mit Ja-Antwort rekursiv (bzw. r.a.) ist; andernfalls heißt P unentscheidbar oder rekursiv unlösbar (bzw. nicht r.a.)

§ 1. Die Existenz rekursiv unlösbarer Probleme folgt aus einem Anzahlvergleich: es gibt mehr Probleme (Zahlenmengen) als Algorithmen (Zahlen). Beweis mit der Cantorschen Diagonalmethode: gäbe es eine Abzählung $X_0, X_1, X_2, \ldots$ aller Teilmengen natürlicher Zahlen, so hätte auch die durch ($n \varepsilon D$ gdw $n \notin X_n$) definierte Diagonalmenge D einen Index k in dieser Abzählung, so daß gälte $k \varepsilon X_k$ gdw $k \varepsilon D$ gdw $k \notin X_k$.

Übertragung des Diagonalisierungsarguments auf Gödelnumerierungen von

F_μ liefert ein konkretes, grundlegendes

Beispiel: $K:=\{i \mid [i]\ (i)\downarrow\}$ ist unentscheidbar und r.a.

Beweis. Wäre K rekursiv, so gäbe es ein Programm k mit:

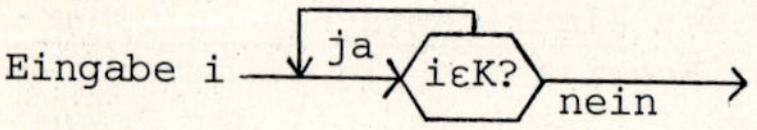

lies: $\forall i{:}k[i]\downarrow$ gdw $[i]\ (i)\uparrow$.

Insbesondere gälte $[k]\ (k)\downarrow$ gdw $k\notin K$ gdw $[k]\ (k)\uparrow$. K ist r.a. wegen $K=\{n\cdot\xi'_K(n) \mid n\in\mathbb{N}\}$ für $\xi'_K(n) = C_1^1([n]\ (n))$.

Bezeichnung. K heißt "das Halteproblem". In der Tat hat K als r.a. Menge für ein Programm M die Form $K = H(M):=\{y \mid [\bar{M}]\ (y)\downarrow\}$ (sog. Halteproblem von M); den bestimmten Artikel rechtfertigt die Tatsache, daß K in einem in Kap.BII präzisierten Sinne den Inbegriff r.a. Probleme verkörpert.

Der Satz von Rice enthält weitere konkrete Beispiele unentscheidbarer Probleme, von denen wir einige der erkenntnistheoretisch bedeutsamsten anführen: Das Korrektheitsproblem zu gegebenem Problem f (lies: f μ-rekursive Funktion, etwa eine charakteristische Funktion), für beliebige (lies: zur Lösung des Problems vorgelegte) Algorithmen M festzustellen, ob sie das Problem lösen oder nicht; in Formeln: $M\varepsilon\{i \mid [i]=f\}$? Ein Spezialfall des Korrektheitsproblems ist das Leerheitsproblem, für beliebige Algorithmen M festzustellen, ob sie für keine Eingabe eine Antwort liefern oder doch (lies: die Bearbeitung zu einem endgültigen Ergebnis führen), in Formeln: $M\varepsilon\{i \mid [i]=\phi\}$? mit der nirgends definierten Funktion ϕ(d.h. $\phi(x)\uparrow$ für alle x.) Das Totalitätsproblem, für beliebige Algorithmen M festzustellen, ob sie für jede Eingabe eine Antwort liefern; in Formeln: $M\varepsilon\{i \mid [i]$ rekursiv$\}$? Das spezielle Halteproblem zu vorgegebener Eingabe i, für beliebige Algorithmen M festzustellen, ob sie bei Eingabe i eine Antwort liefern (lies: die so gestartete Berechnung zum Abschluß bringen, d.h. "halten"), in Formeln: $M\in\{j \mid [j]\in C\}$? für $C=\{f \mid f\ \mu$-rekursiv, $f(i\ )\downarrow\}$. Ein Spezialfall hiervon ist das initiale Halteproblem mit i=O, festzustellen, ob ein mit leerer Eingabe gestarteter Algorithmus hält oder nicht.

Beispiel von Rado 1962. Für Registeroperatoren M bezeichne $|M|$ die Programmlänge von M als Wort aus den elementaren "Instruktionen" $a_i, s_i, (,)_i$. Sei $R(n):=\max\{\Sigma M(\vec{O}) \mid M$ ist RO, $|M|=n\}$ (lies: maximales Druckergebnis aller auf leerer Eingabe definierten RO-en der Länge n.) Diese sog. Radosche Biberfunktion majorisiert schließlich jede rekursive Funktion, so daß $R\notin F_\mu$ & G_R nicht r.a.

Beweis. Die Druckprogramme $D_x := a_1^x$ leisten $D_x(\vec{O})=(x,\vec{O})$ mit $|D_x|=x$. Aus $M(x,\vec{O})\downarrow$ folgt $[\bar{M}](x)\leq R(|D_xM|)$ und $|D_xM| = x+|M|$. Für rekursives f sei M ein f' berechnender RO mit $f'(x):=\max\{f(2x),f(2x+1)\}$, so daß für $|M|<x$ gilt: $f(2x),f(2x+1)\leq f'(x)<f'(x)+1\leq R(|D_xMa_2|)\leq R(2x)\leq R(2x+1)$.

Übung.1.) Zeigen Sie die Nicht-Rekursivität der Biberfunktionvarianten mit der Maximumsbildung über: a) Entfernung von $\vec{O}$, d.h. $\Sigma\vec{y}$ der im Verlaufe der Berechnung von $M(\vec{O})$ auftretenden Registerkonstellationen $\vec{y}$, b) Zahl der "Richtungsänderungen", d.h. von Vorkommen unmittelbar aufeinanderfolgender Instruktionen mit verschiedene Register betreffenden Operationen. (Für lustige Beispiele von TM-Bibern, d.h. bei Eingabe des leeren Bandes nach vielem fleißigen Buchstaben-Drucken haltenden TM-Programmen, s. Ludewig et al.1983. 2.) Folgern Sie aus der Nicht-Rekursivität von R die Unentscheidbarkeit des Halteproblems. Für einen Aufbau der Theorie rekursiv unlösbarer Probleme und deren Komplexität auf der Grundlage verallgemeinerter "Biberkonstruktionen" s. Daley 1978, 1980, 1981.

§ 2. Neben der Diagonalisierungsmethode besteht die hauptsächliche Methode zum Nachweis der Unentscheidbarkeit eines Problems P in der Angabe "effektiver Reduktionen" eines schon als unentscheidbar bekannten Problems Q auf P. Zum Beispiel folgt aus der rekursiven Unlösbarkeit des Korrektheitsproblems (z.B. für ϕ) die rekursive Unlösbarkeit des umfassenderen Äquivalenzproblems, für vorgegebene Algorithmen M und N festzustellen, ob sie äquivalent sind, formal:
$(M,N)\in\{(i,j)\,|\,[i]=[j]\}$? Denn wäre letztere Menge rekursiv, so auch das nicht rekursive Korrektheitsproblem $\{i\,|\,[i]=[i_o]\}$ für einen Index i_o von ϕ. Analog gilt dies für den schwächeren Äquivalenzbegriff: $[i](x)\downarrow$ gdw $[j](x)\downarrow$ für alle x. Aus der rekursiven Unlösbarkeit der speziellen Halteprobleme folgt auf dieselbe Weise die des allgemeinen Halteproblems K_o, für beliebige Algorithmen M und Eingaben x festzustellen, ob die mit x gestartete Rechnung von M terminiert, formal: $(M,x)\in\{(i,y)\,|\,[i](y)\downarrow\}$? Denn mit K_o wäre auch jedes spezielle Halteproblem rekursiv.

Übung. Zeigen Sie die rekursive Unlösbarkeit der folgenden Probleme: Spezielles Korrektheitsproblem für bel. k: $\{i\,|\,\exists x{:}[i](x)=k\}$, f.ü.-Äquivalenzproblem $\{(i,j)\,|\,[i](x)=[j](x)\text{ f.ü.}\}$ (f.ü. meint: fast überall, d.h. bis auf endlich viele Ausnahmen), Beschränktheitsproblem für bel. rekursives g: $\{i\,|\,[i](x)\le g(x)\text{ f.ü.}\}$

Für Unentscheidbarkeitsbeweise nach der Reduktionsmethode benutzen wir, wenn nicht ausdrücklich anders gesagt, den folgenden Reduktionsbegriff.

Definition. A heißt m-reduzierbar (1-reduzierbar) auf B (in Zeichen $A \le_m B$ (resp. $A \le_1 B$)) gdw $\forall x(x\varepsilon A$ gdw $f(x)\varepsilon B)$ für ein rekursives (resp. und injektives) f (sog. Reduktionsfunktion). Anschaulich:

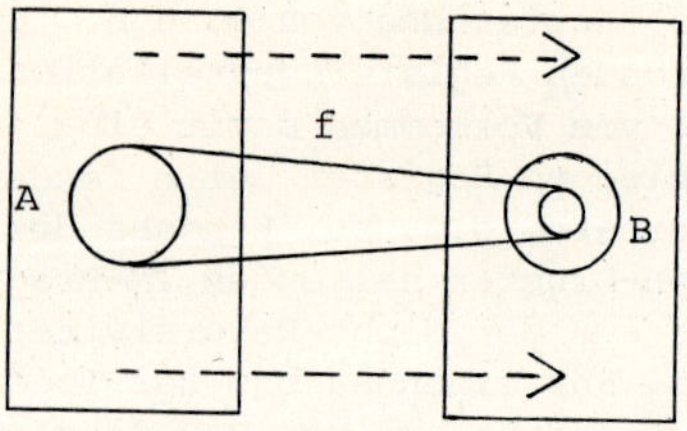

Der Buchstabe m in diesem Begriff rührt vom englischen many-one im Gegensatz zu one-one (injektive Reduktion).

Bemerkung. Aus $A \leq_m B$ folgt die Rekursivität von A aus der von B, oder umgekehrt die Nicht-Rekursivität von B aus der Nicht-Rekursivität von A. Die Hauptaufgabe beim Nachweis der Unentscheidbarkeit eines Problems durch die Reduktionsmethode besteht im Auffinden geeigneter "Kodierungen" (Simulationen) geeigneter, schon als unentscheidbar bekannter Probleme. Insbesondere liefern die Simulationen aus §AI4 m-Reduktionen des unentscheidbaren r.a. Halteproblems K und somit den

Unentscheidbarkeitssatz für berechnungsuniverselle Systeme. Die K simulierenden Turing-, Wang-, (2-) Registermaschinenprogramme, Modulnumformungssysteme, Thuesysteme, Markovalgorithmen, angeordneten Vektoradditionssysteme und Postschen normalen bzw. regulären Kalküle aus §AI3 haben ein unentscheidbares Halteproblem sowie für Start- bzw. Stopkonfigurationen s unentscheidbare spezielle Wort- und Konfluenzprobleme $W_{Axiom}(s)$, $W_{Konkl}(s)$, $K(s)$.

Übung. Schreiben Sie die Reduktionsäquivalenz für die einzelnen Fälle dieses Satzes detailliert hin.

Bemerkung. Insbesondere ist also das sog. allgemeine Wortproblem für endlich dargestellte Halbgruppen $\{(G,V,W) \mid G$ endlich dargestellte Halbgruppe & $V=W$ in $G\}$ unentscheidbar. Es ist Boone und Novikov 1955 durch Reduktion des Halteproblems für Turingmaschinen gelungen, die rekursive Unlösbarkeit des allgemeinen Wortproblems für Gruppen und sogar des Wortproblems einer einzelnen, endlich dargestellten Gruppe nachzuweisen. Dies ist eines der markantesten Beispiele eines Problems, das an zentraler Stelle außerhalb der Berechenbarkeitstheorie aufgetreten ist und erst nach der Entwicklung und unter Verwendung algorithmentheoretischer Begriffe und Erkenntnisse einer Lösung zugeführt werden konnte. (Für einen modernen Beweis siehe Aanderaa & Cohen 1979, 1979a, Stillwell 1982). Für endliche Gruppen ist das Wortproblem unentscheidbar (Slobodskoi 1981), ebenso für endliche Halbgruppen mit einer Kürzungsregel (Gurevich & Lewis 1984).

Für Untersuchungen von Entscheidungsproblemen formaler Sprachen (s. Kap.CIII) hat sich eine auf Post 1946 zurückgehende Variante des Wortproblems für Postsche normale Kalküle als nützlich herausgestellt:

Satz von der rekursiven Unlösbarkeit des Postschen Korrespondenzproblems. Es gibt keinen Algorithmus, für gegebenes Alphabet A und Wortpaare (V_i, W_i) über A mit $1 \le i \le n$ deren Korrespondenzproblem zu entscheiden, d.h. die Frage, ob eine Reihenfolge $1 \le i_1, \ldots, i_r \le n$ so gewählt werden kann, daß

$$V_{i_1} V_{i_2} \ldots V_{i_r} = W_{i_1} \ldots W_{i_r} .$$

Beweis. Wir konstruieren zu den in §AI4 zur Simulation von 2-RM-Programmen M konstruierten normalen Kalkülen N mit Regeln $V_j \to W_j$ $(1 \le j \le m)$ und beliebigen M-Konfigurationen V,W ein Korrespondenzsystem $C_{N,V,W}$, welches genau dann lösbar ist, wenn $V \vdash_N W$. In Erinnerung an die Maschinendeutung des N-Herleitungsprozesses von W aus V beschreiben wir durch die Korrespondenzpaare auf der linken resp. rechten Seite die Folge der sukzessive links eingelesenen ("abgeschnittenen") Wortanfänge $V_{j_1} \ldots V_{j_r}$ resp. der rechts gedruckten neuen Wortenden $W_{j_1} \ldots W_{j_r}$. Mittels neuer Zeichen a_o ("Trennungssymbol") und e ("Ende") kodieren wir wie bei der Wangmaschine

$(a_{i_1} \ldots a_{i_r})^o := a_{i_1} a_o \ldots a_{i_r} a_o$ $\quad {}^o(a_{i_1} \ldots a_{i_r}) := a_o a_{i_1} \ldots a_o a_{i_r}$

und definieren $C_{N,V,W}$ durch die Korrespondenzpaare:

Anfangspaar: $(\Lambda, {}^oVa_o)$ Endpaar: $({}^oWa_o e, e)$

Übergangspaare: $({}^oV_j, W_j^o)$ für $1 \le j \le m$ (Λ=leeres Wort)

Da ${}^oX \neq Y^o$ aufgrund ihrer verschiedenartigen Anfangs- und Endbuchstaben, kann eine Lösung für $C_{N,V,W}$ nur mit dem Anfangspaar beginnen, nur mit dem Endpaar schließen und braucht zwischendurch oBdA nur Übergangspaare zu verwenden. Also gilt:

$V \vdash_N W$ gdw $V = V_{j_1} U_1,\ U_1 W_{j_1} = V_{j_2} U_2, \ldots, U_r W_{j_r} = W$

(für gewisse $1 \le j_1, \ldots, j_r \le n$ und Worte U_i)

gdw ${}^oV_{j_1}\, {}^oV_{j_2} \ldots {}^oV_{j_r}\, {}^oWa_o e = {}^oVa_o\, W_{j_1}^o W_{j_2}^o \ldots W_{j_r}^o e$.

(NB: Aufgrund der Gestalt $a|^{p_i + q}b$ der Konfigurationsworte V,W und der Regeln $V_j \to W_j$ von $N = \bar{M}$ ist für jedes im Verlaufe der N-Herleitung auftretende Wort V_jU stets $U \neq \Lambda$. Die Einfachheit unseres Reduktionsnachweises liegt an der die Allgemeinheit nicht einschränkenden speziellen Form der simulierten N.)

Bemerkung. Für ein universelles Programm M ist die Menge C_N aller N-Übergangspaare ein unlösbares, aber in dem Sinne "universelles" Postsches Korrespondenzproblem, als für jede r.a. Menge X gilt: X ist m-reduzierbar auf das Korrespondenzproblem der Klasse

$$C_N \cup \{(\Lambda, {}^{0}(a|^{2^x} 0b)a_0) \mid x \in \mathbb{N}\} \cup \{{}^{0}(a1b)a_0 e, e)\}.$$

Durch andere Inputkodierung erhält man aus kleinen universellen (Semi-) Thuesystemen (s. Matijasevich 1967) die Unentscheidbarkeit des Postschen Korrespondenzproblems für Systeme mit mindestens 9 Paaren (Pansiot 1981), während Hahn 1981, Ehrenfeucht & Rozenberg 1981 für Systeme mit nur 2 Paaren Entscheidungsverfahren gefunden haben.

Übung. Zeigen Sie, daß das Postsche Korrespondenzproblem für Korrespondenzsysteme über A={a} rekursiv und über A={a,b} unentscheidbar ist. (Für eine natürliche Übertragung des Korrespondenzproblems auf Bäume haben Albert & Culik 1982 die Unentscheidbarkeit bereits über A={a} nachgewiesen).

Wir zeigen nun die rekursive Unlösbarkeit für ein Parkettierungsproblem der Ebene, das den 2-dimensionalen Charakter der uns weiter unten genauer beschäftigenden Zeit- und Platzeigenschaften von Turingmaschinenrechnungen in besonders einfacher Weise geometrisch augenfällig macht. Gegeben wird eine endliche Menge beschrifteter "Dominosteine" d_i; die Aufgabe besteht darin, für einen bestimmten Teil der Ebene festzustellen, ob er mit Exemplaren der d_i so parkettiert werden kann, daß bestimmte Rand- und/oder Nachbarschaftsbedingungen erfüllt sind. Wir betrachten den einfachen Spezialfall quadratischer Dominosteine vom Format des Einheitsquadrats der Cartesischen Ebene mit fester Orientierung und beschrifteten Rändern: oben, links, unten, rechts. (Es ist also kein Umdrehen oder Rotieren von Dominosteinen erlaubt). Als auszulegenden Teil der Ebene wählen wir den Gausschen Quadranten, als Randbedingung die Plazierung eines bestimmten Dominosteins d_0 im Ursprungsfeld (mit den Koordinaten) (0,0) und als Nachbarschaftsbedingung, daß horizontal oder vertikal nebeneinander liegende Dominosteine auf den anstoßenden Rändern dieselbe Beschriftung tragen. Wir fassen diese Beschreibung zusammen in der

Definition (Wang 1961). Ein Eckdominospiel ist ein Quadrupel (D,d_0,H,V) aus einer endlichen Menge D von "Dominosteinen", einem "Eckdominostein" $d_0 \in D$ und horizontalen bzw. vertikalen "Nachbarschaftsbedingungen" $H,V \subseteq D \times D$. Das Spiel heißt lösbar gdw es eine D-Parkettierung der Ebene gibt, d.h. eine totale Funktion $f: \mathbb{N} \times \mathbb{N} \to D$ mit

$f(0,0)=d_0$, $f(x,y) \; H \; f(x+1,y)$, $f(x,y) V f(x,y+1)$ für alle x,y .

Satz von der Unentscheidbarkeit des Eckdominoproblems: Die Menge der lösbaren Eckdominospiele ist nicht rekursiv.

Beweis: durch Beschreibung der (mit leerem Band und Arbeitsfeld im Ursprung startenden) Konfigurationsfolgen C_t von Halbband-TM-Programmen M als zeilenweises Parkettieren des Gausschen Quadranten mit einem Eckdominospiel D(M), so daß $M(Oa_o\ldots)\uparrow$ gdw D(M) lösbar.

Wir kodieren die M-Konfiguration C_t zum Zeitpunkt t als Folge oberer Dominosteinrandbeschriftungen in der t-ten Zeile beliebiger D(M)-Parkettierungsansätze; durch die vertikale Nachbarschaftsbedingung V, daß übereinanderliegende Dominosteine auf den anstoßenden oberen und unteren Rändern die gleiche Beschriftung tragen müssen, erscheint dann C_t auch als Folge der unteren Dominosteinrandbeschriftungen in der t+1-ten Zeile von D(M)-Parkettierungsansätzen. Die oberen und unteren Randbeschriftungen der definierenden Dominosteine von D(M) sichern in der t+1-ten Zeile die korrekte lokale Transformation von C_t am unteren Rand zu C_{t+1} am oberen Rand. Die horizontale Nachbarschaftsbedingung H -nebeneinanderliegende Dominosteine müssen auf den anstoßenden linken und rechten Rändern die gleiche Beschriftung tragen - sichert bei einem Bewegungsbefehl ijoi' von M ($o=r,\ell$) die korrekte Übertragung der Zustandsinformation i' vom Arbeitsfeld in C_t zum rechts bzw. links liegenden neuen Arbeitsfeld in C_{t+1}. D(M) besteht also aus den wie folgt beschrifteten Dominosteinen (wo keine Beschriftung angegeben ist, ist die Beschriftung mit einem neuen Buchstaben "weiß" gemeint):

1. Die Kodierung der Anfangskonfiguration C_o = Oaaa... am oberen Rand der O-ten Zeile wird erzwungen durch den Eckdominostein $\overset{Oa}{\square}\,a$ zusammen mit den in D(M) einzigen dazu horizontal passenden "leeren Speichersteinen" $a\overset{a}{\square}a$ für $a=a_o$.

2. Kopiersteine: $\overset{a}{\underset{a}{\square}}$ für jeden M-Buchstaben a zur Übertragung unveränderter Randbeschriftungen von unten nach oben.

3. Druckoperationssteine $\overset{jb}{\underset{ia}{\square}}$ für jede M-Druckinstruktion iabj zur Übertragung des neuen Zustands und der neuen Arbeitsfeldbeschriftung von unten nach oben.

4. Rechtsbewegungssteine $\overset{a}{\underset{ia}{\square}}rj$ und $rj\overset{jb}{\underset{b}{\square}}$ für alle M-Rechtsbewegungsinstruktionen iarj und alle M-Buchstaben b zur Übertragung des Nachfolgerzustands von unten an der Arbeitsfeldstelle x zum Zeitpunkt t nach oben zur Arbeitsfeldstelle x+1 zum nächsten Zeitpunkt.

5. Linksbewegungssteine $lj\overset{a}{\underset{ia}{\Box}}$ und $\overset{jb}{\underset{b}{\Box}}lj$ für alle M-Links-bewegungsoperationen ialj und alle M-Buchstaben b.

Übung. Der Beweis zeigt auch die Unentscheidbarkeit des Zeilen (oder Spalten-) Dominoproblems, das statt der Eckdominosteine Teilmengen $D_o \subseteq D$ sog. Zeilen- (Spalten-) Dominosteine und statt der Eckbedingungen $f(0,0)=d_o$ an Lösungen die Zeilenbedingungen $f(x,0)\in D_o$ (Spaltenbedingung $f(0,x)\in D_o$) für alle x hat. Folgern Sie hieraus die Unentscheidbarkeit auch des Diagonaldominoproblems (mit der Diagonalbedingung $f(x,x)\in D_o$ an Lösungen f). Hinweis: "Diagonalisieren" Sie Spaltenlösungen durch Koordinatentransformation, so daß die Felder der 0-ten Spalte die Koordinaten (x,x) erhalten:

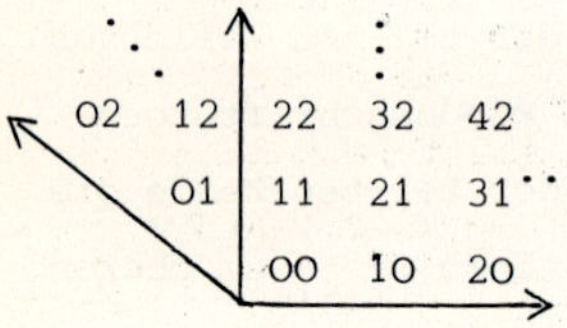

s. Kahr et al. 1962, Heidler 1970. (Berger 1966 bewies die Unentscheidbarkeit des Dominoproblems ohne Anfangs-, nur mit H- und V-Bedingung. s. auch Robinson 1971, Ebbinghaus 1982, Straight 1979, Wang 1981 (§ 6.7; App. A))

Übung. Überlegen Sie sich eine geeignete Anfangskodierung beliebiger TM-Anfangskonfigurationen $0\underline{x}$ mittels einer Dominosteinmenge D und zeigen Sie, wie man durch geeignete Anpassung der Zeilenanfangsbedingung ein universelles Dominospiel $D(M)\cup D$ konstruieren kann.

Übung. Geben Sie eine Reduktion des Halteproblems von Registermaschinen auf das Eckdominoproblem. (Wir haben hier zwecks späteren Gebrauchs (Kap. CIII) die technisch etwas aufwendigere Beschreibung von Turingmaschinen behandelt.)

Für die Abstraktion von Turingmaschinen zu Zahlen bearbeitenden Registermaschinen hat Rödding 1969a ein einfaches geometrisches Modell entwickelt, das uns noch häufiger von Nutzen sein wird: ein Röddingsches Wegenetz ist ein über $\mathbb{N}$ definiertes Übergangssystem (Graph) G mit endlich vielen wie folgt definierten Übergängen $\rightarrow_{i,j}$: für eine zu G gehörige Zahl n denke man sich $\mathbb{N}\times\mathbb{N}$ modulo n zerlegt in "Elementar"quadrate der Länge n mit isomorpher Punktestruktur aus gewissen ausgezeichneten ("Konfigurations-") Punkten $i(x,y)=(nx+p_i,ny+q_i)$ mit lokalen ("Zustands-") Koordinaten $0\leq p_i,q_i<n$ und globalen ("Registerinhalts-") Koordinaten (x,y); wir nennen i(x,y) auch kurz den Punkt i im Elementarquadrat (x,y). $\rightarrow_{i,j}$ verbindet für alle x,y i.a. in gleicher Weise den Punkt i im Elementarquadrat (x,y) mit dem Punkt j in einem seiner Nachbarquadrate $(x',y')\in\mathbb{N}\times\mathbb{N}$ für $i,j\leq r$, z.B.:

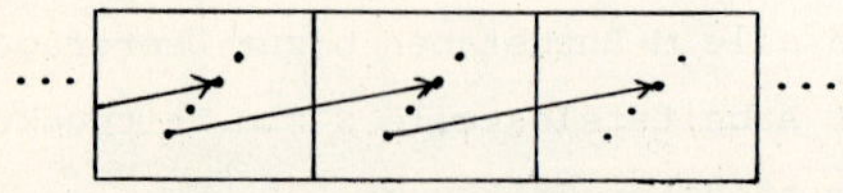

(analog für vertikale Verbindungen)

Der Anschaulichkeit halber heißt das Wortproblem W(G) von G auch <u>Wegeproblem</u> von G, für i(a,b) und j(c,d) festzustellen, ob $i(a,b) \underset{G}{\Rightarrow} j(c,d)$, d.h. ob es in G einen Weg vom Punkt i im Elementarquadrat (a,b) zum Punkt j im Elementarquadrat (c,d) gibt.

<u>Satz von der Unentscheidbarkeit des Röddingschen Wegeproblems:</u> Es gibt (universelle) Röddingsche Wegenetze G mit unentscheidbarem Wegeproblem W(G).

<u>Beweis:</u> durch Beschreibung des Wortproblems von 2-RM-Programmen M als Wegeproblem eines Röddingschen Wegenetzes $\bar{M}$ im Sinne von:
$(i,(a,b)) \underset{M}{\rightarrow} (j,(c,d))$ gdw $i(a,b) \underset{\bar{M}}{\rightarrow} j(c,d)$ für alle i,a,...,j.

oBdA nehmen wir an, daß M aus Instruktionen I_i $(1 \le i < r)$ mit einzigem Stopzustand r besteht, daß Testoperationen in M nur in Kombination mit Additionsoperationen der Form (i,a_ℓ,j,k) auftreten und daß Subtraktionsoperationen in M nur bei betreffendem nicht leeren Registerinhalt aufgerufen werden. Sei n:= r+2, $p_i := q_i := i$ und $\bar{M}$ definiert durch die (lokalen, Ausführung einzelner M-Instruktionen I_i simulierenden) Übergänge $\rightarrow_i$, in denen Additionsoperationen durch ins rechte (a_1) bzw. obere (a_2) Nachbarquadrat führende Kanten und Subtraktionsoperationen durch ins linke (s_1) bzw. untere (s_2) Nachbarquadrat führende Kanten simuliert werden vermöge der folgenden Definition:

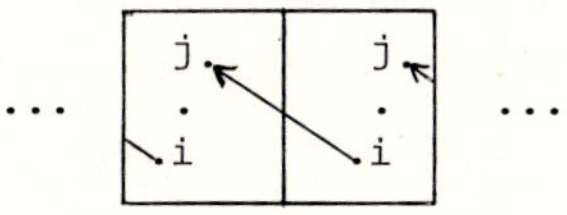

lies: $i(x+1,y) \rightarrow j(x,y)$ für $(i,s_1,j) \in M$
analog: $i(x,y+1) \rightarrow j(x,y)$ ....s_2...

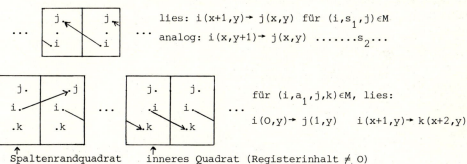

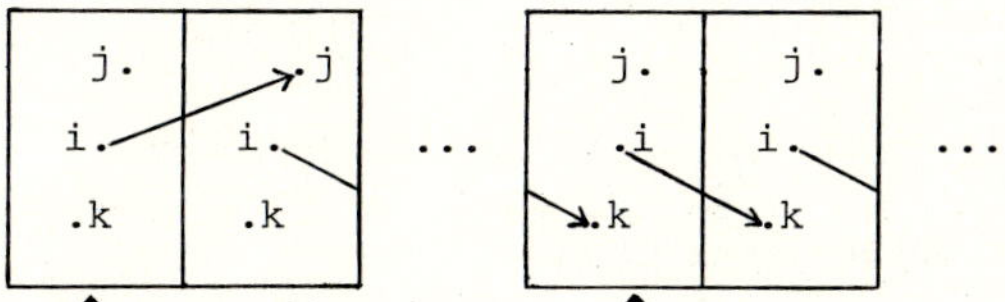

für $(i,a_1,j,k) \in M$, lies:
$i(0,y) \rightarrow j(1,y)$ $i(x+1,y) \rightarrow k(x+2,y)$

↑ Spaltenrandquadrat ↑ inneres Quadrat (Registerinhalt $\neq 0$)

Analog mit vertikalen Pfeilbewegungen für $(i,a_2,j,k) \in M$:
$i(x,0) \rightarrow j(x,1)$ (Zeilenrand), $i(x,y+1) \rightarrow k(x,y+2)$ (Inneres)

<u>Übung.</u> Folgern Sie mit dem Nürnberger Trichterprinzip, daß es (universelle) ungerichtete Röddingsche Wegenetze mit unentscheidbarem Wegeproblem gibt.

Aus einer Orthogonalisierung der Röddingschen Wegenetze folgt die Unentscheidbarkeit des Erreichbarkeitsproblems für <u>verallgemeinerte Vektor-</u>

<u>additionssysteme</u> mit rekursiver Verbotsmenge (Kleine Büning 1980), d.h. endlichen Mengen von auf $S=\mathbb{Z}^m$ (statt $S=\mathbb{N}^m$) operierenden Vektoren $z\in\mathbb{Z}^m$ mit rekursiver Verbotsmenge $V\subseteq\mathbb{Z}^m$ (statt $\mathbb{Z}^m-\mathbb{N}^m$), also mit $\vec{v}\xrightarrow[z]{}\vec{w}$ gdw ($\vec{w}=\vec{v}+z$ & $\vec{v},\vec{w}\notin V$). Die orthogonalisierte Form eines universellen reversiblen Röddingschen Wegenetzes "ist" in der Tat ein besonders kleines universelles verallgemeinertes Vektoradditionssystem:

<u>Korollar vom universellen verallgemeinerten Vektoradditionssystem:</u> Die Zahlenpaare $(\pm i,0),(0,\pm i)$ für $i=1,2,3$ definieren mit einer unten angegebenen rekursiven Verbotsmenge V ein universelles verallgemeinertes Vektoradditionssystem R, folglich mit unentscheidbarem Erreichbarkeitsproblem.

<u>Beweis:</u> durch Beschreibung des Wegeproblems des reversiblen Abschlusses der Röddingschen Wegenetze $\bar{M}$ (zu universellem 2-RM-Programm M) als Erreichbarkeitsproblem von R mit rekursiver Verbotsmenge V im Sinne von: $i(a,b)\xRightarrow[\text{Rev }(\bar{M})]{}j(c,d)$ gdw $i(a,b)'\xRightarrow[R]{}j(c,d)'$ mit geeigneter rekursiver Punktekodierung $k(x,y)'$.

oBdA nehmen wir an, daß in jedem Punkt $i(a,b)$ höchstens 2 $\bar{M}$-Kanten eintreffen. (Sonst führe man so lange neue Zustandspunkte mit neuen Kanten ein, bis diese Eigenschaft erfüllt ist.) Wir denken uns die $\bar{M}$-Übergänge rechtwinklig gezogen und das Wegenetz (durch Einführung neuer Punkte und Kanten) geometrisch so entzerrt, daß man sich alle Rev$(\bar{M})$-Übergänge aufgebaut denken kann aus den folgenden normierten Wegstücken in Einheitsquadraten der Länge 2: Kurven:

oben-links  , oben-rechts  , unten-links 

unten-rechts  ; Knoten  ; Kreuzung  (keine Richtungsänderung!). In der Tat lassen sich aus diesen Bausteinen alle orthogonalisierten Rev$(\bar{M})$-Pfade zusammensetzen nach folgendem Muster:

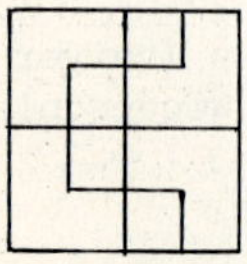 für Vertikalen (evtl. mit ) 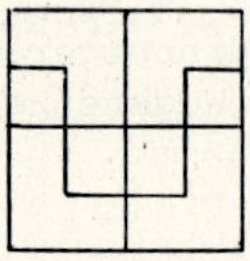 für Horizontalen (evtl. mit ) etc.

Wir kodieren den so normierten reversiblen Abschluß von $\bar{M}$ in R durch Einbettung der Einheitsquadrate a in Quadrate Q(a) der Form

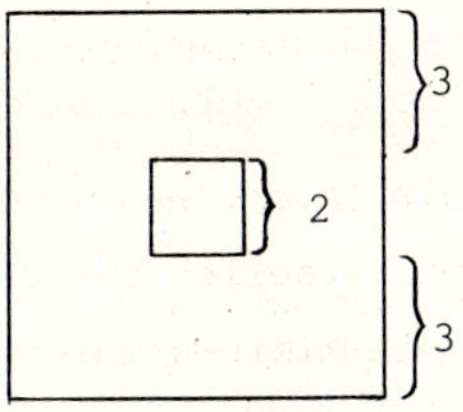

- Seitenlänge 8 bzw. 2 des äußeren (inneren) Quadrats .
- Übergänge zwischen äußeren und inneren Randpunkten nur mit ± 3-Vektoren.
- Mittelpunkt nur über Ränder erreichbar.

Hieraus ergibt sich kanonisch die Kodierung k(x,y)' von k(x,y) in R. Im folgenden (zwecks Platzersparnis nicht maßstabgetreuen) Einbettungsplan bezeichnen wir die "erlaubten" Punkte ausdrücklich durch "." und definieren alle anderen Punkte als verboten (Elemente von V). Der Leser überzeuge sich, daß die durch die erlaubten Punkte ermöglichten R-Übergänge in Q(a) den in a möglichen $\bar{M}$-Übergängen entsprechen, woraus die Satzbehauptung folgt:

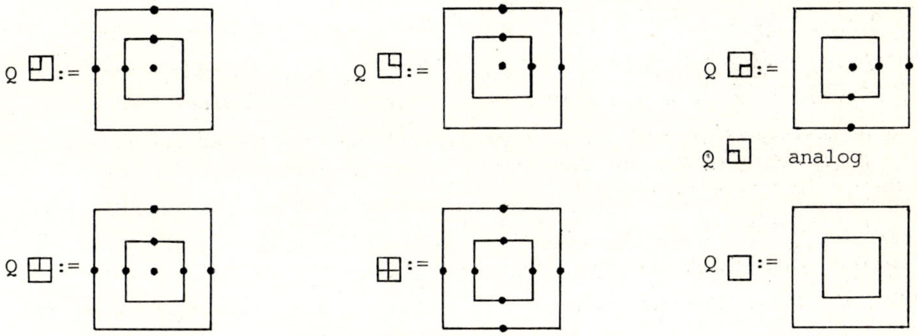

(Wir haben in der Zeichnung Qa statt Q(a) geschrieben.)

<u>Bemerkung.</u> Kleine Büning 1980 zeigt, daß für verallgemeinerte Vektoradditionssysteme mit endlichen Verbotsmengen das Erreichbarkeits- und das <u>Gleichheitsproblem</u> (für Systeme U,U' und Axiome s, s' zu entscheiden, ob U aus s dieselben Konfigurationen erzeugt wie U' aus s') rekursiv sind. Für die nicht verallgemeinerten Vektoradditionssysteme sind Inklusions- und Gleichheitsprobleme unentscheidbar (Baker 1973, Hack 1976, Araki & Kasami 1977);das Endlichkeitsproblem für Erreichbarkeitsmengen hingegen wie auch das Inklusionsproblem endlicher Erreichbarkeitsmengen sind rekursiv (Karp & Miller 1969); letzteres ist nicht primitiv rekursiv (Mayr & Meyer 1981), aber primitiv rekursiv in der Ackermannfunktion (McAloon 1982).

§ 3. Exponentiell diophantische Gleichungen. Auf dem internationalen Mathematikerkongreß in Paris im Jahre 1900 formulierte David Hilbert als eines von 23 Problemen, deren Lösung die Entwicklung der Mathematik bedeutend beeinflussen würde, das folgende 10. Problem: man gebe ein effektives Verfahren an, das für beliebige Polynome P mit endlich vielen Variablen (Unbekannten) und mit ganzzahligen Koeffizienten die Lösbarkeit in $\mathbb{Z}$ der (sog. diophantischen) Gleichung P=0 zu entscheiden gestattet. In unserem Zusammenhang interessieren besonders die diophantischen Prädikate, d.h. Relationen R, die für ein Polynom P mit Koeffizienten in $\mathbb{Z}$ der Bedingung genügen:

$$\forall \vec{x} \in \mathbb{N}^n: R(\vec{x}) \text{ gdw } \exists \vec{y} \in \mathbb{N}^m: P(\vec{x},\vec{y})=0.$$

R heißt analog exponentiell diophantisch, falls in P auch exponentielle Terme x^y zugelassen sind. Die Unlösbarkeit des 10. Hilbertschen Problems ergibt sich als Korollar einer langen Kette von Untersuchungen, deren Meilensteine die folgenden beiden Sätze bilden:

Satz von Davis- Putnam-Robinson 1961. R.a. Prädikate sind exponentiell diophantisch.

Satz von Matijasevich 1970. $\lambda x,y,z.x^y=z$ ist diophantisch.

Übung. Folgern Sie aus den beiden Sätzen die Unentscheidbarkeit der Menge aller lösbaren diophantischen Gleichungen. Hinweis: Benutzen Sie, daß nach dem Satz von Lagrange jedes $x \in \mathbb{N}$ in der Form $x=a^2+b^2+c^2+d^2$ mit $a,b,c,d \in \mathbb{N}$ darstellbar ist, so daß $P(x_1,\ldots,x_n)=0$ in $\mathbb{N}$ lösbar ist gdw $0 = P(a_1^2+b_1^2+c_1^2+d_1^2,\ldots, a_n^2+b_n^2+c_n^2+d_n^2)$ eine Lösung in $\mathbb{Z}$ hat.

Bemerkung. Die Unlösbarkeit des 10. Hilbertschen Problems ist wie die Unentscheidbarkeit des Wortproblems von Gruppen ein beachtenswertes Beispiel einer begrifflich nicht mit der Algorithmentheorie zusammenhängenden Frage, die nur unter Verwendung algorithmentheoretischer Begriffe und Methoden beantwortet werden konnte. Die Geschichte der Beantwortung des 10. Hilbertschen Problems (s. Davis et al. 1976) wie auch der in §3, §4 angegebene Beweis zeigen deutlich das schöne Zusammenwirken zahlen- und rekursionstheoretischer Methoden, das beide beteiligte Disziplinen befruchtet hat.

Beweis für den Satz von Davis-Putnam-Robinson: Einen exponentiell diophantischen (exp.dioph.) Ausdruck beliebiger r.a. (oBdA einstelliger) Prädikate erhält man leicht mit der jüngst von Jones & Matijasevich 1984 gegebenen Beschreibung des Halteproblems von Registermaschinenprogrammen M durch ein exp.dioph. endliches Gleichungssystem $\bar{M}(x,\vec{y})$, das für bel. $x \in \mathbb{N}$ in den Variablen $\vec{y}$ in $\mathbb{N}$ lösbar ist gdw $Res_M(x)\downarrow$. Wir bereiten jetzt diese Konstruktion vor.

Übung. X ist r.a. gdw X ist Definitionsbereich einer μ-rekursiven Funktion gdw X=H(M) für einen Registeroperator M.

Wir benötigen 4 einfache Beispiele bzw. Abgeschlossenheitseigenschaften exp.dioph. Prädikate:

Beispiel 1. Sind R_i exp.dioph., so auch $R_1 \& R_2$, (R_1 oder R_2). In der Tat gilt $((P=0 \& Q=0)$ gdw $P^2+Q^2=0)$, $((P=0$ oder $Q=0)$ gdw $P \cdot Q=0)$.

Beispiel 2. $<, \leq, \lambda a,b,c.a \equiv b \pmod c, \lambda a,b.a|b$ sind dioph.

Denn $x<y$ gdw $\exists z(x+z+1=y)$; $x \equiv y \pmod u$ gdw $\exists b(x-y=bu$ oder $y-x=bu)$; $a|b$ gdw $\exists x: ax=b$.

Beispiel 3. $\lambda m,n,k.m=\binom{n}{k}$ ist exp.dioph. (J. Robinson, Yu. Matijasevich)

Beweis. Nach dem Binomischen Lehrsatz gilt $(1+u)^n = \sum_{i=0}^{n} \binom{n}{i}u^i$, so daß $\binom{n}{k}$ Koeffizient von u^k ist, falls $\binom{n}{k} < u$.

Wegen $\binom{n}{k} \leq 2^n$ folgt Letzteres aus $2^n < u$, so daß insgesamt

$$m=\binom{n}{k} \text{ gdw } \exists u,v,w: u=2^n+1,\ (1+u)^n=wu^{k+1}+mu^k+v,\ v<u^k, m<u.$$

Beispiel 4. (Matijasevich 1976) Die bzgl. der Binärdarstellung

$$r = \sum_{i=0}^{n} r_i 2^i,\ s = \sum_{i=0}^{n} s_i 2^i \text{ durch } r \lesssim s \text{ gdw } \forall i \leq n (r_i \leq s_i)$$

definierte sog. Dominanzrelation ist exp.dioph.

Beweis. Aus $\binom{s}{r} \equiv \binom{s_n}{r_n} \dots \binom{s_1}{r_1}\binom{s_0}{r_0} \pmod 2$ und $\binom{0}{1} = 0$, $\binom{0}{0} = \binom{1}{0} = \binom{1}{1} = 1$ folgt $r \lesssim s$ gdw $\binom{s}{r} \equiv 1 \pmod 2$. (Diese Äquivalenz war schon Kummer 1852 bekannt). Somit bleibt lediglich für $r<s$ die erste Kongruenz - ein elementarer Spezialfall des Satzes von Lucas 1878 für $p = 2$ - zu zeigen, was wir der Vollständigkeit halber hier ausführen.

Wegen $0 \leq r_i, s_i \leq 1$ und $\binom{s_i}{r_i} \in \{0,1\}$ ist zu zeigen: $2 | \binom{s}{r}$ gdw

$\exists i' (s_i < r_i)$. Für $\exp(2 \text{ in } x) := \max_t (2^t | x)$ und $Z_r := \sum_{i=0}^{n} r_i$

zeigt man durch vollständige Induktion nach r, daß $\exp(2 \text{ in } r!) = r - Z_r$, so daß $\exp(2 \text{ in} \binom{s}{r}) = \exp(2 \text{ in } \frac{s!}{r!(s-r)!}) = (s-Z_s)-(r-Z_r)-((s-r)-Z_{s-r}) = Z_r + Z_{s-r} - Z_s$. Also bleibt für r<s zu zeigen:

$\exists i (s_i < r_i)$ gdw $Z_s \neq Z_r + Z_{s-r}$.

Falls $r \leq s$, gilt $Z_s = Z_r + Z_{s-r}$: denn $r_i = 1$ impliziert $s_i = 1$ und

$(s-r)_i = 0$, $r_i = 0$ impliziert ($s_i = 1$ gdw $(s-r)_i = 1$).

Falls ein (minimales) k existiert mit $s_k < r_k$, sei ℓ die erste nachfolgende Stelle mit $0 = r_\ell < s_\ell = 1$. An allen dazwischenliegenden Stellen $k < i < \ell$ muß für die binäre Subtraktion s-r eine 1 heruntergeholt werden, so daß $(s_i, r_i, (s-r)_i) \in \{(0,1,0), (0,0,1), (1,1,1)\}$, während $(s_\ell, r_\ell, (s-r)_\ell) = (1,0,0)$ und $(s_k, r_k, (s-r)_k) = (0,1,1)$. In dem Abschnitt von k bis ℓ einschließlich hat also (die Binärdarstellung von) s weniger Ziffern 1 als r und (s-r) zusammen, während wegen der Minimalität von k diese Größen im Abschnitt von 0 bis k-1 gleich sind. Durch Iteration dieses Arguments nach links folgt $Z_s < Z_r + Z_{s-r}$.

Die Dominanzrelation gestattet, via Binärkodierung den beschränkten Allquantor auszudrücken, womit wir insbesondere ein einfaches exp.dioph. Mittel haben, bel. lange M-Berechnungen für RO-en M zu beschreiben. Sei $M = o_1 \ldots o_r$ mit Instruktionen $o_i = (i, a_j, i+1)$, $o_i = (i, s_j, i+1)$ oder $o_i = (i, t_j, k, l)$ und Stopzustand r+1, wobei wir aus unten deutlich werdenden Gründen technischer Einfachheit (aber nach der Übung zu RM-Programmen oBdA) annnehmen, daß M bei beliebigen Berechnungen nur dann eine Subtraktionsoperation ausführt, wenn das betroffene Register nicht leer ist; ebenso nehmen wir an, daß M stets mit leeren Registern stoppt. Eine mit x im ersten und sonst leeren Registern gestartete und zu einem Zeitpunkt n durch Aufrufen der Stopinstruktion o_{r+1} mit leeren Registern endende M-Rechnung wird kodiert durch

$\ell_{i,t}:=1$ (bzw. 0), falls M zum Zeitpunkt t o_i (nicht) ausführt,

$r_{j,t}:=$ Inhalt des j-ten Registers zum Zeitpunkt t.

Somit kodiert die Binärdarstellung von $L_i :=$

$\sum_{t=0}^{n} \ell_{i,t} \cdot q^t$ Spalte für Spalte das Schicksal der i-ten Elementaroperation;

analog kodiert für hinreichend großes q - aus später deutlich werdenden Gründen wählen wir q so, daß $r_{j,t} < q:2$ für alle $1 \leq j \leq m$, $0 \leq t \leq n$ - $R_j :=$

$\sum_{t=0}^{n} r_{j,t} q^t$ die Geschichte des j-ten Registers in dieser Rechnung. Nach

Wahl von q als Potenz von 2 und Konversion von $r_{j,t}$ in Binärdarstellung $r'_{j,t}$ ist die M-Rechnung durch eine 0-1-Matrix

$$\binom{L}{R} \text{ mit } L = \begin{matrix} L'_1 \\ \vdots \\ L'_{r+1} \end{matrix}, \quad R = \begin{matrix} R'_1 \\ \vdots \\ R'_m \end{matrix}$$

aus den Binärdarstellungen L'_i, R'_j von L_i, R_j kodiert, in der jedem Zeitpunkt t die t-Teilmatrix (der "Block" B_t)

$$B_t := \begin{matrix} 0\ldots0\ell_{1,t} \\ \vdots \\ 0\ldots0\ell_{r+1,t} \\ 0r'_{1,t} \\ \vdots \\ 0r'_{m,t} \end{matrix}$$

NB: Für jedes t führt M genau ein o_i aus, d.h. $\ell_{i,t}=1$ gilt für genau ein $1 \leq i \leq r+1$.

NB: $r_{j,t} < q:2$ und q ist Potenz von 2

entspricht. Die durch M und x bestimmte Beziehung zwischen B_t und B_{t+1} kann mittels $\leq$ unter Benutzung der geometrischen Reihe $I :=$

$\sum_{t=0}^{n} q^t$ beschrieben werden. Wir notieren die Binärdarstellungen:

$\bar{0}1\ \bar{0}1 \ldots \bar{0}1\ \bar{0}1$	für I	($\bar{0}$ steht für $0\ldots0$)
$1\bar{0}\ 1\bar{0} \ldots 1\bar{0}\ 1\bar{0}$	für $(q:2)I$	(NB: $q = 2^z$ für ein $z \neq 0$)
$0\bar{1}\ 0\bar{1} \ldots 0\bar{1}\ 0\bar{1}$	für $(q:2-1)I$	($\bar{1}$ steht für $1\ldots1$)
$1\bar{1}\ 1\bar{1} \ldots 1\bar{1}\ 1\bar{1}$	für $(q-1)I$	

Nun geben wir das gesuchte exp.dioph. Bedingungssystem (1)-(10) an, das für beliebige x genau dann in den Variablen $n, L_1, \ldots, L_{r+1}, R_1, \ldots, R_m, q, I$ in $\mathbb{N}$ lösbar ist, wenn $Res_M(x)\downarrow$. Wir begleiten die Bedingungen mit Erläuterungen über ihre Wirkung, aus denen die kritische Rückrichtung dieser Äquivalenz erhellt.

Rahmenbedingungen für $1 \le j \le m$, $1 \le i \le r+1$:

(1) $q = 2^{x+n+r+1}$

(2) $(q-1) \cdot I + 1 = q^{n+1}$ $\{$also $I = \sum_{t=0}^{n} q^t\}$

(3) $R_j \lesssim (q:2-1) \cdot I$ $\{$also $R_j = \sum_{t=0}^{n} r_{j,t} q^t$ mit $r_{j,t} < q:2\}$

(4) $L_i \lesssim I$ $\{$also $L_i = \sum_{t=0}^{n} \ell_{i,t} q^t$ mit $0 \le \ell_{i,t} \le 1\}$

(5) $\sum_{i=1}^{r+1} L_i = I$ {pro Zeitpunkt wird genau eine, insgesamt wird n+1 mal eine Instruktion aufgerufen}

(6) $1 \lesssim L_1$ {Startoperation ist o_1, d.h. $\ell_{1,0} = 1$}

(7) $L_{r+1} = q^n$ {Stopoperation ist o_{r+1}, d.h. $\ell_{r+1,n} = 1$}

(8) {Registerinhaltsveränderung von B_t nach B_{t+1}}.

$R_j = q \cdot (R_j + \sum_{k \in Add_j} L_k - \sum_{i \in Sub_j} L_i)$ für $2 \le j \le m$

$R_1 = x + q \cdot (R_1 + \ldots\ldots\ldots\ldots)$ $\{$also $r_{1,0} = x\}$

mit Add_j (resp. Sub_j) $:= \{k \mid o_k = a_j$ (resp. s_j)$\}$

$\{$also: $\sum_{t=0}^{n} r_{j,t} q^t = R_j = \sum_{t=0}^{n} (r_{j,t} + \sum_{k \in Add_j} \sum_{i \in Sub_j} (\ell_{k,t} - \ell_{i,t})) \cdot q^{t+1}\}$

so daß

$$r_{j,t+1} = \begin{cases} r_{j,t}+1 & \text{falls } \ell_{k,t}=1 \ \& \ o_k=a_j \\ r_{j,t}-1 & \text{falls } \ell_{i,t}=1 \ \& \ o_i=s_j \\ r_{j,t} & \text{sonst} \end{cases}$$

NB: zu t gibt es höchstens ein (k,i) mit ($\ell_{k,t}=1$ oder $\ell_{i,t}=1$). Auch ist $\ell_{k,t} \cdot \ell_{i,t} = 0$.

Pro memoria: M führt s_j-Operationen nur auf nicht leere Register aus und kann nur mit leeren Registern $r_{j,n} = 0$ halten.

Operationsaufrufe von B_t nach B_{t+1}:

(9) $qL_i \underset{\sim}{<} L_{i+1}$ für Additions-, Subtraktionsbefehle $o_i \in \{a_j, s_j\}$

{auf o_i folgt o_{i+1}: $\ell_{i,t} \leq \ell_{i+1,t+1}$, also $\ell_{i+1,t+1}=1$ falls $\ell_{i,t}=1$}

(10) für Testinstruktionen $o_i=(i,t_j,k,p)$ {rufe o_k, falls $r_{j,t}=0$; sonst o_p}:

$qL_i \underset{\sim}{<} L_k + L_p$ {also $\ell_{i,t} \leq \ell_{k,t+1} + \ell_{p,t+1}$: nach o_i kommt o_k oder o_p}

$qL_i \underset{\sim}{<} L_p + I - 2R_j$

{Für $\ell_{i,t}=1$ untersuchen wir in der Matrix für $\begin{bmatrix} L_p \\ I \\ 2R_j \end{bmatrix}$ die Blöcke $B_{t+1}B_t$.

1. Fall. $r_{j,t}=0$. Also $B_{t+1} = \begin{matrix} \bar{0}x \\ \bar{0}1 \\ \bar{0}0 \end{matrix}$ für $x \in \{0,1\}$. Wäre x=1, so ergäbe sich durch Addition der Spalten in B_{t+1} rechts eine 0, im Widerspruch zur Ziffer 1 an dieser Stelle in qL_i. Also ist $\ell_{p,t+1}=x=0$, somit $\ell_{k,t+1}=1$.

2. Fall. $0<r_{j,t}$. Also $B_{t+1}\ B_t = \begin{matrix}\bar{0}x & \bar{0}0\\ \bar{0}1 & \bar{0}1\\ ..0 & \vec{y}0\end{matrix}$ für ein $x\varepsilon\{0,1\}$

und eine 0-1-Folge $\vec{y}$ mit mindestens einer 1. Wäre x=0, so entstünde beim Ausrechnen von L_p+I-2R_j durch Herunterholen der einzigen 1 rechts in B_{t+1} die 0, im Widerspruch zur Ziffer 1 an dieser Stelle in qL_i. Also ist $\ell_{p,t+1}=x=1$.}

Übung. (Schönfeld 1979). Relationale Terme t sind als Namen für 2-stellige Relationen t^A über Mengen A induktiv definiert durch die Grundterme 0,1,Δ (Konstanten $0^A = \emptyset$, $1^A=A$, $\Delta^A = \{(a,a) \mid a\in A\}$), Variablen X,Y,Z,..., mit $X^A \subseteq A\times A$,... und Abschluß gegen die Booleschen Operationen ∪ (Vereinigung $(s\cup t)^A = s^A \cup t^A$), ∩(Durchschnitt $(s\cap t)^A = s^A \cap t^A$), −(Komplement $\bar{s}:=\{a \mid a\in A, a\notin s\}$) sowie gegen Verkettung ($(st)^A = \{(a,c) \mid \exists\, b\in A\colon a \underset{s}{\rightarrow} b \underset{t}{\rightarrow} c\}$). Eine relationale Termgleichung s=t heißt im Endlichen lösbar gdw für eine endliche Menge $A\neq\emptyset$ und eine zur Folge $\vec{x}$ der in s=t vorkommenden Variablen passende Folge $\vec{x}^A$ von Teilmengen von AxA die Aussage $s^A=t^A$ wahr ist.

Zeigen Sie: Die Menge der im Endlichen lösbaren relationalen Termgleichungen ist unentscheidbar.

Hinweis: Beschreiben Sie Polynomgleichungen p=q als Kardinalitätsaussagen für relationale Terme im Sinne von: für bel. $\vec{x}$ ist (p=q) $(\vec{x},\vec{y})$ lösbar in $\vec{y}$ gdw die Inklusions- und Gleichungsmenge $\overline{p=q}(\vec{X},\vec{Z})$ über einem A mit $|X_i^A| = x_i$ für alle x_i in $\vec{x}$ lösbar ist. NB: $|X|=0$ gdw X=0. $|X|\geq 1$ gdw $1 \subseteq 1X1$. $|X|\leq 1$ gdw $X1X \subseteq X \subseteq \Delta$. F:X→Y ("ist eine totale Funktion") gdw $\{X \subseteq FYF', X \subseteq \Delta, F'XF \subseteq Y \subseteq \Delta\}$, genauso für Bijektion ↣↠ mit X=FYF', F'XF=Y. Ergo:

$\overline{x+y=z} := \{X\cup V = Z \subseteq \Delta,\ X\cap V=0, F\colon V \rightarrowtail\!\!\twoheadrightarrow Y\}$ (Disjunkte Vereinigung), $\overline{xy=z} := \{F\colon Z\to X, G\colon Z\to Y, X1Y \subseteq F'ZG, FXF' \cap GYG' \subseteq Z\}$ (Kreuzprodukt Z~XxY: $(a,b)\in X\times Y$ haben mindestens und höchstens ein gemeinsames Urbild $c\in Z$).

§ 4. Beweis des Satzes von Matijasevich (nach Chudnovski, Davis, Kosovskii, s. Davis 1971). Dieser Beweis beruht auf einer ingeniösen Kombination elementarer zahlentheoretischer Sachverhalte. Im Rest des Buches spielt diese Konstruktion keine Rolle, so daß sie vom zahlentheoretisch nicht interessierten Leser übersprungen werden mag.

Bekanntlich bildet für $m \in \mathbb{Z}-\{0\}$ der quadratische Zahlbereich $Z(m)$ mit der Grundmenge $\{x+y\sqrt{m} \mid x,y \in \mathbb{Z}\}$ und den Operationen

$$(x+y\sqrt{m})+(a+b\sqrt{m}):=(x+a)+(y+b)\sqrt{m}$$

$$(x+y\sqrt{m})\cdot(a+b\sqrt{m}):=(xa+ybm)+(xb+ya)\sqrt{m}$$

einen Ring, in dem die Darstellung der Elemente in der Form $x+y\sqrt{m}$ für nicht quadratisches m eindeutig ist:

(E) aus $x+y\sqrt{m} = a+b\sqrt{m}$ folgt $x=a, y=b$ für alle x,y,a,b.

Der Teilbereich $\mathbb{N}(m):=\{x+y\sqrt{m} \mid x,y \in \mathbb{N}\}$ ist gegen die oben definierte Addition und Multiplikation abgeschlossen, so daß es zu beliebigem $1<a$ und n genau eine Lösung $(X(n,a),Y(n,a))$ in $\mathbb{N}$ der Gleichung $x+y\sqrt{a^2-1}=(a+\sqrt{a^2-1})^n$ gibt. Diese Lösungen sind gerade die nicht negativen ganzzahligen Lösungen der sog. Pell-Gleichung $x^2-(a^2-1)y^2=1$ von a:

Lemma 1. $\forall a>1:\{(X(n,a),Y(n,a)) \mid n \in \mathbb{N}\} = \{(x,y) \mid x,y \in \mathbb{N}, x^2-(a^2-1)y^2=1.\}$

Daher nennt man $X(n,a)$ bzw. $Y(n,a)$ auch die n-te Lösung für x bzw. y der Pell-Gleichung von a. Spezielle Teilbarkeitsbeziehungen zwischen Lösungsnummern und Lösungen der Pell-Gleichung von a sowie Wachstumseigenschaften der Lösungsfolge gestatten eine diophantische Beschreibung von $\lambda x,y,z.x=y^z$ mittels des ebenfalls diophantischen Prädikats $\lambda x,n,a.x=X(n,a)$. Wir geben nun eine derartige diophantische Beschreibung der Exponentiation und anschließend von "x ist n-te Lösung der Pell-Gleichung von a". Der Vollständigkeit halber beweisen wir zum Schluß auch die dabei benutzten, für sich genommen zahlentheoretisch einfachen Eigenschaften der Lösungen von Pell-Gleichungen.

Zur Vermeidung lästiger Fallunterscheidungen z=o oder y=o verstehen wir für den Rest dieses Beweises unter Zahlen stets positive natürliche Zahlen und verwenden Variablen und Quantoren entsprechend, falls nicht ausdrücklich Gegenteiliges gesagt wird.

Diophantische Beschreibung der Exponentiation mittels $x=X(k,a)$: Für positive m,n,k gilt $m=n^k$ gdw das unten definierte System (G1)-(G5) diophantischer (Un-)Gleichungen ist für die Parameter m,n,k lösbar mit $y\in\mathbb{N}$ und positiven a,x,b,z.

Beweis. Wir entwickeln (G1)-(G5) durch Auffinden für $m=n^k$ hinreichender diophantischer Bedingungen. $m=n^k$ folgt, falls m und n^k bzgl. eines geeigneten Moduln kongruent und kleiner als dieser Modul sind. Nach einem hierzu von J. Robinson 1952 eingeführten Lemma bietet sich $2an-n^2-1$ für $1<a$ als Modul an:

Lemma 2. $\forall a>1: \forall k,n: X(k,a)-Y(k,a)\cdot(a-n)\equiv n^k \bmod (2an-n^2-1)$.

Denn so kann man die Kongruenzbedingung durch die diophantisch formulierbare Forderung erreichen, daß m der Zahl $x-y\cdot(a-n)$ für eine Lösung (x,y) der Pell-Gleichung von a modulo $(2\cdot an-n^2-1)$ kongruent ist und daß diese Lösung (x,y) den Index k hat:

(G1) $x^2-(a^2-1)y^2=1, \quad x=X(k,a)$

(G2) $x-y(a-n)\equiv m \bmod (2an-n^2-1)$

(G3) $m<2an-n^2-1$

Die zweite Abschätzung $n^k<2an-n^2-1$ folgt aus $n^k<a$: für $n=1$ beachte $a>1$ (s. G4), für $1<n$ gilt $a\leq na-1$, also wegen der Voraussetzung $n\leq n^k<a$ auch $a<(na-1)+n(a-n)=2an-n^2-1$.

$n^k<a$ kann man diophantisch erzwingen mit Hilfe von:

Lemma 3. (Wachstumseigenschaften der Lösungen von Pell-Gleichungen)

$$\forall a>1: \forall n\in\mathbb{N}: a^n\leq X(n,a)\leq(2a)^n \qquad n\leq Y(n,a)$$
$$X(n,a)<X(n+1,a) \qquad Y(n,a)<Y(n+1,a)$$

Nach Lemma 3 kann man a als X-Lösung einer Pell-Gleichung mit genügend hohem Index i beschreiben, etwa $a=X(i,b)$ für $1<b$ und $n,k\leq b-1\leq i$, so daß aus Wachstumsgründen gilt: $n^k<b^k\leq b^{b-1}\leq X(b-1,b)\leq X(i,b)=a$. Wir fordern also

(G4) $1<a,b \quad \& \quad n,k<b$.

Es verbleibt, diophantisch auszudrücken, daß die X-Lösung $a=X(i,b)$ eine genügend große Nummer $i(b-1\leq i)$ hat:

Lemma 4 (Kongruenzbeziehung zwischen der Y-Lösung einer Pell-Gleichung und deren Lösungsnummer): $\forall 1<b\ \forall i: Y(i,b) \equiv i \bmod (b-1)$.

Da i als Lösungsnummer von a wegen 1<a nicht die **Nr.0 der trivialen Lösung** $X(0,b)=1$ sein kann, folgt $b-1\leq i$ aus der Kongruenz von i und 0 modulo (b-1) und diese nach Lemma 4 aus der Teilbarkeit der zur X-Lösung a gehörenden Y-Lösung durch b-1:

(G5) $a^2-(b^2-1)((b-1)(z-1))^2=1$.

Sind also (G1)-(G5) durch positive a,x,b,z,m,n,k und $y\varepsilon\mathbb{N}$ erfüllt, so ist nach Lemma 1 $x=X(k,a), y=Y(k,a)$ und damit nach den vorhergehenden Überlegungen $m=n^k$.
Ist umgekehrt $m=n^k$, so wähle b nach (G4) beliebig und setze $a:=X(b-1,b)$, so daß nach (G4) und Lemma 3 gilt

$$1\leq n^k<b^k\leq b^{b-1}\leq X(b-1,b)=a,$$

also wie eben $m=n^k<2an-n^2-1$ und damit (G3). Wegen 1<a ist $x:=X(k,a), y:=Y(k,a)$ wohldefiniert. Das erfüllt (G1) und 0<x nach Lemma 1 und mit der Voraussetzung $m=n^k$ nach Lemma 2 auch (G2). Wegen $Y(b-1,b)\equiv b-1 \equiv 0 \bmod (b-1)$ nach Lemma 4 gibt es ein positives z mit $Y(b-1,b)=(b-1)(z-1)$, so daß mit diesem z auch (G5) erfüllt ist.

Somit steht noch der Beweis für die Lemmata 1-4 und eine diophantische Beschreibung von $x=X(k,a)$ aus.

Beweis von Lemma 1: Sei a mit 1<a beliebig.
"$\subseteq$": nach Definition von X(n,a),Y(n,a)) folgt die Behauptung $\forall n: X(n,a) + Y(n,a)\sqrt{a^2-1}\ \varepsilon \{x+y\sqrt{a^2-1} \mid x,y\varepsilon\mathbb{N} \,\&\, x^2-(a^2-1)y^2=1\}$ durch vollständige Induktion nach n aus der Abgeschlossenheit dieser Menge gegen die Multiplikation (also insbesondere mit $a+\sqrt{a^2-1}$) im zu a^2-1 gehörenden quadratischen Zahlbereich $Z(a^2-1)$ und der Erfüllung der Pell-Gleichung von a durch $(X(0,a),Y(0,a))=(1,0)$. Letzteres ist trivial, während sich die Abgeschlossenheitseigenschaft leicht nachrechnen läßt (NB: $(X(1,a))=Y(1,a)=(a,1)$):
Es gilt:

$$(x+y\sqrt{a^2-1})\cdot(u+v\sqrt{a^2-1})=(xu+yv(a^2-1))+(xv+yu)\cdot\sqrt{a^2-1}$$

$$(x-y\sqrt{a^2-1})\cdot(u-v\sqrt{a^2-1})=(xu+yv(a^2-1))-(xv+yu)\cdot\sqrt{a^2-1}$$

Also: $(xu+yv(a^2-1))^2-(a^2-1)(xv+yu)^2$

$= ((xu+yv(a^2-1))+(xv+yu)\sqrt{a^2-1})\cdot((xu+yv(a^2-1))-(xv+yu)\sqrt{a^2-1})$

$= (x+y\sqrt{a^2-1})(u+v\sqrt{a^2-1})(x-y\sqrt{a^2-1})(u-v\sqrt{a^2-1})$

$= (x^2-(a^2-1)y^2)(u^2-(a^2-1)v^2)$

$= 1$ falls $x^2-(a^2-1)y^2=1$ & $u^2-(a^2-1)v^2=1$ für $x,y,u,v \in \mathbb{Z}$.

"$\supseteq$": ist (x,y) eine Lösung der Pell-Gleichung von a und $x,y \in \mathbb{N}$, so kann $x+y\sqrt{a^2-1}$ wegen der Monotonie von $\lambda n.(a+\sqrt{a^2-1})^n$ für ein $n \in \mathbb{N}$ abgeschätzt werden durch

$$X(n,a)+Y(n,a)\sqrt{a^2-1}=(a+\sqrt{a^2-1})^n \leqq x+y\sqrt{a^2-1} < (a+\sqrt{a^2-1})^{n+1} .$$

Also gilt für solch ein n auch

$$1 \leqq (x+y\sqrt{a^2-1})(a+\sqrt{a^2-1})^{-n}=(x+y\sqrt{a^2-1})(a-\sqrt{a^2-1})^n$$

$$<(a+\sqrt{a^2-1})^{n+1}\cdot(a-\sqrt{a^2-1})^n=a+\sqrt{a^2-1}.$$

Hieraus folgt $1=(x+y\sqrt{a^2-1})\cdot(a-\sqrt{a^2-1})^n$, denn nach der oben gezeigten Abgeschlossenheitseigenschaft liefert für Lösungen $(x,y),(a,-1)$ der Pell-Gleichung von a auch $(x+y\sqrt{a^2-1})(a-\sqrt{a^2-1})^n$ eine solche, und deren Komponenten sind nicht negativ wegen $1 \leqq (x+y\sqrt{a^2-1})(a-\sqrt{a^2-1})^n$; $(a,1)$ ist jedoch die kleinste positive Lösung der Pell-Gleichung von a (d.h. mit kleinster erster Komponente). Aus der letzten Gleichung folgt

$$x+y\sqrt{a^2-1}=(a-\sqrt{a^2-1})^{-n}=(a+\sqrt{a^2-1})^n.$$

Für Lemmata 2-4 benutzen wir die folgenden Formeln (für $a \geq 2, m,n \in \mathbb{N}$):

Additionsformeln: $Y(m\pm n,a)=X(n,a)Y(m,a)\pm X(m,a)Y(n,a)$

$X(m\pm n,a)=X(m,a)X(n,a)\pm(a^2-1)Y(m,a)Y(n,a)$

Rekursionsformeln:

$X(n+2,a)=2aX(n+1,a)-X(n,a)$ $\quad Y(n+2,a)=2aY(n+1,a)-Y(n,a)$

Beweis von Lemma 2 durch Induktion: $X(0,a)-Y(0,a)\cdot(a-n)=1$, $X(1,a)-Y(1,a)\cdot(a-n)=n$. Im Induktionsfall gilt:

$X(k+2,a)-Y(k+2,a)\cdot(a-n)$

$= 2aX(k+1,a)-X(k,a)-(2aY(k+1,a)-Y(k,a))\cdot(a-n)$

$= 2a(X(k+1,a)-Y(k+1,a)(a-n))-(X(k,a)-Y(k,a)(a-n))$

$\equiv 2an^{k+1}-n^k \bmod (2an-n^2+1)$ nach Induktionsvoraussetzung

$= n^k(2an-1)\equiv n^k\cdot n^2 \bmod (2an-n^2-1)=n^{k+2}$.

Beweis von Lemma 3. Die Monotonie folgt aus den Additionsformeln (m=1) mit $2\leq a$. Die Abschätzungen zeigt man durch Induktion: $a^0=1=X(0,a)$, $a^1=X(1,a)$, $0=Y(0,a)$, $1=Y(1,a)$. Induktionsschluß: $a^{n+2}\leq aX(n+1,a)$ (Induktionsvoraussetzung für n+1) $\leq X(n+2,a)$ (Additionsformeln) $\leq 2aX(n+1,a)$ (Rekursionsformeln) $\leq(2a)(2a)^{n+1}$ (Induktionsvoraussetzung). Aus $n+1\leq Y(n+1,a)<Y(n+2,a)$ folgt $n+2\leq Y(n+2,a)$.

Beweis von Lemma 4 durch Induktion nach i (für beliebiges b>1):

$Y(0,b)=0, Y(1,b)=1$

$Y(i+2,b)=2bY(i+1,b)-Y(i,b)$ nach den Rekursionsformeln

$\equiv 2\cdot(i+1)-i \bmod (b-1)$ nach Induktionsvor.

Beweis der Additionsformeln nach der Eindeutigkeitseigenschaft (E):

$X(m+n,a)+Y(m+n,a)\sqrt{a^2-1}=(a+\sqrt{a^2-1})^{m+n}$

$=(X(m,a)+Y(m,a)\sqrt{a^2-1})\cdot(X(n,a)+Y(n,a)\sqrt{a^2-1})$

$=(X(m,a)X(n,a)+(a^2-1)Y(m,a)Y(n,a))+(X(m,a)Y(n,a)+X(n,a)Y(m,a))\sqrt{a^2-1}$.

Analog:

$X(m-n,a)+Y(m-n,a)\sqrt{a^2-1}$

$=(X(m-n,a)+Y(m-n,a)\sqrt{a^2-1})(X(n,a)+Y(n,a)\sqrt{a^2-1})\cdot(X(n,a)-Y(n,a)\sqrt{a^2-1})$

$=(a+\sqrt{a^2-1})^{m-n}(a+\sqrt{a^2-1})^n(X(n,a)-Y(n,a)\sqrt{a^2-1})$

$=(X(m,a)+Y(m,a)\sqrt{a^2-1})(X(n,a)-Y(n,a)\sqrt{a^2-1})$

$=(X(m,a)X(n,a)-Y(m,a)Y(n,a)(a^2-1))+(X(n,a)Y(m,a)-X(m,a)Y(n,a))\sqrt{a^2-1}$

Beweis der Rekursionsformeln. Aus den Additionsformeln folgt:

$X(n+2,a)=a\cdot X(n+1,a)+(a^2-1)Y(n+1,a)$ da $a=X(1,a), 1=Y(1,a)$

$X((n+1)-1,a)=a\cdot X(n+1,a)-(a^2-1)Y(n+1,a)$.

Also gilt $X(n+2,a)+X(n,a)=2aX(n+1,a)$. Analog für $Y(n+2,a)$.

Als Letztes bleibt somit die Aufgabe einer diophantischen Beschreibung von $x=X(k,a)$: Für $2\leq a$ gilt $x=X(k,a)$ gdw das unten definierte System (G1)-(G7) diophantischer (Un-)Gleichungen für die Parameter x,k,a mit $y,t,v\in\mathbb{N}$ und positiven b,s,u lösbar ist.

Beweis. Wir entwickeln (G1)-(G7) durch Auffinden für $x=X(k,a)$ hinreichender diophantischer Bedingungen:

(G1) (x,y) löst die Pell-Gleichung von a

Die Eigenschaft der Lösungsnummer i von $x=X(i,a)$, gleich k zu sein, versuchen wir durch Bedingungen an die Lösung zu erzwingen:

Lemma 5. Für alle a,i,j,n mit $1<a$, $0<i\leq n$ gilt:
aus $X(j,a)\equiv X(i,a) \bmod X(n,a)$ folgt $j\equiv i \bmod 4n$ oder $j\equiv -i \bmod 4n$.

i=k folgt aus ihrer Kongruenz bzgl. eines Moduln und der Bedingung, daß i und k in einem zusammenhängenden Vertretersystem der Restklassen bzgl. dieses Moduln liegen. Die Kongruenzbedingung erreicht man unter Verwendung von Lemma 4 durch die folgende Kongruenzenkette: k ist kongruent einer Lösung $t=Y(j,b)$ einer Pell-Gleichung modulo $4\cdot Y(i,a)$:

(G2) $k\equiv t \bmod 4y$ & (s,t) löst die Pell-Gleichung von b

Nach Lemma 4 ist $Y(j,b)\equiv j \bmod (b-1)$, also auch mod $4Y(i,a)$, falls $b-1$ Vielfaches von $4Y(i,a)$ ist:

(G3) $4y \mid (b-1)$ & $1<b-1$.

Nach Lemma 5 ist $j\equiv i \bmod 4Y(i,a)$, falls für eine X-Lösung $u=X(n,a)$ gilt: $0<i\leq n$, $X(j,a)\equiv X(i,a) \bmod X(n,a)$, $Y(i,a) \mid n$:

(G4) (u,v) löst die Pell-Gleichung von a.

Wegen der Monotonie der Y-Lösungen folgt $i\leq n$ aus $y=Y(i,a)\leq Y(n,a)=v$.

Lemma 6. $\forall i,n, 1<a$: aus $Y(i,a)^2 \mid Y(n,a)$ folgt $Y(i,a) \mid n$.
Nach Lemma 6 kann die Bedingung $Y(i,a) \mid n$ durch $y^2 \mid v$ erzwungen werden:

(G5) $y \leq v$, $y^2 | v$

Nach Lemma 7 folgt $x=X(i,a) \equiv X(j,a) \bmod X(n,a)=u$ wegen $s=X(j,b)$ aus:

(G6) $x \equiv s \bmod u$ & $b \equiv a \bmod u$.

Lemma 7. $\forall c, 1<a,b$: aus $a \equiv b \bmod c$ folgt $\forall n: X(n,a) \equiv X(n,b) \bmod c$.

Die Größenabschätzung $i,k \leq Y(i,a)$ folgt nach Lemma 3 aus:

(G7) $k \leq y$.

Aus den Lemmata 5-7 folgt also, daß eine Lösung von (G1)-(G7) bereits $x=X(k,a)$ impliziert. Sei umgekehrt $x=X(k,a)$ mit $a \geq 2$ gegeben. Das Paar $(X(k,a),Y(k,a))$ erfüllt (G1). Mit $n:=2kY(k,a)$ erfüllt $(X(n,a),Y(n,a))$ die Bedingung G4. (G5) gilt bei dieser Wahl von u und v, weil nach den folgenden beiden Teilbarkeitsbeziehungen

T1: $\forall c>1$: $\forall n,k: Y(n,c) | Y(k,c) \iff n | k$

T2: $\forall a>1$: $\forall k: Y(k,a)^2 | Y(k \cdot Y(k,a),a)$

zum einen $(Y(k,a))^2 | Y(k \cdot Y(k,a),a)$, zum anderen $Y(k \cdot Y(k,a),a) | Y(2kY(k,a),a)$, also $Y(k,a)^2 | Y(n,a)$ nach Definition von n, und damit ist natürlich $Y(k,a) \leq Y(n,a)$, da $1 \leq k \Rightarrow 0<Y(k,a)$.

Nach dem Chinesischen Restsatz der Zahlentheorie gibt es ein $b>1$, das modulo u kongruent a und modulo $4 \cdot y$ kongruent 1 ist (G3,G6), weil 4y und u paarweise teilerfremd sind. [Beweis: nach

Lemma 8. $\forall a>1,n$ (n geradzahlig $\iff$ $Y(n,a)$ geradzahlig)

ist $v=Y(2kY(k,a),a)$ geradzahlig, also u wegen $u^2-(a^2-1)v^2=1$ ungerade; nach

Lemma 9. $\forall a>1,n$: $X(n,a)$ und $Y(n,a)$ sind teilerfremd .

sind u und v teilerfremd, also auch u und 4y; denn ein gemeinsamer Primteiler von u und 4y müßte wegen der Ungeradzahligkeit von u auch y und damit wegen $y|v$ aus G5 auch v teilen.]

$(s,t):=(X(k,b),Y(k,b))$ lösen die Pell-Gleichung von b, wie im 2-ten Teil von G2 gefordert. Dabei gilt $x \equiv s \bmod u$ aus G6, denn aus der bereits nachgewiesenen Kongruenz $b \equiv a \bmod u$ aus G6 folgt mit Lemma 7 $s=X(k,b) \equiv X(k,a)=x$ modulo u. Ebenso gilt $k \equiv t \bmod 4y$, weil $t=Y(k,b) \equiv k \bmod (b-1)$ - nach Lemma 4 - und somit auch modulo 4y, da nach G3 b-1 Vielfaches von 4y ist. Die Bedingung $k \leq Y(k,a)=y$ aus G7 schließlich ist richtig nach Lemma 3.

Beweis von Lemma 9. Aus $t|X(n,a) \& t|Y(n,a)$ folgt $t|1$ nach
$X(n,a)^2-(a^2-1)Y(n,a)^2=1$.

Beweis von T1. Wir zeigen $Y(n,c)|Y(ni,c)$ durch Induktion nach i: falls $Y(n,c)|Y(ni,c)$, gilt auch $Y(n,c)|Y(n(i+1),c)$ nach der Additionsformel $Y(n(i+1),c)=X(n,c)\cdot Y(ni,c)+X(ni,c)Y(n,c)$.

Sei umgekehrt $Y(n,a)|Y(k,a)$ und $n\nmid k$. Für $k=ni+r$ mit $0<r<n$ und $0\leq i$ folgt $Y(n,a)|X(ni,a)Y(r,a)$, weil nach der Additionsformel $Y(k,a)=X(r,a)Y(ni,a) +X(ni,a)Y(r,a)$ und nach Voraussetzung $Y(n,a)|Y(k,a)$ und $Y(n,a)|Y(ni,a)$. Da $Y(n,a)$ und $X(ni,a)$ teilerfremd sind – jeder Teiler von $Y(n,a)$ teilt nach dem 1. Fall auch $Y(ni,a)$, das nach Lemma 9 zu $X(ni,a)$ teilerfremd ist –, folgt $Y(n,a)|Y(r,a)$, im Widerspruch zu $Y(r,a)<Y(n,a)$ wegen $r<n$.

Beweis von Lemma 6. Aus $Y(i,a)^2|Y(n,a)$ folgt $i|n$ nach T1. Also ist $n=ik$ für ein k.

Hilfsbehauptung $\forall 1<a\ \forall i,k: Y(ik,a)\equiv kX(i,a)^{k-1}Y(i,a) \bmod Y(i,a)^3$. Aus der Hilfsbehauptung folgt $Y(i,a)^2|kX(i,a)^{k-1}Y(i,a)$ – denn aus $c^2|d$ und $d\equiv e \bmod c^3$ folgt $c^2|e$ – und $Y(i,a)|kX(i,a)^{k-1}$. Also $Y(i,a)|k$, da $Y(i,a)$ zu $X(i,a)$ teilerfremd ist, und somit $Y(i,a)|n$.

Die Hilfsbehauptung folgt aus der eindeutigen Darstellung (E) der Elemente eines quadratischen Zahlbereichs: aus

$$X(ik,a)+Y(ik,a)\sqrt{a^2-1}=(a+\sqrt{a^2-1})^{ik}=(X(i,a)+Y(i,a)\sqrt{a^2-1})^k$$

$$=\sum_{0\leq j\leq k}\binom{k}{j}X(i,a)^{k-j}\cdot Y(i,a)^j(a^2-1)^{j/2} \quad \text{(Binomischer Lehrsatz)}$$

$$=\underbrace{\sum_{\substack{0\leq j\leq k\\ 2|j}}\binom{k}{j}X(i,a)^{k-j}Y(i,a)^j(a^2-1)^{j/2}}_{\in\mathbb{N}}+\sum_{\substack{0\leq j\leq k\\ j \text{ ungerade}}}\binom{k}{j}X(i,a)^{k-j}Y(i,a)^j(a^2-1)^{j/2}$$

folgt $$Y(ik,a)=\sum_{\substack{0\leq j\leq k\\ j \text{ ungerade}}}v_j\binom{k}{j}X(i,a)^{k-j}Y(i,a)^j\equiv\binom{k}{1}X(i,a)^{k-1}Y(i,a) \bmod Y(i,a)^3$$ mit $v_j=(a^2-1)^{(j-1)/2}$

Beweis von T2: Spezialfall der Hilfsbehauptung mit $k=Y(i,a)$
(NB: aus $u\equiv v^2w \bmod v^3$ folgt $v^2|u$.)

Beweis von Lemma 8. Wegen der Rekursionsformel $Y(n+2,a) = 2aY(n+1,a) - Y(n,a) \equiv Y(n,a) \bmod 2$ gilt $Y(2n,a) \equiv Y(0,a) = 0 \bmod 2$ und $Y(2n+1,a) \equiv Y(1,a) = 1 \bmod 2$.

Beweis von Lemma 7 durch Induktion nach n aus den Rekursionsformeln: $X(0,a)=1=X(0,b)$, $X(1,a)=a \equiv X(1,b)$ und $X(n+2,a)=2aX(n+1,a)-X(n,a) \equiv 2bX(n+1,b) - X(n,b) \bmod c$ [nach Indvor. sowie $a \equiv b \bmod c$] $=X(n+2,b)$.

Wir kommen nun zur Untersuchung von Periodizitätseigenschaften der Folge $\lambda k X(k,a)$ von Lösungen der Pell-Gleichung von a im Hinblick auf einen Beweis von Lemma 5. Zunächst erhalten wir als einfache Anwendung der Additionsformeln die Periodizitätseigenschaft

P1: $X(2n \pm j,a) \equiv -X(j,a) \bmod X(n,a)$ für alle $a>1, j,n \in \mathbb{N}$

$X(4n \pm j,a) \equiv X(j,a) \bmod X(n,a)$ für alle $a>1, j,n \in \mathbb{N}$.

Denn $X(n+(n \pm j),a) = X(n,a)X(n \pm j,a) + (a^2-1)Y(n,a)Y(n \pm j,a)$

$\equiv (a^2-1)Y(n,a)(X(j,a)Y(n,a) \pm X(n,a)Y(j,a)) \bmod X(n,a)$

$\equiv (a^2-1)Y(n,a)^2 X(j,a) \bmod X(n,a)$

$=(X(n,a)^2-1)X(j,a)$, da $X(n,a)^2-(a^2-1)Y(n,a)^2=1$

$\equiv -X(j,a) \bmod X(n,a)$

und daraus $X(2n+(2n \pm j),a) \equiv -X(2n \pm j,a) \equiv X(j,a) \bmod X(n,a)$.
Mit der Periodizitätsbedingung

P2: $\forall a>1\ \forall n>0\ \forall i,j(X(i,a) \equiv X(j,a) \bmod X(n,a)\ \&\ 0<i \leq n\ \&\ 0 \leq j<4n$
$\Rightarrow j=i$ oder $j=4n-i)$

erhält man einen Beweis von Lemma 5 wie folgt:
Sei $0<i \leq n$, $X(i,a) \equiv X(j,a) \bmod X(n,a)$ und $j=4nq+r$ mit $0 \leq r<4n$. q-fache Anwendung der Periodizitätseigenschaft P1 liefert $X(4nq+r,a) \equiv X(r,a) \bmod X(n,a)$, also mit der Voraussetzung $X(i,a) \equiv X(j,a) \bmod X(n,a)$ und $j=4nq+r$ die Kongruenz $X(i,a) \equiv X(r,a) \bmod X(n,a)$, aus der nach der Periodizitätseigenschaft P2 folgt: $i=r$ oder $i=4n-r$, also jedenfalls $i \equiv r \bmod 4n$ oder $-i \equiv r \bmod 4n$ und wegen $j=4nq+r \equiv r \bmod 4n$ damit wie gewünscht $i \equiv j \bmod 4n$ oder $-i \equiv j \bmod 4n$.

Für den Beweis von P2 zeigen wir zunächst die folgende Behauptung:

P2a: $\forall a,n,i,j(1<a\ \&\ 0<n\ \&\ i<j \leq 2n\ \&\ \text{non}(a=2\ \&\ n=1\ \&\ i=0\ \&\ j=2))$:

Aus $X(i,a) \equiv X(j,a) \bmod X(n,a)$ folgt $i=j$.

Beweis von P2a.

1. Fall: $X(n,a)$ ist ungerade. Sei $q:=(X(n,a)-1)/2$. Wir zeigen, daß die Folgenglieder $X(0,a), X(1,a), \ldots, X(n-1,a)$ paarweise teilerfremd sind; da andererseits nach der Periodizitätsbedingung P1 die Folgenglieder $X(n+1,a), X(n+2,a), \ldots, X(2n-1,a), X(2n,a)$ modulo $X(n,a)$ kongruent sind zu respektive $-X(n-1,a), -X(n-2,a), \ldots, -X(1,a), -X(0,a)$ und wegen

$$-q \leqq -X(n-1,a) < -X(n-2,a) < \ldots < -X(0,a) < X(0,a) < \ldots < X(n-1,a) \leq q$$

alle diese Zahlen $X(i,a), -X(i,a)$ im vollständigen Repräsentantensystem $-q, -q+1, \ldots, 0, \ldots, q$ der Restklassen modulo $X(n,a)$ liegen, sind $X(0,a), X(1,a), \ldots, X(2n,a)$ paarweise teilerfremd modulo $X(n,a)$. Deshalb haben die nach Voraussetzung modulo $X(n,a)$ kongruenten Zahlen $X(i,a)$ und $X(j,a)$ wegen $0 \leqq i, j \leqq 2n$ einen gleichen Index $i=j$.

Daß $X(0,a), \ldots, X(n-1,a)$ paarweise teilerfremd sind und $X(n-1,a) \leqq q$, liegt an Folgendem: nach den Additionsformeln (NB: $0<n$) gilt mit $2 \leqq a$

$$X(n-1,a) \leqq X(n-1,a) + ((a^2-1)Y(n-1,a))/a = X(n,a)/a$$
$$\leqq X(n,a)/2,$$

also $X(n-1,a) \leqq (X(n,a)-1)/2 = q$, da nach Voraussetzung $X(n,a)$ ungerade ist. Damit aber liegt die monoton wachsende Folge $X(0,a), X(1,a), \ldots X(n-1,a)$ zwischen 1 und q und sind also alle ihre Glieder paarweise teilerfremd.

2. Fall: $X(n,a)$ ist geradzahlig. Sei $q:=X(n,a)/2$. Wie oben gilt $X(n-1,a) \leqq q$. Wegen $-q \equiv q \bmod X(n,a)$ ist nun die Folge $-q+1, \ldots, 0, \ldots, q-1, q$ ein vollständiges Repräsentantensystem der Restklassen modulo $X(n,a)$ und folgt die Behauptung wie im ersten Fall, wenn nicht $X(n-1,a) = q = X(n,a)/2$. Dies bedeutet aber $X(n,a) = 2X(n-1,a)$ und hat nach den Additionsformeln (NB: $1<a$) $2X(n-1,a) = X(n,a) = aX(n-1,a) + (a^2-1)Y(n-1,a)$ und somit $a=2$ und $Y(n-1,a)=0$ zur Folge, also $n-1=0$ und $i=0$. Wegen $j \leqq 2$ und $X(0,a) \equiv X(j,a) \bmod X(n,a)$, aber $X(0,a) = 1 \neq 2 = X(1,a) \bmod X(1,a)$ und $j \neq 2$ ist auch $j=0$.

Mit P2a läßt sich nun leicht ein Beweis für P2 angeben. 1. Fall: $j \leqq 2n$. Weil wegen $i \leqq n$ gilt: non$(a=2, n=1, j=0, i=2)$ und $0<i$, sind die Voraussetzungen der Periodizitätsbedingung P2a erfüllt und können wir demnach auf $i=j$ schließen.

2. Fall: $2n<j$. Wegen der Voraussetzung $j<4n$ ist $0<4n-j<2n$ und somit nach der Periodizitätsbedingung (P1) $X(4n-j,a) \equiv X(j,a) \bmod X(n,a)$, also $X(4n-j,a)$ nach der Voraussetzung $X(j,a) \equiv X(i,a) \bmod X(n,a)$ auch kongruent $X(i,a) \bmod X(n,a)$. Weil $0<4n-j,i$, sind die Voraussetzungen der Periodizitätseigenschaft P2a wieder erfüllt und erlauben den Schluß auf $i=4n-j$.

Weitere Literaturangaben: s. Davis 1977

TEIL II: ARITHMETISCHE HIERARCHIE UND UNLÖSBARKEITSGRADE

Mit dem praktischen Bedürfnis, Anwendungen mathematischer Erkenntnisse zu algorithmisieren - d.h. komplizierte mathematische Prozesse in eine Folge einfacher elementarer Schritte zu zerlegen, die rein mechanisch, ohne tieferes mathematisches Verständis und ohne die Notwendigkeit intelligenter äußerer Kontrolle oder Eingriffe ausgeführt werden können - ging in der abendländischen Geistesgeschichte der z.B. in den Überlegungen von R. Lullus über eine ars magna zum Ausdruck kommende Traum einher, eine zuverlässige, allgemeine, effektive Methode zur Lösung sämtlicher wissenschaftlicher und philosophischer Probleme und der Disputationen über sie zu finden. Eine ideengeschichtlich wichtige Unterscheidung an dieser Vorstellung eines universellen, effektiven Problemlösungsverfahrens hat Leibniz vorgenommen, indem er zwischen Entscheidungsverfahren (ars iudicandi) und Aufzählungsverfahren (ars inveniendi) trennt, also zwischen Algorithmen zur korrekten Entscheidung beliebig vorgelegter Einzelprobleme und Algorithmen zur systematischen und vollständigen Auflistung aller Lösungen beliebiger Probleme. Daß diese beiden Begriffe tatsächlich auseinanderfallen, aber auch wie eng sie zusammengehören, konnte erst nach einer Präzisierung des zugrundeliegenden intuitiven Algorithmusbegriffs exakt beschrieben werden.

Damit ist das Thema dieses Abschnitts umrissen, der uns von einer Betrachtung grundlegender einfacher Eigenschaften des Begriffs der rekursiven Aufzählbarkeit auf die Rolle logischer Ausdrucksmittel für die relative algorithmische Komplexität rekursiv unlösbarer Probleme und von daher auf verschiedenartige Reduktionsbegriffe und Grade rekursiver Unlösbarkeit führt.

§ 1. Definition. Ein n-stelliges Prädikat P heißt rekursiv aufzählbar (kurz: r.a.), falls $P = \emptyset$ oder $P = \{\vec{X} \mid \langle\vec{X}\rangle = f(m) \text{ für ein } m\in\mathbb{N}\}$ für eine rekursive Funktion f.

Beispiele r.a. Prädikate sind alle rekursiven Prädikate sowie die Halte-, Wort- und Konfluenzprobleme der in Kap. AI untersuchten Umformungssysteme sowie der Röddingschen Wegenetze, das Korrespondenzproblem rekursiver Postscher Korrespondenzklassen, diophantische Prädikate. (Machen Sie sich dies unter Rückgriff auf die Churchsche These klar!)

Übung: Die Klasse der r.a. Prädikate ist abgeschlossen gegen die logischen Operationen "und", "oder", "Es gibt" und beschränkte Quantifikationen sowie gegen simultane Einsetzung rekursiver Funktionen. Hinweis: Folgern Sie dies aus rekursiven Abschlußeigenschaften!

Der Satz von Davis-Putnam-Robinson-Matijasevich besagt, daß die r.a. Prädikate die Existenzaussagen über Polynomgleichungen sind. Wegen seiner Bedeutung für die Theorie r.a. Mengen formulieren wir diesen Sachverhalt hier erneut als

Darstellungssatz. r.a. sind genau die Prädikate $\lambda\vec{x}.\exists\vec{y}P_1(\vec{x},\vec{y})=P_2(\vec{x},\vec{y})$ mit Polynomen P_i (Koeffizienten aus $\mathbb{N}$).

Übung: R.a. und ohne Element 0 sind genau die Mengen der Form $p(\mathbb{N})\cap(\mathbb{N}-\{0\})$ für Polynome p mit ganzzahligen Koeffizienten.

Übung (Rosser 1936). Folgern Sie direkt aus Kleenes Normalformsatz, daß P r.a. gdw $P=\lambda\vec{x}.\exists yR(\vec{x},y)$ für ein (primitiv) rekursives R gdw $\{P=\emptyset$ oder P ist (via Kodierung) Wertebereich einer primitiv rekursiven Funktion$\}$.

Aus dem Darstellungssatz folgt ein leichter Beweis für Gödels tiefliegende Erkenntnis, daß (primitive) Rekursionen mittels des μ-Operators (lies: der while-Iteration) unter Zuhilfenahme von z.B. $+,\cdot,<$ explizit beschreibbar sind:

Korollar (Gödel 1931). Alle rekursiven Funktionen können aus $U_i^n, C_i^n, +, \cdot, <$ nur durch simultane Einsetzungen und Anwendungen des μ-Operators im Normalfall definiert werden.

Beweis: sei $c^{(n)}$ eine Kodierungsfunktion mit Umkehrfunktionen $c_{n,i}$ $(1\leq i\leq n)$ in F_μ. Für rekursives f ist G_f rekursiv, so daß nach dem Darstellungssatz $f(\vec{x})=c_{n,1}(\mu u P_1(\vec{x},c_{n,1}(u),\ldots,c_{n,n}(u))=P_2(\vec{x},c_{n,1}(u),\ldots,c_{n,n}(u)))$ i. Nf. Daher bleibt lediglich die Aussage für die benutzten (De-) Kodierungsfunktionen zu beweisen. Dazu wählen wir die schwach wachsenden Cantorschen (De-) Kodierungsfunktionen zur (injektiven, nicht surjektiven) Aufzählung aller Paare (x,y) nach der Größe ihrer Summe x+y - es gibt höchstens x+y+1 solcher Paare - und dann der ersten Komponente x:

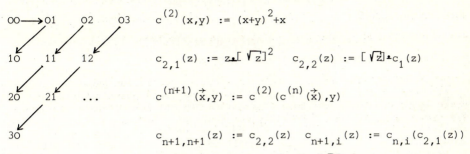

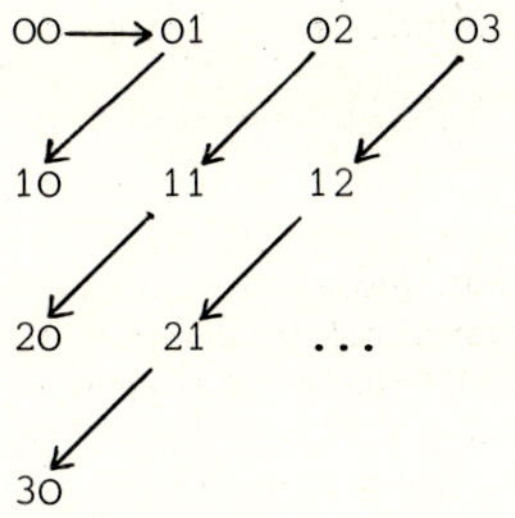

$$c^{(2)}(x,y) := (x+y)^2+x$$

$$c_{2,1}(z) := z \dot{-} [\sqrt{z}]^2 \qquad c_{2,2}(z) := [\sqrt{z}] \dot{-} c_1(z)$$

$$c^{(n+1)}(\vec{x},y) := c^{(2)}(c^{(n)}(\vec{x}),y)$$

$$c_{n+1,n+1}(z) := c_{2,2}(z) \qquad c_{n+1,i}(z) := c_{n,i}(c_{2,1}(z))$$

Definitionen für die benutzten Hilfsfunktionen $\dot{-}$, $[\sqrt{\ }]$ entwickelt man wie in Kap.AI2 ausgeführt, wobei hier primitive Rekursionen durch Anwendungen des μ-Operators im Normalfall zu ersetzen sind. Typische Beispiele dafür sind:

$$[\sqrt{x}] = \mu i(x<(i+1)^2) \qquad x \dot{-} y = \mu_{i\leq x} i \ (y+i\geq x)$$

$$\mu_{i\leq y} iP(\vec{x},i) = \mu i(P(\vec{x},i) \text{ oder } (i=0 \ \& \text{ non } \exists j\leq yP(\vec{x},j)))$$

$$\exists i\leq yP(\vec{x},i) \text{ gdw } \mu i(P(\vec{x},i) \text{ oder } y<i)\leq y \qquad (\text{non } P(\vec{x})) \text{ gdw } 0<\xi_P(\vec{x})$$

<u>Übung.</u> Alle rekursiven Funktionen sind aus $U_i^n, C_i^n, +, \cdot, \dot{-}$ durch simultane Einsetzung und μ-Operator definierbar.

Der Zusammenhang zwischen Rekursivität und rekursiver Aufzählbarkeit wird beleuchtet durch:

<u>Negationslemma.</u> P ist rekursiv gdw P und sein Komplement sind r.a.
<u>Graphenlemma.</u> $f\in F_\mu$ gdw $G_f := \{(\vec{x},y) \mid y = f(\vec{x})\}$ ist r.a.
<u>Korollar.</u> P r.a. gdw P ist Definitionsbereich eines $f\in F_\mu$.

<u>Beweis.</u> Negationslemma: Übung. Für $f(\vec{x}) = U(\mu yT(k,\vec{x},y))$ in Kleene Normalform ist G_f r.a. wegen Abschlußeigenschaften und $G_f(\vec{x},z)$ gdw $\exists y(T(k,\vec{x},y)\&U(y) = z)$. (Man hätte hier die Zusatzbedingung $\forall i<y$ non $T(k,\vec{x},i)$ vermuten dürfen. Wir brauchen sie nicht, weil unsere Folgekonfigurationsfunktion ab der Stopstelle konstant bleibt.) Sei umgekehrt $G_f = \{(\vec{x},y) \mid \exists zR(\vec{x},y,z)\}$ mit rekursivem R. Dann sichert die Funktionalität von f, daß in dem folgenden, für $f(\vec{x})$ angegebenen μ-rekursiven Audruck

$(y)_1$ für mögliches minimales y eindeutig bestimmt ist:
$f(\vec{x})=(\mu y\ (R(\vec{x},\ (y)_1,\ (y)_2)))_1$.
Das Korollar folgt mit der durch den Graphen $\{(\vec{x},1)\,|\,P(\vec{x})\}$ definierten partiellen charakteristischen Funktion ξ'_P von P.

Übung. Nicht leere Mengen sind rekursiv gdw sie monoton nicht fallend r.a. sind (d.h. von der Form $f(\mathbb{N})$ für rekursives monoton nicht fallendes f). Unendliche Mengen sind rekursiv gdw sie monoton wachsend r.a. sind. Insbesondere enthält also jedes unendliche r.a. Prädikat ein unendliches rekursives Teilprädikat. Jedes r.a. Prädikat ist durch ein evtl. partielles $f\in F_\mu$ wiederholungsfrei aufzählbar.

Vermöge des Graphenlemmas für F_μ übertragen sich auch der Aufzählungssatz sowie Existenz und Eigenschaften von Gödelnumerierungen von den partiell rekursiven Funktionen auf r.a. Prädikate: in Anlehnung an den Funktionenfall nennt man P eine Aufzählung der Klasse der Prädikate $P_i := \lambda\vec{x}\cdot P(i,\vec{x})$ und spricht von einer Gödelnumerierung (der n-stelligen r.a. Prädikate), falls P r.a. & $\forall Q^{(n+1)}$ r.a. $\exists$ h rekursiv mit $Q_i = P_{h(i)}$ für alle i. Für jede Gödelnumerierung g der n-stelligen μ-rekursiven Funktionen ist der Definitionsbereich von g eine Gödelnumerierung der n-stelligen r.a. Prädikate wegen

$$Q_i = \text{Defber}(\xi'_{Q_i}) = \text{Defber}((\xi'_Q)_i) = \text{Defber}(g_{h(i)}) = (\text{Defber}(g))_{h(i)}.$$

Umgekehrt liefert jede Gödelnumerierung P der n-stelligen r.a. Prädikate eine Gödelnummerierung $g := \lambda i,\vec{x}\cdot\mu y P(i,\vec{x},y)$ der n-stelligen μ-rekursiven Funktionen vermöge

$$f_i(\vec{x}) = z \text{ gdw } G_{f_i}(\vec{x},z) \text{ gdw } (G_f)_i(\vec{x},z) \text{ gdw } P_{h(i)}(\vec{x},z) \text{ gdw } g_{h(i)}(\vec{x})=z.$$

Im Fall der Kleeneschen Aufzählungsfunktion e hat sich die Bezeichnung W für den Definitionsbereich von e eingebürgert. D.h. es gilt:
$W_k(\vec{x})$ gdw $[k](\vec{x})\downarrow$ gdw $\exists yT(k,\vec{x},y)$ für das Kleenesche T-Prädikat.
Insbesondere ist $K_0 = W$ und $x\in K$ gdw $W(x,x)$. Durch den Iterationssatz

$$W_k(\vec{y},\vec{x}) \text{ gdw } W_{S_n^{m+1}(k,\vec{y})}(\vec{x})$$

übertragen sich effektive Abgeschlossenheitseigenschaften und das Rekursionstheorem von F_μ und den rekursiven auf die r.a. Prädikate.

Bemerkung. Das Zusammenfallen diophantischer und r.a. Prädikate gestattet für viele aus der Zahlentheorie als r.a. bekannte Zahlenmengen Darstellungen als Menge der von einem geeigneten Polynom angenommenen positiven Werte, was die oft äußerst mühsame Suche nach möglichst einfachen derartigen Polynomen provoziert hat; s.z.B. Putnam 1960, Jones 1975, et al. 1976. Man erhält für die r.a. Mengen logisch einfache Normalformen mit kurzen Quantorenpräfixen und kleinem (logisch-) arithmetischen Kern aus Polynomgleichungen; s.z.B. Robinson 1972, Deutsch 1975, Jones 1978.

Die aus der Existenz einer μ-rekursiven Aufzählungsfunktion aller μ-rekursiven Funktionen resultierende Existenz universeller r.a. Prädikate bedeutet die Existenz universeller diophantischer Gleichungen $U(y,x,\vec{z}) = 0$, d.h. von Polynomen U, für die man zu jedem Polynom P (sogar effektiv) ein k angeben kann, so daß für alle $x \in \mathbb{N}$ $P(x,\vec{z}) = 0$ lösbar ist gdw $U(k,x,\vec{z}) = 0$ eine Lösung hat. Jede diophantische Gleichung ist also effektiv auf eine feste derartige Polynomgleichung $U = 0$ (NB: mit festem Grad, fester Zahl von Variablen und +/• -Operationen) reduzierbar. Diese erstaunliche Tatsache drängt angesichts der Entscheidbarkeit der Lösbarkeitsfrage für spezielle Polynomklassen die Frage auf, wie "einfach" universelle Polynome u. wie "komplex" Polynome aus Klassen mit entscheidbarer Lösbarkeitsfrage sein können sowie, ob die Grenze zwischen entscheidbarem und unentscheidbarem (universellem) Fall syntaktisch charakterisiert werden kann; s.z.B. Davis et al. 1976, Jones 1982, Jones & Matijasevich 1981, Reingold-Stocks 1972.

Die Existenz universeller diophantischer Gleichungen hat eine interessante erkenntnistheoretische Konsequenz. Nach der Churchschen These ist der Beweisgriff einer (formalen) axiomatischen (mathematischen) Theorie T rekursiv, so daß die Menge der in T beweisbaren Sätze r.a., also diophantisch und damit für ein universelles U von der Form $\{x \mid U(k,x,\vec{z})=0 \text{ ist lösbar in } \vec{z}\}$ für eine durch T bestimmte Konstante k ist. Also reduziert sich die Beweiskontrolle für einen Satz x von T nach Einsetzen von $k,x,\vec{z}$ in U auf die Ausführung einer durch die Zahl c(U) der +/•-Operationen in U beschränkten Anzahl von Additionen und Multiplikationen.
(Raten Sie Ihnen realistisch erscheinende Größenordnungen für c(U) und lesen Sie dann Jones 1978! Vgl. Hatcher & Hodgson 1981.) Diese rekursionstheoretisch überraschend einfache Beweisverifikation durch Auswertung von $U(k,x,\vec{z})$ kontrastiert zur i.a. unbeschränkten Größe (und der "Schwierigkeit des Auffindens") der "Gödelnummern" k bzw. $\vec{z}$ von T resp.

von T-Beweisen für x, die den "Eingabemechanismus" dieses universellen Beweisverfahrens ausmachen und die i.a. unbeschränkte Beweiskomplexität widerspiegeln. Für eine systematische Diskussion dieser Zusammenhänge von Ein-, Ausgabe- und Übergangsfunktionen universeller Verfahren s. die Untersuchung über Zerlegungen von Gödelnumerierungen in Kap. BIII.

§ 2. Arithmetische Hierarchie. Die Überlegungen zum Graphenlemma zeigen eine innere Beziehung zwischen μ-Operator und Existenzquantor: durch das Zulassen des μ-Operators ("unbeschränkte Suchverfahren") tritt man aus der Klasse der primitiv rekursiven Funktionen heraus in den größeren Bereich der (partiell) rekursiven Funktionen, was in der logischen Beschreibung im Zulassen des Ausdrucksmittels "unbeschränkter Existenzquantor" und im Übergang von (primitiv) rekursiven zu r.a. Prädikaten seine Entsprechung findet. Das Negationslemma zeigt, daß ein Prädikat P mit Beschreibungen

$$P(\vec{x}) \text{ gdw } \exists y Q(\vec{x},y) \text{ gdw } \forall y R(\vec{x},y) \text{ mit rekursivem } Q,R$$

bereits rekursiv ist. Diese Tatsachen legen die Frage nahe, ob wachsende (quantoren-) logische Struktur über rekursivem Kern wachsenden Grad rekursiver Unlösbarkeit nach sich zieht und ob auch Abgeschlossenheitseigenschaften und effektive Aufzählbarkeit sich vom r.a. auf den Fall höherer quantorenlogischer Struktur übertragen. Kleene 1943 und Mostowski 1947 haben das bejaht, wobei sie aufgrund von Abgeschlossenheitseigenschaften nur die Struktur von Quantorenwechseln über rekursivem Kern untersuchten:

Definition der arithmetischen Hierarchie (Kleene-Mostowski-Hierarchie):

$\Pi_0 := \Sigma_0 := \{P \mid P \text{ rekursiv}\}$

$P \varepsilon \Sigma_{n+1}$ gdw für ein $Q \varepsilon \Pi_n$ gilt $\forall \vec{x}: (P(\vec{x}) \text{ gdw } \exists y Q(\vec{x},y))$

$\ldots \Pi_{n+1} \ldots\ldots\ldots\ldots \Sigma_n \ldots\ldots\ldots\ldots\ldots \forall y \ldots$

$\Delta_n := \Pi_n \cap \Sigma_n$

Σ_n-resp. Π_n-Prädikate sind also bestimmt durch einen rekursiven Kern mit einem alternierenden Quantorenpräfix der Länge n der Form $\exists\forall\exists\ldots$ resp. $\forall\exists\forall\ldots$

Übung. (Abschlußeigenschaften): Σ_n und Π_n sind abgeschlossen gegen simultane Einsetzung rekursiver Funktionen und gegen die logischen Operationen "und", "oder", beschränkte Quantifikationen; Σ_{n+1} resp. Π_{n+1} ist auch abgeschlossen gegen $\exists$-resp. $\forall$-Quantifikation.

a) Aus dem rekursiv Aufzählbaren übertragen sich viele Phänomene auf höhere quantorenlogische Struktur, wie z.B. der

Aufzählungs- und Hierarchiesatz. Für n>O sind die aus $W = \lambda k,\vec{z}.[k](z)\downarrow$ mittels des Σ_n-Präfixes definierten Halteprobleme W^n für ungradzahliges bzw. $C(W^n)$ für geradzahliges n Gödelnumerierungen der (m-stelligen) Σ_n-Prädikate (sei $\vec{y} = y_1,\ldots,y_n$):

$$W^n(k,\vec{x}) \text{ gdw } \begin{cases} \exists y_1 \forall y_2 \exists y_3 \forall y_4 \ldots \exists y_n [k](\vec{x},\vec{y})\downarrow & \text{falls } 2\nmid n \\ \forall y_1 \exists y_2 \forall y_3 \exists y_4 \ldots \exists y_n [k](\vec{x},\vec{y})\downarrow & \text{falls } 2\mid n \end{cases}$$

Folglich ist $\Sigma_n \cup \Pi_n \subsetneq \Delta_{n+1}$.

Beweis. Da W Gödelnumerierung für Σ_1 ist, ist dies W^n resp. $C(W^n)$ (mit denselben Substitutionsfunktionen) für Σ_n bei ungerad- resp. geradzahligen n. Also ist $W^n \notin \Pi_n$ resp. $C(W^n) \notin \Sigma_n$ (Wieso?). Für beliebiges $P\varepsilon\Sigma_n - \Pi_n$ sei

$Q(\vec{x},y)$ gdw $(P(\vec{x})$ und $y = 1)$ oder $(\text{non}P(\vec{x})$ und $y = 0)$,

so daß wegen der Abgeschlossenheit aller Σ_n und Π_n gegen "und" und "oder" $Q\varepsilon\Delta_{n+1}$. Eine reductio ad absurdum zeigt $Q\notin\Sigma_n \cup \Pi_n$: $Q\varepsilon\Sigma_n$ zöge wegen der Abgeschlossenheit der Σ_n und Π_n gegen Einsetzung rekursiver Funktionen $(\text{non } P) = \lambda\vec{x}\cdot Q(\vec{x},0)\,\varepsilon\Sigma_n$ nach sich, im Widerspruch zu $(\text{non } P)\varepsilon\Pi_n - \Sigma_n$; symmetrisch für $Q\varepsilon\Pi_n$.

b) Der Darstellungssatz im r.a. verallgemeinert sich hier zu der Aussage, daß die Kleene-Mostowski-Hierarchie die mit quantorenlogischen Mitteln formulierbare elementare Arithmetik über Addition und Multiplikation (sprich: die quantorenlogisch aus Polynomen definierbaren Prädikate) strukturiert:

Definition. Die Klasse AR der arithmetischen Prädikate ist induktiv definiert als die kleinste Klasse, die die Graphen G_+ und $G_\cdot$ von + und · enthält und abgeschlossen ist gegen die logischen Operationen "nicht", "und", "$\exists$" sowie gegen Variablenumordnung. (P entsteht aus Q durch

Variablenumordnung gdw für gewisse $1\le i_1,\ldots,i_r\le n$ und alle $\vec{x}=x_1,\ldots,x_n$ gilt: $P(\vec{x})$ gdw $Q(x_{i_1},\ldots,x_{i_r})$.)

Darstellungssatz (Gödel). $\Sigma_1 \subseteq$ AR und damit AR $= \bigcup_n \Sigma_n$.

Beweis. Aus dem Darstellungssatz für Σ_1 folgt $\Sigma_1 \subseteq$ AR und damit $\Sigma_n \subseteq$ AR. Die umgekehrte Inklusion folgt aus den Abgeschlossenheitseigenschaften der Σ_n, Π_n.

c) Die Kleene-Mostowski-Hierarchie liefert also ein Maß für die logische Komplexität elementarer arithmetischer Begriffsbildungen. Dies wollen wir hier an drei Beispielen verdeutlichen; weitere Beispiele finden sich im nächsten Abschnitt und bei der Untersuchung von Entscheidungsproblemen.

Beispiel 1 (Markwald 1955). $\Pi_2 = \{\lambda\vec{x}.\overset{\infty}{\exists}yR(\vec{x},y) \mid R \text{ rekursiv}\}$
(Π_2 besteht aus den Unendlichkeitsaussagen über rekursiven Prädikaten.)

Der Quantor $\overset{\infty}{\exists}y$ bezeichnet: "Es gibt unendlich viele y, so daß".

Korollar. Limesexistenzaussagen: $\{\lambda\vec{x}.\lim_n h(\vec{x},n)\in\mathbb{N} \mid h \text{ rekursiv}\} = \Sigma_2$

Beweis. Wegen $\overset{\infty}{\exists}yR(\vec{x},y)$ gdw $\forall y\exists z(y<z \text{ und } R(\vec{x},z))\in\Pi_2$ für rekursives R ist nur "$\subseteq$" zu zeigen. Für $P\in\Pi_2$ sei $P(\vec{x})$ gdw $\forall y\exists zR(\vec{x},y,z)$ mit rekursivem R. Durch simultane primitive Rekursion definieren wir zu beliebigem $\vec{x}$ eine rekursive Treppenfunktion $f_{\vec{x}}$ mit sukzessiven Werten $y = 0,1,2,\ldots$ und eine rekursive Suchfunktion $g_{\vec{x}}$, die zu $y = f_{\vec{x}}(n)$ sukzessive die Werte $0,1,2,\ldots$ bis evtl. $z_y := \mu zR(\vec{x},y,z)$ annimmt, um dann für die Suche nach z_{y+1} wieder auf den Wert 0 zurückzuspringen:

$$f_{\vec{x}}(0) := g_{\vec{x}}(0) := 0$$

$$f_{\vec{x}}(n+1) := \begin{cases} f_{\vec{x}}(n)+1 \\ f_{\vec{x}}(n) \end{cases} \qquad g_{\vec{x}}(n+1) := \begin{cases} 0 & \text{falls } R(\vec{x},f_{\vec{x}}(n),g_{\vec{x}}(n)) \\ g_{\vec{x}}(n)+1 & \text{sonst} \end{cases}$$

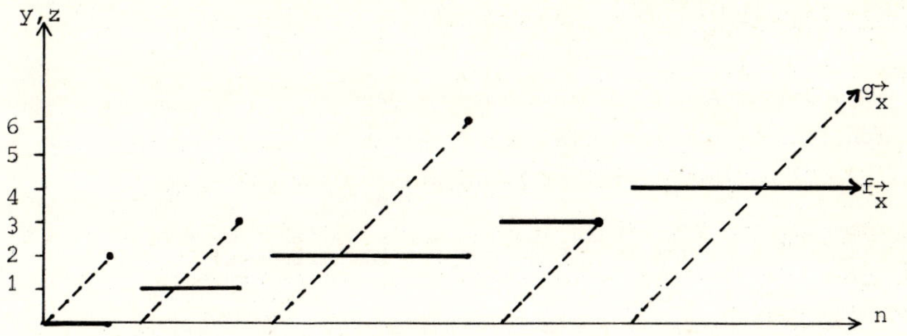

Figur: $z_0=2$, $z_1=3$, $z_2=6$, $z_3=3$, $z_4=$? (falls z_4 existiert)

Also gilt $P(\vec{x})$ gdw $\forall y \exists z R(\vec{x},y,z)$ gdw $\overset{\infty}{\exists} n\, g(\vec{x},n) = 0$ mit rekursivem g.

Da $\lim_n h(\vec{x},n) \varepsilon \mathbb{N}$ gdw $\exists y \forall z>y\ h(\vec{x},y) = h(\vec{x},z) \varepsilon \Sigma_2$, genügt es für das Korollar, zu beliebigem $P\varepsilon\Sigma_2$ mit $P(\vec{x})$ gdw $\exists y \forall z R(\vec{x},y,z)$ eine derartige Limesdarstellung zu finden. Dies geht mit denselben Formeln wie oben, wenn man nur die beiden Zeilen der Definition von $f_{\vec{x}}$ bzw. $g_{\vec{x}}$ vertauscht, so daß $g_{\vec{x}}$ für sukzessive Werte $f_{\vec{x}}(n) = y$ von 0 beginnend schrittweise bis $z_y := \mu z(\forall j<z R(\vec{x},y,j),$ non $R(\vec{x},y,z))$ sucht, ob $\forall z R(\vec{x},y,z)$. Dann gilt $P(\vec{x})$ gdw $\exists y \forall z R(\vec{x},y,z)$ gdw $\exists y \forall z>y\ f(\vec{x},y) = f(\vec{x},z)$.

<u>Übung.</u> Jede totale Funktion f mit $G_f \varepsilon \Sigma_2$ hat eine Darstellung $f(\vec{x}) = \lim_n g\,(\vec{x},n)$ für ein rekursives g (und umgekehrt).

<u>Beispiel 2.</u>(Rödding 1966). <u>Anzahlaussagen:</u> Sei Q einer der Anzahlquantoren $\overset{<k}{\exists}$, $\overset{=k}{\exists}$, $\overset{>k}{\exists}$ ("es gibt höchstens, genau, mindestens k Elemente") und $(Q)_0 := \Sigma_0$ $\quad (Q)_{n+1} := \{\lambda\vec{x}.QyP(\vec{x},y) \mid P\varepsilon(Q)_n\}$ die entsprechende Quantoren-"hierarchie". Für alle n und 0<k gilt:

$$(\overset{<k}{\exists})_n = \Pi_n \qquad (\overset{=k}{\exists})_n = \Sigma_n \& \Pi_n := \{P\&Q \mid P\varepsilon\Sigma_n, Q\varepsilon\Pi_n\} \qquad (\overset{>k}{\exists})_n = \Sigma_1 \ .$$

<u>Beweis.</u> Die Anzahlquantoren sind arithmetisch beschreibbar durch:

$$\overset{<k}{\exists} yP(\vec{x},y) \text{ gdw } \forall y_0 \dots \forall y_k \ (\forall_{i\leq k} i\ P(\vec{x},y_i)) \text{ impliziert } \exists_{i<j\leq k} i,j : y_i = y_j)$$

$$\overset{>0}{\exists} yP(\vec{x},y) \text{ gdw } 0 = 0 \qquad \overset{>k+1}{\exists} y\ P(x,y) \text{ gdw non } \overset{\leq k}{\exists} y\ P(\vec{x},y)$$

$$\overset{=k}{\exists}\, y\, P(\vec{x},y) \text{ gdw } (\overset{<k}{\exists}\, y\, P(\vec{x},y) \text{ und } \overset{>k}{\exists}\, y\, P(\vec{x},y)).$$

Aus diesen Äquivalenzen folgt für den "es gibt höchstens k"-Quantor durch Induktion nach n die Inklusion "$\subseteq$" (wieso ?) und deren Umkehrung; letztere, da für $Q = \lambda\vec{x}.\text{non} \exists y P(\vec{x},y) \varepsilon \Pi_{n+1}$ mit $P \varepsilon \Pi_n$ gilt:

$$\text{(i) } \exists y P(\vec{x},y) \text{ gdw } \overset{>k}{\exists}\; y\, P(\vec{x},[y:k]) \quad (\text{für alle } 0<k)$$

$$Q(\vec{x}) \text{ gdw non } \overset{>k+1}{\exists}\; y\, P(\vec{x},[y:k+1]) \text{ gdw } \overset{<k}{\exists} y\, P(\vec{x},[y:k+1]).$$

Ebenso folgt $\Sigma_1 \subseteq (\overset{>k}{\exists})_1 \subseteq (\overset{>k}{\exists})_{n+1} \subseteq \Sigma_1$ (wieso ?).

Für den "es gibt genau k"-Quantor folgt die Behauptung aus dem Fall k = 1 für größere k durch Kodierung vermöge

$$\text{(ii) } \overset{=k}{\exists} y\, P(\vec{x},y) \text{ gdw } \overset{=1}{\exists} y\, (\forall_{1\leq i<j\leq k} (y)_i < (y)_j \text{ und } \forall_{1\leq i\leq k}\, i\;\; P(\vec{x},(y)_i)).$$

In der Tat folgt aus (ii) die Inklusion "$\subseteq$" durch Induktion nach n (nämlich ?) und die Umkehrung aus $(\overset{=1}{\exists})_n \subseteq (\overset{=k}{\exists})_n$. Letzteres aber liefert die Variante (i') von (i):

$$\text{(i') } \overset{=1}{\exists} y P(\vec{x},y) \text{ gdw } \overset{=k}{\exists} y P(\vec{x},[y:k]) \quad (\text{für alle } 0<k).$$

Dennoch bleibt $(\overset{=1}{\exists})_n = \Sigma_n \,\&\, \Pi_n$ zu zeigen. Der Induktionsanfang n = 0 gilt nach Definition. Im Induktionsschluß folgt "$\subseteq$" aus der arithmetischen Beschreibung von $\overset{=1}{\exists}$, während sich die Umkehrung wie folgt ergibt: für

$$P(\vec{x}) \text{ gdw } (\exists y Q(\vec{x},y)) \,\&\, \forall y R(\vec{x},y) \quad \text{mit } Q \varepsilon \Sigma_n, R \varepsilon \Pi_n$$

erhält man aus dem Prinzip vom kleinsten Element und der Äquivalenz

$$\text{(iii) } \forall y R(\vec{x},y) \text{ gdw } \overset{=1}{\exists} y (R(\vec{x},0) \text{ und } (y \neq 0 \text{ impliziert non } R(\vec{x},y)))$$

eine äquivalente $\overset{=1}{\exists} y S(\vec{x},y)$-Beschreibung mit $S \varepsilon \Sigma_n \,\&\, \Pi_n$:

$$P(\vec{x}) \text{ gdw } (\exists y Q(\vec{x},y)) \text{ und } \forall y R(\vec{x},y)$$

$$\text{gdw } \overset{=1}{\exists} y (Q(\vec{x},y) \text{ und } \forall_{i<y}\, i \text{ non } Q(\vec{x},y)) \text{ und } \overset{=1}{\exists} y (R(\vec{x},0) \text{ und } (y \neq 0) \text{non } R(\vec{x},y)))$$

$$\text{gdw } \overset{=1}{\exists} y (Q(\vec{x},(y)_1) \,\&\, ((y)_2 \neq 0) \text{non } R(\vec{x},(y)_2) \,\&\, \forall_{i<(y)_1} i (\text{non} Q(\vec{x},i)) \,\&\, R(\vec{x},0)).$$

Der Aufzählungs- und Hierarchiesatz liefert
das die Komplexität der arithmetischen Hierarchie sprengende, erkenntnistheoretische bedeutsame

Beispiel 3. (Tarski 1936). Die Menge der wahren arithmetischen Sätze ist nicht arithmetisch.

Beweis: Sei g eine Gödelisierung arithmetischer Ausdrücke. Wäre der Wahrheitsbegriff $w := \{g(\alpha) \mid \alpha$ ist ein wahrer arithmetischer Satz$\}$ der Arithmetik arithmetisch, so wäre $w \in \Sigma_n$ für ein n. Mit der rekursiven Funktion $h(k,i) := g(W^{n+1}(k,i))$ würde gelten $W^{n+1}(k,i)$ gdw $h(k,i) \in w$, so daß sich wegen der Abgeschlossenheit von Σ_n gegen die Einsetzung rekursiver Funktionen ergäbe: $W^{n+1} \in \Sigma_n$.

Der Tarskische Satz schließt eine schwache Form des Gödelschen Unvollständigkeitssatzes (s. Kap. F) ein, nämlich daß der arithmetische Wahrheitsbegriff nicht vollständig kalkülisierbar (lies: r.a.) ist.

§ 3. Reduktionsbegriffe und Unlösbarkeitsgrade. a) In Anbetracht der Abgeschlossenheitseigenschaften der Klassen der arithmetischen Hierarchie stellt sich die Frage, ob nicht μ-rekursive Prozesse und logische Ausdrucksmöglichkeiten so zueinander gebracht werden können, daß AR, bei den rekursiven Prädikaten startend, durch eine unendliche Hierarchie gegen die μ-rekursiven Prozesse abgeschlossener Klassen ausgeschöpft wird. Die Beantwortung dieser Frage führt uns auf den folgenden Begriff der relativen Rekursivität:

Definition. Der μ-rekursive Abschluß $F_\mu(C)$ für eine abzählbare Menge C totaler Funktionen und Prädikate ist definiert wie F_μ mit allen Funktionen und charakteristischen Funktionen der Prädikate in C als zusätzlichen Anfangsfunktionen. $f \varepsilon F_\mu(C)$ liest man auch als "f ist rekursiv in C"; P in $F_\mu(C)$ - gelesen: P ist rekursiv in C - bedeutet $\xi_P \varepsilon F_\mu(C)$. Bei Einermengen $C=\{f\}$ oder $C=\{Q\}$ schreiben wir auch $F_\mu(f)$ bzw. $F_\mu(Q)$.

Der relativierte Begriff der μ-Rekursivität ist grundlgegend für Anwendungen der Berechenbarkeitstheorie. Mit ihm kann die in Kap. A vorgeführte Theorie mutatis mutandis auch in relativierter Form entwickelt werden. Ein C-Registermaschinenprogramm oder C-Registeroperator M z.B. hat lediglich die zusätzlichen Elementaroperationen f_i ("ersetze den Inhalt x des i-ten Registers durch $f_i(x)$", analog für mehrstelliges f) für jedes $f \varepsilon C$; ähnlich für C-Turingmaschinenprogramme oder andere Berechnungsformalismen. Aus der maschinenorientierten Deutung des relativen Berechenbarkeitsbegriffs stammt die Bezeichnung der C-Maschinen als Orakelmaschinen mit "Orakel" C: ein C-Programm P ist ein Programm zur effektiven Berechnung von $Res_P(\vec{x})$ zu vorgegebenem $\vec{x}$, welches jedoch im Verlaufe der Rechnung beliebig oft das "Orakel" nach dem Wert von Funktionen/Prädikaten in C für beliebige aufgetretene Argumente "befragen" kann. Obgleich wir die Definition relativer Berechenbarkeit durch μ-Rekursivität zugrundelegen, ist es für das Verständnis des Folgenden nützlich, sich die anschauliche Vorstellung relativ μ-rekursiver Verfahren als Orakelmaschinenprogramme zu eigen zu machen.

Unter vernünftigen Annahmen über die Gödelisierbarkeit von C erhält man in relativierter Form den Äquivalenzsatz, die Churchsche These, den Kleeneschen Normalformsatz ($f(\vec{x}) = U(\mu y T^C(k,\vec{x},y))$ für das relativierte Kleenesche T-Prädikat T^C in $F_{prim}(C)$, den in C primitiv rekursiven Funktionen), Kleenes Gödelnumerierung $e^C = \lambda k,\vec{x}.[k]^C(\vec{x})$ von $F_\mu(C)$, die Halteprobleme K_0^C und K^C, die Rekursionstheoreme, die Charakterisierung der in C r.a. Prädikate mit der Gödelnumerierung W^C und die arithmetische Hierarchie AR^C der Σ_n^C, Π_n^C mit den Gödelnumerierungen $W^{C,n}$. Die Stabilität der benutzten Begriffsbildungen- wie berechenbar, (primitiv) rekursiv, r.a., Gödelnumerierung - gegenüber Relativierung ist ein weiteres Indiz für deren Natürlichkeit und Adäquatheit, was ebenfalls die Churchsche These stützt.

Fleißübung. Führen Sie die gerade skizzierte Relativierung der Theorie aus Kap. A,BII für $C = \{f\}$ mit einer totalen einstelligen Funktion f durch. (Vgl. Davis 1958, Rogers 1967.)

Die zu Beginn dieses Paragraphen gestellte Frage bejaht der Hierarchie- und Aufzählungssatz verschärfende

Satz von Post. $\forall n \neq 0: P \varepsilon \Delta_{n+1}$ gdw P in $F_\mu(\Sigma_n)$ gdw P in $F_\mu(\{W^n\})$.

Beweis. Wie für den absoluten Fall $C = \emptyset$ zeigt man das

Relativierte Graphenlemma. $f \varepsilon F_\mu(\Sigma_n)$ gdw $G_f \varepsilon \Sigma_{n+1}$

und erhält daraus für P in $F_\mu(\Sigma_n)$ die Δ_{n+1}-Beschreibung

$P(\vec{x})$ gdw $\xi_P(\vec{x}) = 1$ non $P(\vec{x})$ gdw $\xi_P(\vec{x}) = 0$.

Umgekehrt gibt es für $P\in\Delta_{n+1}$ Prädikate $Q,R\in\Pi_n$ mit ($P(\vec{x})$ gdw $\exists yQ(\vec{x},y)$) und ($\text{non}P(\vec{x})$ gdw $\exists yR(\vec{x},y)$), so daß $P(\vec{x})$ gdw $Q(\vec{x},\mu y(Q(\vec{x},y)$ oder $R(\vec{x},y)))$.

Der relativierte Begriff der μ-Rekursivität verkörpert nach der Churchschen These den intuitiv allgemeinsten effektiven Reduktionsbegriff: für ein Prädikat Q bedeutet $f\varepsilon F_{\mu}(Q)$, daß die Frage nach der algorithmischen Berechenbarkeit von f mit algorithmischen Mitteln auf die Frage nach Algorithmen für die Funktionen und Probleme in Q zurückgeführt werden kann; daher sagt man auch "P ist Turing-reduzierbar auf Q" und schreibt $P \leq_T Q$ für P in $F_{\mu}(Q)$. Wegen seiner Allgemeinheit spielt dieser - im Gegensatz zu den sog. "starken" Reduktionsbegriffen $\leq_m$ und $\leq_1$ "schwach" genannte - Reduktionsbegriff eine wichtige Rolle für (Un-) Entscheidbarkeitsbeweise mittels der Reduktionsmethode, wenngleich in konkreten Fällen schwache Reduktionen sich häufig leicht zu starken Reduktionen ausbauen lassen.

Anschaulich gesprochen bedeutet $P\leq_m Q$ im Vergleich zu $P\leq_T Q$, daß jedes einzelne Problem "ist $x\varepsilon P$ oder nicht?" mittels einer einzigen, im vorhinein zu x rekursiv bestimmten Anfrage an das Orakel Q effektiv gelöst werden kann. Dies hat z.B. zur Folge, daß $P\leq_m C(P)$ i.a. falsch ist (Gegenbeispiel: P = K), während offensichtlich $P\leq_T C(P)$. Läßt man wie bei Turingreduktionen statt einer einzigen zwar endlich viele Orakelbefragungen $x_1,\dots,x_n$ zu x zu, diese jedoch im Unterschied zu Turingreduktionen nur zusammen mit einem von vornherein bestimmten Auswertungsverfahren und in rekursiver Abhängigkeit von x - so daß also z.B. eine Orakelbefragung nicht in Abhängigkeit vorher erfolgter Orakelbefragungen stattfinden kann - , so entsteht ein weiterer, ebenfalls schwach genannter Reduktionsbegriff, der zwischen $\leq_T$ und $\leq_m$ liegt. Für das Auswertungsverfahren wählen wir aussagenlogische Operationen, d.h. die aus den 0-1-Funktionen

$f_{non} := \lambda x(1\dot{-}x)$ $\qquad$ $f_{und} := \lambda x,y(x\cdot y)$

explizit definierbaren Funktionen mit Argumenten und Werten in $\{0,1\}$ (sog. Boolesche Funktionen). Man definiert oft Boolesche Funktionen $f^{(n)}$ durch ihren Graphen, die sog., aus 2^n meistens lexikographisch angeordneten Zeilen der Form $(\vec{x},f(\vec{x}))$ bestehende, Wahrheitstafel (engl. truth table) von f. Daher rührt der Name in der folgenden

Definition. P ist (mittels) Wahrheitstafeln reduzierbar auf Q - in Zeichen $P \leq_{tt} Q$, auch gelesen: P ist tt-reduzierbar auf Q - gdw es eine rekursive Funktion f gibt, die als Werte (Gödelnummern für) Paare aus Folgen von Zahlentupeln und einer Booleschen Funktion annimmt, so daß für alle $f(\vec{x}) = ((\vec{x}_1,\ldots,\vec{x}_n),b)$ gilt:

$$P(\vec{x}) \text{ gdw } b(\xi_Q(\vec{x}_1),\ldots,\xi_Q(\vec{x}_n)) = 1 \text{ (lies: Q erfüllt } f(\vec{x})\text{)}.$$

$f(\vec{x})$ nennt man auch Wahrheitstafelnbedingung oder tt-Bedingung, $(\vec{x}_1,\ldots,\vec{x}_n)$ heißt die $f(\vec{x})$ zugeordnete Fragemenge (an das "Orakel" Q).

Übung. Beweisen Sie die folgenden einfachen Eigenschaften der Reduktionsbegriffe $\leq \in \{\leq_1, \leq_m, \leq_{tt}, \leq_T\}$:

(i) $\leq$ ist reflexiv und transitiv (ii) $\leq_1 \subseteq \leq_m \subseteq \leq_{tt} \subseteq \leq_T$

(iii) $P \leq Q$, Q rekursiv $\Rightarrow$ P rekursiv (iv) $P \leq_m Q$, Q r.a. $\Rightarrow$ P r.a.

(v) $P \leq_m Q$ gdw $C(P) \leq_m C(Q)$ (auch für m=1) (vi) $P \leq_{tt} C(P)$

(vii) Für rekursives P gilt: $\forall Q \neq \emptyset, \mathbb{N} : P \leq_{tt} Q$.

Durch die Festsetzung "$P \equiv_T Q$ gdw $P \leq_T Q \leq_T P$" - genauso für $\equiv_{tt}, \equiv_m, \equiv_1$ - entstehen nach (i) Äquivalenzklassen, die man Unlösbarkeitsgrade nennt. Nach (ii) setzen sich Turing- aus tt-Graden, diese aus m- und diese aus 1-Graden zusammen. Ein Unlösbarkeitsgrad heißt r.a., wenn er mindestens ein r.a. Element enthält. Für die starken Reduktionsbegriffe enthalten nach (iv) r.a. Grade nur r.a. Prädikate, während dies nach (vi) für die schwachen Reduktionsbegriffe nicht gilt (Gegenbeispiel: tt- oder T-Grad von K, s. folgende Übung); unter den tt- und T-Graden gibt es nach (vii) ein kleinstes Element, den Grad der rekursiven Mengen.

Übung. Zeigen Sie für r.a. A: 1.) Aus $B \equiv_T A$ folgt $B \in \Delta_2$. 2.) Ist A nicht rekursiv, so gibt es Mengen B,C mit $A \equiv_{tt} B \equiv_{tt} C$ & $B \in \Pi_1 - \Sigma_1$ & $C \in \Delta_2 - (\Pi_1 \cup \Sigma_1)$. (Hinweis: Betrachten Sie C(A) und $\{\langle 1,x\rangle \mid x \in A\} \cup \{\langle 2,x\rangle \mid x \in C(A)\}$).

b) Für die Untersuchung der Struktur der Unlösbarkeitsgrade wie für Anwendungen der Reduktionsmethode grundlegend ist die Bestimmung maximaler Grade (also auch maximaler Komplexität) im Sinne der folgenden

Definition. $\leq$ sei ein Reduktionsbegriff, C eine Prädikatenklasse, P ein Prädikat. P heißt C-hart oder C-schwer bzgl. $\leq$, falls $\forall Q \varepsilon C$: $Q \leq P$. P heißt C-vollständig bzgl. $\leq$, falls es C-hart und Element von C ist.

C-Härte eines Prädikats P besagt anschaulich, daß eine (relative) algorithmische Lösung für P mindestens so kompliziert ist wie die aller Probleme in C; C-Vollständigkeit besagt, daß bzgl. des benutzten Reduktionsbegriffs P "den Inbegriff" von Problemen in C darstellt und jede Lösung von P alle Probleme in C löst.

Beispiel 1. K_o ist Σ_1-vollständig bzgl. $\leq_1$. (Wieso ?)
Weitere Beispiele erhält man durch Reduktion leicht aufgrund der

Beobachtung. Die Reduktionsbegriffe vererben C-Härte nach oben.

Beispiel 2. Σ_1-vollständig bzgl. $\leq_1$ sind K, das Komplement $\{x|W_x \neq \emptyset\}$ des Leerheitsproblems, alle speziellen Halteprobleme $\{x|i_o \varepsilon W_x\}$ und damit alle in Kap.AI, BI konstruierten, diese Probleme eindeutig simulierenden Halte-, Konfluenz- und Wortprobleme von Turing-, Register- oder modularen Maschinen, (semi-) Thuesystemen, Postschen normalen bzw. regulären Systemen etc.

Beweis von Beispiel 2: Für einen Aufzählungsindex k und alle x,y,z gilt:

$(x,y)\varepsilon K_o$ gdw $W_k(x,y,z)$ gdw $W_{S(k,x,y)}(z)$ gdw $S(k,x,y)\varepsilon K$.

$x\varepsilon K$ gdw $W_k(x,z)$ gdw $W_{S(k,x)}$ (z) gdw $W_{S(k,x)}$ (i_o).

Somit 1-reduziert $\lambda x,y.S(k,x,y)$ resp. $\lambda x.S(k,x)$ K_o auf K resp. K auf Leerheits- bzw. spezielles Halteproblem. (NB: S ist injektiv.)

Wie sich nach dem Satz von Rice nur triviale Eigenschaften von Berechnungsverfahren effektiv entscheiden lassen, so lassen sich für rekursive Aufzählungsverfahren nur sehr einfache Eigenschaften rekursiv aufzählen:

Satz von Rice & Shapiro. Eine Klasse C von r.a. Prädikaten ist r.a. (d.h. $\{i|W_i \varepsilon C\}$ ist r.a.) gdw 1.) die Menge der Folgennummern endlicher $E \varepsilon C$ (d.h. $\{\langle\vec{x}\rangle | \{\vec{x}\}\varepsilon C\}$) ist r.a. & 2.) C ist abgeschlossen gegen r.a.

Obermengen & 3.) C ist kompakt (d.h. $\forall A\in C \exists E\subseteq A: E\in C$ & E endlich).

Beweis. Zur übersichtlichen Darstellung der Beweisidee wie auch zu späterem Gebrauch führen wir n-stellige "Schrittzahlfunktionen" $Sz\in F_\mu$ ein zur Angabe der von einem Algorithmus k für die mit Eingabe $\vec{x}$ gestartete Rechnung bis zum Stop benötigten Schrittzahl. Sei ℓ die Längenfunktion bzgl. der Primzahlkodierung; wir definieren:

$Sz(k,\vec{x}) := \ell(\mu y T(k,\vec{x},y))$ (Länge der Berechnung von k bei Eingabe $\vec{x}$)

$W_{k,n} := \{\vec{x} \mid \vec{x}\in W_k,\ Sz(k,\vec{x})\leq n\}$ NB. $W_{k,n}\in\Sigma_o$ für alle k,n.

$W_{k,n}$ enthält alle von k in höchstens n Schritten in W_k aufgelisteten Elemente. Bei Größenvergleichen versteht man $Sz(k,\vec{x})\uparrow$ als $Sz(k,\vec{x}) = \infty$. Offensichtlich ist $W_{k,n}$ rekursiv.

Sei also C eine 1) - 3) erfüllende Klasse mit einer rekursiven Auflistung $E_o, E_1, E_2, \ldots$ aller endlichen Mengen $E\in C$. Dann ist der Ausdruck $E_i\subseteq W_{k,t}$ rekursiv und somit C r.a. vermöge

$W_k\in C$ gdw $\exists t \exists i\leq t$: $E_i\subseteq W_{k,t}$ für alle k .

Gilt 2) nicht für C, so ist C Π_2-hart bzgl. $\leq_m$ und somit nicht r.a: Denn zu r.a. A, B mit $A\in C, A\subseteq B\notin C$ gibt es nach dem Substitutionssatz ein rekursives f mit

$W_{f(i,x)}(y)$ gdw ($W_i(x)$ & $y\in B$) oder $y\in A$,

so daß $W_{f(i,x)}$ = B(bzw. A) falls W_i (x) (bzw. sonst) und somit

(non $W_i(x)$) gdw $W_{f(i,x)}\in C$.

Letztere Äquivalenz erhält man auch, falls 3) für C nicht gilt: sei ein r.a. $A\in C$ mit $E\notin C$ für alle endlichen $E\subseteq A$. Wähle f rekursiv mit

$W_{f(i,x)}(y)$ gdw $x\notin W_{i,y}$ & $y\in A$

so daß $W_{f(i,x)}$ =A (bzw. eine endliche Teilmenge von A), falls $x\notin W_i$ (bzw. sonst).

Übung 1. Zeigen Sie, daß 1) für r.a. C gilt. Hinweis: Geben Sie eine kanonische Folge von Aufzählungsverfahren für jede endliche Menge an und wählen aus dieser Folge diejenigen aus, die in der rekursiven Auflistung aller Aufzählungsverfahren von C-Elementen auftreten.

<u>Übung 2.</u> a) Index (C) ist nicht r.a., falls C in der Klasse der μ-rekursiven Funktionen enthalten ist und es ein $f \in C$ und eine μ-rekursive Erweiterung g von f gibt, die nicht in C liegt.

b) Index (C) ist nicht r.a., falls C eine Klasse μ-rekursiver Funktionen ist und es ein $f \in C$ gibt, so daß C keine endliche Teilfunktion von f enthält.

Beispiele nicht r.a. Eigenschaften partiell rekursiver Funktionen sind also: (Nicht-) Korrektheitsproblem für $f \in F_\mu - \{f_\emptyset\}$, Leerheitsproblem, (Nicht-)Totalitätsproblem, die Komplemente spezieller Halteprobleme, (Nicht-) Äquivalenzproblem, (Un-) Endlichkeitsproblem.

Durch n-fach iterierte Relativierung des Halteproblems überträgt sich die Σ_1-Vollständigkeit von K auf Σ_n. Der Prozeß der Relativierung von K heißt

<u>Sprungoperator:</u> $P' := K^P = \{x \mid [x]^P(x)\downarrow\}$

$$P^{(0)} := P \quad P^{(n+1)} := (P^{(n)})' \quad .$$

<u>Übung</u> (zur Diagonalisierung): nicht: $P' \leq_T P$ (aber $P \leq_T P' \in \Sigma_1^P$).

<u>Beispiel.</u> W^n bzw. $C(W^n)$ ist Σ_n-vollständig bzgl. $\leq_1$ für $2\nmid n$ bzw. sonst.

<u>Korollar.</u> $\emptyset^{(n)}$ ist Σ_n-vollständig bzgl. $\leq_T$, $F_\mu(\Sigma_n) = F_\mu(\emptyset^{(n)})$.

<u>Beweis.</u> W^n resp. $C(W^n)$ sind als Gödelnumerierungen Σ_n-vollständig. Also folgt das Korollar aus $W^n \leq_T \emptyset^{(n)} \in \Sigma_n$: Beispiel 2 beweist den Fall n = 1. Der Induktionsschluß folgt aus der Relativierung von Beispiel 2 (P' ist Σ_1^P-vollständig bzgl. $\leq_1$): für $2\nmid n+1$ gilt

$$W^{n+1} = \lambda k,\vec{x}\cdot\exists y W^n(k,\vec{x},y) \leq_T \lambda k,\vec{x}\cdot\exists y \emptyset^{(n)}(k,\vec{x},y) \leq_1 \emptyset^{(n)'} \in \Sigma_{n+1}.$$

Genauso mit $C(W^m)$ statt W falls $2 \mid n$.

<u>Bemerkung.</u> Σ_n-vollständige Prädikate gehören nicht zu Π_n und zu keiner darunterliegenden Klasse Π_m oder Σ_m $(m<n)$, so daß der Aufweis der Σ_n- oder Π_n-Vollständigkeit die Komplexität eines Problems in der arithmetischen Hierarchie exakt ortet.

Für viele Entscheidungsprobleme und für zahlreiche rekursionstheoretische Begriffsbildungen konnte so die genaue arithmetische Komplexität bestimmt werden; ein merkwürdiges Phänomen dabei ist, daß bisher nur wenige im intuitiven Sinne einfach beschriebene (bzw. in der mathematischen Praxis unabhängig von rekursionstheoretischen Begriffsbildungen aufgetretene) "natürliche" arithmetische unentscheidbare Probleme bekannt sind, die nicht in einer der arithmetischen Klassen vollständig sind. Wir führen jetzt weitere Standardbeispiele arithmetischer vollständiger Mengen sowie einige einfache Methoden zur Bestimmung höherer vollständiger Mengen aus gegebenen vor, die insbesondere bei der Untersuchung der Komplexität von Entscheidungsproblemen eine Rolle spielen und uns dort dienen werden.

Beispiele bzgl. $\leq_1$ Π_2-vollständiger Mengen sind: Unendlichkeitsproblem $\{i|W_i$ unendlich$\}$, Totalitätsproblem $\{i|W_i = \mathbb{N}\}$, Äquivalenzproblem $\{(i,j)|[i] = [j]\}$, Korrektheitsproblem $\{i|[i] = f\}$ für rekursives f, $\{i|W_i = K\}$. Das Zugehörigkeitsproblem $\{i|[i]\varepsilon C\}$ für Klassen $C \neq \emptyset$ rekursiver Funktionen ist Π_2-hart.

Beweis. Nach Markwalds Charakterisierung gibt es zu $P\varepsilon\Pi_2$ ein $R\varepsilon\Sigma_o$ und ein k, so daß $P(\vec{x})$ gdw $\overset{\infty}{\exists}yR(\vec{x},y)$ gdw $W_{S(k,\vec{x})}$ unendlich. Unendlichkeitsproblem $\leq_1\{i|W_i = K\}$, da $W_{S(k,i)} = K$ gdw W_i unendlich für ein k mit $W_k(i,x)$ gdw $\exists y(y>x, y\varepsilon W_i, x\varepsilon K)$ und S injektiv.

$W^2 \leq_1$ Totalitätsproblem vermöge eines k mit

$\forall y\exists z[i](\vec{x},y,z)\downarrow$ gdw $\forall y[k](i,\vec{x},y)\downarrow$ gdw $[S(k,i,\vec{x})]$ rekursiv.

Totalitätsproblem $\leq_1$ den übrigen Problemen mittels einer Lösung k für

$[S(k,i)](x) = f(x)$ (resp. $\uparrow$) falls $\forall y\leq x{:}y\varepsilon W_i$ (resp. sonst).

Offensichtlich gehören außer dem Zugehörigkeitsproblem alle Beispiele zu Π_2.

Übung. (Hooper 1966, Fischer 1970) Zeigen Sie die Σ_2-Vollständigkeit (bzgl. m-Reduktion) des Immortalitätsproblems für TM-Programme, i.e. von $\{M|M$ TM-Programm & $\exists$ C: von C aus ist in M keine Endkonfiguration erreichbar$\}$. Hinweis: Konstruieren Sie effektiv zu jedem $f\epsilon F_\mu$ einen f berechnenden Registeroperator M, der genau dann keine "unsterbliche" Konfiguration hat, wenn f total ist (sog. strenge Berechenbarkeit, s. Davis 1956). Für ähnliche Probleme s. Herman 1971, Fischer 1969 für eine Verallgemeinerung.

Beispiele bzgl. $\leq_1\Sigma_3$-vollständiger Mengen sind: Coendlichkeitsproblem $\{i|W_i$ coendlich$\}$, Entscheidbarkeitsproblem $\{i|W_i$ rekursiv$\}$ und $\{i|\exists j\varepsilon W_i{:}W_j$ unendlich (resp. coendlich resp. total (d.h. $= \mathbb{N}$))$\}$.

Beweis. Offensichtlich gehören alle Beispiele zu Σ_3. Auf die letzten drei sind alle $P = \lambda\vec{u}\exists x\forall y\exists zR(\vec{u},x,y,z)\varepsilon\Sigma_3$ 1-reduzierbar für ein k mit

$W(k,\vec{u},x,y)$ gdw $\forall j\leq y\ \exists zR(\vec{u},x,j,z)$, weil dann

$P(\vec{u})$ gdw $\exists x \forall y \exists z R(\vec{u},x,y,z)$

gdw $\exists x W(S(k,\vec{u},x),y)$ für unendlich viele (resp.(fast)alle) y

gdw $\exists j \varepsilon W_{S(\ell,k,\vec{u})} : W_j$ unendlich (resp. coendlich resp. $= \mathbb{N}$),

da $\exists x(j=S(k,\vec{u},x))$ gdw $W(\ell,k,\vec{u},j)$ für ein ℓ zu $S \varepsilon F_{prim}$.

Bei der Reduktion des Totalitätsproblems Tot auf andere Π_2-Mengen haben wir die Existenz eines rekursiven, injektiven f gezeigt mit

(i) $f(Tot) \subseteq Tot \quad f(C(Tot)) \subseteq \{i \mid W_i \text{ endlich}\}$.

Verfeinerung des Konstruktionsverfahrens liefert ein rekursives, injektives g mit

(ii) $g(Tot) \subseteq Tot \quad g(\{i \mid W_i \text{ endlich}\}) \subseteq \{i \mid W_i \text{ coendlich}, W_i \neq \mathbb{N}\}$,

nämlich $g(i) := S(k,i)$ für ein k mit (NB: Sz = Schrittzahlfunktion):

$W_{g(i)}(x)$ gdw $\forall y_{y \leq x} (y \varepsilon W_i)$ oder$[\exists y_{y<x}\, Sz(i,y)>x \,\&\, \forall z_{z<x} (z \varepsilon W_{i,x+1} \rangle z \varepsilon W_{i,x})]$.

Offensichtlich gilt $W_{g(i)} = \mathbb{N}$ für $W_i = \mathbb{N}$. Für endliches W_i wähle minimale r,s mit $r \notin W_i$ und $\forall z \varepsilon W_i : Sz(i,z)<s$, so daß $x \varepsilon W_{g(i)}$ für alle $x>r,s$ (NB. $Sz(i,r) = \infty > x$ für alle x). Somit bleibt $W_{g(i)} \neq \mathbb{N}$ zu zeigen. Evtl. $r \notin W_{g(i)}$; sonst gibt es nach der 2. Klausel ein $y<r$ mit $r<Sz(i,y)$, so daß $y \varepsilon W_i$ wegen der Minimalität von r, also $y<r\leq Sz(i,y)-1$, womit nach dem 2. Teil der 2. Klausel $Sz(i,y)-1 \notin W_{g(i)}$ (wähle $z:=y$).

Nach (i), (ii) und der Π_2-Vollständigkeit von Tot gibt es zu jedem $Q \varepsilon \Pi_2$ eine rekursive, injektive Reduktionsfunktion r, so daß für alle n:

(iii) $r(Q) \subseteq Tot$, $r(C(Q)) \subseteq \{i \mid W_i \text{ coendl.}, W_i \neq \mathbb{N}\}$, $W_{r(n)}$ coendl.

Zu $P = \exists Q \varepsilon \Sigma_3$ mit $Q \varepsilon \Pi_2$ setze $Q'(\vec{x},z)$ gdw $\exists y<z(Q(\vec{x},y))$, so daß

$P(\vec{x}) \rangle \exists y Q(\vec{x},y) \rangle \exists y \forall z>y Q'(\vec{x},z) \rangle \exists y \forall z>y r(\vec{x},z) \varepsilon Tot$

$non P(\vec{x}) \rangle \forall y\, non\, Q(\vec{x},y) \rangle \forall z\, non Q'(\vec{x},z) \rangle \forall z \exists u : u \notin W_{r(\vec{x},z)}$

für r nach (iii), so daß für k mit $u \varepsilon W_{S(k,\vec{x})}$ gdw $(u)_1 \varepsilon W_{r(\vec{x},(u)_2)}$ gilt:

$P(\vec{x})$ gdw $W_{S(k,\vec{x})}$ coendlich.

Die Σ_3-Vollständigkeit von $\{i \mid W_i \text{ rekursiv}\}$ folgt durch Reduktion von $\{i \mid W_i \text{ coendlich}\}$. Wir konstruieren dazu eine Menge $W_{f(i)}$ von Paaren, so daß - man denke an den Fall coendlicher W_i !- $W_{S(f(i),x)} = \mathbb{N}$ (resp. endlich) falls $x \varepsilon W_i$ (resp. sonst) und für den Fall der Counendlichkeit $W_i \leq_T W_{f(i)}$, bei counendlichem rekursivem W_i auch $Q \leq_T W_{f(i)}$ für ein $Q \notin \Sigma_o$: sei $Q \varepsilon \Sigma_1 - \Sigma_o$ mit $0 \notin Q$ und f rekursiv mit

$$W(f(i),x,y) \text{ gdw } x \varepsilon W_i \text{ oder } (y \varepsilon Q,\ y \leq x),$$

so daß $x \varepsilon W_i$ gdw $(x,0) \varepsilon W_{f(i)}$ wegen $0 \notin Q$ und bei counendlichem rekursivem W_i $y \varepsilon Q$ gdw $(\mu x(y \leq x, x \notin W_i), y) \varepsilon W_{f(i)}$. Also ist W_i coendlich gdw $W_{f(i)}$ rekursiv ist.

Wir zeigen nun an drei Beispielen aus Hartmanis & Lewis 1971, wie sich die Komplexität von Programmeigenschaften erhöht, wenn man an rekursive Aufzählungen von Programmen diesbezügliche Kardinalitätsfragen stellt wie: gibt es in dieser Aufzählung überhaupt Programme mit jener Eigenschaft, gibt es (un)endlich viele? Mit dieser Methode läßt sich für viele Entscheidungsprobleme formaler Sprachen ohne große Mühe die exakte arithmetische Komplexität ermitteln (s.Kap. CIV).

Leerheitslemma. $\{i | U \cap W_i = \emptyset\}$ ist Π_{n+1}- (resp. Π_n-) vollständig, wenn U Π_n- (resp. Σ_n-) vollständig ist bzgl. $\leq_1$.

Beweis. Sei $P(\vec{x})$ gdw $\exists y Q(\vec{x},y)$ mit $Q \in \Pi_n$ (resp. Π_{n-1}). Wähle eine Reduktionsfunktion $f \in F_\mu$ von Q auf U, so daß für ein k gilt:

$P(\vec{x})$ gdw $\exists y Q(\vec{x},y)$ gdw $\exists y f(\vec{x},y) \in U$ gdw

gdw $\exists z \exists y(z = f(\vec{x},y))$ & $z \varepsilon U$ gdw $\exists z(z \varepsilon W_{S(k,\vec{x})} \cap U)$.

Inklusionslemma. $\{i | W_i \subseteq U\}$ ist Π_{n+1}-(resp. Π_n-) vollständig, wenn U Σ_n-(resp. Π_n-) vollständig ist bzgl. $\leq_1$.

Beweis. Für die erste Aussage reduzieren wir W^{n+1} für $2 \nmid n$:

$W^{n+1}(i,\vec{x})$ gdw $\forall m \exists y_1 \ldots \exists y_n [f(i,m)](\vec{x},\vec{y})\downarrow$ für ein $f \varepsilon F_\mu$

gdw $\forall m\ W^n(f(i,m),\vec{x})$ nach Definition

gdw $\forall m\ g(f(i,m),\vec{x}) \varepsilon U$ für ein g, da U Σ_n-vollständig

gdw $W_{h(i,\vec{x})} \subseteq U$ für ein h mit $W_{h(i,\vec{x})} = \{g(f(i,m),\vec{x}) | m \varepsilon \mathbb{N}\}$.

Analog reduziert man $C(W^{n+1})$ für $2|n$. Für $U \varepsilon \Sigma_n$ (resp. Π_n) ist $\{i | W_i \subseteq U\} \varepsilon\ \Pi_{n+1}$ (resp. Π_n). Die Reduktion für $U \varepsilon \Pi_n$ ist analog.

Durchschnittslemma. $\{i | U \cap W_i$ unendlich$\}$ ist Π_{n+2}-(resp. Π_{n+1}-) vollständig, falls U Π_n- (resp. Σ_n-) vollständig ist;

$\{i | C(U) \cap W_i$ unendlich$\}$ ist Π_{n+2}- (resp. Π_{n+1}-) vollständig, falls

U Σ_n- (resp. Π_n-) vollständig ist bzgl. $\leq_1$.

Beweis. Man braucht nur die Markwaldsche Π_2-Charakterisierung auf Π_{n+2} zu übertragen:

Lemma. Charakterisierung von Π_{n+2} durch Unendlichkeitsaussagen:

$$\Pi_{n+2} = \{\lambda\vec{x}\cdot \overset{\infty}{\exists} y R(\vec{x},y) | R\varepsilon\Pi_n\} \quad \text{(Kreisel \& Shoenfield \& Wang 1960)}$$

Denn das Lemma liefert zu $P = \overset{\infty}{\exists} Q \varepsilon \Pi_{n+2}$ mit $Q\varepsilon\Pi_n$ bei Π_n-vollständigem U ein rekursives f und ein k, so daß

$$P(\vec{x}) \text{ gdw } \overset{\infty}{\exists} y Q(\vec{x},y) \text{ gdw } \overset{\infty}{\exists} y\ f(\vec{x},y)\varepsilon U \text{ gdw } W_{S(k,\vec{x})} \cap U \text{ unendlich.}$$

Für ein Σ_n-vollständiges U ersetze n+2 durch n+1, n durch n-1. Genauso für C(U) statt U.

Beweis der Π_{n+2}-Charakterisierung. Für "$\subseteq$" sei $Q\varepsilon\Pi_{n+2}$, $R\varepsilon\Sigma_{n-1}$ mit $Q(\vec{a})$ gdw $\forall x \exists y \forall z R(\vec{a},x,y,z)$. Wir definieren wie im Fall n= O Funktionen $f,g\varepsilon F_\mu(\{R\})$: $g_{\vec{a}}$ sucht, von O aus in Einerschritten fortschreitend, zu x ein bisher erfolgreiches y_x, d.h. so daß $R(\vec{a},x,y_x,z)$ für alle zum betrachteten Zeitpunkt n verfügbaren z (lies: $z\leq n$); $f_{\vec{a}}(n)$ hat die Form $<x,n,y_o,\ldots,y_{x-1}>$ mit einer Liste bisher erfolgreicher y_j und bleibt, ausgenommen den weiter laufenden Schrittzähler n, so lange unverändert, bis $g_{\vec{a}}$ ein bisher erfolgreiches y_x findet - dann wird $f(\vec{a},m) = <x+1,m,y_o,\ldots,y_x>$ und $g(\vec{a},m) = 0$ - oder aber ein Gegenbeispiel k für ein bisheriges Listenelement, d.h. ein j<x mit non $R(\vec{a},j,y_j,k)$. Im letzteren Fall wird die Liste auf das Anfangsstück aus bisher erfolgreichen Elementen zurückgeschraubt und das Such- und Testverfahren bei weiterlaufendem Schrittzähler erneut mit $x = j_o$ für das minimale j_o mit Gegenbeispiel gestartet, d .h. $f(\vec{a},m) = <j_o,m,y_o,\ldots,y_{j_o}>$. Also wird gelten:

(i) $\forall x \exists y \forall z R(\vec{a},x,y,z)$ gdw $\overset{\infty}{\exists} n \forall m>n\ (f(\vec{a},n))_1 < (f(\vec{a},m))_1$.

Da $f \in F_{\mu}(\Sigma_{n-1})$ und f total ist, gilt nach dem Satz von Post $G_f \in \Pi_n$, so daß die rechte Seite von (i) die gewünschte Form hat.

Wir benutzen $\exp(x \text{ in } y) := \max\{e \mid e \leq y, x^e \mid y\}$, "Exponent" von x in y) und die Abkürzungen: $x_n := (f(\vec{a},n))_1$,

(1) $\forall_{z \leq n+1} R(\vec{a}, x_n, g_{\vec{a}}(n), z)$ (2) $\forall_{z \leq n+1} R(\vec{a}, j, \exp(p_{j+3} \text{ in } f(\vec{a},n)), z)$.

$f(\vec{a},0) := \langle 0,0 \rangle$ $g(\vec{a},0) := 0$

$$f_{\vec{a}}(n+1) := \begin{cases} f(\vec{a},n) \cdot 3 \cdot 5 \cdot p_{x_n}^{g(\vec{a},n)} & \text{falls (1) und } \forall j < x_n : (2) \\ \langle j_o, n+1 \rangle \cdot \prod_{j<j_o} p_{j+3}^{\exp(p_{j+3} \text{ in } f(\vec{a},n))} & \text{falls } \exists j_0 < x_n : \text{non}(2),\ j_0 \text{ minimal} \\ 5 \cdot f(\vec{a},n) & \text{sonst} \end{cases}$$

$g(\vec{a},n+1) := g(\vec{a},n)+1$ im 3. Fall $g(\vec{a},n+1) := 0$ sonst

NB. Falls $Q(\vec{a})$, nimmt die Folge der x_n jedes x als Wert an und kann nur endlich oft unter x fallen, da schließlich zu jedem $j \leq x$ ein erfolgreiches y_j gefunden wird. Gilt umgekehrt $\forall m > n : x_n < x_m$ unendlich oft, so wächst x_n auch unendlich oft, ohne den erreichten Wert später wieder zu unterschreiten. Da x_n nur je um 1 wachsen kann, nimmt es jede Zahl x (nach evtl. endlichmaligem Schwanken um x) schließlich endgültig an und ab dann nur noch größere Zahlen, so daß auch y_x ab diesem Zeitpunkt unverändert bleibt. Gleichzeitig wächst der Schrittzähler $(f(\vec{a},n))_2$ unbeschränkt, so daß der bei jedem Sprung von x_n aufgerufene Test (2) im 1. Fall der Definition von f garantiert, daß $R(\vec{a}, x, y_x, z)$ für alle z und alle x mit endgültigem y_x.

Übung. Überlegen Sie sich Anwendungsbeispiele zu den vorstehenden Lemmata.

c) Wir wenden uns jetzt einem Vergleich der eingeführten Reduktionsbegriffe zu. Trivialerweise sind sie verschieden voneinander: $\{0,1\} \leq_m \{0\}$, aber nicht $\leq_1$; $C(K) \leq_{tt} K$, aber nicht $\leq_m$;
$\bar{K} := \{x \mid x \in K, K$ erfüllt die tt-Bedingung mit Gödelnummer $[x](x)\} \leq_T K$, aber nicht $\leq_{tt}$: sonst wäre $C(\bar{K}) \leq_{tt} K$ mit einer Reduktionsfunktion $[k]$, so daß $k \notin \bar{K}$ gdw K erfüllt die tt-Bedingung mit Gödelnummer $[k](k)$ gdw $k \in \bar{K}$. Wir werden nun zeigen, daß diese Reduktionsbegriffe auch in nicht-trivialer Weise auseinanderfallen, und wo sie äquivalent sind.

1-Äquivalenz ist der stärkste Äquivalenzbegriff der Rekursionstheorie, da er mit dem Begriff der rekursiven Isomorphie zusammenfällt: P heißt zu Q rekursiv isomorph - Abkürzung: $P \equiv Q$ -, falls $f(P)=Q$ für eine rekursive Permutation f. Durch Paraphrasierung des Beweises zum Isomorphiesatz für Gödelnumerierungen (Übung! s. §AII2) erhält man den

Satz von Cantor-Schröder-Bernstein-Myhill: $\equiv_1 = \equiv$.

Die 1-Grade rekursiver Unlösbarkeit sind also die Isomorphietypen der Berechenbarkeitstheorie. Z.B. sind bzgl. $\leq_1$ vollständige Mengen rekursiv isomorph. Wir werden zeigen, daß auch $\leq_m$ für Reduktionen auf Σ_1- vollständige Mengen mit $\leq_1$ übereinstimmt. m-Reduktionen auf Z lassen sich eineindeutig machen, wenn man effektiv zu jedem x unendlich viele y angeben kann, die sich in Bezug auf Z genauso verhalten wie x (d.h. $x \in Z$ gdw $y \in Z$). Diese Überlegung führt auf den folgenden geometrischen Begriff:

Definition. Z Zylinder gdw $Z \equiv \langle X, \mathbb{N} \rangle := \{\langle x,n \rangle \mid x \in X, n \in \mathbb{N}\}$ für ein X.

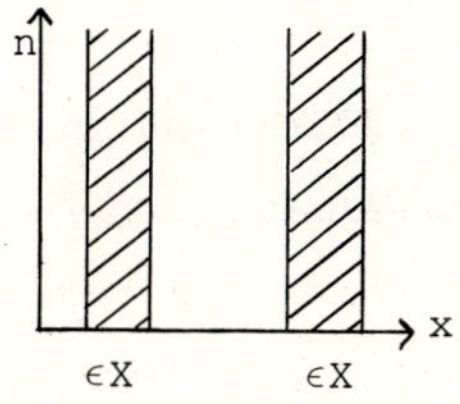

(Z schraffiert)

Übung zu einfachen Eigenschaften von Zylindern:

(i) $\langle X,\mathbb{N}\rangle \leq_m X \leq_1 \langle X,\mathbb{N}\rangle$

(ii) Z Zylinder gdw $\forall P$(aus $P \leq_m Z$ folgt $P \leq_1 Z$)

(iii) $P \leq_m Q$ gdw $\langle P,\mathbb{N}\rangle \leq_1 \langle Q,\mathbb{N}\rangle$

(iv) Z Zylinder gdw $\langle Z,\mathbb{N}\rangle \leq_1 Z$ gdw $Z \equiv \langle Z,\mathbb{N}\rangle$

Zylinderkriterium von Young. Z Zylinder gdw für ein rekursives f gilt: $W_{f(x)}$ unendlich, $(x \in Z \Rightarrow W_{f(x)} \subseteq Z)$, $(x \in C(Z) \Rightarrow W_{f(x)} \subseteq C(Z))$ für alle x.

Beweis. Für $Z \equiv \langle Z,\mathbb{N}\rangle$ vermöge eines Isomorphismus p gibt es eine Lösung k von $W_{S(k,x)} = \{p^{-1}(\langle (p(x))_1, n\rangle) \mid n \in \mathbb{N}\}$. Umgekehrt folgt aus $Y \leq_m Z$ mittels einer Reduktionsfunktion f schon $Y \leq_1 Z$ vermöge g mit:

$g(0) :=$ das erste Element in der Aufzählung von $W_{f(0)}$

$g(n+1) :=$ das erste in der Aufzählung von $W_{f(n+1)}$ auftretende Element, das von allen $g(i)$ für $i \leq n$ verschieden ist.

Aus dem Youngschen Zylinderkriterium folgt sofort die sog. Produktivitätseigenschaft von Zylindern für endliche Mengen: Z Zylinder gdw für ein rekursives g und alle n-elementigen Mengen $\{\vec{x}\} \neq \emptyset$:
$(\{\vec{x}\} \subseteq Z \Rightarrow g(\langle \vec{x} \rangle, n) \in Z - \{\vec{x}\})$, $(\{\vec{x}\} \subseteq C(Z) \Rightarrow g(\langle \vec{x}\rangle, n) \in C(Z) - \{\vec{x}\})$.

Beweis. Mit f nach dem Youngschen Kriterium für Z setze
$g(z,n) :=$ das erste auftretende y mit $(W(f((z)_1),y) \,\&\, \forall i \leq n : y \neq (z)_i)$.
Umgekehrt kodiert $[k](x,n)$ Listen zu x "gleichartiger" y für ein k mit

$$[k](x,n)=\begin{cases}\langle x\rangle & \text{für } n=0, x\neq 0\\ \langle g(\langle 0\rangle,1)\rangle & \ldots\ldots\ x=0\\ g([k](x,n\dot{-}1),n)*[k](x,n\dot{-}1) & \text{sonst}\end{cases}$$

so daß ein das Youngsche Kriterium erfüllendes f existiert mit

$W(f(x),y)$ gdw $\exists n\exists 1\le i\le n$: $y=([k](x,n))_i$.

Bemerkung. Obige Produktivitätseigenschaft für Zylinder läßt sich als eine konstruktive Nicht-Endlichkeitseigenschaft deuten: auf effektive Weise kann zu jeder endlichen Approximation ein Gegenbeispiel produziert werden. In ähnlich konstruktiver Art ist C(k) nicht r.a.: zu jeder r.a. Approximation $A \subseteq C(K)$ läßt sich effektiv in einem Index x von A ein Gegenbeispiel (hier:x) in C(K)-A erzeugen. Solche Mengen nennt man produktiv. Der Produktivitätsbegriff spielt in Anwendungen der Rekursionstheorie auf die Logik eine grundlegende Rolle. Z.B. kann der Gödelsche Unvollständigkeitssatz (s. Kap.F) grob umschrieben werden durch: die Menge der wahren arithmetischen Sätze ist produktiv; anders gesagt, man kann effektiv zu jeder r.a. Menge wahrer arithmetischer Sätze einen darin nicht wahren Satz finden. E.Post deutete diese Tatsache, daß sich zu jeder Axiomatisierung der Arithmetik durch diese Axiomatisierung nicht erfaßte Sätze konstruieren lassen, als Ausdruck einer wesentlich kreativen Qualität mathematischen Denkens. Das veranlaßte ihn zur folgenden

Definition. P heißt produktiv gdw für ein $p\in F_\mu$ und alle x gilt: aus $W_x \subseteq P$ folgt $p(x)\downarrow$ und $p(x)\in P-W_x$; p heißt Produktionsfunktion für P. P heißt kreativ gdw P r.a. und C(P) produktiv ist.

Beispiele kreativer Mengen sind K, $\{x|\exists y\in W_x: x\in W_y\}$ mit $p=U_1^1$. Die Indexmenge der Klasse aller rekursiven Funktionen mit endlicher Niveaumenge ist produktiv. (f heißt rekursive Funktion mit endlicher Niveaumenge gdw $f^{-1}(n)=\{x|f(x)=n\}$ ist endlich für alle n und $\lambda n.f^{-1}(n)$ effektiv berechenbar. Hinweis: Zu einer Aufzählungsfunktion g von Funktionen [g(n)] mit endlicher Niveaumenge definiere man eine monoton wachsende Funktion f mit $f(n)\neq[g(n)](n)$. s. Lischke 1974)

Übung über einfache Eigenschaften von Kreativität/Produktivität:

(1) produktive (resp. kreative) Mengen sind nicht r.a. (resp. rekursiv)

(2) m-Reduzierbarkeit vererbt Produktivität nach oben

(3) $\{i|[i]\notin C\}$ ist produktiv für $\emptyset\neq C\subsetneq F_\mu$ (da $_m\ge C(K)$, s. Satz von Rice)

(4) Ist P produktiv, so auch P-Q für alle r.a. $Q \subseteq P$

(5) Produktive P enthalten unendliche r.a. (bzw. rekursive) Teilmengen.

Satz von Myhill. Kreative Mengen sind bzgl. $\le_1$ Σ_1-vollständig.

Korollar. Kreativität, rekursive Isomorphie zu K, Σ_1-Vollständigkeit bzgl. $\le_1$ und Σ_1-Vollständigkeit bzgl. $\le_m$ sind zueinander äquivalent. Daher sagt man oft "Σ_1-vollständig" statt Σ_1-vollständig bzgl. $\le_m$.

Beweis. Wir benutzen das Rekursionstheorem und 2 Lemmata:

Lemma 1. P produktiv $\rangle \exists$rekursives $p:\forall x:p(x)\in(W_x-P)\cup(P-W_x)$.

Lemma 2. Zu produktivem P gibt es injektive rekursive Produktionsfunktionen, also auch bijektive rekursive Produktionsfunktionen.

Für kreatives P sei also p eine injektive, rekursive Produktionsfunktion zu C(P). Zu r.a. Q gibt es ein rekursives h=[i] mit W(h(x,y),z) gdw z=p(x) und Q(y).

Nach der allgemeinen Form des Rekursionstheorems sei k rekursiv, injektiv mit

$$W_{k(i,x,0)}=W_{h(k(i,x,0),x)} = \begin{cases} \{p(k(i,x,0))\} & \text{falls } Q(x) \\ \emptyset & \text{sonst} \end{cases} .$$

Dann gilt Q(x) gdw $p(k(i,x,0))\in P$: aus Q(x) folgt $W_{k(i,x,0)}=\{p(k(i,x,0))\}$, also wegen der Produktivität von C(P) via p auch $W_{k(i,x,0)} \not\subseteq C(P)$, d.h. $p(k(i,x,0))\in P$; aus non Q(x) folgt $p(k(i,x,0))\in C(P)-\emptyset$.

Also hat man die Folgerungskette: P kreativ $\rangle$ P ist Σ_1-vollständig bzgl. $\leq_1$ (a fortiori bzgl. $\leq_m$) $\rangle$ P ist kreativ (da K kreativ ist und $\leq_m$ Kreativität nach oben vererbt) gdw $P \equiv K$.

Beweis Lemma 1. p sei eine Produktionsfunktion zu P. Sei g rekursiv mit $W_{g(x,y)}=W_y\cap\{p(x)\}$. Nach dem Rekursionstheorem (Version mit Parametern) gibt es ein rekursives k mit $W_{k(x)}=W_{g(k(x),x)}=W_x\cap\{p(k(x))\}$. Also ist pk total - denn $p(k(x))\uparrow$ zöge $W_{k(x)}=\emptyset \subseteq P$, also $p(k(x))\downarrow$ nach sich. Es gilt: $p(k(x))\in W_x$ gdw $p(k(x))\notin P$. In der Tat hat $p(k(x))\in W_x$ zur Folge $W_{k(x)}=\{p(k(x))\}$, also $W_{k(x)} \not\subseteq P$ wegen der Produktivitätseigenschaft von p für P; aus $p(k(x))\notin W_x$ folgt umgekehrt $W_{k(x)}=\emptyset \subseteq P$, also $p(k(x))\in P$.

Beweis Lemma 2. Sei P mit einer Produktionsfunktion p nach Lemma 1. Zu $W_x \subseteq P$ suchen wir ein bzgl. p(0),...,p(x-1) neues Gegenbeispiel durch Anwendung des Schubfachprinzips auf $W_{f(x)}=W_x\cup\{p(x)\}$ mit rekursivem $f:p'(0):=p(0)$

$$p'(n+1) := \begin{cases} p(n+1) & \text{falls } \forall i\leq n: p(n+1)\neq p'(i) \\ p(f^m(n+1)) & \text{falls } \exists m\leq n\ \forall i<m \exists j\leq n: p(f^i(n+1))=p'(j) \\ & \quad \text{und } \forall j\leq n: p(f^m(n+1))\neq p'(j) \\ \mu y(\forall i\leq n: y\neq p'(i)) & \text{sonst} \end{cases}$$

p' ist rekursiv und injektiv. Für $W_{n+1} \subseteq P$ mit $p'(n+1) \neq p(n+1)$ folgt wegen der Injektivität von p' nach dem Schubfachprinzip, daß ein $p(f^m(n+1))$ $(0\leq m\leq n+1)$ von allen p'(j) mit $0\leq j\leq n$ verschieden ist, so daß für minimales derartiges m $p'(n+1) = p(f^m(n+1))\in P-W_{f^m(n+1)} \subseteq P-W_{n+1}$.

Da p' surjektiv ist, falls $p(\mathbb{N})=\mathbb{N}$, zeigen wir jetzt noch, daß zu jeder Produktionsfunktion p^+ eine surjektive totale Produktionsfunktion p konstruiert werden kann: wir modifizieren p^+ auf einer rekursiven unendlichen Menge von Indizes nicht in P enthaltener r.a. Mengen. Sei etwa W(S(k,x),n) gdw $n\in\mathbb{N}$ für ein k, so daß $W_{S(k,x)}=\mathbb{N}\notin P$. Setze p(y):=x (resp. $p^+(y)$) falls $\exists x$:y=S(k,x) (resp. sonst). (Pro memoria: S(k,x)<S(k,x+1), so daß alle x an die Reihe kommen.)

Übung (Börger 1983). Zeigen Sie,daß für jedes rekursive P (lies: Klasse von Problemen) und jedes Σ_1-vollständige $E \subseteq P$ (lies: Entscheidungsproblem für die Problemklasse P) der folgende Graddarstellungssatz gilt: Der Isomorphietyp jeder r.a. Menge, deren Komplement eine unendliche rekursive Teilmenge enthält, ist effektiv durch das Entscheidungsproblem E für eine rekursive Teilklasse von P darstellbar, d.h. man kann effektiv zu jedem i ein rekursives $P_i \subseteq P$ konstruieren, so daß für eine injektive rekursive Funktion f_i mit $f_i(\mathbb{N})=P_i$ gilt $f_i(W_i)=P_i\cap E$ und somit $W_i\equiv P_i\cap E$.

Hinweis: Für injektives rekursives p mit $p(\mathbb{N})=P$ & $p(\{<i,x>|W_i(x)\})=E$ zu bijektiver rekursiver Paarkodierung <> wähle man nach dem Substitutionstheorem $P_i:=f_i(\mathbb{N})$ mit $f_i(x):=p(<i,x>)$.

(Für die klassischen Berechnungssysteme (wie z.Bsp. die aus Kap. AI) gibt es zahlreiche Untersuchungen zu ähnlichen Graddarstellungsätzen; ein methodisch einheitlicher und einfacher Zugang sowie eine Übersicht über die einschlägige Literatur findet sich in Börger 1979; s. auch Börger & Kleine Büning 1980,Cohen 1980.)

d) m-Reduzierbarkeit und 1-Reduzierbarkeit auf Zylinder stimmen überein; nach dem Satz von Myhill gilt dies insbesondere für die (zylindrischen!) Σ_1-vollständigen Mengen. Wir führen nun eine Konstruktion von Post vor, aus der folgt, daß $\leq_m$ und $\leq_1$ sowie $\leq_{tt}$ und $\leq_m$ auf gewissen (den sog. "einfachen") r.a., nicht rekursiven Mengen nicht zusammenfallen.

Definition. P heißt einfach gdw P r.a., C(P) unendlich und C(P) keine unendliche r.a. Teilmenge enthält; C(P) heißt dann immun.

Übung zum Begriff einfacher Mengen. Einfache Mengen sind nicht rekursiv, nicht kreativ, keine Zylinder. Also ist der Durchschnitt einer nicht-einfachen mit einer rekursiven Menge nicht-einfach.

Man erhält eine einfache Menge, indem man effektiv aus jeder (evtl. unendlichen) r.a. Menge W_x mindestens ein Element f(x) auswählt, diese jedoch auch mit hinreichend großem Abstand - z.B. 2x<f(x) -, so daß unendlich viele Zahlen als Werte von f ausgelassen werden. Dies ist der Gedanke der

Postschen Konstruktion einer einfachen Menge. $S:=\{f(x)|x\in\mathbb{N}\}$ ist einfach für f(x):= (das erste in der Aufzählung von W_x auftretende y>2x).

Korollar. $\equiv_m \neq \equiv_1$ in $\Sigma_1-\Sigma_o$ $(\langle S,\mathbb{N}\rangle \leq_m S, \langle S,\mathbb{N}\rangle \not\leq_1 S)$.

Man kann S zu einem bzgl. $\leq_{tt}$ Σ_1-vollständigen einfachen S^* erweitern, indem man $K\leq_{tt} S^*$ garantiert: man nimmt rekursiv in x neue endliche Fragenmengen S_x zu S hinzu, so daß $x\in K$ gdw $S_x \subseteq S^*$, d.h. gdw S^* die S_x entsprechende tt-Bedingung erfüllt. Da nach Konstruktion von S jede k+1-elementige Teilmenge von $\{0,1,\ldots,2k\}$ ein Element aus C(S) enthält, enthält insbesondere $S_x:=\{2^x-1,\ldots,2^{x+1}-2\}$ ein neues Element (i.e. $\in C(S)$). Dies ist der Grundgedanke der

Postschen Konstruktion einer einfachen, bzgl. $\leq_{tt}$ Σ_1-vollständigen Menge S^* aus S: $S_x:=\{i|2^x-1\leq i\leq 2^{x+1}-2\}$ $\quad S^*:=S\cup\bigcup_{x\in K} S_x$.

Korollar. $\equiv_{tt}\neq \equiv_m$ in $\Sigma_1-\Sigma_0$ $(K\equiv_{tt}S^*, K\not\leq_m S^*)$.

Beweis. Offensichtlich ist S^* r.a. Wie oben beschrieben gilt $S_x\cap C(S)\neq\emptyset$ für alle x, so daß $C(S^*)$ wegen der Unendlichkeit von C(K) unendlich ist. Als Teilmenge von C(S) enthält auch $C(S^*)$ keine unendliche r.a. Teilmenge, so daß S^* einfach ist. Nach Konstruktion gilt $x\in K$ gdw $S_x \subseteq S^*$; letzteres kann als Erfüllung einer tt-Bedingung f(x) durch S^* beschrieben werden, nämlich mit zugeordneter Fragemenge S_x und Booleschem Auswertungsverfahren $b_x(z_1,\ldots,z_{2^x})=\prod_{1\leq i\leq 2^x} z_i$. Also ist S^* Σ_1-vollständig bzgl. $\leq_{tt}$, als einfache Menge aber nicht bzgl. $\leq_m$.

Zur weiteren Illustration einfacher Mengen zeigen wir noch das Dekkersche Verfahren zur Erzeugung unendlich vieler bzgl. $\leq_1$ linear geordneter 1-Grade einfacher Mengen im m-Grad einer einfachen Menge:

(i) (P einfach, $n\notin P$) $\succ$ $P\cup\{n\}$ einfach, $P\leq_m P\cup\{n\}$ $\leq_1$ $P\not\leq_1 P\cup\{n\}$

(ii) $\ldots, P\cup\{n_1,n_0\}$, $P\cup\{n_0\}$, P, $P-\{m_0\}$, $P-\{m_1,m_0\},\ldots$ ist eine bzgl. $\leq_1$ geordnete Folge von 1-Graden einfacher Mengen für einfaches P und $n_i\in C(P)$, $m_i\in P$.

Beweis. Für ein unendliches rekursives $Q\subseteq P$ sei q eine rekursive Permutation mit $q(Q\cup\{n\})=Q$. Dann folgt $P\cup\{n\}\leq_1 P$ vermöge der Reduktionsfunktion f mit $f(x):=q(x)$ für $x\in Q\cup\{n\}$, $f(x):=x$ sonst.

Wäre $P\leq_1 P\cup\{n\}$, so gälte $P\equiv P\cup\{n\}$ vermöge einer rekursiven Permutation p, so daß $\{p^m(n)|m\in\mathbb{N}\}$ eine unendliche r.a. Teilmenge von C(P) wäre.

Bemerkung. Durch Verfeinerung der vorstehenden Konstruktion läßt sich zeigen, daß der tt-Grad von S^* unendlich viele m-Grade enthält. Für eine Verschärfung des Einfachheitsbegriffs - den Begriff der hypereinfachen Menge- hat Post mit analogen Methoden zeigen können, daß bzgl. $\leq_{tt}$ Σ_1-vollständige Mengen nicht hypereinfach sind, woraus man wegen der Existenz hypereinfacher Mengen in jedem nicht-rekursiven r.a. T-Grad folgern kann, daß es Mengen gibt, die bzgl. $\leq_T$, nicht aber bzgl. $\leq_{tt}$ Σ_1-vollständig sind, so daß auch $\equiv_T \neq \equiv_{tt}$ in $\Sigma_1 - \Sigma_0$. Auch enthält jeder T-Grad oberhalb des T-Grades von K unendlich viele, bzgl. $\leq_{tt}$ linear geordnete tt-Grade. Für diese Resultate und ein Studium der Struktur rekursiver Unlösbarkeitsgrade verweisen wir auf die Literatur.

Zu späterem Gebrauch und zur methodischen Vorbereitung auf den diesen Abschnitt beschließenden Satz von Friedberg und Muchnik beweisen wir den

Satz von Dekker und Yates. Der Einfachheitsbegriff $\{i|W_i$ einfach$\}$ ist Π_3-vollständig, der Σ_1-Vollständigkeitsbegriff $\{i|W_i$ Σ_1-vollständig$\}$ Σ_3-vollständig.

Beweis. Die Dekkersche Reduktion des Komplements des Entscheidbarkeitsproblems auf den - offensichtlich zu Π_3 gehörenden - Einfachheitsbegriff benutzt die schon bei der Betrachtung der arithmetischen Komplexität des Coendlichkeitsproblems aufgetretene Aufzählung r.a. Mengen W_i in Stufen s, so daß $W_i = \bigcup_{s \in \mathbb{N}} W_{i,s}$ für die Menge $W_{i,s}$ aller in höchstens s Schritten aufgezählten Elemente aus W_i. Mittels eines rekursiven f werden in $C(W_{f(i)})$ die "echten" Stufen s in der Aufzählung von W_i gesammelt, d.h. in denen im Vergleich zur vorhergehenden Stufe entweder kein neues Element aufgezählt wird - wobei alle Elemente <s in W_i bereits aufgetreten sind - oder aber zwar ein neues Element x erscheint, jedoch ohne daß später noch Elemente <x nachkommen: für ein rekursives f mit

$$W_{f(i)}(s) \text{ gdw } (W_{i,s} = W_{i,s-1} \ \& \ \exists y<s: y \in W_i - W_{i,s}) \text{ oder}$$

$$\exists x \in W_{i,s} - W_{i,s-1} \ \exists y<x \ (y \in W_i - W_{i,s})$$

gilt: (1) $C(W_{f(i)})$ unendlich

(2) $W_{f(i)}$ ist rekursiv (einfach), falls W_i (nicht) rekursiv ist.

Denn 1.) jede Schrittzahl $s \in W_{f(i)}$ läßt ein "kleines", später in W_i auftretendes y übrig, was nicht für fast alle Schritte möglich ist;

2.) jedes unendliche $W_k \subseteq C(W_{f(i)})$ liefert ein Entscheidungsverfahren für W_i: unendlich viele "echte" Schrittzahlen $s_n \in W_k$ in der Aufzählung von W_i liefern effektiv zu beliebigem x eine Majorante $s_n > x$, so daß $x \in W_i$ gdw $x \in W_{i,s_n}$.

Für die Yatessche Reduktion des Entscheidbarkeitsproblems auf das Σ_1-Vollständigkeitsproblem benutzen wir die vorstehende Dekkersche Konstruktion einfacher Mengen $W_{f(i)}$ aus nicht rekursiven W_i sowie die folgende Übung und ein Lemma:

Übung. Jede unendliche rekursive Menge enthält eine Σ_1-vollständige Teilmenge.

Existenzlemma für r.a. rekursiv untrennbare Mengen. Es gibt disjunkte r.a. Mengen P,Q, die rekursiv untrennbar sind, d.h. so daß kein rekursives R existiert mit $P \subseteq R$, $R \cap Q = \emptyset$. (Beweis s. u.)

Zu gegebenen W_i werden wir nun $W_{g(i)}$ konstruieren mit:

$$(1)\quad \lambda n.W_{g(i)}(<x,n>) = \begin{cases} \in \Sigma_0 & \text{falls } W_x \cap W_{f(i)} = \emptyset \text{ oder } W_x \text{ unendlich} \\ \equiv_m W_x & \text{sonst} \end{cases}$$

so daß für rekursives W_i nach der Übung $C(W_{f(i)})$ ein Σ_1-vollständiges W_x enthält - also $W_x \leq_m W_{g(i)}$ -, andernfalls aber (wegen der Einfachheit von $W_{f(i)}$) alle $\lambda n.W_{g(i)}(<x,n>)$ rekursiv sind, so daß keine von einer r.a.Menge Q rekursiv untrennbare r.a. Menge $P \leq_m W_{g(i)}$, also $W_{g(i)}$ nicht Σ_1-vollständig ist.

Wir zählen dazu $V_i (=W_{g(i)})$ zu gegebenem i in Stufen s auf, wobei $V_{i,s} \subseteq V_{i,s+1}$ und $V_i = \bigcup_s V_{i,s}$. $V_{i,0} := \emptyset$. In Stufe s+1 unterscheide man für jedes $x \leq s$ zwei Fälle:

1. Fall. $|W_{x,s}| \leq x$ oder $W_{x,s} \cap W_{f(i),s} \neq \emptyset : \forall j \leq s : <x,j> \in V_{i,s+1}$.

2. Fall. Sonst: mit $y_o := \mu y(<x,y> \notin V_{i,s})$ sei $\forall z \in W_{x,s} : <x,y_o+1+z> \in V_{i,s+1}$.

Übung. Zeigen Sie, daß V_i "in i gleichförmig" r.a. ist (d.h. für ein rekursives g ist $V_i = W_{g(i)}$ für alle i) und (1) erfüllt.

Für rekursives W_i wähle zu Σ_1-vollständigem $W_x \subseteq C(W_{f(i)})$ s minimal bzgl. $|W_{x,s}| > x$, so daß $z \in W_x$ gdw $<x,y_o+1+z> \in W_{g(i)}$.

Für nicht rekursives W_i nehmen wir an, für ein Paar disjunkter, r.a., rekursiv untrennbarer Mengen P,Q sei $P \leq_m W_{g(i)}$ vermöge h und folgern daraus einen Widerspruch. Wegen $P \cap Q = \emptyset$ folgt $h(Q) \subseteq C(W_{g(i)})$, so daß $\overset{\infty}{\exists} x \exists n \ <x,n> \in h(Q)$ - sonst wäre für ein x_o Q disjunkt zur P enthaltenden Menge

$$h^{-1}(\{<x,n> | W_{g(i)}(x,n) \& x \leq x_o\} \cup \{<x,n> | x_o < x, n \in \mathbb{N}\});$$

im Widerspruch zur rekursiven Untrennbarkeit von P und Q ist diese Menge jedoch rekursiv, weil nach Konstruktion von $W_{g(i)}$ für jedes x die Menge $h^{-1}(\{<x,n>|W_{g(i)}(x,n)\})$ rekursiv ist. - Für $<x,n>\epsilon h(Q) \subseteq C(W_{g(i)})$ ist $x<|W_x|$, $W_x \cap W_{f(i)}=\emptyset$, so daß die r.a. Teilmenge $\{z|\exists x,n:<x,n>\epsilon h(Q), z\epsilon W_x\}$ von $C(W_{f(i)})$ unendlich wäre, im Widerspruch zur Einfachheit von $W_{f(i)}$.

Übung. Der Turinggrad bel. r.a. nicht-rekursiver Mengen enthält als Element eine einfache Menge. (Hinweis: Zu W_i betrachte $W_{f(i)}$ aus dem Beweis des Satzes von Dekker.)

Übung. Die Existenz einfacher Mengen zeigt, daß es r.a. Mengen gibt, die weder rekursiv noch für die r.a. Mengen bzgl. m-Reduktion vollständig sind. Folgern Sie letztere Aussage aus der Lokalisierung der Indexmengen der rekursiven bzw. für die r.a. Mengen vollständigen Mengen in der Kleene-Mostowski-Hierarchie. (Für Strukturuntersuchungen r.a. Turinggrade auf der Basis von Ergebnissen über Indexmengen s. Rogers 1959, Yates 1966, Stob 1982.)

Beweis des Lemmas. Aus der Annahme, zu $f:=\lambda x.e(x,x)$ gäbe es eine rekursive, zu $f^{-1}(1)$ disjunkte Obermenge R von $f^{-1}(0)$, folgt für einen Index k von ξ_R der Widerspruch: $k\epsilon R$ seq $1=[k](k)=f(k)$ seq $k\notin R$ seq $0=[k](k)=f(k)$ seq $k\epsilon R$.

Bemerkung. Dieses Argument gilt offensichtlich für beliebige nicht rekursiv erweiterbare Funktionen und sogar in effektiver Weise. Eine für Anwendungen in der Logik interessante Theorie rekursiv untrennbarer Paare bzw. Folgen r.a. Mengen wurde in Smullyan 1961, Cleave 1961 entwickelt. Beachten Sie, daß rekursiv untrennbare Mengen insbesondere nicht rekursiv sind.

Übung. Folgern Sie aus vorstehendem Lemma und der Universalität der 2-RM (§AI4) die rekursive Untrennbarkeit der r.a. 2-RM-Halteprobleme (für i=1,2).

$H_i:=\{M|C_o=(0,(0,0)) \vdash_M (i,(0,0))$ & M 2-RM-Programm mit einzigen Stopzuständen 1,2$\}$

Folgern Sie hieraus die rekursive Untrennbarkeit auch von H_i und der komplementären Menge H aller 2-RM-Programme mit einzigen Stopzuständen 1,2, die auf $C_o=(0,(0,0))$ angesetzt nicht halten.

e) Es bleibt die für Strukturuntersuchungen rekursiver Unlösbarkeitsgrade entscheidende, von Post 1944 gestellte Frage offen, ob es zwischen dem T-Grad der rekursiven Mengen und dem von K noch einen weiteren r.a. Grad gibt, anders ausgedrückt ob es eine nicht rekursive, bzgl. Turing-Reduktion für die r.a. Mengen nicht vollständige r.a. Menge gibt. Diese als Postsches Problem bekannt gewordene Frage wurde 1956 unabhängig voneinander von Friedberg und Muchnik positiv beantwortet. Die dazu entwickelte Methode ist unter dem Namen "Prioritätsmethode" bekannt: bei der schrittweisen Aufzählung einer gewisse Bedingungen erfüllenden r.a. Menge können verschiedenartige Bedingungen sich lokal widersprechen; dann wird Bedingungen mit kleinerem Index Vorrang vor solchen mit größerem Index eingeräumt, so daß für n<m eine zu einem Zeitpunkt s zur Erfüllung der Bedingung B(m) getroffene Festsetzung zu einem späteren Zeitpunkt t>s zur Erhaltung von B(n) evtl. rückgängig gemacht ("verletzt") werden kann. Beim uns im folgenden begegnenden endlichen Fall wird jede Bedingung im Verlauf der Gesamtkonstruktion höchstens endlich oft derart "verletzt". Der folgende Beweis für die positive Lösung des Postschen Problems ist Soare 1985 entnommen.

Existenzsatz für einfache niedrige Mengen. Es gibt einfache Mengen Q mit $Q'\le_T K$.

Korollar (Friedberg/Muchnik). Es gibt nicht-rekursive, r.a., bzgl. $\le_T$ nicht Σ_1-vollständige Mengen.

Beweis des Korollars. Einfache Mengen sind in $\Sigma_1-\Sigma_0$. Wäre Q bzgl. $\le_T$ Σ_1-vollständig, so gälte $K\le_T Q$, also $K'\le_T Q'$ (Übung!) $\le_T K$.

Beweis des Satzes. Wir geben ein effektives Aufzählungsverfahren von $Q=\bigcup_s Q_s$ in Schritten durch rekursive Bestimmung von Q_{s+1} aus der Menge Q_s aller bis zum Ende des s-ten Zeitpunktes aufgezählten Elemente aus Q. Wir verfeinern dazu die Postsche Konstruktion einer einfachen Menge und folgern neben der positiven

Einfachheitsbedingung $(P_i): W_i\cap Q\neq\emptyset$, falls W_i unendlich

für counendliches Q auch noch die negative

Niedrigkeitsbedingung $(N_i): i\in K^Q$, falls $\overset{\infty}{\exists} s: Sz^{Q_s}(i,i)\le s$

mit der wie Sz definierten relativierten Schrittzahlfunktion Sz^R.

$Q'\le_T K$ folgt aus der Gültigkeit von (N_i) für alle i: Letzteres garantiert nämlich, daß für die rekursive Funktion g mit

$g(i,s):=1$ falls $Sz^{Q_s}(i,i)\le s$, $\quad g(i,s):=0$ sonst

die Grenzwertfunktion existiert und $\xi_{Q'}(i)=\lim\limits_{s\to\infty} g(i,s)$, so daß

$$Q'(i) \text{ gdw } \exists s\forall t_{s\le t}\ g(i,t)=1 \qquad \text{non } Q'(i) \text{ gdw } \exists s\forall t_{s\le t}\ g(i,t)=0$$

und damit $Q'\in\Delta_2=F_\mu(\Sigma_1) = F_\mu(K)$ nach dem Satz von Post.

Zur Beschreibung des Aufzählungsverfahrens benutzen wir die rekursive Anfragefunktion a mit:

$$a(i,s):=\begin{cases}\text{das größte während der Berechnung von } [i]^{Q_s}(i) \text{ an das Orakel} \\ \quad Q_s \text{ zur Entscheidung gegebene Element, falls } Sz^{Q_s}(i,i)\le s\\ 0 \quad \text{sonst}\end{cases}$$

Schritt 0. $Q_0:=\emptyset$.

Schritt s+1. Entscheide, ob es ein $i\le s$ gibt mit:

(1) $W_{i,s}\cap Q_s=\emptyset\ \&\ \exists x\in W_{i,s}(2i<x\ \&\ \forall j_{j\le i}: a(j,s)<x)$

(d.h. eine bisher noch nicht zum Zuge gekommene r.a. Menge W_i, die - mit Mindestabstand 2 vom letztgewählten Element - in höchstens s Aufzählungsschritten ein neues Element x ausweist, das größer ist als alle Anfragen an das Orakel Q_s zur Entscheidung der in höchstens s Schritten entschiedenen kleineren Halteprobleme.) Falls kein derartiges i existiert, setze $Q_{s+1}:=Q_s$.

Andernfalls wähle $i_o \leq s$ bzgl. (1) minimal, wähle x_o zu i_o minimal und setze $Q_{s+1} := Q_s \cup \{x_o\}$.

Behauptung 1. Jedes N_i wird nur endlich oft verletzt (d.h. per Definitionem es gibt nur endlich viele x, so daß $x \in Q_{s+1} - Q_s$ und $x \leq a(i,s)$ für ein s). Anders gesagt gibt es zu jedem i einen Zeitpunkt t+1 und eine zu diesem Zeitpunkt auftretende Zahl $x_o \in Q_{t+1} - Q_t$, so daß zu jedem nachfolgenden Zeitpunkt s>t die Berechnung des i entsprechenden Halteproblems unter Zuhilfenahme des Orakels Q_s nur noch Orakelanfragen unterhalb von x_o (also aus Q_t) benutzt, falls sie in höchstens s Schritten beendet wird.

Beweis: Da jede r.a. Menge W_j höchstens einmal zum Zuge kommt, bringt die positive Forderung (P_j) höchstens ein Element in Q herein; sollte dabei N_i verletzt werden, so muß auf Grund des letzten Konstruktionsgliedes in (1) j<i gelten.

Behauptung 2. N_i gilt für alle i.

Beweis. Nach Behauptung 1 sei s_i ein Schritt, ab dem N_i nicht mehr verletzt wird. Ist $Sz^{Q_s}(i,i) \leq s$ für ein $s_i < s$, so gilt

$$[i]^{Q_{s_i}}(i) = [i]^{Q_s}(i) = [i]^{Q_t}(i) \text{ für alle } s \leq t, \text{ also } [i]^{Q}(i) = [i]^{Q_{s_i}}(i)\downarrow.$$

Behauptung 3. P_i gilt für alle i, so daß Q einfach ist.

Beweis. Für unendliches W_i sei nach Behauptung 1 zu jedem $j \leq i$ ein Schritt s_j gewählt, so daß $a(j,s) = a(j,s_j)$ für alle $s_j \leq s$. Mit $s := \max\{s_j \mid j \leq i\}$ gilt also $a(j,s) = \lim_{t\to\infty} a(j,t)$ für alle $j \leq i$. Da W_i unendlich ist, gibt es einen Zeitpunkt $u \geq s$, so daß für alle j<i mit $W_j \cap Q \neq \emptyset$ bereits $W_{j,u} \cap Q_u \neq \emptyset$ gilt. Zu u gibt es einen Zeitpunkt t>u, zu dessen Nachfolgezeitpunkt i in (1) als mögliches minimales Element in Frage kommt, d.h. so daß

$$\exists x \in W_{i,t} (2i < x \text{ und } \forall j \leq i\colon a(j,t) = a(j,s) < x).$$

Im Fall $W_{i,t} \cap Q_t = \emptyset$ folgt also $W_{i,t} \cap Q_{t+1} \neq \emptyset$.

Übung (Satz von Friedberg und Muchnik).

(a) Zeigen Sie, daß für disjunkte r.a. Mengen A und B gilt:
$A \cup B \equiv_T A \oplus B =: \{\langle 1,x\rangle \mid x \in A\} \cup \{\langle 2,x\rangle \mid x \in B\}$.

(b) Jede r.a. Menge A läßt sich in zwei niedrige r.a. Mengen A_o und A_1 zerlegen. (Hinweis. Sei f eine injektive rekursive Funktion, die A aufzählt. Konstruieren Sie A_o und A_1 in Stufen, wobei bei Stufe s f(s) entweder in A_o oder in A_1 gelangt. Um A_o und A_1 niedrig zu machen, erfüllen

Sie wie im Beweis des Satzes über die Existenz niedriger einfacher Mengen die Niedrigkeitsbedingungen:

N_{2i+j}: $i \in K^{A_j}$, falls $\overset{\infty}{\exists} s: Sz^{A_j,s}(i,i) \leq s$ $(i \in \mathbb{N},\ j \leq 1)$. Definieren Sie für diese Bedingungen die Anfragefunktionen $a(2i+j,s)$. Bei Stufe s der Konstruktion wählen Sie $2i+j$ minimal, so daß $f(s)<a(2i+j,s)$ und zählen $f(s)$ in A_{1-j}. Dies sichert, daß die Niedrigkeitsbedingung höchster Priorität, die durch $f(s)$ verletzt werden könnte, nicht verletzt wird. Zeigen Sie durch Induktion, daß durch dieses Vorgehen alle Niedrigkeitsbedingungen erfüllt werden und $\lim_{s\to\infty} a(2i+j,s)$ endlich ist.)

(c) Folgern Sie aus (a) und (b), daß es Turing-inkomparable r.a. Mengen gibt. (Hinweis: Wählen Sie A=K in (b)).

Bemerkung. Man kann das in der Übung angegebene Argument zum Aufweis unendlich vieler paarweise $\leq_T$-unvergleichbarer (bzw. einer unendlichen bzgl. $<_T$ geordneten Folge) r.a. Mengen erweitern, indem man K in unendlich viele paarweise disjunkte, uniform r.a. Mengen A_i mit niedrigen Mengen $\bigcup_{i\neq j} A_i$ (für alle j) zerlegt; dann gilt nämlich

$A_0 <_T A_0 \oplus A_1 <_T A_0 \oplus A_1 \oplus A_2 <_T \ldots$ und $\leq_T$- Unvergleichbarkeit von A_i und A_j für $i\neq j$.

Durch das Studium des Halteproblems von Maschinen, genauer gesagt der logischen Komplexität des Graphen berechenbarer Funktionen sind wir zu einer Verallgemeinerung der im r.a. durchgeführten rekursionstheoretischen Überlegungen auf den Fall elementarer arithmetischer Prädikate mit beliebiger quantorenlogischer Struktur geführt worden. Insbesondere brachte uns die Betrachtung der Beziehungen zwischen quantorenlogischer Struktur und μ-rekursiver Komplexität auf den relativierten Berechenbarkeitsbegriff und damit auf den fundamentalen Begriff der Turingreduzierbarkeit und rekursiver Unlösbarkeitsgrade. Die Grundbegriffe der relativen Rekursivität, der relativen r.a., des Sprungoperators usw. sind mit Begriffen der relativierten arithmetischen Hierarchie charakterisierbar. Z.Bsp. gilt:

$$P \leq_T Q \text{ gdw } P \in \Delta_1^Q,$$

$$P \text{ r.a. in } Q \quad \text{gdw } P \in \Sigma_1^Q,\ P \equiv_T Q' \text{ gdw } P \text{ ist bzgl.} \leq_T \Sigma_1^Q\text{-vollständig}.$$

Somit können viele gradtheoretische Phänomene als Eigenschaften der relativierten arithmetischen Hierarchie aufgefaßt werden. Dies ermöglicht auch eine positive Wendung des §2 beschließenden negativen Tarskischen Beispiels des nicht elementar arithmetischen (nach Gödel produktiven) Wahrheitsbegriffs der elementaren Arithmetik:

Satz über den Unlösbarkeitsgrad des Wahrheitsbegriffs der elementaren Arithmetik. $w:=\{\alpha \mid \alpha \in AR, \alpha \text{ wahr}\} \equiv \emptyset^{(\omega)}$ mit dem ω-Sprung

$P^{(\omega)}:=\{\langle n,x\rangle \mid x \in P^{(n)}\}$; $w_n:=\{\alpha \mid \alpha \in w \cap \Sigma_n\} \equiv \emptyset^{(n)}$.

Beweis. Die Behauptung folgt aus $w \equiv_m \emptyset^{(\omega)}$, $w_n \equiv_m \emptyset^{(n)}$ und der

Übung. $w_n, w, \emptyset^{(n)}, \emptyset^{(\omega)}$ sind Zylinder. Hinweis: α ist logisch äquivalent zu $\alpha\wedge\ldots\wedge\alpha$ (u-mal); Programm M ist äquivalent zum Programm $(a_1 s_1)^n$ M.

W^n bzw. $C(W^n)$ für ungerades bzw. gerades n sind Gödelnumerierungen für Σ_n. Beweisen Sie zur Übung, daß man sogar effektiv zu n einen Σ_n-Index f(n) für $\emptyset^{(n)}$ finden kann, d.h. mit $\emptyset^{(n)}(x)$ gdw $W^n(f(n),x)$, falls $2 \nmid n$, und $\emptyset^{(n)}(x)$ gdw $C(W^n)(f(n),x)$ sonst. Die Σ_n-Aussagen $W^n(f(n),x)$ bzw. $C(W^n)$ $(f(n),x)$ sind effektiv in n und x konstruierbar, so daß hiermit $\emptyset^{(n)} \leq_m w_n$ und $\emptyset^{(\omega)} \leq_m w$.

Für die Umkehrung beweisen Sie in Verschärfung des Satzes von Post die

Übung. (i) $P \in \Sigma^Q_{n+1}$ gdw P r.a. in $Q^{(n)}$ (ii) P r.a. in Q gdw $P \leq_1 Q'$.

und zeigen Sie dabei gleichzeitig, daß man effektiv zu einem Σ^Q_{n+1}-Index von P einen Aufzählungsindex von P bzgl. $Q^{(n)}$ – und umgekehrt – berechnen kann, ebenso zu Aufzählungsindizes von P bzgl. Q Indizes injektiver Reduktionsfunktionen von P auf Q' und umgekehrt. Dann reduziert man w auf $\emptyset^{(\omega)}$ bzw. w_n auf $\emptyset^{(n)}$ wie folgt: zu α berechne mittels Pränexmachen ein n, so daß $P := \lambda x.\alpha \in \Sigma_n$ – oBdA kommt die Variable x im Satz α nicht vor –; berechne (via Gödelnumerierung) einen Σ_n-Index von P, daraus einen Aufzählungsindex von P bzgl. $\emptyset^{(n-1)}$, daraus den Index k einer Reduktionsfunktion für $P \leq_1 \emptyset^{(n)}$. Also ist α wahr gdw P(O) gdw $[k](0) \in \emptyset^{(n)}$ gdw $<n,[k](O)> \in \emptyset^{(\omega)}$ mit rekursiver Funktion $\lambda\alpha.<n,[k](O)>$.

Bemerkung. Offensichtlich gilt $P^{(n)} \leq_T P^{(\omega)}$, so daß man durch weitere Iterationen des Sprungoperators und des ω-Sprunges eine immer reichere hierarchische Strukturierung höherstufiger Begriffsbildungen erhält.

Weiterführende Literatur. Rogers 1967, Shoenfield 1967, Odifreddi 1981, Soare 1985.

TEIL III: ALLGEMEINE BERECHNUNGSKOMPLEXITÄT

Durch die Analyse verschieden starker Reduktionsmethoden sind wir in Teil II auf den Begriff von Graden rekursiver (Un-)Lösbarkeit als Maß für die Komplexität von Entscheidungsproblemen gestoßen. Ausgehend von der dort gemachten Erfahrung, daß diese durch äußeren Vergleich verschiedener Probleme zustandekommenden Komplexitätsbegriffe für die grundlegenden Entscheidungsprobleme der klassischen (universellen und akzeptablen) Berechnungsformalismen trennschwach sind (s. Übung zum Satz von Myhill, §BII3), wollen wir nun einen Komplexitätsbegriff einführen, der die Kompliziertheit von Problemen durch Bewertung des zur Durchführung von Lösungsalgorithmen benötigten Rechenaufwands mißt. Dabei wollen wir uns weder auf ein besonderes Modell von Maschine, Programmiersprache und Ein- Ausgabe-Vorrichtung noch auf ein spezifisches Rechenaufwandmaß stützen, sondern einen von Besonderheiten konkreter Programmiersysteme unabhängigen Begriff des von einem Programm zur Berechnung einer Funktion benötigten Aufwands definieren und untersuchen.

Ein derartig schwacher Komplexitätsbegriff gestattet allgemeine, für alle vernünftigen konkreten Komplexitätsmaße geltende Aussagen herzuleiten. Beispielhaft für Methoden und Ergebnisse der sich hiermit beschäftigenden sog. maschinenunabhängigen oder abstrakten Komplexitätstheorie zeigen wir, daß es unter Zugrundelegung solch allgemeiner Komplexitätsmaße stets beliebig komplizierte Probleme gibt, daß algorithmisch lösbare Probleme ohne optimale Lösungsalgorithmen unvermeidbar sind und daß die Optimierung, sollte sie möglich sein, i.a. nicht algorithmisierbar ist. Durch die Charakterisierung allgemeiner Komplexitätsmaße als Laufzeit (lies: Anzahl der Iterationsschritte) in der Kleene-Normalform stoßen wir auf eine Untersuchung möglicher Zerlegungen universeller Programmiersysteme (Automaten) in Eingabe-Ausgabe-Vorrichtungen, Übergangsfunktion und Abbruchkriterium; es zeigt sich, daß jeder dieser Anteile unabhängig von den anderen fast beliebig kompliziert (oder einfach) sein kann.

Derartige (Unmöglichkeits) Aussagen zeigen wie die Unlösbarkeitssätze der vorhergehenden Abschnitte die engen Grenzen auf, die einem allgemeinen Zugang zum Problem der Berechnungskomplexität in universellen Programmiersystemen gesetzt sind, und stecken positiv den Rahmen ab, innerhalb dessen ein jenen Unmöglichkeitsaussagen entgehender Zugang zur Programmierung entwickelt werden muß. (Dies ist eine der Hauptaufgaben der Informatik als Wissenschaft.) Insbesondere motivieren sie das Studium konkreterer Komplexitätsbegiffe, dem wir uns im nachfolgenden Kap.C zuwenden.

§1. (Beschleunigungsphänomen) Der Rechenaufwand eines Programms i hängt i.a. von der Eingabe x ab, so daß eine derartige Bewertung der Komplexität Funktion von i und x ist. Der Rechenaufwand von i für x sollte genau dann endlich sein, wenn i die mit Eingabe x gestartete Rechnung zum Abschluß führt. Schließlich sollte für jeden konkreten Wert y und alle i,x entscheidbar sein, ob i für die mit Eingabe x gestartete Rechnung den Aufwand y benötigt; letztere Forderung motiviert sich insbesondere, wenn man an Laufzeitkomplexität denkt, ist jedoch auch für andersartige Komplexitätsinterpretationen plausibel. Diese drei Forderungen bestimmen die auf M. Blum 1967 zurückgehende

Hauptdefinition. Ein allgemeines Komplexitätsmaß für eine Gödelnumerierung ϕ ist eine Funktion Φ mit rekursivem Graphen G_Φ und gleichem Definitionsbereich wie ϕ. Φ_i heißt auch Laufzeit des Programms i. In Größenabschätzungen liest man $\Phi_i(\vec{x})\uparrow$ als $\Phi_i(\vec{x})=\infty$.

Im Folgenden steht ϕ,ϕ' jeweils für Gödelnumerierungen, Φ,Φ' für zugehörige Komplexitätsmaße, wenn nicht anders vereinbart. "f.ü." steht als Abkürzung für "fast überall", d.h. bis auf höchstens endlich viele. Wir erinnern an die in Kap. AII getroffene Vereinbarung, daß wir beim Sprechen von Gödelnumerierungen meistens auf die ausdrückliche Angabe der Stellenzahl verzichten. Im Folgenden gehen wir häufig unerwähnt von n-stelligen zu m-stelligen Gödelnumerierungen und zugehörigen Laufzeiten über.

Die Deutung von Φ_i als Programmlaufzeit vermittelt eine fruchtbare Vorstellung von $\Phi_i(\vec{x})$ als Laufzeit des Programms i bei Eingabe $\vec{x}$, die durch eine in §3 angegebene Charakterisierung weitere Bestätigung erhält, obgleich die Blumsche Definition auch ganz andere Rechenaufwandsmaße als "Laufzeiten" im engeren Sinne erfaßt:

Beispiele allgemeiner Komplexitätsmaße

1. Für e (vgl. die Gödelisierung von Registeroperatoren für Kleenes T-Prädikat, Kap. AII1) die Schrittzahlfunktionen $Sz(i,\vec{x}):=\ell(\mu yT(i,\vec{x},y))$ (analog für Turingprogramme, Markovalgorithmen, Postsche Kalküle); die Testanzahl $\Phi_i(\vec{x}):=|\{j\,|\,(\mu yT(i,\vec{x},y))_{j,1,1}=3\}|$ (analog für die Zahl der Additions- (Subtraktions-) Befehle, entsprechend für Turingprogramme), der in einem Rechnungsverlauf aufgetretene:

   maximale Registerinhalt $Rm_i(\vec{x}):=\max_{j,k}(\mu yT(i,\vec{x},y))_{j,2,k}$

   totale Speicherbedarf $Sp(i,\vec{x}):=\max_j \sum_k (\mu yT(i,\vec{x},y))_{j,2,k}$

   (Was ist das Analogon für Turingprogramme, Markovalgorithmen und Postsche Kalküle?)

2. Für eine durch Gödelisierung von Turingprogrammen definierte Gödelnumerierung ϕ die Umkehrkomplexität $\Phi_i(x)$:= Anzahl der Richtungswechsel (d.h. der r-Befehle nach ℓ-Befehlen oder umgekehrt), s. Blum et al. 1968, Hartmanis 1968. (Was ist das Analogon in Registermaschinen?)

3. Für jede rekursive Menge R mit totalem ϕ_i für $i\in R$ ist mit Φ auch Φ' ein allgemeines Komplexitätsmaß für ϕ: $\Phi'(i,\vec{x}):=\Phi(i,\vec{x})$ (resp. 0), falls $i\notin R$ (resp. sonst). Per definitionem hat in Φ' jedes Programm aus R Komplexität 0.

Trotz des letzten, "pathologischen" Beispiels eines Komplexitätsmaßes sind bis auf einen rekursiven Faktor alle Komplexitätsmaße asymptotisch gleich, da nur durch Definitionsbereich und Wachstum bestimmt. Dies zeigt das

Umrechnungslemma für allgemeine Komplexitätsmaße. Für jede rekursive Übersetzung t von ϕ in ϕ' (d.h. mit $\phi_i = \phi'_{t(i)}$) gibt es eine im 2. Argument streng monotone rekursive Funktion m, so daß für alle i:

$$\Phi'_{t(i)}(x) \le m(x,\Phi_i(x)) \ \& \ \Phi_i(x) \le m(x,\Phi'_{t(i)}(x)) \text{ f.ü.}$$

Beweis. $g(i,x,y) := \max\{\Phi_i(x),\Phi'_{t(i)}(x)\}$ (resp.0), falls $y=\Phi_i(x)$ oder $y=\Phi'_{t(i)}(x)$ (resp. sonst) definiert ein rekursives g, so daß $m(x,y) := \max\{g(i,x,z) \mid i\le x, z\le y\}+y$ das Verlangte leistet.

NB. Ist $f\in F_\mu$ mit gleichem Definitionsbereich wie Φ Komplexitätsmaß für ϕ, so gilt für ein rekursives m für alle i f.ü. $\Phi_i(x) \le m(x,f_i(x))$. Ein Gegenbeispiel (M.Kummer) für die Umkehrung ist f mit

$$f(i,x) := \begin{cases} 0\cdot \varphi_i(0) & \text{falls } x = 0 \\ \Phi_i(x) & \text{sonst} \end{cases}$$

Mit derselben Methode beweist man, daß sich bei jedem effektiven Aufbau eines Programms aus gegebenen Programmen die Laufzeit des zusammengesetzten Programms rekursiv durch die Laufzeiten der Modulprogramme abschätzen läßt:

Übung 1 (Kombinationslemma). c sei eine rekursive Funktion, so daß $\phi_{c(i,j)}(x)\downarrow$ falls $\phi_i(x)\downarrow \ \& \ \phi_j(x)\downarrow$. Dann gibt es eine rekursive Funktion m, so daß für alle i,j:

$$\Phi_{c(i,j)}(x) \le m(x,\Phi_i(x),\Phi_j(x)) \text{ f.ü.}$$

Mittels des rekursiven Umrechnungslemmas lassen sich manchmal Eigenschaften besonderer Komplexitätsmaße auf allgemeine Komplexitätsmaße leicht übertragen. Z.B. übertrage der Leser vom maximalen Registerinhaltsmaß die

Übung 2. Bis auf einen rekursiven Faktor ist jede Laufzeit obere Schranke für die berechnete Funktion, d.h. für ein rekursives m, das darüberhinaus auch noch im 2. Argument monoton gewählt werden kann, gilt für alle i f.ü. $\phi_i(x) \le m(x,\Phi_i(x))$.

Übung 3. Die rekursive Fixpunktfunktion k in der effektiven Version des Rekursionstheorems hat eine rekursive Laufzeitschranke m, so daß $\forall i: \Phi_{k(i)}(\vec{x}) \le m(\vec{x},\Phi_i(k(i),\vec{x}))$ f.ü. Hinweis: Sei $h(i,\vec{x},y) := \Phi_{k(i)}(\vec{x})$ falls $\Phi_{k(i)}(\vec{x}) \le y$ und $h(i,\vec{x},y) := 0$ sonst; setze $m(\vec{x},z) = \max\{h(i,\vec{x},y) \mid i \le \Sigma\vec{x} \ \& \ y \le z\}$.

Der folgende Satz von Blum 1967 (erweitert in Meyer & Fischer 1972) zeigt, daß es prinzipiell unmöglich ist, für alle berechenbaren Funktionen optimale Programme zu entwickeln, weil sich zu jedem rekursiven m ein rekursives, schwach wachsendes f ohne zumindest bis auf den Faktor m optimale Programme findet:

Beschleunigungssatz. Zu jedem rekursiven m gibt es ein 0-1-wertiges rekursives f, so daß jedes ϕ-Programm i für f ein f.ü. mit Faktor m schnelleres ϕ-Programm j für f zuläßt, d.h. mit $m(x,\Phi_j(x)) < \Phi_i(x)$ f.ü.

Beispiel. Zu $m:=\lambda x,y.2^y$ gibt es ein 0-1-wertiges rekursives f, für das jedes Programm i beliebig oft logarithmisch beschleunigt werden kann: es gibt Programme j_n für f, so daß für alle n

$$\log(m(x,\Phi_{j_n}(x)))=\Phi_{j_n}(x)<\log\Phi_{j_{n-1}}(x)<\log\log\Phi_{j_{n-2}}(x)<\ldots<\underbrace{\log\ldots\log}_{n\text{-mal}}\Phi_i(x) \text{ f.ü.}$$

Beweis (nach Young 1973). Der Durchsichtigkeit halber beweisen wir zuerst die asymptotische Variante, in der j nur f.ü. f berechnet, und führen danach den allgemeinen Fall auf diese Variante zurück.

Für den asymptotischen Fall kann sogar ein Programm k angegeben werden, das für jedes (evtl. zur Berechnung von f vorgelegte) Programm i in Schritten x unter allen Programmen $i\le\ell\le x$ nach einem f.ü. m-schnelleren, f.ü. äquivalenten Programm sucht und im Vertrauen auf Erfolg die Übereinstimmung jedenfalls f.ü. von $\phi_{k,i}$ mit f und $\phi_{k,\ell}$ als Funktionen von x sichert. Sollte sich in einem Schritt x für ein ℓ im Widerspruch zur erwünschten Beschleunigung die Beziehung $m(x,\Phi_{S(k,\ell+1)}(x))\ge\Phi_\ell(x)$ herausstellen, so erzwingt k an dieser Stelle die Ungleichung $\phi_{S(k,\ell)}(x) = \phi_k(\ell,x)\ne\phi_\ell(x)$ für eine Substitutionsfunktion S. Die Menge solcher Programme ℓ, die sich auf der Stufe x als für die Berechnung von f evtl. zu schnell erweisen und daher ausgeschlossen werden müssen, zählen wir durch sukzessive Berechnung der nachstehenden Bedingungen (in der angegebenen Reihenfolge) rekursiv auf:

$$E^x_{k,u}:=\{\ell\mid u\le\ell<x \ \&\ \ell\notin\bigcup_{y<x}E^y_{k,u} \ \&\ m(x,\Phi_{S(k,\ell+1)}(x))\ge\Phi_\ell(x)\}.$$

Diese Aufzählung der höchstens x-elementigen Menge $E^x_{k,u}$ in Stufe x - wie damit auch die Berechnung von $\phi_\ell(x)$ für deren Elemente ℓ - bricht per definitionem ab, abgekürzt $E^x_{k,u}\downarrow$, gdw $\forall u<y\le x\ \forall u\le\ell<y{:}\Phi_{S(k,\ell+1)}(y)\downarrow$.

Wir definieren nun f zuerst nicht 0-1-wertig, aber so daß $f(x)\le x$, durch $f(x):=\phi_k(0,x)$ für einen Fixpunkt k der Gleichung

$$\phi_k(u,x):=\mu y(\forall\ell\in E^x_{k,u}{:}y\ne\phi_\ell(x)) \text{ falls } E^x_{k,u}\downarrow \quad (\text{sonst}\uparrow).$$

Für jeden Fixpunkt k zeigen wir nun, daß wie gewünscht:

(1) $\forall u,x{:}\phi_k(u,x)\downarrow$ (2) $\forall i{:}\phi_{k,i+1}(x)=\phi_{k,0}(x)$ f.ü.

(3) $\forall\phi_i=f{:}m(x,\Phi_{S(k,i+1)}(x))<\Phi_i(x)$ f.ü.

Beweis 1. Wir führen eine Induktion nach $x\dot{-}u$: 1. Fall: $x\leq u$. Dann ist $E^x_{k,u}=\emptyset$, also $\phi_k(u,x)\simeq 0$. 2. Fall: $u<x$: sind nach Induktionsvoraussetzung $\phi_k(x,x),\ldots,\phi_k(u+1,x)$ sowie $E^y_{k,u}$ für $y<x$ definiert, so bricht auch das angegebene Aufzählungsverfahren für $E^x_{k,u}$ ab, so daß $\phi(k,u,x)\downarrow$.

Beweis 2. Da $E^x_{k,u} = E^x_{k,o} \cap \{\ell \mid u\leq \ell<x\}$ und alle $E^x_{k,o}$ paarweise disjunkt sind, existiert die Stufe $s_u:=\max\{x \mid \exists\, i<u: i\in E^x_{k,o}\}$, nach der nur noch Programme $\geq u$ eliminiert werden, so daß für $s_u<x$ gilt $E^x_{k,u}=E^x_{k,o}$, somit $\phi_{k,u}(x)=\phi_{k,o}(x)$.

Beweis 3. Gäbe es zu $\phi_i=f$ ein $x>s_i$, i mit $\Phi_i(x)\leq m(x,\Phi_{S(k,i+1)}(x))$, so würde i spätestens auf der Stufe x in $E^x_{k,o}$ eliminiert, woraus folgte $\phi_i(x)=f(x)=\phi_k(0,x)\neq\phi_i(x)$.

Übung. Verändern Sie die Konstruktion so, daß $f(x)\in\{0,1\}$.

Somit bleibt der Beschleunigungssatz auf den asymptotischen Fall zurückzuführen. Da $\phi_{k,i}$ höchstens auf dem endlichen Anfangsstück g_i der Beschränkung von $\phi_{k,o}$ auf Argumente $\leq s_i$ nicht mit f übereinstimmt, genügt es, ein Verfahren v anzugeben, das jedem Programm $S(k,i)$ die endliche Funktionentafel $\bar{g}_i$ von g_i vorschaltet, so daß das resultierende Programm $v(S(k,i),\bar{g}_i)$ für Eingaben aus dem Definitionsbereich von $\bar{g}_i$ eben den Wert von g_i ausgibt und sonst das Resultat von $S(k,i)$ berechnet.

Wir nehmen also an, $(f_n)_{n\in\mathbb{N}}$ sei eine Aufzählung aller endlichen Funktionen mit einer rekursiven Funktion v, so daß für alle j,n,x:

(i) $\phi_{v(j,n)}(x)=f_n(x)$ (resp. $\phi_j(x)$) falls $f_n(x)\downarrow$ (resp. sonst)

(ii) $\Phi_{v(j,n)}(x)\leq\Phi_j(x)$ für alle $x\notin$ (Definitionsbereich von f_n).

Den allgemeinen Fall führen wir danach mittels des rekursiven Umrechnungslemmas auf diesen Fall zurück.

oBdA sei m im 2. Argument monoton. (Andernfalls zeige man zuerst die Behauptung für eine größere monotone Funktion.) Für die Aufzählungsnummer $\bar{g}_i$ von g_i in $(f_n)_{n\in\mathbb{N}}$ gilt nach (2), (i), (ii):

$$f=\phi_{v(S(k,i),\bar{g}_i)} \qquad \Phi_{v(S(k,i),\bar{g}_i)}(x) \leq \Phi_{S(k,i)}(x) \quad \text{f.ü.}$$

so daß für $\phi_i=f$ aus (3) und der Monotonie von m folgt:

$$m(x,\Phi_{v(S(k,i+1),\bar{g}_{i+1})}(x))\leq m(x,\Phi_{S(k,i+1)}(x))<\Phi_i(x) \quad \text{f.ü.}$$

Somit bleibt der Beschleunigungssatz für beliebiges Komplexitätsmaß Φ zu ϕ auf den Fall eines Maßes Φ' zu ϕ' mit (i), (ii) zurückzuführen.

Übung: Zeigen Sie: das maximale Registerinhaltsmaß erfüllt (i),(ii).

Sei t ein rekursiver Isomorphismus zwischen ϕ und ϕ', dazu n eine rekursive Umrechnungsfunktion und wiederum oBdA m im 2. Argument monoton. Dann gilt nach dem Umrechnungslemma für alle j und fast alle x:

$$n(x,m(x,\Phi_j(x)))\leq n(x,m(x,n(x,\Phi'_{t(j)}(x))))=:m'(x,\Phi'_{t(j)}(x))$$

mit rekursivem, im 2. Argument monotonen m'. Zu m' gibt es zu jedem ϕ-Programm i für f ein ϕ'-Programm t(i) für f, dazu wegen der Surjektivität von t ein in Φ' m'-schnelleres ϕ'-Programm t(j) für f, so daß j ein ϕ-Programm für f ist mit $n(x,m(x,\Phi_j(x)))\leq m'(x,\Phi'_{t(j)}(x))<\Phi'_{t(i)}(x)\leq n(x,\Phi_i(x))$ f.ü., woraus wegen der strengen Monotonie von n folgt $m(x,\Phi_j(x))<\Phi_i(x)$ f.ü.

Bemerkung. Aus dem Beschleunigungssatz folgt, daß prinzipiell bei jeder Ersetzung eines (langsamen) Universalrechners durch einen neuen (schnelleren) Aufgaben bleiben, die "der langsamere" Rechner schneller löst als "der schnellere": ist nämlich das alte Komplexitätsmaß Φ nach dem rekursiven Umrechnungslemma mittels m durch das neue "schnellere" Komplexitätsmaß Φ' abgeschätzt durch

$$\Phi_i(x)\leq m(x,\Phi'_i(x)) \text{ f.ü.},$$

so gibt es für Funktionen f mit m-Beschleunigung in Φ' zu jedem Programm i im neuen Rechner ein m-beschleunigtes äquivalentes Programm j, welches auf dem alten Rechner f.ü. schneller arbeitet als i auf dem neuen wegen

$$\Phi_j(x)\leq m(x,\Phi'_j(x))<\Phi'_i(x) \text{ f.ü.} \quad \text{(NB: i,j berechnen f.)}$$

(3) liefert für den asymptotischen Fall sogar ein effektives Beschleunigungsverfahren, während aus der Konstruktion im allgemeinen Fall nicht erhellt, wie zu i die Schranke s_i und damit die endliche Ausnahmefunktion g_i berechnet werden sollte. Daß es in der Tat ab einem bestimmten Beschleunigungsfaktor keinen derartigen Algorithmus gibt, bewies Blum 1971:

Satz von der Unmöglichkeit effektiver Beschleunigungsverfahren. Für hinreichend große rekursive Beschleunigungsfaktoren m gibt es keine rekursive Funktion f mit einem m-Beschleunigungsalgorithmus b zur Konstruktion m-beschleunigter Programme b(i) zu vorgegebenen, f berechnenden ϕ-Programmen i; in Formeln: $\exists r$ rek $\forall m$ rek, $m\geq r$: non(B_m) mit der effektiven m-Beschleunigungsaussage:

$$(B_m)\ \exists f \text{ rek } \exists b\in F_\mu \forall \phi_i = f: b(i)\downarrow, \phi_{b(i)} = f, m(x,\Phi_{b(i)}(x))<\Phi_i(x) \text{ f.ü.}$$

Beweis. Die Idee ist, mittels des doppelten Fixpunktsatzes zu beliebigem Programmpaar (k,ℓ) – lies: zur Berechnung von Funktionen $f=\phi_k$, $b=\phi_\ell$ in (B_m) für ein rekursives m – zwei Programme i und j für ϕ_k zu konstruieren, so daß für ein gewisses rekursives r für jedes rekursive $m\geq r$ und jedes Paar

($\phi_k=f$, $\phi_\ell=b$) aus der m-Beschleunigungsaussage unendlich oft eines der zugehörigen Fixpunktprogramme nicht r-beschleunigt wird, d.h. unendlich oft gilt:

$$\Phi_i(x)\leq r(x,\Phi_{b(i)}(x)) \text{ oder } \Phi_j(x)\leq r(x,\Phi_{b(j)}(x)).$$

Damit kann es zu r kein B_m erfüllendes rekursives $m\geq r$ geben, weil sonst für ein ($f=\phi_k$, $b=\phi_\ell$) aus B_m für die Fixpunktprogramme (i,j) für unendlich viele x gälte:

$$\Phi_i(x)\leq m(x,\Phi_{b(i)}(x))<\Phi_i(x) \text{ oder } \Phi_j(x)\leq m(x,\Phi_{b(j)}(x))<\Phi_j(x).$$

Wir zählen rekursiv Mengen $A^x_{k,\ell}$ von bis zum Schritt x einschließlich erzeugten "Ausnahme"elementen auf, für die möglicherweise i oder j durch $\phi_\ell=b$ nicht r-beschleunigt werden. Das erste Ausnahmeelement s_o finden wir in der Stufe $s_o\in A^{s_o}_{k,\ell}$, in der erstmalig (A) die vermeintlich schnellen Programme b(i) und b(j) definiert sind. In nachfolgenden Schritten x prüfen wir, ob (B) die Programme k,i,j,b(i),b(j) bis zum Schritt x ihren Wert auf allen bisherigen Ausnahmeelementen y berechnet haben und (C) dort übereinstimmen. Ist dies (noch) nicht der Fall, setzen wir $\phi_i(x)=\phi_j(x)=\phi_k(x)=f(x)$, wodurch zum einen i und j auf diesen Argumenten x etwa so lange rechnen wie k und zum anderen im Falle einer Ungleichung $\phi_{b(i)}(y)\neq f(y)$ oder $\phi_{b(j)}(y)\neq f(y)$ jeweils b(i) oder b(j) als schnellere Version des f berechnenden Programms i bzw. j ausfielen. Andernfalls bestimmen wir $s_{n+1}:=x\in A^x_{k,\ell}$ als neues Ausnahmeelement und (D) vergleichen die Laufzeiten von b(i),b(j) und k auf x: ist k schneller, setzen wir wieder $\phi_i(x)=\phi_j(x)=\phi_k(x)$; sonst bestimmen wir unter den vermeintlich schnelleren Programmen b(i) und b(j) das auf x schnellere, etwa b(i), definieren auf x das Fixpunktprogramm mit der langsameren Beschleunigung – hier j – (gleichschnell) wie das schnellere Programm – hier b(i), so daß b(j) an dieser Stelle j nicht beschleunigt – und sichern durch das andere Fixpunktprogramm die Übereinstimmung mit ϕ_k – hier $\phi_i(x)=\phi_k(x)$.

Nach dem doppelten Fixpunktsatz definieren wir (effektiv zu k,ℓ) Funktionen ϕ_i,ϕ_j und r.a. Mengen A^x in Schritten x durch Ausführung des folgenden <u>Berechnungsverfahrens</u> (der Einprägbarkeit halber kürzen wir $\phi_\ell(t)$ durch b(t) ab): $A^{-1}:=\emptyset$. Für $0\leq x$ prüfe:

(A) $\Phi_\ell(i)+\Phi_\ell(j)<x$? —Nein→ **: setze $A^x:=A^{x-1}$ → *: setze $\phi_i(x):=\phi_j(x):=\phi_k(x)$

Ja ↓

(B) $\forall y\in A^{x-1}:\Phi_k(y)+\Phi_i(y)+\Phi_j(y)+\Phi_{b(i)}(y)+\Phi_{b(j)}(y)<x$? —Nein→ **

Ja ↓

(C) ....$:\phi_k(y)=\phi_i(y)=\phi_j(y)=\phi_{b(i)}(y)=\phi_{b(j)}(y)$? —Nein→ **

Ja ↓

(D) Setze $A^x := A^{x-1} \cup \{x\}$. $\min\{\Phi_{b(i)}(x), \Phi_{b(j)}(x)\} \le \Phi_k(x)$? $\xrightarrow[\text{Nein}]{} *$

Ja ↓

1. Fall $\Phi_{b(i)}(x) \le \Phi_{b(j)}(x)$. Setze $\phi_j(x) := \phi_{b(i)}(x), \phi_i(x) := \phi_k(x)$

2. Fall ....>......... Setze $\phi_i(x) := \phi_{b(j)}(x), \phi_j(x) := \phi_k(x)$

Im folgenden sei (i,j) das effektiv aus (k,ℓ) berechnete Fixpunktpaar nach dem doppelten Rekursionstheorem. Wir zeigen:

(1) $\exists h$ rekursiv $\forall m$ rekursiv $\forall k,\ell$ mit (B_m) erfüllenden $(f=\phi_k, b=\phi_\ell)$:

$$\left.\begin{array}{l} x\in A^x \;\&\; \Phi_{b(i)}(x) \le \Phi_{b(j)}(x) \\ \ldots\ldots\ldots\ldots\ldots > \ldots\ldots\ldots\ldots \end{array}\right\} \begin{array}{l} \Phi_j(x) \le h(x, \Phi_{b(j)}(x)) \quad \text{f.ü.} \\ \Phi_i(x) \le h(x, \Phi_{b(i)}(x)) \quad \text{f.ü.} \end{array}$$

(2) $\exists g$: g rekursiv $\forall m$ rekursiv, $m \ge g$ $\forall k,\ell$ mit (B_m) erfüllenden $(f=\phi_k, b=\phi_\ell)$ gilt: $\phi_i = f = \phi_j$ & $\{x \mid x\in A^x, x$ erfüllt (D)$\}$ ist unendlich.

Nach (1) und (2) gilt mit $r := g+h$ wie zu beweisen war für jedes rekursive $m \ge r$ und jedes (B_m) erfüllende Paar $(f=\phi_k, b=\phi_\ell)$ unendlich oft

$$\Phi_j(x) \le r(x, \Phi_{b(j)}(x)) \text{ oder } \Phi_i(x) \le r(x, \Phi_{b(i)}(x)).$$

Beweis (2). $\phi_i = f = \phi_j$ gilt für alle (B_m) erfüllenden m: Denn gäbe es ein minimales y mit $\phi_i(y) \ne f(y)$ oder $\phi_j(y) \ne f(y)$, etwa $\phi_i(y) \ne f(y)$, so wäre $f = \phi_j$. [Beweis: $\forall z<y$: $f(z) = \phi_j(z) = \phi_i(z)$, da y minimal; $f(y) = \phi_j(y)$, da nach Konstruktion $\forall x: \phi_k(x) \in \{\phi_i(x), \phi_j(x)\}$; $\forall y<z: y\in A^z$ (denn sonst wäre $\phi_i(y) = f(y)$ nach *), also $z \notin A^z$ (wegen $\phi_i(y) \ne \phi_k(y)$), so daß $\phi_j(z) = f(z)$ nach *.] Aus $\phi_j = f$ folgt nach (B_m) $b(j){\downarrow}$ und $\phi_{b(j)} = f$, womit nach Konstruktion $\phi_i(x) = f(x)$ für alle x.

Aus $\phi_i = f = \phi_j$ und (B_m) für $f = \phi_k$ und $b = \phi_\ell$ folgt $x \in A^x$ für unendlich viele Stufen x. Wir zeigen nun, daß ab einer noch zu definierenden Größe g f.ü. (D) gilt. g erfüllt $g(x,y) \le g(x,y+1)$ und

(3) $\forall k,\ell: \Phi_i(x) \le g(x, \Phi_k(x))$ für alle $x \ge k,\ell$

so daß für jedes rekursive $m \ge g$ mit (B_m) erfüllenden $f=\phi_k, b=\phi_\ell$ gilt:

$$g(x, \phi_{b(i)}(x)) \le m(x, \Phi_{b(i)}(x)) < \Phi_i(x) \le g(x, \Phi_k(x)) \text{ f.ü.}$$

also $\min\{\Phi_{b(i)}(x), \Phi_{b(j)}(x)\} \le \Phi_{b(i)}(x) \le \Phi_k(x)$ f.ü. (da g monoton)

(3) erhält man für $g(x,y) := \max\{g'(k,\ell,x,y)+y \mid k,\ell \le x\}$ mit

$g'(k,\ell,x,y) := \Phi_i(x)$ falls $\Phi_k(x) \le y$ (beliebig sonst)

Da das Fixpunktpaar (i,j) aus (k,ℓ) berechenbar ist, ist $g'\in F_\mu$, g' ist total, weil nach Konstruktion aus $\phi_k(x)\downarrow$ stets $\phi_i(x)\downarrow$ und $\phi_j(x)\downarrow$ folgt, so daß im Falle $\Phi_k(x)\le y$ auch $\Phi_i(x)\downarrow$.

Beweis (1). Setze $h(x,y):=\max\{h'(k,\ell,x,y)\mid k,\ell\le x\}$ mit

$$h'(k,\ell,x,y):=\begin{cases}\Phi_j(x) & \text{falls } x\in A^x, \Phi_{\phi_\ell(i)}(x)\le\Phi_{\phi_\ell(j)}(x)\le y\\ \Phi_i(x) & \text{falls } \Phi_{\phi_\ell(j)}(x)<\Phi_{\phi_\ell(i)}(x)\le y\\ 0 & \text{sonst}\end{cases}$$

h' und damit h erfüllt nach Definition die Abschätzungen in (1) für $k,\ell\le x$. h' ist rekursiv: für alle (k,ℓ) sind die Fixpunkte (i,j) berechenbar, $\lambda x.x\in A^x$ ist rekursiv und für $x\in A^x$ sind $\phi_\ell(i)$ und $\phi_\ell(j)$ nach (A) der Konstruktion definiert.

Bemerkung. Die Möglichkeit effektiver Beschleunigungsverfahren bleibt für kleine Beschleunigungsfaktoren oder bei Beschränkung auf Beschleunigung an zumindest unendlich vielen statt fast allen Stellen (z.B. für Funktionen mit kreativem Graphen: Blum 1971; vgl. jedoch dazu Gill & Blum 1974).

Einen zum Blumschen analogen Beschleunigungssatz beweist Young 1971 für allgemeine Aufzählungssysteme; er zeigt, daß es prinzipiell unmöglich ist, Aufzählungsverfahren nur durch Rechenbeschleunigung ohne Veränderung der Aufzählungsreihenfolge zu optimieren, indem er unendliche r.a. Mengen A mit der folgenden Eigenschaft konstruiert: zu jedem Aufzählungsverfahren i für A gibt es ein A in einer anderen Reihenfolge aufzählendes Verfahren j, welches gegenüber jedem anderen Aufzählungsverfahren f.ü. beschleunigt ist, das A - mit welcher Geschwindigkeit auch immer - in derselben Reihenfolge aufzählt wie i (s. auch Helm et al. 1973, Shay & Young 1978).

"Beschleunigbare" r.a. Mengen (Blum & Marques 1973), für die es zu jedem Aufzählungsverfahren und jedem rekursiven Faktor ein unendlich oft um diesen Faktor schnelleres Aufzählungsverfahren gibt, sind gradtheoretisch charakterisierbar als genau die r.a. Mengen A mit

$$\mathrm{non}\{i\mid W_i\cap c(A)\neq\emptyset\}\le_T\emptyset' \quad \text{(Soare 1977).}$$

Jeder r.a. Turinggrad enthält nicht-beschleunigbare Mengen (Marques 1975), er enthält eine beschleunigbare Menge gdw sein Sprung größer als $\emptyset'$ ist (Marques 1975, Soare 1977).

§2. (Beliebig komplizierte Funktionen). Helm & Young 1971 konstruieren für den Beschleunigungssatz die Funktion f mit m-Beschleunigung durch eine raffiniertere Diagonalisierung so, daß zu gegebenen Programmen i von f keine m-beschleunigten äquivalenten Programme j mit in i partiell rekursiv beschränkter Programmgröße existieren; anders gesagt wird für die Beschleunigung dieses f ein jede partiell rekursive Funktion übersteigendes Programmgrößenwachstum gezahlt. Schnorr 1973 folgert aus der Unmöglichkeit effektiver Beschleunigungsverfahren bei hinreichend großen Beschleunigungsfaktoren, daß dann für kein rekursives f eine Beschleunigung möglich ist, die zu vorgegebenem Programm i für mindestens ein äquivalentes schnelleres Programm j sowohl dessen Größe als auch die Zahl der nicht beschleunigten Rechnungen rekursiv in i beschränkt; salopp gesprochen muß man bei jeder rekursiven Beschränkung h damit rechnen, daß mindestens ein i nur schnellere Programme zuläßt, die größer sind als h(i) oder aber an mehr als h(i) Stellen nicht schneller rechnen als i. Für Funktionen f mit m-Beschleunigung ist das kürzeste f berechnende Programm i gegenüber beschleunigten Programmen j beliebig ineffizient wegen $m(x,\Phi_{j},(x))<\Phi_{i}(x)$ f.ü.

Wir zeigen unten eine Diagonalisierungsargument von Meyer 1972, wonach man zu beliebigen rekursiven Schrankenfunktionen g (für die Programmgröße) und t (für die Rechenzeit) Programme p für Funktionen konstruieren kann, die f.ü. den Wert 0 annehmen, aber deren Berechnungsprogramme sämtlichst entweder g-größer sind als p oder aber f.ü. länger rechnen als t. Vorbereitend dazu konstruieren wir nach Rabin 1960 und Blum 1967 Funktionen mit beliebig vorgegebener Rechenzeit, genauer: schwach wachsende Funktionen f zu beliebig vorgegebener unterer Komplexitätsschranke t für alle Laufzeiten f berechnender Programme.

<u>Rabin-Blumsche Konstruktion von Funktionen mit beliebig großer Rechenzeit</u>: Es gibt ein rekursives Verfahren v, das zu jedem (ϕ-Programm i von) $t\in F_{\mu}$ ein (ϕ-Programm v(i) für ein) 0-1-wertiges, f.ü. "t-kompliziertes" $f\in F_{\mu}$ mit gleichem Definitionsbereich wie t konstruiert, so daß

$$\forall \phi_{j}=f: t(x)<\Phi_{j}(x) \text{ f.ü.}$$

<u>Beweis</u>. Wir führen den Beweis für ein totales t durch und lassen die für partielle t notwendigen Veränderungen als Übung. v(i) wird mittels Diagonalisierung so definiert, daß $\phi_{v(i)}$ sich von jedem ϕ_{j}, dessen Laufzeit unendlich oft $\Phi_{j}(x)\le\phi_{i}(x)$ erfüllt, an mindestens einer Stelle unterscheidet. Dazu berechnen wir in jeder Stufe x die wegen evtl. zu geringer Laufzeit als zur Berechnung von f ungeeignet zu eliminierenden Programme j (setze $E(i,-1)=\{\uparrow\}=\emptyset$):

$$E(i,x):=E(i,x-1)\cup\{\mu j(j\le x,\Phi_{j}(x)\le\phi_{i}(x),j\notin E(i,x-1))\}$$

$$\phi_{v(i)}(x):=\begin{cases} 1\dot{-}\phi_{j}(x) & \text{falls } j=\mu y(y\in E(i,x)-E(i,x\dot{-}1))\downarrow \\ \text{(z.Bsp.) } 0 & \text{sonst}\end{cases}$$

Nach dem S^{m}_{n}-Theorem gibt es eine rekursive Lösung v dieser Gleichung.

Übung. Passen Sie den Beweis für partiell rekursive t an. Folgern Sie, daß auch bei Zulassen eines beliebigen rekursiven Faktors r nicht jede partiell rekursive Funktion ϕ_i r-gutartig, d.h. modulo r obere Schranke für die Laufzeit Φ_i eines sie berechnenden Programms ($\Phi_i(x) \le r(x,\phi_i(x))$ f.ü.) ist. (Vgl. Übung 2 zum Umrechnungslemma.)

Für Programmgrößenmaße $\lambda i.|i|$ nimmt man vernünftigerweise an, daß es zu jeder Zahl n nur endlich viele Programme p von der Größe $|p|=n$ gibt und daß die Menge dieser Programme aus n effektiv berechnet werden kann. Dies motiviert die Bedingung an die Funktion $|\cdot|$ in:

Meyersche Konstruktion von Funktionen mit beliebig großer Rechenzeit bzw. Programmgröße: $\lambda i.|i|$ sei eine rekursive Funktion (lies: Programmgrößenmaß) mit endlichen Mengen $\{x|x\in\mathbb{N}\ \&\ |x|\le i\}$ für alle $i\in\mathbb{N}$. Dann kann man effektiv jedem Paar aus einer rekursiven Funktion t (Rechenzeitschranke) und einer in $\emptyset'$rekursiven Funktion g (Programmgrößenschranke) ein Programm i_0 für eine rekursive Funktion zuordnen, die f.ü. den Wert O annimmt und deren Programme i größer sind als $g(|i_0|)$ oder aber f.ü. eine Laufzeit $\Phi_i > t$ haben, in Formeln:

$$\forall \phi_i = \phi_{i_0} : |i| > g(|i_0|) \text{ oder } \Phi_i(x) > t(x) \text{ f.ü.}$$

Beweis. Man braucht lediglich die Diagonalisierung in der Rabin-Blumschen Konstruktion auf die Programmgrößenbedingung $|j| \le g(|i|)$ auszudehnen. Dazu sei (nach dem Satz von Post und dem Beispiel von Markwald in §BII2) $g(i) = \lim_{n\to\infty} g'(i,n)$ für ein rekursives g', so daß die Programmgrößenabschätzung durch $|j| \le g'(|i|,x)$ beschrieben werden kann. Ansonsten paraphrasieren wir die Rabin-Blumsche Konstruktion:

$E(i,x) := E(i,x-1) \cup \{\mu j(j\le x, |j|\le g'(|i|,x), \Phi_j(x)\le t(x), j\notin E(i,x-1))\}$.

Wegen der Limesdarstellung von g(i) ist $\lambda x.g'(|i|,x)$ schließlich konstant; da es nach Voraussetzung nur endlich viele j mit $|j|\le g'(|i|,x)$ gibt, ist also f.ü. $\phi_{v(i)}(x)=0$. Nach Konstruktion gibt es zu j mit $|j|\le g(|i|)$ & $\overset{\infty}{\exists} x$: $\Phi_j(x)\le t(x)$ ein x mit $\phi_{v(i)}(x) = 1 \dot{-} \phi_j(x) \neq \phi_j(x)$, so daß die Satzbehauptung für einen Fixpunkt i_0 mit $\phi_{v(i_0)} = \phi_{i_0}$ nach dem Rekursionstheorem folgt. (i_0 hängt effektiv von v und dieses effektiv von t,g ab.)

Bemerkung. Die Menge $\{i|\forall j: \phi_j=\phi_i \Rightarrow j\ge i\}$ minimaler Programme ist immun (Blum 1967, s. auch Li Xiang 1983) und vom Turinggrad $\emptyset''$ (Meyer 1972).

Abgesehen vom Effizienzproblem hängt die Frage nach kurzen Programmen auch von der zugrundeliegenden Programmiersprache ab: Meyer 1972 konstruiert (ähnlich wie oben) zu bel. in $\emptyset'$ μ-rekursivem g ein "zweifach rekursives Programm" i, dessen kleinstes äquivalentes Loopprogramm größer ist als g(i); Blum 1967a zeigt, daß man in jeder effektiven Auflistung p beliebig langer Programme zu jedem rekursiven Faktor m Programme p(j) finden kann, die durch viel (nämlich um den Faktor m) kürzere äquivalente Programme i von im Wesentlichen (lies: bis auf einen rekursiven Faktor r) der gleichen Laufzeit ersetzbar sind:

Blumscher Programmverkürzungssatz. $| \; |$ sei ein Programmgrößenmaß. $\exists r$ rekursiv: Man kann effektiv jeder rekursiven Funktion p mit unendlichem Wertebereich $|p(\mathbb{N})|$ (lies: jeder Programmiersprache mit bel. langen Programmen) und jedem rekursiven (Kürzungsfaktor) m ein Programm p(j) mit einem äquivalenten m-kürzeren Programm i von bis auf r gleicher Laufzeit zuordnen, in Formeln:

$$\phi_i=\phi_{p(j)} \qquad m(|i|)<|p(j)| \qquad \Phi_i(x)\le r(x,\Phi_{p(j)}(x)) \quad \text{f.ü.}$$

Beispiel. Für eine rekursive Aufzählung p der "kürzesten" Loopprogramme aller primitiv rekursiven Funktionen und $m:=\lambda x.17x$ liefert der Satz eine primitiv rekursive Funktion, deren kürzestes Loopprogramm mehr als 17 mal länger ist als ein dieselbe Funktion in etwa der gleichen Laufzeit berechnendes μ-rekursives (unbeschränktes Iterations-) Programm. Vgl. auch Constable 1971.

Beweis. Zwecks Diagonalisierung bestimmt man zu gegebenen p,m mit Indizes k,ℓ den Wert des Programms i auf x als Wert des kleinsten m-größeren Programms p(j); das Rekursionstheorem garantiert eine Lösung i dieser Festsetzung. Genauer: nach dem S_n^m-Theorem gibt es eine rekursive Lösung v der Gleichung

$$\phi_{v(k,\ell)}(i,x)=\phi_{p(\mu j(m(|i|)<|p(j)|))}(x) \quad \text{mit } p:=\phi_k,\ m:=\phi_\ell .$$

Für einen Fixpunkt i von $\phi_{v(k,\ell)}(i,x)=\phi_i(x)$ zu gegebenen Indizes k,ℓ von (rekursiven) p,m sei j minimal bzgl. $m(|i|)<|p(j)|$, so daß nach Definition $\phi_i=\phi_{p(j)}$. NB.: i errechnet sich rekursiv aus k,ℓ.

Die Laufzeitabschätzung $\Phi_i(x)\le r(x,\Phi_{p(j)}(x))$ f.ü. ergibt sich aus der Benutzung des universellen Programms zur Berechnung von $\phi_i(x)$: in konstanter Zeit wird j und p(j) berechnet und dann mittels des universellen Programms p(j) auf x simuliert. Formal benutzt man die Methode des Umrechnungslemmas: zu Indizes k,ℓ rekursiver p,m bestimmt man (die Laufzeit a zur Berechnung von) $m(|i|)$ für den errechneten Fixpunkt i und (die Laufzeit b zur Berechnung der) p(0),...,p(c) bis zum kleinsten c mit $m(|i|)<|p(c)|$ sowie schließlich dessen Laufzeit $\Phi_{p(c)}(x)$. Genauer: setze $r(x,y):=\max\{h(e,x,y)\,|\,e\le x\}$ für die nachfolgend definierte rekursive Funktion h:

$$h(e,x,y) := \begin{cases} \Phi_i(x) & \text{falls } e=\langle k,\ell,a,b,c\rangle \ \& \ i \text{ Fixpunkt zu } k,\ell \text{ (s.o.)} \\ & \& \ \Phi_\ell(|i|)=a \ \& \ \sum_{j\leq c} \Phi_k(j)=b \ \& \ \exists_{j\leq c} \ \phi_\ell(|i|)<|\phi_k(j)| \\ & \& \ y=\Phi_{\phi_k(j_0)}(x) \text{ für das minimale derartige } j_0\leq c \\ \text{bel. sonst} & \end{cases}$$

Übung (Längenaufblaslemma). Für jedes Programmgrößenmaß $|\cdot|$ kann man zu jedem Programm äquivalente größere Programme konstruieren, sprich: ein rekursives p mit $|p(i)|>|i|$ für alle i.

Die Rabin-Blumsche Konstruktion beliebig komplizierter Funktionen zeigt, daß es zu jedem allgemeinen Komplexitätsmaß ein effektives Verfahren gibt, das jeder unteren Laufzeitschranke t eine schwach wachsende, aber in dieser Laufzeit nicht berechenbare Funktion f zuordnet.

Andererseits sagt der folgende Satz von Trachtenbrot 1967 und Borodin 1969 (vgl. Borodin 1972, Constable 1972), daß effektiv zu jedem rekursiven, im 2. Argument streng monotonen Faktor m eine rekursive untere Laufzeitschranke t konstruiert werden kann, so daß kein Programm mehr als endlich viele Laufzeitwerte annimmt, die echt zwischen t und dem um den Faktor m erhöhten t liegen; anders gesagt lassen die Laufzeiten auf Grund der Entscheidbarkeit ihres Graphprädikats unvermeidlich große Lücken in der Klasse der rekursiven Funktionen:

Lückensatz. Es gibt ein effektives Verfahren, das jedem (ϕ-Programm eines) rekursiven, im 2. Argument streng monotonen m ein (ϕ-Programm für ein) rekursives t zuordnet, so daß:

$\forall i,x$: aus $t(x)<\Phi_i(x)<m(x,t(x))$ folgt $x\leq i$.

Beweis. $t_m(x):=\mu y(\forall i<x{:}\Phi_i(x)\leq y \text{ oder } \Phi_i(x)\geq m(x,y))$.
t_m erfüllt die Ungleichungen per definitionem, wenn $\forall x{:}t_m(x)\downarrow$.
Für beliebiges x definiert $y_0:=0, y_{j+1}:=m(x,y_j)$ eine streng monotone Folge; da es höchstens x definierte Werte $\Phi_i(x)$ mit $i<x$ gibt, enthält eines der x+1 Intervalle $]y_j,y_{j+1}[$ mit $j\leq x$ kein $\Phi_i(x)$ mit $i<x$, so daß $\Phi_i(x)\leq y_j$ oder $\Phi_i(x)\geq y_{j+1}$.

Bemerkung. Der Lückensatz hat eine ähnliche methodologische Konsequenz wie der Beschleunigungssatz: Für einen Universalrechner u läßt jede Ersetzung durch eine neue Maschine u' -etwa mit schnelleren Rechenzeiten oder erweiterter Befehlsmenge - prinzipiell unendlich viele, sogar effektiv angebbare rekursive Laufzeitschranken zu, innerhalb derer u und u' dieselbe Klasse von Problemen lösen.

Die Aussage des Lückensatzes wird noch deutlicher in termini der sog. Komplexitätsklassen aller mit einer fest vorgegebenen rekursiven Laufzeitschranke berechenbaren rekursiven Funktionen:

$$C_t^\Phi := \{f \mid f \text{ rekursiv}, \exists i{:}\phi_i=f, \Phi_i(x)\leq t(x) \text{ f.ü.}\}$$

Wenn Φ aus dem Zusammenhang bekannt ist, schreiben wir C_t statt C_t^Φ. Der Lückensatz sagt, daß jedes streng monotone rekursive m eine Komplexitätsklasse C_t erzeugt, die sich durch Erhöhung des zulässigen Rechenaufwands um den Faktor $m\dot{-}1$ nicht ändert, d.h. so daß $C_t = C_{(m\dot{-}1)\circ t}$. Die folgende Bemerkung zeigt, daß C_t hingegen echt erweitert wird, wenn man als neue Laufzeitschranke nicht t, sondern eine hinreichend große Laufzeit für t in m einsetzt.

Bemerkung: Mittels einer hier nicht behandelten Verschärfung (s. Rabin 1960, Blum 1967) folgt aus der Rabin-Blumschen Konstruktion beliebig komplizierter Funktionen die Existenz einer rekursiven monotonen Funktion m, mittels derer sich zu rekursiven Funktionen mit hinreichend stark wachsender Laufzeit effektiv größere Komplexitätsklassen erzeugen lassen, nämlich

$$C_{\phi_i} \subsetneq C_{m\circ\Phi_i} \quad \text{für alle rekursiven } \phi_i \text{ mit } \Phi_i(x)\geq x.$$

Übung 1. (Hartmanis & Stearns 1965). Jede von einem rekursiven t erzeugte Komplexitätsklasse, die $F:=\{f|f \text{ total } \& \ f(x)=0 \text{ f.ü.}\}$ umfaßt, ist r.a.

Hinweis: Zu bel. i suche eine Stelle s, ab der $\Phi_i(x)\leq t(x)$, und dazu eine Majorante m aller $\Phi_i(x)$ mit $x<s$, genauer: $\phi_{h(i,s,m)}(n):=\phi_i(n)$ (bzw. 0) falls $\Phi_i(x)\leq t(x)$ für alle $s\leq x\leq n$ & $\Phi_i(x)\leq m$ für alle $x<s$ (bzw. sonst) hat eine rekursive Lösung h und zählt C_t auf. (Robertson 1971 zeigt die Aussage für Komplexitätsklassen partiell rekursiver Funktionen.)

Übung 2. (Lewis 1970, 1971a, Landweber & Robertson 1970). Definieren Sie ein Komplexitätsmaß mit einer nicht r.a. Komplexitätsklasse C_t für ein rekursives t.

Hinweis: Für eine Folge von Progammen p(j) der konstanten Funktionen mit Wert j definiere man das Maß Φ so, daß p(j) für $j\notin K$ die Komplexität 0 und alle anderen Programme positive Komplexität erhalten. Dann ist für die konstante Funktion t mit Wert 0 $C_t=\{C_j^1|j\notin K\}$.

Dem Phänomen des Lückensatzes steht die Tatsache gegenüber, daß man mit einer geeigneten rekursiven Funktion h für jede rekursive Funktion t die durch t bestimmte Komplexitätsklasse als Komplexitätsklasse einer rekursiven h-gutartigen Funktion t' darstellen kann, die sich effektiv aus t gewinnen läßt, s. McCreight & Meyer 1969, Moll & Meyer 1974, vgl. auch van Emde Boas 1973 und Young 1971b. Dieser sog. Gutartigkeits- oder Namensatz liefert mit der Rabin-Blumschen Methode ein Verfahren zur Erzeugung einer bzgl. $\subsetneq$ echt aufsteigenden Folge von Komplexitätsklassen, deren Vereinigung ebenfalls eine Komplexitätsklasse darstellt (s.u. Vereinigungssatz), von der aus das Verfahren iteriert werden kann. Wir verweisen für diesen Ansatz zur Konstruktion von Hierarchien von Klassen rekursiver Funktionen auf Bass & Young 1973 sowie Kap. CII und beschränken uns hier auf einen Beweis für den auf McCreight & Meyer 1969 zurückgehenden (in Constable 1971 verallgemeinerten)

Vereinigungssatz. Die Vereinigung der durch eine r.a. aufsteigende Folge rekursiver Funktionen definierten Komplexitätsklassen ist eine Komplexitätsklasse, in Zeichen: $\forall f$ rekursiv, f monoton im 1. Argument: $\exists d$ rekursiv:

$$\bigcup_{n\in\mathbb{N}} C_{f_n} = C_d.$$

Beweis. $\subseteq$ folgt wegen $f_n(x)\le f_x(x)$ f.ü. mit der Diagonalfunktion von f. Für die andere Inklusion suchen wir schrittweise für jedes Programm i ein n mit $\Phi_i(x)\le f_n(x)$ f.ü. Sollte sich beim Schritt x für den zur Zeit gültigen Kandidaten $<i,n>$ jedoch $\Phi_i(x)>f_n(x)$ herausstellen, so erzwingen wir auch $d(x)<\Phi_i(x)$ - geschieht dies unendlich oft, so ist hierdurch d keine f.ü. - Schranke für Φ_i - und ersetzen $<i,n>$ durch einen neuen Kandidaten, z.B. $<i,x>$. Das folgende effektive Verfahren zählt schrittweise rekursive Kandidatenmengen K^x und Eliminationsmengen E^x auf und definiert d(x) nach dieser Heuristik:

$$K^{-1}:=E^{-1}:=\emptyset \qquad E^x:=\{k\mid k\in K^{x-1},\ \Phi_{(k)_1}(x)>f_{(k)_2}(x)\}$$

1\. Fall: $E^x=\emptyset$. Setze $d(x):=f_x(x), K^x:=K^{x-1}\cup\{<x,x>\}$

2\. Fall:sonst. Setze $d(x):=\min\{f_{(k)_2}(x)\mid k\in E^x\}$ und

$$K^x:=(K^{x-1}-E^x)\cup\{<(k)_1,x>\mid k\in E^x\}\cup\{<x,x>\}.$$

Ist $\Phi_i(x)\le d(x)$ f.ü. so ist $\Phi_i(x)\le f_n(x)$ f.ü. für ein n; denn sonst wäre $\{x\mid \exists n:<i,n>\in E^x\}$ unendlich - zu $<i,n>\in K^x-K^{x-1}$ gäbe es nach Annahme ein minimales y>x mit $\Phi_i(y)>f_n(y)$, so daß $<i,n>\in E^y$ und $<i,y>\in K^y-K^{y-1}$, usw. - also für unendlich viele x mit $<i,n_x>\in E^x$ nach Konstruktion

$$d(x)=\min\{f_{(k)_2}(x)\mid k\in E^x\}\le f_{n_x}(x)<\Phi_i(x).$$

Die Umkehrung folgt aus $\forall n: f_n(x)\le d(x)$ f.ü. Letzteres gilt, weil es zu jedem n eine Stufe s gibt, nach der in E^x nur noch k mit $n<(k)_2$ auftreten können, so daß für alle x>n,s:

$$d(x)=f_x(x)\ge f_n(x) \quad \text{oder} \quad \exists\, n<m: d(x)=f_m(x)\ge f_n(x).$$

§3. (Zerlegungstheorie universeller Automaten). Der Kleenesche Normalformsatz zeigt, daß jede Gödelnumerierung mit rekursiven Ein-,Ausgabe-, Übergangs- und Stopfunktionen in der Form $o(u)_s i$ zerlegbar ist; solch ein Paar (u,s) aus Elementarer-Rechenschritt-Funktion u und Abbruchkriterium s definiert einen "universellen Automaten", d.h. einen Rechner, der eine universelle Programmiersprache zu interpretieren imstande ist, wenn man ihn mit geeigneten - einen Compiler einschließenden - Kodier- und Dekodiermechanismen versieht, die dafür sorgen, daß ein beliebiges Programm i für beliebige Eingabewerte $\vec{x}$ durch Iteration von u bearbeitet und der berechnete Wert bei Erfüllung des Stopkriteriums s entnommen werden kann. Diese dreiphasige Analyse von Berechnungsabläufen in Herstellen der Anfangskonfiguration, iterierte Anwendung der Übergangsfunktion bis zum Eintreten der Stopbedingung und anschließende Ausgabe des Rechenergebnisses charakterisiert gleicherweise abstrakte Berechnungsformalismen (s. Kap. A) und moderne Programmiersprachen (s. Germano & Mazzanti 1984). Wir sagen daher nach Buchberger 1974:

<u>Definition.</u> u ist <u>Übergangsfunktion eines universellen Automaten</u> gdw u rekursiv & $\exists$ i,o,s rekursiv: $o(u)_s i$ ist eine Gödelnumerierung. Entsprechend für <u>Stop-, Ein- und Ausgabefunktion</u>. ℓ heißt <u>Laufzeit eines universellen Automaten</u> gdw $\exists$ u,s,i,o rekursiv: $o(u)_s i$ ist eine Gödelnumerierung und

$$\ell_j(\vec{x}) = \mu t(s(u^t(i(j,\vec{x}))) = 0) \quad \text{für alle } j,\vec{x},$$

d.h. ℓ beschreibt für beliebige Programm- und Dateneingabe die bis zum Stop benötigte Anzahl der elementaren Rechenschritte eines universellen Automaten.

<u>Übung.</u> Beschreiben Sie einen universellen Automaten mit zugehörigen Ein- und Ausgabefunktionen zur Interpretation von 1. Programmen auf der Turingmaschine, 2. Markov-Algorithmen.
  Die folgende Aussage zeigt, daß über die iterative Zerlegbarkeit von Gödelnumerierungen als universelle Automaten hinaus dabei auch zugehörige Komplexitätsmaße als Laufzeiten ausgedrückt werden können.

<u>Charakterisierung allgemeiner Komplexitätsmaße als Laufzeiten universeller Automaten.</u> Eine Funktion ist allgemeines Komplexitätsmaß für eine Gödelnumerierung gdw sie Laufzeit eines universellen Automaten ist.

<u>Beweis.</u> Aus einem allgemeinen Komplexitätsmaß Φ für ϕ erhält man eine Zerlegung von ϕ als universellen Automaten $o(u)_s i$ mit Laufzeit Φ, indem man für Eingaben j,x so lange - das Rechenergebnis $\phi_j(x)$ abwartend - die Zahl t der Rechenschritte zählt, bis $t = \Phi_j(x)$:

$$z := <j,x,0>$$
$$z := <(z)_1,(z)_2,(z)_3+1> \xleftarrow{\text{Nein}} \Phi_{(z)_1}((z)_2) = (z)_3 ? \xrightarrow{\text{Ja}} o(z) := \phi_{(z)_1}((z)_2)$$

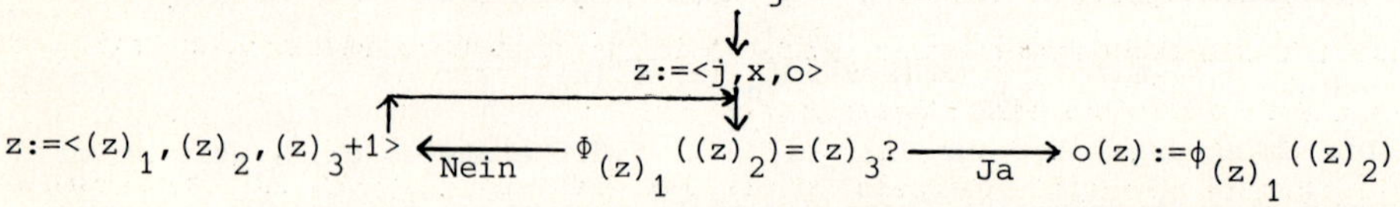

Die Schwäche des allgemeinen Komplexitätsmaßbegriffs äußert sich hier in der Künstlichkeit der als bloßer Schrittzähler konstruierten Übergangsfunktion, die ausgefallene Beispiele universeller Automaten - etwa ohne unendliche Zyklen oder ohne Konfluenz evtl. verschiedener Berechnungspfade - nicht ausschließt:

<u>Übung 1.</u> Geben Sie einen <u>zyklenfreien universellen Automaten</u> an, d.h. mit $\{x \mid (u)_s(x)\uparrow \ \& \ \exists n \neq m: u^n(x) = u^m(x)\} = \emptyset$.

2. Geben Sie einen <u>zyklen- und konfluenzfreien universellen Automaten</u> an, d.h. ohne nicht abbrechende, periodisch werdende Rechnungen und ohne Konfluenz verschiedener Konfigurationen:

$$\forall x \neq x': \text{ Für alle } t,t': u^t(x) \neq u^{t'}(x').$$

<u>Hinweis.</u> Kodieren Sie bei jedem Rechenschritt die gesamte bisher simulierte Rechnung mit.

Mit ähnlichen einfachen Simulationen erhält man nach Buchberger & Roider 1978 allgemeine Charakterisierungen derjenigen rekursiven Funktionen, die die Rolle von Ein-, Ausgabe-, Übergangs- oder Stopfunktionen in universellen Automaten übernehmen können.

Charakterisierung der Eingabefunktionen universeller Automaten.

Dies sind gerade die auf einem r.a. nicht leeren Zylinder injektiven rekursiven Funktionen.

Bemerkung. Nach dieser Charakterisierung muß die Eingabefunktion eines universellen Automaten Programm- und Dateneingaben (i,x) unverwischt einspeichern - Injektivität - und dabei eine rekursive unendliche Menge von Speicherplätzen zum Abspeichern von Zwischenergebnissen freilassen - die Komplemente r.a. Zylinder enthalten unendliche rekursive Mengen. Deutlich zeigt das der

Beweis. Ist $o(u)_s i$ eine Gödelnumerierung, so gibt es zu injektivem $f \in F_\mu$ ein rekursives h mit $f_j(x)=o(u)_s i(h(j),x)$.
Ist umgekehrt $\lambda x,y.i(h(x),y)$ mit rekursivem h injektiv, so ist $i(h(2\mathbb{N})\times\mathbb{N}) \subseteq R$ für ein counendliches rekursives R; mittels Kodierung in counendlichen rekursiven Mengen kann man aber beliebige Rechnungen universeller Automaten simulieren nach folgendem:

Lemma. Zu jedem $f \in F_\mu$ und counendlichem rekursiven R gibt es rekursive o,u,r mit $f(x)=o(u)_r(x)$ für alle $x \in R$.

Es sei nämlich $g(j,x):=i(h(2j),x)$ und $g^{-1}(z)=\langle j,x\rangle$ falls $g(j,x)=z$ ($\uparrow$ sonst). Man hat dann zu obigem R und $f:=\lambda z.e((g^{-1}(z))_1,(g^{-1}(z))_2)$ rekursive o,u,s, so daß für alle j,x:

$$o(u)_s(i(h(2j),x))=f(i(h(2j),x))=e(j,x).$$

Also ist die Gödelnumerierung e via $\lambda j.h(2j)$ in $o(u)_s i$ übersetzbar und damit auch Letztere eine Gödelnumerierung.

Beweis des Lemmas. Mittels rekursiver (De-) Kodierungsfunktionen c,d mit $c(\mathbb{N})=C(R)$, $dc=U_1^1$ und einem Kleene-Index k von f kodiert man die Berechnung von $e_k(x)=aus(ü)_s\, ein(k,x)$ in R durch Eingabe von $c(ein(k,x))$, Ausgabe $o(z):=aus(d(z))$ und

$$u(z):=\begin{cases} c(ein(k,z)) \\ c(ü(d(z))) \end{cases} \qquad r(z):=\begin{cases} \neq 0 & \text{falls } z\in R \\ s(d(z)) & \text{sonst} \end{cases}$$

Charakterisierung der Ausgabefunktionen universeller Automaten.

Dies sind genau diejenigen rekursiven surjektiven Funktionen, die unendlich oft die Injektivität verletzen.

Beweis. Ist $o(u)_s i$ eine Gödelnumerierung und wäre o ab einer Stelle n injektiv, so nähme die Gödelnumerierung keinen Wert $o(i(k,x))$ für Eingaben $i(k,x)>n$ nicht abbrechender Rechnungen an - denn aus $o(i(k,x))=o(u^m(i(\ell,y)))$ an einer Stopstelle m folgte wegen der Injektivitätsannahme $i(k,x)=u^m(i(\ell,y))$, also $s(i(k,x))=0$ und $o(u)_s i(k,x)\downarrow$.

Umgekehrt simuliert man wieder mittels rekursiver c,d mit $c(\mathbb{N})=\mathrm{Rep}:=\{n \mid \exists m<n: o(m)=o(n)\}$ und $dc=U_1^1$ Kleenes $e=\mathrm{aus}(\ddot{u})_s\,\mathrm{ein}$ durch:

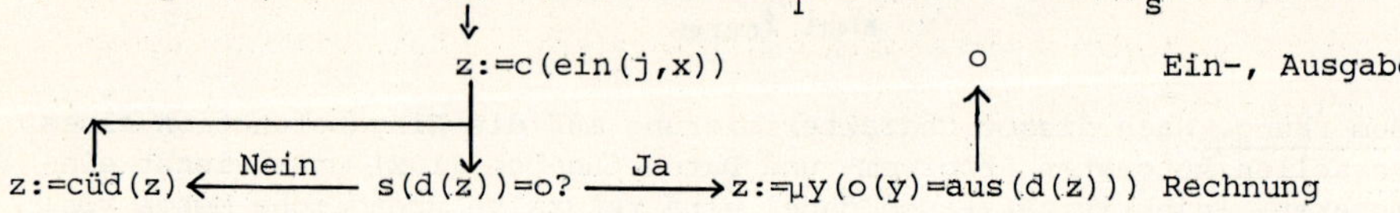

Bemerkung. Rep spielt die Rolle des für Zwischenrechnungen benötigten Speicherplatzes. Jeder universelle Automat benötigt nach der Charakterisierung von Ausgabefunktionen unendlich viele derartige nicht unmittelbar zur Kodierung der möglichen Ausgabewerte benötigte Speicherzustände.

Übung. Zur Begründung der Notwendigkeit von Ein-, Ausgabefunktionen bei universellen Automaten geben Sie ein $f\in F_\mu$ an, so daß $f \neq (u)_s i$ und $f \neq o(u)_s$ für alle rekursiven u,s,i,o. (Hinweis: Sei $f(x):=x\cdot\xi_S'(x)$ für die partielle charakteristische Funktion einer einfachen Menge S. Für $f=(u)_s i$ wäre $S \subseteq s^{-1}(0)$ mit unendlichem $s^{-1}(1)$; für $f=o(u)_s$ gäbe es eine nicht abbrechende, nicht periodisch werdende Rechnung $x, u(x), uu(x), \ldots$ mit $u^t(x)\notin S$ für alle t.)

Übung. Zur Begründung der Notwendigkeit der äußeren Funktion U in der Kleene Normalform mit T-Prädikat sowie zur Charakterisierung dieser Funktionen sei $*$ die Darstellung $f(\vec{x})=\mu y R(\vec{x},y)$ und $*\ell$ die Darstellung $f(\vec{x})=\ell(\mu y R(\vec{x},y))$ für ein primitiv rekursives R.

1. (Skolem 1944) f hat eine Darstellung $*$ gdw der Graph von f primitiv rekursiv ist. Es gibt μ-rekursive f mit nicht primitiv rekursivem Graphen.

2. (Markov 1949). ℓ heiße "von breiter Schwankung" gdw für alle n die Gleichung $\ell(x)=n$ unendlich viele Lösungen hat. Zeigen Sie: Für primitiv rekursive Funktionen ℓ von breiter Schwankung hat jede μ-rekursive Funktion f eine Darstellung $*\ell$ und umgekehrt.

Hinweis: Ist ℓ primitiv rekursiv und von breiter Schwankung, so ist es linke Dekodierfunktion einer primitiv rekursiven Paarkodierung mit rechter Dekodierfunktion $r(x):=$(Nummer von x in der aufsteigenden Folge der Lösungen von $\ell(y)=\ell(x)$). Umgekehrt: hat $\ell(x)=n$ für ein n nur endlich viele Lösungen, so ist $\{x \mid f(x)=n\}$ primitiv rekursiv für jedes f mit $*\ell$.

Charakterisierung der Stopkriterien universeller Automaten:
Dies sind genau die rekursiven Funktionen, die den Wert 0 unendlich oft annehmen und unendlich oft nicht.

Beweis. Mit rekursiven Kodierungen $<>:\mathbb{N}^3 \to \{x \mid r(x) \neq 0\}$, $c:\mathbb{N} \to \{x \mid r(x)=0\}$, $dc=U_1^1$ simuliert man e wie bei der Laufzeitcharakterisierung beliebiger Φ mit Eingabe <>, Ausgabe d und Übergangsfunktion

$$u(<j,x,t>)=\begin{cases} <j,x,t+1> & \text{falls } s(\ddot{u}^t(\mathrm{ein}(j,x))) \neq 0 \\ ce(j,x) & \text{sonst} \end{cases}$$

Charakterisierung der Übergangsfunktionen universeller Automaten.
Dies sind genau die rekursiven Funktionen u mit einer unendlichen r.a. Menge $f(\mathbb{N})$ von Startpunkten nicht periodisch werdender, nicht konfluierender u-Rechnungen $(u^m(f(n))_{m\in\mathbb{N}}$.

Beweis. Sei $\phi=o(u)_s i$ eine Gödelnumerierung. Definiere $z\in P$ gdw $(u)_s(z)\uparrow$ & $\exists p \neq q: u^p(z)=u^q(z)$ ("z wird periodisch")

$C(v,w)$ gdw $\exists\, p,q: u^p(v)=u^q(w)$ & $\forall r\leq \max\{p,q\}: s(u^r(v)) \neq 0 \neq s(u^r(w))$

("v und w konfluieren, ohne vorher abzubrechen").

Wir definieren ein rekursives f durch Rekursion nach n: nach der effektiven Version des Rekursionstheorems berechne einen Fixpunkt j für

$$\phi_j(x)=\begin{cases} 0 \text{ falls } i(j,x)\in P \text{ oder } \exists\, m<n: C(i(j,x),f(m)) \\ \uparrow \text{ sonst} \end{cases}$$

und setze $f(n):=i(j,0)$. Durch Induktion nach n folgt $\forall n: (u)_s(f(n))\uparrow$. (Beweis: aus $(u)_s(f(n))\downarrow$ folgt $\phi_j(0)=o(u)_s i(j,0)\downarrow$, nach Definition von ϕ_j also $i(j,0)\in P$ oder $C(i(j,0),f(m))$, somit $(u)_s(f(n))\uparrow$ nach Definition von P und C sowie der Induktionsvoraussetzung für $f(m)$.) Also ist $f(n)\notin P$ (da sonst $\downarrow\phi_j(0)=o(u)_s i(j,0)$, also $(u)_s(f(n))\downarrow$) und konfluiert $f(n)$ mit keinem $f(m)$ für $m<n$.

Sei umgekehrt durch ein rekursives f eine unendliche wiederholungsfreie Matrix aus u-Konfigurationen $u^m(f(n))$ gegeben. Um in der n-ten Zeile durch $u^m(f(n))$ den m-ten Rechenschritt der n-ten Rechnung eines vorgegebenen universellen Automaten simulieren zu können, müssen wir sicherstellen, daß aus $u^m(f(n))$ sowohl n als auch m berechenbar sind. Dazu formen wir (durch Weglassen) die Matrix so um, daß in der ersten Spalte sowie zeilenweise die <-Beziehung gilt:

$g(0):=f(0) \quad g(n+1):=f(\mu m: f(m)>f(n)) \quad$ NB: $g(n)<g(n+1)$

$h(n,0):=g(n) \quad h(n,m+1):=u^t(g(n))$ mit $t:=\mu y(u^y(g(n))>h(n,m))$

Da h in beiden Argumenten streng monoton ist, ist der Wertebereich von h rekursiv und gibt es rekursive Dekodierfunktionen h_i mit $h_i(h(x_1,x_2))=x_i$. In der Matrix h – $z\in h$ steht für $\exists\, m,n: z=h(n,m)$ – simulieren wir ϕ mit Komplexitätsmaß Φ durch:

Ein-, Ausgabe: ↓ $z:=h(\langle i,x\rangle,0)$ ↓ $\quad o(z):=\phi((h_1(z))_1,(h_1(z))_2)$ ↑ Ja

$z:=u(z)$ ← Nein — $z\in h$ & $\Phi((h_1(z))_1,(h_1(z))_2)=h_2(z)$? (Stopkriterium)

Bemerkung. Der oben definierte, vom operationalen Standpunkt aus natürlich erscheinende Begriff des berechenbarkeitsuniversellen Automaten erweist sich durch die angegebenen Charakterisierungen der Zerlegungen der eine Gödelnumerierung ausmachenden Anteile als trennschwach insofern, als jeder einzelne dieser Teile auf Kosten der anderen und unabhängig von diesen fast beliebig kompliziert (oder einfach) sein kann. Dem entspricht auch die Beobachtung, daß für jede universelle Programmiersprache unvermeidlich selbst natürliche Entscheidungsprobleme wie Halte-, Wort- und Konfluenzprobleme unabhängig voneinander beliebig vorgegebene r.a. Gradkomplexität annehmen können, s. Cleave 1972,1973,1975, Börger 1979, Jedrzejowicz 1979,1979a. Ähnlich nehmen nach Biskup 1977 für allgemeine Komplexitätsmaße die Projektionsmengen

$$\{(x,n) \mid \exists i{:}\Phi_i(x)=n\}, \quad \{(i,n) \mid \exists x{:}\Phi_i(x)=n\}, \quad \{n \mid \exists i,x{:}\Phi_i(x)=n\}$$

bel. r.a. Grade an, während sie für die Standardmaße wie RM-Zeit-bzw. Speicherbedarf rekursiv sind. Berechenbarkeitsuniversalität erzwingt nicht hinreichend viel Struktur, um unnatürliche universelle Automaten auszuschließen. Dieser Strukturmangel beruht auf der Globalität des unterliegenden Simulationsbegriffs, wie die folgende automatentheoretische Formulierung des Universalitätsbegriffs verdeutlicht. (Für eine systematische Untersuchung verschieden starker Universalitätsbegriffe auf der Grundlage verschiedenartiger Simulationsbegriffe - sprich: Reduzierbarkeitsbeziehungen - s. Falkinger 1978,1980.)

Für eine automatentheoretische Formulierung des Universalitätsbegriffs verschmelzen wir Paare (u,s) aus Übergangsfunktion u und Stopkriterium s zu einer partiell rekursiven Funktion a mit rekursivem Definitionsbereich: $a(x)=u(x)$ {bzw.↑} falls $s(x) \neq 0$ {sonst}; wir schreiben $(u)_s=(a)$ ("Iteration von a"; NB. (a) (x)=x falls a(x)↑.) Ad hoc nennen wir solche Funktionen kurz "Automaten"; jeder gängige Automat kann in der Tat so aufgefaßt werden als partiell rekursive Übergangsfunktion auf der Menge seiner Konfigurationen (mit dem rekursiven Definiertheitsproblem als Abbruchkriterium). Ein (Berechenbarkeits-) universeller Automat ist somit per definitionem ein Automat a, dessen Iteration bei geeigneter rekursiver Ein- bzw. Ausgabefunktion i,o eine Gödelnumerierung o(a)i darstellt; eine automatentheoretische Formulierung dieser Normalform o(a)i für beliebige partiell rekursive Funktionen f lautet:

Übung. Ein Automat a ist universell gdw a jeden Automaten global simuliert, d.h. es zu jedem Automaten f rekursive ("Ein- bzw. Ausgabefunktionen") i,o gibt mit (f)=o(a)i.

Globale Simulation sagt insbesondere nichts aus über die Kompliziertheit - z.B. die benötigte Schrittzahl - der Simulation eines einzelnen elementaren Rechenschritts des zu simulierenden Automaten; dazu bedarf es einer feineren Analyse des zugrundeliegenden Simulationsbegriffs. Eine theoretisch oder durch Erfahrung bestätigte These darüber, was man vernünftigerweise als präzises Explikat der Übergangsfunktion - d.h. des einzelnen, elementaren Rechenschritts - eines universellen Automaten ansehen sollte, gibt es bisher nicht. Ein einfaches Diagonalisierungsargument zeigt jedoch, daß es selbst bei der weit gefaßten globalen Simulation unmöglich ist, Universalität gleichförmig mit rekursiven Simulationsrechenzeitschranken zu verbinden:

Satz von der Unmöglichkeit uniformer rekursiver Simulationsschranken bei universellen Automaten (Menzel & Sperschneider 1982): Es gibt keine r.a. Menge B (von Indizes) rekursiver Funktionen mit einem Automaten u, der jeden Automaten a mit einer Rechenzeitschranke aus B global simuliert, d.h. so daß a von u simuliert wird vermöge rekursiver Ein- Ausgabefunktionen i,o und mit einer Beschränkungsfunktion $b \in B$ der Rechenzeit von u in der Rechenzeit von a:

$(*)$ $(a)=o(u)i \ \& \ Iz_{(u)}(i(x)) \leq b(x, Iz_{(a)}(x))$ f.ü.

wobei $Iz_{(c)}(x) := \mu t(Iter(c,t)(x)\uparrow)$ ("Iterationszahl" als Rechenzeit).

NB. Vorstehender Satz schließt nicht aus, daß es zu jedem von u global simulierten Automaten mit $(a)=o(u)i$ eine rekursive Simulationszeitschranke gibt, nämlich $b_a(x,y) := Iz_{(u)}(i(x))$ {beliebig sonst} falls $Iz_{(a)}(x) \leq y$ {sonst}.

Übung. Überlegen Sie sich interessante Beispiele r.a. Schrankenfunktionsmengen B zum vorstehenden Satz!

Beweis. Wir erzeugen einen Widerspruch aus der (bequemlichkeitshalber vorerst durch Weglassen der Einschränkung "f.ü." verstärkten) Annahme, für eine Menge $B=\{[r(\ell)] \mid \ell \in \mathbb{N}\}$ rekursiver Funktionen mit rekursivem r gäbe es einen universellen Automaten u, der für jeden Automaten a mit geeigneten rekursiven Funktionen $i=[k]$, $o, b=[r(\ell)]$ sogar für alle x die Bedingung $(*)$ erfüllt. Dazu konstruieren wir einen $(*)$ nicht erfüllenden Automaten a als $a(<k,\ell,t>)=a^t_{k,\ell}$ mit paarweise verschiedenen Automaten $a_{k,\ell}$, die für alle potentiellen Paare aus Eingabeprogramm k und Rechenzeitbeschränkungsprogramm $r(\ell)$ eine $(*)$ verletzende Stelle t enthalten.

Zur Konstruktion von $a_{k,\ell}$ in Stufen t benutzen wir eine bijektive rekursive Tripelkodierung <> und "Schrittzähler"automaten $s_{k,\ell,t}$, die bei festgehaltenen ersten Komponenten k,ℓ in der dritten Komponente mit iterativer Rechenzeit $t=Iz((s_{k,\ell,t}), <k,\ell,o>)$ bis t zählen:

$s_{k,\ell,t}(<u,v,w>) := <k,\ell,w+1>$ {bzw. $\uparrow$} falls $u=k$, $v=\ell$, $w<t$ {sonst}.

Zur Definition von $a^t_{k,\ell}$ ($a_{k,\ell}$ in der Stufe t) zählen wir mit $s_{k,\ell,t}$ solange weiter, bis die Schrittzahl t zur Berechnung des Eingabewertes $i(<k,\ell,o>)$ für u in der Kleenenumerierung erreicht ist, formal:

$a^t_{k,\ell} := s_{k,\ell,t}$ falls $t<Sz(k,<k,\ell,o>)$.

Für $t=Sz(k,<k,\ell,o>)$ testen wir, ob der Simulator auf jener Eingabe länger rechnet, als b für Rechenzeit t erlaubt. Ist dieses nicht der Fall, d.h.

gilt $Iz_{(u)}([k](<k,\ell,o>))\le[r(\ell)](<k,\ell,o>,t)$, so bricht die simulierende Rechnung ab und definieren wir die zu simulierende Rechnung als unendlich mittels $s_{k,\ell,t'} \subseteq a^{t}_{k,\ell} = a^{t'}_{k,\ell}$ für alle $t'\geq t$, was k als Programm für i in der Simulationsbedingung (a)=o(u)i in (*) ausschließt.

Anderfalls braucht der Simulator u mehr Iterationsschritte als b für t in (*) erlaubt, so daß wir die zu simulierende Rechnung als in t Schritten abgebrochen definieren mittels $s_{k,\ell,t} = a^{t'}_{k,\ell}$ für alle $t'\geq t$. Dadurch wird ℓ als Programm für b zur Simulationsschrittzahlbeschränkung in (*) ausgeschlossen.

a ist eine wohldefinierte partiell rekursive Funktion mit rekursivem Definitionsbereich. Nach Annahme seien $k,r(\ell)$ Programme für i,b mit (*); sei $t=Sz(k,<k,\ell,o>)$.

1. Fall. $Iz_{(u)}(i(<k,\ell,o>))\le b(<k,\ell,o>,t)$. Dann gilt

$$o(u)i(<k,\ell,o>)\downarrow \;\&\; (a)(<k,\ell,o>)\uparrow$$ im Widerspruch zu o(u)i=(a).

2. Fall. Sonst. Dann gilt $Iz_{(a)}(<k,\ell,o>)=Iz((s_{k,\ell,t}),<k,\ell,o>)=t$,

also $Iz_{(u)}(i(<k,\ell,o>))>b(<k,\ell,o>,t)=b(<k,\ell,o>,Iz_{(a)}(<k,\ell,o>))$ im Widerspruch zur Ungleichung in (*).

Übung. Zeigen Sie den Satz mit "f.ü." in (*).

Von verschiedenen Ansätzen her ist versucht worden, den allgemeinen Komplexitätsmaßbegriff stärker zu strukturieren, um die in §1-3 zutage getretenen Unmöglichkeitsaussagen sowie "unnatürliche" Komplexitätsmaße auszuschließen, s. Hartmanis 1973. Lischke 1975a untersucht dazu Zusatzbedingungen an das Verhalten der Komplexitätsmaße bei typischen Verknüpfungen rekursiver Funktionen, vgl. Lischke 1976,1977,1981, Berg & Lischke 1977. Biskup 1978 definiert eine der schrittweisen Ausführung von Programminstruktionen abgelesene Pfadkomplexität, die in überzeugender Weise Zeitmaße charakterisiert, s. auch Alton 1977. Die methodisch grundlegendste Kritik enthält Young 1977: Beschleunigungs- und Optimierungsfragen betreffen nicht Funktionen, sondern solche berechnende Programme; insbesondere ist für ein optimierendes Programm auch der Äquivalenzbeweis zum optimierten Programm mitzuliefern. Fordert man solch einen Äquivalenzbeweis im Rahmen eines formalen Systems, so spricht man von beweisbar äquivalenten Programmen. Young konstruiert zu jeder rekursiven Funktion Programme, die unter den beweisbar äquivalenten Programmen nahezu optimal sind, und zeigt, daß für bel. rekursiven Beschleunigungsfaktor m zu jeder rekursiven Funktion ein Programm konstruiert und ein Verfahren angegeben werden kann, das zu jedem beweisbar äquivalenten Programm ein beweisbar äquivalentes und beweisbar m-beschleunigtes Programm liefert; bei gutartigem m kann auch die Laufzeit der beschleunigenden Programme in der Größenordnung der beschleunigten Programme gehalten werden. Young 1971a diskutiert die Anwendbarkeit allgemeiner Komplexitätsmaße auf die Berechnung endlicher Funktionen; s. auch Pager 1970 und Ausiello 1971.

Weitere Literaturangaben: Hartmanis & Hopcroft 1971, Ausiello 1975. Für eine komplexitätstheoretisch orientierte historische Übersicht s. Hartmanis 1981 und Cook 1983 sowie Borodin 1973.

KAPITEL C: REKURSIVITÄT UND KOMPLEXITÄT

Erfahrung im Umgang mit Computern zeigt, daß die dem vorhergehenden Kapitel B zugrundeliegende Klassifikation von Problemen in entscheidbare und unentscheidbare zu grob ist: viele entscheidbare Probleme sind auf Grund zu großer Zeit- oder Speicherplatzanforderungen für die Durchführung von Lösungsverfahren durch Computer praktisch nicht lösbar.

Daher müssen für die Komplexitätsanalyse entscheidbarer Probleme neue Begriffe gebildet werden, um die Erfahrung von verschiedenartigen Schwierigkeitsgraden rekursiver Probleme mathematisch beschreiben und studieren zu können. Auf Grund der in Kap. BIII gewonnenen Erkenntnisse konkretisieren wir zuerst den dort allgemein untersuchten Ansatz quantitativer Analyse, indem wir entscheidbare Probleme und berechenbare Funktionen nach dem für Lösungs- oder Berechnungsverfahren nötigen Zeit- bzw. Platzbedarf klassifizieren. Variationen von Simulations- und Diagonalisierungstechniken aus Kap. B führen uns dabei auf unendliche Hierarchien lösbarer Probleme wachsender Komplexität (Teil CI). Am Beispiel der primitiv rekursiven Funktionen - einer bedeutenden Teilklasse aller rekursiven Funktionen - läßt sich nachweisen (Teil CII), daß diese quantitativen Komplexitätsbestimmungen zu natürlichen qualitativen Komplexitätsmaßen "passen", durch die Algorithmen nach ihrer Struktur (Programm- und Definitionskomplexität) klassifiziert werden.

Darüberhinaus zeigen die Teil CII zugrundeliegenden Kodierungsverfahren, daß die wesentlichen Schwierigkeiten bei der Frage nach praktischen Lösungen entscheidbarer Probleme bereits im Spannungsfeld auftreten zwischen den Komplexitätsklassen der mit polynomialem bzw. mit exponentiellem Aufwand entscheidbaren Mengen. Das Studium dieser und verwandter niedriger Komplexitätsklassen in Teil CIII beruht auf geeigneten Verfeinerungen der in Kap. B entwickelten Reduktionstechniken.

Im Lichte der bei der Komplexitätsanalyse rekursiver Probleme angetroffenen Begriffsbildungen und Ergebnisse stellen wir die in Kap. A untersuchte Frage nach einem mathematischen Begriff von Algorithmus neu als Frage nach einem mathematischen Begriff einer Maschine mit endlichem (Prozessor-) Speicher. Dies führt uns auf zwei bereits klassisch zu nennende Grundbegriffe der Berechnungstheorie, die sich nach einer Analyse von Chomsky durch strukturelle Beschränkungen des Turingmaschinenmodells ergeben und eine bedeutende Rolle in der Informatik spielen: endliche Automaten und kontextfreie Grammatiken. Kap. CIV,V führen in die Theorie dieser Begriffe ein.

TEIL I: KOMPLEXITÄTSKLASSEN REKURSIVER FUNKTIONEN

Im Gegensatz zu Kap. BIII stützen wir uns hier nicht auf beliebige Gödelnumerierungen und beliebige Blumsche Komplexitätsmaße, sondern messen Zeit- und Speicherbedarf für eine konkretes Maschinenmodell. In §0 begründen wir die "Allgemeinheit" des gewählten Modells der Turingmaschine mit endlich vielen Bändern. In §1 beweisen wir, daß beliebig kleine asymptotische (nichtkonstante) Vergrößerung vorgegebener Platz- oder Zeitschranken für Berechnungen determinierter k-Band-TMen bereits die Klasse der so lösbaren Probleme erweitert. In §2 führen wir den Satz von Savitch 1970 vor, wonach grob gesprochen nicht-determinierte Programme bei quadratischer Speichererweiterung durch determinierte Programme simuliert werden können.

Die in Teil I konstruierten unendlichen Hierarchien von Komplexitätsklassen algorithmisch lösbarer Probleme entstehen ausschließlich durch Simulations- und Diagonalisierungsmethoden von der schon in Kap. B im Bereich des rekursiv Unlösbaren studierten Art. So überrascht nicht, daß auch die Beispiele von Problemen auf einem jeweiligen Komplexitätsniveau ähnlich wie in Kap. B im wesentlichen passende Halteprobleme darstellen. Die hauptsächliche mathematische Herausforderung der Komplexitätstheorie besteht darin, für konkrete, "natürliche" wissenschaftliche Probleme präzise Komplexitätsbestimmungen (etwa durch Einordnung in die hier vorgeführten Hierarchien) zu geben. (Wir geben einige Beispiele in §CV4, §FIII1-3.)

NB. Wie schon in Kap. A werden wir es auch hier tunlichst vermeiden, TM-Programme explizit anzugeben. Wir beschreiben ihre Wirkung und Arbeitsweise jeweils nur soweit, wie es für die beabsichtigte Komplexitätsabschätzung nötig erscheint.

§0. (Das Modell der k-Band-Turingmaschine). Es hat sich für komplexitätstheoretische Untersuchungen als weitgehend vernünftig erwiesen, sich auf das Modell der k-Band-Turingmaschine (k-Bd-TM) zu stützen. Zur Begründung wollen wir hier einige einfache Eigenschaften dieser Maschinen skizzieren; insbesondere zeigen wir, daß Zeit- und Platzkomplexitätsklassen nur von Größenordnungen und nicht wesentlich von der Zahl der Bänder oder Buchstaben des Alphabets abhängen. Zum Gebrauch in §1 schätzen wir auch den Zeit- und Platzbedarf bei den Simulationsschritten eines geeigneten universellen TM-Programms ab.

In diesem und in folgenden Paragraphen sprechen wir i.a. nur von determinierten, in §2 aber auch von indeterminierten Programmen. Zur Vermeidung von Mißverständnissen fügen wir daher meistens den Zusatz (in-)determiniert hinzu.

Hauptdefinition. Für determinierte Programme M auf der k-Band-TM und Eingabeworte w sei:

Z(M,w):= Zeitverbrauch von M bei Eingabe von w

:= minimale Länge einer mit einer Endkonfiguration abbrechenden M-Berechnung mit Eingabe w (∞, falls M auf w angesetzt nicht hält)

B(M,w):= Bandverbrauch von M bei Eingabe von w

:= maximale Anzahl der Felder, die M im Verlaufe der mit Eingabe w gestarteten (und bis zur ersten evtl. auftretenden Endkonfiguration laufenden) Berechnung auf einem seiner Bänder benutzt (d.h. maximale Länge bis zum evtl. Stopzeitpunkt auftretender nicht trivialer Bandausschnitte)

OBdA nehmen wir im Folgenden an, daß zu Beginn Eingabeworte auf Band 1 stehen, daß die übrigen Bänder leer sind und sich ihre Arbeitsfelder in der Position des ersten Buchstabens des Eingabewortes befinden.

Für rekursive Funktionen t,s heißt M t-zeitbeschränkt gdw für alle Eingabeworte w von M gilt $Z(M,w) \leq t(|w|)$, wobei $|w|$ die Länge von w bezeichnet. M heißt s-bandbeschränkt gdw $\forall w: B(M,w) \leq s(|w|)$. Eine Funktion/Menge heißt in Zeit t (mit Platz s) berechenbar/entscheidbar gdw sie dies durch ein t-zeit- (s-band-) beschränktes M ist.

Bemerkung 1. Durch die Beschränkung von Zeit- und Speicherbedarf in der Länge der Eingaben (statt in den Eingaben selbst) erfaßt man stets den für die jeweilige Eingabenlänge schlimmstmöglichen Fall mit maximalem Bedarf an Ressourcen. Daher spricht man bei solchen Komplexitätsmaßen auch von worst-case complexity.

Bemerkung 2. Will man auch Speicherplatzschranken mit geringerem als linearem Wachstum behandeln können, so betrachtet man das erste Band als reines Leseband, auf dem nicht gelöscht oder gedruckt werden darf und dessen Eingabeworte w durch ein neues Begrenzungssymbol \$ eingeschlossen sind. Man nennt solch eine Maschine off-line-TM und bezeichnet eine k-Band-TM im üblichen Sinne dann zur Unterscheidung auch als on-line-TM. Wir werden wenn nicht ausdrücklich anders gesagt nur on-line-TMen, sprich Bandbeschränkungen s mit $s(n)\geq n$ für alle n betrachten. Ebenso fordern wir $t(n)>n$, damit stets mindestens die gesamte Eingabe gelesen werden kann.

Wegen des Phänomens der Zeit- und Platzkompression (s.u.) spielen bei Komplexitätsabschätzungen konstante Faktoren keine Rolle, so daß wir mit Vorteil den aus der Analysis bekannten O-Kalkül benutzen. Für Funktionen f,g schreiben wir also:

$$f=O(g) \quad \text{gdw} \quad \exists c>0 : \exists n \forall x\geq n : f(x)\leq cg(x).$$

Die Äquivalenzklasse einer Funktion f unter der Äquivalenzrelation "$f=O(g)$ & $g=O(f)$" nennt man auch Größenordnung von f.

Übung 1. Die Größenordnung von Polynomen ist durch ihren Grad gegeben, genauer: sei

$$p(n) := \sum_{j\leq g} c_j n^j \quad \text{mit Koeffizienten } c_j \in \mathbb{Z},\ 0<c_g.$$

Dann hat p dieselbe Größenordnung wie $\lambda n.n^g$. Es gilt $\lambda n.n^g=O(\lambda n.n^{g+1})$, aber nicht $\lambda n.n^{g+1}=O(\lambda n.n^g)$.

Demgemäß unterscheidet man lineare Größenordnung ($\lambda n.n$) von quadratischer ($\lambda n.n^2$), kubischer ($\lambda n.n^3$) usw.,die jeweils eine Wachstumsordnung charakterisieren und sich alle gegen exponentielle Wachstumsordnungen absetzen.

Übung 2. Die Größenordnung einer exponentiellen Funktion $\lambda n.c^n$ für $1<c$ majorisiert sämtliche polynomiale Größenordnungen, d.h. $\forall g:\lambda n.n^g=O(\lambda n.c^n)$.

Hinweis: $c^{n+1}/c^n=c$. Wegen $(n+1)^g/n^g=(1+1/n)^g$ fällt letztere Folge monoton und wird schließlich kleiner als c, nämlich falls $n>1/(c^{1/g}-1)$. Sei m die nächste ganze Zahl nach $1/(c^{1/g}-1)$. Bestimmen Sie eine Konstante k mit $n^g\leq kc^n$ für $n>m$ aus der Abschätzung

$$n^g=(m+i)^g=(m\cdot\frac{m+1}{m}\cdot\frac{m+2}{m+1}\cdot\ldots\cdot\frac{m+i}{m+i-1})^g\leq m^g\ (1+\frac{i}{m})^g\leq m^g(1+\frac{1}{m})^{ig}\leq m^g c^i\leq m^g c^n.$$

Im Anschluß an die Literatur betrachten wir in Kap. CI TM-Programme hauptsächlich als Entscheidungs- bzw. Erzeugungsalgorithmen für Wortmengen. Dazu denken wir uns für jedes Programm mindestens einen Stopzustand als ausgezeichnet und nennen ihn akzeptierenden Stopzustand. Damit definieren wir die von M akzeptierte Sprache L(M) als Menge aller Worte, auf die angesetzt M nach endlich vielen Schritten in einen akzeptierenden Stopzustand gerät. Wir nennen hier Programme M und N äquivalent gdw L(M)=L(N).

Dementsprechend betrachten wir für rekursive Funktionen t,s die folgenden Komplexitätsklassen:

$ZEIT_k(t) := \{L(M) \mid M$ determ. t-zeitbeschränktes k-Band-TM-Programm$\}$

$BAND_k(s) :=$ ....s-band ....

$BANDZEIT_k(s,t) :=$ ....s-band-und t-zeit- ....

$K(t) := \bigcup_k K_k(t)$ für jede der Klassen K.

Daß k-Band-TMen nicht mehr leisten als die 1-Band-Tm, beweist man leicht durch Zusammenfassen von k Bändern zu einem einzigen Band, dessen Felder mit k-Tupeln aus Buchstaben der k Bänder beschriftet sind (s. Übung 2 zur Definition der TM, §AI1). Durch eine ebenso einfache Komplexitätsanalyse dieser Konstruktion erhält man das auf Hartmanis & Stearns 1965 zurückgehende

Bandreduktionslemma. Jedem determinierten t-zeitbeschränkten Programm M auf der k-Band-TM kann man ein äquivalentes $O(t^2)$-zeitbeschränktes Programm M' mit derselben Bandbeschränkung auf der 1-Band-TM zuordnen, d.h. $BANDZEIT_k(s,t) \subseteq BANDZEIT_1(s,O(t^2))$.

Beweis mit der sog. Tupelbildungs- (auch Spur-)technik: Die Buchstaben von M' seien 2k-Tupel, so daß jedes M'-Band 2k Zeilen ("Spuren") hat: in Spur 2i-1 steht das i-te M-Band; die darunterstehende Spur 2i enthält ein bis auf genau ein Vorkommen des neuen Symbols ↑ leeres Band. Die Position von ↑ zeigt das Arbeitsfeld im darüberliegenden M-Band an.

Zu Beginn eines Simulationsschrittes liegt das Arbeitsfeld von M' beim linksäußersten der k M-Arbeitsfelder (lies: im Feld mit dem M'-Buchstaben, der das linksäußerste Vorkommen von ↑ in einer seiner Komponenten enthält). Im den M-Zustand i kodierenden Zustand i' läuft M' zur Simulation eines M-Rechenschrittes nach rechts und speichert bei den Vorkommen von ↑ die darüberstehenden Arbeitsfeldbeschriftungen der k M-Bänder. Beim k-ten M-Arbeitsfeld angekommen merkt sich M' den durch i und die gefundenen Arbeitsfeldbeschriftungen in M bestimmten Nachfolgerzustand j und die Beschriftungsänderung bzw. die auszuführende Bewegung für jedes der k M-Arbeitsfelder. M' läuft zum linksäußersten Vorkommen von ↑ zurück und führt bei den Vorkommen von ↑ jeweils die zu erledigende Beschriftung bzw. Arbeitsfeldverschiebung durch. Beim linksäußersten ↑ angelangt geht M' in den Folgezustand j'.

Offensichtlich ist M' äquivalent zu und hat denselben Bandverbrauch wie M. Zur Simulation von M bei Eingabe w benötigt M' pro M-Rechenschritt höchstens $O(t(|w|))$ Schritte, da sich die M-Arbeitsfelder in t(n) M-Rechenschritten nicht mehr als O(t(n)) Positionen voneinander entfernen können.

Bemerkung. Hennie & Stearns 1966 zeigen, daß man bei der Reduktion auf 2 Bänder mit Simulationszeit t(n)logt(n) auskommen kann. Aanderaa 1974 zeigt, daß bei Realzeitberechnungen die Bereitstellung eines zusätzlichen Bandes die Leistungsfähigkeit vergrößert: $ZEIT_k(\lambda n.n) \subsetneq ZEIT_{k+1}(\lambda n.n)$.

Übung. Simulieren Sie ein t-zeitbeschränktes det. Programm der 2-dimensionalen TM durch ein $O(t^3)$-zeitbeschränktes Programm auf der 4-Band-TM.

Benutzung der Tupelbildungstechnik zum Zusammenfassen von TM-Bandausschnitten fester Länge k zu einem einzigen neuen Bandsymbol liefert das auf Hartmanis et al. 1965 zurückgehende

Bandkompressionslemma. Die Leistungsfähigkeit einer bandbeschränkten TM verändert sich nicht durch Veränderung der Bandbeschränkung um einen konstanten Faktor: $BAND(s)=BAND(O(s))=BAND_1(O(s))$.

Beweis: Es genügt, für bel. $0<c<1$ zu jedem s-bandbeschränkten determinierten ℓ-Band-TM-Programm M ein äquivalentes determiniertes $c\cdot s$-bandbeschränktes 1-Band-TM-Programm M' konstruieren. Nach dem Bandreduktionslemma genügt der Beweis für 1-Band-TM-Programme M. Für ein später näher zu bestimmendes k fassen wir Worte der Länge k über dem Alphabet von M (sog. k-Blöcke) zu M'-Buchstaben zusammen. Die M'-Zustände (i,j) kodieren M-Zustand i und Arbeitsfeldposition j in einem k-Block ($1\le j\le k$). Ein M-Rechenschritt wird von M' simuliert durch entsprechende Veränderung der Arbeitsfeldbeschriftung bzw. Verschiebung des Arbeitsfeldes (falls M einen k-Block verläßt) und Zustandsänderung.
Offensichtlich ist M' äquivalent zu M und ist bandbeschränkt durch $[s(n):k]+1$, also durch $c\cdot s(n)$ falls $k\ge 2/c$.

Übung. Zeigen Sie das Lemma für nicht-determinierte M. (Überlegen Sie sich, welchen Komplexitätsabschätzungsbegriff Sie dazu benötigen. Vgl. §2.)

Die Tupelbildungstechnik gestattet auch einen Zeitraffereffekt nach dem auf Hartmanis & Stearns 1965 zurückgehenden

Zeitkompressionslemma. Die Leistungfähigkeit einer t-zeitbeschränkten ℓ-Band-TM mit $\ell\ge 2, t>O(\lambda n.n)$ verändert sich nicht durch Veränderung der Zeitbeschränkung um einen konstanten Faktor, d.h. $ZEIT_\ell(t)=ZEIT_\ell(O(t))$.

Beweis. Es genügt, für bel. $0<c<1$ jedem t-zeitbeschränkten determinierten ℓ-Band-TM-Programm M ein äquivalentes determiniertes $c\cdot t$-zeitbeschränktes ℓ-Band-TM-Programm M' zuzuordnen.
Kodierung: Wie beim Beweis des Bandkompressionslemmas kodieren wir k-Blöcke von M-Buchstaben durch neue M'-Bandsymbole sowie Kombinationen aus M-Zuständen und M-Arbeitsfeldpositionen durch M'-Zustände.

Simulation: Zu Beginn kopiert M' die M-Eingabe w vom Eingabeband in ein Arbeitsband und von dort unter Zusammenfassen von k-Blöcken zu je einem M'-Buchstaben zurück in das Eingabeband. Dann initialisiert M' entsprechend seine zu Beginn leeren Arbeitsbänder.
In jeweils 8 Schritten simuliert nun M' denjenigen Teil der M-Berechnung, durch den auf mindestens einem Band das M-Arbeitsfeld vom Ausgangsblock (zu Beginn der betrachteten Simulationsphase) zum übernächsten Block rechts oder links übergeht - NB: dazu braucht M wegen der Blocklänge k mindestens k+1 Schritte -: M' liest in jedem Band die Buchstaben im Arbeitsfeld und in dessen beiden Nachbarfeldern und merkt sich (durch seinen Zustand) die darin kodierten M-Bandausschnitte im Ausgangs- und dessen linkem und rechtem Nachbarblock. Dies benötigt 4 M'-Rechenschritte. Damit kennt M' für jedes Band diejenige M-Konstellation (Beschriftung und Arbeitsfeldposition), in der M erstmalig hält oder das M-Arbeitsfeld aus dem Ausgangsblock und seinen beiden Nachbarblöcken heraus verlegt. Entsprechend hält M' oder kodiert die neue Konstellation durch a) Beschriftung seines Arbeitsfeldes (lies: Ausgangsblock) und dessen beider Nachbarfelder (lies: Nachbarblöcke), b) zugehörige Verschiebung

seines Arbeitsfeldes und c) Übergang in den Anfangszustand der nächsten Simulationsphase. Dazu sind wiederum (höchstens) 4 M'-Rechenschritte erforderlich.

Rechenzeitabschätzung: Die Eingabekodierung für Eingaben der Länge n benötigt $\leq n+[n:k]+1$ Schritte, die Simulation von t(n) M-Rechenschritten $\leq 8([t(n):k]+1)$ Schritte. Wegen $t(n) > O(n)$ gilt für jedes d schließlich $n < t(n)/d$, also auch für genügend große n:
$n+9+n/k+8t(n)/k \leq t(n)\cdot(1/d+1/kd+8/k+9/t(n)) \leq t(n)\cdot c$ für geeignete d,k.

Neben der offensichtlichen Inklusion $ZEIT(t) \subseteq BAND(t)$ notieren wir als weiteres Simulationsbeispiel noch das

Lemma. Determinierte TM-Berechnungen haben einen im Platzbedarf exponentiellen Zeitbedarf, genauer: $BAND(t) \subseteq ZEIT(2^{O(t)})$.

Beweis. Zu einem bel. det. t-bandbeschränkten Programm M auf der (nach dem Bandreduktionslemma oBdA) 1-Band-TM konstruieren wir ein äquivalentes det. 1-Band-TM-Programm M' mit Zeitbeschränkung 2 hoch O(t).

Beweisidee: Jede M-Berechnung, die nur s Bandfelder benutzt, gerät spätestens nach der folgenden Zahl von Schritten in eine Schleife:

(*) $|M|\cdot s\cdot|A|^s$ mit $|M|,|A|$= Zahl der Zustände (bzw. Buchstaben) von M.

Simulation: Nach dem Bandreduktionslemma genügt es, M' auf der 2-Band-TM zu definieren. Zu Beginn setzt M' auf dem ersten Band eine neue Marke $ an die Ränder der Eingabe w und initialisiert auf dem zweiten Band einen Schrittzähler durch Drucken der Binärdarstellung

$$bin(|M|\cdot|w|\cdot|A|^{|w|})$$

der beim bisherigen Bandverbrauch $|w|$ zulässigen Rechenzeit. M' simuliert M auf dem ersten Band und erniedrigt nach der Simulation eines jeden M-Rechenschrittes den Zähler auf dem zweiten Band um 1. Erweitert M bei einem Rechenschritt seinen Bandverbrauch um 1, so verschiebt M' entsprechend das Begrenzungszeichen $ um eine Position nach außen und aktualisiert den Schrittzähler wie folgt: durch die Bandverbrauchserhöhung von sagen wir s auf s+1 erhöht sich die zulässige Rechenzeit

von $|M|\cdot s\cdot|A|^s$ auf $(|M|s|A|^s)\cdot|A|+c(s)$ mit $c(s):=|M|\cdot|A|^s\cdot|A|$.

Also genügt es, den bisher zulässigen (oBdA auf dem zweiten Band gespeicherten) Rechenzeitwert mit $|A|-1$ zu multiplizieren und dazu sowohl c(s) zu addieren als auch die bisher noch verbliebene, im Schrittzähler stehende Rechenzeit

$|M|\cdot s\cdot|A|^s-u$ für u=Zahl der bisher simulierten M-Schritte.

Rechenzeitabschätzung: Für Eingaben der Länge n wird wegen der Bandbeschränkung von M durch t der Zähler im zweiten Band von M' nicht größer als

$$m:=|M|\cdot t(n)\cdot|A|^{t(n)}.$$

Zur Simulation eines M-Rechenschrittes muß M' a) den Zähler um 1 erniedrigen und b) bei Banderweiterung durch M den Zähler aktualisieren. Für a) muß M' im schlimmsten Fall am linken Ende von bin(m) operieren, wozu $\leq(\log m)+1 = O(t(n))$ Schritte nötig sind. Für b) müssen Zahlen <m mit der Konstanten $|A|$ bzw. $|A|-1$ multipliziert und zu Zahlen <m addiert werden, was binär $\leq O(t(n))$ Schritte erfordert. Also ist die gesamte M'-Rechenzeit beschränkt durch

$$|M|\cdot t(n)\cdot|A|^{t(n)}\cdot(O(t(n))+O(t(n)))\leq O(|M|\cdot|A|^{t(n)}\cdot t^2(n))=$$
$$= O(2^{\log|A|\cdot t(n)}\cdot 2^{2\cdot\log t(n)}) = 2^{O(t(n))}.$$

In §1 benutzen wir zum Aufweis einer Zeit- bzw. Platzhierarchie die Methode der Diagonalisierung, wobei wir uns auf zeit- und bandbeschränkte Simulationen zeit- und bandbeschränkter Programme stützen. Der Vollständigkeit halber skizzieren wir hier ein universelles TM-Programm mit geeigneten Zeit- und Bandschranken für die Simulation.

Abgesehen von diesen Komplexitätsabschätzungen haben die technischen Details der Simulation keinen weiteren Wert, so daß der daran nicht interessierte Leser die Konstruktion überspringen und direkt zu §1 weitergehen mag.

Wir übernehmen die nachstehenden Ausführungen aus Schinzel 1984a. Zugrundegelegt wird die folgende Gödelisierung von TM-Programmen M mit:

Buchstaben: $a_0=0$, $a_1=1$, $a_2=\$$, $a_3,\ldots,a_l$ Instruktionen: $I_i (i\leq k)$

oBdA bestehen Instruktionen aus kombinierten Test-,Druck- und Bewegungsbefehlen und haben die Form iji'j'b (lies: wird im Zustand i der j-te Buchstabe gelesen, so gehe in den neuen Zustand i' über, drucke den j'-ten Buchstaben im Arbeitsfeld und führe die Bewegung $b\in\{0,1$("rechts"),2("links")$\}$aus). Setze:

$\bar{M}:=\bar{I}_0\ldots\bar{I}_k$ mit $\overline{iji'j'b}$:=\$\$bin(i)\$bin(j)\$bin(i')\$bin(j')\$bin(b).

bin(n) bezeichnet die Binärdarstellung von n. Die "Gödelnummer" von M in $\{0,1\}^*$ sei $h(\bar{M})$ mit dem Homomorphismus

$$h(0):=00 \qquad h(1):=01 \qquad h(\$):=11.$$

Wir vereinbaren, daß jedes $w\in\{0,1\}^*$, das nicht als h-Bild eines $\bar{M}$ auftritt, "Gödelnummer" des nirgends haltenden Programms ist, und bezeichnen somit das TM-Programm mit Gödelnummer p durch M_p.

Satz von der Simulationskomplexität eines universellen Turingmaschinenprogramms. Das unten konstruierte 1-Band-TM-Programm U mit Alphabet $\{0,1,\$\}$ leistet für beliebige $p\in\{0,1\}^*$ und $w\in\{0,1,\$\}^*$ das Folgende:

1. Universalität: U angesetzt auf p\$w hält gdw M_p angesetzt auf w hält; dann sind die Rechenergebnisse $Res_U(p\$w)$ und $Res_{M_p}(w)$ gleich.
2. Bandverbrauch: $B(U,p\$w)=O(B(M_p,w)\cdot|p|)$ {Faktor: Länge des simulierten Programms}
3. Zeitverbrauch: $Z(U,p\$w)=O((Z(M_p,w)+|w|^2+|Res_{M_p}(w)|^2)\cdot|p|^2)$

 {Faktor "Quadrat des simulierten Programms" mal Summe aus simulierter Zeit und Quadraten von Ein- und Ausgabenlänge}

Konstruktion und Beweis. Beginn: U testet, ob $p=h(\bar{M})$ für ein TM-Programm M. Ist Letzteres nicht der Fall, so läuft U in eine unendliche Schleife. Andernfalls bereitet U die Simulation von M(M wie oben) vor.

Dazu initialisiert U ein 3-Spuren-Band: eine "Bandspur" enthält den Inhalt des M-Bandes als Folge der (durch führende Nullen auf konstante Länge $\geq$logl+1 gebrachten und) durch \$ getrennten Binärdarstellungen der Buchstabenindizes. Die konstante Länge dieser Kodierungen $\bar{0}$bin(j)\$ - $\bar{0}$ steht für eine Folge von Nullen geeigneter Länge - stellt sicher, daß bei der Simulation von Druckoperationen die Kodierungen des überdruckten und des zu druckenden M-Buchstabens gleiche Länge haben und somit U keine Verschiebung der Bandkodierung vorzunehmen hat. Eine "Zustandsspur" unter der Bandspur enthält zu Beginn einer Simulationsphase die Binärkodierung des zu simulierenden M-Zustands.

Eine "Programmspur" unter der Zustandsspur enthält $\bar{M}$. Zu Beginn einer Simulationsphase schließt der nicht-leere Teil der Zustands- und der Programmspur bündig ab mit dem Ende der Kodierung des M-Arbeitsfeldes auf der Bandspur.

Simulation der Ausführung einer Instruktion iji'j'b durch M: U liest den M-Arbeitsfeldbuchstaben auf der Bandspur durch Kopieren seiner Kodierung bin(j) auf die Zustandsspur rechts neben die unter bin(j) stehende Zustandskodierung bin(i). Dann sucht U auf der Programmspur die mit \$\$bin(i)\$bin(j) beginnende Instruktion (Mustervergleich durch Verschieben von bin(i)\$bin(j) auf der Zustandsspur) : findet U keine derartige Instruktion, so bricht U ab; sonst ersetzt U den Inhalt der Zustandsspur durch den gefundenen Instruktionsteil bin(i')\$bin(j')\$bin(b) und verschiebt diesen rechtsbündig bis zur Kodierung des M-Arbeitsfeldes zurück. Dort ersetzt U die Kodierung des j-ten Buchstaben auf der Bandspur durch die Kodierung $\bar{0}$bin(j') der neuen Arbeitsfeldbeschriftung, merkt sich b, löscht \$bin(j')\$bin(b) auf der Zustandsspur und verschiebt den Inhalt der Zustands- und Programmspur in Abhängigkeit von b solange nach rechts bzw. links, bis sie rechtsbündig unter der Kodierung des neuen M-Arbeitsfeldes auf der Bandspur stehen.

Erkennt U einen Stopzustand von M, so dekodiert U aus seiner Bandspur das Rechenergebnis von M und hält.

Bandverbrauch: U benutzt zur Kodierung eines M-Buchstabens $k:=\log l+1+1\leq|h(\bar{M})|$ Bandfelder, so daß U zur Simulation einer M-Berechnung mit Bandverbrauch s den Bandverbrauch $|p|\cdot s+|p|$ hat.

Zeitverbrauch: Zum Test, ob $p=h(\bar{M})$ für ein M, genügen $O(|p|\cdot|p|)$ Schritte: es ist festzustellen, ob p die Form einer Kodierung von TM-Instruktionen hat und ob das dadurch bestimmte TM-Programm determiniert ist.

Zum Initialisieren der Bandspur ersetzt U die Eingabe w durch schrittweises Ersetzen von Buchstaben durch deren Kodierungen einer Länge $\leq|p|$, wonach vorbereitend zur Ersetzung des nächsten Buchstabens das noch zu kodierende Restwort jeweils verschoben werden muß, was $O(|p|\cdot|w|)$ Schritte erfordert. Insgesamt genügen für die Initialisierung der U-Spuren also $O(|p|\cdot|w|\cdot|w|)$ Schritte.

U simuliert einen M-Rechenschritt in $O(|p|\cdot|p|)$ Schritten.

Zur Dekodierung des M-Rechenergebnisses w' aus der Bandspur muß U jeweils aus $\bar{0}$bin(j) den j-ten Buchstaben erkennen und drucken, was in insgesamt $O(|p|\cdot|w'|\cdot|w'|)$ Schritten möglich ist.

Die von U benötigte Schrittzahl zur Simulation einer M-Berechnung der Länge t mit Eingabe w und Ergebnis w' ist somit beschränkt durch

$$O(|p|^2)+O(|p|\cdot|w|^2)+O(t|p|^2)+O(|p|\cdot|w'|^2)=O((t+|w|^2+|w'|^2)\cdot|p|^2).$$

§1. (Zeit- und Platzhierarchiesätze.) Wir beweisen in diesem Paragraphen die Sätze von Hartmanis et al. 1965 und Fürer 1982 über Komplexitätsklassenhierarchien, die durch asymptotische Vergrößerung des zur Verfügung stehenden Band- bzw. Zeitverbrauchs determinierter Turingmaschinen entstehen.

Daß es zu jeder durch eine rekursive Funktion bestimmten Komplexitätsklasse überhaupt eine echt größere Komplexitätsklasse gibt, beweise der Leser durch eine einfache Diagonalisierung als

Übung. $\forall t$ rekursiv: $\exists X$ rekursiv: $X\notin ZEIT(t)$ bzw. $X\notin BAND(t)$. Hinweis: Sei $\bar{i}$ das i-te Wort in der lexikographischen Aufzählung aller Worte über $\{0,1\}$. Betrachten Sie $X:=\{\bar{i}\,|\,M_i$ akzeptiert $\bar{i}$ nicht in $\leq t(|\bar{i}|)$ Schritten$\}$.

Bei der Betrachtung asymptotischen Verhaltens von Zeit- und Bandverbrauchsfunktionen benutzen wir die abkürzende Schreibweise

$$f=o(g) \quad \text{gdw} \lim_{n\to\infty} f(n)/g(n)=0 .$$

Bei der Diagonalisierung über zeit- bzw. bandbeschränkte Berechnungen müssen wir auch die im Verlaufe von Simulationen evtl. benutzten Zähler innerhalb der gegebenen Zeit- bzw. Platzschranken berechnen können. Wir benutzen dafür (nach Paul 1978) die folgende

Definition. Eine Funktion f heißt bandkonstruierbar gdw $\lambda w.bin(f|w|)$ durch ein O(f)-bandbeschränktes TM-Programm berechenbar ist. (bin(x) ist die Binärdarstellung von x.)

f heißt zeitkonstruierbar (auf der k-Band-TM) gdw $\lambda w.bin(f|w|)$ durch ein O(f)-zeitbeschränktes Programm (auf der k-Band-TM) berechenbar ist.

Beispiel 1. $\lambda n.n$ ist bandkonstruierbar. Da für bandkonstruierbare Funktionen f,g auch f·g und $\lambda n.(f(n)$ hoch $g(n))$ bandkonstruierbar sind, sind auch die folgenden Funktionen bandkonstruierbar:

$$\forall c{:}\lambda n.n^c \qquad \lambda n.n! \qquad \lambda n.2^n \qquad \lambda n.2^{2^n} \qquad \text{usw.}$$

Beispiel 2. $\lambda n.n$ ist zeitkonstruierbar auf der 2-Band-TM. Denn entlang dem Lesen einer Eingabe w kann $bin(|w|)$ auf dem zweiten Band durch fortlaufende binäre Addition von 1 gebildet werden, und Letzteres ist in $O(|w|)$ Schritten möglich: in der Tat werden jeweils von rechts her alle 1-en auf 0 gesetzt und die erste 0 auf 1, wobei bei jeder (2 hoch i)-ten Addition i Stellen verändert werden. Die Gesamtrechenzeit läßt sich also abschätzen durch

$$\sum_{1\le i\le \log|w|+1} O(i\cdot(|w|/2^i)) \le O(|w|\cdot \sum_i i/2^i) = O(|w|) \text{ da } \lim_{n\to\infty} \sum_{i\le n} i/2^i < \infty.$$

Beispiel 3. Für jede rekursive Funktion f liefert jede Bandverbrauchsfunktion $s{:=}\lambda w.B(M,w)$ von f berechnenden Programmen M eine bandkonstruierbare Funktion $s'{:=}\lambda n.(2$ hoch $s(|n|))>f$. Denn da die Länge von Rechenergebnissen durch den Bandverbrauch der Berechnung beschränkt ist, kann man $bin(s'(|w|))$ für bel. Eingabeworte w mit Bandverbrauch $\le O(s'(|w|))$ wie folgt berechnen: berechne $f(|w|)$ (mittels M), drucke in die dabei benutzten $s(|w|)$ Bandfelder 0 und setze davor eine 1. Das Ergebnis ist die Binärdarstellung von

$$2^{s(|w|)} > 2^{s(|w|)}-1 \ge f(|w|).$$

Übung. Geben Sie zu jeder rekursiven Funktion f eine größere zeitkonstruierbare Funktion t' an.

Platzhierarchiesatz. Wächst eine bandkonstruierbare Funktion S asymptotisch stärker als s(d.h. $s=o(S)$), so ist $BAND(s) \subsetneq BAND(S)$.

Beweis. Wir konstruieren ein O(S)-bandbeschränktes 1-Band-TM-Programm M, das über alle O(s)-bandbeschränkten 1-Band-TM-Programme diagonalisiert, so daß $L(M) \in BAND(S) - BAND(s)$. Für die Diagonalisierung bedienen wir uns des in §0 skizzierten universellen Programms U mit den dort angegebenen Simulationsaufwandsschranken.

Konstruktion: Auf Eingabe von w testet M, ob $w=p\$v$ mit einem $p\in\{0,1\}^*$ und $v\in\{0,1,\$\}^*$. Falls ja, berechnet M die Binärdarstellung von $S(|w|)$ und setzt damit Bandbegrenzungsmarken im Abstand $S(|w|)\geq s(|w|)$. (Wegen der Bandkonstruierbarkeit von S geht dies mit Bandverbrauch $O(S(|w|))$.)

Dann simuliert M (mittels des universellen Programms U) die Berechnung von M_p bei Eingabe $p\$v$ innerhalb des markierten Bandausschnitts der Länge $S(|w|)$ für höchstens $|p|\cdot S(|w|)\cdot |p|^{S(|w|)}$ Schritte. (Nach * im Beweis des Lemmas über den im Platzbedarf exponentiellen Zeitverbrauch determinierter TM-Berechnungen in §0 bedeutet diese Zeitbeschränkung keine Einschränkung der Allgemeinheit.)

Erreicht M_p im Verlaufe dieser Simulation einen akzeptierenden Stopzustand, so wird w von M nicht akzeptiert. Andernfalls wird w von M akzeptiert.

Bandverbrauch: Für die Simulation der Berechnung von M_p mit Bandverbrauch $S(|w|)\geq s(|w|)$ benutzt U und damit M für eine Konstante c nach Konstruktion $\leq c\cdot S(|w|)$ Felder, so daß $L(M)\in BAND(S)$.

$L(M)\notin BAND(s)$: Wäre $L(M_p)=L(M)$ für ein s-bandbeschränktes M_p, so gäbe es wegen $s=o(S)$ ein hinreichend großes $n>|p|$ mit $S(n)>c|p|s(n)$ für obiges c. Für eine Eingabe $w=p\$v$ der Länge n bräche dann die Simulation von M_p durch M nicht wegen Band- oder Zeitüberschreitung ab, so daß $w\in L(M_p)$ gdw $w\notin L(M)$, im Widerspruch zur Annahme.

Satz von Fürer 1982. (Zeithierarchiesatz): $\forall k\geq 2$: wächst eine auf der k-Band-Turingmaschine zeitkonstruierbare Funktion T asymptotisch stärker als t (d.h. $t=o(T)$), so ist $ZEIT_k(t) \subsetneq ZEIT_k(T)$.

Vorbemerkung zum Beweis. Der Beweis geschieht durch Angabe eines $O(T)$-zeitbeschränkten Programms M auf der k-Band-TM (mit einem Alphabet A), das über alle $O(t)$-zeitbeschränkten Programme auf dieser k-Band-TM diagonalisiert. Zur Initialisierung des Zählers, der die Länge der simulierten Berechnungen beschränkt, berechnet M zu Beginn die B-adische Darstellung $T(|w|)$, was nach Voraussetzung in $O(T(|w|))$ Schritten möglich ist. Die Hauptaufgabe besteht nun darin, diesen Zähler so anzulegen, daß das schrittweise Herunterzählen auf 0 und zwischendurch evtl. nötig werdende sonstige Zählermanipulationen gegenüber $O(T(|w|)$ nur unwesentlichen Zeitverbrauch einbringen.

Verfolgt man die Idee, den Zähler (wie die Kodierung des zu simulierenden Programms in §0) nahe am Simulations-Arbeitsfeld zu halten, so wird es nötig, den Zähler oder zumindest einen Teil des Zählers bei Arbeitsfeldverschiebungen mitzuführen. Das jedoch kostet einen im Zählerinhalt logarithmischen Zeitfaktor. (In der Tat enthalten die Vorgänger des Fürerschen Satzes solche zusätzlichen Faktoren, s. Hartmanis & Stearns 1965, Paul 1977,1978.)

Fürer 1982 hat derlei Faktoren durch Angabe einer neuen Zahldarstellung vermeiden können. Seine Idee besteht darin, Zahlen redundant so darzustellen, daß jederzeit an einer beliebigen Stelle (genauso wie bei n-ärer Zahldarstellung am rechten Ende) eine 1 subtrahiert werden kann und dadurch evtl. nötig werdendes Herunterholen im Mittel nur Ziffernpositionen im näheren Umkreis der gewählten Stelle betrifft und somit ohne ins Gewicht fallenden

Zeitaufwand berechenbar ist. Bei derart verteiltem Zählen gelingt es, nötig werdende Zählerverschiebungen zeitlich und räumlich so zu verdünnen, daß der dadurch entstehende Zeitverbrauch gegenüber der Anzahl der zwischenzeitlich bereits simulierten Rechenschritte nicht mehr ins Gewicht fällt.

Baumdarstellung natürlicher Zahlen für verteiltes Zählen. Für eine Basiszahl B>1 stellen wir eine beliebige natürliche Zahl A dar durch

$$A=\sum_{k\leq H}\ \sum_{j\in I_h} a_{hj}B^h \quad \text{mit } 0\leq a_{hj}<B,\ I_h:=\{0,\dots,2^{H-h}-1\}.$$

D.h. die Koeffizienten der B^h sind Summen von Ziffern a_{hj}. Wir ordnen diese Ziffern als Knotenbeschriftungen auf einem binären Baum der Höhe H wie folgt an:

- Die Wurzel ist beschriftet mit a_{H0}.

- Ist ein Knoten mit a_{hj} beschriftet, so sein linker Sohn mit $a_{h-1\ 2j}$ und sein rechter Sohn mit $a_{h-1\ 2j+1}$. Von den Blättern aus gezählt ist h die Höhe der mit a_{hj} beschrifteten Knoten.

Diesen beschrifteten Binärbaum speichern wir in die folgende Liste, die wir (Binär-) Baumdarstellung der Höhe H von A nennen:

$$b_1,\dots,b_{2^{H+1}-1} \quad \text{mit } b_{2^h(2j+1)}:=a_{hj}\ .$$

Beispiel:
H=2

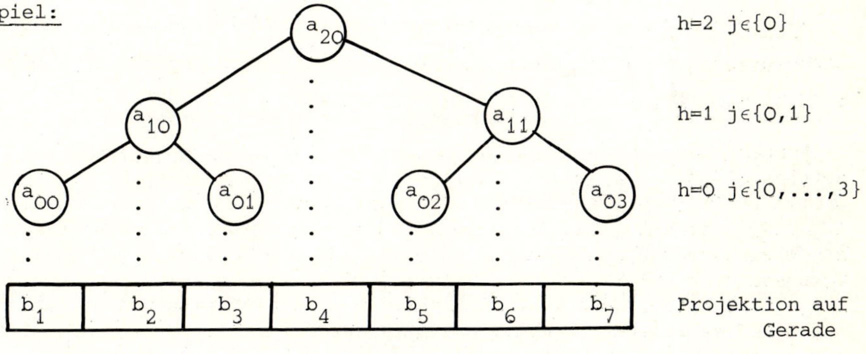

In dieser Baumdarstellung enthält jede ungeradzahlige Position eine Ziffer mit Stellenwert 1, d.h. b_{2j+1} ist Koeffizient von $B^0=1$. Wir betrachten jede Position in Baumdarstellungen als "Zähler". Ist jeder Zähler voll, so haben wir die Darstellung der größten durch Bäume der gegebenen Höhe H darstellbaren Zahl:

$$\sum_{h\leq H}\ \sum_{j\in I_h}(B-1)B^h=\sum_{h\leq H}2^{H-h}B^h(B-1)=\frac{B^{H+1}-2^{H+1}}{B-2}(B-1)<B^{H+2}\ .$$

Übung 1. Bestimmen Sie für B=3 die größte durch Bäume der Höhe 2 darstellbare Zahl sowie sämtliche Baumdarstellungen für jede der Zahlen 37,36,...,31.

Übung 2. Überlegen Sie sich, daß in einer Baumdarstellung die Entfernung von einem Knoten auf der Höhe h zu seinem Vaterknoten 2 hoch h ist.

Durch Herunterholen von Ziffern beim Subtrahieren gelangen Überträge von den Vätern zu den Söhnen, und nach Übung 2 sind die dabei in der Baumdarstellung zu durchlaufenden Übertragungspfade nicht zu lang, wenn die betroffenen Väter nicht hoch im Baum liegen. Die grundlegende Eigenschaft dieser Zahldarstellung beinhaltet das folgende:

Hauptlemma. Für B>2 ist die mittlere Länge von (durch fortlaufende Subtraktionen von 1 in Blättern entstehenden) Übertragsfortpflanzungen in Baumdarstellungen durch eine Konstante <1 beschränkt.

Beweis. Seien in einer Baumdarstellung b alle Zähler voll, d.h. $a_{hj}=B-1$ für alle h,j. Im Verlaufe von m Substraktionen von 1 in den Blättern a_{oj} $(0\le j\le 2^H-1)$ müssen wir höchstens $\lfloor m/B^h \rfloor$- mal eine Ziffer von einem Vaterknoten auf der Höhe h zu einem Sohn auf Höhe h-1 herunterholen; der schlimmste Fall tritt ein, wenn man m-mal an demselben Blatt eine 1 subtrahiert. In der Baumdarstellung b ist die Entfernung zwischen der Stelle eines Knotens a_{hj} und der seines Vaterknotens 2^h, so daß die Summe der Längen der in b zurückzulegenden Herunterholwege beschränkt ist durch

$$\sum_{1\le h\le H} (m/B^h)2^{h-1} = \frac{m}{B}\cdot\sum_h 2^{h-1}/B^{h-1} = \frac{m}{B}\cdot\frac{1-(2/B)^H}{1-2/B} < \frac{m}{B}\cdot\frac{B}{B-2} = O(m).$$

Die mittlere Länge solcher Herunterholwege (Übertragsfortpflanzungen) bei fortlaufenden Subtraktionen von 1 in Blättern einer Baumdarstellung mit anfangs vollen Zählern ist also <1.

Beweis des Zeithierarchiesatzes. Zur Konstruktion von M wie in der Vorbemerkung angegeben benutzen wir 5 Hilfsprozeduren:

a) Ein für alle Programme auf einer k-Band-TM (mit festem Alphabet) universelles Programm U auf dieser Maschine mit einer in der Länge zu simulierender Programme j linear beschränkten Simulationszeit Lin(|j|) pro zu simulierendem Einzelschritt.

ad a. Solch ein U erhält man durch geringfügige Abänderung der Konstruktion aus §0: wegen des zugrundegelegten festen Alphabets wird keine Eingabekodierung benötigt; die zeitaufwendigen Verschiebungen der Kombinationen von Zustand und Arbeitsfeldbeschriftungen entlang der Programmkodierung erübrigen sich, wenn man das zu simulierende Programm und die zu bearbeitende Kombination aus Zustand und Arbeitsfeldinhalten auf zwei verschiedenen Bändern speichert, was wegen $2 \leq k$ möglich ist; schließlich kann man den anfänglichen Test auf die korrekte Eingabeform weglassen, da die Simulation nur auf korrekten Eingaben gebraucht wird.

b) Konstruktion von Baumdarstellungen für B-adische Zahldarstellungen.

c) Umwandlung von Baumdarstellungen mit Wurzelbeschriftung 0 in B-adische Darstellung.

d) & e): Prozeduren zur Zählerverschiebung und zum Herunterholen von Ziffern in Baumdarstellungen.

Konstruktion von M: Zur Initialisierung der Simulation von $O(t(|w|))$ Schritten von k-Band-TM-Programmen j auf Eingabe w mit w=j$v stellt M den Anfangszustand von j ein und konstruiert aus der B-adischen eine Baumdarstellung für $T(|w|)$ so, daß zu Beginn der Simulation das Simulations-Arbeitsfeld auf dem ersten Band in dessen erster Spur steht, und zwar über der Mitte der dort auf der dritten Spur plazierten Baumdarstellung.

Nach der via U durchgeführten Simulation eines jeden einzelnen Rechenschrittes des zu simulierenden Programms vermindert U seinen Zähler (an einem Blatt unter oder neben dem Arbeitsfeld) um 1 und ruft dazu evtl. die Herunterholprozedur auf.

Versucht M, vom auf 0 gefallenen Zähler an der Wurzel herunterzuholen, so wird die Simulation unterbrochen und mittels Prozedur c) und b) eine neue Baumdarstellung mit kleinerem Baum, aber vollen Zählern konstruiert und damit die Simulation wieder aufgenommen.

Verläßt das Arbeitsfeld von M den Bereich der Baumdarstellung, so wird die Simulation unterbrochen und die Baumdarstellung mittels der Prozedur d) so verschoben, daß besagtes M-Arbeitsfeld über der Mitte dieser Baumdarstellung steht. Danach wird die Simulation mittels U weitergeführt.

Vor dem Nachweis der Zeitverbrauchsabschätzung dieser Simulation durch $O(T(|w|))$ geben wir weitere Einzelheiten für die Konstruktion der Hilfsprozeduren.

Kodierung. Die ersten beiden der k Bänder werden mit 6 Spuren angelegt, deren jeweils erste das entsprechende Band des zu simulierenden Programms enthält; die restlichen Bänder enthalten die entsprechenden zu simulierenden Bänder. Die übrigen Spuren des ersten Bandes enthalten das zu simulierende Programm (Spur 2), die jeweilige Baumdarstellung $b_1 \ldots b_L$ einer Zahl $p \leq T(|w|)$ (Spur 3) und einen Hilfszähler mit einer B-adischen Darstellung einer unten näher bestimmten kleinen Restzahl p' der Länge $O(\log_B |w|)$ (Spur 6).

Für die Durchführung der Herunterholprozedur steht in Spur 4 unter jedem a_{hj} der darüberliegenden Baumdarstellung, ob der zugehörige Knoten im Baum ein linker (L) oder rechter (R) Sohn oder die Wurzel (W) ist. Spur 5 enthält einen Zähler für die jeweilige Höhe der Übertragungsfortpflanzung. Mit diesen beiden Angaben kann beim Herunterholen bestimmt werden, nach welcher Seite (Spur 4) und um wieviele Knoten (in Abhängigkeit von der in Spur 5 gespeicherten Höhe) Überträge weitergegeben werden müssen.

Band 1:
1. Inhalt des simulierten 1. Bandes
2. Kodierung des simulierten Programms
3. Baumdarstellung von p: $b_1 \ldots\ldots b_L$
4. linker (rechter) Sohn, Wurzel: L ... W ... R
5. Höhe der Übertragungsfortpflanzung
6. Zähler für Restzahl p'

Band 2:
1. Inhalt des simulierten 2. Bandes
2. (Zustand, Arbeitsfeldbeschriftungen) des simulierten Programms
3.–6. (3., ., ., 6.) für (insbesondere Kopier-) Operationen am Inhalt der entsprechenden Spuren in Band 1

ad b. Konstruktion von Baumdarstellungen: 1. Fall: Die gegebene Zahl $z \leq T(|w|)$ ist kleiner als eine Konstante $c \geq B^2$: dann zählen wir z bei der Durchführung der Simulation nicht in Baum-, sondern in der vorliegenden B-adischen Darstellung auf 0 herunter.

2. Fall: $c \leq z$. Die Baumdarstellung der Höhe H mit vollen Zählern stellt eine Zahl $v(H) < B^{H+2}$ dar (s.o.). Also wählen wir $H := \lfloor \log_B z \rfloor - 2$, so daß $v(H) < z$ und die Länge $O(\log_B z)$ der B-adischen Darstellung von $p' := z - v(H)$ kleiner ist als die Länge der Baumdarstellung von v(H), die von der Größenordnung von $L := 2^{H+1} - 1 = O(z) \leq O(T(|w|))$ ist.

Demnach kann man in O(L) Schritten die B-adische Darstellung von p' und die Baumdarstellung $b = (B-1) \ldots (B-1)$ von $p := v(H)$ in Spur 6 bzw. 3 von Band 1 erzeugen und entsprechend Spur 4 und Spur 5 initialisieren. Für den Aufbau von Spur 4 benutzen wir das folgende Kriterium: die Beschriftung b_j in b $(1 \leq j \leq L)$ ist die eines linken (rechten) Sohnes bzw. der Wurzel gdw die Binärdarstellung von j hat die Form $\vec{x}010\ldots0$ $(\vec{x}110\ldots0)$ bzw. $10\ldots0$ der Länge H+1.

ad c. Umwandlung von Baumdarstellungen mit Wurzelbeschriftung 0 in B-adische Darstellung: Zuerst werden die Werte in den Blättern (an den ungeraden Positionen) zur Restzahl p' addiert und das Ergebnis nach Band 2 gespeichert. Dann werden die Blätter aus der Baumdarstellung herausgeschnitten, indem man nur die Werte in den geraden Positionen nach Band 2 kopiert. Diese beiden Schritte werden bis zum Erreichen der Länge L=O iteriert, wobei die Addition auf das jeweilige p' bei jedem Durchlauf einen B-adischen Stellenwert höher vorzunehmen ist.

Der Zeitverbrauch ist wiederum O(L) für die Länge L der gegebenen Baumdarstellung, weil sich die Restbaumlänge nach jedem Beschreibungsschritt halbiert.

ad d. Die Zählerverschiebung beinhaltet eine Verschiebung der augenblicklichen Baumdarstellung und des Restzählers in Spur 6 um (L+1)/2 Stellen. Unter Benutzung der Kopiermöglichkeiten im zweiten Band ist der Zeitverbrauch O(L), denn die Länge des Restzählers ist $O(\log L) \le O(L)$.

ad e. Das Herunterholen beginnt mit einer Markierung des augenblicklichen Arbeitsfeldes. In Spur 4 finden wir die Information über die zum Vaterknoten einzuschlagende Richtung, in Spur 5 über die Länge des Weges dorthin. Zwecks Wiederauffindens der anfänglich markierten Stelle muß im gesamten Verlauf der Prozedur nachgehalten werden, ob diese Stelle links oder rechts vom gegenwärtigen Arbeitsfeld liegt.

Der Zeitverbrauch ist proportional zur Länge des Übertragungsweges und nach dem Hauptlemma im Mittel <1. ("Kein Herunterholen" bedeutet dabei Länge O.)

Zeitverbrauchsabschätzung. M braucht zum Initialisieren seiner ersten beiden Bänder (inklusive der Konstruktion der Baumdarstellung zu $z=T(|w|)$) vor Beginn der Simulation $\le O(T(|w|))$ Schritte.

Eine Umwandlung gefolgt von einer neuen Konstruktion einer Baumdarstellung kostet O(L) Schritte; da dies aber erst nach mindestens $B^{H+1}-1>L^{\log B}$ zwischendurch simulierten Rechenschritten erstmalig wieder auftreten kann, darf dieser Zeitverbrauch O(L) ohne Schaden jeweils diesen Simulationsschritten zugerechnet werden.

Eine Zählerverschiebung kann nur nach mindestens (L+1)/2 Simulationsschritten auftreten, so daß der Zeitverbrauch O(L) der Zählerverschiebung diesen Simulationsschritten zugerechnet werden darf.

Da M nach dem Hauptlemma (L+1)/2 Schritte simulieren kann, ohne mehr als O(L) Zeit zum Subtrahieren dieser Schrittzahl vom Schrittzähler zu verbrauchen, ist somit der gesamte Zeitverbrauch von M zur Simulation von $T(|w|)$ Rechenschritten schließlich beschränkt durch $c \cdot T(|w|)$ für ein c. Also ist $L(M) \in ZEIT_k(T)$. (NB: Wegen des Hauptlemmas benötigt der Spur-4-Aufbau im Verlaufe binären Zählens von 1 bis L nach obigem Kriterium $\le O(L)$ Schritte.)

$L(M) \notin ZEIT_k(t)$: Wäre $L(M)=L(j)$ für ein t-zeitbeschränktes Programm j, so gäbe es wegen $t=o(T)$ ein n mit $c \cdot t(n) < T(n)$ für obiges c. Für eine Eingabe $w=j\$v$ der Länge n bräche dann die Simulation von j durch M nicht wegen Zeitüberschreitung ab, so daß $w \in L(j)$ gdw $w \notin L(M)$ im Widerspruch zur Annahme.

Bemerkung. Für k=1 gilt der Zeithierarchiesatz nicht mehr auf Grund asymptotischer Komplexitätslücken wie $ZEIT_1(t)=ZEIT_1(\lambda x.x)$ für $t(n):=O(n\log n)$, s. Paul 1978, S. 138ff.

§2 (Komplexität nicht determinierter Turingmaschinen). Wir behandeln in diesem Paragraphen einige einfache allgemeine Eigenschaften nicht determinierter Programmabläufe, welche Letzteren sich für das Studium der Komplexität von Algorithmen als zentral herausgestellt haben.

Ein nicht determiniertes (z.Bsp. TM-) Programm formalisiert eine Eigenschaft der meisten Beweissysteme: aus einer gegebenen Konfiguration können verschiedene unmittelbare Nachfolgerkonfigurationen erzeugt werden, da mehr als ein Übergang (Umformungsschritt) möglich ist. Interessiert man sich für nicht determinierte Programme als Akzeptoren, so muß man festlegen, was die akzeptierte Menge sein soll:

Definition. Für ein evtl. nicht determiniertes Programm M mit mindestens einem ausgezeichneten sog. akzeptierenden und einem sog. verwerfenden Zustand sei die von M akzeptierte Sprache definiert als

$L(M):=\{w \mid$ es gibt eine in einem akzeptierenden Zustand endende M-Berechnung mit Eingabe $w\}$.

Entsprechend definieren wir für k-Band-TM-Programme den Zeitverbrauch und Platzverbrauch bei Eingabe w durch:

$$Z(M,w) := \begin{cases} \min\{l \mid \text{es gibt eine } w \text{ akzeptierende M-Berechnung der Länge } l\} & \text{falls } w \in L(M) \\ \min\{l \mid \text{es gibt eine } w \text{ verwerfende M-Berechnung der Länge } l\} & \text{sonst} \end{cases}$$

Wir vereinbaren hierbei wie üblich, daß $\min(\emptyset)=\infty$. Analog ist $B(M,w)$ definiert mit "Bandverbrauch l" statt "Länge l".

Es hilft dem Verständnis, sich den Zeit- und Platzverbrauchsbegriff für nicht determinierte Programme in termini von Pfadlänge bzw. Länge der Knotenbeschriftungen auf Pfaden in M-Berechnungsbäumen zu veranschaulichen: ein M-Berechnungsbaum ist ein endlich verzweigter Baum, dessen Knoten mit M-Konfigurationen beschriftet sind und dessen Pfade alle M-Berechnungen darstellen, die von der an der Wurzel stehenden (Anfangs-) Konfiguration ausgehen. Jede Verzweigung in einem Knoten entspricht einem der möglichen M-Übergänge: ist ein Knoten k mit C beschriftet und ist $C_1,\ldots,C_n$ die Menge der möglichen unmittelbaren Nachfolgerkonfigurationen von C in M, so hat k genau n Nachfolgerknoten $k_1,\ldots,k_n$ mit den Beschriftungen $C_1,\ldots,C_n$:

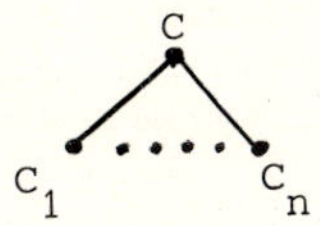

Mit obiger Definition übertragen sich aus dem determinierten Fall die Begriffe der t-Zeit-bzw. Bandbeschränktheit von Programmen und infolgedessen der Zeit- und Bandkomplexitätsklassen, die wir zur Unterscheidung von den determinierten Analoga K durch ein vorgestelltes N mit NK bezeichnen.

Wir werden im Verlaufe dieses Buches viele nicht determinierte Algorithmen besprechen, so daß wir uns hier vorerst beschränken auf ein einfaches, aber charakteristisches

Beispiel: $\{w|w$ Binärkodierung einer Nicht-Primzahl$\}$ kann nicht-determiniert mit größenordnungsmäßig quadratischem Zeitverbrauch akzeptiert werden.

Beweis. Das folgende nicht determinierte Programm akzeptiert diese Sprache mit quadratischem Zeitverbrauch: bei Eingabe von w drucke ("rate") die Binärdarstellung zweier nicht trivialer Zahlen i,j mit $|i|,|j|\le|w|-1$ und teste, ob $i\cdot j=w$. Akzeptiere w gdw $i\cdot j=w$.
Zum Drucken von i und j benötigt M $O(|w|)$ Schritte, zur Multiplikation $O(|w|^2)$ Schritte und zum abschließenden Gleichheitstest $O(|w|)$ Schritte.

Übung. Bandreduktion: $NZEIT(t) \subseteq NZEIT_1(O(t^2))$. Zeitkompression: $NZEIT(t)=NZEIT(O(t))$ für $n<t(n)$. Bandkompression: $NBAND(s)=NBAND(O(s))=NBAND_1(O(s))$.

Lemma über deterministische Zeitsimulation. Für bandkonstruierbare t gilt $NZEIT(t) \subseteq BAND(t)$. Also gilt auch $NZEIT(t) \subseteq ZEIT(2^{O(t)})$.

Beweis. Wir simulieren beliebige nicht determinierte t-zeitbeschränkte Programme M auf der k-Band-TM durch ein O(t)-bandbeschränktes Programm M', das systematisch alle möglichen M-Berechnungen der Länge t(n) mit Eingaben der Länge n verfolgt. Zwecks Vermeidung quadratischen Bandverbrauchs, der bei Speicherung des gesamten Berechnungsbaumes aus t(n) Konfigurationen der Länge O(t(n)) entstünde, steuern wir den Durchlauf aller Pfade des durch eine Eingabe bestimmten M-Berechnungsbaumes mittels Wahlfolgen, die für jeden der möglichen Zeitpunkte $i\le t(n)$ die durch M auf dem betrachteten Berechnungspfad getätigte Auswahl bestimmen an möglichem Nachfolgerzustand, möglichen Druckoperationen und Arbeitsfeldverschiebungen.
Formal sind Wahlfolgen definiert als Folgen einer Länge t(n) von 2k+1-Tupeln W_i $(1\le i\le t(n))$ mit:

$$W_i=(z_i,a_{i1},\dots,a_{ik},b_{i1},\dots,b_{ik})\in Z\times A^k\times\{r,l,o\}^k$$

für die Menge Z der Zustände und Alphabet A von M. Die intendierte Deutung von W_i bzgl. einer M-Berechnung der Länge t(n) ist:

z_i= Zustand von M nach Ausführung des i-ten Rechenschrittes

a_{ij}= im i-ten Schritt im j-ten Band gedrucktes Symbol

b_{ij}= .... vollzogene Arbeitsfeldverschiebung

Bei Eingabe von w druckt M' die (nach Voraussetzung mit Platzverbrauch $O(t(|w|))$) Binärdarstellung von $t(|w|)$ und erzeugt die (bzgl. der lexikographischen Reihenfolge) erste Wahlfolge der Länge $t(|w|)$. Dann führt M' die durch die gegenwärtige Wahlfolge bestimmte M-Berechnung mit Eingabe w so weit wie möglich durch. M' akzeptiert w, wenn M diese Berechnung akzeptiert; andernfalls löscht M' diese Berechnung, erzeugt die nächste Wahlfolge, simuliert die dadurch bestimmte M-Berechnung mit Eingabe w usw.

M' verwirft w, falls keine der Wahlfolgen der Länge $t(|w|)$ auf eine w akzeptierende M-Berechnung führt.

Offensichtlich hat M' Platzverbrauch $O(t(|w|))$.

Bemerkung. Chandra & Stockmeyer 1976 und Kozen 1976 haben eine Erweiterung nicht determinierter, sog. alternierende Turingmaschinen eingeführt, deren Zeitkomplexitätsklassen bei linearer Alternationsbeschränkung für $n \leq t(n)$ zwischen NZEIT(t) und BAND(t) liegen, s. Chandra et al. 1981. Diese alternierenden TMen liefern für viele erststufige logische Theorien exakte Komplexitätsbestimmungen zwischen NZEIT(t) und BAND(t) für geeignete t; s. Berman 1980, Kozen 1980a, Volger 1982,1983. Vgl. hierzu auch Schmidt 1984.

Satz von Savitch über determinierte Bandsimulation. Für bandkonstruierbare Funktionen S mit mindestens logarithmischem Wachstum gilt:
$NBAND(S) \subseteq BAND(S^2)$.

Beweis. Wir simulieren S-bandbeschränkte nicht determinierte TM-Programme M durch $O(S^2)$-bandbeschränkte determinierte TM-Programme M'. Dazu sei c eine Konstante, so daß M für jede Eingabe der Länge n höchstens $2^{c \cdot S(n)}$ verschiedene Konfigurationen hat. Also gilt $w \in L(M)$ gdw w von M in $\leq 2^{c \cdot S(n)}$ Schritten akzeptiert wird. Wir schreiben abkürzend $C \xRightarrow{(i)} C'$ für: M überführt C in C' in $\leq 2^i$ Schritten. Für bel., aber fest gewähltes w der Länge n betrachten wir im Folgenden Konfigurationen aus dem zugehörigen M-Berechnungsbaum mit Wurzelbeschriftung C_o.

Beweisidee. Zwechs Platzersparnis zerlegen wir nach dem römischen Prinzip "divide et impera" die (für $i=c \cdot S(n)$ und eine akzeptierende Konfiguration C' Haupt-) Frage "$C \xRightarrow{(i)} C'$?" in zwei Teilfragen

$(C \xRightarrow{(i-1)} C''$ & $C'' \xRightarrow{(i-1)} C')$? für eine Konfiguration C",

zu deren aufeinander folgender Beantwortung der gleiche Bandausschnitt benutzt werden kann. Durch iterierte Anwendung dieser Zerlegungsstrategie erhalten wir die folgende rekursive Prozedur REACH zur Bestimmung der Erreichbarkeitsbeziehung $\lambda C,C',i.C \xRightarrow{(i)} C'$:

Prozedur REACH (C,C',i);
Falls i=0 & (C=C' oder $C \overset{1}{\underset{M}{\rightarrow}} C'$) gib Antwort "Ja" aus;
Falls 0<i berechne für jedes C" der Länge $\leq S(n)$:
  Falls REACH (C,C",i-1) = Ja = REACH (C",C',i-1) gib Antwort "Ja";
Sonst gib Antwort "Nein" aus.

Die gewünschte Simulation von M leistet also das folgende M'. Berechne die Binärdarstellung von $c \cdot S(|w|)$. Für die Konfiguration C_o mit Eingabe w der Länge n berechne für jede akzeptierende Konfiguration C' der Länge $\leq S(n)$, ob Ja = REACH (C_o,C',c·S(n)) für obige Konstante c. Akzeptiere w gdw Letzteres der Fall ist für ein C!

Platzverbrauch: Wir denken uns REACH und damit M' (nach §O oBdA) auf einer Mehrband-TM realisiert, auf der ein Band als Kellerspeicher zur Aufnahme der jeweiligen Parameterwerte C,C',C",i bei Aufrufen von REACH dient. Wegen $i \leq c \cdot S(n)$ genügt für die Binärdarstellung von i der Platz O(logS(n)), für C,C',C" wegen ihrer Länge S(n) der Platz O(S(n)). (Wird M' wegen $S(n) < n$ als off-line-Programm definiert, so muß auch die jeweilige Lesekopfposition des Eingabebandes binär gespeichert werden, was $\log(n) \leq S(n)$ Platz verbraucht.)

Da höchstens c·S(n)-mal Parameter auf dem Kellerspeicher abgelegt werden, genügt für die Simulation von M insgesamt der Bandverbrauch $O(S(n)^2)$.

Bemerkung. Man kann zeigen, daß Inklusionsbeziehungen zwischen Komplexitätsklassen bei gewissen Einsetzungen in die Schrankenfunktionen erhalten bleiben. Mittels derartiger sog. Übertragungslemmata lassen sich Hierarchiekonstruktionen vom determinierten auf den nicht determinierten Fall herüberziehen. Wir verweisen dafür auf Seiferas et al. 1973 und die

Weiterführende Literatur: Paul 1978.

TEIL II: KOMPLEXITÄTSKLASSEN PRIMITIV REKURSIVER FUNKTIONEN

In diesem Abschnitt untersuchen wir einige natürliche Kompliziertheitsmaße für rekursive Funktionen im Hinblick auf das grundlegende Problem einer möglichst umfassenden Klassifikation rekursiver Funktionen in Hierarchien wachsender Komplexität. Für das einfache Beispiel der Teilklasse der primitiv rekursiven Funktionen ist dies in überzeugender Weise gelungen, da natürliche Kompliziertheitskriterien wie Rechenzeit, Programm- und Definitionskomplexität sich als äquivalent erwiesen haben und eine auf Grzegorczyk 1953 zurückgehende, F_{prim} ausschöpfende Hierarchie definieren. Der Beweiskern liegt in einer Analyse des Wachstums (der Laufzeiten von Berechnungsverfahren) primitiv rekursiver Funktionen und dem Auffinden polynomial beschränkter Kodierungsmethoden zwecks "einfacher" Beschreibung von Rechenabläufen (Kleenesche Normalform mit T-Prädikat geringer Komplexität).

Als Kompliziertheitsmaße definieren wir: die Schachtelungstiefe n "hintereinanderliegender" primitiver Rekursionen in primitiv rekursiven Definitionen (Rekursionstiefe), das Wachstum einer Schranke $\alpha(n,\cdot)$ für beschränkte primitiv rekursive Definitionen bzw. für explizite Definitionen aus gewissen elementaren Funktionen und $\alpha(n,\cdot)$, die Größe von Schranken für Laufzeiten von Berechnungsprogrammen (Laufzeitkomplexität) und die Iterationstiefe n primitiv rekursiver Registeroperatoren (sog. Schleifenprogramme, daher der Name Schleifen- oder Iterationskomplexität):

Hauptdefinition. Mit $R_{-1} := \emptyset$ sei nach Heinermann 1961 die n-te Rekursionsklasse R_n die kleinste R_{n-1} und die Anfangsfunktionen enthaltende, gegen simultane Einsetzung abgeschlossene Funktionenklasse, die jede durch primitive Rekursion aus Funktionen $g,h \in R_{n-1}$ entstehende Funktion enthält.

R_n enthält also alle mit höchstens n hintereinanderliegenden primitiven Rekursionen definierbaren primitiv rekursiven Funktionen.

Die n-te Grzegorczyk-Klasse E_n für $n \geq 0$ sei die kleinste alle Anfangsfunktionen sowie α_n enthaltende, gegen simultane Einsetzung und beschränkte primitive Rekursion abgeschlossene Funktionenklasse. Dabei heißt f aus g,h,s durch beschränkte primitive Rekursion definiert, falls f aus g,h durch primitive Rekursion entsteht und $f(\vec{x}) \leq s(\vec{x})$ für alle $\vec{x}$; folgt aus $g,h,s \in C$ dann auch $f \in C$, so heißt C gegen beschränkte primitive Rekursion abgeschlossen. α_n entsteht durch primitive Rekursion aus α_{n-1} vermöge:

$$\alpha_0 := \lambda x.x+1 \qquad \alpha_1 := \lambda x.2x \qquad \alpha_2 := \lambda x.x^2 \qquad \alpha_3 := \lambda x.2^x$$

$$\alpha_{n+1}(x) := \mathrm{Iter}(\alpha_n)(1,x) =: \alpha_n^x(1) = \underbrace{\alpha_n(\alpha_n(\alpha_n(\ldots\alpha_n}_{x\text{-mal}}(1)\ldots))) \text{ für } 2<n \; .$$

$\alpha := \lambda n,x.\alpha_n(x)$ heißt Ackermannfunktion, α_n ihr n-ter Zweig, nach Ackermann 1928 (iterativ variiert durch Ritchie 1965), wo die Methode der schrittweisen Definition immer stärker wachsender Funktionen mittels primitiver Rekursionen entwickelt wurde.

$LOOP_n$ (nach Meyer & Ritchie 1967, Minsky 1967, Rödding 1968) sei die Klasse aller durch primitiv rekursive Registeroperatoren (PRO) M mit Iterationstiefe $|M| \leq n$ berechenbarer Funktionen, wobei (s. die Def. der "LOOP-Programme" in §AI1):

$$|a_i| = |s_i| = 0 \qquad |M_1 M_2| = \max\{|M_1|, |M_2|\} \qquad |(s_i M)_i| = |M|+1 \; .$$

Die Klasse E der sog. elementaren Funktionen (im Sinne Kalmàrs) ist die kleinste alle Anfangsfunktionen sowie $+, \cdot, \dot{-}$ enthaltende Funktionenklasse, die abgeschlossen ist gegen simultane Einsetzung sowie beschränkte Summen- und Produktbildung. Letzteres bedeutet, daß mit g auch die durch

$$f(\vec{x},y) = \sum_{i \leq y} g(\vec{x},i) \quad \text{bzw.} \quad f(\vec{x},y) = \prod_{i \leq y} g(x,i)$$

definierte Funktion f in dieser Klasse ist.

Der Einsetzungsabschluß A(C) von C ist induktiv bestimmt als kleinste Funktionenklasse, die alle Funktionen und charakteristischen Funktionen von Prädikaten in C sowie die Anfangsfunktionen C_i^n, U_i^n enthält und gegen die simultane Einsetzung abgeschlossen ist.

C_X bezeichnet $\cup\{C_f \mid f \in X\}$ für beliebige Komplexitätsmaße. Nach dem Vereinigungssatz in §BIII2 ist dies für geeignete X eine Komplexitätsklasse.

§1. Den Hauptanteil dieses Abschnitts bildet ein Beweis für den stückweise in Grzegorczyk 1953, Ritchie 1963, Cobham 1965, Meyer & Ritchie 1967, Rödding 1968, Schwichtenberg 1969, Müller 1974 bewiesenen

Grzegorczyk-Hierarchiesatz: $\forall n: E_n \subsetneq E_{n+1},\ F_{prim} = \bigcup_n E_n.$

$\forall n\geq 3: R_{n-1}=E_n$, also auch $E_n=A(E\cup\{\alpha_n\})=LOOP_n=C^{Sz}_{E_n}$ (RM-Schrittzahl).

Hieraus folgt eine subrekursive Variante des Davis-Putnam-Robinson-Matijasevich-Satzes:

Korollar. $\forall n\geq 3$: Eine Menge A ist in E_n gdw sie eine E_n-beschränkte diophantische Beschreibung hat, d.h. der Form

$A=\{x|\exists\vec{y}\leq f(x):P(x,\vec{y})=0\}$ für ein Polynom P und ein $f\in E_n$.

P kann als Parametrisierung Q_k eines von n und f unabhängigen universellen Polynoms Q gewählt werden.

Bemerkung. Aus $F_{prim} = \bigcup_n C^{Sz}_{\alpha_n}$ folgt nach dem Vereinigungssatz in §BIII2 auch $F_{prim}=C_\beta$ für ein rekursives β, aber beileibe nicht $F_{prim}=C_\alpha$; im Laufe des Satzbeweises wird klarwerden, daß z.Bsp. $\lambda n,x.\alpha(n-1,x)\in C_\alpha - F_{prim}$.

Zur methodischen Vorbereitung sowie zu späterem Gebrauch geben wir vor dem Beweis eine Verschärfung der Kleeneschen Normalformdarstellung:

Normalformsatz von Kleene mit E_2-Funktionen: $\forall n\exists U\in E_2\forall f\in F_\mu\exists k\forall\vec{x}$:

$$f(\vec{x})=U(k,\vec{x},h(\vec{x})) \quad \text{für alle h mit } h(\vec{x})\geq Sz(k,\vec{x}).$$

Beweis des Normalformsatzes. Zur Lösung des E_2-Kodifikationsproblems brauchen wir eine Verfeinerung der primitiv rekursiven Definitionen aus §AI2.

Beispiele von E_i-Funktionen: für $i\leq 2$: $\dot{-}1, \dot{-}, \min, sg, \overline{sg} \in E_0$; $\max, |x-y|, + \in E_1$; $\cdot$, beschränkte Exponentiation $\lambda x,y.a^x_y \in E_2$ mit $a^x_y=(a^x$ abgeschnitten bei $y)=\min\{a^x,y\}$.

Beweis. Die einschlägigen primitiven Rekursionen aus §AI2 sind E_2 beschränkt. Für a^x_y beachte $a^0_y=y\dot{-}(y\dot{-}1)$, $a^{x+1}_y=y\dot{-}(y\dot{-}a\cdot a^x_y)\leq y$.

Beispiele von Abgeschlossenheitseigenschaften von E_2: E_2 ist abgeschlossen gegen $\min_\leq, \max_\leq, \Sigma_\leq, \mu_\leq$ und enthält $[x:y]$, rest(x,y).

Beweis. Die einschlägigen primitiven Rekursionen in §AI2 sind E_2-beschränkt: $\min_{i\leq y} g(\vec{x},i)\leq g(\vec{x},0)$; für $f(\vec{x},y)=\max_{i\leq y} g(\vec{x},i)$ geben wir eine explizite E_2-Beschreibung des beschränkten Allquantors durch:

$$h(\vec{x},y):=\max_{i\le y}(i\cdot\underbrace{\min_{j\le y}(1\dot{-}(g(\vec{x},j)\dot{-}g(\vec{x},i)))}_{=1 \text{ gdw } \forall j\le y:g(\vec{x},i)\ge g(\vec{x},j)})\le y$$

so daß $h\in E_2$, womit $f\in E_2$ wegen $f(\vec{x},y)=g(\vec{x},h(\vec{x},y))$. Für $\Sigma_{\le}$ beachte

$\sum_{i\le y} g(\vec{x},i)\le(y+1)\cdot\max_{i\le y} g(\vec{x},i)$. Für $\mu_{\le}$ geben wir statt einer beschränkten Rekursion zu späterem Gebrauch eine explizite E_2-(und E-) Beschreibung durch:

$$\mu_{i\le y} i(g(\vec{x},i)=0)=\sum_{i\le y}\underbrace{i\cdot(1\dot{-}g(\vec{x},i))}_{=i \text{ falls } g(\vec{x},i)=0}\cdot sg(2\dot{-}\underbrace{\sum_{j\le i}(1\dot{-}g(\vec{x},j))}_{=1 \text{ falls } i \text{ minimal (sonst } \ge 2)}).$$

Für $[x:y]$ vgl. §AI2; $rest(x,y):=x\dot{-}y\cdot[x:y]$. §AI2 zeigt:

Beispiele von E_2-Prädikaten: E_2 ist abgeschlossen gegen die logischen Operationen non, &, $\exists_{\le}$, $\forall_{\le}$, Fallunterscheidung, simultane Einsetzung von E_2-Funktionen und enthält $<,\le,=,\ne,x|y$.

E_2-Kodierungslemma. Es gibt eine Dekodierungsfunktion $\lambda x,y.(x)_y\in E_2$ und für jedes $n>0$ eine Kodierungsfunktion $\lambda\vec{x}.\langle\vec{x}\rangle\in E_2$ mit:

$(\langle x_1,\dots,x_n\rangle)_i=x_i$ für alle $x_1,\dots,x_n\in\mathbb{N}$.

Beweis. Neben der n-adischen Darstellung $i_r\dots i_0$ von $x=\sum_{j\le r} i_j n^j$ mit $0\le i_j<n$ betrachten wir die für $n\ge 2$ ebenfalls eindeutige modifizierte n-adische Darstellung $k_r\dots k_0$ von $x=\sum_{j\le r} k_j n^j$ mit $1\le k_j\le n$.

Die nachfolgend definierten Schwichtenbergschen 1967 Kodierungsfunktionen stellen die Komponenten x_i von $\vec{x}$ modifiziert binär dar, schreiben diese Darstellungen durch Nullen ("das Komma") getrennt nebeneinander und lesen die so erhaltene Folge als Ternärdarstellung von $\langle\vec{x}\rangle$; formal:

Definition. $\underline{x}:=i_r\dots i_0$ für $x=\sum_{j\le r} i_j 2^j\ne 0$ mit $1\le i_i\le 2$. $\underline{0}:=\Lambda$

$\overline{i_r\dots i_0}:=\sum_{j\le r} i_j 3^j$ für $0\le i_j\le 2$. $\overline{\Lambda}:=0$

$\langle x_o,\dots,x_r\rangle:=\overline{\underline{x_r}\,0\,\underline{x_{r-1}}\,0\dots 0\,\underline{x_o}}$

$(\langle x_o,\dots,x_r\rangle)_i:=x_i$ falls $i\le r$ (=0 sonst) $\quad(x)_{i,j}:=((x)_i)_j$.

Diese Definition ist vernünftig, da offensichtlich $\langle\vec{x},0\rangle=\langle\vec{x}\rangle$, es zu jedem y eine Folge $\vec{x}$ gibt mit $y=\langle\vec{x}\rangle$ und $\langle\vec{x}\rangle=\langle\vec{y}\rangle$ gdw $x_i=y_i$ für alle i.

In diesem Abschnitt meinen wir mit $<\vec{x}>$ und $(x)_i$ stets die gerade definierten Funktionen. Für den Nachweis, daß diese in E_2 liegen, benötigen wir das

Lemma über E_2-Hilfsfunktionen zur Kodifikatsabschätzung. $\forall n\geq 2$:

$c_n(x,j) :=$ Koeffizient i_j in der n-adischen Darstellung $x = \sum_{k\leq r} i_k n^k$

$$= \left[x:n_x^j\right] \dot{-} \left[x:n_{nx}^{j+1}\right]\cdot n \qquad \text{(Bsp.: } c_{10}(3497,2)=34\dot{-}10\cdot 3)$$

$c_n^*(x,j) :=$ Koeff. i_j in der modifiz. n-ad. Darst. $x = \sum_{k\leq r} i_k n^k \neq 0$ (0 sonst)

$$=\mu_{k\leq x} k\ \exists_{y,r<x}\, y,r:\ x = \sum_{\ell\leq r} (1+c_n(y,\ell))\cdot n_x^\ell \ \&\ c_n(y,j)+1 = k \ \&\ j\leq r$$

$d(x,j) :=$ (Zahl der Nullen rechts von der Stelle von 3^j in der Ternärdarstellung von x)

$$= \sum_{k<j} (1\dot{-}c_3(x,k)) \qquad (\text{also } d\in E_2)$$

$e(x,j) :=$ Anfangsstelle der modifizierten Binärkodierung von x_j in $<\vec{x}>$

$$= \mu_{i\leq x} i\ (d(x,i)=j) \qquad (\text{also } e\in E_2)$$

$\ell_n(x) :=$ (Länge der n-ad. Darst. von x) $= \mu_{r\leq x} r(x = \sum_{i<r} c_n(x,i)n_x^i)$

ℓ_n^* analog bzgl. der modifizierten Darstellung mit c_n^*, so daß $\ell_n, \ell_n^* \in E_2$.

Kodifikatsabschätzung: $<x_0+y_0,\ldots,x_r+y_r> \leq 3^{r+2}\cdot(<\vec{x}>+1)\cdot \prod_{i\leq r}(y_i+1)^2$

Beweis. $<x_0+y_0,\ldots,x_r+y_r> \leq 3^{r+\sum_{i\leq r}\ell_2^*(x_i+y_i)}$

$$\leq 3^r\cdot 3^{\sum_{i\leq r}\ell_2^*(x_i)}\cdot\prod_{i\leq r} 3^{\ell_2^*(y_i)} \qquad \text{da } \ell_2^*(x+y)\leq \ell_2^*(x)+\ell_2^*(y)$$

$$\leq 3^r\cdot 3^{\ell_3(<\vec{x}>)}\cdot \prod_{i\leq r}(2^{\ell_2^*(y_i)})^2 \qquad \text{da } 3^n \leq (2^n)^2$$

$$\leq 3^r(3\cdot 3(<\vec{x}>+1))\cdot\prod_{i\leq r}(y_i+1)^2 \qquad \text{da } 3^{\ell_3(z)-1}\leq 3z \text{ (für } z\neq 0) \text{ und } 2^{\ell_2^*(z)}\leq z+1 .$$

Beweis des E_2-Kodierungslemmas. Sei $P_n\in E_2$ ein Polynom nach obiger Abschätzung mit $<\vec{x}>\leq P_n(\vec{x})$ für alle $\vec{x}=x_1,\ldots,x_n$.

$n=1: \langle y\rangle = \sum_{i<\ell_2^*(y)} c_2^*(y,i)\, 3^i_{p_1(y)}$ zeigt $\lambda y.\langle y\rangle \in E_2$. Induktionsschluß:

$$\langle y,\vec{x}\rangle = \langle y\rangle + \langle\vec{x}\rangle \cdot 3^{\ell_2^*(y)+1}_{p_{n+1}(y,\vec{x})}$$, so daß $\lambda y,x.\langle y,\vec{x}\rangle \in E_2$.

$$(x)_i = \sum_{e(x,i)\le j<e(x,i+1)} c_3(x,j)\cdot 2_x^{j \dot{-} e(x,i)}$$ zeigt $\lambda x,i.(x)_i \in E_2$.

Zum Nachspielen des Beweises des Kleeneschen Normalformsatzes aus §AII1 mit Funktionen in der zweiten Grzegorczyk-Klasse brauchen wir eine polynomiale Schranke für die primitiv rekursive Definition der Iteration der Folgekonfigurationsfunktion aus dieser, jedenfalls für festes n und gegebene Programmnummer k. Die dortige Abarbeitung von Programmen als Stapel würde über die Verkettungsfunktion hier zu evtl. exponentiellem Wachstum der Folgeprogrammfunktion führen, da jeder Testschritt eine Verdoppelung des verbleibenden Programms bewirken kann. Daher behandeln wir hier Programme als (ein für allemal gespeicherte) Konstanten und merken uns den jeweils auszuführenden elementaren Teiloperator durch einen Zeiger (Instruktionsadresse).

Wie zur exponentiell diophantischen Beschreibung von Registeroperatorberechnungen in §BI3 lesen wir also Registeroperatoren als Zeichenreihen $M=o_o\ldots o_m$ mit elementaren Operationen $o_i \in \{a_j, s_j, {}^k_j(,)^k\}$, wobei i die Adresse und k in ${}^k_j($ (bzw. $)^k$) die kritische Nachfolgeadresse bezeichnet; sei r die maximale in M auftretende Registeradresse, $0\le j$ und:

$\bar{M} := \langle 3^r, \bar{o}_o, \ldots, \bar{o}_m\rangle$ $\qquad \bar{C} := \langle \bar{M}, i, \langle\vec{x}\rangle\rangle$ $\qquad$ für $C=(i,\vec{x})$

mit $\bar{a}_j := \langle 1,j\rangle$, $\quad \bar{s}_j := \langle 2,j\rangle$, $\quad \overline{{}^k_j(} := \langle 3,j,k\rangle$, $\quad \overline{)^k} := \langle 4,j,k\rangle$.

Definition. (Für späteren Gebrauch notieren wir hier das Argument k als Parameter.)

$$\text{Folgeinstr}_k(i,x) := \begin{cases} i+1 & \text{falls } (k)_{i+1,0} \in \{1,2\} \text{ oder} \\ & ((k)_{i+1,0}=3 \ \&\ (x)_{(k)_{i+1,1}} \ne 0) \\ (k)_{i+1,2} & \text{sonst} \end{cases}$$

$$\text{Folgereg}_k(i,x) := \begin{cases} \mu y_{y\le 3x}(\forall v\ne j_{v<\ell_3(x)}: (y)_v=(x)_v \ \&\ (y)_j=(x)_j+1) & \text{für } (k)_{i+1,0}=\langle 1,j\rangle \\ \ldots\ldots\ldots\ldots\ldots\ldots\ldots \dot{-}1 \ldots\ldots\ldots\ldots & \langle 2,j\rangle \\ x & \text{sonst} \end{cases}$$

$$\mathrm{Folgekonfig}(z):=\langle (z)_o,\ \mathrm{Folgeinstr}_{(z)_o}((z)_1,(z)_2),\ \mathrm{Folgereg}_{(z)_o}((z)_1,(z)_2)\rangle$$

Aus Folgeinstr, Folgereg, Folgekonfig $\in E_2$ entsteht die Iteration von Folgekonfig durch primitive Rekursion, für die wir eine geeignete E_2-Schranke suchen. Sei $F_n(k,\vec{x},y) := \mathrm{Folgekonfig}^y(\langle k,0,\langle\vec{x}\rangle\rangle)$. Für jedes $n, k=\bar{M}$ gilt:

$$F_n(k,\vec{x},y) \le \langle k,k,\langle x_o+y,\dots,x_n+y,y,\dots,y\rangle\rangle$$

$$\le 3^{2+2}\cdot(k+1)^2\cdot(k+1)^2\cdot(\langle x_o+y,\dots,x_n+y,y,\dots,y\rangle+1)^2 \quad \text{s.o. Abschätzung}$$

$$\le 3^4\cdot(k+1)^4\cdot(1+3^{r(k)+2}\cdot\prod_{i\le n}(x_i+y+1)^2\cdot(y+1)^{2(r(k)-n)})^2$$

$$=: Q_{r(k)}(\vec{x},y) \text{ mit Registerschranke } r(k) := \mu_{i\le k}\, i((k)_o=3^i_k)\in E_2 .$$

$Q_{r(k)}$ ist für festes n,k ein Polynom in $\vec{x},y$, so daß für alle n,r die Funktion

$$F_{n,r}(k,\vec{x},y) := F_n(k,\vec{x},y) \text{ falls } n\le r(k)\le r \quad \{=0 \text{ sonst}\}$$

durch E_2-beschränkte primitive Rekursion aus E_2-Funktionen entsteht und somit in E_2 liegt. Für die Kleenesche Normalform wähle zu n eine Schranke r der zur Berechnung n-stelliger Funktionen gebrauchten Register (§AI4a, Übg.1), so daß für alle $f^{(n)}\in F_\mu$ und f berechnendes M mit r Registern gilt:

$$f(\vec{x}) = (F_{n,r}(\bar{M},\vec{x},h(\vec{x})))_{2,n} \quad \text{für } h(\vec{x})\ge Sz(\bar{M},\vec{x}) \quad (\text{"Schrittzahl"}).$$

Neben der Lösung von Kodifikationsproblemen besteht der zweite wesentliche Schritt zum Nachweis des Grzegorczyk-Hierarchiesatzes in einer Analyse des Wachstums primitiv rekursiver Funktionen:

<u>Lemma über Wachstumseigenschaften der Ackermannfunktion.</u> Sei $n\ge 3$.

1. α wächst echt monoton: $\alpha(n,x)<\alpha(n+1,x),\alpha(n,x+1)$ (ausgenommen $x=0$)
2. α_n majorisiert $+,\cdot,2^x$, d.h.: $2^x\le\alpha_n(x)$; $\forall k,\ell:\alpha_n^k(x)+\alpha_n^\ell(x)\le\alpha_n^{\max(k,\ell)+2}(x)$
3. α_{n+1} majorisiert schließlich jede Iteration von α_n:

$$\forall k:\alpha_n^k(x)<\alpha_{n+1}(x) \quad \text{f.ü.} \qquad \alpha_n^{kx}(x)<\alpha_{n+1}^2(x) \quad \text{f.ü.}$$

(ungenauer: α wächst im ersten Argument stärker als im zweiten)

<u>Majorisierungskorollar:</u> $\forall n\ge 2$: Jede $R_n\cup E_{n+1}$-Funktion wird majorisiert durch eine feste Zahl von Iterationen von α_{n+1}, jede elementare Funktion durch ein α_3^k, symbolisch:

$$\forall f\in R_n\cup E_{n+1}: \exists k: f(\vec{x})<\alpha_{n+1}^k(\Sigma\vec{x}) \quad \text{f.ü.} \qquad \forall f\in E: \exists k: f(\vec{x})<\alpha_3^k(\Sigma\vec{x}) \quad \text{f.ü.}$$

Beweis des Lemmas. Aus der Definition folgt die Monotonie (triviale Induktion) und $2^x = \alpha_3(x) \leq \alpha_n(x)$. Für $m=\max(k,\ell)$ folgt:

$$\alpha_n^k(x) \dot{+} \alpha_n^\ell(x) \leq \alpha_n^m(x) \dot{+} \alpha_n^m(x) \leq 2^{2^{\alpha_n^m(x)}} \leq \alpha_n^{m+2}(x) \quad \text{wegen } 2y, y^2 \leq 2^{2^y}.$$

Wir beweisen 3. unter Zuhilfenahme der folgenden Beobachtung:

*: $\forall k: 2^x$ wächst schließlich stärker als kx, d.h. $kx < 2^x$ f.ü.

$$\alpha_n^k(x) < 2^{\alpha_n^k(x)} \leq \alpha_n^{k+1}(x) \quad \text{nach 2.}$$

$$\leq \alpha_n^{k+1}(\alpha_{n+1}(x-k-1)) \text{ f.ü. weil } x \leq 2^{x-(k+1)} \leq \alpha_{n+1}(x-k-1) \text{ f.ü. nach *,1.}$$

$$= \alpha_n^{k+1}(\alpha_n^{x-k-1}(1)) = \alpha_n^x(1) = \alpha_{n+1}(x) \quad \text{für } x>k$$

$$\alpha_{n+1}(\alpha_{n+1}(x)) = \alpha_n^{\alpha_n^x(1)}(1) = \alpha_n^{kx}(\alpha_n^{\alpha_n^x(1)-kx}(1)) \quad \text{für } kx \leq 2^x \leq \alpha_n^x(1) \text{ nach *}$$

$$= \alpha_n^{kx}(\alpha_{n+1}(\alpha_{n+1}(x)-kx)) \underset{\text{f.ü.}}{>} \alpha_n^{kx}(x) \text{ nach 1. für } x < \alpha_{n+1}(x)-kx \text{ nach *}$$

Beweis des Majorisierungskorollars durch Induktion: Da R_0 nur Funktionen C_i^n und $\lambda\vec{x}.x_i+c$ enthält, ist jede R_1-Funktion polynomial und damit für ein k α_2^k-beschränkt. Für $2 \leq n$ schließt man induktiv: seien α_n^k bzw. $\alpha_n^{k_i}$ Majoranten für g, h_i und $f(\vec{x}) = g(h_0(\vec{x}), \ldots, h_r(\vec{x}))$; dann gilt mit $m = \max_{i \leq r} r_i$:

$$f(\vec{x}) \underset{\text{f.ü.}}{<} \alpha_n^k(\sum_{i \leq r} \alpha_n^{k_i}(\Sigma\vec{x})) \leq \alpha_n^{k+m+2r}(\Sigma\vec{x}) \quad \text{(nach 2. im Lemma)}.$$

Entsteht f durch primitive Rekursion aus g,h mit Majoranten $\alpha_n^k, \alpha_n^\ell$, so gilt für $m:=\max\{k,\ell,1\}$ nach dem Wachstumslemma f.ü.:

$$f(\vec{x},y) < \alpha_n^\ell(\Sigma\vec{x}+y-1+\alpha_n^\ell(\Sigma\vec{x}+y-2+\ldots+\alpha_n^\ell(\Sigma\vec{x}+0+\alpha_n^k(\Sigma\vec{x}))\ldots)) \quad \text{nach Vor.}$$

$$\leq \alpha_n^m(\alpha_n(\Sigma\vec{x}+y)+\alpha_n^m(\alpha_n(\Sigma\vec{x}+y)+\ldots+\alpha_n^m(\alpha_n(\Sigma\vec{x}+y)+\alpha_n^m(\Sigma\vec{x}+y))\ldots)) \quad \text{Monotonie}$$

$$\leq\alpha_n^m(\alpha_n(\Sigma\vec{x}+y)+\alpha_n^m(\alpha_n(\Sigma\vec{x}+y)+\ldots+\alpha_n^{2m+2}(\Sigma\vec{x}+y)\ldots)) \quad \text{nach 2. im Lemma}$$

$$\leq\alpha_n^{(y+1)m+y\cdot 2}(\Sigma\vec{x}+y)\leq\alpha_n^{(2m+2)(\Sigma\vec{x}+y)}(\Sigma\vec{x}+y)<\alpha_{n+1}^2(\Sigma\vec{x}+y) \quad \text{nach 3.}$$

f.ü.

Nach dem Vorstehenden genügt für die E-Majorisierung die Abschätzung:

$$\prod_{i\leq y}\alpha_3^k(x+i)\leq(\alpha_3^k(x+y))^{y+1}=2^{(\alpha_3^{k-1}(x+y))\cdot(y+1)}\leq 2^{(\alpha_3^{k-1}(x+y))^2}\leq\alpha_3^{k+2}(x+y).$$

N.B. Aus dem Majorisierungskorollar folgt $\alpha_{n+1}\in R_n-R_{n-1}$ & $\alpha\in F_\mu - F_{prim}$.

Übung. Zeigen Sie die Majorisierungseigenschaften von α analog auch für die wie folgt definierte Ackermannfunktion a, so daß $a\in F_\mu-F_{prim}$:

$a(0,y):=y+1 \qquad a(n+1,0):=a(n,1) \qquad a(n+1,y+1):=a(n,a(n+1\ ,y))$.

Es gilt: $a_{n+1}(y+1)=a_n^{y+1}(a_n(1))=a_n^{y+1}(a_{n-1}(a_{n-2}(\ldots a_1(1)\ldots)))$.

Aus dem Majorisierungskorollar folgt ein Beweis für $R_n \subseteq E_{n+1}$ durch Induktion nach n: Da jede R_1-Funktion polynomial beschränkt ist, gilt $R_0 \subseteq R_1 \subseteq E_2$. Jedes durch primitive Rekursion entstehende $f\in R_{n+1}$ wird schließlich durch α_{n+2} majorisiert, so daß die Rekursion E_{n+2}-beschränkt ist und damit $f\in E_{n+2}$.

Übung. Folgern Sie $E_{n+1} \subseteq R_n$ für $3\leq n$ unter Benutzung des Majorisierungskorollars, der nachstehenden Übung und des schwachen R_3-Darstellungssatzes:

Programmierübung. Für $n\geq 2$ ist jede Funktion in E_n (resp. E) in E_n- (resp. für ein k α_3^k-) beschränkter Rechenzeit durch einen Registeroperator berechenbar, d.h. $E_n \subseteq \bigcup_{k\in\mathbb{N}} C_{\alpha_n^k}$

(Vgl. die in §AI2 angegebenen Verfahren zur Berechnung von $f\in F_\mu$.)

Schwacher R_3-Darstellungssatz. Jedes $f\in F_\mu$ hat eine Darstellung $f(\vec{x})=U(k,\vec{x},h(\vec{x}))$ für ein $k=\bar{M}$, ein $U\in R_3$ und alle $h(\vec{x})\geq Sz(k,\vec{x})$.

Bemerkung. Dieser Darstellungssatz hängt im wesentlichen nur von einer geeigneten Lösung des Kodierungsproblems mit R_3-Funktionen zur Beschreibung von Maschinenrechnungen ab, wie wir sie gleich angeben. Mit einer sparsameren Kodierung erhält man einen analogen R_2-Darstellungssatz und daraus $E_3 \subseteq R_2$. Die in Müller 1974 entwickelte Lösung dieses Kodierungsproblems würde den Rahmen dieses Buches sprengen, so daß wir uns hier auf den einfacheren Fall n≥3 beschränken. Wir benutzen die formulierte Behauptung $E_3 \subseteq R_2$ im weiteren Verlauf des Buches nicht.

Der Beweis des schwachen R_3-Darstellungssatzes folgt leicht durch Übertragung des Beweises für die E_2-Kleene-Normalform: da die Iteration der Folgekonfigurationsfunktion aus dieser durch primitive Rekursion entsteht, genügt es, letztere in R_2 und (zwecks Ausgabe des Rechenergebnisses nach dem Stop) eine Dekodierungsfunktion in R_3 zu definieren.

Übung. Führen Sie nach vorstehendem Hinweis den Beweis des schwachen R_3-Darstellungssatzes durch unter Verwendung des nachfolgenden R_2-Kodierungslemmas.

R_2-Kodierungslemma. $\forall r$, $1\le i\le r$ gibt es R_2-Kodierungs-, Additions- bzw. Subtraktionsfunktionen $c_r, a_{r,i}, s_{r,i}$ und R_3-Dekodierungsfunktionen $c_{r,i}$, so daß für alle k und $\vec{x}=x_1,\ldots,x_r$ gilt:

$$c_{r,i}(c_r(x_1,\ldots,x_r))=x_i \qquad \lambda x.c_{r,i}(x)=k \text{ ist in } R_2$$

$$a_{r,i}(c_r(\vec{x}))=c_r(x_1,\ldots,x_{i-1},x_i+1,x_{i+1},\ldots,x_r)$$

$$s_{r,i}\ldots\ldots\ldots\ldots\ldots\ldots\ldots\ldots\dot{-}1\ldots\ldots\ldots$$

Beweis des R_2-Kodierungslemmas (nach Schwichtenberg 1969). Zur R_2- bzw. R_3-Definition derartiger Funktion verwenden wir:

Beispiele von R_1-Funktionen: $+,\dot{-}1,\lambda x,y.x\cdot\overline{sg}(y)$.

Beispiele von R_2-Funktionen: $\cdot,\alpha_3,\dot{-},\lambda x.[x:2]$, $maxpot_2$ mit

$maxpot_2(x)$:= maximale Zweierpotenz $2^i\le x$.

Beispiel einer R_3-Funktion: exp_2 mit $exp_2(x):=y$ falls $x=2^y$ (:=0 sonst).

Wir beweisen diese Beispiele weiter unten und definieren jetzt:

$$c_r(x_1,\ldots,x_r):=2^{x'_1+x'_2+\ldots+x'_r}+2^{x'_2+\ldots+x'_r}+\ldots+2^{x'_r}+2^0 \quad \text{mit } x'_i:=x_i+1$$

$t_i(x)$:=der (von links nach rechts gelesen) i-te additive Term von $x=c_r(x_1,\ldots,x_r)$

$$:= maxpot_2(x\dot{-}\sum_{1\le j\le i} t_j(x)) \quad \text{für } 1\le i\le r+1. \text{ NB. } t_i\in R_2$$

$c_{r,i}(x):=(\exp_2(t_i(x))\dot{-}\exp_2(t_{i+1}(x)))\dot{-}1$ für $1\leq i\leq r$. NB. $c_{r,i}\in R_3$.

$c_{r,i}(x)=k$ gdw $(t_i(x)=2^{k+1}t_{i+1}(x)\ \&\ t_i(x)\geq 2)$ oder $(k=0\ \&\ t_i(x)\leq 1)$ (in R_2)

$a_{r,i}(x):=2t_1(x)+\ldots+2t_i(x)+t_{i+1}(x)+\ldots+t_{r+1}(x)$ NB: $a_{r,i}\in R_2$.

$$s_{r,i}(x):=\begin{cases}[t_1(x):2]+\ldots+[t_i(x):2]+t_{i+1}(x)+\ldots+t_{r+1}(x) & \text{falls } c_{r,i}(x)\neq 0\\ x & \text{sonst}\end{cases}$$

Somit bleibt lediglich der Beweis der Beispiele: $\exp_2$ entsteht durch eine primitive Rekursion aus R_2-Funktionen nach:

$$\exp_2(x)=\sum_{i\leq x} i\cdot\overline{sg}\,((x\dot{-}2^i)+(2^i\dot{-}x)).$$

Zum Beweis von $\lambda x.[x:2]\in R_2$ benutzen wir die Gaussche Formel $\sum_{i\leq x} i=\frac{x(x+1)}{2}$, wonach $\lambda x.\frac{x(x+1)}{2}\in R_2$. Da bei der Division von $\frac{x(x+1)}{2}$ durch x bei ungeradzahligem x der Rest 0 und sonst $[x:2]$ wird, gilt:

$$[x:2]=rest(\frac{x(x+1)}{2},x)+rest(\frac{(x\dot{-}1)x}{2},x\dot{-}1).$$

Also ist $\lambda x.[x:2]\in R_2$, falls die Restfunktion $rest\in R_2$.

Startend mit $x=0$ haben wir für Folgen $r(x,y)=0,\ldots,r(x+y\dot{-}1,y)=y\dot{-}1$ die Stelle zu erkennen, an der der Restwert wieder auf 0 springt; dies ist, wo gerade die umgekehrte Folge $h(x,y)=y\dot{-}1,\ldots,h(x+y\dot{-}1,y)=0$ wieder auf $y\dot{-}1$ springt, so daß (s. Figur 1)

$$rest(x,y)=(y\dot{-}1)\dot{-}h(x,y)$$

mit $h(0,y):=y\dot{-}1$, $h(x+1,y):=(h(x,y)\dot{-}1)+(y\dot{-}1)\overline{sg}(h(x,y))$, so daß $rest\in R_2$.

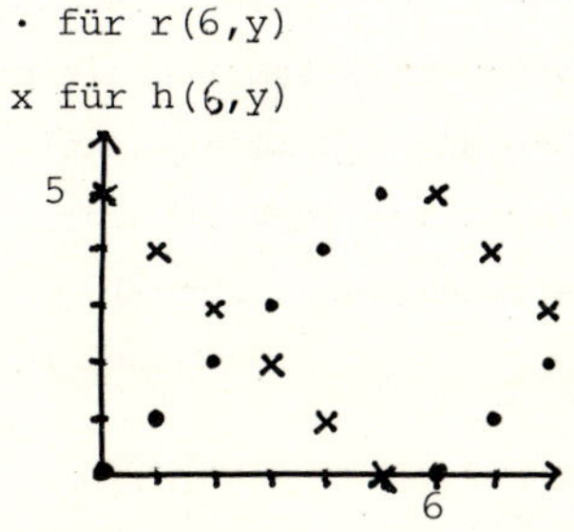

Figur 1

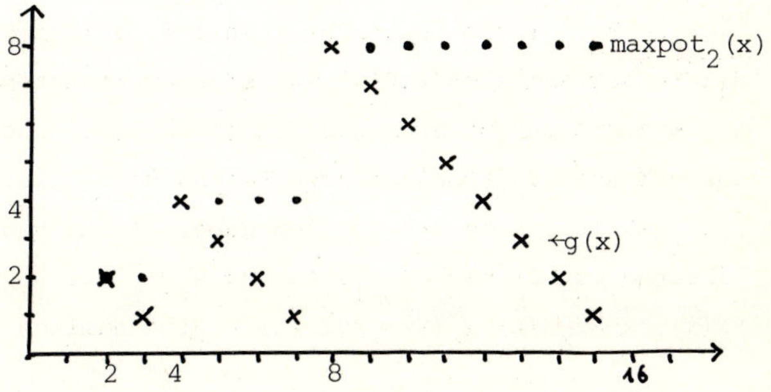

Figur 2

Ähnlich beschreiben wir die Treppenfunktion $maxpot_2$ in R_2: die konstante Folge $maxpot_2(2^n+i)=2^n$ für $0\le i\le 2^n-1$ springt auf den nächsten Fixpunkt $maxpot_2(2\cdot 2^n)=2\cdot 2^n$ wo die absteigende Folge $g(2^n+i)=2^n-i$ für $0\le i\le 2^n-1$ von 2^n auf 1 zurückgekommen ist, so daß (s. Figur 2)

$$maxpot_2(x)=[(x+g(x)):2]$$

mit $g(0):=0$, $g(x+1):=(g(x)\dot{-}1)+(x+1)\overline{sg}(g(x)\dot{-}1)$ und daher $maxpot_2\in R_2$.

Übung. Beweisen Sie die restlichen obigen Beispiele.

Übung. Zeigen Sie (ohne Verwendung von $E_3\subseteq R_2$), daß $\lambda x,y.x^y\in R_2$. Hinweis: Beweisen Sie durch Induktion nach i:

$$\forall i\le y\exists c_i:2^{(x+1)(y+1)\cdot y}=(2^{(x+1)(y+1)}\dot{-}x)\cdot c_i+x^i\cdot 2^{(x+1)(y+1)(y-i)}.$$

Für die Zerlegung für i=y hat man wegen $x^y<2^{(x+1)(y+1)}\dot{-}x$ dann $x^y=rest(2^{(x+1)(y+1)y},\ 2^{(x+1)(y+1)}\dot{-}x)$.

Ein Beweis für den Rest des Grzegorczyk-Hierarchiesatzes folgt aus den bisher bereitgestellten Methoden und $R_{n-1}=E_n$ leicht. Wir geben zuerst einen Beweis für $E_n=C_{E_n}$ für $n\ge 2$ und das Registeroperatorschrittzahlmaß Sz.

"$\subseteq$" gilt nach obiger Programmierübung. Die Umkehrung folgt aus der Kleene-Normalformdarstellung mit E_2-Funktionen.

$E_n \subseteq LOOP_n$ für $n\ge 3$ folgt aus $E_{n+1} \subseteq R_n \subseteq LOOP_{n+1}$:

Übung. Verifizieren Sie $R_n \subseteq LOOP_{n+1}$ durch Analyse der in Kap. I zur Berechnung primitiv rekursiver Funktionen angegebenen Registeroperatoren. Hinweis: Jede neue primitive Rekursion erhöht die Iterationstiefe um 1. (Variante: Sie könnten auch zeigen, daß jede mit einer Rechenzeitschranke s registermaschinenberechenbare Funktion bereits durch ein Schleifenprogramm mit Rechenzeitschranke $c\cdot s(x)^2$ berechnet werden kann, s. Constable & Borodin 1972.)

$LOOP_n \subseteq E_n$ folgt nach dem E_2-Kleene-Normalformsatz aus einer E_n-Beschränkung der Rechenzeiten primitiv rekursiver Registeroperatoren der Iterationstiefe n. Letztere ergibt sich aus den Wachstumseigenschaften der Ackermannfunktion durch eine Induktion über den Aufbau der Schleifenprogramme: im kritischen Fall der Iteration erhöht sich dabei die Rechenzeit-(lies: Rekursions-) schranke von E_n nach E_{n+1}; für $M=(s_rN)_r$ mit $\Sigma N(\vec{x})\le\Sigma\vec{x}+Sz_{\bar{N}}(\vec{x})\le\alpha_n^k(\Sigma\vec{x})$ für ein k gilt nämlich f.ü.:

$$Sz_{\bar{M}}(\vec{x},y)\le Sz_{\bar{N}}(\vec{x})+Sz_{\bar{N}}(N(\vec{x}))+\ldots+Sz_{\bar{N}}(N^{y-1}(\vec{x}))$$

$$\le\alpha_n^k(\Sigma\vec{x})+\alpha_n^k(\alpha_n^k(\Sigma\vec{x}))+\ldots+\alpha_n^k(\underbrace{\alpha_n^k(\ldots\alpha_n^k}_{y-1\text{ mal}}(\Sigma\vec{x})\ldots))$$

$$\le y\cdot\alpha_n^{ky}(\Sigma\vec{x}) \quad \text{aus Monotoniegründen}$$

$$\le(\alpha_n^{k(\Sigma\vec{x}+y)}(\Sigma\vec{x}+y))^2 < (\alpha_{n+1}^2(\Sigma\vec{x}+y))^2<\alpha_{n+1}^4(\Sigma\vec{x}+y)\in E_{n+1}.$$

Übung. Zeigen Sie, daß $R_n=LOOP_n$ für $n\ge3$, wenn auch Löschen eines Registers $(s_i)_i$ und Kopieren $(s_ia_j)_i$ und $(s_ia_ja_k)_i$ als elementare Operatoren (also mit Schleifentiefe 0) zugelassen sind, s. Amihud & Choueka 1981.

Übung. Kontrollieren Sie, daß die zum Nachweis der E_2-Kleene-Normalform angegebenen E_2-Definitionen (insbesondere für die (De-) Kodierungsfunktionen) elementar sind. Folgern Sie hieraus und aus der E_2-Kleene-Normalform für $n\ge3$:

$$C_{E_n}\subseteq A(E\cup\{\alpha_n\}) \qquad E\subseteq\bigcup_n C_{\alpha_3^n}\subseteq E_3 \text{ und also } A(E\cup\{\alpha_n\})\subseteq E_n.$$

Bemerkung. In §BII.1 haben wir den Gödelschen Satz gezeigt, daß (primitive) Rekursionen mittels des μ-Operators explizit beschrieben und somit auf einen Spezialfall der Iteration zurückgeführt werden können. Eine entsprechende Aussage enthält die Behauptung $A(E\cup\{\alpha_n\})\subseteq E_n$ für $3\le n$.

Wegen seiner Bedeutung formulieren wir diesen Sachverhalt getrennt als Korollar und geben einen alternativen Beweis nur unter Benutzung erlaubter Definitionsschemata ohne Rückgriff auf eine Rechenzeitcharakterisierung. (Charakterisierungen der Klasse der (einstelligen) primitiv rekursiven Funktionen als Abschluß geeigneter Anfangsfunktionen gegen Einsetzung und parameterlose Iteration geben Robinson 1947, Gladstone 1971, Georgieva 1976.)

Korollar. E ist gegen beschränkte primitive Rekursion abgeschlossen.

Beweis. Da nach obiger Übung die zum Beweis der E_2-Kleene-Normalform benutzten Funktionen und Definitionsprozesse elementar sind, ist insbesondere E gegen den beschränkten μ-Operator abgeschlossen. Damit nun läßt sich über eine Wertverlaufskodierung jedes aus $g,h,s\in E$ durch beschränkte primitive Rekursion entstehende f mit elementaren Mitteln explizit definieren: sei $\bar{f}(\vec{x},y):=\langle f(\vec{x},0),\ldots,f(\vec{x},y)\rangle$. Dann ist $G_{\bar{f}}$ in E wegen

$$\bar{f}(\vec{x},y)=z \text{ gdw } z=\sum_{j\le y'} i_j 3^j \;\&\; (z)_0=g(\vec{x}) \;\&\; \forall j_{j<y'}:(z)_{j+1}=h(\vec{x},j,(z)_j)$$

$$\text{für } y':=\sum_{i\le y}\ell_2^*(s(x,i))+y\,.$$

Hieraus folgt $\bar{f}\in E$ (und $f\in E$ wegen $f(\vec{x},y) = (\bar{f}(\vec{x},y))_y$) nach:

$$\bar{f}(\vec{x},y) = \mu z_{z\le t(\vec{x},y)} \; G_{\bar{f}}(\vec{x},y,z) \text{ mit } t(\vec{x},y) := 3^{y+2} \cdot \prod_{j\le y} (1+s(\vec{x},j))^2 \in E.$$

<u>Übung.</u> Zeigen Sie, daß die n-te Grzegorczyk-Klasse für $n\ge 3$ unverändert bleibt, wenn man in der Definition die "beschränkte primitive Rekursion" durch "Anwendung des beschränkten μ-Operators" ersetzt (<u>NB.</u> Harrow 1975 zeigt, daß diese Aussage für n=0,1 falsch ist. Rödding 1962, 1964a, 1968, Marcenkov 1969 enthält eine systematische Untersuchung derartiger gegenseitiger Eliminierbarkeiten von Definitionsprozessen.)

<u>Beweis des Korollars zum Grzegorczyk-Hierarchiesatz.</u> Verifizieren Sie an Hand des Beweises des Satzes von Davis-Putnam-Robinson-Matijasevich in §BI3,4, daß für jedes (A akzeptierende) Programm M in der diophantischen Darstellung $M(\vec{x},0,\ldots,0)\downarrow$ gdw $\exists \vec{y} P_M(\vec{x},\vec{y})=0$ alle Variablen in $\vec{y}$ elementar in der Rechenzeit, also für ein k durch $\alpha_3^k(Sz(\bar{M},\vec{x}))$ beschränkt werden können. Ein eine Aufzählungsfunktion pr von F_{prim} berechnendes Programm P_N kann leicht so programmiert werden, daß es für die Eingabe eines in E_n-beschränkter Rechenzeit haltenden Programms M ebenfalls in E_n-beschränkter Rechenzeit $N(\bar{M},x,0,\ldots,0)$ berechnet. Also existiert für jedes A in E_n ein M mit Rechenzeitschranke $f\in E_n$, so daß:

$$x\in A \text{ gdw } N(\bar{M},x,0,\ldots,0)\downarrow \text{ gdw } \exists \vec{y}\le f(x): P_N(\bar{M},x,\vec{y})=0.$$

§2 (<u>Basis- und Rechenzeithierarchiesatz</u> für E_n). Nach dem Beweis des Grzegorczyk-Hierarchiesatzes wollen wir die dazu entwickelten Techniken für Normalformdarstellungen und Wachstumsabschätzungen primitiv rekursiver Funktionen noch an einigen weiteren Beispielen verdeutlichen. Die Charakterisierung der n-ten Grzegorczyk-Klasse als Einsetzungsabschluß der elementaren Funktionen mit dem n-ten Zweig der Ackermannfunktion kann viel schärfer ausgesprochen werden, was die verschiedenartigen Rollen von Wachstum und Kodierung sehr deutlich voneinander abhebt:

B heißt <u>Einsetzungsbasis</u> einer Funktionsklasse F gdw F der Einsetzungsabschluß A(B), d.h. die Klasse der aus Funktionen in B explizit definierbaren Funktionen ist.

E_n-<u>Basissatz</u> (Rödding 1964, Parsons 1968): $\forall n\ge 2$: E_n hat die endliche Einsetzungsbasis

$$B_n = \{U_1^1, C_0^0, C_1^1, +, \cdot, \lambda x.\langle x\rangle, \ell_2^*, \lambda x,y.3_y^x, U, \alpha_n\} \qquad \text{wobei } 3_y^x = \min\{3^x, y\}.$$

<u>Beweis.</u> Nach der E_2-Kleene-Normalform gilt für alle $f\in E_n$: $f(\vec{x}) = U(k,\langle\vec{x}\rangle,\alpha_n^{\ell}(\langle\vec{x}\rangle))$ für ein k und ein ℓ zu einer Rechenzeitschranke für k. Die Definition von $\langle y,\vec{x}\rangle$ aus $\langle\vec{x}\rangle$ im Beweis des E_2-Kodierungslemmas zeigt damit die Behauptung.

<u>NB.</u> Nach Beltjukov 1979 hat die Klasse der einstelligen E_0-Funktionen keine endliche Einsetzungsbasis; vgl. Gandy 1984.

Bemerkung. Eine Funktionenklasse X mit $C_X=X$ nennt man auch rechenzeitabgeschlossen, weil sie genau diejenigen Funktionen enthält, die in durch eine Funktion aus der Klasse beschränkter Rechenzeit berechenbar sind. $E_n=A(E\cup\{\alpha_n\})$ für $n\geq 3$ wie auch der Beweis des E_n-Basissatzes drücken aus, daß E_n als rechenzeitabgeschlossene Klasse modulo elementarer Prozesse bereits durch die Wachstumsgröße ihrer Elemente (hier: von α_n) bestimmt ist. Anders ausgedrückt sind die Funktionen in E_n vermöge eines elementaren Faktors obere Schranken für Laufzeiten geeigneter sie berechnender Programme; man sagt auch: sie sind elementar gutartig.

Übung. Ein rekursives f heißt elementar gutartig gdw f durch ein Programm M berechenbar ist in einer bis auf einen elementaren Faktor durch f beschränkten Rechenzeit, d.h. so daß $Sz(\bar{M},\vec{x})\leq s(\vec{x},f(\vec{x}))$ für ein $s\in E$. Die Menge E(f) der in f elementaren Funktionen sei definiert wie E mit zusätzlicher Anfangsfunktion f. Zeigen Sie:

1. f ist elementar gutartig gdw G_f elementar ist. (Hinweis: Verwenden Sie die Kleene-Normalform mit E_2-Funktion und die Rechenzeitabgeschlossenheit von E.)

2. Elementare Gutartigkeit vererbt sich a) bei simultaner Einsetzung in eine Funktion mit $g(x)\geq x$ und b) auf die Iteration $\lambda xy.g^y(x)$ einer monotonen Funktion g; also ist α_n^k elementar gutartig.

3. Für elementar gutartige f ist E(f) rechenzeitabgeschlossen.

4. Elementar gutartige Funktionen sind in jeder größeren Funktion elementar. (Hinweis: Zeigen Sie, daß jedes $f_1\in E(f)$ durch ein $g_1\in E(g)$ majorisiert wird, falls $f\leq g$; benutzen Sie dann Aussage 3.)

5. Für elementar gutartige f,g enthält E(f) eine universelle (Aufzählungs-) Funktion u für (die einstelligen Funktionen in) E(g) gdw E(f) eine alle (einstelligen) Funktionen in E(g) bis auf eine Konstante majorisierende Funktion enthält (d.h. $\exists m\in E(f):\forall h\in E(g):\exists k\forall x:h(x)\leq m(x)+k$).
(Hinweis: a) $m(x):=\sum_{i\leq x} u(i,x)$; b) für $\alpha_3\leq g$ benutze die Kleene-Normalform mit E_2-Funktion und die Abgeschlossenheitseigenschaft 2) in dieser Übung.)

Eine Funktionenklasse mit endlicher Einsetzungsbasis wie E_n kann nicht Limes einer unendlichen, echt aufsteigenden Folge einsetzungsabgeschlossener Teilklassen sein. (Warum nicht?) Daher besitzt F_{prim} keine endliche Einsetzungsbasis. Die Beschränkung auf einsetzungsabgeschlossene Klassen bedeutet insbesondere, den Anteil des Einsetzungsprozessess bei der Festlegung eines Maßes von Komplexität einer Funktionsdefinition als vernachlässigbar zu erachten. Wir wollen uns von dieser Annahme freimachen und verfeinern daher unsere Analyse der bei der Berechnung von E_n-Funktionen auftretenden Rechenzeit- und damit Wachstums-Schranken α_n^k, indem wir außer der Anzahl n hintereinanderliegender primitiver Rekursionen <u>auch die Anzahl k hintereinanderliegender Einsetzungen</u> (von α_n in sich) <u>zählen</u>. Dadurch erhält man eine bei E_{n-1} startende und E_n ausschöpfende, echt aufsteigende, unendliche Hierarchie von in Wachstum und Rechenzeitaufwand durch α_n^k bestimmten Komplexitätsklassen E_n^k; jede dieser Klassen enthält eine universelle (Aufzählungs-) Funktion für die nächstniedrigere, und E_n ist der Einsetzungsabschluß jeder dieser Klassen. Wir behandeln diese Rechenzeitapproximation von E_n zum Zwecke weiterer Verdeutlichung der entscheidenden Rolle von Normalformdarstellungen berechenbarer Funktionen als Iteration einfacher Rechenschrittsbeschreibungen nach einer übersichtlichen - durch Rekursions- und Einsetzungstiefe bestimmten - Rechenzeitmajorante:

<u>E_n-Rechenzeithierarchiesatz</u> (Ritchie 1963, Cleave 1963, Schwichtenberg 1967, Rödding 1968): Für $3 \leq n$ und beliebige k sei

$E_n^k := \{f \mid \exists g \in E_{n-1}: f$ registermaschinenberechenbar mit Schrittzahl $\leq \alpha_n^k \circ g\}$.

1. Die E_n^k bilden eine echte Hierarchie mit Fußpunkt E_{n-1} und Limes E_n.

   Symbolisch: $E_n^0 := E_{n-1}$ $\qquad \alpha_n^{k+1} \in E_n^{k+1} - E_n^k$ $\qquad \bigcup_k E_n^k = E_n$

2. E_n^{k+1} enthält universelle (Aufzählungs-) Funktionen für E_n^k:

   $\exists U_n^{k+1} \in E_n^{k+1}: \forall f \in E_n^k: \exists i: f(\vec{x}) = U_n^{k+1}(i, \vec{x})$ für alle $\vec{x}$.

3. E_n^k ist der Abschluß von $E_{n-1} \cup \{\alpha_n^k\}$ gegen Einsetzungen von E_{n-1}- Funktionen und gegen Einsetzungen in E_{n-1}-Funktionen.

<u>Beweis:</u> folgt aus dem Kleene-E_2-Normalform- und dem Grzegorczyk-Hierarchiesatz mit einer verfeinerten Analyse der Wachstumstumsabschätzungen im Falle der simultanen Einsetzung und der primitiven Rekursion:

<u>Lemma 1.</u> Das Ergebnis der Einsetzung von E_n^ℓ-Funktionen in eine E_n^k-Funktion liegt in $E_n^{k+\ell}$.

<u>Lemma 2.</u> Jede durch primitive Rekursion aus E_n^ℓ-Funktionen entstehende und durch eine E_n^k-Funktion beschränkte Funktion liegt in $E_n^{k+\ell}$.

<u>ad 1.</u> $\alpha_n^k \in E_n^k$ folgt durch Induktion nach k: $\alpha_n^0 = U_1^1 \in E_{n-1} = E_n^0$.

α_n^1 entsteht durch primitive Rekursion aus $C_1^1, \alpha_{n-1} \in E_{n-1} = E_n^0$ und ist α_n^1-beschränkt, so daß $\alpha_n^1 \in E_n^{1+0}$ nach Lemma 2. Induktionsschluß:

$\alpha_n^{k+1} = \alpha_n^k \circ \alpha_n^1 \in E_n^{k+1}$ nach Lemma 1. $\alpha_n^{k+1} \notin E_n^k$, da sonst für ein M und ein $g \in E_{n-1}$:

$\alpha_n^{k+1}(x) \leq Sz(\bar{M},x) \leq \alpha_n^k(g(x))$, wegen der α_n-Monotonie also $\alpha_n(x) \leq g(x)$ im Widerspruch zu $g(x) \leq \alpha_{n-1}^{\ell}(x) < \alpha_n(x)$ f.ü. für ein ℓ.

ad 2. Nach dem Kleene-E_2-Normalformsatz und der Majorisierung von E_{n-1}-Funktionen durch Iteration von α_{n-1} bzw. durch α_n hat jedes $f \in E_n^k$ für gewisse M,ℓ die Darstellung

$$f(\vec{x}) = U(\bar{M},\vec{x},\alpha_n^k(\alpha_{n-1}^{\ell}(\Sigma\vec{x}))) = U(\bar{M},\vec{x},\alpha_n^{k+1}(\Sigma\vec{x})) =: U_n^{k+1}(\bar{M},\vec{x}).$$

(Sollte für das zur Berechnung von f gegebene Programm die 2. dieser Gleichungen für endlich viele Argumente $\vec{x}$ nicht gelten, so kann man dieses Programm so zu einem äquivalenten Programm umformen, daß auch für diese endlich vielen $\vec{x}$ der Funktionswert in $\leq \alpha_n^{k+1}(\Sigma\vec{x})$ Schritten berechnet wird.)

Da $U \in E_2 \subseteq E_{n-1} = E_n^0$ und $\alpha_n^{k+1} \in E_n^{k+1}$, folgt aus der Darstellung $U_n^{k+1} \in E_n^{k+1}$ nach Lemma 1.

ad 3. Übung: Folgern Sie die Charakterisierung von E_n^k als eingeschränkten Einsetzungsabschluß aus Lemma 1 und der vorstehenden Normalformdarstellung für E_n^k-Funktionen.

Übung. Beweisen Sie Lemma 1 und 2. Hinweis: benutzen Sie bei der Analyse der Rechenzeitabschätzungen das folgende

Vertauschungsprinzip: $h \circ \alpha_n \underset{\text{f.ü.}}{\leq} \alpha_n \circ \alpha_{n-1}$ für alle $h \in E_{n-1}, n \geq 3$,

wonach jede Anwendung einer E_{n-1}-Funktion auf α_n ohne Wachstumsverlust in die Argumentstelle von α_n hereingezogen werden kann. Das Vertauschungsprinzip drückt genauer aus, wie α_n jede Iteration von α_{n-1} majorisiert, und resultiert aus:

Für alle n,ℓ:

$$\alpha_{n-1}^{\ell}(\alpha_n(x)) \leq \alpha_n(\alpha_{n-1}(x)) \text{ f.ü.}$$

Diese Abschätzung ergibt sich unter Benutzung von $\ell + x \leq 2x \leq \alpha_{n-1}(x)$ f.ü. aus der Monotonie von α_{n-1} wie folgt:

$$\alpha_{n-1}^{\ell}(\alpha_n(x)) = \alpha_{n-1}^{\ell}(\alpha_{n-1}^{x}(1)) = \alpha_{n-1}^{\ell+x}(1) \underset{\text{f.ü.}}{\leq} \alpha_{n-1}^{\alpha_{n-1}(x)}(1) = \alpha_n(\alpha_{n-1}(x)).$$

Bemerkung. Die Existenz universeller Funktionen für E_n^k in E_n^{k+1} (insbesondere für E_{n-1} in E_n) gestattet Charakterisierungen der Funktionenklassen E_n und F_{prim} als Limes eines Prozesses schrittweiser Hinzunahme einer Aufzählungsfunktion für die vorhergehende Stufe und des Abschlusses gegen geeignet zu wählende Definitionsschemata; s. Axt 1963, Rödding 1968.

Diese Darstellungsmethode geht auf Kleene 1958 zurück, wo sie ausgehend von F_{prim} unter Benutzung konstruktiver Ordinal- statt natürlicher Zahlen bis ins Transfinite entwickelt wurde und eine (nach Feferman 1962 $\omega.\omega$ lange, ω Ordnungstyp von $\mathbb{N}$) Hierarchie der rekursiven Funktionen lieferte. Schwichtenberg 1971 hat gezeigt, daß sich bei "vorsichtiger" Dosierung abzählbar unendlicher, zu Rekursionen benutzter Wohlordnungen für eine Erweiterung der Grzegorczyk-Hierarchie die Äquivalenz der Komplexitätsbestimmungen nach Rekursionstiefe, (Rechenzeit-) Wachstum und (Erreichbarkeit durch eine) Aufzählungsfunktion tranfinit fortsetzen läßt bis

$$\varepsilon_0 = (\text{Limes der Ordinalzahlfolge } \omega, \omega^\omega, \omega^{\omega^\omega}, \ldots).$$

Die Diagonalisierung von Funktionen (nach Art des Übergangs von der Folge der $\lambda x.\alpha(n,x)$ zu $\alpha := \lambda n.\alpha(n,n)$) entpuppt sich dabei als natürliche Entsprechung der ordinalen Supremumsbildung. Vgl. auch Löb & Wainer 1970, Wainer 1972, wo darüberhinaus der Bezug dieser bis ε_0 fortgesetzten Grzegorczyk-Hierarchie und ähnlicher Hierarchien zu den Funktionen hergestellt wird, deren Berechenbarkeit in einem formalen System der Arithmetik bewiesen werden kann (vgl. Schwichtenberg 1972). Cichon & Wainer 1983, Wainer 1982 und Dennis-Jones & Wainer 1984 geben Verfeinerungen der Komplexitätsbestimmungen berechenbarer Funktionen durch Aufbau von Majorisierungshierarchien entlang ordinalen abzählbaren Indizierungssystemen. (Eine gute Übersicht über die beim Aufbau transfiniter Hierarchien rekursiver Funktionen auftretende Problematik geeigneter Bezeichnungssysteme für abzählbare Ordinalzahlen findet sich in Moll 1973, Kap. 1.)

Übung. Die Prädikatenklassen $\{P \mid \xi_P \in E_n\}$ für $n \geq 2$ bilden eine echt aufsteigende Hierarchie. Hinweis: betrachten Sie die Funktionenfolge $\lambda x.1 \dot{-} u_n(x,x)$ für Aufzählungsfunktionen $u_n \in E_n$ der einstelligen E_{n-1}-Funktionen.

Übung. Zeigen Sie unter Verwendung des Vertauschungsprinzips, daß E_n^k für $0<k$ abgeschlossen ist gegen beschränkte Maximums-, Summen- und Produktbildung und gegen den beschränkten μ-Operator.

Übung. Folgern Sie aus dem Kleene-E_2-Normalformsatz, daß *P ein* E_n^k*-Prädikat ist gdw es eine* E_n^1*-beschränkte existentielle* E_2*-Beschreibung mit Präfix der Länge k hat*, d.h. für ein $f \in E_n^1$ und ein Q in E_2 von der Form ist:

$$P(\vec{x}) \text{ gdw } \exists_{y_1} \leq f(\vec{x}) \ldots \exists_{y_k} \leq f(\vec{x}) : Q(\vec{x}, \vec{y}).$$

Übung. (Schwichtenberg 1967, Rödding 1968). Zeigen Sie, daß E_n^k für $0<k$ nicht abgeschlossen ist gegen beschränkte primitive Rekursion. (Hinweis: Definieren Sie zu k und $0<\ell$ eine Funktion $f\in E_n^{\ell+k}-E_n^{\ell+k-1}$ als Kodierung einer wie α_n^k wachsenden Funktion f_1 und einer 0-1-wertigen (also schwach wachsenden) Funktion f_2 von der Komplexität einer für $E_n^{\ell+k}$ universellen Funktion, etwa:

$$f_1(z,y):=\alpha_n^{\min(z+1,k)}(y)\leq\alpha_n^k(y) \qquad f_2(i,x,y):=sg(U(i,x,\alpha_n^{\ell+k}(y)))\notin E_n^{\ell+k-1}$$

$$f(i,x,y,z):=\langle f_1(z,y),sg(U(i,x,\alpha_n^{\ell}(\alpha_n^{\min(z,k)}(y))))\rangle\notin E_n^{\ell+k-1} \quad .$$

Hier bezeichnet <> die Schwichtenberg-Kodierung, so daß f durch eine E_n^k-Funktion beschränkt ist. Beschreiben Sie f durch eine primitive Rekursion nach z aus E_n^{ℓ}-Funktionen.)

Übung. f entsteht aus g,h,t durch primitive Rekursion mit Einsetzungen an Parameterstellen per definitionem gdw

$$f(\vec{x},y,0)=g(\vec{x},y) \qquad f(\vec{x},y,z+1)=h(\vec{x},y,z,f(\vec{x},t(\vec{x},y,z),z)) \; .$$

Zeigen Sie: 1.) E_n ist nicht gegen E_0-beschränkte primitive Rekursion mit Einsetzungen an Parameterstellen abgeschlossen. 2.) F_{prim} ist gegen primitive Rekursion mit Einsetzungen an Parameterstellen abgeschlossen.

Hinweis: zu 1.) Geben Sie für eine "Aufzählungsfunktion" aller einstelligen 0-1-wertigen Funktionen in der n-ten Grzegorczyk-Klasse **eine** Definition durch primitive Rekursion mit Einsetzungen an Parameterstellen aus Funktionen der n-ten Grzegorczyk-Klasse; etwa durch Rekursion nach k für

$$f(i,x,y,k):=sg(U(i,x,\alpha_n^k(y)))\notin E_n.$$

zu 2.) Definieren Sie die gegebene Funktion durch eine Wertverlaufsrekursion, wozu eine geeignete Schrankenfunktion für die möglicherweise auftretenden Einsetzungen an Parameterstellen zu definieren ist.

Übung. f entsteht aus $g,h_1,\ldots,h_r$ durch n-fache geschachtelte Rekursion per definitionem gdw für einen Term t über $f,h_1,\ldots,h_r,\vec{x},\vec{y}=(y_1,\ldots,y_n)$ gilt: $f(\vec{x},\vec{o})=g(\vec{x}),f(\vec{x},\vec{y})=t$ für $\vec{y}\neq\vec{0}=(0,\ldots,0)$, wobei jeder in t vorkommende Term $f(\vec{u},\vec{v})$ die Bedingung $\vec{v}<_{lex}\vec{y}$ erfüllt mit der lexikographischen Wohlordnung:

$$(v_1,\ldots,v_n)<_{lex}(y_1,\ldots,y_n) \text{ gdw } \underset{1\leq i\leq n}{\exists i}:(v_1,\ldots,v_{i-1})=(y_1,\ldots,y_{i-1}) \;\&\; v_i<y_i.$$

M_n - die Klasse der n-fach rekursiven Funktionen - sei der Abschluß der Anfangsfunktionen gegen simultane Einsetzung und n-fach geschachtelte Rekursion.

1. Zeigen Sie: $F_{prim}=M_1$ & $M_n \subsetneqq M_{n+1}$ & $\bigcup_n M_n \neq \{f|f \text{ rekursiv}\}$.

Hinweis: Für eine effektive Aufzählung $f_0, f_1, \ldots$ der einstelligen primitiv rekursiven Funktionen ist $f:=\lambda i,x.f_i(x) \in M_2 - M_1$; analog für $1<n$.

Dies ist die durch genaue Analyse des Definitionsprozesses der 2-fach, aber nicht 1-fach rekursiven Ackermannschen Funktion entstandene Hierarchie der mehrfach rekursiven Funktionen, s. Peter 1951, 1967. Sowohl der Grzegorczyk-Hierarchiesatz als auch der Hierarchiesatz für die n-te Grzegorczyk-Klasse lassen sich auf die mehrfach rekursiven Funktionen übertragen, s. Robbin 1965, Ritchie 1968 ("Mehrfachloop"-Charakterisierung), Schwichtenberg 1968 (Charakterisierungen durch Rekursionszahl, Wachstum und Aufzählungsfunktionen), Schirmeister 1975 (Rechenzeitcharakterisierung durch "primitiv rekursiv gutartige" (also rechenzeitabgeschlossene) Klassen $F_{prim}(A(n))$ für n-fach rekursive Verallgemeinerungen $A(n)$ der Ackermannfunktion mit primitiv rekursivem Graphen), Constable 1968, 1970 (Erweiterung bis ε_0 durch Benutzung eines anderen Maschinenbegriffs).

2. Zeigen Sie: F_{prim} ist abgeschlossen gegen die n-fache ungeschachtelte Rekursion (Rekursion über n Variablen, jedoch ohne Ineinanderschachtelung von Werten der zu definierenden Funktion), d.h. gegen die Definition von f aus g,h durch:

$$f(\vec{x},\vec{0})=g(\vec{x}) \qquad f(\vec{x},\vec{y})=h(\vec{x},\vec{y},f(\vec{x},t(\vec{x},\vec{y}))) \quad \text{für } \vec{y}=(y_1,\ldots,y_n)\neq\vec{0}$$

mit einem Term $t(\vec{x},\vec{0})=\vec{0}, t(\vec{x},\vec{y})<_{lex}\vec{y}$ für alle $\vec{x}$ und $\vec{y}\neq\vec{0}$.

Hinweis: (wir unterdrücken das Hinschreiben der Parameter $\vec{x}$): Da es nach Voraussetzung für alle $\vec{y}$ ein k gibt mit $\vec{y}>t(\vec{y})>\ldots>t^k(y)=\vec{0}$, bricht auch der Auswertungsprozeß von f durch h und g für jedes $\vec{y}$ nach k Schritten ab. Zeigen Sie, daß die Auswertungszeitfunktion $Az:=\lambda\vec{y}.\mu k(t^k(\vec{y})=\vec{0})$ primitiv rekursiv ist, indem Sie eine geeignete Schranke für k bestimmen. Definieren Sie den Auswertungsprozeß $\bar{f}$ ("Iteration der Anwendung von h") durch primitive Rekursion nach n:

$$\bar{f}(\vec{y},n)=h(\vec{y},h(t(\vec{y}),h(t^2(\vec{y}),\ldots,h(t^{n-1}(\vec{y}),\bar{f}(t^n(\vec{y}),0))\ldots))).$$

Dann gilt $\bar{f}(\vec{x},\vec{y},Az(\vec{x},\vec{y}))=f(\vec{x},\vec{y})$.

Übung. Zeigen Sie: 1. α ist primitiv rekursiv gutartig (d.h. der Graph von α ist primitiv rekursiv). 2. Geben Sie ein Beispiel einer 2-fach rekursiven, nicht primitiv rekursiv gutartigen Funktion. (Hinweis: Betrachten Sie $\lambda x.\overline{sg}(f(x,x))$ für eine Aufzählungsfunktion aller einstelligen primitiv rekursiven Funktionen.) NB. Nach Proskurin 1979 liegt der Graph von α sogar in einer Teilklasse der Prädikate aus der 0-ten Grzegorczyk-Klasse (vgl. auch Harrow 1978, Pachonov 1972; entsprechende einfache Beschreibungen von + bzw. $\cdot$, Exponentiation gaben Ritchie 1965 bzw. Bennett 1962).

Bemerkung. Die Unmöglichkeit, die n-te Grzegorczyk-Klasse durch eine unendliche aufsteigende Hierarchie einsetzungsabgeschlossener Funktionenklassen zu approximieren, schließt die Existenz einsetzungsabgeschlossener Klassen zwischen der n-ten und der n+1-Klasse nicht aus. In der Tat konstruiert Schwichtenberg 1968 sogar für die Erweiterung der Grzegorczyk-Hierarchie auf die mehrfach rekursiven Funktionen für $n\geq 3$ zwischen der n-ten und der n+1-ten Klasse eine bzgl. echter Inklusion total geordnete, dichte Folge von

Funktionenklassen E(f) mit elementar gutartigen, streng monoton und mindestens exponentiell wachsenden Funktionen f, so daß für je zwei dieser Klassen die größere eine Aufzählungsfunktion für die kleinere enthält; in solch eine dichte Folge kann jede Hierarchie irgendeines abzählbaren Ordnungstyps eingebettet werden; s. auch Machtey 1975. Meyer & Ritchie 1972 benutzen eine ähnliche Methode zur Konstruktion einer unendlichen Folge paarweise bzgl. Inklusionen unvergleichbarer Funktionenklassen E(f) zwischen der n-ten und der n+1-ten Grzegorczyk-Klasse mit elementar gutartigen Funktionen f. Beachten Sie, daß jede Klasse E(f) für elementar gutartige, monotone und mindestens exponentiell wachsende f dieselben Abgeschlossenheitseigenschaften wie jede Grzegorczyk-Klasse E(n-ter Zweig von α) besitzt, insbesondere also zeitabgeschlossen und abgeschlossen ist gegen Einsetzung u. beschränkte primitive Rekursion (vgl. Übung nach dem Basissatz), weshalb man solche Klassen auch Grzegorczyk-ähnlich nennt.

Verbeek 1978 ist der Frage nachgegangen, was die Natürlichkeit der im Grzegorczyk-Hierarchiesatz zutage tretenden Begriffsbildungen im Lichte der Dichtheitsphänomene von Schwichtenberg und Meyer & Ritchie ausmacht: das Aufbauprinzip der Grzegorczyk-Hierarchie läßt sich analysieren als Bildung des elementaren Abschlusses über einer Folge durch Iteration auseinander entstehender, immer stärker wachsender Funktionen, d.h. als Übergang von E(f) zu E(f'), E(f"),... mit

$$f' := \lambda x. f^x(x) \quad (\text{"Sprung" von } f)$$

für ein elementar gutartiges, monotones $f \geq \lambda x.\alpha(3,x)$. Verbeek nennt derartige Hierarchien elementare Sprunghierarchien. E(f') ist gerade der Einsetzungsabschluß von E(f) und allen aus E(f) durch eine primitive Rekursion entstehenden Funktionen; in einem natürlichen Sinne ist E(f') auch die kleinste Grzegorczyk-ähnliche Klasse, die eine "kanonische" Aufzählungsfunktion für E(f) enthält. Somit erweist sich die Grzegorczyk-Hierarchie als feinste Hierarchie primitiv rekursiver Funktionen, in der jede Klasse zeitabgeschlossen und abgeschlossen ist gegen simultane Einsetzung und beschränkte primitive Rekursion und eine kanonische Aufzählungsfunktion für die darunterliegende Klasse enthält. Verbeek gibt vielfältige elementare Sprunghierarchien an, die sich z.Bsp. nach Art der Schwichtenbergschen bzw. der Meyer-Ritchieschen Zwischenklassen verhalten, die sich aber von der Grzegorczyk-Hierarchie nur in der Bestimmung der Grundfunktion f unterscheiden und auf die sich von der Grzegorczyk-Hierarchie auch die Rekursionszahl- und die Schleifenprogrammcharakterisierung übertragen lassen. Diese elementaren Sprunghierarchien sind durch die andere Wahl der Grundfunktionen gegenüber der Grzegorczyk-Hierarchie systematisch verschoben, und diese zeichnet sich unter ihnen durch die besonders einfache Grundfunktion $\lambda x.2$ hoch x aus.

Für die Natürlichkeit der Begriffsbildungen im Zusammenhang mit der Grzegorczyk-Hierarchie spricht nicht zuletzt die Tatsache, daß der Grzegorczyk- bzw. der Hierarchiesatz auf der n-ten Stufe in kanonischer Weise auch für Berechenbarkeitsbegriffe und Komplexitätsbestimmungen über anderen Bereichen als Zahlen gilt, z.B. für Wortfunktionen (v. Henke et al. 1975, Christen 1974), Funktionen über binären Bäumen (Cohors-Fresenborg 1971), Funktionen über Quotiententermmengen (Döpke 1977, Deutsch 1982) und Vektorfunktionen (Muchnik 1976, Fachini & Maggiolo-Schettini 1979, 1982).

Verbeek 1978 konstruiert auch subelementare, zur Grzegorczyk-Hierarchie verschobene Sprunghierarchien mit Klassen $E_2(g)$, $E_2(g')$,... und einer E_2-gutartigen, monotonen Funktion $g \geq \alpha_2$, die jede endliche Iteration von α_2 majorisiert und deren endliche Iterationen durch α_3 majorisiert werden. Das beleuchtet noch einmal die zentrale Stellung der Normalformdarstellung berechenbarer Funktionen mittels E_2-Funktionen: die Ergebnisse dieses Paragraphen gelten unabhängig von spezifischen Ausprägungen für jeden Berechnungsformalismus, der mit E_2-Funktionen gödelisierbar ist, und sind insofern allgemeiner, maschinenunabhängiger Natur. Gerade diese Tatsache hat uns erlaubt, uns bei Begriffsbildungen und Beweisen ohne Verlust des Allgemeinheitscharakters der Aussagen auf das gedankenökonomische Registermaschinenmodell zu stützen.

Herman 1971 analysiert für die E-Hierarchie im Detail, wie die Funktionenklassen auf den einzelnen Stufen sich verschieben, ohne daß die Hierarchieaussage als solche sich verändert, wenn man ausgeht von Platzbeschränkungen bei Turingmaschinen, die auf Binärkodierungen (s. Ritchie 1963) bzw. Unärkodierungen (s. Herman 1969) arbeiten, oder von Schrittzahlbeschränkungen bei Registermaschinen (s. Cleave 1963).). Erst für Komplexitätsuntersuchungen unterhalb der zweiten Grzegorczyk-Klasse spielt die besondere Form eines Rechensystems und der Darstellung der Rechenobjekte eine kritische Rolle (s. Cobham 1965, Hennie 1965, Kreider & Ritchie 1966, Müller 1970,1972, Tschichritzis 1970, 1971, Thompson 1972, Penner 1973, v. Henke et al. 1975, Harrow 1975, Ausiello & Moscarini 1976, Beck 1975,1977, Huwig & Claus 1977, Kleine Büning 1982, 1983 .)

§3 (Ackermannfunktion und Goodstein-Folgen). Abschließend zeigen wir noch ein interessantes Beispiel einer Gattung rekursiver, jedoch nicht primitv rekursiver Funktionen, die im Zusammenhang mit dem Gödelschen Unvollständigkeitssatz eine Rolle spielen:

Satz von Goodstein, Kirby & Paris (1944,1982).
Für $x>0$, $b>1$ sei $(x)_b$ definiert durch den "Goodstein-Prozeß"

a) Subtrahiere 1 von x und stelle x-1 zur Basis b dar:

$$x-1=c_n b^n+c_{n-1} b^{n-1}+\ldots+c_0 b^0 \quad \text{mit } 0\le c_n \le b-1.$$

b) Ersetze in der gewonnenen Darstellung die Basis b durch b+1:

$$(x)_b:=c_n(b+1)^n+c_{n-1}(b+1)^{n-1}+\ldots+c_0(b+1)^0 .$$

Die Iteration dieses Prozesses liefert die durch Startpunkt x_0 und Basis b definierte Goodstein-Folge $x_{i+1}:=(x_i)_{b+i}$. Diese Folgen brechen ab - d.h. $g_b(x_0):=\mu i(x_i=0)\downarrow$ für $x_0\neq 0$ - , aber ihre Längenfunktionen g_b wachsen schließlich stärker als jede primitiv rekursive Funktion.

Beweis. (nach Beckmann & McAloon 1982). Mit wachsender Länge n+1 der b-adischen Darstellung der Ausgangszahlen x_0 brechen die zugehörigen Goodstein-Folgen immer langsamer ab; denn der Goodstein-Prozeß kann die Länge der adischen Darstellung höchstens verkleinern (nicht vergrößern), während sich durch die Erhöhung der Basis bei jeder Subtraktion von 1 der Abstand zwischen zwei aufeinanderfolgenden Herunterholschritten bei der Durchführung der Subtraktion ständig vergrößert. Diese Verlangsamung des Abbruchs ist so stark, daß z.B. die Teilfolge $g(2^n)$ der Längenfunktion $g:=g_2$ der Goodstein-Folgen zur Ausgangsbasis 2 bereits $a(n,n)$ majorisiert (a ist die nach dem Beweis des Majorisierungskorollars angegebene Ackermannfunktion).

Wir betrachten daher für $n>0$ die Längenfunktion ℓ_n der durch Startpunkt $(y+1)^n$ und Basis $y+1$ definierten Goodstein-Folgen und zeigen (der Einfachheit halber für b=2): $g(2^n)\geq\ell_n(2n)\geq a_n(n)$ für $n\geq 3$ und $\ell_n\in F_{prim}$. (NB: $g(2^n)=\ell_n(1)$.)

Beispiel 1. Konstruieren Sie die durch $x_0=(y+1)^n$ und Basis $y+1$ definierte Goodstein-Folge für $y=2$, $n=3$ in adischer Darstellung.

Beispiel 2. Bestimmen Sie für die durch $x_0=2^{n+1}$ und Basis 2 definierte Goodstein-Folge das Element $x_{g(2^n)}$. Folgern Sie, daß

$g(2^{n+1})\geq\ell_n(g(2^n)+2)\geq\ell_n(g(2^n))$ für $n\geq 2$.

Beispiel 3. Zeigen Sie $g(2^2)=6$ und folgern Sie daraus durch Induktion nach n (unter Benutzung von Beispiel 2 sowie der Monotonie von ℓ_n), daß $g(2^n)\geq 2n$ für $n\geq 2$ und damit $g(2^n)\geq\ell(2n)$ für $n\geq 3$.

Kern des Beweises bildet die folgende Rekursionsgleichung für ℓ_n:

$$\ell_1(y)=y+1 \qquad \ell_{n+1}(y)=\ell_n^{<y+1>}(y)-y$$

mit modifizierter Iteration $f^{<0>}(x):=x$, $f^{<y+1>}(x)=f(f^{<y>}(x))+f^{<y>}(x)$.

Beweis der Rekursionsgleichung durch Induktion nach n. Wir betrachten die $y+1+i$-adischen Darstellungen $\bar{x}_i$ der Folgenglieder x_i für $x_0=(y+1)^{n+1}$. Wegen

$$\bar{x}_0=(\underbrace{1,0,\ldots,0}_{n+1\text{-mal}}) \qquad \bar{x}_1=(\underbrace{y,\ldots,y}_{n+1\text{-mal}})$$

gilt der Induktionsanfang. Für $1\leq n,i$ gilt $x_i<(y+1+i)^{n+1}$, so daß jedes $\bar{x}_i$ für geeignetes Koeffizienten-n-Tupel $\bar{c}_i$ und Koeffizienten d_i die Form $\bar{x}_i=(d_i,\bar{c}_i)$ hat. Wir nennen x_i entscheidend, falls $\bar{c}_i=(0,\ldots,0)$; in diesem Fall muß bei der Fortführung des Goodstein-Prozesses von d_i eine 1 heruntergeholt werden. Ist x_i nicht entscheidend, so betrifft die Subtraktion im Goodstein-Prozeß nur $\bar{c}_i$, so daß dann $d_{i+1}=d_i$. Nach Induktionsvoraussetzung ist $\ell_n(y)=\ell_n^{<1>}(y)-y$ definiert und bezeichnet in der Folge der x_i die Nummer der ersten entscheidenden Zahl:

$\bar{x}_{\ell_n^{<1>}(y)-y}=(y,0,\ldots,0)$ zur Basis $\ell_n^{<1>}(y)+1$, so daß

$\bar{x}_{\ell_n^{<1>}(y)-y+1}=(y-1,\ell_n^{<1>}(y),\ldots,\ell_n^{<1>}(y))$ zur Basis $\ell_n^{<1>}(y)+2$.

Auf die Teilfolge $(\ell_n^{<1>}(y),\dots,\ell_n^{<1>}(y))$ läßt sich erneut die Induktionsvoraussetzung anwenden, wodurch sich schrittweise die Nummer der i-1-ten entscheidenen Zahl bestimmt als $\ell_n(\ell_n^{<i>}(y))+\ell_n^{<i>}(y)=\ell_n^{<i+1>}(y)$ mit

$$\bar{x}_{\ell_n^{<i+1>}(y)-y}=(y-i,0,\dots,0) \text{ zur Basis } \ell_n^{<i+1>}(y)+1 \quad .$$

Also ist das nachfolgende Glied $(y-(i+1),\ell_n^{<i+1>}(y),\dots,\ell_n^{<i+1>}(y))$ zur Basis $\ell_n^{<i+1>}(y)+2$. Daraus ergibt sich für die letzte, die y+1-te entscheidende Zahl in der Folge

$$\bar{x}_{\ell_n^{<y+1>}(y)-y}=(y-y,0,\dots,0) \text{ zur Basis } \ell_n^{<y+1>}(y)+1$$

und damit wie behauptet $\ell_{n+1}(y)=\ell_n^{<y+1>}(y)-y$.

Aus der Rekursionsgleichung folgt, daß ℓ_n total und in der Tat primitiv rekursiv ist. Die noch ausstehende Abschätzung $\ell_n(2n)\geq a_n(n)$ liefert die:

Untere ℓ_n-Wachstumsschranke: $a_n(x)\leq\ell_n(1+x)$ für $x>1$.

Beweis. Wegen $a_{n+1}(x)=a_n^x(a_n(1))$ für $x\neq 0$ gilt $a_1(x)=x+2=\ell_1(1+x)$.

$\ell_{n+1}(1+x)=\ell_n^{<x+2>}(x+1)-(x+1)$ — Rekursionsgleichung

$=\ell_n(\ell_n^{<x+1>}(x+1))+\ell_n^{<x+1>}(x+1)-(x+1)$ — Def. $f^{<y+1>}$

$\geq\underbrace{\ell_n(1+\ell_n(1+\dots\ell_n}_{x+2 \text{ Vorkommen von } \ell_n}(1+x)\dots))$ — Monotonie von ℓ_n.

$\geq a_n(a_n(\dots a_n(x)\dots))\geq a_n^x(a_n(1))=a_{n+1}(x)$ — Indvor., a monoton .

Übung. Was ist am Beweis für $b>2$ zu ändern?

Bemerkung. Versuchen Sie, nun auch den folgenden Satz von Goodstein 1944 zu beweisen: $\lambda b,x.g_b^*(x)$ ist total (also rekursiv), wobei g_b^*(für $x>0$, $b>1$) wie g_b definiert ist mit der reinen adischen Darstellung anstelle der adischen Darstellung; die reine b-adische Darstellung von x erhält man, indem man in der b-adischen Darstellung von x auch die Exponenten b-adisch darstellt, dann darin auch die Exponenten der Exponenten usw. s. Cichon 1983.

Weiterführende Literatur: Rose 1984, s. auch Tourlakis 1984.

TEIL III: POLYNOMIAL UND EXPONENTIELL BESCHRÄNKTE KOMPLEXITÄTSKLASSEN

Bei der Untersuchung von Normalformdarstellungen primitiv rekursiver Funktionen in Kap. CII haben wir die zentrale Rolle erkannt, die polynomiale Abschätzungen des Wachstums von Kodierungsfunktionen spielen. Dem entspricht die praktische Erfahrung, daß algorithmische Lösungsverfahren mit exponentiellen Wachstumsraten in ihrer vollen Allgemeinheit faktisch nicht durchführbar sind. Letzeres gilt sogar unabhängig von noch so entscheidenden technologischen Fortschritten bei der Implementierung von Algorithmen, wie die nachfolgende Überlegung zeigt.

Sei k ein beliebiger Faktor für eine Rechenzeitverbesserung. Zwischen einer gegebenen Dimension m und der neuen, durch Rechenzeitverbesserung um den Faktor k erreichten Dimension n besteht für Algorithmen mit exponentiellem Zeitverbrauch der Zusammenhang (für bel. Konstanten $0<c$):

$$c^n = kc^m \qquad n = \log_c k + m \qquad \text{Verbesserung: } \log_c k.$$

Die Verbesserung ist somit vernachlässigbar. Im Vergleich dazu ergibt sich für Algorithmen mit polynomialen Zeitschranken:

$$n^c = k \cdot m^c \qquad n = k^{1/c} \cdot m.$$

Diese Tatsache legt nahe, unterhalb exponentieller Wachstumsraten eine Trennung anzulegen zwischen "schwer entscheidbaren" - d.h. wegen zu hohen Zeit- oder Platzbedarfs in ihrer vollen Allgemeinheit für praktische Zwecke nicht entscheidbaren - Problemen und solchen, die eine praktikable, d.h. im Prinzip mit praktisch durchführbarem Aufwand auf Computern realisierbare Lösung besitzen.

Die These von Cobham 1964 und Edmonds 1965 zieht die Trennlinie bei polynomialem Zeitverbrauch: praktikabel sind genau diejenigen Probleme bzw. Funktionen, die mit polynomialem Zeitverbrauch entscheidbar bzw. berechenbar sind. Für diese heute weitgehend akzeptierte These spricht, daß der Begriff der mit polynomialem Zeitverbrauch berechenbaren Funktion vom gewählten Maschinenmodell weitgehend unabhängig ist; beim Übergang von einem zum anderen der zu Beginn dieses Kapitels betrachteten Turingmaschinen z.Bsp. ändert sich höchstens der Grad polynomialer Zeitschranken. Ebenso für diese These spricht, daß neben Addition und Multiplikation viele gebräuchliche arithmetische Funktionen in der Klasse der mit polynomialem Zeitverbrauch berechenbaren Funktionen liegen und diese Klasse gegen die simultane Einsetzung (lies: Verkettung von Programmen) und zahlreiche andere Definitionsprozesse abgeschlossen ist.

Ein komplexitätstheoretisch gewichtiges Argument für die These von Cobham und Edmonds hat die Entdeckung eines quantitativen (nämlich polynomialen) Analogons des Begriffspaares "rekursiv/rekursiv aufzählbar" durch Cook 1971 und Levin 1973 geliefert: sei P bzw. NP die Klasse der mit polynomialem Zeitverbrauch durch determinierte bzw. nicht determinierte Turingmaschinenprogramme entscheidbaren Mengen. Mittels nicht determinierter, polynomial zeitbeschränkter Algorithmen lassen sich gut Probleme analysieren, deren Lösung im Wesentlichen in systematischem Durchsuchen von Bäumen polynomial beschränkter Höhe besteht; das Durchlaufen eines Baumpfades polynomialer Länge verhält sich zum Auffinden eines bestimmten derartigen Pfades (etwa mittels systematischen Baumdurchlaufs) wie das Prüfen der Korrektheit eines vorgelegten Beweises zum Finden eines Beweises. Ob die Analogie zwischen P versus NP und Rekursivität versus rekursive Aufzählbarkeit auch soweit reicht, daß $P \neq NP$, ist bis heute offen. Jedenfalls enthält NP eine überraschend große Zahl praktischer, verschiedenen Wissensgebieten zugehöriger Probleme, die in einem zu präzisierenden Sinne eine für

Mengen in NP maximale Kompliziertheit haben und genau dann in P liegen, wenn P=NP; solch ein (sog. NP-Vollständigkeits-) Nachweis liefert den methodischen Wink, daß das betrachtete Problem vermutlich nicht praktikabel ist und praktikable Lösungen nur durch Einschränkungen der Allgemeinheit des Problems oder durch Näherungs- bzw. probabilistische Algorithmen zu erreichen sind. Dieser methodische Effekt ist ein wesentlicher Beitrag der Komplexitätstheorie zur Praxis des Lösens von Problemen mit Computern.

Übersicht. Wir untersuchen die folgenden Komplexitätsklassen:

$P:=\bigcup_k ZEIT(\lambda n.n^k)$ $NP:=\bigcup_k NZEIT(\lambda n.n^k)$ $PBAND:=\bigcup_k BAND(\lambda n.n^k)$

$EXPZEIT:=ZEIT(\lambda n.2^{O(n)})$ analog NEXPZEIT, EXPBAND.

Bezüglich polynomial zeitberechenbarer m-Reduktionen zeigen wir charakteristische Beispiele vollständiger Mengen für diese Klassen; insbesondere beweisen wir (in Abwandlung der Vollständigkeit des Halte- bzw. Dominoproblems im rekursiv Aufzählbaren) die NP-Vollständigkeit eingeschränkter Halte- und Dominoprobleme und folgern daraus (nach Lewis & Papadimitriou 1981 und Savelsbergh & van Emde Boas 1984) die NP-Vollständigkeit des Partitions- und Rucksackproblems, des Cliquenproblems, des Problems Hamiltonscher Zyklen bzw. Kreise, des Handlungsreisenden und der binären ganzzahligen Programmierung.

Weitere natürliche Beispiele vollständiger Mengen für die obigen Komplexitätsklassen findet der Leser in §CIV4 (PBAND-Vollständigkeit des Schleifenproblems), §CV4 (Entscheidungsprobleme für reguläre Ausdrücke), §FIII1-3 (Entscheidungsprobleme für aussagenlogische, erst- und höherstufige logische Ausdrücke).

§1 (NP-vollständige Probleme). Für den hier betrachteten Vollständigkeitsbegriff benutzen wir die folgende, erstmalig von Karp 1972 untersuchte quantitative Verfeinerung des m-Reduktionsbegriffs (s. §BI1):

Hauptdefinition. A heißt polynomialzeit-reduzierbar auf B (abgekürzt $A\leq_p B$ oder A ist p-reduzierbar auf B) gdw $A\leq_m B$ vermöge einer Reduktionsfunktion, die durch ein polynomial zeitbeschränktes determiniertes Programm auf der Turingmaschine berechenbar ist.

Damit überträgt sich aus §BII3 der Begriff der C-Härte bzw. C-Vollständigkeit bzgl. $\leq_p$ für Komplexitätsklassen C. Wenn nicht anders gesagt meinen wir in diesem Abschnitt mit C-Vollständigkeit stets Vollständigkeit bzgl. $\leq_p$.

Bei C-Vollständigkeitsnachweisen beschränken wir uns in diesem Abschnitt i.a. auf den kritischen Nachweis der C-Härte und lassen dem Leser den Zugehörigkeitsbeweis zu C als Übung. Dabei setzen wir unausgesprochen eine geeignete (z. Bsp. Binär-) Kodierung der behandelten Probleme voraus.

Übung 1 (Einfache Eigenschaften der p-Reduzierbarkeit):

(i) $\leq_p$ ist reflexiv und transitiv.

(ii) $\leq_p$ vererbt Zugehörigkeit zu P bzw. NP nach unten (d.h. aus $A\leq_p B$ und $B\in P$ (bzw. $B\in NP$) folgt $A\in P$ (bzw. $A\in NP$)).

(iii) $\leq_p$ vererbt C-Härte nach oben. Für C-vollständiges A gilt:
$A\in P$ gdw $C \subseteq P$; für C=NP gilt also: P=NP gdw $A\in NP$.

Bemerkung 1. Viele der in diesem Abschnitt angegebenen Reduktionsfunktionen sind durch determinierte TM-Programme sogar mit logarithmischem Platzbedarf berechenbar. Dieser schärfere Reduktionsbegriff $\leq_{log}$ erfüllt die Eigenschaften (i), (ii) der vorstehenden Übung; für diesbezüglich C-harte Mengen $A\in L$:=LOGBAND :=BAND(λn.log n) gilt $C \subseteq L$. Für ein systematisches Studium polynomial zeitbeschränkter und verwandter Reduktionen s. Ladner et al. 1975, Jones 1975, Jones et al. 1976, Jones & Laaser 1977, Selman 1979, Young 1983 und insbes. Ambos-Spies 1985 für eine in Ladner 1973, 1975 begonnene Theorie polynomialer Zeitgrade.

Bemerkung 2. Nach Kapitel CI gilt LOGBAND $\subseteq$ P $\subseteq$ NP $\subseteq$ PBAND und nach dem Platzhierarchiesatz (§CI1) LOGBAND $\neq$ PBAND, während bis heute von keiner der restlichen Inklusionen bekannt ist, ob sie echt ist. Nach dem Zeithierarchiesatz (§CI1) und der Majorisierung polynomialer durch exponentielle Größenordnungen (§CIO) gilt P $\neq$ EXPZEIT, so daß für bel. Mengen A aus der EXPZEIT-Vollständigkeit $A\notin P$ folgt. (Nach dem oben Gesagten ist unbekannt, ob dies auch für NP statt EXPZEIT gilt.)

Übung 2. P=NP gdw P ist gegen polynomial beschränkte existenzielle Quantifikation abgeschlossen (d.h. aus $Q\in P$ folgt $\lambda x.\exists y(|y|\leq q(|x|)$ & $Q(x,y))\in P$ für bel. Polynome q).

Hinweis: Zeigen Sie: 1. Für $Q\in P$ und Polynome q ist $\{x|\exists y{:}|y|\leq q(|x|)$ & $Q(x,y)\}\in NP$. 2. Zu $Q\in NP$ existiert ein $R\in P$ und ein Polynom q mit $Q=\{x|\exists y{:}|y|\leq q(|x|)$ & $R(x,y)\}$, z.Bsp. für ein Q mit polynomialer Zeitverbrauchsschranke q akzeptierendes nicht determiniertes TM-Programm M das Prädikat R(x,y) gdw y ist (geeignete) Kodierung einer die Eingabe x akzeptierenden M-Berechnung der Länge $\leq q(|x|)$.

Aus der Beschränkung des Σ_1-vollständigen Halteproblems $K_o=\{(i,x)|$ $[i](x)\downarrow\}$ (s. §BI1) durch Einführung eines Zeitparameters t erhält man die

NP-Vollständigkeit des eingeschränkten Halteproblems: Die (Binärkodierung der) Menge $\{(M,w,2^t)|M$ akzeptiert w in $\leq$t Schritten$\}$ ist NP-vollständig.

Beweis. Die Zugehörigkeit dieser (binär kodierten!) Menge zu NP folgt leicht aus dem Satz von der Simulationskomplexität eines universellen TM-Programms in §CIO. Die NP-Härte dieser Menge ergibt sich aus der Polynomialzeit-Berechenbarkeit der (binär kodierten!) Reduktionsfunktionen $\lambda w.(M,w,2^{p(|w|)})$ für TM-Programme M und Polynome p. (NB: bei Binärkodierung gilt $|2^{p(|w|)}|\leq p(|w|)$).

Bemerkung. Die Analogie der Begriffspaare "rekursiv/rekursiv aufzählbar" und "P/NP" gilt nicht in puncto universeller Mengen: es gibt zwar universelle rekursiv aufzählbare Mengen (§BII1), aber keine universelle NP-Menge. (Beweis: sonst wären alle NP-Mengen akzeptierbar mit polynomialem Zeitverbrauch eines festen Grades, im Widerspruch zum Zeithierarchiesatz (§CI1) und zur Wachstumsordnung von Polynomen (s. §CIO).)

NP ist zwar wie die Klasse der rekursiv aufzählbaren Mengen abgeschlossen gegen Vereinigung und Durchschnitt, aber bisher ist kein Beweis für die Vermutung bekannt, daß NP Elemente enthält, deren Komplement nicht Element von NP ist. (Vgl. hierzu das Assersche Komplementproblem in §FIII2.) Ebenso ist unbekannt, ob das polynomiale Analogon des Negationslemmas (§BII1) gilt, daß eine Menge in P liegt gdw sie und ihr Komplement in NP liegen.

Übung 1. Überlegen Sie, warum der Diagonalisierungstrick aus §BI1 (zum Nachweis, daß das Komplement des Halteproblems K nicht rekursiv aufzählbar ist) sich nicht übertragen läßt zum Aufweis eines NP-Halteproblems, dessen Komplement nicht Element von NP ist.

Übung 2. Zeigen Sie die NP-Vollständigkeit (der Binärkodierung) des eingeschränkten initialen Halteproblems:

$\{(M,2^t) \mid M$ akzeptiert das leere Band in $\le t$ Schritten$\}$.

Hinweis: p-Reduktion des NP-vollständigen eingeschränkten Halteproblems mittels

$$(M,w,2^t) \mapsto (M_w, 2^{t+|w|}),$$

wobei M_w aus M durch Vorschalten eines Programms zum Drucken von w hervorgeht.

Übung 3. Zeigen Sie Übung 2 für Halbband-TMen, die mit leerem Band und Arbeitsfeld am linken Bandende akzeptieren.

Den Aufweis "natürlicher" Beispiele NP-vollständiger Probleme beginnen wir mit einer geeigneten Übertragung der für das rekursiv Aufzählbare vollständigen Dominoprobleme aus §BI1:

Satz von der NP-Vollständigkeit des eingeschränkten Eckdominoproblems: $\{(S,s) \mid S$ Eckdominospiel & $0<s$ & es gibt eine S-Parkettierung des Eckquadrats der Seitenlänge s im Gausschen Quadranten$\}$ ist NP-vollständig.

Dabei ist eine S-Parkettierung des Eckquadrats der Seitenlänge s (im Gausschen Quadranten) definiert wie eine Parkettierung der Ebene mit $\{0,1,\ldots,s-1\}$ statt $\mathbb{N}$ (s. §BI1), also insbesondere mit der Eckdominosteinbedingung.

Beweis: Durch p-Reduktion des (nach vorstehender Übung NP-vollständigen) eingeschränkten initialen Halteproblems für Halbband-TMen. Dazu genügt eine polynomial zeitberechenbare Zuordnung eines Paares (S(M),s) aus Eckdominospiel S(M) und Quadratlänge s zu gegebenem Paar (M,s), so daß gilt:

(*) M akzeptiert das leere Band in $<s$ Schritten

gdw Es gibt eine S(M)-Parkettierung des Eckquadrats der Länge s.

S(M) ist definiert durch dieselben Steine wie das Eckdominospiel D(M) in §BI1, wobei die untere bzw. obere Randbeschriftung zur Markierung der Rechenzeit erweitert wird um die Komponente t bzw. t+1 mit t<s (für Kopiersteine) oder t<s-1 (für Druckoperations-, Rechts- und Linksbewegungssteine). Entsprechend erhalten die Anfangssteine in ihrer oberen Randbeschriftung die Zusatzmarkierung O. Zusätzlich fügen wir die folgenden *Haltesteine* hinzu, durch die der akzeptierende Stopzustand (oBdA) 1 von Zeitpunkten <s-1 nach oben bis zur Zeile s-1 durchgezogen werden kann, um den Quadranten der Seitenlänge s ganz auszufüllen:

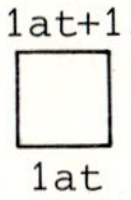

für bel. Buchstaben a, bel. t<s.

Dadurch wird erreicht, daß eine S(M)-Parkettierung des Eckquadrats der Länge s in der obersten Reihe außer Kopiersteinen nur Steine mit oberer Randbeschriftung 1as haben kann und somit eine akzeptierende M-Berechnung von M der Länge <s darstellt. Äquivalenz (*) folgt daraus wörtlich wie in §BI1. Für die Polynomialzeit-Berechenbarkeit dieser Reduktion beachte man, daß die Zahl der S(M)-Steine polynomial in M und s beschränkt ist.

Korollar. *Das Quadratdominoproblem ist NP-vollständig*. Ein *Quadratdominospiel* ist dabei definiert als Tripel (D,s,R) aus einer endlichen Menge von Dominosteinen, einer Zahl O<s und einer Belegung R der 4s-4 Randpunkte des Eckquadrats der Seitenlänge s mit Dominosteinen aus D. Ein solches Spiel heißt *lösbar* gdw es eine (die übliche horizontale und vertikale Nachbarschaftsbedingung erfüllende) D-Parkettierung des Eckquadrats der Seitenlänge s gibt, die die Randbelegung R erweitert.

Beweis. Setze $Q(M,w,s):=(S'(M),s,\bar{w})$, wobei S'(M) aus allen S(M)-Steinen ohne die Zeitkomponente besteht und die Randbedingung $\bar{w}$ definiert ist durch: Zeile O ist belegt mit der Anfangskonfiguration mit Eingabe w, Zeile s mit der (durch leeres Band und Arbeitsfeld am linken Bandende eindeutig bestimmten) akzeptierenden Endkonfiguration, der linke und rechte Rand sind weiß. Dann gilt: M akzeptiert w in <s Schritten mit leerem Halbband und Arbeitsfeld am linken Bandende gdw das Quadratdominospiel Q(M,w,s) lösbar ist. (Vgl. Übung 3 zum NP-vollständigen eingeschränkten Halteproblem.)

Bemerkung. In §2 werden wir für andere Komplexitätsklassen vollständige Dominoprobleme vorführen, indem wir lediglich die Randbedingung an Lösungen variieren.

Satz von der NP-Vollständigkeit des Partitionsproblems $\{(X,\{Y_1,\ldots,Y_n\})\mid$ X endlich & $Y_1\cup\ldots\cup Y_n=X$ & es gibt eine Teilfamilie $Y_{i_1},\ldots,Y_{i_r}$ $(1\leq i_j\leq n)$ paarweise disjunkter Mengen, deren Vereinigung X ist$\}$.

Beweis. Durch p-Reduktion von Quadratdominospielen $Q=(D,s,R)$ auf Partitionsprobleme $(X,\{Y_1,\ldots,Y_n\})$. Dazu denken wir uns Dominosteine $d_k \in D$ $(1\leq k\leq r)$ in Position (i,j) $(0\leq i,j\leq s)$ als gegeben durch ihre beiden horizontalen und vertikalen Kanten (Quadratseiten) h_{ij},h_{ij+1} und v_{ij},v_{i+1j}. Farben denken wir uns realisiert durch Kantenverzerrungen, etwa durch rechtwinklige Ein- und Ausbuchtungen: sei F die Menge der in D-Steinen auftretenden Randfarben (Beschriftungen), HF bzw. VF die Menge der auf horizontalen bzw. vertikalen Kanten auftretenden Farben; jede Kante sei in $|F|$ Stücke aufgeteilt, so daß der k-ten Farbe eine Ausbuchtung im k-ten Segment entspricht:

dem k-ten Stein

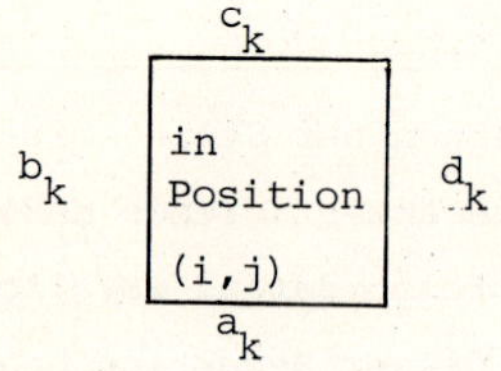

entspricht

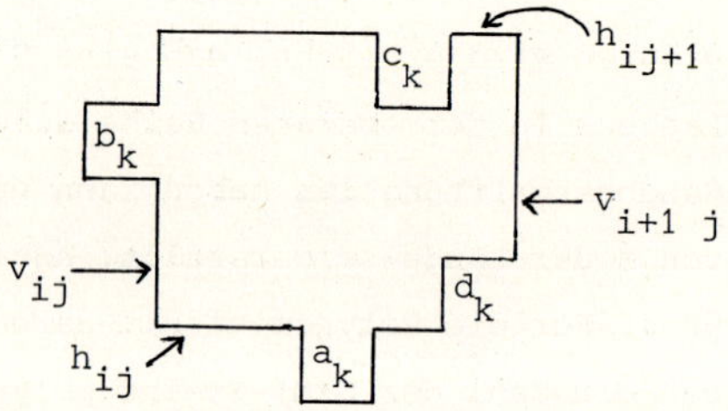

Eine Einbuchtung im k-ten Segment repräsentiert dabei die Färbung dieser Kante mit einer anderen als der k-ten (einer sog. Komplementär-) Farbe. Wir teilen die gefärbten Kanten so in Gruppen ein, daß korrektes Aneinanderlegen von Dominosteinen in ein Aufeinanderlegen entsprechender Kanten übergeht, deren Farben ganz F ausschöpfen.

Formal definieren wir also $X:=(HK\times HF)\cup(VK\times VF)$ mit den Mengen HK bzw. VK aller horizontalen bzw. vertikalen Kanten h_{ij} bzw. v_{ij} im Eckquadrat der Länge s. Dem k-ten Stein von D in Position (i,j) für $1\leq i,j<s$ ordnen wir die Teilmenge $Y_{ijk} \subseteq X$ zu mit:

$$Y_{ijk}:=\{(h_{ij},a_k)\}\cup[\{h_{ij+1}\}\times(HF-\{c_k\})]\cup\{(v_{ij},b_k)\}\cup[\{v_{i+1j}\}\times(VF-\{d_k\})].$$

Die Randfärbung des Quadrates der Seitenlänge s wird kodiert durch die Teilmenge $Y_o \subseteq X$, wobei A_i,B_i,C_i,D_i die Färbung der i-ten Kante im unteren, linken, oberen, rechten Quadratrand darstellen:

$$Y_o:=\bigcup_{i=0}^{s}\ [\{h_{io}\}\times(HF-\{A_i\})]\cup\{(h_{is},C_i)\}\cup[\{v_{oi}\}\times(VF-\{B_i\})]\cup\{v_{si},D_i)\}.$$

X und die Y_{ijk},Y_o können in polynomialer Zeit aus Q konstruiert werden. Aus einer Lösung f von Q erhält man eine Partition von X durch Y_o und die Mengen Y_{ijk} mit $f(i,j)=$k-ter Dominostein und $1\leq i,j<s$. Bilden umgekehrt $Y_1,\ldots,Y_r$ eine Partition von X, so kommt darin jede Farbe auf jeder Kante genau einmal vor, nämlich als Ausbuchtung bzw. als (komplementäre) Einbuchtung. Also stellt diese Zerlegung eine D-Parkettierung des Eckquadrats

der Länge s dar, die die Randfärbung des Farbkomplements von Y_o nach innen erweitert. D.h. dann ist Q lösbar.

Übung. Zeigen Sie die NP-Vollständigkeit des Schnittmengenproblems $\{(X,\{Y_1,\ldots,Y_n\}) \mid Y_1,\ldots,Y_n \subseteq X \ \& \ \exists Y \subseteq X: \forall j: |Y \cap Y_j|=1 \ \& \ X \text{ endlich}\}$.

Hinweis: Reduzieren Sie das Partitionsproblem: Zu $X=\{x_1,\ldots,x_m\}$ und $Y_1,\ldots,Y_n \subseteq X$ setze $X':=\{x'_1,\ldots,x'_n\}$ und $Y'_1,\ldots,Y'_m$ mit $x'_i \in Y'_j$ gdw $x_j \in Y_i$.

Korollar 1. Das Rucksackproblem ist NP-vollständig. Das Rucksackproblem besteht aus allen Folgen $(\{a_1,\ldots,a_r\},b)$ von natürlichen Zahlen a_i ("Gegenstandsgrößen") und b ("Rucksackgröße"), so daß $\sum_{i\in R} a_i=b$ für ein $R \subseteq \{1,\ldots,r\}$ ("b soll mit einem Teil des Proviants ganz gefüllt werden").

Beweis durch p-Reduktion des Partitionsproblems. Zu $X=\{x_1,\ldots,x_m\}$ und $Y_1,\ldots,Y_n \subseteq X$ bilden wir die (durch eine Folge von m Einsen n+1-adisch dargestellte) Rucksackgröße $b:=1+(n+1)+\ldots+(n+1)^{m-1}$ und entsprechend zu jeder Menge Y_i die durch ihre charakteristische Funktion $\varepsilon_i:=\varepsilon_{i(m-1)}\ldots\varepsilon_{io}$ n+1-adisch dargestellte Größe

$$a_i:=\sum_{j<m} \varepsilon_{ij}(n+1)^j \quad \text{mit} \quad \varepsilon_{ij}=1 \text{ für } x_{j+1}\in Y_i \text{ und } \varepsilon_{ij}=0 \text{ sonst.}$$

Dann ist $Y_{i_1},\ldots,Y_{i_r}$ eine Partition von X gdw für jedes Element $x_{j+1}\in X (0\le j<m)$ genau ein $i_k (1\le k\le r)$ existiert mit $\varepsilon_{i_k j}=1$, und letzteres ist äquivalent zu

$$\sum_{1\le k\le r} a_{i_k} = \sum_{1\le k\le r}\ \sum_{j<m} \varepsilon_{i_k j}(n+1)^j = \sum_{i<m} (n+1)^i=b.$$

b und die a_i sind aus X und den Y_i polynomialzeit-berechenbar.

Korollar 2. Das Faktorzerlegungsproblem ist NP-vollständig. Das Faktorzerlegungsproblem ist das multiplikative Analogon zum Rucksackproblem und besteht aus allen Folgen $(\{a_1,\ldots,a_r\},b)$ natürlicher Zahlen a_i, b, so daß $\prod_{i\in R} a_i=b$ für ein $R \subseteq \{1,\ldots,r\}$.

Beweis durch p-Reduktion des Partitionsproblems. Zu $X=\{x_1,\ldots,x_m\}$ und $Y_1,\ldots,Y_n \subseteq X$ bestimmen wir paarweise teilerfremde Zahlen $p_1,\ldots,p_m$. (Dies ist mit in m polynomial beschränktem Zeitverbrauch möglich.) Dazu definieren wir mit ε_{ij} wie im Beweis von Korollar 1:

$$a_i:=\prod_{j<m} \varepsilon_{ij}p_{j+1} \quad \text{für } 1\le i\le n \qquad b:=p_1\cdot\ldots\cdot p_m$$

Dann ist $Y_{i_1},\dots,Y_{i_r}$ eine Partition von X gdw für jedes Element $x_{j+1} \in X$ $(0 \le j < m)$ genau ein i_k $(1 \le k \le r)$ existiert mit $p_{j+1} | a_{i_k}$, und letzteres ist äquivalent zu

$$\prod_{1\le k\le r} a_{i_k} = \prod_{1\le j\le m} p_j = b.$$

Übung. Zeigen Sie die NP-Vollständigkeit des Halbierungsproblems $\{\{c_1,\dots,c_s\} | \sum_{i\in S} c_i = \sum_{i\notin S} c_i$ für ein $S \subseteq \{1,\dots,s\}\}$.

Hinweis: Definieren Sie zu Beispielen $(\{a_1,\dots,a_r\},b)$ des Rucksackproblems $s:=r+2$, $c_i:=a_i$ für $1\le i\le r$, $c_{r+1}:=b+1$, $c_{r+2}:=a_1+\dots+a_r+1-b$.

Satz von der NP-Vollständigkeit des Cliquenproblems $\{(G,n) | G$ endlicher ungerichteter Graph & $0<n\le|G|$ &G enthält einen total zusammenhängenden Teilgraphen (sog. Clique) mit (mindestens) n Knoten$\}$.

Beweis durch p-Reduktion des eingeschränkten Eckdominoproblems. Sei S ein Eckdominospiel mit Steinen $0,1,\dots,\ell$, Eckdominostein 0 und $0<s$. Wir denken uns das Eckquadrat der Seitenlänge s im Gausschen Quadranten zerlegt in s^2 Elementarquadrate mit Koordinaten (i,j) $(0\le i,j<s)$. Jedes Elementarquadrat enthält für jeden Dominostein $k\le\ell$ genau einen Knoten S_{kij} des zu konstruierenden Graphen G. Zusätzlich gehöre ein sog. Eckknoten S_0 zur Knotenmenge von G.

Die Kantenmenge von G sei bestimmt durch:

(1) S_{kij} wird durch eine Kante mit $S_{k'i'j'}$ im rechten (oberen, linken, unteren) Nachbarquadrat verbunden gdw k' gemäß der Dominospiel-Nachbarschaftsbedingung unmittelbar rechts (oberhalb, links, unterhalb) von k liegen kann. (1) kodiert die Dominospiel- Nachbarschaftsbedingung.

(1') S_{kij} wird durch eine Kante mit jedem Knoten $S_{k'i'j'}$ in anderen Quadraten, die keine Nachbarquadrate sind (d.h. $(i',j')\notin\{(i,j),(i,j+1),(i,j-1),(i+1,j),(i-1,j)\}$), verbunden.

(2) Der Eckknoten S_0 wird durch eine Kante mit S_{000} verbunden. (2) kodiert die Eckdominosteinbedingung.

(2') Der Eckknoten S_0 wird durch eine Kante mit jedem Punkt S_{kij} außerhalb des elementaren Eckquadrats (d.h. $(i,j)\neq(0,0)$) verbunden. Bildlich:

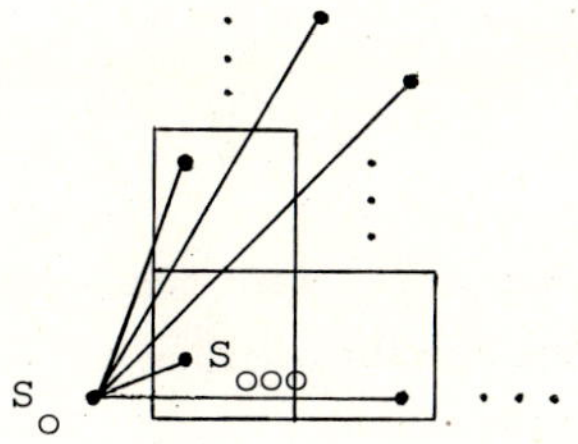

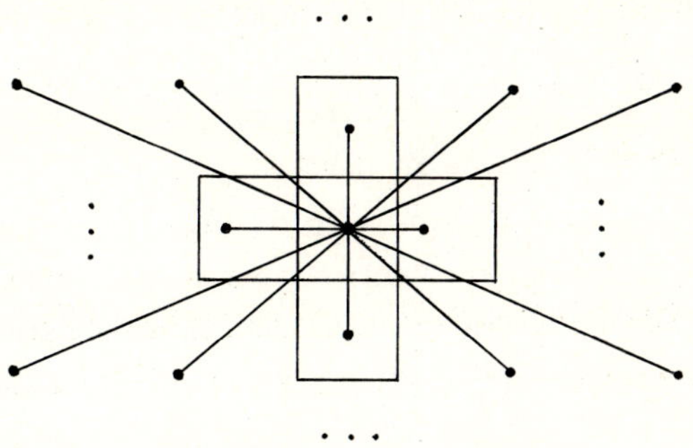

Ist f eine Lösung des s-beschränkten Eckdominospiels S, so bildet $S_o \cup \{S_{f(i,j)ij} | 0 \leq i,j < s\}$ mit den zugehörigen Kanten eine Clique der Größe s^2+1. Ist umgekehrt G' eine Clique in G mit (mindestens) s^2+1 Knoten, so kann G' pro Elementarquadrat mit Koordinaten (i,j) höchstens einen Knoten S_{kij} enthalten, weil Knoten S_{kij} und $S_{k'ij}$ nach Konstruktion in G unverbunden sind. Also muß G' den Eckknoten S_o enthalten, so daß G' eine Lösung f des s-eingeschränkten Dominospiels S darstellt vermöge

$$f(i,j)=k \quad \text{gdw } S_{kij} \in G'.$$

Korollar 1. NP-Vollständigkeit des Problems diskreter Teilgraphen $\{(G,n) | G$ endlicher gerichteter Graph & $0<n\leq|G|$ & G enthält eine Menge von n paarweise unverbundenen Knoten$\}$.

Beweis durch p-Reduktion des Cliquenproblems vermöge $(G,n) \mapsto (G',n)$, wobei G' dieselbe Knotenmenge wie G und die komplementäre Kantenmenge von G hat (d.h. genau diejenigen Knoten sind in G' verbunden, die in G nicht verbunden sind).

Korollar 2. NP-Vollständigkeit des Sternüberdeckungsproblems $\{(G,n) | G$ endlicher ungerichteter Graph & $n\leq|G|$ & die Sterne der Elemente einer höchstens n-elementigen Knotenmenge von G überdecken die Kantenmenge von G$\}$. Dabei ist der Stern S_p eines Punktes p in einem Graphen G definiert als $S_p := \{k | k$ Kante in G & $p \in k\}$.

Beweis durch p-Reduktion des Problems diskreter Teilgraphen vermöge $(G,n) \mapsto (G,|G|-n)$, denn für bel. Punktmengen P von G sind die Punkte von P in G paarweise unverbunden gdw $\cup\{S_p | p \in G-P\}$= Kantenmenge von G.

Satz von der NP-Vollständigkeit des Problems von Hamilton-Zyklen $\{G|G$ endlicher gerichteter Graph & es gibt in G einen Hamilton-Zyklus (d.h. einen geschlossenen Pfad $p_1,\ldots,p_n$, der in Pfeilrichtung jeden Knoten von G genau einmal durchläuft: $p_1 \to \ldots \to p_n \to p_1$)$\}$.

Beweis (nach Specker & Strassen 1976) durch p-Reduktion des Sternüberdeckungsproblems. Sei $G=(P,K)$ ein Graph mit Punktmenge P, Kantenmenge K und $n\leq|P|$. Wir definieren einen gerichteten Graphen $G'=(P',K')$ mit Punktmenge P' und Kantenmenge K' durch:

$P':=\{1,\ldots,n\}\cup\{(p,q)\mid\{p,q\}\in K\}$.

Die $i\leq n$ nennen wir Zahlpunkte und die geordneten Paare (p,q) Kantenpunkte von G'. Bezüglich einer beliebig, aber fest gewählten totalen Ordnung $\leq$ auf P definieren wir die Menge K' der gerichteten Kanten durch:

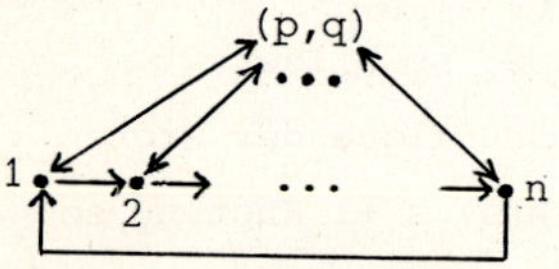

lies: $(i,i+1),(n,1)\in K'$ für alle $i<n$.
Alle Zahlen- und Kantenpunkte sind in beiden Richtungen verbunden.

Kantenpunkte verbinden wir untereinander durch

$((p,q),(q,p'))\in K'$ gdw $(\{p,q\},\{q,p'\}\in K \;\&\; p\leq p')$.

Die Konstruktion von G' aus (G,n) ist polynomialzeit- berechenbar. Wir zeigen: Für ein $Q\subseteq P$ mit $|Q|\leq n$ ist $\cup\{S_p\mid p\in Q\}=K$ gdw es in G' einen Hamilton-Zyklus gibt.

Sei $Q\subseteq P$, $|Q|\leq n$, $\cup\{S_p\mid p\in Q\}=K$. Dann können wir K wiederholungsfrei nach den Sternen S_{p_i} für $Q=\{p_1,\ldots,p_m\}$ aufzählen durch:

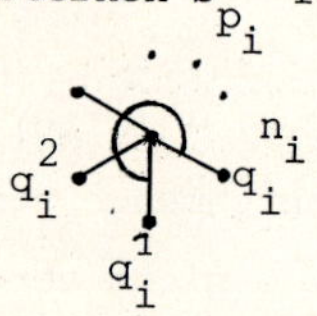

$S_i:=\{\{p_i,q_i^1\},\{p_i,q_i^2\},\ldots,\{p_i,q_i^{n_i}\}\}\subseteq S_{p_i}$

für $1\leq i\leq m$ mit $n_1+\ldots+n_m=|K|$.

Daraus erhält man einen Hamilton-Zyklus in G', indem man zwischen den Zahlpunkten i und $i+1$ genau die zu S_i gehörenden Kantenpunkte besucht:

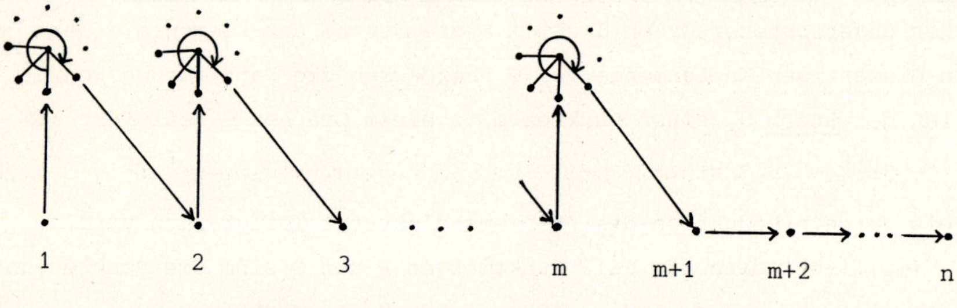

formal in der Reihenfolge $1,(p_1,q_1^1),(q_1^1,p_1),(p_1,q_1^2),(q_1^2,p_1),\ldots,(p_1,q_1^{n_1})$, $(q_1^{n_1},p_1)$, $2,(p_2,q_2^1),(q_2^1,p_2),\ldots,(q_m^{n_m},p_m),m+1,m+2,\ldots,n$.

Sei umgekehrt $H:=h_1,\ldots,h_{|P'|}$ ein Hamilton-Zyklus in G'. Für $1\leq i\leq j\leq|P'|$ nennen wir $h_i,h_{i+1},\ldots,h_j$ und $h_j,h_{j+1},\ldots,h_{|P'|},h_1,\ldots,h_i$ Abschnitte von H.

Wir betrachten alle G-Knoten p, die auf einer Kante liegen, deren Kantenpunkt (p,q) im Hamilton-Zyklus direkt von einem Zahlpunkt i aus besucht wird, d.h.

$Q:=\{p \mid p\in P \ \& \ \exists 1\le i\le n: \exists q\in P: (i,(p,q))$ Abschnitt von $H\}$.

Behauptung 1: Für alle Kanten $\{p,q\}\in K$ gilt: Ist $((p,q),(p,q))$ kein Abschnitt von H, so ist $p\in Q$.

Beweis 1: Wähle zu p das kleinste q' mit: $\{p,q'\}\in K$ & $((q',p),(p,q'))$ ist kein Abschnitt von H. Für jedes kleinere $q''<q'$ mit $\{p,q''\}\in K$ ist also $((q'',p),(p,q''))$ ein Abschnitt von H und folglich $((q'',p),(p,q'))$ kein Abschnitt von H (weil auf (q'',p) in H genau ein nächster Punkt folgt). Der Vorgänger v von (p,q') in H, mit dem (p,q') einen Abschnitt $(v,(p,q'))$ von H bildet, muß also ein Zahlpunkt sein; denn für $v=(q'',p)$ mit einem $q''\le q$ und $\{q'',p\},\{p,q\}\in K$ wäre $(v,(p,q'))$ kein Abschnitt von H (für $q''<p'$ nach Minimalität von q' und für $q''=q'$ nach Wahl von q'). Also ist $p\in Q$.

Behauptung 2: $\cup\{S_p \mid p\in Q\}=K$. Beweis: Für beliebige Kanten $\{p,q\}\in K$ können nicht sowohl $((q,p),(p,q))$ als auch $((p,q),(q,p))$ Abschnitte von H sein, so daß nach Behauptung 1 $p\in Q$ oder $q\in Q$ und somit $\{p,q\}\in S_p\cup S_q$.

Da es nur n Zahlpunkte gibt und jeder davon höchstens einmal in H besucht wird, ist $|Q|\le n$.

Korollar 1. NP-Vollständigkeit des Problems von Hamilton-Kreisen $\{G \mid G$ endlicher ungerichteter Graph mit einem Hamilton-Kreis (d.h. einem geschlossenen Pfad, der jeden Punkt von G genau einmal besucht)$\}$.

Beweis durch p-Reduktion des Problems von Hamilton-Zyklen. Für bel. Graphen $G=(P,K)$ verdreifachen wir die Punktmenge P durch Einführung jeweils neuer Kopien p',p" zu jedem Knoten $p\in P$. Auf der so entstehenden Punktmenge $\bar{P}$ führen wir die folgenden Kanten ein:

p' ist verbunden mit (und nur mit) p und p"

p ist verbunden mit q" gdw $\{p,q\}\in K$

$\bar{K}$ sei die Menge dieser Kanten und $\bar{G}=(\bar{P},\bar{K})$. Jeder Hamilton-Zyklus $p_1,\dots,p_n$ in G liefert in $\bar{G}$ den Hamilton-Kreis

$$p_1'',p_1',p_1,p_2'',p_2',p_2,\dots,p_n'',p_n',p_n.$$

Umgekehrt steht in jedem Hamilton-Kreis $q_1,\dots,q_m$ in $\bar{G}$ jeder Punkt p' mit $p\in P$ stets zwischen p und p", so daß der Kreis die Form $p_1'',p_1',p_1,p_2'',p_2',p_2,\dots,p_n'',p_n',p_n$ hat (da wegen der Ungerichtetheit von $\bar{G}$ oBdA $q_1=p_1'',q_2=p_1'$.) Dann ist $(p_1,\dots,p_n)$ ein Hamilton-Zyklus in G.

Korollar 2. NP-Vollständigkeit des Problems des Handelsreisenden
$\{(\{d_{ij}|0\leq i,j\leq n\},k)|k\in\mathbb{N}\ \&\ \forall i,j: d_{ij}=d_{ji}\in\mathbb{N}\ \&\ d_{ii}=0\ \&\ \sum_{i<n} d_{p(i)p(i+1)}+$ $d_{p(n)p(1)}\leq k$ für eine Permutation p von $\{0,\ldots,n\}\}$. Anschaulich: zu gegebenen Distanzen d_{ij} zwischen Städten i,j und Weglänge k soll ein Weg der Länge $\leq k$ gefunden werden, der jede Stadt genau einmal besucht.

Beweis durch p-Reduktion des Problems von Hamilton-Kreisen vermöge $G=(P,K)\mapsto(\{d_{ij}|i,j\in P\},0)$ mit $d_{ij}=0$ falls $\{i,j\}\in K$ und $d_{ij}=1$ sonst.

Übung 1. NP-Vollständigkeit des Problems ungerichteter Hamilton-Pfade, d.h. aller endlichen ungerichteten Graphen G mit einem Pfad, der jeden Punkt genau einmal besucht. Hinweis: p-Reduktion des Problems von Hamilton-Kreisen. Für einen Punkt q der gegebenen Graphen G führe man 3 neue Punkte 0,1,q' ein, so daß sich entsprechen die Hamilton-Kreise q,...,q in G und die Hamilton-Pfade 0,q,...,q',1 bzw. dessen Umkehrung 1,q',...,q,0 im zugeordneten Graphen G'.

Übung 2. NP-Vollständigkeit des Problems gerichteter Hamilton-Pfade. Hinweis: p-Reduktion des Problems ungerichteter Hamilton-Pfade, so daß jeder ungerichtete Hamilton-Pfad auch gerichtet ist und umgekehrt.

Satz von der NP-Vollständigkeit der binären ganzzahligen Programmierung, d.h. der Menge aller endlichen Gleichungssysteme

$$\sum_{1\leq j\leq n} a_{ij}x_j=b_i \quad (1\leq i\leq m) \text{ mit } a_{ij},b_i\in\mathbb{N}\text{, Variablen } x_i,$$

die durch eine Folge $(x_1,\ldots,x_n)\in\{0,1\}^n$ simultan lösbar sind. Dasselbe gilt mit $a_{ij}\in\{0,1\}$ und $b_1=\ldots=b_m=1$.

Beweis durch p-Reduktion des eingeschränkten Eckdominoproblems. Sei $S=(D,0,H,V)$ Eckdominospiel mit Steinen $0,1,\ldots,\ell$, Eckdominostein 0 und $0<s$. Wir definieren ein System von Gleichungen, das über $\{0,1\}$ lösbar ist gdw das s-eingeschränkte Eckdominospiel S lösbar ist. Für jeden Dominostein $k\leq\ell$ und bel. Koordinaten (i,j) mit $0\leq i,j<s$ führen wir Variablen x_{kij} ein mit der intendierten Bedeutung

$x_{kij}=1$ (bzw. 0) falls $f(i,j)=k$ (bzw. $\neq k$) für eine s-Lösung f von S.

Das Gleichungssystem besteht aus den folgenden Gleichungen (1)-(4):

(1) Existenz und Eindeutigkeit: $\sum_{k\leq\ell} x_{kij}=1$ für $i,j<s$.

Lies: In Position (i,j) liegt genau ein Dominostein $k\leq\ell$.

(2) $x_{kij}+\sum_{(k,k')\notin H} x_{k'(i+1)j}\leq 1$ für $k\leq\ell$ & $i<s-1$ & $j<s$.

(horizontale Nachbarschaftsbedingung H: falls k in Position (i,j) liegt, liegt kein k' mit $(k,k')\notin H$ rechts daneben.)

Der Anschaulichkeit halber haben wir (2) als Ungleichung formuliert als Abkürzung für die Gleichung

$$x_{kij} + \sum_{(k,k')\notin H} x_{k'(i+1)j} + y_{kij} = 1 \quad \text{mit neuen Variablen } y_{kij}.$$

Da die y_{kij} in keiner anderen Gleichung von (1)-(4) auftreten, kann jede Belegung der x-Variablen, die die Ungleichung (2) erfüllt, zu einer die Gleichung erfüllenden Belegung durch geeignete Bestimmung der Werte der y-Variablen erweitert werden.

(3) $x_{kij} + \sum_{(k,k')\notin V} x_{k'i(j+1)} + z_{kij} = 1$ für $k\leq \ell$, $i<s$, $j<s-1$

mit neuen Variablen z_{kij}. (Vertikale Nachbarschaftsbedingung V: falls k in Position (i,j) liegt, liegt kein k' mit $(k,k')\notin V$ direkt über k.)

(4) Eckdominosteinbedingung: $x_{ooo} = 1$.

Ist f eine Lösung des s-beschränkten Dominospiels S, so liefert ($x_{kij}=1$ gdw $f(i,j)=k$) und eine entsprechende Belegung der y- und z-Variablen eine Lösung von (1)-(4) über $\{0,1\}$. Jede derartige Lösung von (1)-(4) liefert umgekehrt eine Lösung f des s-beschränkten Spiels S durch $f(i,j)=k$ gdw $x_{kij}=1$. Das Gleichungssystem ist aus (S,s) in polynomialer Zeit berechenbar.

§2 (Vollständige Probleme für PBAND und exponentielle Komplexitätsklassen). Da wir im Verlaufe des Buches (s. Übersicht zu Beginn von CIII) mehrere natürliche Beispiele von Problemen behandeln werden, die in PBAND bzw. exponentiellen Komplexitätsklassen vollständig sind, beschränken wir uns hier auf einfache Beispiele von Dominoproblemen aus Lewis 1978.

Beispiel eines PBAND-vollständigen Dominoproblems ist die Menge aller Tripel (S,U,O) aus Dominospiel S und Dominosteinbelegungen U bzw. O für den unteren bzw. oberen Randstreifen endlicher Länge n, so daß für ein m die Parkettierung der unteren bzw. oberen Randzeile des $n \times m$-Rechtecks mit U bzw. O zu einer S-Parkettierung des gesamten $n \times m$-Rechtecks erweitert werden kann.

Beweis. Die Menge ist Element von PBAND: ausgehend von U "rät" man eine passende Belegung des darüberliegenden Streifens derselben Länge n mit S-Steinen, vergleicht den neuen Streifen mit O - in diesem Fall akzeptiert das Programm - usw.

Für die p-Reduktion beliebiger $X\in$PBAND sei M ein Programm, das X mit Platzverbrauch $\lambda n.c\cdot n^k$ akzeptiert. Das Dominospiel S zur Simulation der M-Berechnungen sei definiert wie beim Nachweis der NP-Vollständigkeit des Quadratdominoproblems in §1, U_w kodiere die Anfangskonfiguration der Länge

$c|w|^k$ mit Eingabe w, O die (oBdA eindeutig bestimmte) akzeptierende Endkonfiguration. Dann ist $w \in X = L(M)$ gdw für ein $t \leq 2^{O(|w|^k)}$ kann das n x t-Rechteck mit unterem Streifen U_w und oberem Streifen O zu einer S-Parkettierung erweitert werden.

Beispiel eines NEXPZEIT-vollständigen Dominoproblems ist die Menge aller lösbaren Quadratdominospiele (S,s,R) mit binär dargestellter Zahl s und bis auf ein Anfangsstück links unten weißem (leerem) Rand.

Beweis. Das Raten und Testen einer S-Parkettierung des Quadrats ist in $2^{O(|s|)}$ Schritten möglich. Sei $X \in$ NEXPZEIT beliebig und M ein nicht determiniertes Programm, das X mit Zeitverbrauch $\lambda n.2^{cn}$ akzeptiert. Dazu konstruieren wir das Quadratdominospiel wie beim Nachweis der NP-Vollständigkeit des Quadratdominoproblems mit $s := 2^{c \cdot |w|}$ für Eingabeworte w und Rand R_w mit Eingabewort w links unten. Diese Reduktion ist in polynomialer Zeit möglich, da s binär darzustellen ist. NB. Die Menge der Dominosteine des benutzten Quadratdominospiels hängt (anders als bei den eingeschränkten Eckdominospielen) nur vom Programm M und nicht von der Rechenzeit s ab.

Weiterführende Literatur zu CIII: Specker & Strassen 1976, Garey & Johnson 1979 und die von Johnson seit 1981 regelmäßig im Journal of Algorithms veröffentlichte Fortsetzung. Eine gute historische Einordnung, Übersicht und weitere Quellenangaben enthält Cook 1983. Zur Theorie polynomialer Zeitgrade s. Ambos-Spies 1985.

TEIL IV. ENDLICHE AUTOMATEN

Durch die Erörterung des Begriffs Algorithmus in Kap. A sind wir auf eine Definition abstrakter Maschinen geführt worden, deren Unterscheidungen eine Entsprechung in der Struktur gegenwärtiger Rechner finden: man analysiert Computer oft als System aus einem oder mehreren zentralen -gewisser (arithmetischer) Operationen und (logischer) Tests fähiger- Prozessoren, einem oder mehreren Speichern und Eingabe-Ausgabevorrichtungen. Dabei ist der zentrale Prozessor selbst wieder ein Modell unseres abstrakten Maschinenbegriffs, jedoch ist sein Speicher durch die Konstruktion ein für alle Mal festgelegt, insbesondere also endlich, während der Speicher des gesamten Rechners analog der von uns für Turingbänder gemachten Annahme zumindest im Prinzip beliebig erweiterbar ist.

Es hat sich herausgestellt, daß der hier zum Vorschein kommende Begriff einer Maschine mit endlichem zentralen Prozessorspeicher für theoretische Untersuchungen wie auch für gewisse Anwendungen in der Informatik eine bedeutende Rolle spielt. Wir werden nach der Untersuchung dieses Maschinenbegriffs darüberhinaus erkennen, daß er Ausgangspunkt einer natürlichen, durch Erweiterungen des Speichers gewonnenen Hierarchie bildet, an deren anderem Ende wir wieder auf den Begriff der Turingmaschine stoßen; diese Hierarchie von Maschinenmodellen wachsender Leistungsfähigkeit paßt zu klassisch gewordenen Begriffsbildungen der Theorie formaler Sprachen (s. § V 5)

Übersicht. Nach der Definition endlicher Automaten behandeln wir einige nützliche Charakterisierungen ihrer Leistungsfähigkeit (§1,§2). Die Frage nach einfachen Zerlegungstechniken führt uns auf die (auch bei paralleler Signalverarbeitung gültige) Röddingsche Normalform (§3), aus der sich einfache Konstruktionen konkreter "kleiner" berechenbarkeitsuniverseller Systeme ergeben (§4).

§1. (Endliche Automaten und reguläre Mengen). Dieser Abschnitt dient der Einführung und Analyse des Begriffs des endlichen Automaten. Historisch ist letzterer den Bemühungen der Neurobiologen McCullock und Pitts 1943 entsprungen, das Verhalten von Nervensystemen zu modellieren. Heutigentags fällt es leicht, den Begriff von einer Analyse des Verhaltens vielfältiger unser tägliches Leben begleitender Automaten her einzuführen: für Taschenrechner, Aufzüge, Waschmaschinen, Geldwechsel- oder Fahrscheinautomaten ist charakteristisch, daß sie sich in verschiedenen -sog. inneren, für die Außenwelt nicht notwendig sichtbar werdenden- "Zuständen" befinden können und bei gewissen von außen kommenden "Eingaben" auf dadurch wohlbestimmte Weise reagieren, sei es durch Änderung des vor der "Eingabe" eingenommenen inneren Zustands, sei es durch eine entsprechende "Ausgabe" ("für die Außenwelt sichtbar werdende Reaktion") oder beides. Da diese Reaktion nur von dem jeweiligen einzelnen Eingabesignal und dem inneren Zustand zum Zeitpunkt der Eingabe abhängen, spielen für sie insbesondere frühere Ausgaben keine Rolle, was wir weiter unten als den wesentlichen Unterschied zu den Turingmaschinen erkennen werden.

Für die mathematische Analyse repräsentieren wir Ein- und Ausgabesignale sowie innere Zustände durch Buchstaben, so daß wir endliche Automaten als Turingmaschinen nur mit Instruktionen iaa'rj auffassen können:

Der rechte Bandteil wird als Eingabeband benutzt und Buchstabe für Buchstabe gelesen, während der linke Bandteil als Ausgabeband zum Aufnehmen der sukzessiven Ausgabe dient. Zwecks Anpassung an die in der Literatur üblichen Bezeichnungen lassen wir als Ausgabe in einem einzelnen Übergangsschritt auch Worte w an Stelle von Buchstaben a' zu und kommen damit zur

Hauptdefinition. Ein endlicher Transduktor M ist bestimmt durch ein Semi-Thuesystem aus Regeln $ia \to wj$ mit "Zuständen" $i,j \varepsilon Z$ ("Zustandsalphabet"), "Eingabesignalen" $a \varepsilon A$ ("Eingabealphabet"), "Ausgabeworten" w über B ("Ausgabealphabet"), "Anfangszustand" $z_o \varepsilon Z$ und "Endzustandsmenge" $Z_e \subseteq Z$. (Pro memoria: Eine Regel $ia \to wj$ anzuwenden bedeutet, daß im Zustand i bei Einlesen des Symbols a das Wort w ausgegeben und der Nachfolgerzustand j aufgerufen wird.) Jeder determinierte endliche Transduktor M berechnet in kanonischer Weise eine (partielle) Funktion f_M, nämlich durch

$$f_M(v) = w \quad \text{gdw} \quad z_o v \vdash_M wi \quad \text{für ein} \quad i \varepsilon Z_e.$$

Mealy-Automaten sind determinierte endliche Transduktoren, in deren Regeln die Ausgabeworte die Länge 1 haben.

Endliche Akzeptoren oder endliche Automaten M sind endliche Transduktoren "ohne Ausgabeverhalten" (d.h. in allen Regeln ist das Ausgabewort leer); die von M erkannte oder akzeptierte Sprache (Lingua) ist

$$L(M) := \{w \mid w \varepsilon A^*, \ z_o w \vdash_M z \quad \text{für ein } z \varepsilon Z_e\}.$$

Bezeichnungen. Man notiert determinierte endliche Transduktoren M meistens durch Funktionen δ - die Übergangsfunktion - und λ - die Ausgabefunktion; der Ersetzungsregel ("Programmzeile") $ia \to wj$ entspricht dabei $\delta(i,a) = j$ & $\lambda(i,a) = w$. Insbesondere ist $\delta(i,a)\downarrow$ gdw $\lambda(i,a)\downarrow$. Die natürlichen Fortsetzungen von δ,λ auf Worte w statt Buchstaben a bezeichnet man wiederum durch δ,λ, sodaß:

$$\delta(i,av) = \delta(\delta(i,a),v) \qquad \lambda(i,av) = \lambda(i,a)\lambda(\delta(i,a),v).$$

Analog schreibt man bei nicht determiniertem M häufig δ,λ für die Übergangs- bzw. Ausgaberelation. Die Zustandsdiagrammdarstellung ist wie bei Programmen, aber mit Kantenbeschriftung a/w zur Angabe der zu lesenden Eingabe a und der zu druckenden Ausgabe w. Ist $\to_M$ total auf ZA, d.h. gibt es zu jedem $i \varepsilon Z$ und jedem $a \varepsilon A$ eine M-Regel mit Prämisse ia, so nennt man M auch vollständig oder vollständig definiert. Durch die bereits in den Bezeichnungen angedeutete Auffassung von Transduktoren als (indeterminierte) Programme auf der Turingmaschine ohne Linksbewegung übertragen sich in natürlicher Weise die maschinentheoretischen Begriffsbildungen aus §AI2.

Beispiel. Der folgende determinierte Transduktor berechnet die Addition zweier Binärzahlen (ü = Übertragszustand):

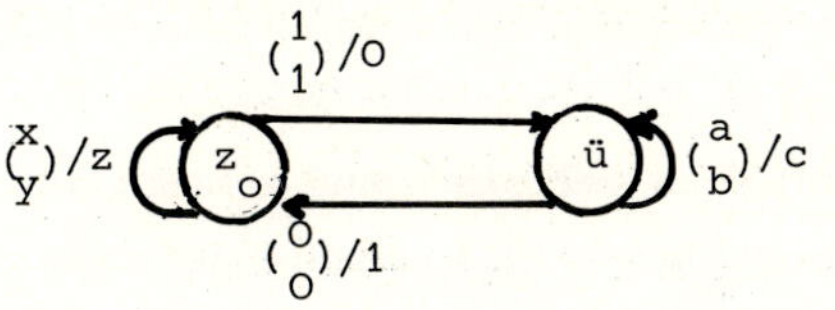

mit $O\varepsilon\{x,y\} \subseteq \{0,1\}$, $z = \max\{x,y\}$

$1\varepsilon\{a,b\} \subseteq \{0,1\}$, $c = \min\{a,b\}$

Der folgende Transduktor berechnet die Addition zweier Binärzahlen bei sukzessiver Eingabe zusammengehöriger Ziffern, d.h. im Sinne von

$$\lambda(z_o, a_o b_o \ldots a_n b_n) = c_o \ldots c_{n+1} = \text{binäre Summe von } a_n \ldots a_o \text{ und } b_n \ldots b_o.$$

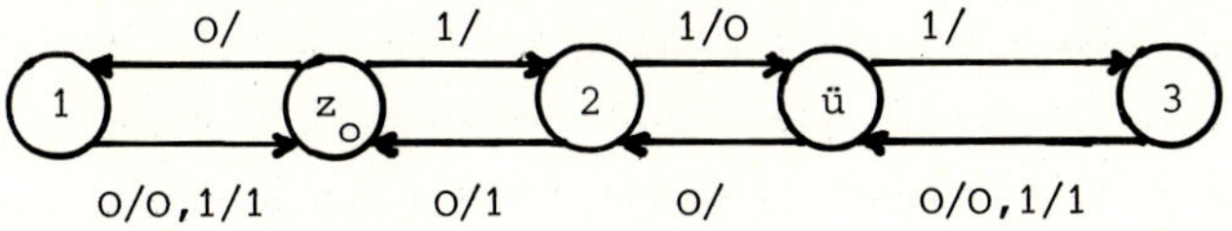

(Kanten $\xrightarrow[v,w]{}$ sind Abkürzung für 2 Kanten $\xrightarrow[v]{}$ und $\xrightarrow[w]{}$.)

Übung. Konstruieren Sie einen endlichen Akzeptor M zur Kontrolle der Korrektheit der Addition zweier Binärfolgen. D.h. M akzeptiert genau diejenigen Worte $s_n \ldots s_o$ über dem Alphabet dreizeiliger O-1-Spaltenvektoren

$$s_i = \begin{pmatrix} x_i \\ y_i \\ z_i \end{pmatrix} \quad \text{mit} \quad x_i, y_i, z_i \varepsilon \{0,1\},$$

für die die z-Folge die Addition der x- und y-Folge darstellt.

Übung. Konstruieren Sie einen "Fahrscheinautomaten", der Fahrscheine im Werte von DM 1, 2, 3, 4, 5 verkauft, wenn Münzen zu DM O,5O, 1, 2, 5 in beliebiger Reihenfolge, jedoch in korrekter, dem Fahrpreis entsprechender Höhe eingeworfen werden.

Übung. Konstruieren Sie endliche determinierte Teilworterkennungsautomaten (z.B. $w\varepsilon L(M)$ gdw aaabccc ist Teilwort von w, $w\varepsilon\{a,b,c\}^*$) und Fehlerausschlußautomaten (z.B. $w\varepsilon L(N)$ gdw w enthält kein Teilwort abc oder aabccc, $w\varepsilon\{a,b,c\}^*$).

Übung. Konstruieren Sie einen indeterminierten endlichen Akzeptor, der die Binärdarstellungen der durch 3, 5 oder 7 teilbaren Zahlen akzeptiert.

Übung. Konstruieren Sie einen determinierten und einen indeterminierten endlichen Automaten mit möglichst wenig Zuständen, der genau diejenigen Binärdarstellungen akzeptiert, die an der 5. Stelle von rechts eine 1 haben.

In der vorstehenden Übung haben Sie vermutlich einen indeterminierten Automaten mit nur 6 Zuständen, jedoch keinen determinierten mit weniger als 2^5 Zuständen gefunden, s. Meyer & Fischer 1971. Eine leichte Überlegung zeigt, daß man zu jedem endlichen Automaten (mit n Zuständen) einen äquivalenten determinierten (mit höchstens 2^n Zuständen) konstruieren kann:

Satz von Rabin und Scott 1959. Man kann zu jedem nicht determinierten endlichen Automaten M einen äquivalenten determinierten endlichen Automaten M' konstruieren, d.h. mit $L(M) = L(M')$.

Beweis. Die Beweisidee besteht darin, im gegebenen Zustandsdiagramm M für beliebige Eingabeworte w Schritt für Schritt die erreichten Zustände auf gleichzeitig allen mit w beschrifteten Pfaden zu verfolgen und zum Schluß zu prüfen, ob einer der Pfade in einem ausgezeichneten Zustand endet; ein Zustand des zu konstruierenden Automaten M' besteht also aus einer Menge möglicher Zustände von M. Formal ergibt sich damit M' durch die Definition

$Z' := \{I | I \subseteq Z\}$ $z'_o := \{z_o\}$ $Z'_e := \{I | I \cap Z_e \neq \emptyset\}$

$\delta'(I,a)$:= Menge aller in M möglichen Nachfolgerzustände von Zuständen in I bei Einlesen des Buchstabens a

$:= \{j | ia \rightarrow j \varepsilon \delta$ für ein $i \varepsilon I\}$.

Für alle Worte w folgt $\delta'(z'_o,w) = \{j | z_o w \underset{\delta}{\rightarrow} j\}$ durch Induktion nach der Länge von w und daraus:

$\exists j \varepsilon Z_e: z_o w \underset{M}{\Rightarrow} j$ gdw $\delta'(z'_o,w) \cap Z_e \neq \emptyset$ gdw $\exists I \varepsilon Z'_e: z'_o w \underset{M'}{\Rightarrow} I$

Übung. Simulieren Sie beliebige nicht determinierte TM-Programme M durch ein determiniertes TM-Programm $\bar{M}$.
Hinweis: Konstruieren Sie $\bar{M}$ als Programm der 3-Band-TM mit einem Eingabeband, einem Band zum schrittweisen Ausdruck aller möglichen Wege im M-Zustandsdiagramm (lies: aller endlichen Folgen aus Zahlen $i \leq k$, wobei k die maximale Verzweigungszahl (Anzahl der Wahlmöglichkeiten von M pro Konfiguration) bezeichnet) und einem dritten Band zur Simulation der Berechnung, die M bei der auf dem Eingabeband gespeicherten Eingabe entlang der auf dem zweiten Band jeweils ausgedruckten Wahlkombination ausführt.

Manchmal ist es günstig, zur Angabe endlicher Automaten auch sog. reine oder Λ-Zustandsübergänge von einem Zustand i in einen Zustand j - d.h. ohne daß ein Eingabesymbol gelesen wird - zuzulassen, formal also Regeln der Form $i \rightarrow j$ mit dem leeren Wort an Stelle eines Eingabebuchstabens. Dann kann man insbesondere oBdA annehmen, daß es genau einen ausgezeichneten Endzustand z_e gibt - etwa durch Hinzunahme neuer Λ-Übergänge $i \rightarrow z_e$ für alle bisherigen ausgezeichneten Zustände i und einen neuen Zustand z_e - , was das Zusammensetzen mehrerer Automaten zu einem neuen Automaten vereinfacht. Daß solche Λ-Übergänge den Begriff der durch endliche Automaten akzeptierten Sprache nicht verändern, fassen wir zusammen in der

Bemerkung. Zu jedem endlichen Akzeptor mit Λ-Übergängen kann ein äquivalenter endlicher Akzeptor ohne Λ-Übergänge konstruiert werden.

Beweis. Man nehme zum gegebenen Automaten M für alle Zustände i und jeder durch eine Folge von Λ-Übergängen auf i führenden Zustand j die Übergänge $ja \rightarrow k$ für alle Übergänge $ia \rightarrow k$ in M hinzu, bildlich:

$$j \overset{a}{\rightarrow} k \text{ neu für } j \underset{M}{\Rightarrow} i \underset{M}{\overset{a}{\rightarrow}} k,$$

lasse alle Λ-Regeln j → 1 weg und definiere als neue Endzustandsmenge die Menge der in M durch Λ-Übergänge auf einen M-Endzustand führenden Zustände, formal $\{j \mid j \vdash_M z$ für einen Endzustand z von M$\}$.

Übung. Zeigen Sie, daß man jedem (erweiterten) endlichen Automaten M, in dessen Übergängen ia → j statt Buchstaben a Eingabeworte v zugelassen sind, einen äquivalenten endlichen Automaten im Sinne unserer Definition zuordnen kann.

Bemerkung. Durch Einführen eines neuen ("Fehler"-) Zustands kann man jedem Transduktor in kanonischer Weise einem äquivalenten vollständigen Transduktor zuordnen. Für subtilere Untersuchungen von bei derartiger Vervollständigung auftretenden Problemen verweisen wir auf die Literatur (s.z.B. Brauer 1984, Kap.4 und das dortige Literaturverzeichnis).

Kleene sowie Myhill und Nerode haben in den 50-er Jahren die Frage beantwortet, ob sich nicht zwecks einfacherer mathematischer Behandlung der durch endliche Automaten akzeptierten Sprachen eine induktive oder algebraische Charakterisierung dieser Sprachen angeben läßt ähnlich der induktiven Charakterisierung der Klasse der Turingberechenbaren Funktionen als Klasse der partiell rekursiven bzw. der durch die induktiv definierten Turing- oder Registeroperatoren berechenbaren Funktionen. Wir beginnen mit Kleenes grundlegender Definition regulärer Prozesse zur Erzeugung aller (und wie sich zeigen wird genau der) durch endliche Automaten akzeptierten Sprachen aus besonders einfachen Ausgangssprachen:

Definition. A sei ein Alphabet und $L, L_1, L_2 \subseteq A^*$. Dann ist

$L_1L_2 := \{VW \mid V \in L_1, W \in L_2\}$ - sog. "Verkettung" (Produkt) von L_1 und L_2

$L^0 := \{\Lambda\}$, $L^{n+1} := LL^n$ - sog. "Potenzen" von L

$L^* := \bigcup_n L^n = \{W_1 \dots W_n \mid n \in \mathbb{N}, W_i \in L\}$ - sog. (Stern-)"Iteration" von L.

Die Klasse der regulären Ausdrücke α und der durch sie bezeichneten regulären Sprachen L(α) über dem Alphabet A werden induktiv definiert durch:

1. $\emptyset, \Lambda$ und a für jedes $a \in A$ sind reguläre Ausdrücke über A für $L(\emptyset) := \emptyset$, $L(\Lambda) := \{\Lambda\}$, $L(a) := \{a\}$.
2. Sind α, β reguläre Ausdrücke über A, so auch $(\alpha\beta), (\alpha \cup \beta), \alpha^*$ für $L((\alpha\beta)) := L(\alpha)L(\beta)$, $L((\alpha\cup\beta)) := L(\alpha) \cup L(\beta)$ und $L(\alpha^*) := L(\alpha)^*$.
3. Nur die durch 1. oder 2. bestimmten Ausdrücke α bzw. Sprachen L(α) sind reguläre Ausdrücke bzw. Sprachen über A.

Wir benutzen bei der Bezeichnung regulärer Ausdrücke die üblichen Klammerersparungsregeln: Außenklammern werden weggelassen, * bindet stärker als • (Verkettung) und diese stärker als ∪, wir vereinbaren Linksklammerung und schreiben $x_1 \dots x_n$ statt $\{x_1\}\dots\{x_n\}$.

Satz von Kleene 1951. Eine Sprache ist regulär gdw sie von einem endlichen Automaten akzeptiert wird.

Beweis. Wir konstruieren zuerst zu jedem endlichen determinierten Automaten M einen regulären Ausdruck für L(M), indem wir sukzessive für alle k für beliebige Zustände i,j - oBdA aus $\{1,\ldots,r\}$ - reguläre Ausdrücke für die Menge E(i,j,k) aller derjenigen Worte W angeben, die M vom Zustand i in den Zustand j überführen und dabei nur Zustände $\leq k$ durchlaufen; denn L(M) ist die endliche Vereinigung aller E(1,j,r) für ausgezeichnete Endzustände j von M bei Anfangszustand 1 (vereinigt mit $\{\Lambda\}$, falls 1 selbst ein ausgezeichneter Endzustand ist).

Reguläre Ausdrücke für E(i,j,k) erhält man aus dem Zustandsdiagramm von M, indem man bei den unmittelbaren Übergängen - den Kanten - von i nach j (Fall k = 0) startend durch Induktion nach k die Menge der erlaubten Zwischenpunkte auf Pfaden von i nach j erweitert und die dadurch neu hinzukommenden Pfade - von i über evtl. mehrfachen Besuch von k nach j - regulär beschreibt:

$$E(i,j,0) = \{a \mid a\varepsilon A, \delta(i,a) = j\} \ (\cup\{\Lambda\} \text{ falls } i = j) \text{ ist endlich},$$

$$E(i,j,k+1) = E(i,j,k) \cup E(i,k+1,k) \bullet E(k+1,k+1,k)^* \bullet E(k+1,j,k).$$

Übung. Entwickeln Sie umgekehrt zu jedem regulären α das Zustandsdiagramm eines $L(\alpha)$ akzeptierenden, nicht determinierten, endlichen Automaten mit Λ-Übergängen und ohne Übergänge in den Anfangs- oder aus dem Endzustand heraus.

Diese Übung wird manchmal auch so ausgedrückt, daß die Klasse der durch endliche Automaten akzeptierten Sprachen abgeschlossen ist gegen Verkettung, Vereinigung und Iteration und die leere Menge sowie die Einermengen $\{\Lambda\}$,$\{a\}$ enthält. Aus dem Satz von Kleene ergeben sich weitere Beispiele von Abschlußeigenschaften regulärer Sprachen: die Klasse der regulären Sprachen ist abgeschlossen gegen die folgenden, unten definierten Operationen: Boolesche Operationen, Spiegelbild, homomorphe (Ur-)Bilder, Präfix- und Suffixbildung, Fragmentierung, Rechtsquotientenbildung, Längenfunktion.

Beweis und Definitionen. Nach dem Satz von Kleene können wir uns jeweils die für den zu führenden Beweis geeignetste Darstellungsform einer regulären Sprache heraussuchen: wird L von determiniertem M mit Eingabealphabet A und Menge $Z_e \subseteq Z$ ausgezeichneter Endzustände akzeptiert, so das Komplement $C(L) = A^*-L$ von dem Automaten, der aus M durch Ersetzen von Z_e durch die Komplementmenge $Z-Z_e$ entsteht. Das Spiegelbild

$$\text{Spiegel}(L) = \{a_n\ldots a_1 \mid a_1\ldots a_n \varepsilon L\}$$

regulärer Sprachen L beschreibt man leicht induktiv durch Spiegel(L) = L für $L = \emptyset,\{\Lambda\},\{a\}$; $\text{Spiegel}(L^*) = (\text{Spiegel}(L))^*$; $\text{Spiegel}(L_1 \circ L_2) = \text{Spiegel}(L_2)\bullet\text{Spiegel}(L_1)$ für $\circ\varepsilon\{\bullet,\cup\}$.

Ein Homomorphismus von A^* nach B^* ist eine Abbildung f, die der Homomorphiebedingung f(VW) = f(V)f(W) für alle Worte $V,W\varepsilon A^*$ genügt; für reguläres L beschreibt man f(L) induktiv durch $f(\emptyset) = \emptyset$, $f(\{\Lambda\}) = \{\Lambda\}$, $f(\{a\}) = \{f(a)\}$

für $a\varepsilon A, f(L_1 \circ L_2) = f(L_1) \circ f(L_2)$ für $\circ\varepsilon\{\cdot,\cup\}, f(L^*) = (f(L))^*$.

Übung. Führen Sie den Beweis zu Ende für Urbilder sowie:

Präfix(L) := $\{V | V\varepsilon A^*, VW\varepsilon L$ für ein $W\varepsilon A^*\}$

Suffix(L) := $\{W | W\varepsilon A^*, VW\varepsilon L$ für ein $V\varepsilon A^*\}$

Fragment(L) := $\{W_1 \ldots W_n | n\varepsilon\mathbb{N}, V_1W_1 \ldots V_nW_nV_{n+1}\varepsilon L$ für Worte $V_1,\ldots,V_{n+1}\}$

Länge(L) := $\{W | W\varepsilon A^* \ \& \ |W| = |V|$ für ein $V\varepsilon L\}$.

Wird L von einem endlichen Automaten M akzeptiert, so wird der Rechtsquotient $L/L' := \{V | VW\varepsilon L$ für ein $W\varepsilon L'\}$ vom Automaten M' akzeptiert, den man aus M erhält, wenn man die Menge Z_e der ausgezeichneten Endzustände durch die Menge Z'_e derjenigen Zustände i ersetzt, die in M durch mindestens ein Wort $W\varepsilon L'$ in einen Zustand $j\varepsilon Z_e$ überführt werden, d.h. $iW \vdash_{M} j$ für ein $W\varepsilon L'$ und ein $j\varepsilon Z_e$. Beachten Sie, daß M' zwar ein im Sinne der klassischen Logik wohldefinierter endlicher Automat ist, daß M' aber nur effektiv konstruiert werden kann, wenn Z'_e effektiv aus L'(und M) gewonnen werden kann.

Übung. Die Klasse der durch endliche Automaten akzeptierten Relationen ist abgeschlossen gegen (Existenz-) Quantifikation, d.h. zu jedem endlichen Automaten M kann man einen endlichen Automaten M' konstruieren, sodaß mit einem neuen Trennsymbol | gilt:

$\forall w_i\varepsilon A^*$: M' akzeptiert $w_1|\ldots w_n|$ gdw $\exists w\varepsilon A^*$: M akzeptiert $w|w_1|\ldots w_n|$.

(Ottmann 1975 zeigt dies auch für Quantifikationen mit Nebenbedingungen wie Teil-, Anfangs-, Endwortbeziehungen u.a.)

§2. (Algebraische Charakterisierung). Nach der induktiven Charakterisierung der durch endliche Automaten akzeptierten Sprachen durch reguläre Ausdrücke behandeln wir jetzt eine auf J.Myhill und A.Nerode zurückgehende algebraische Charakterisierung, die für Fragen eine Rolle spielt wie nach der Minimalisierung der Zustandsanzahl endlicher Automaten, nach Entscheidungsproblemen und damit zusammenhängend gewissen Periodizitätseigenschaften. Aus letzteren ergeben sich Beweismethoden für Unmöglichkeitsaussagen bei endlichen Automaten, aber auch für die Beobachtung, daß selbst bei Zulassen auch von Linksbewegungen die so entstehenden endlichen 2-Weg-Automaten nur reguläre Sprachen akzeptieren.

Definition. Eine Äquivalenzrelation K über A^* heißt rechtsinvariant gdw für alle v,w,u aus vKw folgt vuKwu; K ist von endlichem Index gdw K nur endlich viele Äquivalenzklassen besitzt. Für $L \subseteq A^*$ bezeichnen wir mit K_L die kanonische zu L gehörende rechtsinvariante Äquivalenzrelation:

vK_Lw gdw (für alle $u\varepsilon A^*$: $vu\varepsilon L$ gdw $wu\varepsilon L$).

vK_Lw drückt aus, daß v und w durch Rechtserweiterungen bzgl. Zugehörigkeit zu L ununterscheidbar sind. Wir bezeichnen mit $[w]_K$ bzw. $[w]$ die Äquivalenzklasse von w in K.

Satz von Myhill und Nerode 1958/1957. Eine Sprache L ist durch einen endlichen Automaten akzeptierbar gdw sie Vereinigung von Äquivalenzklassen einer rechtsinvarianten Äquivalenzrelation von endlichem Index ist gdw die kanonische zu L gehörende rechtsinvariante Äquivalenzrelation K_L endlichen Index hat.

Beweis. i) Für einen L akzeptierenden vollständigen determinierten endlichen Automaten M definieren wir die M-Ununterscheidbarkeitsrelation K für Eingabeworte v,w von M durch:

vKw gdw $\delta(z_o,v) = \delta(z_o,w)$ für den Anfangszustand z_o von M.

(Beachten Sie, daß wir Verhaltensgleichheit von M bei Eingabe von v und w nur für den Anfangszustand fordern, da wir uns für M nur als Akzeptor interessieren.) Offensichtlich ist K eine Äquivalenzrelation und wegen der Determiniertheit von M rechtsinvariant; K ist von endlichem Index, weil es nur endlich viele M-Zustände $\delta(z_o,v)$ gibt;

$L = \bigcup_{w\varepsilon L} [w]_K$ folgt aus $L = L(M)$.

ii) Die M-Ununterscheidbarkeitsrelation K ist offensichtlich eine Verfeinerung von K_L - d.h. $K \subseteq K_L$ - , sodaß K_L höchstens weniger Äquivalenzklassen hat als K und somit von endlichem Index ist, falls das für K gilt. $K \subseteq K_L$ gilt aber bereits für beliebige rechtsinvariante Äquivalenzrelationen K mit $L = \bigcup_{w\varepsilon L}[w]_K$: aus vKw & vuεL folgt vuKwu & $vu\varepsilon[w_o]_K$ für ein $w_o\varepsilon L$ und daraus $wu\varepsilon[w_o]_K \subseteq L$.

iii) Für K_L von endlichem Index konstruieren wir einen endlichen Automaten min(L), der auf den K_L-Äquivalenzklassen als Zuständen rechnet, indem er zu jedem Eingabewort w dessen Äquivalenzklasse [w] in K_L erzeugt und am Ende abfragt, ob diese einen Vertreter in L besitzt (in welchem Fall der Automat w akzeptiert). Formal:

$Z := \{[w]_{K_L} | w\varepsilon A^*\}$ (endlich, da K_L von endl. Index); $z_o := [\Lambda]$;

$\delta([w],a) := [wa]$ (NB: $vK_Lw \Rightarrow [va] = [wa]$); $Z_e := \{[w] | w\varepsilon L\}$.

Durch Induktion über die Länge von w zeigt man $\delta([v],w) = [vw]$, sodaß wεL gdw $\delta([\Lambda],w) = [w]\varepsilon Z_e$ gdw Min(L) akzeptiert w.

Die Myhill-Nerodesche Konstruktion liefert als Nebenergebnis eine Lösung des Minimalisierungsproblems für endliche determinierte Akzeptoren: Für jeden endlichen determinierten Akzeptor M ist der im Satz von Myhill-Nerode konstruierte Automat min(L(M)) bis auf Umbenennung von Zuständen eindeutig bestimmt als L(M) akzeptierender endlicher vollständiger determinierter Automat mit kleinster Zustandsanzahl.

Beweis. Nach ii) hat jeder L(M) akzeptierende endliche vollständige determinierte Automat M' mindestens soviel Zustände, wie seine Ununterscheidbarkeitsrelation K' Äquivalenzklassen hat, und somit nicht weniger als die Zahl der $K_{L(M)}$-Äquivalenzklassen, lies: der Zustände von Min(L(M)). Hat M' die minimale Zustandsanzahl, so stiftet die folgende Zuordnung einen Isomorphismus zwischen M' und Min(L(M)):

ordne i mit $z'_0\ w \vdash_{M'} i$ für ein w die Äquivalenzklasse von w in $K_{L(M)}$ zu. (Wäre i vom Anfangszustand in M' durch kein solches w erreichbar, so wäre i überflüssig und M' nicht minimal; wegen $K' \subseteq K_{L(M)}$ ist die Definition eindeutig.)

Übung. Konstruieren Sie zwei äquivalente, zustandsminimale, jedoch nicht zueinander isomorphe nicht-determinierte endliche Akzeptoren.

Bemerkung. Für den praktischen Einsatz endlicher Automaten - ob zur Modellierung hardwaremäßiger Konstruktionen oder bei Implementierungen als Prüfprogramme - beeinflußt die Zustandsanzahl des Automaten den Realisierungsaufwand, sodaß effizientere Minimalisierungsalgorithmen als der oben angegebene entwickelt wurden wie das in O(n log n) Schritten arbeitende Verfahren von Hopcroft 1971 zur Bestimmung der Äquivalenzklassen in der kanonischen zu L(M) gehörenden Äquivalenzrelation. Minimalisierungsalgorithmen liefern gleichzeitig ein Entscheidungsverfahren für die Frage nach der Äquivalenz vorgegebener endlicher Automaten durch Vergleiche der konstruierten minimalen Varianten. Auf diese und verwandte Fragen werden wir weiter unten noch eingehen.

Die Myhill-Nerodesche algebraische Charakterisierung regulärer Sprachen liefert auch eine Methode zur Angabe einfacher nicht regulärer Sprachen:

Korollar. Die Klammersprache $\{(^n)^n | 0 \leq n\}$ ist nicht regulär.

Beweis. Wäre diese Sprache L regulär, so wäre sie Vereinigung von Äquivalenzklassen mit Vertretern aus L einer rechtsinvarianten Äquivalenzrelation K von endlichem Index. Da die Worte $(^n$ nur endlich viele Äquivalenzklassen repräsentieren, gäbe es n < m mit $(^n K (^m$; wegen der Rechtsinvarianz folgte $(^n)^n K (^m)^n$ und wegen $[(^n)^n]_K \subseteq L$ daraus der Widerspruch $(^m)^n \varepsilon L$.

Übung. Prominente Beispiele nicht regulärer Sprachen sind

$\{w\ \mathrm{Spiegel}(w) | w\varepsilon\{a,b\}^*\}$ $\{ww | w\varepsilon\{a,b\}^*\}$

$\{w | w\varepsilon\{a,b\}^* \ \&\ V_a(w) = V_b(w)\}$ mit $V_c(w)$:= Zahl der Vorkommen von c in w

Menge aller korrekten Klammerausdrücke über dem 2-elementigen Alphabet {(,)} (sog. Fitch-Bereich oder Dyck-Sprache, definiert durch $\{w | w\varepsilon\{(,)\}^* \ \&\ w \vdash_F \Lambda\}$ mit dem Semi-Thuesystem F aus der einzigen Regel ( ) → Λ) bzw. entsprechend über n Klammersymbolen $_i(,)_i$.

Manchmal wird obiges Korollar auch ausgedrückt als Unvermögen endlicher Automaten, auf Grund ihres fest verdrahteten endlichen Gedächtnisses beliebig weit zu zählen. Positiv gekehrt formuliert man die hier zum Vorschein kommende Periodizitätseigenschaft auch als

Schleifenlemma für reguläre Sprachen. Zu jeder regulären Sprache L kann man eine Zahl p angeben, sodaß alle längeren Worte $x \varepsilon L$ sich in der Form $x \equiv uvw$ mit $|uv| \leq p$, $v \neq \Lambda$ und $uv^n w \varepsilon L$ für alle n zerlegen lassen.

Beweis. p sei die Zustandszahl eines L akzeptierenden determinierten endlichen Automaten M mit Anfangszustand i_o. Ist $x = x_1 \dots x_m \varepsilon L$ länger als p, so findet man in der Übergangsfolge von i_o nach $\delta(i_o, x)$ eine erste Zustandswiederholung

$$i_j := \delta(i_o, x_1 \dots x_j) = \delta(i_o, x_1 \dots x_k) =: i_k \text{ für } 0 \leq j < k \leq p.$$

Man kann diese Schleife von i_j nach i_k beliebig oft durchlaufen.
Setze also $u := x_1 \dots x_j$, $v := x_{j+1} \dots x_k$, $w := x_{k+1} \dots x_m$.

Anwendungsbeispiel 1. Die Menge der Primzahlen (in unärer Darstellung) ist nicht regulär.

Beweis. Wäre $L = \{|^p | p \text{ Primzahl}\}$ regulär, so gäbe es eine genügend große Primzahl von der Form u+v+w mit $v \neq 0$ und Primzahlen u+vn+w für alle n; letzteres aber gilt nicht für:

$$u + v(u + 2v + w + 2) + w = (u + 2v + w) + v(u + 2v + w) = (v + 1)(u + 2v + w).$$

Anwendungsbeispiel 2. Die Menge der Quadratzahlen (in unärer Darstellung) ist nicht regulär.

Beweis. Wäre $L = \{|^{n^2} | n \varepsilon \mathbb{N}\}$ regulär, so ließe sich für p aus dem Schleifenlemma p^2 als Summe $p^2 = u + v + w$ darstellen mit gewissen u,v,w und Quadratzahlen u + vn + w für alle n; wegen $1 \leq v \leq p$ gilt aber

$$p^2 = u + v + w < u + 2v + w \leq p^2 + p < (p + 1)^2,$$

weshalb u + 2v + w keine Quadratzahl sein kann.

Übung. Zeigen Sie, daß kein endlicher Automat zur Kontrolle der Korrektheit der Multiplikation zweier Binärfolgen konstruiert werden kann, indem sie aus dem Schleifenlemma folgern, daß die folgende Menge nicht regulär ist: die Menge aller Worte $s_n \dots s_o$ über dem Alphabet dreizeiliger 0-1-Spaltenvektoren

$$s_i = \begin{pmatrix} x_i \\ y_i \\ z_i \end{pmatrix} \quad \text{mit } x_i, y_i, z_i \varepsilon \{0,1\},$$

für die die z-Folge die Multiplikation der x- und y-Folgen darstellt. Folgern Sie, daß kein determinierter endlicher Transduktor die binäre Multiplikation zweier Zahlen berechnen kann.

Als drittes Anwendungsbeispiel der Myhill-Nerodeschen Konstruktion zeigen wir, daß auch Zulassen von Linksbewegungsoperationen bei endlichen Automaten die Klasse der akzeptierten Sprachen nicht vergrößert. Formal definieren wir endliche Zweiweg-Automaten als gegeben durch

- ein determiniertes Turingmaschinenprogramm ohne Druckoperationen, das beim Lesen des leeren Bandsymbols a_o stoppt
- einen Anfangszustand z_o, eine Menge Z_e ausgezeichneter Endzustände.

Die von M akzeptierte Sprache ist definiert als

$$L(M) := \{w \mid w \varepsilon \{a_1, \ldots, a_n\}^*,\ z_o w \vdash wz \text{ für ein } z \varepsilon Z_e\}.$$

Satz von Rabin, Scott und Shepherdson 1959. Jedem endlichen Zwei-Weg-Automaten kann man einen äquivalenten endlichen Automaten zuordnen.

Beweis. Wie beim Satz von Myhill und Nerode definieren wir zum gegebenen endlichen 2-Weg-Automaten M eine M-Ununterscheidbarkeitsrelation K, deren Äquivalenzklassen die möglichen Verhaltensweisen von M auf Eingabeworten in Bezug auf deren Erkennung - lies: Verlassen des Eingabewortes nach rechts oder links - beschreiben:

vKw gdw für beliebige M-Zustände i,j gilt:

am linken {resp. rechten} Ende des Eingabeworts v im Zustand i gestartet verläßt M das Wort v nach links (bzw. rechts) im Zustand j gdw dies für w der Fall ist

d.h. $iv \vdash_M ja_o v$ (bzw. $iv \vdash_M vj$) $\{$resp. $via \vdash_M ja_o va$ (bzw. $via \vdash_M vaj$)$\}$

gdw .w........w........w.....w..........w..........w........w.......w.....

K ist offensichtlich eine Äquivalenzrelation und rechtsinvariant; K ist von endlichem Index, weil es wegen der Endlichkeit von M nur endlich viele Verhaltensweisen von M auf Eingabeworten v in Bezug auf Verlassen von v nach rechts oder links gibt. Die Äquivalenzklassen der $v\varepsilon L(M)$ überdecken L(M), womit L(M) regulär ist.

§ 3. (Zerlegungssätze). Die Myhill-Nerodesche Beschreibungsmethode endlicher Automaten benutzt das aus der Algebra wohlbekannte Durchdividieren nach einer Äquivalenzrelation. Von daher drängt sich die Frage auf, ob sich auch andere aus der Algebra bekannte Darstellungsmethoden fruchtbringend auf endliche Automaten übertragen lassen. Stellvertretend für eine große Klasse von Beispielen behandeln wir hier die Frage, ob und wie sich beliebige endliche Automaten in Produkte besonders einfacher Automaten zerlegen lassen.

Für die Behandlung solch einer Zerlegungsfrage spielen Anfangs- und ausgezeichnete Endzustände keine Rolle, sodaß wir im Folgenden unter endlichen Automaten i.a. reduzierte (oBdA determinierte) endliche Automaten verstehen, die durch ihre Übergangsfunktion $\delta: Z \times A \rightarrow Z$ mit Eingabe- und Zustandsalphabeten A und Z gegeben sind. Das Zerlegungsproblem fragt, ob jeder endliche reduzierte Automat bis auf Isomorphie in einen aus einfachen Automaten geeignet zusammengesetzten Automaten zerlegt (eingebettet) werden kann. Der hierbei zugrundegelegte Einbettungsbegriff ergibt sich in natürlicher Weise wie folgt:

Definition. M_i seien reduzierte endliche Automaten mit Eingabealphabet A. M_1 ist isomorph einbettbar in M_2 gdw M_2 einen zu M_1 isomorphen Teilautomaten enthält. M_1 ist Teilautomat von M_2 gdw $\delta_2 \upharpoonright Z_1 \times A = \delta_1$; M_1 ist isomorph zu M_2 gdw für eine Bijektion h: $Z_1 \to Z_2$ das Diagramm

$$\begin{array}{ccc} Z_1 \times A & \xrightarrow{\delta_1} & Z_1 \\ h \downarrow \; id & & \downarrow h \\ Z_2 \times A & \xrightarrow{\delta_2} & Z_2 \end{array}$$

kommutiert, d.h. für alle $i \in Z, a \in A$:

$$h(\delta_1(i,a)) = \delta_2(h(i),a)$$

Statt "M_1 ist isomorph einbettbar in M_2" sagt man auch "M_2 simuliert M_1 isomorph", "M_1 ist isomorph simulierbar durch M_2".

NB. Beim Begriff der isomorphen Simulation eines Transduktors M durch einen Transduktor M' fordert man zusätzlich die Übereinstimmung der Ausgabefunktion auf den zueinander isomorphen Zuständen: $\lambda(i,a) = \lambda'(h(i),a)$.

NB. Wie schon bei früheren Simulationsbegriffen vernachlässigen wir, was das einbettende (lies: simulierende) System außerhalb der Einbettung (lies: Kodierung des zu simulierenden Systems) leistet.

Als Beispiel eines besonders einfachen reduzierten endlichen Automaten wählen wir den sog. Flip-Flop F', der zwei Zustände "oben" und "unten" einnehmen und bei Eingabe eines Signals 1 verändern kann; um den Beweis des Produktzerlegungssatzes zu vereinfachen, statten wir F' mit einem weiteren Signal O aus, auf dessen Eingabe hin F' in seinem jeweiligen Zustand verharrt. F' ist somit definiert durch:

F' := 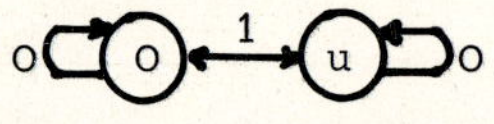

.

Schließlich müssen wir den Begriff der Zerlegung in Produkte festlegen. Dabei orientieren wir uns an moderner Hardwaretechnologie zur Konstruktion von Rechnern aus weitgehend parallel arbeitenden Prozessoren: denken Sie sich n - evtl. sogar miteinander identische - Prozessoren P_i mit Zustands- und Eingabealphabeten Z_i, A_i, die völlig unabhängig voneinander arbeiten, aber alle über ein Informationsvermittlungssystem ι an eine zentrale Sender- und Empfangsstation P angeschlossen sind. Sendet P ein Signal a - aus einem ihm eigenen Eingabealphabet A - , so wird dieses von allen z.Zt. nicht ausgeblendeten P_i aufgenommen und verarbeitet; während der Verarbeitungszeit eines Signals durch P_i ist P_i für den Empfang weiterer Signale ausgeblendet und blendet sich erst nach Abgabe des Verarbeitungsergebnisses wieder ein. Das Informationsvermittlungssystem ι liefert also zu jedem Zustandsvektor $(i_1,\dots,i_n)$ der Prozessoren $P_1,\dots,P_n$ und jedem P-Signal $a \in A$ einen Eingabevektor $(a_1,\ldots,a_n)$ von eventuellen Eingaben $a_i \varepsilon A_i$ für P_i, die dann von P_i verarbeitet werden. Für den uns hier interessierenden Rahmen fassen wir diese Konstruktionsmethode zusammen als:

Definition. $M_i = (\delta_i : Z_i \times A_i \to Z_i)$ seien reduzierte endliche Automaten,

$\iota: (\overset{n}{\underset{i=1}{X}} Z_i) \times A \to \overset{n}{\underset{i=1}{X}} A_i$ und $\delta: (\overset{n}{\underset{i=1}{X}} Z_i) \times A \to \overset{n}{\underset{i=1}{X}} Z_i$ Abbildungen.

M mit Übergangsfunktion δ heißt ι-Produktautomat der M_i gdw δ ist definiert durch das Diagramm

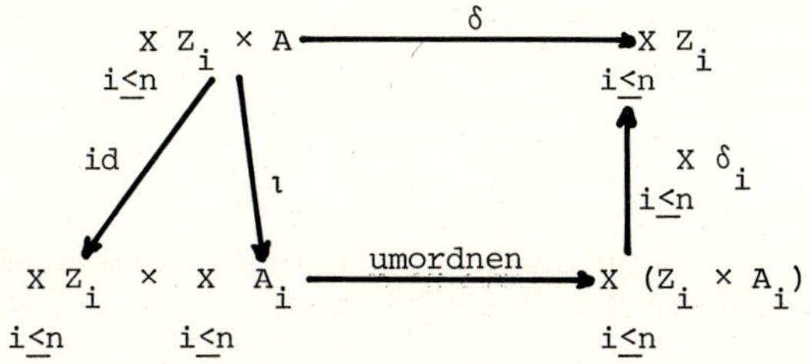

d.h. durch $\delta(i_1,\ldots,i_n,a) = (\delta_1(i_1,a_1),\ldots,\delta_n(i_n,a_n))$ für alle $(i_1,\ldots,i_n)\varepsilon Z_1\times\ldots\times Z_n$, $a\varepsilon A$ mit $\iota(i_1,\ldots,i_n,a) = (a_1,\ldots,a_n)$.
M heißt Produktautomat aus den M_i, falls M ι-Produktautomat der M_i für ein ι ist.

Produktzerlegungssatz. Jeder (reduzierte) endliche Automat ist isomorph simulierbar durch einen Produktautomaten aus dem Flip-Flop F'.

Beweis. Zu M mit $\delta: Z \times A \to Z$ wähle n so groß, daß $|Z| \leq 2^n$, und $\bar{i} = (i_1,\ldots,i_n)$ als Binärverschlüsselung von $i\varepsilon Z$. Ein Produkt aus n Kopien des Flip-Flop F', das einen zu M isomorphen Teilautomaten enthält, definieren wir durch Angabe einer geeigneten informationsvermittelnden Funktion ι: zu $i\varepsilon Z$ mit $\bar{i} = (i_1,\ldots,i_n)$ und $a\varepsilon A$ bestimme $j := \delta(i,a)$,

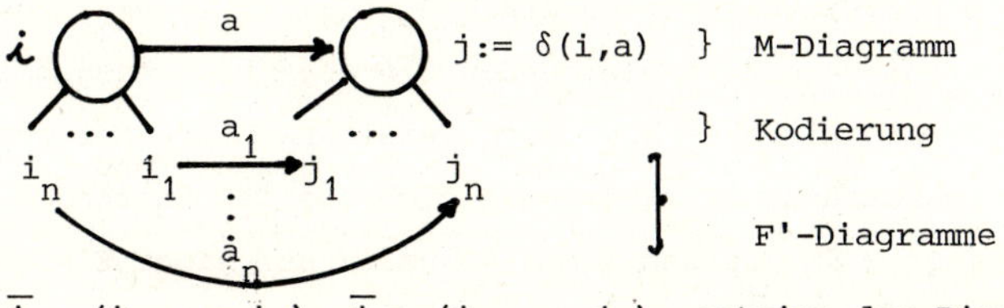

gehe über zu $\bar{i} = (i_1,\ldots,i_n)$, $\bar{j} = (j_1,\ldots,j_n)$, entnimm dem Diagramm von F' die Signale $a_1,\ldots,a_n$ mit den F'-Übergängen $i_l \xrightarrow{a_l} j_l$ für $1 \leq l \leq n$ und definiere $\iota(\bar{i},a) := (a_1,\ldots,a_n)$ (ι sonst beliebig).

Damit ist ein ι-Produktautomat $\bar{M}$ aus lauter F'-Komponenten mit Übergangsfunktion $\bar{\delta}$ definiert, dessen Einschränkung auf $\{\bar{i}\,|\,i\varepsilon Z\} \times A$ zu M isomorph ist, weil gilt - sei $\delta_{F'}$ die Übergangsfunktion von F' -:

$\overline{\delta}(\overline{i},a) = (\delta_{F'}(i_1,a_1),\ldots,\delta_{F'}(i_n,a_n)) = (j_1,\ldots,j_n) = \overline{\delta(i,a)}.$

Übung. Überlegen Sie sich, daß die vorstehende Konstruktion auch mit dem Flip-Flop mit nur einem Eingabesignal, nämlich 1, durchgeführt werden kann.

Übung. Zeigen Sie, daß jede Menge reduzierter Automaten, aus deren Elementen jeder endliche Automat als Produktautomat isomorph simulierbar ist, mindestens einen Automaten enthält mit dem folgenden Flip-Flop als - bis auf Isomorphie - Teilautomaten:

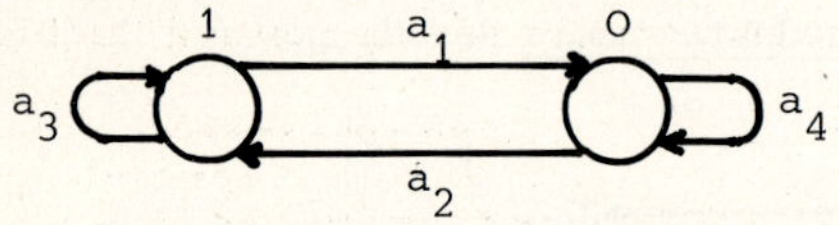

mit Worten a_i, Zuständen 0,1.

Im Beweis des Produktzerlegungssatzes stiftet die Binärkodierung eine "mikroskopische" Analyse von M-Übergängen in n parallel (unabhängig voneinander) ablaufende Flip-Flop-Übergänge:

$i \xrightarrow{a} j$ simuliert durch $i_l \xrightarrow{a_l} j_l$ für $1 \leq l \leq n$.

Danach spiegelt der Produktautomat $\overline{M}$ vermöge der informationsvermittelnden Funktion ι die Struktur von M wider; ι "vernetzt" die n Flip-Flops zum M simulierenden (Produkt-) Automaten $\overline{M}$. In der Tat beinhaltet ι einen Teil der Rechenarbeit von M und hängt dadurch von M ab. Es erhebt sich die Frage, ob beim Zerlegungssatz nicht auch die Art der Vernetzung der elementaren Automaten nach im vorhinein fest vorgegebenen, natürlichen Schemata modularisiert werden kann. Wir geben im Folgenden eine auf Rödding zurückgehende positive Lösung dieses Problems am Beispiel von Mealy-Automaten.

Veranschaulichen kann man sich Mealy -Automaten in der Form:

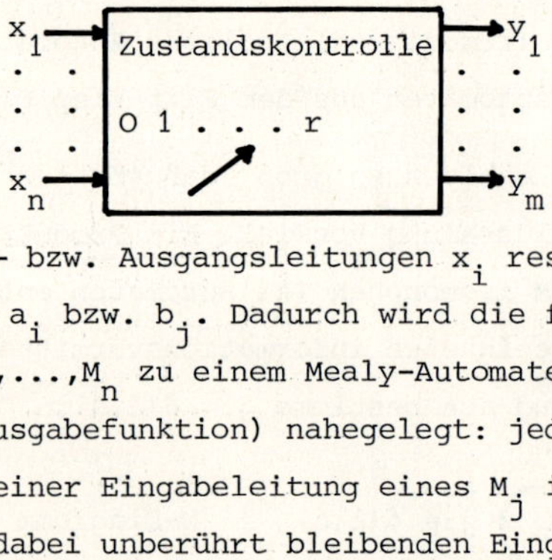

mit Eingangs- bzw. Ausgangsleitungen x_i resp. y_i zur Ein- resp. Ausgabe von Signalen a_i bzw. b_j. Dadurch wird die folgende Vernetzung von Mealy-Automaten $M_1,\ldots,M_n$ zu einem Mealy-Automaten M (mit evtl. partieller Übergangs- und Ausgabefunktion) nahegelegt: jede Ausgabeleitung eines jeden M_i darf mit je einer Eingabeleitung eines M_j identifiziert ("zusammengesteckt") werden; die dabei unberührt bleibenden Eingabe- bzw. Ausgabeleitungen in $M_1,\ldots,M_n$ sind die Eingabe- bzw. Ausgabeleitungen des Netzwerkes M aus $M_1,\ldots,M_n$; die Zustände von M ergeben sich aus den Zuständen der Komponenten M_i. Empfängt M im Zustand i ein Signal a auf einer Eingabeleitung von M_{i_1}, so ändert M_{i_1} seinen Zustand gemäß δ_{i_1} und sendet gemäß λ_{i_1} ein Ausgabesignal a_{i_1} auf einer Ausgabeleitung von M_{i_1}; ist diese in M mit einer Eingabeleitung eines M_{i_2} verknüpft, so reagiert M_{i_2} auf a_{i_1} durch Zustandswechsel gemäß δ_{i_2} und λ_{i_2}-Signalausgabe a_{i_2} auf einer Ausgabeleitung von

M_{i_2} etc., bis schließlich ein Signal auf einer Ausgabeleitung von M erscheint: dieses ist das Ausgabesignal $\lambda(i,a)$ von M und der erreichte Zustand der $M_1,\ldots,M_n$ in M der Nachfolgezustand $\delta(i,a)$ von M bei Eingabe von a im Zustand i; erscheint kein Signal auf einer der Ausgangsleitungen von M, so sind $\delta(i,a)$ und $\lambda(i,a)$ undefiniert (lies: das Netzwerk M gerät bei Eingabe von a im Zustand i in eine Schleife).

Beispiel 1. E sei Mealy-Version des zum Produktzerlegungssatz definierten Flip-Flops mit Zustandsdiagramm

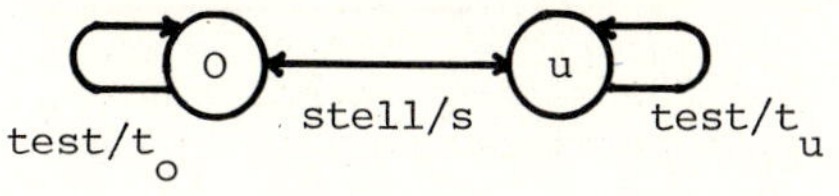

Kürzel:

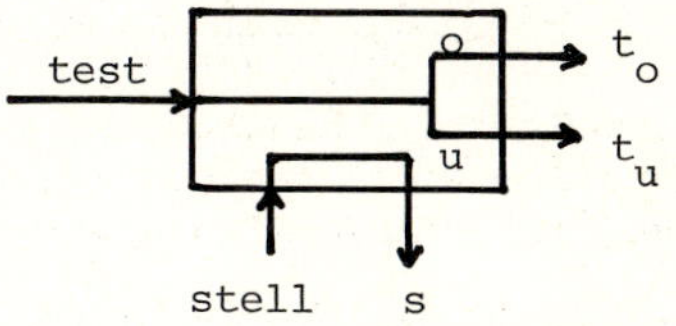

Bei Eingabe in den Testeingang wird der innere Zustand von E getestet und durch Wahl des Testausgangs t_o ("oben") bzw. t_u ("unten") nach außen mitgeteilt, ohne daß E seinen Zustand ändert; Eingabe in den Stelleingang bewirkt eine Zustandsänderung von E und die Meldung nach außen über den Stellausgang s. E ist somit eine Kombination aus Flip-Flop/Entscheidungsautomat.

Beispiel 2. H sei die Variante von E, bei der das Stellen in den Zustand "oben" bzw. "unten" durch getrennte Stelleingänge $stell_o$ bzw. $stell_u$ mit zugehörigen Stellausgängen s_o, s_u bewirkt wird:

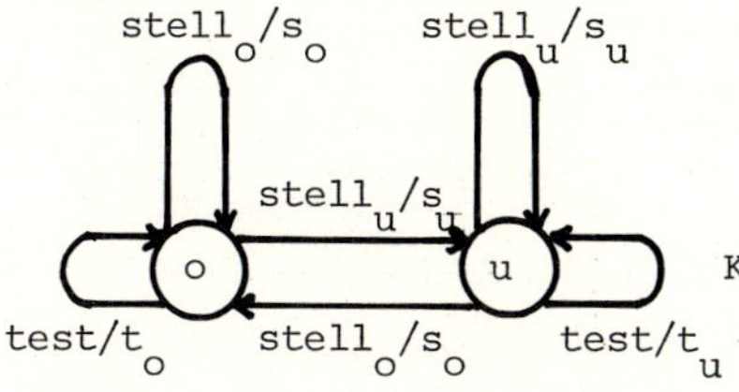

Kürzel:

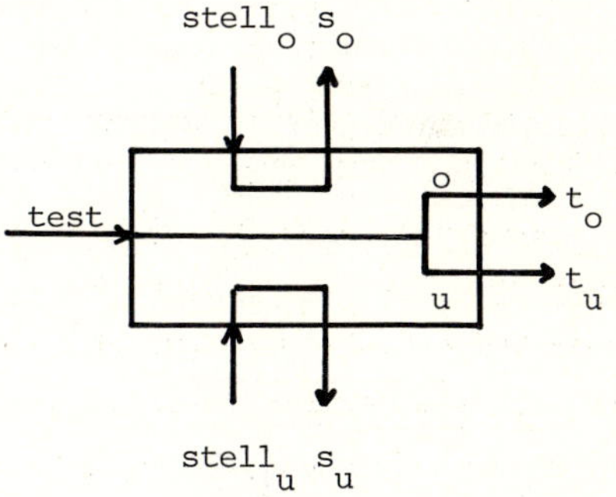

H wird durch die folgende Vernetzung von 4 Exemplaren des Automaten E isomorph simuliert, wenn man den Zuständen o bzw. u von H die Zustandskombination (o,o,o,o) bzw. (u,u,u,u) der 4 Exemplare von E zuordnet:

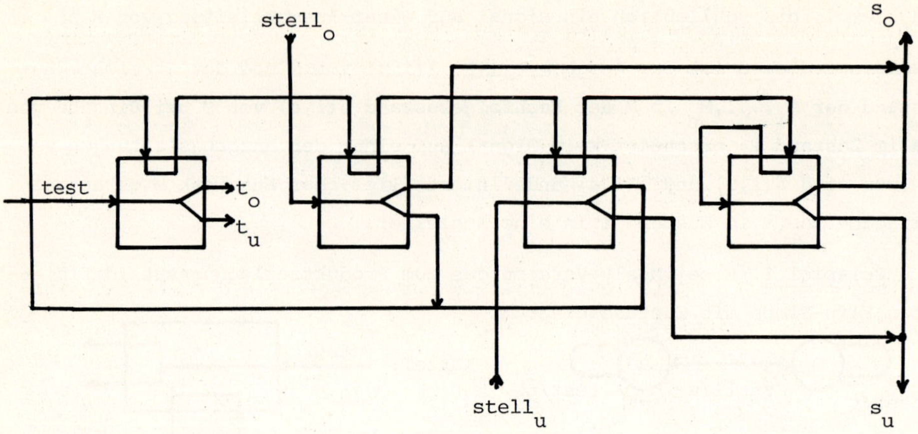

Übung. Vernetzen Sie E für $0 < m$ zu einem modulo-m-Zähler mit Zuständen $1,\ldots,m$, einem Eingang x, m Ausgängen $Y_1,\ldots,Y_m$ und dem Zustandsdiagramm

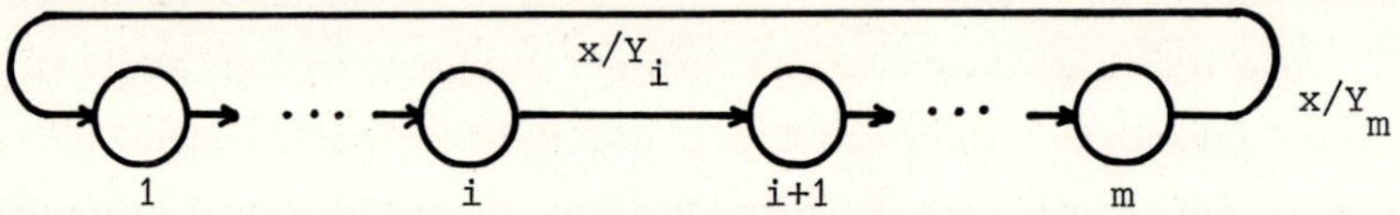

Analog zur Normierung von Turing- und Registermaschinenprogrammen zu aus einfachen Grundprogrammen nur mittels Komposition und Iteration konstruierten Operatoren wollen wir Netzwerke über gegebenen Mealy-Automaten induktiv unter Zulassung nur von Parallelschaltung und Rückkoppelung aufbauen; wir verschärfen den Produktzerlegungssatz dann zum Normalformsatz, daß jeder Mealy-Automat isomorph simulierbar ist durch ein aus E - und einem weiteren, trivialen Automaten K - nur unter Benutzung von Parallelschaltung und Rückkoppelung konstruiertes Netzwerk.

Definition. M,M' seien Mealy-Automaten. Die Parallelschaltung MM' von M und M' ist der durch einfaches Nebeneinanderlegen ohne Herstellen irgendwelcher Verbindungen entstehende Mealy-Automat (Kreuzproduktbildung):

MM':= 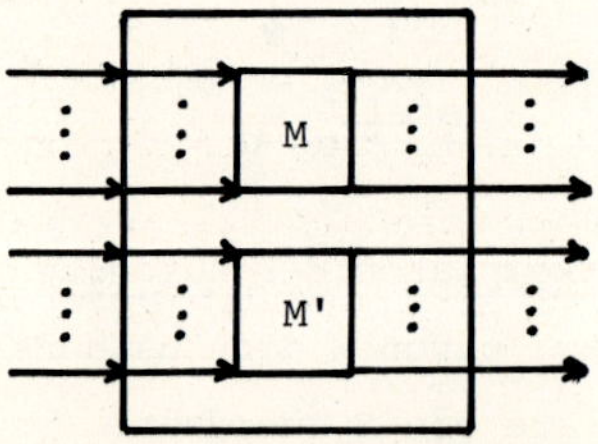

d.h. mit den folgenden Übergängen (die Ein- und Ausgabealphabete seien disjunkt) für alle Zustände i von M, i' von M':

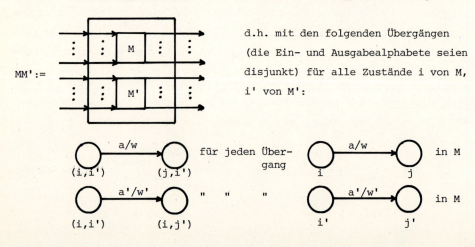

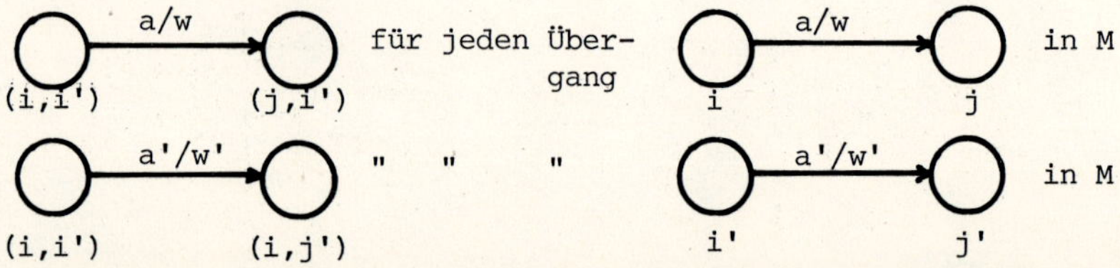

Für Eingabesignal a, Ausgabesignal b von M ist der durch Rückkoppelung von b an a entstehende Automat M_b^a definiert durch

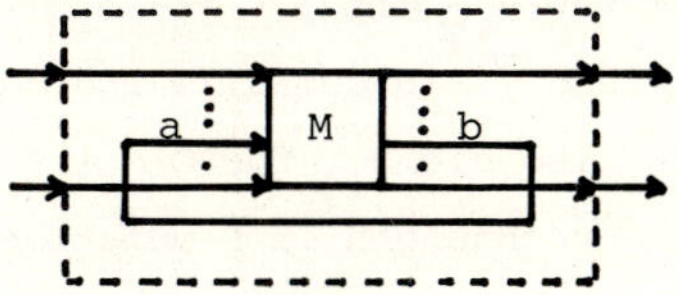

$=: M_b^a$

d.h. bestehend aus allen M-Übergängen (ia',wj) mit $w \neq b$ sowie für jeden M-Übergang (ia',bj), der einen M-Pfad

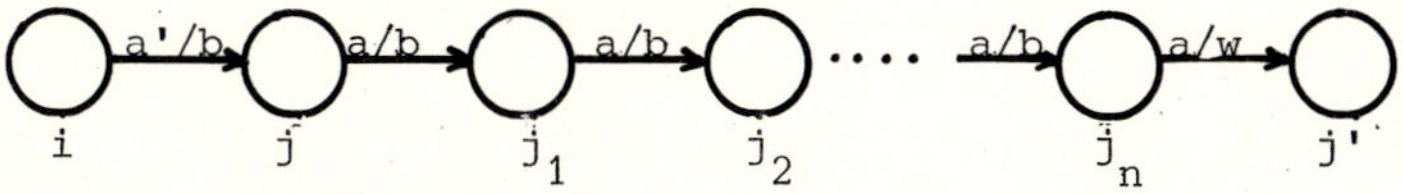

mit $w \neq b$

besitzt, auch den Übergang (ia',wj').

Beachten Sie, daß auch bei vollständig definiertem M die Übergangs- und Ausgabefunktionen von M_b^a partiell sein können, nämlich wenn der Automat durch Benutzung der Rückkoppelungsleitung in eine Schleife gerät.

Durch die Kästchennotation identifizieren wir (stillschweigend) Automaten, die bis auf Umbenennung von Zuständen, Eingabe- und Ausgabesignalen übereinstimmen.

Für eine Klasse X von (Mealy-) Automaten definieren wir die Klasse der Netzwerke über X induktiv als die kleinste Automatenklasse, die X enthält und abgeschlossen ist gegen Parallelschaltung und Rückkoppelung.

Normalformsatz von Rödding. Jeder Mealy-Automat ist isomorph simulierbar durch ein Netzwerk über dem Flip-Flop/Entscheidungsautomaten E und dem Knoten-Automaten K :=

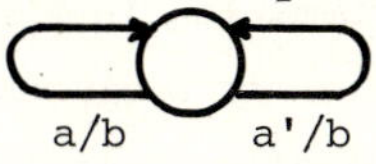

Kurzdarstellung

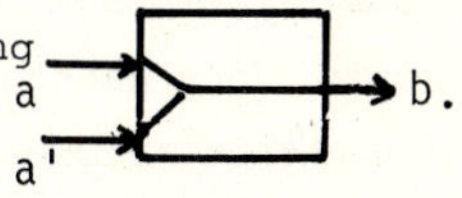

Beweis (nach Rödding & Brüggemann 1982). Nach obigem Beispiel genügt es, einen beliebigen Mealy-Automaten M durch ein Netzwerk über H und K zu simulieren. Sei M gegeben durch Übergangsfunktion δ, Ausgabefunktion λ, Eingabesignale $0,\ldots,i_o$, Zustände $0,\ldots,j_o$, Ausgabesignale $0,\ldots,k_o$. Für (i,j) mit $i \leq i_o$ und $j \leq j_o$ wählen wir Kopien $H_{ij}, H'_{ij}, H''_{ij}$ des Automaten H mit den Bezeichnungen

$H_{ij} :=$

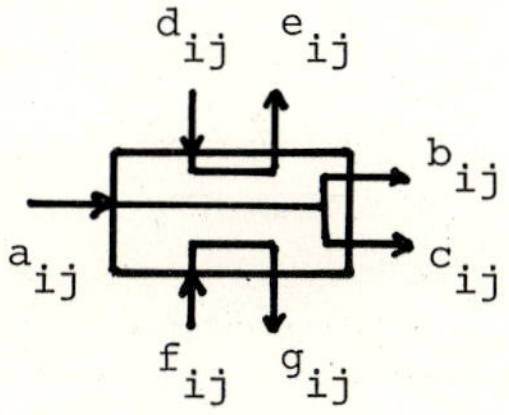

$H'_{ij} :=$

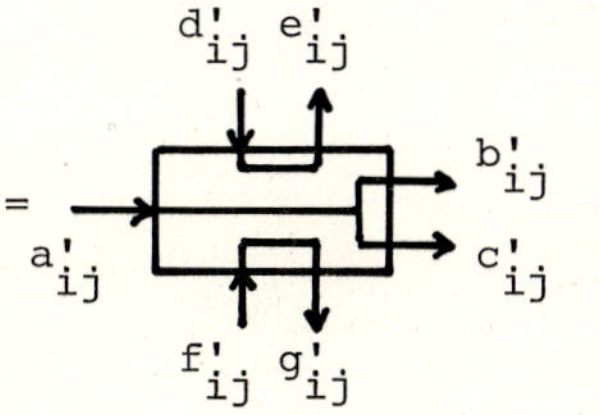

analog H''_{ij}.

Wir simulieren M durch drei Matrizen $N = (H_{ij})_{i\leq i_o, j\leq j_o}$, $N' = (H'_{ij})$, $N'' = (H''_{ij})$ parallel geschalteter H-Automaten. In N entspricht jedem Eingabesignal i eine Zeile von H-Automaten H_{ij} mit $j \leq j_o$; ein Zustand j von M wird kodiert durch denjenigen Zustand $\overline{j}$, in dem alle und nur die H-Automaten in der j-ten Spalte von N - also die H_{ij} für $0 \leq i \leq i_o$ - im Zustand "oben" stehen. Für gewisse Zwischenrechnungen im Simulationsverlauf benutzen wir N' und N", deren H-Automaten sich bei der Darstellung des Zustands j von M sämtlichst im Zustand "unten" befinden. Das gesamte, noch durch Rückkoppelungen zu vervollständigende Netzwerk besteht also aus der Matrix NN'N" parallel geschalteter H-Automaten der Form

$$\overbrace{\begin{array}{cccc} H_{oo} & H_{o1} & \cdots & H_{oj_o} \\ H_{1o} & H_{11} & \cdots & H_{1j_o} \\ \vdots & \vdots & & \vdots \\ H_{i_o o} & H_{i_o 1} & \cdots & H_{i_o j_o} \end{array}}^{N} \quad \overbrace{\begin{array}{cccc} H'_{oo} & H'_{o1} & \cdots & H'_{oj_o} \\ H'_{1o} & H'_{11} & \cdots & H'_{1j_o} \\ \vdots & \vdots & & \vdots \\ H'_{i_o o} & H'_{i_o 1} & \cdots & H'_{i_o j_o} \end{array}}^{N'} \quad \overbrace{\begin{array}{cccc} H''_{oo} & H''_{o1} & \cdots & H''_{oj_o} \\ H''_{1o} & H''_{11} & \cdots & H''_{1j_o} \\ \vdots & \vdots & & \vdots \\ H''_{i_o o} & H''_{i_o 1} & \cdots & H''_{i_o j_o} \end{array}}^{N''}$$

Durch Rückkoppelungen werden wir nun den folgenden Signalverlauf im Gesamtnetzwerk $\overline{M}$ erreichen, wenn dieses im Zustand $\overline{j}$ ein Signal i erhält: $\overline{M}$ durchläuft die H-Automaten in der i-ten Zeile von N auf der Suche nach der j-ten Spalte, wo H_{ij} sich im Zustand "oben" befindet; die gefundene Information wird nach N' und N'' - durch Umschalten von H'_{ij} und H''_{ij} auf "oben" - übertragen und in N - durch Umschalten aller H_{lj} für $0 \leq l \leq i_o$ auf "unten" - gelöscht. Mittels der Information in H'_{ij} (bzw. danach in H''_{ij}) wird dann der Nachfolgerzustand $\overline{\delta(i,j)}$ in N eingestellt (bzw. abschließend die richtige Ausgabeleitung zur Ausgabe von $\lambda(i,j)$ angesteuert).

Formal notieren wir die eingeführten Rückkoppelungen eines Ausgangs u an einen Eingang v durch $u \to v$; entsprechend $i \to v$ bzw. $u \to k$ für Eingangs- bzw. Ausgangsleitungen i bzw. k des Gesamtnetzwerks $\overline{M}$. K erlaubt es, verschiedene Ausgänge u,v an einen gleichen Eingang w rückzukoppeln. $\overline{M}$ ist somit definiert durch die Einführung der folgenden Rückkoppelungen in NN'N'' für beliebige $i \leq i_o, j \leq j_o$ - in Worten geben wir die Wirkung bei der Simulation von M im Zustand j bei Eingabe des Signals i an:

1. j-te Zustandsspalte in der i-ten Zeile von N suchen (H_{ij} auf "o"?):

   $i \to a_{io}$ $\quad c_{ij} \to a_{ij+1}$ $\quad$ für $j < j_o$

2. Information (i,j) in N'N'' speichern (H'_{ij},H''_{ij} auf "o" stellen):

   $b_{ij} \to d'_{ij}$ $\quad e'_{ij} \to d''_{ij}$

3. Zustand $\overline{j}$ in N löschen (alle H in Spalte j von N auf "u" stellen):

   $e''_{ij} \to f_{oj}$ $\quad g_{ij} \to f_{i+1j}$ $\quad$ für $i < i_o$

4. Information (i,j) in N' wieder suchen (H' in "o" suchen):

   $g_{i_oj} \to a'_{oo}$ $\quad c'_{ij} \to a'_{ij+1}$ für $j < j_o$ $\quad c'_{ij_o} \to a'_{i+1o}$ für $i < i_o$

5. Information (i,j) in N' löschen, $\overline{\delta(i,j)}$ in N einstellen:

   $b'_{ij} \to f'_{ij}$ $\quad g'_{ij} \to d_{o\delta(i,j)}$ falls $\delta(i,j)\downarrow$ $\quad e_{ij} \to d_{i+1j}$ für $i < i_o$

6. Information (i,j) in N'' wieder suchen (H in "o" suchen):

   $e_{i_oj} \to a''_{oo}$ $\quad c''_{ij} \to a''_{ij+1}$ für $j < j_o$ $\quad c''_{ij_o} \to a''_{i+1o}$ für $i < i_o$

7. Information (i,j) in N'' löschen, $\lambda(i,j)$ ausgeben:

   $b''_{ij} \to f''_{ij}$ $\quad g''_{ij} \to \lambda(i,j)$ $\quad$ falls $\lambda(i,j)\downarrow$

8. Die Ausgänge c_{ij_o}, $c'_{i_oj_o}$, $c''_{i_oj_o}$ sowie, falls $\delta(i,j)\uparrow$, auch g'_{ij} werden bei der Simulation nie benutzt, stellen aber keine Ausgangsleitungen des Gesamtnetzwerkes dar. Daher legen wir sie durch Anlegen an einen in sich selbst zurückgekoppelten K-Automaten "tot": 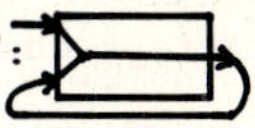

Übung 1. Zeigen Sie, daß der Normalformsatz von Rödding auch für nicht determinierte Mealy-Automaten gilt, wenn man zu E (bzw. H) und K noch den folgenden Indeterminator hinzunimmt:

I := 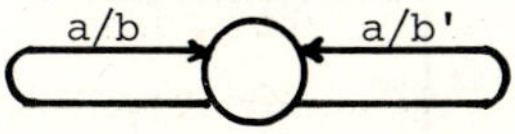

, Kurzdarstellung 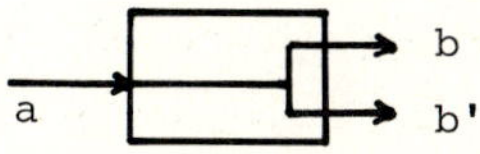

.

(Hinweis: Lassen Sie im vorstehenden Beweis zwischen Phase 1 und Phase 2 der Simulation das Signal durch ein Netzwerk über I laufen, das zu (i,j) einen der möglichen Übergänge in M auswählt; s. Brüggemann et al. 1984).

Übung 2. Zeigen Sie den Röddingschen Normalformsatz mit den Grundautomaten O,F,K, die definiert sind durch:

F := 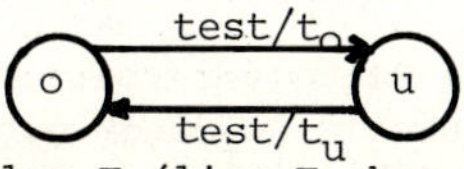

, Kürzel 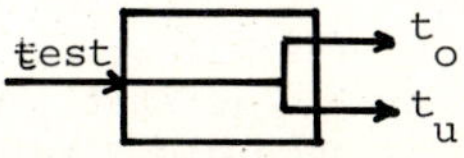

Der Flip-Flop F (lies E ohne vom Testen getrennte Stellvorrichtung) testet und ändert dabei gleichzeitig seinen inneren Zustand. Der partielle Ottmann 1978-Automat O schaltet bei jedem Test seinen Zustand auf "unten" und benutzt seinen Stelleingang zum Umschalten nur von "unten" nach "oben":

O := 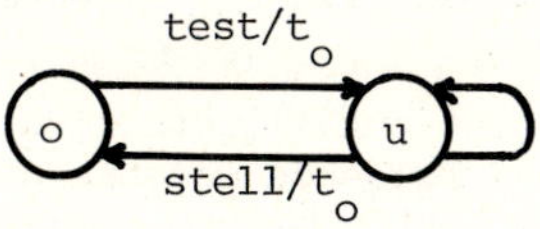

test/t_u, Kürzel 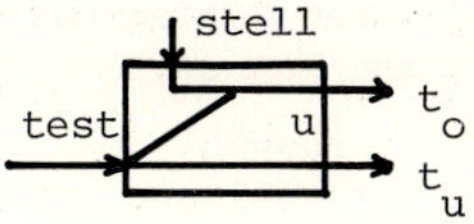

(Hinweis: Im Beweis des Satzes wird nur der Teilautomat H_o von H ohne die Übergänge oben $\xrightarrow{stell/s} o \to o \to$ oben bzw. unten $\xrightarrow{stell/s} u \to u \to$ unten benutzt. Simulieren Sie H_o durch ein Netzwerk über O,K,F.)
Folgern Sie, daß der Normalformsatz auch mit den Grundautomaten O_v und K gilt, wobei die Vervollständigung O_v von O aus O entsteht durch Hinzunahme des Übergangs oben $\xrightarrow{stell/t} u \to$ unten.

Übung 3. Zeigen Sie, daß jedes Registermaschinenprogramm isomorph simulierbar ist durch ein Netzwerk über E,K und dem Registerautomaten RG; letzterer hat unendlich viele Zustände $n \in \mathbb{N}$ und Zustandsdiagramm

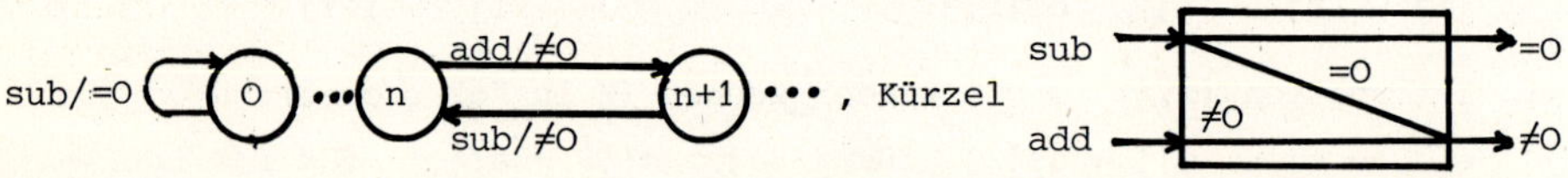

Hinweis: Fassen Sie das Programm M als endlichen Automaten auf, der mit n Registerautomaten - einem pro Register von M - als Netzwerk $\overline{M}$ über K,H,RG realisiert ist, sodaß für beliebige M-Zustände i,j und entsprechende Zustände $\overline{i},\overline{j}$ des endlichen Programmautomaten und beliebige Registerinhalte $\vec{x},\vec{y}$ von M (Zustände der n RG-Automaten) gilt: $(i,\vec{x}) \vdash_{M} (j,\vec{y})$ gdw $\overline{M}$, gestartet im Zustand $(\overline{i},\vec{x})$ mit einem Signal auf einer ausgezeichneten, i entsprechenden Leitung L_i, erreicht den Zustand $(\overline{j},\vec{y})$ mit einem Signal auf L_j. Bildlich veranschaulicht hat $\overline{M}$ die Form:

Eingabeleitung L_o
für Anfangszustand 0

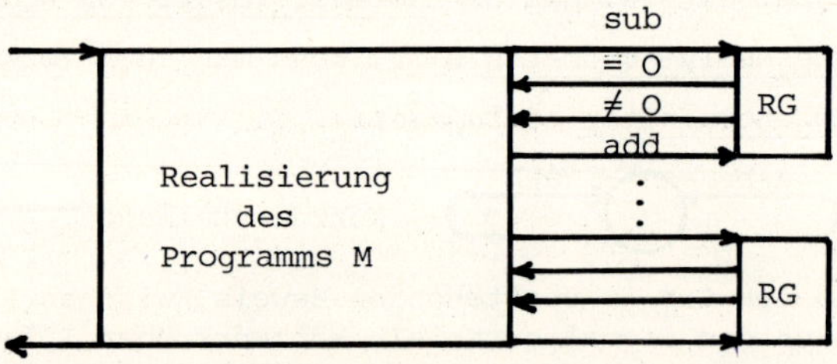

Ausgabeleitung L_r
für Stopzustand r

Der Beweis des Röddingschen Normalformsatzes gibt eine gute Gelegenheit, den durch moderne Rechnertechnologie wichtig gewordenen (aber theoretisch noch nicht zufriedenstellend erforschten) Begriff "paralleler Signalverarbeitung" ins Blickfeld zu rücken. Wir werden zeigen, wie man durch Zulassen paralleler statt lediglich sequentieller Signalverarbeitung in Automatennetzwerken die Simulationsrechenzeitschranke im Röddingschen Normalformsatz wesentlich herunterdrücken kann, ohne dabei die Netzwerkkonstruktion - die Typen von Grundautomaten, deren Vernetzung, die Simulationsprogrammgröße - oder den Korrektheitsbeweis für die Simulation wesentlich zu verkomplizieren. Dabei lernen wir im Ansatz eine natürliche Weiterführung der modularen Zerlegungs- und Synthesetechnik von sequentiellen auf parallele Prozesse kennen.

Bei der Auswahl des Beschleunigungsphänomens zur Illustration nützlicher Parallelverarbeitung von Signalen hat uns der folgende Gedanke geleitet: der vereinfachende Umstand, lediglich sequentiell arbeitende Mealy-Automaten

M durch ein Netzwerk $\overline{M}$ parallel arbeitender Automaten simulieren zu müssen, gestattet, vernünftigerweise beim Simulationsvorgang auch $\overline{M}$ als Gesamtnetzwerk nur sequentiell zu benutzen; d.h. ein neues Eingabesignal zur Simulation eines nächsten M-Rechenschritts erreicht $\overline{M}$ erst nach Ausgabe des die Simulation des vorherigen M-Rechenschritts abschließenden Ausgabesignals. Konfliktsituationen, die zwischen den asynchron - d.h. ohne einen an eine Uhr gekoppelten Takt - arbeitenden Komponenten von $\overline{M}$ auftreten könnten, schließen wir dadurch aus, daß wir durch die Konstruktion des Netzwerks $\overline{M}$ sicherstellen, daß jeder einzelne $\overline{M}$-Grundautomat im Verlaufe der Simulation eines M-Rechenschritts nur "sequentiell benutzt" wird, d.h. daß er jeweils erst dann neue Eingabesignale erhält, wenn die als Reaktion auf die vorherigen Eingabesignale auszugebenden Signale seine Ausgabeleitungen verlassen haben und diese signalfrei sind. Insbesondere werden somit die in $\overline{M}$ auftretenden determinierten Mealy-Automaten während eines Simulationsvorgangs nur in der uns wohlbekannten Weise benutzt und nicht in Konfliktsituationen geraten, obgleich sich im Gesamtnetzwerk im Verlaufe der Simulation viele Signale gleichzeitig und unabhängig voneinander an verschiedenen Stellen bewegen dürfen und auch bewegen.

Es spricht für die Stärke des modularen Zerlegungsansatzes in der Röddingschen Normalform, daß man zur Modellierung asynchron und parallel arbeitender Netzwerke im Hinblick auf schnelle Simulation sequentieller Automaten außer sequentiellen, determinierten Bausteinen - lies: H und K - nur zwei weitere, aus der Schaltwerktheorie wohlbekannte und allweitig benutzte Automatenbausteine benötigt:

1.) Signalverdoppler **V**:= 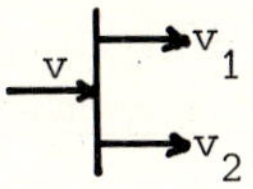

(1 Zustand, 1 Eingang, 2 Ausgänge), der bei Eingabe eines Signals in v je ein Signal bei v_1 und v_2 ausgibt.

2.) Warter W := 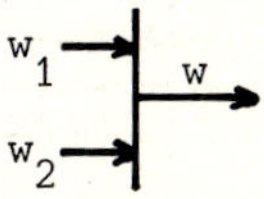

(logisches "UND", Umkehrung von V).

der bei Eingabe je eines Signals in w_1 und w_2 ein Signal bei w ausgibt.

V und W sind Vertreter einer Klasse von Automaten, die in gegebenem Zustand auf simultane Eingabe eines auf mehrere Eingabeleitungen verteilten Blocks von Signalen durch Zustandsänderung und Ausgabe von Signalen auf mehrere Ausgabeleitungen reagieren können und somit auf gleichzeitige Verarbeitung möglichst vieler Signale zugeschnitten sind. Wir halten diese Variante des Begriffs eines Transduktors und deren Vernetzung fest in der

Definition. Ein (endlicher) Blocktransduktor M ist ein Semi-Thuesystem mit Regeln $ia \rightarrow wj$ für Zustände $i,j \varepsilon Z$, Eingabemengen $a \subseteq A$, Ausgabemengen $w \subseteq B$ für Zustands-, Eingabe- bzw. Ausgabealphabete Z,A,B. Eine Regel $ia \rightarrow wj$ anzuwenden bedeutet, daß M im Zustand i auf jeder der Eingabeleitungen in a ein Signal "liest", auf jede der Ausgabeleitungen von w ein Signal ausgibt und in den Folgezustand j übergeht.

Ein APA-Netzwerk N asynchron parallel arbeitender Automaten über einer Menge X von Blocktransduktoren ist ein gerichteter Graph mit (Kopien von) Elementen aus X in den Knoten und Kanten, die jeweils genau eine Automatenausgabeleitung mit genau einer Automateneingabeleitung verbinden. Die Automaten in den Knoten von N heißen Grundautomaten oder Komponenten von N; die Eingabe- resp. Ausgabeleitungen von N-Komponenten, in die bzw. aus denen heraus keine Kanten laufen, bilden die Ein- bzw. Ausgabeleitungen von N.

Beispiel: Was leistet S :=

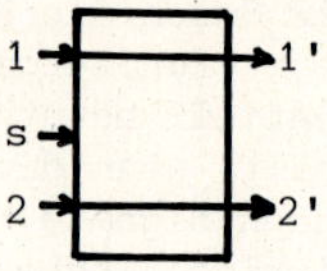

mit Zuständen "o" (durchlässig) und "u" (nicht durchlässig) und Übergängen o{i} → {i'}u und u{s} → ∅o ? Was leistet der folgende Blocktransduktor R? (s. Priese 1983)

R :=

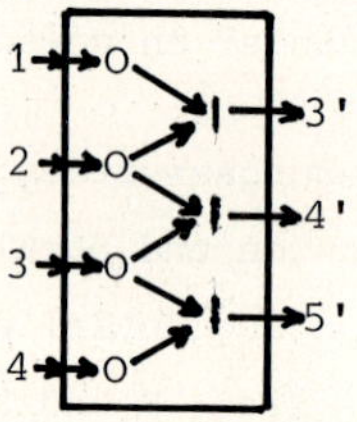

mit einzigem Zustand O und Übergängen O{i,i+1} → {i'+2}O für i ≤ 3.

Bei sequentiellem Rechnen befindet sich stets nur ein Signal im Netzwerk, und damit mißt gemäß unserer allgemeinen Schrittzahldefinition für Turingmaschinen die Rechenzeit des Netzwerks die Zahl der Übergänge seiner Grundautomaten; unter Rechenzeit bei parallelem Rechnen in einem APA-Netzwerk N versteht man die Zahl der "Übergänge von N", wobei ein "Übergang eines APA-Netzwerkes" sich dadurch bestimmt, daß alle dazu befähigten Netzwerk-Komponenten gleichzeitig je einen Übergang (Anwendung einer von evtl. mehreren anwendbaren Regeln des sie definierenden Semi-Thuesystems) durchführen.

(NB: Der durch diese Festlegung eingeführte "Takt" spielt nur für die Zählung der Rechenschritte eine Rolle. Die zu konstruierenden asynchronen und parallel arbeitenden Netzwerke arbeiten auch ohne Takt korrekt, d.h. wenn zu beliebigem Zeitpunkt einige (nicht notwendig alle) dazu befähigten Netzwerkkomponenten einen Übergang machen.)

Beispielsweise benötigt in dem folgenden baumartigen APA-Netzwerk über {V}

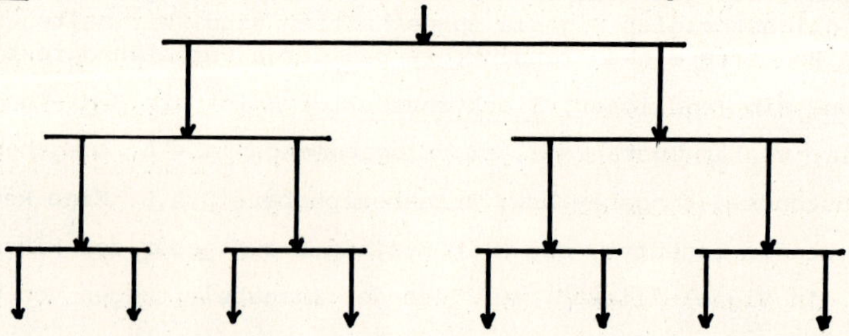

ein in der Wurzel eintreffendes Signal 3 Netzwerkübergänge, um in achtfacher Kopie die Blätter zu erreichen. Entsprechend für K und W im umgekehrter Richtung.

Übung. Formalisieren Sie obige Übergangs- und Rechenzeitdefinition für APA-Netzwerke und überlegen Sie sich, wie nach vorstehendem Muster für jedes n verallgemeinerte K-,W- und V-Bausteine mit n Ein- resp. Ausgängen und einem Aus- bzw. Eingang als APA-Netzwerke über {K,W,V} mit Rechenzeitschranke $1 + \lfloor \log n \rfloor$ ($\lfloor \log n \rfloor$ = ganzzahliger Anteil von $\log_2 n$) realisiert werden können.

Das sequentielle Netzwerk $\overline{M}$ im Beweis des Röddingschen Normalformsatzes simuliert jeden einzelnen M-Übergang in $c \cdot |A| \cdot |Z|$ Schritten für eine Konstante c. (N.B: Der Faktor $|Y|$ kann gegenüber $|A| \cdot |Z|$ vernachlässigt werden, weil man in N" nur höchstens $|A| \cdot |Z|$ H-Automaten zur Kodierung von $\lambda(i,j)$ benötigt.) Schätz 1982 hat diese Simulationsrechenzeitschranke auf $c \cdot \log|A| \cdot \log|Z|$ verbessern können, während man bei paralleler Signalverarbeitung bis auf $c(\log|A| + \log|Z|)$ herunterkommt:

Satz von Schätz & Rödding & Brüggemann 1982. Jeder Mealy-Automat ist isomorph simulierbar durch ein APA-Netzwerk über K,H,V,W mit Simulationsrechenzeitschranke $c \cdot (\log|A| + \log|Z|)$ und Simulationsprogrammgrößenschranke $c|A| \cdot |Z|$ für eine vom gegebenen Automaten unabhängige Konstante $c \leq 17$ und Eingabe- bzw. Zustandsalphabet A,Z.

Beweis. Wir übernehmen die grundsätzliche Beweisidee und Bezeichnungen aus dem Röddingschen Normalformsatz. Neu hinzu kommt der Gedanke, zur Abfrage eines Zustands- oder Ausgabewerts sowie zum Löschen oder Einstellen von Zuständen einen Impuls über verallgemeinerte Vervielfacher V simultan an alle H-Bausteine der betroffenen Spalte oder Zeile zu verteilen und nötigenfalls die vollständige Erledigung einer solchen in einer Spalte oder Zeile parallel ablaufenden Operationen durch verallgemeinerte Warter W zu kontrollieren. Die benutzten verallgemeinerten K,W und V haben höchstens $|A| \cdot |Z|$ Ein- bzw. Ausgänge und können daher in $\log|A| + \log|Z| + 1$ Schritten durchlaufen werden, woraus sich die gewünschte Rechenzeitschranke für das gesamte noch zu konstruierende Netzwerk $\overline{M}$ ergibt.

Erinnern wir uns noch einmal, daß wir $\overline{M}$ beim Simulationsvorgang nur sequentiell benutzen wollen, also $\overline{M}$ nicht eher auf einer Eingabeleitung i ein neues Signal zwecks Simulation eines entsprechenden M-Übergangs erhält als bis die Verarbeitung des vorherigen Eingabesignals zu Ende gekommen und das zugehörige Ausgabesignal ausgegeben worden ist. Somit organisieren wir die Simulation eines M-Rechenschritts bei Eingabe von i im Zustand j in 2 Phasen:

I. Konfigurationsabfrage, bestehend aus 4 parallel ablaufenden Prozessen:

1. Löschen von $\overline{j}$ in N 2. Zwischenspeichern von $\delta(j,i)$ in N'
3. Zwischenspeichern von $\lambda(j,i)$ in N" 4. Abfragekontrolle.

Prozesse 1.-4. geben eine Fertigmeldung an die Übergangskontrolle, die den Beginn der Kodierung des M-Übergangs überwacht.

II. Übergang, bestehend aus 3 durch Kontrollen voneinander getrennten und aufeinanderfolgenden Prozessen, die selbst aber aus parallel ablaufenden Teilprozessen aufgebaut sind:

1. Wiedersuchen des Folgezustands in N', Einstellung des Folgezustands in N, Kontrolle über die Beendigung der Ausgabeoperation vom vorheri-

gen Simulationsschritt und Fertigmeldung an die Ausgabevorkontrolle.

2. Wiedersuchen des auszugebenden Signals in N", Übergabe an Ausgabeeinheit N‴ und Fertigmeldung an die Ausgabeendkontrolle.

3. Identifizierung des Ausgabesignals, Ausgabe und Fertigmeldung an Ausgabevorkontrolle.

Nach diesem Plan ordnen wir die "Hardware" von $\overline{M}$ (ohne Angabe von K-Automaten) durch Parallelschaltung von Grundautomaten wie folgt an:

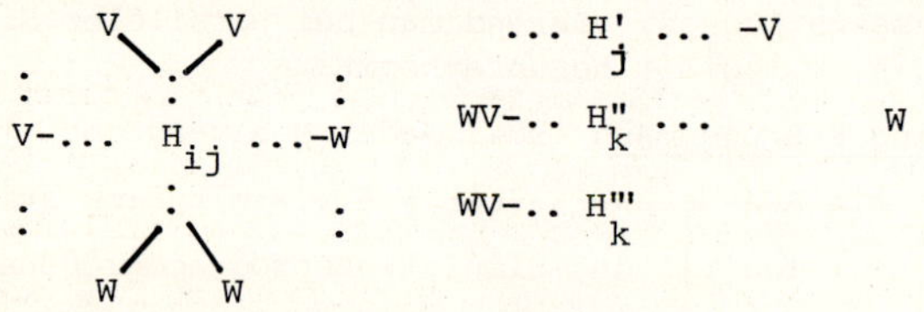

Im Einzelnen ergeben sich gegenüber dem Beweis des Röddingschen Normalformsatzes die folgenden 5 Veränderungen:

a.) Die H_{ij} in N haben einen vervierfachten oberen Testausgang namens b_{ij}^{ℓ} für $\ell = 1,2,3,4$ zum Auslösen des ℓ-ten Teilprozesses der Konfigurationsabfrage. Zusätzlich besitzt N pro Zeile einen und pro Spalte 2 Vervielfacher V mit zugehörigen (verallgemeinerten) Wartern W für die Signalverteilung an die j_o+1 H-Bausteine der Zeile zwecks Anstoßen der Zustandsabfrage bzw. an die i_o+1 H-Bausteine der betroffenen Spalte zwecks Löschen resp. Einstellen eines Zustands in dieser Spalte; die entsprechenden Warter bilden die Abfragekontrolle ("hat jedes Abfragesignal die N-Zeile i verlassen?") mit Eingängen AK_{ij} und Ausgang AK_i, die Löschkontrolle ("steht jeder H-Baustein der Spalte j wieder auf "u"?") mit Eingängen LK_{ij} und Ausgang LK_j, die Einstellkontrolle ("steht jeder H-Baustein der Spalte j auf "o"?") mit Eingängen EK_{ij} und Ausgang EK_j.

b.) N' ist ein Zeilenvektor von H_j' mit je 2 oberen Testausgängen $b_j'^{1}$, $b_j'^{2}$ zum Anstoßen der Folgezustandseinstellung bzw. der Fertigmeldung an die Ausgabevorkontrolle. Zusätzlich hat N' einen Vervielfacher V zum Verteilen des Folgezustandssuchimpulses an die j_o+1 H-Bausteine in N'.

c.) N" und N‴ sind Vektoren von H-Automaten H_k'' bzw. H_k''' mit je einem Vervielfacher V und zugehörigem Warter W. H_k''' hat 2 obere Ausgänge $b_k'''^{i}$. V dient zur Signalverteilung an die k_o+1 H-Bausteine des Vektors zwecks Abfrage des Ausgabesymbols; W in N" bildet die Ausgabevorkontrolle ("Folgezustandsabfrage beendet und N' frei von Signalen? Folgezustand in N eingestellt? Ausgabe zum vorhergehenden Simulationsschritt abgeschlossen und N‴

frei von Signalen?") mit Eingängen AVK_{k_o+2+j}, AVK_{k_o+1}, AVK_k und Ausgang AVK; W in N‴ bildet die Ausgabeendkontrolle ("Ausgabewert von N" an N‴ übergeben und N" frei von Signalen ?") mit Eingängen AEK_k und Ausgang AEK.

d.) die Übergangskontrolle ist ein Warter mit 4 Eingängen $ÜK_i$ und Ausgang ÜK.

e.) $\overline{j}$ ist definiert durch alle H_{ij} für $i \leq i_o$ auf "o", je 1 Signal auf den Leitungen AVK_k für $k \leq k_o$ und ansonsten signalfreien Leitungen und auf "u" stehenden H-Bausteinen.

Wir programmieren nun $\overline{M}$ durch Anlegen von Rückkoppelungen zwischen den parallel geschalteten Grundautomaten der Matrizen N,...,N‴ und der Übergangskontrolle. Dabei geben wir Rückkoppelungen an und von (verallgemeinerten) V-,W- und K-Bausteinen nicht namentlich an, sondern vermerken nur am Rande "via (Signal) Verteiler" bzw. "via Knoten" oder gar nichts; im Schaltplan haben wir an kritischen Stellen  W,  V oder 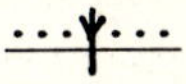 K notiert. Nummern (i),(j),(k) bezeichnen die Nummer der stellvertretend für eine Schar von i_o+1, j_o+1, k_o+1 Leitungen eingezeichneten Verbindung. Für beliebige $i,t \leq i_o, j \leq j_o, k \leq k_o$ lege man also die folgenden Rückkoppelungen an:

0. $i \to a_{ij}$ via V an die i-te N-Zeile {welches H_{ij} auf "o"?}

I. Konfigurationsabfrage (suche und lösche $\overline{j}$, speichere $\delta(j,i),\lambda(j,i)$: parallel!)

1. Löschen von $\overline{j}$ in N für den gefundenen Zustand j:

   $b^1_{ij} \to f_{tj}$ via V an j-te N-Spalte {H_{tj} auf "u" stellen}

   $g_{ij} \to LK_{ij}$ {H_{ij} gelöscht?} $LK_j \to ÜK_4$ via K {Spalte j gelöscht}

2. Zwischenspeichern des Folgezustands $\delta(j,i)$ in N':

   $b^2_{ij} \to d'_{\delta(j,i)}$ falls $\delta(j,i)\downarrow$ b^2_{ij}  sonst {speichern}

   $e'_j \to ÜK_1$ via K {Folgezustand in N' gespeichert}

3. Zwischenspeicherung des Ausgabesignals $\lambda(j,i)$ in N":

   $b^3_{ij} \to d''_{\lambda(j,i)}$ falls $\lambda(j,i)\downarrow$ b^3_{ij} 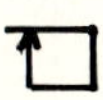 sonst{speichern}

   $e''_j \to ÜK_2$ via K {"Ausgabesignal in N" gespeichert"}

4. Kontrolle, ob Konfigurationsabfrage in N abgeschlossen:

   $b^4_{ij} \to AK_{ij}$ $c^4_{ij} \to AK_{ij}$ {Abfrage in H_{ij} erfolgt}

   $AK_i \to ÜK_3$ via K {Abfrage in i-ter N-Zeile erfolgt}

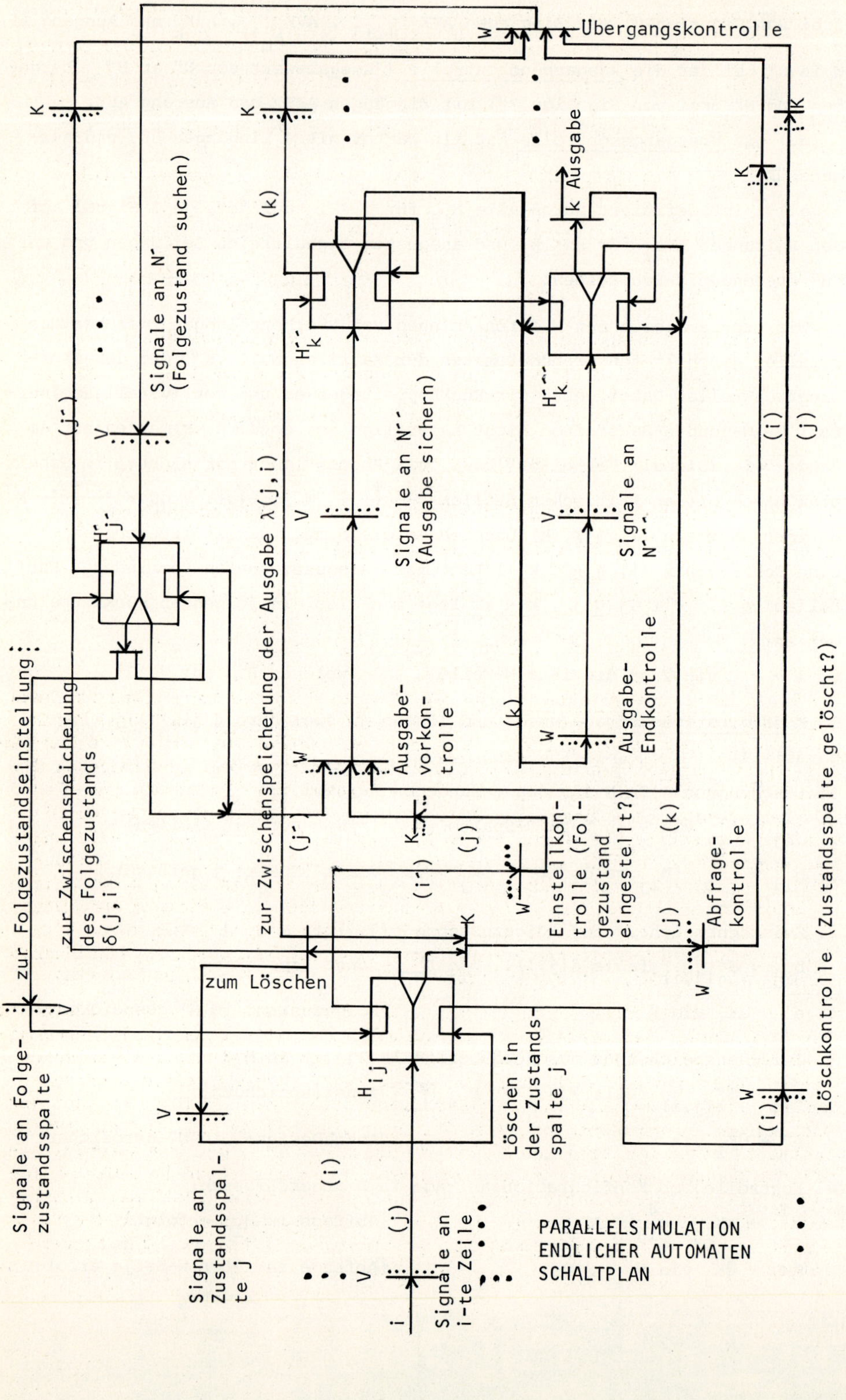

PARALLELSIMULATION
ENDLICHER AUTOMATEN
SCHALTPLAN

II. Übergang (Folgezustand $\bar{j}$ einstellen, Ausgabesignal k ausgeben):

1. Folgezustand in N' suchen, $\bar{j}$ in N einstellen, vorherige Ausgabe beendet?:

$ÜK \to a'_j$ via V an alle H'_j {j suchen: welches H'_j auf "o"?}

$b'^1_j \to d_{ij}$ via V an j-te N Spalte {H_{ij} auf "o" stellen}

$e_{ij} \to EK_{ij}$ {H_{ij} eingestellt} $EK_j \to AVK_{k_o+1}$ via K {$\bar{j}$ eingestellt}

$b'^2_j \to f'_j$ {Zwischenspeicherung löschen: H'_j auf "u" zurückstellen}

$g'_j \to AVK_{k_o+2+j}$ $c'_j \to AVK_{k_o+2+j}$ {N' gelöscht u. signalfrei}

2. Von AVK aus Ausgabesignal k in N" suchen, an N"' übergeben:

$AVK \to a''_k$ via V an alle H''_k {k suchen: welches H''_k auf "o"?}

$b''_k \to f''_k$ {k in N" löschen} $g''_k \to d'''_k$ {k nach N"' übergeben}

$e'''_k \to AEK_k$ $c''_k \to AEK_k$ {$\lambda(i,j)$ übergeben, N" gelöscht u. signalfrei}

3. Von AEK aus Ausgabesignal k aus N"' ausgeben u. Ausgabemeldung:

$AEK \to a'''_k$ via V an alle H'''_k {k suchen: welches H'''_k auf "o"?}

$b'''^1_k \to k$ {Ausgabe} $b'''^2_k \to f'''_k$ {Ausgabeinformation löschen}

$g'''_k \to AVK_k$ $c'''_k \to AVK_k$ {N"' gelöscht und signalfrei}

§ 4 (Kleine universelle Programme). Der Röddingsche Normalformsatz kann auch als Aussage über die Universalität (der Vernetzung) von E und K für die Konstruktion determinierter endlicher Automaten bzw. von E,K,RG für die Berechnung partiell rekursiver Funktion aufgefaßt werden. Je einfacher die Grundautomaten - hier E,K,RG - sind, desto einfacher ist die durch deren Programm bestimmte Übergangsfunktion des durch die Vernetzung der Grundautomaten entstehenden universellen Automaten. Im Lichte der in BIII angegebenen Analyse der Ein-,Ausgabe-, Übergangs- und Stopfunktionen universeller Automaten stellt sich die Frage nach Charakterisierungen derjenigen (endlichen) Automatenmengen, deren Vernetzung für die endlichen Automaten universell ist; auch die als Basisproblem bekannte Teilfrage, ob es eine rekursive Charakterisierung - d.h. durch eine algorithmisch entscheidbare Eigenschaft - gibt, ist bisher offen (Rödding 1983, Kleine Büning 1984).

Von der Röddingschen Normalform endlicher Automaten ausgehend erhält man leicht konkrete Beispiele überraschend einfacher (Programme für) Übergangsfunktionen universeller Automaten, die auf elegante Weise ein klassisches Minimalisierungsproblem lösen: gesucht ist ein möglichst kleines universelles Programm zur Berechnung der partiell rekursiven Funktionen. Aus der Diskussion der Zerlegung universeller Automaten wissen wir, daß die "Einfachheit" eines universellen Programms durch den Ein- und Ausgabemodus sowie das Stopkriterium der zugehörigen Maschine mitbestimmt ist. Wir wollen ein kleines universelles Programm für das grundlegende Modell der Turingmaschine vorführen; in diesem Fall zahlt es sich aus, die Arbeit der Maschine in der gesamten Ebene statt nur auf einem (linearen) Band zu verfolgen.

Die <u>2-dimensionale Turingmaschine</u> unterscheidet sich von der 1-dimensionalen, bisher einfach Turingmaschine genannten nur durch ihren über der Ebene $\mathbb{Z} \times \mathbb{Z}$ definierten Speicher an Stelle des über $\mathbb{Z}$ definierten Bandes und die zusätzlichen Bewegungsoperationen "o" (oben) und "u" (unten):

$$o(z_1,z_2) = (z_1,z_2+1), \quad u(z_1,z_2) = (z_1,z_2-1).$$

Mit dem 2-dimensionalen Turingmaschinenmodell entscheiden wir uns gleichzeitig auch für Ein-Ausgabemechanismen und Stopkriterien, die dem Standardmodell nachgebildet sind. Insbesondere sind die Konfigurationen endlich - d.h. zu jedem Rechenzeitpunkt ist nur ein endlicher Teil der Ebene mit einem vom Leerzeichen verschiedenen Symbol beschriftet - und startet unser universelles Programm stets im gleichen Arbeitsfeld und ist bei eventuellem Stop auch in dieses Arbeitsfeld zurückgekehrt. Dadurch schließen wir triviale Lösungen des Minimalisierungsproblems aus, bei denen die Universalität des Programms auf der Kompliziertheit der Eingabe- und Ausgabefunktionen beruht wie in der folgenden

<u>Übung</u>. Geben Sie zu einer beliebigen Funktion $f:\mathbb{N} \to \mathbb{N}$ für die 2-dimensionale Turingmaschine ein Programm M mit nur 2 Instruktionen, 1 Zustand und 2 Buchstaben an, welches bei Anfangsbeschriftung B(f) auf das Feld (O,y) angesetzt genau dann nach endlich vielen Schritten - im Feld (x,y) - stoppt, wenn f(y) = x; B(f) ist definiert durch

$$B(f)(x,y)=a_1 \quad \text{falls} \quad f(y) = x, \quad \text{und } B(f)(x,y) = a_0 \text{ sonst.}$$

Durch den Röddingschen Normalformsatz bietet sich an, Registermaschinen in der Form von Netzwerken über Mealy- und Registerautomaten (s.Übung 3 zum Normalformsatz von Rödding) als Muster aus Leitungen und Automatenbausteinen E,K,RG in die Ebene zu legen und ein Programm für die 2-dimensionale Turingmaschine zu entwickeln, das die Maschine zwecks Simulation so in diesen Mustern in der Ebene herumführt, wie die zu simulierenden Signale im Netzwerk verlaufen. Geschickte Programmierung führt zu folgendem

<u>Satz von der Universalität der 2-dimensionalen Turingmaschine mit 2 Zuständen und 4 Buchstaben</u> (Priese 1979). Das unten angegebene achtzeilige Programm P ist auf der 2-dimensionalen Turingmaschine universell für die Berechnung partiell rekursiver Funktionen.

<u>Beweis</u>. Wir entwickeln zuerst den 6-zeiligen Teil P_{aut} von P über den 3 nicht leeren Buchstaben zur Simulation beliebiger Netzwerke von Mealy-Automaten und fügen im zweiten Schritt 2 die Arbeit an Registerinhalten simulierende Programmzeilen für das leere Symbol hinzu.

<u>Schritt 1 (Simulation endlicher Automaten)</u>. Denken Sie sich die graphischen Darstellungen von Netzwerken N über E und K so in die Ebene projiziert, daß einzelne (rechtwinklig gemachte) Leitungsstücke und Bausteine E,K je ein Elementarquadrat besetzen. Zur 2-dimensionalen Turingsimulation eines Signalverlaufs in N zeichnen wir die horizontale Bewegung als fortlaufende Grundbewegung aus, bewirkt durch das Lesen des Buchstabens "w" (für "waagerecht weiter") ohne Veränderung des Zustands oder der Arbeits-

feldbeschriftung. Die Ausgestaltung der waagerechten Grundbewegung in ihre beiden Richtungen "nach links" bzw. "nach rechts" besorgen die beiden Maschinenzustände "Linksbewegung" bzw. "Rechtsbewegung". P enthält also die beiden Programmzeilen

.

Eine (Veränderung der Grundbewegung eines Signals zu vertikaler Neben-) Bewegung "nach oben" oder "nach unten" wird durch Lesen des Buchstabens "o" bzw. "u" bei gleichzeitiger Zustandsänderung bewirkt. Nur im Zustand "Linksbewegung" wird dabei die Arbeitsfeldbeschriftung geändert, und zwar von "u" auf "o" und umgekehrt, wodurch die Zustandsveränderung eines E-Automaten bei Benutzung seines Stelleingangs in der Beschriftung der Ebene abgebildet werden kann. Wir notieren das Programm als Diagramm; die gestrichelten Programmzeilen zur Registerbearbeitung notieren und erläutern wir erst im 2. Schritt, der Leser lasse sie jetzt noch außer Acht:

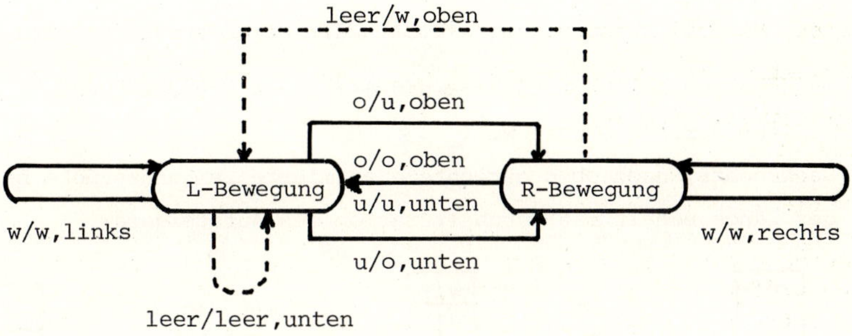

In Programmzeilennotation (i a a' Bewegung i'):

L	w	w	links	L	R	w	w	rechts	R
L	o	u	oben	R	R	o	o	oben	L
L	u	o	unten	R	R	u	u	unten	L
L	leer	leer	unten	L	R	leer	w	oben	L

Es bleibt nachzuweisen, daß P_{aut} den Verlauf eines Signals in Netzen N über K,E simuliert. Für die Kodierung (eines Zustands) von N in einer endlichen Beschriftung der Ebene ist es gefälliger, sich N aus K und E' aufgebaut zu denken, wobei

E' := 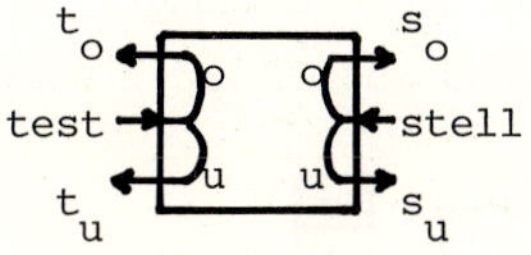

(E mit getrennten Stellausgängen)

D.h. E' unterscheidet sich von E nur durch die Trennung des Stellausgangs s in einen oberen Stellausgang s_o und einen unteren s_u und Kombination von Stellen und Testen bei Eingabe eines Signals in "stell". Nachfolgend beschreiben wir die Kodierung von N (in einem beliebigen Zustand) als endliche Beschriftung B_N der Ebene, auf welcher P_{aut} die Signalverarbeitung des Netzes im gegebenen Zustand simuliert. Wir geben die Kodierung für die einzelnen Bausteine des Netzes: Leitungen, E' und K.

Die Leitungen können wir uns zur horizontalen Grundbewegung unseres Programms passend aufgebaut denken aus den folgenden normierten Leitungsstücken

a) Waagerechte: → und ←. b) "Senkrechte" beliebiger Länge:

von unten nach oben: von links 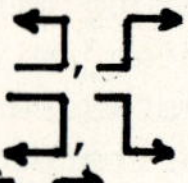 bzw. von rechts 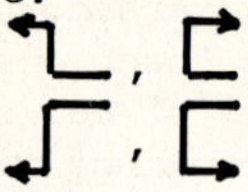 ;

von oben nach unten: von links bzw. von rechts .

c) Kreuzungen: 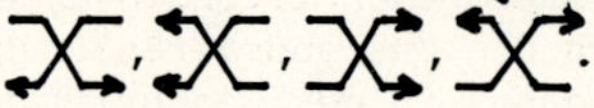.

P_{aut} simuliert die Weitergabe (genau) eines Signals durch normierte Leitungsstücke auf den folgenden Beschriftungsfiguren in der Ebene, wenn es im der Signalrichtung entsprechenden Zustand auf das der Ausgangsstelle des Signals entsprechende Feld in der Figur angesetzt wird:

a) Waagerechte Leitungsstücke → und ← (NB: in Grundbewegungen) werden kodiert durch das Wort w.

b) Senkrechte, nach oben gerichtete normierte Leitungsstücke beliebiger Länge erhält man durch Iteration des Aufsteigers:

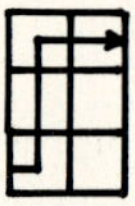 kodiert durch 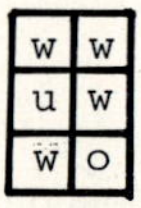 mit Signalverlauf 

mit dazwischengeschalteten Waagerechten und Richtungsänderern:

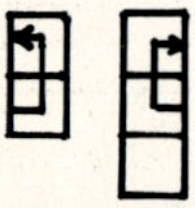 kodiert durch 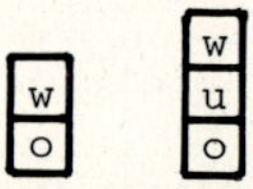 mit Signalverlauf 

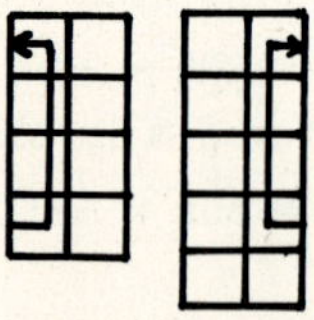 " 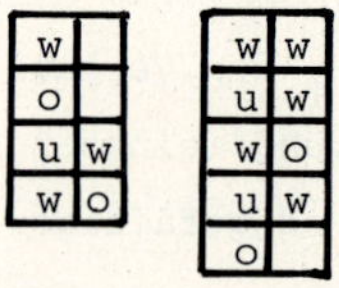 " 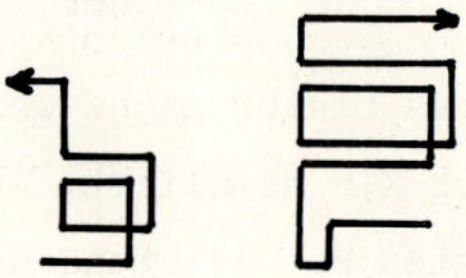

Nach unten gerichtete normierte senkrechte Leitungsstücke erhält man entsprechend mit dem Absteiger und absteigenden Richtungsänderern:

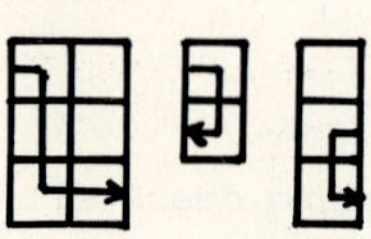 kodiert durch 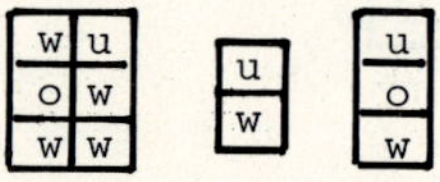 mit Signalverlauf 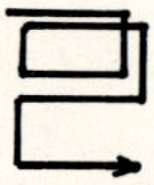

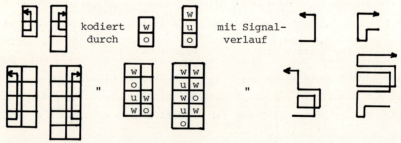

c) Prüfen Sie die Korrektheit der Kodierung der Kreuzung

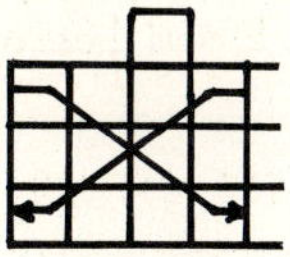

durch

		u	
w	u	o	w
o	w	w	u
w	w	w	w

mit Signalverlauf

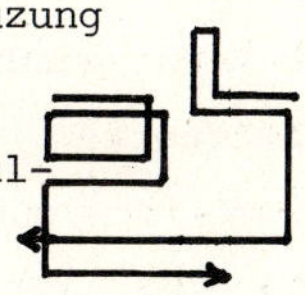

Übung. Definieren Sie aus der vorstehenden Kreuzung unter Zuhilfenahme von Waage- und Senkrechten die anderen 3 Kreuzungen.

d) E' im Zustand "o" bzw. "u" (o/u) kodieren wir durch:

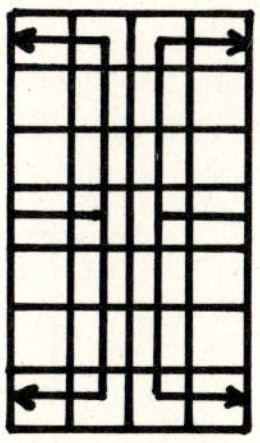

w w w w
w o u w
u w w o
wo/uw w
o w w u
w u o w
w w w w

Übung: Prüfen Sie die Korrektheit dieser Simulation durch Verfolgung der Signalverläufe

e) den Knoten K = 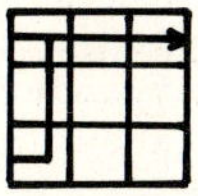 kodieren wir durch

w w
u w
w o

mit Signalverlauf

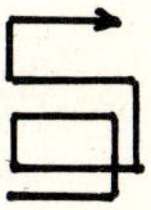

Schritt 2 (Registersimulation). Nach Übung 3 zum Röddingschen Normalformsatz bleibt noch eine Simulation des Registerautomaten RG anzugeben. Dazu kodieren wir Zahlen n durch untereinanderstehende w-Zeichenreihen (Turingbänder) B_1 = ww ... waa ... aaa ...

B_2 = ww ... www ... waa ... (a:= das leere Symbol)

mit n:= (Anzahl der "w" in B_2)+1-(Anzahl der "w" in B_1).

Addieren bzw. Subtrahieren von 1 läßt sich somit in der Ebene realisieren als Drucken von w auf dem ersten Vorkommen von a in B_2 bzw. B_1. Um die Ausführung einer Subtraktionsinstruktion auf ein leeres Register ausschließen zu können, stützen wir uns oBdA auf die Variante RG' von RG mit Nulltest vor Ausführung von Additions- statt Subtraktionsoperationen:

RG':=

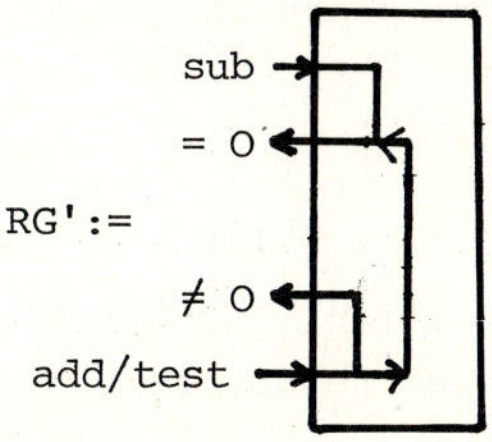

mit: Zustandsmenge ℕ
Subtraktion nur bei positiven Zahlen (ohne Test)
Addition mit vorhergehendem Test

Wir erweitern P_{aut} zu P um die beiden Programmzeilen für die Bearbeitung des leeren Symbols a:

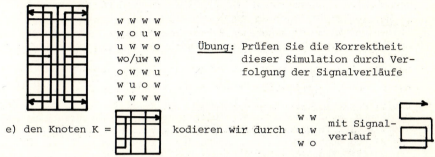

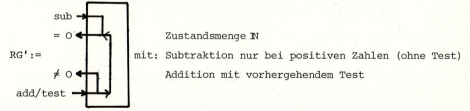

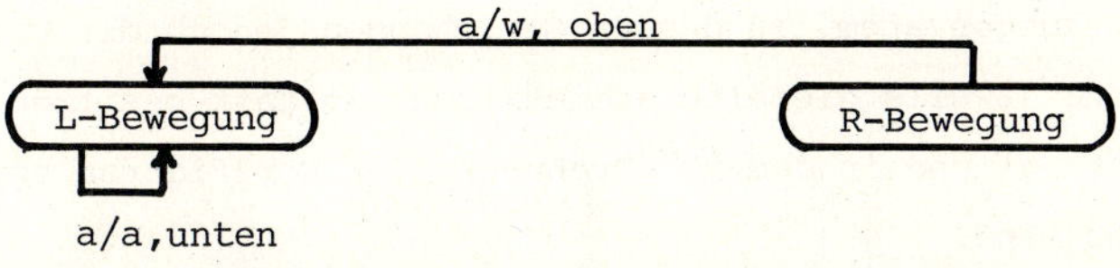

Dadurch wird RG' von P auf dem folgenden Beschriftungsmuster simuliert (alle nicht ausdrücklich beschrifteten Felder seien mit dem Leersymbol a beschriftet):

```
        sub:  w w u
                o w a a a ... a a a ...
        = 0:  w w w w w w ... w a a ...
              a w w w w w ... w w a ...
                  └─────────┬───────┘
        ≠ 0:  w u w
   add/test:  w w o   Registerinhaltskodierung
```

Übung. Kontrollieren Sie, daß P auf dieser Figur RG' simuliert.
Zur Stopsimulation der gegebenen Registermaschine bauen wir an die dem Stopzustand entsprechende Netzwerkleitung noch die folgende Signalfalle (sog. "dynamischer Stop") an:

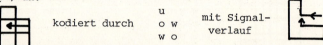

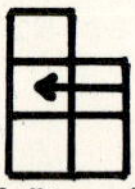

kodiert durch

```
 u
 o w
 w o
```

mit Signalverlauf

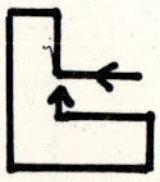

Bemerkung. Schätz 1985 enthält eine systematische Untersuchung auf der 2-dimensionalen TM universeller Programme mit anderen kleinen Paaren aus Zustands- und Buchstabenzahl. Insbesondere findet man dort ein universelles Programm mit 3 Zuständen und 3 Buchstaben. Offen bleibt nach dieser Arbeit nur noch die Frage, ob es universelle Programme mit 2 Buchstaben und $2 \leq i \leq 5$ Zuständen bzw. mit 2 Zuständen und 3 Buchstaben gibt.

Obiges P benötigt nicht die gesamte Ebene als Speicher, sondern nur einen nach rechts potentiell unendlichen, in der Höhe beschränkten Streifen im 1. Quadranten, sodaß P auch als universell auf einer geeigneten Mehrband-TM aufgefaßt werden kann; man vgl. damit die universelle TM mit 3 Bändern, 2 Buchstaben und 1 Zustand in Christodoulakis 1980 (s. auch Hasenjaeger 1983,1984). Für eine systematische Diskussion kleiner universeller TM-en und geeigneter Komplexitätsmaße für Standard-, Mehrband- bzw. mehrdimensionale TM-en und Angaben zur umfangreichen Literatur dazu s. Ottmann 1975a, Kleine Büning & Ottmann 1977.

Eine noch kompaktere Darstellung universeller Berechnungssysteme als durch das vorstehende 8-zeilige Programm für die 2-dimensionale TM erhält man, wenn man die Signalverarbeitung von Automatennetzwerken in Röddingscher Normalform durch Substitutionssysteme in der Ebene simuliert:

Satz vom universellen 2-dimensionalen Thuesystem mit 2 Regeln und 3 Buchstaben (Priese 1979). Das 2-dimensionale Thuesystem

$$sa^6 = a^6 s \qquad sba^5 = asa^3 ba \qquad \text{mit Leerzeichen } a$$

ist universell für die Berechnung der partiell rekursiven Funktionen. (Ein Kuriosum: Wählt man als Leerzeichen in T nicht a, sondern b, so entsteht ein 2-dimensionales Thuesystem, dessen Wortproblem rekursiv und das universell für die Simulation determinierter endlicher Automaten ist.)

Ein 2-dimensionales Thuesystem ist wie im 1-dimensionalen Fall definiert als endliches Ersetzungssystem, in dessen Gleichungen jedoch die beiden Seiten der Gleichung jeweils dieselbe geometrische Gestalt besitzen müssen (Homogenitätsforderung) und in dem 90°-Drehungen der Wortfiguren bei Regelanwendungen erlaubt sind.

Um triviale Beispiele kleiner universeller Systeme auszuschließen verlangen wir wieder, daß sich in der Ebene jederzeit fast überall das Leerzeichen befindet und das Arbeitsfeld bei Start und Stop von vorneherein unabhängig von der Rechnung feststeht.

Bemerkung. Matijasevich 1967 konstruiert ein auf Worten arbeitendes (also 1-dimensionales) universelles Thuesystem mit 3 allerdings sehr langen Regeln (über zwei Buchstaben). Es scheint unbekannt zu sein, ob man dieses Ergebnis noch verbessern kann. Vgl. Wirsings 1979 universelles Postsches kanonisches System aus nur einer Regel, in der obendrein keine Variable mehr als einmal vorkommt.

Beweis. Die Methode der Implementierung von Automatennetzen in flächigen Ersetzungssystemen führen wir zuerst an einem einfacher zu erklärenden System mit 4 Regeln und 5 Buchstaben vor. Dieses System ist von eigenem Interesse, weil es durch die Spiegelgestalt seiner Gleichungsworte die Berechnungsuniversalität des reinen Umdrehens von Worten in der Ebene zeigt:

Satz von der Berechnungsuniversalität des Umdrehens kurzer Worte in der Ebene: Das 2-dimensionale Thuesystem T' aus den Regeln:

$sa^4 = a^4s$ $csa^2 = a^2sc$ $asac = casa$ mit Leerzeichen b simuliert alle determinierten endlichen Automaten und bei Erweiterung um die Regel $sd = ds$ mit Leerzeichen a alle Registermaschinenprogramme.

Beweis. Wie im vorhergehenden Beweis werden wir Automatennetzwerke N durch endliche Beschriftungen B_N der Ebene kodieren, sodaß die Signalverarbeitung des Netzwerkes durch Regelanwendungen des 2-dimensionalen Thuesystems auf B_N simuliert wird. Nach dem Newmanschen Prinzip können wir wegen der Determiniertheit der simulierten Automaten oBdA annehmen, daß das simulierende Netzwerk N aus den reversiblen Abschlüssen der Automaten E,K, RG aufgebaut ist.

Zwecks Vereinfachung der Beschriftungsmuster B_N denken wir uns diese "reversiblen" Netzwerke N aufgebaut aus der Thue-Version $\overline{K}$ = 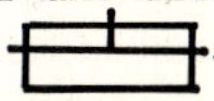 von K und den nachfolgend definierten "reversiblen" Automaten $\overline{E}$ und $\overline{RG}$:

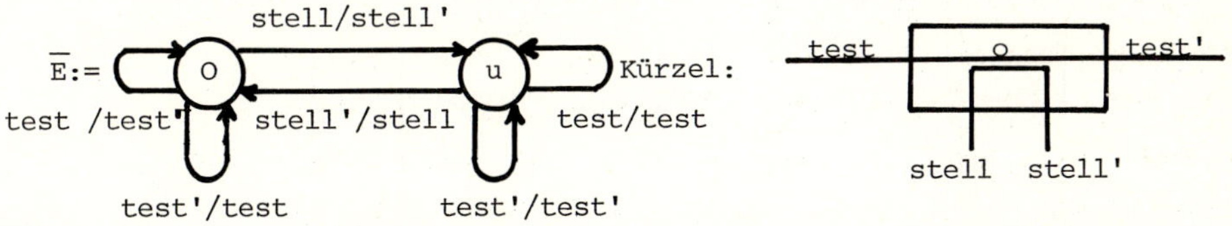

NB: Die Testleitung ist für Signale nur im Zustand "oben" durchlässig.

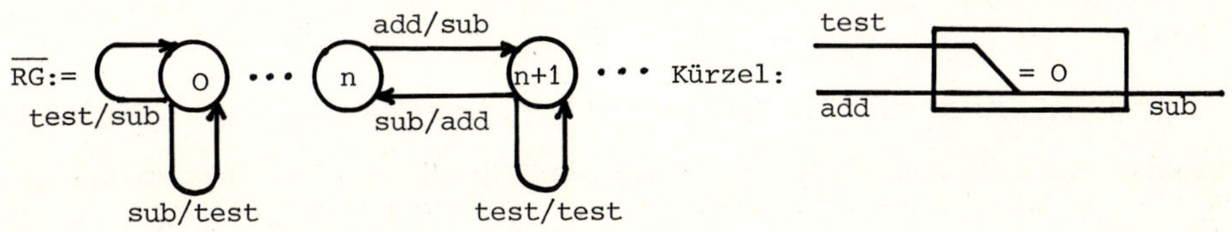

NB: Die Testleitung ist für Signale nur im Zustand O durchlässig (zur sub-Leitung).

Zur Rechtfertigung dieser Annahme müssen wir zeigen, daß die reversiblen Abschlüsse von E und RG durch ein Netzwerk über $\overline{K},\overline{E},\overline{RG}$ simulierbar sind. Der reversible Abschluß von E wird simuliert durch das folgende reversible Netzwerk:

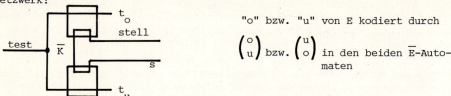

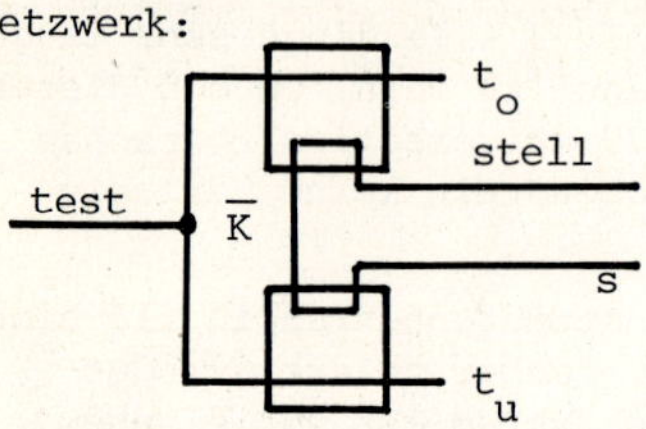

"o" bzw. "u" von E kodiert durch $\binom{o}{u}$ bzw. $\binom{u}{o}$ in den beiden $\overline{E}$-Automaten

<u>Übung</u>. Simulieren Sie den reversiblen Abschluß von RG über $\overline{K},\overline{E},\overline{RG}$.

<u>Schritt 1 (Simulation endlicher Automaten)</u>. Wie bei der Netzwerksimulation auf der 2-dimensionalen Turingmaschine projizieren wir N in die Ebene unter Benutzung von 3 Arten normierter (NB: ungerichteter) Leitungsstücke: Geraden (Waagerechte —, Senkrechte |), Kurven ┐, ┘; ┌, └), Kreuzung + . T' simuliert die Verarbeitung genau eines - durch "s" symbolisierten - Signals durch normierte Leitungsstücke, $\overline{K},\overline{E}$ und $\overline{RG}$ auf den folgenden Beschriftungsfiguren in der Ebene, wenn "s" sich im der Ausgangsstelle des Signals entsprechenden Feld dieser Figuren befindet:

a) <u>Kodierung von Geraden, Kurven, $\overline{K}$.</u> Ein waagerechtes Leitungsstück — wird kodiert durch

```
bbbbb
aaaaa
bbbbb
```

, worauf "s" mittels der "Durchlaufregel"

$sa^4 = a^4s$ von der Stelle des linksäußersten zu der des rechtsäußersten Vorkommens von a und umgekehrt durchlaufen kann. Drehung um 90° liefert die Kodierung des senkrechten Leitungsstücks | .

Analog kodiert man Kurven und $\overline{K}$, wobei wir der Übersichtlichkeit halber in den Beschriftungsfiguren der durch Vorkommen von a kodierten Leitungen die diese umgebende "Isolierung" durch Vorkommen von b i.a. nicht mehr ausdrücklich mit angeben; diese b-Umgebung der Leitungen verhindert, daß ein Signal s an unerwünschten Stellen aus den Leitungen herausläuft.

Kodierung für ┐ :

```
bbbbb
aaaaab
bbbbab
    bab
    bab
    bab
```

andere Kurven analog

Kodierung für $\overline{K}$:

```
    a
    a
    a
    a
aaaaaaaaa
```

Auf diesen Figuren kann s mittels der Durchlaufregel $sa^4 = a^4s$ von einem zum anderen Endpunkt durchlaufen.

b) <u>Phasenverschiebung</u>. Regel $sa^4 = a^4s$ bewegt auf den in a) angegebenen Figuren das Signal s stets in der gleichen Phase, d.h. von Punkten (x_1,x_2) zu (x_1',x_2') mit $x_i-x_i' \equiv 0 \bmod 4$. Zur Kodierung von Kreuzungen definieren wir einen <u>Phasen"C"onverter</u> zur Verschiebung der Signalphase um 1 mittels der

```
                  c
Figur:          aaaaa        (Phasenconverter im Zustand "unten")
                  aaaaa
                  a
```

Die erste c(onverter)-Regel $csa^2 = a^2sc$ gestattet im Verein mit der Wanderregel auf dem Phasenconverter folgende Umformungen ($\underset{n.}{\leftrightarrow}$ bedeutet: ineinander überführbar nach Regel n):

```
   c              c              a              a
saaaa    <->   aaaas    <->   aaaaa    <->   aaaaa
   aaaaa  1.      aaaaa  2.      saaaa  1.      aaaas
   a              a              c              c
```

Beachten Sie, daß nach der Benutzung des "Phasenconverters" im Zustand unten (und nach Weiterwandern des Signals) eine Figur entsteht, die bis auf die Stellung von "c" mit dem Phasenconverter übereinstimmt. Wir nennen diese Figur "Phasenconverter im Zustand oben" und werden bei der Simulation von $\overline{E}$ ausnutzen, daß auf den Phasenconverter im Zustand "oben" die zweite c(onverter)-Regel asac = casa von T' anwendbar ist und aufeinanderfolgende Benutzungen des Phasenconverters jeweils seinen Zustand verändern:

```
   a              a              c              c
saaaa    <->   aaaas    <->   aaaaa    <->   aaaaa
   aaaaa  1.      aaaaa  3.      saaaa  1.      aaaas
   c              c              a              a
```

c) Kodierung der Kreuzung. Man kann die Kreuzung + zweier Leitungen - bei Gleichphasigkeit unter Vorschalten eines Phasenkonverters - kodieren durch die Figur:

```
        a
        a
        a
        a
    aaaaa
    a
    a
    a
    a
aaaaaaaaa
    a
    a
    aaaaa
        a
        a
        a
        a
```

NB: s kann mittels $sa^4 = a^4s$ waagerecht durchlaufen; versucht es dabei, vom Kreuzungspunkt nach oben wegzulaufen, so ist außer dem Umkehren dieses ("falschen") Schritts keine Regelanwendung mehr möglich.
Vom oberen oder unteren Endpunkt aus kann s den Kreuzungspunkt nicht erreichen.

d) Kodierung von $\overline{E}$: Es genügt, in der oberen Zeile des Phasenconverters eine Testleitung anzulegen, die nur im Phasenconverterzustand "oben" nicht durch das sonst in ihrer Mitte stehende "c" für den Durchgang eines Signals s gesperrt ist; zur Verdeutlichung unterstreichen wir die Testleitung in der Kodierungsfigur:

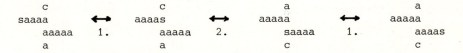

```
         E im Zustand "unten":                E im Zustand "oben":

 test- aaaacaaaa -test'                 test- aaaaaaaaa-test'
stell- aaaaa                           stell- aaaaa
           aaaaa -stell'                           aaaaa-stell'
           a                                       c
```

Schritt 2 (Registersimulation). Wir betrachten das Rechteck R_N mit dem Rand aus Vorkommen von "b" um den (bzgl. des Leersymbols b) nicht leeren Teil der in Schritt 1 angegebenen Beschriftung B_N. Ersetzen wir außerhalb dieses Rechtecks alle Vorkommen von b durch a, so wird dadurch die Simulation von N durch T' im Innern des Rechtecks nicht berührt. Zur Darstellung eines Registers mit Inhalt n "öffnen" wir den Rand von R_N an zwei Stellen durch Ersetzen des Randsymbols b durch a und legen dort folgende Figur an mit n = ("d"istanz von d zum unterstrichenen Vorkommen von a (Nullpunkt)):

```
                                  :
                                  b  - Rand von R_N
Nulltestleitung    : ...aaaaab
obere Anschluß-    : ...aaaaaa
leitung                          ab
                                 ab
                                 ab
untere Anschluß-   : ...aaaaaaaa...ada...         Registerleitung
leitung                          b
                                   n-mal
                                  :
```

Nach Schritt 1 dürfen wir annehmen, daß R_N bereits den nachstehend beschriebenen, den endlichen Programmteil von $\overline{RG}$ einschließenden endlichen Automaten Reg enthält, mit dessen Hilfe $\overline{RG}$ auf obiger Beschriftung der Ebene durch T' mit Leerzeichnen a und der Registerregel sd = ds simuliert wird wie folgt:

a) Addition/Subtraktion. Reg enthält einen modulo-4-Zähler zur Speicherung seines Registerinhalts n mod 4. Erhält Reg ein Signal auf seinem Additionseingang add, so schickt Reg (genauer: die Kodierung von Reg in R_N) s über die obere Anschlußleitung in der Phase mit x-Wert $\equiv$ n+2 mod 4 aus R_N heraus in die fast überall mit a beschriftete Ebene, wo s auf die Registerleitung rechts neben das Distanzsymbol d wandern kann. In dieser und nur in dieser Konfiguration ...adsa... kann die Registerregel sd = ds benutzt - d.h. +1 in der Registerinhaltskodierung simuliert - werden und s danach in einer neuen Phase über die untere Anschlußleitung nach Reg zurückwandern, wo der mod 4-Zähler weitergestellt und der sub-Ausgang angesteuert wird. Die Subtraktionssimulation (NB: für positive n) verläuft gerade umgekehrt.

b) Nulltest. Erhält Reg ein Signal auf einem seiner Testeingänge (test oder test'), so merkt sich Reg diese Testaufforderung und schickt s auf die Nulltestleitung in der Phase des in der Figur überstrichenen Vorkommens von a. Bei $0 < n$ kann s nur noch bis vor den Nullpunkt a wandern und wird dort gesperrt. Im Fall $n = 0$ ist auf die dann am Nullpunkt entstehende Konfiguration $\overset{s}{d}$ die Registerregel anwendbar und erzeugt die Konfiguration

$\ldots aaaa\overset{db}{sa}\ldots$. Über die untere Anschlußleitung kann s nun in einer neuen Phase zu Reg zurückwandern: Reg merkt sich bei Rückkehr des Signals in der neuen Phase die Antwort "n = 0" auf die Nulltestanfrage und schickt danach s in der gleichen Phase auf die untere Anschlußleitung zurück, sodaß am Nullpunkt mittels der Registerregel wieder die Ausgangskonfiguration $..aaaa\overset{sb}{da}..$ hergestellt werden und s über die Nulltestleitung zu Reg zurücklaufen kann. Kommt s über die Nulltestleitung zu Reg zurück und befindet sich Reg dabei im Wissenszustand "n = 0", so schließt Reg die Testsimulation ab und schickt ein Signal auf den entsprechenden Testausgang.

Wegen der Universalität der Registermaschine mit 2 Registern genügt es, die Beschriftungsfigur B_N aus Schritt 1 wie gerade angegeben um 2 Registerdarstellungen zu erweitern, um die Universalität von T' folgern zu können. Dabei muß man lediglich beachten, daß man die Kodierung des 2. Registers parallel zu der des 1. Registers mit senkrechtem Abstand 2 mod 4 der Registerleitungen anordnet; dann kann nämlich das Signal s im Verlaufe einer Operation an einem Register nicht in die Phasen von Operationen an dem anderen Register gelangen.

Wir zeigen nun, wie man durch Verfeinerung der für T' vorgeführten Kodierungstechnik die Wirkung der beiden converter- und der Registerregel durch eine einzige Regel, die b-Regel $sba^5 = asa^3ba$, erreichen kann bei modulo 6-Phase und entsprechender Wanderregel $sa^6 = a^6s$ von T.

a) Die Kodierungen von Geraden, Kurven und $\overline{K}$ werden aus T' übernommen, jedoch modulo 6-phasig mit 2-reihiger $\begin{smallmatrix}bb\\bb\end{smallmatrix}$- statt einfacher b-Isolierung zur Vermeidung der Anwendbarkeit der b-Regel auf Signale in Leitungsstücken.

b) Zur Simulation der Phasenverschiebung benutzen wir die folgenden Figuren:

PC im Zustand "oben":

$$\begin{array}{l} -aa^5aa^5a \\ \quad a\;\; ba^5a- \\ \quad a\;\; a \\ \quad a\;\; a \\ \quad a\;\; a \\ \quad a\;\; aa^5a- \\ \quad aa^5a \end{array}$$

PC im Zustand "unten":

$$\begin{array}{l} -aa^5aa^5a \\ \quad a\;\; aa^5a- \\ \quad a\;\; a \\ \quad a\;\; a \\ \quad a\;\; a \\ \quad a\;\; ba^5a- \\ \quad aa^5a \end{array}$$

PC hat einen linken, einen rechten oberen und einen rechten unteren Ein-/Ausgang und 2 durch die Stellung von b definierte Zustände "oben" und "unten". Kontrollieren Sie zur Übung (durch Verfolgung der möglichen Signalverläufe im Einzelnen), daß in T jedes in den linken Eingang von PC eintretende s PC (nur) über den dem Zustand von PC entsprechenden rechten Ausgang verlassen kann und dabei den Zustand von PC umschaltet, d.h.:

sa^5aa^5a		aa^5aa^5a		sa^5aa^5a		aa^5aa^5a
$a\ ba^5a$		$a\ aa^5s$		$a\ aa^5a$		$a\ ba^5a$
$a\ a$		$a\ a$		$a\ a$		$a\ a$
$a\ a$	$\vdash$	$a\ a$	und	$a\ a$	$\vdash$	$a\ a$
$a\ a$	T	$a\ a$		$a\ a$	T	$a\ a$
$a\ aa^5a$		$a\ ba^5a$		$a\ ba^5a$		$a\ aa^5s$
aa^5a		aa^5a		aa^5a		aa^5a

Wir stellen die Wirkung von T auf PC schematisch dar durch 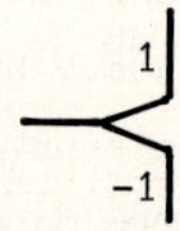

,

wobei 1,-1 die Phasenverschiebung der rechten Eingänge zum linken Eingang angeben. Durch geeignetes Hintereinanderschalten von 5 PC-Exemplaren erhält man einen Phasenconverter wie im vorhergehenden Satz:

Übung. Zeigen Sie, daß T auf der folgenden Figur den Phasenconverter aus dem vorhergehenden Beweis simuliert:

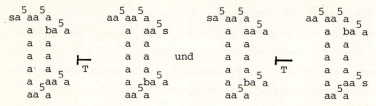

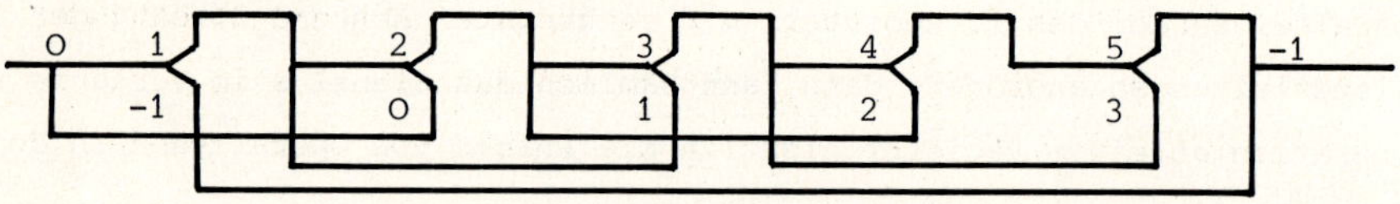

c) Beachten Sie, daß die im vorstehenden Phasenconverter auftretenden Kreuzungen aus Leitungen bestehen, die Signale in unterschiedlichen Phasen transportieren, sodaß diese Kreuzungen wie im vorstehenden Beweis, aber ohne vorzuschaltenden Phasenconverter simuliert werden können. Kreuzungen von Leitungen zum Transport gleichphasiger Signale erhält man genauso unter Vorschaltungen des Phasenkonverters.

d) Zur Kodierung von $\overline{E}$ stecken wir 2 PC-Exemplare in entgegengesetztem Zustand an ihren "rechten" Enden zusammen und legen durch die entstehende untere gemeinsame Leitung eine Testleitung, die nur dann nicht durch das b-Symbol des sagen wir linken PC-Exemplares gesperrt ist, wenn dieses PC sich im Zustand "oben" (und damit das andere im Zustand "unten") befindet. $\overline{E}$ im Zustand "unten" wird also kodiert durch die Figur:

```
                 5                5  5
       stell -aa aaaaaaa        aa aa a- stell'
                 a     aaaaaab  a
                 a     a     a  a
                 a     a     a  a
                 a     a     a  a
                 a   aaabaaaaaa  a
                                5
                 aaaaaaa  a   aa a
                    a     a
                    a     a
                    a     a
                    a     a
                    a     a
                   test  test'
```

$\overline{E}$ im Zustand "oben" hat entsprechend das linke PC im Zustand "oben" und das rechte im Zustand "unten". Kontrollieren Sie, daß $\overline{E}$ auf dieser Figur von T simuliert wird!

e) Zur Registersimulation stellen wir Registerinhalte n wieder auf einer Registerleitung dar, die durch eine Anschlußleitung mit dem Automatennetzwerk in R_N verbunden ist; n wird kodiert durch die Länge 4n des (nur aus a gebildeten) Wortes vom Nullpunkt bis zum Vorkommen von b auf der Registerleitung:

```
                              .
                              .
                              .
                             bb
                             bb
                                   4 4     4
Anschlußleitung       ...aaaaaaa a ...a ba...     Registerleitung
                             bb   └───┬───┘
                             bb     n-1 mal
                              .
                              .
                              .
```

Eine Anwendung der b-Regel auf der Registerleitung bewirkt dann eine Addition ($sba^5 \vdash asa^3ba$) bzw. Subtraktion ($asa^3ba \vdash sba^5$) von 1. (Da bei diesen Regelanwendungen s stets vor b steht, brauchen wir hier im Gegensatz zum vorherigen Fall nur eine und nicht zwei Anschlußleitungen, die Reg mit seiner Registerdarstellung außerhalb von R_N verbindet.) Als senkrechten Abstand der beiden Registerleitungen wähle man 3 modulo 6.

Übung. Vervollständigen Sie die Registersimulation.

Bemerkung. In der (formalen) Indeterminiertheit und Reversibilität des ein determiniertes Maschinenprogramm simulierenden Thue-Systems steckt die Möglichkeit, Letzteres zu einem kleinen universellen, sich selbst reproduzierenden System auszubauen, das parallel, asynchron und ohne Überlappungsproblem arbeitet, was sich als für die Theorie zellularer Automaten bedeutsam erwiesen hat (s.Priese 1978).

Wir wollen abschließend noch die Rolle der Rückkoppelungsoperation beleuchten, insbesondere ihren begrifflichen Zusammenhang zur Iterationsoperation bei unendlichen Automaten (Turing- oder Registermaschinen) und die durch sie verursachte Komplexität. Aus der Existenz rekursiver, nicht primitiv rekursiver Funktionen wissen wir, daß nicht jede rekursive Funktion aus den Anfangsfunktionen nur durch Einsetzungen und primitive Rekursion (ohne Benutzung des unbeschränkten μ-Operators) definierbar bzw. durch Registeroperatoren nur mit Loop-Iterationen (ohne Benutzung der unbeschränkten Iteration) berechenbar ist; andererseits folgt aus dem Kleeneschen Normalformsatz, daß jeweils eine Benutzung des μ-Operators bzw. der Iteration dazu ausreicht. Die im Hinblick auf größtmögliche Vermeidung von Verzögerungselementen beim Aufbau elektronischer Schaltkreise wichtige analoge Frage nach der kleinstmöglichen Anzahl zur Konstruktion von Netzwerken endlicher Automaten benötigter Rückkoppelungen haben Kleine Büning 1975, Brüggemann 1983 mit einer Variante des Röddingschen Normalformsatzes entsprechend beantworten können: Jeder Mealy-Automat ist simulierbar durch ein Netzwerk über H,J,K für eine Variante J von K mit höchstens einer Rückkoppelung, während man mit Automatennetzwerken, die nur mittels Parallel- oder Reihenschaltung über beliebigen endlichen Automatenmengen aufgebaut werden, beispielsweise keine beliebig großen Zähler realisieren kann.

Wir werden abschließend die letztgenannte Unmöglichkeitsaussage für die rückkoppelungsfreien Automatennetzwerke beweisen und zeigen, daß für Netzwerke über einer für Mealy-Automaten universellen Grundautomatenmenge das durch die Rückkoppelung entstehende Schleifenproblem eine PBand-vollständige Menge ist; das Schleifenproblem ist das Analogon für endliche Automaten des für die rekursiv aufzählbaren Mengen vollständigen Definiertheits-/Halteproblems von Turingprogrammen und besteht darin, für gegebene Netzwerke N, Zustände i und Eingabesignale a zu entscheiden, ob das im Zustand i in N eingegebene Signal a im Netzwerk in einer Schleife "versickert" oder aber nach endlich vielen Schritten N zu einer Signalausgabe veranlaßt, formal ob die Ausgabefunktion von N auf den Argumenten i,a definiert ist. Übrigens kann man trotz der Notwendigkeit von Rückkoppelungen - d.h. von Schleifen beim Aufbau der Automatennetzwerke als Graphen - die Simulation von Mealy-Automaten durch Netzwerke etwa über H,F,K so einrichten, daß im Verlaufe der Simulation eines beliebigen 1-Schritt-Übergangs des gegebenen Mealy-Automaten kein Signal im Netzwerk eine Schleife - d.h. keinen Grundautomaten mehr als einmal - tatsächlich durchläuft (Kleine Büning & Priese 1980).

Lemma von der Zählbeschränktheit rückkoppelungsfreier Automatennetzwerke. Zu jeder endlichen Menge B von Mealy-Automaten gibt es eine Zustandsanzahlschranke z_B, sodaß kein durch Parallel- und Reihenschaltung über B aufgebautes Automatennetzwerk einen modulo p-Zähler für Primzahlen $p > z_B$ simuliert.

Aus Automaten(netzwerken) M,M' entsteht durch Parallel- und Reihenschaltung (Projektion und Einsetzung) per Definition der Automat/das Automatennetzwerk:

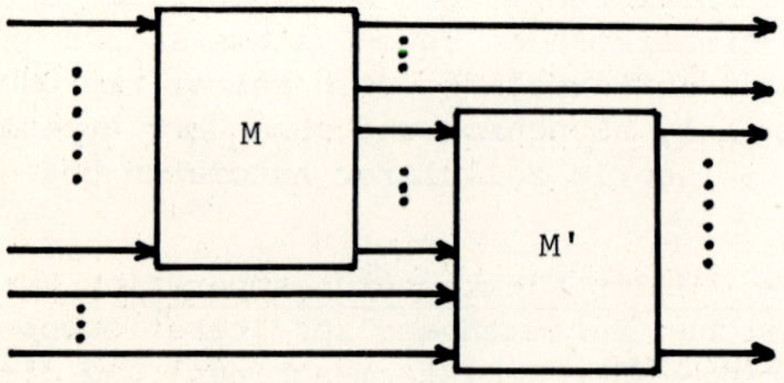

in Worten: einige (evl. alle oder gar keine) Ausgänge von M werden injektiv mit Eingängen von M' verknüpft.

Übung. Beschreiben Sie diese Definition durch Programmtafeln.

Beweis. Sei $z_B := \max\{|z| \mid z$ Zustandsmenge eines $M\epsilon B.\}$
Wir führen die Annahme zum Widerspruch, es gäbe eine Primzahl $p > z_B$ und ein durch Parallel- und Reihenschaltung über B konstruiertes Netzwerk N mit minimaler Anzahl von Grundautomaten aus B mit einer p-Schleife

$i_1 \xrightarrow{a} i_2 \xrightarrow{a} \ldots \xrightarrow{a} i_p \xrightarrow{a} i_1 \ldots$ in N für paarweise verschiedene Zustände i_j und Eingabesymbol a:

Da jeder Automat aus B weniger als p Zustände hat, entsteht N durch Parallel- und Reihenschaltung eines entsprechenden Netzwerkes N' mit einem "letzten" Grundautomaten $M\epsilon B$, sodaß die Zustände i_j die Form (n_j, m_j) mit Zuständen n_j von N' und m_j von M haben. a ist Eingabe für N', da sonst bereits M eine p-Schleife enthielte (was wegen der Zustandsanzahl $|z_M| < p$ nicht möglich ist). Somit bilden die N'-Zustände der angenommenen p-Schleife eine l-Schleife $n_1 \xrightarrow{a} n_2 \xrightarrow{a} \ldots \xrightarrow{a} n_l \xrightarrow{a} n_1 \ldots$ mit $l|p$, so daß $l = 1$ oder $l = p$. $l = 1$ widerspricht $|z_M| < p$, $l = p$ widerspricht der Minimalität von N.

Satz von der PBAND-Vollständigkeit des Schleifenproblems.

$\{(N,i,a) \mid \lambda_N(i,a){\downarrow}$ & N Netzwerk über $B\}$ ist PBand-vollständig für jede zur Konstruktion determinierter endlicher Automaten universelle endliche Menge B (Kleine Büning 1984).

Beweis. $\lambda_N(i,a){\downarrow}$ ist auf einer determinierten Turingmaschine mit polynomialem Platz in der Netzwerkgröße entscheidbar: man verfolge nach Eingabe von a im Zustand i unter Benutzung eines geeigneten Zählers $C_N + 1$ Rechenschritte der m N-Komponenten aus B, wobei $C_N = (z_B \cdot l_B)^m$ die Zahl der möglichen N-Konfigurationen majorisiert mit der maximalen Zustands- bzw. Signalpositionsanzahl z_B resp. l_B von Automaten aus B. Hat N bis dahin noch kein Ausgabesignal $\lambda_N(i,a)$ geschickt, so ist $\lambda_N(i,a){\uparrow}$.

Sei M ein beliebiges Turingmaschinenprogramm. Für beliebige Platzbedarfschranken l und Eingabeworte w für M einer Länge $\leq l$ konstruieren wir in polynomialer Zeit ein Netzwerk $N_{M,l}$ über B mit einem Zustand i_w und einem Eingabesymbol x_o zur Simulation der Arbeit von M auf den ersten l Feldern des Turinghalbbandes im Sinne von:

(i) M akzeptiert w ohne Verlassen der ersten l Felder gdw $\lambda_{N_{M,l}}(i_w, x_o){\downarrow}$.

(Damit ist dann die Satzbehauptung bewiesen.)

Konstruktionsidee: Wir stellen uns vor, daß jedes der l Turingbandfelder mit einer Beschreibung von M als Mealy-Automat $\overline{M}$ besetzt ist: die Zustände von $\overline{M}$ kodieren die ursprüngliche Turingbandbeschriftung in diesem Feld, die Ein- bzw. Ausgabeleitungen die möglichen inneren Zustände von M vor bzw. nach der Bearbeitung dieses Bandfeldes und die rechts-links-Orientierung der Leitungen die Bewegungsrichtung des Lesekopfes.

Sei M gegeben durch Instruktion iaa'bj mit Zuständen $0 \le i \le r$ und j, Buchstaben a,a' und oBdA Bewegungen $b \in \{r,l\}$. r+1 sei der einzige in M auftretende akzeptierende Stoppzustand. $\overline{M}$ wird definiert durch das Diagramm:

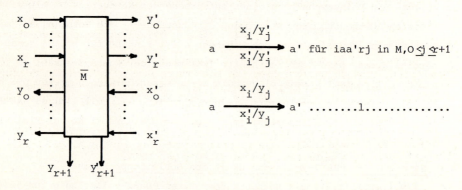

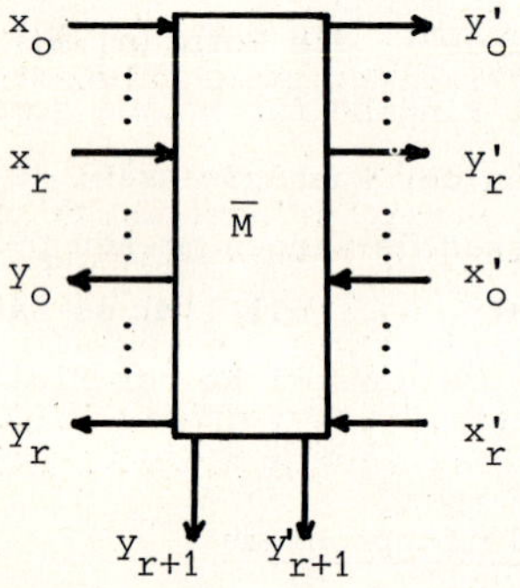

$a \xrightarrow[x'_i/y'_j]{x_i/y'_j} a'$ für iaa'rj in M, $0 \le j \le r+1$

$a \xrightarrow[x'_i/y_j]{x_i/y_j} a'$ ....l...............

$\overline{M}$ ist simulierbar durch ein Netzwerk N_M über der universellen Menge B. Wir verknüpfen nun kanonisch die Leitungen der in den l Turingbandfeldern nebeneinanderstehenden Kopien von N_M zu einer "Kette" und stellen das entstehende Netzwerk $N_{M,l}$ in den der Anfangsbeschriftung w des Bandes von M entsprechenden Zustand i_w zwecks Aufnahme des dem Anfangszustand 0 von M entsprechenden Eingangssignals x_0.

Da M nach Voraussetzung nie die ersten l Felder nach links oder nach rechts verläßt, kann das im Zustand i_w eingegebene Signal x_0 das Netz $N_{M,l}$ nur über eine der den y_{r+1} oder y'_{r+1} entsprechenden Ausgabeleitungen verlassen, womit (i) bewiesen ist.

Übung. Zeigen Sie, daß für jede zur Konstruktion determinierter endlicher Automaten universelle endliche Menge B das Erreichbarkeitsproblem für Netzwerke über B - d.h. $\{(N,i,a,j,b) \mid \delta(i,a) = j \;\&\; \lambda(i,a) = b \;\&\; N \text{ Netzwerk über } B\}$ - P Band-vollständig ist. (Es ist offen, ob diese Komplexität von der Universalität von B wesentlich abhängt; für B = {F,K} beispielsweise ist das Erreichbarkeitsproblem in P, für B = {F,K,I} NP-vollständig. Vgl. Kleine Büning 1984).

Übung. Betrachten Sie "Ketten" von Mealy-Automaten vom Typ (r,l), d.h. mit r rechts- und l linksgerichteten Ein- und Ausgabeleitungen wie im vorstehenden Beweis, sowie deren 2-dimensionale Verallgemeinerung zu "Flächen" von Mealy-Automaten vom Typ (r,l,o,u), d.h. mit zusätzlich o nach oben und u nach unten gerichteten Ein- und Ausgabeleitungen. Zeigen Sie:

a) Es gibt eine endliche Menge B von Mealy-Automaten vom Typ (2,2) und zu beliebigen Zahlen k,l Mealy-Automaten E_k und A_l der Gestalt

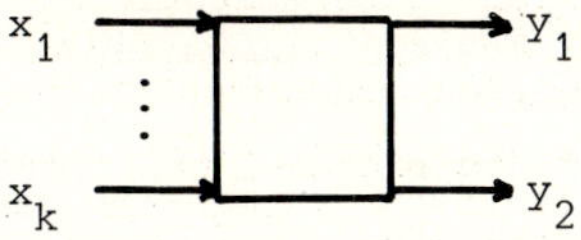

bzw.

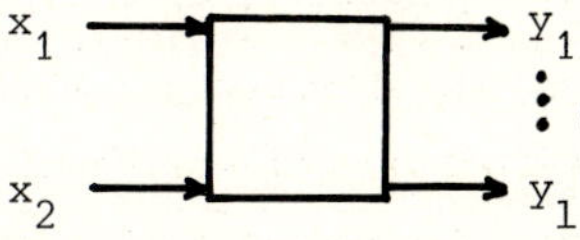

sodaß jeder Mealy-Automat mit k Ein- und l Ausgangsleitungen von einer Kette über B mit davorgeschaltetem Eingabeautomaten E_k und dahintergeschaltetem Ausgabeautomat A_l simuliert wird (Koerber & Ottmann 1974).

b) Zeigen Sie, daß es einen Mealy-Automaten B gibt, sodaß jeder Mealy-Automat von einer Fläche aus Kopien von B simuliert wird. (Für B vom Typ (1,1,1,1), also von der Form

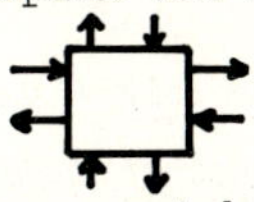

, und mit nur 2 Zuständen s. Kleine Büning & Priese 1980.)

Bemerkung. Die dem Beweis des vorstehenden Satzes und den beiden dazugehörigen Übungen zugrundeliegende Auffassung einer Turingmaschinenkonfiguration als Kette bzw. im 2-dimensionalen Fall als Fläche endlicher (Mealy-) Automaten schlägt eine fruchtbar gewordene Verbindung zur Theorie zellularer Automaten s. Kleine Büning 1977, Priese 1976, 1978.

Weiterführende Literatur: Arbib 1970, Conway 1971, Eilenberg 1974, Brauer 1984. Für ausführliche Literaturangaben s. auch Brzozowski 1962, Rabin 1967, Constable 1980, Hopcroft & Ullman 1979.

TEIL V. KONTEXTFREIE SPRACHEN

In diesem Teil behandeln wir eine Erweiterung der endlichen Automaten zu einem Formalismus, in dem Klammerstrukturen erzeugt und erkannt werden können. Im Wesentlichen handelt es sich um eine Erweiterung endlicher Automaten um einen zusätzlichen, als Keller angelegten Arbeitsspeicher.

Übersicht. Nach der Definition und der Herleitung zweier grundlegender Normalformen kontextfreier Grammatiken (§1) geben wir eine induktive Charakterisierung, die eine wesentliche Periodizitätseigenschaft dieser Grammatiken widerspiegelt (§2). Nach dem Äquivalenznachweis zu Kellerautomaten (§3) behandeln wir Komplexitätsfragen (§4) und grenzen die Leistungsfähigkeit kontextfreier Grammatiken ab gegen die endlicher Automaten, linear beschränkter Turingmaschinen und beliebiger Turingmaschinen.

§1. (Definition und Normalformen). In linguistischen Untersuchungen wie bei Anwendungen in der Informatik - denken Sie etwa an Definitionen syntaktischer Begriffe für höhere Programmiersprachen - benutzt man häufig endliche Automaten nicht nur als Akzeptoren, d.h. als Algorithmen zur *Erkennung* der Korrektheit vorgegebener Figuren, sondern auch als Erzeugungsprozesse zur systematischen *Erzeugung* korrekt gebildeter Objekte; wie man eine Grammatik für eine Sprache sowohl zur Kennzeichnung (Analyse) syntaktisch korrekt geformter Sätze als auch zur Bildung (Synthese) korrekter Sätze verwenden kann. Diese begriffliche Unterscheidung zwischen Entscheidungs- und Aufzählungsverfahren bedeutet für endliche Automaten den Übergang von einem Wortproblem mit Konklusion r (Stopzustand) in ∂ zu einem Wortproblem mit Axiom r im Umkehrautomaten $\check{\partial}$ mit den konversen Regeln $j \rightarrow ia$ der ∂-Übergänge (ia,j) bzw. zu einem Wortproblem mit Axiom 0 (Anfangszustand) in der Variante ∂' von ∂ mit Regeln $i \rightarrow aj$ für alle ∂-Regeln (ia,j), denn für alle

Worte W gilt:

$r \vdash OW$ in $\check{\partial}$ gdw $OW \vdash r$ in ∂ gdw $O \vdash Wr$ in ∂'.

Ihrem sprachwissenschaftlichen Ursprung verdanken Substitutionssysteme, die zur Erzeugung korrekt gebildeter Objekte ("Sätze") aus einem Axiom benutzt werden, den Namen "Grammatik". Von dort stammt auch die Unterscheidung "grammatikalischer" (zerlegender) und "lexikalischer" (übersetzender) Regeln: die ersteren gebildet nur aus grammatikalische Kategorien darstellenden Symbolen ("Variablen" , in unserem Beispiel die Zustände i,j der Maschine), die letzteren von der Form $X \to a$ mit einer Folge X grammatikalischer Kategorien und einem einen Wörterbucheintrag darstellenden Endwort a. Eine Grammatik verfolgt den Zweck, von der Variable "Satz" als Axiom startend alle syntaktisch korrekt gebildeten konkreten - also keine Variablen mehr enthaltenden - Sätze der darzustellenden Sprache erzeugen zu können:

Definition. Eine (Chomsky-)Grammatik G ist gegeben durch ein Semi-Thuesystem über einem Alphabet $A \cup V$ aus disjunkten Mengen V (von "Variablen") und A (von "Endsymbolen") mit einem "Axiom" $Ax \varepsilon V$ und ohne Regeln mit leeren Prämissen. Die durch G erzeugte Sprache ist das Wortproblem

$$L(G) := W_{Axiom}(Ax,G) \cap A^* = \{w | Ax \vdash_G w \ \& \ w \varepsilon A^*\}.$$

Grammatiken G_i heißen äquivalent falls sie dieselben Sprachen erzeugen, d.h. $L(G_1) = L(G_2)$.

Bezeichnungen. Variablen werden wir meistens durch evtl. indizierte große lateinische Buchstaben X,Y,Z,B,C,D,E,... oder aus dem Zusammenhang erkenntliche "grammatikalische Kategorien" bezeichnen, Endbuchstaben durch kleine lateinische Buchstaben a,b,c,d,e,..., Axiome durch Ax_G bzw. Ax, wenn keine Mißverständnisse zu befürchten sind. Statt Grammatik schlechthin sagt man zur Unterscheidung von besonderen, im Folgenden zu besprechenden Grammatiktypen häufig auch (Chomsky-) Grammatik vom Typ 0.

Übung. (Chomsky- & Miller 1958). Eine Grammatik heißt regulär oder auch Chomsky-Grammatik vom Typ 3, falls außer lexikalischen Regeln der Form $X \to a$ jede ihrer Regeln die Form $X \to wY$ (rechtsregulär oder rechtslinear) oder jede ihrer Regeln die Form $X \to Yw$ (linksregulär oder linkslinear) für variablenfreie Worte w hat. Zeigen Sie: L ist regulär gdw $L = L(G)$ für eine reguläre Grammatik G.

Übung. (Chomsky 1959). Eine Sprache L ist r.a. gdw sie von einer Chomsky-Grammatik vom Typ 0 erzeugt wird.

Aus der Myhill-Nerodeschen Charakterisierung regulärer Sprachen haben wir erkannt, daß die Klammersprachen nicht regulär sind. Bei der syntaktischen Spezifikation von Programmiersprachen treten derartige Klammerausdrücke beliebiger Tiefe aber häufig auf; denken Sie an die Klammerausdrücke bei unserer Definition der Registeroperatoren, allgemein an die begin-end-Schachtelungen zur Definition von Blockstrukturen in Programmen, an die Definition arithmetischer Terme u.ä.. Das Unvermögen, mit "regulären" Mitteln beliebig weit "zu zählen", zeigte sich in anderem Gewande als Unvermögen, beliebig viele Informationen in endlich vielen Zuständen zu speichern, um $\{w \text{ Spiegel}(w) \mid w \varepsilon \{a,b\}^*\}$ zu erkennen. Es drängen sich jedoch unmittelbar einfache erzeugende Grammatiken für solche Sprachen auf:

$Ax \to (Ax) \qquad Ax \to \Lambda \qquad$ erzeugt $\{(^n)^n \mid 0 \leq n\}$

$Ax \to a_i Ax\, a_i \quad ....$ erzeugt $\{w\ \mathrm{Spiegel}(w) \mid w \in \{a_1, a_2\}^*\}$

Der hier zum Vorschein kommende Grammatiktyp, dessen Regeln gestatten, in beliebigem - lies: unabhängig von irgend einem bestimmten - Kontext Variable durch Worte zu ersetzen, hat sich sowohl für theoretische Belange als auch für Beschreibung und Analyse von Programmiersprachen als so bedeutsam erwiesen, daß er einen eigenen Namen erhalten hat. Wir werden später erkennen, daß die Klammersprachen für diesen Grammatiktyp charakteristisch sind.

Definition (Chomsky 1956). Eine Grammatik heißt kontextfrei oder Chomsky-Grammatik vom Typ 2, wenn ihre Regeln die Form $X \to w$ für Variable X und Worte w haben. Eine Sprache $L \subseteq A^*$ heißt kontextfrei, wenn sie von einer kontextfreien Grammatik erzeugt wird.

Beispiel: Kontextfreie Grammatik zur Erzeugung der korrekt gebildeten und eindeutig geklammerten arithmetischen Terme über den Zahlkonstanten, den Variablen x_i $(i \leq n)$, den Funktionszeichen +, • und den Klammerzeichen (,):

Term → Term + Summand   Term → Summand

Summand → Summand • Faktor   Summand → Faktor

Faktor →(Term)   Faktor → Konstante   Faktor → Variable

Konstante → i $(1 \leq i \leq 9)$ Konstante → Konstante i für $0 \leq i \leq 9$

Variable → x_i $(i \leq n)$

Übung: Geben Sie kontextfreie Grammatiken an für: die Dyck-Sprache (Fitch-Bereich) über $_i(,)_i$ für $i \leq n$; die Menge der (eindeutig geklammerten) arithmetischen Terme über +,•,-,:; $\{w \mid w \in \{a,b\}^* \ \&\ V_b(w) = V_a(w)\}$ mit $V_a(w)$ = Anzahl der Vorkommen von a in w.

Normalformsatz von Chomsky 1959. Man kann effektiv jede Grammatik G in eine äquivalente Grammatik G' umformen, in der höchstens Regeln der folgenden 5 Arten vorkommen:

$X \to YZ$ (verlängernd) $X \to \Lambda$ (löschend, für höchstens ein X)

$XY \to Z$ (verkürzend) $AB \to CD$ (kontextverändernd)

$X \to a$ (übersetzend oder lexikalisch)

Für kontextfreies G ist in der ebenfalls kontextfreien Chomsky-Normalform G' höchstens $Ax \to \Lambda$ löschend.

Beweis. G_i sei das Ergebnis des i-ten der folgenden Umformungsschritte:
Schritt 1 (Trennung in grammatikalische und lexikalische Regeln): Für jeden Endbuchstaben a von G wähle man eine neue Variable a', ersetze in G überall a durch a' (Umbenennung) und nehme die neuen lexikalischen Regeln

a' → a hinzu.

Schritt 2 (Zusammenfassung aller löschenden Regeln): Für eine neue Variable X ersetze man alle löschenden Regeln w → Λ in G_1 durch w → XX und nehme die neue löschende Regel X → Λ hinzu. Kontextfreies G_1 mit $\Lambda \varepsilon L(G_1)$ forme man stattdessen zuerst in eine $L(G_1)-\{\Lambda\}$ erzeugende kontextfreie Grammatik um und nehme zu dieser die zusätzliche Regel Ax → Λ hinzu; die Λ erzeugenden G_1-Variablen bestimmen sich durch

$$E_o := \{X | X \to \Lambda \text{ in } G_1\}, E_{j+1} := E_j \cup \{X | X \to w \text{ in } G_1, w \varepsilon E_j^*\}.$$

Für i mit $E_i = E_{i+1}$ gilt $\Lambda \varepsilon L(G_1)$ gdw $Ax \varepsilon E_i$, so daß $L(G_1)-\{\Lambda\}$ aus Ax erzeugt wird durch die Menge aller Regeln X → w mit w ≠ Λ zu G_1-Regeln X → v und aus v durch evtl. Weglassen einiger Variablen aus E_i entstehendem w. (Zum Nutzen von Λ-Regeln in kontextfreien Grammatiken vgl. Gruska 1975).

Schritt 3 (Längenreduktion in den Regelkonklusionen): Für jede Regel $w \to X_o \ldots X_m$ in G_2 mit m > 1 wähle man neue Variablen Y_i und ersetze die Regel durch die Regelgruppe

$$w \to X_o Y_1,\ Y_1 \to X_1 Y_2, \ldots, Y_{m-1} \to X_{m-1} X_m \quad .$$

Schritt 4 (Längenreduktion in den Regelprämissen): Für jede Regel $X_o \ldots X_m \to w$ in G_3 mit m > 1 wähle man neue Variable Y_i und ersetze die Regel durch die Regelgruppe $X_o X_1 \to Y_1,\ Y_1 X_2 \to Y_2, \ldots, Y_{m-1} X_m \to w$.

Schritt 5 (Elimination aller Regeln X → Y): Wie bei der Elimination von Λ-Übergängen in endlichen Automaten nehmen wir für jede Regel X → w in G_4, deren Konklusion keine Variable ist, und für jede Variable Y, aus der X in G_4 ohne Verwendung verlängernder Regeln herleitbar ist, die neue Regel Y → w hinzu und streichen dann alle Regeln der Form A → B.

Übung. Zeigen Sie, daß man effektiv und ohne Zerstörung der Chomsky-Normalform jede kontextfreie Grammatik in eine äquivalente Grammatik gleichen Typs umformen kann, in der keine "überflüssigen" Variablen vorkommen; X heißt überflüssig in G gdw es kein $w \varepsilon L(G)$ gibt mit einer G-Herleitung von w aus Ax, in der X vorkommt. Hinweis: Variieren Sie die in Schritt 2 des vorstehenden Beweises benutzte Methode.

Normalformsatz von Greibach 1965. Man kann effektiv jede Λ nicht enthaltende kontextfreie Grammatik G in eine äquivalente Grammatik G' aus Regeln der Form X → aW für Variablenworte W umformen.

Beweis. Im gegebenen G, oBdA in Chomsky-Normalform und ohne überflüssige Variablen, ordnen wir die auftretenden Variablen $X_1, \ldots, X_m$ nach Indexgröße und erzwingen durch eine erste Prozedur, daß Regeln mit Prämisse X_i nur auf mit Endbuchstaben oder mit größeren Variablen X_j beginnende Konklusion führen. Eine zweite Prozedur ersetzt dann sukzessive für i = m,...,1 in den entstandenen Regeln die mit X_i beginnenden Konklusionen durch Konklusionen, die mit einem Endbuchstaben anfangen.

Die beiden Prozeduren arbeiten mittels Zusammenziehen und Umordnen von Herleitungsschritten: Zusammenziehen der Anwendung einer Regel $X_i \to X_j v$, deren Konklusion mit einer kleineren Variablen X_j beginnt als ihre Prämisse X_i, mit einer nachfolgenden Regelanwendung $X_j \to w$ nach dem Prinzip:

(ZZ) Ersetze die Regel $X \to Yv$ in G mit $X \neq Y$ durch die Regelgruppe $X \to w_k v$ für die Menge $Y \to w_k$ $(k < r)$ aller G-Regeln mit Prämisse Y.

Umordnen von Anwendungen iterierender Regeln $X \to Xv$ mit nachfolgender Anwendung einer Regel $X \to w$, deren Konklusion nicht mehr mit X beginnt, durch Vorziehen der Regelanwendung $X \to w$ und Verschieben der iterierten Regelanwendungen nach hinten gemäß dem Prinzip:

(IV) Ersetze die Gruppe $X \to Xv_k$, $X \to w_l$ $(k < r,\ l < s)$ aller G-Regeln mit Prämisse X bei nicht mit X beginnenden Worten w_l für eine neue Variable Y durch die Gruppe aller Regeln $X \to w_l \quad X \to w_l Y \quad Y \to v_k Y \quad Y \to v_k$.

Offensichtlich überführen Anwendungen des Zusammenzieh- und des Iterationsverschiebungsprinzips gegebenes kontextfreies G in eine äquivalente kontextfreie Grammatik. Prozedur 1 gefolgt von Prozedur 2 kombinieren (ZZ) und (IV) zum Erreichen der Greibach-Normalform:

Prozedur 1 {Ziel: Zu G äquivalentes G_{mm}, in dem nur noch Regeln $X_i \to X_j w$ mit $i < j$, $X_i \to aw$, $Y_i \to X_j w$ für neue Variablen Y_i und Variablenworte w auftreten}:

$G_{11} := G$

Für $i = 1,\dots,m$:

Für $j = 1,\dots,i-1$: $G_{ij+1} :=$ Ergebnis der Ersetzung der Regeln $X_i \to X_j v$ in G_{ij} nach (ZZ)

$G_{i+1\,1} :=$ Ergebnis der Ersetzung der Regeln $X_i \to X_i v$ in G_{ii} nach (IV) mit neuer Variablen Y_i

Prozedur 2 {Ziel: G' in Greibach-Normalform}

$G_m := G_{m+1\;1}$ {Start beim Ergebnis der Prozedur 1}

Für $i = m,\dots,1$:

$G_{i-1} :=$ Ergebnis der Ersetzung aller $X_j \to X_i v$ $(j < i)$ in G_i nach (ZZ)

$G' :=$ Ergebnis der Ersetzung aller $Y_j \to X_i v$ in G_0 nach (ZZ).

Übung. Zeigen Sie die Variante der Greibach-Normalform mit Regeln $X \to Wa$.

Es ist nützlich, sich die Chomsky- und Greibach-Normalformen graphisch zu veranschaulichen. Eingedenk der Entsprechung von Automatenzuständen und Grammatikvariablen läßt sich von den (als Erzeugungssystemen betrachteten) endlichen Automaten die Graphendarstellung von Übergängen $i \to aj$ übertragen zu 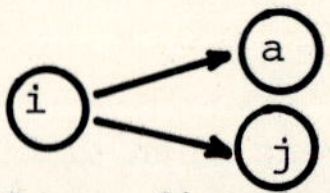

Dabei behandelt man die als Kantenbeschriftungen auftretenden Endbuchstaben als Beschriftungen von Endpunkten eines Pfades.

<u>Definition</u>. Für kontextfreie Grammatiken G definieren wir G-<u>Herleitungsbäume</u> (auch G-<u>Analysebäume</u> genannt) und deren (Herleitungs-) Ergebnis induktiv durch:

- B ist ein G-Herleitungsbaum mit Ergebnis und Wurzel (-beschriftung) B für jeden Buchstaben B

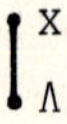 X ist ein G-Herleitungsbaum mit Ergebnis Λ und Wurzel (-beschriftung) X für jede G-Regel $X \to \Lambda$

Sind 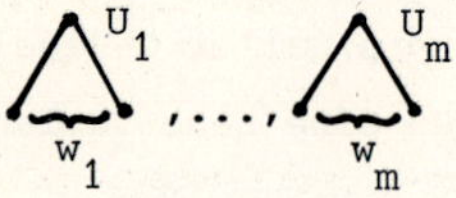 mit Wurzeln (-beschriftungen) U_i und Ergebnis w_i G-Herleitungsbäume, so ist auch

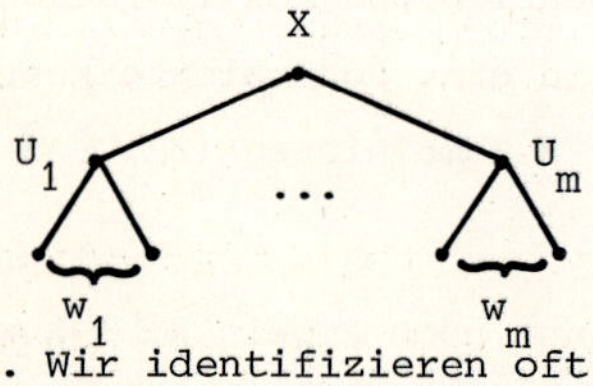

ein G-Herleitungsbaum mit Ergebnis $w_1 \ldots w_m$ und Wurzel (-beschriftung) X für jede Regel $X \to U_1 \ldots U_m$ in G mit Buchstaben U_i

N.B. Wir identifizieren oft Knoten und ihre Beschriftungen.

Der Satz von der <u>Chomsky-Normalform</u> drückt aus, daß man sich bei kontextfreien Herleitungen auf binär verzweigte Herleitungsbäume beschränken kann, in denen zu Endbuchstaben gehörende Blätter nur je einen Vorgänger haben; es werden also nur Baumkonstruktionen der Form

 oder 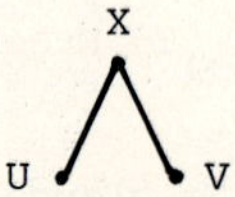

benötigt. Die <u>Greibach-Normalform</u> sagt entsprechend, daß wie bei regulären so auch bei kontextfreien Grammatiken Regelanweisungen nur unmittelbar vor den mit Endbuchstaben zu besetzenden Blättern in der Baumspitze und zwar (z.B.) von links nach rechts vorgenommen zu werden brauchen; das entspricht Baumkonstruktionen der Form:

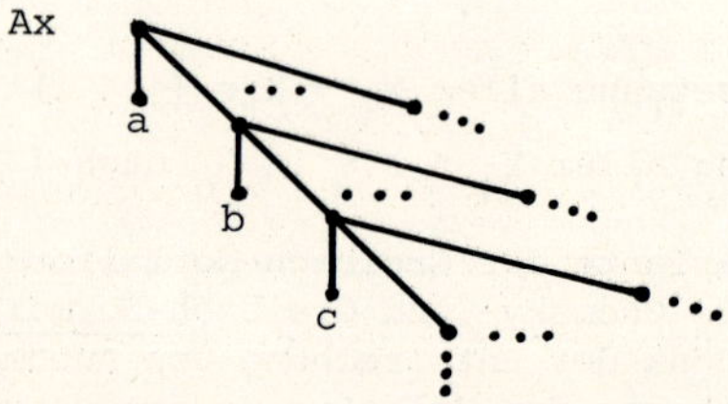

Beispiel: Betrachten Sie Herleitungsbäume der Form

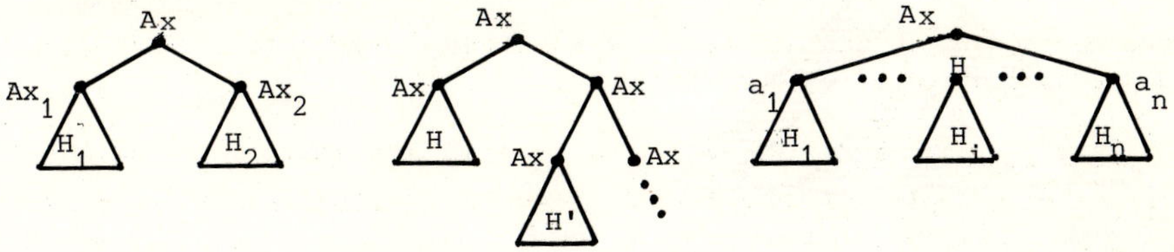

und verwenden diese zum Nachweis, daß die Klasse der kontextfreien Sprachen abgeschlossen ist gegen Verkettung, *-Iteration und Einsetzung, s. Bar-Hillel et al. 1961. (Eine Klasse K von Sprachen heißt abgeschlossen gegen Einsetzung, wenn für $L\varepsilon K$ und beliebige Homomorphismen h (bzgl. der Wort- und Sprachverkettung, d.h. $h(vw) = h(v)h(w)$) mit $h(a)\varepsilon K$ für alle L-Endbuchstaben a auch $h(L) := \cup\{h(w) \mid w\varepsilon L\}\varepsilon K$; anschaulich: man darf in Ergebnissen $w\varepsilon L$ von Herleitungsbäumen H jeden Buchstaben a durch Ergebnisse $w'\varepsilon h(a)$ von Herleitungsbäumen der zu h(a) gehörigen Grammatik ersetzen.) Insbesondere ist die Klasse der kontextfreien Sprachen also abgeschlossen gegen (spezielle Einsetzungen darstellende) Homomorphismen.

Übung. Eine G-Herleitung heißt Links- bzw. Rechtsherleitung, falls in ihr bei jedem Schritt jeweils die links- (bzw. rechts-) äußerste Variable ersetzt wird. Was bedeutet das im zugehörigen Herleitungsbaum? Zeigen Sie: Für kontextfreies G ist $w\varepsilon L(G)$ gdw w eine Links- (bzw. Rechts-)Herleitung in G hat. Veranschaulichen Sie sich diese Aussage für G in Greibach-Normalform.

§ 2 (Periodizitätseigenschaften). Die Betrachtung von Herleitungsbäumen hilft auch zum Verständnis der nachfolgend untersuchten Periodizitätseigenschaften kontextfreier Sprachen:

Schleifenlemma für kontextfreie Sprachen (Bar-Hillel et al. 1961). Zu jeder kontextfreien Grammatik G kann man Zahlen p,q berechnen, so daß alle Worte $W\varepsilon L(G)$, die länger sind als p, sich in der Form $W = uvwxy$ zerlegen lassen mit $|vwx| \leq q$, $vx \neq \Lambda$, $uv^n wx^n y\varepsilon L(G)$ für alle n.

Beweis. Wie beim Schleifenlemma für reguläre Sprachen suchen wir auf den beim Axiom startenden Pfaden in G-Herleitungsbäumen nach Variablenwiederholungen. Solche kommen in Pfaden der Mindestlänge $n := |V| + 1$ vor. Also hat jeder G-Herleitungsbaum H der Höhe >n einen Pfad einer Länge $\geq n + 1$ (mit mindestens n + 2 Knoten), auf dem eine Variable mehr als einmal vorkommt. Man wähle einen von einem Knoten i erzeugten H-Teilbaum H_i (bestehend aus i und allen in H unterhalb von i liegenden Knoten) minimaler Höhe mit solch einer Variablenwiederholung, genauer: auf einem Pfad von H_i kommt die Beschriftung Z von i zweimal vor, aber keine andere Variable kommt in einem H_i-Pfad mehr als einmal vor. vwx sei das Ergebnis von H_i, w das Ergebnis von $H_{i'}$ für einen ebenfalls mit Z beschrifteten Knoten $i' \neq i$ in H_i, $W = uvwxy$ das Ergebnis von H, bildlich:

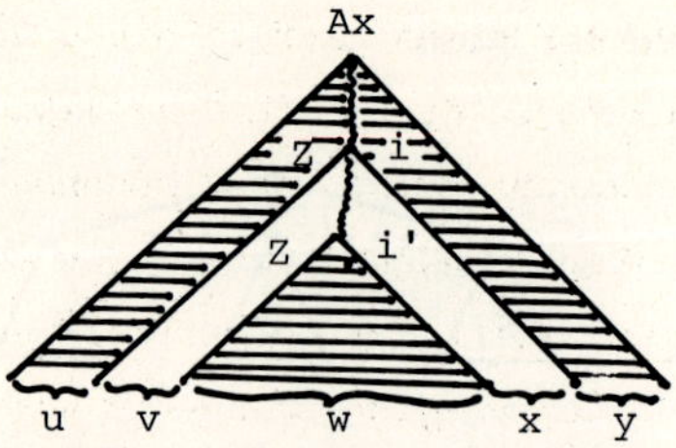

H_i' := nicht schraffierter Teil
= (H_i ohne $H_{i'}$)
H' := schraffierter Teil
= (H ohne H_i')

Für G oBdA in Chomsky-Normalform ist $vx \neq \Lambda$. Das Herleitungsstück von Z nach vZx - der nicht schraffierte Herleitungsbaum mit Wurzel Z und Ergebnis vZx, der aus H_i durch Herausschneiden von $H_{i'}$ entsteht - kann beliebig oft (in den schraffierten Baum) eingesetzt werden, womit $uv^m wx^m y \varepsilon L(G)$, falls $uvwxy \varepsilon L(G)$.

Wegen der Längenschranke 2 für die Konklusion der G-Regeln hat jeder G-Herleitungsbaum mit einem Ergebnis der Länge $> 2^n$ mindestens die Höhe n + 1. Daher setzen wir $p := 2^n$. Wegen der Höhenschranke n + 1 von H_i ist das Ergebnis vwx nicht länger als $q := 2^{n+1}$.

Wie bei den regulären Sprachen liefert das Schleifenlemma eine Methode zum Nachweis, daß gewisse Sprachen nicht kontextfrei sind:

Anwendungsbeispiel: $L := \{a^n b^n c^n | 0 \leq n\}$ ist nicht kontextfrei.

Beweis. Für n > p kann $a^n b^n c^n$ keine Schleifenlemmazerlegung uvwxy haben: denn wäre $a^n b^n c^n \equiv uvwxy$, so könnte weder v noch x Vorkommen von mindestens 2 verschiedenen Buchstaben enthalten (da sonst in $uv^m wx^m y$ nicht alle a vor allen b und diese vor allen c aufträten); bestünden aber v und x aus Vorkommen nur je eines Buchstabens, so bliebe die Vorkommenanzahl des dritten Buchstabens in $uv^m wx^m y$ mit wachsendem m konstant.

Übung. Nicht kontextfrei sind: $\{a^n b^n c^m | n \leq m\}$, $\{a^n b^i c^m | n \leq i \leq m\}$, $\{a^n b^m c^n d^m | 0 \leq n,m\}$, $\{w | w \varepsilon \{a,b,c\}^* \ \& \ V_a(w) = V_b(w) = V_c(w)\}$, $\{ww | w \varepsilon \{a,b\}^*\}$.

Folgerung (Scheinberg 1960). Die Klasse der kontextfreien Sprachen ist abgeschlossen gegen $\cup$, nicht aber gegen Durchschnitt- oder Komplementbildung.

Beweis: $\{a^n b^n c^m | 0 \leq n,m\} \cap \{a^m b^n c^n | 0 \leq n,m\} = \{a^n b^n c^n | 0 \leq n\}$.

Pro memoria: $\cap$ ist aus $\cup$ und Komplementbildung definierbar.

Übung: Zeigen Sie Kontextfreiheit für $\{(,)\}^* - \{(^n)^n | 0 \leq n\}$ und $A^* - \{w a \mathrm{Spiegel}(w) : w \varepsilon A^*\}$.

Der Beweis des Schleifenlemmas zeigt eine Methode zur Erweiterung gegebener Herleitungsbäume H' durch Einsetzung höhenbeschränkter Bäume H_i' an geeigneten Variablenstellen. Iteration dieses Verfahrens liefert einen Analyse- und Synthesealgorithmus, der für jede kontextfreie Grammatik G beliebige Herleitungsbäume aus durch das Quadrat der Variablenzahl von G höhenbeschränkten G-Herleitungsbäumen konstruiert. Dieser Algorithmus deckt eine Verallgemeinerung der im Schleifenlemma formulierten Periodizitätseigenschaft auf, welche ihrerseits die Häufigkeitsverteilung von Buchstaben in Worten kontextfreier Sprachen charakterisiert und zeigt, daß letztere sich diesbezüglich nicht von regulären Sprachen unterscheiden; wie wir dann später sehen werden, kommt der Unterschied aus der kontextfreien Ausdrückbarkeit von Klammerstrukturen. (Für eine andere Verschärfung des Schleifenlemmas s. Ogden 1968; vgl. auch Ogden 1969, Boasson 1973.)

Definition. In Verallgemeinerung linearer Zahlenmengen $\{b + pi \mid 0 \leq i\}$ definieren wir lineare Mengen $L(B,P)$ von n-Tupeln natürlicher Zahlen für endliche B ("Basis"), P("Periode") $\subseteq \mathbb{N}^n$ durch:

$$L(B,P) := \{b + \sum_{i \leq k} p_i \mid b \varepsilon B, k \varepsilon \mathbb{N}, p_i \varepsilon P\}$$

$$= \{b + \sum_{j \leq m} i_j p_j \mid b \varepsilon B, i_j \varepsilon \mathbb{N}\} \text{ für } P = \{p_0, \ldots, p_m\}$$

mit der üblichen komponentenweisen Vektoraddition. Semilineare Mengen sind endliche Vereinigungen linearer Mengen.

Für Alphabete $A = \{a_1, \ldots, a_n\}$ ist die (Buchstaben-) Verteilungsfunktion $V: A^* \rightarrow \mathbb{N}^n$ - wir lassen den Index A weg - definiert durch $V(w) := (V_{a_1}(w), \ldots, V_{a_n}(w))$ mit $V_{a_i}(w)$:= Zahl der a_i-Vorkommen in w .

V heißt Parikh-Funktion, V(L) Parikh-Bild von L.

Beispiel: Jede semilineare Menge ist Parikh-Bild einer regulären Sprache, weil für $A = \{a\}$ und $B = \{b_0, \ldots, b_n\}$, $P = \{p_0, \ldots, p_m\} \subseteq \mathbb{N}$

$$L(B,P) = V(\bigcup_{i \leq n} \{a^{b_i}\} \cdot \{a^{p_1}\}^* \cdot \ldots \cdot \{a^{p_m}\}^*) \quad \text{(analog für } \mathbb{N}^k \text{ statt } \mathbb{N}).$$

So sind die reguläre Sprache $\{()\}^*$ und der Fitchbereich aller korrekten Klammerausdrücke aus (,) unter V gleich.

Satz von Parikh 1966. Das Parikh-Bild kontextfreier Sprachen ist semilinear.

Beweis. Wir können für eine semilineare Beschreibung der "Ergebnisse" von G-Herleitungsbäumen die Konstruktion aus dem Beweis des Schleifenlemmas unter der Voraussetzung übernehmen, daß der in i eingesetzte (nicht schraffierte) Baum H_i' mit Wurzel Z und Ergebnis vZx dieselben Variablen enthält wie der unten angehängte Baum $H_{i'}$. Dazu kontrollieren wir in G-Herleitungsbäumen die Mengen Q der als Knotenbezeichnungen auftretenden Variablen: L_Q sei die Menge der variablenfreien Ergebnisse eines G-Herleitungsbaumes mit Wurzel Ax und Variablenmenge Q (d.h. abgesehen von Endbuchstaben treten alle und nur die Variablen aus Q als Knotenbezeichnungen auf). Da es nur endlich viele solche Q gibt, genügt der Nachweis der Semilinearität von $V(L_Q)$. Q sei für das Folgende fest, $n := |Q|$.

Eine einfache Überlegung führt auf eine geeignete Höhenschranke für die einzusetzenden Bäume: die von den Knoten i auf einem Pfad erzeugten Teilbäume H_i haben um so kleinere Variablenmengen Q_i, je näher ihre Wurzel i am Blatt liegt, so daß auf jedem Pfad mit n+1 mit demselben Z beschrifteten Knoten i wegen $\emptyset \neq Q_{n+1} \subseteq \ldots \subseteq Q_{i+1} \subseteq Q_i \subseteq \ldots \subseteq Q_1 \subseteq Q$ mindestens ein Knotenpaar i und i' := i+1 Bäume mit derselben Variablenmenge erzeugt; der durch Herausschneiden von $H_{i'}$ aus H_i entstehende Baum kann dann die Rolle des nicht schraffierten Teilbaums H_i' im Schleifenlemma spielen. n+1 Wiederholungen mindestens einer Variablen enthält jeder Pfad der Länge $>n^2$, weshalb wir hier n^2 (an Stelle von n im Schleifenlemma) als Höhenschranke wählen.

Ein Basisbaum ist jeder G-Herleitungsbaum mit Wurzel Ax, variablenfreiem Ergebnis, Variablenmenge Q und Höhenschranke n^2, ein Periodenbaum (Einsetzungsbaum) ist jeder G-Herleitungsbaum mit einer Wurzel Z und Ergebnis vZx mit variablenfreien Worten v,x, mit in Q enthaltener Variablenmenge und Höhenschranke n^2. B bzw. P sei die Menge der Ergebnisse von Basis- bzw. Periodenbäumen. Wir zeigen: $V(L_Q) = L(V(B),V(P))$.

ad $\subseteq$: Wir zeigen durch Induktion über die Knotenanzahl von G-Herleitungsbäumen H mit Wurzel Ax, Ergebnis W und Variablenmenge Q, daß $V(W) \varepsilon L(V(B), V(P))$. Für Basisbäume ist $V(W) \varepsilon V(B)$. Induktionsschluß: H mit Höhe $>n^2$ enthält einen untersten, von einem Knoten erzeugten Teilbaum mit einem Pfad, auf dem seine Wurzelbeschriftung Z an n+1 Knoten vorkommt, aber ohne Pfade, auf der eine andere Variable mehr als n mal vorkäme. H_i sei von der Wurzel her geordnet der vom i-ten dieser Knoten erzeugte Teilbaum und Q_i seine Variablenmenge. Für ein $i \leq n+1$ ist $Q_i = Q_{i'}$ mit i' := i+1, dazu sei H_i' bzw. H' der aus H_i bzw. H durch Herausschneiden von H_i bzw. H_i' entstehende Baum (s.Zeichnung zum Schleifenlemma). H' hat weniger Knoten als H und dieselbe Variablenmenge Q wie H, so daß nach Induktionsvoraussetzung für sein Ergebnis W' gilt $V(W') \varepsilon L(V(B),V(P))$; da W' sich von W nur durch das Ergebnis vZx des Periodenbaumes H_i' unterscheidet, folgt somit $V(W) \varepsilon L(V(B),V(P))$.

ad $\supseteq$: Wir brauchen lediglich das vorstehend variierte Analyseprinzip aus dem Beweis des Schleifenlemmas in ein Aufbauverfahren umzudrehen: Startend mit gegebenem Basisbaum H_1 und Periodenbäumen H_i' mit Ergebnissen w_1 bzw. $v_iz_ix_i$ erweitern wir schrittweise H_i durch Einsetzen von H_i' an einem mit $z_i \varepsilon Q$ beschrifteten Knoten k_i in H_i (s. Zeichnung zum Schleifenlemma). So erhält man G-Herleitungsbäume H_{i+1} mit Variablenmenge Q und Ergebnis $w_{i+1} = u_iv_iw_ix_iy_i$ aus $w_i = u_iw_iy_i$ mit dem Ergebnis w_i des von k_i in H_i erzeugten Teilbaums.

Bemerkung. Eine ähnliche Beweisidee (mit Höhenschranke n+2) haben unabhängig H.Leiß in Schinzel 1984 und Yokomori & Joshi 1983 entwickelt.

Übung. Zeigen Sie: Ist $L \subseteq \{a\}^*$ kontextfrei, so ist L regulär (Ginsburg & Rice 1962). $\{a^p | p \text{ Primzahl}\}$, $\{a^{n^2} | 0 \leq n\}$ und $\{aba^2ba^3b...a^n b | 1 \leq n\}$ sind nicht kontextfrei.

Die Konstruktion beliebiger kontextfreier Herleitungsbäume durch wiederholtes Einsetzen von Teilbäumen an Variablenstellen suggeriert eine der Struktur regulärer Sprachen nachgeahmte induktive Charakterisierung kontextfreier Sprachen, bei der die Rolle der $*$-Iteration durch eine geeignet zu definierende Substitutionsiteration übernommen wird. Jede G-Herleitung von $w \varepsilon L(G)$ aus Ax kann man wie folgt darstellen, wobei □ für Ax steht und "Ax-Regel" für eine beliebige Regel mit Prämisse "Ax":

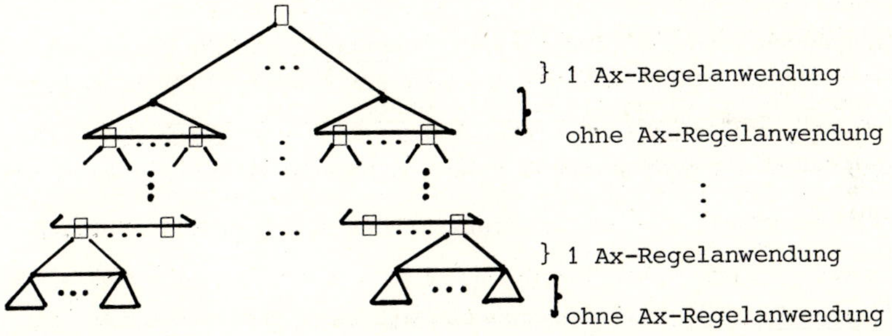

Wir fassen hier die G-Herleitung auf als iteriertes Substituieren von Ax durch Worte $v \varepsilon (A \cup \{Ax\})^*$, indem wir im jeweiligen Wort zuerst ein Vorkommen von Ax durch eine seiner Regelkonklusionen (V mit G-Regel $Ax \to V$) ersetzen und danach alle von Ax verschiedenen Variablen durch ihre G-Herleitungsergebnisse. Wir halten diesen Substitutionsprozeß fest in der auf Gruska 1971a (s. auch Greibach 1969, Kral 1970, McWirther 1971, Yntema 1971, Gruska 1973) zurückgehenden

Definition. Für $L \subseteq A^*$ und $a \varepsilon A$ ist das Ergebnis L^a der Iteration der Substitution von a in L definiert durch:

$w \varepsilon L^a$ gdw w entsteht aus a durch iterierte Ersetzung von Vorkommen von a durch Worte aus L solange, bis ein a-freies Wort entsteht

gdw $\exists n \exists s_i \varepsilon L : \exists u_i, v_i, w_i : w_0 = a \;\&\; w_n \varepsilon (A-\{a\})^*$

$\& \; \forall i < n : w_i = u_i a v_i \;\&\; w_{i+1} = u_i s_i v_i$

Die Klasse der kontextfreien Ausdrücke α über A und der durch sie bezeichneten kontextfreien Sprachen $L(\alpha)$ sind induktiv definiert wie bei regulären Ausdrücken, aber an Stelle der Sterniteration mit α^a und $L(\alpha^a) = L(\alpha)^a$ für $a\varepsilon A$.

Satz. Eine Sprache ist kontextfrei gdw wenn sie von einem kontextfreien Ausdruck α (über geeignetem Alphabet) bezeichnet wird.

Beweis. Sei $L(\alpha) = L(G)$ mit Endalphabet A, Variablenmenge V von G und $a\varepsilon A$. Dann wird $L(\alpha^a)$ erzeugt von G' mit Endalphabet $A-\{a\}$, Variablenmenge $V\cup\{a\}$ und zusätzlich zu den G-Regeln $a \to Ax$.

Umgekehrt konstruieren wir zu jeder kontextfreien Grammatik G mit n Variablen und unendlichem L(G) durch Induktion nach n einen kontextfreien Ausdruck α mit $L(G) = L(\alpha)$: Für $n = 1$ beschreibe β die endliche Menge $\{w|Ax \to w\varepsilon G\} = L(\beta)$, so daß $L(G) = L(\beta^{Ax})$. Hat G n+1 Variablen, so gibt es nach Indvor. zu jedem $u\varepsilon A \cup V$, $u \neq Ax$ einen kontextfreien Ausdruck $\overline{u}$ mit Sprache $L(\overline{u})$ aus den aus u in G ohne Regeln $Ax \to w$ herleitbaren Worten $v\varepsilon(A \cup \{Ax\})^*$.

Setze $\overline{uv} := \overline{u}\,\overline{v}$, sodaß

$$L(G) = L\Big(\bigcup_{Ax \to w\varepsilon G} \overline{w}\Big)^{Ax}$$

Übung. Ein kontextfreies G heißt selbsteinbettend gdw für ein nicht überflüssiges X gilt $X \Rightarrow uXv$ für $u,v \neq \Lambda$. Zeigen Sie: Kontextfreie Sprachen sind regulär gdw sie von einem nicht selbsteinbettenden G erzeugt werden.

Hinweis: Bringen Sie G so in Greibach-Normalform, daß keine neue selbsteinbettende Variable hinzukommt. Dann sind nur Worte mit höchstens nm Variablenvorkommen herleitbar, wobei $n = |V|$ und m = maximale Regelkonklusionslänge. Also können Regeln $X \to aU$ simuliert werden durch $(XW) \to a(UW)$ für alle Variablenworte UW mit $|UW| \leq nm$.

§ 3. (Kellerautomaten). Die Gleichwertigkeit endlicher Automaten als Akzeptoren mit ihrer Umdeutung als Erzeugungsverfahren (reguläre Grammatiken) läßt sich unschwer auf kontextfreie Grammatiken übertragen: Übergängen $i \to ja$ endlicher Automaten (lies: regulärer Grammatiken) entsprechen Regeln $X \to Ya$, wobei nach der Greibach-Normalform Y nicht nur eine Variable, sondern ein Variablenwort W sein kann. Zur Speicherung solcher W braucht die gesuchte Erweiterung endlicher Automaten ein potentiell unendliches Gedächtnis, auf das jedoch wegen der Greibach-Normalform nur von einer Seite ("von oben") her - X lesend, löschend und W druckend - zugegriffen zu werden braucht:

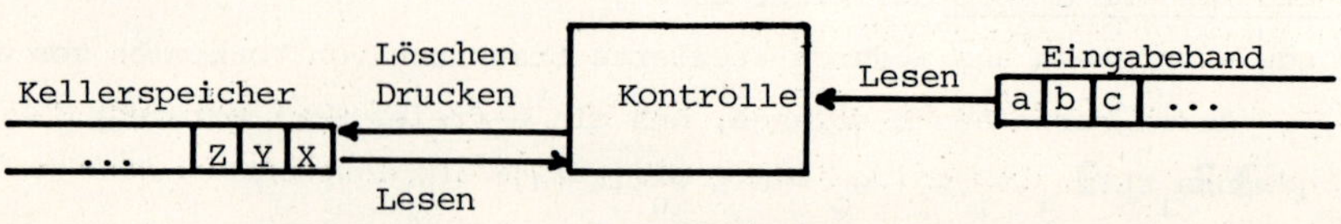

Die Erweiterung endlicher Akzeptoren um solch einen Kellerspeicher halten wir fest in der

Definition (Oettinger 1961). Ein Kellerautomat (pushdown Automat) M und die von ihm akzeptierte Sprache L(M) sind Wort für Wort definiert wie bei endlichen (Akzeptor-) Automaten, jedoch mit um Kellerspeicheroperationen erweiterten Übergängen der Form Xia → Wj mit Zuständen i,j, Eingabebuchstaben a oder a = Λ, Variablen X aus einem Kelleralphabet V oder X = Λ, Worten $W\varepsilon V^*$. Xia → Wj anzuwenden "bedeutet", daß M eine Konfiguration UXiav mit Zustand i, zuoberst gelesenem Eingabebuchstaben a und zuoberst gelesenem Kellersymbol X in UWjv überführt durch Verschieben der Lesekopfposition auf dem Eingabeband um einen Schritt nach rechts, Ersetzen des obersten Vorkommens von X im Kellerspeicher durch W und Übergang in den Zustand j. a = Λ bzw. X = Λ bezeichnet, daß M bei diesem Übergang ohne Lesen des Eingabebandes resp. des Kellerspeichers und somit unabhängig von deren Beschriftung operiert.

Beispiel. Jedes auf Linksherleitungen eingeschränkte kontextfreie G, oBdA in Chomsky Normalform, "ist" ein Kellerautomat mit Übergängen: O → Ax 1 (Anfangsübergang für Startzustand O, Stopzustand 1), X1 → ZY1 für X → YZ in G, X1a → 1 für X → a in G.

Übung. Geben Sie ohne Benutzung des vorstehenden Beispiels Kellerautomaten an zur Erkennung von:

$\{(^n)^n | 0 \leq n\}$ $\{\mathrm{Spiegel}(w) | w\varepsilon L\}$ für kontextfreies L

$\{w | w\varepsilon\{a,b,c\}^* \ \&\ V_a(w)=V_b(w)\}$ Fitch-Bereich

Übung. L heißt von einem Kellerautomaten M über Endzustände (bzw. über leeren Kellerspeicher) akzeptiert gdw $L = \{w | 0\ w \vdash_M vi$ für einen Endzustand i und ein Wort v$\}$ (bzw. $L = \{w | 0\ w \vdash_M i$ für einen M-Zustand i$\}$). Zeigen Sie, daß jede derartige Sprache L auch von einem Kellerautomaten im Sinne unserer ursprünglichen Definition akzeptiert wird.

Automatencharakterisierung kontextfreier Herleitungen (Chomsky 1962, Evey 1963, Schützenberger 1963): Kontextfrei sind genau die von Kellerautomaten akzeptierten Sprachen.

NB. Endliche Automaten mit 2 statt einem Kellerspeicher sind rekursiv äquivalent zu 2-Registermaschinen.

Beweis. Nach obigem Beispiel verbleibt, zu beliebigem Kellerautomaten M eine kontextfreie Grammatik $\overline{M}$ mit $L(M) = L(\overline{M})$ zu konstruieren. Durch die Kellerspeicheroperation in M-Übergängen $Yia \rightarrow X_n \ldots X_1 i'$ entstehen n aufeinanderfolgende Teilberechnungen B_j von M, in deren Verlauf M das Kellersymbol X_j und ein zugehöriges Teilstück w_j des Eingabeworts "abarbeitet". Genauer ist B_j bestimmt durch: seinen Anfangszustand i_j, wobei $i_1 = i'$; das zu Beginn oberste Vorkommen des Kellerspeichersymbols X_j, das erst im letzten B_j-Schritt ersetzt wird; den am Ende erreichten Zustand $k_j = i_{j+1}$; den im Verlaufe von B_j gelesenen Teil w_j des Eingabeworts. (Erinnern Sie sich, daß ein Kellerautomat jeweils nur das oberste Symbol in seinen Speichern einsehen kann, weil er - als Substitutionssystem aufgefaßt - lokal operiert und stets nur in Abhängigkeit von den beiden links und rechts vom Zustandssymbol stehenden Symbolen substituiert.) Jedes B_j muß in einem Herleitungsbaum H_j mit durch das Tripel $<i_j, X_j, k_j>$ bestimmter Wurzel und Ergebnis w_j kodiert werden. Wir bezeichnen also durch Tripel $<i,X,k>$ Variablen von $\overline{M}$ und zeigen das

Simulationslemma: Für alle Eingabealphabetworte w und alle i,X,k gilt: $Xi\,w \vdash_M k$ gdw $<i,X,k> \vdash_{\overline{M}} w$.

Für $X = \Lambda$, Anfangszustand i, Endzustand k heißt das $L(M) = L(\overline{M})$.

Für die Definition nehmen wir zur Vereinfachung oBdA an, daß jeder M-Übergang in der Prämisse ein Kellerspeichersymbol X enthält. (Ist dies noch nicht der Fall, so kann man künstlich ein "Leersymbol" Λ zur Kennzeichnung des "Bodens" des leeren Kellerspeichers einführen und eine Regel $ia \to Wj$ ersetzen durch die Regeln $Xia \to XWj$ für alle X.) $\overline{M}$ besteht aus den Regeln (für alle Zustände i,i',k):

$<i,X,k> \to a<i',X_1,i_1><i_1,X_2,i_2>\dots<i_{n-1},X_n,k>$

für jeden M-Übergang $Xia \to X_n\dots X_1 i'$ und alle Zustände i_j

$<i,X,k> \to a\ <i',\Lambda,k>$ für jeden M-Übergang $Xia \to i'$

$<i,\Lambda,i> \to \Lambda$ {Reflexivität der M-Übergangsbeziehung}

$Ax \to <0,\Lambda,r>$ für Anfangszustand 0, Endzustände r von M .

Das Simulationslemma folgt durch Induktion über die Herleitungslänge t: Sei $Xiw \xrightarrow[M]{t} k$ gegeben. Für $t = 0$ ist $X = w = \Lambda$, $i = k$ und $<i,\Lambda,i> \to \Lambda$ in $\overline{M}$.

Für t+1 zerlegen wir die Berechnung in einen ersten Schritt $Xiav \to X_n\dots X_1 i'v$ und den Rest der Länge t, der sich aus n Teilen B_j wie oben angegeben zur Beseitigung des jeweils obersten Kellersymbols X_j zusammensetzt:

Für alle $j \leq n$: $X_j i_j w_j \xrightarrow[M]{\leq t} i_{j+1}$ mit $v = w_1\dots w_n$, $i_1 = i'$, $i_{n+1} = k$.

Nach Indvor. folgt $<i_j, X_j, i_{j+1}> \vdash_{\overline{M}} w_j$ und damit in $\overline{M}$:

$<i,X,k> \to a < i',X_1,i_2><i_2,X_2,i_3>\dots<i_n,X_n,k> \vdash aw_1\dots w_n$.

Ist der erste M-Übergang $Xiav \to i'v$, so gilt $<i',\Lambda,k> \vdash_{\overline{M}} v$ nach Indvor.

für $i'v \overset{t}{\underset{M}{\to}} k$, also $\langle i,X,k\rangle \to a\langle i',\Lambda,k\rangle \vdash av$.

Ist umgekehrt $\langle i,X,k\rangle \overset{t}{\underset{M}{\geq}} w$ gegeben, so kann für t=1 die benutzte Regel nur $\langle i,\Lambda,i\rangle \to \Lambda$ gewesen sein, sodaß $X = w = \Lambda, i = k$ und $i \vdash_M i$ wegen der Reflexivität von $\vdash$.

Für t+1 sei $\langle i,X,k\rangle \to a \langle i',X_1,i_1\rangle\langle i_1,X_2,i_2\rangle\ldots\langle i_{n-1},X_n,k\rangle$ mit av = w der erste Schritt der gegebenen Herleitung, sodaß nach Indvor.:

$\forall j \leq n$: $X_j i_j w_j \vdash_M i_{j+1}$ für $\langle i_j,X_j,i_{j+1}\rangle \overset{\leq t}{\underset{M}{\longrightarrow}} w_j, i_1=i', i_{n+1} = k$,

also $Xiaw_1\ldots w_n \underset{M}{\to} X_n\ldots X_1 i'w_1\ldots w_n \vdash_M k$ mit $w = aw_1\ldots w_n$. Im Falle eines ersten Herleitungsschritts $\langle i,X,k\rangle \to a \langle i',\Lambda,k\rangle$ hat man analog $Xiav \to i'v \vdash k$ aus $\langle i',\Lambda,k\rangle \vdash v$.

Übung. Zeigen Sie, daß (erweiterte) Kellerautomaten, in deren Regeln $Xia \to Wj$ für X und a Variablen- bzw. Eingabeworte (statt Buchstaben und Λ) zugelassen sind, ebenfalls kontextfreie Sprachen akzeptieren.

Anwendungsbeispiel 1 (Bar-Hillel et al. 1961). Die Klasse der kontextfreien Sprachen ist abgeschlossen gegen den Durchschnitt mit regulären Mengen.

Beweis. Durch Parallelschaltung (Kreuzproduktbildung) eines Kellerautomaten K und eines (kellerspeicherlosen!) endlichen Akzeptors M erhält man einen $L(K) \cap L(M)$ akzeptierenden Kellerautomaten mit den Übergängen

$X \langle i,j\rangle a \to W \langle k,l\rangle$ für $Xia \to Wk$ in K und $ja \to l$ in M,

$X \langle i,j\rangle \to W \langle k,j\rangle$ für $Xi \to Wk$ in K {reiner Kellerübergang}.

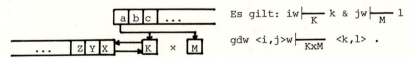

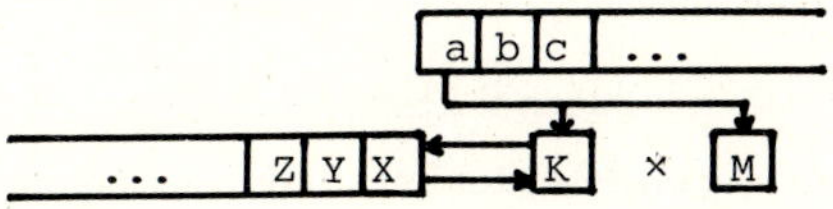

Es gilt: $iw \vdash_K k$ & $jw \vdash_M l$ gdw $\langle i,j\rangle w \vdash_{K\times M} \langle k,l\rangle$.

Übung. Die Klasse der kontextfreien Sprachen ist abgeschlossen gegen Übersetzung endlicher Transduktoren (d.h. ist L kontextfrei und M ein endlicher Transduktor, so ist die M-Übersetzung $ü_M(L) := \{w \mid 0v \vdash_M wi$ für ein $v \in L$, einen Zustand i$\}$ kontextfrei).

Hinweis: Betrachten Sie für den Homomorphismus h(a) := (Menge aller M-Übergänge $ia \to wj$) die Menge h(L) aller durch L-Eingabeworte gesteuerten Folgen lokal möglicher M-Übergänge und bestimmen darin die Folgen mit passenden Zuständen benachbarter Glieder, indem Sie h(L) mit der regulären Menge aller Quadrupelfolgen $(i_k a_k w_k j_k)_{k \leq r}$ mit $i_{k+1} = j_k$ schneiden.

Anwendungsbeispiel 2. (Ginsburg & Rose 1963). Die Klasse der kontextfreien Sprachen ist abgeschlossen gegen Homomorphismenurbilder.

Beweis. Aus gegebenem Kellerautomaten M und Homomorphismus h bauen wir einen $h^{-1}(L(M))$ akzeptierenden Kellerautomaten $\bar{M}$, der bei Einlesen von a in seinem endlichen Gedächtnis h(a) speichert und darauf M simuliert vermöge der Regeln:

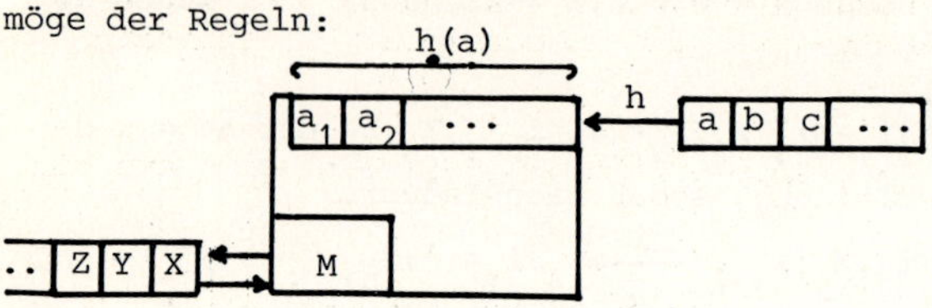

Kodierung von M-Zustand i und Endstück u eines h(a) im $\bar{M}$-Zustand $\langle i,u\rangle$

Speicherregeln: $\langle i,\Lambda\rangle\, a \to \langle i,h(a)\rangle$ für alle i,a

Simulationsregeln: $X\langle i,au\rangle \to W\langle j,u\rangle$ für $Xia \to Wj$ in M

Für alle V,W,i,j,a gilt $Vih(a) \vdash_{M} Wj$ gdw $V\langle i,\Lambda\rangle a \vdash_{\bar{M}} W\langle j,\Lambda\rangle$.

§ 4. (Entscheidungsprobleme). Aus dem periodischen Verhalten kontextfreier Herleitungen ergeben sich unmittelbar Lösungsverfahren für einige Entscheidungsprobleme:

a) Entscheidbarkeitssatz für kontextfreie und reguläre Grammatiken. Das Wort-, Leerheits- und Unendlichkeitsproblem kontextfreier Grammatiken ist rekursiv lösbar. Für reguläre Grammatiken sind auch Totalitäts-, Inklusions- und Äquivalenzproblem rekursiv lösbar.

Beweis. Bei oBdA Chomsky Normalform verlängert jede grammatikalische Regelanwendung das Herleitungsergebnis, sodaß $v \vdash_{G} w$ gdw $v \overset{t}{\underset{G}{\to}} w$ für ein $t \leq |w|$. $L(G) \neq \emptyset$ gdw es einen G-Herleitungsbaum für ein $w\varepsilon L(G)$ gibt, in dem jede Variable pro Pfad höchstens einmal vorkommt. Wegen der Abgeschlossenheit regulärer Sprachen gegen Komplement- und Durchschnittsbildung folgt für reguläre Grammatiken über Endalphabet A aus der Entscheidbarkeit des Leerheitsproblems auch die von Totatilitäts-, Inklusions- und Äquivalenzproblem wegen: $L(G) = A^*$ gdw $A^*-L(G) = \emptyset$; $L(G) \subseteq L(G')$ gdw $L(G) \cap (A^*-L(G')) = \emptyset$; $L(G) = L(G')$ gdw $L(G) \subseteq L(G') \subseteq L(G)$. Mit den Bezeichnungen aus dem Schleifenlemma gilt: L(G) unendlich gdw $W\varepsilon L(G)$ für ein W mit $p < |W| \leq p+q$: denn für $W = uvwxy\varepsilon L(G)$ ist $uv^m wx^m y\varepsilon L(G)$; umgekehrt kann man in einem G-Herleitungsbaum H für $W = uvwxy$ mit $|vwx| \leq q \leq p+q < |W|$ solange (den nicht schraffierten Teil) $H_i^!$ mit Ergebnis vx in H streichen, bis ein Ergebnis der Länge $>p$, $\leq p+q$ erreicht wird.

Bemerkung. Dem Entscheidbarkeitsbeweis für das Äquivalenzproblem liegt das Auffinden einer Schranke für die Länge derjenigen Eingabeworte zugrunde, auf denen allein man das Verhalten der Automaten im Hinblick auf ihre Äquivalenz zu testen braucht. Spreen 1983 zeigt, daß dieses Argument eine große

Klasse ähnlicher Entscheidbarkeitsbeweise charakterisiert. "Effiziente" Verfahren zum Testen der Äquivalenz endlicher Automaten erhält man z.B. durch Vergleiche ihrer minimalen Äquivalenten; für ein auf Hopcroft & Karp zurückgehendes Verfahren s. Constable 1980. Das Äquivalenzproblem für Λ-freie endliche Transduktoren ist unentscheidbar (Griffiths 1968), hingegen für 2-Band-Automaten und für Mealy-Automaten entscheidbar, s. Griffiths 1968, Moore 1956.

b) Eine genauere Bestimmung der Komplexität des Äquivalenzproblems für reguläre Ausdrücke liefert der

Satz von Meyer & Stockmeyer 1972. Das Nicht-Äquivalenzproblem $\lambda R,S.$ $L(R) \neq L(S)$ ist NP-vollständig für reguläre Ausdrücke R,S ohne *, das Teilproblem der Nicht-Totalität $L(R) \neq A^*$ PBAND-vollständig für reguläre Ausdrücke R über einem Alphabet D.

Beweiskern ist eine kurze reguläre Beschreibung derjenigen Worte, die zu gegebenem Halbband-TM-Programm M und zu bel. W,m,n keine W mit Platzbedarf m in Rechenzeit n akzeptierende M-Berechnung kodieren. Für Eingabe- bzw. Zustandsalphabet B,Z von M sei "|" ein neues Trennungssymbol; C heißt (Kodierung einer) W mit Platzbedarf m in Rechenzeit n akzeptierende M-Rechnung gdw

$$C = C_0|\ldots C_n| \ \& \ \forall i \leq n: C_i \text{ ist eine M-Konfiguration der Länge m}$$

$$\& \ C_0 = OWa_0\ldots a_0 \ \& \ C_i \underset{M}{\overset{1}{\rightarrow}} C_{i+1} \ \& \ C_n = ra_0\ldots a_0$$

wobei oBdA r der einzige akzeptierende Stopzustand von M ist und M mit Lesekopf am linken Bandende des Halbbandes hält; Akz(M,W,m,n) sei die Menge solcher C.

Lemma 1. Man kann mittels eines determinierten TM-Programms in polynomial beschränkter Rechenzeit zu jedem W,m,n einen regulären, *-freien Ausdruck R(M,W,m,n) von polynomial beschränkter Länge konstruieren mit

$$L(R(M,W,m,n)) = A^*_{(m+1)(n+1)} - Akz(M,W,m,n) \text{ für } A = B \cup Z \cup \{|\}$$

wobei $A^*_k := \{V | V \in A^* \ \& \ |V| \leq k\}$ (A^* beschränkt auf Wortlänge k) und die Länge regulärer Ausdrücke kanonisch definiert ist durch

$$|\emptyset| = |\Lambda| = |a| = 1, \ |RS| = |R \cup S| = |R| + |S| + 1, |R^*| = |R| + 1.$$

Aus Lemma 1 folgt die NP-Härte des Nicht-Äquivalenzproblems *-freier Ausdrücke, weil für bel. Polynome p gilt:

M akzeptiert W mit Platzbedarf $p(|W|)$ in Rechenzeit $p(|W|)$

$$\text{gdw } L(R(M,W,p(|W|),p(|W|))) \neq A^*_{(p(|W|)+1)^2} = L(\bigcup_{i \leq (p(|W|)+1)^2} A^i) .$$

Ein polynomialzeitbeschränktes, nicht determiniertes Verfahren zur Entscheidung von $L(R) \neq L(S)$ für *-freie reguläre R,S erhält man aus folgender

Überlegung: Zu gegebenen R,S "raten" wir ein W mit $|W| \leq \max\{|R|,|S|\}$ und testen, ob $W\varepsilon L(R)-L(S)$ oder $W\varepsilon L(S)-L(R)$. Für diesen Test nehmen wir oBdA an, daß R und S keine Teilausdrücke $aP \cup aP'$ mehr enthalten; diese Normalform erhält man mittels Ersetzen von $aP \cup aP'$ durch $a(P \cup P')$ (Herausziehen gemeinsamer Faktoren). Dann ist $W\varepsilon L(R)$ gdw aus dem Paar (W,R) ein Paar $(\Lambda, P\cup\Lambda\cup P')$ für gewisse reguläre (evtl. leere) Ausdrücke P,P' hergeleitet werden kann durch fortgesetzte Anwendung der folgenden Auswertungsregel (sei $A = \{a_o,\ldots,a_n\}$):

Ersetze $(a_iV, R_1 \cup a_iR_2 \cup R_3)$ durch a_iR_2 für $i \leq n$.

Also ist auch $W\notin L(S)$ gdw dieser auf (W,S) angewandte Auswertungsprozeß abbricht, ohne auf eine "Konfiguration" $(\Lambda, P\cup\Lambda\cup P')$ zu führen.

<u>Beweis von Lemma</u> 1. Für $C\varepsilon A^*$ der Länge $\leq(m+1)(n+1)$ gilt $C\notin Akz(M,W,m,n)$ gdw C hat nicht die Form $C_o|\ldots C_n|$ einer M-Berechnung mit Platzbedarf m oder C hat einen Fehler in der Anfangs- oder Endkonfiguration oder an einem Übergang von C_i nach C_{i+1}, genauer gdw $C\varepsilon$Form $\cup$ Anfang $\cup$ Ende $\cup$ Übergang mit den folgenden Fehlermengen:

Form := $\{V | V \neq C_o|\ldots C_n|$ für M-Konfig. C_i der Länge $m\}$

Anfang := $\{C_o|\ldots C_n| \mid C_o \neq 0Wa_o\ldots a_o$ für M-Konfig. C_i der Länge $m\}$

Ende := $\{\ldots\ldots\ldots\ldots | C_n \neq rV$ für $V\varepsilon A^*\ldots\ldots\ldots\ldots\}$

Übergang := $\{\ldots\ldots\ldots | \exists j\colon C_j \not\xrightarrow[M]{} C_{j+1}\ldots\ldots\ldots\ldots\}$

Bei der nachfolgenden *-freien regulären Definition dieser Fehlermengen identifizieren wir zur Schreibvereinfachung R und L(R):

$C\varepsilon$Form gdw $C\varepsilon \bigcup_{k<b} A^k$ für $b = (m+1)(n+1)$ {C ist zu kurz}

oder $C\varepsilon \bigcup_{i\leq n} A^{i(m+1)-1} \cdot (A-\{|\})\, A^{(m+1)(n+1-i)}$ {C hat an einer Trennstelle kein Trennzeichen}

oder $C\varepsilon \bigcup_{i\leq n} A^{(m+1)i} \cdot \bigcup_{j<m} A^j | A^{m-j} \cdot A^{(m+1)(n-i)}$ {C hat im Konfig.-teil ein Trennzeichen}

oder $C\varepsilon \bigcup_{i\leq n} A^{(m+1)i} \cdot B^m | A^{(m+1)(n-i)}$ {C hat in einem Konfig.-teil kein Zustandssymbol}

oder $C\varepsilon\ldots\ldots\ldots\ldots \cdot \bigcup_{1\leq j<k\leq m-1} A^{j-1}(ZB)A^{k-j-1}(ZB)A^{m-1-k}A^{(m+1)(n-i)}$

{C hat in einem Konfig.teil mehr als ein Zustandssymbol; wir zählen "Paare" $zb\varepsilon ZB$ als 1 Symbol}

Für $W = w_1\ldots w_l$ mit Bandsymbolen $w_i\varepsilon B$ ist Anfang definiert durch:

$(A-\{0\})\cdot A^{(m+1)(n+1)-1}$	{beginnt nicht mit Anfangszustand}
$\cup\ 0\cdot(A-\{w_1\})\cdot A^{(m+1)(n+1)-2}$	{erstes Eingabesmybol ist falsch}
$\vdots$	$\vdots$
$\cup\ 0Wa_o\ldots a_o\cdot(A-\{a_o\})\|A^{(m+1)n}$	{letztes Bandsymbol im C_o-Teil ist falsch}

Analog hat man für den Halt am linken Bandende im Zustand r:

$$\text{Ende} = L(A^{(m+1)n} \cdot (A-\{r\}) \cdot A^m).$$

Sei M(abc) die durch M und die Buchstaben a,b,cεA bestimmte Menge von Worten a'b'c', die in einer unmittelbaren Nachfolgekonfiguration C' = ... a'b'c'... der Konfiguration C = ...abc... an der vorher von abc eingenommenen Stelle stehen können. Damit wird Übergang beschrieben durch:

$$\bigcup_{i<n} A^{(m+1)(i-1)} \cdot \Big\{ \bigcup_{\substack{j\leq m\\ abc\varepsilon A^3}} A^j abc\, A^{m-2} \cdot (A^3-\{M(a,b,c)\}) \cdot A^{m-j-2} \Big\} A^{(m+1)(n-i)} .$$

Offensichtlich ist die Länge von Form $\cup$ Anfang $\cup$ Ende $\cup$ Übergang beschränkt durch ein Polynom in $|M|,|W|,m,n$.

Mit Hilfe der $*$-Operation läßt sich die Fehlermengenbeschreibung verkürzen und damit Lemma 1 verschärfen zu:

Lemma 2. Man kann mittels eines determinierten TM-Programms mit linear beschränktem Platzbedarf zu jedem W und m einen regulären Ausdruck R(M,W,m) linear beschränkter Länge konstruieren, sodaß L(R(M,W,m)) = A^*-Akz(M,W,m) für die Menge Akz(M,W,m) aller W mit Platzbedarf m akzeptierenden M-Rechnungen.

Beweis von Lemma 2: Wir definieren reguläre Fehlermengen Anfang $\cup$ Ende $\cup$ Übergang durch (- binde stärker als $\cup$):

$$\text{Ende} := (A-r)^*, \quad \text{Übergang} := \bigcup_{abc\varepsilon A^3} A^* abc A^{m-2} \cdot (A^3-M(abc)) \cdot A^*$$

$$\text{Anfang} := \{\Lambda\} \cup (A-O\cup O\cdot(A-w_1\cup w_1\cdot(\ldots\cdot(A-a_o\cup a_o(A-\underbrace{|))\ldots)))}_{m+1\text{-mal}}\cdot A^* \{\text{Eingabe falsch}\}$$

Die Länge dieser Ausdrücke ist $\leq c\cdot m|M|$ für ein c.

Aus Lemma 2 folgt die PBAND-Härte von $L(R) \neq A^*$ nach:
M akzeptiert W mit Platzbedarf $p(|W|)$ für ein Polynom p gdw $L(R(M,W,p(|W|))) \neq A^*$.

Zum Nachweis von $\{R|L(R) \neq A^*\}\varepsilon$ PBAND genügt nach dem Satz von Savitch die Angabe eines nicht determinierten, mit polynomialem Platzbedarf arbeitenden Entscheidungsverfahrens: Zu bel. regulären R konstruiere man einen L(R) akzeptierenden, nicht determinierten, endlichen Automaten M mit höchstens $2|R|$ Zuständen und betrachte den im Satz von Rabin und Scott dazu konstruierten äquivalenten determinierten Potenzmengenautomaten M'. Nach dem Schleifenlemma ist $L(R) = L(M') \neq A^*$ gdw es ein Eingabewort W der Länge $\leq 2^{2|R|}$ und einen in M' nicht akzeptierenden (also nur nicht akzeptierende M-Zustände enthaltenden) Zustand Z' gibt mit $OW \Rightarrow_{M'} Z'$. Diese Eigenschaft kann man sogar mit zur maximalen Kardinalität $2|R|$ der Zustandsmengen von M proportionalem Platzbedarf nach folgendem nicht determinierten Verfahren entscheiden:

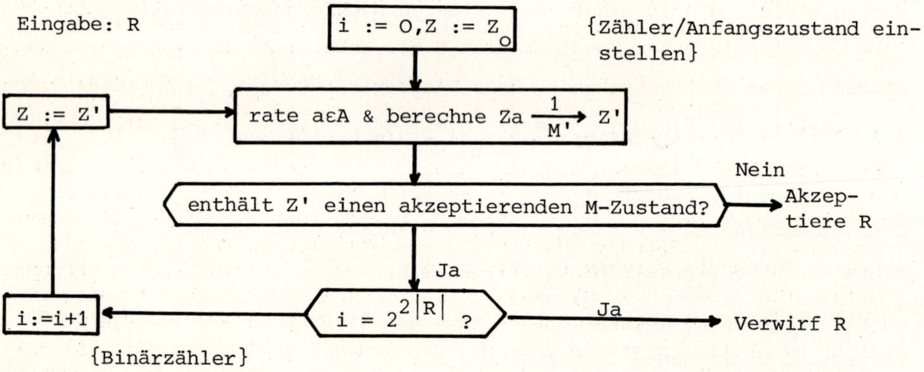

Auf Grund des Löschens von Zwischenergebnissen in der Anweisung Z := Z' ist der Platzbedarf durch $c|R|$ für ein c beschränkt.

Übung 1. Betrachten Sie reguläre Ausdrücke "mit Quadrieren", bei denen in der induktiven Definition zusätzlich die Klausel auftritt: mit α ist auch α^2 ein regulärer Ausdruck mit Quadrieren und $L(\alpha^2) = L(\alpha\alpha)$, aber $|\alpha^2| = |\alpha| + 1$. Zeigen Sie, daß $\{R \mid R$ regulärer Ausdruck über A mit Quadrieren & $L(R) \neq A^*\}$ für ein Alphabet A EXPBAND-vollständig ist. Hinweis: a) Wegen $A^{2n} = (A^n)^2$, $A^{2n+1} = A^{2n}A$ ist $A^n = L(R_n)$ für einen regulären Ausdruck R_n mit Quadrieren und von der Länge $\leq 2 \log n$. Also kann $R(M,W,2^m)$ durch Zulassen des Quadrierens auf der TM mit in $|W|$ und m linear beschränktem Platzbedarf konstruiert werden. b) Zur Entscheidung von $L(R) \neq A^*$ ersetze man Q^2 in R durch QQ, was höchstens exponentiellen Platzbedarf in $|R|$ bewirkt.

Übung 2. (Meyer & Stockmeyer 1973). Zeigen Sie die NEXPZEIT-Vollständigkeit des Nicht-Äquivalenzproblems für *-freie reguläre Ausdrücke mit Quadrieren über geeignetem Alphabet A. Hinweis: Kombinieren Sie die Methoden aus Teil 1 und Teil 2 des Satzes mit Übung 1.

Übung 3. Zeigen Sie den Satz mit Übungen für A = {0,1}. Hinweis: Reduzieren Sie das Problem über A auf sein Analogon über {0,1}.

Bemerkung. Für weitere Untersuchungen zur Komplexität von Entscheidungsproblemen regulärer und kontextfreier Sprachen s. Stockmeyer 1974, Hunt et al. 1973 - 1979, Stearns & Hunt 1981, Fürer 1978.

c) Wortprobleme $\lambda w.w\varepsilon L(G)$ kontextfreier G spielen bei der Übersetzung von Quellprogrammen in höheren Programmiersprachen eine Rolle: nach der mit endlichen Automaten realisierbaren lexikalischen Analyse durch einen sog. Scanner, der den Strom der Eingabezeichen in ein Wort w über dem Alphabet der syntaktischen Grundeinheiten (wie Namen von Variablen, Konstanten, Prozeduren, Hilfssymbolfolgen wie begin, end usw.) zerlegt, leistet ein i.a. mittels Kellerautomaten realisierbarer sog. Parser die syntaktische Analyse von w, indem er den zugehörigen Herleitungsbaum für w erzeugt bzw. w als nicht herleitbar verwirft. Effiziente Lösungen dieses auch Analyseproblem genannten Wortproblems kontextfreier Grammatiken finden sich z.B. in Early 1970, Valiant 1975, Graham et al. 1976. Für die meisten Anwendungen genügen eingeschränkte Formen kontextfreier Grammatiken, für die noch effizientere Algorithmen zur Lösung des Analyseproblems bekannt sind (s.Aho & Ullman 1972, 1977, Lewis II et al. 1976, Mayer 1978).

Die erwähnten eingeschränkten Formen kontextfreier Grammatiken sind insbesondere determiniert und entsprechen determinierten Kellerautomaten (s. Knuth 1965). Wegen der Indeterminiertheit können kontextfreie Grammatiken i.a. zu herleitbaren Worten mehrere Herleitungen haben, die sich nicht nur in der Reihenfolge der Regelanwendungen unterscheiden: man nennt G mehrdeutig gdw ein $w\varepsilon L(G)$ mindestens 2 Links- (oder Rechts-) Herleitungen in G besitzt. Statt Links- bzw. Rechtsherleitungen in G betrachtet man häufig auch Herleitungen in der zu G gehörigen Strukturgrammatik (G) mit Regeln $X \rightarrow (w)$ für jede Regel $X \rightarrow w$ in G (bzgl. einer gegebenen Nummerierung der G-Regeln), wo man bei jeder Regelanwendung die Information über die erfolgte Regelanwendung mitnotiert. G ist also mehrdeutig gdw mindestens ein Wort in der zugehörigen Strukturgrammatik (G) mindestens 2 "Strukturbeschreibungen" hat. Während das Äquivalenzproblem für Strukturgrammatiken entscheidbar ist (s. McNaughton 1967, Paull & Unger 1968), haben Cantor 1962, Floyd 1962 und Chomsky & Schützenberger 1963 beobachtet, daß sich die Lösbarkeitsfrage für Postsche Korrespondenzprobleme direkt als Mehrdeutigkeitsfrage für kontextfreie Grammatiken deuten läßt, was uns den Schlüssel liefert zum

Unentscheidbarkeitssatz für kontextfreie Grammatiken. 1. Für kontextfreie G sind Mehrdeutigkeits-, Totalitäts-, Regularitäts-, Äquivalenz- und Inklusionsproblem rekursiv unlösbar. 2. Für Durchschnitte und für Komplemente kontextfreier G sind auch Leerheits-, Endlichkeits-, Regularitäts- und Kontextfreiheitsproblem unentscheidbar.

Beweis. Für Postsches Korrespondenzproblem $C=(v_i,w_i)_{i<n}$ mit $v_i,w_i \varepsilon A^*-\{\Lambda\}$ erzeugen wir die linken bzw. rechten Hälften $v_{i_1}\dots v_{i_r}$ bzw. $w_{i_1}\dots w_{i_r}$ von Lösungsansätzen zusammen mit der Notierung der Nummern $(i_r)\dots(i_1)$ der jeweils benutzten Paare durch regeldisjunkte Grammatiken C_L bzw. C_R mit den Regeln ("(",")", a seien neue Symbole):

$Ax \to L \quad L \to v_i L(i) \quad L \to v_i a(i)$

bzw. $Ax \to R \quad R \to w_i R(i) \quad R \to w_i a(i)$.

Es gilt: $v_{i_1} \ldots v_{i_r} a(i_r) \ldots (i_1) = w_{i_1} \ldots w_{i_r} a(i_r) \ldots (i_1)$ für gewisse $i_j \leq n$ gdw $C_L \cup C_R$ ist mehrdeutig (NB. C_L und C_R sind eindeutig.)

Für die restlichen Behauptungen variieren wir die zum Nachweis der Abgeschlossenheit kontextfreier Sprachen gegen Transduktorübersetzungen benutzte Methode: in der linke und rechte Hälften von Lösungsansätzen parallel erzeugenden Grammatik für die Sprache

$L(C) := L(C_L)a$ Spiegel $(L(C_R))$, bestehend aus allen Worten

$v_{i_1} \ldots v_{i_r} a(i_r) \ldots (i_1) a\ (j_1) \ldots (j_s) a$ Spiegel$(w_{j_s}) \ldots$Spiegel(w_{j_1}) ,

bestimmen wir die C-Lösungen durch Schnitt mit der Sprache

Spf := {wa Spiegel(w) | w bel.} aller Spiegelformen. Es gilt:

(*): L(C) ∩ Spf ist entweder leer (also auch regulär und kontextfrei)

oder unendlich ohne kontextfreie unendl. Teilmenge.

Beweis. Die Lösungsmenge von C ist leer oder unendlich. Ein unendliches kontextfreies $L \subseteq L(C) \cap$ Spf enthielte ein hinreichend langes Wort $V_1aV_2aV_3aV_4$ mit V_i ohne Vorkommen von a und Schleifenlemmazerlegung uvwxy: a könnte in vx nicht vorkommen (weil es sonst in $uv^m wx^m y \varepsilon L \subseteq L(C)$ mehr als 3 mal vorkäme), sodaß die Iteration von $vx \neq \Lambda$ in $uv^m wx^m y$ mindestens eines und höchstens zwei der Worte V_i verlängerten; Letzteres widerspräche der Form der Worte in L(C) ∩ Spf.

Aus (*) folgt: C ist lösbar gdw L(C) ∩ Spf ist weder leer noch endlich noch regulär noch kontextfrei: dies zeigt auch die Behauptung für die Komplementsprachen, denn C(L(C) ∩ Spf)) = C(L(C)) ∪ C(Spf) ist kontextfrei, weil C(L(C)) und C(Spf) es sind (s. Übung zur Nicht-Abgeschlossenheit kontextfreier Sprachen gegen Komplementbildung). Für Totalitäts-, Regularitäts-, Äquivalenz- und Inklusionsproblem beachte: L(C) ∩ Spf = ϕ gdw C(L(C)∩Spf) total.

Übung. (Albert 1980). Zeigen Sie analog zur Unentscheidbarkeit der Regularitätseigenschaft für durch kontextfreie Grammatiken gegebene Sprachen, daß beliebige r.a. Klassen R und K uniform rekursiver Sprachen keinen Algorithmus zur Entscheidung von "LεR?" für LεK zulassen, wenn K nur aus kontextfreien Sprachen besteht und jedes Nlös(A) bzw. Lös(C) ∪ Nlös(A) für Postsche Korrespondenzprobleme C über Alphabet A Element von R bzw. K ist; dabei ist Lös(C) := {waw | wεL(C)} und
Nlös(A) := $\{u_1au_2 \mid u_i = v_i a w_i a w_i' a v_i' \varepsilon L(C)$ & $(w_i' \neq$ Spiegel(w_i) oder $v_i' \neq$ Spiegel$(v_i))$ & $v_i w_i v_i' w_i' \varepsilon (A-a)^*$ für $i = 1,2\}$.

Übung (Hartmanis & Hopcroft 1968, Hartmanis 1969, Cudia 1970, Hartmanis & Hopcroft 1970). a) Eindeutigkeits-, Totalitäts-, Äquivalenz- und Inklusionsproblem kontextfreier G sowie das Leerheitsproblem für Komplemente und für Durchschnitte der Sprachen von Paaren kontextfreier Grammatiken sind Π_1-vollständig bzgl. $\leq_1$. b) Σ_2-vollständig bzgl. $\leq_1$ sind Endlichkeits-, Regularitäts- und Kontextfreiheitsproblem für Durchschnitte der Sprachen von Paaren kontextfreier G, dto. für Komplementsprachen kontextfreier G. c) das Regularitätsproblem kontextfreier G ist Σ_2-vollständig bzgl. $\leq_1$.

Hinweis zu b),c): Greifen Sie zurück auf die Korrespondenzsysteme $C_{M,k}$ aus § BI1 zur Simulation des Halteproblems der Maschine M mit Eingabe k: $C_{M,k}$ besteht aus einem Anfangspaar $(v_o,w_o)=(\Lambda,u_k)$ und durch M definierten, von k unabhängigen Programm- und Endpaaren (v_i,w_i) mit $i \neq 0$. Ersetzen Sie $Ax \rightarrow L$, $L \rightarrow v_oL(o)$ bzw. $Ax \rightarrow R$, $R \rightarrow w_oR(O)$ in $C_{M,k,L}$ bzw. $C_{M,k,R}$ durch eine Regel zur einmaligen und unwiederholbaren Eingabeerzeugung - nämlich $Ax \rightarrow \Lambda L(0)$ bzw. $Ax \rightarrow u_kR(O)$ -, sodaß $L(C_{M,k})$ aus den minimalen (wiederholungsfreien) $C_{M,k}$-Lösungsansätzen besteht. Definieren Sie kontextfrei die Menge $L'(C_M)$ aller minimalen $C_{M,k}$-Lösungsansätze (durch Regeln zur einmaligen Erzeugung der Anfangskonfiguration L(O)(O)R Spiegel(u_k) für beliebiges k aus Ax), sodaß L(M) endlich gdw $L'(C_M) \cap$ Spf endlich (regulär, kontextfrei).

Übung. Bestimmen Sie den Unlösbarkeitsgrad von

$\{G \mid L(G) = \text{Spiegel}(L(G))$ & G kontextfrei$\}$.

Bemerkung. Eine kontextfreie Sprache heißt inhärent mehrdeutig gdw sie durch kein eindeutiges kontextfreies G erzeugt wird. Die Menge der inhärent mehrdeutigen kontextfreien Sprachen hat Unlösbarkeitsgrad ϕ'' (Reedy & Savitch 1975). Ein Beispiel einer solchen Sprache ist

$\{a^mb^nc^n \mid 1 \leq m,n\} \cup \{a^mb^mc^n \mid 1 \leq m,n\}$ (Maurer 1969).

d) Aus der Unentscheidbarkeit des Totalitätsproblems folgt:

Satz von der Unmöglichkeit effektiver Minimalisierung kontextfreier Grammatiken. (Taniguchi & Kasami 1970, Gruska 1971,1972): Es gibt keinen Algorithmus, der jeder kontextfreien Grammatik G eine äquivalente kontextfreie Grammatik G' mit minimaler Anzahl von Variablen (resp. Regeln) zuordnet.

Beweis: indirekt mittels der folgenden Hilfsbehauptung:
Die bis auf Umbenennung der Variablen einzige kontextfreie Grammatik G_{min} mit minimaler Regelanzahl zur Erzeugung von $\{a,b\}^*.\{c\}$ besteht aus den 3 Regeln $Ax \rightarrow aAx$, $Ax \rightarrow bAx$, $Ax \rightarrow c$. G_{min} hat 1 Variable.

Könnte man effektiv jedem G ein äquivalentes kontextfreies variablenminimales G' zuordnen, so wäre für kontextfreie G mit Endalphabet $\{a,b,c\}$

die Eigenschaft $L(G) = \{a,b\}^* \cdot \{c\}$ (und damit das Totalitätsproblem für kontextfreie G über Alphabet $\{a,b\}$) rekursiv: hat G' mehr als 1 Variable, so ist $L(G) = L(G') \neq L(G_{min}) = \{a,b\}^* \cdot \{c\}$; für G' mit genau einer Variablen Ax folgt aus $L(G')=\{a,b\}^* . \{c\}$, daß alle Regeln die Form $Ax \to wAx$ oder $Ax \to wc$ mit $w \in \{a,b\}^*$ haben. [Denn terminale Regelkonklusionen enden mit c und enthalten kein weiteres Vorkommen von c; nicht-terminale Konklusionen enden mit Ax, enthalten weder c noch weitere Vorkommen von Ax.] Haben nicht alle G'-Regeln jene Form, so ist $L(G) \neq \{a,b\}^* . \{c\}$. Andernfalls ist G' rechtsregulär und somit $L(G')=\{a,b\}^* . \{c\}$ entscheidbar.

Könnte man effektiv jedem G ein äquivalentes kontextfreies regelminimales G' zuordnen, so wäre wiederum $L(G) = \{a,b\}^* \cdot \{c\}$ entscheidbar: Hat G' nicht genau 3 Regeln, so ist $L(G) = L(G') \neq L(G_{min}) = \{a,b\}^* \cdot \{c\}$. Hat G' genau 3 Regeln, so ist nach der Hilfsbehauptung $L(G) = \{a,b\}^* \cdot \{c\}$ gdw G bis auf Variablenumbenennung mit G_{min} übereinstimmt.

Beweis der Hilfsbehauptung: Jedes regelminimale kontextfreie G für $L(G)=\{a,b\}^* \cdot \{c\}$ hat zur Erzeugung von xc für $x = a,b,\Lambda$ eine Regel mit einer Konklusion, in der außer x nur Variablen sowie im Fall $x \neq \Lambda$ evtl. auch c vorkommen können, also Regeln mit Konklusionen $V_1aW_1, V_2bW_2, V_3cV_4$ mit Variablenworten V_i und Worten W_i ohne a,b. Also hat G genau 3 Regeln, kann Λ nicht als Konklusion auftreten und ist $V_i = \Lambda, W_i \varepsilon \{\Lambda, c, \text{Variable}\}$. Also ist $Ax \to c$ eine der G-Regeln. In der Regel mit Konklusion aW_1 ist $W_1 \neq c$ (da sonst $aac \notin L(G)$), $W_1 \neq \Lambda, X$ für $X \neq Ax$ (da sonst $ac \notin L(G)$); also ist $W_1 = Ax$. Analog folgt $W_2 = Ax$. Die Prämisse der Regeln ist also Ax.

§ 5. (Chomsky-Hierarchie) Wir behandeln abschließend stellvertretend für viele andere einige Charakterisierungen kontextfreier Sprachen, die den Begriff der kontextfreien Definierbarkeit nach oben hin gegen schwächere und nach unten hin gegen stärkere Sprachbegriffe abheben.

a) Wir beginnen mit dem Satz von Chomsky und Schützenberger 1962:

Klammersprachencharakterisierung kontextfreier Sprachen: Kontextfrei sind genau die homomorphen Bilder von Durchschnitten regulärer mit Dyck-Sprachen.

Beweis. Die n-te Dyck-Sprache D_n aller korrekten Klammerausdrücke über n Klammerpaaren $_i()_i$ für $1 \leq i \leq n$ ist kontextfrei und damit nach Abgeschlossenheitseigenschaften auch $h(R \cap D_n)$ für reguläres R und Homomorphismen h.

Sei umgekehrt G in Chomsky-Normalform mit Regeln $X_i \to Y_i Y_i'$ $(1 \leq i \leq r)$, $Z_j \to a_j$ $(1 \leq j \leq s)$ gegeben. Zur Darstellung von L(G) als $h(L(G') \cap D_n)$ mit regulärem L(G'), einem Homomorphismus h und geeignetem n variieren wir noch einmal die zum Nachweis der Abgeschlossenheit kontextfreier Sprachen gegen Transduktorübersetzung wie auch beim Unentscheidbarkeitssatz benutzte Methode: wir simulieren G-Linksherleitungen durch rechtslineare Herleitungen, die für $X_i \to Y_i Y'_i$ zuerst den linken Teilbaum mit Wurzel Y_i erzeugen - wobei die Nummer der simulierten Regel zu Beginn der Simulationsphase durch eine linke Klammer $_i($ notiert wird - und beim letzten Übersetzungsschritt $Z_j \to a_j$ an der Baumspitze indeterminiert die Wurzel Y'_i des zugehörigen rechten Teilbaums - unter Notierung der Regelnummer durch eine zugehörige rechte Klammer $)_i$; die Simulation ist korrekt gdw das Ergebnis der entstehenden rechtslinearen Herleitung korrekt geklammert ist.

Seien also a' neu, aufgefaßt als rechte Klammer zur linken Klammer (Endsymbol) a, und $_i(,)_i$ neue Klammerpaare. Die rechtslineare Grammatik G' sei definiert durch die Regeln (mit denselben Variablen wie G) für alle i,j:

$X_i \to {}_i(Y_i$ {linken Herleitungsbaum mit Wurzel Y_i erzeugen}

$Z_j \to a_j a'_j)_i Y'_i$ {linken HB abschließen, Wurzel Y'_i des r. HB raten}

$Z_j \to a_j a'_j$ {Blätter beschriften}

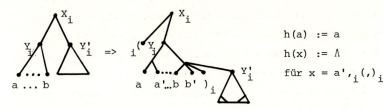

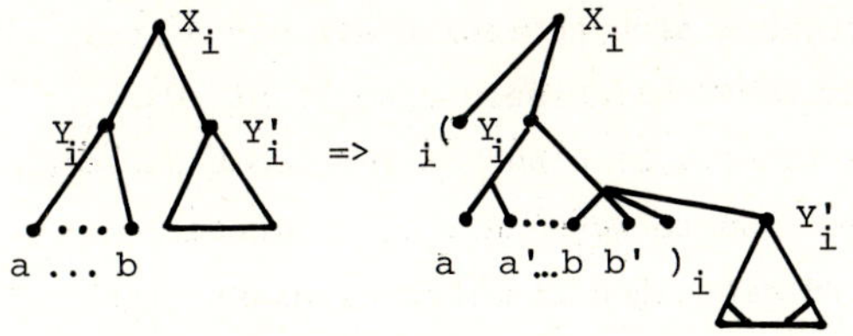

$h(a) := a$

$h(x) := \Lambda$

für $x = a', {}_i(,)_i$

Für D_n über den Klammern $_i()_i$, aa' gilt $L(G) = h(L(G') \cap D_n)$.

Übung. Führen Sie den Beweis für diese Gleichung durch G- bzw. G'-Herleitungsinduktion aus.

Übung (Stanley 1965) 1. Im vorstehenden Satz kann D_n unabhängig von G in Abhängigkeit nur vom Alphabet von G gewählt werden.

2. $D_n = h^{-1}(D_2)$ mit geeignetem Homomorphismus h für n > 1.

3. Die Klasse der kontextfreien Sprachen ist die kleinste D_2 als Element enthaltende Sprachklasse, die abgeschlossen ist gegen homomorphe Urbilder, Durchschnitt mit regulären Mengen und homomorphe Bilder.

b) In unseren Überlegungen zu kontextfreien Herleitungen haben mehrfach Links- bzw. Rechtsherleitungen eine wichtige Rolle gespielt. Daß dies nicht zufällig war, sondern kontextfreie Beschreibungsmöglichkeiten charakterisiert, zeigt die folgende, auf Mathews 1967 zurückgehende Variante der Klammersprachencharakterisierung kontextfreier Sprachen:

Links-Rechts-Herleitungscharakterisierung kontextfreier Sprachen:
Kontextfrei sind genau die Sprachen, die von einer Chomsky-Grammatik unter Beschränkung auf Links- und Rechtsherleitungsschritte erzeugt werden können.

Beweis. $V \overset{L,R}{\underset{G}{\vdash}} W$ bezeichne, daß W in G aus V mit einer Herleitung herleitbar ist, in der in jedem Schritt ein links- oder ein rechtsäußerstes Variablenwort ersetzt wird; $L_{L,R}(G) := \{W \mid Ax \overset{L,R}{\underset{G}{\vdash}} W \ \&\ W \in L(G)\}$. Durch Paraphrasierung des Beweises der Klammersprachencharakterisierung zeigen wir die Satzbehauptung für den Fall von Grammatiken, in denen die Regelkonklusionen außer evtl. Variablen je genau einen Endbuchstaben enthalten und die Regelprämissen nur aus (höchstens zwei) Variablen bestehen:

Lemma (Ginsburg & Greibach 1966): Besteht G aus Regeln der Form $U \to VaW$ für Variablenworte UVW mit $|U| \leq 2$, so ist $\mathbf{L}(G)$ kontextfrei.

Zum Beweis des Satzes aus dem Lemma simulieren wir die L-R-Herleitungen eines bel. G (oBdA in Chomsky Normalform) durch ein G' von der im Lemma vorgesehenen Form. Dazu markieren wir die Stelle, an der L-R-Herleitungsschritte vorgenommen werden, durch Randsymbole (neue Variable) L bzw. R und beschreiben G-Herleitungsschritte an diesen Rändern so, daß die Resultate grammatikalischer Umformungen im Innern (zwischen L und R) bleiben und die Resultate lexikalischer Übergänge nach außerhalb der Ränder verlegt werden; bei Anwendungen grammatikalischer Regeln wird je ein Vorkommen eines neuen Endbuchstabens (Füllsymbol) e nach außen gegeben, sodaß für alle Endworte UV und alle Variablenworte W von G mit dem durch $h(e) := \Lambda$, $h(a) := a$ für alle $a \neq e$ definierten Homomorphismus h gilt:

$$Ax \overset{L,R}{\underset{G}{\vdash}} UWV \text{ gdw } \exists \overline{U},\overline{V}\colon Ax' \underset{G'}{\vdash} \overline{U}LWR\overline{V} \ \&\ h(\overline{U}) = U \ \&\ h(\overline{V}) = V.$$

Für neue Variablen L_{XY}, R_{XY} sei G' definiert durch die Regeln:

$Ax' \to eLAxR$ {Anfangsregel zum Einstellen des Simulationsbeginns}

$LX \to eLU$, $XR \to URe$ für jede grammatikalische G-Regel $X \to U$

$LX \to eL_{XY}$, $L_{XY}Y \to eLU$
$YR \to R_{XY}e$, $XR_{XY} \to URe$ } für jede grammatikalische G-Regel $XY \to U$

$LX \to aL$, $XR \to Ra$ für jede lexikalische G-Regel $X \to a$

$L \to e$, $R \to e$ {Schlußregeln zur Beendigung der Simulation}

Da L(G') nach dem Lemma kontextfrei ist, ist dies auch h(L(G')) und somit $L_{L,R}(G)$ wegen $L_{L,R}(G) = \mathbf{h}(L(G'))$.

Beweis des Lemmas: Der bei Anwendung einer Regel $U \to VaW$ zwar im erzeugten Wort, aber in keiner Regelprämisse auftretende Endbuchstabe a zerlegt das Regelanwendungsergebnis in 2 Hälften, die im weiteren Herleitungsverlauf keinen gemeinsamen Kontext mehr bilden können. Deswegen kann man solche Regelanwendungen - wortwörtlich wie bei der rechtslinearen Simulation kontextfreier Linksherleitungen - durch Anwendungen kontextfreier Regeln simulieren: sei G gegeben durch Regeln $U_i \to V_i b_i W_i$ mit $b_i \varepsilon \{a_1,\dots,a_n\}$, $i \leq m$. OBdA fassen wir b_i als Klammerausdruck ${}_i()_i$ auf; nämlich via des Homomorphismus ${}_i(\mapsto b_i$, $)_i \mapsto \Lambda$. G' sei definiert durch alle G-Regeln mit Prämisse der Länge 1 sowie für $U_i = XY$ die Regeln :

$X \to V_i\ {}_i($ {linken Herleitungsbaum erzeugen, Regelnummer notieren}

$Y \to)_i W_i$ {rechten Herleitungsbaum erzeugen, Regelnummer raten}.

Es gilt $L(G) = L(G') \cap (\bigcup_{i \leq m} \{{}_i()_i\})^*$ (Übung!), sodaß L(G) als Durchschnitt einer kontextfreien und einer regulären Menge kontextfrei ist.

c) Durch die Einführung von "Füllsymbolen" e im Beweis des vorstehenden Satzes sind alle Regeln $U \to V$ der dort definierten Grammatik G' <u>verlängernd</u>, d.h. $|U| \leq |V|$. Grammatiken nur aus verlängernden Regeln heißen verlängernd, die von ihnen erzeugten Sprachen <u>linear beschränkt</u>. Die Füllsymboltechnik gestattet eine Platzbedarfmarkierung beliebiger Herleitungen, so daß die verlängernden Grammatiken bis auf Homomorphismen bereits beliebige Chomsky-Sprachen charakterisieren:

<u>Korollar</u>. Die von Chomsky-Grammatiken erzeugten Sprachen sind genau die homomorphen Bilder linear beschränkter Sprachen.

<u>Beweis</u>. Zu gegebenem G sei e ein neuer Endbuchstabe (zur Platzbedarfmarkierung). Man simuliert G durch eine verlängernde Grammatik G' mittels Homomorphismus $h(e) := \Lambda$, $h(a) := a$ für $a \neq e$ durch:

$Ax \underset{G}{\Longrightarrow} U$ gdw $Ax \underset{G'}{\Longrightarrow} \bar{U}$ für ein $\bar{U}$ mit $h(\bar{U}) = U$.

G' bestehe aus allen verlängernden G-Regeln sowie den Regeln:

$V \to We^{|V| - |W|}$ für verkürzende G-Regeln $V \to W$

$ue \to eu$ {Wanderregel} für jeden G-Buchstaben u.

<u>Bemerkung</u>. Nimmt man zu G' die Regel $Ax \to Axe$ hinzu, so erhält man $L(G) \neq \emptyset$ gdw $L(G') \neq \emptyset$ gdw L(G') unendlich. Dies beweist die Existenz verlängernder Grammatiken mit unentscheidbarem Leerheits- bzw. Unendlichkeitsproblem. Offensichtlich ist das Wortproblem für verlängernde Grammatiken rekursiv. Nach dem Korollar ist daher die Klasse der linear beschränkten Sprachen nicht gegen beliebige Homomorphismen abgeschlossen, wohl aber gegen Λ-freie Substitutionen h (d.h. mit $\Lambda \notin h(a)$ für alle a (Übung!)).

<u>Übung</u> (Chomsky 1959). Eine Λ nicht enthaltende Sprache ist linear beschränkt gdw sie kontextabhängig ist, d.h. von einer <u>kontext-abhängigen Grammatik</u> erzeugt wird, also mit Regeln der Form $UXV \to UWV$ mit $W \neq \Lambda$. (Man nennt U,V den (linken bzw. rechten) Kontext, in dem die Variable X durch W ersetzt werden darf).

<u>Übung</u>. $\{ww \mid w \varepsilon A^*\}$ und $\{a^n b^n c^n \mid 1 \leq n\}$ sind kontextabhängig.

Füllsymbol- und Buchstabenzusammenfassungstechnik liefern:

Platzbedarfcharakterisierung kontextabhängiger Sprachen (Jones 1966). Eine Sprache ist linear beschränkt gdw sie von einer Chomsky-Grammatik G mit linearem Platzbedarf erzeugt wird, d.h. so daß für ein n und alle $w \in L(G): P(w,G) \le n \cdot |w|$ mit der Platzbedarfsfunktion $P(w,G) := \min\{P(w,H) \mid H$ ist G-Herleitung von w aus Ax$\}$, $P(w,H) := \max\{|w_i| \mid i \le n\}$ für G-Herleitungen $H = w_0, \ldots, w_n$ von w aus Ax (maximale Wortlänge in H).

Beweis. Wir konstruieren durch Induktion nach n zu jeder Chomsky-Grammatik G vom Typ O mit Platzbedarfschranke $P(w,G) \le n \cdot |w|$ eine äquivalente erweiternde Grammatik $\overline{G}$. Für n = 1 bestehe $\overline{G}$ aus den Regeln (mit neuer Füllsymbolvariablen E):

$V \to WE^{|V|-|W|}$ für verkürzende G-Regeln $V \to W$

$VE^k \to W$ für verlängernde G-Regeln $V \to W, 0 \le k \le |W|-|V|$

$uE \to Eu$ (Wanderregeln) für alle G-Buchstaben u

$L(\overline{G}) \subseteq L(G)$ folgt durch Weglassen von E in $\overline{G}$-Herleitungen.

Zu $w \in L(G)$ gibt es eine Herleitung mit Platzbedarf $|w|$, sodaß in der entsprechenden $\overline{G}$-Herleitung schließlich jedes evtl. eingeführte Vorkommen der Füllvariablen E wieder eliminiert wird.

Im Induktionsschritt konstruieren wir mittels Buchstabenpaarbildung eine zu G äquivalente Grammatik $\overline{G}$ vom Typ O mit um die Hälfte komprimiertem Platzbedarf $P(w,\overline{G}) \le 1/2\ (n \cdot |w|+1) \le (n-1)|w|$ für alle $w \in L(\overline{G})$, sodaß nach Induktionsvoraussetzung $L(\overline{G})$ kontextabhängig ist.

$\overline{G}$ hat als Variablen alle Paare (u,v) aus Buchstaben u,v des um eine neue Füllsymbolvariable E erweiterten Alphabets B von G. Worte $W = w_1 \ldots w_n$ aus G-Buchstaben w_i kodieren wir zu Paaren geklammert, wobei bei ungeradem n ein Vorkommen von E die Parität sichert:

$\overline{W} = (w_1,w_2)(w_2,w_3)\ldots(w_{n-1},w_n)$ falls $2|n$,

$\overline{W} = (E,w_1)(w_2,w_3)\ldots(w_{n-1},w_n)$ sonst.

$\overline{G}$ besteht aus den folgenden Regeln, durch die G so simuliert wird, daß jeweils höchstens ein Vorkommen von E zur Paritätssicherung bei der Paarklammerung in Zwischenergebnissen benötigt wird. Seien $x,y,z \in B$ beliebig:

1. Wanderregeln: $(x,E) \leftrightarrow (E,x) \quad (x,y)(E,z) \leftrightarrow (x,E)(y,z)$

NB. Mit den Wanderregeln kann E - falls vorhanden - in $\overline{G}$ stets an die Stelle der Anwendung einer Simulationsregel gebracht werden, um zum Paritätsausgleich zur Verfügung zu stehen.

2. Simulationsregeln für alle G-Regeln $U \to V$:

Sind $|U|, |V|$ geradzahlig, so benutzen wir die $\overline{G}$-Regeln

$\overline{U} \to \overline{V} \quad \overline{xUy} \to \overline{xVy}$.

Ist $|U|$ gerad- und $|V|$ ungeradzahlig, so benutzen wir die $\overline{G}$-Regeln

$(x,E)\overline{U} \rightarrow \overline{xV}$ $\quad \overline{U} \rightarrow \overline{V}$ $\quad$ {falls kein E vorhanden}.

Sind $|U|,|V|$ ungeradzahlig, so verwenden wir die $\overline{G}$-Regeln

$\overline{xU} \rightarrow \overline{xV}$ $\quad \overline{Ux} \rightarrow \overline{Vx}$.

Für $|U|$ un- und $|V|$ geradzahlig verwenden wir $\overline{U} \rightarrow \overline{V}$.

3. Lexikalische Regeln: $(a,b) \rightarrow ab$ $\qquad (E,a) \rightarrow a$

Für alle B-Worte W gilt: $Ax \underset{G}{\Rightarrow} W$ gdw $\overline{Ax} \underset{\overline{G}}{\Rightarrow} \overline{W}$, sodaß $L(G) = L(\overline{G})$.

Offensichtlich ist $P(\overline{W},\overline{G}) \leq 1/2\ (P(W,G) + 1)$.

Korollar (Kuroda 1964) Eine Sprache ist linear beschränkt gdw sie von einem nicht determinierten Programm auf der linear beschränkten Turingmaschine akzeptiert wird; die Bänder der linear beschränkten TM sind durch ein linkes und ein rechtes Begrenzungssymbol L bzw. R beschränkt, das nicht überdruckt und über welches der Lesekopf nicht nach links resp. rechts hinausbewegt werden kann.

d) Es ist unbekannt, ob jede linear beschränkte Sprache auch von einem determinierten Programm auf der linear beschränkten TM akzeptiert wird, d.h. ob LINBAND = NLINBAND. Eine Charakterisierung dieses sog. LBA-Problems gaben Hartmanis & Hunt 1974 im

Satz von der universellen kontextabhängigen Sprache. Die unten definierte kontextabhängige Sprache U_{LBA} ist für die Klasse der kontextabhängigen Sprachen universell.

Korollar. $U_{LBA} \varepsilon$LINBAND gdw LINBAND = NLINBAND. $C(U_{LBA})$ ist kontextabhängig gdw die Klasse der kontextabhängigen Sprachen gegen die Komplementbildung abgeschlossen ist.

NB. Einen interessanten Zusammenhang des LBA-Problems mit der Charakterisierung der Leistungsfähigkeit nicht determinierter, linear beschränkter 2-RM-Programme stellt Monien 1977 her.

Beweis. Über einem Alphabet B mit $0,1 \varepsilon B$ kodieren wir TM-Programme M durch Worte $\overline{M} \varepsilon B^*$ und Eingabeworte $W = b_1 \ldots b_m \varepsilon A^*$ mit $b_j \varepsilon A$ für das Alphabet $A = \{a_1,\ldots,a_n\}$ von M durch

$\overline{W} := \overline{b}_1 \ldots \overline{b}_m$ mit $\overline{a}_i := 1^i 0^{n-i} 0$ $\quad$ (NB: $|\overline{a}_i| = |A| + 1$).

$U_{LBA} := \{\overline{MW} \mid M$ Programm auf der linear beschränkten TM & $W \varepsilon L(M)\}$.

U_{LBA} wird mit linear beschränktem Platzbedarf von einem TM-Programm akzeptiert, das bei Eingabe von $\overline{MW}$ die mit Platzbedarf $|W|$ ablaufende M-Rechnung bei Eingabe von W simuliert; diese Simulation braucht nicht mehr Platz als $|\overline{MW}|$, da bei der Simulation des Überdruckens von a_i durch a_j die Buchstabenkodierungen $\overline{a}_i$ und $\overline{a}_j$ denselben Platz einnehmen.

Übung 0. Führen Sie den Beweis zu Ende.

Übung. $\{R|L(R) \neq A^* \ \&\ R$ regulär über $A\}$ ist kontextabhängig (falls $0,1\varepsilon A$). Diese Sprache wird von einem determinierten Programm auf der linear beschränkten TM akzeptiert gdw LINBAND = NLINBAND. Hinweis: Benutzen Sie Teil 2 und Übung 2 zum Satz von Meyer und Stockmeyer.

Weiterführende Literatur: Ginsburg 1966, 1975, M.A.Harrison 1978, Becker & Walter 1977, Berstel 1979, Hotz & Estenfeld 1981. Für eine gute historische Übersicht s. Greibach 1981.

ZWEITES BUCH: ELEMENTARE PRÄDIKATENLOGIK

G.W.Leibniz erkannte als notwendige Bedingung der Realisierung des alten Traums von einer allgemeinen Methode zur Lösung beliebiger wissenschaftlicher Probleme die Entwicklung einer characteristica universalis, einer mathematischer Präzision genügenden universellen Sprache, in der sämtliche Sachverhalte eindeutig ausgedrückt werden können. Den Leibnizschen Bemühungen um den Aufbau solch einer Sprache, in der sich zudem die Struktur von Dingen und Tatsachen in der Struktur der darstellenden sprachlichen Terme und Ausdrücke widerspiegeln sollte, war erst in der Präzisierung durch Frege ein erster Erfolg beschieden: Frege entwickelte eine universelle Sprache zur Formalisierung aller (damals bekannten) mathematischen Sachverhalte mit dem Ziel, "logische" von historischen, psychologischen und ähnlichen Inhalten in mathematischen Gedankengängen zu trennen und alle legitimen mathematischen Schlußweisen und Begriffe auf wenige übersichtliche und klare Grundprinzipien zu reduzieren. Die Explikation und Trennung inhaltlicher (semantischer) und formallogischer (syntaktischer) Anteile einer universellen Logiksprache nahm ihre noch heute gültige Form in den Arbeiten von Tarski 1936 und Gödel 193o an und fand ihren grundlagentheoretischen Abschluß im Gödelschen Vollständigkeitssatz, der eine syntaktische (lies: algorithmische, nur von der äußeren Form vorkommender Zeichen und nicht von ihrer Bedeutung abhängige) Charakterisierung des semantischen Begriffs der logischen Allgemeingültigkeit (Wahrheit) lieferte.

Kapitel D ist diesem Thema gewidmet. Als unmittelbare Folgerungen aus dem angegebenen Beweis des Vollständigkeitssatzes behandeln wir in DIII einige einfache Charakterisierbarkeitsprobleme mathematischer Begriffe und Strukturen durch Formeln erster (oder höherer) Stufe, die sehr deutlich die Rolle der jeweils unterliegenden formalen Logiksprache bei zahlreichen mathematischen Fragestellungen beleuchten. Als Anwendung einer einfachen Modellkonstruktion von Skolem beweisen wir hier auch die Herbrandsche Reduktion des Prädikatenkalküls auf den aussagenlogischen Teilkalkül und folgern daraus die Vollständigkeit des Resolutionskalküls, der vielen Computerimplementierungen der Prädikatenlogik in automatischen Beweisverfahren oder Programmiersprachen wie PROLOG zugrundeliegt.

Die erfolgreiche Präzisierung und Trennung syntaktischer und semantischer Aspekte formaler Logiksprachen stellt einen einfachen Prototyp der für

Programmiersprachen nötigen Unterscheidung zwischen syntaktischen und semantischen Anteilen dar. Darüberhinaus sind (erst- oder höherstufige) Logiksprachen zum Ausdruck zahlreicher mit Programmiersprachen zusammenhängender Probleme geeignet und haben dort (z.B. in der Datenbanktheorie) namhafte Anwendungen gefunden. Viele logiksprachliche Elemente gehen sogar direkt in manche höhere Programmiersprache ein; das logic programming erhebt logische (Konstruktions- und Beweis-) Methoden geradezu zum Prinzip. Angestoßen von Hoare hat man aller Art formale Regeln zum Beweisen der Korrektheit strukturierter Programme aufgestellt, die der durch Gentzen geleisteten logischen Analyse des erststufigen Beweisbegriffs nachempfunden sind und Grundstrukturen mathematischer Beweisführungen entsprechen. Wir verfolgen diesen Gentzenschen Ansatz ein Stück weit in Kapitel E und geben damit gleichzeitig einen elementaren Einblick in den Charakter beweistheoretischer Untersuchungen. Insbesondere führen wir die Herleitungsnormalform aus dem Hauptsatz von Gentzen vor, die das Zusammenspiel von aussagen- und quantorenlogischen Anteilen in Herleitungen deutlicher expliziert, als dies im Resolutionskalkül geschieht, und die den engen Zusammenhang zwischen logischen Beweissystemen (Aufzählungsverfahren) und logischen Testsystemen (Erkennungsverfahren) unmittelbar ablesen läßt. Als Anwendungsbeispiel folgern wir aus Gentzens Normalformmethode einige modelltheoretische Sätze, die in jüngeren komplexitätstheoretischen Untersuchungen (s. Kap.F) eine Rolle spielen.

Mit der Realisierung der Leibnizschen Idee einer characteristica universalis als Sprache der Prädikatenlogik der ersten Stufe hat der eingangs erwähnte, schon in der ars magna des R.Lullus zum Ausdruck kommende Traum von einer allumfassenden Problemlösungsmethode die Form einer mathematischen Aufgabe angenommen: nach einem Algorithmus zu suchen, der für jeden prädikatenlogischen Ausdruck in endlich vielen Schritten entscheidet, ob er allgemeingültig ist oder nicht. Hilbert nannte dieses Problem das Entscheidungsproblem schlechthin; den historischen Hintergrund bildete das - in der Absicht einer gegen das Auftreten von Paradoxen gefeiten Begründung der gesamten Mathematik formulierte - Hilbertsche Programm, die verschiedenen Zweige der Mathematik durch erststufige Axiomatisierungen zu charakterisieren, so daß jeder mathematische Beweis zu einer logischen Herleitung der Behauptung aus vorher gegebenen Axiomen würde. Church und Turing haben 1935 auf der Grundlage ihrer mathematischen Präzisierung des intuitiven Begriffs von Algorithmus (s. Kap.A) beweisen können, daß es keinen derartigen Algorithmus gibt und somit der erststufige Begriff der logischen Allgemeingültigkeit zwar kalkülisierbar im Sinne von rekursiver Aufzählbarkeit, nicht aber effektiv entscheidbar ist. Verfeinerungen und Übertragungen der Churchschen und Turingschen Beweismethode haben zu entsprechenden Aussagen über die Komplexität eingeschränkter (entscheidbarer wie unentscheidbarer) logischer Entscheidungsprobleme geführt, die sich aus der Formalisierbarkeit geeigneter Entscheidungsprobleme für bestimmte Klassen von Algorithmen (s. Komplexitätsklassen in Kap.C) ergeben; stellvertretend nennen wir hier die PROLOG-Definierbarkeit aller berechenbaren Funktionen und die NP-Vollständigkeit des Entscheidungsproblems der Aussagenlogik (lies: desjenigen entscheidbaren Teils der Prädikatenlogik, der die Theorie Boolescher Funktionen beschreibt). Inhaltlich wie methodisch gehört hierhin auch die im ersten Gödelschen Unvollständigkeitssatz zutage tretende prinzipielle Unmöglichkeit, den Wahrheitsbegriff einer erststufigen Theorie zu kalkülisieren, in der alle Zahlgleichungen n+m=n+m und n·m=n·m für Zahlen r repräsentierende Zahlterme r herleitbar sind. Dies und Verwandtes ist Inhalt von Kapitel F.

KAPITEL D: LOGISCHE ANALYSE DES WAHRHEITSBEGRIFFS

Ziel dieses Kapitels ist: I.Syntaktische Definition von Sprachen der Prädikatenlogik erster Stufe, in denen Objekte (Individuen) durch Terme und Aussagen über sie durch Ausdrücke (Formeln) dargestellt werden, sowie eine mathematisch präzise Definition der inhaltlichen Bedeutung (Semantik) solcher Terme und Formeln und insbesondere des Begriffs logischer Wahrheit (Allgemeingültigkeit) der letzteren; II.Nachweis der rekursiven Aufzählbarkeit des logischen Gültigkeitsbegriffs durch Angabe eines Kalküls, mit dessen Hilfe alle und nur die logisch gültigen Formeln rein syntaktisch herleitbar sind.

TEIL I. SYNTAX UND SEMANTIK

§ 1.Formale Sprachen der ersten Stufe. Wir wollen formale Sprachen entwickeln, in denen Beziehungen zwischen Objekten wie "n<m" und Eigenschaften von Objekten aus einem gegebenen Individuenbereich wie "3 ist eine Primzahl" sowie rein logische Verknüpfungen derartiger elementarer Aussagen wie "nicht α", "α und (bzw. oder bzw. impliziert) β", "Für mindestens ein (bzw. alle) Objekt(e) x des gegebenen Individuenbereichs gilt α" ausgedrückt werden können. Dazu benötigen wir insbesondere eine Bestimmung der zulässigen Namen für Objekte, für die wir außer Variablen (für beliebige Objekte) und Konstanten (für fest gewählte Objekte) der Allgemeinheit halber auch beliebige mittels Funktionsnamen gebildete Terme wie beispielsweise 17+3·x zulassen wollen. Da wir semantisch die Wahrheitsbedingungen komplexer Aussa-

gen in kanonischer Weise in Abhängigkeit von der Wahrheit ihrer Teilaussagen festlegen möchten, werden wir schon bei der metasprachlichen Benennung der Zeichen, aus denen unsere formalen Terme und Ausdrücke sich zusammensetzen werden, Namen benutzen, die an die intendierte semantische Interpretation und damit das unsere formale Definition leitende Ziel erinnern sollen.

Wir haben somit zur Definition der Syntax formaler Sprachen $ (der Prädikatenlogik der ersten Stufe) 3 Dinge festzulegen: den Zeichenvorrat (das Alphabet der zur Bildung von Zeichenreihen zulässigen Symbole) und die Regeln zur Bildung der Terme (Menge derjenigen Zeichenreihen, die die logische Form eines Namens für ein Objekt darstellen) und Ausdrücke (Menge derjenigen Zeichenreihen, die die logische Form zulässiger Aussagen über Beziehungen zwischen Objekten darstellen).

Der <u>Zeichenvorrat</u> formaler Sprachen $ ist definiert als entscheidbare Menge aus abzählbar unendlich vielen (<u>Individuen-</u>) <u>Variablen</u>, den Junktoren $\neg$ (sog. <u>Negator</u> oder Negationszeichen) und $\vee$ (sog. <u>Alternator</u> oder Disjunktionssymbol), dem <u>Existenzquantor</u> $\bigvee$, dem <u>Gleichheitszeichen</u> =, den Klammersymbolen "(" und ")" sowie für jede natürliche Zahl $n \geq 0$ abzählbar vielen <u>n-stelligen Funktions-</u> und <u>Prädikatssymbolen</u>. 0-stellige Funktionszeichen nennen wir auch <u>Individuenkonstanten.</u>

Die unterstrichenen Begriffe geben die <u>Art</u> eines Zeichens an. Wir fordern zwecks eindeutiger Zerlegbarkeit von Zeichenreihen, daß Zeichen verschiedener Art verschieden voneinander sind und für jedes Zeichen effektiv seine Art angegeben werden kann. Als Mitteilungszeichen (<u>sog. Metavariablen</u>) für die Zeichen benutzen wir i.a. $x, y, z, x_o, \ldots$ für Individuenvariablen, $f, g, h, f_o, \ldots$ für Funktionszeichen (evtl. mit oberem Index zur Angabe der Stellenzahl), $a, b, c, a_o, \ldots$ für Individuenkonstanten, $P, Q, R, P_o, \ldots$ für Prädikatensymbole (evtl. mit oberem Index zur Angabe der Stellenzahl). Durch $\equiv$ bezeichnen wir die Identität von Zeichenreihen. Bezüglich einer ein für allemal festgelegten Aufzählung $x_o, x_1, x_2, \ldots$ aller Variablen nennen wir $l(x_n) := n$ die <u>Länge</u> von x_n.

<u>Übung.</u> Geben Sie einen regulären Ausdruck über dem Alphabet {0,1} zur Definition des Zeichenvorrats einer formalen Sprache $ mit für jedes n unendlich vielen n-stelligen Funktions- und Prädikatszeichen.

Verschiedene formale Sprachen unterscheiden sich im Wesentlichen nur durch die Funktions- bzw. Prädikatszeichen. Ist $\$ = \$((f_i)_{i \in I}; (P)_j)_{j \in J})$ die formale Sprache mit n_i-stelligen Funktions- und m_j-stelligen Prädikatszeichen f_i bzw. P_j, so nennt man das Stelligkeitssystem $((n_i)_{i\in I};(m_j)_{j\in J})$ die Signatur von $;$ ist durch seine Signatur vollständig charakterisiert. Als abkürzende Schreibweise benutzen wir auch $((r_0,r_1,\ldots),(s_0,s_1\ldots))$ für die Signatur aus r_i i-stelligen Funktions- und s_i i-stelligen Prädikatssymbolen mit $r_i,s_i \in \mathbb{N}\cup\{\infty\}$; dabei schreiben wir auch $(p_1,\ldots,p_n)$ statt $(p_1,\ldots p_n,0,0,\ldots)$.

Induktive Definition der Terme einer Sprache $:

1. Jede Individuenvariable ist ein Term von $.
2. Sind $t_1,\ldots,t_n$ Terme und f ein n-stelliges Funktionszeichen von $, so ist $ft_1\ldots t_n$ ein Term von $. (Insbesondere ist jede Konstante ein Term.)
3. t ist nur ein Term gemäß 1. und 2. (induktive Klausel)

Als Metavariablen für Terme verwenden wir $t,t_0,t_1,\ldots,s,s_0,s_1,\ldots$
Die Menge der Terme von $ wird mit T($) bezeichnet.

Induktive Definition der Ausdrücke von $:

1. Sind t_1,t_2 Terme von $, so ist $t_1=t_2$ ein Ausdruck von $ (sog. Gleichung).
2. Sind $t_1,\ldots,t_n$ Terme und P ein n-stelliges Prädikatszeichen von $, so ist $Pt_1\ldots t_n$ ein Ausdruck von $ (sog. prädikative Primformel).
3. Ist α ein Ausdruck von $, so auch $\neg(\alpha)$ (sog. Negation)
4. Sind α und β Ausdrücke von $, so ist auch $(\alpha\vee\beta)$ ein Ausdruck von $ (sog. Disjunktion)
5. Ist α ein Ausdruck von $, so auch $\bigvee_x(\alpha)$ (sog. Existenzausdruck)
6. α ist ein Ausdruck nur vermöge 1. bis 5.

Die Menge der Ausdrücke von $ wird mit A($) bezeichnet. Statt Ausdruck sagen wir auch Formel. Ausdrücke gemäß 1. und 2. heißen Elementarausdrücke (oder Primformeln). Primformeln und Negationen von Primformeln nennt man auch Literale. Ein Ausdruck heißt einfach, falls er Elementarausdruck oder ein Ausdruck der Form $\bigvee_x\alpha$ ist. Als Metavariablen für Ausdrücke benutzen wir $\alpha,\beta,\gamma,\alpha_0,\alpha_1,\ldots$

Wir führen folgende Abkürzungen ein:

Konjunktion: $(\alpha\wedge\beta):\equiv\neg((\neg(\alpha)\vee\neg(\beta)))$

Implikation: $(\alpha\supset\beta):\equiv(\neg(\alpha)\vee\beta)$ Äquivalenz: $(\alpha\leftrightarrow\beta):\equiv((\alpha\supset\beta)\wedge(\beta\supset\alpha))$

Generalisierung: $\bigwedge_x(\alpha):\ \neg(\bigvee_x(\neg(\alpha)))$

Wir nennen $\wedge,\supset,\leftrightarrow$ ebenfalls Junktoren und $\bigwedge$ (All-) Quantor, obwohl sie keine zulässigen Symbole unserer formalen Sprachen sind. (Bei unseren semantischen Festlegungen werden wir darauf achten, daß die Wirkung dieser definierten Symbole tatsächlich wie im Namen angedeutet ist.) Zu weiterer Vereinfachung der Schreibweise und der Lesbarkeit von Ausdrücken vereinbaren wir die üblichen Klammerersparungsregeln: Außenklammern werden weggelassen, $\neg$ bindet stärker als die übrigen Junktoren, $\wedge$ und $\vee$ binden stärker als $\supset$ und $\leftrightarrow$, es wird Linksklammerung vereinbart. So schreiben wir z.B.

$\neg\alpha\vee\beta$ für $(\neg(\alpha)\vee\beta)$ $\qquad$ $\neg\alpha\wedge\beta\supset\gamma\vee\delta$ für $((\neg(\alpha)\wedge\beta)\supset(\gamma\vee\delta))$

$$\alpha_1\wedge\ldots\wedge\alpha_n \text{ für } (\ldots((\alpha_1\wedge\alpha_2)\wedge\alpha_3)\ldots\wedge\alpha_n)$$

Wir schreiben auch häufig $s\neq t$ statt $\neg(s=t)$.

Beispiel 1. In $\$(f;P,Q)$ der Signatur (2;1,1) beschreibt der folgende Ausdruck eine Bijektion zwischen zwei Mengen:

$$\bigwedge_x(Px\supset Qfx)\wedge\bigwedge_x\bigwedge_y(Px\wedge Py\wedge fx=fy\supset x=y)\wedge\bigwedge_y(Qy\supset\bigvee_x(Px\wedge y=fx))$$

Beispiel 2. Für eine Sprache $\$(K)$ ohne Funktions- und mit nur einem (2-stelligen) Prädikatssymbol beschreibt der folgende Ausdruck Ord_K eine lineare Ordnung:

$$\bigwedge_{xy}(Kxy\vee x=y\vee Kyx)\wedge\bigwedge_x(\neg Kxx)\wedge\bigwedge_{xyz}(Kxy\wedge Kyz\supset Kxz).$$

In der Sprache $\$(N,S,K)$ der Signatur (;1,2,2) beschreibt der folgende Ausdruck $Ord_K(N,S)$ eine lineare Ordnung mit einem Prädikat für das kleinste Element ("Null") und dem Graphen der Nachfolgerfunktion ("successor"):

$$Ord_K\wedge\bigvee_x Nx\wedge\bigwedge_x(Nx\leftrightarrow\neg\bigvee_y Kyx)\wedge\bigwedge_x((\bigvee_y Kxy)\supset\bigvee_y Sxy)\wedge\bigwedge_{xy}(Sxy\leftrightarrow Kxy\wedge\neg\bigvee_z(Kxz\wedge Kzy))$$

Beispiel 3. Für eine Sprache $\$(0,S,+,\cdot;<)$ der Signatur (0,1,2,2;2) sind $0, S0, SS0,\ldots,+x0, S+xy, \cdot xSy$ etc. Terme und die folgenden Zeichenreihen (Abkürzungen für) Ausdrücke:

$\bigwedge_x Sx\neq 0$ $\qquad$ $\bigwedge_{xy}(Sx=Sy\supset x=y)$ sog. Axiome für Nachfolgerfunktion

$\bigwedge_x +x0=x$ $\qquad$ $\bigwedge_{xy}+xSy=S+xy$ Rekursionsgleichungen der Addition

$\bigwedge_x \cdot x0=0$ $\qquad$ $\bigwedge_{xy}\cdot xSy=+\cdot xyx$ .... Multiplikation

$\bigwedge_x\neg<x0$ $\qquad$ $\bigwedge_{xy}(<xSy\leftrightarrow<xy\vee x=y)$ $\qquad$ $\bigwedge_{xy}(<xy\vee x=y\vee<yx)$ <-Axiome

In Kap. FII werden wir sehen, daß die durch die Konjunktion dieser Ausdrücke als Axiom definierte "zahlentheoretische Theorie" N unentscheidbar ist und auch keine widerspruchsfreie entscheidbare Erweiterung zuläßt, woraus der berühmte erste Gödelsche Unvollständigkeitssatz folgt.

Beispiel 4. Für eine Sprache $\$(0,S;Fak,Mult,Add)$ der Signatur (0,1;2,3,3) "beschreiben" die folgenden Ausdrücke den Graphen der Fakultätsfunktion mittels der "Beschreibung" der Graphen von Multiplikation und Addition natürlicher Zahlen:

$$\text{Fak } 0S0 \qquad \bigwedge_{xyz}(\text{Fak } xy \wedge \text{Mult } Sxyz \supset \text{Fak } Sxz) \qquad (1)$$

$$\bigwedge_{x}\text{Mult } x00 \qquad \bigwedge_{xyzu}(\text{Mult } xyz \wedge \text{Add } zxu \supset \text{Mult } xSyu) \qquad (2)$$

$$\bigwedge_{x}\text{Add } x0x \qquad \bigwedge_{xyz}(\text{Add } xyz \supset \text{Add } xSySz) \qquad (3)$$

Die Ausdrücke in (1)-(3) haben (fast) die Form von PROLOG-Programmen zur "logischen" Berechnung von Fakultätsfunktion, Multiplikation und Addition. In §FI1 werden wir zeigen, daß alle (und nur die) Turingberechenbaren Funktionen durch derartige, PROLOG-Programme darstellende logische Ausdrücke berechenbar sind.

Beispiel 5. In der Sprache $ mit den 0-stelligen Funktionszeichen $a_o, a_1, \ldots$ und dem 2-stelligen Funktionszeichen • "beschreiben" die variablenfreien Terme in kanonischer Weise Worte über dem "Alphabet" der "Buchstaben" $a_o, a_1, \ldots$ Somit formalisiert der folgende Ausdruck $\alpha_T \supset V{=}W$ für bel. Thuesysteme T über dem Alphabet $A=\{a_o,\ldots,a_n\}$ und Worte $V,W \in A^*$ die Aussage, daß V=W in T herleitbar ist (und damit in jeder Halbgruppe mit entsprechenden Erzeugern $b_o,\ldots,b_n$ und definierenden Relationen $V_i'=W_i'$ für $V_i=W_i$ ($i \leq m$) in T, wobei U' aus U entsteht durch Ersetzung von a_j durch b_j):

$$\alpha_T :\equiv \bigwedge_{xyz}(\cdot\cdot xyz = x\cdot yz) \wedge V_0=W_0 \wedge \ldots \wedge V_m=W_m$$

In §FI1 werden wir sehen, daß sich auf Grund des Vollständigkeitssatzes (DII) durch diese Formeln aus der rekursiven Unlösbarkeit des Wortproblems für Thuesysteme die Unentscheidbarkeit der Prädikatenlogik (wie auch der erststufigen Theorie der Halbgruppen) ergibt.

Übung. Geben Sie eine kontextfreie Grammatik zur Erzeugung der Terme bzw. Ausdrücke einer formalen Sprache an.

Den Beweis, daß jeder Term t eine Eigenschaft ξ hat, kann man induktiv gemäß der Definition der Terme führen: Zunächst zeigt man, daß $\xi(x)$ für jede Variable x gilt; dann zeigt man, daß $\xi(ft_1\ldots t_n)$ gilt, falls $\xi(t_1),\ldots,\xi(t_n)$ gelten. Wir nennen diese Induktion Terminduktion, abgekürzt Ind(t). Ähnlich kann man Aussagen über Ausdrücke durch eine analog definierte Ausdrucksinduktion (Ind(α)) beweisen. Wir werden diese Induktion häufig als Beweismittel benutzen. Natürlich kann man sie ebenfalls zu Definitionen heranziehen. Wir geben einige Beispiele:

Definition von $\mathcal{V}(t)=\{x \mid x \text{ kommt in t vor}\}$ durch Ind(t):

1. $\forall x: \mathcal{V}(x):=\{x\}$ 2. $\forall a: \mathcal{V}(a):=\emptyset$
3. $\forall f$ n-stellig $\forall t_1,\ldots,t_n: \mathcal{V}(ft_1\ldots t_n):=\bigcup_{i=1}^{n}\mathcal{V}(t_i)$

Definition von $\text{Konst}(t)=\{a \mid a \text{ kommt in t vor}\}$ durch Ind(t):

1. $\forall x: \text{Konst}(x):=\emptyset$ 2. $\forall a: \text{Konst}(a):=\{a\}$
3. $\forall f$ n-stellig $\forall t_1,\ldots,t_n: \text{Konst}(ft_1\ldots t_n):=\bigcup_{i=1}^{n}\text{Konst}(t_i)$

Definition von $\mathcal{V}(\alpha)=\{x \mid x$ kommt in α vor$\}$ durch Ind(α):

1. $\forall t_1,t_2: \mathcal{V}(t_1=t_2) := \mathcal{V}(t_1) \cup \mathcal{V}(t_2)$

2. $\forall P$ n-stellig $\forall t_1,\ldots,t_n: \mathcal{V}(Pt_1\ldots t_n) := \bigcup_{i=1}^{n} \mathcal{V}(t_i)$

3. $\forall \alpha,\beta: \mathcal{V}(\neg\alpha) := \mathcal{V}(\alpha)$ $\quad \mathcal{V}(\alpha\vee\beta) := \mathcal{V}(\alpha) \cup \mathcal{V}(\beta)$

4. $\forall \alpha\ \forall x: \mathcal{V}(\bigvee_x \alpha) := \mathcal{V}(\alpha) \cup \{x\}$

Definition von $\mathcal{f}(\alpha)=\{x \mid x$ kommt in α frei vor$\}$ durch Ind(α):

1. $\mathcal{f}(\alpha) := \mathcal{V}(\alpha)$ für Primformeln α

2. $\forall \alpha,\beta: \mathcal{f}(\neg\alpha) := \mathcal{f}(\alpha)$ $\quad \mathcal{f}(\alpha\vee\beta) := \mathcal{f}(\alpha) \cup \mathcal{f}(\beta)$

3. $\forall \alpha, \forall x: \mathcal{f}(\bigvee_x \alpha) := \mathcal{f}(\alpha) - \{x\}$

Definition von $GV(\alpha)=\{x \mid x$ kommt in α gebunden vor$\}$:

1. $GV(\alpha) := \emptyset$ für Primformeln α

2. $\forall \alpha,\beta: GV(\neg\alpha) := GV(\alpha)$ $\quad GV(\alpha\vee\beta) := GV(\alpha) \cup GV(\beta)$

3. $\forall \alpha\ \forall x: GV(\bigvee_x \alpha) := GV(\alpha) \cup \{x\}$ falls $x \in \mathcal{V}(\alpha)$

   $GV(\bigvee_x \alpha) := GV(\alpha)$ sonst

Man beachte, daß i.a. $\mathcal{f}(\alpha) \cap GV(\alpha) \neq \emptyset$. So ist z.B. für $\alpha \equiv x=x \vee \bigvee_x x=x$: $x \in \mathcal{f}(\alpha) \cap GV(\alpha)$. Ist M eine Menge von Ausdrücken, so definieren wir $\mathcal{V}(M) := \bigcup_{\alpha\in M} \mathcal{V}(\alpha)$ und entsprechend für $\mathcal{f}(M)$ und $GV(M)$. α heißt (ab-)geschlossen falls $\mathcal{f}(\alpha)=\emptyset$. Gilt $x \notin \mathcal{V}(\alpha)$ $(\mathcal{V}(t), \mathcal{V}(M))$, so sagen wir: x ist neu für $\alpha(t,M)$. Ausdrücke oder Terme ohne gemeinsame Variablen nennen wir variablenfremd.

§ 2. Interpretation formaler Sprachen. Als Einführung in die semantische Deutung prädikatenlogischer Terme und Ausdrücke betrachten wir zunächst den Spezialfall der sog. aussagenlogischen Interpretation der Junktoren, wobei einfache Ausdrücke als nicht weiter analysierte Elementaraussagen angesehen werden, die nach dem aristotelischen Zweiwertigkeitsprinzip der klassischen Logik einen der beiden Wahrheitswerte 0 (für "falsch") und 1 (für "wahr") annehmen. Die nachfolgende Definition beschreibt den Wahrheitswert einer mittels Junktoren zusammengesetzten Aussage α als Funktion der Wahrheitswerte der einfachen Teilausdrücke α_i von α:

Definition. Eine (aussagenlogische) Belegung B von $ ist eine Abbildung von der Menge aller einfachen Ausdrücke von $ in $\{0,1\}$. Mittels Ind(α) läßt sich B kanonisch zu einer Abbildung $\overline{B}: A(\$) \to \{0,1\}$ fortsetzen durch:

$\overline{B}(\alpha)=B(\alpha)$ für alle einfachen α

$\overline{B}(\neg\alpha)=1-\overline{B}(\alpha)$ $\quad \overline{B}(\alpha\vee\beta)=\max\{\overline{B}(\alpha),\overline{B}(\beta)\}$ für bel. α

Als eindeutige Erweiterung von B identifizieren wir $\overline{B}$ mit B.

Ein Ausdruck α heißt Tautologie (aussagenlogisch gültig bzw. wahr), falls für jede Belegung B gilt: $B(\alpha)=1$. α heißt aussagenlogisch erfüllbar (nicht widerspruchsvoll), falls $B(\alpha)=1$ für mindestens eine Belegung B, Abkürzung: erf_{al}. α heißt aussagenlogisch widerspruchsvoll, wv_{al}, falls nicht erf_{al}.

Durch die vorstehende Definition ist die klassische, schon den Stoikern wohlbekannte aussagenlogische Deutung von Ausdrücken als Wahrheitswertfunktionen festgelegt. Da für bel. α der Wert $B(\alpha)$ offensichtlich nur von den Werten $B(\alpha_i)$ der in α als Teilausdrücke vorkommenden einfachen Ausdrücke α_i ($1 \leqq i \leqq n$) abhängt, definiert α in kanonischer Weise eine Wahrheitswertfunktion (sog. Boolesche Funktion) $f_\alpha : \{0,1\}^n \rightarrow \{0,1\}$ durch $f_\alpha(\vec{x}) = y$ gdw für jede Belegung B mit $(B(\alpha_1),\ldots,B(\alpha_n))=\vec{x}$ gilt $B(\alpha)=y$.

Beispiel: die Booleschen Funktionen non, vel, &, seq mit den sie definierenden sog. Wahrheitstafeln

x	non(x)
0	1
1	0

x	y	vel(x,y)
0	0	0
0	1	1
1	0	1
1	1	1

x	y	&(x,y)
0	0	0
0	1	0
1	0	0
1	1	1

x	y	seq(x,y)
0	0	1
0	1	1
1	0	0
1	1	1

werden durch die Ausdrücke $\neg\alpha_1, \alpha_1 \vee \alpha_2, \alpha_1 \wedge \alpha_2$ bzw. $\alpha_1 \supset \alpha_2$ für beliebige einfache Ausdrücke α_1 und α_2 definiert. Tautologien bzw. aussagenlogisch widerspruchsvolle Ausdrücke definieren die konstanten Booleschen Funktionen.

Übung 1. Zeigen Sie, daß jede Boolesche Funktion f durch einen Ausdruck α definiert werden kann, d.h. $f=f_\alpha$. Hinweis: oBdA ordne man die Wahrheitstafel für gegebenes n-stelliges f so an, daß die ersten $m \leqq 2^n$ Zeilen die Argumentekombinationen $\vec{x}$ mit $f(\vec{x})=1$ enthalten, sodaß $\alpha \equiv \alpha_1 \vee \ldots \vee \alpha_m$ gesetzt werden kann, wobei α_i die Argumentefolge $\vec{x}$ der i-ten Zeile beschreibt, etwa $\alpha_i = P_1' \wedge \ldots \wedge P_n'$ mit $P_i' = P_i$ falls $x_i=1$ und $P_i' = \neg P_i$ falls $x_i=0$ für 0-stellige Prädikatssymbole P_i (sog. Aussagenvariablen)

Übung 2. a. Zeigen Sie, daß jede Boolesche Funktion explizit aus der Funktion NOR (bzw. NAND) definiert werden kann, wobei NOR(x,y)=non(vel(x,y)) und NAND(x,y)=non(&(x,y)). b. Zeigen Sie, daß keine andere 2-stellige Boolesche Funktion diese Eigenschaft hat.

Das aussagenlogische Entscheidungsproblem, ob man algorithmisch für bel. α entscheiden kann, ob α eine Tautologie ist oder nicht, ist durch Aufstellen und Auswertung der Wahrheitstafel der zugehörigen Booleschen Funktion f_α positiv gelöst. Die Frage, ob der in der Anzahl n der Argumente von f_α exponentielle Aufwand - es sind i.a. 2^n Wahrheitswertkombinationen zu betrachten - bei solch einem Entscheidungsverfahren auf ein Polynom in n heruntergedrückt werden kann, ist bisher ungelöst und spielt eine grundlegende Rolle in der Komplexitätstheorie (s. FIII.)

Die bisher durchgeführte aussagenlogische Interpretation gibt eine Deutung der Junktoren. Die prädikatenlogische Interpretation, der wir uns jetzt zuwenden wollen, leistet auch eine Deutung der übrigen Zeichen.

Definition: $\tilde{A}=(A;O_A;R_A)$ heißt eine Algebra der Signatur $((n_i)_{i\in I};(m_j)_{j\in J})$ falls gilt:

1. A ist eine nichtleere Menge. Die Elemente von A heißen Individuen von $\tilde{A}$, A der Individuenbereich von $\tilde{A}$.
2. $O_A=(\tilde{f}_i)_{i\in I}$ ist eine Familie von Abbildungen $\tilde{f}_i:A^{n_i}\to A$.
3. $R_A=(\tilde{P}_j)_{j\in J}$ ist eine Familie von Relationen $\tilde{P}_j\subseteq A^{m_j}$.

Den Individuenbereich von $\tilde{A}$ bezeichnen wir mit $\omega(\tilde{A})$ oder, wenn Verwechslungen ausgeschlossen sind, einfach mit A. Wollen wir betonen, daß $\tilde{f}_i$ bzw. $\tilde{P}_j$ die Interpretation von f_i bzw. P_j über A sind, so schreiben wir auch f_i^A bzw. P_j^A. $\tilde{A}$ heißt endlich, wenn A endlich ist. Wir sagen, die Sprache \$ paßt zur Algebra $\tilde{A}$ und $\tilde{A}$ paßt zu \$, falls $\tilde{A}$ und \$ die gleiche Signatur haben. Im Folgenden seien $\tilde{A}$ und \$ stets passend zueinander gewählt, $((n_i)_{i\in I};(m_j)_{j\in J})$ sei die gemeinsame Signatur.

Algebren sind Strukturen, die durch passende formale Sprachen beschrieben werden können, d.h. wir können Terme als Individuen der Algebren deuten und Ausdrücke als Aussagen über die Struktur. Wir präzisieren dies in der folgenden

Definition: Eine Interpretation $\ni$ von \$ in $\tilde{A}$ ist eine Abbildung, die den syntaktischen Objekten von \$ Objekte aus $\tilde{A}$ zuordnet vermöge:

$$\forall x:\ni(x)\in A \qquad \forall i\in I:\ni(f_i)=\tilde{f}_i \qquad \forall j\in J:\ni(P_j)=\tilde{P}_j$$

Zwei Interpretationen von \$ in derselben Algebra $\tilde{A}$ unterscheiden sich also nur in der Interpretation der Individuenvariablen; die Interpretation der Funktionszeichen und Prädikatszeichen ist durch $\tilde{A}$ festgelegt. Damit läßt sich in kanonischer Weise jede Interpretation $\ni$ durch Ind(t) eindeutig zu einer Interpretation $\overline{\ni}$ aller Terme fortsetzen:

$$\forall x:\overline{\ni}(x):=\ni(x) \qquad \forall a:\overline{\ni}(a):=\ni(a)$$

$$\forall f \text{ n-stellig}:\forall t,\dots,t_n:\overline{\ni}(ft_1\dots t_n):=\overline{\ni}(f)(\overline{\ni}(t_1),\dots,\overline{\ni}(t_n))$$

Wir identifizieren $\overline{\ni}$ und $\ni$, sodaß durch eine Interpretation jedem Term ein Individuum als seine Bedeutung zugeordnet wird. Jede Interpretation $\ni$ von T(\$) in $\tilde{A}$ läßt sich durch Ind(α) in eindeutiger Weise zu einer Interpretation $\ni':A(\$)\to\{0,1\}$ der Ausdrücke von \$ fortsetzen, wofür wir die aussagenlogische Interpretation durch eine Deutung der Primformeln und des Quantors erweitern: für bel. Terme t_i, n-stellige P und α,β sei:

$\mathfrak{I}'(t_1=t_2)=1$ gdw $\mathfrak{I}(t_1)=\mathfrak{I}(t_2)$

$\mathfrak{I}'(Pt_1\ldots t_n)=1$ gdw $(\mathfrak{I}(t_1),\ldots,\mathfrak{I}(t_n))\in\mathfrak{I}(P)$

$\mathfrak{I}'(\neg\alpha)=1-\mathfrak{I}'(\alpha)$ $\mathfrak{I}'(\alpha\vee\beta)=\max\{\mathfrak{I}'(\alpha),\mathfrak{I}'(\beta)\}$

$\mathfrak{I}'(\bigvee_x\alpha)=1$ gdw $\exists\bar{x}\in A:(\mathfrak{I}_x^{\bar{x}})'(\alpha)=1$

wobei die an der Stelle x *modifizierte* Interpretation $\mathfrak{I}_x^{\bar{x}}$ definiert ist durch $\mathfrak{I}_x^{\bar{x}}(y)=\mathfrak{I}(y)$ falls $y\neq x$ und $\mathfrak{I}_x^{\bar{x}}(x)=\bar{x}$. Wir identifizieren wiederum $\mathfrak{I}'$ und $\mathfrak{I}$, sodaß durch eine Interpretation $\mathfrak{I}$ von $\$$ in $\tilde{A}$ Termen als Bedeutung Elemente des Individuenbereichs von $\tilde{A}$ und Ausdrücken Wahrheitswerte zugeordnet werden.

Übung. Zeigen Sie für bel. $\mathfrak{I}:\mathfrak{I}(\alpha\wedge\beta)=\min\{\mathfrak{I}(\alpha),\mathfrak{I}(\beta)\}$, $\mathfrak{I}(\alpha\supset\beta)=0$ gdw $\mathfrak{I}(\alpha)=1$ & $\mathfrak{I}(\beta)=0$, $\mathfrak{I}(\bigwedge_x\alpha)=1$ gdw $\forall\bar{x}\in A:\mathfrak{I}_x^{\bar{x}}(\alpha)=1$.

Definition. Für $\alpha\in A(\$)$, $M\subseteq A(\$)$ und Algebren $\tilde{A}$ setze:
α ist *gültig in $\tilde{A}$*, in Zeichen $gt_{\tilde{A}}\alpha$, falls für jede Interpretation $\mathfrak{I}$ von $\$$ in $\tilde{A}$ gilt $\mathfrak{I}(\alpha)=1$. α ist *erfüllbar in $\tilde{A}$*, $erf_{\tilde{A}}\alpha$, falls $\mathfrak{I}(\alpha)=1$ für eine Interpretation $\mathfrak{I}$ von $\$$ in $\tilde{A}$.
α ist (*allgemein-*) *gültig* (*logisch gültig*, *logisch wahr*), $gt\alpha$, falls für jedes $\tilde{A}$ passend zu $\$$: $gt_{\tilde{A}}\alpha$. α ist erfüllbar, $erf\alpha$, falls es $\tilde{A}$ passend zu $\$$ gibt mit $erf_{\tilde{A}}\alpha$. α heißt *im Endlichen erfüllbar*, $erf_{endl}\alpha$, falls es $\tilde{A}$ passend zu $\$$ gibt mit $erf_{\tilde{A}}\alpha$ und $\omega(\tilde{A})$ endlich; analog $erf_n\alpha$ für Erfüllbarkeit über n-elementigem Bereich. Für eine Menge A heißt α *erfüllbar über* A, $erf_A\alpha$, falls $erf_{\tilde{A}}\alpha$ für eine Algebra $\tilde{A}$ mit Individuenbereich A. Analog schreiben wir $gt_{endl}\alpha$, $gt_n\alpha$ etc. α heißt *widerspruchsvoll* (*nicht erfüllbar*), $wv\alpha$, falls α nicht erfüllbar ist. Eine Ausdrucksmenge M heißt *erfüllbar*, *erfM*, falls es eine Interpretation $\mathfrak{I}$ von $\$$ gibt mit $\forall\alpha\in M:\mathfrak{I}(\alpha)=1$. M heißt *gültig*, *gtM*, falls alle $\alpha\in M$ gültig sind.

Bemerkung. Jede Interpretation $\mathfrak{I}$ definiert eine Belegung B durch $B(\alpha):=\mathfrak{I}(\alpha)$. Deshalb ist jeder aussagenlogisch gültige Ausdruck auch gültig. Die Umkehrung gilt jedoch nicht. Z.B. sind $x=x$, $\bigvee_x(\alpha\supset\alpha)$, $x=y\supset\bigvee_x(x=y)$ gültig, aber keine Tautologien. Für Ausdrücke α einer Sprache $\$(P_o,P_1,\ldots)$ ohne Quantoren, ohne Funktions-, ohne Gleichheits- und mit nur 0-stelligen Prädikatszeichen hingegen gilt: $gt\alpha$ gdw α ist Tautologie, $wv\alpha$ gdw $wv_{al}\alpha$.

Übung. Zeigen Sie für bel. $\alpha,\tilde{A}$: $gt_{\tilde{A}}\alpha$ gdw nicht $erf_{\tilde{A}}\neg\alpha$, $gt\alpha$ gdw nicht $erf\neg\alpha$, $erf_{\tilde{A}}\alpha$ gdw nicht $gt_{\tilde{A}}\neg\alpha$, $erf\alpha$ gdw nicht $gt\neg\alpha$.

Analog zum aussagenlogischen Fall hängt die Interpretation eines Ausdrucks nur von der Interpretation der in ihm vorkommenden syntaktischen Gebilde und damit nach unseren Definitionen nur von den Werten der Interpretation für die in ihm frei vorkommenden Variablen ab:

<u>Koinzidenzlemma.</u> Für Interpretationen $\mathfrak{I}_1, \mathfrak{I}_2$ von $\$$ in $\tilde{A}$, Terme t und Ausdrücke α sei $\mathfrak{I}_1 \underset{\alpha}{=} \mathfrak{I}_2$ gdw $\forall x \in \mathcal{F}(\alpha): \mathfrak{I}_1(x) = \mathfrak{I}_2(x)$, entsprechend $\mathfrak{I}_1 \underset{t}{=} \mathfrak{I}_2$ gdw $\forall x \in \mathcal{V}(t): \mathfrak{I}_1(x) = \mathfrak{I}_2(x)$. Aus $\mathfrak{I}_1 \underset{t}{=} \mathfrak{I}_2$ bzw. $\mathfrak{I}_1 \underset{\alpha}{=} \mathfrak{I}_2$ folgt $\mathfrak{I}_1(t) = \mathfrak{I}_2(t)$ bzw. $\mathfrak{I}_1(\alpha) = \mathfrak{I}_2(\alpha)$.

<u>Beweis:</u> Für Terme führen wir eine Ind(t): Im Induktionsanfang gilt für $t \equiv x$ wegen $x \in \mathcal{V}(t)$ nach Voraussetzung $\mathfrak{I}_1(x) = \mathfrak{I}_2(x)$, für $t \equiv a$ ist $\mathfrak{I}_1(a) = \mathfrak{I}_2(a)$ nach Definition der Interpretationen in $\tilde{A}$. Im Induktionsschluß gilt für $t \equiv ft_1 \dots t_n$:

$$\mathfrak{I}_1(f)(\mathfrak{I}_1(t_1), \dots, \mathfrak{I}_1(t_n)) = \mathfrak{I}_1(f)(\mathfrak{I}_2(t_1), \dots, \mathfrak{I}_2(t_n)) \text{ nach Indvor.}$$
$$= \mathfrak{I}_2(f)(\dots\dots\dots) \text{ nach Def. von } \mathfrak{I}_j$$

Für Ausdrücke α führen wir eine Ind(α): Im Induktionsanfang gilt für $\alpha \equiv t_1 = t_2$: $\mathfrak{I}_1(t_1) = \mathfrak{I}_1(t_2)$ gdw $\mathfrak{I}_2(t_1) = \mathfrak{I}_2(t_2)$ da aus $\mathfrak{I}_1 \underset{\alpha}{=} \mathfrak{I}_2$ folgt $\mathfrak{I}_1 \underset{t_j}{=} \mathfrak{I}_2$ für $j=1,2$ und damit $\mathfrak{I}_1(t_j) = \mathfrak{I}_2(t_j)$; für $\alpha \equiv Pt_1 \dots t_n$ gilt entsprechend:

$\mathfrak{I}_1(P(\mathfrak{I}_1(t_1), \dots, \mathfrak{I}_1(t_n))$ gdw $\mathfrak{I}_1(P)(\mathfrak{I}_2(t_1), \dots, \mathfrak{I}_2(t_n))$ gdw $\mathfrak{I}_2(P)(\dots)$.

Im Induktionsschluß gilt:

$$\mathfrak{I}_1(\neg\alpha) = 1 - \mathfrak{I}_1(\alpha) = 1 - \mathfrak{I}_2(\alpha) = \mathfrak{I}_2(\neg\alpha)$$

$$\mathfrak{I}_1(\alpha \vee \beta) = \max\{\mathfrak{I}_1(\alpha), \mathfrak{I}_1(\beta)\} = \max\{\mathfrak{I}_2(\alpha), \mathfrak{I}_2(\beta)\} = \mathfrak{I}_2(\alpha \vee \beta)$$

$$\mathfrak{I}_1(\underset{x}{\vee}\beta) = 1 \text{ gdw } \exists \bar{x} \in A: \mathfrak{I}_{1x}^{\bar{x}}(\beta) = 1 \text{ gdw } \exists \bar{x} \in A: \mathfrak{I}_{2x}^{\bar{x}}(\beta) = 1 \text{ gdw } \mathfrak{I}_2(\underset{x}{\vee}\beta) = 1$$

<u>Übung.</u> Für geschlossene α und bel. $\tilde{A}$ gilt: $\mathrm{erf}_{\tilde{A}}\alpha$ gdw $\mathrm{gt}_{\tilde{A}}\alpha$.
Für die Interpretation geschlossener Ausdrücke α ist also nur die Wahl der Algebra $\tilde{A}$, nicht aber einer speziellen Interpretation entscheidend, sodaß man statt $\mathrm{erf}_{\tilde{A}}\alpha$ dann auch sagt: $\tilde{A}$ ist <u>Modell</u> für α, in Zeichen $\tilde{A} \models \alpha$ oder $\mathrm{Mod}_{\tilde{A}}\alpha$.

Mit Hilfe der oben definierten Begriffe können wir den (semantischen) Folgerungsbegriff präzisieren:

<u>Definition:</u> Für $\alpha \in A(\$)$ und $M \subseteq A(\$)$ sagen wir: α <u>folgt aus</u> M, <u>$M \models \alpha$</u>, falls für jede Interpretation $\mathfrak{I}$ von $\$$ aus $(\forall \beta \in M: \mathfrak{I}(\beta) = 1)$ folgt $\mathfrak{I}(\alpha) = 1$. Wir schreiben $\models \alpha$ für $\emptyset \models \alpha$ und $\alpha_1, \dots, \alpha_n \models \alpha$ für $\{\alpha_1, \dots, \alpha_n\} \models \alpha$. Gilt $M \models \alpha$ nicht, so schreiben wir $M \not\models \alpha$. Analog benutzen wir $M \models N$ für: $\forall \alpha \in N: M \models \alpha$.

Ziel des Kapitels ist eine syntaktische Charakterisierung des Folgerungsbegriffs, d.h. eine (algorithmische) Beschreibung nur mit Mitteln der zugrundegelegten formalen Sprachen.

Wir beschließen diesen § mit einigen Bemerkungen zu wichtigen Ausdrucksklassen, die wir später untersuchen werden.

Definition: $F(\$) := \{\alpha\in A(\$): erf_{endl}\alpha\}$ (Finite models)

$I(\$) := \{\alpha\in A(\$): erf\alpha$ und $\alpha\notin F(\$)\}$ (Infinite models)

$N(\$) := \{\alpha\in A(\$): wv\alpha\}$ (No models)

Meistens schreiben wir nur F,I,N, wenn \$ aus dem Zusammenhang hervorgeht. F(\$), I(\$) und N(\$) bilden eine Zerlegung von A(\$), d.h. jeder Ausdruck ist Element genau einer dieser nicht leeren Klassen.

Beispiel 1. $\alpha\equiv\bigwedge_{x}\bigvee_{u}\bigwedge_{y}(Kxu\wedge(Kyx\supset Kyu))\in F$, denn jede nicht leere Menge natürlicher Zahlen mit K als $\leqq$ interpretiert ist ein Modell von α.

Beispiel 2. $\alpha\equiv\bigwedge_{x}\bigvee_{u}\bigwedge_{y}(Kxu\wedge(Kyx\supset Kyu)\wedge\neg Kxx)\in I$

Denn jede unendliche Teilmenge von $\mathbb{N}$ mit K interpretiert als <-Relation liefert ein Modell von α; umgekehrt gibt es in jedem Modell $(A;K^A)$ von α eine Folge $\tilde{x}_0,\tilde{x}_1,\tilde{x}_2,\ldots$ von Elementen in A mit $K^A(\tilde{x}_i,\tilde{x}_{i+1})$, für die wegen der zweiten Bedingung in α auch $K^A(\tilde{x}_i,\tilde{x}_j)$ für alle i<j gilt, sodaß wegen der Nicht-Reflexität von K^A die Folge der $\tilde{x}_i$ wiederholungsfrei und damit unendlich ist.

Da wir (bis auf Umbenennungen) alle endlichen Algebren und alle Interpretationen in diesen effektiv auflisten können, und da für eine Interpretation $\ni$ in einer endlichen Algebra entscheidbar ist, ob $\ni(\alpha)=1$ gilt, ist die Menge F(\$)(rekursiv) aufzählbar. Aus der syntaktischen Charakterisierung des Folgerungsbegriffs, die wir in diesem Kapitel entwickeln werden, werden wir erhalten, daß N(\$) ebenfalls (rekursiv) aufzählbar ist. In Kapitel F werden wir jedoch sehen, daß I(\$) nicht (rekursiv) aufzählbar ist, ja in der Tat, daß die Mengen F(\$), I(\$) und N(\$) paarweise rekursiv untrennbar sind. Insbesondere ist also keine dieser Ausdrucksklassen entscheidbar.

Übung 1. Die pränexen Ausdrücke (oder Ausdrücke in Pränex-Normalform) sind induktiv definiert durch: 1. Jedes quantorenfreie α ist pränex. 2. Ist α pränex, so auch $\bigwedge_x\alpha$ und $\bigvee_x\alpha$. Anders gesagt beginnt jeder pränexe Ausdruck mit einer Folge von Quantoren (genannt Präfix), der ein quantorenfreier Ausdruck (genannt Matrix) folgt. Konstruieren Sie zu bel. α einen äquivalenten pränexen Ausdruck β, d.h. mit $\models\alpha\leftrightarrow\beta$. Hinweis: Benutzen Sie die Allgemeingültigkeit der folgenden Ausdrücke (für $x\notin\mathfrak{f}(\beta)$) und benennen Sie notfalls Variablen um:

$$\neg\bigwedge_x\alpha\leftrightarrow\bigvee_x\neg\alpha \qquad (\bigwedge_x\alpha)\wedge\beta\leftrightarrow\bigwedge_x(\alpha\wedge\beta) \qquad (\bigvee_x\alpha)\wedge\beta\leftrightarrow\bigvee_x(\alpha\wedge\beta)$$

Übung 2. Ein Ausdruck ist in konjunktiver (disjunktiver) Normalform, falls er pränex ist und seine Matrix die Konjunktion von Disjunktionen (Disjunktion von Konjunktionen) negierter und unnegierter Elementarausdrücke ist. Konstruieren Sie zu jedem Ausdruck α einen äquivalenten Ausdruck β (d.h. $\models\alpha\leftrightarrow\beta$) in konjunktiver (resp. disjunktiver) Normalform.

Hinweis: Benutzen Sie die Tautologien: $\neg\neg\alpha\leftrightarrow\alpha$, $\neg(\alpha\wedge\beta)\leftrightarrow\neg\alpha\vee\neg\beta$, $\neg(\alpha\vee\beta)\leftrightarrow\neg\alpha\wedge\neg\beta$, $\alpha\wedge(\beta\vee\gamma)\leftrightarrow(\alpha\wedge\beta)\vee(\alpha\wedge\gamma)$. Für die Frage nach der Komplexität derartiger Algorithmen zur Herstellung konjunktiver bzw. disjunktiver Normalformen s. FIII.

Übung 3. (Konjunktive Normalform mit ternären Alternationen). Konstruieren Sie zu jedem α ein erfüllbarkeitsäquivalentes β (d.h. erfα gdw erfβ) in konjunktiver Normalform mit höchstens 3 Vorkommen von Primformeln oder Negationen von Primformeln pro Disjunktion. Hinweis: Ersetzen Sie schrittweise Disjunktionen $\alpha_1\vee\ldots\vee\alpha_k$ mit $3<k$ durch $(\alpha_1\vee\alpha_2\vee p)\wedge(\neg p\vee\alpha_3\vee\ldots\vee\alpha_k)$ für ein neues 0-stelliges Prädikatssymbol p. (s. Chang & Keisler 1962 für eine Verschärfung auf binäre Alternationen unter Ausnutzung von Eigenschaften von "=".)

Übung 4. Konstruieren Sie ausgehend von Gleichungen x=y für jedes $0<n$ geschlossene "Anzahlformeln" $\alpha_n, \beta_n, \gamma_n$, sodaß für alle $\tilde{A}$:

$$\text{erf}_{\tilde{A}}\alpha_n \text{ gdw } |\omega(\tilde{A})|\leq n,$$ entsprechend für β_n bzw. γ_n mit $\geq$ bzw. $=$.

Konstruieren Sie solche Anzahlformeln ohne Verwendung von =.

§ 3. Hilbert-Kalkül. Wir wollen jetzt einen formalen Kalkül zur Herleitung von Ausdrücken aus vorgegebenen Axiomen nach vorgegebenen Regeln vorstellen, in dem genau die allgemeingültigen Ausdrücke aus den Axiomen herleitbar sind (Teil II). Man könnte in Anlehnung an Begriffsbildungen in der Informatik auch sagen, daß dieser Kalkül die in § 2 definierte Semantik unserer formalen Sprachen (lies: den Begriff der Folgerung aus gegebenen Voraussetzungen) implementiert. Zur Formulierung des nicht aussagenlogischen Teils dieses Kalküls benötigen wir einen syntaktischen Substitutionsbegriff, den wir zu Beginn definieren wollen.

a) Intuitiv läßt sich von einer Allaussage auf jede Instanz der Aussage schließen, und jede Aussage impliziert ihre Existenzialisierung. Z.B. können wir von

(1) Zu jeder natürlichen Zahl gibt es eine größere Zahl: $\forall x\exists y{:}x<y$

auf (2) $\exists y{:}a<y$ schließen, wobei a ein beliebiges Element von $\mathbb{N}$ ist. Man mag versucht sein, hieraus zu schließen, es gälte:

(i) $\models \bigwedge_x\alpha\supset\alpha_x(t)$ (ii) $\models \alpha_x(t)\supset\bigvee_x\alpha$

wobei $\alpha_x(t)$ aus α durch Ersetzung von x durch t entstehe; denn bei jeder Interpretation $\mathfrak{I}$ wird $\bigwedge_x\alpha$ als eine Allaussage und $\alpha_x(t)$ als Instanz dieser Aussage sowie $\bigvee_x\alpha$ als Existenzialisierung der Deutung von $\alpha_x(t)$ gedeutet. Dies ist jedoch i.A. nicht der Fall. Setzen wir zum Beispiel $\alpha:\equiv\bigvee_y x<y$, so wird für geeignetes $\mathfrak{I}$ der Ausdruck $\bigwedge_x\alpha$ als (1) gedeutet. Der Ausdruck

$a_x(y) \equiv \bigvee_y y<y$ wird unter $\Im$ jedoch nicht als (2), sondern als "Es gibt eine Zahl, die kleiner als sie selbst ist" gedeutet, was sicherlich keine Instanz von (1) ist. (i) ist also i.A. falsch. Daß (ii) i.A. nicht gilt, zeigt das Beispiel $\alpha \equiv \bigwedge_y y<x$, wenn man $t \equiv y+1$ wählt und den Zeichen die übliche Bedeutung gibt. Der Grund dieser Sinnentstellung ist beidesmal, daß der Term t eine in α gebunden auftretende Variable enthält. Schließen wir dies aus, so sind (i) und (ii) gültig, wie wir jetzt zeigen werden.

Wir definieren also syntaktisch ein (entscheidbares) Prädikat Subst αxtβ (lies: α geht durch (legitime) Substitution von x durch t in β über) mit der

Korrektheitseigenschaft: Aus Subst αxtβ folgt $\models \bigwedge_x \alpha \supset \beta$ und $\models \beta \supset \bigvee_x \alpha$.
Vorbereitend definieren wir das Ergebnis $t_x[t_o]$ der Substitution von x durch t_o in Termen t durch Ind(t):

$x_x[t_o] :\equiv t_o \qquad y_x[t_o] :\equiv y$ für $y \not\equiv x \qquad a_x[t_o] := a$

$ft_1 \ldots t_{nx}[t_o] :\equiv ft_{1x}[t_o] \ldots t_{nx}[t_o]$

Definition von Substαxtβ (durch Ind(α)):

1. Subst $t_1=t_2xt\beta$ gdw $\beta \equiv t_{1x}[t]=t_{2x}[t]$.
2. Subst $Pt_1 \ldots t_n xt\beta$ gdw $\beta \equiv Pt_{1x}[t] \ldots t_{nx}[t]$.
3. Subst $\neg\alpha xt\beta$ gdw $\exists \beta_1$: Subst$\alpha xt\beta_1$ & $\beta \equiv \neg\beta_1$.
4. Subst $\alpha_1 \vee \alpha_2 xt\beta$ gdw $\exists \beta_i$ (i=1,2) : $\beta \equiv \beta_1 \vee \beta_2$ & Subst$\alpha_i xt\beta_i$
5. Subst $\bigvee_y \alpha_1 xt\beta$ gdw Entweder ($x \notin \mathcal{f}(\bigvee_y \alpha_1)$ und $\beta \equiv \bigvee_y \alpha_1$)
   oder ($x \in \mathcal{f}(\bigvee_y \alpha_1)$ & $y \notin \mathcal{U}(t)$ & $\exists \beta_1$: Subst$\alpha_1 xt\beta_1$ & $\beta \equiv \bigvee_y \beta_1$)

Man beachte, daß das Prädikat Subst rekursiv ist. Es ist leicht zu zeigen, daß Subst rechtseindeutig ist; d.h. gilt Subst$\alpha xt\beta_o$ und Subst$\alpha xt\beta_1$, so ist $\beta_o \equiv \beta_1$. Dies rechtfertigt die Schreibweise $\alpha_x[t]$ (oder nur $\alpha[t]$, wenn x aus dem Zusammenhang bekannt ist) für β mit Substαxtβ.

Zum Beweis der Korrektheitseigenschaft zeigen wir zuerst:
Überführungslemma. Für jede Interpretation $\Im$ gilt:
1. $\Im(t_x[t_o]) = \Im_x^{\Im(t_o)}(t)$.
2. Aus Substαxtβ folgt $\Im(\beta) = \Im_x^{\Im(t)}(\alpha)$.

Beweis. Ind(t): Für $t \equiv x$ gilt $t_x[t_o] \equiv t_o$, für $t \equiv y \not\equiv x$ oder $t \equiv a$ gilt $t_x[t_o] \equiv t$.
Induktionsschluß: für $t \equiv ft_1 \ldots t_n$ gilt:
$\Im(t_x[t_o]) = \Im(ft_{1x}[t_o] \ldots t_{nx}[t_o]) = \Im(f)(\Im(t_{1x}[t_o]), \ldots, \Im(t_{nx}[t_o]))$

$$\overset{=}{\text{I.V.}}\ \ni(f)(\ni_x^{\ni(t_o)}(t_1),\ldots,\ni_x^{\ni(t_o)}(t_n)) = \ni_x^{\ni(t_o)}(ft_1\ldots t_n).$$

Aus 1. folgt 2. durch Ind(α): Für $\alpha\equiv t_1=t_2$ oder $\alpha\equiv Pt_1\ldots t_n$ ist $\beta=t_{1x}[t]=t_{2x}[t]$ bzw. $\beta\equiv Pt_{1x}[t]\ldots t_{nx}[t]$, also:

$$\ni(\beta)=1 \quad \text{gdw} \quad \ni_x^{\ni(t)}(t_1)=\ni_x^{\ni(t)}(t_2) \quad \text{gdw} \quad \ni_x^{\ni(t)}(\alpha)=1 .$$

$$\ni(\beta)=1 \quad \text{gdw} \quad \ni(P)(\ni_x^{\ni(t)}(t_1),\ldots,\ni_x^{\ni(t)}(t_n)) \text{ gdw } \ni_x^{\ni(t)}(\alpha)=1 .$$

Im Induktionsschluß gibt es zu $\alpha\equiv\neg\alpha_1$ bzw. $\alpha\equiv\alpha_1\vee\alpha_2$ Ausdrücke β_i mit $\text{Subst}\alpha_i xt\beta_i$ & $\beta\equiv\neg\beta_1$ bzw. $\beta\equiv\beta_1\vee\beta_2$, sodaß

$$\ni(\neg\beta_1)=1-\ni(\beta_1)=1-\ni_x^{\ni(t)}(\alpha_1) = \ni_x^{\ni(t)}(\neg\alpha_1), \text{ analog für } \beta_1\vee\beta_2.$$

Für $\alpha\equiv\bigvee_y\alpha_1$ gilt nach $\text{Subst}\alpha xt\beta$ einer der folgenden Fälle:

1. Fall: $x\notin\mathfrak{f}(\alpha)$ & $\beta\equiv\alpha$. Dann ist $\ni\underset{\alpha}{=}\ni_x^{\ni(t)}$, woraus die Behauptung nach dem Koinzidenzlemma folgt.

2. Fall: $x\in\mathfrak{f}(\alpha)$ & $y\notin\bigcup(t)$ und $\text{Subst}\alpha_1 xt\beta_1$ & $\beta\equiv\bigvee_y\beta_1$ für ein β_1. Dann gilt $x\not\equiv y$, sodaß nach Induktionsvoraussetzung folgt:

$$\ni(\beta)=1 \text{ gdw } \exists\bar{x}\in A{:}\ni_y^{\bar{x}}(\beta_1)=1 \text{ gdw } \exists\bar{x}\in A{:}\ni_{y\ x}^{\bar{x}\ni_y^{\bar{x}}(t)}(\alpha_1)=1$$

$$\text{gdw } \exists\bar{x}\in A{:}\ni_{x\ \ y}^{\ni(t)\bar{x}}(\alpha_1)=1 \text{ (da } x\not\equiv y\notin\bigcup(t)) \text{ gdw } \ni_x^{\ni(t)}(\bigvee_y\alpha_1)=1$$

<u>Beweis der Korrektheitseigenschaft:</u> Aus $\ni(\bigwedge_x\alpha)=1$ folgt $\ni_x^{\bar{x}}(\alpha)=1$ für alle $\bar{x}\in A$, also insbesondere $1=\ni_x^{\ni(t)}(\alpha)=\ni(\beta)$ falls $\text{Subst}\alpha xt\beta$. Analog folgt aus der letzten Gleichung $\ni_x^{\bar{x}}(\alpha)=1$ für ein $\bar{x}\in A$ (nämlich z.Bsp. $\bar{x}=\ni(t)$), also $\ni(\bigvee_x\alpha)=1$.

<u>Übung.</u> Aus $x\notin\mathfrak{f}(\alpha)$ folgt $\text{Subst}\alpha xt\alpha$. Aus $y\notin\bigcup(\alpha)$ & $\text{Subst}\alpha xy\beta$ folgt $\text{Subst}\beta yx\alpha$. Aus $\text{Subst}\alpha xt\beta$ & $x\in\mathfrak{f}(\alpha)$ & $y\in\bigcup(t)$ folgt $y\in\mathfrak{f}(\beta)$.

b) Mit dem obigen Substitutionsbegriff können wir nun einen Kalkül zur syntaktischen Beschreibung des prädikatenlogischen Allgemeingültigkeits- und Folgerungsbegriffs einführen. Um dieses Kapitel von den vorhergehenden unabhängig zu machen, wiederholen wir die allgemein schon in Kap.AI gegebene Definition des grundlegenden Begriffs einer Herleitung (von Ausdrücken) in einem Deduktionssystem.

<u>Definition:</u> Ein Paar D=(A,R) heißt (Ausdrucks-)<u>Kalkül</u> (<u>Deduktionssystem</u>) (über der Sprache $), falls A eine rekursive Teilmenge von A($) und R eine endliche Menge rekursiver Relationen über A($) ist. Die Elemente von A heißen <u>Axiome</u> von D, die Elemente von R <u>Regeln</u>.

Eine D-Herleitung aus M (der Länge $n\geq 1$) ist eine endliche Folge (der Länge n) $\alpha_1,\ldots,\alpha_n$ von Ausdrücken mit der folgenden Eigenschaft: Für jedes α_i, $1\leq i\leq n$, gilt: α_i ist ein Axiom von D oder $\alpha_i\in M$ oder es gibt eine Regel r von D und $\alpha_{k_0},\ldots,\alpha_{k_m}\in\{\alpha_1,\ldots,\alpha_{i-1}\}$ mit $(\alpha_{k_0},\ldots,\alpha_{k_m},\alpha_i)\in r$.

α ist aus M D-herleitbar, in Zeichen $M\vdash_D\alpha$, falls es eine D-Herleitung aus M gibt, deren letzter Ausdruck α ist. Statt D-Herleitung aus ∅ (D-herleitbar aus ∅) sagen wir D-Herleitung (D-herleitbar) und schreiben $\vdash_D\alpha$ für $\emptyset\vdash_D\alpha$. Gilt $M\vdash_D\alpha$ nicht, so schreiben wir $M\not\vdash_D\alpha$.

Bemerkungen: 1. Für jeden Kalkül D ist $\{\alpha:\vdash_D\alpha\}$ rekursiv aufzählbar.
2. Die Herleitbarkeitsrelation $\vdash_D$ ist transitiv: aus $M\vdash_D\alpha_0;\ldots;M\vdash_D\alpha_n$; $\{\alpha_0,\ldots,\alpha_n\}\vdash_D\beta$ folgt $M\vdash_D\beta$.
3. Die Relation $\vdash_D$ ist finitär, d.h. gilt $M\vdash_D\alpha$, so gibt es ein endliches $M_0\subseteq M$ mit $M_0\vdash_D\alpha$ (ist $\alpha_1,\ldots,\alpha_n$ eine D-Herleitung von α aus M, so wähle man z.B. $M_0=\{\alpha_1,\ldots,\alpha_n\}\cap M$).
Wir geben nun den Prädikatenkalkül PL an:

Axiome von PL:

Aussagenlogische Axiome:

(A1)	$(\alpha\vee\alpha)\supset\alpha$	(Zusammenziehung)
(A2)	$\alpha\supset(\alpha\vee\beta)$	(Abschwächung)
(A3)	$(\alpha\vee\beta)\supset(\beta\vee\alpha)$	(Vertauschung)
(A4)	$(\alpha\supset\beta)\supset(\gamma\vee\alpha\supset\gamma\vee\beta)$	("Transitivität")

Gleichheitsaxiome:

(I1) $x=x$

(I2) $x=t\supset(\alpha\supset\beta)$, falls Subst$\alpha xt\beta$.

Quantorenlogisches Axiom:

(P1) $\alpha\supset\bigvee_x\alpha$

Regeln von PL: (MP) $\dfrac{\alpha \quad \alpha\supset\beta}{\beta}$ (d.h. $(\alpha,\alpha\supset\beta,\beta)\in MP$) (modus ponens)

(P2) $\dfrac{\alpha\supset\beta}{\bigvee_x\alpha\supset\beta}$ falls $x\notin\mathcal{f}(\beta)$ (V-Einführungsregel)

(S) $\dfrac{\alpha}{\beta}$ falls Subst$\alpha xt\beta$ (Substitutionsregel)

Man beachte, daß $\mathcal{f}$ und Subst entscheidbar sind; PL erfüllt also die Definition eines Kalküls. Wenn wir betonen wollen, daß PL ein Kalkül der Prädikatenlogik 1. Stufe ist, so schreiben wir PL1 statt PL. Den Kalkül, den man erhält, wenn man die Axiome auf (A1)-(A4) einschränkt und als einzige Regel MP zuläßt, nennen wir Aussagenkalkül AL.

Unser Ziel ist es, die von Gödel 1930 bewiesene Äquivalenz von PL-Herleitungsbegriff und Folgerungsbegriff zu zeigen: gt α gdw α ist in PL herleitbar. Kalkülunabhängig formuliert drückt diese Äquivalenz aus, daß der Begriff der Allgemeingültigkeit erststufiger Formeln rekursiv aufzählbar ist; anders gesagt, daß die in jeder passenden Struktur gültigen erststufigen Formeln gerade diejenigen sind, für die in einem speziellen (z.B. dem obigen) Kalkül eine Herleitung existiert.

Korrektheitssatz: $\forall\alpha$: Aus $\vdash_{PL}\alpha$ folgt $\models\alpha$

Vollständigkeitssatz: $\forall\alpha$: Aus $\models\alpha$ folgt $\vdash_{PL}\alpha$

Beweis des Korrektheitssatzes (für den Vollständigkeitssatz s. Teil II). Sei δ PL-herleitbar. Wir zeigen durch Induktion nach der Länge der Herleitung von δ, daß für jedes $\tilde{A}$ passend zu $\$$ und jede Interpretation $\exists$ in $\tilde{A}$ gilt: $\exists(\delta)=1$.

1. δ sei Axiom vom Typ A1,A2,A3,A4 oder I1. Dann folgt die Behauptung unmittelbar aus der Definition der Interpretationen.
2. δ sei ein Axiom I2, d.h. $\delta\equiv x=t\supset(\alpha\supset\alpha_x[t])$. Ist $\exists(x=t)=0$, dann ist offensichtlich $\exists(\delta)=1$. Sei also $\exists(x=t)=1$, d.h. $\exists(x)=\exists(t)$. Da Substaxt$\alpha_x[t]$ gilt, folgt aus dem Überführungslemma $\exists(\alpha_x[t])=\exists_x^{\exists(t)}(\alpha)$. Da $\exists(x)=\exists(t)$, gilt $\exists_x^{\exists(t)}(\alpha)=\exists(\alpha)$ und damit $\exists(\alpha_x[t])=\exists(\alpha)$. D.h. $\exists(\alpha\supset\alpha_x[t])=1$ und deshalb $\exists(\delta)=1$.
3. δ sei ein Axiom P1, d.h. $\delta\equiv\alpha\supset\underset{x}{V}\alpha$. Ist $\exists(\alpha)=0$, so $\exists(\alpha\supset\underset{x}{V}\alpha)=1$. Ist $\exists(\alpha)=1$, so $\exists_x^{\exists(x)}(\alpha)=\exists(\alpha)=1$. D.h. es gibt $\bar{x}\in A$ - nämlich $\bar{x}=\exists(x)$, so daß $\exists_x^{\bar{x}}(\alpha)=1$ und deshalb $\exists(\underset{x}{V}\alpha)=1$. Es folgt $\exists(\delta)=1$.
4. Es sei $\delta=\beta$ und in der Herleitung von δ treten α und $\alpha\supset\beta$ auf (aus denen δ vermöge MP erschlossen ist). Nach I.V. gilt dann $\exists(\alpha)=\exists(\alpha\supset\beta)=1$, woraus $\exists(\beta)=1$ folgt.
5. Sei $\delta\equiv\underset{x}{V}\alpha\supset\beta$ aus $\alpha\supset\beta$ vermöge P2 erschlossen. Dann gilt $x\notin ⨍(\beta)$. Ist $\exists(\underset{x}{V}\alpha)=0$, so ist offensichtlich $\exists(\delta)=1$. Sei also $\exists(\underset{x}{V}\alpha)=1$. Dann gibt es $\bar{x}\in A$ mit $\exists_x^{\bar{x}}(\alpha)=1$. Da nach I.V. $\exists_x^{\bar{x}}(\alpha\supset\beta)=1$ folgt hieraus $\exists_x^{\bar{x}}(\beta)=1$. Da wegen $x\notin ⨍(\beta)$ $\exists^{\bar{x}}_{x\,\beta}=\exists$, folgt mit dem Koinzidenzlemma $\exists(\beta)=1$, was $\exists(\underset{x}{V}\alpha\supset\beta)=1$ zur Folge hat.
6. Sei $\delta=\alpha_x[t]$ aus α vermöge S erschlossen. Wegen Substaxtδ gilt dann nach dem Überführungslemma $\exists(\delta)=\exists_x^{\exists(t)}(\alpha)$, und nach I.V. ist $\exists_x^{\exists(t)}(\alpha)=1$.

Übung. Aussagenlogischer Korrektheitssatz: α ist eine Tautologie, falls $\vdash_{AL}\alpha$.

TEIL II. VOLLSTÄNDIGKEITSSATZ

Zum Beweis des Vollständigkeitssatzes (nach Henkin 1949, Hasenjaeger 1953) benötigen wir eine Reihe spezieller Herleitungen in PL, die wir zur Illustration formallogischen Schließens im Vorhinein bereitstellen. Dem vor allem auf den zentralen Beweisgedanken neugierigen Leser empfehlen wir, diese formalen Herleitungen vorerst zu übergehen, direkt den Beweis des Erfüllbarkeitslemmas zu lesen und sich dabei zu vergewissern, daß gerade die vorher bereitgestellten formalen Herleitbarkeitsbeziehungen benötigt werden. Um den Kern des Beweisgedankens der Vervollständigung einer nicht widerspruchsvollen Ausdrucksmenge zu einer maximal widerspruchsfreien Obermenge besonders deutlich hervortreten zu lassen, beweisen wir zuerst die Vollständigkeit des Aussagenkalküls und bauen anschließend den Beweis für den prädikatenlogischen Fall aus.

§ 1. Herleitungen und Deduktionstheorem der Aussagenlogik. Wir geben zunächst eine Reihe von in AL zulässigen Schlüssen (Regeln) an. Hierbei ist ein in einem Deduktionssystem D zulässiger Schluß eine rekursive Relation $r \subseteq A(\$)^{n+1}$ mit $\alpha_1,\dots,\alpha_n \vdash_D \alpha_{n+1}$ für jedes Element $(\alpha_1,\dots,\alpha_{n+1}) \in r$. In diesem Sinn ist offensichtlich jede Regel von D ein in D zulässiger Schluß. Zum Beweis der Zulässigkeit eines Schlusses r geben wir stets zu $\alpha_1,\dots,\alpha_{n+1}$ mit $(\alpha_1,\dots,\alpha_{n+1}) \in r$ eine Herleitung von α_{n+1} aus $\alpha_1,\dots,\alpha_n$ an. Dabei schreiben wir die Folgenglieder der Herleitung üblicherweise unter- oder nebeneinander, numerieren sie durch und begründen in Klammern die Korrektheit der Herleitung(steile). OBdA dürfen wir nach der folgenden Übung den Herleitungsbegriff dahingehend ändern, daß wir bereits als zulässig nachgewiesene Schlüsse als Regeln hinzunehmen.

Übung. Sei D ein Deduktionssystem, r ein in D zulässiger Schluß und D' die Erweiterung von D um die Regel r. Zeigen Sie: $M \vdash_D \alpha$ gdw $M \vdash_{D'} \alpha$.

Empfehlung. Zum leichteren Erfassen der den folgenden Herleitungen zugrundeliegenden Beweisideen lese man die Herleitungen zuerst von unten nach oben!

Lemma 1 (Kettenschluß): (KS) $\alpha\supset\beta, \beta\supset\gamma \vdash_{AL} \alpha\supset\gamma$

Beweis: 1. $\alpha\supset\beta$ (Voraussetzung)

2. $\beta\supset\gamma$ (Voraussetzung)

3. $(\beta\supset\gamma)\supset(\neg\alpha\vee\beta \supset\neg\alpha\vee\gamma)$ (A4)

4. $(\alpha\supset\beta)\supset(\alpha\supset\gamma)$ (MP: 2.,3.)

5. $\alpha\supset\gamma$ (MP: 1.,4.)

Lemma 2 (iterierter Kettenschluß): $\alpha\supset\beta, \beta\supset\gamma, \gamma\supset\delta \vdash_{AL} \alpha\supset\delta$.

Beweis: 1. $\alpha\supset\beta$ (Voraussetzung)

2. $\beta\supset\gamma$ (Voraussetzung) 3. $\alpha\supset\gamma$ (KS: 1.,2.)

4. $\gamma \supset \delta$ (Voraussetzung) 5. $\alpha \supset \delta$ (KS: 3.,4.)

Lemma 3: ($\supset$1) $\vdash_{AL} \alpha \supset \alpha$

Beweis: 1. $\alpha \supset \alpha \vee \alpha$ (A2) 2. $\alpha \vee \alpha \supset \alpha$ (A1)

3. $\alpha \supset \alpha$ (KS: 1.,2.)

Lemma 4 ($\vee$-Regeln): ($\vee$1) $\alpha \supset \beta \vdash_{AL} \alpha \supset \beta \vee \gamma$

($\vee$2) $\alpha \supset \beta \vdash_{AL} \alpha \supset \gamma \vee \beta$

($\vee$3) $\alpha \supset \beta \vdash_{AL} \gamma \vee \alpha \supset \gamma \vee \beta$

($\vee$4) $\alpha \supset \beta \vdash_{AL} \alpha \vee \gamma \supset \beta \vee \gamma$

($\vee$5) $\alpha \supset \gamma, \beta \supset \gamma \vdash_{AL} \alpha \vee \beta \supset \gamma$

($\vee$6) $\alpha \vee (\beta \vee \gamma) \vdash_{AL} (\alpha \vee \beta) \vee \gamma$

($\vee$7) $(\alpha \vee \beta) \vee \gamma \vdash_{AL} \alpha \vee (\beta \vee \gamma)$

Beweis.

($\vee$1): 1. $\alpha \supset \beta$ (Voraussetzung)

2. $\beta \supset \beta \vee \gamma$ (A2)

3. $\alpha \supset \beta \vee \gamma$ (KS: 1.,2.)

($\vee$2): 1. $\alpha \supset \beta$ (Voraussetzung)

2. $\beta \supset \beta \vee \gamma$ (A2)

3. $\beta \vee \gamma \supset \gamma \vee \beta$ (A3)

4. $\alpha \supset \gamma \vee \beta$ (IterKS: 1.,2.,3.)

($\vee$3): 1. $\alpha \supset \beta$ (Voraussetzung)

2. $(\alpha \supset \beta) \supset (\gamma \vee \alpha \supset \gamma \vee \beta)$ (A4) 3. $\gamma \vee \alpha \supset \gamma \vee \beta$ (MP: 1.,2.)

($\vee$4): 1. $\alpha \supset \beta$ (Voraussetzung)

2. $\alpha \vee \gamma \supset \gamma \vee \alpha$ (A3) 3. $\gamma \vee \alpha \supset \gamma \vee \beta$ ($\vee$3:1.)

4. $\gamma \vee \beta \supset \beta \vee \gamma$ (A3) 5. $\alpha \vee \gamma \supset \beta \vee \gamma$ (Iter KS:2-4)

($\vee$5): 1. $\alpha \supset \gamma$ (Voraussetzung) 2. $\beta \supset \gamma$ (Voraussetzung)

3. $\alpha \vee \beta \supset \gamma \vee \beta$ ($\vee$4:1.) 4. $\gamma \vee \beta \supset \gamma \vee \gamma$ ($\vee$3:2.)

5. $\gamma \vee \gamma \supset \gamma$ (A1) 6. $\alpha \vee \beta \supset \gamma$ (Iter KS:3-5)

($\vee$6): 1. $\alpha \supset \alpha \vee \beta$ (A2) 2. $\alpha \vee \beta \supset (\alpha \vee \beta) \vee \gamma$ (A1)

3. $\alpha \supset (\alpha \vee \beta) \vee \gamma$ (KS:1,2) 4. $\beta \supset \beta$ ($\supset$1)

5. $\beta \supset \alpha \vee \beta$ ($\vee$2:4) 6. $\beta \supset (\alpha \vee \beta) \vee \gamma$ ($\vee$1:5.)

7. $\gamma \supset \gamma$ ($\supset$1) 8. $\gamma \supset (\alpha \vee \beta) \vee \gamma$ ($\vee$2:7.)

9. $(\beta \vee \gamma) \supset (\alpha \vee \beta) \vee \gamma$ ($\vee$5:6.,8.) 10. $\alpha \vee (\beta \vee \gamma) \supset (\alpha \vee \beta) \vee \gamma$ ($\vee$5: 3.,9.)

($\vee$7): Analog zu ($\vee$6).

Lemma 5 ($\supset$-Regeln): ($\supset$2) $\alpha \vdash_{AL} \beta \supset \alpha$

($\supset$3) $\alpha \supset (\beta \supset \gamma) \vdash_{AL} \beta \supset (\alpha \supset \gamma)$

($\supset$4) $\alpha \supset (\alpha \supset \beta) \vdash_{AL} \alpha \supset \beta$

($\supset$5) $\alpha \supset \beta, \alpha \supset (\beta \supset \gamma) \vdash_{AL} \alpha \supset \gamma$

Beweis. ($\supset$2): 1. α (Voraussetzung)

2. $\alpha\supset(\alpha\vee\neg\beta)$ (A2)

3. $(\alpha\vee\neg\beta)\supset(\neg\beta\vee\alpha)$ (A3)

4. $\alpha\supset(\neg\beta\vee\alpha)$ (KS:2,3)

5. $\neg\beta\vee\alpha$ (MP:1,4)

($\supset$3): 1. $\neg\alpha\vee(\neg\beta\vee\gamma)$ (Voraussetzung; $\neg\alpha\vee(\neg\beta\vee\gamma)\equiv\alpha\supset(\beta\supset\gamma)$)

2. $(\neg\alpha\vee\neg\beta)\vee\gamma$ ($\vee$6:1.)

3. $\neg\alpha\vee\neg\beta\supset\neg\beta\vee\neg\alpha$ (A3)

4. $(\neg\alpha\vee\neg\beta)\vee\gamma\supset(\neg\beta\vee\neg\alpha)\vee\gamma$ ($\vee$4:3.)

5. $(\neg\beta\vee\neg\alpha)\vee\gamma$ (MP:2,4)

6. $\neg\beta\vee(\neg\alpha\vee\gamma)$ ($\vee$7:5.)

($\supset$4): 1. $\neg\alpha\vee(\neg\alpha\vee\beta)$ (Vorauss.)

2. $(\neg\alpha\vee\neg\alpha)\vee\beta$ ($\vee$6:1.)

3. $(\neg\alpha\vee\neg\alpha)\supset\neg\alpha$ (A1)

4. $(\neg\alpha\vee\neg\alpha)\vee\beta\supset\neg\alpha\vee\beta$ ($\vee$4:3.)

5. $\neg\alpha\vee\beta$ (MP:2.,4.)

($\supset$5): 1. $\alpha\supset\beta$ (Vorauss.)

2. $\alpha\supset(\beta\supset\gamma)$ (Vorauss.)

3. $\beta\supset(\alpha\supset\gamma)$ ($\supset$3:2.)

4. $\alpha\supset(\alpha\supset\gamma)$ (KS: 1.,3.)

5. $\alpha\supset\gamma$ ($\supset$4:4.)

AL-Deduktionstheorem: Aus $M\cup\{\alpha\}\vdash_{AL}\beta$ folgt $M\vdash_{AL}\alpha\supset\beta$.

Beweis: Es gelte $M\cup\{\alpha\}\vdash_{AL}\beta$. Wir zeigen die Behauptung durch Induktion nach der Herleitungslänge.

1. β ist AL-Axiom oder ein Element von M. Dann gilt $M\vdash_{AL}\beta$, woraus mit ($\supset$2) (wegen der Transitivität von $\vdash_{AL}$) $M\vdash_{AL}\alpha\supset\beta$ folgt.
2. $\beta\equiv\alpha$. Dann gilt $M\vdash_{AL}\alpha\supset\beta$ nach ($\supset$1).
3. β entstehe aus $\gamma,\gamma\supset\beta$ durch MP. Nach I.V. gilt dann $M\vdash_{AL}\alpha\supset\gamma$ und $M\vdash_{AL}\alpha\supset(\gamma\supset\beta)$. Mit ($\supset$5) folgt $M\vdash_{AL}\alpha\supset\beta$.

Lemma 6 ($\neg$-Regeln): ($\neg$1) $\alpha,\neg\alpha\vdash_{AL}\beta$ ($\neg$3) $\neg\alpha,\neg\beta,\alpha\vee\beta\vdash_{AL}\gamma$

($\neg$2) $\neg\alpha\supset\alpha\vdash_{AL}\alpha$ und $\alpha\supset\neg\alpha\vdash_{AL}\neg\alpha$

Beweis.

($\neg$1): 1. α (Voraussetzung)

2. $\neg\alpha$ (Voraussetzung)

3. $\neg\alpha\supset(\neg\alpha\vee\beta)$ (A2)

4. $\alpha\supset\beta$ (MP:2.,3.)

5. β (MP:1.,4.)

($\neg$2): 1. $\neg\alpha\supset\alpha$ (Voraussetzung)

2. $\alpha\supset\alpha$ ($\supset$1)

3. $(\neg\alpha\vee\alpha)\supset\alpha$ ($\vee$5:1.,2.)

4. α (MP:2.,3.)

1. $\alpha\supset\neg\alpha$ (Voraussetzung)

2. $\neg\alpha\supset\neg\alpha$ ($\supset$1)

3. $\neg\alpha\vee\alpha\supset\neg\alpha$ ($\vee$5:1.,2.)

4. $\alpha\supset\alpha$ ($\supset$1)

5. $\neg\alpha$ (MP:3.,4.)

($\neg$3): 1. $\neg\alpha$ (Voraussetzung)

2. $\neg\beta$ (Voraussetzung)

3. $\neg\alpha\supset(\alpha\supset\gamma)$ (A2)

4. $\neg\beta\supset(\beta\supset\gamma)$ (A2)

5. $\alpha\supset\gamma$ (MP:1.,3.)

6. $\beta\supset\gamma$ (MP:2.,4.)

7. $\alpha\vee\beta\supset\gamma$ ($\vee$5:5.,6.)

8. $\alpha\vee\beta$ (Voraussetzung)

9. γ (MP:7.,8.)

§ 2. Aussagenlogischer Vollständigkeitssatz. Der zentrale Beweisgedanke für den aussagenlogischen Vollständigkeitssatz "$\vdash_{AL}\alpha$ für Tautologien α" steckt im Beweis für das folgende aussagenlogische

Erfüllbarkeitslemma: Ist M nicht kontradiktorisch, so gibt es eine Belegung B mit $\forall\alpha\in M$:B(α)=1. Hierbei heißt die Ausdrucksmenge M kontradiktorisch (in Zeichen: KdM), falls $M\vdash_{AL}\alpha$ für alle Ausdrücke α.

Beweis des aussagenlogischen Vollständigkeitssatzes unter Verwendung des Erfüllbarkeitslemmas: Der Beweis benutzt Kontraposition, d.h. wir nehmen $\not\vdash_{AL}\alpha$ an und zeigen, daß α keine Tautologie ist. Aus der Annahme folgt, daß $\{\neg\alpha\}$ nicht kontradiktorisch ist. (Andernfalls wäre $\neg\alpha\vdash_{AL}\alpha$, also nach dem aussagenlogischen Deduktionstheorem $\vdash_{AL}\neg\alpha\supset\alpha$, was wegen ($\neg$2) $\vdash_{AL}\alpha$ im Widerspruch zur Annahme implizieren würde.) Nach dem Erfüllbarkeitslemma gibt es also eine Belegung B mit B($\neg\alpha$)=1. Folglich B(α)=0, weshalb α keine Tautologie ist.

a) Beweis des Erfüllbarkeitslemmas ("Maximalisierungsprozeß von Lindenbaum") Sei $\alpha_0, \alpha_1, \ldots, \alpha_n, \ldots$ eine beliebige Abzählung aller Ausdrücke der zugrundegelegten Sprache. Wir definieren induktiv Erweiterungsmengen M_n von M für $0\leqq n$:

$$M_0 := M$$

$$M_{n+1} := \begin{cases} M_n & \text{falls } Kd(M_n\cup\{\alpha_n\}) \\ M_n\cup\{\alpha_n\} & \text{sonst} \end{cases} \qquad M^* := \bigcup_n M_n$$

Wir behaupten, daß die Mengen M_n und M* die folgenden Eigenschaften haben:

(1) $\forall n\in\mathbb{N}$: $M\subseteq M_n\subseteq M_{n+1}\subseteq M^*=\bigcup_{n\in\mathbb{N}} M_n$

(2) nicht KdM_n (3) nicht KdM* (Widerspruchsfreiheit)

(4) $\forall\alpha$: Aus $\alpha\notin M^*$ folgt Kd($M^*\cup\{\alpha\}$) (Maximalität)

(5) $\forall\alpha$: $\alpha\in M^*$ gdw $M^*\vdash_{AL}\alpha$

(6) $\forall\alpha$: $\neg\alpha\in M^*$ gdw $\alpha\notin M^*$

(7) $\forall\alpha,\beta$: $\alpha\vee\beta\in M^*$ gdw $\alpha\in M^*$ oder $\beta\in M^*$

(5)–(7): (Abgeschlossenheitseigenschaften)

Aus diesen Behauptungen folgt, daß durch B(α)=1 gdw $\alpha\in M^*$ eine Belegung definiert ist. Da $\forall\alpha\in M$:B(α)=1 wegen $M\subseteq M^*$ gilt, folgt hieraus die Behauptung des Lemmas.

Beweis der Behauptungen (1)-(7): (1) und (2) sind trivial (Induktion nach n).

(3): Indirekter Beweis: Annahme: KdM*. Dann gilt für beliebige (fest gewählte)

Ausdrücke α und β: $M^* \vdash_{AL} \neg\alpha, \neg\beta, \alpha\vee\beta$. Wegen (1) und der Endlichkeit der Herleitungen gibt es dann $n\in\mathbb{N}$ mit $M_n \vdash_{AL} \neg\alpha, \neg\beta, \alpha\vee\beta$. Mit ($\neg$3) folgt $M_n \vdash_{AL} \gamma$ für jeden Ausdruck γ, d.h. KdM_n im Widerspruch zu (2).

(4): Sei $\alpha\notin M^*$. Für das n mit $\alpha_n \equiv \alpha$ gilt dann $\alpha_n \notin M_{n+1}$, d.h. $Kd(M_n \cup \{\alpha_n\})$. Wegen $M_n \subseteq M^*$ impliziert dies $Kd(M^* \cup \{\alpha_n\})$.

(5): Die nicht-triviale Richtung von rechts nach links zeigen wir indirekt: Annahme: $\alpha\notin M^*$ und $M^* \vdash_{AL} \alpha$. Aus $\alpha\notin M^*$ folgt nach (4) $Kd(M^* \cup \{\alpha\})$, also $M^* \cup \{\alpha\} \vdash_{AL} \neg\alpha$. Mit dem aussagenlogischen Deduktionstheorem folgt $M^* \vdash_{AL} \alpha\supset\neg\alpha$. Mit ($\neg$2) und ($\neg$1) können wir hieraus und aus $M^* \vdash_{AL} \alpha$ auf $M^* \vdash_{AL} \beta$ für jedes β schließen. D.h. KdM^* im Widerspruch zu (3).

(6): (Indirekt) Annahme: $\neg\alpha\in M^*$ und $\alpha\in M^*$. Dann gilt nach (5) $M^* \vdash_{AL} \alpha$ und $M^* \vdash_{AL} \neg\alpha$. Mit ($\neg$1) folgt KdM^* im Widerspruch zu (3).
Umkehrung (indirekt): Annahme: $\alpha\notin M^*$ und $\neg\alpha\notin M$. Dann gilt nach (4) $Kd(M^* \cup \{\alpha\})$ und $Kd(M^* \cup \{\neg\alpha\})$, also $M^* \cup \{\alpha\} \vdash_{AL} \neg\alpha$ und $M^* \cup \{\neg\alpha\} \vdash_{AL} \alpha$. Aus dem Dedthm. folgt $M^* \vdash_{AL} \alpha\supset\neg\alpha, \neg\alpha\supset\alpha$. Mit ($\neg$2) und ($\neg$1) folgt hieraus $M^* \vdash_{AL} \beta$, d.h. KdM^*: Widerspruch!

(7) (Indirekt) Annahme: $\alpha\vee\beta\in M^*$, $\alpha\notin M^*$ und $\beta\notin M^*$. Dann gilt nach (6) und (5) $M^* \vdash_{AL} \alpha\vee\beta, M^* \vdash_{AL} \neg\alpha, M^* \vdash_{AL} \neg\beta$. Dies impliziert mit ($\neg$3) KdM^*: Widerspruch!
Umkehrung: Es gelte $\alpha\in M^*$ oder $\beta\in M^*$. Wegen $\alpha \vdash_{AL} \alpha\vee\beta$ und $\beta \vdash_{AL} \alpha\vee\beta$ (v-Regeln) folgt $M^* \vdash_{AL} \alpha\vee\beta$, d.h. nach (5) $\alpha\vee\beta\in M^*$.

Folgerung aus dem aussagenlogischen Vollständigkeitssatz:

Lemma (<u>Tautologieregel</u> (T)): Ist $\alpha_1\wedge\ldots\wedge\alpha_n\supset\beta$ eine Tautologie, so ist $\alpha_1,\ldots,\alpha_n \vdash_{AL} \beta$.

<u>Beweis.</u> durch Induktion nach n: Für n=0 gilt die Aussage nach dem aussagenlogischen Vollständigkeitssatz. Induktionsschluß: Sei $\alpha_1\wedge\ldots\wedge\alpha_{n+1}\supset\beta$ eine Tautologie. Dann ist $\alpha_1\wedge\ldots\wedge\alpha_n\supset(\alpha_{n+1}\supset\beta)$ ebenfalls eine Tautologie. Dies liefert die Herleitung:

1.	α_1	(Voraussetzung) ...	n+1.	α_{n+1}	(Voraussetzung)
n+2.	$\alpha_{n+1}\supset\beta$	(Ind. Vor.)	n+3.	β	(MP:n+1,n+2)

<u>Übung.</u> $\gamma_\delta[\alpha]$ bezeichne den aus γ durch Substitution aller Vorkommen des Teilausdrucks δ von γ durch α entstehenden Ausdruck. Zeigen Sie: Ist $\alpha\leftrightarrow\beta$ eine Tautologie, so auch $\gamma_\delta[\alpha] \leftrightarrow \gamma_\delta[\beta]$ für bel. γ.

Im Folgenden werden wir aussagenlogische Herleitungen bzw. Herleitbarkeitsbehauptungen durch Benutzung der Tautologieregel rechtfertigen; die dazu nötigen inhaltlichen Überlegungen sind i.a. leichter einzusehen als formale Herleitungen.

b) Wir geben als Übung zum al. Vollständigkeitssatz wie zu späterem Gebrauch noch 2 weitere Charakterisierungen der Tautologien, wobei wir der Einfachheit halber ausgehen von der sog. *Standard-Darstellung der Aussagenlogik*: Sei \$ die Sprache, die keine Funktionszeichen enthält und deren Prädikatszeichen gerade die 0-stelligen Prädikatszeichen $Q_o, P_o, P_1, P_2, \ldots$ sind. Sei $0 :\equiv Q_o \wedge \neg Q_o$ und $1 :\equiv Q_o \vee \neg Q_o$. Die Menge A_{AL} der *aussagenlogischen Ausdrücke* ist induktiv definiert durch:

1. $0, 1, P_n$ $(n \geq 0)$ sind aussagenlogische Ausdrücke.
2. Sind α, β aussagenlogische Ausdrücke, so auch $\neg\alpha$ und $\alpha \vee \beta$.

Wir nennen 0 und 1 *Aussagenkonstanten* und die P_n, $n \geq 0$, *Aussagenvariablen.*

Übung. (Charakterisierung von Tautologien durch analytische Tafeln, s. Beth 1959, §67 ff). Die Grundidee dieser Methode besteht darin, α dadurch als Tautologie nachzuweisen, daß systematisch jeder Versuch, eine $\neg\alpha$ erfüllende Belegung zu konstruieren, zu einem Widerspruch geführt wird; ist hingegen $\neg\alpha$ erfüllbar, so liefert das Verfahren eine (bzw. alle) $\neg\alpha$ erfüllende(n) Belegung(en). Wegen der Tautologie $\neg\neg\beta \leftrightarrow \beta$ und $\neg(\beta\vee\gamma) \leftrightarrow \neg\beta \wedge \neg\gamma$ erhalten Ausdrücke $\neg\neg\beta$ bzw. $\neg(\beta\vee\gamma)$ genau dann den Wahrheitswert 1, wenn dies für β bzw. $\neg\beta$ und $\neg\gamma$ der Fall ist; für Ausdrücke $\beta\vee\gamma$ hingegen ergibt sich eine baumartige Verzweigung, da sowohl β als auch γ den Wahrheitswert 1 haben kann, wenn $\beta\vee\gamma$ ihn hat. Eine Formalisierung liefert die folgende Definition:
Eine *analytische Tafel* für einen aussagenlogischen Ausdruck α ist ein geordneter Binärbaum, dessen Punkte Vorkommen von Ausdrücken sind und der wie folgt rekursiv bestimmt ist:
1. α ist eine analytische Tafel für α mit Wurzel α.
2. Ist T eine analytische Tafel für α, e ein Endpunkt von T und β ein Ausdruck konjunktiven Typs (d.h. der Form $\neg(\gamma\vee\delta)$ oder $\neg\neg\gamma$), der auf dem Pfad von von α nach e vorkommt, so ist auch

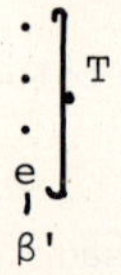

eine analytische Tafel für α mit

$$\beta' \equiv \begin{cases} \gamma & \text{für } \beta\equiv\neg\neg\gamma \\ \delta & \text{für } \beta\equiv\neg(\gamma_1\vee\gamma_2) \\ & \text{mit } \delta\in\{\neg\gamma_1, \neg\gamma_2\}. \end{cases}$$

β' heißt (ein) Nachfolger von β.
3. Ist T eine analytische Tafel für α, e ein Endpunkt von T und β ein Ausdruck disjunktiven Typs (d.h. der Form $\gamma\vee\delta$), der auf dem Pfad von α nach e vorkommt, so ist auch

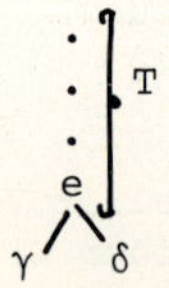

eine analytische Tafel für α. γ heißt linker, δ rechter Nachfolger von β.

Ein *Ast* a in einer analytischen Tafel für α heißt *vollständig* gdw a enthält für jeden in a vorkommenden Ausdruck konjunktiven Typs auch jeden Nachfolger und für jeden Ausdruck disjunktiven Typs mindestens einen Nachfolger. Ein *Ast* a heißt *abgeschlossen* gdw a enthält für ein β sowohl β als auch $\neg\beta$. Eine *analytische Tafel* T heißt *abgeschlossen* gdw jeder Ast in T abgeschlossen ist.

Eine analytische Tafel T heißt vervollständigt gdw jeder Ast in T vollständig oder abgeschlossen ist. Ein Beweis für α durch analytische Tafeln ist eine abgeschlossene analytische Tafel für $\neg\alpha$. α heißt durch analytische Tafeln beweisbar gdw es gibt eine abgeschlossene analytische Tafel für $\neg\alpha$.
Zeigen Sie:
a) α ist durch analytische Tafeln beweisbar gdw α ist Tautologie.
Hinweis: Es genügt zu zeigen, daß jede vervollständigte nicht abgeschlossene analytische Tafel T eine erfüllbare Wurzel α hat. Hierzu wählen Sie einen nicht abgeschlossenen vollständigen Ast a in T und definieren die folgende Belegung: $B(p)=1$ falls $p\in a$; $B(p)=0$ sonst (für Aussagenvariablen p).

b) Konstruieren Sie analytische Tafeln zum Nachweis der folgenden Tautologien: $\alpha\vee\alpha \leftrightarrow \alpha, \alpha\wedge\alpha \leftrightarrow \alpha$ (Idempotenz); $\alpha\vee(\alpha\wedge\beta)\leftrightarrow \alpha, \alpha \leftrightarrow \alpha\wedge(\alpha\vee\beta)$ (Absorption).

Eine Menge M aussagenlogischer Ausdrücke heißt Hintikka-Menge, falls gilt:
(H_0) Für Aussagenvariable $p\in M$ gilt: $\neg p\notin M$.
(H_1) Für $\beta\in M$ konjunktiven Typs gilt: $\beta'\in M$ für jeden der Nachfolger β' von β.
(H_2) Für $\beta\in M$ disjunktiven Typs gilt: mindestens ein Nachfolger β' von β ist in M.

Zeigen Sie: c) Jede Hintikka-Menge ist erfüllbar.
d) (Aussagenlogischer Kompaktheitssatz) Sind alle endlichen Teilmengen von M aussagenlogisch erfüllbar, so kann M zu einer Hintikka-Menge $M'\supseteq M$ erweitert werden (d.h. M ist erfüllbar.)

Hinweis: Sei $M=\{\alpha_1,\ldots,\alpha_n,\ldots\}$. Definieren Sie induktiv Tafeln $T_1\subseteq T_2\subseteq \ldots$, sodaß T_1 eine vervollständigte analytische Tafel für α_1 ist und T_{n+1} aus T_n entsteht, indem an jeden nicht abgeschlossenen Ast von T_n eine vervollständigte analytische Tafel für α_{n+1} gehängt wird. Betrachten Sie dann $T:=\bigcup_{n\geq 1} T_n$. Zeigen Sie, daß T einen unendlichen offenen Ast hat.
(Hinweis: Benutzen Sie das Lemma von König: "Jeder endlich verzweigte unendliche Baum hat mindestens einen unendlichen Ast".)

Zum Implementieren der Prädikatenlogik auf Computern wird gern der auf Robinson 1965 zurückgehende sog. Resolutionskalkül benutzt: die Grundidee besteht darin, Formeln in konjunktiver Normalform dadurch als wv nachzuweisen, daß solange Konjunktionsglieder $D\vee\pi$ und $D'\vee\neg\pi$ mit Primformeln π durch $D\vee D'$ ersetzt werden, bis die für den Wahrheitswert O stehende leere Disjunktion $\square$ erzeugt wird. (Dies ist eine Form der von Gentzen 1934 eingeführten sog. Schnittregel, die in beweistheoretischen Untersuchungen eine grundlegende Rolle spielt, s. Kap. E.) Es ist üblich, in diesem Zusammenhang Disjunktionen als Klausen - d.h. endliche Mengen von Primformeln (hier: Aussagenvariablen) und Negationen von Primformeln - und Konjunktionen solcher Disjunktionen als Mengen von Klausen zu schreiben:

$$(Res_{al})\quad \frac{D\cup\{\pi\}\quad D'\cup\{\neg\pi\}}{D\cup D'}\quad \text{für Klausen } D,D' \text{ und Primformeln } \pi \quad .$$

Das Ergebnis einer Anwendung dieser Resolutionsregel nennt man auch Resolvente. Man sagt, daß nach π resolviert worden ist. Die Resolutionsregel ist offensichtlich korrekt; Korrektheit und Vollständigkeit des al. Resolutionskalküls beinhaltet der

Resolutionssatz (Aussagenlogische Form). Für Klausenmengen M gilt:

$wv_{al} M$ gdw $M \vdash_{Res_{al}} \square$.

Beweis. Da $D_1, D_2 \models D_3$ falls D_3 Resolvente von D_1, D_2 ist, ist M aussagenlogisch wv, falls aus M mittels Resolution die leere (widerspruchsvolle)

Klause herleitbar ist. Ist umgekehrt M al. wv, so nach dem al. Kompaktheitssatz (s. vorstehende Übung) für ein n auch $M\cap K_n$ mit der Menge K_n aller Klausen, in denen nur die ersten n Primformeln (Aussagenvariablen) $p_1,\dots,p_n$ oder deren Negationen vorkommen. Wir zeigen nun für alle $0\leq k\leq n$, daß es zu jeder Belegung B der p_i $(1\leq i\leq n)$ eine Klause $K\in K_k$ gibt mit $M\vdash_{Res} K$ & $B(K)=0$. (Für $k=0$ ist $K=\square$.)

Für $k=n$ gilt die Behauptung wegen wv $M\cap K_n$. Im Induktionsschluß führen wir für $k<n$ die Annahme zum Widerspruch, es gäbe eine Belegung B der p_i, die jede aus M durch Res herleitbare Klause $K\in K_k$ mit 1 belegt. Sei B_j definiert wie B, jedoch mit $B_j(p_{k+1})=j$ für $j=0,1$. Nach Indvor. gibt es $C_j\in K_{k+1}$ mit $B_j(C_j)=0$ & $M\vdash_{Res} C_j$. C_j muß p_{k+1} oder $\neg p_{k+1}$ enthalten (weil sonst $B_j(C_j)=B(C_j)=1$); aber $p_{k+1}\notin C_1$ (weil sonst $B_1(C_1)=B_1(p_{k+1})=1$ - NB: C_1 ist logisch eine Disjunktion, also wahr, falls eines ihrer Glieder wahr ist) und analog $\neg p_{k+1}\notin C_0$ (weil sonst $B_0(C_0)=B_0(\neg p_{k+1})=1$), sodaß $p_{k+1}\in C_0$ & $\neg p_{k+1}\in C_1$. Durch Anwendung von Res auf C_0,C_1 bzgl. p_{k+1} entsteht eine Resolvente $C\in K_k$; da $B(C)=B_1(C_1)$ oder $B(C)=B_0(C_0)$, folgt auch $B(C)=0$, sodaß insgesamt $M\vdash_{Res} C$ & $C\in K_k$ & $B(C)=0$, im Widerspruch zur Annahme.

NB. Bei der Lösung des al. Entscheidungsproblems nach dem Resolutionsverfahren wächst die Zahl der zu erzeugenden Klausen i.a. exponentiell an; für Strategien zur Effizienzerhöhung von auf Resolution beruhenden Beweisverfahren s. Loveland 1978. Ob man polynomiale Schranken finden kann, ist (wie bei der Wahrheitstafelmethode und bei allen bisher existierenden Entscheidungsverfahren) unbekannt (vgl. §FIII1, Cook & Reckhow 1974,1979).

Literatur zur Aussagenlogik: Asser 1959, für eine Darstellung auf der Grundlage analytischer Tafeln s. Smullyan 1968.

§ 3. Herleitungen und Deduktionstheorem der Prädikatenlogik. Dieser Paragraph dient der Bereitstellung einiger prädikatenlogischer Herleitungen, die wir zusätzlich zu den al. Herleitungen aus §1 für den Beweis des Vollständigkeitssatzes benötigen.

Prädikatenlogisches Deduktionstheorem: Sei $f(\alpha)=\emptyset$. Aus $M\cup\{\alpha\}\vdash_{PL}\beta$ folgt $M\vdash_{PL}\alpha\supset\beta$.

Beweis. Durch Induktion nach der Länge der Herleitung von β aus $M\cup\{\alpha\}$:

1. Ist β ein Axiom, ein Element von $M\cup\{\alpha\}$ oder durch MP erschlossen, so folgt die Behauptung wie im Beweis des aussagenlogischen Deduktionstheorems.
2. β sei durch P2 erschlossen; d.h. $\beta\equiv\bigvee_x\gamma\supset\delta$ und $\gamma\supset\delta$ mit $x\notin f(\delta)$ tritt in der Herleitung von β auf. Eine nach I.V. existierende Herleitung $a_1,\dots,a_r$

von $\alpha\supset(\gamma\supset\delta)$ aus M können wir dann folgendermaßen fortsetzen:

r+1. $\gamma\supset(\alpha\supset\delta)$ (T : r.)

r+2. $\bigvee_x\gamma\supset(\alpha\supset\delta)$ (P2: r+1., da $x\notin f(\alpha\supset\delta)$ wegen $x\notin f(\delta)\,\&\,f(\alpha)=\emptyset$).

r+3. $\alpha\supset(\bigvee_x\gamma\supset\delta)$ (T : r+2.)

3. β sei aus γ vermöge S gewonnen, d.h. Substγxtβ. Da wegen $f(a)=\emptyset$ Substαxtα gilt, folgt hieraus Subst(α⊃γ)xt(α⊃β). Aus der I.V. $M\vdash_{PL}\alpha\supset\gamma$ erhält man also $M\vdash_{PL}\alpha\supset\beta$ durch Anwendung von S.

Bemerkung: Die Umkehrung des Deduktionstheorems gilt trivialerweise (man wende MP auf α und α⊃β an). Hierfür wird $f(\alpha)=\emptyset$ nicht benötigt, wohl aber für das Deduktionstheorem. Wählt man z.B. $\alpha\equiv x=y$, so gilt (vgl. Übung zum Allabschluß) (1) $x=y \vdash_{PL} \bigwedge_{xy} x=y$, während $\not\vdash_{PL} x=y\supset\bigwedge_{xy} x=y$. Letzteres folgt aus dem Korrektheitssatz, da (2) $x=y \not\models \bigwedge_{xy} x=y$ und damit $\not\models x=y\supset\bigwedge_{xy} x=y$ gilt. Wie (1) und (2) zeigen, wird ein nicht geschlossener Ausdruck α, der links von den Zeichen $\vdash_{PL}$ und $\models$ steht, dort unterschiedlich gedeutet: Links von $\models$ wird α als Instanz einer Aussage interpretiert, links von $\vdash_{PL}$ als Generalisierung dieser Aussage. Im Allgemeinen gilt also $M\vdash_{PL}\alpha$ seq $M\models\alpha$ nicht. Diese Diskrepanz zwischen dem syntaktischen Herleitungsbegriff und dem semantischen Folgerungsbegriff läßt sich durch folgende Modifizierung des Herleitungsbegriffes eliminieren:

Definition: $M\overset{*}{\vdash}\alpha$ gdw $\exists\alpha_1,\ldots,\alpha_n\in M : \vdash_{PL}\alpha_1\wedge\ldots\wedge\alpha_n\supset\alpha$. M heißt kontradiktorisch* (abgekürzt Kd*M) gdw für alle $\alpha: M\overset{*}{\vdash}\alpha$.

Lemma. (a) Aus $M\overset{*}{\vdash}\alpha$ folgt $M\models\alpha$.

(b) Aus $M\vdash_{PL}\alpha$ folgt $M\overset{*}{\vdash}\alpha$ für M mit $f(M)=\emptyset$.

Beweis. (a) Falls $M\overset{*}{\vdash}\alpha$, gibt es $\alpha_1,\ldots,\alpha_n\in M$ mit $\vdash_{PL}\alpha_1\wedge\ldots\wedge\alpha_n\supset\alpha$, also nach dem Korrektheitssatz $\models\alpha_1\wedge\ldots\wedge\alpha_n\supset\alpha$, woraus folgt $\alpha_1,\ldots,\alpha_n\models\alpha$.
(b) Sei $f(M)=\emptyset$: Aus $M\vdash_{PL}\alpha$ folgt $\exists\alpha_1,\ldots,\alpha_n\in M : \alpha_1,\ldots,\alpha_n\vdash_{PL}\alpha$, also nach dem Deduktionstheorem $\vdash_{PL}(\alpha_1\supset\ldots\supset(\alpha_n\supset\alpha)\ldots)$ und daraus nach der Tautologieregel $\vdash_{PL}\alpha_1\wedge\ldots\wedge\alpha_n\supset\alpha$.

Wir listen noch einige benötigte Eigenschaften von $\overset{*}{\vdash}$ auf.

Hilfssatz 1: $M\overset{*}{\vdash}\alpha$ gdw $\exists\alpha_1,\ldots,\alpha_r\in M: \alpha_1,\ldots,\alpha_r\overset{*}{\vdash}\alpha$

Hilfssatz 2: (Transitivität von $\overset{*}{\vdash}$). Aus $M\overset{*}{\vdash}\alpha_1$, $\alpha_i\overset{*}{\vdash}\alpha_{i+1}$ für $1\leq i\leq r$ und $\alpha_r\overset{*}{\vdash}\alpha$ folgt $M\overset{*}{\vdash}\alpha$.

Beweis für HS2: Nach Voraussetzung gibt es $\beta_0,\ldots,\beta_n\in M$, sodaß die folgenden Ausdrücke Pl-herleitbar sind: $\beta_0\wedge\ldots\wedge\beta_n\supset\alpha_1, \alpha_1\supset\alpha_2,\ldots,\alpha_{r-1}\supset\alpha_r, \alpha_r\supset\alpha$. Mit einem tautologischen Schluß folgt hieraus $\vdash_{PL}\beta_0\wedge\ldots\wedge\beta_n\supset\alpha$ und damit $M\overset{*}{\vdash}\alpha$.

Hilfssatz 3: Aus $M\vdash_{AL}\alpha$ folgt $M\overset{*}{\vdash}\alpha$, daraus $M\vdash_{PL}\alpha$.

Beweis. Es gelte $M\vdash_{AL}\alpha$. Dann gibt es $\alpha_1,\ldots,\alpha_n\in M$ mit $\alpha_1,\ldots,\alpha_n\vdash_{AL}\alpha$. Mit dem aussagenlogischen Deduktionstheorem folgt $\vdash_{AL}(\alpha_1\supset\ldots\supset(\alpha_n\supset\alpha)\ldots)$ und hieraus mit (T) $\vdash_{PL}\alpha_1\wedge\ldots\wedge\alpha_n\supset\alpha$. Folglich $M\overset{*}{\vdash}\alpha$. Es gelte $M\overset{*}{\vdash}\alpha$. Dann gibt es $\alpha_1,\ldots,\alpha_n\in M$ mit $\vdash_{PL}\alpha_1\wedge\ldots\wedge\alpha_n\supset\alpha$, d.h. mit (T) $\vdash_{PL}(\alpha_1\supset\ldots\supset(\alpha_n\supset\alpha)\ldots)$. Wegen $M\vdash_{PL}\alpha_i$, $1\leqq i\leqq n$, liefert n-fache Anwendung von MP $M\vdash_{PL}\alpha$.

Hilfssatz 4. ($\overset{*}{\vdash}$-Deduktionstheorem) $M\cup\{\alpha\}\overset{*}{\vdash}\beta$ seq $M\overset{*}{\vdash}\alpha\supset\beta$.

Beweis. Es gelte $M\cup\{\alpha\}\overset{*}{\vdash}\beta$. Dann gibt es $\alpha_1,\ldots,\alpha_n\in M\cup\{\alpha\}$ mit $\vdash_{PL}\alpha_1\wedge\ldots\wedge\alpha_n\supset\beta$. OBdA können wir annehmen, daß $\alpha_1,\ldots,\alpha_{n-1}\in M$ und $a_n\equiv\alpha$. Mit (T) folgt dann $\vdash_{PL}\alpha_1\wedge\ldots\wedge\alpha_{n-1}\supset(\alpha\supset\beta)$ und damit $\overset{*}{\vdash}\alpha\supset\beta$

Definition: Sei α ein Ausdruck mit $f(\alpha)=\{x_1,\ldots,x_n\}$, $l(x_1)<\ldots<l(x_n)$. Dann heißt $\bigwedge\alpha := \bigwedge_{x_1}\ldots\bigwedge_{x_n}\alpha$ der Allabschluß von α. Hierfür gilt: $\vdash_{PL}\bigwedge\alpha\supset\alpha$. Aus $M\models\alpha$ folgt $M\models\bigwedge\alpha$ falls $f(M)=\emptyset$.

Beweis. Während die zweite Behauptung trivial ist, hat man für $\bigwedge\alpha\equiv\bigwedge_{x_1}\ldots\bigwedge_{x_n}\alpha$ die folgende Herleitung:

1. $\neg\alpha\supset\bigvee_{x_n}\neg\alpha$ (P1) 2. $\neg\bigvee_{x_n}\neg\alpha\supset\alpha$ (T:1.)

3. $\bigwedge_{x_{n-1}}\bigwedge_{x_n}\alpha\supset\bigwedge_{x_n}\alpha$ (analog zu 1.,2. für $\bigwedge_{x_n}\alpha\equiv\neg\bigvee_{x_n}\neg\alpha$) usw.

Übung. Zeigen Sie, daß für alle α: $\vdash_{PL}\alpha$ gdw $\vdash_{PL}\bigwedge\alpha$. Folgern Sie hieraus für bel. M,α: $M\vdash_{PL}\alpha$ gdw $\bigwedge M\vdash_{PL}\alpha$, wobei $\bigwedge M:=\{\bigwedge\alpha\,|\,\alpha\in M\}$.

Neben dem Deduktionstheorem und den angegebenen einfachen Eigenschaften von *-Herleitbarkeit benötigen wir zur prädikatenlogischen Erweiterung des Erfüllbarkeitslemmas die nachfolgenden Herleitbarkeiten im Zusammenhang mit dem Identitätssymbol.

Hilfssatz 5. Es ist *-herleitbar, daß = eine Äquivalenzrelation ist, d.h. (1) $\overset{*}{\vdash}t=t$ (2) $t_1=t_2\overset{*}{\vdash}t_2=t_1$ (3) $t_1=t_2, t_2=t_3\overset{*}{\vdash}t_1=t_3$

Beweis. (1) 1. $x=x$ (I1) 2. $t=t$ (S:1.)

(2) 1. $x=y\supset(x=z\supset y=z)$ (I2) x,y,z seien neu für $t_1=t_2$

2. $x=y\supset(x=x\supset y=x)$ (S:1.)

3. $x=x\supset(x=y\supset y=x)$ (T:2.)

4. $x=y\supset y=x$ (MP:I1,3.)

5. $t_1=y\supset y=t_1$ (S:4.) 6. $t_1=t_2\supset t_2=t_1$ (S:5.)

(3): 1. $x=y\supset(x=z\supset y=z)$ (I2) x,y,z seien neu für t_1,t_2,t_3

2. $y=x\supset x=y$ (vgl. 4 im Beweis von (2))

3. $y=x\wedge x=z\supset y=z$ (T:1.,2.)

4. $t_1=t_2\wedge t_2=t_3\supset t_1=t_3$ (Iteriert S:3.)

<u>Hilfssatz 6.</u> $t_1=t_2 \overset{*}{\vdash} \bigvee_x(x=t_1\wedge x=t_2)$, falls $x\notin\mathcal{V}(t_1=t_2)$

<u>Beweis.</u> 1. $x=t_1\wedge x=t_2\supset\bigvee_x(x=t_1\wedge x=t_2)$ (P1)

2. $t_1=t_1\wedge t_1=t_2\supset\bigvee_x(x=t_1\wedge x=t_2)$ (S:1)

3. $t_1=t_1$ (HS 5) 4. $t_1=t_2\supset\bigvee_x(x=t_1\wedge x=t_2)$ (T:2.,3.)

<u>Hilfssatz 7.</u> $x=t \overset{*}{\vdash} \alpha\leftrightarrow\alpha_x[t]$

<u>Beweis.</u> 1. $x=t\supset\alpha\supset\alpha_x[t]$ 2. $x=t\supset\neg\alpha\supset\neg\alpha_x[t]$ (I2)

3. $x=t\supset(\alpha\leftrightarrow\alpha_x[t])$ (T:1.,2.)

<u>Hilfssatz 8:</u> $t_1=t_2 \overset{*}{\vdash} \alpha_x[t_1]\leftrightarrow\alpha_x[t_2]$, falls $x\notin\mathcal{V}(t_1=t_2)$

<u>Beweis.</u> 1. $x=t_1\supset(\alpha\leftrightarrow\alpha_x[t_1]$ 2. $x=t_2\supset(\alpha\leftrightarrow\alpha_x[t_2])$ (HS 7)

3. $x=t_1\wedge x=t_2\supset(\alpha_x[t_1]\leftrightarrow\alpha_x[t_2])$ (T:1.,2.)

4. $\bigvee_x(x=t_1\wedge x=t_2)\supset(\alpha_x[t_1]\leftrightarrow\alpha_x[t_2])$ (P2:3.)

($x\notin\mathcal{F}(\alpha_x[t_1]\leftrightarrow\alpha_x[t_2])$ gilt wegen $x\notin\mathcal{V}(t_1=t_2)$

5. $t_1=t_2\supset\bigvee_x(x=t_1\wedge x=t_2)$ (HS 6)

6. $t_1=t_2\supset(\alpha_x[t_1]\leftrightarrow\alpha_x[t_2])$ (KS:5.,4.)

<u>Hilfssatz 9:</u> (Kongruenzeigenschaften für Primformeln bzgl. $\overset{*}{\vdash}$)

(1) $t_1=t_1',\ldots,t_r=t_r' \overset{*}{\vdash} Pt_1\ldots t_r\leftrightarrow Pt_1'\ldots t_r'$

(2) $t_1=t_1',\ldots,t_r=t_r' \overset{*}{\vdash} ft_1\ldots t_r=ft_1'\ldots t_r'$

<u>Beweis:</u> (1): 1. $t_1=t_1'\supset(Pt_1\ldots t_r\leftrightarrow Pt_1't_2\ldots t_r)$ (HS 8 mit $\alpha\equiv Pxt_2\ldots t_r$, x neu für $t_1=t_1'$)

2. $t_2=t_2'\supset(Pt_1't_2\ldots t_r\leftrightarrow Pt_1't_2't_3\ldots t_r)$ (analog 1.)

. . . .

. . . .

. . . .

r. $t_r=t_r'\supset(Pt_1'\ldots t_{r-1}'t_r\leftrightarrow Pt_1'\ldots t_r')$ (analog 1.)

r+1. $t_1=t_1'\wedge\ldots\wedge t_r=t_r'\supset(Pt_1\ldots t_r\leftrightarrow Pt_1'\ldots t_r')$ (T:1.,...,r.)

(2) Analog mit $\alpha\equiv y=fxt_2\ldots t_r$ etc.

§ 4. Prädikatenlogischer Vollständigkeitssatz. Wir beweisen die folgende relativierte Version des Vollständigkeitssatzes:

Aus $M \models \alpha$ folgt $M \vdash_{PL} \alpha$ falls $f(M)=\emptyset$.

Natürlich gilt die Umkehrung ebenfalls in der relativierten Form:

Aus $M \vdash_{PL} \alpha$ folgt $M \models \alpha$ falls $f(M)=\emptyset$

Beweis. Es gelte $M \vdash_{PL} \alpha$. Dann gibt es $\alpha_1,\ldots,\alpha_n \in M$ mit $\alpha_1,\ldots,\alpha_n \vdash_{PL} \alpha$. Wegen $f(M)=\emptyset$ folgt hieraus mit dem Deduktionstheorem $\vdash_{PL} (\alpha_1 \supset \ldots \supset (\alpha_n \supset \alpha)\ldots)$ und hieraus aussagenlogisch $\vdash_{PL} \alpha_1 \wedge \ldots \wedge \alpha_n \supset \alpha$. Es gilt also $M \overset{*}{\vdash} \alpha$ und deshalb $M \models \alpha$ nach Lemma (a) in §3.

Wie wir in der Bemerkung in § 3 gesehen haben, können wir im Korrektheitssatz auf die Voraussetzung $f(M)=\emptyset$ nicht verzichten. Im Vollständigkeitssatz läßt sie sich dagegen eliminieren: Ist $f(M)=\emptyset$, so sei M' die Menge der Allabschlüsse der Ausdrücke in M. Aus $M \models \alpha$ folgt $M' \models \alpha$, daraus nach dem Vollständigkeitssatz $M' \vdash_{PL} \alpha$ und somit nach §3 $M \vdash_{PL} \alpha$.

Den Beweis des Vollständigkeitssatzes nach Henkin 1949 reduzieren wir auf das

Erfüllbarkeitslemma: Aus $f(M)=\emptyset$ & M nicht kontradiktorisch* folgt erf M.

Beweis des Vollständigkeitssatzes: Sei $f(M)=\emptyset$ und gelte $M \models \alpha$. Dann gilt $M \models \wedge\alpha$. D.h. für jede Interpretation $\exists$, für die $\forall\beta\in M{:}\exists(\beta)=1$ gilt, gilt $\exists(\wedge\alpha)=1$ und damit $\exists(\neg\wedge\alpha)=0$. Folglich ist $M\cup\{\neg\wedge\alpha\}$ nicht erfüllbar. Dies impliziert nach dem Erfüllbarkeitslemma Kd*$(M\cup\{\neg\wedge\alpha\})$, also insbesondere $M\cup\{\neg\wedge\alpha\} \overset{*}{\vdash} \wedge\alpha$. Mit Dedthm* folgt $M \overset{*}{\vdash} \neg\wedge\alpha \supset \wedge\alpha$. Wegen $\neg\wedge\alpha \supset \wedge\alpha \vdash_{AL} \wedge\alpha$ (vgl. $\neg$2) folgt hieraus mit HS 2 und HS 3 $M \overset{*}{\vdash} \wedge\alpha$. Da $\wedge\alpha \overset{*}{\vdash} \alpha$ gilt, erhalten wir mit HS 2 $M \overset{*}{\vdash} \alpha$, also nach HS 3 $M \vdash_{PL} \alpha$

Beweis des Erfüllbarkeitslemmas unter Benutzung der Hilfssätze aus § 3: Es gelte $f(M)=\emptyset$ und nicht Kd*M. Wir haben zu zeigen, daß es eine Algebra $\tilde{A}$ (passend zu $\$$) und eine Interpretation $\exists$ in $\tilde{A}$ gibt mit $\forall\alpha\in M{:}\exists(\alpha)=1$. Hierzu definieren wir zunächst ähnlich wie im Beweis des aussagenlogischen Erfüllbarkeitslemmas eine spezielle maximal nicht kontradiktorische* Menge M*, die M umfaßt: Sei $\alpha_o, \alpha_1, \alpha_2 \ldots$ eine feste Abzählung aller Ausdrücke von $\$$. Wir definieren Ausdrucksmengen M_n und Variablen y_n durch simultane Induktion nach n:

$M_0 := M$

$y_0 :=$ Die kürzeste Individuenvariable, die neu für α_0 ist.

$$M_{n+1} := \begin{cases} M_n & \text{falls } Kd^*(M_n \cup \{\alpha_n\}) \\ M_n \cup \{\alpha_n\} & \text{falls nicht } Kd^*(M_n \cup \{\alpha_n\}) \text{ und } \alpha_n \text{ hat nicht die Form } \bigvee_x \alpha \\ M_n \cup \{\alpha_n\} \cup \{\beta\} & \text{falls nicht } Kd^*(M_n \cup \{\alpha_n\}) \text{ und } \alpha_n \equiv \bigvee_x \alpha, \end{cases}$$

wobei im letzten Fall $Subst\alpha x y_n \beta$ gelte. Wir nehmen also mit jeder Existenzialisierung α_n (die zu keinem $*$-Widerspruch führt) eine Instanz β von α_n zu M_{n+1} hinzu.

y_{n+1} := Die kürzeste Variable y mit $y \notin \mathfrak{f}(M_{n+1}) \cup \mathcal{U}(\alpha_{n+1})$

NB. Wegen $\mathfrak{f}(M)=\emptyset$ und $|M_n - M|$ endlich gibt es stets ein y, das $y \notin \mathfrak{f}(M_{n+1}) \cup \mathcal{U}(\alpha_{n+1})$ erfüllt. y_n ist also für alle n wohldefiniert. Da $y_n \notin \mathcal{U}(\alpha_n)$, gibt es im 3. Fall der Definition von M_{n+1} ein β mit $Subst\alpha x y_n \beta$. Man beachte, daß in diesem Fall wegen $y_n \notin \mathcal{U}(\alpha)$ auch $Subst\beta y_n x\alpha$.

<u>Behauptung:</u> M_n und $M^* := \bigcup_n M_n$ haben die folgenden Eigenschaften:

(1) $\forall n: M = M_o \subseteq M_n \subseteq M_{n+1} \subseteq M^*$

(2) nicht Kd^*M_n (3) nicht Kd^*M^* (Widerspruchsfreiheit)

(4) Aus $\alpha \notin M^*$ folgt $Kd^*(M^* \cup \{\alpha\})$ (Maximalität)

Abgeschlossenheitseigenschaften:

(5) $\alpha \in M^*$ gdw $M^* \overset{*}{\vdash} \alpha$ (6) $\neg\alpha \in M^*$ gdw $\alpha \notin M^*$

(7) $\alpha \vee \beta \in M^*$ gdw $\alpha \in M^*$ oder $\beta \in M^*$

(8) $\bigvee_x \alpha \in M^*$ gdw $\exists y, \beta: y \notin \mathcal{U}(\bigvee_x \alpha)$, $Subst\alpha x y \beta$ und $\beta \in M^*$

(9) $\forall t \overset{\infty}{\exists} y: y = t \in M^*$

<u>Beweis der Behauptung:</u> (1) ist trivial. (2): Ind(n). Nach Annahme gilt nicht Kd^*M und es ist $M_o = M$. Induktionsschluß: Widerspruchsannahme: Kd^*M_{n+1}. Da nach I.V. nicht Kd^*M_n gilt, muß der 3. Fall in der Definition von M_{n+1} vorliegen; d.h. $M_{n+1} = M_n \cup \{\alpha_n\} \cup \{\beta\}$, wobei $\alpha_n \equiv \bigvee_x \alpha$, $Subst\alpha x y_n \beta$, $Subst\beta y_n x\alpha$ und nicht $Kd^*(M_n \cup \{\alpha_n\})$. Wegen Kd^*M_{n+1} gilt also $M_n \cup \{\alpha_n, \beta\} \overset{*}{\vdash} \neg\alpha_n$, woraus mit Dedthm* $M_n \cup \{\beta\} \overset{*}{\vdash} \alpha_n \supset \neg\alpha_n$ folgt. Mit ($\neg$2), HS 2 und HS 3 impliziert dies $M_n \cup \{\beta\} \overset{*}{\vdash} \neg\alpha_n$, also (Dedthm*) $M_n \overset{*}{\vdash} \beta \supset \neg\alpha_n$. Es gibt also $\gamma_1, \ldots, \gamma_r \in M_n$, sodaß für $\gamma :\equiv \gamma_1 \wedge \ldots \wedge \gamma_r$ die folgenden Ausdrücke PL-herleitbar sind:

1. $\gamma \supset (\beta \supset \neg\alpha_n)$ 2. $\beta \supset (\gamma \supset \neg\alpha_n)$ (T:1.)

3. $\bigvee_{y_n} \beta \supset (\gamma \supset \neg\alpha_n)$ (P2:2.; $y_n \notin \mathfrak{f}(\gamma \supset \neg\alpha_n)$ wegen $y_n \notin \mathfrak{f}(M_n) \cup \mathcal{U}(\alpha_n)$)

4. $\beta \supset \bigvee_{y_n} \beta$ (P1:$\supset$1)

5. $\alpha \supset \bigvee_{y_n} \beta$ (S: 4.; $Subst(\beta \supset \bigvee_{y_n} \beta) y_n x (\alpha \supset \bigvee_{y_n} \beta)$ wegen $Subst\beta y_n x\alpha$)

6. $\bigvee_x \alpha \supset \bigvee_{y_n} \beta$ (P2:5.; $x \notin \mathfrak{f}(\beta) \supseteq \mathfrak{f}(\bigvee_{y_n} \beta)$ wegen $Subst\alpha x y_n \beta$

7. $\alpha_n \supset (\gamma \supset \neg\alpha_n)$ (T:3.,6.) 8. $\gamma \supset \neg\alpha_n$ (T:7.)

Es gilt also $M_n \overset{*}{\vdash} \neg\alpha_n$. Da $M_n \cup \{\alpha_n\} \overset{*}{\vdash} \alpha_n$ und $\alpha_n, \neg\alpha_n \vdash_{AL} \alpha$, folgt hieraus mit HS 2 und HS 3 $M_n \cup \{\alpha_n\} \overset{*}{\vdash} \alpha$ für jeden Ausdruck α; d.h. $Kd^* M_n \cup \{\alpha_n\}$. Widerspruch!

(3)-(7) beweist man wie die entsprechenden Behauptungen im Beweis des aussagenlogischen Erfüllbarkeitslemmas.

(8): Sei $\bigvee_x \alpha \in M^*$ und $\alpha_n \equiv \bigvee_x \alpha$. Dann gilt nach (3) nicht $Kd^* M_n \cup \{\alpha_n\}$. Nach Definition von M_{n+1} gibt es also y $(=y_n)$ und β mit $y \notin \bigcup(\bigvee_x \alpha)$, Subst$\alpha xy\beta$ und $\beta \in M_{n+1} \subseteq M^*$. Sei umgekehrt $\beta \in M^*$ und Subst$\alpha xy\beta$. Dann gilt $M^* \overset{*}{\vdash} \bigvee_x \alpha$ und deshalb nach (5) $\bigvee_x \alpha \in M^*$.

(9): Sei t gegeben und x eine beliebige Variable mit $x \notin \bigcup(t)$. Dann sind herleitbar:

1.	$x=t \supset \bigvee_x x=t$	(P1)
2.	$t=t \supset \bigvee_x x=t$	(S:1.)
3.	$\bigvee_x x=t$	(T:2.,HS 5)

D.h. $M^* \overset{*}{\vdash} \bigvee_x x=t$ und deshalb $\bigvee_x x=t \in M^*$. Ist also $\alpha_n \equiv \bigvee_x x=t$, so gilt $y_n = t \in M^*$. Wegen der Beliebigkeit von x mit $x \notin \bigcup(t)$ folgt hieraus die Behauptung.

HS 5 und (5) implizieren, daß $t \sim t'$ gdw $M^* \overset{*}{\vdash} t=t'$ gdw $t=t' \in M^*$ eine Äquivalenzrelation definiert. Wir definieren $\overline{t} := \{t' \mid t \sim t'\}$ und benutzen diese Äquivalenzklassen als Individuen der nachfolgend definierten, zur zugrundeliegenden Sprache \$ passenden Algebra $\tilde{A} = (A; (f_i^A)_{i \in I}; (P_j^A)_{j \in J})$ mit einer M erfüllenden Interpretation $\ni$ von \$ in $\tilde{A}$:

$A := \{\overline{t} \mid t \in T(\$)\}$ $\qquad \ni(x) := \overline{x}$

$f_i^A(\overline{t}_1, \ldots, \overline{t}_n) := \overline{f_i t_1 \ldots t_n}$ für n-stelliges f_i in \$

$P_j^A(\overline{t}_1, \ldots, \overline{t}_n)$ gdw $P_j t_1 \ldots t_n \in M^*$ für n-stelliges P_j in \$

NB. Nach HS 9 und der Definition von $\overline{t}$ sind f_i^A und P_j^A wohldefiniert, denn aus $\overline{t}_k = \overline{t'_k}$ folgt $\overline{f_i t_1 \ldots t_n} = \overline{f_i t'_1 \ldots t'_n}$ bzw. $M^* \overset{*}{\vdash} Pt_1 \ldots t_n$ gdw $M^* \overset{*}{\vdash} Pt'_1 \ldots t'_n$.

<u>Behauptung:</u> $\forall \alpha \in A(\$): \ni(\alpha)=1$ gdw $\alpha \in M^*$

Hieraus und aus $M \subseteq M^*$ folgt $\forall \alpha \in M: \ni(\alpha)=1$, also erfM.

<u>Beweis:</u> Zeigen Sie durch Ind(t), daß $\ni(t) = \overline{t}$ für Terme t. Damit zeigen wir die Behauptung durch Induktion nach der Anzahl in α vorkommender "logischer" Symbole, lies: dem nachfolgend definierten <u>Rang</u> rg(α) von α:

$rg(\pi) := 0$ für Primformeln π

$rg(\neg\alpha) := rg(\bigvee_x \alpha) := rg(\alpha)+1$

$rg(\alpha \vee \beta) := rg(\alpha)+rg(\beta)+1$

Für $\alpha \equiv t_1 = t_2$ ist $\ni(\alpha)=1$ gdw $\overline{t}_1 = \overline{t}_2$ gdw $t_1 \sim t_2$ gdw $t_1 = t_2 \in M^*$. Für $\alpha \equiv Pt_1 \ldots t_n$ ist $\ni(\alpha)=1$ gdw $P^A(\overline{t}_1, \ldots, \overline{t}_n)$ gdw $Pt_1 \ldots t_n \in M^*$. Für $\alpha \equiv \neg\beta$ ist $\ni(\alpha)=1$ gdw $\ni(\beta)=0$ gdw $\beta \notin M^*$ (I.V.) gdw $\neg\beta \in M^*$ (Abgeschlossenheitseigenschaft 6). Für $\alpha \equiv \beta \vee \gamma$ gilt nach Abgeschlossenheitseigenschaft 7 analog: $\ni(\alpha)=1$ gdw ($\beta \in M^*$ oder $\gamma \in M^*$)

gdw $\beta\vee\gamma\in M^*$.

Für $\alpha\equiv\bigvee_x\beta$ sei $\mathfrak{I}(\alpha)=1$. Dann gibt es $\bar{t}\in A$ mit $\mathfrak{I}_x^{\bar{t}}(\beta)=1$. Nach Abgeschlossenheitseigenschaft (9) gibt es y mit $y\notin\bigcup(\alpha)$ und $\mathfrak{I}(y)=\bar{y}=\bar{t}$. Folglich gilt $\mathfrak{I}_x^{\mathfrak{I}(y)}(\beta)=1$ und es gibt γ mit Subst$\beta xy\gamma$. Mit dem Überführungslemma folgt hieraus $\mathfrak{I}(\gamma)=\mathfrak{I}_x^{\mathfrak{I}(y)}(\beta)=1$. Da die Substitution offensichtlich den Rang nicht verändert, gilt $rg(\gamma)=rg(\beta)<rg(\alpha)$, also nach I.V. $\gamma\in M^*$, woraus mit Abgeschlossenheitseigenschaft (8) $\alpha\equiv\bigvee_x\beta\in M^*$ folgt.

Umgekehrt sei $\alpha\equiv\bigvee_x\beta\in M^*$. Dann gibt es nach (8) y und γ mit $y\notin\bigcup(\alpha)$, Subst$\beta xy\gamma$ und $\gamma\in M^*$. Nach I.V. gilt dann $\mathfrak{I}(\gamma)=1$, also nach dem Überführungslemma $\mathfrak{I}_x^{\mathfrak{I}(y)}(\beta)=1$, woraus $\mathfrak{I}(\bigvee_x\beta)=1$ folgt.

Übung 1. (Engere Prädikatenlogik) Ein Ausdruck (Term) der engeren Prädikatenlogik ist ein Ausdruck (Term), in dem weder das Gleichheitszeichen noch irgendwelche Funktionszeichen vorkommen. (Terme der engeren PL sind also gerade Variablen.) Im Folgenden seien α und M stets Ausdrücke bzw. Mengen von Ausdrücken der engeren PL. Der Kalkül PL^- der engeren Prädikatenlogik entstehe aus PL durch Weglassen der Gleichheitsaxiome. Wir sagen: α ist in PL^- aus M herleitbar, und schreiben hierfür $M\vdash_{PL^-}\alpha$, falls es eine PL^--Herleitung von α aus M gibt, in der nur Ausdrücke der engeren Prädikatenlogik vorkommen. Zeigen Sie:

a) $\mathfrak{f}(M)=\emptyset$ und $M\vdash_{PL^-}\alpha$ seq $M\models\alpha$ ("Korrektheitssatz für PL^-")

b) $\mathfrak{f}(M)=\emptyset$ und $M\models\alpha$ seq $M\vdash_{PL^-}\alpha$ ("Vollständigkeitssatz für PL^-")

Hinweis: Modifizieren Sie den Beweis des Vollständigkeitssatzes für PL.

c) $M\vdash_{PL}\alpha$ gdw $M\vdash_{PL^-}\alpha$ (PL ist "konservative" Erweiterung von PL^-.)

Übung 2. (Reduktion der Prädikatenlogik auf die engere Prädikatenlogik)

a) Man kann effektiv jedem α ein äquivalentes α^* ohne Funktionssymbole zuordnen, d.h. mit erf α gdw erf α^*. Hinweis: Bringen Sie unter Erhalt der Erfüllbarkeit zuerst alle Terme in Termnormalform (d.h. alle Primformeln haben die Gestalt $x=y$, $fx_1\ldots x_n=y$, $Px_1\ldots x_n$ und ersetzen dann Funktionsgleichungen $fx_1\ldots x_n=y$ durch (entsprechend axiomatisierte) zugehörige Graphprädikate $Fx_1\ldots x_n y$).

b) Man kann effektiv jedem α identitätsfreie Ausdrücke $\underline{\alpha}$, α' zuordnen mit: erf α gdw erf$(\underline{\alpha}\wedge\alpha')$. Hinweis: α' entstehe aus α durch Ersetzen aller Gleichungen $s=t$ durch Ist für ein neues 2-stelliges Prädikatssymbol I. $\underline{\alpha}$ bestehe aus der "Axiomatisierung" von I als Identität in α: Reflexivität, Symmetrie, Transitivität sowie für jedes in α vorkommende Prädikatssymbol P das "Kongruenzaxiom"

$$\bigwedge_{x_1}\ldots\bigwedge_{x_n}\bigwedge_{y_1}\ldots\bigwedge_{y_n}(Ix_1y_1\wedge\ldots\wedge Ix_ny_n\supset(Px_1\ldots x_n\leftrightarrow Py_1\ldots y_n))$$

Übung 3. (Reduktion der reinen Gleichheitslogik auf Aussagenlogik).
Sei I die Menge der erststufigen Ausdrücke ohne Funktions- und ohne (von = verschiedene) Prädikatssymbole. Seien $\exists(\geqq n)$ die I-Formeln mit der Bedeutung "es gibt mindestens n Elemente" (s. Übung 4 am Ende von §DI2). Zeigen Sie: Man kann effektiv jeden $\alpha\in I$ ein aussagenlogisch aus den $\exists(\geqq n)$ und Gleichungen $x=y$ aufgebautes β zuordnen mit gleichen freien Variablen und $\alpha\models\beta\models\alpha$.

Hinweis. Bringen Sie α in pränexe disjunktive Normalform. Wegen

$$\bigvee_x(\gamma\vee\delta)\models\bigvee_x\gamma\vee\bigvee_x\delta\models\bigvee_x(\gamma\vee\delta)$$

genügt es, in Ausdrücken der Form $\bigvee_x(x \neq y_1 \wedge \ldots \wedge x \neq y_r)$ den Existenzquantor zu eliminieren. Beispiel: Ersetze

$\bigvee_x(x \neq y_1 \wedge x \neq y_2)$ durch $(y_1 = y_2 \wedge \exists(\geq 2)) \vee (y_1 \neq y_2 \wedge \exists(\geq 3))$.

Literatur: Für andere Kalküle und andere Beweis des Vollständigkeitssatzes vgl. Asser 1959,1972, Hermes 1976, Richter 1978, Ebbinghaus et al. 1980, van Dalen 1980. Dem mathematisch interessierten Leser empfehlen wir für ein weiterführendes Studium Hilbert & Bernays 1970, Kleene 1952, Church 1956, Rasiowa & Sikorski 1963, Kreisel & Krivine 1967, Shoenfield 1967, Manin 1977, Barwise 1977.

TEIL III. FOLGERUNGEN AUS DEM VOLLSTÄNDIGKEITSSATZ

In §1 folgern wir den Kompaktheitssatz und den Satz von Skolem und schließen daraus beispielhaft für die Ausdrucksschwäche der Prädikatenlogik der ersten Stufe, daß der Endlichkeitsbegriff erststufig nicht formalisierbar ist und erststufige arithmetische Axiomensysteme prinzipiell auch Nicht-Standardmodelle zulassen.

In §2 definieren wir die Erweiterung der Prädikatenlogik um zweitstufige Ausdrücke und zeigen, daß dadurch Endlichkeits- und Abzählbarkeitsbegriff und auch die Struktur der natürlichen Zahlen mit Null und Nachfolgerfunktion eindeutig charakterisierbar werden, aber (bei Standardsemantik) der Vollständigkeitssatz verloren geht. Für späteren Gebrauch definieren wir hier auch die Erweiterung der Prädikatenlogik auf beliebige Stufen n (Typentheorie)

In §3 folgern wir aus der Konstruktion kanonischer (sog. Herbrand-) Modelle den Satz von Herbrand über eine Reduktion der Prädikaten- auf die Aussagenlogik sowie die Vollständigkeit einer prädikatenlogischen (Erweiterung der) Resolutionsregel. Abschließend führen wir die auf Kowalski 1974 zurückgehende Interpretation spezieller prädikatenlogischer (der sog. Horn-) Formeln als Programme ein und zeigen, daß für diese (PROLOG ähnliche) universelle Programmiersprache die von Apt und van Emden 1982 untersuchte Einschränkung der prädikatenlogischen Resolution auf die sog. SLD-Resolution einen Interpreter darstellt (lies: vollständig ist).

§ 1. Ausdrucksschwäche der PL1. Im Beweis des prädikatenlogischen Erfüllbarkeitslemmas haben wir für jede nicht $*$-kontradiktorische Menge M geschlossener Formeln ein Modell mit abzählbarem (endlichem oder abzählbar unendlichem) Individuenbereich angegeben; da "nicht Kd^*M" aus erfM folgt, beweist dies den

Satz von Skolem. Jede erfüllbare Menge geschlossener Formeln hat ein abzählbares Modell.

NB. In diesen Satz geht unsere Voraussetzung ein, daß die betrachteten Sprachen abzählbar sind. Wie der Begriff der Abzählbarkeit (oder größerer Kardinalitäten) so läßt sich auch der Endlichkeitsbegriff in der PL1 nicht charakterisieren. Letzteres erhält man leicht aus dem

Kompaktheitssatz (Endlichkeitssatz). Für $f(M)=\emptyset$ gilt:

(1) $M \models \alpha$ gdw es gibt ein endliches $E \subseteq M$ mit $E \models \alpha$

(2) erf M gdw für alle endlichen $E \subseteq M$ gilt erfE

Beweis. (1) Aus $M \models \alpha$ folgt nach dem Vollständigkeitssatz $M \vdash_{PL} \alpha$. Wegen der Endlichkeit der Herleitungen gibt es endliches $E \subseteq M$ mit $E \vdash_{PL} \alpha$, woraus mit dem Korrektheitssatz die Behauptung folgt. Aus (1) folgt (2) durch Kontraposition: Es gelte nicht erfM. Dann gilt für beliebiges (aber festes) α : $M \models \alpha$ und $M \models \neg\alpha$. Nach (1) gibt es endliche $E_o, E_1 \subseteq M$ mit $E_o \models \alpha$ und $E_1 \models \neg\alpha$, d.h. $E := E_o \cup E_1$ ist eine endliche nicht erfüllbare Teilmenge von M.

Übung. Widerlegen Sie den Kompaktheitssatz für die Einschränkung des Gültigkeits- bzw. Folgerungsbegriffs auf endliche Algebren. Hinweis: Für die Menge $M := \{\beta_n | 0 \leq n\}$ geschlossener Anzahlformeln mit $erf_m \beta_n$ gdw $n + 1 \leq m$ (s. Übung 4 § DI2) und eine widerspruchsvolle Formel α gilt: $M \models_{endl} \alpha$ & für kein endliches $E \subseteq M$ gilt $E \models_{endl} \alpha$.

Bemerkung. Kompaktheitssatz (bzw. Vollständigkeitssatz) und der Satz von Skolem charakterisieren nach einem Satz von Lindström 1969 (s. Ebbinghaus et al. 1980) den erststufigen Gültigkeitsbegriff. Für den Gültigkeitsbegriff in endlichen Algebren ist der Kompaktheitssatz nach vorstehender Übung falsch; in §FI1 werden wir den Satz von Trachtenbrot 1950 zeigen, daß dieser Begriff nicht rekursiv aufzählbar ist.

Satz (Nicht-Charakterisierbarkeit des Endlichkeitsbegriffs in PL1). Es gibt keine Menge M abgeschlossener Formeln, sodaß für jede passende Algebra $\tilde{A}$ gälte: (*) $Mod_{\tilde{A}} M$ gdw $\omega(\tilde{A})$ ist endlich.

Beweis: (Indirekt). Sei M eine Ausdrucksmenge mit $f(M)=\emptyset$, für die (*) gilt. Seien β_n geschlossene Anzahlformeln mit (1) $Mod_{\tilde{A}} \beta_n$ gdw $|\omega(\tilde{A})| \geq n + 1$ (s. Übung 4 §DI2).

Bahauptung (2): $M' := M \cup \{\beta_n | 1 \leq n\}$ ist erfüllbar.

Ein Modell für M' müßte als Modell für M nach Annahme (*) endlich, als Modell für alle β_n aber gleichzeitig auch unendlich sein.

Beweis von (2) nach dem Kompaktheitssatz: Sei $E \subseteq M'$ endlich. Dann gibt es $k \in \mathbb{N}$ mit $E \subseteq M \cup \{\beta_o, \ldots, \beta_k\}$. Da für jede Algebra $\tilde{A}$ mit endlichem $\omega(\tilde{A})$ nach Voraussetzung $erf_{\tilde{A}} M$ und wegen $f(M)=\emptyset$ somit $gt_{\tilde{A}} M$ und andererseits nach (1) für $|\omega(\tilde{A})| \geq k + 1$ auch $erf_{\tilde{A}} \{\beta_o, \ldots, \beta_k\}$, ist E in jeder Algebra $\tilde{A}$ mit $|\omega(\tilde{A})| \geq k + 1$ erfüllbar.

Übung. Zeigen Sie für bel. Mengen M geschlossener Ausdrücke: M hat ein unendliches Modell, falls M beliebig große endliche Modelle hat (d.h. $\forall n \exists m \geq n$: $erf_m M$).

Ähnlich folgt aus der Gültigkeit des Kompaktheitssatzes und dem Satz von Skolem auch die Unmöglichkeit, die Struktur $(\mathbb{N};0,S)$ der natürlichen Zahlen mit 0 und Nachfolgerfunktion S durch ein erststufiges Axiomensystem bis auf Isomorphie eindeutig zu beschreiben. Für genaue Formulierung und Beweis dieser erststufigen Ausdrucksschwäche definieren wir:

Definition: $\tilde{A}$ heißt Algebra über $\mathbb{N}$ falls $\tilde{A}=(\omega(\tilde{A});(\tilde{f}_i)_{i\varepsilon I};(\tilde{P}_j)_{j\varepsilon J})$ mit $\{0,1\} \subseteq I$, wobei $\omega(\tilde{A})=\mathbb{N}$, $\tilde{f}_o=0$, $\tilde{f}_1=S$. Seien $\tilde{A}=(\omega(\tilde{A});(\tilde{f}_i)_{i\varepsilon I};(\tilde{P}_j)_{j\varepsilon J})$ und $\tilde{A}'=(\omega(\tilde{A}');\tilde{f}'_i)_{i\varepsilon I};(\tilde{P}'_j)_{j\varepsilon J})$ Algebren der Signatur $((n_i)_{i\varepsilon I};(m_j)_{j\varepsilon J})$. $\tilde{A}$ und $\tilde{A}'$ sind isomorph, in Zeichen $\tilde{A} \cong \tilde{A}'$, falls es eine bijektive Abbildung $\psi:\omega(\tilde{A}) \rightarrow \omega(\tilde{A}')$ gibt mit

$$\forall i\varepsilon I \forall \mu_1,\ldots,\mu_{n_i} \varepsilon\omega(\tilde{A}):\psi(\tilde{f}_i(\mu_1,\ldots,\mu_{n_i})) = \tilde{f}'_i(\psi(\mu_1),\ldots,\psi(\mu_{n_i}))$$

$$\forall j\varepsilon J \forall \mu_1,\ldots,\mu_{m_j} \varepsilon\omega(\tilde{A}): \tilde{P}_j(\mu_1,\ldots,\mu_{m_j}) \text{ gdw } \tilde{P}'_j(\psi(\mu_1),\ldots,\psi(\mu_{m_j})).$$

Die Abbildung ψ heißt in diesem Fall ein Isomorphismus von $\tilde{A}$ in $\tilde{A}'$.

Übung 1. $\cong$ ist eine Äquivalenzrelation. 2. (Isomorphiesatz): Für Mengen M geschlossener Ausdrücke und isomorphe Algebren $\tilde{A}, \tilde{A}'$ gilt: $Mod_{\tilde{A}}M$ gdw $Mod_{\tilde{A}'}M$.

Definition. Eine Menge M geschlossener Formeln heißt kategorisch für $\tilde{A}$ gdw $Mod_{\tilde{A}}M$ und jedes andere Modelle von M mit gleicher Signatur und gleichmächtigem Individuenbereich zu $\tilde{A}$ isomorph ist; $\tilde{A}$ heißt dann (durch M) kategorisch beschreibbar. M heißt kategorisch, falls M für ein $\tilde{A}$ kategorisch ist.

Satz (Existenz von Nicht-Standardmodellen erststufiger arithmetischer Axiomensysteme.) Zu jedem Modell über $\mathbb{N}$ einer Menge M geschlossener Formeln gibt es ein nicht-isomorphes anderes Modell von M von der gleichen Signatur und mit abzählbarem Individuenbereich.

Korollar. Keine Algebra über $\mathbb{N}$ ist kategorisch beschreibbar.

Beweis. Wir konstruieren zu beliebigem Modell $\tilde{A} = (A;(f_i^A)_{i\varepsilon I};(P_j^A)_{j\varepsilon J})$ von M über $\mathbb{N}$ ein (nach dem Satz von Skolem abzählbares) Modell für die Erweiterung von M um die Axiome $b\neq f^n a$ für eine "Nicht-Standardzahl": wir schreiben a für f_o ("Null"), f für f_1 ("Nachfolger"); b sei eine neue Individuenkonstante. Unter Benutzung des Kompaktheitssatzes zeigen wir die

Behauptung: erf $M \cup \{\neg b=f^n a | 0\leq n\}$ mit $f^n a=f\ldots fa$ (n-mal).

Nach dem Satz von Skolem gibt es ein Modell $\tilde{B}=(B;(f_i^B)_{i\varepsilon I},b^B;(P_j^B)_{j\varepsilon J})$ von $M\cup\{b\neq f^n a|0\leq n\}$ mit abzählbarem B. Durch Einschränkung von $\tilde{B}$ auf eine zur ursprünglichen Sprache passende Algebra erhalten wir die Algebra $\tilde{B}':=(B;(f_i^B)_{i\varepsilon I};(P_j^B)_{j\varepsilon J})$. Wegen $Mod_{\tilde{B}}M$ gilt $Mod_{\tilde{B}'}M$; aus $Mod_{\tilde{B}}\{b\neq f^n a|0\leq n\}$ folgt $\forall 0 \leq n$: $b^B\neq(f_1^B)^n(f_o^B)$, sodaß im Individuenbereich von $\tilde{B}'$ ein nicht in der Form $S^n(0)$ darstellbares Element (sog. Nicht-Standardzahl) liegt und somit $(B;f_o^B,f_1^B)$ nicht isomoprh ist zu $\mathbb{N}=(\mathbb{N};0,S)$.

Beweis der Behauptung: Für endliches $E \subseteq M \cup \{b \neq f^n a|n \leq n_o\}$ definieren wir eine Erweiterung $\tilde{A}^*$ von $\tilde{A}$ um die Interpretation von b durch

$$b^{\tilde{A}^*} := (f_1^A)^{n_o+1}(f_o^A).$$

Da in $\tilde{A}^*$ Terme und Ausdrücke der ursprünglichen Sprache wie in $\tilde{A}$ interpretiert werden, ist mit $\tilde{A}$ auch $\tilde{A}^*$ ein Modell von M. Für jede Interpretation $\mathfrak{I}$ in $\tilde{A}^*$ gilt:

$$(*)\ \mathfrak{I}(\neg b=f^n a)=1 \text{ gdw } (f_1^A)^{n_o+1}(f_o^A) \neq (f_1^A)^n(f_o^A).$$

Da $\tilde{A}$ eine Algebra über $\mathbb{N}$ ist, also $f_o^A=0$ und $f_1^A=S$, ist die rechte Seite von (*) äquivalent zu $n_o+1\neq n$. Hieraus folgt, daß für alle $n \leq n_o$ $\tilde{A}^*$ auch Modell von $b\neq f^n a$ und somit von E ist.

Bemerkung. Eine weitere erststufige Ausdrucksschwäche werden wir in § EIII2 beweisen (Ehrenfeucht-Lemma).

§2. PL2 und Typentheorie. Die Ausdrucksschwäche von PL1, wie sie in den vorstehenden Sätzen zum Ausdruck kommt, läßt sich in einer Erweiterung von PL, der Prädikatenlogik 2. Stufe (PL2) beseitigen: dort darf man nicht nur über Individuen (Objekte der Stufe 0), sondern auch über Funktionen und Prädikate (Objekte der Stufe 1) quantifizieren.

Sprachen $\mathcal{S}_2$ von PL2 erhält man aus Sprachen $\mathcal{S}$ von PL durch folgende Erweiterungen: Zusätzliche Zeichen zu den Symbolen für Funktions- und Prädikatenkonstanten sind abzählbar unendlich viele Funktions- und Prädikatenvariablen jeder Stellenzahl. (Als Metavariable verwenden wir $F,G,F_i,\ldots$ für Funktions- und $U,V,X,Y,\ldots$ für Prädikatenvariable). In der Definition der Terme fügen wir die Klausel hinzu, daß für F n-stellig, $t_1,\ldots,t_n$ Terme auch $Ft_1\ldots t_n$ ein Term ist.

Die induktive Definition der Ausdrücke erweitern wir um die Regel, daß für U n-stellig auch $Ut_1\ldots t_n$ ein Ausdruck ist und mit α auch $\bigvee_F \alpha$ und $\bigvee_U \alpha$ Ausdrücke sind. Wir kürzen ab:

$$\bigwedge_F \alpha :\equiv \neg\bigvee_F \neg\alpha \text{ und } \bigwedge_U \alpha :\equiv \neg\bigvee_U\neg\alpha$$

Eine (Standard-) Interpretation $\mathfrak{I}$ von $\mathcal{S}_2$ in einer Algebra $\tilde{A}$ (passend zu $\mathcal{S}_2$) ist nun eine Abbildung, die jeder Individuenvariablen ein Element von $\omega(\tilde{A})$, jeder n-stelligen Funktionsvariablen eine Funktion $\omega(\tilde{A})^n \to \omega(A)$, jeder n-stelligen Prädikatenvariablen eine Relation $\subseteq\omega(\tilde{A})^n$ und wie bisher den Konstanten (für Individuen, Funktionen und Prädikate) die passenden Objekte in $\tilde{A}$ zuordnet. Wie früher läßt sich jede Interpretation $\mathfrak{I}$ zu einer Interpretation der Terme und Ausdrücke in eindeutiger Weise induktiv fortsetzen. Für die zusätzlichen Klauseln legen wir hierzu fest:

$$\mathfrak{I}(Ft_1\ldots t_n) := \mathfrak{I}(F)(\mathfrak{I}(t_1),\ldots,\mathfrak{I}(t_n))$$

$$\mathfrak{I}(Ut_1\ldots t_n) = 1 \text{ gdw } \mathfrak{I}(U)(\mathfrak{I}(t_1),\ldots,\mathfrak{I}(t_n))$$

$$\mathfrak{I}(\underset{F}{\vee}\alpha) = 1 \qquad \text{gdw } \exists \overline{F}: \mathfrak{I}_F^{\overline{F}}(\alpha) = 1$$

$$\mathfrak{I}(\underset{U}{\vee}\alpha) = 1 \qquad \text{gdw } \exists \overline{U}: \mathfrak{I}_U^{\overline{U}}(\alpha) = 1$$

Dabei unterscheiden sich die modifizierten Interpretationen $\mathfrak{I}_F^{\overline{F}}$ bzw. $\mathfrak{I}_P^{\overline{P}}$ von $\mathfrak{I}$ höchstens an der Stelle F bzw. P, wo sie den Wert $\overline{F}$ bzw. $\overline{P}$ annehmen. Die Begriffe "gültig in PL2", "erfüllbar in PL2" etc. sind analog zu früher mit Hilfe des neuen Interpretationsbegriffs definiert. Ist α in PL2 gültig (usw.), dann schreiben wir $\underset{PL2}{\models} \alpha$ (usw.).

Übung. Geben Sie einen gleichheitsfreien Ausdruck α der PL2 an, sodaß $\underset{PL2}{\models} x=y \leftrightarrow \alpha$. Hinweis: Formalisieren Sie das Leibnizsche Prinzip der identitas indiscernibilium, wonach x=y gdw x und y dieselben Eigenschaften haben.

Satz (Zweitstufige Charakterisierung des Endlichkeitsbegriffs). Es gibt einen geschlossenen Ausdruck "Endlich" der PL2, sodaß für alle $\tilde{A}$:

erf$_{\tilde{A}}$ Endlich gdw $\omega(\tilde{A})$ ist endlich.

Beweis. Nach Bsp.1 in §DI1 kann die Gleichmächtigkeit zweier Mengen durch einen zweitstufigen Ausdruck $U \sim V$ der Form $\underset{F}{\vee}\alpha$ beschrieben werden, d.h. sodaß $\mathfrak{I}(U \sim V)=1$ gdw $\mathfrak{I}(U)$ und $\mathfrak{I}(V)$ gleichmächtig sind. Damit kann man die Dedekindsche Endlichkeitscharakterisierung "U ist endlich gdw jede mit U gleichmächtige Teilmenge von U gleich U ist" zweitstufig formalisieren durch

$$\varepsilon(U) :\equiv \underset{V}{\wedge}(U \sim V \wedge \underset{x}{\wedge}(Vx \supset Ux) \supset \underset{x}{\wedge}(Ux \supset Vx))$$

Damit ist Endlich $:\equiv \underset{U}{\wedge}\varepsilon(U)$ (lies: jedes Prädikat ist endlich) genau durch endliche Algebren erfüllbar.

Korollar 1 (Zweitstufige Charakterisierung des Begriffs der Überabzählbarkeit). $\underset{U}{\vee}\underset{V}{\vee}(\neg\varepsilon(U) \wedge \neg\varepsilon(V) \wedge \neg U \sim V)$ ist durch genau diejenigen Algebren erfüllbar, deren Individuenbereich zwei nicht gleichmächtige unendliche Teilmengen enthält. Insbesondere gilt also der Satz von Skolem für PL2 nicht.

Korollar 2. Der Kompaktheitssatz gilt für PL2 nicht.

Beweis. Für Anzahlformeln β_n mit (erf$_A\beta_n$ gdw $n \leq |A|$) ist jede endliche Teilmenge der Menge $M := \{\text{Endlich}\} \cup \{\beta_n | 1 \leq n\}$ erfüllbar, nicht aber M.

Bemerkung. Nach Korollar 2 kann es für PL2 keinen korrekten und vollständigen Kalkül von der Art geben, wie wir ihn für PL1 vorgestellt haben. Wir folgern aus der PL2-Charakterisierbarkeit des Endlichkeitsbegriffs und dem (in §FI1 zu beweisenden) Satz von Trachtenbrot von der Unentscheidbarkeit der Menge der in endlichen Algebren gültigen erststufigen Ausdrücke eine kalkülunabhängige Verschärfung der Ungültigkeit des Vollständigkeitssatzes für PL2:

Korollar 3 (Gödel 1931). Die Menge der PL2-gültigen Formeln ist nicht rekursiv aufzählbar.

Beweis. Für beliebige erststufige β gilt:

$$gt_{endl}\beta \quad \text{gdw} \quad \models_{PL2} \text{Endlich} \supset \beta$$

Wäre $\models_{PL2}$ rekursiv aufzählbar, so auch $\{\beta \mid gt_{endl}\beta\}$, im Widerspruch zum Satz von Trachtenbrot in §FI1.

Bemerkung. Die Unmöglichkeit einer vollständigen Algorithmisierung des zweitstufigen Gültigkeitsbegriffs hängt mit der Tatsache zusammen, daß bei der oben angegebenen sog. Standardsemantik zur Interpretation quantifizierter Aussagen $\bigvee_f \alpha$ bzw. $\bigvee_P \alpha$ die Klasse aller Funktionen bzw. Relationen (der passenden Stellenzahl) über dem jeweiligen Individuenbereich zugrundegelegt wird. Dies beinhaltet gewisse Existenzannahmen über bestimmte Funktionen und Relationen. Macht man sich hiervon frei und definiert Interpretationen bzgl. Teilklassen der Klasse aller Funktionen bzw. Relationen über gegebenem Individuenbereich, so entsteht die sog. Nicht-Standardsemantik mit einem Gültigkeits- und Folgerungsbegriff, zu dem es auch in der zweiten Stufe (und sogar in der alle Stufen einschließenden sog. Typentheorie) einen passenden vollständigen Kalkül gibt (s. Henkin 1950, Scholz & Hasenjaeger 1961, Andrews 1965). Wir gehen in diesem Buch auf diese Problematik nicht ein und umgehen sie, indem wir uns (in später deutlich werdender komplexitätstheoretischer Absicht, s. §FIII2) auf die Untersuchung endlicher Modelle typentheoretischer Ausdrücke über dem Bereich natürlicher Zahlen beschränken. Zuvor beweisen wir aber noch im Kontrast zum vorhergehenden Paragraphen den

Satz von Dedekind. Die Struktur $(\mathbb{N};0;S)$ der natürlichen Zahlen ist in PL2 kategorisch beschreibbar, und zwar durch die folgenden 3 Axiome von Peano:

P1: $\bigwedge_x 0 \neq Sx$ {Null ist von jeder Nachfolgerzahl verschieden}

P2: $\bigwedge_x \bigwedge_y (Sx=Sy \supset x=y)$ {Die Nachfolgerfunktion ist injektiv}

P3: $\bigwedge_U (U0 \wedge \bigwedge_x (Ux \supset USx) \supset \bigwedge_x Ux)$ {Axiom der vollständigen Induktion}

Beweis. Bekannterweise erfüllt $(\mathbb{N};0;S)$ diese Axiome. Also bleibt zu zeigen, daß jedes Modell $(A;c,f)$ von P1-P3 isomorph ist zu $(\mathbb{N};0,S)$. Dazu definieren wir den natürlichen Homomorphismus

$$h(0) := c \qquad h(Sn) = f(h(n)) \qquad \text{für bel. } n \in \mathbb{N}$$

und zeigen, daß h bijektiv ist.

Für die Surjektivität von h zeigen wir durch vollständige Induktion, daß $A \subseteq B := \{a \mid a\varepsilon A \;\&\; \exists n\varepsilon\mathbb{N}: a = h(n)\}$. Nach Definition gilt $c\varepsilon B$ und für bel. a: $a\varepsilon B \supset f(a)\varepsilon B$. Nach P3 folgt $A \subseteq B$.

Die Injektivität ($\forall m,n$: $m \neq n$ seq $h(m) \neq h(n)$) von h zeigen wir durch vollständige Induktion nach m. Für $m = 0$ sei $n = k+1 \neq 0$. Nach Definition von h und P1 ist dann $h(k+1) = f(f^k(c)) \neq c$. Im Induktionsschritt folgt die Behauptung im Fall $n = 0 \neq k + 1 = m$ wie im Induktionsanfang, während sich im Fall $n = l + 1 \neq k + 1 = m$ aus $l \neq k$ und der Induktionsvoraussetzung $h(l) \neq h(k)$ ergibt, woraus nach P2 $h(l+1) = f(h(l)) \neq f(h(k))=h(k+1)$ folgt.

Zu späterem komplexitätstheoretischen Gebrauch in §FIII2 beschreiben wir nachfolgend die Sprache der Typentheorie, durch die die Erweiterung der PL1 zur PL2 auf beliebige endliche Stufen n fortgesetzt wird. (Der bisher daran nicht interessierte Leser möge den Rest dieses Paragraphen überspringen und bei Bedarf in §FIII2 an diese Stelle zurückkommen.)

Die Grundidee der von Russell 1908 zur Behebung des Russellschen und verwandter Paradoxe entwickelten Typentheorie besteht darin, Objekte in Klassen verschiedener Typen zu ordnen und entsprechend dieser Klassifikation Beziehungen zwischen Objekten nur unter geeigneten Bedingungen an die Typen dieser Objekte zuzulassen. Vom Umgang mit höheren Programmiersprachen her ist es seit Hoare 1972 und PASCAL (Wirth 1971) wohlvertraut, Objekte (Daten) und Operationen auf solchen nur unter streng hierarchischen Typenanforderungen zu betrachten; vgl. Martin-Löf 1982 für eine Entwicklung der intuitionistischen Typentheorie als Programmiersprache. Wir wollen hier jedoch nicht auf die Rolle der Typentheorie für die Grundlegung mathematischer Theorien oder von Programmiersprachen eingehen, sondern nur die Sprachelemente einführen.

Definition. Die Typen (bezeichnungen) τ und ihre Stufe $|\tau|$ sind induktiv definiert durch:

1. $*$ ist ein Typ mit $|*| := 0$.
2. $\forall n\varepsilon\mathbb{N}$: Sind $\tau_1,\ldots,\tau_n$ Typen, so auch $(\tau_1\ldots\tau_n)$ mit

$$|(\tau_1\ldots\tau_n)| := \max\{|\tau_i| : 1 \leq i \leq n\} + 1 .$$

$*$ steht für den Typ der Grundobjekte (Individuen des zugrundeliegenden Bereichs) und $(\tau_1\ldots\tau_n)$ für den Typ n-stelliger Relationen zwischen Objekten der Typen $\tau_1,\ldots,\tau_n$.

Definition. Die Sprache der Typentheorie ist definiert wie die Sprache der PL1, jedoch mit abzählbar vielen Variablen $x^\tau, y^\tau, z^\tau,\ldots$ für Objekte vom Typ τ und der Ausdrucksbestimmung:

1. $x^{(\tau_1\ldots\tau_n)}\, y_1^{\tau_1}\ldots y_n^{\tau_n}$ und $x^\tau = y^\tau$ sind typentheoretische Ausdrücke.

2. Sind α,β typentheoretische Ausdrücke, so auch $\neg\beta, \vee\alpha\beta, \bigvee_{x^\tau}\alpha$.

Ansonsten übernehmen wir entsprechend alle Abkürzungen und Begriffsbildungen aus dem prädikatenlogischen Fall. Falls keine Mißverständnisse zu befürchten sind, lassen wir die Typenbezeichnungen bei den Variablen weg. Als Stufe einer Variablen definieren wir die Stufe ihres Typs. Ein Ausdruck heißt n-ter Stufe ($n \geq 1$) gdw alle in α gebunden vorkommenden Variablen eine Stufe $\leq n-1$ und alle in α frei vorkommenden Variablen Stufe $\leq n$ haben. Haben alle in α vorkommenden Variablen eine Stufe $\leq n-1$, so nennt man α auch einen Ausdruck der schwachen n-ten Stufe.

Dies genügt uns für die Anwendungen in §FIII2. Für weiterführende Studien zur Typentheorie s. die am Ende dieses Paragraphen angegebene Literatur.

§ 3. Kanonische Erfüllbarkeit. (Herbrand Modelle) Wir wollen zeigen, daß man sich bei der Suche nach Modellen für gleichheitsfreie Ausdrücke α - ausgehend von der sog. Skolemschen Normalform - auf Interpretationen über einem aus dem Termvorrat von α konstruierten Bereich von Termen beschränken kann, bei denen Terme durch sich selbst gedeutet werden. Daraus erhält man eine auf Herbrand zurückgehende Reduktion prädikatenlogischer auf aussagenlogische Gültigkeit, die vielen Computerprogrammen für logische Beweisverfahren zugrundeliegt. Als herausragendes Beispiel behandeln wir eine prädikatenlogische Form des Resolutionskalküls und beweisen, daß ein geeigneter Teilkalkül für - die logische Form von PROLOG-Programmen darstellende - sog. Hornformeln vollständig ist.

Satz von der Skolemschen Normalform. Zu jedem Ausdruck α kann man effektiv Individuenvariablen $x_1,\dots,x_n$, Funktionszeichen $f_1,\dots,f_s$ und einen quantorenfreien Ausdruck β_0 angeben, so daß für $\beta :\equiv \bigwedge_{x_1}\dots\bigwedge_{x_n}\beta_0$ gilt:

1. $\forall\omega$: $erf_\omega\alpha$ gdw $erf_\omega\beta$
2. $\mathfrak{f}(\alpha) = \mathfrak{f}(\beta)$
3. $Präd(\alpha) = Präd(\beta)$
4. Die Funktionszeichen von β sind die von α vermehrt um die f_i.

Den durch das Beweisverfahren bis auf Umbenennung der neuen Funktionszeichen eindeutig bestimmten Ausdruck β nennen wir Skolem Normalform (SkNF) von α.

Beweis: (vgl. Bemerkung am Ende von §EIII1.) Wir bringen α in pränexe Normalform und eliminieren dann schrittweise alle Existenzquantoren durch mittels neuer Funktionszeichen gebildete Terme nach folgendem

Lemma. Für bel. α und neues n-stelliges f gilt:

$\forall\omega$: $erf_\omega \bigwedge_{x_1}\dots\bigwedge_{x_n}\bigvee_y\alpha$ gdw $erf_\omega\bigwedge_{x_1}\dots\bigwedge_{x_n}\alpha_y[fx_1\dots x_n]$.

Beweis: Gegeben seien $\tilde{A}$ mit Bereich ω und $\mathfrak{I}$ in $\tilde{A}$ mit:

$$\forall\tilde{x}_1,\dots\tilde{x}_n\varepsilon\omega\,\exists\tilde{y}\varepsilon\omega: \mathfrak{I}^{\tilde{x}_1\dots\tilde{x}_n\tilde{y}}_{x_1\dots x_n y}(\alpha) = 1.$$

Wir können also mit Hilfe des Auswahlaxioms eine n-stellige Funktion $\tilde{f}$ definieren, so daß

$$\forall \tilde{x}_1,\dots,\tilde{x}_n \varepsilon\omega : \mathfrak{I}^{\tilde{x}_1\dots\tilde{x}_n\ \tilde{f}(\tilde{x}_1,\dots,\tilde{x}_n)}_{x_1\dots x_n\ y}(\alpha) = 1.$$

Betrachten wir die Algebra $\tilde{A}'$ und die Interpretation $\mathfrak{I}'$ in $\tilde{A}'$, die man aus $\tilde{A}$ bzw. $\mathfrak{I}$ erhält, falls man das Funktionszeichen f durch $\tilde{f}$ deutet und die Deutung der übrigen Zeichen unverändert läßt, so gilt:

$$\forall \tilde{x}_1,\dots,\tilde{x}_n \varepsilon\omega : \mathfrak{I}^{\tilde{x}_1\dots\tilde{x}_n}_{x_1\dots x_n}(\alpha_y[fx\dots x_n]) = 1.$$

Im Folgenden benötigen wir einen Prozeß der <u>simultanen Substitution</u> $\alpha_{x_1\dots x_n}[t_1,\dots,t_n]$ endlich vieler Variablen x_i durch Terme t_i mit zugehörigem verallgemeinerten Überführungslemma. Wir können dies nicht einfach durch sukzessive Ersetzung von x_1 durch t_1, dann x_2 durch t_2 usw. erreichen, weil dadurch mögliche Vorkommen von x_i in t_j mit $j < i$ ebenfalls ersetzt würden; für $\alpha \equiv u = v$, $t_1 \equiv +uv$, $t_2 \equiv +vv$ z.Bsp. ist $\alpha_u[t_1]_v[t_2] \equiv +u+vv = +vv$. Man kann dies umgehen, indem man die x_i zuerst in neue Variable y_i gebunden umbenennt und danach schrittweise substituiert:

<u>Definition</u>. $x_1,\dots,x_n$ seien paarweise verschieden. Es seien $y_1,\dots,y_n$ paarweise verschieden, neu für α, t_i, x_i. Wir setzen:

$$\alpha_{x_1\dots x_n}[t_1,\dots,t_n] :\equiv \alpha_{x_1}[y_1]\dots{}_{x_n}[y_n]_{y_1}[t_1]\dots{}_{y_n}[t_n].$$

Zur Verdeutlichung (und späterem Gebrauch) des operativen Charakters der simultanen Substitution schreiben wir statt $\alpha_{x_1\dots x_n}[t_1,\dots,t_n]$ auch $\alpha[x_1/t_1,\dots,x_n/t_n]$ (bzw. $\alpha[t_1,\dots,t_n]$, falls die x_i aus dem Zusammenhang klar sind). Analog für Terme t statt α.

<u>Übung</u>: $\forall \mathfrak{I} : \mathfrak{I}(\alpha_{x_1\dots x_n}[t_1,\dots,t_n]) = \mathfrak{I}^{\mathfrak{I}(t_1)\dots\mathfrak{I}(t_n)}_{x_1\ \dots\ x_n}(\alpha)$.

<u>Definition</u>. Ist $\$$ eine Sprache, die ein 0-stelliges Funktionszeichen enthält, so heißt $\omega = \{t : t\varepsilon T(\$)\ \&\ t \text{ geschlossen}\}$ der <u>Termbereich</u> von $\$$. Enthält $\$$ kein 0-stelliges Funktionszeichen, so erweitern wir $\$$ um ein solches und definieren den Termbereich von $\$$ als den Termbereich der derart erweiterten Sprache. (Hierdurch stellen wir sicher, daß der Termbereich einer Sprache nicht leer ist.)

ω ist <u>Termbereich eines geschlossenen Ausdrucks</u> α, falls ω Termbereich der Sprache $\$ = \$(f_1,\dots,f_s)$ ist, wobei $f_1,\dots,f_s$ die in α vorkommenden Funktionszeichen sind. ω heißt <u>kanonischer Termbereich</u> oder <u>Herbrand-Universum</u> eines geschlossenen Ausdrucks α, falls ω Termbereich einer SkNF von α ist.

Beispiel: Sei $ eine Sprache, deren einzige Funktionszeichen c (0-stellig) und f (1-stellig) sind. Dann ist der Termbereich von $ {c,fc,ffc,fffc,...} (natürliche "Zahlen"). Ist α ein Ausdruck der engeren Prädikatenlogik mit $\mathfrak{f}(\alpha) = \{x_1,x_2,x_3,x_4\}$, so ist dieses ω kanonischer Termbereich von

$\bigvee_{x_1} \bigwedge_{x_2} \bigvee_{x_3} \bigwedge_{x_4} \alpha$.

Übung. Für die folgenden geschlossenen Ausdrücke $\pi\alpha$ mit quantorenfreiem α der engeren Prädikatenlogik "ist" der kanonische Termbereich: a) der Fitchbereich für $\pi \equiv \bigwedge_x \bigwedge_y \bigvee_z \bigwedge_u$, b) die n-te Dyck-Sprache für $\pi \equiv \bigwedge_x \bigwedge_y \bigvee_{z_1} \dots \bigvee_{z_n} \bigwedge_u$, c) die Menge aller Worte über $\{a_1,\dots,a_n\}$ für $\pi \equiv \bigwedge_x \bigvee_{y_1} \dots \bigvee_{y_n} \bigwedge_z$.

Definition. Eine (zu $ passende) Algebra $\tilde{A}$ heißt kanonisch oder Herbrand-Algebra (zu $) gdw ihr Individuenbereich ein (der) Termbereich (von $) ist und für jedes n-stellige Funktionssymbol f_i (von $) und alle Terme $t_1,\dots,t_n \varepsilon\omega(\tilde{A})$ gilt: $f_i^{\tilde{A}}(t_1,\dots,t_n) = f_i t_1 \dots t_n$ (d.h. alle geschlossenen Terme durch sich selbst interpretiert werden).

Geschlossene α heißen kanonisch erfüllbar, $\text{erf}^*\alpha$, falls α in einer kanonischen (zur Sprache von α passenden) Algebra erfüllbar ist. Ein kanonisches Modell von α nennt man auch Herbrand-Modell von α.

Satz von Skolem über die kanonische Erfüllbarkeit. Für gleichheits- und quantorenfreie α mit $\mathfrak{f}(\alpha) \subseteq \{x_1,\dots,x_n\}$ gilt:

$$\text{erf} \bigwedge_{x_1} \dots \bigwedge_{x_n}\alpha \quad \text{gdw} \quad \text{erf}^* \bigwedge_{x_1} \dots \bigwedge_{x_n}\alpha .$$

Beweis: Sei eine Algebra $\tilde{A}$ und eine Interpretation $\mathfrak{I}$ in $\tilde{A}$ gegeben mit $\mathfrak{I}(\bigwedge_{x_1} \dots \bigwedge_{x_n} \alpha) = 1$. Wir definieren eine kanonische Algebra $\tilde{A}^*$ durch:

$\forall P \forall t_1,\dots,t_m \varepsilon\omega(\tilde{A}^*)$: $P^{\tilde{A}^*}(t_1,\dots,t_m)$ gdw $\mathfrak{I}(Pt_1\dots t_m) = 1$.

Dann gilt für eine beliebige Interpretation $\mathfrak{I}^*$ in $\tilde{A}^*$: $\mathfrak{I}^*(\bigwedge_{x_1} \dots \bigwedge_{x_n} \alpha) = 1$.
Beweis: Aus $\mathfrak{I}(\bigwedge_{x_1} \dots \bigwedge_{x_n} \alpha) = 1$ folgt

$\mathfrak{I}^{\mathfrak{I}(t_1)\dots\mathfrak{I}(t_n)}_{x_1 \dots x_n}(\alpha) = 1$ für alle $t_i \varepsilon\omega(\tilde{A}^*)$, also nach dem Überführungslemma

$\mathfrak{I}(\alpha[t_1,\dots,t_n]) = 1$. Nach Definition von $\tilde{A}^*$ stimmen $\mathfrak{I}$ und $\mathfrak{I}^*$ für Terme $t_i \varepsilon\omega(\tilde{A}^*)$ auf $\beta[t_1,\dots,t_n]$ für alle Teilformeln β von α überein (Induktion nach β), so daß insgesamt:

$$1 = \exists(\alpha[t_1,\ldots,t_n]) = \exists^*(\alpha[t_1,\ldots,t_n]) = \exists^{*}{}^{\exists^*(t_1)\ \ldots\ \exists^*(t_n)}_{x_1\ \ldots\ x_n}(\alpha).$$

Bemerkung. Wegen der festliegenden kanonischen Interpretation von Termen sind Herbrand-Modelle von α bestimmt durch die (und werden daher oft identifiziert mit der) Menge der in ihnen wahren sog. Grundaussagen von α, d.h. der Primformeln $\pi_{x_1,\ldots,x_n}[t_1,\ldots,t_n]$ mit Termen t_i aus dem Herbrand-Universum von α und in α vorkommenden Primformeln π. Für den Spezialfall der nach Horn 1951 (s. auch McKinsey 1943) benannten Hornformeln (Def. s.u.) liefert diese Beobachtung eine einfache Charakterisierung von Herbrand-Modellen (s.u. Übung), die im aussagenlogischen Fall einen für automatische Beweisverfahren interessanten Algorithmus zur Lösung des Entscheidungsproblems für Hornformeln beinhaltet (s. §FIII1) und im prädikatenlogischen Fall für PROLOG und verwandte Formulierungen der Logik als Programmiersprache eine wichtige Rolle spielt.

Vgl. Kap. FI zur Rolle der Hornstruktur für die Komplexität von Entscheidungsproblemen, Fagin 1982 für ihre zentrale Stellung in der Theorie relationaler Datenbanken und Makowsky 1985, Volger 1985 für eine modelltheoretische Charakterisierung gewisser erststufiger Horntheorien, die sich als geeignet erwiesen haben für Spezifikationen abstrakter Datentypen in Programmiersprachen.

Übung (Herbrand-Modelle für Hornformeln van Emden & Kowalski 1976). HORN ist die Klasse der Hornformeln, d.h. der pränexen Ausdrücke in konjunktiver Normalform mit Alternationen der Form $\neg p_1 \vee \ldots \vee \neg p_n \vee q$ (lies: $p_1 \wedge \ldots \wedge p_n \supset q$) für Primformeln p_i und Primformeln oder negierte Primformeln q; analog spricht man von Hornklausen. Zeigen Sie:

1. Für erfüllbare Hornformeln in SkNF ist der Durchschnitt von Herbrand-Modellen wieder ein Herbrand-Modell. (Bezeichnung: Der Durchschnitt aller Herbrand-Modelle von α heißt das kleinste Herbrand-Modell von α.)

2. Für erfüllbare Hornformeln α in SkNF ist das kleinste Herbrand-Modell gleich der Menge der aus α folgenden Grundaussagen von α.

3. (Fixpunktcharakterisierung) Für erfüllbare Hornformeln α in SkNF ist die Menge der aus α folgenden Grundaussagen von α der kleinste Fixpunkt - nämlich $\bigcup_n A^n_\alpha(\phi)$ - der folgenden (stetigen) Funktion A_α, die der sog. Hyperresolution von Robinson 1965 abgeschaut ist und im aussagenlogischen Fall ein effizientes Entscheidungsverfahren (s. §FIII1) beinhaltet: Für beliebige zu α passende Herbrand-Algebren I sei

$A_\alpha(I) := I \cup \{\pi \mid \pi_1 \wedge \ldots \wedge \pi_n \supset \pi$ Beispiel einer Implikation von α & $\forall i: \pi_i \varepsilon I\}$.

Dabei sind für Teilformeln β der Matrix von α die <u>Beispiele</u> definiert als die abgeschlossenen Formeln $\beta_{x_1,\ldots,x_n}[t_1,\ldots,t_n]$ mit Termen t_i aus dem Herbrand-Universum von α; ist β die Matrix von α , so spricht man auch von <u>Matrixbeispielen</u> von α. Bei Klausen β nennt man die Beispiele oft auch <u>Grundklausen</u>.

Hinweis zu 3.: Zeigen Sie zuerst, daß A_α stetig ist (bzgl. $\subseteq$) und daß für Herbrand-Algebren I gilt: ModIα gdw $A_\alpha(I) \subseteq I$.

Als Korollar zu Skolems Satz über kanonische Erfüllbarkeit und zum Kompaktheitssatz erhält man die folgende Reduktion der Prädikaten- auf die Aussagenlogik ("Approximation" des Allquantors durch bel. lange endliche Konjunktionen):

<u>Satz von Herbrand</u>. Für gleichheits- und quantorenfreie α ist der Allabschluß von α erfüllbar gdw jede endliche Konjunktion von Matrixbeispielen kanonisch (bzw. aussagenlogisch) erfüllbar ist, d.h. der Allabschluß $\bigwedge_{x_1} \ldots \bigwedge_{x_n} \alpha$ von α ist erfüllbar gdw für sein Herbrand-Universum ω gilt:

$$\forall r \forall t_1^1,\ldots,t_1^r,\ldots,t_n^1,\ldots,t_n^r \varepsilon\omega: \text{erf} \bigwedge_{1\leq i\leq r} \alpha_{x_1\ldots x_n}[t_1^i,\ldots,t_n^i].$$

<u>Beweis</u>: Übung (s.o. Hinweis)

<u>Übung</u>.(Herleitungsversion des Satzes von Herbrand). Für α wie im Satz von Herbrand gilt: $\vdash_{PL} \bigvee_{x_1} \ldots \bigvee_{x_n} \alpha$ gdw $\vdash_{AL} \alpha_1 \vee \ldots \vee \alpha_m$ für eine endliche Disjunktion von Matrixbeispielen (des Existenzabschlusses) von α.

a) Folgern Sie (unter Benutzung des Vollständigkeitssatzes) die Herleitbarkeitsversion aus der Erfüllbarkeitsversion.

b) Folgern Sie den Satz von Herbrand (Herleitbarkeitsversion) unter Verwendung des Vollständigkeitssatzes aus dem Lemma von König ("Jeder endlich verzweigte unendliche Baum hat einen unendlichen Ast".) Hinweis: Betrachten Sie bzgl. einer Abzählung $p_1, p_2, \ldots$ aller geschlossenen Primformeln mit Termen aus dem kanonischen Termbereich von $\beta \equiv \bigvee_{x_1} \ldots \bigvee_{x_n} \alpha$ den folgenden semantischen (binär verzweigten) Baum aller kanonischen Interpretationen von β:

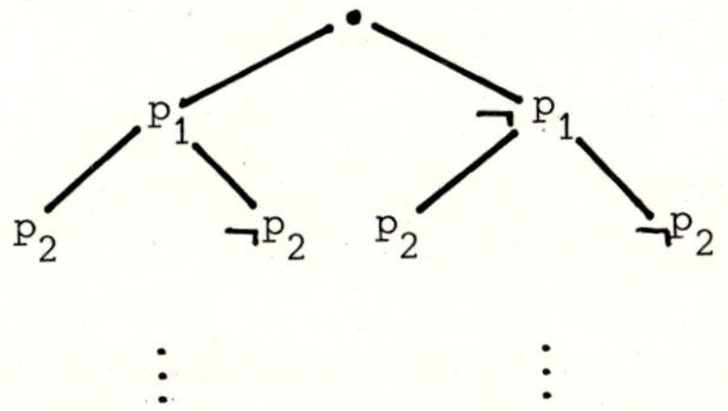

Wegen $\models \beta$ enthält jeder Ast einen ersten Punkt ("Zeugen" für β), sodaß die bis dorthin definierte Interpretation (und jede Erweiterung) β erfüllt.

Zeigen Sie: Die Menge der Zeugen von β ist endlich. Setze α_i als durch den i-ten Zeugen definiertes Matrixbeispiel von β.

Der Satz von Herbrand bildet die Grundlage der meisten Rechnerimplementierungen prädikatenlogischer Beweisverfahren. Insbesondere gestattet er eine unmittelbare Anwendung der Resolutionsmethode: eine Formel ist wv gdw eine endliche Konjunktion von Matrixbeispielen ihrer Skolemschen Normalform aussagenlogisch wv ist, d.h. aus dieser mittels al. Resolution die leere Klause herleitbar ist. Bei einer direkten Anwendung dieser auf al. Resolution beruhenden Methode ist jedoch zum einen die Bildung von Matrixbeispielen (lies: der Prozeß der Substitution von Variablen durch evtl. komplizierte Terme über dem zugehörigen kanonischen Termbereich) aufwendig; zum anderen werden evtl. mehrfach Resolutionen mit Resolventen durchgeführt, die lediglich verschiedene Matrixbeispiele ein und derselben Klause darstellen, z.B. bei der Resolution von Beispielen

$$Pf^n0 \vee Qff^n0 \qquad \neg Qff^n0 \qquad 0 \leq n$$

von $Px \vee Qy$ und $\neg Qfx$ zu Pf^n0. Dies legt den Versuch nahe, nach einer prädikatenlogischen Formulierung der Resolution zu suchen, bei der die Beispielbildung (Substitution von Variablen durch Terme) möglichst weit zurückgestellt und nach Klausen $\pi, \neg\pi'$ resolviert wird, die durch eine geeignete Substitution zu einem konträren Paar $\pi'', \neg\pi''$ für eine Primformel π'' vereinheitlicht werden können.

Den Schlüssel zur Verwirklichung dieses Ansatzes, bei dem Klausen mit (frei vorkommenden) Individuenvariablen als formale Vertreter der Menge ihrer Matrixbeispiele wirken, liefert der weiter unten bewiesene

Unifikationssatz. 1. Der Unifizierbarkeit von Klausen ist algorithmisch entscheidbar; dabei heißt C unifizierbar gdw es eine simultane Substitution sub gibt mit $|C\text{sub}| = 1$ (sog. Unifikator von C).

2. Man kann effektiv jeder unifizierbaren Klause C einen allgemeinsten Unifikator zuordnen; dabei heißt $\text{sub} = [x_1/t_1,\ldots,x_n/t_n]$ allgemeinster Unifikator von C gdw sub Unifikator von C ist und jeder Unifikator von C durch Erweiterung von sub um eine simultane Substitution $\text{sub}' = [x_i/t_i',\ldots,x_n/t_n',y_1/s_1,\ldots,y_m/s_m]$ entsteht, d.h. die Form hat:

$$\text{sub} \quad \text{sub}' := [x_1/t_1 \text{ sub}',\ldots,x_n/t_n \text{ sub}',y_1/s_1,\ldots,y_m/s_m].$$

(Die Variablen x_i, y_j sind paarweise verschieden.)

Hinweis. Für die Prädikatenlogik der zweiten Stufe ist die Unifizierbarkeit unentscheidbar, s. Goldfarb 1981.

Definition. Für Klausen D_i seien sub_i Variablenumbenennungen (d.h. Substitutionen $[x_1/y_1,\ldots,x_n/y_n]$ mit neuen Variablen y_j), sodaß $D_1\text{sub}_1$ und $D_2\text{sub}_2$ variablenfremd sind. Die Klausenmenge

$$((D_1-\Pi_1)\text{sub}_1 \cup (D_2-\Pi_2)\text{sub}_2)\text{sub}$$

heißt prädikatenlogische Resolvente von D_1, D_2 gdw sub ist allgemeinster Unifikator von $\Pi_1\text{sub}_1$ und $\neg\Pi_2\text{sub}_2$ (mit $\neg\Pi_2 := \{\neg\pi \mid \pi\varepsilon\Pi_2, \pi \text{ Primformel}\} \cup \{\pi \mid \neg\pi\varepsilon\Pi_2, \pi \text{ Primformel}\}$) und $\phi \neq \Pi_i \subseteq D_i$. Wir sagen, daß die pl. Resolvente durch Anwendung der pl. Resolutionsregel (Res_{pl}) aus den Voraussetzungen D_i entsteht. Wenn keine Mißverständnisse zu befürchten sind, schreiben wir lediglich Res statt Res_{Pl}.

Resolutionssatz (Prädikatenlogische Form). Für Klausenmengen M gilt: wvM gdw $M \vdash_{Res_{pl}} \square$.

Beweis. Offensichtlich folgt der Allabschluß der Resolvente logisch aus dem Allabschluß der Prämissen (Korrektheit), sodaß wvM aus der pl. Res-Herleitbarkeit der leeren Klause folgt. Umgekehrt resultiert die Vollständigkeit der pl. Res-Regel über den Satz von Herbrand aus der al. Vollständigkeit der al. Res-Regel: falls wvM, ist eine endliche Menge von Beispielen B_i von Klausen $C_i \varepsilon M (1 \leq i \leq m)$ wv, also die leere Klause aus den B_i mit al. Resolution herleitbar. Dann ist die leere Klause mit pl. Resolution aus den C_i herleitbar nach Übung 1.

Übung 1. Ist B aussagenlogische Resolvente zweier Matrixbeispiele B_i von C_i, so ist B Matrixbeispiel einer prädikatenlogischen Resolvente der C_i. (Anschaulich: Beispielbildung über dem kanonischen Termbereich gefolgt von al. Resolution kann durch pl. Resolution gefolgt von Beispielbildung ersetzt werden.) Hinweis: Verwenden Sie den Unifikationssatz.

Übung 2. Jedes Matrixbeispiel einer pl. Resolvente von C_1, C_2 enthält als Teilmenge eine al. Resolvente von Matrixbeispielen der C_i ("Umkehrung" von Übung 1.)

Beweis des Unifikationssatzes. Wir zeigen, daß der folgende Unifikationsalgorithmus für jede prädikatenlogische Klause C die Unifizierbarkeit entscheidet und im positiven Fall einen allgemeinsten Unifikator liefert:

0. Enthält C sowohl Primformeln als auch Negationen von Primformeln oder haben nicht alle Elemente von C dasselbe Prädikatensymbol, so ist C nicht unifizierbar. Sonst setze $sub_0 := [\,]$ (leere Substitution), i:=0 und gehe zu Schritt 1.

1. Ist $|Csub_i| = 1$? Im positiven Fall ist C unifizierbar mit allgemeinstem Unifikator sub_i. Sonst gehe zu Schritt 2.

2. Wähle 2 verschiedene Elemente p_1, p_2 in C sub_i. Haben diese p_j an der (von links gelesen) ersten Stelle, an der sie sich als Zeichenreihe unterscheiden, verschiedene Funktionssymbole? Falls ja, ist C nicht unifizierbar. Sonst gehe zu Schritt 3.

3. An der ersten Stelle, an der die p_j nicht übereinstimmen, stehe in der einen Formel x und beginne in der anderen Formel ein Term t (dies kann eine andere Variable sein.) Kommt x in t vor? Falls ja, ist C nicht unifizierbar. Sonst erweitere sub_i zu $sub_{i+1} := sub_i \bullet [x/t]$, setze i:=i+1 und gehe zu Schritt 1.

Korrektheitsbeweis: Terminiert der Algorithmus in Schritt 0, 2 oder 3, so ist C offensichtlich nicht unifizierbar und umgekehrt. Somit genügt der Nachweis, daß der Algorithmus für unifizierbares C in Schritt 1 terminiert und C sub_i für jedes i in Schritt 3 unifizierbar ist. Wir zeigen dies und die Minimalität durch Ind(i), indem wir zu bel. sub mit $|Csub|=1$ für jedes sub_i ein sub'_i bestimmen mit $sub_i \cdot sub'_i = sub$.

Für i=0 setze $sub'_0:=sub$ wegen $sub_0=[\,]$. Im Induktionsschritt gilt für x und t aus Schritt 3 im Algorithmus: $xsub'_i \equiv tsub'_i$, weil nach Indvor. $|Csub_i \cdot sub'_i|=1$. Also muß x, wenn es als zu ersetzende Variable in sub'_i vorkommt, dort in der Form $x/(tsub'_i)$ auftreten (denn träte ein x/s mit $s \not\equiv tsub'_i$ in sub'_i auf, so wäre $tsub'_i \not\equiv s \equiv xsub'_i$). sub'_{i+1} sei definiert als sub'_i ohne die eventuelle Komponente $x/(tsub'_i)$. Dann gilt:

$sub_{i+1} \cdot sub'_{i+1} = sub_i \cdot [x/t] \cdot sub'_{i+1}$

$= sub_i \cdot sub'_{i+1} \cdot [x/(tsub'_{i+1})]$ da x in sub'_{i+1} nicht ersetzt wird

$= sub_i \cdot sub'_{i+1} \cdot [x/(tsub'_i)]$ da x in t nicht vorkommt

$= sub_i \cdot sub'_i$ nach Definition von sub'_{i+1}

Der Algorithmus terminiert für unifizierbares C, weil $Csub_{i+1}$ weniger Variablen als $Csub_i$ enthält (denn x und t kommen in $Csub_i$ vor, aber x nicht in t).

Übung. Da für Klausenmengen M und Klausen D aus wvMU{Dsub} für eine Substitution sub folgt wv MU{D}, gilt nach dem Resolutionssatz auch: aus MU{Dsub}$\vdash\square$ folgt MU{D}$\vdash\square$ (sog. Lifting Lemma). Beweisen Sie diese Aussage ohne Benutzung des Resolutionssatzes, indem Sie eine Res-Herleitung von $\square$ aus MU{Dsub} mit allgemeinsten Unifikatoren $sub_1,\ldots,sub_n$ umformen in eine Res-Herleitung von $\square$ aus MU{D} mit allgemeinsten Unifikatoren $sub'_1,\ldots,sub'_n$, sodaß für eine Substitution sub' gilt:

$sub\ sub_1 \ldots sub_n = sub'_1 \ldots sub'_n\ sub'$.

Hinweis: Im Wesentlichen ist (durch Induktion über die Herleitungslänge) zu zeigen, daß eine Herleitung von $\square$ aus M, bei der die Resolutionsregel nur mit beliebigen Unifikatoren statt eines allgemeinsten Unifikators benutzt wird, in eine Res-Herleitung übergeht, wenn man stets einen allgemeinsten Unifikator wählt.

Ein herausragendes Beispiel einer Interpretation der Prädikatenlogik als Programmiersprache bildet die Programmiersprache PROLOG, für deren logische Form die auf Kowalski 1974 zurückgehende prozedurale Interpretation von Hornformeln grundlegend ist. Wir zeigen hier den Satz von Apt & van Emden 1982, daß eine natürliche Spezialisierung des prädikatenlogischen Resolutionskalküls einen Interpreter für (diese logische Form der) PROLOG-Programme darstellt.

Definition. Die prozedurale Interpretation von Hornklausen unterscheidet vier Typen derartiger Klausen mit Primformeln $\pi,\pi_1,\ldots,\pi_n$:

1. Programmklausen $\pi_1\wedge\ldots\wedge\pi_n \supset \pi$ (PROLOG-Notation: $\pi \leftarrow \pi_1,\ldots,\pi_n$) mit $0 < n$, auch Prozeduren oder Prozedur-Deklaration genannt mit Prozedurname π und Prozedurkörper $\pi_1\wedge\ldots\wedge\pi_n$ aus Prozeduraufrufen π_i. Die intendierte Bedeutung ist, π dadurch auszuführen, daß der gesamte Prozedurkörper ausgeführt wird. Im Resolutionskalkül bedeutet das, zwecks Erreichens der leeren Klause $\square$ als Endziel nach π zu resolvieren, woraus man die als Nächstes zu bearbeitende sog. Zielaussage $\neg(\pi_1\wedge\ldots\wedge\pi_n) = \neg\pi_1\vee\ldots\vee\neg\pi_n$ erhält.

2. Zielklausen $\neg\pi_1,\ldots,\neg\pi_n$ (PROLOG-Notation: $\leftarrow\pi_1,\ldots,\pi_n$) mit $0 < n$, auch Zielaussagen genannt, also namenlose Programmklausen, die das Berechnungsziel darstellen, alle Prozeduraufrufe π_i erfolgreich auszuführen (lies: die Widersprüchlichkeit von $\neg\pi_1\vee\ldots\vee\neg\pi_n$ durch Herleiten der leeren Klause nachzuweisen).

3. Halteklause $\square$. Die leere Klause steht also für eine namen- und körperlose Prozedur und stellt die erfüllte Zielklause (das Ende der Berechnung im Resolutionskalkül) dar.

4. Tatsachen(klausen) π (PROLOG-Notation $\pi\leftarrow$), d.h. körperlose Prozeduren, die die Behauptung einer Tatsache darstellen.

Ein Logikprogramm wird definiert als endliche Menge von Programm- und Tatsachenklausen und stellt die logische Form von PROLOG-Programmen dar, s. Clocksin & Mellish 1981.

Definition. Für Zielklausen $D_1 = \neg\sigma_1,\ldots,\neg\sigma_m$ und Programmklausen $D_2 = \pi_1\wedge\ldots\wedge\pi_n \supset \pi$ definieren wir die SLD-Resolventen von D_1 und D_2 wie die prädikatenlogischen Resolventen mit $\Pi_1 = \{\neg\sigma_k\}$ für ein $1\leq k\leq m$ und $\Pi_2 = \{\pi\}$. D.h. ein SLD-Resolutionschritt besteht in der Unifikation eines Prozeduraufrufes σ_k einer Zielklause mit dem Prozedurnamen π einer (durch gebundene Umbenennung oBdA zur Zielklause variablendisjunkt gemachten) Programmklause und der Resolvierung nach diesem Prozedurnamen, wodurch für den benutzten allgemeinsten Unifikator sub die neue Zielklause

$$(\neg\sigma_1,\ldots,\neg\sigma_{k-1},\neg\pi_1',\ldots,\neg\pi_n',\neg\sigma_{k+1},\ldots,\neg\sigma_m)\text{sub}$$

entsteht mit $\neg\pi_1',\ldots,\neg\pi_n'$ an Stelle von $\neg\sigma_k$ für gebundene Umbenennungen π_i' von π_i.

Mit $\alpha \vdash_{SLD} \beta$ bezeichnen wir, daß man β durch endlich viele SLD-Resolutionsschritte aus (den Klausen in) α erhält.

Vollständigkeitssatz für die SLD-Resolution. Für Hornklausenmengen α ist das kleinste Herbrand-Modell gleich der sog. α - Erfolgsmenge

$$\{\pi \mid \pi \text{ Grundaussage von } \alpha \ \& \ \alpha,\neg\pi \vdash_{\overline{SLD}} \Box\}.$$

Beweis. Korrektheitsaussage: Aus $\alpha,\neg\pi \vdash_{\overline{SLD}} \Box$ folgt nach der Korrektheit des Resolutionskalküls wv $\alpha,\neg\pi$, d.h. $\alpha \models \pi$ und damit $\pi \varepsilon \bigcup_n A^n_\alpha(\phi)$ nach der Übung zu Herbrand-Modellen von Hornformeln.

Vollständigkeitsaussage: Es genügt, für bel. α, n aus $\pi \varepsilon A^n_\alpha(\phi)$ zu folgern: $\alpha,\neg\pi \vdash_{\overline{SLD}} \Box$. Für n = O ist das trivial. Im Induktionsschluß sei $\pi_1 \wedge \ldots \wedge \pi_m \supset \pi$ ein Beispiel einer Klause aus α mit $\pi_i \varepsilon A^n(\phi)$ für alle $1 \leq i \leq m$. Nach Induktionsvoraussetzung gibt es zu jedem $1 \leq i \leq m$ eine SLD-Herleitung von $\Box$ aus $\alpha,\neg\pi_i$. Da die π_i als Grundatome von α variablenfrei sind, kann man diese SLD-Herleitungen zusammensetzen zur folgenden SLD-Herleitung von $\Box$ aus $\alpha,\neg\pi$:

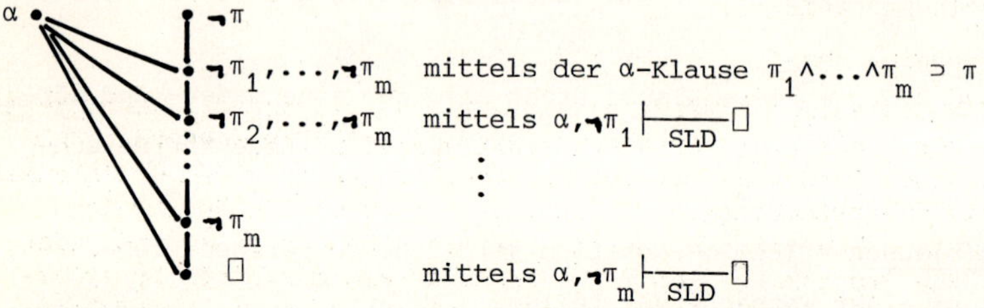

Übung 1. (SLD-Herleitungs-versus A_α-Fixpunktkonstruktionslänge, Apt & van Emden 1982). Verschärfen Sie die SLD-Korrektheitsaussage durch Ind(n) zu: Erhält man $\Box$ aus einer Hornklausenmenge α und einer Zielklause $\neg\pi_1,\ldots,\neg\pi_m$ durch eine SLD-Herleitung der Länge n mit benutzten allgemeinsten Unifikatoren $sub_1,\ldots,sub_n$, so ist für jedes $1 \leq i \leq m$ jedes Beispiel von $\pi_i sub_1 \ldots sub_n$ Element von $A^n_\alpha(\phi)$.

Übung 2 (Vertauschungslemma). Vertauscht man in einer SLD-Herleitung von $\Box$ aus einer Hornklausenmenge α in zwei aufeinanderfolgenden Herleitungsschritten die Reihenfolge der Wahl der zu resolvierenden Prozeduraufrufe aus der jeweiligen Zielklause, so läßt sich die entstehende neue SLD-Herleitung wieder zu einer SLD-Herleitung von $\Box$ aus α fortsetzen; die durch die geänderte Wahl entstandene neue Zielklause und die entsprechende vorherige Zielklause gehen durch Substitution auseinander hervor.

Genauer: Sei $H_0,\ldots,H_r$ eine SLD-Herleitung von $\Box$ aus α und

$$H_{i-1} = \leftarrow \sigma_1,\ldots,\sigma_j,\ldots,\sigma_k,\ldots,\sigma_m$$

$$H_i = \leftarrow (\ldots\ldots,C_1,\ldots\ldots\ldots\ldots)sub_1$$

$$H_{i+1} = \leftarrow (\ldots\ldots C_1\ldots,C_2,\ldots\ldots)sub_1 sub_2$$

mit (geeigneten Umbenennungen von) Hornklausen $\sigma'_j \leftarrow C_1$ und $\sigma'_k \leftarrow C_2$ von α und allgemeinsten Unifikatoren sub_1 bzw. sub_2 von σ_j und σ'_j bzw. $\sigma_k sub_1$ und σ'_k. Dann kann man die Herleitung $H_0,\ldots,H_{i-1}$ so fortsetzen, daß man zuerst nach σ_k resolviert mittels eines allgemeinsten Unifikators sub_2' von σ_k und σ_k' und danach nach σ_j mittels eines allgemeinsten Unifikators sub_1' von σ_j' und $\sigma_j sub_2'$. Dadurch entsteht eine SLD-Herleitung $H_0,\ldots,H_{i-1}$, H_i', H_{i+1}', die sich zu einer SLD-Herleitung von $\Box$ aus α fortsetzen läßt und in der H_{i+1}' durch Substitution aus H_{i+1} entsteht.

Die Bezeichnung α-Erfolgsmenge rührt her von der Rolle der im Verlaufe einer SLD-Herleitung benutzten Substitutionen, die das "Rechenergebnis" der SLD-Berechnung enthalten. Jeder derartige (allgemeinste) Unifikator sub leistet sowohl eine Inputübertragung - nämlich vom Prozeduraufruf σ einer Zielklause Z zum Prozedurkörper der Programmklause, mit deren Prozedurname σ durch sub unifiziert wird - als auch eine (partielle) Outputübergabe an σ zur Weitergabe an die restlichen Prozeduraufrufe von Z. Die Folge sub der in SLD-Herleitungen von $\Box$ aus α,Z benutzten allgemeinsten Unifikatoren nennt man auch korrekte Antwortsubstitutionen von α für Z, weil wegen der Korrektheit des Resolutionskalküls gilt:

$$\alpha \models \text{Allabschluß von } ((z_1\wedge\ldots\wedge z_n)sub) \text{ für } Z = \leftarrow z_1,\ldots,z_n.$$

Nach dem SLD-Vollständigkeitssatz kann die SLD-Resolution als Interpreter für die Sprache der Logikprogramme benutzt werden. Bei entsprechenden PROLOG-Implementierungen werden in der Tat für Logikprogramme α und Zielklausen Z sog. SLD-Bäume zur systematischen Darstellung aller möglichen SLD-Herleitungen aus α und Z benutzt: die Wurzel ist mit Z beschriftet, und jeder Knoten hat für jede Programmklause, deren Prozedurname mit einem Prozeduraufruf der Zielklause in diesem Knoten unifizierbar ist, einen Nachfolgerknoten, der mit der zugehörigen Resolvente beschriftet wird. Es ist für Realisierungen von Suchverfahren nach mit der leeren Klause endenden Pfaden in SLD-Bäumen nützlich, daß die Reihenfolge der Wahl eines Prozeduraufrufs einer Zielklause oBdA beliebig - also fest, z.Bsp. von links nach rechts - gewählt werden kann (s.o.Übung 2). Dennoch bleibt die SLD-Resolution indeterminiert, weil jeweils u.U. mehrere Programmklausen zur Unifikation ihres Prozedurnamens mit einem Prozeduraufruf hinzugezogen werden können. Gegenwärtige PROLOG-Systeme benutzen an dieser Stelle Suchstrategien, die durch Effizienzüberlegungen bestimmt sind und i.a. die logische Vollständigkeit des Systems preisgeben. Vgl. Clocksin & Mellish 1981, Lloyd 1984.

Literatur: Zur Modelltheorie s. Chang & Keisler 1973. Zur Typentheorie s. Scholz & Hasenjaeger 1961, Andrews 1965, für deren Zusammenhang mit Programmiersprachen s. Martin-Löf 1982 (für eine Implementierung s.Peterson 1982, für ein interessantes Programmierbeispiel Smith 1983), Constable 1983. Zu Varianten der prädikatenlogischen Resolution im Zusammenhang mit automatischen Beweisverfahren s. Chang & Lee 1973, Loveland 1978; Richter 1978, Paterson & Wegman 1978, Martelli & Montanari 1982, Corbin & Bidoit 1983; im Zusammenhang mit der Interpretation logischer Formeln als Programme s. Kowalski 1979, Apt & van Emden 1982, Clocksin & Mellish 1981, Lloyd 1984.

KAPITEL E: LOGISCHE ANALYSE DES BEWEISBEGRIFFS

Wir behandeln in diesem Kapitel die syntaktische Charakterisierung der klassischen Prädikatenlogik der ersten Stufe in der Form, wie sie Gentzen 1935 in seiner logischen Analyse derjenigen Schlußweisen gegeben hat, die das tatsächliche Vorgehen bei mathematischen Beweisführungen beherrschen. Der Grundgedanke besteht darin, die Bedeutung logischer Symbole wie Junktoren und Quantoren durch Regeln festzulegen, die unmittelbar deren Gebrauch beim Ziehen von Folgerungen aus gegebenen Voraussetzungen beschreiben.

Beispielsweise beruhen Beweise durch Fallunterscheidung auf zwei Schlußweisen: 1) Man folgert eine Reihe Δ von Behauptungen unter Zuhilfenahme einer Reihe Γ evtl. anderer Hilfsprämissen sowohl aus α als auch aus β und schließt daraus, daß Δ aus den Voraussetzungen Γ und $\alpha\vee\beta$ folgt. 2) Man folgert $\alpha\vee\beta$ (evtl. gemeinsam mit einer Reihe Δ' anderer Konklusionen) aus einer Menge Γ' von Prämissen. Aus 1) und 2) schließt man dann, daß die zu beweisenden Behauptungen in Δ (und evtl. Δ') aus den (schon bewiesenen oder noch nachzuweisenden) Voraussetzungen in Γ' und Γ folgen. Schlußweise 1) wird formalisiert durch die sog. $\vee$-Einführungsregel, 2) durch die sog. (für bel. γ statt $\alpha\vee\beta$ formulierte) <u>Schnittregel</u>:

$$\frac{\alpha,\Gamma\to\Delta \qquad \beta,\Gamma\to\Delta}{\alpha\vee\beta,\Gamma\to\Delta} \qquad\qquad \frac{\Gamma'\to\Delta',\gamma \qquad \gamma,\Gamma\to\Delta}{\Gamma',\Gamma\to\Delta',\Delta}$$

Gentzens in Teil I eingeführter Kalkül LK für <u>K</u>lassische <u>L</u>ogik definiert in analoger Weise die Bedeutung der anderen Junktoren wie der Quantoren in Prämissen- bzw. Konklusionsmengen allgemeingültiger Schlüsse. Zur Einübung in diesen Kalkül zeigen wir in §DI2 die Äquivalenz von LK zum Hilbert-Kalkül aus Kap. D, wodurch sich insbesondere der Vollständigkeitssatz von dort auf LK überträgt.

In Teil II behandeln wir das tiefliegende und für viele Verallgemeinerungen in der Beweistheorie wichtige Gentzensche Verfahren zur Elimination von Schnitten, demzufolge gültige Ausdrücke in LK ohne Benutzung der Schnittregel hergeleitet werden können. Dadurch können Herleitungen logisch wahrer Formeln auf eine Normalform gebracht werden (Hauptsatz von Gentzen), die eine besondere Rolle bei gewissen Implementierungen logischer Beweisverfahren spielt; diese Normalform bringt rein syntaktisch das bei der Resolutionsmethode in der Bildung von Termbeispielen und einer Anwendung des Kompaktheitssatzes versteckte Zusammenspiel aussagen- und quantorenlogischer Anteile in Herleitungen zum Ausdruck und erhellt dadurch den engen Zusammenhang zwischen Beweissystemen (zur Erzeugung allgemeingültiger Ausdrücke und Schlüsse) und Testsystemen (zur Erkennung der Allgemeingültigkeit vorgelegter Ausdrücke oder Schlüsse). Als weitere Anwendung des Schnitteliminationssatzes geben wir in Teil III beweistheoretische Beweise einiger bedeutender modelltheoretischer Sätze, die eine gewisse Rolle bei neueren komplexitätstheoretischen Untersuchungen (s. Kap.F) spielen.

TEIL I. GENTZENS KALKÜL LK

Wir führen hier den Kalkül LK ein, zeigen seine Äquivalenz zum Hilbert-Kalkül aus Kap.D und folgern daraus den Vollständigkeitssatz für LK.

§ 1. Der Kalkül LK. Der Kalkül LK ist im Unterschied zu den Ausdruckskalkülen vom Hilbertschen Typ ein Sequenzenkalkül, bei dem die Rolle der Ausdrücke von endlichen Folgen von Ausdrücken übernommen wird. Ansonsten übertragen sich die in §DI3 angegebenen Definitionen von Kalkül, Herleitungen usw.

Der Einfachheit halber beschränken wir uns in diesem Kapitel auf Sprachen ohne Gleichheits- und Funktionssymbole (engere Prädikatenlogik, s. Übung zum Vollständigkeitssatz §DII4) und betrachten $\wedge,\supset,\bigwedge$ nicht als definierte Symbole, sondern als Grundzeichen der Sprache mit entsprechender kanonischer Erweiterung der Definition von Ausdrücken, deren (unveränderter) Interpretation usw.

Sprechweisen. Sind Δ und Γ endliche (möglicherweise leere) Ausdrucksfolgen, so ist $\Delta\to\Gamma$ eine Sequenz. Δ heißt Antezedens, Γ Sukzedens der Sequenz. Als Metavariable für endliche Ausdrucksfolgen verwenden wir große griechische Buchstaben. Wir schreiben Δ,Γ für die Konkatenation der Folgen Δ und Γ; besteht hierbei Δ bzw. Γ nur aus dem Ausdruck α, so schreiben wir α,Γ bzw. Δ,α. $\Gamma-\{\alpha\}$ bezeichne die Folge, die aus Γ durch Streichung aller Vorkommen von α entsteht. $\alpha\in\Gamma,\alpha\notin\Gamma,\Gamma\cap\Delta$ etc. haben die übliche mengentheoretische Bedeutung, wobei wir Γ und Δ als Menge der Folgenglieder von Γ bzw. von Δ interpretieren. Sind Γ und Δ als Mengen gleich, so schreiben wir $\Gamma=\Delta$ und $\Gamma\equiv\Delta$, falls sie als Folgen identisch sind. Metavariablen für Sequenzen sind $S,S_o,S_1,\ldots$. Aufbauend auf den entsprechenden Definitionen für Ausdrücke setzen wir:

$\bigcup(\Delta) := \{x \mid \exists\alpha\in\Delta : x\in\bigcup(\alpha)\}$ $\qquad$ $\bigcup(\Delta\to\Gamma) := \bigcup(\Delta)\cup\bigcup(\Gamma)$

Analog für $\mathfrak{f}(\Delta)$, $GV(\Delta)$, $\mathfrak{f}(S)$, $GV(S)$. x heißt neu für Δ bzw. S gdw $x\notin\bigcup(\Delta)$ bzw. $x\notin\bigcup(S)$. S heißt pur gdw $\mathfrak{f}(S)\cap GV(S) = \emptyset$; analog für Ausdrücke usw.

Die intendierte Deutung von Sequenzen $\alpha_1,\ldots,\alpha_n \to \beta_1,\ldots,\beta_m$ $(n\geq 0,\ m\geq 1)$ ist, daß die α_i $(1\leq i\leq n)$ eines der β_j $(1\leq j\leq m)$ implizieren, d.h. daß aus $\alpha_1\wedge\ldots\wedge\alpha_n$ logisch $\beta_1\vee\ldots\vee\beta_m$ folgt. Der Ausdruck $\alpha\supset\beta$ und die Sequenz $\alpha\to\beta$ sind also von der Deutung gleichwertig.

Die Axiome und Regeln des Gentzenkalküls LK sind (jeweils für beliebige $\alpha,\beta,\Gamma,\Delta$, etc.):

Axiome: $\alpha\to\alpha$ $\qquad$ Regeln:

1. Strukturregeln. Zusammenziehung: $\dfrac{\alpha,\alpha,\Gamma\to\Delta}{\alpha,\Gamma\to\Delta}$ $\qquad$ $\dfrac{\Gamma\to\Delta,\alpha,\alpha}{\Gamma\to\Delta,\alpha}$

Verdünnung: $\dfrac{\Gamma\to\Delta}{\alpha,\Gamma\to\Delta}$ $\qquad$ $\dfrac{\Gamma\to\Delta}{\Gamma\to\Delta,\alpha}$

Vertauschung: $\dfrac{\Gamma,\alpha,\beta,\Delta \rightarrow \Lambda}{\Gamma,\beta,\alpha,\Delta \rightarrow \Lambda}$ $\quad \dfrac{\Gamma \rightarrow \Delta,\alpha,\beta,\Lambda}{\Gamma \rightarrow \Delta,\beta,\alpha,\Lambda}$

2. Logische Regeln: a) Schnittregel: $\dfrac{\Gamma \rightarrow \Delta,\alpha \quad \alpha,\Lambda \rightarrow \Pi}{\Gamma,\Lambda \rightarrow \Delta,\Pi}$

b) Junktorenregeln:

$\wedge \rightarrow$: $\dfrac{\alpha,\Gamma \rightarrow \Delta}{\alpha\wedge\beta,\Gamma \rightarrow \Delta}$ $\quad \dfrac{\alpha,\Gamma \rightarrow \Delta}{\beta\wedge\alpha,\Gamma \rightarrow \Delta}$ $\quad$ $\wedge$-Einführung im Antezedens

$\rightarrow \wedge$: $\dfrac{\Gamma \rightarrow \Delta,\alpha \quad \Gamma \rightarrow \Delta,\beta}{\Gamma \rightarrow \Delta,\alpha\wedge\beta}$ $\quad$ $\wedge$-Einführung im Sukzedens

$\vee \rightarrow$: $\dfrac{\alpha,\Gamma \rightarrow \Delta \quad \beta,\Gamma \rightarrow \Delta}{\alpha\vee\beta,\Gamma \rightarrow \Delta}$ $\quad$ $\vee$-Einführung im Antezedens

$\rightarrow \vee$: $\dfrac{\Gamma \rightarrow \Delta,\alpha}{\Gamma \rightarrow \Delta,\alpha\vee\beta}$ $\quad \dfrac{\Gamma \rightarrow \Delta,\alpha}{\Gamma \rightarrow \Delta,\beta\vee\alpha}$ $\quad$ $\vee$-Einführung im Sukzedenz

$\supset \rightarrow$: $\dfrac{\Gamma \rightarrow \Delta,\alpha \quad \beta,\Lambda \rightarrow \Pi}{\alpha\supset\beta,\Gamma,\Lambda \rightarrow \Delta,\Pi}$ $\quad \rightarrow \supset$: $\dfrac{\alpha,\Gamma \rightarrow \Delta,\beta}{\Gamma \rightarrow \Delta,\alpha\supset\beta}$ $\quad$ $\supset$-Einführung

$\neg \rightarrow$: $\dfrac{\Gamma \rightarrow \Delta,\alpha}{\neg\alpha,\Gamma \rightarrow \Delta}$ $\quad \rightarrow \neg$: $\dfrac{\alpha,\Gamma \rightarrow \Delta}{\Gamma \rightarrow \Delta,\neg\alpha}$ $\quad$ $\neg$-Einführung

c) Quantorenregeln:

$\forall \rightarrow$: $\dfrac{\alpha_x[y],\Gamma \rightarrow \Delta}{\bigwedge_x\alpha,\Gamma \rightarrow \Delta}$ $\quad$ unkritische Generalisierungsregel

$\rightarrow \forall$: $\dfrac{\Gamma \rightarrow \Delta,\alpha_x[y]}{\Gamma \rightarrow \Delta,\bigwedge_x\alpha}$ $\quad$ falls $y \notin \bigcup(\Gamma,\Delta,\bigwedge_x\alpha)$ $\quad$ Kritische $\forall$-Regel

$\exists \rightarrow$: $\dfrac{\alpha_x[y],\Gamma \rightarrow \Delta}{\bigvee_x\alpha,\Gamma \rightarrow \Delta}$ $\quad$ falls $y \notin \bigcup(\Gamma,\Delta,\bigwedge_x\alpha)$ $\quad$ Kritische $\exists$-Regel

$\rightarrow \exists$: $\dfrac{\Gamma \rightarrow \Delta,\alpha_x[y]}{\Gamma \rightarrow \Delta,\bigvee_x\alpha}$ $\quad$ unkritische Partikularisierungsregel

Bezeichnungen. Die Hauptformel einer logischen Regel ist das in der Konklusion neu entstehende Vorkommen eines Ausdrucks; die Seitenformel ist das Vorkommen des in der (bzw. den) Prämisse(n) veränderten Ausdrucks, also α,β oder $\alpha_x[y]$. Alle anderen (Vorkommen von) Ausdrücke(n) der Prämisse(n) heißen Nebenformel der Regel.

Die in den Quantorenregeln auftretende Variable y nennen wir Eigenvariable (der Regel). Die Regeln $\rightarrow\forall$ und $\exists\rightarrow$ heißen kritisch; die in ihnen vorkommende Bedingung $y\notin\bigcup(\Gamma,\Delta,\bigwedge_x\alpha)$ heißt Eigenvariablenbedingung. Die Prämissen einer Regel heißen auch Obersequenzen der Regel, die Konklusion Untersequenz.

Es ist für Beweise bequem, sich LK-Herleitungen als Herleitungsbäume vorzustellen: Eine LK-Herleitung ist ein endlicher Sequenzbaum, dessen Blätter Axiome und dessen übrige Knoten Sequenzen sind, die aus ihren oberen Nachbarsequenzen durch eine LK-Regelanwendung entstehen:

Definition: Ein endlicher Sequenzbaum ist ein Baum aus einer endlichen Menge E von mit Sequenzen f(e) beschrifteten Knoten $e\in E$ und einer partiellen Ordnungsrelation (lies: einem transitiven, irreflexiven) $<$ mit einem kleinsten Element (der sog. Wurzel) $e_0\in E$ und zu jedem von der Wurzel verschiedenen Element $e\in E$ einem größten Element e_1 unter den kleineren Knoten $e'<e$; e heißt oberer Nachbar von e_1, Knoten ohne oberen Nachbarn heißen Blätter, f heißt Markierungsfunktion. Ein endlicher Sequenzbaum $(E,<,f)$ heißt LK-Herleitungsbaum (LK-Herleitung) gdw alle Blätter mit Axiomen beschriftet sind und jeder Knoten e, der kein Blatt ist, genau einen oder genau zwei obere Nachbarn e_1 bzw. e_1 und e_2 hat, deren Beschriftungen $(f(e_1),f(e))\in r$ bzw. $(f(e_1),f(e_2),f(e))\in r$ für eine Regel r von LK erfüllen. Die Beschriftung der Wurzel einer LK-Herleitung heißt deren Endsequenz; S heißt LK-herleitbar ($\vdash_{LK} S$) gdw S Endsequenz einer LK-Herleitung ist. Ein Faden (der Länge n) einer LK-Herleitung ist eine Knotenfolge $e_1,e_2,\ldots,e_n$ (der Länge n), sodaß für jedes i $(1\leq i\leq n)$ e_{i+1} oberer Nachbar von e_i ist. Die Länge der Herleitung $(E,<,f)$ ist die maximale Länge der Fäden von $(E,<,f)$. Zum Nachweis der LK-Herleitbarkeit von S werden wir jeweils eine Skizze der relevanten Teile eines Herleitungsbaumes mit Endsequenz S geben. Hierbei bedeutet $\frac{S'}{\overline{\overline{S}}}$ (R), daß S' aus S durch eventuell mehrfache Anwendung der in Klammern angegebenen Regeln R folgt.

§ 2. Äquivalenz zum Hilbert-Kalkül. Die Regeln von LK sind offensichtlich so gewählt, daß man aus (im Sinne der intendierten Deutung) gültigen Obersequenzen eine gültige Untersequenz erhält. Wegen der Korrektheit der Axiome liefert also eine einfache Herleitungsinduktion (Übung!) den:

Korrektheitssatz für LK: Für alle $0\leq n$, $1\leq m$ gilt:

Aus $\vdash_{LK}\alpha_1,\ldots,\alpha_n\rightarrow\beta_1,\ldots,\beta_m$ folgt $\alpha_1,\ldots,\alpha_n\models\beta_1\vee\ldots\vee\beta_m$.

Insbesondere folgt $\alpha\models\beta$ und somit $\models\alpha\supset\beta$ aus $\vdash_{LK}\alpha\rightarrow\beta$. Wir zeigen:

Äquivalenzsatz: (1) $\vdash_{PL} \alpha \supset \beta$ gdw $\vdash_{LK} \alpha \rightarrow \beta$ (2) $\vdash_{PL} \gamma$ gdw $\vdash_{LK} \rightarrow \gamma$

Vorbereitend zum Beweis des Äquivalenzsatzes zeigen wir 2 Hilfssätze:

Hilfssatz 1. (a) Ersetzt man in einer LK-Regelanwendung R bzw. in einem Axiom jedes (freie) Vorkommen einer Variablen x, die, falls R kritisch ist, nicht Eigenvariable von R ist, durch eine (freie) Variable y, die für kritisches R ebenfalls nicht Eigenvariable von R ist, so erhält man eine LK-Regelanwendung derselben Art bzw. ein Axiom. Ist R kritisch und x Eigenvariable von R, so gilt dies auch, falls y für die Regelanwendung neu ist.

(b) Jede LK-herleitbare Sequenz S besitzt eine LK-Herleitung mit der folgenden Eigenschaft ("Eigenvariablen-Disjunktheit"): Die Eigenvariable einer kritischen Regelanwendung kommt nur über der Untersequenz dieser Regelanwendung vor. Ferner tritt sie nicht als Eigenvariable einer weiteren kritischen Regelanwendung auf.

(c) Aus $\vdash_{LK} \rightarrow \gamma$ folgt $\vdash_{LK} \rightarrow \gamma_x[y]$

(d) Aus $\vdash_{LK} \alpha \rightarrow \beta$ folgt $\vdash_{LK} \alpha_x[y] \rightarrow \beta_x[y]$

Beweis: (a) ist trivial. Für (b) sei eine LK-Herleitung von S gegeben. Dann benennen wir die hierin auftretenden freien Variablen von oben nach unten vorgehend wie folgt um: Sei R eine kritische Quantorenregelanwendung, oberhalb deren Untersequenz S' Eigenvariablen-Disjunktheit bereits besteht. Dann ersetze jedes freie Vorkommen der Eigenvariablen von R oberhalb von S' durch eine für die Herleitung neue Individuenvariable. Dieses Verfahren liefert nach (a) wiederum eine LK-Herleitung, die offensichtlich die Eigenschaft der Eigenvariablen-Disjunktheit und die unveränderte Endsequenz S hat.

Für (c) gelte $\vdash_{LK} \rightarrow \gamma$. OBdA können wir annehmen, daß x in γ frei vorkommt (andernfalls $\gamma \equiv \gamma_x[y]$). Nach (b) können wir eine Herleitung von $\rightarrow \gamma$ wählen, deren Eigenvariable disjunkt sind. Kommt y in γ nicht vor, so ersetzen wir in der Herleitung jedes Vorkommen von y durch eine neue Variable z. Nach (a) liefert dies wiederum eine Herleitung von γ, für die y neu ist. Ersetzen wir in dieser Herleitung jedes freie Vorkommen von x durch y, so erhalten wir - wiederum nach (a) - eine LK-Herleitung von $\gamma_x[y]$. Kommt y in γ vor (und gilt $\exists\beta$: Subst $\gamma xy\beta$), so ist wegen der Eigenvariablen-Disjunktheit der Herleitung weder x noch y Eigenvariable einer kritischen Regelanwendung. Ersetzen wir also in der Herleitung jedes freie Vorkommen von x durch y, so erhalten wir nach (a) eine LK-Herleitung von $\gamma_x[y]$.

Übung: Führen Sie den Beweis für (d). Hinweis: analog zu (c).

Hilfssatz 2: Aus $\vdash_{LK} \Gamma \to \Delta_1, \alpha\supset\beta, \Delta_2$ folgt $\vdash_{LK} \Gamma, \alpha \to \Delta_1, \beta, \Delta_2$.

Beweis: Sei eine Herleitung von $S :\equiv \Gamma \to \Delta_1, \alpha\supset\beta, \Delta_2$ gegeben. Durch Hauptinduktion nach der Zahl der Zusammenziehungen mit Hauptformel $\alpha\supset\beta$ in dieser Herleitung und Nebeninduktion nach der Länge der Herleitung zeigen wir, daß es eine LK-Herleitung von $S' :\equiv \Gamma, \alpha \to \Delta_1, \beta, \Delta_2$ gibt, in der die Anzahl der Zusammenziehungen mit Hauptformel $\alpha\supset\beta$ gegenüber der in der gegebenen Herleitung von S nicht vergrößert ist.

1. S ist ein Axiom: Dann ist $S \equiv \alpha\supset\beta \to \alpha\supset\beta$ und $S' \equiv \alpha\supset\beta, \alpha \to \beta$. Eine LK-Herleitung von S' ist:

$$\frac{\alpha \to \alpha \text{ (Axiom)} \mid \beta \to \beta \text{ (Axiom)}}{\alpha\supset\beta, \alpha \to \beta} \quad (\supset\to)$$

2. In der Herleitung von S sei zuletzt die Schnittregel angewandt, d.h.:

$$\frac{\begin{matrix}\vdots \\ \Gamma' \to \Delta_1, \alpha\supset\beta, \Delta', \gamma\end{matrix} \mid \begin{matrix}\vdots \\ \gamma, \Lambda \to \Pi\end{matrix}}{S \equiv \Gamma', \Lambda \to \Delta_1, \alpha\supset\beta, \Delta', \Pi}$$

Mit der N.I.V. formen wir dies folgendermaßen in eine LK-Herleitung von S' um:

$$\dfrac{\dfrac{\begin{matrix}\vdots \\ \Gamma', \alpha \to \Delta_1, \beta, \Delta', \gamma \text{ (I.V.)}\end{matrix} \mid \begin{matrix}\vdots \\ \gamma, \Lambda \to \Pi\end{matrix}}{\Gamma', \alpha, \Lambda \to \Delta_1, \beta, \Delta', \Pi} \text{ (Schnitt)}}{\Gamma', \Lambda, \alpha \to \Delta_1, \beta, \Delta', \Pi} \text{ (Vertauschungen)}$$

3. Die letzte Regelanwendung in der Herleitung von S sei keine Anwendung der Schnittregel und das betrachtete Vorkommen von $\alpha\supset\beta$ sei nicht Hauptformel der letzten Regelanwendung. Dann folgt die Behauptung aus der I.V. (mit Hilfe einer Regelanwendung der gleichen Art).

4. In der Herleitung von S sei zuletzt die $\to\supset$ Regel angewendet, wobei das betrachtete Vorkommen von $\alpha\supset\beta$ die Hauptformel ist. Dann führt man die gegebene Herleitung durch Elimination der letzten $\to\supset$-Regelanwendung über von

$$\frac{\begin{matrix}\vdots \\ \alpha, \Gamma' \to \Delta, \beta\end{matrix}}{S \equiv \Gamma' \to \Delta, \alpha\supset\beta} \; (\to\supset) \quad \text{in} \quad \frac{\begin{matrix}\vdots \\ \alpha, \Gamma' \to \Delta, \beta\end{matrix}}{S' \equiv \Gamma', \alpha \to \Delta, \beta} \text{ (Vertauschungen)}$$

5. Ist die zuletzt angewandte Regel eine Verdünnung, deren Hauptformel das betrachtete Vorkommen von $\alpha\supset\beta$ ist, so ersetze das Herleitungsende

$$\dfrac{\begin{matrix}\vdots\\ \Gamma\rightarrow\Delta\end{matrix}}{\Gamma\rightarrow\Delta,\alpha\supset\beta} \quad \text{durch} \quad \dfrac{\dfrac{\dfrac{\begin{matrix}\vdots\\ \Gamma\rightarrow\Delta\end{matrix}}{\alpha,\Gamma\rightarrow\Delta}\ \text{(Verdünnung)}}{\Gamma,\alpha\rightarrow\Delta}\ \text{(Vertauschungen)}}{\Gamma,\alpha\rightarrow\Delta,\beta}\ \text{(Verdünnung)}$$

6. Die letzte Regelanwendung ist eine Vertauschung, deren Hauptformel das betrachtete Vorkommen von $\alpha\supset\beta$ ist. Dann erhalten wir aus der Nebeninduktionsvoraussetzung N.I.V. eine Transformation der gegebenen Herleitung

$$\dfrac{\begin{matrix}\vdots\\ \Gamma\rightarrow\Delta_1\gamma,\alpha\supset\beta,\Delta_2\end{matrix}}{\Gamma\rightarrow\Delta_1,\alpha\supset\beta,\gamma,\Delta_2} \quad \text{in} \quad \dfrac{\begin{matrix}\vdots\\ \Gamma,\alpha\rightarrow\Delta_1,\gamma,\beta,\Delta_2\end{matrix}\ \text{(I.V.)}}{\Gamma,\alpha\rightarrow\Delta_1,\beta,\gamma,\Delta_2}\ \text{(Vertauschung)}$$

Analog verfährt man für $S\equiv\Gamma\rightarrow\Delta_1,\gamma,\alpha\supset\beta,\Delta_2$.

7. Die letzte Regelanwendung ist eine Zusammenziehung, deren Hauptformel das betrachtete Auftreten von $\alpha\supset\beta$ ist; d.h. folgendes Herleitungsende liegt vor:

$$(*)\qquad \dfrac{\begin{matrix}\vdots\\ \Gamma\rightarrow\Delta_1,\alpha\supset\beta,\alpha\supset\beta\end{matrix}}{S\equiv\Gamma\rightarrow\Delta_1,\alpha\supset\beta}\ \text{(Zusammenziehung)}$$

Nach H.I.V. gibt es eine Herleitung von $\Gamma,\alpha\rightarrow\Delta_1,\beta,\alpha\supset\beta$, in der die Anzahl der Zusammenziehungen mit Hauptformel $\alpha\supset\beta$ um 1 gegenüber der in (*) vermindert ist. Wir können also die H.I.V. auf $\Gamma,\alpha\rightarrow\Delta_1,\beta,\alpha\supset\beta$ anwenden, um $\vdash_{LK}\Gamma,\alpha,\alpha\rightarrow\Delta_1,\beta,\beta$ zu erhalten. Mit Vertauschungen und Zusammenziehungen mit Hauptformel α bzw. β folgt hieraus $\vdash_{LK}\Gamma,\alpha\rightarrow\Delta_1,\beta$ ($\equiv S'$).

<u>Beweis des Äquivalenzsatzes.</u> Da aus $\vdash_{LK}\alpha\rightarrow\beta$ mit der Regel $\rightarrow\supset$ $\vdash_{LK}\rightarrow\alpha\supset\beta$ folgt, also nach Hilfssatz 2 $\vdash_{LK}\alpha\rightarrow\beta$ gdw $\vdash_{LK}\rightarrow\alpha\supset\beta$, genügt es, Aussage (2) zu beweisen. Aus $\vdash_{LK}\rightarrow\gamma$ folgt (wegen der Korrektheit von LK) $\models\gamma$ und daraus (wegen der Vollständigkeit von PL^-) $\vdash_{PL^-}\gamma$. Für die Umkehrung zeigen wir zuerst $\vdash_{LK}\rightarrow\delta$ für eine Abkürzung δ (mit $\wedge,\supset,\bigwedge$) von γ:

1. Für A1-Axiome $\gamma\equiv(\alpha\vee\alpha)\supset\alpha$ hat man die LK-Herleitung:

$$\dfrac{\dfrac{\alpha\rightarrow\alpha \mid \alpha\rightarrow\alpha\ \text{(Axiome)}}{\alpha\vee\alpha\rightarrow\alpha}\ (\vee\rightarrow)}{\rightarrow(\alpha\vee\alpha)\supset\alpha}\ (\rightarrow\supset)$$

2. Für A2-Axiome $\gamma\equiv\alpha\supset(\alpha\vee\beta)$ hat man die LK-Herleitung

$$\cfrac{\cfrac{\alpha \to \alpha \quad \text{(Axiom)}}{\alpha \to \alpha\vee\beta}\;(\to\vee)}{\to \alpha\supset(\alpha\vee\beta)}\;(\to\supset)$$

3. Für A3-Axiome $\gamma \equiv (\alpha\vee\beta) \supset (\beta\vee\alpha)$ hat man die LK-Herleitung:

$$\cfrac{\cfrac{\cfrac{\alpha \to \alpha}{\alpha \to \beta\vee\alpha} \quad \Big| \quad \cfrac{\beta \to \beta}{\beta \to \beta\vee\alpha}\;(\to\vee) \quad \text{(Axiome)}}{\alpha\vee\beta \to \beta\vee\alpha}\;(\vee\to)}{\to (\alpha\vee\beta)\supset(\beta\vee\alpha)}\;(\to\supset)$$

4. Für A4-Axiome $\gamma \equiv (\alpha\supset\beta)\supset(\delta\vee\alpha \supset \delta\vee\beta)$ hat man die LK-Herleitung:

$$\cfrac{\cfrac{\cfrac{\cfrac{\delta \to \delta\vee\beta}{\alpha\supset\beta,\delta \to \delta\vee\beta}}{\delta,\alpha\supset\beta \to \delta\vee\beta} \quad \Big| \quad \cfrac{\cfrac{\cfrac{\alpha \to \alpha \mid \beta \to \beta}{\alpha\supset\beta,\alpha \to \beta}}{\alpha\supset\beta,\alpha \to \delta\vee\beta}}{\alpha,\alpha\supset\beta \to \delta\vee\beta}}{\delta\vee\alpha,\alpha\supset\beta \to \delta\vee\beta}}{\cfrac{\alpha\supset\beta \to (\delta\vee\alpha)\supset(\delta\vee\beta)}{\to (\alpha\supset\beta)\supset(\delta\vee\alpha \supset \delta\vee\beta)}}$$

(Axiome)
(2. Fall , $\supset\to$)
(Verdünnung; $\to\vee$)
(Vertauschung)
($\vee\to$)
($\to\supset$)
($\to\supset$)

5. Für P1-Axiome $\gamma\equiv\alpha \supset \bigvee_x \alpha$ hat man die LK-Herleitung:

$$\cfrac{\cfrac{\alpha \to \alpha \quad \text{(Axiom)}}{\alpha \to \bigvee_x\alpha}\;(\to\exists)}{\to \alpha\supset\bigvee_x\alpha}\;(\to\supset)$$

6. $\gamma\equiv\beta$ sei aus α und $\alpha\supset\beta$ vermöge MP erschlossen. Dann setzen wir nach I.V. und Hilfssatz 2 existierende LK-Herleitungen von α und $\alpha \to \beta$ durch eine Anwendung der Schnittregel fort zu einer Herleitung von $\to\beta$.

7. $\gamma \equiv \bigvee_x \alpha\supset\beta$ sei aus $\alpha\supset\beta$ vermöge P2 erschlossen. Wegen der Variablenbedingung gilt also $x\notin \mathfrak{f}(B)$ und nach I.V. und Hilfssatz 2 $\vdash_{LK}\alpha \to \beta$. Für eine für $\alpha \to \beta$ neue Variable y folgt hieraus mit Hilfssatz 1(d): $\vdash_{LK} \alpha_x[y] \to \beta_x[y]$, d.h. $\vdash_{LK} \alpha_x[y] \to \beta$ (wegen $x\notin \mathfrak{f}(\beta)$ ist $\beta\equiv\beta_x[y]$). Mit der $\exists\to$-Regel folgt hieraus $\vdash_{LK} \bigvee_x\alpha \to \beta$ (die Eigenvariablenbedingung ist wegen der Neuheit von y erfüllt), also mit $\to\supset$: $\vdash_{LK} \to \gamma$.

8. γ folge aus β vermöge S. D.h. es gibt x,y mit Subst$\beta xy\gamma$, d.h. $\gamma\equiv\beta_x[y]$.

(Man beachte, daß wegen der Einschränkung auf die engere Prädikatenlogik jeder Term eine Variable ist.) Die Behauptung folgt also aus der I.V. mit Hilfssatz 1(c).

Damit haben wir durch Induktion über Herleitungen in PL^- gezeigt, daß es zu jedem in PL herleitbaren γ (mit den logischen Zeichen $\neg,\vee,\bigvee$) eine LK-herleitbare Abkürzung δ gibt (d.h. ein δ mit den logischen Zeichen $\neg,\wedge,\vee,\supset,\bigvee,\bigwedge$, aus dem γ gemäß den Abkürzungsvereinbarungen aus §DI1 hervorgeht; δ' bezeichne diese Umformung von δ in einen $\neg,\vee,\bigvee$-Ausdruck.) Daraus folgt $\vdash_{LK}\gamma$ für PL^--herleitbare γ' mit der folgenden

<u>Übung.</u> Aus $\alpha'\equiv\beta'$ folgt $\vdash_{LK}\alpha\to\beta$. Hinweis: Ind($\alpha'$).

Durch den Äquivalenzsatz überträgt sich von PL der:

<u>Vollständigkeitssatz für LK:</u> Für alle $0\leq n$, $1\leq m$ und alle α_i,β_j gilt:

Aus $\alpha_1,\ldots,\alpha_n \models \beta_1\vee\ldots\vee\beta_m$ folgt $\vdash_{LK}\alpha_1,\ldots,\alpha_n \to \beta_1,\ldots,\beta_m$.

<u>Bemerkung.</u> Durch Konstruktion analytischer Tafeln T (s. § DII2) zu gegebenen Sequenzen S, aus denen man einen (sogar schnittfreien) LK-Beweis für S bzw. ein S nicht erfüllendes Modell ablesen kann, erhält man einen direkten Vollständigkeitsbeweis für LK (ohne Schnittregel), der nicht von anderen Vollständigkeitssätzen abhängt. (s. Richter 1978, 132-138.) Diese Schnitteliminierbarkeitsaussage ist schwächer als das in Teil II vorgestellte Gentzensche Schnitteliminationsverfahren, das insbesondere Komplexitätsabschätzungen und zahlreiche Verallgemeinerungen nach sich zieht.

Zum Beweis des VS für LK benötigen wir noch

<u>Hilfssatz 3:</u> (a) $\vdash_{LK}\alpha_1,\ldots,\alpha_n \to \alpha_1\wedge\ldots\wedge\alpha_n$

(b) $\vdash_{LK}\beta_1\vee\ldots\vee\beta_n \to \beta_1,\ldots,\beta_n$ für $1\leq n$

<u>Beweis von Hilfssatz 3</u> durch Induktion nach n. Zu (a):

<u>n=1:</u> $\alpha_1 \to \alpha_1$ ist Axiom von LK.

<u>n>1:</u>

$$\dfrac{\dfrac{\alpha_1,\ldots,\alpha_{n-1} \to \alpha_1\wedge\ldots\wedge\alpha_{n-1}\ \text{(I.V.)}}{\alpha_1,\ldots,\alpha_n \to \alpha_1\wedge\ldots\wedge\alpha_{n-1}}\ \text{(Verdg., Vertausch.)} \qquad \dfrac{\alpha_n \to \alpha_n\ \text{(Axiom)}}{\alpha_1,\ldots,\alpha_n \to \alpha_n}\ \text{(Verdg.)}}{\alpha_1,\ldots,\alpha_n \to \alpha_1\wedge\ldots\wedge\alpha_n}\ (\to\wedge)$$

<u>Übung.</u> Beweisen Sie (b). Hinweis: Benutzen Sie $\vee\to$ statt $\to\wedge$.

<u>Beweis des Vollständigkeitssatzes.</u> Falls n=0, gilt

$\models \beta_1\vee\ldots\vee\beta_m$, also (nach dem Vollständigkeitssatz für PL^-)

$\vdash_{PL^-}\beta_1\vee\ldots\vee\beta_m$, woraus mit dem Äquivalenzsatz $\vdash_{LK}\to\beta_1\vee\ldots\vee\beta_m$ folgt.

Die Behauptung folgt also durch eine Anwendung der Schnittregel auf $\rightarrow \beta_1 \vee \ldots \vee \beta_m$ und der nach Hilfssatz 3 (b) LK-herleitbaren Sequenz $\beta_1 \vee \ldots \vee \beta_m \rightarrow \beta_1, \ldots, \beta_m$.

Falls $0<n$, gilt $\models \alpha_1 \wedge \ldots \wedge \alpha_n \supset \beta_1 \vee \ldots \vee \beta_m$, also $\vdash_{PL^-} \alpha_1 \wedge \ldots \wedge \alpha_n \supset \beta_1 \vee \ldots \vee \beta_m$ nach der Vollständigkeit von PL^- und somit $\vdash_{LK} \alpha_1 \wedge \ldots \wedge \alpha_n \rightarrow \beta_1 \vee \ldots \vee \beta_m$ nach dem Äquivalenzsatz. Mit Hilfssatz 3 erhalten wir hieraus eine mit zwei Schnitten endende LK-Herleitung von $\alpha_1, \ldots, \alpha_n \rightarrow \beta_1, \ldots, \beta_m$:

$$\cfrac{\cfrac{\begin{matrix}\vdots \\ \alpha_1, \ldots, \alpha_n \rightarrow \alpha_1 \wedge \ldots \wedge \alpha_n\end{matrix} \quad \Big| \quad \begin{matrix}\vdots \\ \alpha_1 \wedge \ldots \wedge \alpha_n \rightarrow \beta_1 \vee \ldots \vee \beta_m\end{matrix}}{\alpha_1, \ldots, \alpha_n \rightarrow \beta_1 \vee \ldots \vee \beta_m} \quad \Big| \quad \beta_1 \vee \ldots \vee \beta_m \rightarrow \beta_1, \ldots, \beta_m}{\alpha_1, \ldots, \alpha_n \rightarrow \beta_1, \ldots, \beta_m}$$

Bemerkung: Da aus $\vdash_{LK} \alpha_1, \ldots, \alpha_n \rightarrow$ mit $\rightarrow \neg$ folgt $\vdash_{LK} \neg\alpha_1, \ldots, \neg\alpha_n$, gilt $\vdash_{LK} \alpha_1, \ldots, \alpha_n \rightarrow$ gdw wv $\alpha_1 \wedge \ldots \wedge \alpha_n$. Dies steht im Einklang mit der Behandlung der leeren Klause im Resolutionskalkül (D II,III).

TEIL II. SCHNITTELIMINATIONSSATZ FÜR LK

Schnitteliminationssatz (Gentzen 1935). Jede LK-Herleitung einer puren Sequenz S läßt sich in eine schnittfreie LK-Herleitung von S transformieren.

Bemerkung: Für nicht pure Sequenzen gilt der Schnitteliminationssatz nicht. (Für ein Gegenbeispiel s. Kleene 1952, pg.450.) Da man zu jedem Ausdruck α durch Umbenennung der gebundenen Variablen einen äquivalenten puren Ausdruck erhält, ist die Einschränkung auf pure Sequenzen jedoch nicht wesentlich.

Beweis. Wir führen zunächst eine neue Regel, die Mischung, ein:

$$\frac{\Gamma \rightarrow \Delta \qquad \Lambda \rightarrow \Pi}{\Gamma, \Lambda^* \rightarrow \Delta^*, \Pi}$$

für ein in Δ und Λ vorkommendes α,
$\Delta^* :\equiv \Delta$ ohne Vorkommen von α, analog Λ^*.

α heißt Mischformel (abgekürzt MF) der Regel.

Wie leicht zu sehen ist, läßt sich jeder Schnitt durch eine Anwendung der Mischregel, eventuell gefolgt von Vertauschungen und Verdünnungen, simulieren. Betrachten wir also den Kalkül LK*, den man aus LK durch Ersetzung der Schnittregel durch die Mischregel erhält, so ist jede LK-herleitbare Sequenz auch LK*-herleitbar. Zum Beweis des Schnitteliminationssatzes genügt es daher, zu zeigen, daß sich jede LK*-Herleitung in eine mischfreie LK*-Herleitung derselben puren Endsequenz überführen läßt. Durch eine triviale Induktion ergibt sich aus dem folgenden Lemma, daß dies möglich ist.

Lemma: Jede mit einer Anwendung der Mischung endende und ansonsten mischfreie LK*-Herleitung läßt sich in eine mischfreie Herleitung derselben puren Endsequenz überführen.

Den Beweis des Lemmas führen wir durch eine doppelte Induktion, nämlich durch Hauptinduktion nach dem Grad g und durch Nebeninduktion nach dem Rang ρ der Herleitung. Grad und Rang sind hierbei wie folgt definiert: Der Grad $g(\alpha)$ eines Ausdrucks α ist die Anzahl der Vorkommen der logischen Zeichen $\neg, \wedge, \vee, \supset, \bigvee$ und $\bigwedge$ in α. Der Grad einer Mischung ist der Grad der zugehörigen Mischformel; der Grad einer LK*-Herleitung der maximale Grad vorkommender Mischungen.

In einer LK-Herleitung $(E,<,f)$ ist die linke Rangzahl (des Vorkommens) einer Mischung die Länge des längsten Fadens $e_1,\ldots,e_n$ in der Herleitung, so daß die linke Obersequenz dieser Mischung in e_1 steht und jedes $f(e_i)$ mit $1 \leq i \leq n$ die Mischformel im Sukzedens enthält. Entsprechend ist die rechte Rangzahl die Länge des längsten Fadens $e_1,\ldots,e_n$, so daß $f(e_1)$ die rechte Obersequenz der Mischung ist und jedes $f(e_i)$ mit $1 \leq i \leq n$ die Mischformel im Antezedens enthält. Der Rang ρ (des Vorkommens) einer Mischung ist die Summe ihrer linken und rechten Rangzahl. Der Rang einer Herleitung ist der maximale Rang der auftretenden Mischungen.

Man beachte, daß linke und rechte Rangzahl beide ≥ 1 sind, da in der linken (rechten) Obersequenz einer Mischung die Mischformel im Sukzedens (Antezedens) vorkommt. Der Rang einer nicht mischfreien Herleitung ist also ≥ 2.

Sei nun eine LK*-Herleitung $(E,<,f)$ gegeben, die mit einer Mischung endet, sonst aber mischfrei ist; ihr Grad sei g, ihr Rang sei ρ. Da das in §I2 im Beweis von Hilfssatz 1(b) angegebene Verfahren der Umbenennung freier Variablen zwecks Disjunktheit der Eigenvariablen auch auf LK*-Herleitungen angewendet werden kann und Grad und Rang einer Herleitung unverändert läßt, dürfen wir annehmen, daß $(E,<,f)$ die Forderung der Disjunktheit der Eigenvariablen erfüllt. μ sei die MF der auftretenden Mischung, S_ℓ und S_r deren linke bzw. rechte Obersequenz. Zur Elimination der Mischung haben wir zahlreiche Fälle zu unterscheiden:

Fall A: $\rho=2$. Wir unterscheiden die folgenden zwei Fälle:

Fall 1: Eine der Obersequenzen der Mischung ist ein Axiom.

Ist S_ℓ ein Axiom, so ist $S_\ell \equiv \mu\to\mu$ (da die MF μ im Sukzedens von S_ℓ auftritt). Die gegebene Herleitung

$$\dfrac{\begin{matrix}\vdots & & \vdots\\ \mu\to\mu & | & \Lambda\to\Pi\end{matrix}}{\mu,\Lambda^*\to\Pi} \qquad \text{ersetzen wir durch} \qquad \begin{matrix}\vdots\\ \Lambda\to\Pi\\ \hline\hline \mu,\Lambda^*\to\Pi\end{matrix} \quad \text{(Vertauschungen, Zusammenziehungen)}$$

Lies: Der mit dem Axiom $\mu\to\mu$ endende Herleitungsteil ist überflüssig. Symmetrisch verfährt man, falls $S_r \equiv \mu\to\mu$ ein Axiom ist.

Fall 2: Beide Obersequenzen der Mischung sind Untersequenzen von Regelanwendungen.

Da $\rho=2$, müssen rechte und linke Rangzahl beide 1 sein. In den direkt über $S_\ell(S_r)$ stehenden Sequenzen kommt μ also nicht im Sukzedens (Antezedens) vor. Folglich stammt das Auftreten von μ im Sukzedens von S_ℓ (Antezedens von S_r) aus einer Verdünnung oder einer logischen Regelanwendung, deren Hauptformel μ ist. Es liegt also einer der folgenden Unterfälle vor:

Fall 2.1: Eine Obersequenz der Mischung ist Untersequenz einer Verdünnung (aus der μ stammt).

Ist S_ℓ Untersequenz einer Verdünnung, so wird die gegebene Herleitung der Gestalt

$$\dfrac{\begin{matrix}\vdots & & \\ \Gamma\to\Delta & & \vdots\\ \hline \Gamma\to\Delta,\mu & | & \Lambda\to\Pi\end{matrix}}{\Gamma,\Lambda^*\to\Delta\ \Pi} \qquad \text{ersetzt durch} \qquad \begin{matrix}\vdots\\ \Gamma\to\Delta\\ \hline\hline \Gamma,\Lambda^*\to\Delta,\Pi\end{matrix} \quad \text{(Verdünnung, Vertauschung)}$$

Lies: Man kann sich die Einführung von μ durch Verdünnung sparen, wenn μ sofort danach durch Mischung wieder eliminiert wurde. Symmetrisch verfährt man, falls S_r Untersequenz einer Verdünnung ist.

Fall 2.2: ("Der eigentliche Fall") Sonst; d.h. μ kommt im Sukzedens von S_ℓ und im Antezedens von S_r als Hauptformel einer Junktoren- oder Quantorenregel vor. Wir unterscheiden Unterfälle nach dem logischen Zeichen der Regelanwendung. (Da μ Hauptformel der linken und rechten Regelanwendung ist, müssen beides Regeln desselben Zeichens sein.) Die Idee ist, die Mischung in der gegebenen Herleitung unter Verwendung der vorhergehenden Junktoren- bzw. Quantorenregelanwendung durch eine Mischung (oder Mischungen) zu ersetzen, in der (denen) die Seitenformel(n) jener Junktoren- bzw. Quantorenregel Mischformel(n) ist (bzw. sind). Da diese kleineren Grad als μ

Fall 2.2. $\wedge$: $\mu\equiv\alpha\wedge\beta$. Das Ende der gegebenen Herleitung ist:

$$\dfrac{\dfrac{\begin{matrix}\vdots & & \vdots\\ \Gamma_1 \to \Delta_1,\alpha & | & \Gamma_1 \to \Delta_1,\beta\end{matrix}}{\Gamma_1 \to \Delta_1,\alpha\wedge\beta} \;|\; \dfrac{\begin{matrix}\vdots\\ \alpha \text{ (bzw. } \beta),\Gamma_2 \to \Delta_2\end{matrix}}{\alpha\wedge\beta,\Gamma_2 \to \Delta_2}}{\Gamma_1,\Gamma_2 \to \Delta_1,\Delta_2}$$

Wegen $\rho=2$ kommt $\alpha\wedge\beta$ weder in Γ_2 noch in Δ_1 vor, womit $\Gamma_2^*\equiv\Gamma_2$ & $\Delta_1^*\equiv\Delta_1$. Wir ersetzen die Herleitung durch:

$$\dfrac{\begin{matrix}\vdots & & \vdots\\ \Gamma_1 \to \Delta_1,\gamma & | & \gamma,\Gamma_2 \to \Delta_2\end{matrix}}{\Gamma_1,\Gamma_2^* \to \Delta_1^*,\Delta_2} \quad \text{(Mischung; MF } \gamma\equiv\alpha \text{ (bzw. } \gamma\equiv\beta))$$

$$\dfrac{\Gamma_1,\Gamma_2^* \to \Delta_1^*,\Delta_2}{\overline{\Gamma_1,\Gamma_2 \to \Delta_1,\Delta_2}} \quad \text{(Verdg.; Vertg.).}$$

Lies: Man kann sich die Einführung einer Konjunktion, die sofort danach durch eine Mischung wieder eliminiert wird, sparen und stattdessen direkt mit den zugehörigen Konjunktionsgliedern weiterarbeiten. Da der Grad γ kleiner ist als der von μ, folgt aus der H.I.V., daß sich $\Gamma_1,\Gamma_2^* \to \Delta_1^*,\Delta_2$ - und damit auch $\Gamma_1,\Gamma_2 \to \Delta_1,\Delta_2$ - mischfrei herleiten läßt.

Fall 2.2.$\vee$: $\mu\equiv\alpha\vee\beta$. Analog zu Fall 2.2$\wedge$ (Übung!).

Fall 2.2.$\neg$: $\mu\equiv\neg\alpha$. Dann ist das Herleitungsende:

$$\dfrac{\dfrac{\begin{matrix}\vdots\\ \alpha,\Gamma_1 \to \Delta_1\end{matrix}}{\Gamma_1 \to \Delta_1,\neg\alpha} \;|\; \dfrac{\begin{matrix}\vdots\\ \Gamma_2 \to \Delta_2,\alpha\end{matrix}}{\neg\alpha,\Gamma_2 \to \Delta_2}}{\Gamma_1,\Gamma_2 \to \Delta_1,\Delta_2}$$

(NB: $\Delta_1^*\equiv\Delta_1,\Gamma_2^*\equiv\Gamma_2$, da wegen $\rho=2$ $\neg\alpha$ nicht in Δ_1,Γ_2 vorkommt.)

Wir ersetzen diese Herleitung durch:

$$\dfrac{\begin{matrix}\vdots & & \vdots\\ \Gamma_2 \to \Delta_2,\alpha & | & \alpha,\Gamma_1 \to \Delta_1\end{matrix}}{\Gamma_2,\Gamma_1^* \to \Delta_2^*,\Delta_1} \quad \text{(Mischung; MF } \alpha)$$

$$\dfrac{\Gamma_2,\Gamma_1^* \to \Delta_2^*,\Delta_1}{\overline{\Gamma_1,\Gamma_2 \to \Delta_1,\Delta_2}} \quad \text{(Vertg; Verdg.)}$$

Lies: Man kann sich die Einführung einer Negation, die sofort danach durch eine Mischung wieder eliminiert wird, sparen und stattdessen direkt mit der nicht negierten Formel weiterarbeiten. Da $g(\alpha)<g(\neg\alpha)$, ist die auftretende neue Mischung nach H.I.V. eliminierbar.

Fall 2.2.$\supset$: $\mu\equiv\alpha\supset\beta$. Dann liegt eine Herleitung

$$\dfrac{\dfrac{\begin{matrix}\vdots\\ \alpha,\Gamma_1 \to \Delta_1,\beta\end{matrix}}{\Gamma_1 \to \Delta_1,\alpha\supset\beta} \quad \Big| \quad \dfrac{\begin{matrix}\vdots\\ \Gamma \to \Delta,\alpha\end{matrix} \;\Big|\; \begin{matrix}\vdots\\ \beta,\Lambda \to \Pi\end{matrix}}{\alpha\supset\beta,\Gamma,\Lambda \to \Delta,\Pi}}{\Gamma_1,\Gamma,\Lambda \to \Delta_1,\Delta,\Pi}$$

vor. Wir ersetzen dies durch

$$\dfrac{\dfrac{\begin{matrix}\vdots\\ \Gamma \to \Delta,\alpha\end{matrix} \;\Big|\; \dfrac{\begin{matrix}\vdots\\ \alpha,\Gamma_1 \to \Delta_1,\beta\end{matrix} \;\Big|\; \begin{matrix}\vdots\\ \beta,\Lambda \to \Pi\end{matrix}}{\alpha,\Gamma_1,\Lambda^* \to \Delta_1^*,\Pi}}{\Gamma,\Gamma_1^*,\Lambda^{**} \to \Delta^*,\Delta_1^*,\Pi}}{\Gamma_1,\Gamma,\Lambda \to \Delta_1,\Delta,\Pi}$$

(Mischg.; MF β)
(Mischg.; MF α)
(Verdg; Vertg.)

Lies: Statt eine gerade eingeführte Implikation sofort wieder durch Mischung zu entfernen, arbeiten wir direkt mit Prämisse und Konklusion der Implikation weiter. Wegen $g(\alpha),g(\beta)<g(\alpha\supset\beta)$ können wir H.I.V. zunächst auf die neu entstandene erste, dann auf die zweite Mischung anwenden und erhalten so eine mischfreie Herleitung.
Zur Sicherung der Purheit der Endsequenz der neuen (hier der ersten) Mischung muß man eventuell Variablen umbenennen, die in der neuen Mischformel frei (bzw. gebunden) und in anderen Formeln der betroffenen Sequenz gebunden (bzw. frei) vorkommen; dadurch wird die ursprüngliche Endsequenz nicht verändert. (Analoge Umbenennungen lassen wir in den nachfolgenden Fällen bei Induktionsvoraussetzungsanwendungen unerwähnt.)

<u>Fall 2.2.$\forall$: $\mu\equiv\bigwedge_x\alpha$</u> Das Ende der gegebenen Herleitung ist:

$$\dfrac{\dfrac{\begin{matrix}\vdots\\ \Gamma_1 \to \Delta_1,\alpha_x[y]\end{matrix}}{\Gamma_1 \to \Delta_1,\bigwedge_x\alpha} \qquad \dfrac{\begin{matrix}\vdots\\ \alpha_x[z],\Gamma_2 \to \Delta_2\end{matrix}}{\bigwedge_x\alpha,\Gamma_2 \to \Delta_2}}{\Gamma_1,\Gamma_2 \to \Delta_1,\Delta_2} \quad \text{mit } y\notin\bigcup(\Gamma_1,\Delta_1,\textstyle\bigwedge_x\alpha)$$

Da nach Annahme die Herleitung die Forderung nach Disjunktheit der Eigenvariablen erfüllt, sind z,y nicht Eigenvariable einer kritischen Regelanwendung in der Herleitung von $\Gamma_1 \to \Delta_1,\alpha_x[y]$. Ersetzen wir in dieser Herleitung jedes freie Auftreten von y durch z, so erhalten wir eine mischfreie Herleitung von $\Gamma_1 \to \Delta_1,\alpha_x[z]$ (vgl. HS 1§ I 2: Falls z in Γ_2,Δ_2 frei vorkommt, ist z wegen der Purheit in Γ_1,Δ_1 nicht gebunden; sonst wähle man z oBdA für die Herleitung neu.) Wir erweitern diese Herleitung wie folgt:

$$\frac{\Gamma_1 \to \Delta_1, \alpha_x[z] \quad | \quad \alpha_x[z], \Gamma_2 \to \Delta_2}{\dfrac{\Gamma_1, \Gamma_2^* \to \Delta_1^*, \Delta_2}{\Gamma_1, \Gamma_2 \to \Delta_1, \Delta_2}} \quad \begin{array}{l}(\text{Mischung; MF } \alpha_x[z]) \\ (\text{Verdünnung, Vertauschung})\end{array}$$

D.h. statt eine Allformel einzuführen und sofort wieder durch Mischung zu eliminieren, arbeiten wir direkt mit einem Beispiel der Matrix dieser Formel weiter. Wegen $g(\alpha_x[z])<g(\bigwedge_x \alpha)$ ist nach H.I.V. die hierin auftretende Mischung eliminierbar.

Fall 2.2.∃: $\mu \equiv \bigvee_x \alpha$. Analog zu Fall 2.2.∀ (Übung!).

Fall B: $2<\rho$ Man unterscheidet zwei Fälle, je nachdem ob die rechte Rangzahl >1 ist oder nicht (im letzteren Fall ist wegen $\rho>2$ die linke Rangzahl >1). Da die Behandlung beider Fälle symmetrisch ist, beschränken wir uns auf die Darstellung des ersten Falls:

Fall 1: Die rechte Rangzahl ist >1.

Dann ist die rechte Obersequenz S_r der Mischung die Untersequenz einer Regelanwendung R und μ kommt in mindestens einer Obersequenz dieser Regelanwendung vor. Die Idee, die Mischung zu eliminieren, besteht darin, sie über R hinweg nach oben zu schieben, so daß eine Mischung kleineren Ranges entsteht. Dies läßt die Mischformel μ, d.h. den Grad der Mischung, unverändert. Die Mischung läßt sich also nach N.I.V. eliminieren. Wir führen hierzu die folgende Fallunterscheidung durch.

Fall 1.1: (Spezialfall) μ kommt im Antezedens von S_ℓ vor.

Die gegebene Herleitung von der Form (NB: $\mu \in \bigcup(\Pi)$)

$$\frac{\Pi \to \Delta \quad | \quad \Gamma \to \Lambda}{\Pi, \Gamma^* \to \Delta^*, \Lambda} \quad \text{ersetzen wir durch} \quad \frac{\Gamma \to \Lambda}{\Pi, \Gamma^* \to \Delta^*, \Lambda} \quad (\text{Strukturregeln})$$

Fall 1.2.: Sonst. Wir unterscheiden nach demTyp der Regel R:

Fall 1.2.1: R ist eine Strukturregel, die den Sukzedens der Obersequenz unverändert läßt. D.h. die Herleitung hat folgende Gestalt:

$$\frac{\Pi \to \Sigma \quad | \quad \dfrac{\Psi \to \Theta}{\Xi \to \Theta}\,(R)}{\Pi, \Xi^* \to \Sigma^*, \Theta}$$

Wir führen dies über in:

$$\begin{array}{c} \vdots \qquad\quad \vdots \\ \Pi \rightarrow \Sigma \quad | \quad \Psi \rightarrow \theta \\ \hline \Pi, \Psi^* \rightarrow \Sigma^*, \theta \\ \hline\hline \Psi^*, \Pi \rightarrow \Sigma^*, \theta \\ \hline \Xi^*, \Pi \rightarrow \Sigma^*, \theta \\ \hline\hline \Pi, \Xi^* \rightarrow \Sigma^*, \theta \end{array}$$

(Mischung; MF μ)

(Vertauschungen)

(R oder Ober- und Untersequenz identisch)

(Vertauschungen)

Die rechte Rangzahl der neuen Mischung ist um 1 gegenüber der der ursprünglichen Mischung vermindert, während die linke Rangzahl unverändert ist. Der Rang wurde also um 1 vermindert, weshalb wir nach N.I.V. die Mischung eliminieren können.

Fall 1.2.2: R ist eine nicht unter 1.2.1 fallende Regel mit nur einer Obersequenz. Das Herleitungsende ist dann

$$\begin{array}{c} \qquad\qquad \vdots \\ \qquad\qquad \Psi, \Gamma \rightarrow \Omega_1 \\ \vdots \qquad\quad \overline{\qquad\qquad\quad} \ (R) \\ \Pi \rightarrow \Sigma \quad | \quad \Xi, \Gamma \rightarrow \Omega_2 \\ \hline \Pi, \Xi^*, \Gamma^* \rightarrow \Sigma^*, \Omega_2 \end{array}$$

wobei Γ wie in der Bezeichnung der einschlägigen Regel R gewählt ist. D.h. Ψ ist leer oder Seitenformel von R, und Ξ ist leer oder Hauptformel der Regelanwendung R. Wir transformieren diese Herleitung zunächst wie folgt:

$$\begin{array}{c} \vdots \qquad\quad \vdots \\ \Pi \rightarrow \Sigma \quad | \quad \Psi, \Gamma \rightarrow \Omega_1 \\ \hline \Pi, \Psi^*, \Gamma^* \rightarrow \Sigma^*, \Omega_1 \\ \hline\hline \Psi, \Gamma^*, \Pi \rightarrow \Sigma^*, \Omega_1 \\ \hline \Xi, \Gamma^*, \Pi \rightarrow \Sigma^*, \Omega_2 \end{array}$$

(Mischung: MF μ)

(Verdg; Vertg.)

(R)

Zum Nachweis der Korrektheit dieser Herleitung bemerken wir:

1. Die Mischung ist möglich, da nach Voraussetzung die rechte Rangzahl >1 ist, also μ in Ψ, Γ auftritt.
2. Ist R eine kritische Quantorenregel, so ist die Variablenbedingung erfüllt: Die Eigenvariable tritt weder in Ξ, Γ, Ω_2 - wegen der

Variablenbedingung in der ursprünglichen Herleitung - noch in Π,Σ - wegen der Disjunktheit der Eigenvariablen in der ursprünglichen Herleitung - auf.

Da wir den Rang der Mischung um 1 reduzieren, können wir nach N.I.V. die neu enstandene Mischung eliminieren. Wir erhalten eine mischfreie Herleitung mit der Endfigur

$$(1)\qquad \frac{\begin{matrix}\vdots\\ \Psi,\Gamma^*,\Pi \rightarrow \Sigma^*,\Omega_1\end{matrix}}{\Xi,\Gamma^*,\Pi \rightarrow \Sigma^*,\Omega_2}\ (R)$$

Um diese Herleitung zu einer mischfreien Herleitung von $\Pi,\Xi^*,\Gamma^* \rightarrow \Sigma^*,\Omega_2$ fortzusetzen, müssen wir die folgenden zwei Fälle unterscheiden:

<u>Fall 1.2.2.1:</u> <u>μ tritt nicht in Ξ auf,</u> d.h. $\Xi^*\equiv\Xi$. Dann erhalten wir die gewünschte Herleitung aus (1) mit Hilfe von Vertauschungen.

<u>Fall 1.2.2.2:</u> <u>μ tritt in Ξ auf.</u> Dann gilt, wie früher bemerkt, $\Xi\equiv\mu$ und μ ist Hauptformel der Regelanwendung R. Wir ergänzen (1) folgendermaßen:

$$\dfrac{\dfrac{\begin{matrix}\vdots\\ \Pi \rightarrow \Sigma\end{matrix} \quad \Big| \quad \dfrac{\begin{matrix}\vdots\\ \Psi,\Gamma^*,\Pi \rightarrow \Sigma^*,\Omega_1\end{matrix}}{\mu,\Gamma^*,\Pi \rightarrow \Sigma^*,\Omega_2}\ (R)}{\Pi,\Gamma^*,\Pi^* \rightarrow \Sigma^*,\Sigma^*,\Omega_2}\ (\text{Mischung; MF } \mu)}{\Pi,\Gamma^* \rightarrow \Sigma^*,\Omega_2}\ (\text{Zuszh.; Vertg.})$$

Die linke Rangzahl dieser Herleitung ist die der ursprünglichen; die rechte Rangzahl ist jedoch 1, denn μ kommt in Ψ,Γ^*,Π nicht vor (Beweis: Ψ ist leer oder Nebenformel von R. Da μ die Hauptformel von R ist, folgt $\mu\notin\Psi$. Wäre $\mu\in\Pi$, so läge der Spezialfall 1.1. vor.) Der Rang wurde also verkleinert und wir können nach N.I.V. die Herleitung in eine mischfreie Herleitung von $\Pi,\Xi^*,\Gamma^* \rightarrow \Sigma^*,\Omega_2$ überführen (beachte, daß Ξ^* wegen $\Xi\equiv\mu$ die leere Folge ist).

<u>Fall 1.2.3:</u> <u>Die Regel R hat zwei Obersequenzen.</u> Dann liegt einer der drei folgenden Unterfälle vor ($\rightarrow\wedge, \vee\rightarrow, \supset\rightarrow$):

<u>Fall 1.2.3.$\wedge$:</u> <u>R ist die Regel $\rightarrow\wedge$.</u> Dann hat das Ende der gegebenen Herleitung die Form

$$\dfrac{\begin{array}{c}\vdots\\ \Pi \to \Sigma\end{array} \quad | \quad \dfrac{\begin{array}{c}\vdots\\ \Gamma \to \theta,\alpha\end{array} \quad | \quad \begin{array}{c}\vdots\\ \Gamma \to \theta,\beta\end{array}}{\Gamma \to \theta,\alpha\wedge\beta}}{\Pi,\Gamma^* \to \Sigma^*,\theta,\alpha\wedge\beta}$$

wobei $\mu\in\Gamma$, da die rechte Ranzahl der Mischung nach Annahme >1 ist. Wir ersetzen die Herleitung durch

$$\dfrac{\dfrac{\begin{array}{c}\vdots\\ \Pi \to \Sigma\end{array} \quad | \quad \begin{array}{c}\vdots\\ \Gamma \to \theta,\alpha\end{array}}{\Pi,\Gamma^* \to \Sigma^*,\theta,\alpha}\ (\text{Mischg; MF } \alpha) \quad | \quad \dfrac{\begin{array}{c}\vdots\\ \Pi \to \Sigma\end{array} \quad | \quad \begin{array}{c}\vdots\\ \Gamma \to \theta,\beta\end{array}}{\Pi,\Gamma^* \to \Sigma^*,\theta,\beta}\ (\text{Mischg; MF } \alpha)}{\Pi,\Gamma^* \to \Sigma^*,\theta,\alpha\wedge\beta}\ (\to\ \wedge)$$

Die hierin auftretenden Mischungen haben Rang $\leqq \rho-1$, sind also nach N.I.V. eliminierbar.

<u>Fall 1.2.3.v:</u> <u>R ist die Regel $\vee \to$.</u> Dann haben wir folgendes Herleitungsende:

$$\dfrac{\begin{array}{c}\vdots\\ \Pi \to \Sigma\end{array} \quad | \quad \dfrac{\begin{array}{c}\vdots\\ \alpha,\Gamma \to \theta\end{array} \quad | \quad \begin{array}{c}\vdots\\ \beta,\Gamma \to \theta\end{array}}{\alpha\vee\beta,\Gamma \to \theta}}{\Pi,(\alpha\vee\beta)^*,\Gamma^* \to \Sigma^*,\theta}$$

wobei $\mu\in\Gamma$, weil $\mu\in\alpha\vee\beta,\Gamma$ & ($\mu\in\alpha,\Gamma$ oder $\mu\in\beta,\Gamma$)

Wir betrachten die folgende Modifikation der Herleitung:

$$\dfrac{\dfrac{\dfrac{\begin{array}{c}\vdots\\ \Pi \to \Sigma\end{array} \quad | \quad \begin{array}{c}\vdots\\ \alpha,\Gamma \to \theta\end{array}}{\Pi,\alpha^*,\Gamma^* \to \Sigma^*,\theta}\ (\text{Mischg.})}{\alpha,\Pi,\Gamma^* \to \Sigma^*,\theta}\ (\text{Verdg.}) \quad | \quad \dfrac{\dfrac{\begin{array}{c}\vdots\\ \Pi \to \Sigma\end{array} \quad | \quad \begin{array}{c}\vdots\\ \beta,\Gamma \to \theta\end{array}}{\Pi,\beta^*,\Gamma^* \to \Sigma^*,\theta}\ (\text{MF } \mu)}{\beta,\Pi,\Gamma^* \to \Sigma^*,\theta}\ (\text{Verdg.})}{\alpha\vee\beta,\Pi,\Gamma^* \to \Sigma^*,\theta}\ (\vee \to)$$

Die hierin auftretenden Mischungen haben Rang $\rho-1$, sind also nach I.V. eliminierbar. D.h. wir erhalten eine mischfreie Herleitung mit der Endfigur

$$(2) \qquad \dfrac{\alpha,\Pi,\Sigma^* \to \Sigma^*,\theta \quad | \quad \beta,\Pi,\Gamma^* \to \Sigma^*,\theta}{\alpha\vee\beta,\Pi,\Gamma^* \to \Sigma^*,\theta}$$

Wir unterscheiden nun zwei Unterfälle:

<u>Fall 1.2.3.v.1: $\mu \not\equiv \alpha\vee\beta$.</u> Dann gilt $(\alpha\vee\beta)^* \equiv \alpha\vee\beta$. Wir erhalten also aus 2 eine mischfreie LK*-Herleitung von $\Pi,(\alpha\vee\beta)^*,\Gamma^* \to \Sigma^*,\theta$ mit Hilfe von

Vertauschungen.

Fall 1.2.3.v.2: $\mu \equiv \alpha\vee\beta$, d.h. $(\alpha\vee\beta)^*$ ist leer. Ergänze (2) durch:

$$\dfrac{\dfrac{\begin{matrix}\vdots \\ \Pi \to \Sigma \quad \big| \quad \alpha\vee\beta,\Pi,\Gamma^* \to \Sigma^*,\theta\end{matrix}}{\Pi,\Pi^*,\Gamma^* \to \Sigma^*,\Sigma^*,\theta}\ (\text{Mischung; MF } \mu)}{\Pi,\Gamma^* \to \Sigma^*,\theta}\ (\text{Vertg., Zuszhg.})$$

Da $\mu \not\equiv \alpha$, $\mu \not\equiv \beta$, $\mu \notin \Pi$ (nach Fall 1.2) und $\mu \notin \Gamma^*$, hat die auftretende Mischung die rechte Rangzahl 1. Ihr Rang ist also $<\rho$, und wir können sie nach N.I.V. eliminieren.

Fall 1.2.3.⊃: R ist die Regel $\supset\to$. Dann hat das Herleitungsende die Gestalt

$$\dfrac{\Pi \to \Sigma \quad \Big| \quad \dfrac{\Gamma \to \theta,\alpha \quad \big| \quad \beta,\Delta \to \Lambda}{\alpha\supset\beta,\Gamma,\Delta \to \theta,\Lambda}\ (R)}{\Pi,(\alpha\supset\beta)^*,\Gamma^*,\Delta^* \to \Sigma^*,\theta,\Lambda}\ (\text{Mischung})$$

Da die rechte Rangzahl >1 ist, tritt μ in $\alpha\supset\beta,\Gamma,\Delta$ und Γ oder β,Δ auf. Folglich gilt $\mu\in\Gamma$ oder $\mu\in\Delta$. Es bestehen die folgenden drei Möglichkeiten:

Fall 1.2.3.⊃.1: $\mu\in\Gamma\cap\Delta$. Wir ersetzen die Herleitung durch:

$$(3)\quad \dfrac{\dfrac{\Pi \to \Sigma \quad \big| \quad \Gamma \to \theta,\alpha}{\Pi,\Gamma^* \to \Sigma^*,\theta,\alpha}\ (\text{Mischg.}) \qquad \Big| \qquad \dfrac{\dfrac{\begin{matrix}\vdots \qquad\qquad \vdots \\ \Pi \to \Sigma \quad \big| \quad \beta,\Delta \to \Lambda\end{matrix}}{\Pi,\beta^*,\Delta^* \to \Sigma^*,\Lambda}\ (\text{Mischung})}{\beta,\Pi,\Delta^* \to \Sigma^*,\Lambda}\ (\text{Verdg.; Vertg.})}{\alpha\supset\beta,\Pi,\Gamma^*,\Pi,\Delta^* \to \Sigma^*,\theta,\Sigma^*,\Lambda}$$

Die auftretenden Mischungen (die wegen $\mu\in\Gamma\cap\Delta$ zulässig sind) haben Rang $<\rho$, sind also eliminierbar. Wir erhalten eine mischfreie Herleitung mit Endstück (3). Um hieraus die gewünschte mischfreie Herleitung zu erhalten, müssen wir zwei Unterfälle unterscheiden:

Fall 1.2.3.⊃.1.1: $\mu \not\equiv \alpha\supset\beta$. D.h. $(\alpha\supset\beta)^* \equiv \alpha\supset\beta$. Wir ergänzen die mischfreie Herleitung mit Ende (3) durch Vertauschungen und Zusammenziehungen zur gewünschten Herleitung.

Fall 1.2.3.⊃1.2: $\mu \equiv \alpha\supset\beta$. D.h. $(\alpha\supset\beta)^* = \emptyset$. Setze (3) fort durch:

$$\dfrac{\Pi \to \Sigma \quad | \quad \alpha\supset\beta,\Pi,\Gamma^*,\Pi,\Delta^* \to \Sigma^*,\theta,\Sigma^*,\Lambda}{\dfrac{\Pi,(\alpha\supset\beta)^*,\Pi^*,\Gamma^*,\Pi^*,\Delta^* \to \Sigma^*,\Sigma^*,\theta,\Sigma^*,\Lambda}{\Pi,(\alpha\supset\beta)^*,\Gamma^*,\Delta^* \to \Sigma^*,\theta,\Lambda}} \quad \begin{matrix}\text{(Mischung; MF } \mu) \\ \text{(Vertg.; Zushg.)}\end{matrix}$$

Es gilt $\mu\notin\Pi$ (sonst Fall 1.1), $\mu\notin\Gamma^*$, Δ^* und $\mu\not\equiv\beta$. Die rechte Rangzahl der auftretenden Mischung ist also =1 und damit der Rang der Mischung $<\rho$. Die Mischung kann also nach N.I.V. eliminiert werden.

Fall 1.2.3.⊃.2: $\mu\in\Delta-\Gamma$. Dann ersetzen wir die Herleitung durch

$$\dfrac{\Gamma \to \theta,\alpha \quad | \quad \dfrac{\dfrac{\Pi \to \Sigma \quad | \quad \beta,\Delta \to \Lambda}{\Pi,\beta^*,\Delta^* \to \Sigma^*,\Lambda}}{\beta,\Pi,\Delta^* \to \Sigma^*,\Lambda}}{\alpha\supset\beta,\Gamma,\Pi,\Delta^* \to \theta,\Sigma^*,\Lambda} \quad \begin{matrix}\text{(Mischung; MF } \mu) \\ \text{(Vertg.; Verdg.)} \\ (\supset\ \to)\end{matrix}$$

Die auftretende Mischung hat Rang $<\rho$; sie läßt sich also eliminieren. Wie im Fall 1.2.3.⊃.1 können wir die so erhaltene mischfreie Herleitung zu einer mischfreien Herleitung von $\Pi,(\alpha\supset\beta)^*,\Gamma^*,\Delta^* \to \Sigma^*,\theta,\Lambda$ fortsetzen, indem wir die Fälle $\mu\equiv\alpha\supset\beta$ und $\mu\not\equiv\alpha\supset\beta$ getrennt behandeln (beachte hierbei, daß wegen $\mu\notin\Gamma$ $\Gamma\equiv\Gamma^*$ gilt).

Fall 1.2.3.⊃.3: $\mu\in\Gamma-\Delta$. Analog zu Fall 1.2.3.⊃.2.

TEIL III. FOLGERUNGEN AUS DEM SCHNITTELIMINATIONSSATZ

Dieser Abschnitt ist einigen Folgerungen aus dem Schnitteliminationssatz gewidmet. Wir beginnen mit einer Erweiterung des Satzes, dem Hauptsatz von Gentzen, dessen Herleitungsnormalform eine wichtige Rolle bei vergleichenden Untersuchungen verschiedener Beweis- und Testsysteme spielt. Als weitere Anwendungsbeispiele des Schnitteliminationssatzes geben wir rein syntaktische Beweise für einige bedeutende modelltheoretische Ergebnisse: den Satz von Herbrand, Interpolationssätze und den Defininierbarkeitssatz von Beth. Abschließend zeigen wir, daß die beiden letzten Sätze bei der Beschränkung auf endliche Strukturen nicht mehr gelten.

§ 1. Gentzens Hauptsatz.

Zuerst sei bemerkt, daß jede schnittfreie LK-Herleitung die Teilformel-Eigenschaft hat, d.h. es treten in ihr nur Teilformeln von Ausdrücken der Endsequenz auf (wir fassen hierbei $\alpha_x[y]$ als Teilformeln von $\underset{x}{V}\alpha$ und

$\bigwedge_x \alpha$ auf). Nach dem Schnitteliminationssatz hat also jede herleitbare pure Sequenz eine Herleitung, die diese Teilformel-Eigenschaft besitzt. Diese Teilformel-Eigenschaft spielt in vielen logischen Untersuchungen eine wichtige Rolle. (Eine entfernte Analogie besteht in diesem Punkt zu Herleitungen im Resolutionskalkül, vgl. Richter 1978, § 5 für eine vergleichende Analyse.)

Als ebenso unmittelbare Folgerung aus dem Schnitteliminationssatz erhält man einen rein syntaktischen Beweis für die <u>Widerspruchsfreiheit der engeren Prädikatenlogik:</u> $\forall\alpha$:nicht $\vdash_{PL} \alpha\wedge\neg\alpha$. Denn wäre $\vdash_{PL} \alpha\wedge\neg\alpha$ für ein α, so folgte $\vdash_{LK} \rightarrow \alpha$ und $\vdash_{LK} \rightarrow \neg\alpha$, also $\vdash_{LK} \neg\alpha\rightarrow$, woraus man durch Anwendung der Schnittregel eine Herleitung der leeren Sequenz erhielte. Also gäbe es nach dem Schnitteliminationssatz eine schnittfreie Herleitung in LK mit der leeren Endsequenz, im Widerspruch zur folgenden

<u>Übung.</u> $\rightarrow$ ist nicht schnittfrei LK-herleitbar. Hinweis: Herleitungsind.

<u>Bemerkung.</u> Ein semantischer Beweis für die Widerspruchsfreiheit der PL ergibt sich unmittelbar aus dem Vollständigkeitssatz. Das Mittel der Schnittelimination ist mit Erfolg zum Nachweis der Widerspruchsfreiheit stärkerer Systeme (z.B. der Arithmetik oder der Analysis) eingesetzt worden, s. Gentzen 1936, 1938, Schütte 1960, Feferman 1968, Tait 1968, Schwichtenberg 1977.

<u>Hauptsatz von Gentzen.</u> Zu jeder LK-herleitbaren puren Sequenz S pränexer Ausdrücke gibt es eine schnittfreie Herleitung der folgenden Form:

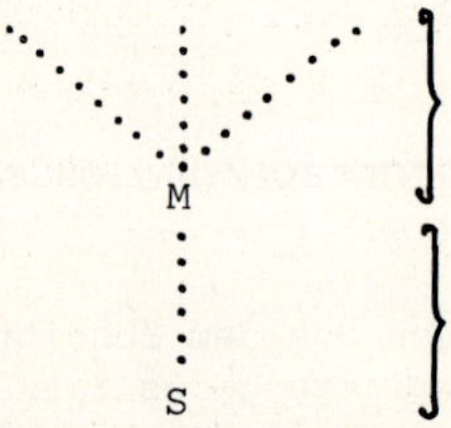

In diesem Teil der Herleitung treten nur quantorenfreie Ausdrücke auf.

In diesem Teil der Herleitung werden nur Struktur- und Quantorenregeln angewendet.

Die Sequenz M wird <u>Mittelsequenz</u> der Herleitung genannt.

Zum Beweis des Hauptsatzes benötigen wir den:

<u>Hilfssatz:</u> Jede (schnittfreie) LK-Herleitung läßt sich in eine (schnittfreie) LK-Herleitung überführen, in deren Blätter nur Axiome mit Elementarausdrücken vorkommen.

<u>Beweis des Hilfssatzes.</u> Es genügt, zu zeigen, daß jedes Axiom $\alpha \rightarrow \alpha$ schnittfrei aus Axiomen, in denen nur Elementarausdrücke vorkommen, ableitbar ist. Wir tun dies durch Induktion nach dem Grad von α. Für Elementarausdrücke ist nichts zu zeigen. Im Induktionsschluß setzen wir für $\alpha\equiv\phi_1\supset\phi_2$ die nach I.V. existierenden LK-Herleitungen der gewünschten Art von

$\phi_1 \to \phi_1$ und $\phi_2 \to \phi_2$ folgendermaßen fort:

$$\dfrac{\dfrac{\dfrac{\begin{matrix}\vdots & & \vdots \\ \phi_1 \to \phi_1 & | & \phi_2 \to \phi_2\end{matrix}}{\phi_1 \supset \phi_2, \phi_1 \to \phi_2}\ (\supset \to)}{\phi_1, \phi_1 \supset \phi_2 \to \phi_2}\ (\text{Vertg.})}{\phi_1 \supset \phi_2 \to \phi_1 \supset \phi_2}\ (\to \supset)$$

Für $\alpha \equiv \bigvee_x \phi$ wählen wir y neu für α und setzen die nach I.V. für $\phi_x[y] \to \phi_x[y]$ existierende Herleitung der gewünschten Art folgendermaßen fort:

$$\dfrac{\dfrac{\begin{matrix}\vdots \\ \phi_x[y] \to \phi_x[y]\end{matrix}}{\phi_x[y] \to \bigvee_x \phi}\ (\to \exists)}{\bigvee_x \phi \to \bigvee_x \phi}\ (\exists \to)$$

NB: Eigenvariablenbedingung wegen Neuheit von y erfüllt

Übung: Führen Sie die übrigen Fälle mit Hilfe der Regeln des jeweils zugehörigen logischen Symbols aus.

Beweis des Hauptsatzes: Sei S eine LK-herleitbare pure Sequenz pränexer Ausdrücke. Nach dem Schnitteliminationssatz können wir davon ausgehen, daß wir eine schnittfreie LK-Herleitung von S haben. Nach dem soeben bewiesenen Hilfssatz dürfen wir ferner annehmen, daß die Blätter dieser Herleitung nur Axiome mit Elementarausdrücken, also insbesondere Sequenzen quantorenfreier Ausdrücke, enthalten. Schließlich gelte für diese Herleitung nach HS 1(b),§I2 oBdA Disjunktheit der Eigenvariablen. Eine Herleitung mit all diesen Eigenschaften nennen wir Normalherleitung. Wir führen den Beweis durch Induktion nach der Herleitungsordnung n der Normalherleitung von S. Dabei ist die Herleitungsordnung wie folgt definiert: Die Ordnungszahl einer Quantorenregelanwendung (in der gegebenen Herleitung) ist die Anzahl der unterhalb von dieser Regelanwendung vorkommenden Junktorenregelanwendungen. Die Herleitungsordnung ist die Summe der Ordnungszahlen aller Quantorenregelanwendungen in der Herleitung.

Induktionsanfang: n=0: Wir führen eine Nebeninduktion nach der Anzahl m von Junktorenregelanwendungen, in deren Untersequenz ein nicht quantorenfreier Ausdruck steht.

m=0: Dann hat die gegebene Herleitung bereits die gewünschte Gestalt.

m>0: Dann wähle eine minimal über der Endsequenz S gelegene nicht quantorenfreie Untersequenz S_e einer Junktorenregelanwendung. Da in den Blättern der Herleitung nur Elementarausdrücke auftreten und da die Herleitungsordnung 0 ist, können nicht quantorenfreie Ausdrücke α in S_e nur durch Verdünnung entstanden sein. (Wegen der Teilformel-Eigenschaft schnittfreier Herleitungen müssen diese Ausdrücke pränex sein, können also nicht Hauptformel einer Junktorenregelanwendung sein.) Wir eliminieren alle Vorkommen derartiger Ausdrücke α in und oberhalb von S_e sowie alle sie betreffenden Strukturschlüsse. Ist S'_e die so aus S_e gewonnene Sequenz, so ersetzen wir in der verkürzten Herleitung S'_e durch

$$\frac{S'_e}{\overline{S_e}}$$

Dies liefert wiederum eine Normalherleitung der Sequenz S mit Herleitungsordnung 0. In ihr treten jedoch höchstens m-1 Junktorenregelanwendungen mit nicht quantorenfreien Untersequenzen auf. Die Behauptung folgt also aus der N.I.V.

<u>Induktionsschritt: n>0:</u> Wähle die Anwendung einer Quantorenregel R_1, unterhalb welcher eine Junktorenregel R_2 angewendet wird, wobei oBdA zwischen diesen Regelanwendungen höchstens Strukturregelanwendungen vorkommen. Da die Hauptformel von R_1 wegen der pränexen Normalform der Endsequenzausdrücke und der Teilformeleigenschaft unserer Herleitung nicht Seitenformel von R_1 sein kann, können wir die Anwendung von R_2 über die von R_1 hinweg nach oben schieben und so die Herleitungsordnung verringern. Hierzu haben wir die zwei Fälle zu unterscheiden, ob R_2 eine oder zwei Obersequenzen hat, und müssen dann weitere vier Unterfälle nach der Art der Regel R_1 betrachten. Da alle Fälle ähnlich behandelt werden, beschränken wir uns auf die Darstellung eines Falls:

<u>Fall 1.1: R_2 hat eine Obersequenz und R_1 ist die Regel $\rightarrow \forall$:</u> Wir ersetzen den Teil

$$\frac{\Gamma \rightarrow \theta, \alpha_x[y]}{\Gamma \rightarrow \theta, \bigwedge_x \alpha} \quad \text{wobei } y \notin \mathcal{V}(\Gamma, \theta, \bigwedge_x \alpha) \quad (\rightarrow \forall)$$

$$(*) \quad \frac{\Gamma \rightarrow \theta, \bigwedge_x \alpha}{\overline{\Delta \rightarrow \Lambda}} \quad (\text{Strukturregeln; } R_2)$$

der gegebenen Herleitung durch

$$\begin{array}{ll}
 & \Gamma \rightarrow \theta, \alpha_x[y] \\
 & \overline{\overline{\qquad\qquad}} \quad \text{(Vertg.; Verdg.)} \\
 & \Gamma \rightarrow \alpha_x[y], \theta, \bigwedge_x \alpha \\
(*) & \overline{\overline{\qquad\qquad}} \quad \text{(Strukturregeln; } R_2\text{)} \\
 & \Delta \rightarrow \alpha_x[y], \Lambda \\
 & \overline{\overline{\qquad\qquad}} \quad \text{(Vertg.)} \\
 & \Delta \rightarrow \Lambda, \alpha_x[y] \\
(1) & \overline{\qquad\qquad} \quad (\rightarrow \forall) \\
 & \Delta \rightarrow \Lambda, \bigwedge_x \alpha \\
(2) & \overline{\overline{\qquad\qquad}} \quad \text{(Zuszhg.; Vertg.)} \\
 & \Delta \rightarrow \Lambda
\end{array}$$

Hierbei werden in den mit (*) markierten Abschnitten jeweils dieselben Regeln angewendet. Wir haben zu zeigen, daß in (1) die Eigenvariablenbedingung erfüllt ist und (2) korrekt ist: Da in der ursprünglichen Herleitung die Eigenvariablen-Disjunktheit gilt, gilt $y \notin \mathcal{V}(\Delta, \Lambda)$. Mit der Variablenbedingung der $\rightarrow \forall$-Regelanwendung in dieser Herleitung folgt die Eigenvariablenbedingung $y \notin \mathcal{V}(\Delta, \Lambda, \bigwedge_x \alpha)$. Wegen

$$\begin{array}{c}
\Gamma \rightarrow \Theta, \bigwedge_x \alpha \\
\overline{\overline{\qquad\qquad}} \quad \text{(Strukturregeln; } R_2\text{)} \\
\Delta \rightarrow \Lambda
\end{array}$$

gilt entweder $\bigwedge_x \alpha \in \Lambda$ oder $\bigwedge_x \alpha$ ist Seitenformel der R_2-Regelanwendung, d.h. Teilformel eines nicht pränexen Ausdrucks in Δ oder Λ. Wegen der Teilformel-Eigenschaft schnittfreier Herleitungen ist letzteres jedoch nicht möglich, da in der Endsequenz S nur pränexe Ausdrücke auftreten. D.h. $\bigwedge_x \alpha \in \Lambda$, weshalb wir $\Delta \rightarrow \Lambda, \bigwedge_x \alpha$ zu $\Delta \rightarrow \Lambda$ zusammenziehen können.

Die oben durchgeführte Ersetzung liefert also wiederum eine Normalherleitung von S. Da deren Herleitungsordnung $<n$ ist, folgt die Behauptung aus der I.V.

Übung. Führen Sie die anderen Fälle des Beweises aus.

Bemerkung: Der Hauptsatz von Gentzen beinhaltet eine Herleitungsnormalform, die den aussagenlogischen und den quantorenlogischen Teil in Herleitungen explizit voneinander abhebt. Insbesondere enthält diese Normalformaussage als Spezialfall einen syntaktischen Beweis für den (in §DIII3 modelltheoretisch gewonnenen) Satz von Herbrand: denn ist M Mittelsequenz in der Herleitung von S, so erhält man jeden Ausdruck im Antezedens (Sukzedens) von M aus einem Ausdruck im Antezedens (Sukzedens) von S durch Weglassen der Quantoren und eventuelle Variablenumbenennung; insbesondere gilt also für quantorenfreie α, daß die Mittelsequenz M einer LK-Herleitung von

$\bigvee_{x_1} \dots \bigvee_{x_n} \alpha$ die Form $\rightarrow \alpha_1,\dots,\alpha_m$ hat, wobei α_i aus α durch Variablenumbenennung hervorgeht (sog. Substitutionsbeispiele von α). D.h. ist $\rightarrow \bigvee_{x_1} \dots \bigvee_{x_n} \alpha$ LK-herleitbar, so gibt es endlich viele Substitutionsbeispiele α_i von $\alpha, 1 \leq i \leq m$, so daß $\vdash_{LK(al)} \rightarrow \alpha_1,\dots,\alpha_m$ im aus LK durch Weglassen der Quantorenregeln entstehenden aussagenlogischen Teilkalkül LK(al). Aus der gegebenen LK-Herleitung kann man effektiv die Substitutionsbeispiele berechnen; wegen der Unentscheidbarkeit der Prädikatenlogik (s. §FI1) kann diese Zuordnung jedoch nicht durch eine rekursive (totale) Funktion geleistet werden. Für weiterführende beweistheoretische Untersuchungen der durch Herbrands Satz gelieferten Herleitungsnormalform s. Statman 1977.

Man kann mit Methoden aus dem Schnitteliminationssatz auch einen rein syntaktischen Beweis für den in §DIII3 ebenfalls modelltheoretisch bewiesenen Satz von der Skolemschen Normalform geben (s. z.Bsp. Richter 1978, S. 121 ff). Maehara hat sogar eine Beweistransformation angegeben, die jede Herleitung für die SkNF(α) in eine Herleitung von α überführt und so, daß der Korrektheitsbeweis für dieses Verfahren ohne Benutzung des Auswahlaxioms geführt werden kann (solange man im Rahmen der hier ausschließlich behandelten sog. klassischen Logik im Gegensatz zu intuitionistischen und anderen Logiken bleibt).

§ 2. Interpolationssatz.

Wir benutzen den Schnitteliminationssatz zur Angabe eines auf Maehara und Tait (s. auch Feferman 1968) zurückgehenden Verfahrens zur Konstruktion sog. Interpolanten aus gegebenen LK-Herleitungen purer Sequenzen. Als Spezialfall enthält dies Craigs ursprünglichen (modelltheoretisch unter Rückgriff auf den Kompaktheitssatz bewiesenen) Interpolationssatz und impliziert den Bethschen Definierbarkeitssatz. Abschließend zeigen wir, daß diese Sätze auf Grund der Ausdrucksschwäche der erststufigen Logik bei der Beschränkung auf endliche statt beliebiger Algebren nicht mehr gelten.

Interpolationssatz. Ist $S \equiv \Gamma \rightarrow \Delta$ eine pure LK-herleitbare Sequenz, $\Gamma = \Gamma_0, \Gamma_1$ und $\Delta = \Delta_0, \Delta_1$, so gilt (i) oder (ii):

(i) $\vdash_{LK} \Gamma_0 \rightarrow \Delta_0$ oder $\vdash_{LK} \Gamma_1 \rightarrow \Delta_1$

(ii) Es gibt einen Ausdruck ϕ, genannt Interpolante, sodaß:

$$\vdash_{LK} \Gamma_0 \rightarrow \Delta_0, \phi \text{ und } \vdash_{LK} \phi, \Gamma_1 \rightarrow \Delta_1 \text{ und } f(\phi) \subseteq f(\Gamma_0, \Delta_0) \cap f(\Gamma_1, \Delta_1) \ \&$$

$$\text{Präd}(\phi) \subseteq \text{Präd}(\Gamma_0, \Delta_0) \cap \text{Präd}(\Gamma_1, \Delta_1)$$

Hierbei ist Präd(ϕ) (Präd(Δ)) die Menge der in $\phi(\Delta)$ auftretenden Prädikatszeichen. Aus einer LK-Herleitung für und einer Zerlegung von S kann eine Interpolante (und auch LK-Herleitungen für die Interpolationssequenzen in (ii)) effektiv konstruiert werden. (Vgl. jedoch den Satz von Kreisel, §FI1.)

NB. In der Voraussetzung des Satzes fordern wir nicht $\Gamma\equiv\Gamma_o,\Gamma_1$ und $\Delta\equiv\Delta_o,\Delta_1$, sondern lediglich $\Gamma=\Gamma_o,\Gamma_1$ und $\Delta=\Delta_o,\Delta_1$, d.h. daß die in Γ und Γ_o,Γ_1 bzw. Δ und Δ_o,Δ_1 auftretenden Ausdrücke identisch sind.

Bemerkung. Für Ausdrücke, in denen Funktionszeichen vorkommen, läßt sich der Satz dahingehend verschärfen, daß alle Funktionszeichen in Interpolanten im Sukzedens und im Antezedens vorkommen, s. Felscher 1976, Schulte-Mönting 1976. Für einen modelltheoretischen, auf den Kompaktheitssatz gestützten Beweis des Interpolationstheorems s.u. Übung 1 bzw. Shoenfield 1967. Für weitere Verallgemeinerungen und Information über die Rolle des Interpolationssatzes in der Modelltheorie verweisen wir den Leser auf Chang & Keisler 1977.

Beweis. Wir führen zunächst einige Hilfsbegriffe ein. Gilt $\Gamma=\Gamma_o,\Gamma_1$, so nennen wir (Γ_o,Γ_1) eine Zerlegung von Γ; sie heißt minimal, falls kein Ausdruck in Γ_o,Γ_1 mehrfach auftritt. Sind (Γ_o,Γ_1) und (Δ_o,Δ_1) Zerlegungen von Γ bzw. Δ, so heißt $(\Gamma_o,\Gamma_1,\Delta_o,\Delta_1)$ eine Zerlegung der Sequenz $\Gamma\to\Delta$; sie heißt minimal, falls (Γ_o,Γ_1) und (Δ_o,Δ_1) minimal sind.
$(\Gamma_o,\Gamma_1)[(\Gamma_o,\Gamma_1,\Delta_o,\Delta_1)]$ heißt in $(\Gamma'_o,\Gamma'_1)[(\Gamma'_o,\Gamma'_1,\Delta'_o,\Delta'_1)]$ enthalten, falls $\Gamma_i\subseteq\Gamma'_i$ $[\Gamma_i\subseteq\Gamma'_i$ und $\Delta_i\subseteq\Delta'_i]$ für i=o,1.

Wir bemerken zunächst, daß mit jeder Zerlegung $(\Gamma_o,\Gamma_1,\Delta_o,\Delta_1)$ von $\Gamma\to\Delta$, die (i) bzw. (ii) erfüllt, auch jede $(\Gamma_o,\Gamma_1,\Delta_o,\Delta_1)$ enthaltende Zerlegung von $\Gamma\to\Delta$ (i) bzw. (ii) erfüllt (im Falle von (ii) vermöge derselben Interpolanten). Da jede Zerlegung einer Sequenz eine minimale Zerlegung derselben Sequenz enthält, genügt es also, den Satz für minimale Zerlegungen zu zeigen.

Weiter bemerken wir, daß für aus S durch Anwendung einer Strukturregel entstehende Sequenzen S' jede (minimale) Zerlegung $(\Gamma'_o,\Gamma'_1,\Delta'_o,\Delta'_1)$ von S' eine (minimale) Zerlegung $(\Gamma_o,\Gamma_1,\Delta_o,\Delta_1)$ von S enthält. Trifft der Satz also auf S zu, so trifft er auch auf S' zu. Wir können somit den Beweis durch Induktion nach der Anzahl n der logischen Regelanwendungen in der Herleitung von S führen und oBdA annehmen, daß die zuletzt angewendete Regel eine logische ist. Hierbei beschränken wir uns auf schnittfreie pure Herleitungen, d.h. auf schnittfreie Herleitungen, in denen nur pure Sequenzen vorkommen. Eine schnittfreie Herleitung, in der die Eigenvariablen disjunkt sind, können wir purifizieren, indem wir - von unten nach oben vorgehend - für jede nichtkritische Quantorenregelanwendung, deren Eigenvariable y in der Untersequenz der Regelanwendung nicht frei vorkommt, jedes freie Vorkommen von y über der Untersequenz durch eine neue Variable ersetzen. Wegen der Purheit der Endsequenz (und der Teilformel-Eigenschaft der Herleitung) sichert dieses Verfahren die Purheit der so gewonnenen Herleitungen.

n=O: Dann ist oBdA S ein Axiom, d.h. $S \equiv \psi \rightarrow \psi$. Vier minimale Zerlegungen $(\Gamma_o, \Gamma_1, \Delta_o, \Delta_1)$ von S sind möglich.

1. Fall: $\Gamma_i \equiv \Delta_i \equiv \emptyset$ & $\Gamma_j \equiv \Delta_j \equiv \psi$ mit $i \neq j$: dann ist $\vdash_{LK} \Gamma_j \rightarrow \Delta_j$.

2. Fall: $\Gamma_o \equiv \psi, \Delta_o \equiv \Gamma_1 \equiv \emptyset$, $\Delta_1 \equiv \psi$. Dann gilt $\vdash_{LK} \Gamma_o \rightarrow \Delta_o, \psi$ und $\vdash_{LK} \psi, \Gamma_1 \rightarrow \Delta_1$. Wegen $\psi \subseteq \Gamma_o, \Delta_o$ und $\psi \subseteq \Gamma_1, \Delta_1$ ist also ψ Interpolante.

3. Fall: $\Gamma_o \equiv \emptyset$, $\Delta_o \equiv \Gamma_1 \equiv \psi, \Delta_1 \equiv \emptyset$. Dann ist $\neg\psi$ Interpolante, da $\vdash_{LK} \Gamma_o \rightarrow \Delta_o, \neg\psi$ (wegen $\vdash \rightarrow \psi, \neg\psi$) und $\vdash_{LK} \neg\psi, \Gamma_1 \rightarrow \Delta_1$ (wegen $\vdash \neg\psi, \psi \rightarrow$).

n>O: Sei R die zuletzt angewendete (logische) Regel in der Herleitung von S. Wir unterscheiden Fälle gemäß der Art von R.

1. Fall: $R = \wedge \rightarrow$ mit Herleitungsende $\dfrac{\alpha, \Gamma \rightarrow \Delta}{\alpha\wedge\beta (\text{bzw. } \beta\wedge\alpha), \Gamma \rightarrow \Delta}$.

Für minimale Zerlegungen $(\Gamma_o, \Gamma_1, \Delta_o, \Delta_1)$ der Untersequenz S definieren wir zwecks Anwendung der I.V. eine geeignete Zerlegung $(\Gamma'_o, \Gamma'_1, \Delta_o, \Delta_1)$ der Obersequenz: wir schlagen die Seitenformel α zu demjenigen Γ'_i, dessen Entsprechung Γ_i die Hauptformel enthält, sodaß $\vdash_{LK} \Gamma_i \rightarrow \Gamma'_i$:

$\Gamma'_i := \Gamma_i, \alpha$ (bzw. $\Gamma_i, \alpha - \{\alpha\wedge\beta\}$) falls $\alpha\wedge\beta \in \Gamma_i \cap \Gamma$ (bzw. $\Gamma_i - \Gamma$)

$\Gamma'_i := \Gamma_i$ falls $\alpha\wedge\beta \notin \Gamma_i$. Genauso mit $\beta\wedge\alpha$.

Da $\vdash_{LK} \Gamma_i \rightarrow \Gamma'_i$, folgt aus der Induktionsvoraussetzung $\vdash_{LK} \Gamma_i \rightarrow \Delta_i$ (falls $\vdash_{LK} \Gamma'_i \rightarrow \Delta_i$) bzw. die Existenz einer Interpolanten für $(\Gamma_o, \Gamma_1, \Delta_o, \Delta_1)$ (nämlich der evtl. Interpolanten für $(\Gamma'_o, \Gamma'_1, \Delta_o, \Delta_1)$).

2. Fall: $R = \rightarrow \wedge$ mit Herleitungsende $\dfrac{\Gamma \rightarrow \Delta, \alpha \quad | \quad \Gamma \rightarrow \Delta, \beta}{\Gamma \rightarrow \Delta, \alpha\wedge\beta}$.

Wie im 1. Fall (mit Δ statt Γ) definieren wir zu einer minimalen Zerlegung $(\Gamma_o, \Gamma_1, \Delta_o, \Delta_1)$ von $\Gamma \rightarrow \Delta, \alpha\wedge\beta$ geeignete Obersequenzzerlegungen $(\Gamma_o, \Gamma_1, \Delta^\gamma_o, \Delta^\gamma_1)$ von $\Gamma \rightarrow \Delta, \gamma$ für $\gamma \in \{\alpha, \beta\}$ durch:

$\Delta^\gamma_i :\equiv \Delta_i, \gamma$ (bzw. $\Delta_i, \gamma - \{\alpha\wedge\beta\}$) falls $\alpha\wedge\beta \in \Delta_i \cap \Delta$ (bzw. $\Delta_i - \Delta$)

$\Delta^\gamma_i :\equiv \Delta_i$ falls $\alpha\wedge\beta \notin \Delta_i$.

Wegen der Minimalität von (Δ_o, Δ_1) gibt es also ein $i \leq 1$ mit:

(1) $\Delta_i \equiv \Delta^\alpha_i \equiv \Delta^\beta_i$ (weil $\alpha\wedge\beta \notin \Delta_i$)

und für $\gamma \in \{\alpha, \beta\}$: $\Delta^\gamma_{1-i} \equiv \Delta_{1-i}, \gamma$ bzw. $\Delta^\gamma_{i-1} \equiv \Delta_{i-1}, \gamma - \{\alpha\wedge\beta\}$. Also ist für bel. Sequenzen Λ, Π das Folgende ein korrekter Schluß in LK:

$$(2)\quad \frac{\Lambda\to\Pi,\Delta^{\alpha}_{1-i} \quad | \quad \Lambda\to\Pi,\Delta^{\beta}_{1-i}}{\Lambda\to\Pi,\Delta_{1-i}} \qquad \text{(R, gefolgt von Vertg. und evtl. Verdg.)}$$

Sei dieses i für das Folgende fest gewählt. Nach I.V. muß einer der folgenden 5 Fälle vorliegen, je nachdem ob Fall (i) oder Fall (ii) für die Zerlegung $\Gamma_o,\Gamma_1,\Delta^{\gamma}_o,\Delta^{\gamma}_1$ von $\Gamma\to\Delta,\gamma$ vorliegt.

Fall 2.1: $\vdash_{LK}\Gamma_i\to\Delta^{\alpha}_i$ oder $\vdash_{LK}\Gamma_i\to\Delta^{\beta}_i$. Aus (1) folgt $\vdash_{LK}\Gamma_i\to\Delta_i$.

Fall.2.2: $\vdash_{LK}\Gamma_{1-i}\to\Delta^{\alpha}_{1-i}$ & $\vdash_{LK}\Gamma_{1-i}\to\Delta^{\beta}_{1-i}$. Aus (2) folgt $\vdash_{LK}\Gamma_{1-i}\to\Delta_{1-i}$.

Fall 2.3: $\vdash_{LK}\Gamma_{1-i}\to\Delta^{\alpha}_{1-i}$ und es gibt eine Interpolante ϕ für $(\Gamma_o,\Gamma_1,\Delta^{\beta}_o,\Delta^{\beta}_1)$, d.h. (3) $\vdash_{LK}\Gamma_{1-i}\to\Delta^{\alpha}_{1-i}$ (4) $\vdash_{LK}\Gamma_o\to\Delta^{\beta}_o,\phi$ (5) $\vdash_{LK}\phi,\Gamma_1\to\Delta^{\beta}_1$

Ist i=1, so folgt aus (2),(3),(4) $\vdash_{LK}\Gamma_o\to\Delta_o,\phi$ und aus (1) und (5) $\vdash_{LK}\phi,\Gamma_1\to\Delta_1$. Ist i=0, so folgt aus (1) und (4) $\vdash_{LK}\Gamma_o\to\Delta_o,\phi$ und aus (3),(5), (2) $\vdash_{LK}\phi,\Gamma_1\to\Delta_1$. In jedem Fall ist ϕ also Interpolante für $(\Gamma_o,\Gamma_1,\Delta_o,\Delta_1)$, da die Bedingung an die Variablen und Prädikatszeichen nach Fallannahme erfüllt ist.

Fall 2.4: Symmetrisch zu Fall 2.3 bei Vertauschung von α und β.

Fall 2.5: Es gibt zu $(\Gamma_o,\Gamma_1,\Delta^{\gamma}_o,\Delta^{\gamma}_1)$ Interpolanten ϕ^{γ} für $\gamma\in\{\alpha,\beta\}$, d.h.

(6) $\vdash_{LK}\Gamma_o\to\Delta^{\alpha}_o,\phi^{\alpha}$ (7) $\vdash_{LK}\phi^{\alpha},\Gamma_1\to\Delta^{\alpha}_1$

(8) $\vdash_{LK}\Gamma_o\to\Delta^{\beta}_o,\phi^{\beta}$ (9) $\vdash_{LK}\phi^{\beta},\Gamma_1\to\Delta^{\beta}_1$

Für i=1 folgt aus (1),(7),(9): $\vdash_{LK}\phi^{\alpha}\vee\phi^{\beta},\Gamma_1\to\Delta_1$; aus (6),(8),(2) folgt $\vdash_{LK}\Gamma_o\to\Delta_o,\phi^{\alpha}\vee\phi^{\beta}$.

Für i=0 folgt aus (1),(6),(8): $\vdash_{LK}\Gamma_o\to\Delta_o,\phi^{\alpha}\wedge\phi^{\beta}$; aus (7),(9),(2) folgt $\vdash_{LK}\phi^{\alpha}\wedge\phi^{\beta},\Gamma_1\to\Delta_1$.

3. Fall: R≡ ∨ → bzw. 4. Fall: R≡→ ∨: analog zu Fall 2 bzw. 1.

5. Fall: R≡ ¬ → mit Herleitungsende $\dfrac{\Gamma\to\Delta,\alpha}{\neg\alpha,\Gamma\to\Delta}$.

Jede Interpolante der Obersequenz S' ist auch Interpolante der Untersequenz S: Zum Nachweis wählen wir für eine bel. vorgegebene minimale Zerlegung $(\Gamma_o,\Gamma_1,\Delta_o,\Delta_1)$ von S eine geeignete Zerlegung von S' durch:

$$\Gamma'_i := \begin{cases} \Gamma_i-\{\neg\alpha\} & \text{falls } \neg\alpha\in\Gamma_i-\Gamma \\ \Gamma_i & \text{sonst}\end{cases} \qquad \Delta'_i := \begin{cases} \Delta_i,\alpha & \text{falls } \neg\alpha\in\Gamma_i \\ \Delta_i & \text{sonst}\end{cases}$$

Aus $\vdash_{LK}\Gamma'_i\to\Delta'_i$ folgt $\vdash_{LK}\Gamma_i\to\Delta_i$: Im Fall $\neg\alpha\in\Gamma_i-\Gamma$ ist nämlich mit

$\Gamma_i-\{\neg\alpha\}\to\Delta_i,\alpha$ auch $\Gamma_i\to\Delta_i$ LK-herleitbar; im Fall $\neg\alpha\in\Gamma_i\cap\Gamma$ ist mit $\Gamma_i\to\Delta_i,\alpha$ auch $\Gamma_i\to\Delta_i$ herleitbar; im Fall $\neg\alpha\notin\Gamma_i$ ist $\Gamma_i'=\Gamma_i$ & $\Delta_i'=\Delta_i$.

Ist ϕ eine Interpolante für $(\Gamma_o',\Gamma_1',\Delta_o',\Delta_1')$, so auch für $(\Gamma_o,\Gamma_1,\Delta_o,\Delta_1)$: Im Fall $\neg\alpha\in\Gamma_o-\Gamma$ ist nämlich $\Gamma_1'=\Gamma_1$ & $\Delta_1'=\Delta_1$ (da $\neg\alpha\notin\Gamma_1$ wegen der Minimalität) und mit $\Gamma_o'\to\Delta_o',\phi \equiv \Gamma_o-\{\neg\alpha\}\to\Delta_o,\alpha,\phi$ auch $\Gamma_o\to\Delta_o,\phi$ herleitbar; im Fall $\neg\alpha\in\Gamma_o\cap\Gamma$ ebenso wegen $\Gamma_o'=\Gamma_o$ & $\Delta_o'=\Delta_o,\alpha$; der Fall $\neg\alpha\notin\Gamma_o$ hat $\neg\alpha\in\Gamma_1$ sowie $\Gamma_o'=\Gamma_o$ & $\Delta_o'=\Delta_o$ zur Folge und ist somit symmetrisch zum Fall $\neg\alpha\in\Gamma_o$.

<u>6. Fall:</u> $R\equiv\ \to\neg$. Analog zum 5. Fall (Übung!)

<u>7. Fall:</u> $R\equiv\ \supset\to$ mit Herleitungsende $\dfrac{\Gamma\to\Delta,\alpha \quad | \quad \beta,\Lambda\to\Pi}{\alpha\supset\beta,\Gamma,\Lambda\to\Delta,\Pi}$.

Sei $(\Gamma_o',\Gamma_1',\Delta_o',\Delta_1')$ eine minimale Zerlegung der Untersequenz. Es entstehe $\Gamma_i(\Lambda_i)$ bzw. $\Delta_i(\Pi_i)$ aus Γ_i' bzw. Δ_i' durch Streichung aller nicht in $\Gamma(\Lambda)$ bzw. $\Delta(\Pi)$ auftretenden Ausdrücke. Wir definieren Zerlegungen $(\Gamma_o^\ell,\Gamma_1^\ell,\Delta_o^\ell,\Delta_1^\ell)$ und $(\Gamma_o^r,\Gamma_1^r,\Delta_o^r,\Delta_1^r)$ der linken bzw. der rechten Obersequenz durch:

$$\Delta_i^\ell := \begin{cases}\Delta_i,\alpha \\ \Delta_i\end{cases} \qquad \Gamma_i^r := \begin{cases}\Lambda_i,\beta & \text{falls } \alpha\supset\beta\in\Gamma_i' \\ \Lambda_i & \text{sonst}\end{cases}$$

$$\Gamma_i^\ell := \Gamma_i \qquad \Delta_i^r := \Pi_i$$

Sei für das Folgende i fest mit $\alpha\supset\beta\notin\Gamma_i'$. Aus der Minimalität folgt $\alpha\supset\beta\in\Gamma_{1-i}'$. Nach I.V. gilt einer der folgenden Fälle:

<u>Fall 7.1:</u> $\vdash_{LK} \Gamma_i^\ell\to\Delta_i^\ell$ oder $\vdash_{LK}\Gamma_i^r\to\Delta_i^r$. D.h. $\vdash_{LK}\Gamma_i\to\Delta_i$ oder $\vdash_{LK}\Lambda_i\to\Pi_i$. Dann gilt auch $\vdash_{LK}\Gamma_i'\to\Delta_i'$.

<u>Fall 7.2:</u> $\vdash_{LK}\Gamma_{1-i}^\ell\to\Delta_{1-i}^\ell$ und $\vdash_{LK}\Gamma_{1-i}^r\to\Delta_{1-i}^r$. D.h. $\vdash_{LK}\Gamma_{1-i}\to\Delta_{1-i},\alpha$ und $\vdash_{LK}\Lambda_{1-i},\beta\to\Pi_{1-i}$. Hieraus folgt $\vdash_{LK}\alpha\supset\beta,\Gamma_{1-i},\Lambda_{1-i}\to\Delta_{1-i},\Pi_{1-i}$, also (wegen $\alpha\supset\beta\in\Gamma_{1-i}'$) $\vdash_{LK}\Gamma_{1-i}'\to\Delta_{1-i}'$.

<u>Fall 7.3:</u> $\vdash_{LK}\Gamma_{1-i}^\ell\to\Delta_{1-i}^\ell$ und ϕ ist Interpolante für $(\Gamma_o^r,\Gamma_1^r,\Delta_o^r,\Delta_1^r)$.

Für i=1 gilt:

$$(12)\ \vdash_{LK}\Gamma_o\to\Delta_o,\alpha \qquad (13)\ \vdash_{LK}\Lambda_o,\beta\to\Pi_o,\phi \qquad (14)\ \vdash_{LK}\phi,\Lambda_1\to\Pi_1$$

Aus (12) und (13) folgt $\vdash_{LK}\alpha\supset\beta,\Gamma_o,\Lambda_o\to\Delta_o,\Pi_o,\phi$, also $\vdash_{LK}\Gamma_o'\to\Delta_o',\phi$.

Aus (14) folgt $\vdash_{LK}\phi,\Gamma_1'\to\Delta_1'$. Folglich ist ϕ Interpolante für $(\Gamma_o',\Gamma_1',\Delta_o',\Delta_1')$. Der Fall i=O kann symmetrisch behandelt werden. (Übung!)

<u>Fall 7.4:</u> $\vdash_{LK}\Gamma_{1-i}^r\to\Delta_{1-i}^r$ und ϕ ist Interpolante für $(\Gamma_o^\ell,\Gamma_1^\ell,\Delta_o^\ell,\Delta_1^\ell)$:

Analog zu 7.3.

Fall 7.5: ϕ^{ℓ} und ϕ^{r} sind Interpolanten für $(\Gamma_o^{\ell},\Gamma_1^{\ell},\Delta_o^{\ell},\Delta_1^{\ell})$ bzw. $(\Gamma_o^{r},\Gamma_1^{r},\Delta_o^{r},\Delta_1^{r})$.

Dann gilt: (15) $\vdash_{LK} \Gamma_o \rightarrow \Delta_o,\alpha,\phi^{\ell}$ (16) $\vdash_{LK} \phi^{\ell},\Gamma_1 \rightarrow \Delta_1$

für i=1: (17) $\vdash_{LK} \Lambda_o,\beta \rightarrow \Pi_o,\phi^{r}$ (18) $\vdash_{LK} \phi^{r},\Lambda_1 \rightarrow \Pi_1$

Aus (15) und (17) bzw. (16) und (18) folgen aussagenlogisch

$$\vdash_{LK} \phi^{\ell}\vee\phi^{r},\Gamma_1,\Lambda_1 \rightarrow \Delta_1,\Pi_1 \qquad \vdash_{LK} \alpha\supset\beta,\Gamma_o,\Lambda_o \rightarrow \Delta_o,\Pi_o,\phi^{\ell}\vee\phi^{r}$$

D.h. $\vdash_{LK} \Gamma_o' \rightarrow \Delta_o',\phi^{\ell}\vee\phi^{r}$ und $\vdash_{LK} \phi^{\ell}\vee\phi^{r},\Gamma_1' \rightarrow \Delta_1'$. Folglich ist $\phi^{\ell}\vee\phi^{r}$ Interpolante für $(\Gamma_o',\Gamma_1',\Delta_o',\Delta_1')$. Für i=0 erhält man analog $\phi^{\ell}\wedge\phi^{r}$ als Interpolante. (Übung!)

8. Fall: $R\equiv\rightarrow\supset$: Analog zu Fall 7 (Übung!)

9. Fall: $R\equiv \forall\rightarrow$ mit Herleitungsende $\dfrac{\alpha_x[y],\Gamma\rightarrow\Delta}{\bigwedge_x\alpha,\Gamma\rightarrow\Delta}$.

Zu einer gegebenen minimaler Zerlegung $(\Gamma_o,\Gamma_1,\Delta_o,\Delta_1)$ der Untersequenz definieren wir eine Zerlegung $(\Gamma_o',\Gamma_1',\Delta_o,\Delta_1)$ der Obersequenz durch

$$\Gamma_i' :\equiv \begin{cases} \Gamma_i,\alpha_x[y]-\{\bigwedge_x\alpha\} & \text{falls } \bigwedge_x\alpha\in\Gamma_i-\Gamma \\ \Gamma_i,\alpha_x[y] & \text{falls } \bigwedge_x\alpha\in\Gamma_i\cap\Gamma \\ \Gamma_i & \text{falls } \bigwedge_x\alpha\notin\Gamma_i \end{cases}$$

Gilt dann $\vdash_{LK} \Gamma_i' \rightarrow \Delta_i$, so auch $\vdash_{LK} \Gamma_i \rightarrow \Delta_i$. Sei also ϕ Interpolante für $(\Gamma_o',\Gamma_1',\Delta_o,\Delta_1)$, d.h. $\vdash_{LK} \Gamma_o' \rightarrow \Delta_o,\phi$ und $\vdash_{LK} \phi,\Gamma_1' \rightarrow \Delta_1$.

Hieraus folgt (19) $\vdash_{LK} \Gamma_o \rightarrow \Delta_o,\phi$ und (20) $\vdash_{LK} \phi,\Gamma_1 \rightarrow \Delta_1$, jedoch ist ϕ möglicherweise als Interpolante für $(\Gamma_o,\Gamma_1,\Delta_o,\Delta_1)$ ungeeignet, da für das $i\leq 1$ mit $\bigwedge_x\alpha\in\Gamma_i$ die Variable y möglicherweise in ϕ, jedoch nicht in Γ_i,Δ_i frei auftritt. In diesem Fall wählen wir eine Variable z, die in den Herleitungen von (19) und (20) nicht vorkommt, und unterscheiden die folgenden zwei Fälle:

1. Fall: $y\notin\mathcal{V}(\Gamma_o,\Delta_o)$. Dann folgt aus (19): (19') $\vdash_{LK} \Gamma_o \rightarrow \Delta_o,\phi_y[z]$. (Man zeigt dies wie in Hilfssatz 1 in § EI1.) Aus (19') und (20) folgen mit den Allquantorregeln.

$$\vdash_{LK} \Gamma_o \rightarrow \Delta_o,\bigwedge_y\phi \qquad \vdash_{LK} \bigwedge_y\phi,\Gamma_1 \rightarrow \Delta_1$$

(Die Variablenbedingung ist nach Wahl von z erfüllt.) $\bigwedge_y\phi$ ist also Interpolante für $(\Gamma_o,\Gamma_1,\Delta_o,\Delta_1)$, da $y\notin\mathcal{f}(\bigwedge_y\phi)$.

2. Fall: $y\notin\mathcal{V}(\Gamma_1,\Delta_1)$. Dann folgt aus (20): (20') $\vdash_{LK} \phi_y[z],\Gamma_1 \rightarrow \Delta_1$ und kann man mit den Existenzquantorregeln schließen auf:

$$\vdash_{LK} \Gamma_o \rightarrow \Delta_o,\bigvee_y\phi \quad \text{und} \quad \vdash_{LK} \bigvee_y\phi,\Gamma_1 \rightarrow \Delta_1.$$

Also ist $\bigvee_y \phi$ die gewünschte Interpolante.

10. Fall: $R \equiv \to \forall$ mit Herleitungsende $\dfrac{\Gamma \to \Delta, \alpha_x[y]}{\Gamma \to \Delta, \bigwedge_x \alpha}$ mit $y \notin \bigcup (\Gamma, \Delta, \bigwedge_x \alpha)$.

Diesen Fall behandelt man ähnlich wie Fall 9. Der Interpolationsfall ist jedoch einfacher, da in einer Interpolanten ϕ für eine minimale Zerlegung der Obersequenz wegen der Variablenbedingung von R y nicht frei vorkommen kann. ϕ kann also auch als Interpolante der Zerlegung der Untersequenz gewählt werden.

11. Fall: R ist die Regel $\exists \to$ oder $\to \exists$: Analog zu Fall 10,9.

Setzen wir im Interpolationssatz $\Gamma_0 \equiv \Gamma$ und $\Delta_1 \equiv \Delta$, so erhalten wir als Spezialfall den

Interpolationssatz von Craig 1957. Für herleitbare pure Sequenzen $\Gamma \to \Delta$ gilt: (i) $\vdash_{LK} \Gamma \to$ oder $\vdash_{LK} \to \Delta$ oder

(ii) es gibt einen Ausdruck φ mit $\vdash_{LK} \Gamma \to \varphi$ und $\vdash_{LK} \varphi \to \Delta$, wobei die freien Variablen und Prädikatszeichen von φ in Γ und Δ vorkommen.

Übung 1. Geben Sie einen modelltheoretischen Beweis für die folgende Form des Interpolationssatzes: Zu bel. Ausdrücken α, β mit $\alpha \models \beta$ gibt es ein γ mit $\alpha \models \gamma \models \beta$ & $\mathfrak{f}(\gamma) \subseteq \mathfrak{f}(\alpha) \cap \mathfrak{f}(\beta)$, Konst$(\gamma) \subseteq$ Konst$(\alpha) \cap$ Konst(β), Präd$(\gamma) \subseteq$ Präd$(\alpha) \cap$ Präd(β). Hinweis: Führen Sie den Beweis in 3 Schritten:

1. Zeigen Sie die Behauptung für quantoren- und identitätsfreie α, β so, daß in der Interpolante nur sowohl in α als auch in β auftretende Primformeln vorkommen. Eliminieren Sie dazu nur in α vorkommende Primformeln π schrittweise vermöge: $\models \alpha$ seq $\models \alpha(\pi/1)$ & $\models \alpha(\pi/0)$ sowie $\alpha \models \alpha(\pi/1) \vee \alpha(\pi/0)$, wobei π/i die Ersetzung aller Vorkommen von π durch die Tautologie 1 bzw. die Kontradiktion 0 bezeichnet.

2. Zeigen Sie die Behauptung für identitätsfreie α, β a) durch Reduktion auf 1. für α in Skolemnormalform bzgl. Erfüllbarkeit und β in SkNF bzgl. Herleitbarkeit, b) durch Reduktion auf a) unter Verwendung der Gültigkeitsversion des Satzes von Herbrand.

3. Reduzieren Sie die Behauptung für bel. α, β auf identitätsfreie Ausdrücke durch Elimination des Identitätszeichens (nach der Methode in Übung 2 zur engeren Prädikatenlogik, §DII4).

Übung 2: (Krom 1968). Eine Klause C heißt unär bzw. binär, falls $|C|=1$ bzw. $|C|=2$. Zeigen Sie, daß es zu Mengen B bzw. U binärer bzw. unärer aussagenlogischer Klausen mit $B \vdash U$ eine höchstens zweielementige Teildisjunktion U' von U gibt mit $B \vdash U'$ & $U' \vdash U$. (NB: Krom 1968 erweitert diese Aussage dahingehend, daß für pränexe α, β mit $\alpha \vdash \beta$ eine Interpolante α' mit einer Matrix nur aus binären und unären Klausen gewonnen werden kann, wenn die Matrix von α nur aus binären und unären Klausen besteht.) Hinweis: Zeigen Sie, daß für eine Menge M binärer und unärer Klausen und für bel. unäre Klausen α gilt: Entsteht α durch Anwendungen der Resolutionsregel aus M, so ist bei dieser Herleitung oBdA nur eine unäre Klause aus M benutzt worden.

Zur Anwendung des Interpolationssatzes auf Definierbarkeitsfragen setzen wir:

Definition. Sei P ein n-stelliges Prädikatszeichen und φ,ψ Ausdrücke, so daß $P \notin \text{Präd}(\psi)$. P heißt durch ψ und φ explizit definiert, falls

$$\vdash_{LK} \varphi \rightarrow \bigwedge_{x_1} \ldots \bigwedge_{x_n} (Px_1 \ldots x_n \leftrightarrow \psi)$$

$$\mathfrak{f}(\psi) - \{x_1,\ldots,x_n\} \subseteq \mathfrak{f}(\varphi) \text{ und } \text{Präd}(\psi) \subseteq \text{Präd}(\varphi).$$

Seien P und P' n-stellige Prädikatszeichen, es gelte $P' \notin \text{Präd}(\varphi)$, und φ' entstehe aus φ durch Ersetzen aller Vorkommen von P durch P'. Dann ist P durch φ implizit definiert (intuitiv: durch φ eindeutig bestimmt), falls

$$\vdash_{LK} \varphi \wedge \varphi' \rightarrow \bigwedge_{x_1} \ldots \bigwedge_{x_n} (Px_1 \ldots x_n \leftrightarrow P'x_1 \ldots x_n).$$

Definierbarkeitssatz von Beth. Jedes implizit definierbare Prädikat läßt sich auch explizit definieren; d.h. ist P durch φ implizit definiert, so gibt es ψ, sodaß P durch φ und ψ explizit definiert wird.

Beweis: Es definiere φ P implizit, d.h. es gelte

$$\vdash_{LK} \varphi \wedge \varphi' \rightarrow \bigwedge_{x_1} \ldots \bigwedge_{x_n} (Px_1 \ldots x_n \leftrightarrow P'x_1 \ldots x_n).$$

(O.B.d.a. können wir annehmen, daß φ pur ist (vgl. HS 1 in §EI1)). Nach der Vollständigkeit von LK folgt hieraus für $x_1,\ldots,x_n \notin \mathfrak{V}(\varphi)$:

$\vdash_{LK} \varphi \wedge \varphi' \rightarrow (Px_1 \ldots x_n \supset P'x_1 \ldots x_n) \wedge (P'x_1 \ldots x_n \supset Px_1 \ldots x_n)$, also auch

$\vdash_{LK} \varphi, \varphi' \rightarrow Px_1 \ldots x_n \supset P'x_1 \ldots x_n$ & $\vdash_{LK} \varphi, Px_1 \ldots x_n \rightarrow \varphi' \supset P'x_1 \ldots x_n$

Auf die letzte Sequenz wenden wir den Interpolationssatz von Craig an.

1. Fall: $\vdash_{LK} \varphi, Px_1 \ldots x_n \rightarrow$. Dann setze $\psi \equiv \alpha \wedge \neg\alpha$ für beliebiges α mit $P \notin \text{Präd}(\alpha)$, wobei $\mathfrak{f}(\alpha) - \{x_1,\ldots,x_n\} \subseteq \mathfrak{f}(\varphi)$ & $\text{Präd}(\alpha) \subseteq \text{Präd}(\varphi)$. Es gilt:

(1) $\vdash_{LK} \varphi \rightarrow \neg Px_1 \ldots x_n$	aus der Voraussetzung des 1. Falls
(2) $\vdash_{LK} \rightarrow \neg\psi$	weil $\models \neg\psi$
(3) $\vdash_{LK} \varphi \rightarrow (Px_1 \ldots x_n \leftrightarrow \psi)$	aus (1) und (2)
(4) $\vdash_{LK} \varphi \rightarrow \bigwedge_{x_1} \ldots \bigwedge_{x_n} (Px_1 \ldots x_n \leftrightarrow \psi)$	aus (3) mit $\rightarrow \forall$, Variablenbedingung nach Voraussetzung erfüllt.

D.h. P wird durch φ und ψ explizit definiert.

2. Fall: $\vdash_{LK} \rightarrow \varphi' \supset P'x_1 \ldots x_n$. Dann gilt auch $\vdash_{LK} \rightarrow \varphi \supset Px_1 \ldots x_n$ (man ersetze in einer Herleitung von $\rightarrow \varphi' \supset P'x_1 \ldots x_n$ jedes Vorkommen von P' durch P.) Hieraus folgt, daß P durch φ und ψ explizit definiert wird mit $\psi \equiv \alpha \vee \neg\alpha$ für beliebiges α mit $P \notin (\text{Präd}(\alpha)$, $\mathfrak{f}(\alpha) - \{x_1,\ldots,x_n\} \subseteq \mathfrak{f}(\varphi)$ und $\text{Präd}(\alpha) \subseteq \text{Präd}(\varphi)$.

3. Fall: Es gibt eine Interpolante ψ. Also gilt:

(1) $\vdash_{LK} \varphi, Px_1 \ldots x_n \to \psi$ (2) $\vdash_{LK} \psi \to \varphi' \supset P'x_1 \ldots x_n$

und $P,P' \notin$ Präd(ψ), $\mathfrak{f}(\psi) \subseteq \mathfrak{f}(\varphi, Px_1 \ldots x_n) \cap \mathfrak{f}(\varphi', P'x_1 \ldots x_n)$. Es folgt:

(3) $\vdash_{LK} \varphi \to Px_1 \ldots x_n \supset \psi$ aus (1)

(4) $\vdash_{LK} \varphi' \to \psi \supset P'x_1 \ldots x_n$ aus (2)

(5) $\vdash_{LK} \varphi \to \psi \supset Px_1 \ldots x_n$ aus (4), wegen $P' \notin$ Präd(ψ); vgl. 2. Fall

(6) $\vdash_{LK} \varphi \to Px_1 \ldots x_n \leftrightarrow \psi$ aus (3) und (5)

(7) $\vdash_{LK} \varphi \to \bigwedge_{x_1} \ldots \bigwedge_{x_n} (Px_1 \ldots x_n \leftrightarrow \psi)$ aus (6)

D.h. P wird durch φ und ψ explizit definiert.

Bemerkung. Aus einer Herleitung für die implizite Definition von P erhält man effektiv eine explizite Definition als Interpolante. Nach Kreisel 1961 gibt es jedoch wie bei der Interpolation (s. §FI1) auch hier keine rekursive (totale) Explikationsfunktion.

Übung. Folgern Sie aus dem Craigschen Interpolationstheorem und dem Endlichkeitssatz für Erfüllbarkeit den Erfüllbarkeitssatz von A. Robinson: Die Vereinigung zweier erfüllbarer Ausdrucksmengen M_i ist erfüllbar, falls für jeden Ausdruck α mit $\mathfrak{f}(\alpha) \subseteq \mathfrak{f}(M_1) \cap \mathfrak{f}\, M_2)$ & Präd(α) $\subseteq$ Präd(M_1) $\cap$ $\cap$ Präd(M_2) gilt: $M_1 \models \alpha$ oder $M_2 \models \neg\alpha$. Hinweis: Führen Sie für (nach gebundener Umbenennung oBdA) pures $M_1 \cup M_2$ die Annahme zum Widerspruch, für eine endliche Konjunktion α_i von M_i-Elementen sei wv$\alpha_1 \wedge \alpha_2$, indem Sie eine Interpolante zu $\vdash_{LK} \alpha_1 \to \neg\alpha_2$ betrachten.

Wir beschließen diesen § mit dem Nachweis, daß Interpolations- und Definierbarkeitssatz bei Beschränkung auf endliche Algebren falsch sind (vgl. auch den Satz von Friedman & Gurevich in §FI1):

Satz. Es gibt Ausdrücke α, β, γ mit:

1. $gt_{endl}\, \alpha \supset \beta$, nicht $wv_{endl}\, \alpha$, nicht $gt_{endl}\, \beta$, es gibt aber keine Interpolante δ "im Endlichen", d.h. mit ($gt_{endl}(\alpha \supset \delta) \wedge (\delta \supset \beta)$).
2. γ definiert P in endlichen Algebren implizit, aber in endlichen Algebren läßt sich P nicht explizit definieren.

Beweis (nach Gurevich 1984). Die Behauptungen ergeben sich leicht aus der folgenden erststufigen Ausdrucksschwäche:

Ehrenfeucht-Lemma. 1. Erstufige abgeschlossene Ausdrücke in der Sprache $\mathfrak{S}$(O;S,K) können endliche lineare Ordnungen mit mindestens $2^{\text{Quantorentiefe}+1}$

Elementen nicht unterscheiden.

2. Die endlichen linearen Ordnungen mit geradzahliger Kardinalität können nicht durch einen erststufigen abgeschlossenen Ausdruck in der Sprache $\$(K)$ charakterisiert werden.

3. Es gibt keinen erststufigen Ausdruck α in der Sprache $\$(K)$ mit freier Variablen x, der in allen endlichen linearen Ordnungen genau durch die Elemente mit geradzahliger Ordnungsnummer erfüllt ist.

Beweis des Satzes aus dem Lemma. Sei Ord_K das Axiom der linearen Ordnung mit kleinstem Element O und Nachfolgerrelation S (vgl. Bsp. 2, §DI1). Es beschreibe $Gerade_P$ (für ein einstelliges Prädikatssymbol P) in endlichen linearen Ordnungen die Menge der Elemente mit geradzahliger Ordnungsnummer, d.h. $x_0, x_2, x_4, \ldots$ mit $x_0 = O$ und $Sx_i x_{i+1}$ für alle i:

$$Gerade_P :\equiv PO \wedge \bigwedge_x \bigwedge_y (Sxy \supset (Px \leftrightarrow \neg Py))$$

Dann ist $gt_{endl}(Ord_K \wedge Gerade_P \wedge Px \rightarrow (Gerade_Q \supset Qx))$ für neues einstelliges Prädikatssymbol Q; der Antezedens ist nicht wv_{endl} und der Sukzedens nicht gt_{endl}. Gäbe es eine Interpolante δ "im Endlichen", so wäre δ wegen der Interpolationsbedingung in bel. endlichen linearen Ordnungen genau durch die Elemente mit geradzahliger Ordnungsnummer erfüllt, was wegen Präd(δ) = {K} & ƒ(δ) = {x} ein Widerspruch zum Lemma ist.

Wegen $gt_{endl}(Ord_K \wedge Gerade_P \wedge Gerade_Q \rightarrow \bigwedge_x (Px \leftrightarrow Qx))$ wird P implizit definiert durch $Ord_K \wedge Gerade_P$. Gäbe es dazu eine explizite Definition vermöge ε mit Präd(ε)={K} & ƒ(ε)={x}, so ergäbe dies wiederum einen Widerspruch zu zu Aussage 3 des Lemmas.

Beweis des Lemmas. Aussage 2 folgt unmittelbar aus Aussage 1. Aussage 3 folgt indirekt aus Aussage 2: gäbe es ein die geradzahligen Elemente in endlichen linearen Ordnungen definierendes α, so würde

$$\beta :\equiv \bigvee_x (Maximum(x) \wedge \alpha) \text{ mit } Maximum(x) :\equiv \neg \bigvee_y Kxy$$

die endlichen linearen Ordnungen ungeradzahliger Kardinalität charakterisieren (d.h. für alle endlichen linearen Ordnung $\tilde{A}=(A,<)$ gälte: $Mod\tilde{A}\beta$ gdw $|A|$ ungeradzahlig.)

Zum Beweis von Aussage 1 führen wir den folgenden Hilfsbegriff ein: Wir betrachten endliche lineare Ordnungen - oBdA über $\mathbb{N}$ - mit Konstanten für Individuen, insbesondere für das Minimum, und für die Nachfolgerrelation bzgl. der Ordnung, d.h. Algebren

$$\tilde{A}=(A;O^A,c_1^A,\ldots,c_k^A;S^A,K^A) \quad \tilde{B}=(B;O^B,c_1^B,\ldots,c_k^B;S^B,K^B).$$

Für $n \in \mathbb{N}$ heißen $\tilde{A}$ und $\tilde{B}$ <u>n-ähnlich</u> gdw $\forall 1 \leq i < k$: $K^A c_i^A c_{i+1}^A$ & $K^B c_i^B c_{i+1}^B$

& mit $c_0 := 0$, $c_{k+1}^A := K^A$-maximum, $c_{k+1}^B = k^B$-maximum gilt $\forall 0 \leq i \leq k$:

$$|(c_i^A, c_{i+1}^A)| = |(c_i^B, c_{i+1}^B)| < 2^{n+1} \quad \text{oder} \quad 2^{n+1} \leq |(c_i^A, c_{i+1}^A)|, |(c_i^B, c_{i+1}^B)|$$

wobei $(c^A, d^A) :=$ K^A-Intervall mit Grenzen c^A, d^A.

Zum Beweis der Aussage 1 des Lemmas genügt es, durch Induktion über die Quantorentiefe n von abgeschlossenen Ausdrücken α der Sprache $\$(0, c_1, \ldots, c_k; S, K)$ zu zeigen, daß α bel. passende n-ähnliche lineare Ordnungen A,B der Kardinalität $\geqq 2^{n+1}$ nicht unterscheidet (d.h. Mod $\tilde{A}\alpha$ gdw Mod $\tilde{B}\alpha$).

Die <u>Quantorentiefe</u> $Qt(\alpha)$ ist dabei definiert durch:

$Qt(\pi) := 0$ für Primformeln π $\quad$ $Qt(\alpha \vee \beta) := \max\{Qt(\alpha), Qt(\beta)\}$

$Qt(\neg\alpha) := Qt(\alpha)$ $\quad$ $Qt(\bigvee_x \alpha) := Qt(\alpha)+1$

Für $0=n=Qt(\alpha)$ führen wir den Beweis durch Ind(α). Für Primformeln folgt die Behauptung aus der n-Ähnlichkeit von $\tilde{A}$ und $\tilde{B}$. Der Induktionsschluß $\alpha \equiv \neg\beta$ oder $\alpha \equiv \beta \vee \gamma$ ist trivial.

Für $0<n$ sei oBdA $\alpha \equiv \bigvee_x \beta$. Wir zeigen, daß Mod $\tilde{B}\alpha$ aus Mod $\tilde{A}\alpha$ folgt; aus Symmetriegründen gilt dann auch die Umkehrung.

Sei also c eine neue Individuenkonstante und $c^A \in A$ mit Mod $\underline{\tilde{A}}$ $\beta_x[c]$, wobei $\underline{\tilde{A}}$ aus $\tilde{A}$ durch Hinzunahme der neuen Individuenkonstante c^A (an der passenden Stelle, sprich zwischen c_i^A und c_{i+1}^A mit $c^A \in (c_i^A, c_{i+1}^A)$ für $0 \leq i \leq k$) entsteht. Wegen der n-Ähnlichkeit von $\tilde{A}$ und $\tilde{B}$ haben wir 2 Fälle zu betrachten:

<u>1. Fall:</u> $|(c_i^A, c_{i+1}^A)| = |(c_i^B, c_{i+1}^B)| < 2^{n+1}$. Dann gibt es ein c^A entsprechendes eindeutig bestimmtes $c^B \in (c_i^B, c_{i+1}^B)$. $\underline{\tilde{B}}$ entstehe aus $\tilde{B}$ durch Hinzunahme von c^B zwischen c_i^B und c_{i+1}^B. Da $\underline{\tilde{A}}$ und $\underline{\tilde{B}}$ n-ähnlich sind, folgt nach Induktionsvoraussetzung Mod $\underline{\tilde{A}}$ $\beta_x[c]$ gdw Mod $\underline{\tilde{B}}$ $\beta_x[c]$. Also ist Mod $\tilde{B}$ $\bigvee_x \beta$.

<u>2. Fall:</u> $2^{n+1} \leqq |(c_i^A, c_{i+1}^A)|, |(c_i^B, c_{i+1}^B)|$. Wir unterscheiden zwei Unterfälle:

<u>Fall 2.1:</u> $|(c_i^A, c^A)| < 2^n$ oder $|(c^A, c_{i+1}^A)| < 2^n$. Dann kann man ein entsprechend kleines Anfangs- oder Endstück im Intervall (c_i^B, c_{i+1}^B) bestimmen, d.h. ein $c^B \in (c_i^B, c_{i+1}^B)$ mit $|(c_i^B, c^B)| = |(c_i^A, c^A)|$ bzw. $|(c^B, c_{i+1}^B)| = |(c^A, c_{i+1}^A)|$. Die so entstehenden $\underline{\tilde{A}}, \underline{\tilde{B}}$ sind dann n-ähnlich, sodaß nach Induktionsvoraussetzung die Behauptung wie im ersten Fall folgt.

<u>Fall 2.2:</u> $2^n \leqq |(c_i^A, c^A)|, |(c^A, c_{i+1}^A)|$. Wegen $2^{n+1} = 2^n + 2^n$ kann man das

Intervall (c_i^B, c_{i+1}^B) durch ein $c^B \in B$ aufspalten mit $2^n \leq |(c_i^B, c^B)|$, $|(c^B, c_{i+1}^B)|$, sodaß die so entstehenden Algebren $\underline{\tilde{A}}, \underline{\tilde{B}}$ n-ähnlich sind und die Behauptung wie im 1. Fall folgt.

Weiterführende Literatur. Zur Beweistheorie: Prawitz 1965, Feferman 1968, Schütte 1977, Schwichtenberg 1977. Zum Interpolationssatz: Eine Bibliographie zu Interpolationstheoremen enthalten Barwise & Fefermann 1984, McRobbie 1982.

KAPITEL F: KOMPLEXITÄT LOGISCHER ENTSCHEIDUNGSPROBLEME

Dieses Kapitel ist Anwendungen von in Kap. A-C vorgestellten Techniken und komplexitätstheoretischen Ergebnissen auf den Prädikatenkalkül gewidmet. Kern sind logische Beschreibungen der Wirkung von (Register-, Turing- u.a.) Programmen, aus der in gleicher Weise die rekursive Unlösbarkeit des Hilbertschen Entscheidungsproblems wie rekursive untere Komplexitätsschranken (sog. Schwerentscheidbarkeitssätze) für entscheidbare Teilprobleme als auch der Gödelsche Unvollständigkeitssatz folgen.

Übersicht. In Teil I verfolgen wir das erstmalig von Church und Turing beobachtete Unentscheidbarkeitsphänomen ein Stück weit und zeigen, daß leichte Variationen der genannten Technik logischer Beschreibung der Bedeutung von Programmen in mehrfacher Hinsicht zu weitreichenden Verschärfungen des Unentscheidbarkeitssatzes führen. So beweisen wir in § 1 Trachtenbrots Ergebnis von der Nicht-Axiomatisierbarkeit der in endlichen Algebren gültigen erststufigen Ausdrücke, das für die endliche Modelltheorie (und damit für Datenbanktheorien) wichtig ist. Als Nebenprodukt der dabei erreichten Normalform ergeben sich einfache Beweise für die Universalität einer kleinen Teilsprache der Programmiersprache PROLOG und für die wesentliche Unentscheidbarkeit einer Erweiterung der Prädikatenlogik durch ein PROLOG-Programm als Zusatzaxiom. Aus Letzterem folgern wir Kreisels Satz von der Unmöglichkeit rekursiver Interpolationsverfahren. §1 beschließt der Satz von Friedman & Gurevich, daß es selbst in endlichen Algebren keine rekursive Schranke für Interpolanten bzw. explizite Definitionen von implizit definierten Prädikaten gibt.

In §2 beweisen wir die Vollständigkeit für das rekursiv Aufzählbare eines scheinbar einfachen, durch scharfe syntaktische Restriktionen bestimmten und in präzisierbarem Sinne minimalen Teilproblems des Entscheidungsproblems der Prädikatenlogik (sog. Reduktionsklassen); dazu korelliert im Bereich des Rekursiven (§III 1) die NP-Vollständigkeit der aussagenlogischen Variante des Hilbertschen Entscheidungsproblems mit einer Normalform, durch die sich die Frage nach der Komplexität Boolescher Funktionen als Frage nach der Länge sie definierender Hornformeln herausstellt. NP und allgemeiner die (Turingmaschinenversion der) E_3-Rechenzeithierarchie aus §CII2 erweist sich als Charakterisierung der Familie der Mächtigkeitsmengen endlicher Modelle erst- bzw. höherstufiger Ausdrücke (§III2) und die entscheidbaren Gegenstücke zu den Reduktionsklassen aus Teil I als vollständig für bestimmte Komplexitätsklassen (§III3).

In Teil II wenden wir die Technik möglichst sparsamer Formalisierung algorithmischer Probleme auf die Lösbarkeitsfrage diophantischer Gleichungen an im Hinblick auf einen besonders durchsichtigen Beweis für die Gödelschen Unvollständigkeitssätze, wonach es keine vollständige und korrekte erststufige Axiomatisierung der Zahlentheorie gibt.

TEIL I: UNENTSCHEIDBARKEIT UND REDUKTIONSKLASSEN

Wir zeigen in diesem Teil die Sätze von Church & Turing und Trachtenbrot von der Unentscheidbarkeit der gültigen wie der endlich erfüllbaren Ausdrücke der Prädikatenlogik der ersten Stufe. Als Korollare der dafür benutzten (auf Aanderaa 1971 und Börger 1971 zurückgehenden) Beweismethode erhält man unmittelbar die PROLOG-Definierbarkeit (sogar nur mit binären Klausen über Zahltermen) aller berechenbaren Funktionen und einfache PROLOG-Programme als Beispiele eines Axioms für eine wesentlich unentscheidbare (also unvollständige) erststufige Theorie bzw. erfüllbarer Formeln ohne rekursive (r.a.) Modelle. Anschließend folgern wir Kreisels Satz von der Unmöglichkeit rekursiver Interpolationsverfahren und beweisen den Satz von Friedman & Gurevich, daß selbst in endlichen Strukturen Interpolanten bzw. Explikationen implizit definierbarer Prädikate rekursiv unbeschränkt sind. Auf Grund der Reduktion beliebiger Maschinenberechnungen auf Herleitbarkeitsprobleme logischer Formeln stellen die o.g. Unentscheidbarkeitsbeweise Vollständigkeitsergebnisse für das rekursiv Aufzählbare dar, was die innere und methodische Verbindung zu den als Schwerentscheidbarkeitsergebnisse interpretierten Vollständigkeitssätzen im Bereich von Komplexitätsklassen in Teil III herstellt. In §2 behandeln wir ein zentrales Beispiel der dabei erreichbaren Normalformen des Hilbertschen Entscheidungsproblems (sog. Reduktionsklassen).

§ 1. Sätze von Church & Turing und Trachtenbrot. Wir beginnen mit Malcews 1974 Beobachtung, daß die prädikatenlogische Formalisierbarkeit des Wortproblems von Thuesystemen einen besonders einfachen Beweis gibt für:

Satz von Church 1936 & Turing 1937. $\{\alpha \mid \vdash_{PL} \alpha\}$ ist nicht rekursiv.

Beweis. Nach dem Vollständigkeitssatz liefern die Ausdrücke $\alpha_T \supset V{=}W$ aus Beispiel 5 in §DI1 eine m-Reduktion des unentscheidbaren Wortproblems für Thuesysteme vermöge: $V \vdash_T W$ gdw gültig $\alpha_T \supset V{=}W$ gdw $\vdash_{PL} \alpha_T \supset V{=}W$.

Übung 1. Zeigen Sie die Unentscheidbarkeit der erststufigen Halbgruppentheorie (lies $\{\alpha \mid \bigwedge\bigwedge\bigwedge_{xyz}(..xyz{=}.x.yz) \models \alpha\}$).

Übung 2. Zeigen Sie die Unentscheidbarkeit der in Halbgruppen mit 2 Erzeugern gültigen Ausdrücke der Form $V_o{\neq}W_o \vee \ldots \vee V_m{\neq}W_m \vee V{=}W$ mit festen Termen V_i, W_i und bel. Termen V,W über dem zugehörigen kanonischen Termbereich aller Worte über dem Alphabet {a,b}. Hinweis: Betrachten Sie ein Thuesystem über 2-elementigem Alphabet mit unlösbarem Wortproblem. Für eine Verschärfung auf negationsfreie Ausdrücke in pränexer disjunktiver Normalform mit Präfix der Form $\bigvee\bigwedge\bigvee\bigvee\bigvee$ s. Durnev 1973.

Übung 3. Zeigen Sie die Unentscheidbarkeit der engeren Prädikatenlogik: $\{\alpha \mid \alpha \in PL^- \ \& \ \vdash \alpha\}$ ist nicht rekursiv. Hinweis: s. Übung 2 zur engeren Prädikatenlogik in §DII4.

Wir geben jetzt einen anderen Beweis für den Satz von Church&Turing, der auf einer von Aanderaa 1971 und Börger 1971 in Fortführung von Ideen aus Turing 1937 und Büchi 1962 entwickelten gleichheits- und funktionssymbolfreien Beschreibung von Registermaschinenprogrammen durch erststufige Formeln beruht. Via dieser logischen Implementierung von Programmen entsprechen sich einzelne Programmausführungs- und logische Herleitungs- (insbes.

Resolutions-)Schritte, wodurch sich viele komplexitätstheoretische Eigenschaften von Maschinen- auf logische Entscheidungsprobleme übertragen und umgekehrt; dies liefert den Schlüssel zu Erweiterungen und Verschärfungen des Satzes von Church&Turing und zahlreichen Anwendungen.

Definition (nach Krom 1966,1967). KROM ist die Klasse der Kromformeln, d.h. der pränexen Ausdrücke mit Matrix in konjunktiver Normalform nur aus unären oder binären Alternationen p oder $p \vee q$ mit Primformeln oder negierten Primformeln p,q. Analog sprechen wir von Kromklausen.

Satz von Aanderaa 1971 & Börger 1971 (1. Form). Man kann effektiv 2-Registermaschinenprogramme M durch geschlossene Krom- und Hornformeln α_M (der engeren Prädikatenlogik mit Präfix $\bigvee_u \bigwedge_x \bigvee_v \bigwedge_y$ und Skolem-Normalform $\bigwedge_x \bigwedge_y \pi_M$) sowie M-Konfigurationen C durch Primformeln $\underline{C}$ so kodieren, daß gilt:

$$*: \forall C,D: C \Rightarrow_M D \text{ gdw } \vdash_{PL} \bigwedge_x \bigwedge_y \pi_M \wedge \underline{C} \supset \underline{D} \text{ gdw } \pi_M, \underline{C} \vdash_{Res} \underline{D}\ .$$

(Wir nennen * Reduktionslemma.) α_M enthält nur 2-stellige Prädikatssymbole.

Beweis. Kodierungsidee: Nach Skolems Satz über die kanonische Erfüllbarkeit (§DIII3) können wir die als Registerinhalte auftretenden Zahlen m unmittelbar als Zahlterm $\underline{m} \equiv S^m O$ (mit Individuenkonstante O und 1-stelliger Funktionskonstante S) kodieren und das Erreichen einer Konfiguration $D=(i,(m,n))$ im Verlaufe der bei C gestarteten M-Rechnung durch Zutreffen einer durch die Primformeln $\underline{D} \equiv K_i\, \underline{m}\ \underline{n}$ mit Prädikatszeichen K_i ausgedrückten 2-stelligen Relation. Anders gesagt gilt in kanonischen Modellen der zu konstruierenden Formel $\bigwedge_x \bigwedge_y \pi_M \wedge \underline{C}$ die intendierte Interpretation: $\underline{D}$ ist wahr gdw $C \Rightarrow_M D$.

Also sei die Programmformel π_M definiert als Konjunktion der folgenden Ausdrücke ε_i, die die Wirkung der i-ten M-Instruktion I_i auf Konfigurationen beschreiben (d.h. repräsentiert ein Beispiel der Prämisse von ε_i die Konfiguration E, so repräsentiert das entsprechende Beispiel der Konklusion die unmittelbare Nachfolgerkonfiguration von E vermöge I_i):

$K_i xy \supset K_j Sxy$ für $I_i=(i,a_1,j)$ in M

$(K_i Oy \supset K_j Oy) \wedge (K_i Sxy \supset K_k xy)$ .....(i,s_1,j,k).....

Entsprechend für a_2- bzw. s_2-Instruktionen unter Vertauschung der Terme im 1. und 2. Argument. Bei Subtraktionsinstruktionen bezeichnen wir das l-te Konjunktionsglied mit $\varepsilon_{i,l}$ $(l=0,1)$.

Die Richtung von rechts nach links im Reduktionslemma folgt aus der Beobachtung, daß die oben angegebene intendierte Interpretation $\bigwedge_x \bigwedge_y \pi_M \wedge \underline{C}$ erfüllt, nach Voraussetzung also auch $\underline{D}$, was $C \Rightarrow_M D$ bedeutet. Die Umkehrung ergibt sich aus der Tatsache, daß jeder 1-Schritt-Übergang von M, der vermöge einer Instruktion I_i von einer Konfiguration E auf eine Konfiguration D führt, durch eine logische Herleitung von $\underline{D}$ aus $\bigwedge_{x}\bigwedge_{y}\varepsilon_i \wedge \underline{E}$ simuliert wird (lies: durch einen Resolutionsschritt, durch den die Resolvente $\underline{D}$ aus $\underline{E}$ und ε_i entsteht.)

Bemerkung. Im Vorgriff auf komplexitätstheoretische Verwendung in §FIII1 sei hier ausdrücklich bemerkt, daß das Reduktionslemma auch für die sog. Einheitsresolution (unit resolution) gilt, bei deren Anwendung jeweils mindestens eine der beiden Klausen aus nur einem Literal (hier: nicht negierten Konfigurationsformeln $\underline{E}$) besteht.

Die Unentscheidbarkeit des Entscheidungsproblems für Kromformeln bewiesen erstmalig Reynolds 1969 - durch Reduktion des Postschen Korrespondenzproblems unter Benutzung nur von Einheitsresolution - und Krom 1970 (durch Reduktion von Tag-Systemen).

Übung. Geben Sie eine Reduktion des Eckdominoproblems auf das Entscheidungsproblem der Prädikatenlogik und folgern die Unentscheidbarkeit des Letzteren aus der des Ersteren (s. §BI2).

Wegen der Universalität der 2-RM beinhaltet der Satz von Aanderaa und Börger eine Normalform für das Hilbertsche Entscheidungsproblem: man nennt eine (rekursive) Ausdrucksklasse X Reduktionstyp (bzgl. Erfüllbarkeit) der Prädikatenlogik, wenn man effektiv jedem α ein $\alpha' \in X$ zuordnen kann mit: erfα gdw erfα'. (Das Entscheidungsproblem eines Reduktionstyps ist also m-äquivalent zu dem der gesamten Prädikatenlogik.)

Korollar O. (Aanderaa-Börger-Reduktionstyp $\bigvee\bigwedge\bigvee\bigwedge$ in KROM und HORN) Die Klasse der geschlossenen Krom- und Hornformeln der engeren Prädikatenlogik mit Präfix der Form $\bigvee\bigwedge\bigvee\bigwedge$ und nur 2-stelligen Prädikatssymbolen ist ein Reduktionstyp der Prädikatenlogik.

Beweis. Nach dem Gödelschen Vollständigkeitssatz und dem Satz von Minsky (§AI4a) sei M ein 2-RM-Programm, das die allgemeingültigen α akzeptiert, lies: $\models \alpha$ gdw $(0,(2^{\alpha},0)) \Rightarrow_M (1,(0,0))$, wobei wir oBdA α mit seiner Gödelnummer identifizieren. Durch Vorschalten eines Programms zur Eingabe von $\neg\alpha$ erhält man für jedes α ein 2-RM-Programm $M(\alpha)$ mit:

erf α gdw non $\models \neg\alpha$ gdw non$(0,(2^{\neg\alpha},0)) \Rightarrow_M (1,(0,0))$	Def. von M
gdw non$(0,(0,0)) \Rightarrow_{M(\alpha)} (1,(0,0))$	Def. von $M(\alpha)$
gdw erf $\bigwedge_{x}\bigwedge_{y}\pi_{M(\alpha)} \wedge K_0 00 \wedge \neg K_1 00$	Reduktionslemma

Letzterer Ausdruck ist Skolem-Normalform der gesuchten Reduktionsformel α'.

Übung. Zeigen Sie Korollar O mit Präfix der Form $\bigwedge\bigvee\bigvee\bigwedge$. Hinweis: Benutzen Sie zur Darstellung der Null Terme Nx mit einem neuen einstelligen Funktionszeichen N.

Bemerkung. Für Kromformeln ist die Präfixform $\bigvee\bigwedge\bigvee\bigwedge$ des Aanderaa-Börgerschen Reduktionstyps aus Korollar O nicht verbesserbar, weil Kromklassen aus

Formeln mit noch "kleinerem" Präfix ein rekursives Entscheidungsproblem bzgl. Erfüllbarkeit haben, s. insbesondere Aanderaa & Lewis 1973. Insofern stellen diese Präfixtypen $\bigvee\bigwedge\bigvee\bigwedge$ und $\bigwedge\bigvee\bigvee\bigwedge$ für Kromformeln eine scharfe Normalform des Hilbertschen Entscheidungsproblems dar. Ohne die Einschränkung auf Kromformeln ist dieses nicht mehr richtig, wie der Reduktionstyp aus Formeln vom Präfixtyp $\bigwedge\bigvee\bigwedge$ in §2 zeigt.

Übung (Aanderaa & Börger & Gurevich 1982). Die Klasse der geschlossenen pränexen Krom- und Hornformeln ohne Funktionszeichen, mit Gleichheit, mit Präfix der Form $\bigwedge\bigvee\bigwedge\bigvee$ und nur 2-stelligen Prädikatssymbolen ist ein Reduktionstyp. Hinweis: Reduzieren Sie Formeln aus Korollar O unter Benutzung einer Axiomatisierung der Null durch: $\bigwedge_x\bigvee_v\bigwedge_y\bigvee_u(Nu \wedge (Nx\supset x=u) \wedge (Ny\supset y=u))$.

Übung. Die Mengen I und N der (nur) unendlich erfüllbaren bzw. der wv Ausdrücke sind rekursiv untrennbar. Hinweis: Folgern Sie aus der Annahme, es gäbe ein rekursives R mit $I\subseteq R$ & $R\cap N=\emptyset$, daß dann $\{\alpha|\text{erf }\alpha\}$ rekursiv wäre (weil $F=\{\alpha|\text{erf}_{\text{endl}}\alpha\}$ und N r.a. sind).

Trachtenbrot 1953 hat gezeigt, daß auch die Mengen F und N der endlich erfüllbaren bzw. widerspruchsvollen Ausdrücke rekursiv untrennbar sind und somit das Hilbertsche Entscheidungsproblem sogar für endliche Erfüllbarkeit rekursiv unlösbar ist. Wegen $\text{gt}_{\text{endl}}\alpha$ gdw nicht $\text{erf}_{\text{endl}}\neg\alpha$ bedeutet dies, daß die Mengen der in endlichen Algebren gültigen erststufigen Ausdrücke nicht rekursiv axiomatisierbar ist, anders gesagt, daß es keinen vollständigen und korrekten Kalkül für den Gültigkeitsbegriff im Endlichen gibt. Diese Unmöglichkeitsaussage setzt Anwendungen der erststufigen Prädikatenlogik insbesondere in der Datenbanktheorie eine prinzipielle Grenze; wir empfehlen dem Leser Gurevich 1984, §FIII2 für eine weitergehende komplexitätstheoretische Analyse erststufiger Theorien endlicher Algebren.

Als Folgerung unseres Reduktionslemmas beweisen wir jetzt neben der rekursiven Untrennbarkeit von F und N auch die von I und F und formulieren dies als erweiterten

Satz von Trachtenbrot. Die Mengen F,I,N der endlich bzw. unendlich und nur unendlich bzw. überhaupt nicht erfüllbaren Ausdrücke sind rekursiv untrennbar für Sprachen der engeren Prädikatenlogik mit bel. vielen 2-stelligen Prädikatensymbolen.

Beweis. Nach der vorstehenden Übung bleibt die rekursive Untrennbarkeit von N,F bzw. I,F zu zeigen. Wir erreichen diese durch Anwendung unseres Reduktionslemmas auf eine Reduktion der rekursiv untrennbaren 2-RM-Halteprobleme H_1,H_2 bzw. H,H_2 (s. Übung zum Lemma von der Existenz rekursiv untrennbarer r.a. Mengen in §BII3d), wobei für i=1,2:

$H_i:=\{M|C_o=(0,(0,0))\vdash_M(i,(0,0))$ & M 2-RM-Programm mit einzigen Stopzuständen 1,2$\}$

$H:=\{M|$ .... $\not\vdash_M$ Haltekonfiguration ....$\}$.

α_M sei wie in Korollar 0 der Ausdruck der engeren Prädikatenlogik mit Skolem-Normalform $\bigwedge\bigwedge_{xy}\pi_M \wedge K_o OO \wedge \neg K_1 OO$. Wir zeigen für beliebige Programme M:

(1) $M \in H_1$ gdw $wv\alpha_M$ (2) $M \in H_2$ gdw $erf_{endl}\alpha_M$.

Hieraus folgt die Satzbehauptung: denn gäbe es ein rekursives R mit $F \subseteq R$ und $N \cap R = \emptyset$ (bzw. $I \cap R = \emptyset$), so würde die rekursive Menge $\{M | \alpha_M \in R\}$ die Mengen H_2, H_1 (bzw. H_2, H) trennen.

(1) gilt nach dem Reduktionslemma im Satz von Aanderaa & Börger; im Fall $M \in H_2$ liefert die intendierte Interpretation (lies: $\underline{D}$ ist wahr gdw $C_o := (0, (0,0)) \Rightarrow_M D$) sogar ein endliches Modell, wenn man das kanonische Modell auf den Bereich $\{0, \ldots, \underline{Sk}\}$ einschränkt, wobei k der maximale Inhalt eines Registers im Verlaufe der bei der Stopkonfiguration (2,(0,0)) abbrechenden M-Rechnung ist und der Nachfolger von $\underline{Sk}$ als $\underline{Sk}$ definiert wird.

Für die Rückrichtung von (2) - die zum Beweis der rekursiven Untrennbarkeit von I und F benötigt wurde - müssen wir die Stopbedingung verschärfen: wir müssen a) sicherstellen, daß die durch M und C_o bestimmte Konfigurationenfolge nur dann zyklisch wird, wenn M hält (lies: die Konfigurationenfolge bei (1,(0,0)) oder (2,(0,0)) konstant wird), b) diese Zusatzbedingung in geeigneter Weise in die logische Beschreibung kanonischer Modelle der M-Rechnungen aufnehmen.

a) können wir oBdA für M voraussetzen: es genügt, in die Simulation beliebiger RM-Programme durch 2-RM-Programme (Satz von Minsky, §AI4a Übung 1) die Simulation eines Schrittzählers für das zu simulierende Programm aufzunehmen. Dadurch ändert sich das Stopverhalten nicht, aber die Konfigurationenfolge des simulierenden Programms kann nur noch durch einen (durch einen Stop des simulierten Programms erzwungenen) Stop zyklisch (in der Tat konstant) werden.

b) läßt sich durch Relativierung einer <-Relation (s. §DI2 Bsp.2) auf Registerinhalte erreichen: stoppt M nicht, so treten im Rechnungsverlauf wegen der Zyklenfreiheit beliebig große Registerinhalte auf, deren Kodierungen in kanonischen Modellen auf Grund der durch die neue Stopformel $\omega(K)$ erzwungenen < -Ordnung paarweise verschieden sind:

$$\omega(K) \equiv \bigwedge_i ((K_i xy \supset KxSx) \wedge (K_i yx \supset KxSx)) \wedge (Kyx \supset KySx) \wedge \neg Kxx \quad .$$

Erweitert man die bisher angegebenen Modelle für $\bigwedge\bigwedge_{xy}\pi_M \wedge K_o OO \wedge \neg K_1 OO$ um die Interpretation von K als kanonische < -Relation, so erhält man im Reduktionslemma genauso Modelle für $\bigwedge\bigwedge_{xy}(\pi_M \wedge K_o OO \wedge \neg K_1 OO \wedge \omega(K))$. Zusätzlich gilt nun auch die Rückrichtung von (2): Falls $M \notin H_2$ kann $\bigwedge\bigwedge_{xy} (\pi_M \wedge K_0 00 \wedge \neg K_1 00 \wedge \omega(K))$ wenn überhaupt dann nur unendliche Modelle haben: hält M angesetzt auf $C_o=(0,(0,0))$ nicht, so treten im Rechnungsverlauf alle natürlichen Zahlen mindestens einmal als Registerinhalt auf; ihre Kodierungen $\underline{m}$ in Modellen von $\bigwedge\bigwedge_{xy}(\pi_M \wedge K_0 00 \wedge \neg K_1 00 \wedge \omega(K))$ sind wegen $\omega(K)$ durch K angeordnet (s. Beweis Bsp.2 §DI2) und somit paarweise verschieden.

Übung. Folgern Sie, daß der Aanderaa-Börgersche Reduktionstyp aus Korollar 0 sogar konservativ ist. Ein Reduktionstyp heißt konservativ, falls für die Reduktionsausdrücke α' zusätzlich gilt: $\text{erf}_{\text{endl}}\alpha$ gdw $\text{erf}_{\text{endl}}\alpha'$. (Vgl. Aanderaa & Börger & Lewis 1982).

Übung 2. Zeigen Sie die Korrektheit und Vollständigkeit des nachfolgend definierten Kalküls zur Herleitung genau der aussagenlogisch erfüllbaren Ausdrücke: Axiom ist jede Klause (Disjunktion) aussagenlogischer Literale, die mindestens ein vom konstanten Literal 0 verschiedenes Literal enthält. Die einzige Regel ist:

$$\frac{\alpha_1[1] \quad C}{\alpha \wedge C} \quad \text{für Klausen } C\text{, Literale } l \in C.$$

Dabei meint die "Substitution von Literalen l durch 1" die Substitution von x durch 1 und von ¬x durch 0 für l≡x (resp. von ¬x durch 1 und von x durch 0 für l≡¬x).

Für einen vollständigen und korrekten Kalkül zur Erzeugung genau der prädikatenlogisch endlich erfüllbaren gleichheitsfreien Ausdrücke s. Bullock & Schneider 1973. S. auch Bullock & Schneider 1972, Hailperin 1961.

Für subtilere Anwendungen der Wirkung der rekursiven Untrennbarkeit von Halteproblemen auf die Modellkomplexität der beschreibenden Formeln geben wir eine in Aanderaa 1971 und Börger 1975a entwickelte Verfeinerung des Reduktionslemmas:

Satz von Aanderaa und Börger (2. Form). Für die unten definierte Thueversion τ_M der Programmformel π_M von 2-Registermaschinenprogrammen M mit Stopzuständen 1,2 und bel. M-Konfigurationen C gilt (auch für Einheitsresolution statt Resolution):

(1) $C \Rightarrow_M (1,(0,0))$ gdw $\tau_M, \neg K_1 00, K_2 00 \vdash_{\text{Res}} \neg\underline{C}$

(2) ..... 2.............................. $\underline{C}$

(Lies: Die Formel $\gamma_M :\equiv \bigwedge\bigwedge_{xy}\tau_M \wedge \neg K_1 00 \wedge K_2 00$ verwirft die auf einen Halt (mit leeren Registern) im Zustand 1 führenden Konfigurationen und erzwingt die auf einen Stop im Zustand 2 führenden Konfigurationen.) τ_M ist Krom- und Hornformel mit nur 2-stelligen Prädikatszeichen und Termen 0,x,Sx,y.

Beweis. τ_M sei definiert wie π_M, jedoch mit $\leftrightarrow$ an Stelle von $\supset$; d.h. τ_M formalisiert den reversiblen Abschluß (die symmetrische Hülle) von $\Rightarrow_M$. Für den Beweis von (1) und (2) für τ_M übertragen und erweitern wir die für π_M gegebenen Nachweise:

Falls $C \Rightarrow_M (1,(0,0))$, folgt die Behauptung aus dem Reduktionslemma, weil τ_M logisch π_M impliziert.

Falls $C \not\Rightarrow_M (1,(0,0))$, hat $\gamma_M \wedge \underline{C}$ ein kanonisches Modell in der Interpretation ($K_j \underline{r}\ \underline{s}$ gdw nicht $(j,(r,s)) \Rightarrow_M (1,(0,0))$).

Falls $C \Rightarrow_M (2,(0,0))$, sei C_t $(t \leq k)$ die durch $C_0 = C$ und M bestimmte abbrechende Konfigurationenfolge mit $C_k = (2,(0,0))$. Wie beim Beweis des Reduktionslemmas für π_M wird startend bei $\underline{C_{k-0}} = \underline{K_2 00}$ die Umkehrung jedes M-Rechenschritts der gegebenen M-Rechnung durch einen Einheits-Resolutionsschritt simuliert, durch den die Resolvente $\underline{C_{k-t-1}}$ aus $\underline{C_{k-t}}$ und der Umkehrung des zugehörigen ε_i entsteht (Induktion nach $t \leq k$). Also entsteht $\underline{C}$ durch Resolution aus γ_M.

Falls $\vdash_{PL} \gamma_M \supset \underline{C}$, erfüllt jedes Modell von γ_M auch $\underline{C}$. Offensichtlich liefert ($K_j\ \underline{r}\ \underline{s}$ gdw $(j,(r,s)) \Rightarrow_M (2,(0,0))$) ein kanonisches Modell der Prämisse γ_M, sodaß dabei $\underline{C}$ gilt, d.h. $C \Rightarrow_M (2,(0,0))$.

Eine rekursionstheoretische Deutung der Reduktionstypeigenschaft der Klasse aller Krom- und Hornformeln liefert die folgende Charakterisierung des Begriffs der algorithmisch berechenbaren Funktion, die PROLOG-ähnlichen Auffassungen der Logik als Programmiersprache zugrundeliegt:

Korollar 1 (Universalität binärer PROLOG-Programme). Man kann effektiv jeder k-stelligen berechenbaren Funktion f ein Prädikatensymbol F und eine endliche Menge C_f von Horn- (sogar auch Krom-) klausen mit Termen $x, y_i, 0, Sx$ $(0 \leq i \leq k+1)$ zuordnen, sodaß für alle Argumentefolgen $\vec{m}$ und alle n gilt:

$$f(\vec{m}) = n \quad \text{gdw} \quad C_f \models F\, \underline{\vec{m}}\, \underline{n} \quad \text{gdw} \quad C_f \vdash_{\text{unit-Res}} F\, \underline{\vec{m}}\, \underline{n}\ .$$

(Zur Prozedurinterpretation von Hornklausen als PROLOG-Programme s. §DIII3.)

Beweis. Für ein Programm M zur rekursiven Aufzählung des Graphen von f auf der Registermaschine mit k+3 Registern (nach dem Satz von Minsky §AI4a) sei τ_M, γ_M definiert wie im Satz mit k+3-stelligen Prädikatssymbolen K_i, Variablen $y_0, \ldots, y_{k+1}$ statt y usw. Dann gilt:

$f(\vec{m}) = n$ gdw $C_o = (0, (\vec{m}, n, 0, 0)) \Rightarrow_M (2, (0, \ldots, 0))$ (d.h. M akzeptiert $\vec{m}, n$)

gdw $\tau_M, \neg K_1 0 \ldots 0, K_2 0 \ldots 0 \vdash_{\text{unit-Res}} K_0\, \underline{\vec{m}}\, \underline{n}\, 00$ (nach dem Satz).

Also kann man C_f bestimmen aus den Klauseln in $\tau_M, \neg K_1 0 \ldots 0, K_2 0 \ldots 0$ sowie $K_0 y_0 \ldots y_k 00 \leftrightarrow F y_0 \ldots y_k$ mit neuem Prädikatensymbol F. Als Hornformel hat τ_M die Form eines PROLOG-Programms.

Bemerkung. Hasenjaeger 1959 hat bereits erkannt und in Scholz & Hasenjaeger 1961, §234 ff ausgeführt, daß beliebige Kalküle

(Aufzählungsverfahren) durch Formeln mit Hornstruktur beschrieben werden können. Die Bedeutung dieser Beobachtung ist allerdings erst durch die Programmiersprache PROLOG und die ihr zugrundeliegende Prozedurinterpretation von Hornklausen voll ins allgemeine Bewußtsein getreten.

Übung 1 (Universalität generalisierter Hornformeln aus Gleichungen in nur einer Variablen und einstelligen Funktionssymbolen, Gurevich 1976, Börger 1978). Zeigen Sie die Reduktionstypeigenschaft für die Klasse aller abgeschlossenen pränexen Hornformeln mit Präfix $\forall x$ und einer aussagenlogisch aus Gleichungen und Ungleichungen aufgebauten Matrix, in der nur einstellige Funktionszeichen auftreten.

Hinweis: Zeigen Sie wie im Satz von Aanderaa und Börger (1. Form) das Reduktionslemma für die Konfigurationskodierung

$$\underline{(i,(p,q))} :\equiv k_i\, r_1^p\, r_2^q nx = r_1^p\, r_2^q nx$$

mit einstelligen Funktionszeichen k_i (für die M-Zustände i), r_1, r_2 (für die Register mit Vertauschungsaxiom $r_1 r_2 x = r_2 r_1 x$), n (für die Nullterme). Die "Nullterme" $r_j^p nx$ für das k-te Register mit $k \neq j$ kann man mittels neuer Funktionszeichen n_j, n_k axiomatisieren durch:

$$n_k nx = nx \qquad n_k r_k x \neq r_k x \qquad n_k x = x \leftrightarrow n_k r_j x = r_j x$$

sodaß $n_k x = x$ gdw $x = r_j^p ny$ für gewisse p,y.

Übung 2 (Sebelik & Stepanek 1982). Konstruieren Sie durch Induktion nach F_μ zu jeder partiell rekursiven Funktion f eine endliche Menge C(f) von Hornklausen, in denen nur aus Variablen und O mittels S aufgebaute Terme auftreten, sodaß für ein Prädikatensymbol F und alle $\vec{m}, n \in N$ gilt:

$f(\vec{m}) = n$ gdw $C(f) \vdash_{Res} F\, \underline{\vec{m}}\, \underline{n}$.

Hinweis: Falls $f = \mu g$, wählen Sie C(f) als Erweiterung von C(g) um die folgenden Klausen (mit neuen Variablen und neuen Prädikatenzeichen R,F): 1. $G\vec{x}Oy \wedge R\vec{x}Oyz \supset F\vec{x}z$, 2. $RxuOu$, 3. $G\vec{x}Suy \wedge R\vec{x}Suyz \supset R\vec{x}uSvz$. Klausen 1,2 sichern den Fall $f(\vec{m}) = 0$; für $f(\vec{m}) = n > 0$ folgt aus C(g) und den Klausen 2,3 für alle $i \leq n$: $\underline{R\vec{m}}\ \underline{n-i}\ \underline{g(\vec{m},n-i)}\ \underline{n}$, mittels Klause 1 also $F\, \underline{\vec{m}}\, \underline{n}$.
Weitere Beweise für (schwächere Formen von) Korollar 1 zum Satz von Aanderaa und Börger finden sich in Hill 1974, Andreka & Nemeti 1976, Tärnlund 1977, Itai & Makowsky 1983.

Bemerkung. Offensichtlich entspricht vermöge der Aanderaa-Börgerschen Reduktionsmethode jedem M-Rechenschritt genau ein PROLOG-Rechenschritt, lies ein prädikatenlogischer Resolutionsschritt, durch den eine Primformel $\underline{D}$ mit der Prämisse einer Instruktionsimplikation ε_i unifiziert und als Resolvente die Nachfolgerkonfigurationsformel $\underline{D'}$ hergeleitet wird (Einheitsresolution). Dieser durch die Reduktionsmethode sichtbar gemachte enge und einfache Zusammenhang zwischen Rechenschritten eines Programms und simulierenden Herleitungsschritten im Logikkalkül macht nicht nur den Äquivalenzbeweis besonders durchsichtig, sondern vererbt zahlreiche komplexitätstheoretische Eigenschaften von Maschinen auf logische Entscheidungsprobleme und umgekehrt. Als Beispiel zeigen wir jetzt, wie die rekursive Untrennbarkeit gegebener Halteprobleme die rekursive Untrennbarkeit der aus der zugehörigen Programmformel beweisbaren bzw. widerlegbaren Ausdrücke nach sich zieht und damit eine große untere Schranke für die Modellkomplexität dieser Programmformel. Als weiteres Beispiel übertragen wir einige arithmetische Komplexitätsbestimmungen aus §BII3 von Maschinen- auf entsprechende logische Entscheidungsprobleme.

Definition. Unter einer Theorie T (über \$) verstehen wir ein Deduktionssystem, dessen Axiome die von PL umfassen und dessen Regeln die von PL sind. Die zusätzlichen Axiome nennen wir die (nichtlogischen) Axiome von T. T heißt endlich axiomatisiert, falls T nur endlich viele nichtlogische Axiome hat. Eine Theorie T über \$ heißt entscheidbar, falls $\{\alpha\in A(\$): \vdash_T \alpha\}$ entscheidbar ist. Sie heißt konsistent (widerspruchsfrei), falls für kein $\alpha\in A(\$)$ gilt: $\vdash_T \alpha\wedge\neg\alpha$. (Nach dem AL-Vollständigkeitssatz ist dies äquivalent zu $\exists\alpha\in A(\$): \not\vdash_T \alpha$.) Sind T und T' Theorien, so heißt T' Erweiterung von T, $T\subseteq T'$, falls $\{\alpha\in A(\$): \vdash_T \alpha\} \subseteq \{\alpha\in A(\$): \vdash_{T'} \alpha\}$. Ist T konsistent, so heißt T wesentlich unentscheidbar, falls jede konsistente Erweiterung von T unentscheidbar ist.

Korollar 2 (Wesentlich unentscheidbare Theorie von binären PROLOG-Programmen). Für 2-RM-Programme sei $T=T_M$ die durch die Krom- und Hornformel γ_M als einziges nichtlogisches Axiom definierte Theorie. Falls die Halteprobleme $H_i:=\{n \mid (0,(n,0)) \Rightarrow_M (i,(0,0)) \;\&\; n\in\mathbb{N}\}$ $(i=1,2)$ von M rekursiv untrennbar sind, sind auch die Mengen $\{\alpha \mid \vdash_T \alpha\}$ der in T beweisbaren und $\{\alpha \mid \vdash_T \neg\alpha\}$ der in T widerlegbaren Ausdrücke rekursiv untrennbar, sodaß dann T_M wesentlich unentscheidbar ist.

Beweis. Die Konsistenz von T folgt aus der Erfüllbarkeit von γ_M. Jede Trennungsmenge R von $\{\alpha \mid \vdash_T \alpha\}$ und $\{\alpha \mid \vdash_T \neg\alpha\}$ liefert nach (2) und (1) des Satzes die Trennungsmenge $R':=\{n \mid K_0\, \underline{n}\, 0\in R\}$ von H_2 und H_1. Für jede konsistente Erweiterung T' von T trennt die "Refutationsmenge"

$$R(T'):= \{n \mid \vdash_{T'} \neg K_0\, \underline{n}\, 0 \;\&\; n\in\mathbb{N}\}$$

nach (1) und (2) des Satzes die Mengen H_1 und H_2, d.h. $H_1\subseteq R$ & $R\cap H_2 = \emptyset$. Also gibt es keine derartigen rekursiven R bzw. T'.

Bemerkung. Entsprechend trennt in jedem Modell $\tilde{A}$ von γ_M die Refutationsmenge $R(\tilde{A}):=\{n \mid \mathrm{Mod}_{\tilde{A}} \neg K_0\, \underline{n}\, 0 \;\&\; n\in\mathbb{N}\}$ die Mengen H_1 und H_2, sodaß γ_M kein rekursives Modell hat, d.h. keine erfüllende Algebra, deren Individuenbereich eine rekursive Teilmenge von $\mathbb{N}$ und deren Funktionen und Prädikate rekursiv sind. Die von Hilbert & Bernays 1939 angestellte Vermutung, daß es auch geschlossene Ausdrücke der engeren Prädikatenlogik gibt, die nur nicht-rekursive Modelle haben, wurde von Kreisel 1953 und Mostowski 1953 durch eine geeignete erststufige endliche Axiomatisierung gewisser auf von Neumann, Bernays und Gödel zurückgehender Systeme der Mengenlehre als richtig bewiesen (und der Beweis durch Rabin 1958 vereinfacht, s. auch den auf eine Beschreibung Postscher kanonischer Kalküle gestützten Beweis in Mostowski 1955b). Der Ausschluß rekursiver Modelle überträgt sich nicht von γ_M auf die Formel der engeren Prädikatenlogik, deren Skolemnormalform γ_M ist - denn nach Aanderaa & Jensen 1971/72, Ershov 1973 hat jede erfüllbare Kromformel der engeren Prädikatenlogik ein rekursives Modell -, wohl aber auf eine geringfügige nicht-Kromsche Variante von γ_M:

Korollar 3 (PROLOG-Programme ohne rekursive Modelle). Die unten definierte Variante γ'_M von γ_M ist eine erfüllbare geschlossene Hornformel der engeren Prädikatenlogik ohne rekursive Modelle, falls wie in Korollar 2 die Halteprobleme H_1 und H_2 von M rekursiv untrennbar sind.

Beweis. γ'_M sei die Konjunktion der folgenden Ausdrücke:

1. $\bigvee_u \bigwedge_y \tau^o_M$, wobei τ^o_M aus der Konjunktion der Ausdrücke $\varepsilon_{i,O}$ für alle i mit $O_i=s_i$ und der Ausdrücke $\neg K_1 OO$ und $K_2 OO$ dadurch entstehe, daß jedes Vorkommen des Zeichens O durch die Variable u ersetzt wird.
2. $\bigwedge_x \bigwedge_v \bigwedge_y (Nxv \supset \tau'_M)$, wobei N ein neues zweistelliges Prädikatszeichen ist und τ'_M aus der Konjunktion der Ausdrücke $\varepsilon_{i,1}$ für alle i mit $O_i=s_i$ und der ε_i für alle i mit $O_i=a_i$ hervorgeht, indem jedes Auftreten von Sx durch v ersetzt wird.
3. $\bigwedge_x \bigvee_v Nxv$ (Nachfolgeraxiomatisierung)

Die Interpretation ($\underline{C}$ gdw $C \nvdash_M (1,(0,0))$ sowie von N als $\{(n,n+1) \mid n \in \mathbb{N}\}$ liefert ein Modell für γ'_M. Wir zeigen indirekt, daß γ'_M kein rekursives Modell hat.

Widerspruchsannahme: $\tilde{A}=(\omega;\tilde{R}_1,\ldots,\tilde{R}_r,\tilde{N})$ ist ein rekursives Modell von γ'_M. Wegen $\mathrm{erf}_{\tilde{A}} \bigvee_u \bigwedge_y \tau^o_M$ gibt es dann eine Zahl u_o mit $\exists^{u_o}_u(\bigwedge_y \tau^o_M)=1$ für jede Interpretation $\exists$ über $\tilde{A}$. Ausgehend von diesem u_o können wir - wegen $\mathrm{erf}_{\tilde{A}} \bigwedge_x \bigvee_v Nxv$ und wegen der Rekursivität von $\tilde{N}$ - effektiv eine Teilmenge $\omega_o=\{u_k \mid k \in \mathbb{N}\}$ von ω aufzählen, so daß für alle $k \geq 0$ $\tilde{N}(u_k,u_{k+1})$ gilt. Aus der Gültigkeit der ersten beiden Konjunktionsglieder von γ'_M in $\tilde{A}$ und aus der Definition von ω_o folgt, daß

$$\tilde{A}_o := (\omega_o;\tilde{O},\tilde{S};\tilde{R}_1\restriction\omega_o,\ldots,\tilde{R}_r\restriction\omega_o) \text{ mit } \tilde{O}:=u_o \text{ und } \tilde{S}(u_k):=u_{k+1}$$

ein rekursives Modell für γ_M ist, im Widerspruch zur obigen Bemerkung.

Übung 1. Die folgende Variante γ''_M von γ'_M ist unter der Voraussetzung von Korollar 2 eine Kromformel mit Gleichheits- und ohne Funktionszeichen, die widerspruchsfrei und ohne rekursive Modelle ist:

$$\gamma''_M :\equiv \bigvee_{u}\bigwedge_{y}\tau^{o}_{M} \wedge \bigwedge_{x}\bigvee_{v}\bigwedge_{y} (Nxv \wedge \tau'_M) \wedge \bigwedge_{x}\bigwedge_{y}\bigwedge_{z}\bigvee_{w} ((Nxy \supset y=w) \wedge (Nxz \supset z=w)).$$

Hinweis: Wegen der Funktionalität von N ist $\models \gamma''_M \supset \gamma'_M$.

<u>Übung 2.</u> Unter den Bedingungen von Korollar 2 ist die folgende Formel <u>δ_M erfüllbar und ohne $\Pi_1 \cup \Sigma_1$-Modelle:</u>

$$\delta_M := \bigvee_{x_o} \ldots \bigvee_{x_r} \bigvee_{y_o} \ldots \bigvee_{y_r} (\gamma'''_M \wedge \bigwedge_{x}\bigwedge_{y} \bigwedge_{i \leq r} (Px_i xy \leftrightarrow \neg Py_i xy))$$

für ein 3-stelliges Prädikatssymbol P, wobei γ'''_M aus γ'_M entsteht durch Ersetzen aller Primformeln $K_i st$ durch $Px_i st$ und von Nst durch $Px_r st$; r ist die Zahl der Zustände von M.

Hinweis: Via Parametrisierung vertritt P alle K_i und N wie auch deren Negationen, sodaß eine δ_M erfüllende Interpretation von P durch ein Π_1- oder Σ_1-Prädikat nach dem Negationslemma (§BII1) eine rekursive Interpretation der K_i und von N lieferte, die γ'_M erfüllt.

NB. Diese untere Schranke für die Modellkomplexität von δ_M ist optimal, weil jede konsistente erststufige Theorie mit Theoremprädikat in Δ_2 und Sprache in Δ_1 mindestens ein Modell im Booleschen Abschluß von Σ_1 hat, s. Carstens 1972, S. 42.

<u>Übung 3.</u> Konstruieren Sie aus E_{n+1}-E_n - trennbaren E_{n+1}-Mengen <u>Ausdrücke, die ein E_{n+1}-Modell, aber keine E_n-Modelle haben.</u>

<u>Korollar 4</u> (<u>Arithmetische Komplexität metalogischer Entscheidungsprobleme</u>). Für rekursive Formelklassen F haben die folgenden Probleme für $Ded(F) := \{\alpha \mid \alpha \in F \ \& \ \vdash_{PL} \alpha\}$ die angegebene arithmetische Komplexität:

Π_1-vollständig: Leerheitsproblem $\{F \mid Ded(F) = \emptyset\}$

Π_2-vollständig: Totalitätsproblem $\{F \mid F \subseteq Ded(F)\}$

Unendlichkeitsproblem $\{F \mid Ded(F)$ unendlich$\}$

Σ_3-vollständig: Co-Endlichkeitsproblem $\{F \mid F - Ded(F)$ endlich$\}$

Entscheidungsproblem $\{F \mid Ded(F)$ rekursiv$\}$

Reduktionstypproblem $\{F \mid F$ Reduktionstyp bzgl. PL$\}$.

<u>Beweis.</u> Nach dem Reduktionslemma entsprechen sich

$$H_D(M) := \{C \mid C \Rightarrow_M D\} \quad \text{und} \quad F_D(M) := \{\bigwedge_{x}\bigwedge_{y}\pi_M \wedge \underline{C} \supset \underline{D} \mid C \text{ bel.}\}$$

im Sinne von $H_D(M) \equiv_1 Ded(F_D(M))$ mit $Ded(X) := \{\alpha \mid \alpha \in X \ \& \ \vdash_{PL} \alpha\}$. Dies bedeutet, daß die Halteprobleme zu ihren Implementierungen als logische Herleitungsprobleme rekursiv isomorph sind. Der rekursive Isomorphismus überträgt die für r.a. Mengen in § BII3 gegebenen arithmetischen Komplexitätsbestimmungen für o.g. Probleme auf die entsprechenden logischen Entscheidungsprobleme - man beachte, daß mit der kanonischen Stopkonfiguration D mit leeren Registern oBdA $W_x = H_D(x)$ angenommen werden kann. Im Fall der Reduktionstypeigenschaft beachte, daß für Reduktionstypen F bzgl. $\vdash_{PL}$ die Menge Ded(F) Σ_1-vollständig ist und umgekehrt (s. Börger 1974).

Bemerkung. Durch den vorstehenden Isomorphismus zwischen Halteproblemen und deren Implementierungen als logische Entscheidungsprobleme übertragen sich gradtheoretische Repräsentierbarkeitssätze (s. § BII3, Übung zum Satz von Myhill) von Halteproblemen auf Entscheidungsprobleme rekursiver Formelklassen, s. Börger & Heidler 1976.

Aus der in Korollar 2 nachgewiesenen Existenz einer endlich axiomatisierten Theorie mit rekursiv untrennbaren Mengen beweisbarer bzw. widerlegbarer Ausdrücke folgern wir den

Satz von der Unmöglichkeit rekursiver Interpolation (Kreisel 1961). Es gibt keine rekursive (totale) Funktion Int, die für alle prädikatenlogischen α, β mit $\vdash \alpha \to \beta$ eine Interpolante $\mathrm{Int}(\alpha, \beta)$ berechnet.

Beweis. Sei Int eine totale Funktion, sodaß $\mathrm{Int}(\alpha, \beta)$ für alle prädikatenlogischen α, β mit $\vdash_{PL} \alpha \supset \beta$ eine Interpolante ist. Sei T eine Theorie mit einzigem nichtlogischen, abgeschlossenen Axiom γ, deren Mengen $\{\alpha \mid \vdash_T \alpha\}$ und $\{\alpha \mid \vdash_T \neg\alpha\}$ rekursiv untrennbar sind. Wir zeigen, daß dann die Menge

$$R := \{\alpha \mid \mathrm{Int}(\gamma \wedge \alpha, \gamma' \supset \alpha') = 1 \ \& \ \alpha \text{ abgeschlossen}\}$$

die in T beweisbaren bzw. widerlegbaren abgeschlossenen Ausdrücke trennt; hierbei bezeichnet α' eine Variante, die sich von α nur durch Umbenennung der Funktions- und Prädikatssymbole unterscheidet. Daraus folgt die Satzbehauptung, weil R für rekursives Int rekursiv wäre.

Für bel. abgeschlossene α mit $\gamma \vdash \alpha$ oder $\gamma \vdash \neg\alpha$ gilt: $\vdash \gamma \wedge \alpha \supset (\gamma' \supset \alpha')$: denn aus einer Herleitung für $\gamma \vdash \alpha$ entsteht durch Umbenennung eine Herleitung für $\gamma' \vdash \alpha'$; falls $\gamma \vdash \neg\alpha$ ist die Behauptung wegen wv $\gamma \wedge \alpha$ trivialerweise erfüllt. Also ist für derartige α der Ausdruck $\beta :\equiv \mathrm{Int}(\gamma \wedge \alpha, \gamma' \supset \alpha')$ eine Interpolante für $\gamma \wedge \alpha$ und $\gamma' \supset \alpha'$, wobei wegen der Konstantenumbenennung gilt $\beta \in \{0, 1\}$.

Aus $\mathrm{Int}(\gamma \wedge \alpha, \gamma' \supset \alpha') = 1$ folgt mit der Interpolationsbedingung $\vdash \gamma' \supset \alpha'$, also $\gamma \vdash \alpha$. Andernfalls folgt durch Kontraposition der Interpolationsbedingung $\vdash \gamma \supset \neg\alpha$, also $\gamma \vdash \neg\alpha$. Somit ist $\{\alpha \mid \gamma \vdash \alpha\} \subseteq R$ und $R \cap \{\alpha \mid \gamma \vdash \neg\alpha\} = \emptyset$ wegen der Konsistenz von T.

NB. Aus einer Herleitung für $\alpha \to \beta$ kann man effektiv eine Interpolante berechnen (s. Beweis des Interpolationssatzes).

Bemerkung. Bei unserer Beschreibung der Wirkung von Programmen durch logische Formeln haben wir absichtlich möglichst schwache Ausdrücke angegeben, die ihre Modelle keineswegs eindeutig festlegen. Diese Sparsamkeit bei der formalen Festlegung des Milieus von Berechnungen hat die Einfachheit und weitgespannte Anwendbarkeit unserer Axiomatisierungsmethode erst ermöglicht, deren Allgemeinheit in Teil III noch deutlicher zu Tage treten wird. Legt man hingegen durch die Formulierung von Randbedingungen die intendierten Berechnungsmodelle eindeutig fest, so kann man dadurch zeigen, daß für die so entstehenden impliziten Definitionen abbrechender M-Rechnungen keine rekursive Schranke für die Länge expliziter Definitionen existiert (Friedman 1976) und dies auch nicht bei der Beschränkung auf endliche Algebren (Gurevich 1984):

Satz von Friedman & Gurevich. Es gibt über endlichen Algebren keine rekursive Längenschranke für Explikationen implizit definierter Prädikate, d.h. zu jeder rekursiven (totalen) Funktion f kann man implizite Definitionen β eines Prädikats C angeben, sodaß $f(|\beta|) \leq |\gamma|$ (Länge von γ) für jedes γ mit $\mathcal{f}(\gamma)-\{x_1,\ldots,x_n\} \subseteq \mathcal{f}(\beta)$, $\text{Präd}(\gamma) \subseteq \text{Präd}(\beta) - \{C\}$ und

$$gt_{endl}(\beta \supset \bigwedge_{x_1} \ldots \bigwedge_{x_n} (Cx_1 \ldots x_n \leftrightarrow \gamma)).$$

Für eine Formalisierung Ord linearer Ordnungen mit kleinstem Element O und Nachfolgerrelation S kann β als Ord $\wedge \beta'$ mit einer Hornformel β' gewählt werden.

Beweis. Schritt 1: Zuerst verschärfen wir die Aanderaa-Börgersche Programmbeschreibung für RM-Programme M durch Hinzunahme von Eindeutigkeitsbedingungen und von Zahlbeschreibungen α_m^i für Eingaben m im i-ten Register so, daß die entstehenden Ausdrücke

$$\beta_{M,m,n} :\equiv \beta_M \wedge \alpha_m^1 \wedge \alpha_n^2$$

C implizit definieren, d.h. die folgende intendierte Interpretation eindeutig festlegen ($\overline{O}$ steht für eine Folge von Nullen passender Länge):

$$Cti\vec{x}y \text{ ist wahr gdw } C_0=(O,(m,n,\overline{O})) \vdash_M^t C_t = (i,(\vec{x})) \;\&\; y=0$$
$$\text{oder } (t,i,\vec{x},y) \in \{(0,0,m,\overline{O},1),(0,0,0,n,\overline{O},2)\}).$$

Als Hilfsmittel benutzen wir einen Ausdruck Ord zur Beschreibung einer linearen Ordnung K mit kleinstem Element O und Nachfolgerrelation S (s. §DI1,Bsp.2). Den Input m im 1. bzw. 2. Register beschreiben die

Eingabeformeln: $\alpha_m^1 :\equiv \bigvee_{x_0} \ldots \bigvee_{x_m} (x_0=O \wedge \bigwedge_{i<m} Sx_i x_{i+1} \wedge COOx_m\overline{O}x_1)$

$\alpha_m^2 :\equiv \ldots\ldots\ldots\ldots\ldots\ldots\ldots\ldots\ldots COOOx_m\overline{O}x_2)$

mit den offensichtlichen Veränderungen für m=O bei α_m^1 bzw. m=O,1 bei α_m^2. β_M sei die Konjunktion von Ord sowie einer Startformel α, Stopformel ω, Programmformel α_M und Eindeutigkeitsformel ε_M wie folgt:

<u>Startformel:</u> $\alpha :\equiv \bigwedge\bigwedge\bigwedge\bigwedge_{xyuv} (C00x\overline{O}y \wedge C000u\overline{O}v \supset C00xu\overline{O}0)$

Seien I_i, $0 \leqq i \leqq r$, die Instruktionen von M mit Stopinstruktion $I_1=(1,stop,1)$. M habe s Register. Die <u>Programmformel</u> α_M definieren wir als:

$$\bigvee_{i_0} \ldots \bigvee_{i_r} (i_0=O \wedge \bigwedge_{j<r} Si_j i_{j+1} \wedge \bigwedge_t \bigwedge_{x_1} \ldots \bigwedge_{x_s} \bigwedge_x \widehat{\bigwedge_{l,j,k\leq r}} \pi_M)$$

mit der Konjunktion π_M der folgenden Ausdrücke:

Für $I_j=(j,a_1,k)$ (Addition von 1 in Register 1):

$$Cti_j x_1 \ldots x_s O \supset \bigvee_{t'} \bigvee_{x'} (Stt' \wedge Sx_1x' \wedge Ct'i_k x'x_2 \ldots x_s O)$$

Für $I_l=(l,s_1,j,k)$ (Nulltest und -1 in Register 1):

$$(Cti_l Ox_2 \ldots x_s O \supset \bigvee_{t'} (Stt' \wedge Ct'i_j Ox_2 \ldots x_s O))$$

$$\wedge\ (Cti_l x_1 \ldots x_s O \wedge Sxx_1 \supset \bigvee_{t'} (Stt' \wedge Ct'i_k xx_2 \ldots x_s O)) \quad .$$

Entsprechend für Register 2,...,s betreffende M-Instruktionen. Die <u>Stopformel</u> bricht die in π_M axiomatisierte Konfigurationsfortpflanzung von einem zum nächsten Zeitpunkt bei Auftreten des Stopzustands 1 ab (lies: C ist für spätere Zeitpunkte t' leer):

$$\omega :\equiv \bigwedge\bigwedge\bigwedge_{ty\vec{x}} (Cty\vec{x} \wedge S0y \supset \bigwedge_{t'} (Ktt' \supset \bigwedge_{\vec{z}} \neg Ct'\vec{z})) \quad .$$

Die <u>Eindeutigkeitsformel</u> ε_M schließt andere Eingabesituationen als die durch $\alpha^1_m \wedge \alpha^2_n$ beschriebenen sowie mehr als eine Konfiguration pro Zeitpunkt aus und ist (unter Benutzung trivial formalisierbarer Abkürzungen) definiert als Konjunktion von:

a) Im 2. Argument treten nur M-Zustände $i \leqq r$ auf, im letzten Argument nur $0,1,2$: $\bigwedge\bigwedge\bigwedge\bigwedge_{ti\vec{x}y} (Cti\vec{x}y \supset i \in \{0,\ldots,r\} \wedge y \in \{0,1,2\})$. Eine mögliche Hornbeschreibung dieses Sachverhalts lautet:

$$\bigvee_{x_0} \ldots \bigvee_{x_r} (x_0=O \wedge \bigwedge_{i<r} Sx_i x_{i+1} \wedge \bigwedge_z (Kx_r z \supset \bigwedge_t \bigwedge_{\vec{u}} \neg Ctz\vec{u})$$

$$\wedge \bigwedge_y (Kx_2 y \supset \bigwedge_{\vec{v}} \neg C\vec{v}y))$$

b) $y=1$ im letzten Argument charakterisiert (höchstens) eine Eingabe in Register 1: $\bigwedge_y (SOy \supset \bigwedge_{\vec{u}} \bigwedge_{\vec{v}} (C\vec{u}y \wedge C\vec{v}y \supset u_3=v_3 \wedge \bigwedge_{i\neq 3} u_i=v_i=O))$.

c) $y=2$ im letzten Argument bestimmt (höchstens) eine Eingabe in Register 2: $\bigwedge\bigwedge_{zy} (S0z \wedge Szy \supset \bigwedge_{\vec{u}} \bigwedge_{\vec{v}} (C\vec{u}y \wedge C\vec{v}y \supset u_4=y_4 \wedge \bigwedge_{i\neq 4} u_i=v_i=O))$.

d) $y=0$ im letzten Argument legt pro Zeitpunkt höchstens eine M-Konfiguration fest: $\wedge \bigwedge_t \bigwedge_{\vec{u}} \bigwedge_{\vec{v}} (Ct\vec{u}0 \wedge Ct\vec{v}0 \supset \vec{u}=\vec{v})$.

Offensichtlich wird C durch $\beta_{M,m,n}$ implizit definiert und ist diese

Formel mit Ausnahme des Konjunktionsglieds Ord äquivalent zu einer Hornformel.

Schritt 2. Wir betrachten universelle RM-Programme U, d.h. mit $C_o = (0,(k,n,\bar{0})) \vdash_U (1,([k](n),\bar{0}))$ für alle Programmnummern k und alle Eingaben n mit definierter Ausgabe $[k](n)$, s. §AI4,AII1. Sei f eine bel. rekursive Funktion. Dann ist auch g rekursiv mit (Qt bezeichnet die Quantorentiefe, $|\cdot|$ die Länge):

$$\log_2 g(<m,n>) := f(n+|\alpha^2_{<m,n>}|+1) + Qt(\beta_{U,m,<m,n>})+1 \quad .$$

Für ein g berechnendes RM-Programm M mit Gödelnummer $\bar{M}$ sei

$$k:=|\beta_U \wedge \alpha^1_{\bar{M}}| \qquad \beta:=\beta_{U,\bar{M},<\bar{M},k>} \quad .$$

Sei γ bel., sodaß C in endlichen Algebren durch β und γ explizit definiert wird. β' sei die aus β durch Ersetzen aller Primformeln $C\vec{x}$ durch $\gamma[\vec{x}]$ entstehende Formel. Jedes Modell von β' hat als eindeutige Beschreibung der durch U simulierten (abbrechenden!) Berechnung von $[\bar{M}](<\bar{M},k>) = g(<\bar{M},k>)$ mindestens $g(<\bar{M},k>)$ Elemente, sodaß $g(<\bar{M},k>) \leq 2^{Qt(\beta')+1}$ nach dem Ehrenfeucht-Lemma §EIII2, also

$$Qt(\beta)+Qt(\gamma)+1 \geq Qt(\beta')+1 \geq \log_2 g(<\bar{M},k>) = f(k+|\alpha^2_{<\bar{M},k>}|+1)+Qt(\beta)+1 \quad \text{(Def. } g,\beta)$$

$$= f(|\beta_U \wedge \alpha^1_{\bar{M}}|+|\alpha^2_{<\bar{M},k>}|+1)+Qt(\beta)+1 \qquad \text{nach Definition von } k$$

$$= f(|\beta_U \wedge \alpha^1_{\bar{M}} \wedge \alpha^2_{<\bar{M},k>}|)+Qt(\beta)+1 \qquad \text{wobei oBdA } |\delta\wedge\varepsilon|=|\delta|+|\varepsilon|+1$$

Daraus folgt $f(|\beta|) \leq Qt(\gamma)$ nach Definition von β.

Korollar. Die Länge von Interpolanten in endlichen Algebren ist rekursiv nicht beschränkt, d.h. zu jeder rekursiven Funktion f kann man eine gültige Formel $\alpha\supset\alpha'$ mit weder gültigen noch widerspruchsvollen α,α' angeben, sodaß $|\gamma| \geq f(|\alpha|+|\alpha'|)$ für jedes γ mit: $gt_{endl}(\alpha\supset\gamma)\wedge(\gamma\supset\alpha')$, $Präd(\gamma) \subseteq Präd(\alpha)\cap Präd(\alpha')$, $\mathfrak{f}(\gamma) \subseteq \mathfrak{f}(\alpha)\cap\mathfrak{f}(\alpha')$.

Beweis. Zu f wähle ein rekursives g, sodaß für alle m,n:

$$\log_2 g(<m,n>) = f(2\cdot(n+|\alpha^2_{<m,n>}|+1))+1 \quad .$$

Mit U,M,k := $|\beta_U \wedge \alpha^1_{\bar{M}} \wedge C\vec{x}|$, β wie im Beweis des Satzes setze für neues C':

$$\alpha :\equiv \beta\wedge C\vec{x} \qquad \alpha' :\equiv \beta' \supset C'\vec{x}$$

wobei β' aus β entstehe durch Ersetzen von C durch C'. Dann ist $\alpha\supset\alpha'$ allgemeingültig, da C durch β impliziert definiert wird. Offensichtlich sind α und α' weder gültig noch widerspruchsvoll. Für jede Interpolante γ zu $\alpha\supset\alpha'$ in endlichen Algebren ist jedes endliche Modell von γ auch Modell von α', hat also als eindeutige Beschreibung der Berechnung von

$g(\langle\overline{M},k\rangle)$ mindestens $g(\langle\overline{M},k\rangle)$ Elemente; da γ nur die Konstanten O,S,K enthalten kann, folgt:

$$2^{Qt(\gamma)+1} \geqq g(\overline{M},k) \text{ nach Ehrenfeucht-Lemma §EIII2, also}$$

$$Qt(\gamma)+1 \geqq \log_2 g(\langle\overline{M},k\rangle) = f(2\cdot(k+|\alpha^2_{\langle\overline{M},k\rangle}|+1))+1 \quad \text{nach Def. von } g$$

$$= f(|\alpha|+|\alpha'|)+1 \quad \text{Def. von } k, \text{ oBdA } |\delta\wedge\varepsilon| = |\delta\supset\varepsilon| = |\delta|+|\varepsilon|+1 .$$

Daraus folgt $|\gamma| \geqq Qt(\gamma) \geqq f(|\alpha|+|\alpha'|)$.

Erwähnenswert ist die folgende Verschärfung für einen von Mundici 1982 betrachteten und dort mit anderen Mitteln bewiesenen

Spezialfall. Für beliebige rekursive Funktionen h kann man für jedes n "kurze" gültige Implikationen $\alpha_n \supset \alpha'_n$ mit der h(n)-fachen Iteration der Zweierpotenz als untere Interpolantenlängenschranke angeben; die Länge von $\alpha_n \supset \alpha'_n$ ist beschränkt durch $c+c_n$ für c_n von der Größenordnung 17n und c von der Größenordnung eines universellen Programms.

Beweis. Setze im Korollar $c:=|\beta_U \wedge \vec{Cx}|$, $f:=f_n$ mit $f_n(x):=2^{2^{\cdot^{\cdot^{2}}}}$ h(n)-mal, also $f_n(x)=\mathrm{Iter}(\alpha_3)(1,h(n))$ in der Terminologie von §CII1. $c_n:=|\alpha^1_{\overline{M}} \wedge \alpha^2_{\langle\overline{M},k\rangle}|$.
Beachten Sie, daß M und k uniform in n durch einen Einsetzungsprozeß des Parameters n in ein geeignetes Programm bestimmt werden und somit ihre Größe von der Größenordnung (dieses Programms und) von n ist.

Bemerkung. Für weitere komplexitätstheoretische Eigenschaften von Interpolationsformeln s. Mundici 1983, 1984, 1984a, Dahlhaus et al. 1984.

§ 2. Reduktionstyp $\wedge\vee\wedge$ von Kahr-Moore-Wang.

Wir beweisen in diesem Paragraphen die Reduktionstypeigenschaft für die diesbezüglich minimale Klasse aller abgeschlossenen pränexen Ausdrücke der engeren Prädikatenlogik mit Präfix der Form $\bigwedge\bigvee\bigwedge_{xuy}$.

Diese Formelklasse spielt für die klassische Theorie logischer Entscheidungsprobleme eine zentrale Rolle. Die Unentscheidbarkeit der Prädikatenlogik kontrastiert zur Rekursivität von Teilproblemen des Hilbertschen Entscheidungsproblems, die durch scharfe syntaktische Restriktionen der zulässigen Ausdrucksmittel bestimmt sind. Das bekannteste Beispiel bilden die sog. Präfixklassen Π aller abgeschlossenen pränexen Ausdrücke der engeren Prädikatenlogik mit Präfix der in Π angegebenen Form. Bzgl. Erfüllbarkeit haben die Gödel-Kalmar-Schütte-Klasse $\vee\ldots\vee\wedge\wedge\vee\ldots\vee$ (Gödel 1932, Kalmar 1933, Schütte 1934) und die Bernays-Schönfinkel-Klasse $\vee\ldots\vee\wedge\ldots\wedge$ (Bernays & Schönfinkel 1928) ein rekursiv lösbares Entscheidungsproblem; bei Einschränkung auf Kromformeln gilt dies auch für die Maslov-Klasse $\vee\ldots\vee\wedge\ldots\wedge\vee\ldots\vee\cap$ Krom (Maslov 1964) und die Aanderaa-Klasse $\wedge\vee\wedge\cap$ Krom (Aanderaa & Lewis 1973). Von daher stellte sich das klassische Präfixproblem (bzw. das Präfix-Signatur-Problem), d.h. die Frage, inwieweit die

Präfixkomplexität von Formeln (bzw. ihre Signatur) für die (Un-)Lösbarkeit des Entscheidungsproblems der Präfixklassen Π (bzw. der Präfix-Signatur-Klassen Π $((n_i)_{i\in\mathbb{N}},(m_i)_{i\in\mathbb{N}})$ aller geschlossenen pränexen Formeln der angegebenen Signatur mit Präfix der Form Π) verantwortlich ist.

Gestützt auf zahlreiche, in Ackermann 1954 und Suranyi 1959 dokumentierte klassische Untersuchungen zum Entscheidungsproblem fand das Präfixproblem für die engere Prädikatenlogik seine endgültige Beantwortung erst in der methodisch unmittelbar an Büchi 1962 anknüpfenden Arbeit von Kahr & Moore & Wang 1962: Alle und nur diejenigen Präfixklassen Π haben ein rekursiv unlösbares Entscheidungsproblem (und sind Reduktionstypen) bzgl. Erfüllbarkeit, deren Präfixform $\bigwedge\bigvee\bigwedge$ oder $\bigwedge\bigwedge\bigwedge\bigvee$ als "Teil"präfix enthält; dies folgt (s.u. Übung 4) aus der Entscheidbarkeit der o.g. Präfixklassen und der Reduktionstypeigenschaft von $\bigwedge\bigvee\bigwedge$ (und damit auch von $\bigwedge\bigwedge\bigwedge\bigvee$, s.u. Übung 3). Kurz danach lösten Kahr 1962, Kostyrko 1964 und Genenz 1965 sowie Gurevich 1966 das Präfix-Signatur-Problem für die engere Prädikatenlogik, während dieses für die gesamte Prädikatenlogik erst durch die Arbeiten Gurevich 1969, 1973, 1976, Shelah 1977, Goldfarb 1984 geschah. Für die Einschränkung auf Kromklassen ist sowohl das Präfix- als auch das Präfix-Signatur-Problem bisher nur teilweise beantwortet (s. Börger 1984).

Kern aller Unentscheidbarkeitsergebnisse sind auf geschickten Kodierungen beruhende effektive Reduktionen unentscheidbarer algorithmischer (zumeist Halte-) Probleme auf Erfüllbarkeitsprobleme entsprechender logischer Formeln von der Art, wie sie in §1 vorgeführt wurde. Für den minimalen unentscheidbaren Präfixtyp $\bigwedge\bigvee\bigwedge$ ist es nicht ohne Weiteres möglich, die Maschinenbeschreibungen aus §1 zu übernehmen, weil in der Skolem-Normalform eines Ausdrucks der Klasse $\bigwedge\bigvee\bigwedge$ nur Terme x,Sx,y und kein nullstelliger Funktionsterm O auftreten. Die Frage, ob man eine Kodierung von Anfangskonfigurationen ohne explizite Benutzung eines Terms O geben kann, haben Kahr & Moore & Wang 1962 durch eine Beschreibung der (Anfangskonfigurationen von Turingmaschinen kodierenden) Diagonalbedingung von Diagonaldominospielen auf der Hauptdiagonalen des Gausschen Quadranten positiv beantworten können. Wir geben jetzt einen Beweis für den Kahr-Moore-Wang-Reduktionstyp $\bigwedge\bigvee\bigwedge$, der die in §1 vorgeführte Reduktionstechnik mit einer Idee in Rödding 1970 verbindet, direkt Turingmaschinenkonfigurationen zum Zeitpunkt t auf eine natürliche und einfache Weise in der t-ten Nebendiagonalen (also für t=O in der Diagonalen) des Gausschen Quadranten zu kodieren.

Satz von Kahr & Moore & Wang. Die Klasse $\bigwedge\bigvee\bigwedge$ aller abgeschlossenen pränexen Ausdrücke der engeren Prädikatenlogik mit Präfix der Form $\bigwedge_x\bigvee_u\bigwedge_y$ ist ein Reduktionstyp der Prädikatenlogik (sogar mit nur zweistelligen Prädikatssymbolen).

Beweis. Wie für Korollar O zum Satz von Aanderaa und Börger in §1 genügt es, effektiv jedem TM-Programm M die Skolemnormalform $\bigwedge_{xy}\pi_M \wedge \alpha\wedge\neg\omega$ eines Ausdrucks in $\bigwedge\bigvee\bigwedge$ (aus Programmformel π_M und Anfangs- bzw. Endformeln α,ω) zuzuordnen mit:

(1) erf$\bigwedge_{xy}\pi_M \wedge \alpha\wedge\neg\omega$ gdw M angesetzt auf das leere Band stoppt nicht.

Dabei können wir uns auf die Halbband-TM mit Bandfeldern (mit den Nummern) O,1,2,... beschränken und annehmen, daß M im Feld O gestartet wird (s. §AI4). Wir versehen den Gausschen Quadranten mit dem folgenden Rot-Schwarz-Muster:

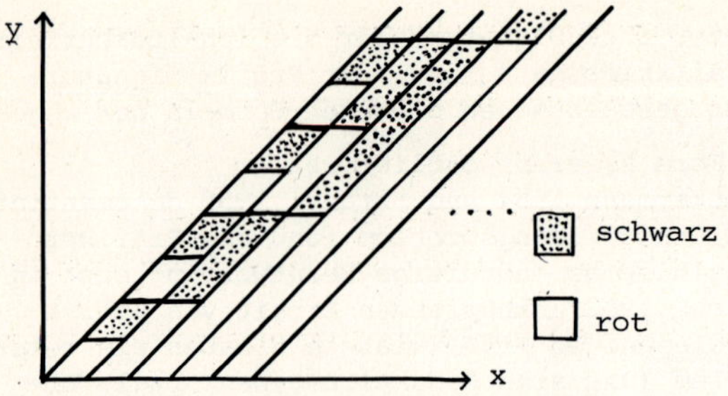

symbolisch repräsentiert durch:
Rxy für: Punkt (x,y) ist rot
S....................schwarz

Sei $C_t = (i_t,(p_t,a_o^t\ldots a_t^t))$ die durch $C_o = (0,(0,a_o))$ definierte M-Konfigurationenfolge aus Zustand i_t, Lesekopfposition p_t und Inhalt a_j^t des Bandfeldes (mit der Nummer) j zum Zeitpunkt t. Wir kodieren C_t in der t-ten Diagonalen $D_t = \{(t+x,x) \mid x \in \mathbb{N}\}$, genauer in ihren "roten Segmenten", d.h. den Folgen $(t+x,x),\ldots,(t+x+n,x+n)$ von D_t-Punkten mit:

$(S(t+x-1,x-1)$ oder $x=0)$ & $S(t+x+n+1,\ x+n+1)$ & $\forall j \leq n\colon R(t+x+j,x+j)$.

S(a,b) bzw. R(a,b) steht für: (a,b) ist schwarz bzw. rot gefärbt. C_t wird in solch einem roten Segment (der Länge 2^t) kodiert mittels 2-stelliger Prädikate A ("Arbeitsfeld"), B_k ("Beschriftung a_k") für jeden der Buchstaben a_k ($k \leq m$) des Alphabets von M und Z_i ("Zustand i") für die Instruktionen I_i ($i \leq r$) von M. Die <u>intendierte Interpretation</u> ist:

$A(t+x+j,x+j)$ gdw zum Zeitpunkt t ist j das Arbeitsfeld $(p_t=j)$
B_k.......... falls ....steht a_k in j $(a_j^t=a_k)$
$Z_i(t+x,x)$ für alle x falls .... M im Zustand i ist $(i^t=i)$

Diese Kodierung gestattet eine einfache logische <u>Beschreibung der Anfangskonfiguration</u> auf der Hauptdiagonalen sowie der <u>Stopbedingung</u> durch:

$\alpha :\equiv Z_0xx \wedge B_0xx \wedge (Rxx \supset Axx) \qquad \omega :\equiv Z_1xy$

Die Konjunktion π_M aller nachfolgenden Ausdrücke beschreibt bzgl. obiger Kodierung die Wirkung von M beim Übergang von C_t in roten D_t-Segmenten nach C_{t+1} in roten D_{t+1}-Segmenten; je nach ausgeführter M-Instruktion I_i wird die Veränderung von Arbeitsfeldbeschriftung, Zustand und Arbeitsfeldposition in das intendierte Modell durch die entsprechenden Konjunktionsglieder ε_i von π_M übertragen; dabei schreiben wir x' für den Skolem-Term fx mit einem einstelligen Funktionssymbol f:

Neue <u>Beschriftung</u> im Arbeitsfeld bei Druckoperationen:

$Z_ixy \wedge Axy \wedge Rx'y \supset B_kx'y$ für Druckinstruktionen $I_i=(i,a_k,1) \in M$.

Unveränderte Bandbeschriftung bei Nicht-Druckoperationen bzw. außerhalb des Arbeitsfeldes:

$Z_ixy \wedge Axy \wedge Rx'y \wedge B_kxy \supset B_kx'y$ für Nicht-Druckinstruktionen $I_i \in M$, $k \leq m$
$\neg Axy \wedge Rx'y \wedge B_kxy \supset B_kx'y$ für $k \leq m$

$Sxy \supset \neg Axy \wedge B_o xy$ ("schwarze Felder sind kein Arbeitsfeld und leer")

Neuer Zustand: $Z_i xy \supset Z_j x'y$ für M-Operationsinstruktionen $I_i=(i,0,j)$.

$(Z_i xy \wedge Axy \wedge B_j xy \supset Z_k x'y) \wedge (Z_i xy \wedge Axy \wedge \neg B_j xy \supset Z_l x'y)$

für M-Testinstruktionen $I_i=(i,t_j,k,l)$.

$Z_i yx \leftrightarrow Z_i y'x'$ für $i \leq r$ ("alle Diagonalpunkte tragen dieselben Zustände".)

Arbeitsfeld: $Z_i xy \wedge Rx'y \supset (Axy \leftrightarrow Ax'y)$ für Druck- bzw. Testinstruktionen $I_i \in M$

$Z_i xy' \wedge Ry'x' \supset (Ayx' \leftrightarrow Ayx)$ für Linksbewegungsinstruktionen $I_i \in M$

$Z_i xy \wedge Rx'y \supset (Axy \leftrightarrow Ax''y)$ ... Rechts ....

Der Links- bzw. Rechtsbewegung von M entspricht im intendierten Modell eine Bewegung nach unten bzw. oben nach folgender Figur:

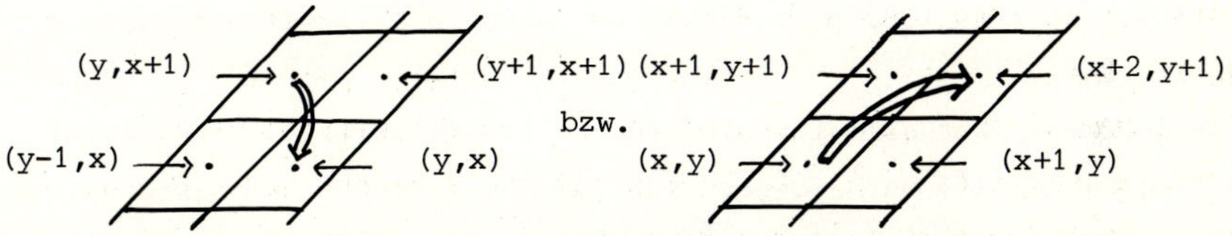

Als wesentlichen Bestandteil von π_M benötigen wir noch die folgenden Ausdrücke zur Axiomatisierung der Rot-Schwarz-Parkettierung des Gausschen Quadranten, sodaß gilt:

(P) Zu jedem $t \in \mathbb{N}$ gibt es in D_t Anfangspunkte $(t+x,x)$ roter Segmente der Länge 2^t mit $0<x$, links von denen bis zur Hauptdiagonalen ebenfalls Anfangspunkte $(i+x,x)$ roter D_i-Segmente der Länge 2^i für $0 \leq i \leq t$ liegen.

(P) sichert den zur Beschreibung von t M-Rechenschritten in D_t nötigen Platz. Da wir nur die Punkte auf oder unter der Hauptdiagonalen mit (genau!) einer der Farben "rot" oder "schwarz" färben wollen, axiomatisieren wir eine "$\geq$-Relation" G (lies: G hat die intendierte Interpretation Gxy gdw $x \geq y$) durch:

$$Gxx \wedge (Gxy \supset Gx'y) \wedge (Gyx' \supset Gyx) \wedge \neg Gxx' .$$

Die Färbung unterhalb der Hauptdiagonalen liefert dann:

$$Gxy \supset (Rxy \vee Sxy) \wedge \neg(Rxy \wedge Sxy) .$$

Die intendierte Segmentierung auf der Hauptdiagonalen leistet: $Rxx \leftrightarrow Sx'x'$.

Zur Fortsetzung der Segmentierung in die Nebendiagonalen verlangen wir, daß genau jeder zweite "Wechselpunkt" (x,y) in D_t - d.h. mit Nachfolgerpunkt (x',y') anderer Farbe - diese Eigenschaft auf seinen rechten Nachbarn in D_{t+1} vererbt. Für ein 2-stelliges Prädikatensymbol W formalisiert dies:

$$Wyx \leftrightarrow (Ryx \wedge Sy'x') \vee (Syx \wedge Ry'x')$$

$Gxy \supset ((Wxy \wedge Sxy) \leftrightarrow Wx'y)$ ((nur) schwarze Wechselpunkte vererben sich nach rechts).

Dies schließt die Definition von π_M ab. Streng genommen hat π_M noch nicht die gewünschte Skolem-Normalform, da neben den erlaubten Termen x,y,x' auch Terme y',x" vorkommen. Wir denken uns diese wie folgt eliminiert: Mit je neuem Prädikatssymbol H' nehme man die Äquivalenz $H'xy \leftrightarrow Hx'y$ hinzu und ersetze dann Primformeln Hy'x' bzw. Hx"y durch H'yx' bzw. H'x'y. Offensichtlich erhält diese Umformung die (Nicht-)Erfüllbarkeit und führt auf einen Ausdruck in Skolemnormalform, den wir wieder π_M nennen.

Somit bleibt (1) zu zeigen. Aus der Konstruktionsbeschreibung geht hervor, daß die intendierte Interpretation $\bigwedge\bigwedge_{xy}(\pi_M \wedge \alpha \wedge \neg\omega)$ erfüllt, falls M auf leeres Band angesetzt nicht hält.

Umgekehrt zeigt man für bel. kanonische Modelle $\tilde{A}$ dieses Ausdrucks die Gültigkeit von

$Gx{+}nx \wedge \neg Gxx{+}n$ für alle $i \leq n$ mit $x{+}n := x'^{\cdots}{}'$ (n-mal).

Für den Segmentbegriff in $\tilde{A}$ folgert man aus den Parkettierungsaxiomen durch Induktion nach t, daß es in jeder Diagonalen D_t unendlich viele Wechselpunkte gibt und (mit der möglichen Ausnahme des an der x-Achse startenden Segments) die Länge der D_t-Farbsegmente 2^t ist. (Beachten Sie: genau die schwarzen Wechselpunkte setzen sich nach rechts hin fort. Da die Färbung der Wechselpunkte in einer Diagonalen alternierend ist, fällt beim Übergang zur rechten Nachbardiagonalen also jeder zweite Wechselpunkte weg, d.h. die Länge der Farbsegmente verdoppelt sich. Ein rotes Segment setzt sich hierbei entweder in ein nach oben hin verlängertes rotes Segment fort oder geht vollständig (als untere oder obere Hälfte) in einem verlängerten schwarzen Segment auf.) Hieraus folgt (P).

Man beweist leicht durch Induktion nach t, daß in D_t-Segmenten mit Anfangspunkten (t+x,x) nach (P) die Konfiguration C_t in $\tilde{A}$ gilt (im Sinne der oben bei der intendierten Interpretation angegebenen Implikationen): α sichert den Induktionsanfang, π_M den Induktionsschluß.

Wegen Mod $\tilde{A}\neg\omega$ folgt dann, daß $\forall t: i_t \neq 1$, also M nicht (im Stopzustand 1) hält.

Übung 1. Zeigen Sie, daß $\bigwedge\bigvee\bigwedge$ ein konservativer Reduktionstyp ist. Hinweis: s. Beweis des Satzes von Trachtenbrot, §1.

Übung 2. Beweisen Sie den Satz von Kahr&Moore&Wang durch eine Reduktion von Diagonaldominospielen auf $\bigwedge\bigvee\bigwedge$ (vgl. Hermes 1971, Prida 1974).

Übung 3. Beweisen Sie die Reduktionstypeigenschaft für $\bigwedge\bigwedge\bigwedge\bigvee$ durch Reduktion von $\bigwedge\bigvee\bigwedge$ mit nur 2-stelligen Prädikatssymbolen. Hinweis: Axiomatisieren Sie zuerst die Nachfolgerfunktionsterme x' durch Nxx' mit

$\bigwedge_x\bigwedge_y\bigwedge_z\bigvee_u (Nxu \wedge (Nxy \supset y=u) \wedge (Nxz \supset z=u))$

und "relativieren" $\alpha \equiv \bigwedge_x\bigvee_v\bigwedge_y \beta$ nach N durch $\alpha' :\equiv \bigwedge_x\bigwedge_y\bigwedge_z (Nxz \supset \beta_v[z])$.

Danach eliminieren Sie das Identitätszeichen nach der Methode aus Übung 2 zur engeren Prädikatenlogik in §DII4.

Übung 4. Geben Sie eine Lösung des Präfixproblems unter Benutzung der Rekursivität des Entscheidungsproblems bzgl. Erfüllbarkeit der Klassen $\bigvee^{\infty}\bigwedge^{\infty}$ (Bernays & Schönfinkel 1928) und $\bigvee^{\infty}\bigwedge^{2}\bigvee^{\infty}$ (Gödel 1932, Kalmar 1933, Schütte 1934) sowie von Übung 3.

Weiterführende Literatur: s. Börger 1984 für eine Übersicht. Eine systematische (wenngleich terminologisch und methodisch nur schwer zugängliche) Darstellung der Hauptresultate für die engere Prädikatenlogik findet sich in Dreben & Goldfarb 1979 und Lewis 1979.

TEIL II: UNVOLLSTÄNDIGKEIT DER ARITHMETIK

Wir beweisen in diesem Teil den grundlegenden Satz von Gödel, daß für genügend reichhaltige erststufige Theorien der rekursiv aufzählbare Beweisbarkeitsbegriff schwächer ist als der nicht rekursiv aufzählbare Wahrheitsbegriff. Als Beispiel wahrer, aber im Rahmen der gegebenen konsistenten Theorie T nicht beweisbarer Aussagen erweist sich die Widerspruchsfreiheitsaussage für T..

Gödels Beweis hat demnach eine algorithmische Form: man kann effektiv zu jeder rekursiv aufzählbaren Approximation eines Wahrheitsbegriffs durch den Beweisbarkeitsbegriff einer genügend reichhaltigen, erststufigen, widerspruchsfreien Theorie eine dort nicht herleitbare, aber in der Sprache der Theorie formulierte und wahre Aussage angeben; rekursionstheoretisch gesprochen ist der zugrundeliegende Wahrheitsbegriff produktiv. Dieses Unvollständigkeitsphänomen belegt in präziser Form die erkenntnistheoretisch-philosophische Überzeugung vom kreativen Charakter der Mathematik, in der die Suche nach Wahrheit der Suche nach Beweisbarkeit vorausgeht; sprich in der wesentliche Fortschritte durch die Entdeckung neuer Beweisprinzipien erzielt werden, die auf die jeweils bisher bekannten und akzeptierten Beweisverfahren nicht reduzierbar sind. Wir können hier nur erwähnen, daß in diesen Zusammenhang die die gesamte abendländische philosophische Tradition durchziehende Frage gehört, ob jeder wahre mathematische Satz aus evidenten Axiomen mit evidenten Regeln beweisbar ist (vgl. Gödel 1964).

Aus dem Bemühen heraus, nötige technische Beweiseinzelheiten auf ein Mindestmaß zu beschränken und vor allem den begrifflichen und methodischen Kern des Gödelschen Unvollständigkeitsphänomens klar herauszuarbeiten, geben wir einen Beweis, der das Ergebnis (aber nicht den Beweis) des Satzes von Davis-Putnam-Robinson-Matijasevich (§BI3,4) benutzt. Dadurch ersparen wir uns den technisch aufwendigen Nachweis des Repräsentierbarkeitssatzes, und obendrein fällt als Nebenprodukt eine besonders starke Form der Gödelschen Unvollständigkeitssätze ab.

Wenn nicht anders gesagt, betrachten wir in diesem Teil eine Sprache $\$(O,S,+,\cdot)$, die zur Algebra $\mathfrak{N} = (\mathbb{N}; O, \lambda x.x+1, +, \cdot)$ der natürlichen Zahlen mit

Null, Nachfolgerfunktion, Addition und Multiplikation paßt. Wir hoffen, daß der systematische Gebrauch von O,+,· sowohl als Namen für Funktionssymbole als auch für die intendierten Objekte der Algebra $\mathfrak{N}$ (und die gebräuchliche Infixschreibweise x+y=z, x·y=z statt +xy=z, ·xy=z) das Verständnis des Folgenden erleichtert, ohne Verwirrung zu stiften. Wir unterscheiden in der Bezeichnung jedoch Zahlen $n \in \mathbb{N}$ und Zahlterme n:=SS...SO (n-mal).

Definition. Eine Theorie T heißt zahlentheoretische Theorie gdw T bzgl. $\mathfrak{N}$ korrekt ist, d.h. $\forall \alpha: \vdash_T \alpha$ seq $gt_{\mathfrak{N}} \alpha$. Eine Theorie T heißt vollständig gdw für jedes geschlossene α gilt: $\vdash_T \alpha$ ("α ist beweisbar in T") oder $\vdash_T \neg\alpha$ ("α ist widerlegbar in T"); andernfalls heißt T unvollständig. Ein in T weder beweisbares noch widerlegbares geschlossenes α heißt formal unentscheidbar in T.

Übung 1. Jede vollständige Theorie ist entscheidbar. Also ist die Prädikatenlogik unvollständig (z.Bsp. ist weder $\bigvee_{xy} x \neq y$ noch $\neg\bigvee_{xy} x \neq y$ PL-herleitbar) und jede der in §I1, Korollar 2 angegebenen Theorien mit der die Wirkung von M beschreibenden Programmformel als einzigem nicht logischen Axiom (für hinreichend komplizierte Programme M).

Übung 2. Sei T eine konsistente Theorie, in deren Sprache die Aussagen "M angesetzt auf x hält nach endlich vielen Schritten" für Programme M einer universellen Programmiersprache und Eingaben x effektiv formalisierbar sind durch Ausdrücke "$M(x)\downarrow$". a) Folgern Sie aus der Unentscheidbarkeit des rekursiv aufzählbaren Halteproblems $\{(M,x) \mid M(x)\downarrow \text{ ist wahr}\}$ die Existenz eines Paares (M,x) mit in T nicht beweisbarer wahrer Aussage $\neg M(x)\downarrow$.

b) Überlegen Sie sich, daß für Programme M mit einfachem Halteproblem $\{x \mid M(x)\downarrow \text{ ist wahr}\}$ von den unendlich vielen wahren Nicht-Halteaussagen $\neg M(n)\downarrow$ nur endlich viele in T beweisbar sind.

c) Folgern Sie aus der Tatsache, daß das Totalitätsproblem $\{M \mid \forall x: M(x)\downarrow\}$ nicht rekursiv aufzählbar ist, daß es eine unendliche Klasse von für jede Eingabe terminierenden Programmen M gibt, deren Terminationsaussage $\bigwedge_x M(x)\downarrow$ in T nicht beweisbar ist. (O'Donnell 1979 zeigt die formale Unentscheidbarkeit (in der Peano-Arithmetik, s.u.) der Terminationsaussage für einen Interpreter einer speziellen Klasse totaler Programme.

Erster Gödelscher Unvollständigkeitssatz (Gödel 1931). Man kann effektiv zu jeder zahlentheoretischen Theorie T' einen geschlossenen Ausdruck δ konstruieren, der in T' weder herleitbar noch widerlegbar und dessen Negation in $\mathfrak{N}$ wahr ist.

Folgerung. Es gibt keine vollständige zahlentheoretische Theorie.

Beweis (nach Germano 1976 (s. auch Shoenfield 1967,§8.2 und Davis et al. 1976,§5) unter Benutzung von Matijasevich 1970). A_0 sei die Menge aller abgeschlossenen Existenzformeln $\bigvee_{x_1} \dots \bigvee_{x_n} \alpha$ mit Matrix α, die aus Gleichungen nur mittels "∧" und "∨" aufgebaut ist. Sei T die Erweiterung von T' um alle Additions- und Multiplikationsaxiomsbeispiele

$\underline{m}+\underline{n}=\underline{m+n} \quad \underline{m}\cdot\underline{n}=\underline{m\cdot n}$ für alle $m,n\in\mathbb{N}$.

Ein einfacher Induktionsbeweis (s.u.) liefert das

Vollständigkeitslemma. Alle in $\mathfrak{N}$ wahren Sätze aus A_o sind in T herleitbar: $\forall\alpha\in A_o$ ($\mathfrak{N}\models\alpha$ seq $\vdash_T\alpha$).

Nach dem Satz von Davis-Putnam-Robinson-Matijasevich (§BI3-4) kann man zu jedem rekursiv aufzählbaren Prädikat P effektiv ein β angeben, sodaß $\beta[\underline{n}_1,\ldots,\underline{n}_r]\in A_o$ und

$$P(n_1,\ldots,n_r) \text{ gdw } \mathfrak{N}\models\beta[\underline{n_1},\ldots,\underline{n_r}] \text{ für alle } n_i\in\mathbb{N}.$$

Nach dem Vollständigkeitslemma und wegen der Korrektheit von T folgt hieraus die sog. Repräsentierbarkeit von P in T (durch β):

$$P(n_1,\ldots,n_r) \text{ gdw } \vdash_T\beta[\underline{n}_1,\ldots,\underline{n}_r] \text{ für alle } n_i\in\mathbb{N}.$$

Zur Vereinfachung der Schreibweise identifizieren wir im Folgenden Ausdrücke und ihre Gödelnummern bzgl. einer beliebig aber fest gewählten Gödelisierung. Da nach Voraussetzung die Menge der Axiome von T rekursiv ist, ist der T-Herleitbarkeitsbegriff rekursiv aufzählbar. Sei also P die nach Voraussetzung rekursiv aufzählbare 2-stellige Relation, die auf bel. (Gödelnummern für) Ausdrücke α mit $\mathfrak{f}(\alpha)=\{x\}$ und $n\in\mathbb{N}$ zutrifft gdw $\vdash_T\neg\alpha[\underline{n}]$; dazu wähle δ mit $\delta[\underline{n},\underline{m}]\in A_o$ und

$$\forall\alpha\forall n\in\mathbb{N}\colon \vdash_T\neg\alpha[\underline{n}] \text{ gdw } \vdash_T\delta[\underline{\alpha},\underline{n}].$$

Für $\alpha\equiv\delta[x,x]$ und (die Gödelnummer) $n_o:=\delta[x,x]$ folgt daraus

$$\vdash\neg\delta[\underline{n}_o,\underline{n}_o] \text{ gdw } \vdash_T\delta[\underline{n}_o,\underline{n}_o].$$

Da T als zahlentheoretische Theorie widerspruchsfrei ist, ist somit $\delta[\underline{n}_o,\underline{n}_o]$ in T (bzw. T') weder beweisbar noch widerlegbar. Es gilt $\mathfrak{N}\models\neg\delta[\underline{n}_o,\underline{n}_o]$, denn wäre $\delta[\underline{n}_o,\underline{n}_o]$ in $\mathfrak{N}$ wahr, so wäre nach dem Vollständigkeitslemma $\vdash_T\delta[\underline{n}_o,\underline{n}_o]$ und damit auch $\vdash_T\neg\delta[\underline{n}_o,\underline{n}_o]$, im Widerspruch zur Widerspruchsfreiheit von T.

Beweis des Vollständigkeitslemmas: Ind(α). oBdA nehmen wir an, daß alle Terme in Termnormalform sind (s. Übung 2 §DII4). Für $\alpha\equiv\underline{n}=\underline{m}$ folgt n=m (aus $\mathfrak{N}\models\underline{n}=\underline{m}$), also $\vdash_T\underline{n}=\underline{m}$. Für $\alpha\equiv\underline{m}+\underline{n}=\underline{r}$ folgt m+n=r (aus $\mathfrak{N}\models\underline{m}+\underline{n}=\underline{r}$), also $\vdash_T\underline{m}+\underline{n}=\underline{m+n}=\underline{r}$. Analog mit $\cdot$.

Für $\alpha\equiv\beta\circ\gamma$ mit $\circ\in\{\wedge,\vee\}$ folgt die Behauptung nach Indvor. Sei $\alpha\equiv\bigvee_x\beta$.

Wegen $\mathfrak{N} \models \alpha$ gilt $\mathfrak{N} \models \beta[\underline{n}]$ für ein n, also nach Indvor. $\vdash_T \beta[\underline{n}]$ und damit $\vdash_T \bigvee_x \beta$.

Bemerkung. Nimmt man in die Voraussetzung des ersten Gödelschen Unvollständigkeitssatzes auch noch die Herleitbarkeit der Exponentiationsbeispiele

$$\underline{m}^{\underline{n}} = \underline{m^n} \qquad \text{für alle } m,n \in \mathbb{N}$$

auf, so kann man den Beweis analog unter Benutzung lediglich des Satzes von Davis-Putnam-Robinson (§BI3) führen.

Übung 1. Man nennt eine (partielle) Funktion f repräsentierbar in T gdw für einen Ausdruck β mit den freien Variablen $x_1,\dots,x_n,y$ gilt:

$$\vdash_T \beta \wedge \beta_y[z] \supset y=z \qquad (\text{"Funktionalität" von } \beta)$$

$$\forall \vec{u},v\text{:aus } f(\vec{u})=v \text{ folgt } \vdash_T \beta_{\vec{x},y}[\underline{\vec{u}},\underline{v}] \quad .$$

Zeigen Sie: Zu jeder zahlentheoretischen Theorie T, in der jede rekursive Funktion repräsentierbar ist, gibt es einen in T formal unentscheidbaren geschlossenen Ausdruck.

Beispiel für eine die Voraussetzung des 1. Gödelschen Unvollständigkeitssatzes erfüllende Theorie ist N (§DI1,Bsp.3) und auch dessen Untertheorie mit den Rekursionsgleichungen von + und · als einzigen nicht logischen Axiomen. Die Funktionalitätseigenschaft der rekursive Funktionen repräsentierenden Ausdrücke gestattet die folgende, auch für N gültige Verschärfung der Unvollständigkeitsaussage:

Korollar (Untrennbarkeitssatz, Church 1936). Für wf Theorien T, in denen jede berechenbare Funktion repräsentierbar und $\neg\underline{0}=\underline{1}$ herleitbar ist, sind die Mengen der herleitbaren bzw. der widerlegbaren Ausdrücke rekursiv untrennbar; daher sind solche Theorien wesentlich unentscheidbar.

Beweis des Korollars. β repräsentiere in T den Graphen der Kleeneschen Aufzählungsfunktion e. Nach §BII3d sind $f^{-1}(0)$ und $f^{-1}(1)$ für $f:=\lambda x.e(x,x)$ rekursiv untrennbare Mengen. Aus $f(n)=0$ folgt $\vdash_T \beta[\underline{n},\underline{n},0]$; aus $f(n)=1$ folgt $\vdash_T \beta[\underline{n},\underline{n},\underline{1}]$, wegen der Funktionalität von β und $\vdash_T \neg 0=\underline{1}$ also $\vdash_T \neg\beta[\underline{n},\underline{n},0]$. Folglich liefert für jede Erweiterung T' von T jede Menge R mit $\{\alpha \mid \vdash_{T'} \alpha\} \subseteq R$ und $R \cap \{\alpha \mid \vdash_{T'} \neg\alpha\} = \emptyset$ die Trennungsmenge $\{n \mid \beta[\underline{n},\underline{n},0] \in R\}$ von $f^{-1}(0)$ und $f^{-1}(1)$. Also gibt es kein rekursives derartiges R und damit auch keine widerspruchsfreie rekursive Erweiterung von T.

Übung 2 (Gödel & Rosser). a) In der Theorie N (s.§DI1,Bsp.3) ist jede berechenbare Funktion repräsentierbar.

b) Jede konsistente Erweiterung von N ist unvollständig.

Hinweise: zu a): Verwenden Sie die von Gödel ohne Kenntnis der Diophantizität aller rekursiv aufzählbaren Prädikate bewiesene Charakterisierung

der berechenbaren Funktionen durch Einsetzung und Anwendung des μ-Operators mit den zusätzlichen Anfangsfunktionen +, •, charakteristische Funktion von < (s.§BII1). Eine lehrbuchartige Durchführung dieses Beweises gibt z.Bsp. Shoenfield 1967, §6.6-6.8; Machtey & Young 1978, §4.2.
zu b): Verwenden Sie den Untrennbarkeitssatz.

Übung 3 (Gödel). Folgern Sie aus dem Beweis des Korollars, daß $\{\alpha \mid \mathfrak{N} \models \alpha\}$ nicht rekursiv aufzählbar ist. (Vgl. Ende der §§BII2,3 zur Komplexität des arithmetischen Wahrheitsbegriffs.)

Übung 4 (Church 1936a). Folgern Sie aus dem Korollar und Übung 2 die Unentscheidbarkeit von $\{\alpha \mid \alpha \in \$ \ \& \vdash \alpha \text{ in PL}\}$ für die Sprache \$ von N.
Hinweis: Betrachten Sie die Theorie mit der Konjunktion der N-Axiome als nicht-logischem Axiom.

Übung 5 (Davis et al. 1976,§5). Geben Sie für bel. Theorien T mit den Voraussetzungen aus dem ersten Gödelschen Unvollständigkeitssatz eine unlösbare diophantische Gleichung P=Q an, deren Unlösbarkeit in T nicht beweisbar ist. Hinweis: Betrachten Sie für eine für die rekursiv aufzählbaren Prädikate universelle diophantische Gleichung U=O die Menge $\{n \mid \vdash_T \neg V_{x_1} \ldots V_{x_m} U_n(n,\vec{x})=0\}$.

Wegen seiner erkenntnistheoretischen Bedeutung und zur Vorbereitung auf den zweiten Gödelschen Unvollständigkeitssatz wollen wir das im Beweis des ersten Gödelschen Unvollständigkeitssatzes für Herleitbarkeit statt Wahrheit benutzte antike Lügner-Paradox - Ist der Satz "Ich lüge jetzt" (oder: "Dieser Satz ist falsch") wahr oder falsch? - getrennt herausstellen:

Unvollständigkeitskriterium: Eine Theorie, in der ihr eigener Beweisbarkeitsbegriff und die Selbstbezugnahme repräsentierbar sind, ist inkonsistent oder unvollständig.

Zur Bezeichnung: In T ist die Selbstbezugnahme (lies: die Substitution für den Spezialfall der Diagonalisierung) repräsentierbar gdw für einen Term s in T gilt: $\forall n: \vdash_T \underline{d(n)} = s_x[\underline{n}]$ mit $d(\alpha) := \alpha_x[\underline{\alpha}]$, wobei wir bezüglich einer bel. gegebenen Gödelisierung wiederum Ausdrücke α und ihre Gödelnummern gn(α)∈N identifizieren.

Beweis. Sei s ein Term und B ein Ausdruck von T (mit $\mathfrak{f}(s)=\mathfrak{f}(B)=\{x\}$), der die Selbstbezugnahme bzw. den Beweisbarkeitsbegriff von T in T repräsentiert, d.h. (mit der Abkürzung $\Box\alpha$, lies: beweisbar α, für $B_x[\underline{\alpha}]$:

1. $\forall \alpha: \vdash_T \alpha$ gdw $\vdash_T \Box\alpha$ 2. $\forall n: \vdash_T \underline{d(n)} = s[\underline{n}]$.

Dann gilt für $\delta :\equiv \neg B[s]$:

$\vdash_T \neg\Box\delta_x[\underline{\delta}]$ gdw $\vdash_T \neg B_x[s_x[\underline{\delta}]]$ nach Voraussetzung 2

gdw $\vdash_T \delta_x[\underline{\delta}]$ nach Definition von δ

gdw $\vdash_T \Box\delta_x[\underline{\delta}]$ nach Voraussetzung 1

Es ist hilfreich, sich die Analogie dieser Äquivalenz zum Lügner-Paradox vor Augen zu halten: ist $\neg\Box\beta$ für $\beta \equiv \delta_x[\underline{\delta}]$ in T nicht herleitbar, so ist $\neg\Box\beta$ in $\mathfrak{N}$ wahr, sodaß in T nicht jede wahre zahlentheoretische Aussage herleitbar ist; ist $\neg\Box\beta$ hingegen in T herleitbar, so ist $\neg\Box\beta$ in $\mathfrak{N}$ falsch, sodaß T die Zahlentheorie nicht korrekt axiomatisiert.

Herausragendes Beispiel einer in einer genügend reichhaltigen Theorie nicht herleitbaren wahren Aussage ist die Formalisierung der Widerspruchsfreiheitsaussage für diese Theorie. Dies beweist Gödels

Zweiter Gödelscher Unvollständigkeitssatz. Eine widerspruchsfreie Theorie T, deren Beweisbarkeitsbegriff den untenstehenden Löbschen Bedingungen L1-L3 genügt und in der die Selbstbezugnahme repräsentierbar ist, kann ihre Konsistenz nicht beweisen.

Zur Bezeichnung: Der Beweisbarkeitsbegriff von T genügt den Löbschen Bedingungen gdw für einen Ausdruck B von T mit der einzigen freien Variablen x für alle Ausdrücke α,β gilt (wir schreiben wieder $\Box\alpha$ für $B_x[\underline{\alpha}]$):

L1. $\vdash_T \Box(\alpha\supset\beta) \supset (\Box\alpha\supset\Box\beta)$ ("Modus Ponens")

L2. $\vdash_T \Box\alpha\supset\Box\Box\alpha$ ("Hülleneigenschaft")

L3. Aus $\vdash_T\alpha$ folgt $\vdash_T\Box\alpha$ ("Repräsentierbarkeitseigenschaft")

Wir sagen, daß T seine Konsistenz beweisen kann gdw $\vdash_T \mathrm{Cons}(T)$, wobei $\mathrm{Cons}(T) :\equiv \neg\Box\varepsilon$ (Konsistenzprädikat) für ein ε mit $\vdash_T \neg\varepsilon$.

Beweis. Die Behauptung folgt indirekt aus der Tatsache, daß die Korrektheitsaussage $\Box\alpha\rightarrow\alpha$ (auch sog. Reflexionsprinzip) in T nur für in T herleitbare α bewiesen werden kann:

Satz von Löb 1955. Unter den Voraussetzungen des zweiten Gödelschen Unvollständigkeitssatzes gilt für alle α: $\vdash_T \Box\alpha\supset\alpha$ gdw $\vdash_T\alpha$.

Denn für $\mathrm{Cons}(T)\equiv\neg\Box\varepsilon$ folgt aus der Annahme $\vdash_T \mathrm{Cons}(T)$ aussagenlogisch $\vdash_T \Box\varepsilon\supset\varepsilon$ und daraus nach dem Satz von Löb $\vdash_T\varepsilon$, im Widerspruch zur vorausgesetzten Konsistenz von T mit $\vdash_T\neg\varepsilon$.

Beweis des Satzes von Löb. Aus $\vdash_T\alpha$ folgt trivial $\vdash_T\Box\alpha\supset\alpha$. Sei also umgekehrt $\vdash_T\Box\alpha\supset\alpha$. Sei s ein Term mit einziger freier Variablen x, der die Selbstbezugnahme in T repräsentiert. Wir definieren:

$$\Delta :\equiv B_x[s]\supset\alpha \qquad \beta :\equiv \Delta_x[\underline{\Delta}]\,.$$

Behauptung 1. $\vdash_T \beta\leftrightarrow(\Box\beta\supset\alpha)$

Behauptung 1 liefert die folgende T-Herleitung von α aus $\Box\beta$:

1. $\Box(\beta\leftrightarrow(\Box\beta\supset\alpha))$ aus Beh. 1 mit L3
2. $\Box\beta\leftrightarrow\Box(\Box\beta\supset\alpha)$ aus 1. mit L1

3. $\Box(\Box\beta\supset\alpha)$ aus 2. und der Voraussetzung $\Box\beta$
4. $\Box\Box\beta\supset\Box\alpha$ aus 3. mit L1
5. $\Box\Box\beta$ aus der Voraussetzung $\Box\beta$ mit L2
6. $\Box\alpha$ MP (4,5)
7. α MP (Voraussetzung $\Box\alpha\supset\alpha$, 6)

Also gilt nach dem Deduktionstheorem $\vdash_T \Box\beta\supset\alpha$. Nach Behauptung 1 folgt $\vdash_T\beta$, daraus $\vdash_T \Box\beta$ nach L3 und somit auch $\vdash_T\alpha$.

Beweis von Behauptung 1 durch die folgende T-Herleitung:

1. $s[\underline{\Delta}]=\underline{\Delta_x[\underline{\Delta}]}$ da s die Selbstbezugnahme in T repräsentiert
2. $\Delta_x[\underline{\Delta}]\equiv(B[s[\underline{\Delta}]]\supset\alpha) \leftrightarrow B[\underline{\Delta_x[\underline{\Delta}]}]\supset\alpha\equiv\Box\beta\supset\alpha$ aus 1.

Bemerkung 1. Das bekannteste Beispiel einer den Voraussetzungen des 2. Gödelschen Unvollständigkeitssatzes genügenden Theorie ist die Peano-Arithmetik PA, deren Axiome die von N (s. §DI1,Bsp.3) sind zuzüglich für jeden Ausdruck α der Sprache N dem Induktionsaxiom

$$\alpha_x[0]\wedge\bigwedge_x(\alpha\supset\alpha_x[Sx])\supset\alpha.$$

Man benötigt derartige Axiome zum Nachweis der Löbschen Bedingungen für eine geeignete Formalisierung des Beweis-(barkeits-)begriffs bzw. zum formalen Beweis des in den Reflexionsprinzipien zum Ausdruck kommenden Korrektheitssatzes (durch Induktion über die gegebene Herleitung!). Gödels Idee solch einer Formalisierung war genial. Die Durchführung einer derartigen Formalisierung vermöge einer Gödelisierung der unterliegenden Theorie ist jedoch technisch nicht schwer, wenngleich im Detail ausgearbeitet umfangreich; nach geleisteter Müh' wird dann nur noch die prinzipielle Möglichkeit einer (im Sinne der Löbschen Bedingungen) geeigneten Formalisierung benutzt, sodaß wir den interessierten Leser für Ausarbeitungen auf die Literatur verweisen (z.Bsp. Shoenfield 1967, §6.6-6.8, 8.2).

Bemerkung 2. Für das von Hilbert zur Verteidigung mathematischer Untersuchungen gegen das Auftreten von Paradoxen aufgestellte sog. Hilbertsche Programm, elementare Widerspruchsfreiheitsbeweise für formalisierte mathematische Theorien aufzustellen, bedeuten die Gödelschen Unvollständigkeitssätze, daß der Begriff "elementar" in diesem Zusammenhang einer genauen Analyse bedarf. Die im Hinblick auf eine derartige Grundlegung der gesamten Mathematik herausragende Rolle der Zahlentheorie rührte daher, daß Riemann bereits die Widerspruchsfreiheit Nicht-Euklidischer Geometrien auf die der Euklidischen Geometrie zurückgeführt hatte und Hilbert die Konsistenz der letzteren auf die Widerspruchsfreiheit der Arithmetik. Gentzen 1936, 1938 hat auf der Grundlage seines im vorigen Kapitel behandelten Kalküls LK einen für viele Verallgemeinerungen und Anwendungen in der Beweistheorie wichtig gewordenen Beweis für Cons(PA) in der Erweiterung von PA um die transfinite Induktion bis zur Ordinalzahl ε_0 gegeben; vgl. auch Gentzen 1943. Für sich daran anschließende beweistheoretische Untersuchungen verweisen wir den Leser auf Schütte 1960; s. auch Schwichtenberg 1977 für weitergehende Information über Charakterisierungen des Konsistenzprädikats formalisierter mathematischer Theorien durch innermathematische (Induktions-u.ä.) Prinzipien.

Bemerkung 3. Zahlreiche Untersuchungen sind dazu angestellt worden, "einfache" oder "natürliche" formal unentscheidbare Ausdrücke zu finden. Aus scharfen Darstellungssätzen rekursiv aufzählbarer Prädikate durch lösbare diophantische Gleichungen erhält man beispielsweise kurze Beschreibungen unlösbarer diophantischer Gleichungen, deren Unlösbarkeit in der betrachteten Theorie nicht beweisbar ist, s. Dyson et al. 1982, Jones 1978. Ausgehend von Paris & Harrington 1977, wo gewisse Varianten eines auf Ramsey zurückgehenden kombinatorischen Satzes als äquivalent zu Cons(PA) und damit in PA formal unentscheidbar nachgewiesen wurden, ist dies für weitere Sätze der Kombinatorik bzgl. PA oder anderer Theorien gelungen; s. z.Bsp. Paris 1978, Ketonen & Solovay 1981, Kirby & Paris 1982, Jervell 1983 (Explikation von Gentzens Schnitteliminationsverfahren zugrundeliegenden kombinatorischen Prinzipien, die in PA formal unentscheidbar sind), Cichon 1983 ("Der in §CII3 erwähnte Satz von Goodstein ist in PA formal unentscheidbar"), Kowalczyk 1982 (Regularität einer gewissen Sprache über dem einelementigen Alphabet), Simpson 1985 (mit weiteren Literaturangaben). Chaitin 1974 gibt eine informationstheoretische Interpretation des Gödelschen Unvollständigkeitsphänomens: bezüglich eines informationstheoretischen Komplexitätsbegriffs für Programme, logische Theorien, Zufallszahlen usw. sagt Gödels Satz, daß man zu jeder Theorie der Informationskomplexität n ein Programm der Informationskomplexität n angeben kann, das bei einer bestimmten Eingabe nicht hält - oder eine Binärfolge einer um eine Konstante größeren Informationskomplexität -, ohne daß letztere Aussagen in T beweisbar wären; beispielsweise folgt daraus auch, daß in T die Zufallseigenschaft für Zahlen nur für Zahlen der Informationskomplexität $\leq n$ bewiesen werden kann. (s. Chaitin 1982 für weitere Literaturangaben.)

Bemerkung 4. Die erststufige Theorie der Addition (Presburger-Arithmetik) bzw. der Multiplikation (Skolem-Arithmetik) ist entscheidbar, s. Presburger 1929, Skolem 1930. Entscheidungsverfahren für diese Theorien benötigen jedoch nach Fischer & Rabin 1974 mindestens doppelt exponentielle bzw. dreifach exponentielle Zeit; vgl. Ferrante & Rackoff 1979 für eine genauere Diskussion. Young 1985 zeigt, wie ein derartiges Schwerentscheidbarkeitsergebnis (im Beispiel: die exponentielle Untrennbarkeit der beweisbaren und der widerlegbaren Sätze für die Presburger-Arithmetik) aus einer einfachen Verschärfung der Beweismethode zum Churchschen Untrennbarkeitssatz gefolgert werden kann. Die Idee besteht darin, daß zur Beschreibung beschränkter rekursiver Halteprobleme nur beschränkte Teile der Multiplikation benötigt werden, die man mittels der Methode aus Fischer & Rabin 1974 durch kurze additive Formeln ausdrücken kann. Zu dieser interessanten Interpretation des Gödelschen Unvollständigkeitsphänomens vgl. auch Machtey & Young 1978, 1981.

Weiterführende Literatur(angaben): Smorynski 1977.

TEIL III: REKURSIVE UNTERE KOMPLEXITÄTSSCHRANKEN

In Teil I haben wir die Methode logischer Programmbeschreibung zum Ausdruck von Halte- und Definitionsproblemen eingesetzt, die keinerlei Einschränkungen an die Länge oder den Platzbedarf der beschriebenen Rechnungen unterworfen sind. Dadurch übertrug sich die Unentscheidbarkeit dieser unbeschränkten Halteprobleme auf die Komplexität des Entscheidungsproblems der zugehörigen Formelklassen. In diesem Teil benutzen wir die Methode logischer Programmbeschreibung zur Formalisierung zeit- oder platzbeschränkter Halteprobleme in eingeschränkten Ausdrucksklassen, wodurch deren rekursiv lösbare Entscheidungsprobleme sich als vollständig für die zugrundeliegende Zeit- oder Platzkomplexitätsklasse erweisen.

Übersicht. Wir beweisen in §1 den Satz von Cook von der NP-Vollständigkeit des aussagenlogischen Erfüllbarkeitsproblems durch eine aussagenlogische Interpretation polynomial zeitbeschränkter Berechnungen nicht determinierter Turingmaschinen. Als Korollar unserer Beweismethode erhalten wir die polynomiale Äquivalenz zweier natürlicher Komplexitätsmaße Boolescher Funktionen, wodurch sich das Cooksche Problem P=NP? als äquivalent zur Frage nach kurzen Horndefinitionen Boolescher Funktionen herausstellt. Das Interesse hieran rührt von der Tatsache, daß das Entscheidungsproblem aussagenlogischer Hornformeln in P liegt; einen entsprechenden Algorithmus bauen wir aus zum Nachweis des Satzes von Henschen & Wos von der Vollständigkeit des Einheits-Resolutionskalküls für Hornformeln. Zulassen von Quantoren über Aussagenvariablen gestattet eine Erweiterung der Beschreibungsmethode auf polynomial platzbeschränkte TM-Berechnungen, woraus die PBAND-Vollständigkeit des Entscheidungsproblems der aussagenlogischen Quantorenlogik (Satz von Stockmeyer) folgt.

In §2 behandeln wir eine typentheoretische Interpretation n-fach exponentiell zeitbeschränkter Berechnungen nicht determinierter TM-Programme. Dies geht auf Ideen in Rödding & Schwichtenberg 1972 und Jones & Selman 1974 zurück und liefert eine Charakterisierung der typentheoretischen Spektren (Mächtigkeitsklassen endlicher Modelle gegebener Ausdrücke der n-ten Stufe, s.u. Definition) in termini der elementaren Rechenzeithierarchie aus §CII2. Durch Spezialisierung auf die Logik der zweiten Stufe erhält man Fagins 1974 Darstellung von NP durch verallgemeinerte erststufige Spektren, die Ausgangspunkt einer Reihe bedeutender komplexitätstheoretischer Untersuchungen in der endlichen Modelltheorie geworden ist.

In §3 zeigen wir am Beispiel polynomial band- bzw. exponentiell zeitbeschränkter TM-Berechnungen, wie eine geeignete logische Beschreibung solcher beschränkter Halteprobleme durch eingeschränkte erststufige Ausdrucksmittel auf rekursive logische Entscheidungsprobleme führt, die für die beschriebene Komplexitätsklasse vollständig sind. "Natürlichen" Komplexitätsklassen entsprechen dabei "natürliche" rekursive Teilprobleme des Hilbertschen Entscheidungsproblems.

§0. Reduktionsmethode. Wie in Teil I werden wir Programmformeln (in pränexer Normalform mit Matrix) π_M und von den jeweiligen Eingaben bzw. dem jeweiligen Halteproblem abhängige Anfangs- und Endformeln α,ω so definieren, daß jeder Rechenschritt von M in jedem Modell von π_M durch eine logische Folgerung (z.B. einen Resolutionsschritt) reflektiert wird und α bzw. ω die unterliegende Anfangs- bzw. Endkonfiguration festlegt. Da wir insbesondere zeitbeschränkte Berechnungen beschreiben wollen, müssen wir in die Formalisierung den Zeitparameter t explizit aufnehmen - wie es aus anderen Gründen auch in Teil I geschehen ist: beim Beweis des Satzes von Friedman & Gurevich zum Zwecke der eindeutigen Festlegung von Modellen, beim Beweis des Satzes von Kahr & Moore & Wang bedingt durch die Lokalität der Darstellung von TM-Konfigurationen. Zur Verdeutlichung der Gleichförmigkeit der Reduktionen bei den verschiedenen Halte- und Entscheidungsproblemen (s. Börger 1984a) stützen wir uns hier durchgehend auf das Modell der (evtl. nicht determinierten, oBdA Halbband-) Turingmaschine und beschreiben π_M als aussagenlogische Formel in logischen "Grundformeln" $A(t,u)$, $B_k(t,u)$, $Z_i(t)$, $S(t,t')$ mit Parametern t (für Zeit), u (für Bandfeldnummern), k (für Buchstaben), i (für M-Zustände) und der folgenden intendierten Interpretation:

$A(t,x)$	gdw Arbeitsfeld zum Zeitpunkt t ist (das mit Nr.) x
$B_j(t,x)$	gdw Buchstabe a_j steht zum Zeitpunkt t im Feld x
$Z_i(t)$	gdw i ist der Zustand von M zum Zeitpunkt t
$S(t,t')$	gdw t' ist unmittelbarer Nachfolger (zeitpunkt) von t .

Für eine M-Konfiguration C_t zum Zeitpunkt t sei $\underline{C}_t$ die "Konjunktion" der C_t beschreibenden obigen Grundformeln. Wir definieren bezüglich dieser Konfigurationsformeln π_M so, daß seine Modelle die M-Berechnungen simulieren im Sinne von:

Simulationslemma. Sei $\tilde{A}$ ein Modell von π_M. Für beliebige M-Konfigurationen C_0 und bel. t gilt: Ist $\tilde{A}$ ein Modell von $\underline{C}_0$, so ist für mindestens eine M-Konfiguration C_t, die $C_0 \vdash^{t}_{M} C_t$ erfüllt, $\tilde{A}$ auch Modell von $\underline{C}_t$.

Definition. Zwecks Schreibvereinfachung (aber oBdA) nehmen wir an, daß das Programm M aus Instruktionen $I_i=(i,t_j,a_k b,l)$ mit kombinierten Druck- und Bewegungsoperationen $a_k b$ ("drucke a_k und führe Bewegung b aus") für $b\in\{r,l\}$ besteht. π_M sei die "Konjunktion" der folgenden Ausdrücke für alle Parameter i (für M-Zustände), j (für M-Buchstaben) und alle je nach Zeit- und Platzschranke in Frage kommenden t,t',x,x',y:

$$Z_i(t) \wedge S(t,t') \wedge S(x,x') \wedge A(t,x) \wedge B_j(t,x) \supset \bigvee_{(i,t_j,a_k r,l)\in M} Z_l(t') \wedge A(t',x') \wedge B_k(t',x)$$

$$\ldots\ldots\ldots\ldots x' \ldots\ldots\ldots x' \supset \ldots\ldots a_k l \ldots\ldots\ldots\ldots\ldots\ldots\ldots\ldots x \ldots\ldots\ldots x'$$

$$A(t,y) \wedge y \neq x \wedge B_j(t,x) \wedge S(t,t') \supset B_j(t',x)$$ {außerhalb des Arbeitsfeldes keine Änderung}

oBdA hat M für alle (i,j) nur je eine Bewegungsrichtung. Für (i,j) ohne M-Instruktion (i,j,...) lese man statt der Disjunktion $Z_i(t') \wedge A(t',x) \wedge B_j(t',x)$.

Für determinierte Programme M kann man durch geeignete Umschreibung der Bedingung $y \neq x$ mittels (nicht negierter) Primformeln π_M in eine Hornformel verwandeln.

Übung 1. Machen Sie sich die Richtigkeit des Simulationslemmas für das so definierte π_M klar (Ind(t)).

Übung 2. Spezifizieren Sie vorstehende Konstruktion zum Nachweis der Unentscheidbarkeit der Prädikatenlogik aus der Unentscheidbarkeit des Halteproblems $\{M|M$, angesetzt auf leeres Band, hält nach endlich vielen Schritten im Zustand $1\}$ für Turingmaschinen. Hinweis: Fassen Sie Z_i resp. A, B_j, S als monadische resp. zweistellige Prädikatssymbole

und t,x als allquantifizierte Variable auf. Man denke sich (oder axiomatisiere mittels S) t',x' als Skolem-Nachfolgerterm von t,x mit Nullterm O und setze

$\alpha :\equiv Z_o(O) \wedge A(0,0) \wedge \bigwedge_x B_o(O,x)$ $\qquad$ $\omega :\equiv \bigwedge_t \neg Z_1(t)$.

§1. Komplexität Boolescher Funktionen. Aus einer aussagenlogischen Interpretation von π_M für polynomial zeitbeschränkte Berechnungen indeterminierter TM-Programme M folgt der

Satz von Cook 1971. Das Erfüllbarkeitsproblem aussagenlogischer Formeln in konjunktiver Normalform ist NP-vollständig.

Beweis. Die Zugehörigkeit dieser Formelmenge zu NP macht man sich leicht klar: bei Eingabe von α in konjunktiver Normalform "rate" man eine mögliche Belegung der in α vorkommenden Aussagenvariablen und werte dafür α aus; α wird akzeptiert gdw es dabei den Wert 1 erhält. (Dem Leser, den diese Programmieridee noch nicht überzeugt, empfehlen wir die detailliertere Erklärung in Specker & Strassen 1976.

Für die Reduktion in der Länge der Eingaben polynomial zeitbeschränkter Berechnungen nicht determinierter TM-Programme M genügt es, zu bel. s (für Schrittzahl) und $n \leq s$ (für Eingabelänge) aussagenlogische Formeln π, α, ω in konjunktiver Normalform (mit ausgezeichneten Eingabevariablen $x_1, \dots, x_n$) anzugeben, die durch ein determiniertes TM-Programm für eine Konstante c in $c \cdot \max\{\text{Länge von } M, n, s\}^3$ Schritten berechnet werden können und deren Konjunktion $\gamma(M,n,s) :\equiv \pi \wedge \alpha \wedge \omega$ M simuliert durch:

(1) M akzeptiert Eingabeworte $q_1 \dots q_n \in \{0,1\}^n$ in s Schritten
gdw erf $\gamma(M,n,s)$ $\quad [x_1/q_1, \dots x_n/q_n]$.

Als π wähle man π_M aus §0 mit den Zeit- und Platzparametern $t, t', x, x', y \leq s$ und Auffassung der Grundformeln $A(u,v), Z_i(u), B_j(u,v)$ als Aussagenvariablen; die Konjunktionsglieder $S(u,v)$ und $y \neq x$ lese man als äußere Bedingung an die zugelassenen Parameter, sie sind kein Teil der Formel selbst. Setze

$$\alpha :\equiv \bigwedge_{1 \leq j \leq n} (B_1(O,j) \leftrightarrow x_j) \wedge (B_o(O,j) \leftrightarrow \neg x_j) \wedge \bigwedge_{n < j \leq s} B_2(O,j) \wedge Z_o(O) \wedge A(0,0)$$

$\{$oBdA $a_o = 0, a_1 = 1, a_2 =$ Leerzeichen von M$\}$

$\omega :\equiv \bigwedge_{i \neq 1} \neg Z_i(s)$ {zum Endzeitpunkt s gilt kein vom akzeptierenden Zustand 1 verschiedener Zustand}

Nach Simulationslemma und intendierter Interpretation aus §0 gilt (1).

Bemerkung. Unsere Formeln $\pi \wedge \alpha \wedge \omega$ sind im Hinblick auf uniforme Reduktion und unmittelbar einsichtigen Beweis definiert; kürzere Reduktionsausdrücke untersucht Robson 1979.

Übung 1. (Lewis & Papadimitrou 1981, Savelsbergh & van Emde Boas 1984). Zeigen Sie den Satz von Cook durch Reduktion des NP-vollständigen Quadratdominoproblems aus §CIII1. Hinweis: Benutzen Sie Aussagenvariablen x(i,j,k) mit der intendierten Interpretation "im Quadrat mit den Koordinaten (i,j) liegt ein Dominostein vom Typ k" und beschreiben die Lösbarkeit des gegebenen Dominoproblems durch einen Ausdruck in disjunktiver Normalform. Daraus erhält man einen erfüllbarkeitsäquivalenten Ausdruck in konjunktiver Normalform mittels Ersetzung von Teilausdrücken $\alpha \vee (\beta \wedge \gamma)$ durch $(\alpha \vee x) \wedge (\neg x \vee \beta) \wedge (\neg x \vee \gamma)$ mit einer neuen Aussagenvariablen x.

Übung 2. Zeigen Sie die NP-Vollständigkeit des Erfüllbarkeitsproblems für al. Ausdrücke in konjunktiver Normalform mit ternären Alternationen. (Vgl. Übung zur konjunktiven Normalform mit ternären Alternationen, §DI2.)

Übung 3. Beweisen Sie die NP-Vollständigkeit des Cliquenproblems (s. §CIII1) durch Reduktion des al. Erfüllbarkeitsproblems. Hinweis: Betrachten Sie konjunktive Normalformen $\alpha_1 \wedge \ldots \wedge \alpha_m$, deren Konjunktionsglieder paarweise verschiedene Mengen in ihnen vorkommender Aussagenvariablen haben und von jeder Aussagenvariablen höchstens ein Vorkommen enthalten. Verbinden Sie genau die nicht kontradiktorischen Disjunktionsglieder y(i,j) und y(i',j') mit $1 \leq i,i' \leq m$ und $i \neq i'$ und bestimmen Cliquen der Länge m.

Übung 4 (Karp 1972). Die Menge der dreifärbbaren endlichen Graphen ist NP-vollständig.

Dabei heißt ein Graph dreifärbbar gdw seine Knoten so mit einer von drei Farben belegt werden können, daß durch eine Kante verbundene Knoten verschiedene Farben tragen. Hinweis (Specker & Strassen 1976, S. 50): Verbinden Sie für konjunktive Normalformen $\alpha_1 \wedge \ldots \wedge \alpha_m$ mit ternären Disjunktionen (s. Übung 2) alle - "mit Wahrheitswerten 0,1 zu färbenden" - vorkommenden Variablen x mit $\neg x$ und sowohl x als auch $\neg x$ mit einem neuen Punkt 2 ("für die dritte Farbe"). Verbinden Sie das j-te Disjunktionsglied in α_i mit einem neuen Punkt p(i,j) ($1 \leq i \leq m$, $1 \leq j \leq m$) und legen Sie die folgenden Kanten zwischen diesen Punkten p(i,j) ($1 \leq i \leq m$, $1 \leq j \leq 5$) und einem weiteren Punkt 0 ("für die Farbe 0"):

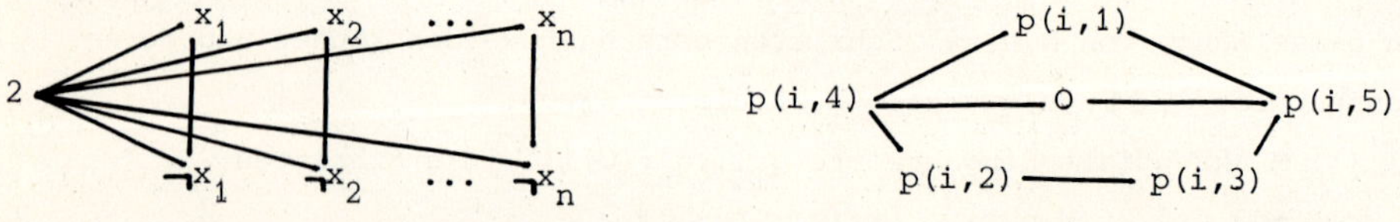

Für determinierte M ist π_M eine aussagenlogische Hornformel und damit (nach trivialen Ersetzungen in α) auch $\pi \wedge \alpha \wedge \omega[x_1|q_1,\ldots,x_n|q_n]$ für alle $q_1\ldots q_n \in \{0,1\}^n$. Das Erfüllbarkeitsproblem aussagenlogischer Hornformeln ist mit einem von Aanderaa 1976 angegebenen Algorithmus in polynomialer Zeit lösbar; dieser Algorithmus kann zu einem Verfahren zur systematischen Durchführung aller möglichen Einheitsresolutionen aus gegebenen erststufigen

Hornformeln ausgebaut werden und liefert so einen einfachen Beweis für den

Satz von Henschen und Wos 1974. Einheitsresolution ist vollständig für HORN, d.h. (1) $\forall\alpha\in$HORN:wvα gdw $\alpha \vdash_{\text{unit-Res}} \Box$.

Dabei kann man sich sogar auf Resolutionsschritte beschränken, durch die Resolventen σsub aus einer Primformel π und einer Hornklause $\neg\pi\vee\sigma$ gewonnen werden. Für aussagenlogische Hornformeln löst der Einheitsresolutionskalkül das Entscheidungsproblem in polynomialer Zeit.

Beweis. Wir beschreiben zuerst einen Algorithmus, der zu eingegebener Hornklausenmenge α eines Ausdrucks in SkNF eine Menge von aus α folgenden Literalen erzeugt, und zwar zerlegt in Mengen L_o bzw. L_1 von Primformeln π mit $\alpha\models\neg\pi$ bzw. $\alpha\models\pi$, so daß gilt:

(2) erf α gdw es gibt kein unifizierbares Paar von $\pi_i\in L_i$.

Die Idee besteht darin, die L_j ausgehend von $L_{j,o}:=\emptyset$ durch schrittweise Erweiterung zu konstruieren, indem im Schritt t+1 zu $L_{1,t}$ bzw. $L_{o,t}$ (modulo einer geeigneten Substitution) alle Primformeln π hinzugenommen werden, für die es in α eine Klause $\neg\pi_1,\ldots,\neg\pi_n,\pi$ bzw. $\neg\pi_1,\ldots,\neg\pi_n,\neg\pi$ mit Primformeln $\pi_i\in L_{1,t}$ gibt (lies: alle Konklusionen von Implikationen in α, deren Prämissen in $L_{1,t}$ liegen). Falls erf α, ist die Menge Bsp(L_1) aller Beispiele von Primformeln in L_1 das kleinste Herbrand-Modell von α(s. §DIII3, Übung zu Herbrand-Modellen).

Algorithmus. Schritt 0: Setze $L_{j,o}:=\emptyset$. Schritt t+1: Für jede Klause $\pi_1\wedge\ldots\wedge\pi_n\supset\lambda$ in α mit Primformeln π_i und Literal $\lambda\in\{\pi,\neg\pi\}$ nimm πsub_n neu zu $L_{1,t}$ (falls $\lambda\equiv\pi$) bzw. zu $L_{o,t}$ (falls $\lambda\equiv\neg\pi$) hinzu, falls es Substitutionen sub_i (mit sub_o=id) und Primformeln $\sigma_i\in L_{1,t}$ gibt, so daß für alle $i\leq n$ gilt: $\{\neg\pi_{i+1},\ldots,\neg\pi_n,\lambda\}\,\text{sub}_i$ ist prädikatenlogische Resolvente von $\{\neg\pi_i,\ldots,\neg\pi_n,\lambda\}\,\text{sub}_{i-1}$ und σ_i.

Sei $L_{j,t+1}$ das Ergebnis dieser Erweiterung von $L_{j,t}$. Falls es eine unifizierbare Menge $\{\alpha_1,\alpha_o\}$ von $\alpha_j\in L_{j,t+1}$ gibt, brich ab mit der Ausgabe: wvα & $L_j:=L_{j,t+1}$. Andernfalls teste, ob $L_{j,t}=L_{j,t+1}$ für j=0,1; ist dies der Fall, so brich ab mit der Ausgabe erf α & $L_{j,t}:=L_{j,t+1}$, ansonsten gehe zum nächsten Schritt.

Bricht dieses Verfahren nicht ab, so sei $L_j:=\bigcup_t L_{j,t}$.

Nach Definition des Algorithmus gilt für alle Zeitpunkte t:

(3) $\forall\pi\in L_{1,t}: \alpha\vdash_{\text{unit-Res}}\pi$ & $\forall\pi\in L_{o,t}:\alpha\vdash_{\text{unit-Res}}\neg\pi$.

Beweis von (2): Falls erf α, gibt es wegen der Korrektheit der Resolutionsregel nach (3) kein unifizierbares Paar von Primformeln $\pi_i \in L_i$. Gibt es umgekehrt kein derartiges Paar, so liefert Bsp(L_1) wegen der Hornstruktur von α ein (und zwar das kleinste) Herbrand-Modell von α.

Aus (2) und (3) folgt (1). Offensichtlich bricht obiger Algorithmus für aussagenlogische α nach höchstens soviel Schritten ab, wie α Aussagenvariablen hat. (Für eine effiziente Implementierung dieses al. Verfahrens vgl. Itai & Makowsky 1983, S. 10.)

Übung 0 (Henschen & Wos 1974). Eine Menge C von Grundklausen heißt minimal wv, falls wvC und jede echte Teilmenge von C erfüllbar ist. Eine positive Einheitswiderlegung von C ist eine Herleitung von □ aus C durch Anwendungen der Einheitsresolutionsregel , bei denen je eine Voraussetzung eine positive Klause ist (d.h. nur aus Primformeln besteht). Zeigen Sie: Hat eine minimal wv Grundklausenmenge C eine positive Einheitswiderlegung, so ist sie eine Menge von Hornklausen.

Hinweis: Ind(Anzahl n der in Elementen von C vorkommenden Primformeln). Im Indschl. wende man für eine Primformel π mit {π}∈C die Indvor. an auf die Menge C', die aus C entsteht, indem man {π} und in allen verbleibenden Elementen von C jedes Vorkommen von ¬π streicht. (Dies ist eine Anwendung der Aufspaltungsregel im Verfahren von Davis & Putnam 1960).

Übung 1 (Jones & Laaser 1977). Das Entscheidungsproblem des aussagenlogischen Einheitsresolutionskalküls ist algorithmisch in polynomialer Zeit lösbar, d.h. $\{\alpha \mid \alpha \vdash_{\text{unit-Res}} \square \ \& \ \alpha \in A_{AL}\} \in P$.

Hinweis: Formulieren Sie einen Algorithmus, der für bel. Eingaben α zwei Anfangslisten L (der unären Klausen von α) und D (der Klausen von α mit mindestens 2 Elementen) erstellt und dann solange, bis L=∅, alle Einheitsresolutionen zwischen Literalen in L und Disjunktionen in D im Hinblick auf die Erzeugung von □ vornimmt: der Reihe nach resolviere man jedes l∈L sukzessive mit jedem möglichen d∈D: falls □ entsteht, halte; sonst entferne d aus D und füge die erhaltene Resolvente (je nachdem, ob sie eine Disjunktion oder ein Literal ist) am Ende der Liste D bzw. L an. l∈L wird entfernt, falls es mit keinem Element von D mehr resolvierbar ist. Dieser Algorithmus bricht nach höchstens k·k Schritten ab, wobei k=Anzahl der Klausen von α. (NB: pro Resolutionsschritt vermindert sich die Summe der Längen der Klausen in L∪D.)

Übung 2 (Jones & Laaser 1977). Das Entscheidungsproblem des al. Einheitsresolutionskalküls und das Erfüllbarkeitsproblem für al. Hornformeln sind P-vollständig bzgl. logarithmisch-bandbeschränkten Reduktionen. Hinweis: Die Reduktion im Beweis des Satzes von Cook ist log-bandbeschränkt; für determinierte M ist π (oBdA) eine Hornformel, so daß der Satz von Henschen & Wos anwendbar ist.

In op.cit. wird dieses Ergebnis verallgemeinert für das Zugehörigkeitsproblem zur transitiven Hülle einer Menge unter einer 2-stelligen Operation; von daher überträgt sich die entsprechende Vollständigkeitsaussage auf Leerheits-, Unendlichkeits- und Zugehörigkeitsproblem kontextfreier Sprachen.

Übung 3 (Cook 1971). Das Entscheidungsproblem aussagenlogischer Kromformeln ist in polynomialer Zeit entscheidbar: KROM {α|α al. Ausdruck & erf α} ∈P. (Zur Rolle der Disjunktionslänge für die Komplexität von Entscheidungsverfahren vgl. Luckhardt 1984.)

Hinweis: Die Resolvente zweier Kromklausen ist eine Kromklause, und es gibt höchstens $2n \cdot 2n$ Kromklausen über n Aussagenvariablen. NB: Jones & Lien & Laaser 1976 verschärfen dieses Ergebnis zur Vollständigkeit der Menge der wv al. Kromformeln für log-bandbeschränkte Berechnungen nichtdeterminierter TM.

Übung 4. Formulieren Sie obigen Algorithmus so, daß im Schritt t+1 alle πsub hinzugenommen werden, für die sub einen allgemeinsten "simultanen" Unifikator der π_i mit σ_i darstellt. Diese Variante der Resolutionsregel ist ein Spezialfall der sog. Hyper-Resolution von Robinson 1965a.

Die Entscheidbarkeit aussagenlogischer Hornformeln in polynomialer Zeit legt das folgende, in Aanderaa & Börger 1979 eingeführte logische Komplexitätsmaß für Boolesche Funktionen nahe:

Definition. Sei α eine al. Formel mit (Aussagen-) Variablen $x_1,\dots,x_n$, $y_1,\dots,y_m$, f eine n-stellige Boolesche Funktion. α definiert f bzgl. $x_1,\dots,x_n$ gdw

$$\forall q=(q_1,\dots,q_n)\in\{0,1\}^n: f(q)=1 \text{ gdw erf } \alpha[x_1/q_1,\dots,x_n/q_n].$$

Die $x_1,\dots,x_n$ nennen wir Eingabevariablen, die restlichen Aussagenvariablen $y_1,\dots,y_m$ von α Arbeitsvariablen. Die Hornkomplexität $C_H(f)$ von f definieren wir als minimale Länge einer f definierenden al. Formel α, die in ihren Arbeitsvariablen eine Hornformel ist - d.h. ersetzt man in α alle Vorkommen von aus Eingabevariablen gebildeten Literalen durch eine Variable u, so entsteht eine Hornformel.

In den folgenden 3 Übungen formulieren wir nach op.cit. einige einfache Eigenschaften der Hornkomplexität Boolescher Funktionen und ihrer Beziehung zum Cookschen Problem. (Zum Verhältnis von Hornstrukturen zum Cookschen Problem vgl. auch Statman 1977a.)

Übung 1. Die Hornkomplexität Boolescher Funktionen ist polynomial beschränkt in ihrer Stellenzahl n, der Länge sie berechnender determinierter Turingmaschinenprogramme und deren maximaler Rechenzeit auf Eingaben der Länge n.

Hinweis: Für $\{q \mid f(q)=1\}$ akzeptierendes TM-Programm M betrachte die f (bzgl. der in α auftretenden Eingabevariablen) definierende Formel $\gamma(M,n,s)$ aus dem Beweis des Satzes von Cook mit der Stellenzahl n von f und s:=maximale Rechenzeit von M auf 0-1-Eingabefolgen der Länge n. Wegen der Determiniertheit von M ist $\gamma(M,n,s)$ eine Hornformel in ihren Arbeitsvariablen.

Übung 2. Die freie Komplexität einer Booleschen Funktion sei die minimale Länge einer f definierenden al. Formel. Gibt es zu jedem Polynom p eine Boolesche Funktion f mit größerer Hornkomplexität als p(freie Komplexität von f), so ist $P \neq NP$.

Hinweis: Folgern Sie unter Benutzung der Reduktionsausdrücke im Beweis des Satzes von Cook aus P=NP eine polynomiale Beschränkung der Hornkomplexität einer bel. Booleschen Funktion durch ihre freie Komplexität.

Übung 3. $E(n)$ sei eine n-stellige Boolesche Funktion, die das Erfüllbarkeitsproblem konjunktiver Normalformausdrücke repräsentiert, die nur Konjunktionsglieder aus den ersten n ternären Disjunktionen $d(1),\ldots,d(n)$ enthalten (bzgl. einer geeignet gewählten Anordnung); setze etwa $D(n):\equiv x(n)\supset d(n)$ mit einer neuen Aussagenvariablen $x(n)$, $C(n):\equiv$ Konjunktion aller $D(i)$ für $i\leq n$ und $E(n)(q)=1$ gdw erf $C(n)[x(1)\ldots x(n)/q]$ für bel. 0-1-Folgen q der Länge n. Zeigen Sie:

a) Zu jeder konjunktiven Normalform α mit ternären Disjunktionen kann man eine Zahl n und eine 0-1-Folge q der Länge n so angeben, daß erf α gdw $E(n)(q)=1$, und umgekehrt. Diese Zuordnung ist in polynomialer Zeit berechenbar.

b) Ist die Hornkomplexität von $E(n)$ nicht polynomial beschränkt in n, so folgt $P \neq NP$. Hinweis: Folgern Sie aus $P=NP$ mittels der Reduktionsausdrücke im Beweis des Satzes von Cook eine polynomiale Beschränkung der Hornkomplexität von $E(n)$.

c) Kann man in polynomialer Zeit Formeln $h(n)$ berechnen, die in ihren Arbeitsvariablen Hornformeln sind und $E(n)$ definieren, so ist $P=NP$. Hinweis: Benutzen Sie die Entscheidbarkeit von Hornformeln in polynomialer Zeit.

Die in den vorstehenden Übungen enthaltenen Aussagen sind mutatis mutandis auch für andere Komplexitätsmaße für Boolesche Funktionen wie Turingmaschinen- und Netzwerkkomplexität (vgl. Schnorr 1977 für eine Übersicht) bewiesen worden. Dies legt die Vermutung nahe, daß die Hornkomplexität und besagte Komplexitätsmaße polynomial gegeneinander abschätzbar sind. Wir beweisen dies hier für den Fall der Netzwerkkomplexität, die in der Komplexitätstheorie eine grundlegende Rolle spielt, und geben dazu die

Definition. Ein logisches Netzwerk N ist ein endlicher, gerichteter, zyklenfreier, beschrifteter Graph, dessen Knoten entweder 2 hereinlaufende Kanten haben oder gar keine. Knoten der ersten Art heißen logische Knoten und sind mit einer 2-stelligen Booleschen Operation beschriftet; Knoten der zweiten Art heißen Eingänge und sind mit Aussagenvariablen beschriftet.

Sei $e_1,\ldots,e_n$ die (geordnete) Folge der Eingänge von N und k ein Knoten von N. Die bzgl. k durch N berechnete Boolesche Funktion $f_{N,k}$ ist rekursiv definiert durch:

$$f_{N,e_i}(q_1,\ldots,q_n):=q_i \quad \text{für bel. } q=q_1\ldots q_n\in\{0,1\}^n$$

$$f_{N,k}(q):=op(k)(f_{N,k_1}(q),f_{N,k_2}(q))$$

für logische Knoten k mit Beschriftung $op(k)$ und Vorgängerknoten k_1,k_2. Die Netzwerkkomplexität $C_N(f)$ von f ist definiert als minimale Anzahl logischer Knoten in einem f bzgl. eines Knotens berechnenden logischen Netzwerk.

Übung. Für eine zur Definition aller Booleschen Funktionen vollständige Menge B binärer Boolescher Funktionen sei B'(f) die Netzwerkkomplexität von f bzgl. Netzwerken mit Beschriftungen aus B. Zeigen Sie: Für eine Konstante c gilt für alle f: $C_N(f) \le B'(f) \le c \cdot C_N(f)$.

Satz von Aanderaa & Börger 1979. Horn- und Netzwerkkomplexität Boolescher Funktionen sind polynomial gegeneinander abschätzbar, d.h. für geeignete Polynome p,q gilt für alle Booleschen Funktionen:

1. $C_H(f) \le p(C_N(f))$ 2. $C_N(f) \le q(C_H(f))$.

Beweis. Zum Beweis von 1. wenden wir die Reduktionsmethode aus §0 auf logische Netzwerke N an und beschreiben deren Wirkung durch Formeln π_N, die in ihren Arbeitsvariablen Hornformeln sind, dieselbe Funktion wie N (bzgl. eines gegeben Knotens N_o) definieren und sogar in linearer Zeit aus N berechenbar sind.

Seien $E_1,\ldots,E_n$ die Eingänge und $N_o,\ldots,N_m$ die logischen Knoten von N. Die N_k seien (nach vorstehender Übung oBdA) beschriftet mit NOR. Wir wählen paarweise verschiedene Aussagevariablen $x_1,\ldots,x_n$ (die Eingabevariablen) und $y_o,\ldots,y_m,u_o,\ldots,u_m$ (die Arbeitsvariablen) mit der folgenden intendierten Interpretation b (für Eingaben $q\in\{0,1\}^n$):

$b(y_k)=f_{N,N_k}(q)$ $b(u_k)=b(\neg y_k)$ für $k\le m$.

sei $\pi_N :\equiv \varepsilon_o \wedge \ldots \wedge \varepsilon_m$ mit den folgenden, die Wirkung der Berechnung von NOR im Knoten N_k beschreibenden Formeln ε_k. Für N_k mit von N_i und N_j hereinlaufenden Kanten setze:

$\varepsilon_k :\equiv (u_i \wedge u_j \supset y_k) \wedge (y_i \supset u_k) \wedge (y_j \supset u_k)$.

Entsprechend mit x_i bzw. $\neg x_i$ an Stelle von y_i bzw. u_i (resp. $x_j, \neg x_j$ statt y_j, u_j), falls eine Kante von E_i (resp. E_j) nach N_k hereinläuft.

Die Stopbedingung $f_{N,N_o}(q)=1$ formalisiert $\omega :\equiv \neg u_o$.

Offensichtlich ist $\pi_N \wedge \omega$ in den Arbeitsvariablen eine Hornformel und in linearer Zeit aus N berechenbar. Somit bleibt der Nachweis für das

Reduktionslemma. $f_{N,N_o}(q)=1$ gdw erf $\pi_N \wedge \omega[x/q]$ für alle $q=q_1\ldots q_n \in \{0,1\}^n$ und $x/q \equiv x_1/q_1,\ldots,x_n/q_n$.

Beweis. Falls $f_{N,N_o}(q)=1$, liefert die intendierte Interpretation ein Modell für $\pi_N \wedge \omega[x/q]$. Für die Umkehrung benutzen wir die Richtigkeit des Simulationslemmas, daß für jede π_N erfüllende Belegung b und jeden Knoten N_k von N gilt (sei $q := b(x_1),\ldots,b(x_n)$):

Aus $f_{N,N_k}(q)=1$ (resp. 0) folgt $b(y_k)=1$ (resp. $b(u_k)=1$).

Hat nämlich $\pi_N \wedge \omega[x/q]$ ein Modell b, so folgt aus $b(u_o)=0$ und dem Simulationslemma $f_{N,N_o}(q)=1$.

Übung. Beweisen Sie das Simulationslemma.

Zum Beweis von 2. konstruieren wir (durch ein auf der TM in polynomialer Zeit berechenbares Verfahren) zu jeder konjunktiven Normalform α von minimaler Hornkomplexität zur Definition eines gegebenen f ein logisches Netzwerk N_α, das bzgl. eines Knoten f berechnet.

Zur Ermöglichung einer Netzwerkinterpretation von α müssen wir zuerst in Implikationsketten, die aus Konjunktionsgliedern von α gebildet werden können, "Schleifen" zwischen Arbeitsvariablen ("Schritt 1") und Arbeitsvariablen mit mehr als 2 unmittelbaren "Vorgängern" ("Schritt 2") eliminieren. Die entstehende Formel α_2 müssen wir "minimalisieren" ("Schritt 3"), so daß die resultierende Formel α_3 dem für logische Netzwerke gültigen Inversionsprinzip genügt und somit einer Netzwerkinterpretation ("Schritt 4") zugänglich wird.

Schritt 1 (Elimination von Schleifen). Wir sagen, daß eine Variable z unmittelbarer Vorgänger einer Arbeitsvariablen y von $\alpha_o :\equiv \alpha$ ist, falls in einem Konjunktionsglied $p \supset y$ von α_o die Variable y als Konklusion auftritt und z in der Prämisse p vorkommt. (Wir lesen hierbei Klausen $\{\neg l_1, \ldots, \neg l_n, l\}$ als Implikationen $l_1 \wedge \ldots \wedge l_n \supset l$.) Die Vorgängerrelation sei die transitive Hülle dieser Beziehung des unmittelbaren Vorgängers.

Wir formen jetzt α_o in ein α_1 um, das dieselben Eingabevariablen hat, diesbezüglich f definiert, in seinen Arbeitsvariablen eine Hornformel ist und bzgl. der Vorgängerrelation unter seinen Arbeitsvariablen keine Schleife hat.

Wegen der Minimalität von α gilt: a) für jedes Konjunktionsglied von α sind die in den Disjunktionsgliedern vorkommenden Variablen paarweise verschieden; b) keine Arbeitsvariable kommt nur positiv oder nur negativ vor; c) kein Konjunktionsglied besteht nur aus $\pm y$ für eine Arbeitsvariable y ($\pm y$ bezeichnet ein Element aus $\{y, \neg y\}$); d) die Konjunktionsglieder von α sind paarweise verschieden.

Für jede Arbeitsvariable y_i von α_o $(1 \le i \le m_o)$ wähle neue und paarweise verschiedene "Varianten" y_i^j von y_i $(1 \le j \le m_o+2)$ und ersetze jedes α_o-Konjunktionsglied

$$\pm x_{i_1} \wedge \ldots \wedge \pm x_{i_r} \wedge y_{k_1} \wedge \ldots \wedge y_{k_{s-1}} \supset \pm y_{k_s}$$

durch die Konjunktion (für $1 \le j \le m_o+1$, $1 \le i \le m_o$) aller

$(\pm x_{i_1} \wedge .. \wedge \pm x_{i_r} \wedge y^j_{k_1} \wedge ... \wedge y^j_{k_{s-1}} \supset \pm y^{j+1}_{k_s}) \wedge (y^j_i \supset y^{j+1}_i)$.

Die entstehende Formel α_1 ist nach Definition schleifenfrei. Es bleibt zu zeigen, daß für bel. $q_1,...,q_n \in \{0,1\}$ gilt: erf $\alpha_o[x/q]$ gdw erf $\alpha_1[x/q]$ mit $x/q \equiv x_1/q_1,...,x_n/q_n$.

Von links nach rechts ist dies trivial: man interpretiere alle Varianten y^j_i von y_i genauso wie y_i. Sei also b ein Modell von $\alpha_1[x/q]$. Dann bilden die α_o-Arbeitsvariablenmengen

$$A_j := \{y_i \mid b(y^j_i)=1,\ 1 \le i \le m_o\}$$

wegen $b(y^j_i \supset y^{j+1}_i)=1$ eine bzgl. $\subseteq$ aufsteigende Folge, so daß $A_J = A_{J+1}$ für ein $J \le m_o+1$ und somit $b(y^J_i)=b(y^{J+1}_i)$ für alle $1 \le i \le m_o$.

Setze $b_o(y_i) := b(y^J_i)$. Die J-te Variante in α_1 der Konjunktionsglieder C von α_o sichert $b_o(C)=1$, d.h. b erfüllt $\alpha_o[x/q]$.

<u>Schritt 2 (Reduktion auf höchstens 2 unmittelbare Vorgänger)</u>. Wir formen α_1 unter Erhalt der Normierungseigenschaften in ein α_2 um mit den zusätzlichen Eigenschaften:

(i) Mit Ausnahme eines Konjunktionsgliedes $\neg z$ enthält jedes Konjunktionsglied von α_2 mindestens ein positives Vorkommen einer Arbeitsvariablen.

(ii) Die Disjunktionen von α_2 sind höchstens ternär.

(iii) Jede Arbeitsvariable von α_2 hat in α_2 höchstens zwei unmittelbare Vorgänger.

Für (i) ersetzen wir mit einer neuen Arbeitsvariablen z jede (i) nicht erfüllende Disjunktion d von α_1 durch $d \vee z$ und fügen $\neg z$ als neues Konjunktionsglied hinzu.

Für (ii) ersetze schrittweise jede Disjunktion $\ell_1 \vee \ell_2 \vee d$ mit mehr als 3 Gliedern durch $(\ell_1 \vee \ell_2 \vee y) \wedge (d \vee \neg y)$ für eine neue Arbeitsvariable y, Literale ℓ_i und eine Disjunktion d mit mindestens einem nicht negierten Vorkommen einer Arbeitsvariablen.

Für (iii) ersetze schrittweise jedes Konjunktionsglied $v \wedge w \supset y$ bzw. die Konjunktionsglieder $v \supset y$ und $w \supset y$ für eine Arbeitsvariable y mit mehr als 2 unmittelbaren Vorgängern durch

$v \wedge w \supset y_{v,w}$ (bzw. $(v \supset y_{v,w}) \wedge (w \supset y_{v,w})$) $\wedge$ $(y_{v,w} \supset y)$

mit einer neuen Arbeitsvariablen $y_{v,w}$ ("Variante" von y für die unmittelbaren Vorgänger v,w von y). Nach dieser Ersetzung hat y einen unmittelbaren Vorgänger weniger als vorher. (NB: Die intendierte Interpretation von $y_{v,w}$

ist wie von y; für ein Modell b des Reduktionsausdrucks folgt aus b(y)=0 stets $b(y_{v,w})=0$ und damit b(v)=0 oder b(w)=0 (bzw. b(v)=b(w)=0). Also ist erf $\alpha_1[x/q]$ gdw erf $\alpha_2[x/q]$.)

Schritt 3 (Minimalisierung). Wir führen α_2 in einen Ausdruck α_3 über, der bzgl. $x_1,\dots,x_n$ ebenfalls f definiert - auch wenn er i.a. in seinen Arbeitsvariablen keine Hornformel mehr ist - und folgender Minimalitätsbedingung genügt: Ist b ein Modell von $\alpha_3[x/q]$, so ist $b'(\alpha_3[x/q])=0$ für jede Interpretation b', die aus b dadurch entsteht, daß man die Interpretation mindestens einer Arbeitsvariable y von α_3 mit b(y)=1 ändert zu b'(y)=0. Anders gesagt hat $\alpha_3[x/q]$ höchstens das eindeutig bestimmte "minimale" Modell.

Für jede Arbeitsvariable y von α_2 mit unmittelbaren Vorgängern v,w bzw. mit einzigem unmittelbaren Vorgänger v:

ersetze	$(v\supset y)\wedge(w\supset y)$	in α_2	durch $v\vee w\leftrightarrow y$	(i)
"	$v\wedge w\supset y$	in α_2	" $v\wedge w\leftrightarrow y$	(ii)
"	$v\supset y$	in α_2	" $v\leftrightarrow y$	(iii) .

Behauptung. $\forall q\in\{0,1\}^n$: erf $\alpha_2[x/q]$ gdw erf $\alpha_3[x/q]$.

Beweis. α_2 folgt logisch aus α_3. Für die andere Richtung genügt der Nachweis, daß jedes minimale Modell b von $\alpha_2[x/q]$ auch $\alpha_3[x/q]$ erfüllt; denn zu jedem Modell eines β gibt es auch ein minimales Modell b (d.h. der Art, daß keine Interpretation b' mehr Modell von β ist, die aus b durch Änderung von b(y)=1 auf b'(y)=0 für gewisse Arbeitsvariablen entsteht.)

Sei also b ein minimales Modell von $\alpha_2[x/q]$.

Fall (i). Aus b(y)=0 folgt b(v)=b(w)=0, also $b(v\vee w)=0$. Aus b(y)=1 folgt b(v)=1 oder b(w)=1 (denn sonst lieferte die Veränderung von b zu b' mit b'(y):=0 ein Modell von $\alpha_2[x/q]$, im Widerspruch zur Minimalität von b.)

Fall (ii). Aus b(y)=0 folgt b(v)=0 oder b(w)=0, also $b(v\wedge w)=0$. Aus b(y)=1 folgt b(v)=b(w)=1 (denn sonst lieferte b' wie in Fall (i) ein Modell von $\alpha_2[x/q]$), also $b(v\wedge w)=1$. Fall (iii): analog.

Schritt 4 (Netzwerkinterpretation). Seien $y_1,\dots,y_m,z$ die Arbeitsvariablen von α_3 (lies: die logischen Knoten der anzugebenden Netzwerkinterpretation N_α von α_3), wobei z sich aus Schritt 2,(i) bestimmt; $x_1,\dots,x_n$ sind die Eingänge. Wir bestimmen Kanten und Knotenbeschriftungen von N_α so, daß N_α bzgl. z f berechnet.

Kantenlegen: In jede Arbeitsvariable y richten wir eine Kante von jedem ihrer unmittelbaren Vorgänger in α_3; falls y nur einen unmittelbaren Vorgänger hat, legen wir zusätzlich eine Kante vom Eingangsknoten x_1 nach y. (Letzteres hat den formalen Grund, daß nach Definition jeder logische Knoten zwei ankommende Kanten haben muß. Die binäre Operation, mit der wir Knoten mit nur einem unmittelbaren Vorgänger beschriften, wird nur von dem Vorgängerargument und nicht von x_1 abhängen.)

Knotenbeschriftung: Logische Knoten $y \neq z$ mit Äquivalenz $y \leftrightarrow \Pi[z_1, z_2]$ in α_3 mit Aussagenvariablen z_1, z_2 (bzw. nur z_1 im Fall (iii))beschriften wir mit $\lambda a_1, a_2 . \Pi[z_1/a_1, z_2/a_2]$, so daß beim Knoten y in N_α derjenige Wert berechnet wird, den die zugehörige Äquivalenz in α_3 für die Arbeitsvariable y definiert. z beschriften wir mit $\lambda a,b.\neg a$ (oBdA hat z genau einen unmittelbaren Vorgänger in α_3.)

Behauptung. $\forall q \in \{0,1\}^n : f_{N,z}(q)=1$ gdw erf$\alpha_3[x/q]$ für $N = N_\alpha$.

Beweis. Sei $N := N_\alpha$. Falls $f_{N,z}(q)=1$, liefert $b(z):=0$ und $b(y):=f_{N,y}(q)$ für alle anderen Arbeitsvariablen ein Modell von $\alpha_3[x/q]$, wie man an Hand der Konstruktion von N leicht nachprüft. Ist umgekehrt b ein Modell von $\alpha_3[x/q]$, so folgt durch Induktion nach der N-Berechnung $b(y)=f_{N,y}(q)$ für alle Arbeitsvariablen $y \neq z$. Insbesondere gilt dies für den (oBdA einzigen) unmittelbaren Vorgänger y von z, so daß wegen der Konjunktionsglieder $\neg z$ und $y \leftrightarrow z$ von α_3 folgt $1=b(\neg z)=b(\neg y)=\neg f_{N,y}(q)=f_{N,z}(q)$.

Bemerkung. Der Beweis zeigt, daß p als linear gewählt werden kann. Durch schärfere Analyse der Komplexität des obigen Algorithmus zum Erfüllbarkeitstest al. Hornformeln und unter Benutzung von TM-Simulationen durch kleine logische Netzwerke (s.z.Bsp. Schnorr 1976) kann man q ebenfalls klein machen, s. Aanderaa & Börger 1981.

Aus einer Kombination der Simulations- und Reduktionstechniken, die wir zum Beweis der Sätze von Savitch (§CI2) bzw. Cook (s.o.) vorgeführt haben, erhält man den

Satz von Stockmeyer 1974. Das Entscheidungsproblem der durch Quantoren über Aussagenvariablen erweiterten Aussagenlogik (sog. aussagenlogische Quantorenlogik) ist PBAND-vollständig.

Die aussagenlogische Quantorenlogik ist dabei definiert wie die AL mit der zusätzlichen Ausdrucksbestimmungsklause:

Für (Aussagen-)Variable x ist mit α auch $\underset{x}{V}\alpha$ ein Ausdruck.

Entsprechend erweitert man die Definition von Belegungen b durch:

$b(\underset{x}{V}\alpha)=1$ gdw $b(\alpha[x/0])=1$ oder $b(\alpha[x/1])=1$.

Damit übertragen sich von AL die Begriffe der Erfüllbarkeit, der (Allgemein-) Gültigkeit usw. Wir benutzen $\bigwedge_x \alpha$ wieder als Abkürzung für $\neg\bigvee_x\neg\alpha$, analog für sämtliche AL-Begriffsbildungen. Im Rest dieses Paragraphen benutzen wir $\alpha,\beta,\ldots$ für Ausdrücke der al. Quantorenlogik, $x,y,\ldots$ für al. Variablen und meinen mit Gültigkeit bzw. Erfüllbarkeit die der al. Quantorenlogik.

Übung 1. Sei $\alpha\sim\beta$ (d.h. gtα gdw gtβ). Folgern Sie: $\neg\alpha\sim\neg\beta$, $\alpha\vee\gamma\sim\beta\vee\gamma$, $\bigvee_x\alpha\sim\bigvee_x\beta$ sowie für nicht in α vorkommende x auch $\alpha\vee\bigvee_x\gamma\sim\bigvee_x(\alpha\vee\gamma)$ für beliebige Ausdrücke γ.

Übung 2. Geben Sie ein polynomial zeitbeschränktes Verfahren, das jedem α ein äquivalentes β (d.h. mit $\alpha\sim\beta$) der Länge $O(|\alpha|)$ in konjunktiver (pränexer) Normalform zuordnet.

Beweis des Satzes von Stockmeyer. Die Zugehörigkeit des Entscheidungsproblems $\{\alpha|\text{gt }\alpha\}$ der al. Quantorenlogik zu PBAND weist man leicht durch Angabe einer rekursiven Prozedur nach, die wie beim Beweis des Satzes von Savitch (s.§CI2) mit quadratischem Platzverbrauch nach dem divide-et-impera-Prinzip die Gültigkeit von $\bigvee_x\alpha$ auswertet durch Auswertung von $\alpha[x/0]$ und $\alpha[x/1]$ (NB: gt $\bigvee_x\alpha$ gdw gt$(\alpha[x/0]\vee\alpha[x/1])$). Der Leser formuliere solch eine Prozedur zur Übung!

Zum Nachweis der PBAND-Härte sei M ein bel. TM-Programm M, p ein Polynom, $c\geq 2$ eine Konstante. Wir konstruieren zu bel. Eingabeworten w in polynomialer Zeit Ausdrücke $\gamma(w)$, die gültig sind gdw w von M mit Bandverbrauch $p(|w|)$ in $\leq c^{p(|w|)}$ Schritten akzeptiert wird.

Sei w bel., n bel. Wähle paarweise diskunkte Variablenmengen U,V,W,X,Y,... aus Aussagenvariablen $Z_j(i)$ bzw. $Z_j'(i), Z_j''(i),\ldots$ (für Zustände j von M) und $B_j(i)$ bzw. $B_j'(i)$, $B_j''(i),\ldots$ (für Buchstaben j von M) mit $1\leq i\leq n$. Die intendierte Deutung ist:

$Z_j(i)$ ist wahr gdw i ist das Arbeitsfeld und j der Zustand

$B_j(i)$ .... im Feld i steht der Buchstabe j.

Genauso für $Z_j'(i)$, $B_j'(i)$ usw. Mittels dieser Variablen beschreiben wir M-Konfigurationen der Länge n durch:

$$C(n,U) :\equiv \overset{=1}{\underset{(i,j)}{\exists}} Z_j(i) \wedge \bigwedge_{i\leq n} \overset{=1}{\underset{j}{\exists}} B_j(i).$$

Hierbei benutzen wir $\overset{=1}{\exists}$ wie üblich im Sinne von "es gibt genau ein" und überlassen es dem Leser, sich C(n,U) als aussagenlogischen Ausdruck der Länge $O(n^2\log n)$ ausgeschrieben zu denken. Für eine Belegung b mit $b(C(n,U))=1$

sei C(n,U,b) die dadurch eindeutig beschriebene M-Konfiguration der Länge n.

Wir konstruieren nun für bel. t Ausdrücke $\beta_t(n,U,V)$, so daß für beliebige Belegungen b gilt:

$$(*)\quad b(C(n,U)\wedge C(n,V)\wedge\beta_t(n,U,V))=1 \quad \text{gdw} \quad C(n,U,b)\overset{\le 2^t}{\underset{n}{\longmapsto}} C(n,V,b).$$

Hierbei steht $C\overset{\le t}{\underset{n}{\longmapsto}} C'$ für: M überführt C in $\le t$ Schritten und mit Bandverbrauch n in C'. Aus (*) erhält man die Satzbehauptung mit

$$\gamma_w :\equiv \bigvee_{UV}(\alpha_w(U)\wedge\beta_{p(|w|)\log c}(p(|w|),U,V)\wedge\omega(V)),$$

wobei die Anfangsformel $\alpha_w(U)$ definiert ist als Konjunktion von $C(p(|w|),U)$ und der Beschreibung der Anfangskonfiguration mit Eingabe w, entsprechend die Stopformel $\omega(V)$ als $C(p(|w|),V)\wedge Z_1(1)$ (oBdA akzeptiert M im Zustand 1 mit dem Arbeitsfeld am linken Bandende). $\bigvee_U$ etc. steht abkürzend für $\bigvee_{u_1}\ldots\bigvee_{u_r}$ mit $U=\{u_1,\ldots,u_r\}$.

Konstruktion von $\beta_t(n,U,V)$ durch Induktion nach t.

Induktionsanfang: $\beta_0(n,U,V):\equiv C(n,U)=C(n,V)\vee\pi$, wobei $C(n,U)=C(n,V)$ als Abkürzung steht für die Konjunktion aller $Z_j(i)\leftrightarrow Z'_j(i)$ und $B_j(i)\leftrightarrow B'_j(i)$. π steht mutatis mutandis für den Ausdruck π im Beweis des Satzes von Cook, der die 1-Schrittübergänge des Programms M ausdrückt.

Induktionsschluß: Wir umschreiben die Äquivalenz

$$C\overset{\le 2^{t+1}}{\underset{n}{\longmapsto}} C' \quad \text{gdw} \quad \exists C'': C\overset{\le 2^t}{\underset{n}{\longmapsto}} C'' \overset{\le 2^t}{\underset{n}{\longmapsto}} C'.$$

Zur Vermeidung exponentiellen Formelwachstums benutzen wir für $\beta_{t+1}(n,U,V)$ nur ein Vorkommen von $\beta_t(n,U,V)$, was wie folgt möglich ist:

$$\beta_{t+1}(n,U,V):\equiv\bigvee_W(C(n,W)\wedge\bigwedge_{XY}((X=U\wedge Y=W)\vee(X=W\wedge Y=V)\supset\beta_t(n,X,Y))).$$

Wie schon oben steht X=U etc. als Abkürzung für die Konjunktion der Äquivalenzen der zusammenpassenden Variablen $Z_j(i)$ bzw. $B_j(i)$ in X und U.

Längenabschätzung: $\beta_{t+1}(n,U,V)$ hat die Länge $O(n^2\log n)+|\beta_t(n,U,V)|$ mit O(n) neuen Variablen (der Mengen W,X,Y). Also hat $\beta_t(n,U,V)$ insgesamt O(tn) Variablen, so daß diese durch Binärdarstellungen der Länge O(logt+logn) kodiert werden können. Insgesamt kann $\beta_t(n,U,V)$ für t=p(n)logc und n=p(|w|) - und damit γ_w - berechnet werden mit in |w| polynomialem Zeitaufwand.

Beweis der Äquivalenz (*) durch Induktion nach t: Der Fall t=0 ist nach Konstruktion trivial. Im Induktionsschluß sei $C(n,U,b)\overset{\le 2^{t+1}}{\underset{n}{\longmapsto}} C(n,V,b)$. Für diesen Beweis identifizieren wir der prägnanten Ausdrucksweise halber Belegungen b für Ausdrücke α mit der Einschränkung von b auf die in α frei vorkommenden Aussagevariablen. Wir wählen zu b eine Erweiterung b' mit:

$$C(n,U,b')=C(n,U,b) \overset{\leq 2^t}{\underset{n}{\longmapsto}} C(n,W,b') \overset{\leq 2^t}{\underset{n}{\longmapsto}} C(n,V,b)=C(n,V,b').$$

Insbesondere ist also $b'(C(n,U) \wedge C(n,W) \wedge C(n,V))=1$. Für eine beliebige Erweiterung b" von b' unterscheiden wir anhand der Definition von $\beta_{t+1}(n,U,V)$ zwei Fälle:

<u>1. Fall:</u> $b''(X=U \wedge Y=W)=1$. Dann ist $C(n,X,b'')=C(n,U,b'')=C(n,U,b')$ und $C(n,Y,b'')=C(n,W,b'')=C(n,W,b')$, also nach Wahl von b':

$$C(n,X,b'') \overset{\leq 2^t}{\underset{n}{\longmapsto}} C(n,Y,b'').$$

Daraus folgt nach Indvor. $b''(\beta_t(n,X,Y))=1$.

<u>2. Fall:</u> $b''(X=W \wedge Y=V)=1$. Dann ist $C(n,X,b'')=C(n,W,b'')=C(n,W,b')$ und $C(n,Y,b'')=C(n,V,b'')=C(n,V,b')$, also wie im 1. Fall nach Indvor. $b''(\beta_t(n,X,Y))=1$.

Sei umgekehrt $b(C(n,U) \wedge C(n,V) \wedge \beta_{t+1}(n,U,V))=1$. Nach Definition von $\beta_{t+1}(n,U,V)$ gibt es eine Erweiterung b' von b mit $b'(C(n,W))=1$, so daß für alle Erweiterungen b" von b' gilt:

$$b''(((X=U \wedge Y=W) \vee (X=W \wedge Y=V) \supset \beta_t(n,X,Y))=1.$$

Wir wählen eine Erweiterung b" von b mit $b''(X=U \wedge Y=W)=1$; also ist $b''(C(n,X))=b''(C(n,U))=b(C(n,U))=1$ und $b''(C(n,Y))=b''(C(n,W))=b'(C(n,W))=1$ wie auch $b''(\beta_t(n,X,Y))=1$, so daß nach Indvor.

$$C(n,U,b)=C(n,X,b'') \overset{\leq 2^t}{\underset{n}{\longmapsto}} C(n,Y,b'')=C(n,W,b').$$

Nun wählen wir eine Erweiterung b" von b mit $b''(X=W \wedge Y=V)=1$, so daß $b''(C(n,X))=b''(C(n,W))=b'(C(n,W))=1$ und $b''(C(n,Y))=b''(C(n,V))=b(C(n,V))=1$ wie auch $b''(\beta_t(n,X,Y))=1$, so daß nach Indvor.

$$C(n,W,b')=C(n,X,b'') \overset{\leq 2^t}{\underset{n}{\longmapsto}} C(n,Y,b'')=C(n,V,b).$$

Durch Zusammensetzen der gewonnen Berechnungen folgt:

$$C(n,U,b) \overset{\leq 2^t}{\underset{n}{\longmapsto}} C(n,W,b') \overset{\leq 2^t}{\underset{n}{\longmapsto}} C(n,V,b), \text{ also } C(n,U,b) \overset{\leq 2^{t+1}}{\underset{n}{\longmapsto}} C(n,V,b).$$

<u>Weiterführende Literatur:</u> Zur umfangreichen Theorie der Komplexität Boolescher Funktionen s. Savage 1976 mit weiteren Literaturangaben. Zur Rolle (und Erweiterungen) der Einheitsresolution in automatischen Beweisverfahren s. Loveland 1978.

§2. Spektrumproblem. Axiomensysteme vieler Theorien sind nicht kategorisch, so daß sich natürlicherweise die Frage nach Klassifikationen der nicht isomorphen Modelle solcher Theorien stellt. Ein Spezialfall ist die von G. Hasenjaeger, W. Markwald und H. Scholz (s. Scholz 1952) formulierte Frage nach Charakterisierungen der Klassen der Kardinalitäten endlicher Modelle endlich axiomatisierter erststufiger Theorien, die nach dem Satz von Trachtenbrot (s.§FI1) nicht trivial ist.

Die Betrachtung lediglich endlich axiomatisierbarer Theorien und deren endlicher Modelle stellt eine vernünftige Einschränkung dar: nach dem Satz von Löwenheim & Skolem und dem Endlichkeitssatz hat jede abzählbare erststufige Theorie entweder kein unendliches Modell (und dann auch keine endlichen Modelle beliebig großer Kardinalität) oder unendliche Modelle beliebiger Mächtigkeit; läßt man unendlich viele Axiome zu, so lassen sich durch Anzahlformeln (mit =) beliebige endliche Kardinalitäten als endliche Modellgrößen erzwingen bzw. ausschließen. Da =-freie Ausdrücke gegen die Bereichsvergrößerung von Modellen abgeschlossen sind, betrachten wir in diesem Paragraphen nur Ausdrücke mit Identität. Zur Vereinfachung lassen wir aber keine Funktionssymbole zu (die ja stets durch ihren Graphen beschreibende Prädikatensymbole vertreten werden können). Diese Überlegungen führen zur folgenden

Definition. Für Ausdrücke α ist das Spektrum von α definiert durch $\text{spectrum}(\alpha)=\{k \mid \text{erf}_k \alpha \ \& \ k\in\mathbb{N}\}$. Für $0<n$ sei $\text{SPECTRA}_n:=\{\text{spectrum}(\alpha) \mid \alpha$ Ausdruck der Prädikatenlogik n-ter Stufe ohne Funktionszeichen$\}$.

Übung 1. Die Spektren der Gleichheitsformeln (also von Ausdrücken der ersten Stufe mit = als einzigem Prädikatensymbol) sind die endlichen und koendlichen Mengen. Hinweis: Hat eine abgeschlossene Gleichheitsformel α unendliche Modelle, so hat $\neg\alpha$ kein unendliches Modell, womit spectrum $(\neg\alpha)$ endlich.

Übung 2. Die Spektren erststufiger pränexer existentieller (bzw. abgeschlossener universeller) Ausdrücke sind gerade die Reststücke $\{m \mid n\le m\}$ (bzw. Anfangsstücke oder $\mathbb{N}$) natürlicher Zahlen. Bemerkung: Für pränexe erststufige Ausdrücke mit Präfix der Form $\bigvee\ldots\bigvee\bigwedge\ldots\bigwedge$ sind die Spektren nach Bernays & Schönfinkel 1928 endlich oder coendlich. Der Beweis benutzt einen Ramsey-Satz, s. Dreben & Goldfarb 1979.

Das Spektralproblem oder Spektrumproblem der n-ten Stufe fragt nach einer Charakterisierung der Menge SPECTRA_n aller Spektren (von Ausdrücken) n-ter Stufe. Eine geeignete Anwendung unserer Reduktionsmethode liefert einen einfachen Beweis für den folgenden Satz, der stückweise in Bennett 1962, Rödding & Schwichtenberg 1972, Jones & Selman 1974, Christen 1974 bewiesen wurde. (Für die genauere Historie s. §1 in Börger 1984a.) Der an der allgemeinen typentheoretischen Form dieses Satzes nicht interessierte Leser denke sich im Folgenden einfach n=1; für die Sprache der n-ten Stufe s. §DIII2.

Spektrenhierarchiesatz. Die Folge SPECTRA_n der Klassen aller Spektren n-ter Stufe ist gleich der nicht determinierten Turingmaschinenversion der E_3-Rechenzeithierachie aus §CII2 (beschränkt auf Zahlenmengen ohne 0), d.h. $\forall n\ge 1: \text{SPECTRA}_n = n\text{-NEXPZEIT} := \text{NZEIT}(\alpha_3^n \circ 0)$.

Pro memoria: $\alpha_3=\lambda x.\,2^x$, $\alpha_3^n=\alpha_3\circ\ldots\circ\alpha_3$ n-mal iteriert, $\alpha_3^0=U_1^1$.

Beweis. ad c: Für bel. n und α n-ter Stufe ist zu zeigen, daß durch ein nicht determiniertes TM-Programm in größenordnungsmäßig durch α_3^n beschränkter Zeit für bel. 0<k entschieden werden kann, ob $erf_k \alpha$. Im Wesentlichen liegt dies an der Tatsache, daß für geeignetes c es zu jedem Typ τ einer in α vorkommenden Variable über Bereichen der Kardinalität k höchstens $\alpha_3^n(k^c)$ Objekte von Typ τ gibt. Wir lassen dem Leser eine detaillierte Ausführung dieser Beweisidee als (gedankliche) Programmierübung. (Vgl. Rödding & Schwichtenberg 1972 für eine explizite exponentiell arithmetische Beschreibung des endlichen Erfüllbarkeitsproblems n-stufiger Ausdrücke.) Als Beispiel skizzieren wir den Beweis für n=1 im Beweis des nachstehenden Korollars.

ad ≥: Wir konstruieren zu einem bel. nicht determinierten (oBdA Halbband-) TM-Programm M und bel. Konstante c ein Ordnungsaxiom $Ord_K(N,S)$ sowie Programm-, Start- und Stopformeln $\pi_{M,c}$, α_c, $\omega_{M,c}$ der Stufe n+1, so daß für alle unären Eingaben 2≤k=1...1 (k-mal) für M gilt:

Reduktionslemma. M akzeptiert k in $\leq\alpha_3^n(k^c)$ Schritten gdw $Ord_K(N,S) \wedge \pi_{M,c} \wedge \alpha_c \wedge \omega_{M,c}$ ist erfüllbar über k={0,1,...,k-1}.

Daraus folgt die Satzbehauptung, weil eine polynomiale Schranke k^c in der Länge k einer unären Eingabe einer exponentiellen Schranke in der Länge der Binärdarstellung von k entspricht. (Kodierung von unärer in binäre Darstellung durch fortlaufendes Dividieren ist in polynomialer Zeit möglich, die Umkehrung in exponentieller Zeit.)

Der kritische Punkt in der Anpassung der Programmformeln aus §0 auf eine Beschreibung einer $\alpha_3^n(k^c)$-langen Berechnung in einer Algebra mit k Individuen besteht darin, hinreichend viele Zeit- und Platzparameter mit einer darauf definierten Nachfolgerfunktion über k={0,1,...,k-1} zu finden. Die Lösungsidee ist einfach: startend mit dem c-fachen kartesischen Produkt von k bilden wir n-mal die Potenzmenge und definieren auf den dadurch erhaltenen $\alpha_3^n(k^c)$ vielen Objekten eines Typs n-ter Stufe eine lineare Ordnung mit einem Null- und einem Nachfolgerprädikat N bzw. S, bzgl. dessen wir dann die Programmformeln aus §0 relativieren.

Definition. * sei der Typ der Individuen einer Algebra. Dann ist τ_1:=(*...*) (c-mal iteriert) der erststufige Typ des c-fachen kartesischen Produkts von Individuenbereichen und der darüber definierte i+1-stufige Potenzmengentyp definiert durch $\tau_{i+1}:=(\tau_i)$.

NB. Über einem k-elementigen Individuenbereich $k=\{0,1,...,k-1\}$ gibt es $\alpha_3^n(k^c)$ Objekte des Typs τ_n. (Für n=0 lese man τ_0 als Typ von c-Tupeln von Individuen.)

Wir definieren die Programmformel $\pi_{M,c}$ als Allabschluß der Formel π_M aus §0, wobei x,y,z,x',t,t' Variablen vom Typ τ_n (im Fall n=0 Folgen der Länge c von Individuenvariablen) bezeichnen, A,B_j,K,S Prädikatssymbole vom Typ $(\tau_n\tau_n)$ und N,Z_i Prädikatssymbole vom Typ (τ_n) der Stufe n+1. Die intendierte Interpretation ist wie in §0, wobei t bzw. x den Zeitpunkt $|t|$ bzw. die Bandfeldnummer $|x|$ repräsentieren mit der Ordnungsnummer $|o|$ von o in der durch das Ordnungsaxiom $Ord_K(N,S)$ (s. Bsp. 2 in §DI1) definierten linearen Ordnung K von Objekten des Typs τ_n.

Als Stopformel setzen wir analog zu §1, daß zum letzten Rechenzeitpunkt kein vom akzeptierenden Zustand (oBdA) 1 verschiedener Zustand auftritt:

$$\bigwedge_t ((\neg\bigvee_{t'} Ktt') \supset \bigwedge_{i\neq 1} \neg Z_i t).$$

Für die Beschreibung von Eingaben k benutzen wir die folgenden Einbettungsformel zur ordnungserhaltenden Einbettung des gegebenen, durch $Ord_{K'}(N',S')$ geordneten Individuenbereichs (nämlich $k=\{0,1,...,k-1\}$ für ein k) in das Anfangsstück der K-Ordnung der Objekte vom Typ τ_n über k vermöge einer Funktion mit Graph F;F ist ein Prädikatssymbol vom Typ $(*\tau_n)$, so daß im Folgenden u,v,w Variablen vom Typ * sind:

$$\bigwedge_u \bigvee_x Fux \{\text{Existenz}\} \wedge \bigwedge_{uvxy} (Fux \wedge Fvy \supset (S'uv \leftrightarrow Sxy)) \{\text{Ordnungstreue}\}$$

$$\wedge \bigwedge_u \bigwedge_x (Fux \wedge N'u \supset Nx) \{\text{Zuordnung der minima}\} \wedge Ord_{K'}(N',S') .$$

Beachten Sie, daß F auf Grund der Ordnungstreue eine injektive Funktion darstellt und $k=\{0,...,k-1\}$ auf ein K-Anfangsstück abbildet.

Die Startformel α_c definieren wir als Konjunktion von Einbettungsformel und:

$$\bigwedge_t (Nt \supset Z_0 t \wedge Att) \quad \{\text{Zustand 0 und Arbeitsfeld 0 zum Zeitpunkt 0}\}$$

$$\wedge \bigwedge_t (Nt \supset \bigwedge_x (\bigvee_u Fux \supset B_1 tx) \quad \{\text{Beschriftung 1 im Einbettungsbereich}\}$$

$$\wedge \bigwedge_x ((\neg\bigvee_u Fux) \supset B_0 tx)) \quad \{\text{........ 0 außerhalb vom .....}\} .$$

Beweis des Reduktionslemmas: Akzeptiert das Halbband-TM-Programm M die Eingabe k=1...1 (k-mal) in $\le\alpha_3^n(k^c)$ Schritten, so wird die durch M und k definierte Konfigurationsfolge der Länge $\alpha_3^n(k^c)$ ab dem ersten Auftreten des akzeptierenden Zustands 1 konstant, so daß die angegebene intendierte Interpretation über k ein Modell für $Ord_K(N,S)\wedge\pi_{M,c}\wedge\alpha_c\wedge\omega_{M,c}$ liefert. Umgekehrt gilt für bel. Modelle dieser Formel über k={0,1,...,k-1} das Simulationslemma aus §0, wenn man die Konfigurationskodierung $\underline{C}_t$ von C_t liest als Konjunktion der entsprechenden Primformeln $A|t||x|$, $B_j|t||x|$, $Z_i|t|$, wobei $|z|$ das z-te Objekt vom Typ τ_n in der gegebenen K-Ordnung dieser Objekte bezeichnet. Wegen der Stopformel kann M also zum Zeitpunkt $\alpha_3^n(k^c)$ nur in seinem akzeptierenden Zustand 1 sein.

Bemerkung. Nach dem E-Rechenzeithierarchiesatz aus §CII2 (bzw. Ritchie 1963) ist also insbesondere jede E_2-Menge positiver Zahlen Spektrum eines erststufigen Ausdrucks. (Ob auch die Umkehrung gilt, ist eine offene Frage.) Damit gibt es viele nicht triviale Entscheidungsprobleme für Klassen erststufiger Spektren wie z.Bsp. die für das rekursiv Aufzählbare vollständige Menge $\{spectrum(\alpha)|\alpha$ Ausdruck der 1. Stufe & $spectrum(\alpha)\neq\emptyset\}$. (Diese Vollständigkeitsaussage von Büchi 1962 folgt aus der im Beweis des Satzes von Trachtenbrot angegebenen Reduktion der Klasse nicht leerer rekursiv aufzählbarer Mengen.) Ein weiteres Beispiel liefert die

Übung. Man sagt, daß eine arithmetische Relation R durch einen erststufigen Ausdruck α (bzgl. eines Prädikatensymbols $\bar{R}$ gleicher Stellenzahl wie R) dargestellt wird gdw α über jedem Bereich k={0,1,...,k-1} (mit Interpreation eines in α vorkommenden 2-stelligen Relationssymbols K durch <) erfüllbar ist und in jedem Modell $\tilde{A}$ von α über k die Einschränkung von R auf k mit der Interpretation von $\bar{R}$ in $\tilde{A}$ übereinstimmt. Zeigen Sie, daß der Graph der Ackermannfunktion a (§CII2, Übung zum Lemma über Wachstumseigenschaften der Ackermannfunktion α) und damit auch der Funktion $\lambda x.a(x,x)$ durch einen erststufigen Ausdruck darstellbar ist.

Hinweis: Beschreiben Sie die Rekursionsgleichungen von a unter Benutzung von Ausdrücken, die Null und Nachfolger bzgl. einer linearen Ordnung K darstellen.

Folgern Sie, daß erststufige Spektren existieren, deren Aufzählungsfunktion schließlich stärker als jede primitiv rekursive Funktion wächst. Hinweis: Wird der Graph von f durch α bzgl. P dargestellt, so ist $\{f(n)+1|n\in\mathbb{N}\}$ Spektrum von $\alpha\wedge$ "maximum $\in$ Wertebereich (f)".

Bis heute ist das Problem von Asser 1956 ungelöst, ob die Klasse der erststufigen Spektren gegen die Komplementbildung abgeschlossen ist. Letzteres ist der Fall, falls NP gegen die Komplementbildung abgeschlossen ist; denn eine Menge X ist nach dem Beweis des Spektrenhierarchiesatzes Spektrum eines erststufigen Ausdrucks gdw die Menge der Unärdarstellungen ihrer Elemente Element von NP ist. Also folgt aus einer negativen Antwort auf Assers Frage auch, daß NP nicht gegen die Komplementbildung abgeschlossen und somit P $\neq$ NP ist. Fagin 1975 charakterisiert erststufige Spektren, deren Komplement ebenfalls erststufiges Spektrum ist; Beispiele derartiger Mengen gibt Yasuhara 1971, s. auch Fagin 1974, Lovasz & Gacs 1977. (Für Reduktionen höherstufiger auf erststufige Probleme im Zusammenhang mit Spektren s. Bennett 1962, Rödding & Schwichtenberg 1972, Christen 1974.) Wir beschränken uns hier auf ein

Beispiel. Für kontextabhängige Mengen X (binär kodierter Zahlen) ist sowohl X als auch das Komplement C(X) ein erststufiges Spektrum. Insbesondere gilt dies also für E_2-Mengen (Bennett 1962).

Beweis. Kontextabhängige Mengen X werden von einem nicht determinierten Programm M auf der linear beschränkten Turingmaschine akzeptiert (§CV5c); insbesondere gilt dies für E_2-Mengen (s. §CII2 bzw. Ritchie 1963). M kann man durch ein determiniertes TM-Programm $\bar{M}$ mit exponentiellem Zeitverbrauch simulieren, so daß X und C(X) von determinierten TM-Programmen mit exponentiellem Zeitverbrauch akzeptierbar und damit ein erststufiges Spektrum sind.

Nach einer Beobachtung von Fagin 1974 erhält man aus der Beweismethode des Spektrenhierarchiesatzes das

Korollar (Logische Charakterisierung von NP): NP besteht gerade aus den Klassen $Mod_{endl}(\alpha)$ aller endlichen Modelle pränexer existentieller Ausdrücke α der Prädikatenlogik der 2. Stufe ohne freie Individuen- und mit mindestens einer freien Prädikatenvariablen. (Diese Klassen heißen auch verallgemeinerte Spektren oder endlich axiomatisierbare projektive Klassen von endlichem Typus nach Fagin 1974, Tarski 1954.)

NB. Wir lassen der Prägnanz halber die evtl. Zugehörigkeit von O zu NP-Mengen außer Acht und setzen i.a. unerwähnt eine geeignete Kodierung endlicher Algebren voraus. Ebenso nehmen wir oBdA an, daß alle betrachteten Modellklassen gegen Isomorphismen abgeschlossen sind, so daß wir uns auf Modelle über den Bereichen $k=\{0,1,\ldots,k-1\}$ mit der natürlichen <-Beziehung, Minimum O und Nachfolgerrelation $\lambda x,y.y=x+1$ beschränken können (formal: Algebren, die $Ord_K(N,S)$ für Relationssymbole vom Typ (**) bzw. (*) erfüllen.) Als Kodierung einer endlichen Algebra $(k;P_1,\ldots,P_r)$ mit m_i-stelligen Prädikaten wähle man etwa $p_1|\ldots p_r|$ mit der 0-1-Folge p_i der Länge k^{m_i} der Werte der charakteristischen Funktion von P_i bzgl. der lexikographischen Anordnung aller m_i-Tupel von Elementen aus $\{0,1,\ldots,k-1\}$. Weiter unten setzen wir eine Kodierung über 2-elementigem Alphabet $\{a_1,a_2\}$ bei Leersymbol a_0 voraus.

Beweis. Die Klasse endlicher Modelle ist für jeden Ausdruck $\bigvee_{R_1}\ldots\bigvee_{R_m} Q_{x_1}^{1}\ldots Q_{x_n}^{n}\,\alpha$ mit Individuenquantoren Q_j $(1\le j\le n)$ und quantorenfreiem erststufigen α mit polynomialem Zeitverbrauch durch ein nicht determiniertes Programm M auf einer Mehrband-TM (und damit nach dem Bandreduktionslemma aus §CI1 auf der TM) entscheidbar: M prüft (unter Benutzung eines Bandes zum Zählen) die Korrektheit seiner Eingabe $p_1|\ldots p_r|$ und berechnet daraus k (durch Raten und Vergleich der Eingabenlänge mit $\sum_{1\le i\le r} k^{m_i}$, wobei

m_i die Stellenzahl des durch p_i kodierten Prädikats ist. Beachte $0<r$.) Dann rät M auf je einem Band eine Belegung der Länge k^{n_i} für R_i $(1\le i\le m)$ und testet für jede der k^n möglichen Belegungen von $x_1,\dots,x_n$ mit Werten in k, ob α unter dieser Interpretation wahr ist. Offensichtlich kommt M dabei mit p(k) Schritten für ein Polynom p und damit (wegen $0<r$) insgesamt mit polynomialer Zeit in der Eingabenlänge aus. (Im Fall von (nicht verallgemeinerten!) Spektren erster Stufe hat man hier eine exponentielle Schranke in der Länge der Binärkodierung von k.)

Für die umgekehrte Darstellung beliebiger NP-Mengen positiver Zahlen als verallgemeinertes Spektrum genügt es, die im Beweis des Spektrenhierarchiesatzes gegebene erststufige Beschreibung $\beta_{M,c}$ von M-Berechnungen der Länge $\ell^c=\alpha_3^0(\ell^c)$ bei Eingabe von ℓ durch eine neue Startformel (s.u.) zu modifizieren und dann alle Prädikatensymbole mit Ausnahme eines neuen einstelligen "Eingabeprädikatensymbols" I durch einen äußeren Existenzquantor abzubinden. Sei $\gamma_{M,c}$ der so entstehende Ausdruck der PL2.

Die neue Startformel α'_c unterscheidet sich von der Startformel α_c nur durch die andersartige Beschreibung der (hier nicht mehr unären) anfänglichen Bandbeschriftung im Einbettungsbereich, die wir durch ein neues einstelliges Prädikatensymbol I (zur Kodierung von Eingaben oBdA der Form $a_{i_1}\dots a_{i_\ell}\in\{a_1,a_2\}^\ell$) steuern:

$$\bigwedge_t(Nt\supset\bigwedge_x\bigwedge_u(VFux\supset(Iu\supset B_1tx)\wedge(\neg Iu\supset B_2tx)))$$

Lies: im Einbettungsbereich steht an der Stelle u der Buchstabe a_1 (falls I an dieser Stelle zutrifft) bzw. a_2 (sonst).

Übung. Verifizieren Sie das Reduktionslemma: M akzeptiert Kodierungen $\bar{I}\in\{a_1,a_2\}^*$ endlicher Algebren $\tilde{A}$ mit Individuenbereich k in höchsten $|\bar{I}|^c$ Schritten gdw $k=|\bar{I}|$ & Mod $\tilde{A}$ $\gamma_{M,c}$.

Folgerung. NP ist gegen Komplementbildung abgeschlossen gdw es zu jedem verallgemeinerten Spektrum S ein verallgemeinertes Spektrum S' gibt, das aus genau den nicht zu S gehörigen endlichen Algebren (passenden Typs) besteht.

Bemerkung. Nach Stockmeyer 1977, Kozen 1976 führen kompliziertere Präfixstrukturen zweitstufiger Ausdrücke in Analogie zur arithmetischen Hierarchie auf eine (echte?) Hierarchie von Modellklassen zwischen NP und PBAND, die zur Komplexität der sog. alternierenden Turingmaschinen (s. Chandra & Stockmeyer & Kozen 1981) passen analog der Beziehung zwischen nicht determinierten Turingmaschinen und erststufigen Spekten. Scarpellini 1984 konstruiert innerhalb zweitstufiger Präfixtypen "universelle" zweitstufige Spektren, (vgl. auch Scarpellini 1984a; Fagin 1974 untersucht Reduktionen komplexitätstheoretischer Probleme für verallgemeinerte Spektren auf solche von Formeln mit (außer 1-stelligen) nur einem 2-stelligen Prädikatensymbol, ganz analog einer klassischen Fragestellung der Reduktionstheorie, s. §FI2.

Die Faginsche logische Charakterisierung von NP hat zahlreiche Untersuchungen nach sich gezogen, in denen natürliche Komplexitätsklassen maschinenunabhängig durch ihnen exakt entsprechende logische Ausdrucksmittel beschrieben werden. Dadurch kann man einerseits Methoden und Ergebnisse der Logik zur Lösung komplexitätstheoretischer Probleme einsetzen und andererseits verschieden starke logische Sprachen und Strukturen komplexitätstheoretisch klassifizieren und interpretieren. Zur Vorführung zweier weiterer derartiger Charakterisierungsbeispiele (von P und PBAND), die sich durch geeignete Variation der Beschreibungsmethode beschränkter Halteprobleme à la Spektrenhierarchiesatz beweisen lassen, machen wir für den Rest dieses Paragraphen die

Globale Voraussetzung. Wir betrachten (wenn nicht ausdrücklich anders gesagt) nur Isomorphietypen endlicher Algebren, die zu Sprachen endlicher Signatur σ passen. OBdA nehmen wir demnach an, daß die Individuenbereiche dieser Algebren $\tilde{A}$ die Form $A=\{0,1,\ldots,|A|-1\}$ haben. Wir denken uns $\tilde{A}$ als Eingabe für Algorithmen geeignet kodiert so, daß $|A|$ und die Länge der Kodierung von $\tilde{A}$ polynomial miteinander verbunden sind.

Definition (Gurevich 1984). Sei σ eine endliche Signatur. Ein globales σ-Prädikat Π der Stellenzahl n ist eine Funktion, die jeder Algebra $\tilde{A}$ der Signatur σ eine n-stellige Relation $\Pi^{\tilde{A}} \subseteq |A|^n$ über A zuordnet. Ein globales Prädikat ist ein globales σ-Prädikat für ein σ.

Ein globales Prädikat Π der Signatur σ heißt berechenbar (oder entscheidbar) gdw es ein TM-Programm gibt, das für bel. Algebren $\tilde{A}$ der Signatur σ und bel. Folgen $\vec{x}\in A^n$ entscheidet, ob $\Pi^{\tilde{A}}(\vec{x})$ wahr ist.

Beispiele. 1. Für ein 2-stelliges Prädikatensymbol K (für "Kante") sind die Algebren der Signatur $\sigma=\{K\}$ gerade die ungerichteten Graphen. Das Prädikat "es gibt einen K-Weg von x nach y" ist ein 2-stelliges globales σ-Prädikat, das in einem bel. Graphen G für Elemente x,y wahr ist gdw es in G einen Pfad von x nach y gibt.

2. Die Menge symmetrischer Graphen ist ein 0-stelliges globales Prädikat, das für bel. Graphen G wahr ist gdw G symmetrisch ist.

3. Jeder erststufige Audruck α der Signatur σ mit n frei vorkommenden Individuenvariablen definiert in kanonischer Weise ein n-stelliges globales σ-Prädikat, das Element der Klasse P ist.

Beweis. Jedes durch eine Primformel definierte globale Prädikat ist (unter vernünftigen Annahmen über die Kodierung endlicher Algebren) in polynomialer Zeit berechenbar. Jede Boolesche Kombination globaler Prädikate aus P ist Element von P. Ist $\Pi \in P$, so kann man auch $\lambda\vec{x}.\exists y\Pi(\vec{x},y)$ in polynomialer Zeit berechnen, indem man schrittweise $\Pi(\vec{x},0),\Pi(\vec{x},1),\ldots,$ $\Pi(\vec{x},|A|-1)$ in $\tilde{A}$ auswertet.

Bemerkung. Die Menge der dreifärbbaren endlichen Graphen ist NP-vollständig (s. Übung 4 zum Satz von Cook, §1) und als globales 0-stelliges Prädikat definierbar durch einen zweistufigen Ausdruck der Form $\bigvee_{PQR} \alpha$ mit erststufigem α. Also gibt es unter der Annahme $P \neq NP$ zweitstufige globale Prädikate, die nicht in polynomialer Zeit berechenbar sind, weil nach der Faginschen Charakterisierung ein globales Prädikat in NP liegt gdw es durch einen existentiellen zweitstufigen Ausdruck definierbar ist.

Aus Anwendungen der relationalen Datenbanktheorie motivierte sich die nachfolgend definierte, P logisch charakterisierende Erweiterung erststufig definierbarer globaler Prädikate um die Bildung kleinster Fixpunkte:

Definition (Aho & Ullman 1979). Wir fassen globale n-stellige Prädikate Π als globale Mengen auf, d.h. betrachten $\Pi^{\tilde{A}}$ für bel. passende Algebren $\tilde{A}$ als Teilmenge von A^n. Dadurch sind globale n-stellige Prädikate Π_1,Π_2 passender Signatur geordnet durch

$$\Pi_1 \leq \Pi_2 \text{ gdw Für jede passende Algebra } \tilde{A}: \Pi_1^{\tilde{A}} \subseteq \Pi_2^{\tilde{A}}.$$

Das kleinste Element bzgl. dieser Ordnung ist das globale leere Prädikat, das definiert ist durch $\Pi^{\tilde{A}}=\phi$ für jede passende Algebra $\tilde{A}$ und das wir mit ϕ bezeichnen.

Für ein globales n-stelliges Prädikat $\Pi(P)$ der Signatur $\sigma\cup\{n\}$ mit n-stelligem Prädikatssymbol P heißt ein globales n-stelliges σ-Prädikat Π_1 ein Fixpunkt von $\Pi(P)$ gdw $\Pi_1=\Pi(\Pi_1)$; hierbei wird $\Pi(P)$ als Operator betrachtet, der globalen n-stelligen σ-Prädikaten Π_1 ein globales n-stelliges σ-Prädikat $\Pi(\Pi_1)$ zuordnet. Π_1 heißt kleinster Fixpunkt für $\Pi(P)$ gdw $\Pi_1=\Pi(\Pi_1)$ und für jeden Fixpunkt Π_2 von $\Pi(P)$ gilt: $\Pi_1 \leq \Pi_2$. Wir bezeichnen den kleinsten Fixpunkt für $\Pi(P)$ bzgl. P durch

$$\lambda y_1,\ldots,y_n.\mathrm{LFP}(P,x_1,\ldots,x_n;\Pi,y_1,\ldots,y_n) \quad \{\text{"Least Fixed Point"}\}.$$

LFP bindet P und $x_1,\ldots,x_n$. Wenn keine Verwirrung zu befürchten ist, unterdrücken wir diese Angabe.

$\Pi(P)$ heißt <u>monoton aufsteigend in</u> P gdw für jede passende Algebra $\tilde{A}$ mit Relationen $P_1^A, P_2^A \subseteq A^n$ gilt:

aus $\tilde{A} \models \bigwedge_{x_1} \ldots \bigwedge_{x_n} (P_1 x_1 \ldots x_n \supset P_2 x_1 \ldots x_n)$ folgt

$\tilde{A} \models \bigwedge_{x_1} \ldots \bigwedge_{x_n} (\Pi(P_1) x_1 \ldots x_n \supset \Pi(P_2) x_1 \ldots x_n)$.

Entsprechend definieren wir $\Pi(P)$ ist <u>monoton aufsteigend</u> in P über endlichen Algebren sowie $\Pi(P)$ ist <u>monoton absteigend</u> in P (über endlichen Algebren). Mit <u>monoton</u> meinen wir monoton auf- oder monoton absteigend.

<u>Fixpunktaussage.</u> Ist $\Pi(P)$ monoton aufsteigend in P - mit P, Π, σ wie in der vorstehenden Definition -, so hat $\Pi(P)$ einen kleinsten Fixpunkt. Für bel. passende endliche Algebren $\tilde{A}$ bestimmt sich dieser als

$\Pi^m(\phi)^{\tilde{A}}$ mit $m=|A|^n$ für die Stellenzahl n von P.

<u>Beweis.</u> Wegen der Monotonie von $\Pi(P)$ in P ist die Folge $\phi, \Pi(\phi), \Pi^2(\phi), \ldots$ bzgl. $\subseteq$ in passenden Algebren $\tilde{A}$ aufsteigend, so daß diese Folge wegen der Endlichkeit von A spätestens nach $|A|^n$ Schritten konstant wird.

<u>Beispiele.</u> 1. Die <u>transitive Hülle eines globalen Prädikats</u> K der Stellenzahl 2 ist der kleinste Fixpunkt für $\Pi(P)$ bzgl. P mit

$\Pi(P) :\equiv Kxy \vee \bigvee_z (Pxz \wedge Pzy)$.

2. Die <u>von einer Menge A erzeugte Halbgruppe</u> ist der kleinste Fixpunkt bzgl. P von

$\Pi(P) :\equiv Ax \vee \bigvee_{y}\bigvee_{z} (Py \wedge Pz \wedge x = y \cdot z)$.

3. <u>Jede induktiv definierte Menge</u> ist kleinster Fixpunkt bzgl. P für ein geeignetes globales Prädikat $\Pi(P)$.

<u>Bemerkung. Für erststufige Ausdrücke ist die Monotonieeigenschaft (auch über endlichen Algebren) unentscheidbar.</u>

<u>Beweis.</u> Da α (über endlichen Algebren) monoton aufsteigend in P gdw $\neg\alpha$ (über endlichen Algebren) monoton absteigend in P, genügt der Nachweis der rekursiven Unlösbarkeit des Problems, bzgl. eines Prädikatensymbols P für erststufige Ausdrücke α festzustellen, ob α in P (über endlichen Algebren) monoton aufsteigend ist. Letztere folgt aus der Unentscheidbarkeit der Prädikatenlogik erster Stufe bzw. dem Satz von Trachtenbrot, da für (oBdA eine Aussagenvariable) P und bel. erststufige α, in denen P nicht vorkommt, gilt:

(i) $gt\alpha$ gdw $P \supset \alpha$ ist monoton aufsteigend in P

(ii) $gt_{endl}\alpha$ gdw $P \supset \alpha$ ist über endlichen Algebren monoton aufsteigend in P.

Von links nach rechts ist die Behauptung trivial, während man für die umgekehrte Richtung nur $P_1 := 0$ (falsum) und $P_2 := 1$ (verum) in der Definition der Monotonieeigenschaft zu verwenden braucht.

Wegen der Unentscheidbarkeit der für die Fixpunktaussage benötigten Monotonieeigenschaft ersetzen wir für die angestrebte Erweiterung der Sprache der PL1 um die Fixpunktkonstruktion die Monotonieeigenschaft durch eine stärkere Eigenschaft, die rein syntaktisch definiert ist durch:

Definition. Positives (resp. negatives) Vorkommen von P in α ist für Prädikatensymbole P und erststufige Ausdrücke α induktiv definiert vermöge:

(i) Jedes Vorkommen von P in einer Primformel ist positiv.

(ii) Ein Vorkommen von P in $\alpha\wedge\beta$, $\alpha\vee\beta$, $\bigwedge_x\alpha$, $\bigvee_x\alpha$ ist positiv gdw dieses Vorkommen in α bzw. β positiv ist.

(iii) Ein Vorkommen von P in $\neg\alpha$ ist positiv gdw dieses Vorkommen in α nicht positiv (abgekürzt: negativ) ist.

α heißt positiv (negativ) in P gdw jedes Vorkommen von P in α positiv (negativ) ist. Anders ausgedrückt ist ein Vorkommen von P in α positiv (negativ) gdw die Zahl der Negationszeichen, in deren Bindungsbereich dieses Vorkommen von P steht, gerade (ungerade) ist.

Übung. 1. Positivität (bzw. Negativität) impliziert auf- (bzw. ab-) steigende Monotonie, d.h. ist α positiv (bzw. negativ) in P, so ist α monoton auf- (bzw. ab-) steigend in P. Hinweis: Beweisen Sie gleichzeitig beide Aussagen durch Ind (α).

Übung 2. Es gibt zu jedem in P monotonen erststufigen Ausdruck α einen erfüllbarkeitsäquivalenten, in P positiven Ausdruck α'. Hinweis: Sei $\alpha(P/1)$ der Ausdruck, der aus α entsteht, wenn man jede Primformel, in der P vorkommt, ersetzt durch (die immer wahre Aussage) 1. Ist α monoton in P, so ist gt($\alpha\supset\alpha(P/1)$), so daß für eine Interpolante α' nach dem Interpolationstheorem gilt: erf α gdw erf α'.

Übung 3. a) Für Aussagenvariablen P ist jeder erststufige Ausdruck α aussagenlogisch äquivalent zum in P positiven Ausdruck $\alpha' :\equiv \alpha(P/0)\vee(\alpha(P/1)\wedge P)$.

b) P sei ein Prädikatensymbol. Es gibt keine rekursive (resp. partiell rekursive) Funktion f von der Menge der erststufigen Ausdrücke in sich selbst, so daß für alle erststufigen α gälte: α ist monoton aufsteigend in P (resp. über endlichen Algebren) gdw $f(\alpha)$ ist positiv in P. Hinweis: Die Monotonieeigenschaft ist unentscheidbar, die Positivität rekursiv.

Definition. PL1+LFP sei die Erweiterung der Prädikatenlogik der ersten Stufe um die folgende

LFP-Ausdrucksbestimmung: Ist P ein n-stelliges Prädikatssymbol, $\alpha(P,x_1,\dots,x_n)$ ein Ausdruck von PL1+LFP, in dem jedes freie Vorkommen von P positiv ist, so ist für neue Individuenvariablen $y_1,\dots,y_n$ auch

(*): $\mathrm{LFP}(P,x_1,\dots,x_n;\alpha(P,x_1,\dots,x_n),y_1,\dots,y_n)$

ein Ausdruck von PL1+LFP. In diesem neuen Ausdruck sind alle Vorkommen von P und $x_1,\dots,x_n$ gebunden; jedes Vorkommen anderer Prädikatensymbole Q ist im neuen Ausdruck frei (bzw. gebunden bzw. positiv bzw. negativ) gdw dies in α der Fall ist. $y_1,\ldots,y_n$ kommen im neuen Ausdruck frei vor. Die Interpretation von (*) ist, daß $(y_1,\ldots,y_n)$ zum kleinsten Fixpunkt der Interpretation von $\alpha(P,x_1,\ldots,x_n)$ bzgl. P gehört.

Satz von Immerman 1982 und Vardi 1982 (Logische Charakterisierung von P). Ein globales Prädikat ist Element der Klasse P gdw es in PL1+LFP mit Ordnung definierbar ist.

NB. Bei dieser Satzformulierung betrachten wir die natürliche Ordnung $<$ auf endlichen Mengen $\{0,1,\ldots,n-1\}$ als (entsprechend unserer globalen Voraussetzung kanonisch interpretierte) logische Konstante.

Beweis. Jedes in PL1+LFP mit Ordnung definierbare globale Prädikat Π ist Element von P: s. Beispiel 3 zur Definition globaler Prädikate sowie die Tatsache, daß nach der Fixpunktaussage der kleinste Fixpunkt von Π bzgl. Q in polynomialer Zeit durch ein determiniertes TM-Programm berechenbar ist, falls dies für $\Pi(Q)$ gilt.

Für die Umkehrung sei Π ein beliebiges m-stelliges globales σ-Prädikat in P. Da nach unserer globalen Voraussetzung die Länge der Kodierung endlicher Algebren $\tilde{A}$ polynomial mit der Kardinalität $|A|$ deren Individuenbereiche verbunden ist, gibt es ein determiniertes Halbband-TM-Programm M und eine Zahl $k\geq 2$, so daß für alle endlichen Algebren $\tilde{A}$ und alle m-Tupel $\vec{x}$ über A gilt:

(i) $\Pi^{\tilde{A}}(\vec{x})$ gdw M akzeptiert $(\tilde{A},\vec{x})$ in $<|A|^k$ Schritten
gdw zum Zeitpunkt $|A|^k-1$ der mit Eingabe $(\tilde{A},\vec{x})$ (am linken Bandende) gestarteten M-Berechnung steht der Lesekopf wieder am linken Bandende und befindet M sich im akzeptierenden Zustand 1.

Es genügt also, in PL1+LFP mit Ordnung ein globales Prädikat $\mathbb{B}$ zu definieren mit der intendierten Interpretation: für bel. endliche Algebren $\tilde{A}$, beliebige m-Tupel $\vec{x}$ über A und bel. $\bar{b},\vec{t},\vec{y}$ (zur Kodierung von Buchstaben b des M-Bandes, Zeitpunkten $t<|A|^k$ und Bandfeldpositionen $y<|A|^k$) gilt:

(ii): $\mathbb{B}^{\tilde{A}}(\vec{x},\bar{b},\vec{t},\vec{y})$ gdw nach Eingabe von $(\tilde{A},\vec{x})$ steht der Buchstabe b zum Zeitpunkt t (der M-Berechnung) im Bandfeld (mit der Nummer) y.

Als Kodierung wählen wir dabei wie beim Beweis des Spektrenhierarchiesatzes für Zeitpunkte $t<|A|^k$ die $|A|$-adische Darstellung $\vec{t}=t_{k-1}\ldots t_0$ mit $t_i\in\{0,1,\ldots,|A|-1\}=A$, entsprechend für Bandfeldnummern $y<|A|^k$ die $|A|$-adische Darstellung $\vec{y}=y_{k-1}\ldots y_0$. Aus Schreibvereinfachungsgründen betrachten wir als mögliche Bandfeldinhalte sowohl Zahlen $j\le s$ für (z.Zt. nicht im Arbeitsfeld stehende)Buchstaben a_j des Alphabets von M als auch (zur gleichzeitigen Angabe der Arbeitsfelder) Paare (i,j) aus M-Zuständen $i\le r$ und M-Buchstaben $j\le s$. Wir kodieren solche Bandfeldinhalte j bzw. (i,j) oBdA durch Folgen $\overline{j}$ bzw. $\overline{(i,j)}$ der Länge k und nennen diese Bandfeldinhalte b wieder "Buchstaben". (oBdA sei k hierfür hinreichend groß gewählt.)

Nach Einsetzen von (ii) in (i) erhält man wie gewünscht eine Beschreibung von Π in PL1+LFP mit Ordnung durch:

$$\Pi^{\tilde{A}}(\vec{x}) \text{ gdw } \bigvee_{\vec{t}} \mathbb{B}^{\tilde{A}}(\vec{x},\overline{(1,0)},\vec{t},\vec{0}),$$

wobei oBdA bei Erreichen des akzeptierenden Stopzustands 1 der Lesekopf am linken Bandende steht und den M-Buchstaben a_0 liest; $\vec{t}$ steht hier wie im Folgenden für eine als $|A|$-adische Kodierung von t zu denkende Folge $t_0,\ldots,t_{k-1}$. (Wir lassen hier oBdA die endlich vielen, erststufig beschreibbaren Fälle von Algebren $\tilde{A}$ mit $A=\{0\}$ und Folgen $\vec{x}$ über A außer Acht, für die $\Pi^{\tilde{A}}(\vec{x})$ wahr ist.)

Somit bleibt eine Definition von $\mathbb{B}$ mit der intendierten Interpretation (ii) anzugeben. Wir definieren $\mathbb{B}$ als kleinsten Fixpunkt eines globalen Prädikats bzgl. eines Prädikatensymbols B, das durch einen in B positiven erststufigen Ausdruck $\beta_{M,k}$ (der bzgl. B und < erweiterten Signatur σ) definiert wird wie folgt:

$$\beta_{M,k} :\equiv \alpha \vee \Pi \quad \text{mit Eingabeformel } \alpha, \text{ Programmformel } \Pi.$$

Die Eingabeformel $\alpha(\vec{x},\overline{b},\vec{t},\vec{y})$ zur Beschreibung der Anfangskonfiguration der mit Eingabe $(\tilde{A},\vec{x})$ (im Zustand 0 am linken Bandende mit M-Buchstaben a_0 im Arbeitsfeld) gestarteten M-Berechnung ist definiert durch:

$$\alpha :\equiv \vec{t}=\vec{0} \wedge (\vec{y}=\vec{0} \supset \overline{b}=\overline{(0,0)}) \wedge \text{"Kodierung von } (\tilde{A},\vec{x})\text{"} .$$

Dabei steht $\vec{t}=\vec{0}$ als Abkürzung für $t_0=0\wedge\ldots\wedge t_{k-1}=0$ für das bzgl. < minimale Element 0, entsprechend $\vec{y}=\vec{0}$ usw. Es steht "Kodierung von $(\tilde{A},\vec{x})$" für einen erststufigen Ausdruck der bzgl. < erweiterten Signatur σ von $\tilde{A}$, dessen genaue Formulierung von der gewählten Kodierung der Algebren $\tilde{A}$ und der m-Tupel $\vec{x}$ abhängt. Wird $\tilde{A}=(n;\, R_1^A,\ldots,R_\ell^A)$ mit r_i-stelligen Relationen R_i^A über $n=\{0,1,\ldots,n-1\}$ z.Bsp. durch eine die charakteristischen Funktionen kodierende 0-1-Folge der Länge $n^{r_1}+\ldots+n^{r_\ell}$ kodiert, so handelt es sich bei der erststufigen Beschreibung dieser Kodierung typischerweise um Konjunktionen von Ausdrücken der Form: an der Stelle $\vec{y}$ steht $\bar{1}$ (bzw. $\bar{0}$), falls das in diesem Bereich kodierte σ-Prädikat R_i auf das an dieser Stelle kodierte Argumentetupel zutrifft (bzw. nicht zutrifft).

Die Programmformel $\Pi(\vec{x},\bar{b},\vec{t},\vec{y}):\equiv\epsilon_o\vee\ldots\vee\epsilon_r$ für Instruktionen $I_o,\ldots,I_r$ von M beschreibt die1-Schritt-Übergangsbeziehung von M und bestimmt sich (unter Benutzung kanonischer Abkürzungen) durch:

1. Fall: Für Druckinstruktionen $I_i=(i,t_j,a_{j'},i')$ in M sei:

$$\epsilon_i(\vec{x},\bar{b},\vec{t},\vec{y}):\equiv\bigvee_{\vec{u}}(\vec{t}=u+1\wedge[(\bar{b}=\overline{(i',j')}\wedge Bx\overline{(i,j)}\vec{u}\vec{y})$$
$$\vee\bigvee_{\ell\leq s}(\bar{b}=\bar{\ell}\wedge B\vec{x}\bar{b}\vec{u}\vec{y})])$$

lies: der Inhalt b des Bandfelds y zu Nachfolgerzeitpunkten t ist im Arbeitsfeld das Ergebnis (i',j') von Druckoperation $a_{j'}$ und Annahme des neuen Zustands i', außerhalb des Arbeitsfeldes ist er unverändert gleich dem Inhalt ℓ zum Vorgängerzeitpunkt u=t-1.

2. Fall: Für Rechtsbewegungsinstruktionen $I_i=(i,t_j,r,i')$ von M sei:

$$\epsilon_i(\vec{x},\bar{b},\vec{t},\vec{y}):\equiv\bigvee_{\vec{u}}(\vec{t}=u+1\wedge[\bigvee_{\vec{v}}\{\vec{y}=\overrightarrow{v+1}\wedge B\vec{x}\overline{(i,j)}\vec{u}\vec{v}\wedge$$
$$\wedge\bigvee_{\ell\leq s}(\bar{b}=\overline{(i',\ell)}\wedge B\vec{x}\bar{\ell}\vec{u}\vec{y})\}$$
$$\vee(B\vec{x}\overline{(i,j)}\vec{u}\vec{y}\wedge\bar{b}=\bar{j})$$
$$\vee\bigvee_{\ell\leq s}(\bar{b}=\bar{\ell}\wedge B\vec{x}\bar{b}\vec{u}\vec{y})]$$

lies: zu Nachfolgerzeitpunkten t nach einer Rechtsbewegung ist der Inhalt b des Bandfeldes y im Feld rechts neben dem vorherigen Arbeitsfeld v=y-1 von der Form (i',ℓ) mit neu angenommenem Zustand i' und vorheriger Beschriftung ℓ in diesem Feld, im vorherigen Arbeitsfeld besteht er aus dem dort zum Zeitpunkt u=t-1 im Zustand i angetroffenen M-Buchstaben j, während er in den anderen Bandfeldern gegenüber dem vorherigen Zeitpunkt unverändert bleibt.

3. Fall: Für M-Linksbewegungsoperationen: analog.

Bemerkung 1. Aho & Ullman 1979 definieren eine Verallgemeinerung der LFP-Bildung (sog. iterative Fixpunktbildung), deren Anwendbarkeit keine Monotonie des betroffenen Prädikats voraussetzt und die dennoch als Erweiterung von PL1 mit Ordnung P charakterisiert. Vgl. Gurevich 1984, 1985.

Bemerkung 2. Gurevich 1984 folgert aus der Charakterisierung von PL1+LFP mit Ordnung als Logik der polynomialzeitberechenbaren globalen Prädikate, daß die Interpolations- bzw. Definierbarkeitsaussage für diese Logik zu bisher ungelösten Problemen für NP bzw. P äquivalent sind.

Für die angestrebte logische Charakterisierung von PBAND führen wir den Begriff der (reflexiven und) transitiven Hülle globaler Prädikate ein:

Definition. Π sei ein globales Prädikat einer Signatur σ mit Argumentefolgen $\vec{x},\vec{y}$ paarweise verschiedener Variablen $x_1,\dots,x_r$ bzw. $y_1,\dots,y_r$ (beliebigen Typs) und evtl. weiterer Parameter $\vec{p}=p_1,\dots,p_m$. Als transitive Hülle von Π bzgl. $\vec{x};\vec{y}$ definieren wir das globale $2r+m$-stellige σ-Prädikat Π' mit der Eigenschaft: Für alle σ-Algebren $\tilde{A}$ ist $\Pi'^{\tilde{A}}$ die (reflexive und) transitive Hülle von $\Pi^{\tilde{A}}$, d.h. so daß für alle $\vec{p},\vec{x},\vec{y}$ über A gilt:

$$\Pi'^{\tilde{A}}(\vec{p},\vec{x},\vec{y}) \text{ gdw } \exists n\in\mathbb{N}: \exists \vec{u}_o,\dots,\vec{u}_n : \vec{u}_o=\vec{x} \& \vec{u}_n=\vec{y} \& \forall_{i<n} i: \Pi^{\tilde{A}}(\vec{p},\vec{u}_i,\vec{u}_{i+1}).$$

Bezeichnung: $TC(\vec{x};\vec{y};\Pi,\vec{u};\vec{v})$ ("Transitive Closure") mit gebundenen Variablen $\vec{x},\vec{y}$ und neuen freien Variablen $\vec{u}=u_1,\dots,u_r$ und $\vec{v}=v_1,\dots,v_r$.

Definition. PL2+TC sei die Erweiterung der Prädikatenlogik der zweiten Stufe um die folgende TC-Ausdrucksbestimmung: Ist α ein Ausdruck (von PL2+TC), sind $\vec{u}=u_1,\dots,u_r$, $\vec{v}=v_1,\dots,v_r$, $\vec{p}=p_1,\dots,p_m$ Folgen paarweise verschiedener Variablen, so ist für Folgen $\vec{x},\vec{y}$ neuer paarweise verschiedener Variablen $\vec{x}=x_1,\dots,x_r$, $\vec{y}=y_1,\dots,y_r$ auch

$$TC(\vec{u};\vec{v};\alpha,\vec{x};\vec{y})$$

ein Ausdruck (von PL2+TC). Die freien Variablen des neuen Ausdrucks sind $\vec{x},\vec{y}$ und ausgenommen $\vec{u},\vec{v}$ alle in α freien Variablen. Die Interpretation des neuen Ausdrucks ist definiert als transitive Hülle bzgl. $\vec{u};\vec{v}$ der Interpretation von α. Wir lassen manchmal die Angabe von $\vec{x},\vec{y}$ weg, wenn keine Verwechslungen zu befürchten sind.

Bemerkung. Die Menge der in PL1 mit Ordnung definierbaren globalen Prädikate ist nicht gegen die Bildung der transitiven Hülle abgeschlossen.

Beweis. (nach Gurevich 1984, s. eben da für Angaben über andere Fassungen und Beweise dieser Aussage).
Wäre die transitive Hülle des durch Kxy erststufig definierten globalen Prädikats "x ist mit y unmittelbar durch eine Kante verbunden" durch einen erststufigen Ausdruck α unter evtl. Verwendung der Ordnungsrelation < definierbar, so durch $\bigwedge_{xy}\alpha$ auch das globale 0-stellige Prädikat "G ist ein zusammenhängender Graph". Letzteres Prädikat ist aber in PL1 mit Ordnung nicht definierbar: zum Beweis betrachte man die Graphen (n,K_n) mit Knotenmenge $n=\{0,1,\dots,n-1\}$ und Kantenmenge

$K_n := \{(x,y) \mid x,y<n \;\&\; (y=x+2 \vee (x=max \wedge y=min))\}$

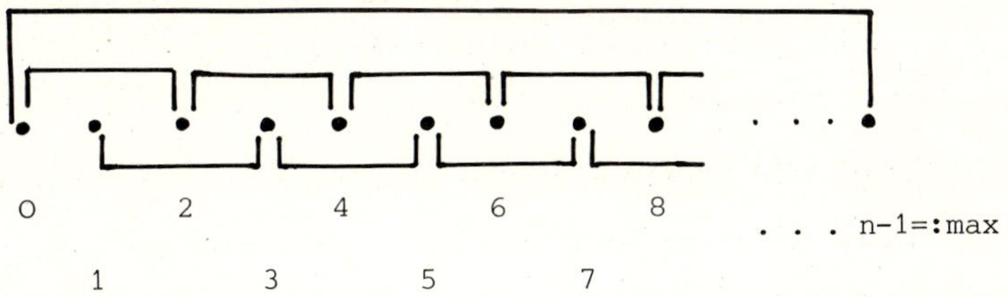

mit maximum max=n-1 und minimum min=0 bzgl. der natürlichen Ordnung < der Zahlen. D.h. in K_n sind alle geraden und alle ungeraden Zahlen durch Pfade miteinander verbunden sowie durch eine Kante das letzte Element n-1 mit dem ersten Element 0, so daß

(i) (n,K_n) zusammenhängend gdw n-1 ungerade gdw $2|n$.

ϵ sei PL1- Formalisierung der obigen Definition von K_n über n mit den freien Variablen x,y und einzigem Prädikatensymbol <, so daß

(ii) $\forall n\in\mathbb{N}:\forall$Graphen $(n,\bar{K})$: $Mod_{(n;\bar{K})} \bigwedge\bigwedge_{xy}(Kxy \leftrightarrow \epsilon)$ gdw $\bar{K}=K_n$.

Gäbe es in PL1 mit Ordnung eine Definition α der zusammenhängenden (endlichen) Graphen, so wäre für alle Graphen $(n,\bar{K})$ nach (i) und (ii):

$Mod_{(n;\bar{K})}(\alpha\wedge\bigwedge\bigwedge_{xy}(Kxy \leftrightarrow \epsilon))$ gdw $\bar{K}$ zusammenhängend & $\bar{K}=K_n$
gdw n gerade.

Für den Ausdruck $\alpha' :\equiv \alpha(Kxy/\epsilon)$, der durch Ersetzung aller Vorkommen der Primformel Kxy durch den Ausdruck ϵ entsteht und somit nur noch < als Prädikatssymbol enthält, gälte also: $\forall n:Mod_n \alpha'$ gdw n gerade, im Widerspruch zum Ehrenfeucht-Lemma in §EIII2.

Satz von Immerman 1983 (Logische Charakterisierung von PBAND). Ein globales Prädikat ist Element der Klasse PBAND gdw es in PL2+TC definierbar ist.

Beweis. Die PBAND-Entscheidbarkeit globaler erststufig definierter Prädikate gilt nach dem Satz von Immerman & Vardi und zieht sich (nach dem Satz von Savitch, §CI2) durch die Anwendung zweitstufiger Existenzquantoren hindurch. Daß dies auch bei Anwendungen von TC gilt, folgt aus der Beweismethode zum Satz von Savitch.

Für die Umkehrung sei ein globales σ-Prädikat gegeben, das durch ein determiniertes TM-Programm M für Eingaben $(\tilde{A},\vec{x})$ mit Bandverbrauch $|A|^k$ für ein festes k berechnet wird. Wir definieren ein globales σ-Prädikat Π, in dessen transitiver Hülle Kodierungen $\alpha_{\tilde{A},\vec{x}}$ (von Anfangskonfigurationen mit Eingabe $(\tilde{A},\vec{x})$) und ω (von akzeptierenden Endkonfigurationen) liegen gdw M die Eingabe $(\tilde{A},\vec{x})$ mit Bandverbrauch $|A|^k$ akzeptiert. Da wir Π als zweitstufigen Ausdruck angeben werden, folgt hieraus nach unserer globalen Voraussetzung die Behauptung.

OBdA arbeite M über dem zweielementigen Alphabet {O,1}. Die <u>Kodierung</u> von M-Konfigurationen (i,b) aus Zustand $i \leq r$ und Band(ausschnitt) $b=b_1 \ldots b_{|A|^k}$ mit Arbeitsfeld an der Stelle $1 \leq j \leq |A|^k$ geschieht durch k-stellige Relationen B^A und $Z_0^A,\ldots,Z_r^A$: Die charakteristische Funktion von B^A "ist" das Band b vermöge:

$B^A(y_1,\ldots,y_k)$ gdw im $|A|$-adisch durch $y_1 \ldots y_k$ bestimmten Bandfeld steht eine 1

Die Arbeitsfeldnummer j und den Zustand i kodieren die durch ihre charakteristischen Funktionen angegebenen Prädikate

$$Z_i := \vec{O}1\vec{O} \qquad Z_{i'} := \vec{O} \text{ für alle } i' \neq i \quad .$$

(↑ Stelle j; $\vec{O}$: O-Folge der Länge $|A|^k$)

D.h. genau das dem jeweiligen Zustand i entsprechende Prädikat Z_i ist $\neq \phi$, und zwar trifft es auf genau dasjenige Tupel $(y_1,\ldots,y_k)$ zu, das $|A|$-adisch die Nummer j des jeweiligen Arbeitsfeldes repräsentiert.

Wir definieren also einen zweitstufigen Ausdruck Π mit k-stelligen Prädikatensymbolen $\vec{Z} = Z_0,\ldots,Z_r$, $\vec{Z}' = Z'_0,\ldots,Z'_r$ und B,B' mit der <u>intendierten Interpretation</u>:

$$\Pi(\vec{Z},B,\vec{Z}',B') \text{ ist wahr gdw } C_{\vec{Z},B} \xrightarrow[M]{1} C_{\vec{Z}',B'}$$

für die durch $\vec{Z}$,B bzw. $\vec{Z}'$,B' kodierten M-Konfigurationen $C_{\vec{Z},B}$ bzw. $C_{\vec{Z}',B'}$.
Daraus folgt dann wie gewünscht für bel. M-Eingaben $(\tilde{A},\vec{x})$:
M akzeptiert $(\tilde{A},\vec{x})$ mit Platz $|A|^k$ oBdA im Zustand 1 mit leerem Band

$$\text{gdw } (\underbrace{1\vec{O},\vec{O},\ldots,\vec{O}}_{\text{Anfangszustand O}},B_{\tilde{A},\vec{x}},\underbrace{\vec{O},1\vec{O},\vec{O},\ldots,\vec{O},\vec{O}}_{\text{Endzustand 1 am linken Bandende}}) \in TC(\vec{Z},B;\vec{Z}',B';\Pi),$$

wobei $B_{\tilde{A},\vec{x}}$ das Eingabeband mit Beschriftung $\tilde{A},\vec{x}$ kodiert.

<u>Definition von Π:</u>$\equiv \bigwedge_{i \leq r} \epsilon_i$ mit den nachfolgenden Ausdrücken ϵ_i. Wir schreiben $\neg^1$ für $\neg$ und $\neg^0$ für das leere Wort Λ. Neben für sich selbst sprechenden Abkürzungen benutzen wir auch Ausdrücke wie y=x+1 und analog für Folgen $\vec{y}=\overrightarrow{x+1}$, die wir uns in Π zusätzlich (durch ein geeignetes

zweitstufiges Ordnungsaxiom $\bigvee\!\!\!\bigvee\!\!\!\bigvee_{KNS} Ord_K(N,S))$ axiomatisiert denken.

1. Fall. Für M-Druckinstruktionen $I_i=(i,t_j,a_{j'},i')$ mit $j,j'\in\{0,1\}$ sei:

$$\varepsilon_i :\equiv \bigwedge_{\vec{y}}(Z_i\vec{y} \rightarrow (\neg^{1-j}B\vec{y} \supset \neg^{1-j'}B'\vec{y}) \qquad \text{\{neue Beschriftung im Arbeitsfeld\}}$$

$$\wedge \bigwedge_{\vec{y}'} (\vec{y}' \neq \vec{y} \supset (B\vec{y}' \leftrightarrow B'\vec{y}')) \qquad \text{\{Beschriftung außerhalb des Arbeitsfeldes unverändert\}}$$

$$\wedge (\neg^{1-j}B\vec{y} \supset Z'_{i'}\vec{y} \wedge \bigwedge_{\vec{y}' \neq \vec{y}} \neg Z'_{i'}\vec{y} \wedge \bigwedge_{u \neq i} Z'_u = \emptyset))$$

{neuer Zustand bei unverändertem Arbeitsfeld}

2. Fall. Für M-Rechtsbewegungsinstruktionen $I_i=(i,t_j,r,i')$ sei:

$$\varepsilon_i :\equiv \bigwedge_{\vec{y}}(Z_i\vec{y} \supset \bigwedge_{\vec{y}'} (\vec{y}' = \overrightarrow{y+1} \supset Z'_{i'}\vec{y}' \wedge \bigwedge_{\vec{u} \neq \vec{y}'} \neg Z'_{i'}\vec{u} \wedge \bigwedge_{v \neq i'} Z'_v = \emptyset)$$

{neuer Zustand und Arbeitsfeldverschiebung nach rechts}

$$\wedge \bigwedge_{\vec{y}'} (B\vec{y}' \leftrightarrow B'\vec{y}') \qquad \text{\{unveränderte Beschriftung\})}$$

3. Fall. Für M-Linksbewegungsinstruktionen: analog.

Bemerkung. Neben der Charakterisierung von NLOGBAND durch PL1 mit Ordnung + Bildung transitiver Hülle nur bei positiven Vorkommen von TC finden sich in Immerman Verschärfungen dieser und anderer logischer Charakterisierungen bekannter Komplexitätsklassen, die auf genaueren syntaktischen Analysen der benutzten logischen Programm- bzw. Eingabebeschreibungen beruhen. Vgl. auch die übrigen im Literaturverzeichnis angegebenen Arbeiten von Immerman sowie Gurevich 1985.

Weiterführende Literatur(angaben). Für das Spektrumproblem s. Fagin 1974, Börger 1984 . Für eine verfeinerte Analyse des Zusammenhangs zwischen Präfixtyp der logischen Formeln und der Komplexität der entsprechenden Spektrenklasse in der PL1 s. Grandjean 1984, 1984a, vgl. auch Grandjean 1983. Für eine Beschreibung von NP-Mengen durch verallgemeinerte Spektren von Ausdrücken mit dem Additionssymbol, wobei die maximale Stelligkeit vorkommender Prädikatensymbole zum Grad des die Rechenzeit beschränkenden Polynoms paßt, s. Lynch 1982.Für weitere logische Charakterisierungen von Komplexitätsklassen vgl. die im Literaturverzeichnis zitierten Arbeiten von Immerman, die Literaturangaben in Gurevich 1984 sowie Gurevich 1985, Gurevich & Lewis 1984. Für eine interessante Charakterisierung der primitiv rekursiven bzw. rekursiven "globalen" Funktionen (über endlichen Bereichen), nämlich als LOGBAND- bzw. P-berechenbare Funktionen, s. Gurevich 1983.

Vorbemerkung zur Notation: In diesem Paragraphen meint EXP und NEXP stets EXPZEIT bzw. NEXPZEIT.

§ 3. Vollständige Entscheidungsprobleme für polynomiale und exponentielle Komplexitätsklassen. Wir verwenden in diesem Paragraphen die Reduktionsmethode aus §O zur Beschreibung zeit- oder bandbeschränkter TM-Berechnungen durch syntaktisch eingeschränkte erststufige Ausdrücke der engeren Prädikatenlogik. Wir zeigen: 1. Die rekursiv lösbaren Entscheidungsprobleme (bzgl. Erfüllbarkeit) der in §FI2 genannten Präfixklassen von Bernays-Schönfinkel und Gödel-Kalmar-Schütte sind NEXP-vollständig; für die letztgenannte Klasse gilt dies sogar bei der Einschränkung auf die von Löwenheim 1915 als entscheidbar nachgewiesene monadische Prädikatenlogik und Ausdrücke mit Präfix $\bigvee\bigwedge\bigvee$.
2. Das Erfüllbarkeitsproblem der Bernays-Schönfinkel-Klasse ist bei Einschränkung auf Hornformeln EXP-vollständig, es ist PBAND-vollständig bei Einschränkung auf Kromformeln (sogar gleichzeitig mit determinierter - d.h. determinierte PROLOG-Programme darstellender - Hornstruktur).

Diese Vollständigkeitsergebnisse beleuchten vom komplexitätstheoretischen Standpunkt die Natürlichkeit der betrachteten syntaktischen Charakterisierungen logischer Ausdrucksstärke nach Präfix- und aussagenlogischer Struktur.

Da dieser Abschnitt hauptsächlich unteren Komplexitätsschranken rekursiver logischer Entscheidungsprobleme gewidmet ist, beschränken wir uns im Folgenden auf die Angabe der jeweiligen Reduktionen von TM-Berechnungen auf die Erfüllbarkeit logischer Formeln und verweisen für Algorithmen zur Herleitung der entsprechenden oberen Schranken hier ein für alle Mal auf die Literatur.

Vorbemerkung. Wir verschärfen den Begriff der $\leq_p$-Reduzierbarkeit dadurch, daß wir für die benutzte $\leq_p$-Reduktionsfunktion f zusätzlich eine Längenordnung g angeben, d.h. eine Funktion g mit:

$$\exists c > 0: \forall x: |f(x)| \leq c \cdot g(|x|).$$

Z.Bsp. stellt eine $\leq_p$-Reduktion mit linearer Längenordnung einer Menge X auf eine Menge $Y \in EXP$ bzw. $Y \in NEXP$ sicher, daß auch $X \in EXP$ bzw. $X \in NEXP$. Dies spielt für die Interpretation der nachfolgend bewiesenen Reduktionen als Aufweis unterer Komplexitätsschranken für die betrachteten logischen Entscheidungsprobleme eine Rolle.

Satz von Lewis 1980 (NEXP-Vollständigkeit der ($\bigvee\bigwedge\bigvee$-Teilklasse der monadischen) Gödel-Kalmar-Schütte-Klasse mit Längenordnung $\lambda n.n \cdot \log n$.) Die Klasse der erfüllbaren Ausdrücke aus $\bigvee^{\infty}\bigwedge\bigwedge\bigvee^{\infty}$ (sogar aus $\bigvee\bigwedge\bigwedge\bigvee$ nur mit monadischen Prädikatensymbolen) ist NEXP-vollständig; jede NEXP-Menge kann auf diese Klasse sogar mit Längenordnung $\lambda n.n \cdot \log n$ reduziert werden.

Beweis (der NEXP-Härte). Zu bel. $X \in NEXP$ sei M ein evtl. nicht determiniertes Programm auf der (oBdA Halbband-) TM, das X in Zeit 2^{cn} für ein $c>0$ akzeptiert. Zu bel., für das Folgende fest gewählter Eingabe w konstruieren wir eine $O(|w| \cdot \log|w|)$-lange und in polynomialer Zeit aus w berechenbare Formel $\gamma \in \bigvee\bigwedge\bigwedge\bigvee$ nur mit monadischen Prädikatensymbolen, die die durch w definierte M-Berechnung simuliert im Sinne von: erf γ gdw M hat bei Eingabe von w mindestens eine Berechnung mit $2^{c|w|}-1$ Schritten. (Durch diese mittels trivialer Programmtransformationen erreichbare Normierung des Akzeptierens durch M kommen wir bei der Definition von γ ohne ausdrückliche Endformel zur Beschreibung eines akzeptierenden Zustands zum Zeitpunkt $2^{c|w|}-1$ aus.)

Nach den Sätzen von Skolem in §DIII3 genügt es, γ als abgeschlossenen Ausdruck

$$\gamma \equiv \gamma_1[0] \wedge \bigwedge_x \gamma_2[x'] \wedge \bigwedge_x \bigwedge_y \gamma_3$$

mit quantorfreien γ_i in Skolem-Normalform anzugeben mit Individuenkonstante 0 und einstelligem Funktionssymbol ' zum Aufbau von Zahltermen $\underline{n} \equiv 0^{'\ldots'}$ (mit n Anwendungen von ' auf 0).

Wie beim Beweis des Satzes von Immerman & Vardi in §2 stellen wir durch die Eingabe w definierte <u>M-Berechnungen</u> der Länge $\leq l := 2^{c|w|}$ dar <u>als</u> <u>$l \times l$-Matrix</u> μ mit:

$\mu(x,t)$ = Beschriftung im Bandfeld x zum Zeitpunkt t, wobei die "Beschriftungen" in μ außerhalb des Arbeitsfeldes auftretende M-Buchstaben $j \leq s$ oder (zur Arbeitsfeld- und Zustandskodierung) Paare (i,j) aus M-Zuständen $i \leq r$ und M-Buchstaben $j \leq s$ sind. Zur Axiomatisierung des Zusammenhangs der Beschriftungen eines (Bandfeld x zur Zeit t repräsentierenden) Punktes (x,t) und des in der nächsten Zeile darüberliegenden Punktes (x,t+1) verwenden wir die schon zum Beweis des Satzes von Meyer & Stockmeyer in §CV4 benutzte Auffassung des (Halbband-TM-) Programms <u>M als endliche Menge von 6-Tupeln</u> der Form

$(\mu(x-1,t),\mu(x,t),\mu(x+1,t),\mu(x-1,t+1),\mu(x,t+1),\mu(x+1,t+1))$,

die die lokalen Veränderungen in Arbeitsfeldern x und deren Nachbarfeldern x-1 und x+1 sowie die Konstanz der Beschriftungen in anderen Bandfeldern beim Übergang von Zeitpunkt t zum Zeitpunkt t+1 durch Ausführung von M-Instruktionen widerspiegeln.

Um eine monadische Axiomatisierung dieser Beschriftungszusammenhänge in μ zu ermöglichen, wählen wir als <u>Kodierung $\overline{r}$</u> von 6-Tupeln $r = ((p_1,q_1),\ldots,(p_6,q_6))$ von Punkten $(p_i,q_i) \in l \times l$ mit $l = \{0,1,\ldots,l-1\}$ die Binärfolge

$$\overline{((p_1,q_1),\ldots,(p_6,q_6))} := \overline{q}_6\overline{p}_6 \ \ldots \ \overline{q}_1\overline{p}_1$$

der Länge $6 \cdot 2 \cdot \log l$ mit den Binärkodierungen $\overline{p}$ der Länge log l von Zahlen $p \in l$. Wir identifizieren also durch eine Binärfolge der Länge $12 \cdot c|w|$ dargestellte Zahlen r mit den durch sie kodierten 6-Tupeln aus Punkten (p_i,q_i) mit Koordinaten $p_i,q_i < l$.

Die gesuchten Ausdrücke γ_i setzen sich zusammen aus Anteilen einer Konjunktion $\pi\wedge\alpha\wedge\eta$ aus Programmformel π, Anfangsformel α und Hilfsformel η. In der weiter unten angegebenen Hilfsformel η axiomatisieren wir monadische Hilfsprädikate, mit denen wir Punkte, die in μ neben- oder übereinanderliegen, und deren Beschriftungen ausdrücken können, um damit μ zu beschreiben: Die Prädikatensymbole K_i $(2\leq i\leq 6)$, B_{bi} (b Buchstabe für Beschriftung in μ, $1\leq i\leq 6$) und Z_j $(0\leq j<12\cdot\log l)$ haben die folgende intendierte Interpretation:

{Bestimmung der Komponenten 2,...,6 aus der ersten Komponente im durch r kodierten 6-Tupel $((p_1,q_1),\ldots,(p_6,q_6))$ so, daß z.Bsp.

$$\bigwedge_{2\leq i\leq 6} K_i r \text{ gdw } r \text{ kodiert ein 6-Tupel der Form } ((p,q),(p+1,q),(p+2,q),(p,q+1),(p+1,q+1),(p+2,q+1))\}:$$

Für i = 2,3 sei {lies:" (p_i,q_i) rechter Nachbar von (p_{i-1},q_{i-1})"}:

$K_i r$ wahr gdw $(p_i,q_i) = (p_{i-1}+1,q_{i-1})$ im durch r kodierten 6-Tupel.

Für i = 4,5,6 sei {lies:"(p_i,q_i) oberer Nachbar von (p_{i-3},q_{i-3})"}:

$K_i r$ wahr gdw $(p_i,q_i) = (p_{i-3},q_{i-3}+1)$ im durch r kodierten 6-Tupel.

$B_{bi} r$ wahr gdw $b = \mu((p_i,q_i))$ im durch r kodierten 6-Tupel,

lies: b ist die Beschriftung des durch die i-te Komponente (p_i,q_i) von $r = ((p_1,q_1),\ldots,(p_6,q_6))$ kodierten Punktes der M-Berechnung μ, d.h. b steht im Feld p_i zum Zeitpunkt q_i des 6-Tupels r.

$Z_j r$ wahr gdw an der (von links nach rechts gezählt) j-ten Stelle der Binärdarstellung von r steht die Ziffer 1.

Die Programmformel π zur Beschreibung der 1-Schritt-Übergänge von M läßt sich mittels dieser Hilfsprädikate definieren als Konjunktion aller Formeln (für bel. μ-Beschriftungen b_1,b_2,b_3):

$$\bigwedge_{2\leq i\leq 6} K_i x \wedge \bigwedge_{1\leq i\leq 3} B_{b_i i} x \supset \bigvee_{(a,b,c)} (B_{a4}x \wedge B_{b5}x \wedge B_{c6}x)$$

mit der Disjunktion über alle (a,b,c) mit $(b_1,b_2,b_3,a,b,c)\varepsilon M$.

Die Anfangsformel α zur Beschreibung der μ-Anfangszeile $\mu(0,0)\ldots\mu(2^{c|w|}-1,0)$ (Eingabe w zum Zeitpunkt 0) von der Form

$(0,w_1)w_2\ldots w_n\, a_0\ldots a_0$ mit $w = w_1\ldots w_n$, Leersymbol a_0

läßt sich mit Hilfsprädikaten N_i für $0\leq i<n = |w|$ (mit der intendierten Interpretation $\{i\}$) und Q (mit der intendierten Interpretation $\{r|n\leq r<2^{cn}\}$) definieren als Konjunktion der folgenden Ausdrücke:

$N_0 0 \quad N_i x \supset N_{i+1} x'$ für $i<n-1 \quad N_{n-1} x \supset Qx'$ {lies: Q trifft auf n zu}

$(Qx \wedge \bigwedge_{j<11cn} \neg Z_j x') \supset Qx'$ {lies: Q vererbt sich auf Nachfolger $<2^{cn}$}

$N_0 x \supset B_{(0,w_1)1} x \qquad \bigwedge_{1\le i<n} (N_i x \supset B_{w_{i+1}1} x)$ {lies: Bandanfang $(0,w_1)w_2 \ldots w_n$}

$Qx \supset B_{01} x$ {lies: ab der Stelle n bis $2^{cn}-1$ steht zu Beginn das Leersymbol}

NB: Die die μ-Anfangszeile charakterisierenden Punkte (i,0) mit $i<l = 2^{c|w|}$ sind gerade die ersten Komponenten (p_1,q_1) der durch $0,\ldots,l-1$ kodierten 6-Tupel mit den Kodierungen $\overline{0}\,\overline{0}\ldots\overline{0}\,\overline{0}\,\overline{0}\,\overline{i}$.

Die Hilfsformel η zur Sicherstellung der oben angegebenen intendierten Interpretation der Hilfsprädikate Z_j, K_i, B_{bi} definieren wir als Konjunktion der nachfolgenden Ausdrücke.

Für die Festlegung der Ziffernprädikate Z_j ("Ziffer 1 an der Stelle j") und dessen Abschluß Z_j^* nach rechts, d.h. mit der intendierten Interpretation

$Z_j^* r$ wahr gdw $\forall j\le k\le 12cn$: Binärstelle k in r hat eine 1

setzen wir mit der Abkürzung m := 12cn:

$\bigwedge_{j<m} \neg Z_j 0$ {$\overline{0}$ ohne 1} $\qquad Z_m^* x$ {ab Stelle m Behauptung leer}

$\bigwedge_{j<m} Z_j x' \leftrightarrow (Z_j x \wedge \neg Z_{j+1}^* x)$ {1 binär rechts der Stelle j addiert}

$\vee (\neg Z_j x \wedge Z_{j+1}^* x)$ {1 binär an der Stelle j addiert}

$\bigwedge_{j<m} Z_j^* x \leftrightarrow (Z_j x \wedge Z_{j+1}^* x)$ {Fortpflanzung von rechts nach links}

Für die Festlegung der Komponentenprädikate K_i $(2\le i\le 6)$ geben wir exemplarisch die Ausdrücke für K_2 unter Benutzung von Z_j^*; für $K_3,\ldots,K_6$ verfährt man analog mit entsprechenden Hilfsprädikaten zur Festlegung von (z.Bsp.) $\overline{q_1} = \overline{1}$. Da $K_2 r$ besagt, daß in dem durch r kodierten 6-Tupel $(p_2,q_2) = (p_1+1,q_1)$ gilt, müssen wir ausdrücken, daß für die Binärfolgen $\overline{p_2} = \overline{p_1+1}$ & $\overline{q_2} = \overline{q_1}$ gilt, d.h. daß in der Binärdarstellung von r die Ziffernfolge von Stelle 9cn bis 10cn-1 den Nachfolger der Ziffernfolge von Stelle 11cn bis 12cn-1 darstellt und daß die Ziffernfolgen der Stelle 8cn bis 9cn-1 und der Stelle 10cn bis 11cn-1 übereinstimmen. Letzteres beschreibt der Ausdruck

$K_2 x \leftrightarrow \bigwedge_{i<cn} (Z_{9cn+i} x \leftrightarrow \neg(Z_{11cn+i} x \leftrightarrow Z_{11cn+i+1}^* x))$ {s.o. $Z_j x'$}

$\wedge \bigvee_{i<cn} Z_{9cn+i} x$ {die von 9cn bis 10cn-1 kodierte Zahl ist >0}

$$\wedge \bigwedge_{i<cn} (Z_{8cn+i}x \leftrightarrow Z_{10cn+i}x) \quad .$$

Für die Festlegung der Beschriftungsprädikate B_{bi} bleibt die Übereinstimmung von B_{bj} und B_{bk} zu fordern, wenn der angesprochene μ-Punkt (p,q) mit Beschriftung b an verschiedenen Stellen j,k verschiedener 6-Tupel kodiert wird. Dies leistet die Konjunktion (über $1 \leq j,\ k \leq 6$) aller Ausdrücke

$$\bigwedge_{i<2nc} (Z_{12cn-2cnj+1}x \leftrightarrow Z_{12cn-2cnk+i}y) \supset \bigwedge_{b} (B_{bj}x \leftrightarrow B_{bk}y).$$

mit der Konjunktion über alle μ-Buchstaben b.

Bemerkung. Das Erfüllbarkeitsproblem monadischer Kromformeln (d.h. der Klasse Krom∩Monad) ist Element von P,s. Denenberg & Lewis 1984. Mittels alternierender TM oder alternierender 2-Weg-Push-down-Automaten erhält man scharfe Komplexitätsergebnisse für das Entscheidungsproblem der Ackermann-Klasse V...VΛV...V bzw. ihrer monadischen Teilklasse (in Kromformeln), s. Lewis 1980, Fürer 1981, Lewis & Denenberg 1984.

Satz von Plaisted 1984 (EXP-Vollständigkeit der Bernays-Schönfinkel-Klasse in Hornformeln.) Die Klasse der erfüllbaren Hornformeln aus $V^{\infty}\Lambda^{\infty}$ ist EXP-vollständig.

Beweis (der EXP-Härte). Wie beim Beweis des vorstehenden Satzes von Lewis genügt es, zu bel. determinierten Halbband-TM-Programm M mit Zeitschranke 2^{cn} und zu bel. M-Eingabe w eine Hornformel $\gamma \varepsilon V^{\infty}\Lambda^{\infty}$ zu konstruieren, die erfüllbar ist gdw M die Eingabe w in $<2^{c|w|}$ Schritten (oBdA im Zustand 1 mit leerem Arbeitsfeld am linken Bandende) akzeptiert.

Zur Kodierung der durch M und die Eingabe w bestimmten Berechnung μ, die wir wie im vorstehenden Beweis wieder als Matrix darstellen, denken wir uns den benutzten Bandteil zerlegt in Ausschnitte der Länge $n := c|w|$ aus μ-Buchstaben j (außerhalb der Arbeitsfelder) bzw. (i,j) (in Arbeitsfeldern) für M-Zustände $i \leq r$ und M-Buchstaben $j \leq s$. Wir kodieren Zeitpunkte $t < 2^n$ und Nummern $u < 2^n$ der zum Zeitpunkt t betrachteten Ausschnitte des Bands durch Binärfolgen $\vec{t}$ bzw. $\vec{u}$ der Länge n und axiomatisieren in γ ein 3n-stelliges Prädikatensymbol B zur Beschreibung von Bandausschnitten im Sinne der intendierten Interpretation:

$B\vec{x}\vec{u}\vec{t}$ ist wahr gdw $\vec{x}$ ist der (von links gelesen) u-te Bandausschnitt (von μ) zum Zeitpunkt t.

Dazu benutzen wir alle μ-Buchstaben j und (i,j) mit $j \leq s$, $i \leq r$ sowie die Binärziffern 0,1 als (in der Skolem-Normalform von γ existentiell abgebundene Individuenvariable vertretende) Individuenkonstanten.

Zur Definition von γ geben wir den aussagenlogischen Kern der Skolem-Normalform von γ an, der die Form $\pi \wedge \alpha \wedge \omega \wedge \eta$ hat mit Programm-, Anfangs-, End-

und Hilfsformel π,α,ω,η.

Für die Beschreibung der Programmformel benutzen wir in η axiomatisierte Hilfsprädikate B_r, B_1, B_+ mit der intendierten Interpretation:

$B_r(\vec{x},\vec{u},\vec{t})$ gdw $B(\vec{x},\overrightarrow{u+1},\vec{t})$ {rechter Nachbarausschnitt}

B_1 .... $\overrightarrow{u-1}$.... {linker ....}

B_+ .... $B(\vec{x},\vec{u},\overrightarrow{t+1})$ {Bandausschnitt zum nächsten Zeitpunkt} .

Sei $\overline{M}$ die durch M bestimmte Funktion, die jedem Tripel $\vec{x},\vec{y},\vec{z}$ zu einem Zeitpunkt t nebeneinanderliegender Bandausschnitte den Nachfolgerbandausschnitt $\overline{M}(\vec{x},\vec{y},\vec{z})$ von $\vec{y}$ zum Zeitpunkt t+1 zuordnet. Dann kann man die Programmformel π kanonisch definieren als Konjunktion aller einschlägigen Ausdrücke

$$B_1\overrightarrow{xut} \wedge B\overrightarrow{yut} \wedge B_r\overrightarrow{zut} \supset B_+\overline{M}(\vec{x},\vec{y},\vec{z})\overrightarrow{ut}.$$

In den einzelnen Konjunktionsgliedern ist zu unterscheiden, ob $\vec{y}$ oder $\overline{M}(\vec{x},\vec{y},\vec{z})$ eine Arbeitsfeldbeschriftung (i,j) enthält oder nicht. Spezielle Konjunktionsglieder entsprechen der Beschreibung des Übergangs im linksäußersten Halbbandausschnitt und im (oBdA rechtsäußersten) (2^n-1)-ten Ausschnitt mit binärer Nummer $\vec{1} = 1...1$. Wir lassen dem Leser die explizite Formulierung der hier zu betrachtenden Fälle als Übung.

Für die Beschreibung der Anfangsformel benutzen wir ein in η formalisiertes n-stelliges Hilfsprädikat P mit der intendierten Interpretation:

$P\vec{u}$ ist wahr gdw die durch $\vec{u}$ binär kodierte Zahl ist positiv.

Die Anfangskonfiguration $(0,w_1)w_2...w_m\overrightarrow{00}...\vec{0}$ mit der Eingabe von $w \equiv w_1...w_m$, Anfangszustand 0 und leerem Rest $\overline{0}$ im 0-ten Bandausschnitt und bei positiver Ausschnittnummer leeren Ausschnitten $\vec{0}$ der Länge n = cm wird dann kodiert durch (mit einer Folge $\vec{u}$ universell quantifizierter Variablen):

$$\alpha :\equiv B(0,w_1)w_2...w_m\overrightarrow{000} \wedge (P\vec{u} \supset B\overrightarrow{0u0}).$$

Die Endformel zur Beschreibung des akzeptierenden Zustands 1 mit leerem Arbeitsfeld am linken Bandende zum Zeitpunkt 2^n-1 sagt, daß zu diesem (durch $\vec{1} = 1...1$ binär dargestellten) Zeitpunkt der 0-te Bandausschnitt nicht die Form $(i,0)\vec{x}$ mit $i \leq r$ & $i \neq 1$ hat:

$$\omega :\equiv \bigwedge_{i\neq 1} \neg B(i,0)\vec{x}\,\vec{0}\,\vec{1} \text{ mit Variablenfolge } \vec{x} = x_2,\ldots,x_n.$$

Die Hilfsformel η sei die Konjunktion der nachfolgend angegebenen Ausdrücke. Die Positivität P binär dargestellter Zahlen wird axiomatisiert durch:

$P1\vec{x}$ $Py\vec{x} \supset Px\vec{y}$ {lies: w > 0 gdw $\vec{w}$ enthält eine 1}

mit (universell quantifizierten) Variablen y und $\vec{x} = x_2,\ldots,x_n$.

Zur Beschreibung von Nachbarausschnitten und Nachfolgerzeitpunktsausschnitten formalisieren wir binäre Addition und Subtraktion von 1 auf Folgen der Länge n. Für B_l (linker Nachbarausschnitt) wählen wir neue 3n+1-stellige Prädikatensymbole Ü ("Übertragsbildung" bei 1+1=O) und A ("Addition" bei O+1=1) sowie eine neue Individuenkonstante c (zwecks Markierung des linken Endes des zu erhöhenden Zählers) und setzen (mit n-Folgen $\vec{x},\vec{y},\vec{z}$ universell quantifizierter Individuenvariablen):

$B\vec{x}\vec{y}\vec{z} \supset \ddot{U}\vec{x}c\vec{y}\vec{z}$ {c markiert linken Anfang des Zählers $\vec{y}$}

$\ddot{U}\vec{x}\vec{y}1\vec{z} \supset \ddot{U}\vec{x}0\vec{y}\vec{z}$ {Übertrag und 1+1=O nach links schieben}

$\ddot{U}\vec{x}\vec{y}0\vec{z} \supset A\vec{x}1\vec{y}\vec{z}$ {Addition des Übertrags, 1+O=1 nach links schieben, Restpermutation bis zum Zählerbeginn c einleiten}

$A\vec{x}\vec{y}i\vec{z} \supset A\vec{x}i\vec{y}\vec{z}$ für i=O,1 {Permutation des Zählerrestes}

$A\vec{x}\vec{y}c\vec{z} \supset B_l\vec{x}\vec{y}\vec{z}$ {Abbruch bei Erreichen des linken Zählerendes c}.

Analog verfährt man für B_+ und mit der binären Subtraktion von 1 für B_r.

Korollar (Lewis 1980). NEXP-Vollständigkeit der Bernays-Schönfinkel-Klasse, d.h. die Klasse aller erfüllbaren Ausdrücke aus $V^\infty\Lambda^\infty$ ist NEXP-vollständig.

Beweis. Man braucht im Beweis des Satzes von Plaisted lediglich in der Programmformel π die für determiniertes M eindeutig bestimmten Konklusionen $B_+\overline{M}(\vec{x},\vec{y},\vec{z})\vec{u}\vec{t}$ zu ersetzen durch die Disjunktion aller Ausdrücke $B_+\vec{v}\vec{u}\vec{t}$ mit $\vec{v}\varepsilon\overline{M}(\vec{x},\vec{y},\vec{z})$. Entsprechend hat man natürlich die intendierten Interpretationen dem Berechnungs- und Akzeptierungsbegriff eines nicht determinierten M anzupassen.

Satz von Plaisted 1984 und Denenberg & Lewis 1984 (PBAND-Vollständigkeit der Bernays-Schönfinkel-Klasse in Kromformeln). Die Klasse der erfüllbaren Kromformeln aus (sogar der Teilklasse $HORN\cap V^2\Lambda^\infty$) der Schönfinkel-Bernays-Klasse ist PBAND-vollständig.

Beweis (der PBAND-Härte nach der Methode von Aanderaa und Börger aus §FI1). Es genügt, zu beliebigem determinierten, durch ein Polynom p bandbeschränkten TM-Programm M und bel. Eingabe w eine Formel γ der Länge $\leq p(|w|)$ in $V^\infty\Lambda^\infty\cap Krom\cap Horn$ zu konstruieren, die widerspruchsvoll ist gdw M die Eingabe w mit Bandbedarf $k := p(|w|)$ akzeptiert. Wir geben den aussagenlogischen Kern der Skolemschen Normalform eines solchen γ an, der wiederum die Form $\pi\wedge\alpha\wedge\omega$ mit Programmformel π, Anfangsformel α und Endformel ω hat.

Zur Kodierung der mit der Anfangskonfiguration $C_0 = (O,w_1)w_2\ldots w_n\overline{O}$ gestarteten M-Berechnung mit Bandverbrauch k fassen wir wie im vorhergehenden

Satz alle Buchstaben $b\varepsilon\{j|j\leq s\} \cup \{(i,j)|i\leq r \;\&\; j\leq s\}$ als Individuenkonstanten auf und axiomatisieren ein k-stelliges Prädikatensymbol C mit der intendierten Interpretation:

$C\vec{x}$ ist wahr gdw $C_o \underset{M}{\Longrightarrow} \vec{x}$ (mit Bandverbrauch k).

Dazu sei die Programmformel π die Konjunktion für $1 \leq k$ bzw. $1 < k$ der folgenden Ausdrücke (mit Folgen $x = x_1,\ldots,x_{1-1}$ und $y = x_{1+1},\ldots,x_k$ bzw. $y = x_{1+2},\ldots,x_k$ allquantifizierter Variablen):

$Cx(i,j)y \supset Cx(i',j')y$ für Druckinstr. $(i,t_j,a_{j'},i')\varepsilon M$

$Cx(i,j)j'y \supset Cxj(i',j')y$ für Rechtsbewegungsinstr. $(i,t_j,r,i')\varepsilon M$

analog für Linksbewegungsinstruktionen in M.

Eingabeformel $\alpha :\equiv C(0,w_1)w_2\ldots w_n 0\ldots 0$.

Die Endformel ω für akzeptierenden Zustand 1 oBdA mit Arbeitsfeld am linken Ende des leeren Bands ist definiert als $\omega :\equiv \neg C(1,0)0\ldots 0$.

Der Allabschluß von $\pi\wedge\alpha\wedge\omega$ ist nach dem Simulationslemma wv, falls w von M akzeptiert wird. Wird w von M nicht akzeptiert, so liefert die intendierte Interpretation ein kanonisches Modell für diesen Ausdruck.

Für die Reduktion auf die Teilklasse $V^2\Lambda^\infty \cap$Krom genügt es, die obige Kodierung über dem zweielementigen Alphabet $\{0,1\}$ durchzuführen. Dadurch erhöht sich die Länge von γ nur um einen konstanten Faktor.

Bemerkung. Eine kleine Veränderung des obigen Beweises liefert zusätzlich, daß wegen der Determiniertheit von M die durch Kontraposition ihrer Implikationen aus $\pi\wedge\alpha\wedge\omega$ entstehende Krom- und Hornformel ein determiniertes PROLOG-Programm (im Sinne von Clocksin & Mellish 1981) darstellt und somit die PBAND-Vollständigkeit auch für solche Programme gilt:

Definition. Eine Hornklausenmenge α heißt determiniert gdw für alle Klausen $C \equiv \pi_1\wedge\ldots\wedge\pi_n \supset \pi$ in α gilt:

1. Der Prozedurname π enthält jede im Prozedurkörper $\pi_1,\ldots,\pi_n$ vorkommende Variable.
2. Für jedes (durch Einsetzung abgeschlossener Elemente des Herbrand-Universums gebildete) Beispiel π_i' jedes Prozeduraufrufs π_i im Prozedurkörper von C gibt es höchstens eine Klause $\sigma_1\wedge\ldots\wedge\sigma_m \supset \sigma$ in α, deren Prozedurname σ mit π_i' unifizierbar ist.

Eine Hornformel nennen wir determiniert gdw die Hornklausenmenge determiniert ist, die sich durch den aussagenlogischen Kern der Skolem-Normalform von α bestimmt.

Korollar (Plaisted 1984). PBAND-Vollständigkeit der Bernays-Schönfinkel-Klasse in determinierten Krom- und Hornformeln: die Klasse der erfüllbaren determinierten Formeln in Krom$\cap$Horn$\cap V^\infty\Lambda^\infty$ ist PBAND-vollständig.

Beweis. Wir modifizieren die Konfigurationskodierung so, daß die Beschreibung der Stellen a(i,j)b aus Zustand i und Arbeitsfeld- und Nachbarfeldbeschriftungen ajb in der Formel an festen Argumentestellen geschieht, z.Bsp. der ersten für (i,j), der zweiten für b und der letzten für a. D.h. wir definieren π', α', ω' analog zu α, π, ω im Satzbeweis bzgl. der neuen intendierten Interpretation (mit einer neuen Individuenkonstanten | als Trennsymbol): $C(i,j)\vec{x}|\vec{y}$ ist wahr gdw $C_o \underset{M}{\Longrightarrow} \vec{y}(i,j)\vec{x}$ (mit Bandverbrauch k).

Dadurch erreichen wir, daß die Terme (i,j),b,a an den besagten Argumentestellen eindeutig diejenige Implikation in π' bestimmen, mit deren Prämisse eine abgeschlossene Primformel $C(i,j)bt_2 \ldots t_{k-1}a$ evtl. unifizierbar ist.

β sei die zu $\alpha' \wedge \pi' \wedge \omega'$ äquivalente Formel, die aus dieser durch Kontraposition (Ersetzung von $\sigma_1 \supset \sigma_2$ durch $\neg\sigma_2 \supset \neg\sigma_1$) und Auffassung von $\neg C$ als neues Prädikatensymbol C' entsteht. Nach Konstruktion der Formel haben Prämissen und Konklusionen der Implikationen von β die gleichen Variablen.

Somit bleibt die zweite Bedingung der Determiniertheitsdefinition für β zu zeigen. Dazu sei $C_1 \supset C_2$ eine Implikation von β mit konstantem Term (i',j') an der 1. Argumentenstelle in C_1 und evtl. konstantem Term j in der zweiten bzw. k in der letzten Argumentstelle. (Um welchen Fall es sich handelt, hängt davon ab, ob Zustand i' mit j' im Arbeitsfeld erreicht wird durch eine Druckoperation $(i,t_j,a_{j'},i')$ oder eine Linksbewegung (i,t_j,l,i') mit Buchstaben $a_{j'}$ links neben dem Arbeitsfeld oder eine Rechtsbewegung (i,t_k,r,i') mit Buchstaben $a_{j'}$ rechts neben dem Arbeitsfeld.) Ist ein Beispiel C_1' von C_1 unifizierbar mit der Konklusion C_4 einer β-Implikation $C_3 \supset C_4$, so ist der durch diese Implikation wegen der Determiniertheit von M eindeutig bestimmte M-Rechenschritt $\overline{C}_4 \xrightarrow[M]{} \overline{C}_3$ auf die durch C_1' kodierte M-"Konfiguration" $\overline{C}_1'$ anwendbar. D.h. die "Arbeitsfeldgebiet"-Terme k(i',j')j von C_1' stimmen mit denen von C_4 überein, und letztere kommen in höchstens einer Prämisse einer π'-Implikation, also höchstens einer Konklusion einer β-Implikation vor.

Bemerkung 1. Das Erfüllbarkeitsproblem der Maslov-Klasse $\vee\ldots\vee\wedge\ldots\wedge\vee\ldots\vee$ $\cap$Krom ist EXP-vollständig, für jede Teilklasse mit einer festen Zahl $k\in\mathbb{N}$ von Allquantoren ist es Element von P, s. Denenberg & Lewis 1984.

Bemerkung 2. Plaisted 1984 enthält weitere Charakterisierungen erststufiger logischer Erfüllbarkeitsprobleme als vollständig für bekannte Komplexitätsklassen; ebenso werden dort Entscheidungsprobleme charakterisiert, wo nach (Hyper-) Resolutionswiderlegungen gegebener Tiefe aus gegebenen Klausenmengen gefragt wird.

F I N E

BIBLIOGRAPHIE

Abkürzungen:

AMLG	=	Archiv für mathematische Logik und Grundlagenforschung
AMS	=	American Mathematical Society
APAL	=	Annals of Pure and Applied Logic
Comm.ACM	=	Communications of the Association for Computing Machinery
EIK	=	Elektronische Informationsverarbeitung und Kybernetik
Fund.Math.	=	Fundamenta Mathematicae
FOCS	=	IEEE Symposium on Foundations of Computer Sience
ICALP	=	International Colloquium on Automata, Languages, and Programming
JACM	=	Journal of the Association for Computing Machinery
JCSS	=	Journal of Computer and System Sciences
JSL	=	The Journal of Symbolic Logic
NDJFL	=	Notre Dame Journal of Formal Logic
SLNCS	=	Springer Lecture Notes in Computer Science
SLNM	=	Springer Lecture Notes in Mathematics
STOC	=	ACM Symposium on Theory of Computing
SWAT	=	IEEE Symposium on Switching and Automata Theory
TCS	=	Theoretical Computer Science
ZMLG	=	Zeitschrift für mathematische Logik und Grundlagen der Mathematik

S.O. Aanderaa 1971: On the decision problem for formulas in which all disjunctions are binary. Proc. 2nd. Scandinavian Logic Symposium, 1-18.

- 1974: On k-tape versus (k-1)-tape real time computation. SIAM-AMS Proc. 7, 75-96.
- 1976: Horn formulas and the P=NP problem. European Meeting of the ASL, Oxford (See JSL 42 (1977) pg. 437 and full version in Theorem 1 of Aanderaa & Börger 1979.)
- & E. Börger 1979: The Horn Complexity of Boolean functions and Cook's problem. Proc. 5th Scand. Logic Symp. (Eds. B. Mayoh & F. Jensen), Aalborg University Press, 231-256.
- & - 1981: The equivalence of Horn and network complexity for Boolean functions. Acta Informatica 15, 303-307.
- & - & Y. Gurevich 1982: Prefix classes of Krom formulae with identity. AMLG 22, 43-49.
- & - & H.R. Lewis 1982: Conservative reduction of Krom formulas. JSL 47, 110-129.
- & D.E. Cohen 1979: Modular machines, the word problem for finitely presented groups and Collin's theorem. in: Word problems II. The Oxford Book, Studies in Logic and the Foundations of Mathematics. North-Holland, Amsterdam.
- & - 1979a: Modular machines and the Higman-Clapham-Valiev embedding theorem. in: Word Problems II. The Oxford Book, Studies in Logic and the Foundations of Mathematics. North-Holland, Amsterdam.
- & F.V. Jensen 1971/72: On the existence of recursive models for Krom formulas. Aarhus University Preprint Ser. 33, 1-20.
- & H.R. Lewis 1973: Prefix classes of Krom formulas. JSL 38, 628-642.

W. Ackermann 1928: Zum Hilbertschen Aufbau der reellen Zahlen. Math. Annalen 99, 118-133.

- 1928: Über die Erfüllbarkeit gewisser Zählausdrücke. Math. Ann. 100, 638-649.
- 1954: Solvable cases of the decision problem. Amsterdam.

A.V. Aho & J.D. Ullman 1972: The theory of parsing, translating, and compiling. Volume I: Parsing. Preutice-Hall, Englewood Cliffs.

- & - 1976: Principles of compiler design. Addison-Wesley, Reading.
- & J.D. Ullmann 1979: Universality of data retrieval languages. Proc. of 6th ACM Symposium on Principles of Programming Languages, 110-117.

S. Alagić & M.A. Arbib 1978: The design of well-structured and correct programs. Springer.

J. Albert 1980: A note on the undecidability of contextfreeness. Forschungsbericht Nr. 90, Inst. für angew. Informatik u. formale Beschreibungsverf., Univ. Karlsruhe.

- & K. Culik II 1982: Tree correspondence problems. JCSS 24, 167-179.

D.A. Alton 1977: "Natural" complexity measures and time versus memory: some definitional proposals. 4th ICALP, SLNCS 52, 16-29.

K.Ambos-Spies 1985: On the structure of the polynomial time degrees of recursive sets. Forschungsbericht 206, Fachbereich Informatik, Universität Dortmund (Habilitationsschrift).

A. Amihud & Y. Choueka 1981: Loop-programs and polynomially computable functions. in: Intern. J. Computer Maths., Section A, 9, pp. 195-205.

H. Andreka & I. Nemeti 1976: The generalized completeness of Horn predicate-logic as a programming language. DAI Res. Rep. 21, University of Edinburgh.

P.B. Andrews 1965: A transfinite type theory with type variables. Amsterdam.

K.R. Apt & M.H. van Emden 1982: Contributions to the theory of logic programming. JACM 29, 841-862.

T. Araki & T. Kasami 1977: Some decision problems related to the reachability problem for Petri nets. TCS 3, 85-104.

M.A. Arbib 1963: Monogenic normal systems are universal. J. Australian Math. Soc. III, 3, 301-306.
- 1970: Theories of abstract automata. Prentice Hall.

B. Aspvall & M.F. Plass & R.E. Tarjan 1979: A linear time algorithm for testing the truth of certain quantified boolean formulas. Inform. Process. Lett. 8(3), 121-123.

G. Asser 1955: Das Repräsentantenproblem im Prädikatenkalkül der ersten Stufe mit Identität. ZMLG 1, 252-263.
- 1959, 1972: Einführung in die mathematische Logik. Teil I (Aussagenkalkül), Teil II (Prädikatenkalkül der ersten Stufe).

G. Ausiello 1971: Abstract computational complexity and cycling computations. JCSS 5, 118-128.
- 1975: Complessità di calcolo delle funzioni. Boringhieri, Torino.
- & M. Moscarini 1976: On the complexity of decision problems for classes of simple programs on strings. in: E.J. Neuhold (Ed.): GI-6. Jahrestagung, Informatik-Fachberichte, Springer Verlag, pp. 148-163.

P. Axt 1963: Enumeration and the Grzegorczyk Hierarchy. ZMLG 9, 53-65.

H.G. Baker 1973: Rabin's proof of the undecidability of the reachability set inclusion problem of vector addition systems. Comp. Structures Group Memo 79, Project MAC, MIT.

Y. Bar-Hillel & M. Perles & E. Shamir 1961: On formal properties of simple phrase structure grammars. in: Zeitschr. f. Phonetik, Sprachwissenschaft u. Kommunikationsforschung 14, 143-172.

J. Barwise 1977: Handbook of mathematical logic. North-Holland, Amsterdam.
- & S. Feferman 1984: Model theoretic logics. Springer.

L. Bass & P. Young 1973: Ordinal hierarchies and naming complexity classes. JACM 20, 668-686.

H. Beck 1975: Zur Entscheidbarkeit der funktionalen Äquivalenz. SLNCS 33, 127-133.
- 1977: Loop-1-Programme auf Worten und reguläre Relationen. Interner Bericht Nr. 9/77, Institut für Informatik I, Universität Karlsruhe.

H. Becker & H. Walter 1977: Formale Sprachen. Vieweg.

F.S. Beckmann & K. McAloon 1982: A direct proof of a result of Goodstein-Kirby-Paris. Lecture Notes, AMS Summer Institute on Recursion Theory, Cornell Univ., Ithaca, N.Y., June 28-July 16, 1982.

A.P. Beltjukov 1979: Eine Maschinenbeschreibung und eine Hierarchie von Anfangs-Grzegorczyk-Klassen. in: Studies in Constructive Math. and Math. Logic VIII, Zap. Nacn. Sem. Leningrad Ot, LOMI 88, 30-46.

J.H. Bennett 1962: On spectra. Doctoral Diss., Princeton University.

E.P. Berg & G. Lischke 1977: Zwei Sätze für schwache Erhaltungsmaße. ZMLG 23, 409-410.

R. Berger 1966: The undecidability of the domino problem. Mem. AMS 66.

L. Berman 1977: Precise bounds for Presburger arithmetic and the reals with addition. 18th FOCS, 95-99.
- 1980: The complexity of logical theories. TCS 11, 71-77.

P. Bernays & M. Schönfinkel 1928: Zum Entscheidungsproblem der mathematischen Logik. Math. Ann. 99, 342-372.

J. Berstel 1979: Transductions and context-free languages. Teubner, Stuttgart.

E.W. Beth 1959: The foundations of mathematics. Amsterdam.

J. Biskup 1977: Über Projektionsmengen von Komplexitätsmaßen. EIK 13, 359-368.

- 1978: Path measures of Turing machine computations. 5th ICALP, SLNCS 62, 90-104.

M. Blum 1967: A machine-independent theory of the complexity of recursive functions. JACM 14, 322-336

- 1967 a: On the size of machines. Information and Control 11, 257-265.
- 1971: On effective procedures for speeding up algorithms . JACM 18, 290-305.
- & P.C. Fisher & J. Hartmanis: Tape reversal complexity hierarchies. 9th SWAT.
- & I. Marques 1973: On complexity properties of r.e. sets. JSL 38, 579-593.

L. Boasson 1973: Two iteration theorems for some families of languages. JCSS 7, 583-596.

C. Böhm 1964: On a family of Turing machines and the related programming language. ICC Bull. 3, 3-12.
- & G. Jacopini 1966: Flow diagrams, Turing machines and languages with only two formation rules. Comm. ACM 9, 366-371.

G.S. Boolos 1974: Arithmetical functions and minimalization. ZMLG 20, 353-354.

E. Börger 1971: Reduktionstypen in Krom- und Hornformeln. Dissertation, Universität Münster (s. Beitrag zur Reduktion des Entscheidungsproblems auf Klassen von Hornformeln mit kurzen Alternationen, AMLG 16, 1974, 67-84.)
- 1974: La Σ_3-complétude de l'ensemble des types de réduction. Logique et Analyse 65/66, 89-94.
- 1975: Recursively unsolvable algorithmic problems and related questions reexamined. ISILC Logic Colloquium (Ed. G.H. Müller, A. Oberschelp, K. Potthoff), SLNM 499, 10-24.
- 1975a:On the constructionof simple first-order formulae without recursive models. Proc. Coloquio sobra logica simbolica, Madrid, 9-24.
- 1978: Bemerkung zu Gurevich's Arbeit über das Entscheidungsproblem für Standardklassen. AMLG 19, 111-114.
- 1979: A new general approach to the theory of many-one equivalence of decision problems for algorithmic systems. ZMLG 25, 135-162.
- 1983: Undecidability versus degree complexity of decision problems for formal grammars. Report on the 1st GTI-workshop, Fb. Math.-Informatik, Universität-GH Paderborn, 44-55.
- 1984: Decision problems in predicate logic. Logic Colloquium '82 (Eds. G. Lolli, G. Longo, A. Marcja), North-Holland, 263-301.
- 1984a: Spektralproblem and completeness of logical decision problems. SLNCS 171, 333-356.
- & K. Heidler 1976: Die m-Grade logischer Entscheidungsprobleme. AMLG 17, 105-112.

-& H.Kleine Büning 1980: The r.e. complexity of decision problems for commutative semi-Thue systems with recursive rule set. ZMLG 26, 459-469.

A. Borodin 1969: Complexity classes of recursive functions and the existence of complexity gaps. STOC, 67-78.
- 1972: Computational complexity and the existence of complexity gaps. JACM 19, 185-194, 576.
- 1973: Computational complexity: theory and practice. in: Currents in the theory of computing, A.V. Aho (Ed.), Prentice Hall, 35-89.

W. Brauer 1984: Automatentheorie. Teubner, Stuttgart.

A. Brüggemann 1983: Selbstkorrektur in Netzwerken mit einer Rückkopplungsleitung. Arbeitspapier Nr. 7, Institut für math. Logik und Grundlagenf. der Universität Münster.
- L. Priese & D. Rödding & R. Schätz 1984: Modular decomposition of automata in: E. Börger, G. Hasenjaeger, D. Rödding (Ed.): Logic and Machines: Decision Problems and Complexity, SLNCS 171, 198-236.

J.A. Brzozowski 1962: A survey of regular expressions and their applications. IEEE Trans. on Electronic Computers 11, 324-335.

B. Buchberger 1974: Certain decompositions of Gödelnumberings and the semantics of programming languages. Proc. Symp. Theor. Programming 1972, SLNCS 5.
- & W. Menzel 1977: Simulation-universal automata. Interner Bericht 14/77,Institut für Informatik I, Universität Karlsruhe.
- & B. Roider 1978: Input/output codings and transition functions in effective systems. Int. J. General Systems, 4, 201-209.

J.R. Büchi 1962: Turing machines and the Entscheidungsproblem. Math. Ann. 148, 201-213.
- & W.H. Hosken 1970: Canonical systems which produce periodic sets. Math. Syst. Theory 4, 81-90.

A.M. Bullock & H.H. Schneider 1972: A calculus for finitely satisfiable formulas with indentity. AMLG, 158-163.
- & - 1973: On generating the finitely satisfiable formulas. NDJFL XIV, 373-376.

D.C. Cantor 1962: On the ambiguity problem of Backus systems. JACM 9, 477-479.

H.G. Carstens 1972: Über die Kompliziertheit numerischer Modelle. Dissertation, Inst. f. math. Logik, Münster.s. Reducing hyperarithmetic sequences, Fund. Math. LXXXIX (1975) 5-11.

G.J. Chaitin 1974: Information-theoretic limitations of formal systems. JACM 21, 403-424.
- 1982: Gödel's theorem and information. Int. J. of Theoretical Physics 22, 941-954.

A.K. Chandra & L.J. Stockmeyer 1976: Alternation. 17th FOCS, 98-108.
- & D.C. Kozen & L.J. Stockmeyer 1981: Alternation. JACM 28, 114-133.
- D. Harel 1982: Structure and complexity of relational queries. JCSS 25, 99-128.

C.C. Chang & H.J. Keisler 1962: An improved prenex normal form. JSL 27, 317-326.
- & - 1973^2, 1977: Model Theory. Amsterdam.

C.L. Chang & R.C.T. Lee 1973: Symbolic logic and mechanical theorem proving. Academic Press.

N. Chomsky 1956: Three Models for the Description of Languages. IRE Trans. on Information Theory 2:3, 113-124.
- 1959: On certain formal properties of grammars. Information and Control 2, 137-167.
- 1962: Context-free grammars and pushdown storage. in: Quarterly Progr. Rep. No. 65, 187-194, MIT Res. Lab. Electr., Cambridge/Mass.
- & G.A. Miller 1958: Finite-state languages. Information and Control 1, 91-112.
- & M.P. Schutzenberger 1963: The algebraic theory of context-free languages. in: P. Braffort & D. Hirschberg (Eds): Computer Programming and Formal Systems, 118-161, North-Holland, Amsterdam.

C.-A. Christen 1974: Spektren und Klassen elementarer Funktionen. Dissertation. ETH Zürich, pp. 88.

D. Christodoulakis 1980: Eine einfache Basis für die Berechenbarkeit. Berichte der GMD Nr. 127, Oldenbourg Verlag, München.

A. Church 1936: An unsolvable problem of elementary number theory. Am. J. Math. 58, 345-363.
- 1936a: A note on the Entscheidungsproblem. JSL 1, 40-41, 101-102.
- 1956: Introduction to mathematical logic. Princeton.

E.A. Cichon 1983: A short proof of two recently discovered independence results using recursion theoretic methods. Proc. AMS 87, 704-706.
- & S.S. Wainer 1983: The slow-growing and the Grzegorczyk hierarchies. JSL 48, 399-408.

J.P. Cleave 1961: Creative functions. ZMLG 7, 205-212.
- 1963: A hierarchy of primitive recursive functions. ZMLG 9, 331-345.
- 1972: Combinatorial systems I. Cylindrical problems. JCSS 6, 254-266.
- 1973: Combinatorial Problems III. Degress of combinatorial problems of computing machines. Proc. Symp. 9th Summer School on Math. Found. of Comp. Sci., High Tatras Sept. 3-8, 1973. Computing Res. Center, Bratislava.
- 1975: Combinatorial Systems II. Non cylindrical problems. in: H.E. Rose & J.C. Shepherdson (Ed.): Logic Colloquium '73, North-Holland, 253-258.

W.F. Clocksin & C.S. Mellish 1981: Programming in Prolog. Springer.

A. Cobham 1965: The Intrinsic Computational Difficulty of Functions. in: Proc. 1964 Congress on Logic, Method. and Philosophy of Science (Ed. Bar-Hillel). North-Holland (Amsterdam), 24-30.

D. Cohen 1980: Degree problems for modular machines. JSL 45, 510-528.
- 1984: Modular machines, undecidability and incompleteness. in: E.Börger, G.Hasenjaeger,D.Rödding (Hg.): Logic and Complexity. Springer LNCS 171, 237-247.

E. Cohors-Fresenborg 1971: Subrekursive Funktionsklassen über binären Bäumen. Dissertation. Universität Münster, Institut für math. Logik und Grundlagenforschung.

A. Cobham 1964: The intrinsic difficulty of functions. Proc. 1964 Congr. for Logic, Math., and Philosohy of Science, 24-30.

R.L. Constable 1968: Extending and refining hierarchies of computable functions. TR 25, Comp. Sci. Dept., University of Wisconsin.
- 1970: Subrecursive programming languages for R^n. CSTR 70-53, Cornell University, Ithaca N.Y. (see Proc. Symp. on Computers and Automata, 1971, Pol. Inst. of Brooklyn, 393-410).

- 1971: Subrecursive programming languages II, on program size. JCSS 5, 315-334.
- 1972: The operator gap. JACM 19, 175-183.
- 1980: The role of finite automata in the development of modern computing theory. in: J. Barwise, H.J. Keisler, K. Kunen (Ed.): The Kleene Symposium. North-Holland, 61-83.
- & A.B. Borodin 1972: Subrecursive programming languages, part 1: efficiency and program structure. JACM 19, 526-568.
- 1983: Constructive mathematics as a programming logic I: Some principles of theory. SLNCS 158, 64-77.

J.H. Conway 1971: Regular algebra and finite machines. Chapman and Hall, London.

S.A. Cook 1971: The complexity of theorem-proving procedures. STOC 151-158.
- 1983: An overview of computational complexity. Comm. ACM 26, 401-408.
- & R. Reckhow 1974: On the lengths of proofs in the propositional calculus. 6th STOC, 135-148. vgl. Korrektur in SIGACT News 6 (1974) 15-22.
- & - 1979: The relative efficiency of propositional proof systems. JSL 44, 36-50.

D.C. Cooper 1967: Böhm and Jacopini's Reduction of Flow Charts. Comm. ACM 10, 463 + 473.

J. Corbin & M. Bidoit 1983: A rehabilitation of Robinson's unification algorithm. in: R.E.A. Mason (Ed.): Information Processing 83, 909-914.

W. Craig 1957: Three uses of the Herbrand-Gentzen Theorem in relating model theory and proof theory. JSL 22, 250-268.

D.F. Cudia 1970: The degree hierarchy of undecidable problems of formal grammars. 2nd STOC, 10-21.

O.J. Dahl & E.W. Dijkstra & C.A.R. Hoare 1972: Structured programming Academic Press.

E. Dahlhaus & A. Israeli & J.A. Makowsky 1984: On the existence of polynomial time algorithms for interpolation problems in propositional logic. Technion, Israel Inst. of Technology, Haifa TR 320.

D. van Dalen: Logic and Structure. Amsterdam 1980.

R.P. Daley 1978: On the simplicity of busy beaver sets. ZMLG 24, 207-224.
- 1980: The busy beaver method. in: The Kleene Symposium, North-Holland, 333-345.
- 1981: Busy beaver sets and degrees of unsolvability. JSL 46, 460 sqq.

M. Davis 1956: A note on universal Turing machines. in: Automata Studies, Princeton, 172-175.
- 1957: The definition of universal Turing machine. in: Proc. of the AMS 8, 1125-1126.
- 1958: Computability and unsolvability. McGraw Hill.
- 1971: An explicite diophantine definition of the exponential function. Comm. on pure and appl. math. XXIV, 137-145.
- 1977: Unsolvable Problems. in: J. Barwise (Ed.): Handbook of Mathematical Logic, North-Holland, C.3, 567-594.
- 1982: Why Gödel didn't have Church's thesis. Inf. and Contr. 54, 3-24.
- & Yu. Matijasevich & J. Robinson 1976: Hilbert's tenth problem. Diophantine equations: positive aspects of a negative solution. Proc. of the symp. on the Hilbert problems, De Kalb, Illinois, May 1974. American Math. Soc., 323-378.

- & Putnam 1960: A computing procedure for quantification theory. JACM 7, 201-215.
- & H. Putnam & J. Robinson 1961: The decision problem for exponential diophantine equations. Ann. Math. 71, 425-436.

M.D. Davis & E.J. Weyuker 1983: Computability, complexity, and languages. Academic Press.

L.A. Denenberg 1984: Computational complexity of logical problems: formulas, dependencies, and circuits. Aiken Comp. Lab., Harvard University, TR-20-84.
- & H.R: Lewis 1984: The complexity of the satisfiability problem for Krom formulas. TCS 30, 319-341.

E.C. Dennis-Jones & S.S. Wainer 1984: Subrecursive hierachies via direct limits. in: Computation and Proof Theory, SLNM 1104, 117-128.

M. Deutsch 1975: Zur Darstellung koaufzählbarer Prädikate bei Verwendung eines einzigen unbeschränkten Quantors. ZMLG 21, 443-454.
- 1975: Zur Theorie der spektralen Darstellung von Prädikaten durch Ausdrücke der Prädikatenlogik 1. Stufe. AMLG 17, 9-16.
- 1982: Zur Komplexitätsmessung primitiv-rekursiver Funktionen über Quotiententermmengen. ZMLG 28, 345-363.

E.W. Dijkstra 1968: A constructive approach to the problem of program correctness. BIT 8, 174-186.
- 1976: A discipline of programming. Prentice Hall.

W. Döpke 1977: Klassen primitiv-rekursiver Funktionen auf Termmengen. Diplomarbeit. Universität Münster, Inst. f. math. Logik und Grundlagenforschung.

B. Dreben & H.D. Goldfarb 1979: The decision problem: Solvable cases of quantificational formulas. Addison-Wesley.

V.G. Durnev 1973: Pozitivnaja teorija svobodnoj polugruppy (Positive Theorie der freien Halbgruppe). Doklady Akad. Nauk SSSR, Mat. 211, 772-774.

C. Dwork & P. Kanellakis & J. Mitchell 1984: On the sequential nature of unification. J. of Logic Programming 1.

V.H. Dyson & J.P. Jones & J.C. Shepherdson 1982: Some diophantine forms of Gödel's theorem. AMLG 22, 51-60.

J. Early 1970: An efficient context-free parsing algorithm. Comm. ACM 13, 94-102.

H.-D. Ebbinghaus & J. Flum & W. Thomas 1980: Einführung in die mathematische Logik. Wissenschaftliche Buchgesellschaft Darmstadt (Engl. Ausgabe Springer Verlag 1984.)
- 1982: Undecidability of some domino connectability problems. ZML 28, 331-336.

J. Edmonds 1965: Paths, trees, and flowers. Candad. J. Math. 17, 449-467.

A. Ehrenfeucht & G. Rozenberg 1981: On the (generalized) Post correspondence problem with lists of length 2. SLNCS 115, 408-416.
- & J. Karkumäki & D. Rozenberg 1982: The (generalized) Post correspondence problem with lists consisting of two words is decidable. TCS 21, 119-144.

S. Eilenberg 1974: Automata, Languages and Machines, vol. A. Vol. B (1976) Academic Press, New York.
- & C.C. Elgot 1970: Recursiveness. New York.

P. van Emde Boas 1973: The non renamebality of honesty classes. ZW 18/73, Math. Centrum Amsterdam.

M.H. van Emden & R.A. Kowalski 1976: The semantics of predicate logic as a programming language. JACM 23, 733-742.

V.A. Emelicher 1958: Commutative semigroups with on defining relation. Shya Gosudarstvennyi Ped. Inst. Uchenye Zap. 6, 227-242.

H.B. Enderton 1970: The unique existential quantifier. AMLG 13, 52-54.

Yu. L. Ershov 1973: Skolem functions and constructive models. Algebra i Logika 12 , 644-654.
- 1973: Theorie der Numerierungen I . ZMLG 19, 289-388.
- 1975: Theorie der Numerierungen II. ZMLG 21, 473-584.

J. Evey 1963: Application of pushdown store machines. Proc. 1963 Fall Joint Computer Conf., AFIPS Press (Montvale, N.J.), 215-227.

E. Fachini & A. Maggiolo-Schettini 1979: A hierarchy of primitive recursive sequence functions. RAIRO Inf. théor. 13, 49-67.
- & - 1982: Comparing Hierarchies of Primitive Recursive Sequence Functions. ZMLG 28, 431-445.
- & M. Napoli 1984: Hierarchies of primitive recursive wordsequence functions: comparisons and decision problems. TCS 29, 185-227

R. Fagin 1974: Generalized first-order spectra and polynomial-time recognizable sets. in: R. Karp (Ed.): Complexity of Computation. SIAM-AMS Proc. 7, 43-73.
- 1975: Monadic generalized spectra. ZMLG 21, 89-96
- 1975: A two-cardinal characterization of double spectra. ZMLG 21, 121-122.
- 1975: A spectrum hierarchy. ZMLG 21, 123-124.
- 1982: Horn clauses and database dependencies. JACM 29, 952-985.

B. Falkenberg 1975: Entscheidbarkeitsprobleme bei Fang-Systemen. Diplomarbeit, Math. Institut, Universität Freiburg i. Brsg., pp. 87.
- 1977: Halteprobleme von Fang-Systemen. Dissertation, Math. Fakultät Universität Freiburg i. Brsg., pp. 69.

J. Falkinger 1978: Universalität und Reduzierbarkeit von partiell rekursiven Funktionen, Automaten und deren Numerierungen. Dissertation, Universität Linz.
- 1980: Universalität von berechenbaren Numerierungen von p.r. Funktionen. ZMLG 26, 523-528

S. Feferman 1962: Classifications of Recursive Functions by Means of Hierarchies. Trans. Amer. Math. Soc. 104, 101-122.
- 1968: Lectures on proof theory. SLNM 70, 1-108.

W. Felscher 1976: On interpolation when function symbols are present. AMLG 17, 145-157.

J.E. Fenstadt 1980: General recursion theory. (An axiomatic approach). Springer, Heidelberg.

J. Ferrante & Ch.W. Rackoff 1979: The computational complexity of logical theories. SLNM 718.

P.C. Fischer 1969: Quantificational variants on the halting problem for Turing machines. ZMLG 15, 211-218.
- 1970: Degree of unsolvability of Turing machine immortality problem. Notices AMS 17, 209 abstr. no. 672-444.
- & A.R. Meyer & A.L. Rosenberg 1972: Real-time simulation of multihead tape units. JACM 19, 590-607.

M.J. Fischer & M.O. Rabin 1974: Super-exponential complexity of Presburger arithmetic. R.M. Karp (Ed.): SIAM-AMS Proc. vol. 7 on complexity of computation.

R.W. Floyd 1962: On ambiguity in phrase structure languages. Comm. ACM 5, 526-534.

R.M. Friedberg 1958: Three theorems on recursive functions: I. Decomposition. II. Maximal sets. III. Enumeration without duplication. JSL 23, 309-318.

H. Friedman 1976: The complexity of explicit definitions. Advances in Mathematics 20, 18-29.

M. Fürer 1978: Nicht-elementare untere Schranken in der Automaten-Theorie. Dissertation ETH 6122, Zürich.
- 1978: The complexity of the inequivalence problem for regular expressions with intersection. ICALP.
- 1981: Alternation and the Ackermann case of the decision problem. L'Enseignement mathématique XXVII, 1-2, pp. 137-162.
- 1982: The tight deterministic time hierarchy. STOC.
- 1982a: The complexity of Presburger arithmetic with bounded quantifier alternation. TCS 18, 105-111.

Y. Futamura 1971: Partial evaluation of computation process - an approach to a compiler-compiler. Systems, Computers, Controls 2, 721-728.

R. Gandy 1980: Church's thesis and principles for mechanismus. in: J. Barwise et al. (Ed.): The Kleene Symposium, 123-148, North-Holland.

R.O. Gandy 1984: Some relations between classes of low computational complexity. Bull. London Math. Soc. 16, 127-134.

M.R. Garey & D.S. Johnson 1978: Computers and intractability: A guide to the theory of NP-completeness. San Francisco.

L.E. Garner 1981: On the Collatz 3n+1 algorithm. Proc. AMS 82, 19-22.

J. Genenz 1965: Untersuchungen zum Entscheidungsproblem im Prädikatenkalkül der ersten Stufe. Dissertation, Institut für math. Logik und Grundlagenforschung der Universität Münster.

G. Gentzen 1935: Untersuchungen über das logische Schließen. Math. Zeitschr. 39, 176-210, 405-431.
- 1936: Die Widerspruchsfreiheit der reinen Zahlentheorie. Math. Annalen 112, 493-565.
- 1938: Neue Fassung des Widerspruchsfreiheitsbeweises für die reine Zahlentheorie. in: Forschungen zur Logik und zur Grundlegung der exakten Wissenschaften. Neue Serie, Nr. 4, 19-44.
- 1943: Beweisbarkeit und Unbeweisbarkeit von Anfangsfällen der transfiniten Induktion in der reinen Zahlentheorie. Math. Annalen 119, 140-161.

N. Georgieva 1976: Another simplification of the recursion scheme. AMLG 18, 1-3.

G. Germano 1976: An arithmetical reconstruction of the liar's antinomy using addition and multiplication. NDJFL XVII, 457-461.
- & A. Maggiolo-Schettini 1973: Quelques characterisations des fonctions récursives partielles. C.R. Acad. Sciences Paris, tome 276 (14 mai 1973), série A, 1325-1327.
- & - 1975: Sequence-to-sequence recursiveness. Information Processing Letters 4, 1-6.

- & - 1979: Computable stack functions for semantics of stack programs. JCSS 19, 133-144.
- & - 1981: Sequence recursiveness without cylindrification and limited register machines. TCS 15, 213-221.
- & S. Mazzanti 1984: Partial closures and semantics of while: towards an iteration-based theory of data types. Computation and Proof Theory, SLNM 1104, 163-174.

J. Gill & M. Blum 1974: On almost everywhere complex recursive functions. JACM 21, 425-435.

S. Ginsburg 1966: The mathematical theory of context-free languages. McGraw Hill, New York.
- 1975: Algebraic and automata-theoretic properties of formal languages. North-Holland, Amsterdam.
- & S. Greibach 1966: Mappings which preserve context-sensitive languages. Inf. & Contr. 9, 563-582.
- & H.G. Rice 1962: Two families of languages related to ALGOL. JACM 9, 350-371.
- & G.F. Rose 1963: Operations which preserve definability in languages. JACM 10, 175-195.

M.D. Gladstone 1971: Simplifications of the recursion scheme. JSL 36, 653-665.

K. Gödel 1930: Die Vollständigkeit der Axiome des logischen Funktionenkalküls. Monatshefte für Math. u. Physik 37, 349-360.
- 1931: Über formal unentscheidbare Sätze der Principia Mathematica und verwandter Systeme I. Monatsh. Math. Phys. 38, 173-198.
- 1932: Ein Spezialfall des Entscheidungsproblems der theoretischen Logik. Ergebnisse eines math. Koll. 2, 27-28.
- 1933: Zum Entscheidungsproblem des logischen Funktionenkalküls. Monatshefte Math. Phys. 40, 433-443.
- 1964: Russell's mathematical logic, and What ist Cantor's continuum problem? in: P. Benacerraf & H. Putnam (Eds.): Philosophy of Mathematics, Prentice-Hall,211-232, 258-273.

W.D. Goldfarb 1981: The undecidability of the second-order unification problem. TCS 13, 225-230.
- 1984: The unsolvability of the Gödel class. JSL 49, 1237-1252.

R.L. Goodstein 1944: On the restricted ordinal theorem. JSL, 33-41.

M.J.C. Gordon 1979: The denotational description of programming languages. An Introduction. Springer.

S.L. Graham & M.A. Harrison & W.L. Ruzzo 1976: On-line context-free language recognition in less than cubic time. 8th STOC, 112-120.

E. Grandjean 1983: Complexity of the first-order theory of almost all finite structures. Information and Control 57, 180-204.
- 1984: The spectra of first-order sentences and computational complexity. SIAM J. on Computing.
- 1984: Universal quantifiers and time complexity of random access machines. in: E. Börger & G. Hasenjaeger & D. Rödding: Logic and machines: decision problems and complexity. SLNCS 117, 366-379. see Math. Systems Theory 18 (1985) 171-187.

S.A. Greibach 1965: A new normal form theorem for context-free phrase structure grammars. JACM 12, 42-52.
- 1969: Full AFL's and nested iterated substitution. 10th SWAT, 222-230.
- 1981: Formal Languages. Origins and Directions. Ann. of the History of Computing 3, 14-41.

T.V. Griffiths 1968: The unsolvability of the equivalence problem for -free nondeterministic generalized machines. JACM 15, 409-413.

J. Gruska 1971: Complexity and unambiguity of context-free grammars and languages. Information and Control 18, 502-519.
- 1971a: A characterization of context-free languages. JCSS 5, 353-364.
- 1972: On the size of context-free grammars. Kybernetika 8, 213-218.
- 1973: On star height hierarchies of context-free languages. Kybernetika 9, 231-236, Covv. ibid. pg. 519.
- 1975: A note on ε-rules in context-free grammars. Kybernetika 11, 26-31.

A. Grzegorczyk 1953: Some classes of recursive functions. in: Rozprawy Matematiyczne IV, Warszawa, pp. 3-45.

Yu. Gurevich 1966: Über die effektive Entscheidbarkeit der Erfüllbarkeit von Formeln des engeren Prädikatenkalküls. (Russ.) Algebra y Logika, 25-55.
- 1969: Das Entscheidungsproblem der Prädikaten- und Funktionenlogik. (Russ.) Algebra y Logik 8, 284-308 (Eng. Übers. in Algebra and Logic 8, 160-174).
- 1973: Formeln mit einem $\forall$ in: Ausgewählte Probleme aus Algebra und Logik (Malcew-Gedächtnisband), NAUKA, pp. 97-110 (Russ.)
- 1976: The decision problem for standard classes. JSL 41, 460-464.
- 1983: Algebras of feasible functions. 24th FOCS, 210-214.
- 1984: Toward logic tailored for computational complexity. Computation and Proof Theory, SLNM 1104, 175-216.
- & H.R. Lewis 1984: The word problem cor cancellation semigroups with zero. JSL 49, 184-191.
- 1985: Logic and the challenge of computer science. in: E. Börger (Ed.): Current trends in theoretical computer science. Computer Science Press (im Druck)
- & H. Lewis 1984: A logic for constant-depth circuits. Information & Control 61, 65-74.

M. Hack 1976: The equality problem for vector addition systems ist undecidable. TCS 2, 77-96.

S. Hahn 1981: Die Entscheidbarkeit von PCP (2). Diplomarbeit, Abteilung Informatik der Universität Dortmund.

Th. Hailperin 1961: A complete set of axioms for logical formulae invalid in some finite domain. ZMLG 7, 84-96.

D. Harel 1980: On Folk Theorems. Comm. ACM 23, 379-389.

M.A. Harrison 1978: Introduction to formal language theory. Addison-Wesley, Reading Mass. (s. Kurs der Fernuniversiät-Gesamthochschule Hagen, 1981.)

K. Harrow 1975: Small Grzegorczyk classes and limited minimum. ZMLG 21, 417-426.
- 1978: The bounded arithmetic hierarchy. Information and Control 36, 102-117.

J. Hartmanis 1968: Tape-reversal bounded Turing machine computations. JCSS 2.
- 1969: On the complexity of undecidable problems in automata theory. JACM 16, 160-167.
- 1971: Computational complexity of random access stored program machines. Math. Syst. Theory 5.

- 1981: Observations about the development of theoretical computer science. Annals of the History of Computing 3, 42-67.
- & J.E. Hopcroft 1968: Structure of undecidable problems in automata theory. 9th SWAT, 327-333.
- & - 1970: What makes some language theory problems undecidable. JCSS 4, 368-376.
- & - 1971: An overview of the theory of computational complexity. JACM 18, 444-475.
- & H.B. Hunt 1974: The LBA problem and its importance in the theory of computing. SIAM-AMS Proc. 7, 1-26.
- & F.D. Lewis 1971: The use of lists in the study of undecidable problems in automata theory. JCSS 5, 54-66.
- & M. Lewis II & R.E. Stearns 1965: Hierarchies of memory limited computations. Proc. 6th Ann. IEEE Symp. on Switching Circuit Theory and Logical Design, 179-190.
- & R.E. Stearns 1965: On the computational complexity of algorithms. Trans. AMS 117, 285-306.

G. Hasenjaeger 1953: Eine Bemerkung zu Henkin's Beweis für die Vollständigkeit des Prädikatenkalküls der ersten Stufe. JSL 18, 42-48.
- 1959: Formales und produktives Schließen. Math.-Physikal. Semesterberichte VI, 184-194.
- 1983: Exponential diophantine description of small universal Turing machine (UTM) using Matijasevich's 1975/80 "masking". in: L. Priese (Ed.): Report on the 1st GTI-workshop, Paderborn, 105-116.
- 1984: Universal Turing machines (UTM) and Jones-Matijasevich-masking. SLNCS 177, 248-253.

W.S. Hatcher & B.R. Hodgson 1981: Complexity bounds on proofs. JSL 46, 255-258.

K. Heidler 1970: Dominospiele und die Reduktion des Entscheidungsproblems auf $\wedge\vee\wedge$. Diplomarbeit, Universität Freiburg i. Brsg. pp. VI + 67.
- & H. Hermes & F.-K. Mahn 1977: Rekursive Funktionen. Bibliogr. Institut, Mannheim.

W. Heinermann 1961: Untersuchungen über die Rekursionszahlen rekursiver Funktionen. Dissertation. Universität Münster, Institut für math. Logik und Grundlagenforschung.

J. Helm & P. Young 1971: On size vs. efficiency for programs admitting speed-ups. JSL 36, 21-27.
- & A. Meyer & P. Young 1973: On orders of translation and enumerations. in: Pacific J. Math. 46, 185-195.

F.W. v. Henke & K. Indermark & G. Rose & K. Weihrauch 1975: On primitive recursive wordfunctions. Computing 15, 217-234.

L. Henkin 1949: The completeness of the first-order functional calculus. JSL 14, 159-166.
- 1950: Completeness in the theory of types. JSL 15, 81-91.

F.C. Hennie 1965: One-tape, off-line Turing machine computations. Information and Control 8, 553-578.
- & R.E. Stearns 1966: Two-tape simulation of multitape Turing machines. JACM 13, 533-546.

L. Henschen & L. Wos 1974: Unit refutations and Horn sets. JACM 21, 590-605.

J. Herbrand 1932: Sur la non-contradictionde l'arithmétique. J. für die reine und angew. Math. 166, 1-8.

G.T. Herman 1969: A new hierarchy of elementary functions. Proc. AMS 20, 557-562.

- 1971: Strong computability and variants of the uniform halting problem. ZMLG, 115-131.
- 1971: The equivalence of various hierarchies of elementary functions. ZMLG 17, 115-131.

H. Hermes 1971: A simplified proof for the unsolvability of the decision problem in the case ∀∃∀. Logic Colloquium '69, North-Holland.

- 1976^4: Einführung in die mathematische Logik. Stuttgart.

D. Hilbert & P. Bernays 1939, 1970: Grundlagen der Mathematik I, II. Berlin.

R. Hill 1974: Lush resolution and its completeness. DLC Memo 78, University of Edinburgh.

C.A.R. Hoare 1969: An axiomatic basis for computer programming. Comm. ACM 12, 576-580, 583.

- & N. Wirth 1973: An axiomatic definition of the programming language Pascal. Acta Inf. 2, 335-355.

P.K. Hooper 1966: The undecidability of the Turing machine immortality problem. JSL 31, 219-234.

J.E. Hopcroft 1971: An n log n algorithm for minimizing the states in a finite automaton. in: Z. Kohavi (Ed.): The Theory of Machines and Computations, 189-196. Academic Press.

- & J.D. Ullman 1979: Introduction to automata theory, languages and computation. Addison-Wesley, Reading Mass.

A. Horn 1951: On sentences which are true of direct unions of algebras. JSL 16, 14-21.

W.H. Hosken 1972: Some Post canonical systems in one letter. BIT 12, 509-515.

G. Hotz & K. Estenfeld 1981: Formale Sprachen. Eine automatentheoretische Einführung. Bibliographisches Institut, Mannheim.

H.B. Hunt III 1973: On the time and tape complexity of languages, I. 5th STOC, 10-19.

- 1979: Observations on the complexity of regular expression problems. JCSS 19, 222-236.
- & D.J. Rosenkrantz 1974: Computational parallels between the regular and context-free languages. 6th STOC, 64-73.
- & - & T.G. Szymanski 1976: The covering problem for linear context-free grammars. TCS 361-382.
- & - & - 1976: On the equivalence, containement, and covering problems for the regular and context-free languages. JCSS 12, 222-268.
- & T.G. Szymanski 1975: On the complexity of grammar and related problems. 8th STOC, 54-65.

H. Huwig & V. Claus 1977: Das Äquivalenzproblem für spezielle Klassen von LOOP-Programmen. SLNCS 48, 73-82.

N. Immermann 1979: Length of predicate calculus formulas as a new Complexity measure. 20th FOCS, 337-347.

- 1982: Upper and lower bounds for first order expressibility. JCSS.
- 1982: Relational queries computable in polynomial time. 14th STOC, 147-152.
- 1983: Languages which capture complexity classes. 15th STOC, 347-354.

A. Itai & J.A. Makowsky 1983: Unification as a complexity measure for logic programming. Technion-Israel Inst. of Technology TR 301.

J. Jedrzejowicz 1979: Inverse derivability and confluence problems of deterministic combinatorial systems. Proc. 2nd Int. Conf. Fundamentals of Computation Theory, FCT '79. Akademie-Verlag, Berlin.
- 1979a: One-one degrees of combinatorial systems decision problems. Bull. Acad. Pol. des Sciences, Sér. sci. mathém. XXVII, 819-821.

H.R. Jervell 1983: Gentzen games. Preprint University of Tromsö, Inst. of Math. and Physical Science, Math. Reports.

N.D. Jones 1966: A survey of formal language theory. Univ. of Western Ontario, Comp. Sci. Dept. Techn. Rep. 3.
- 1968: Classes of automata and transitive closure. Information and Control 13, 207-229.
- 1975: Space-bounded reducibility among combinatorial problems. JCSS 11, 68-85.
- & W.T. Laaser 1977: Complete problems for deterministic polynomial time. TCS 3, 105-117.
- & Y.E. Lien & W.T. Laaser 1976: New problems complete for nondeterministic log space. Math. Syst. Theory 10, 1-17.
- A.L. Selman 1974: Turing machines and the spectra of first-order formulas. JSL 39, 139-150.
- & P. Sestoft & H. Søndergaard 1985: An experiment in partial evaluation: The generation of a compiler generator: in: Science of Computer Programming.

J.P. Jones 1975: Diophantine representation of the Fibonacci numbers. The Fibonacci Quarterly 13, 84-88.
- 1978: Three universal representations of recursively enumerable sets. JSL 43, 335-351.
- 1982: Universal diophantine equations. JSL 47, 549-571.
- & Ju.V. Matijasevich 1981: A new representation for the symmetric binomial coefficient and its applications. in: Algebra and Logic.
- & - 1984: Register machine proof of the theorem on exponential diophantine representation of enumerable sets. JSL 49, 818-829.
- & D. Sato & H. Wada & D. Wiens 1976: Diophantine representation of the set of prime numbers. in: Am Math. Monthly 83, 449-464.

A.S. Kahr 1962: Improved reductions of the Entscheidungsproblem to subclasses of AEA formulas. Proc. Symp. on Math. Theory of Automata, Brooklyn Polytechnic Institute, New York, 57-70.
- & E.F. Moore & H. Wang 1962: Entscheidungsproblem reduced to the AEA case. Proc. Nat. Acad. Sci. USA 48, 365-377.

L. Kalmar 1933: Über die Erfüllbarkeit derjenigen Zählausdrücke, welche in der Normalform zwei benachbarte Allzeichen enthalten. Math. Ann. 108, 466-484.

R.M. Karp 1972: Reducibility among combinatorial problems. in: R.E. Miller & W. Thatcher (Hg.): Complexity of Computer Computations (Plenum Press) 85-104.
- & R. Miller 1969: Parallel program schemata. JCSS 3, 147-195.

P.C. Kanellakis & C. Dwork & J.C. Mitchell 1984: On the sequential nature of unification. J. Logic Programming 1 (1).

J. Ketonen & R. Solovay 1981: Rapidly growing Ramsey functions. Ann. of Math. 113, 267-314.

L. Kirby & J. Paris 1982: Accessible independence results for Peano Arithmetic. Bull. London Math. Soc. 14, 285-293.

S.C. Kleene 1936: General recursive functions of natural numbers. Math. Ann. 112, 727-742.
- 1938: On notation for ordinal numbers. JSL 3, 150-155.
- 1943: Recursive predicates and quantifiers. Trans. AMS 53, 41-73.
- 1951: Representation of events in nerve nets and finite automata. in: Rand Res. Memo. RM 704, see also: Automata Studies, Princeton Univ. Press, 3-42.
- 1952: Introduction to metamathematics. Amsterdam.
- 1958: Extension of an effectively generated class of functions by enumeration. Colloquium Math. 6, 67-78.
- 1979: Origins of recursive function theory. 20th FOCS , IEEE 79CH 1471-2C, pp. 371-382.
- 1981: The theory of recursive functions approaching its centennial. Bull. (New Series) AMS 5, 43-61.
- 1981a: Origins of recursive function theory. Ann. Hist. Comp. 3, 52-67.

H. Kleine Büning 1975: Netzwerke endlicher Automaten für Potentialautomaten. Diplomarbeit. Inst. für math. Logik und Grundlagenforschung, Universität Münster.
- 1977: Über Probleme bei homogener Parkettierung von ZxZ durch Mealy-Automaten bei normierter Verwendung. Dissertation. Inst. für math. Logik und Grundlagenforschung, Universität Münster.
- 1980: Decision problems in generalized vector addition systems. in: Ann. Soc. Math. Polonae, Series IV: Fundamenta Informaticae III. 4, 497-512.
- 1982: Note on the E_1^*-E_2^* Problem. ZMLG 28, 227-284.
- 1983: Klassen definiert durch syntaktische Rekursion. ZMLG 29, 169-175.
- 1984: Complexity of loop-problems in normed networks. in: E. Börger, G. Hasenjaeger, D.Rödding (Hsg.): Logic and Machines: Decision Problems and Complexity. SLNCS 171, 254-269.
- & Th. Ottmann 1977: Kleine universelle mehrdimensionale Turingmaschinen. EIK 13, 179-201.
- & L. Priese 1980: Universal asynchronous iterative arrays of Mealy-automata. Acta Inf. 13, 269-285.

D.E. Knuth 1965: On the translation of languages from left to right. Information and Control 8, 607-639.
- 1974: Structured programming with go to statements. Computing Surveys 6, 261-301.

P. Koerber & Th. Ottmann 1974: Simulation endlicher Automaten durch Ketten aus einfachen Bausteinautomaten. EIK 10.

S.R. Kosaraju 1982: Decidability of reachability in vector addition systems. STOC, 267-281.

V.F. Kostyrko 1964: Klass svedeniya $\forall\exists^n\forall$. Algebra y Logika, 45-65.

W. Kowalczyk 1982: A sufficient condition for the consistency of P=NP with Peano arithmetic. Annales Soc. Math. Pol. Ser. IV, Fundamenta Informaticae V.2, 233-245.

R.A. Kowalski 1974: Predicate logic as a programming language. IFIP Proceedings (Stockholm), 569-574.
- 1979: Logic for problem solving. New York.
- 1983: Logic programming. Inf. Proc. 83 (Ed. R.H.A. Mason), 133-145.

D.C. Kozen 1976: On parallelism in Turing machines. 17th FOCS, 89-97
- 1977: Lower bounds for natural proof systems. FOCS 18, 254-266.
- 1980: Indexings of subrecursive classes. TCS 11, 277-301.
- 1980a: Complexity of boolean algebras. TCS 10, 221-247.

J. Král 1970: A modification of a substitution theorem and some necessary and sufficient conditions for sets to be context-free. Math. Systems Theory 4, 129-139.

D.L. Kreider & R.W. Ritchie 1966: A universal two-way automaton. AMLG 9, 43-58.

M.J. Kratko 1966: Postsche kanonische Systeme und endliche Automaten. (Russ.) Probl. Kibern. 17, 41-65.

G. Kreisel 1953: Note on arithmetic models for consistent formulae of the predicate calculus II. Proc. XI-th Int. Congr. Philos., Vol. 14, 39-49.
- 1961: Techn. Report No. 3, Appl. Math. & Stat. Labs., Stanford University.
- & J.L. Krivine 1967: Elements of mathematical logic. Amsterdam.
- & J. Shoenfield & Hao Wang 1960: Number theoretic concepts and recursive well-orderings. AMLG, 42-63.

M.R. Krom 1966: A property of sentences that define quasi-order. NDJFL VII, 349-352.
- 1967: The decision problem for a class of first-order formulas in which all disjunctions are binary. ZMLG 13, 15-20.
- 1968: Some interpolation theorem for first-order formulas in which all disjunctions are binary. Logique et Analyse 43, 403-412.
- 1970: The decision problem for formulas in prenex conjunctive normal form with binary disjunctions. JSL 35, 210-216.

E.E. Kummer 1852: Über die Ergänzungssätze zu den allgemeinen Reciprocitätsgesetzen. Crelle 44, 93-146.

S.Y. Kuroda 1964: Classes of languages and linear bounded automata. Information and Control 7, 207-223.

R.E. Ladner 1973: Polynomial time reducibility. STOC 5, 122-129.
- 1975: On the structure of polynomial time reducibility. JACM 22, 155-171.
- 1979: Complexity theory with emphasis on the complexity of logical theories. in: F.R. Drake & S.S. Wainer (Eds.): Recursion Theory: its generalizations and applications. London Math. Soc. Lecutre Notes Ser. 45, 286-319.
- & N.A. Lynch & A.L. Selman 1975: A comparison of polynomial time reducibilities. TCS 1, 103-123.

H.H. Landweber & E.L. Robertson 1970: Recursive properties of abstract complexity classes. STOC, 31-36.

B. Leong & J. Seiferas 1977: New real-time simulations of multihead tape units. STOC 239-240.

L.A. Levin 1973: Universal sequential search problems. in: Problemy Peredacki Informatcii 9, 115-116 (Engl. Übers. in Problems of Information Transmission 9, 265-266).

F.D. Lewis 1970: Unsolvability considerations in computational complexity. STOC, 22-30.
- 1971: Classes of recursive functions and their index sets. ZMLG 17, 291-294.
- 1971a: Enumerability and invariance of complexity classes. JCSS 5, 286-303.

H.R. Lewis 1978: Complexity of solvable cases of the decision problem for predicate calculus. FOCS 19, 35-47.
- 1978: Description of resticted automata by first-order formulae. Math. Systems Theory 9, 97-104.
- 1979: Unsolvable classes of quantificational formulas. Addison-Wesley.
- 1980: Complexity results for classes of quantificational formulas. JCSS 21, 317-353.
- & C. Papadimitriou 1981: Elements of the theory of computation. Prentice-Hall.
- & L. Denenberg 1981: A hard problem for NTIME (n^d). Aiken Comp. Lab., Harvard University TR-23-81.
- & C.H. Papadimitriou 1982: Symmetric space-bounded computation. TCS 19, 161-187.

P.M. Lewis II & D.J. Rosenkrantz & R.E. Stearns 1976: Compiler Design Theory. Addison-Wesley, Reading.

P. Lindström 1969: On extensions of elementary logic. Theoria 35, 1-11.

G. Lischke 1974: Eine Charakterisierung der rekursiven Funktionen mit endlichen Niveaumengen (K-Funktionen). ZMLG 20, 465-472.
- 1975: Flußbildmaße - Ein Versuch zur Definition natürlicher Kompliziertheitsmaße. EIK 11, 423-436.
- 1975a: Über die Erfüllung gewisser Erhaltungssätze durch Kompliziertheitsmaße. ZMLG 21, 159-166.
- 1976/77: Natürliche Kompliziertheitsmaße und Erhaltungssätze I, II. ZMLG 22/23, 413-418/193-200.
- 1981: Two types of properties for complexity measures. Inf. Proc. Letters 12, 123-126.

A.B. Livchak 1982: The relational model for systems of automatic testing. Automatic Documentation and Math. Linguistics 4, 17-19 (Zit. nach Gurevich 1984).
- 1983: The relational model for process control. Automatic Documentation and Math. Linguistics 4, 27-29 (zit. nach Gurevich 1984).

Li Xiang 1983: Effective immune sets, program index sets and effectively simple sets - Generalizations and applications of the recursion theorem. in: C.-T. Chong & M.J. Wicks (Eds.): Southheast Asian Conference on Logic. North-Holland, 97-106.

J.W. Lloyd 1984: Foundations of Logic Programming. Springer.

M.H. Löb 1955: Solution of a problem of Leon Henkin. JSL 20, 115-118.
- & S.S. Wainer 1970: Hierarchies of number-theoretic functions. AMLG 13, 39-51 & 97-113.

L. Lovasz & P. Gacs 1977: Some remarks on generalized spectra. ZMLG 23, 547-554.

D.W. Loveland 1978: Automated theorem proving: a logical basis. North-Holland.

L. Löwenheim 1915: Über Möglichkeiten im Relativkalkül. Math. Ann. 76, 447-470.

H. Luckhardt 1984: Obere Komplexitätsschranken für TAUT-Entscheidungen. in: G. Wechsung (Hg.): Frege Conference 1984, 331-337.

J. Ludewig & U. Schult & F. Wankmüller 1983: Chasing the beasy beaver-notes and observations on a competition to find the 5-state busy beaver. Ber. Nr. 159, Abtlg. Informatik, Universität Dortmund.

J.F. Lynch 1982: Complexity classes and theories of finite models. Math. Systems Theory 15, 127-144.
- 1982: On sets of relations definable by addition. JSL 47, 659-668.

M. Machtey 1975: On the density of honest subrecursive classes. JCSS 10, 183-199.
- & K. Winklmann & P. Young 1978: Simple Gödel numberings, isomorphisms and programming properties. SIAM J. Comp. 7, 39-60.
- & P. Young 1978: An introduction to the general theory of algorithms. North-Holland, New-York.
- & - 1981: Remarks on recursion versus diagonalization and exponentially difficult problems. JCSS 22, 442-453.

W. Maier & W. Menzel & V. Sperschneider 1982: Embedding properties of total recursive functions. ZMLG 1982.

J.A. Makowsky 1985: Why Horn formulas matter in computer science: initial structures and generic examples. Proc. CAAP'85, SLNCS.

A.I. Malcew 1958: On homomorphisms of finite groups. Ivano Gosudarstvenni Pedag. Inst. Uchenye Zap. 18, 49-60.
- 1974: Algorithmen und rekursive Funktionen. Braunschweig, Vieweg.

Y.I. Manin 1977: A course in mathematical logic. Springer, Berlin.

Z. Manna 1974: Mathematical Theory of Computation. McGraw-Hill, New York.
- & R. Waldinger 1981: Deductive synthesis of the unification algorithm. in: Science of computer Programming 1.

S.S. Marcenkov 1969: Die Beseitigung von Rekursionsschemata in einer Grzegorczyk-Klasse. Mat.Zametki 5, 561-568 (Russ.).

A.A. Markov 1947: Die Unmöglichkeit gewisser Algorithmen in der Theorie assoziativer Systeme. Dokl. Akad. Nauk SSSR 55, 587-590 (Russ.).
- 1949: Über die Darstellung rekursiver Funktionen (Russ.). in: Izv. AN SSSR, serija matem. 13, 5, pp. 417-424 (s. Malcew 1974, § 6.4).
- 1951: Theory of algorithms. AMS Transl. (2) 15 (1960), 1-14.
- 1954: Theory of Algorithms. Israel Progr. for Scientific Transl., Jerusalem.

W. Markwald 1955: Zur Eigenschaft primitiv-rekursiver Funktionen, unendlich viele Werte anzunehmen. Fund. Math. XLII, 166-167.

I. Marques 1975: On degrees of unsolvability and complexity properties. JSL, 529-540.

A. Martelli & U. Montanari 1982: An efficient unification algorithm. ACM Trans. on Programming Languages and Systems 4, 258-282.

P. Martin-Löf 1982: Constructive mathematics and computer programming. Proc. 6th Int. Congr. Logic, Methodology and Philosophy of Science, Hannover, 153-175.

S.Ju. Maslov 1964: An inverse method for establishing deducibilities in the classical predicate calculus. Dokl. Akad. Nauk SSSR 159, 17-20.
- 1970: On E. Post's "Tag" problem. AMS Transl. (2) 97, 1-14 (= Trudy Mat. Inst. Steklov 72, 1964, 57-68).

G. Mathews 1967: Two-way languages. Inf. & Control 10, 111-119.

J.V. Matijasevich 1967: Some examples of undecidable associative calculi. Soviet Math. Dokl. 8, 555-557.
- 1967: Simple examples of unsolvable canonical calculi. Proc. Steklov Inst. Math. 93, 61-110.

- 1970: Emmerable sets are diophantine. Soviet Math. Doklady 11, 354-357.
- 1976: A new proof of the theorem on exponential Diophantine representation of enumerable sets. in: Zap. Nauk. Sem., Leningr. Otdel. Matem. Inst., V.A. Steklova Akad. Nauk SSSR 60, 75-89 (Engl. Übers. J. Soviet Math. 14 (1980) 1475-1486).

H. Maurer 1969: A direct proof of the interent ambiguity of a simple context-free language. JACM 16, 256-260.

O. Mayer 1978: Syntaxanalyse Bibl. Institut, Mannheim.

E. Mayr & A. Meyer 1981: The complexity of the finite containment problem for Petri nets. JACM 28, 561-576.

K. McAloon 1982: Petri nets and large finite sets. AMS Summer Res. Inst. on Recursion Theory, Cornell University, Ithaca.

E. McCreight & A. Meyer 1969: Classes of computable functions defined by bounds on computation. STOC 79-88.

W.S. McCulloch & W. Pitts 1943: A logical calculus of the ideas immanent in nervous activity. Bull. Math. Biophysics 5, 115-133.

J.C.C. McKinsey 1943: The decision problem for some classes of sentences without quantifiers. JSL 8, 61-76.

R. McNaughton 1967: Parenthesis grammars. JACM 14, 490-500.

M.A. McRobbie 1982: Interpolation theorems: A bibliography. Dept. Philosophy, The University of Melbourne (preprint).

J. McWhirter 1971: Substitution expressions. JCSS 5, 629-637.

W. Menzel & V. Sperschneider 1982: Universal automata with uniform bounds on simulation time. Information and Control 52, 19-35.

A.R. Meyer 1972: Program size in restricted programming languages. Information and Control 21, 382-394.
- & M.J. Fischer 1971: Economy of description by automata, grammars and formal systems. 12th SWAT, 188-191.
- & P. Fischer 1972: Computational speedup by effective operators. JSL 37, 55-68.
- & D.M. Ritchie 1967: Computational Complexity and Program Structure. IBM Res. RE-1817, IBM Watson Res. Center, Yorktown Heights, New York, pp. 15.
- & - 1967: The Complexity of Loop Programs. in: Proc. of the ACM 22nd National Conference, Thompson Book Co., Washington D.C. 465-469.
- & - 1972: A classification of the recursive functions. ZMLG 18, 71-82.
- & L.J. Stockmeyer 1972: The equivalence problem for regular expressions with squaring requires exponential space. 13th SWAT, 125-129.
- & - 1973: Word problems requiring exponential time. STOC 1-9.

R. Milne & Ch. Strachey 1976: A theory of programming language semantics. Chapman & Hall.

M.L. Minsky 1961: Recursive unsolvability of Post's problem of 'tag' and other topics in the theory of Turing machines. Ann. of Math. 74, 437-455.
- 1967: Computation, Finite and Infinite Machines. Englewood Cliffs, N.J.

R. Moll 1973: Complexity Classes of Recursive Functions. Ph. D. Thesis, MIT (MAC TR-110).
- & A.R. Meyer 1974: Honest bounds for complexity classes of recursive functions. JSL 39, 127-138.

B. Monien 1977: The LBA-problem and the deterministic tape complexity of two-wayone-counter languages over a one-letter alphabet. Acta Inf. 8, 371-382.

E.F. Moore 1956: Gedanken experiments on sequential machines. Automata Studies, Princeton Univ. Press. 129-153.

A. Mostowski 1947: On definable sets of positive integers. Fund. Math. 34, 81-112.
- 1953: On a system of axioms which has no recursively enumerable model. Fund. Math. 40, 56-61.
- 1955: Examples of sets definable by means of two and three quantifiers. Fund. Math. XLII, 259-270.
- 1955a: Contributions to the theory of definable sets and functions. Fund. Math- XLII, 271-275.
- 1955b: A formula with no recursively enumerable mode. Fund. Math. 43, 125-140.
- 1956: Concering a problem of H. Scholz. ZMLG 2, 210-214.

S.S. Muchnick 1976: The Vectorized Grzegorczyk Hierarchy. ZMLG 22, 441-480.

H. Müller 1970: Über die mit Stackautomaten berechenbaren Funktionen. AMLG 13, 60-73.
- 1974: Klassifizierungen der primitiv-rekursiven Funktionen. Dissertation. Universität Münster, Institut für math. Logik und Grundlagenforschung, pp. 51.

D. Mundici 1982: Complexity of Craig's interpolation. in: Ann. Soc. Math. Poloniae, series IV: Fundamenta Informaticae, V.3-4.
- 1983: A lower bound for the complexity of Craig's interpolants in sentential logic. AMLG 23, 27-36.
- 1984: NP and Craig's interpolation theorem. in: G. Lolli, G. Longo, A. Marcja (Eds.): Logic Colloquium '82, North-Holland, 345-358.
- 1984a: Tautologies with a unique Craig interpolant, uniform vs. nonuniform complexity. APAL 27, 265-273.

J. Myhill 1957: Finite automata and the representation of events. WADD TR-57-624, 112-137, Wright Patterson AFB, Ohio.

V.A. Nepomniaschy 1971: Conditions for the algorithmic completeness of the systems of operations. in: Proc. IFIP Congr., Ljubljana.

A. Nerode 1958: Linear automaton transformations. Proc. AMS 9, 541-544.

W. Oberschelp 1958: Varianten von Turingmaschinen. AMLG 4, 53-62.

P. Odifreddi 1981: Strong reducibilities. Bull. AMS (New Ser.) 4, 37-86.

M. O'Donnell 1979: A programming language theorem which is independent of Peano arithmetic. 11th STOC.

A.G. Oettinger 1961: Automatic syntactic analysis and the pushdown store. Proc. Symp in Appl. Math. 12, AMS.

W.G. Ogden 1968: A helpful result for proving inherent ambiguity. Math. Systems Theory 2, 191-194.
- 1969: Intercalation theorems for stack languages. 1st STOC, 31-42.

Th. Ottmann 1975: Mit regulären Grundbegriffen definierbare Prädikate. Computing 14, 213-223.
- 1975a: Einfache universelle mehrdimensionale Turingmaschinen. Habilitationsschrift, Universität Karlsruhe.
- 1978: Eine einfache universelle Menge endlicher Automaten. ZMLG 24, 55-81.

S.V. Pachonov 1972: Einige Eigenschaften der Graphen von Funktionen der Grzegorczyk-Hierarchie. in: Zap. naucnych seminarov Leningradskojo otdelenija mat. inst. AN SSSR, 2, 21-23 (Russ.).

D. Pager 1969: On the problem of finding minimal programs for tables. Inform. Contr. 14, 550-554.
- 1970: On the efficiency of algorithms. JACM 17, 708-714.
- 1970a:The categorization of Tag systems in terms of decidability. J. London Math. Soc. (2), 473-480.

J.J. Pansiot 1981: A note on Post's correspondence problem. Inf. Proc. Letters 12, pg. 233.

R.J. Parikh 1966: On context-free languages. JACM 4, 570-581.

J. Paris 1978: Some independence results for Peano arithmetic. JSL 43, 725-731.
- & L. Harrington 1977: A mathematical incompleteness in Peano arithmetic. in: Handbook of math. logic, J. Barwise (Ed.), 1133-1142.

Ch. Parsons 1968: Hierarchies of Primitive Recursive Functions. ZMLG 14, 357-376.

M.S. Paterson & M.N. Wegman 1978: Linear unification. JCSS 16, 158-167.

W.J. Paul 1977: On time hierarchies. STOC, 218-222.
- 1978: Komplexitätstheorie. Teubner, Stuttgart.

M. Paull & S. Unger 1968: Structural equivalence of context-free grammars. JCSS 2, 427-463.

V. Penner 1973: Push-Down-Store-berechenbare Funktionen. SLNCS 2.

R. Peter 1951: Rekursive Funktionen. Budapest, Verlag Akadémiai Kiadó.
- 1967: Recursive Functions. Academic Press, New York.

J.P. Peterson 1977: Petri nets. Comp. Surveys 9, 223-252.

K. Petersson 1982: A programming system for type theory. LPM Memo 21, Dept. of CS, Chalmers Univ.of Techn., Göteborg.

C.A. Petri 1962: Kommunikation mit Automaten. Universität Bonn.

D.A. Plaisted 1984: Complete problems in the first-order predicate calculus. JCSS 29, 8-35.

E.L. Post 1936: Finite combinatory processes-formulation 1. JSL 1, 103-105.
- 1943: Formal reduction of the general combinatorial decision problem. Amer. J. Math. 65, 197-215.
- 1946: A variant of a recursively unsolvable problem. Bull. AMS 52, 264-268.
- 1947: Recursive unsolvability of a problem of Thue. JSL 12, 1-11.
- 1965: Absolutely unsolvable problems and relatively undecidable propositions. Account of an anticipation. in: M. Davis 1965: The Undecidable.Raven Press, New York, 340-433.

R.E. Prather 1975: A convenient cryptomorphic version of recursive function theory. Inform. and Contr. 27, 178.
- 1977: Structured Turing machines. Inform. and Contr. 35, 159-171.

D. Prawitz 1965: Natural deduction. Stockholm.

M. Presburger 1929: Über die Vollständigkeit eines gewissen Systems der Arithmetik ganzer Zahlen, in welcher die Addition als einzige Operation hervortritt. C.R. I. Congrès des Math. des Pays Slaves, Warschau, 192 - 301, 395.

J.F. Prida 1974: El problema de decisión del cálculo de predicados. Centro de cálculo de la universidad complutense, Madrid.

L. Priese 1971: Normalformen von Markov'schen und Post'schen Algorithmen. Institutfür math. Logik und Grundlagenforschung der Universität Münster i.W., pp. 124.
- 1976: Reversible Automaten und einfache universelle 2-dimensionale Thue-Systeme. ZMLG 22, 353-384.
- 1976: On a simple combinatorial structure sufficient for sublying nontrivial self reproduction. J. Cybernetics 6, 101-137.
- 1978: A note on asynchronous cellular automata. JCSS 17.
- 1979: Über ein 2-dimensionalesThue-System mit zwei Regeln und unentscheidbarem Wortproblem. ZMLG 25, 179-192.
- 1979: Asynchrone, modulare Netze: Petri-Netze, normierte Netze, APA-Netze, Habilitationsschrift, Universität Dortmund.
- 1983: Automata and concurrency. TCS 25, 221-265.

A.V. Proskurin 1979: Die positive Rudimentarität der Graphen der Ackermann- und Grzegorczyk-Funktionen. in: Zap. naucnych seminarov 88, 186-191 (vgl. Nauka, Lenigrad) (Russ.).

H. Putnam 1960: An unsolvable problem in number theory. JSL 15, 220-232.

M.O. Rabin 1958: On recursively enumerable and arithmetic models of set theory. JSL 23, 408-416.
- 1960: Degree of difficulty of computing a function and a partial ordering of recursive sets. TR 2, Hebrew University, Jerusalem.
- 1967: Mathematical theory of automata. Proc. Symp. in Applied Math. 19, AMS, 153-175.
- & D. Scott 1959: Finite automata and their decision problems. IBM J. Res. 3, 115-125.

T. Rado 1962: On non-computable functions. Bell System Technical J. 41, 877-884.

H. Rasiowa & R. Sikorski 1963: Metamathematics of Mathematics. Warschau.

A. Reedy & W.J. Savitch 1975: The Turing degree of the interent ambiguity problem for context-free languages. TCS 1, 77-91.

E.M. Reingold & A.J. Stocks 1972: Simple proofs of lower bounds for polynomial evaluation. Complexity of computer computations, Plenum Press, New York-London, 21-30.

J.C. Reynolds 1969: Transformational systems and the algebraic structure of atomic formulas. in: Machine Intelligence, vol. 5 (Eds. B. Meltzer, D. Michie), American Elsevier 135-151.

H.G. Rice 1953: Classes of recursively enumerable sets and their decision problems. Trans. AMS 89, 25-59.
- 1956: On completely recursively enumerable classes and their key arrays. JSL 21, 304-341.

M.M. Richter 1978: Logikkalküle.Teubner.

R.W. Ritchie 1963: Classes of predictably computable functions. Trans. AMS 106, 139-173.
- 1965: A rudimentary definition of addition. JSL 30, 350-354.
- 1965: Classes of recursive functions based on Ackermann's function. Pac. J. Math. 15, 1027-1044.

D.M. Ritchie 1968: Program structure and computational complexity. Doctoral Dissertation. Harvard University.

D. Ritchie & K. Thompson. The UNIX time-sharing system. The Bell System Technical J. 57, 1905-1930.

J. Robbin 1965: Subrecursive hierarchies. Doctoral Thesis, Princeton University.

E.L. Robertson 1971: Complexity classes of partial recursive functions. STOC, 258-266.

J. Robinson 1950: General recursive functions. Proc. AMS 1, 703-718.
- 1965: A machine-oriented logic based on the resolution principle. JACM 12, 23-41.

J.A. Robinson 1965: Automatic deduction with hyper-resolution. Int. J. of Comp. Math. 1, 227-234.

R.M. Robinson 1947: Primitive recursive functions. Bull. AMS 53, 925-942.
- 1971: Undecidability and non periodicity for tilings of the plane. Inventiones Math. 12, 177-209.
- 1972: Some representations of diophantine sets. JSL 37, 572-578.

J.M. Robson 1979: A new proof of the NP-completeness of satisfiability. Proc. 2nd. Australian Comp. Sci. Conf., 62-69.

D. Rödding 1962: Darstellungen der (im KALMAR-CSILLAG'schen Sinne) elementaren Funktionen. AMLG 7, 139-158.
- 1964: Über die Eliminierbarkeit von Definitionsschemata in der Theorie der rekursiven Funktionen: ZMLG 10, 315-330.
- 1964a: Über Darstellungen der elementaren Funktionen II. AMLG 9, 36-48.
- 1966: Anzahlquantoren in der Kleene-Hierarchie. AMLG 13, 61-65.
- 1968: Klassen rekursiver Funktionen. in: M.H. Löb (Ed.): Proc. of the Summer School in Logic, Leeds 1967. SLNM 70, 159-222.
- 1969: Einführung in die Theorie der berechenbaren Funktionen. Vorlesungsskript, Institut für math. Logik und Grundlagenforschung, Universität Münster.
- 1970: Reduktionstypen der Prädikatenlogik. Vorlesungsnachschrift, Institut f. math. Logik und Grundlagenforschung der Universität Münster. s. Zentralblatt f. Math., 207, Nr. 02034.
- 1983: Networks of finite automata. in: L. Priese (Ed.): Report on the 1st GTI-workshop, Universität-GH Paderborn, Fachber. Math.-Informatik, 184-197.
- 1983a: Modular decomposition of automata (Survey). in: M. Karpinski (Ed.): Foundations of Computation Theory, SLNCS 158, 394-412.
- 1984: Some logical problems connected with a modular decomposition theory of automata. Computation and Proof Theory, SLNM 1104, 363-388.
- & A. Brüggemann 1982: Basissätze in H, K (und I) für (indeterminierte) Mealy-Automaten. Arbeitspapier Nr. 1, Institut für math. Logik und Grundlagenforschung, Universität Münster. (s. Brüggemann et al. 1984).
- & H. Schwichtenberg 1972: Bemerkungen zum Spektralproblem. ZMLG 18, 1-12.

H. Rogers 1958: Gödel numberings of partial recursive functions. JSL 23, 331-341.
- 1959: Computing degrees of unsolvability. Math. Ann. 138, 125-140.
- 1967: Theory of recursive functions and effective computability. McGraw Hill, New York.

H.E. Rose 1984: Subrecursion: Functions and hierarchies. Oxford University Press.

B. Rosser 1936: Extensions of some theorems of Gödel and Church. JSL 1, 87-91.

B. Russell 1908: Mathematical logic as based on the theory of types. American J. of Math. 30, 222-262.

J.E. Savage 1976: The complexity of computing. Wiley-Interscience.

M. Savelsbergh& P. van Emde Boas 1984: Bounded tiling, an alternative to satisfiablity? in: G. Wechsung (Ed.): Frege Conference 1984, 354-363.

W.J. Savitch 1970: Relationships between nondeterministic and deterministic tape completexities. JCSS 4, 177-192.

V. Sazonov 1980: Polynomial computability and recursivity in finite domains. EIK 16, 319-323.

B. Scarpellini 1984: Complete second order spectra. ZMLG 30, 509-524.
- 1984a: Lower bound results on lengths of second order formulas. Manuskript,Math. Institut der Universität Basel. s. APAL 29 (1985)29-58
- 1984b: Complexity of subcases of Presburger arithmetic. Transactions AMS 284, 203-218.

R. Schätz 1982: Basissatz für Mealy-Automaten bei schneller, sequentieller Simulation. Arbeitspapier Nr. 3,Institut für math. Logik und Grundlagenforschung, Universität Münster (s. Brüggemann et al. 1984).
- 1985: Komplexität von sequentiellen und lokal sequentiellen Netzwerken. Diplomarbeit, Inst. für math. Logik und Grundlagenf. der Universität Münster i.W.
- & D. Rödding & A. Brüggemann 1982: Basissatz in K,H,V,W für determinierte Mealy-Automaten (parallele Signalverarbeitung). Arbeitspapier Nr. 2, Institut für math. Logik u. Grundlagenf., Universität Münster. (s. Brüggemann et al. 1984).

S. Scheinberg 1960: Note on the Boolean properties of context-free languages. Information and Control 3, 372-375.

B. Schinzel 1984: Vorlesung über Formale Sprachen und Automatentheorie. Rheinisch-Westf. Techn. Hochschule Aachen.
- 1984a: Komplexitätstheorie. Vorlesungsausarbeitung, Rheinisch-Westfl. Techn. Hochschule Aachen.

R. Schirmeister 1975: Gutartige Funktionen und Funktionenklassen. Diplomarbeit, Universität Freiburg i. Brsg.,pp. 74.

D. Schmidt 1984: Limitations on separating nondeterministic and deterministic complexity classes. Universität Karlsruhe, Fakultät für Informatik, Interner Bericht 1/84.

C.P. Schnorr 1973: Does computational speed-up concern programming? ICALP.
- 1974: Rekursive Funktionen und ihre Komplexität. Teubner-Verlag, Stuttgart.
- 1975: Optimal enumerations and optimal Gödel numberings. Math. Systems Theory 8.
- 1976: The network complexity and the Turing machine complexity of finite functions. Acta Informatica 7, 95-107.
- 1977: The network complexity and the breadth of Boolean functions. in: R.O. Gandy & J.M.E. Hyland (Eds): Logic Colloquium '76, 491-504.

H. Scholz 1952: Ein ungelöstes Problem in dersymbolischen Logik. JSL 17, pg. 160.
- & G. Hasenjaeger 1961: Grundzüge der mathematischen Logik. Springer.

W. Schönfeld 1979: An undecidability result for relation algebras. JSL 44, 111-115. Verschärfung in: Gleichungen in der Algebra der binären Relationen. Habilitationsschrift, § 5, Minerva Publikation, München 1981.

A. Schönhage 1980: Storage modification machines. SIAM J. Comput. 9, 490-508.

J. Schulte-Mönting 1976: Interpolation formulae for predicates and terms which carry their own history. AMLG 17, 159-170.

K.Schütte 1934: Untersuchungen zum Entscheidungsproblem der mathematischen Logik. Math. Ann. 109, 572-603.
- 1960: Beweistheorie. Springer Verlag.
- 1977: Proof theory. Springer Verlag.

M.P. Schutzenberger 1963: On context-free languages and pushdown automata. Information and Control 6, 246-264.

H. Schwichtenberg 1967: Eine Klassifikation der elementaren Funktionen. Unveröffentlichtes Manuskript, s. Rödding 1968.
- 1968: Eine Klassifikation der mehrfach-rekursiven Funktionen. Dissertation. Universität Münster, Institut f. math. Logik u. Grundlagenf.
- 1969: Rekursionszahlen und die Grzegorczyk-Hierarchie. AMLG 12, 85-97.
- 1971: Eine Klassifikation der ε_0-rekursiven Funktionen. ZMLG 17, 61-74.
- 1977: Proof theory: some applications of cut-elimination. in: J. Barwise (Ed.): Handbook of mathematical logic, 867-895.

D. Scott 1967: Some definitional suggestions for automata theory. JCSS 1, 187-212.

D.S. Scott & C. Strachey 1971: Towards a mathematical semantics for programming languages. in: J. Fox (Ed.): Proc. Symp. on Computers and Automata, 19-46, Pol. Inst. of Brooklyn Press.

J. Sebelik & P. Stepanek 1982: Horn clause programs for recursive functions. in: K.L. Clark & S.-A. Tärnlund (Eds.): Logic Programming, Academic Press, 325-341.

J.J. Seiferas & M.J. Fischer & A.R. Meyer 1973: Refinements of nondeterministic time and space hierarchies. SWAT 4, 130-137.

A. Selman 1979: P-selective sets, tally languages, and the behavior of polynomial time reducibilities on NP. Math. Systems Theory 13, 55-65.

E.Y. Shapiro 1982: Alternation and the computational complexity of logic programs. Proc. first int. logic programming conf., 154-163.

M. Shay & P. Young 1978: Characterizing the orders charged by program translators. Pac. J. Math. 76, 485-490.

S. Shelah 1977: Decidability of a portion of the predicate calculus. Israel J. Math. 28, 32-44.

J. Shepherdson 1959: The reduction of two-way automata to one-way automata. IBM J. Res. 3, 198-200.
- & H.E. Sturgis 1963: Computability of recursive functions. JACM 10, 217-255.

J.R. Shoenfield 1967: Mathematical logic. Reading.
- 1971: Degrees of unsolvability. North-Holland.

S.G. Simpson 1985: Nichtbeweisbarkeit von gewissen kombinatorischen Eigenschaften endlicher Bäume. AMLG.

Th. Skolem 1930: Über einige Satzfunktionen in der Arithmetik. Norske Vielenskaps Akademi, Oslo, Nr. 7.
- 1944: Remarks on recursive functions and relations. in: Det Kongelige Norske Videnskabers Selskab, Fordhandlinger 17, 89-92.

A.M. Slobodskoi 1981: Unsolbability of the theory of finite groups. Algebra and Logic 20, 139-156.

C.H. Smith 1979: Applications of classical recursion theory to computer science. in: F.R. Drake & S.S. Wainer (Ed.): Recursion Theory: Its Generalizations and Applications. London Math. Soc. Lecture Notes Ser. 45, Cambridge.

J. Smith 1983: The identification of propositions and types in Martin-Löf's type theory: a programming example. SLNCS 158, 445-456.

C. Smorynski 1977: The incompletenss theorems. in: J. Barwise (Ed.): Handbook of mathematical logic, 821-865.

R. Smullyan 1961: Theory of Formal Systems. Annals of Math. Studies, Princeton Univ. Press, Princeton, New Jersey.
- 1968: First-order logic. Springer.

R. Soare 1977: Computational complexity, speedable and levelable sets. JSL, 545-563.
- 1985: Recursively enumerable sets and degrees: a study of computable functions and computably generated sets. Springer.

E. Specker & V. Strassen 1976: Komplexität von Entscheidungsproblemen. SLNCS 43.

H.-D. Spreen 1983: On the equivalence problem in automata theory. in: Coll. on algebra, combinatorics and logic in computer science (Sept. 12-16, Györ, Ungarn). s. Schriften zur Informatik u. Angew. Math. 89, RWTH Aachen.
- 1984: Rekursionstheorie auf Teilmengen partieller Funktionen. Habilitationsschrift, RWTH Aachen.

R.J. Stanley 1965: Finite state representations of context-free languages. Quarterly Progr. Rep. no. 76, 276-279, MIT Res. Lab. Elect., Cambridge/Mass.

R. Statman 1977: Herbrand's theorem and Gentzen's notion of a direct proof. in: J. Barwise (Ed.): Handbook of mathematical logic, 897-912.
- 1977a: Complexity of derivations form quantifier-free horn formulae, mechanical introduction of explicit definitions, and refinement of completeness theorems. Proc. Logic Colloquium '76 (Eds. R. Gandy & M. Hyland), North-Holland, 505-518.

R.E. Stearns & H.B. Hunt III 1981: On the equivalence and containment problems for unambiguous regular expressions, grammars and automata. 22 FOCS, 74-81.

J. Stillwell 1982: The word problem and the isomorphism problem for groups. in: Bull. (New Series) AMS 6, 33-56.

M. Stob 1982: Index sets and degrees of unsolvability. JSL 47, 241-248.

L.J. Stockmeyer 1974: The complexity of decision problems in automata theory and logic. Ph. D. Thesis, Report TR-133, M.I.T., Project MAC, Cambridge, Mass.
- 1977: The polynomial-time hierarchy. TCS 13, 1-22.
- 1979: Classifying the computational complexity of problems. IBM Res. Rep. RC 7606 (#32926).
- & A.R. Meyer 1973: Word problems requiring exponential time. 5th STOC, 1-9.

J.E. Stoy 1977: Denotational semantics: The Scott-Strachey approach to programming language theory. MIT Press.

D.W. Straight 1979: Domino f-sets. ZMLG 25, 235-249.

J. Suranyi 1959: Reduktionstheorie des Entscheidungsproblems im Prädikatenkalkül der ersten Stufe. Budapest.

W.W. Tait 1968: Normal derivability in classical logic. in: J. Barwise (Ed.): The syntax and semantics of infinitary languages. Springer, 204-236.

K. Taniguchi & T. Kasami 1970: Reduction of context-free grammars. Information and Control 17, 92-108.

S.-A. Tärnlund 1977: Horn clause computability. BIT 17, 215-226.

A. Tarski 1936: Der Wahrheitsbegriff in den formalisierten Sprachen. Studia Philosophica 1, 261-405.

- 1954: Contributions to the theory of models. I, II. Nederl. Akad. Wetensch. Proc. Ser. A 57, = Indag. Math. 16, 572-588.

D.B. Thompson 1972: Subrecursiveness: Machine-Independent Notions of Computability in Restricted Time and Storage. Math. Systems Theory 6, 3-15.

A. Thue 1914: Probleme über Veränderungen von Zeichenreihen nach gegebenen Regeln. in: Skr. Vidensk. Selsk. I, 10, pp. 34.

M.B. Thuraisingham 1979: System functions and their decision problem. Ph.D. Thesis, University of Wales.

G.J. Tourlakis 1984: Computability. Reston Pu. Co.

B. Trachtenbrot 1950: Impossibility of an algorithm for the decision problem in finite classes. Dokl. Akad. Nauk SSSR 70, 569-572 (Engl. Übers. in: AMS Transl. Ser. 2, vol. 23 (1963) 1-5.).

B.A. Trachtenbrot 1953: O recursivno otdelimosti. Dokl. Akad. SSSR 88, 953-955.

- 1967: Complexity of algorithms and computations. Course Notes, Novosibirsk University (zitiert in Moll & Meyer 1974).

D. Tsichritzis 1970: The equivalence problem of simple programs. JACM 17,4.

- 1971: A note on comparison of subrecursive hierarchies. Inf. Proc. Letters 1, 42-44.

A.M. Turing 1937: On computable numbers, with an application to the Entscheidungsproblem. Proc. London Math. Soc. (2) 42, 230-265. A Correction ibid. 43 (1937) 544-546.

V.A. Uspenskij & A.L. Semenov 1981: What are the gains of the theory of algorithms? in: A.P. Ershov, D.E. Knuth (Eds): Algorithms in Modern Mathematics and Computer Science, SLNCS 122.

L.G. Valiant 1975: General context-free recognition in less than cubic time. JCSS 10, 308-315.

M.Y. Vardi 1982: Complexity of relational query languages. STOC 14, 137-146.

R. Verbeek 1978: Primitiv-rekursive Grzegorczyk-Hierarchien. Dissertation. Universität Bonn. Bericht Nr. 22 des Instituts für Informatik, pp. 137.

H. Volger 1982: A new hierarchy of elementary recursive decision problems. Methods of Operations Research 45, 509-519.

- 1983: Turing machines with linear alternation, theories of bounded concatenation and the decision problem of first order theories. TCS 23, 333-337.

- 1985: On theories which admit initial structures. Manuskript, Universität Tübingen.

S. Wainer 1972: Ordinal Recursion and a Refinement of the Extended Grzegorczyk Hierarchy. JSL 37, 281-292.
- 1982: The "Slow-Growing" Approach to Hierarchies. Proc. AMS Summer Institute on Recursion Theory, Cornell Univ., Ithaca, N.Y., (Eds. A. Nerode, R.A. Shore: Recursion Theory, Proc.Symp.Pure Math. 42, 1985)

H. Wang 1957: A variant to Turing's of theory of computing machines. JACM 4, 63-92.
- 1961: Proving theorems by pattern recognition-II. Bell System Techn. J. 40, 1-41.
- 1963: Tag systems and Lag systems. Math. Annalen 152, 65-74.

S. Watanabe 1963: Periodicity of Post's normal process of Tag. Proc. of the symposium on math. theory of automata, New York, 83-99.

K. Weihrauch 1985: Computability. Springer-Verlag.

M. Wirsing 1979: Small universal Post systems. ZMLG 25, 559-564.

N. Wirth 1971: Program development by stepwise refinement. Comm. ACM 14, 221-227.
- 1973: Systematic Programming: A Introduction. Prentice-Hall, Englewood Cliffs, N.J.
- 1974: On the composition of well structured programs. Computing Surveys 6, 247-259.
- 1975: Systematisches Programmieren. Teubner.
- 1975a: Algorithmen und Datenstrukturen. Teubner.
- 1984: Compilerbau. Teubner-Verlag.

C.E.M. Yates 1966: On teh degrees of index sets. Trans. AMS 121, 309-328.

M. Yntema 1971: Cap expressions for context-free languages. Information & Control 18, 311-318.

T. Yokomori & K. Joshi 1983: Semi-linearity, Parikh-boundedness and tree adjunct languages. Inf. Proc. Lett. 17, 137-143.

P. Young 1971: Speed-ups by changing the order in which sets are enumerated. in: Math. Systems Theory 5, 148-156. ibid., 1973, pg. 352(Corrigenda).
- 1971a: A note on "axioms" for computational complexity and computation of finite functions. Information and Control 19, 377-386.
- 1971b: A note on the union theorem and gaps in complexity classes. Math. Syst. Theory 5.
- 1973: Easy constructions in complexity theory: gap and speed-up theorems. Proc. AMS 37, 555-563.
- 1977: Optimization among provably equivalent programs. JACM 24, 693-700.
- 1983: Some structural properties of polynomial reducibilities and sets in NP.STOC 15, 392-401.
- 1985: Gödel theorems, exponential difficulity and undecidability of arithmetic theories: an exposition: AMS Proc. School on Recursion Theory, Cornell University, 1982.

M.M. Zloof 1977: Query-by-example: a database language. IBM Syst. J. 16, 324-343.

Index

Symbolverzeichnis

Anhang 1. Corrigenda und neuere Entwicklungen

1 Corrigenda

Wir wollen im folgenden einige kleinere Unvollkommenheiten der zweiten Auflage klären, die dem Leser Schwierigkeiten bereitet haben könnten.

1. Im Beweis der Unentscheidbarkeit des **Eckdominoproblems** auf S.59f muss das unerlaubte Hereinwandern eines neuen Zustandssymbols am linken Rand verhindert werden. Dazu führe man ein neues Begrenzungssymbol \$ für die Anfangsbeschriftung $\$0aaa\ldots$ ein und ergänze die im Beweis angegebenen Dominosteine wie folgt: Im Eckdominostein wird $0a$ bzw a durch \$ ersetzt und als einziger rechts daneben passender Stein der Stein mit der Belegung $\$ - 0a - a - leer$ (links,oben,rechts,unten) hinzugenommen. Bei den Kopiersteinen wird auch $a = \$$ erlaubt.

Beim Beweis der NP-Vollständigkeit des auf Seite 182 behandelten eingeschränkten Eckdominoproblems hat man Entsprechendes zu tun. Als Quadratlänge wähle man $s + 2$ (statt s), setze $t \leq s$ für die Kopiersteine, geben den Anfangssteinen in ihrer linken bzw. rechten Randbeschriftung die zusätzliche Markierung t bzw. $t + 1$ für $t < s$ und füge für den rechten Rand den Stein mit linker bzw. oberer Beschriftung s bzw. \$0 hinzu. Dann kann der akzeptierende Stopzustand durch die Haltesteine bis zur Zeile $s + 1$ (statt s) durchgezogen werden. Entsprechend ist dann in $Q(M, w, s)$ in Zeile s der linke und rechte Rand belegt mit Randsteinen der Beschriftung (leer,\$,leer,\$) in Position links,oben,rechts,unten.

2. Im Kapitel CI über Komplexitätsklassen rekursiver Funktionen haben wir (ohne dieses ausdrücklich zu erwähnen) die *Standardschreibweise* von Turingmaschinenprogrammen (im Sinne von Paragraph AI1) vorausgesetzt.

3. Beim Beweis des *Satzes von Immerman und Vardi* (S.407ff) nehme man zur Programmformel im 2. Fall noch die Bedingung

$$\forall B(\vec{x}, \overline{(i,j)}, \vec{u}, \vec{z} \wedge (\vec{y} < \vec{z} \vee \vec{z} + 1 < \vec{z})$$

hinzu, um zu vermeiden, dass sich die alte Beschriftung auch ins neue Arbeitsfeld überträgt.

4. Der Beweis des *Satzes von Plaisted* kann ohne Einführung des Hilfsprädikats P geführt werden, indem man das P-Axiom in α ersetzt durch

$$\exists \vec{u} B_r(\vec{0}, \vec{u}, \vec{0})$$

2 Neuere Entwicklungen

Seit Fertigstellung des Manuskripts zur 1. Auflage im Frühjahr 1985 haben sich Logik und Komplexitätstheorie insbesondere im Spannungsfeld zwischen Logik und Informatik entscheidend weiterentwickelt. Dabei haben sich viele der Gewichtungen und Beziehungen, die in diesem Buch aufgearbeitet und herausgestellt worden sind, bestätigt und verstärkt. Wir geben im folgenden einige (vor allem bibliographische) Hinweise, die es dem Leser gestatten, diesen neueren Entwicklungen nachzugehen. Im Anhang 2 führen wir ein neues, von Gurevich 1988 eingeführtes Konzept vor, das auf den zwei Grundbegriffen *Transitionssystem* und *Algebra* der Berechenbarkeitstheorie bzw. der Logik aufbaut und das Gebiet der formalen Semantik von (wirklichen) Programmiersprachen und der formalen Spezifikation komplexer, grosser Programmiersysteme in den kommenden Jahren entscheidend beeinflussen dürfte.

Kurz nach Erscheinen der 1. Auflage dieses Buches, das sich die Herausarbeitung des inneren Zusammenhangs zwischen Themen der Logik und der Informatik zur Aufgabe gemacht hatte, sind zwei internationale, je einmal im Jahr stattfindende Tagungen begründet worden, die dieses Thema in ihrem Namen tragen: **LICS** (*Logic in Computer Science*) und **CSL** (*Computer Science Logic*). In den entsprechenden Tagungbänden, die regelmässig von IEEE bzw. vom Springer-Verlag (in den LNCS, bisher in den Bänden 329,385,440,533) veröffentlicht werden, kann der Leser die wesentlichen neuen Entwicklungen im Spannungsfeld zwischen theoretischer Informatik und mathematischer Logik nachvollziehen.

Im Bereich der **Komplexitätstheorie** können als Hauptentwicklungen wohl die folgenden bezeichnet werden: die sog. *strukturelle Komplexitätstheorie* (d.h. Studium von Reduzierbarkeitsbegriffen mit Ressourcenbeschränkung in bezug auf gegebene Komplexitätsklassen und zugehörige Gradtheorie, von Zählklassen, Lowness-Begriffen und absoluten (nicht relativierten) Resultaten), starke Impulse für die probabilistische, Kolmogorov und parallele Komplexität, der Zusammenhang zwischen nicht uniformen Komplexitätsklassen und der Komplexität von Schaltkreisen, die Rolle linearer (Zeit-) Komplexität und die Entwicklung der endlichen Modelltheorie. Als Literatur empfehlen wir das *Handbook of Theoretical Computer Science* ([Leeuwen 90]),[BDG 90], die bei IEEE erscheinenden Berichte der neuen Tagungsreihe *Annual Conference on Structure in*

Complexity Theory, die Tagungsbände von ICALP (*International Colloquium on Automata, Languages and Programming*, MFCS (*Mathematical Foundations of Computer Science*), FCT (*Fundamentals of Computation Theory*), STACS (*Symposium on Theoretical Aspects of Computer Science*), die Bücher [Schöning 85], [Chaitin 87], [Wegener 87], [Calude 88] und [Selman 90]. Für die endliche Modelltheorie s. die Literaturliste [Grädel 91].

Besonders erwähnt werden sollten hier der sowohl in [Immerman 88] wie in [Szelepcsenyi 88] erbrachte Nachweis der Komplementabgeschlossenheit der kontextabhängigen Sprachen (s. LBA-Problem S. 263) sowie das posthum erschienene Werk [Büchi 89], in dem (endliche) Automaten als (mehrsortige) Algebren eingeführt werden: ein erster Schritt in Richtung der Gurevichschen dynamischen Algebren, die wir in Anhang 2 behandeln. Eine empfehlenswerte Ergänzung zum Exkurs über Fixpunktsemantik von Programmen in Paragraph AI2 ist der zweite Teil von [EL 88].

Für den Bereich der **Logik** haben wir den Leser zum Nachvollzug der neueren Entwicklungen seit 1985 bereits auf die seit 1986 jährlich erscheinenden Bände von LICS und CSL hingewiesen. In der Beweistheorie hat sich die von Girard begründete lineare Logik einen wichtigen Platz zwischen Logik und Informatik erworben. Als Einstieg sei der Leser auf [Girard 87] verwiesen. An neueren Büchern zur Beweistheorie empfehlen wir dem Leser [Buss 86], [Girard 87a], [GiLaTa 89], [Takeuti 87], für den Konstruktivismus insbesondere das fundamentale zweibändige Werk [TroevDal 88, TroevDal 88a].

Erwähnenswert ist auch die Aufarbeitung – im Rahmen einer umfangreichen Theorie (*provability logic*) – der Sätze von Gödel und Löb (s. Kap. FII über die Unvollständigkeit der Arithmetik). Die Grundlage ist die Erkenntnis, dass die Beweise dieser Sätze im Kern aussagenlogischen Charakters sind, was zu ausführlicher modaler Analyse des Phänomens der Selbstbezugnahme und arithmetischer Interpretationen geführt hat. Der Leser sei diesbezüglich verwiesen auf [Smorynski 85, Smorynski 84]. Im Anschluss an Kapitel D empfehlen wir dem Leser das Buch [Fitting 90], das auf der Grundlage von Bäumen eine gelungene Darstellung der Logik vom Blickpunkt automatischer Beweisverfahren gibt. Speziell im Anschluss an die prozedurale Interpretation von Hornklauseln (Paragraphen DIII3 und FI1) sind als neuere Werke die 2., 1987 erschienene erweiterte Auflage des Buches [Lloyd 87] sowie der Artikel von K. Apt in [Leeuwen 90] zu empfehlen.

References

[BDG 88] J. L. Balcazar, J. Diaz, J. Gabarro: *Structural Complexity I*. Springer 1988.

[BDG 90] J. L. Balcazar, J. Diaz, J. Gabarro: *Structural Complexity II.* Springer 1990.

[Büchi 89] R. Büchi: *Finite Automata, their Algebras and Grammars. Towards a Theory of Formal Expressions.* North-Holland, Springer 1987.

[Buss 86] S. R. Buss: *Bounded Arithmetic.* Bibliopolis 1986.

[Calude 88] C. Calude: *Theories of Computational Complexity.* North-Holland, Amsterdam etc. 1988.

[Chaitin 87] G. Chaitin: *Algorithmic Information Theory.* Cambridge University Press, 1987.

[EL 88] E. Engeler, P. Läuchli: *Berechnungstheorie für Informatiker.* Teubner, Stuttgart 1988.

[Fitting 90] M. Fitting: *First-Order Logic and Automated Theorem Proving.* Springer, 1990.

[Girard 87] J. - Y. Girard: *Linear Logic.* TCS 50, 1987.

[Girard 87a] J. - Y. Girard: *Proof Theory and Logical Complexity.* Bibliopolis, 1987.

[GiLaTa 89] J. - Y. Girard, Y. Lafont, P. Tailor: *Proofs and Types.* Cambridge Tracts in Theoretical Computer Science 7, Cambridge University Press, 1989.

[Grädel 91] E. Grädel: *Literature on Finite Model Theory.* Literaturliste, Math.Institut der Universität Basel, 1991.

[Immerman 88] N. Immerman: *Nondeterministic Space is Closed Under Complementation.* SIAM Journal of Computing 17, 1988, 935-938.

[Leeuwen 90] J. van Leeuwen (Ed.): *Handbook of Theoretical Computer Science.* Vol.A: *Algorithms and Complexity,* Vol.B:*Formal Models and Semantic.*Elsevier, Amsterdam etc. 1990.

[Lloyd 87] J. W. Lloyd: *Foundations of Logic Programming.* Springer Verlag, 1987.

[Schöning 85] U. Schöning: *Complexity and Structure.* Springer LNCS Band 211, 1985.

[Selman 90] A. Selman: *Complexity Theory Retrospective.* Springer 1990.

[Smorynski 84] C. Smorynski in: D. Gabbay, F. Guenthner (Eds.): *Handbook of Philosophical Logic.* Vol.II: *Extensions of Classical Logic.* Reidel, Dordrecht etc. 1984.

[Smorynski 85] C. Smorynski: *Self-reference and Modal Logic.* Springer 1985.

[Szelepcsenyi 88] R. Szelepcsenyi: *The Method of Forced Enumeration for Nondeterministic Automata..* Acta Informatica 26,1988, 279-284.

[Takeuti 87] G. Takeuti: *Proof Theory.* 1987.

[TroevDal 88] A. S. Troelstra, D. van Dalen: *Constructivism in Mathematics. An Introduction.* Volume 1. North Holland, Studies in Logic and the Foundations of Mathematics, vol. 121, 1988.

[TroevDal 88a] A. S. Troelstra, D. van Dalen: *Constructivism in Mathematics. An Introduction.* Volume 2. North Holland, Studies in Logic and the Foundations of Mathematics, vol. 123, 1988.

[WagnWech 86] K. Wagner, G. Wechsung: *Computational Complexity.* Reidel, Dordrecht 1986.

[Wegener 87] I. Wegener: *The Complexity of Boolean Functions.* Teubner, Stuttgart und Wiley, New Yoprk 1987.

Anhang 2. Dynamische Algebren und Semantik von Prolog

1 Einführung und Definition

Wir stellen im folgenden den 1988 von Y. Gurevich eingeführten Begriff der *dynamischen Algebra* vor, der es gestattet, beliebige Programmiersysteme, von mathematischen Berechnungsformalismen bis zu Implementierungen von Programmiersprachen, auf dem jeweils gewünschten Abstraktionsniveau mathematisch präzis und handlich zu beschreiben und somit mathematischer Behandlung zugänglich zu machen. Dieser Begriff, der lediglich die grundlegenden Begriffe des Transitionssystems (aus der Berechenbarkeitstheorie) und der erststufigen Algebra (aus der Logik) voraussetzt, dürfte in den kommenden Jahren eine wachsende Rolle für Spezifikationsprobleme komplexer Systeme spielen. Als anspruchsvolles Anwendungsbeispiel geben wir im folgenden Abschnitt eine formale Spezifikation des Kerns von Prolog mittels Prologalgebren.

Der Ausgangspunkt der Definition des Begriffs dynamischer Algebren in [Gurevich 88a, Gurevich 88b] war der Wunsch, für die mathematische Grundlegung der Semantik von Programmierkonstrukten einen Begriffsrahmen zu entwickeln, der dem dynamischen Charakter und dem Aspekt der Beschränktheit von Ressourcen bei Berechnungsabläufen direkt Ausdruck zu geben und Rechnung zu tragen erlaubt. Insbesondere sollte ein Begriffssystem entstehen, welches nicht nur zur Spezifikation kleiner Beispielsalgorithmen und -sprachen hinreicht, sondern auf in Benutzung befindliche komplexe Programmiersprachen und -systeme mit Erfolg angewandt werden kann. Seit 1988 sind auf dieser Grundlage semantische Spezifikationen der folgenden Programmiersprachen entstanden: Modula-2 als Beispiel einer imperativen Programmiersprache ([GureMorr 88]), Smalltalk als Beipsiel einer objektorientierten Programmiersprache ([Blakley 91]), Occam als Beispiel einer parallelen und verteilten Programmiersprache ([GureMoss 90]), Prolog ([Börger 90a, Börger 90b, BoerRose 91a, BoerRose 91b]) und Parlog ([BoerRicc 91a, BoerRicc 91b]) als Beispiele sequentieller bzw. paralleler Logikprogrammiersprachen. Der gesuchte Begriffsrahmen soll sowohl die mathematische Behandlung – bei Entwurf und Analyse – wie auch das intuitive prozedurale Verständnis und die Kontrolle grosser Programmiersysteme seitens des Programmierers und Benutzers unterstützen.

Gurevich hat die Grundidee operationaler Semantik aufgenommen, wonach die Semantik einer Programmiersprache mittels einer abstrakten Maschine zur Ausführung der Befehle der Sprache definiert wird. In [Gurevich 88b] wird als Präzisierung des intuitiven Begriffs der abstrakten Maschine der Begriff der (erststufigen) Algebra vorgeschlagen und im Zusammenhang mit einer verschärften Churchschen These begründet. Die in einer Algebra zum Ausdruck kommende mathematische Struktur verkörpert die grundlegenden Datenstrukturen der jeweils intendierten Maschine. Diese Auffassung verallgemeinert den diesem Buch zugrundegelegten Scottschen Begriff der abstrakten Maschine (s. Abschnitt AI1) und die jüngst einem breiteren Kreis bekanntgewordene Büchische Auffassung endlicher Automaten als Algebren (s.[Büchi 89]). Sie ermöglicht die freie Wahl des jeweils gewünschten Abstraktionsniveaus, was sich für die Flexibilität und die mathematische Einfachheit dynamischer Algebren als Instrument zur formalen Spezifikation als entscheidend erwiesen hat. Im Sinne der Berücksichtigung eventueller Ressourcenbeschränkungen setzt Gurevich diese Algebren als endlich voraus; solange man an der Behandlung derartiger Ressourcenschranken nicht interessiert ist, kann man diese Voraussetzung stillschweigend übergehen, was wir in diesem Anhang zumeist tun werden. Zum Ausdruck des dynamischen Aspekts von Berechnungsabläufen schliesslich gibt [Gurevich 88a, Gurevich 88b, Gurevich 91] den Algebren endlich viele Regeln bei, mit deren Hilfe *Algebren* transformiert werden können. Dies gestattet, die elementaren Operationen einer Sprache oder Maschine in ihrem im allgemeinen lokalen Charakter unmittelbar, die grundlegenden Intuitionen des zu formalisierenden Systems nachspielend und dennoch präzis und bündig zu beschreiben.

Die vorstehenden Überlegungen können wir wie folgt zusammenfassen, wobei wir aus Vereinfachungsgründen in diesem Anhang in Algebren lediglich Funktionen betrachten und Prädikate durch ihre charakteristischen Funktionen vertreten lassen:

Hauptdefinition ([Gurevich 88a]). Eine *dynamische Algebra* $\mathcal{A}$ ist ein durch eine endliche Menge von Transitionsregeln bestimmtes Transitionssystem über den (endlichen) partiellen Algebren einer gegebenen Signatur. Die Transitionsregeln haben die Form:

$$\text{If } b \text{ then } U_1, \ldots, U_n$$

mit erststufigen Ausdrücken b der gegebenen Signatur und Funktionsaktualisierungen, Bereichserweiterungen und -verkleinerungen U_i (s.u.).

Die Partialität der Algebren bedeutet, dass die Funktionen partiell sein können. Eine Regel ist auf eine Algebra $\mathcal{A}$ anwendbar, wenn ihre Bedingung b in $\mathcal{A}$ erfüllt ist; ihre Anwendung besteht in der simultanen Ausführung aller Aktualisierungen U_i. (Durch die Gleichzeitigkeit der Ausführung aller Aktualisierungen wird von lästigen Zwischenspeicherungen abstrahiert.)

Eine ***Funktionsaktualisierung*** hat die Form $f(t_1, \ldots, t_n) := t$ mit Termen $t_1, \ldots, t_n, t$ und einer Funktion f der gegebenen Signatur. Die Anwendung einer derartigen Funktionsaktualisierung auf eine Algebra $\mathcal{A}$ besteht in Folgendem: in $\mathcal{A}$ werden die Terme t_i, t ausgewertet[1]. Seien ihre Werte a_i resp. a. Dann wird der Funktion f von $\mathcal{A}$ als Wert für das Argument $(a_1, \ldots, a_n)$ das Element a zugeordnet. So entsteht eine neue Algebra $\mathcal{A}'$ der gleichen Signatur, die sich von der gegebenen höchstens durch den Wert an der Stelle $(a_1, \ldots, a_n)$ unterscheidet.

Wir benutzen in Anwendungen meistens mehrsortige Algebren, also mit mehreren Universen $A_1, \ldots, A_m$. Man kann diese als Teilmengen eines einzigen Hauptuniversums A auffassen und somit mittels ihrer charakteristischen Funktionen behandeln. Zwecks Vereinfachung geben wir normalerweise nur die gewünschten Universen an, ohne eine Obermenge als Hauptuniversum explizit zu benennen. Die Entscheidung, in Algebren Prädikate durch ihre charakteristischen Funktionen zu vertreten, bedeutet, stillschweigend den Bereich BOOL=$\{0,1\}$ als zu jeder dynamischen Algebra gehörig zu betrachten.

Eine *Bereichserweiterung* hat die Form

$$\text{Extend } B \text{ by } temp_1, \ldots, temp_t \text{ with } F \text{ Endextend}$$

wobei B ein Bereich der gegebenen mehrsortigen Algebra und F eine endliche Menge von Funktionsaktualisierungen ist, in denen temporäre Namen $temp_s$ vorkommen können, wobei s ein oBdA arithmetischer Term ist, in dem evtl. Parameter (lokale Variablen) $i, j, \ldots$ auftreten. Eine Bereichserweiterung auf eine Algebra $\mathcal{A}$ mit Hauptbereich A anzuwenden bedeutet, in $\mathcal{A}$ den Term t zu einer natürlichen Zahl, sagen wir n, auszuwerten, n neue (d.h. in keinem ausser dem Hauptbereich auftretende) Elemente $temp_1, \ldots, temp_n$ aus A zum Bereich B hinzuzunehmen und mit diesen Elementen die Funktionsaktualisierungen von F in $\mathcal{A}$ für alle Parameter $i, j, \ldots$ zwischen $1, \ldots, n$ auszuführen, für welche die Werte der auftretenden Terme s ebenfalls innerhalb der Schranke $1, \ldots, n$ liegen. (Die Hinzunahme von *temp* zu B bedeutet formal, den Wert der charakteristischen Funktion von B für das Element *temp* auf 1 zu aktualisieren.) Dadurch entsteht aus $\mathcal{A}$ eine neue Algebra $\mathcal{A}'$ der gleichen Signatur. (Wir behandlen also alle zwischen EXTEND und ENDEXTEND auftretenden Variablen als lokal.)

Eine *Bereichsverkleinerung* hat die Form DISCARD t from B, wobei t ein Term der zugrundeliegenden Signatur und B ein Bereich ist. Sie auf eine Algebra $\mathcal{A}$ anzuwenden bedeutet, t in $\mathcal{A}$ auszuwerten, sagen wir zu

[1] Wegen der Partialität der beteiligten Funktionen braucht dieser Auswertungsprozess nicht unbedingt abzubrechen, was im Einklang mit späteren prozeduralen Spezifikationen solcher Auswertungsoperationen durch Regeln oder Programme steht.

einem Element a (aus dem Bereich B), und dann dieses Element aus B zu entfernen (d.h. die charakteristische Funktion von B für dieses Element auf den Wert 0 zu aktualisieren). Automatisch sind damit auch alle Funktionen auf solchen Argumenten undefiniert, in denen – oder als deren Wert – a als Element von B auftritt. Bereichsverkleinerungen braucht man typischerweise zur Beschreibung der Freigabe nicht mehr nötigen Speicherplatzes.

Hiermit ist die Definition dynamischer Algebren abgeschlossen. Wir sprechen auch von Paaren aus einer konkreten Algebra und einem endlichen Regelsystem der entsprechenden Signatur als dynamischer Algebra. Das Regelsystem nennt man auch das *Entwicklungsgesetz* der betrachteten dynamischen Algebra. Je nach zu modellierendem Berechnungssytem werden wir wie üblich auch Initialisierungsbegriffe und somit ausgezeichnete Anfangsalgebren und von solchen ausgehende Berechnungen des Transitionssytems betrachten.

Beim Aufschreiben konkreter dynamischer Algebren notieren wir zwecks Übersichtlichkeit die Menge von Aktualisierungen innerhalb einer Regel meistens untereinander. Als Abkürzung benutzen wir

If b_1 then
 If b_2 then U_2
 else U_1

an Stelle der beiden Regeln

If $b_1 \& b_2$ then U_2
If b_1 & not b_2 then U_1

und entsprechend für weitere Schachtelungen von if-then-else.

Die Ausdrücke b in den Regeln sind normalerweise sehr einfach. Für die Beschreibung von Modula-2 in [GureMorr 88] beispielsweise sind nur abgeschlossene quantorenfreie Ausdrücke b gebraucht worden, für Occam in [GureMoss 90] abgeschlossene quantorenfreie, rein universelle oder rein existentielle Ausdrücke, ähnlich für Parlog in [BoerRicc 91a, BoerRicc 91b].

Nach Definition sind dynamische Algebren u. U. indeterminiert. Bewusst sind "inkonsistente" Aktualisierungen nicht ausgeschlossen worden, wie z. Bsp. $f(a) := b$ und $f(a) := c$ mit $b \neq c$ innerhalb einer Regel. (In der etwas anderen Definition von [Gurevich 91] wird solcherart Inkonsistenz durch die Indeterminiertheit gelöst. Man könnte auch sagen, dass solche Aktualisierungen die Funktionalität von f nicht erhalten.) Für alle Regeln, die wir im folgenden benutzen, wird ihre Konsistenz unmittelbar einleuchtend sein. Wenn wir determinierte Systeme beschreiben, wird vernünftigerweise auch die entsprechende dynamische Algebra determiniert sein, was in den uns bekannten Fällen immer leicht aus der Form der Regelbedingungen ersichtlich ist.

2 Einfache Beispiele dynamischer Algebren

2.1 Universelle dynamische Algebren

Nicht weil sie einer weitergehenden mathematischen Präzisierung bedürftig wäre, sondern wegen ihrer Einfachheit als theoretisches universelles Berechnungsmodell wollen wir die Turingmaschine als Anfangsbeispiel einer dynamischer Algebra vorführen. Dazu definieren wir (die Signatur von) TM-Algebren und das TM-Entwicklungsgesetz.

Eine **TM-Algebra** hat vier Bereiche: ein Alphabet ALPH, eine Menge BANDPOS von Bandpositionen, eine Zustandsmenge ZUST und eine Menge BEWEG von Bewegungen. Meistens wird BANDPOS als Menge der ganzen Zahlen und BEWEG als Dreiermenge {r,0,l} eingeführt, was wir im Hinblick auf spätere Überlegungen hier vorerst ausser acht lassen wollen. Über diesen Bereichen sind in einer TM-Algebra die folgenden Funktionen vorhanden:

Inh: BANDPOS → ALPH (Bandinhaltfunktion)
Z: ZUST (0-stellige Funktion zur Angabe des laufenden Zustands)
A: BANDPOS (0-stellige Funktion zur Angabe des Arbeitsfeldes)

Diese drei Funktionen formalisieren *TM-Konfigurationen.* Die nachfolgenden drei Funktionen realisieren den Begriff des *Programms* (über einem gegebenen Alphabet) auf der TM bzgl. der Quintupelnotation (iaa'bj):

Druck: ZUST × ALPH → ALPH (Druckfunktion)
Beweg: ZUST × ALPH → BEWEG (Bewegungsfunktion)
Folgezust: ZUST × ALPH → ZUST (Nachfolgezustandfunktion)

Eine besonders kompakte Beschreibung des TM-Entwicklungsgesetzes ergibt sich, wenn wir vorerst von Ressourcenbeschränkung abstrahieren. In diesem Fall benötigen wir lediglich eine Hilfsfunktion zur Bestimmung des neuen Arbeitsfelds in Abhängigkeit von der jeweils ausgeführten Bewegung:

Folgearbfeld: BANDPOS × BEWEG → BANDPOS
(Nachfolgearbeitsfeldfunktion)

Diese Funktion ist "statisch", da sie sich nicht (insbesondere nicht durch Regelanwendungen) verändert. Mit ihrer Hilfe können wir das **TM-Entwicklungsgesetz** durch eine einzige Regel definieren:

If *true* then
Inh(A):= Druck(Z,Inh(A))
A:= Folgearbfeld(A,Beweg(Z,Inh(A)))
Z:= Folgezust(Z,Inh(A))

Wir gehen natürlich davon aus, dass der Boolsche Ausdruck *true* stets erfüllt ist.

Bemerkung. Der Leser beachte, dass wir bisher keinerlei Voraussetzung über die Kardinalität der TM-Universen gemacht haben. Der kritische Bereich ist offensichtlich BANDPOS. Es bleibt weitergehender Spezifikation überlassen, ob man BANDPOS als unendlich und *Folgearbfeld* als totale Funktion auffassen will oder aber BANDPOS als endlich wählt. Im zweiten Fall kann man beim Verlassen der zur Verfügung stehenden Bandpositionen entweder die Berechnung (auf Grund der Nichtdefiniertheit gewisser Terme) als undefiniert betrachten oder aber – was wir jetzt tun wollen – die Rolle der Hilfsfunktion *Folgearbfeld* bei der Bestimmung des neuen Arbeitsfelds durch neue Regeln garantieren, in denen die erforderliche Bereichserweiterung expliziert wird.

Die **Variante** von *TM-Algebren mit endlichem, aber potentiell unendlichem Band* erhält man aus den vorstehend definierten TM-Algebren wie folgt: wir spezifizieren BEWEG zu {+,0,–} , zeichnen einen Buchstaben b in ALPH (formal: eine 0-stellige Funktion mit Wert in ALPH) als Leersymbol aus und ersetzen die Funktion *Bandpos* durch die folgenden Funktionen:

+,–: BANDPOS → BANDPOS (Nachfolger-/Vorgängerfunktion)
L,R :BANDPOS (0-stellige Funktionen für linkes und rechtes Bandende)

Für diese Funktionen fordern wir (als Integritätsbedingung), dass $L \leq A \leq R$ bzgl. der natürlichen, durch + und – definierten Ordnung $\leq$ und dass (in Postfixnotation) $x^{+-} = x^{-+} = x$ für alle Elemente x aus BANDPOS gilt, für die x^{+-} und x^{-+} definiert sind.

Man erhält das Entwicklungsgesetz der TM-Algebra mit endlichem, aber potentiell unendlichem Band, wenn im oben angegebenen TM-Entwicklungsgesetz die Aktualisierung des Arbeitsfeldes A ersetzt wird durch die folgende Regel, die die Banderweiterung bei Rechts- (bzw. Links-) befehl am rechten (bzw. linken) Bandende beschreibt.

```
if L ≠ A ≠ R then A := A^Bewegg(Z,Inh(A))
elsif Bewegg(Z,Inh(A)) = + then
      if A = R & (L ≠ A oder (L = A & Inh(A)≠ b)) then
            Extend BANDPOS by temp with
                  R:=temp R⁺:=temp temp⁻ = R
                  Inh(temp):=b A:=temp
            Endextend
      if L = A ≠ R & Inh(A)≠ b then A := A⁺
      if L = A ≠ R & Inh(A)=b then
            Discard L from BANDPOS L:=L⁺ A:=A⁺
      elsif Bewegg(Z,Inh(A))=– then
            ⋮
```

Für den Nachweis der Korrektheit dieser Formalisierung beachte der Leser, dass sich A im Fall *Bewegg(Z,Inh(A))*=0 wie auch im Falle

$L = A = R$ & $Inh(A)=b$ nicht verändert; also brauchen wir diese Fälle in den Regeln nicht zu betrachten. Der Leser beachte auch, dass wir durch den Gebrauch der Bereichsverkleinerung dafür gesorgt haben, dass (bei entsprechender Initialisierung) BANDPOS jeweils nur den nicht leeren Teil des Bandes enthält. Die Annahme, dass BANDPOS potentiell unendlich ist, wird reflektiert durch die Tatsache, dass im Falle der Bandbegrenzungsüberschreitung für die Bereichserweiterung bedingungslos ein neues Element aus dem Hauptuniversum zu BANDPOS hinzugenommen werden kann.

Ist man an der Kontrolle des Platzbedarfs interessiert, kann man natürlich mühelos eine Schranke *maxband* (0-stellige Funktion mit Wert in den natürlichen Zahlen) für die maximale Anzahl erlaubter Bandpositionen sowie eine weitere 0-stellige Funktion *aktband* zur Formalisierung der aktuellen Bandlänge einführen, welche letztere bei Banderweiterung bzw. -verkleinerung aktualisiert wird und für welche die Kontrolle $aktband < maxband$ in die Bedingung der Banderweiterungsregel aufgenommen wird. Für den Versuch einer Banderweiterung bei $aktband=maxband$ kann dann eine neue Regel hinzugenommen werden, welche ausdrückt, was im Falle derartiger unerlaubter Bandüberschreitung geschehen soll. Wir empfehlen die Ausformulierung dieser Ressourcenbehandlung als Übung, s.u. Dabei gehe der Leser davon aus, dass *maxband* durch die Initialisierung festgelegt wird und sich danach nicht verändert. Somit ist auch *maxband* ein Beispiel einer "statischen" Funktion.

Übung. Formulieren Sie aus, wie das Entwicklungsgesetz der TM-Algebren verfeinert werden muss, um wie vorstehend angegeben auch von aussen auferlegte Platzbedarfsschranken zu respektieren.

Die vorstehenden dynamischen Algebren zur Formalisierung der Turingmaschine haben ein universelles Entwicklungsgesetz. Zum Vergleich überdenke der Leser die folgende

Übung. Formalisieren Sie ein beliebig aber fest vorgegebenes TM-Programm M als dynamische Algebra ohne die oben angegebenen Programmfunktionen und mit einem Entwicklungsgesetz, das für jede Programminstruktion von M eine Regel enthält.

Durch das TM-Entwicklungsgesetz werden nur die Funktionen Z, A und *Inh*, die die TM-Konfigurationen repräsentieren, aktualisiert, während die restlichen Funktionen und alle Universen *statisch* sind. Dies betrifft insbesondere die Programmfunktionen, die durch die Initialisierung ein für allemal festgelegt sind. (Bei der Formalisierung von Prolog im nächsten Abschnitt werden wir berücksichtigen müssen, dass in dieser Sprache auch dynamisch Veränderungen des Programms programmiert werden können, was eine exakte Definition der Semantik solcher Programme entschieden erschwert.) Bei der TM-Variante mit endlichem, potentiell unendlichem Band sind auch das Universum BANDPOS und die Vorgänger- und Nachfolgerfunktion sowie L und R "dynamisch". Es bleibt der Phantasie des Lesers überlassen, durch Drehen an den Parametern dynamischer TM-Algebren Varianten von TM-Modellen zu formulieren, die ihm interessant erscheinen.

Übung. Modifizieren Sie die TM-Algebren zu k-Band-TM-Algebren. *Hinweis*: es genügt, *k* Exemplare der TM-Bandstruktur BANDPOS, A, L, R, *Inh* einzuführen und die Funktionen*Folgezust*, *Druck* und *Bewegg* auf $ALPH^k$ und $BEWEG^k$ zu erweitern.

Übung. Modifizieren Sie die TM-algebren zu 2-dimensionalen TM-Algebren.

Als weiteres einfaches Beispiel definieren wir **Wortregistermaschinen** als dynamische Algebren. Dazu geben wir (die Signatur von) Wort-RM-Algebren und deren Entwicklungsgesetz an. Eine *Wort-RM-Algebra* hat drei Universen INSTR (von Instruktionen), REG (von Registern) und WORT (von Worten), die durch folgende Funktionen miteinander verbunden sind:

Reg: INSTR → REG (zur Angabe des betroffenen Registers
Inh: REG → WORT (zur Angabe des Registerinhalts)
Folgeinstr: INSTR ∪ (INSTR×WORT) → INSTR

WORT enthält ein ausgezeichnetes Element (0-stellige Funktion) □ (für das leere Wort). INSTR enthält ein ausgezeichnetes Element *aktinstr* (zur Angabe der aktuellen Instruktion) und ist disjunkt zerlegt in drei Teilbereiche DRUCK (von Druckinstruktionen), LÖSCH (von Löschinstruktionen) und TEST (von Testinstruktionen). Entsprechend dazu sind über WORT und INSTR die folgenden Funktionen vorhanden, mittels derer wir die elementaren Operationen des Druckens, Löschens und Testens am Wortbeginn realisieren:

Druck: WORT × WORT → WORT (druckt Argument1 vor Argument2)
Anfng: WORT → WORT (liefert den Wortanfang)
Rest: WORT → WORT (löscht den Wortanfang, liefert den Wortrest)
Buchst: DRUCK ∪ TEST → WORT (liefert das Druck-/Testobjekt)
Yes: TEST → INSTR (Folgeinstruktion bei positivem Testausgang)

In der Wort-RM wird als Wortanfang bei Test und Löschen der erste Buchstabe eines Wortes genommen und ist die Druckoperation auf das Drucken von Buchstaben (als erstes Argument) beschränkt, aber wir können davon hier ohne weiteres abstrahieren. Das *Wort-RM-Entwicklungsgesetz* wird durch die folgenden Regeln definiert, die die Wirkung von respektive Druck-, Lösch- und Testinstruktionen beschreiben:

```
if aktinstr ∈ DRUCK then
    Inh(Reg(aktinstr)):=Druck(Buchst(aktinstr),Inh(Reg(aktinstr)))
    aktinstr:=Folgeinstr(aktinstr)
```

if *aktinstr* $\in$ LÖSCH then
Inh(Reg(aktinstr)):=Rest(Inh(Reg(aktinstr)))
aktinstr:=Folgeinstr(aktinstr)

if *aktinstr* $\in$ TEST then
if *Anfng(Inh(Reg(aktinstr)))=Buchst(aktinstr)* then
aktinstr:=Yes(aktinstr)
if *Anfng(Inh(Reg(aktinstr)))≠Buchst(aktinstr)* then
aktinstr:=Folgeinstr(aktinstr)

Die Registermaschine zur Verarbeitung natürlicher Zahlen ergibt sich hieraus als dynamische Algebra durch Einschränkung von WORT auf Worte über dem unären Alphabet {|}, Spezifikation der Druck- und Löschfunktion zu Addition bzw. Subtraktion von 1 in den natürlichen Zahlen und der Buchstabenfunktion zu *Buchst(instr)*=| für Druck- und *Buchst(instr)*=□ für Testinstruktionen.

Die gerade definierten TM- und RM-Algebren sind wie die TM und RM determiniert: zu jedem Zeitpunkt ist höchstens eine Regel anwendbar. Für nicht determinierte Systeme kann man auf natürliche Weise eine Beschreibung durch nicht determinierte dynamische Algebren angeben, in denen jeweils eine von evtl. mehreren möglichen Regeln benutzt wird. Am Beispiel der **Ersetzungssysteme** wollen wir jetzt eine weitere Möglichkeit aufzeigen, die Auswahl der anzuwendenden Regel durch sog. externe Funktionen explizit zu machen. Eine *externe* Funktion einer dynamischen Algebra $\mathcal{A}$ ist eine Funktion von $\mathcal{A}$, die zwar nicht durch Regeln von $\mathcal{A}$ aktualisiert, aber dennoch durch in $\mathcal{A}$ nicht sichtbar werdende "äussere" Eingriffe verändert werden kann. (Externe Funktionen spielen die Rolle von Orakeln.) Als Beispiel benutzen wir jetzt den Hilbertschen Auswahloperator (ϵ-Operator) als externe Funktion zur Auswahl einer anwendbaren Regel und der Stelle ihrer Anwendung in der Definition von Semi-Thue Systemen als dynamischen Algebren. Dazu geben wir wie schon bei der TM und RM Thue-Algebren und ein für Ersetzungssysteme universelles Entwicklungsgesetz an.

Eine *Thue-Algebra* hat zwei Universen WORT (von Worten) und REGEL (von Regeln) mit REGEL⊆WORT×WORT und ausgezeichnetem Element *aktwort* (0-stelliger Funktion mit Wert) in WORT (für das aktuelle zu bearbeitende Wort). Die Verbindung zwischen den beiden Universen stiftet eine (partielle, externe) Funktion

$$\textit{Auswahl}\text{: WORT} \rightarrow \text{REGEL}\times\text{WORT}^3$$

die zu einem gegebenen Wort eine Regel und eine Zerlegung des Worts in Anfangs-, Mittel- und Endstück liefert, auf die diese Regel anwendbar ist, falls eine solche Regel und Wortzerlegung existieren. Die assoziative Verkettung von Worten (Funktion von WORT^2 in WORT) notieren wir wie üblich durch einfaches Nebeneinanderschreiben, mit *Concl(r)* bezeichnen wir die zweite Komponente (die "Konklusion") einer Regel *r*. Das *Thue-Entwicklungsgesetz* kann dann durch die folgende Regel definiert werden, wobei wir zwecks Abkürzung die Let-Notation *Let x=t* in ihrer üblichen Bedeutung verwenden:

if ***true*** then
    Let *(r,anfg,mitte,end)=Auswahl(aktwort)*
    aktwort:= anfg Concl(r) end

Der Leser beachte, dass bei dieser Formalisierung die Korrektheit bzgl. der intendierten Bedeutung nicht determinierter Semi-Thue Systeme von der Auswahlfunktion abhängt; deren externe Kontrolle darf keine der in Frage kommenden Auswahlmöglichkeiten auslassen. (Eine nicht triviale Verwendung des Hilbertschen ϵ-Operators als externe Funktion findet man in der Spezifikation der formalen Semantik der Programmiersprache Parlog in [BoerRicc 91b].)

Übung. Die Anwendung des vorstehenden Thue-Entwicklungsgesetzes führt zu einem deadlock, wenn das Ersetzungssytem seine Berechnung abbricht und somit *Auswahl(aktwort)* nicht definiert ist. Modifizieren Sie das Entwicklungsgesetz so, dass es eine explizite Behandlung der Stopsituation der Ersetzungssyteme enthält.

Übung. Definieren Sie dynamische Algebren für Markov-Algorithmen, indem Sie die Funktion *Auswahl* von Thue-Algebren weiter spezifizieren.

Übung. Definieren Sie für Postsche Korrespondenzsysteme universelle dynamische Algebren. Hinweis: sei *aktlösvers* ein ausgezeichnetes Element in WORT^2 (für den aktuellen Lösungsversuch) und DIAG die Menge aller Paare (x, x) mit nicht leerem Wort $x \in$WORT. Betrachten Sie die Regel

if *aktlösvers*$\notin$DIAG
then *aktlösvers:=aktlösvers*$\circ\epsilon r(r \in$REGEL)

mit dem Hilbertschen ϵ-Operator und der (auf Paare erweiterten) Verkettungsfunktion $\circ$.

Übung. Definieren Sie endliche Automaten und Akzeptoren durch dynamische Algebren.

Übung. Definieren Sie Kellerautomaten durch dynamische Algebren.

2.2 Baustein-Algebren

In diesem Abschnitt führen wir einige einfache dynamische Algebren ein, die sich als Bausteine für komplexere dynamische Algebren zur Beschreibung von Programmiersprachen als nützlich erwiesen haben. Es handelt sich im wesentlichen um grundlegende Datenstrukturen wie Bereiche mit Vorgänger- oder Nachfolgerfunktion, Listen oder Baumstruktur.

Vorgänger-Algebra. Eine *Vorgängeralgebra* (*A*;*top, bottom;pred*) ist gegeben durch ein Universum *A* mit 0-stelligen Funktionen *top, bottom* und einer einstelligen Funktion *pred*:$A \rightarrow A$. Wir stellen keine weiteren Forderungen an diese Funktionen. Wir *benutzen* das ausgezeichnete Element *top* als Namen für das laufende, uns interessierende Element von *A*, *bottom* zur Formulierung eines Abbruchskriteriums – nämlich *top=bottom*, s. u. das Beispiel aus Prologalgebren—und *pred* zur Formalisierung einer partiellen Ordnung, bildlich gesprochen nach unten gerichteter Pfeilketten, wie sie z.Bsp. bei Kellerspeichern auftreten. Das beinhaltet nicht unbedingt, dass *top* bzgl. der durch die Vorgängerfunktion definierten Ordnung auf *A* erstes und *bottom* letztes Element wäre; wir setzen auch nicht voraus, dass *bottom* von *top* ausgehend durch Anwendungen von *pred* erreichbar wäre, obgleich Letzteres in allen unseren Anwendungen der Fall ist.

Wir werden Vorgängeralgebren im wesentlichen als partiell geordnete Unteralgebren benutzen. Dann kann die Rolle von *top* und *bottom* auch durch zusammengesetzte Terme eingenommen werden. Wir haben bei den TM-Algebren und den Wort-RM-Algebren bereits zwei Beispiele gesehen: die Vorgängerfunktion auf Bandpositionen und die Folgeinstruktionsfunktion. Die Grundlage der Prologalgebren zur Definition der Semantik von Prolog in [Börger 90a, Börger 90b] ist eine Vorgängerstruktur

(STATE;*currstate,nil;choicepoint*)

zur Formalisierung der Rücksetzungsstruktur von Prolog. Jedes Element von STATE steht für (den Augenblickszustand) eine(r) Prologberechnung, *currstate* steht für die laufende Berechnung. Eine Rücksetzung hat die Form:

if *currstate* ≠ *nil* & ... then *currstate:=choicepoint(currstate)*

womit bei Erfüllung der Bedingung ... der Übergang von der laufenden (fehlgeschlagenen oder erfolgreich abgeschlossenen) Berechnung zur nächsten alternativen Berechnung (falls eine solche existiert) eingeleitet wird.

Der Leser beachte, dass wir hier keine Bereichsverkleinerung formuliert haben. Das bedeutet, dass wir durch sukzessive Anwendungen von Bereichserweiterungs- und Rücksetzungsregeln eine baumartige Struktur erzeugen, in der jeweils nur der rechtsäußerste Pfad aktiv ist und alle links von ihm liegenden Punkte mittels der Vorgängerfunktion unerreichbar sind. (Diese Beobachtung liefert den Schlüssel zu einer einfachen Beziehung zwischen der am Begriff des Kellerspeichers orientierten Formulierung der Semantik von Prolog (s. [Börger 90a, Börger 90b]) und der am Begriff des Baums orientierten, die wir hier im nächsten Abschnitt vorführen werden, s. [BoerRose 91c].)

Zum Ausdruck des Abbruchs der Berechnungen einer Prologalgebra wird a.a.O. eine 0-stellige Funktion *stop* eingeführt, die im Stoppfall vom Wert 0 auf den Wert "es gibt keine weiteren Lösungen" aktualisiert wird, womit keine Regel mehr anwendbar ist, da *stop*=0 in allen Regeln in der Bedingung auftritt. Das Beispiel der Stoppregel von Prologalgebren ist also:

if *currstate* = *nil* then *stop*:="es gibt keine weiteren Lösungen"

Das Zusammenspiel der Vorgänger- mit der Nachfolgerfunktion in den TM-Algebren zeigt, dass wir Vorgängeralgebren auch als *Nachfolgeralgebren* auffassen können, was in der bildlichen Darstellung einer Umkehrung der Pfeile entspricht. Ein nützliches Beispiel einer solchen Nachfolgeralgebra ist ein *Zähler* oder eine *Uhr*, wo also *bottom* den Anfangswert und *top* den laufenden Wert darstellen. Wir benutzen solch einen Zähler

(INDEX;*vindex,0;succ*)

in Prologalgebren für eine abstrakte Lösung des Problems der Variablenumbenennung, die ohne Voraussetzungen über die spezielle Form der Darstellung von Variablen und Termen auskommt: die Elemente von INDEX repräsentieren Variablenumbenennungsniveaus – einen Unterscheidungsindex, mit dem Variablen versehen werden können –, 0 ist das Anfangsniveau, *vindex* das aktuell nächste noch unbenutzte Niveau, das durch die Aktualisierung *vindex*:=*succ(vindex)* erhöht werden kann. Die Umbenennung selbst wird dann durch eine (abstrakte) Funktion

$$rename : TERM \times INDEX \rightarrow TERM$$

realisiert, die zu einem Term t und einem Umbenennungsindex i den Term t' liefert, den man erhält, indem man alle Variablen in t umbenennt in Variablen vom Niveau i. In den Anwendungen dieser Funktion ist sichergestellt, dass das Argument i stets grösser ist als alle Indizes von in t vorkommenden Variablen, woraus die Korrektheit dieser Formalisierung der Umbenennung von Variablen folgt.

Am Beispiel der Variablenumbenennung wollen wir noch einmal verdeutlichen, wie einfach die Behandlung von Ressourcenbeschränkungen sich im Rahmen dynamischer Algebren ausdrücken lässt. Man kann eine 0-stellige externe (z.Bsp. implementierungsabhängige) Funktion *maxindex* mit Werten in INDEX einführen, für die *succ(maxindex)* undefiniert ist. In Regeln mit einer Erhöhung des laufenden Umbenennungsindex wird dann die zusätzliche Bedingung $vindex < maxindex$ aufgenommen und eine neue Regel eingefügt, die ausdrückt, was bei dem Versuch der Überschreitung der für INDEX zur Verfügung stehenden Ressourcen zu geschehen hat, z.Bsp.:

if ... & $vindex = maxindex$ then *error*:= "zu wenig Platz für *vindex*".

Soll unter bestimmten Umständen über die ursprünglich zugestandenen Ressourcen hinaus INDEX durch weitere t Elemente erweitert werden, so kann man dies formulieren durch eine Regel der folgenden Form, wie sie analog auch an entscheidender Stelle bei der Formalisierung von Prolog in [Börger 90b] (Selektions- und Retract-Regel) auftritt:

if ... & $vindex = maxindex$ then
  Extend INDEX by $temp_1, \ldots, temp_t$ with
    $succ(vindex) := temp_1$
    $succ(temp_i) := temp_{i+1}$
    $maxindex := temp_t$
  Endextend

(Automatisch ist damit $succ(maxindex)$ für den neuen Wert $temp_t$ von $maxindex$ undefiniert, weil $succ$ auf Letzterem nicht definiert ist – denn nach Definition von Bereichserweiterungen wird die $succ$-Aktualisierung nur für Werte i mit $i+1 \leq t$ ausgeführt.)

Listen-Algebra. Die Elemente von Vorgängeralgebren benutzen wir normalerweise als Namen (Platzhalter) für Objekte, die eine Reihe von Informationen tragen. So enthalten die von *top* zu *bottom* geordneten Elemente eines Stacks zugehörige Information über den Speicherinhalt. Entsprechend kommt der Augenblickszustand einer Prologberechnung mit Auskunft über die noch zu bearbeitende Zielklausel, über die laufende (bisher berechnete) Substitution und über die nächste anzuwendende Programmklausel. Derartige Informationen können wir mittels *Wertfunktionen*

$$val : A \rightarrow VALUE$$

vom Bereich A einer Vorgängeralgebra in ein Universum VALUE möglicher Werte (Markierungen) ausdrücken. Eine Vorgängeralgebra

(LOCATION;*top*, *bottom*;-)

mit einer derartigen Wertfunktion nennen wir eine *Listenalgebra* für mittels der Vorgängerfunktion einfach verkettete Listen:

(LOCATION,VALUE;*top*, *bottom*; –, *val*).

Herausragendes Beispiel derartiger Listenalgebren sind die *Stackalgebren*, d.h. Listenalgebren, deren Entwicklungsgesetz nur Regeln der folgenden beiden Formen zulässt: *Push(v)* als Abkürzung für

Extend LOCATION by *temp* with
  $top := temp$
  $temp^- := top$
  $val(temp) := v$
Endextend

und POP als Abkürzung von $top := top^-$.

Bei Anwendungen von Listenalgebren geben wir die Wertfunktion meistens durch eine Schar von Wertfunktionen $val^1, \dots, val^n$ an und definieren somit den Wertbereich VALUE nur implizit als Obermenge der Wertebereiche der Wertfunktionen val^i, sodass die Signatur dann die Form

$$(LOCATION; top, bottom; -; val^1, \dots, val^n)$$

annimmt, evtl. angereichert um die Angabe der Wertebereiche der Wertfunktionen.

Die oben angegebene Vorgängeralgebra (STATE;*currstate*, *nil*; *choicepoint*), angereichert um die folgenden Wertfunktionen zur Angabe der jeweils zu bearbeitenden Zielklause (Goal), der laufenden (bisher berechneten) Substitution und der (Zeile der) nächsten anzuwendenden Programmklause (Clauseline), bildet den Kern der in [Börger 90a] definierten Prologalgebren:

$$Gl\colon \text{STATE} \rightarrow \text{GOAL}$$
$$Sub\colon \text{STATE} \rightarrow \text{SUBST}$$
$$Cll\colon \text{STATE} \rightarrow \text{CLAUSELINE}$$

mit den einschlägigen Universen GOAL aller Zielklausen, SUBST aller Substitutionen und PROGRLINE aller Klausenzeilen. Dabei bildet

(CLAUSELINE,CLAUSE;*progrtop,progrbottom;nextline;Progrcl*)

selbst ein Beispiel einer Listenalgebra aus einer Vorgängeralgebra von durch *nextline* verknüpften Klausenzeilen mit oberster Zeile *progrtop* und unterster Zeile *progrbottom* und mit einer Wertfunktion *Progrcl*, die jeder Zeile die dort gespeicherte Klause zuordnet. Man muss diese Unterscheidung von Programmzeilen und dort gespeicherten Klausen treffen, weil in Prolog dieselbe Klause an verschiedenen Stellen eines Programms auftreten und durch die verschiedenen Positionen im Programm verschiedenartige Wirkungen haben kann.

Doppelt verkettete Listenalgebra. Wegen ihrer Bedeutung geben wir Listenalgebren, die um die Umkehrfunktion "+" ihrer Vorgängerfunktion "–" angereichert sind, einen eigenen Namen, nämlich *doppelt verkettete Listenalgebra.* Solche doppelt verkettete Listenalgebren haben wir in [BoerRose 91b] entscheidend zur Formalisierung der Darstellung von Prologtermen eingesetzt.

Baum-Algebra. Es gibt zahlreiche Baumbegriffe, die jeweils bestimmten Zusammenhängen angepasst sind. Für eine formale Spezifikation von Prolog auf der Grundlage des Begriffs von SLD-Resolutionsbäumen haben wir in [BoerRose 91c] einen dynamischen Begriff von Baumalgebra eingeführt mit dem Ziel, den Zusammenhang zwischen Baumalgebren und den stackorientierten Prologalgebren in [Börger 90a, Börger 90b] besonders transparent und einfach zu machen, so dass die Vorteile der weitverbreiteten "Baum"vorstellung von Prologberechnungen und ihrer implementierungsorientierten Stackvorstellung vereint werden können, was im Zusammenhang mit der Standardisierung von Prolog als wünschenswert erschien. Unter einer *Baumalgebra* verstehen wir demnach eine Struktur (PUNKTE;*wurzel,aktpkt;vater*) aus einer Punktemenge mit einer Wurzel, einem aktuellen Konten und einer Vorgängerfunktion

$$vater : PUNKTE - \{wurzel\} \rightarrow PUNKTE,$$

die der folgenden Bedingung genügt: von jedem Punkt des Baums geht genau ein Pfad entlang der Funktion *vater* zu *wurzel*. Derartige Baumalgebren werden wir nicht als statische Objekte annehmen, sondern sie mittels Erweiterungsregeln dynamisch entlang der zu beschreibenden Prologberechnung vom Anfangspunkt *wurzel* ausgehend erzeugen.

3 Prologspezifikation mittels dynamischer Algebren

Wir geben im folgenden keine Einführung in die Programmiersprache Prolog, sondern setzen beim Leser elementare Kenntnisse der Grundbegriffe dieser Sprache voraus. Für das sog. *reine Prolog* (Prolog nur mit vom Benutzer definierten Klausen und Zielen, die sequentiell nach der depth-first left-to-right Strategie abgearbeitet werden) s. die Definition in Kapitel DIII3.

3.1 Signatur von Prolog-Baumalgebren

Eine Prologberechnung kann als systematisches Durchsuchen eines gegebenen Suchraums nach allen Lösungen für die zu Beginn eingegebene Anfrage angesehen werden. Die Menge aller (Augenblicks-) Zustände (oder Konfigurationen) solcher Berechnungen stellen wir durch die Grundmenge *NODE* einer Baumalgebra

(NODE;*root,currnode;father*)

dar, in der *currnode* den jeweiligen aktuellen Prologzustand bezeichnet, der von der Wurzel *root* ausgehend erreicht worden ist. Jedes Element aus der Punktemenge *NODE* trägt mittels unten einzuführender Funktionen diejenige Information, die zur vollständigen Beschreibung der zugehörigen Prologkonfiguration zwecks Bestimmung der unmittelbar nachfolgenden Konfiguration nötig ist: die noch auszuführende Zielfolge, die bisher berechnete Substitution und die als nächste auszuführende Klause.

Anfangskonfigurationen werden dargestellt durch Bäume mit zwei Knoten, nämlich der Wurzel *root* als Vater von *currnode*, der die Information über die Anfrage und das Programm enthält. An jedem Punkt *currnode*, der einen Zustand darstellt, in dem das Prologsystem verschiedene Alternativen zur Fortführung der Berechnung hat, wird das Universum $NODE$ für jede dieser Alternativen durch einen neuen Punkt mit *currnode* als Vater erweitert.

Dies gestattet, die *Rücksetzungsstruktur* von Prolog durch die Vaterfunktion zu realisieren: wird an einem Punkt n ein Literal *lit* aufgerufen (*call Modus*), so wird für jede Alternative, die die Berechnung an diesem Punkt hat, ein neuer Sohn von n kreiert, der die Ausführung dieser Alternative kontrolliert. Jeder Sohn ist bestimmt durch die entsprechende *Kandidat-Klause* des Programms, d.h. eine derjenigen Klausen, deren Kopf mit *lit* evtl. unifizierbar ist. Die gegebene Ordnung der Klausen im Programm bestimmt die Reihenfolge, in der diese Söhne zwecks Ausführung der ihnen zugeordneten Berechnung Wert von *currnode* werden. Sobald die Folge der noch auszuführenden Alternativen eines Knotens n erzeugt worden ist, wird dieser Knoten (im *select Modus*) aus dieser Folge den ersten aufzurufenden Sohn auswählen und ihm die Kontrolle der laufenden Prologberechnung übergeben. Nach (erfolgreichem oder erfolglosem) Abschluss der Berechnung dieses Sohnes wird dieser *durch Rücksetzung aufgegeben*, indem die Kontrolle an den Vater n zurückgeht, der dann den Sohn mit der nächsten Alternative auswählen wird – solange, bis keine Alternative mehr übrigbleibt. In diesem Augenblick wird n selbst nicht mehr aktiv bleiben und aufgegeben werden.

Die Information über die noch zu betrachtenden Alternativen von Vaterpunkten wird durch eine partielle Funktion

$$cands : NODE \rightarrow NODE^*$$

geliefert, die jedes Mal aktualisiert wird, wenn ein Vaterpunkt eine neue aufzurufende Alternative auswählt. Wir verlangen, dass die *cands*-Liste mit der Funktion $father$ verträglich ist, d.h. wenn Son in der Liste $cands(Father)$ auftritt, so gilt $father(Son) = Father$.

Die Information über die zu einem neu geschaffenen Knoten gehörende Klause liefert eine Funktion

$$cll : NODE \rightarrow CODE$$

mit einem Universum $CODE$ von Programmzeilen (*clause lines*). Deren Wert kann mittels einer Funktion

$$clause : CODE \rightarrow CLAUSE$$

bestimmt werden. Man braucht in Prolog eine derartige explizite Trennung von verschiedenen Vorkommen—formalisiert durch Programmzeilen—einer

Klause in einem Programm, weil Prologprogramme mittels eingebauter Instruktionen für Hinzunahme und Löschen von Klausen verändert werden können. Wir halten den Begriff der Kandidat-Klause für die Ausführung eines Literals abstrakt und fordern daher lediglich die folgenden Bedingungen:

- Korrektheit: Jede Kandidat-Klause für ein gegebenes Literal hat das richtige Prädikatssymbol, nämlich dasselbe wie das Literal.
- Vollständigkeit: Jede Klause, deren Kopf unifizierbar ist mit dem gegebenen Literal, ist eine Kandidat-Klause für diese Literal.

Dadurch steht es dem Leser frei, an beliebige Klausen zu denken, deren Kopf mit dem gegebenen Prädikatensymbol gebildet ist, oder an durch ein Indexschema bestimmte Klausenvorkommen oder an Vorkommen unifizierender Klausen.

Zur Bestimmung der Vorkommen von Kandidat-Klausen, für welche Berechnungsalternativen zu kreieren sind, benutzen wir eine Funktion

$$procdef : LIT \times PROGRAM \rightarrow CODE^*,$$

die für ein gegebenes Literal die Vorkommen im gegebenen Programm von Kandidat-Klausen in der richtigen Reihenfolge liefert. Das aktuelle Programm wird durch ein ausgezeichnetes Element *db* (*database*) in der Menge *PROGRAM* formalisiert.

Somit bleiben uns die Funktionen anzugeben, mittels derer wir die Information formalisieren, die jedem Punkt des Baums zur Bestimmung des zugehörigen Zustands der Prologberechnung mitgegeben ist. Als Erstes müssen wir die Folge der noch zu berechnenden Zielklausen kennen. Jede Zielklause, die als Rumpf einer Klause in diese Folge kommt, kann den sogenannten Schnitt (cut-Operatur) "!" enthalten. Wird das Prologsystem auf ein Vorkommen dieses Schnitts zurückgesetzt, so bewirkt dies, dass das System als Nachfolgezustand den Zustand anspringt, der auf alle noch verbliebene Alternativen für Literale in jener Klause folgt (und somit diese "löscht"). Diesen Zustand müssen wir also zur Bestimmung des Nachfolgezustands kennen und behalten ihn daher bis zur Ausführung des Schnitts in den Zielklausen. Formal führen wir ein Universum *DECGOAL* von markierten Zielklausen (*decorated goals*) ein, z.Bsp. als Cartesisches Produkt $GOAL \times NODE$, in dem die erste Komponente die eigentliche Zielklause und die zweite Komponente die Information über den Schnittpunkt (*cutpoint*) liefert, zu dem das System im Fall der Rücksetzung auf den Schnitt zurückspringt. Eine Funktion

$$decglseq : NODE \rightarrow (GOAL \times NODE)^*$$

liefert zu jedem Punkt die relevante Folge markierter Zielklausen, die noch berechnet werden müssen.

Die Information über die zu einem Zustand einer Prolog Berechnung gehörende Substitution wird bestimmt durch eine Funktion

$$s : NODE \rightarrow SUBST$$

mit einem Universum $SUBST$ abstrakter *Substitutionen*. Dazu gehören die folgenden drei Funktionen:

- eine abstrakte Unifikationsfunktion

  $$\mathit{unify} : TERM \times TERM \rightarrow SUBST \cup \{notunifiable\},$$

  welche zwei Termen entweder ihre unifizierende Substitution oder aber die Antwort zuordnet, dass es keine derartige Substitution gibt.

- eine Substitutionsanwendungsfunktion

  $$\mathit{subres} : DECGOAL^* \times SUBST \rightarrow DECGOAL^*,$$

  die das Ergebnis der Anwendung einer Substitution auf die Literale in einer markierten Zielklause liefert.

- eine Verkettungsfunktion $* : SUBST \times SUBST \rightarrow SUBST$ zur Aktualisierung einer Substitution s mittels des Wertes von $unify$.

Wie im vorstehenden Abschnitt bereits erläutert, lösen wir das Problem der Umbenennung von Variablen durch Einführung einer Nachfolgeralgebra

$$(\text{INDEX};vi,0;+)$$

mit einer Umbenennungsfunktion $\mathit{rename} : TERM \times INDEX \rightarrow TERM$.

Schliesslich benutzen wir ein Universum aus zwei Modi *Call* und *Select* mit einer 0-stelligen Function *mode* zur Angabe des aktuellen Modus. Dies gestattet, die beiden Aktionen "Kreieren von und Auswählen aus Alternativen" zu unterscheiden, die beim Aufruf eines Literals auszuführen sind. Zur Beschreibung der Terminierung einer Prologberechnung benutzen wir wie oben bereits angegeben ein ausgezeichnetes Element *stop* mit Werten in {0,1,-1} für Lauf des Systems, Stop mit Erfolg und Stop auf Grund endgültigen Fehlschlags.

Ansonsten benutzen wir des weiteren unerwähnt (und somit als Teil der zu definierenden Prolog Baumalgebren) die üblichen Operationen auf Listen und deren Notation. Insbesondere benutzen wir $proj(i, L)$ oder $nth(L, i)$ für die Projektion des i-ten Elements einer gegebenen Liste, *1st(L)*,*fst(L)* oder *head(L)* falls $i = 1$ und *2nd(L)* falls $i = 2$. In Verbindung mit Klausen schreiben wir *hd* und *bdy* für head und body von Klausen.

Damit ist die Signatur von Baumalgebren für Prolog (ohne eingebaute Prädikate) vollständig definiert. Für einige eingebaute Prädikate hat man die Signatur geringfügig zu erweitern, worauf wir hier nicht eingehen wollen. Wir verweisen den Leser für Details auf [Börger 90a, Börger 90b, BoerRose 91c]. Abschliessend noch einige mnemotechnische **Abkürzungen**, die das Verständnis des nachfolgend angegebenen Entwicklungsgesetzes für Prolog erleichtern:

Normalerweise unterdrücken wir den Parameter *currnode*, indem wir einfach schreiben:

$$father = father(currnode),\ cands = cands(currnode)$$
$$decglseq = decglseq(currnode),\ s = s(currnode)$$

Da Prolog Zielklausen von links nach rechts abarbeitet, können wir uns auf die Betrachtung des ersten Elements und des Rests von Folgen markierter Zielklausen beschränken:

$$goal = 1st(1st(decglseq)),\ cutpt = 2nd(1st(decglseq))$$
$$act = 1st(goal)\ (activator\ \text{:aktiviert den nächsten Schritt})$$
$$cont = [\langle tail(goal), cutpt\rangle | tail(decglseq)]\ (continuation)$$

3.2 Regeln für reines Prolog

In diesem Abschnitt definieren wir die Regeln für den SLD-Resolutionskern von Prolog ohne eingebaute Prädikate, das sog. reine Prolog. Wir geben keine Startregeln, sondern nehmen die folgende *Initialisierung* der Prolog Baumalgebren an: *root* ist das leere Element—auf dem keine Funktion definiert ist—und Vater von *currnode*; letzterer hat die einelementige Liste $[\langle query, root\rangle]$ als markierte Zielklausenfolge und eine leere Substitution; der Modus ist *Call*, *stop* hat Wert 0; *db* hat das gegebene Programm als Wert. Die Funktion *cands* der Alternativen ist auf *currnode* (noch) nicht definiert.

Wir definieren nun die Regeln, durch die das Transitionssystem aus dem Zustand mit *stop*=0 – wir werden diese Laufbedingung durch OK abkürzen – einen Zustand mit *stop*=1 (auf Grund erfolgreicher Berechnung der Zielklause in *currnode*) oder mit *stop*=-1 (auf Grund endgültigen Fehlschlags durch Rücksetzen vom Anfangswert von *currnode* auf seinen (leeren) Vater *root*) zu erreichen sucht. Wir benutzen die Abkürzung *backtrack* für das Rücksetzen von Sohn zu Vater (zwecks Halt, wenn der Vater die Wurzel ist, sonst Auswahl einer weiteren Alternative durch den Vater), formal:

if *father* = *nil* then *stop* := -1
else
    currnode := *father*
    mode := *Select*

Die folgende **Anfrage-Erfolgsregel** – Stop, wenn das System die anfangs gegebene Anfrage vollständig abgearbeitet hat – sollte aus den vorstehenden Erläuterungen klar sein:

if *decglseq* = [ ] then *stop* := 1

Die nachfolgende **Zielklause-Erfolgsregel** beschreibt den Zwischenerfolg, wenn das System nach erfolgreicher Berechnung des jeweils vordersten Ziels zur Berechnung der Restzielklausenfolge fortschreitet:

if OK & *mode* = *Call* & *goal*=[ ] & *tail*(*decglseq*) ≠ [ ]
then
    decglseq := *tail*(*decglseq*)

Der kritische, auf benutzerdefinierte Prädikate anwendbare Resolutionsschritt zerfällt in Aufruf des Aktivators (zur Kreierung der neuen Punkte für die Folge von Alternativen für *currnode*) gefolgt von der Auswahl jeder dieser Alternativen in der richtigen Reihenfolge. Die nachfolgende **Aufruf-Regel**, die auf Punkte im Call-Modus mit benutzerdefiniertem Aktivator anwendbar ist, kreiert als Liste von Alternativen für *currnode* soviele Söhne, wie es Kandidaten-Klausen in der Prozedurdefinition des Aktivators gibt. Jedem dieser Söhne wird die Klause(nzeile) zugeordnet, die zur repräsentierten Alternative gehört[2]:

if OK & *mode* = *Call* & *is-user-defined(act)* then
    Let $n = length(procdef(act, db))$
    EXTEND NODE by $temp_1, \ldots, temp_n$ WITH
        $father(temp_i)$:= *currnode*
        $cll(temp_i)$:= $nth(procdef(act, db), i)$
        cands := $[temp_1, \ldots, temp_n]$
    ENDEXTEND
    mode := *Select*

Die nachfolgende **Auswahlregel**, die auf Vaterknoten im Auswahlmodus mit benutzerdefiniertem Aktivator anwendbar ist, bewirkt Rücksetzung, falls keine Alternative mehr vorhanden ist. Ist eine Alternative vorhanden, jedoch nach Variablenumbenennung der Kopf ihrer Kandidat-Klause mit dem Aktivator nicht unifizierbar, so wird die Alternativenliste durch Löschen dieser Alternative aktualisiert. Andernfalls wird der erste der Söhne mit den verbliebenen Alternativen aktiviert: er wird Wert von *currnode*, seine markierte Zielklausenfolge wird definiert – durch Ersetzen des Aktivators in *decglseq* durch das Ergebnis der Anwendung der unifizierenden Substitution auf den Rumpf der Kandidat-Klause (markiert mit der Information über

---

2 Wir legen die sogenannte logische Sichtweise des Programms zu Grunde. Für eine detaillierte Analyse und Rechtfertigung siehe [BoerRose 91d]).

den Schnittpunkt) –, seine Substitution wird definiert durch Erweiterung der aktuellen Substitution mittels der Unifikation, die Menge der Alternativen von *currnode* wird aktualisiert durch Entfernen der jetzt zu betrachtenden Alternative, und der Modus wird auf *Call* gesetzt. Ein technischer Punkt: da bei der Unifikation des Kopfs der Kandidat-Klause mit dem Aktivator der z.Zt. freie Index *vi* für die Umbenennung der Variablen benutzt worden ist, muss *vi* im Hinblick auf spätere Anwendungen der Auswahlregel aktualisiert werden (auf das nächste freie Niveau *succ(vi)*).

```
if OK & mode = Select & is-user-defined(act) then
if cands = [ ] then backtrack else
        Let clause = rename(clause(cll(1st(cands))),vi)
        Let unify = unify(act,hd(clause))
        if unify = nil then cands := tail(cands) else
                currnode := 1st(cands)
                decglseq(1st(cands)) := subres([⟨bdy(clause), father⟩|cont], unify)
                s(1st(cands)) := s * unify
                cands := rest(cands)
                mode := Call
                vi := succ(vi)
```

4 Eingebaute Prädikate

Wir formulieren die Regeln für Schnitt, call, catch and throw, die repräsentativ sind für determinierte eingebaute Prädikate. Für die komplexe Analyse der Rolle eingebauter Prädikate zur Programmveränderung verweisen wir den Leser auf [BoerRose 91d].

Die **Schnittregel** drückt aus, dass zur Ausführung des Aktivators "!" der Vater von *currnode* auf den Schnittpunkt dieses Schnitts aktualisiert und "!" (mit seinem Schnittpunkt) aus der Folge markierter Zielklausen gelöscht wird:

```
if OK & mode = Call & act = ! then
        father := cutpt
        decglseq := cont
```

Die **Aufruf-Regel** ersetzt den Aktivator durch die aufgerufene Zielklause. Dabei wird die intendierte (nicht transparente) Information über den Schnittpunkt hinzugefügt:

```
if OK & mode = Call & act = call(G)
```

then $decglseq := [\langle[G], father\rangle|cont]$.

Um einen Aktivator *catch(Goal,Catcher,Recovery)* auszuführen, kreiert die **Catch-Regel** einen neuen Sohn und ruft ihn zur Ausführung von *Goal* auf (bzgl dessen *catch* nicht transparent ist):

if OK & *mode = Call & act = catch(Goal,Catcher,Recovery)* then
EXTEND NODE by *temp* WITH
$father(temp) := currnode$
$currnode := temp$
$decglseq(temp) := [\langle[Goal], father\rangle|cont]$
$s(temp) := s$
ENDEXTEND
$cands := [\ ]$

Durch die Aktualisierung von *cands* zu [ ] lässt die Catch-Regel den Wert von *currnode* zum Zeitpunkt des Aufrufs von *Catch* als choicepoint, bei dem die Information über den *Catcher* und die *Recovery* gefunden werden kann. Das erlaubt, eine rekursiv definierbare Prozedur *find-catcher(Node,Ball)* zu benutzen, mittels derer von *Node* ausgehend in Richtung *root* der erste Punkt *node* mit einem Aktivator *catch(Goal,Catcher,Recovery)* gesucht wird, dessen *Catcher* mit *Ball* unifizierbar ist und dessen Fortsetzung *cont(node)* Endstück von *cont(Node)* ist.

Die **Throw-Regel** meldet einen Systemfehler, wenn *find-catcher* die Wurzel trifft – d.h. keinen zugehörigen *Catcher* gefunden hat, der mit dem geworfenen *Ball* unifizierbar ist. Wenn *find-catcher(currnode,Ball)* einen zugehörigen Punkt *Found* mit Aktivator

catch(Goal,Catcher,Recovery)

findet, dessen *Catcher* mit *Ball* unifizierbar ist, so wird *currnode* aktualisiert zu *Found*, um dort die Berechnung wieder aufzunehmen, und zwar mit dem Aktivator ersetzt durch das Substitutionsergebnis von *Recovery* (bzgl. dessen *throw* für "!" nicht transparent ist) und mit der erweiterten Substitution. Formal sieht dies wie folgt aus:

if OK & *mode = Call & act = throw(Ball)* then
if *find-catcher(currnode,Ball)=root* then *error*:="system-error"
else
Let $Found = find - catcher(currnode, Ball)$
Let $act(Found) = catch(Goal, Catcher, Recovery)$
Let $Subst = unify(Ball, Catcher)$
$currnode := Found$
$decglseq(Found) :=$
$subres([\langle Recovery, father(Found)\rangle|cont(Found)], Subst)$
$s(Found) := s(Found) * Subst$

Im Stil der vorstehenden Regeln kann man die gesamte Sprache Prolog (mit allen vordefinierten Prädikaten) und ihre Einbettung in die Warren Abstract Machine (inklusive aller Optimierungstechniken) beschreiben. Dies kann entsprechend den Anforderungen der Methode schrittweiser Verfeinerung durch mehrere jeweils einfache Erweiterungen der Algebren erreicht werden und hat dadurch ermöglicht, für die volle Warren Abstract Machine einen mathematischen Nachweis der Korrektheit bzgl. der vorstehenden abstrakten Spezifikation von Prolog durch Prologalgebren zu führen. Der interessierte Leser mag dies in [BoerRose 91a, BoerRose 91b] nachlesen.

References

[Börger 90a] Börger, E.: *A Logical Operational Semantics of Full Prolog.Part I: Selection Core and Control.* CSL'89. 3rd Workshop on Computer Science Logic (E. Börger, H. Kleine Büning, M. M. Richter, Eds.), Springer Lecture Notes in Computer Science, vol.440, 1990,36-64.

[Börger 90b] Börger,E.: *A Logical Operational Semantics of Full Prolog.Part II: Built-in Predicates for Database manipulations.* Mathematical Foundations of Computer Science '90 (B. Rovan, Ed.), Springer Lecture Notes in Computer Science, vol.452, 1990,1-14.

[BoerRicc 91a] Börger, E. & Riccobene, E.: *Logical Operational Semantics of Parlog. Part I: And-Parallelism.* in: M.M. Richter (Ed.): PDK'91. International Workshop on Processing Declarative Knowledge. Springer Lecture Notes in Computer Science (to appear).

[BoerRicc 91b] Börger, E. & Riccobene, E.: *Logical Operational Semantics of Parlog. Part II: Or-Parallelism.* Second Russian Conference on Logic Programming, Springer Lecture Notes in Computer Science (to appear).

[BoerRose 91a] Börger, E. & Rosenzweig, D.: *From Prolog Algebras Towards WAM—A Mathematical Study of Implementation.* Computer Science Logic. 4th Workshop on Computer Science Logic (E. Börger, H. Kleine Büning, M. M. Richter, W. Schönfeld, Eds.), Springer Lecture Notes in Computer Science, vol.533, 1991,31-66.

[BoerRose 91b] Börger, E. & Rosenzweig, D.: *WAM Algebras – A Mathematical Study of Implementation, Part II.* Second Russian Conference on Logic Programming, Springer Lecture Notes in Computer Science (to appear). Also: The University of Michigan, Dept. of Electrical Engineering and Computer Science, Ann Arbor, CSE-TR-88-91, 1-21.

[BoerRose 91c] Börger, E. & Rosenzweig, D.: *A Formal Specification of Prolog by Tree Algebras.* Proceedings of ITI'91 (13th International Conference on Information Technology Interface), Cavtat 1991 (to appear)

[BoerRose 91d] Börger E. & Rosenzweig, D.: *An Analysis of Prolog Database Views and Their Uniform Implementation.* The University of Michigan, Dept. of Electrical Engineering and Computer Science, Ann Arbor, CSE-TR-89-91, 1-44. Also: ISO/IEC JTCI SC22 WG17 Prolog Standardization Report no.80, September 1991, 87-130.

[Blakley 91] Blakley, R.: *PhD Thesis.* University of Michigan at Ann Arbor. In preparation.

[Büchi 89] R. Büchi: *Finite Automata, their Algebras and Grammars. Towards a Theory of Formal Expressions.* Springer 1989.

[Gurevich 88a] Gurevich, Y.: *Logic and the Challenge of Computer Science.* in: Trends in Theoretical Computer Science (E. Börger, Ed.), Computer Science Press, 1988,1-58.

[Gurevich 88b] Gurevich, Y.: *Algorithms in the World of Bounded Resources.* in: The Universal Turing Machine – a Half-Century Story(R. Herken, Ed.), Oxford University Press, 1988,407-416.

[Gurevich 91] Gurevich, Y.: *Evolving Algebras. A Tutorial Introduction.* in: Bulletin of the European Association for Theoretical Computer Science, no.43, February 1991.

[GureMorr 88] Gurevich, Y., and Morris, J. M.: *Algebraic Operational Semantics and Modula-2.* in: CSL'87.1st Workshop on Computer Science Logic (Eds.E. Börger, H. Kleine Büning, M. M. Richter), Springer LNCS 329, 1988, 81-101.

[GureMoss 90] Gurevich, Y., and Moss, L. S.: *Algebraic Operational Semantics and Occam.* in: CSL'89.3rd Workshop on Computer Science Logic (Eds.E. Börger, H. Kleine Büning, M. M. Richter), Springer LNCS 440, 1990, 176-192.